환경국가와 환경법

환경국가와
환경법

강 현 호 著

新論社

머리말

환경에 대한 인식이 서서히 그러나 점진적으로 변하고 있다. 환경에 대한 보호적 접근이 하나의 사치가 아니라 인류 생존의 필수기반이라는 인식으로 나아가고 있다. 우리는 정보화 내지 과학화 시대를 맞이하여 정보의 활용이나 과학의 발달이 우리 인류의 삶을 결정지을 것으로 생각하지만 그러나 환경의 변화 앞에서 이러한 정보나 과학이 그다지 큰 힘을 발휘하지 못하는 현상을 너무나 자주 보아 왔다. 그렇다면 우리는 이제 방향을 틀어서 환경국가화로 나아가야 할 시점이라고 볼 수 있을 것이다. 환경국가로의 출발에 있어서 근간이 되는 것 중의 하나가 바로 법적인 토대라고 할 수 있을 것이다.

이러한 인식하에서 본 저서는 다음과 같은 골격 하에서 집필되었다. 먼저 우리가 당면하고 있는 다양한 환경문제와 이에 대한 국 · 내외적인 대응을 살펴보았다. 그리고 이러한 환경문제를 바라보는 태도로서 환경관에 대해서도 다루었다. 환경 내지 환경을 보호하는 것을 어떻게 어떤 자세로 바라보아야 하는지에 관하여 다양한 스펙트럼의 견해들을 제시하였고, 저자 나름대로의 입장을 정리하여 소위 관리적 환경관을 제시하였다.

환경국가로의 진입에 있어서 가장 근간이 되는 것은 결국 우리 헌법에서 규정하고 있는 환경권이라고 할 것이다. 환경권이라는 용어법이 환경과 관련된 사안의 판단에 있어서 빈번하게 등장하고 있는바, 너도 나도 환경권을 주장하는 양상까지 치닫고 있다. 그러나 우리 헌법에서 규정하는 환경권이란 주관적 공권으로서의 환경권으로서 이는 국가를 향한 권리이지 사인을 향한 권리가 아니라는 점을 분명히 짚고 넘어가야 할 것이다. 사인을 향해서 환경권을 주장하는 것은 원칙적으로 허용되지 아니하며, 다만 환경을 매개로 하여 발생한 생명, 신체 또는 재산 침해에 대해서 사법상의 권리로서의 손해배상청구권이나 중지청구권(유지청구권)을 주장하는 것에 다름이 아닌 것으로서 이런 경우에는 '헌법상 환경권'에 터잡아 청구가 근거지워지는 것이 아니라 소위 '환경을 매개로 하는 사권'에 기초하는 것이라는 점을 분명하게 하여야 할 것이다.

환경국가에 있어서 헌법상의 환경권의 이념을 구현하는 환경보호법령의 발전과정과 환경법의 기본원칙들에 대해서 살펴볼 필요가 있다. 그리고 이러한 법령을 실제로 운용하는 환경법의 주체와 환경행정조직을 고찰하였다. 환경보호를 직접적으로 지향하는 법률만 해도 50여 개가 넘고 있으며 이러한 법률들의 집행에 있어서 가장 중심이 되는 행정기관이 바로 환경부다. 그리고 지방에서 환경을 보호하는 임무를 수행하는 유역환경청과 지방자치단체 등의 지방환경행정청들도 존재하고 있다.

우리의 환경보호법령에서 규율하는 환경보호수단들을 고찰하면 이를 크게 절차법적 환경보호수단, 실체법적 환경보호수단 그리고 소송법적 환경보호수단으로 분류할 수 있다. 절차법적 환경보호수단으로서 환경영향평가제도를 들 수 있으며, 실체법적 환경보호수단으로는 기준설정적, 계획적, 행정행위적, 계약적, 사실행위적, 경제적 · 유인적 그리고 강제적 환경보호수단으로 구분할 수 있을 것이고, 소송법적 환경보호수단으로는 헌법소송적, 행정소송적, 민사소송적, 집단소송적 그리고 분쟁조정적 환경보호수단으로 나누어 볼 수 있을 것이다.

환경문제와 관련하여 문제가 되는 사안으로서 개별적 이슈로 접근하여야 할 문제로서 일조의 문제, 빛공해의 문제, 조망의 문제 그리고 경관의 문제 등도 다룰 필요가 있다. 일조와 관련하여서는 이미 오래 전부터 법적인 차원에서 많이 다루어 온 문제이지만, 최근 들어서는 외벽에 유리를 사용하는 건물의 증가로 인하여 빛반사 내지 빛공해문제가 나타나고 있으며, 조망 내지 경관에 대해서도 보호가치를 인정할 수 있는가의 문제가 빈번하게 등장하고 있는 실정이다.

환경국가에서 중요한 환경기본법률들과 개별법률들에 대해서 그 주요내용들을 고찰하였다. 환경정책기본법, 저탄소 녹색성장기본법 등 우리나라의 환경정책의 근간

이 되는 내용들을 담고 있는 법률들이 존재하고 있으며, 이러한 기초위에 대기환경보전법, 소음 · 진동관리법, 수질 및 수생태계 보전에 관한 법률, 자연환경보전법, 토양환경보전법, 폐기물관리법 그리고 화학물질관리법 등 환경요소별로 개별법률들을 마련하고 있으며, 또한 환경침해로 인하여 발생한 손해에 대해서 책임의 주체와 범위를 규율하는 환경책임법을 준비하고 있다.

저자는 환경국가에서의 환경법을 이해하기 쉽도록 구성하고자 노력하였으나, 미진한 부분이 많은 것으로 사료되어 독자 여러분들의 너그러운 이해와 성원을 부탁드리고, 또한 앞으로 지속적인 개선을 약속드린다.

2015년 3월
명륜골 연구실에서
저자 강현호

차 례

제2편 환경국가와 환경권

제3편 환경국가와 환경법의 전개

제4편 환경국가와 환경보호수단

제5편 환경관련 개별문제

제6편 환경국가에서의 환경기본법

제7편 환경국가에서의 환경개별법

제1편

환경국가와 환경법 서설

제1절 환경국가와 환경

우리가 살아가고 있는 세상은 어떤 방향으로 나아가고 있을까? 라는 의문에서 본 저술은 시작된다. 과학과 기술의 발전이 지배하는 방향으로 나아가고 있다는 점에서 과학기술국가로의 진화는 자명한 사실이다. 그렇지만, 여기서 도외시할 수 없는 사실 또한 이러한 과학기술의 발달로 인해서 우리가 살고 있는 세상은 점점 더 위험해지고 환경은 파괴되고 공멸할 수도 있다는 점이다. 따라서 우리가 살고 있는 이 세상에서 우리와 우리들의 후손들의 안녕과 번영을 위해서는 환경이 보호되고 쾌적하고 건강한 상태로 유지되어야 하는 것이 필수적이다. 그럼에도 환경을 보호함에 있어서 근원적인 방안을 강구하기보다는 주로 환경침해의 증상에 대한 처방에 머물러 온 것이 현실이다. 그렇지만 이제는 환경에 대한 책임의식을 가지고 보다 근원적으로 환경보호에 노력을 하여야 할 때가 되었다. 환경에 대한 파괴의 경향이 점차적으로 증가함과 동시에 환경보호에 대한 필요성을 절감함에 따라서 독일 기본법 제20a조에서는 환경보호를 국가의 목표로까지 고양하고 있다. 이러한 관점에서 바라볼 때, 우리 세상은 초기의 농업국가에서 산업국가로의 발전을 이룩하였고, 산업국가로부터 정보화 국가 내지 과학기술국가를 지향하면서 발전을 거듭하였고, 이제는 환경국가(Umweltstaat)로 나아가고 있다고 할 수 있을 것이다. 이러한 환경국가의 개념은 독일에서 1980년대 후반 Kloepfer, Forsthoff 그리고 Hofmann에 의하여 도입되었고, 그 후 여러 학자들에 의하여 지속적으로 발전되어 왔다. 이러한 환경국가는 현대 정보기술국가에서 비롯된 부정적인 영향을 극복하고 자연친화인 생활의 기초를 보장하며, 이러한 환경보호를 위하여 조직적인 측면에서도 정비를 하며 환경보호의 임무가 연구, 소비자보호, 건강, 그리고 개발정책과 같은 영역을 포함하여 점점 더 다른 영역에 대해서도 참여하게 된다.[1)]

환경법이란 '환경을 규율하는 법' 내지 '환경을 보호하기 위하여 정립된 규범의 총합'이라고 볼 때, 환경법을 논의하기 위한 전제로서 '환경(environment, umwelt, 環境)'이라는

---

1) Michael Kloepfer (Hrsg.), Umweltstaat als Zukunft: Juristische, okonomische und philosophische Aspekte, Ergebnisse des Ladenburger Kollegs "Umweltstaat", 1994.
Jänicke, Martin, Möglichkeiten und Probleme von Umweltpolitikintegration, Auf dem Weg zum Umweltstaat, Ökologisches Wirtschaften 2. 2006.

단어에 대한 정의가 선행되어야 한다.

환경이란 영어로는 Environment[2)]라고 하고 독어로는 Umwelt[3)]라고 한다. 이들 단어들의 뜻을 문언적으로 살펴보면 'En'이나 'Um'은 어떤 것들을 감싸고 있는 것을 지칭하는 접두사이고, 'viron' 과 'welt'를 감싸고 있는 것을 의미한다고 볼 수 있다. 'viron'과 'welt'는 말 그대로 생태계나 세상을 의미한다. 환경이란 한자로는 '環境'이라고 할 때, 역시 어떠한 지역을 감싸고 있는 것을 의미한다. 그렇다면 환경이라 함은 지구 내지 지역을 감싸고 있는 모든 것들의 총체 또는 인간의 생활과 직접 또는 간접적으로 관계를 맺고 있는 자연적 · 인위적인 모든 외부적 생활조건이라고 표현할 수가 있을 것이다.

이러한 환경 가운데 특히 우리 인간의 삶과 밀접한 관련을 맺는 환경요소들을 살펴보면, 대기, 소음 · 진동, 수질, 자연, 토양, 폐기물, 화학물질, 해양 등을 들 수가 있다. 물론 환경이란 단어가 가지는 함의가 절대적인 것은 아니고 시대의 흐름 속에서 사회의 변화에 따라서 가변적이라고 할 수 있지만, 법학을 함에 있어서는 인식대상의 명확성이나 보호대상의 한계와 관련하여 개념에 대한 비교적 명확한 정의가 요청된다.

1972년 스톡홀름의 인간환경선언을 살펴보면 그의 제2원칙에서 '지구의 자연자원은 대기, 수질, 토양, 동식물 그리고 자연생태계를 포함한다'고 규정하고 있으며, 1992년 월경수로 및 호수보전협약[4)]에 의하면 환경은 '인간의 건강과 안전, 동물, 식물, 토양, 대기, 수질, 기후, 경관, 역사적 기념물 또는 기타 물리적 구조물 등을 포함한다'고 규정되어 있고, EU법에 따르면 환경은 '인간과 물, 대기, 토지 그리고 모든 생물과의 관계를 포함한다'고 설명되고 있다.

이러한 환경 개념은 어느 정도 그 외연이 유동적이기는 하지만, 법적인 규율의 대상이라는 측면에서 파악하여야 할 것이다. 환경정책기본법 제3조 제1호에서 제3호에 의하면 "환경"이라 함은 자연환경과 생활환경을 말한다고 규정하고, 나아가 "자연환경"이라 함은 지하 · 지표(해양을 포함한다) 및 지상의 모든 생물과 이들을 둘러싸고 있는 비생물적인 것을 포함한 자연의 상태(생태계 및 자연경관을 포함한다)를 말하고, "생활환경"이라 함은 대기, 물, 폐기물, 소음 · 진동, 악취, 일조 등 사람의 일상생활과 관계되는 환경을

2) Random House 영영사전에 의하면 environment란 the aggregate of surrounding things, conditions, or influences 라고 풀이되고 있다.

3) Duden 독일어 사전에 의하면 Umwelt 에 대해서 다음과 같이 풀어쓰고 있다: Umgebung eines Lebewesens, die auf es einwirkt u. seine Lebensbedingungen beeinflußt.

4) Convention on the Protection and Use of Transboundary Watercourses and Lakes.

말한다 라고 규율하고 있다.

<table>
<tr><th colspan="3">환경정책기본법상 '환경'의 의의</th></tr>
<tr><th>유형</th><th>자연환경</th><th>생활환경</th></tr>
<tr><td>정의</td><td>지하 · 지표(해양을 포함한다) 및 지상의 모든 생물과 이들을 둘러싸고 있는 비생물적인 것을 포함한 자연의 상태(생태계 및 자연경관을 포함한다)</td><td>대기, 물, 폐기물, 소음 · 진동, 악취, 일조 등 사람의 일상생활과 관계되는 환경</td></tr>
<tr><td>판결</td><td colspan="2">*부산고등법원 1995. 5. 18. 선고 95카합5:
신청인(대한민국)의 신청원인사실의 요지: 신청인 산하의 부산대학교는 1946. 5. 15. 국립대학교설치령에 따라 설립된 국립대학교인데, 그 학교 부지와 인접한 별지목록 기재의 4필지 토지(이하 이 사건 토지라 한다) 소유자인 피신청인(주식회사 강암주택)은 1993. 12. 2. 금정구청장으로부터 위 지상에 24층의 아파트 1개동 277세대, 건축면적 31,945.86㎡의 건축에 관한 사업시행승인을 받고, 그 무렵 건축공사에 착수하여 현재 기초공사가 완료되고 17층 부분의 골조공사가 진행 중인바, 이보다 앞서 부산대학교는 이 사건 토지로부터 불과 20 내지 40m 떨어진 거리에 5층 높이의 첨단과학관의 건축을 시작하여 이미 완공되었는데, 만일 피신청인이 건설중인 위 24층 높이의 아파트가 완공되는 경우에는 그 건물의 높이가 부산대학교 교내 전체를 위에서 내려다 볼 수 있어 부산대학교의 경관 및 교육환경, 교육활동을 현저하게 해할 우려가 있는 등 교육환경권을 침해하고, 또한 위 과학관 옥상 위에 설치될 자동기상관측장비를 비롯한 최신과학장비가 제대로 작동되지 아니함으로써 이와 관련된 교수들의 연구활동이나 학생들의 수업에 막대한 지장이 예상될 뿐만 아니라 아파트의 상주인구의 증가로 인한 통행차량, 생활소음 등으로 연구활동에도 심각한 지장을 초래할 것이고, 이러한 침해는 금전적 보상만으로 회복하기 어려운 손해가 될 것이므로 위 아파트를 적어도 16층 이상의 높이로 건축하여서는 아니된다는 것이다.

피보전권리의 존부에 관한 판단:
헌법 제35조 제1항은 "모든 국민은 건강하고 쾌적한 환경에서 생활할 권리를 가지며, 국가와 국민은 환경보전을 위하여 노력하여야 한다"라고 규정하고 있는바, 위 <u>헌법상 규정된 '환경권'은 사람이 인간다운 생활을 영위함으로써 인간으로서의 존엄을 유지하기 위하여 필요적으로 요구되는 것이기 때문에 인간의 생래적인 기본권의 하나로서 인간다운 생활을 위한 필수적인 절대권이며, 모든 사람에게 다같이 보장되는 보편적인 권리로서의 성질을 가진다 할 것이고, 이러한 환경권의 내용인 환경에는 자연적 환경은 물론이고, 역사적, 문화적 유산인 문화적 환경도 환경권의 대상인 환경의 범주에 포함시켜야 하며, 그 뿐만 아니라 사람이 사회적 활동을 하는 데 필요한 사회적</u></td></tr>
</table>

시설도 인간의 생활에 필요 불가결한 사회적 환경으로서 이에 포함됨은 당연하며, 신청인이 내세우는 주장의 요지 또한 교육환경의 일종으로서 역시 위 사회적, 문화적 환경의 범주에 속한다고 할 것이다.

그런데 이러한 '환경권'의 법적 성질에 관하여는 사법상의 구체적인 권리로까지 인정하여 환경권 자체의 침해 또는 침해의 우려에 대하여 그 배제청구권을 인정할 수 있을 것인지의 여부를 놓고 권리의 대상이 된 환경의 범위와 이에 대한 지배의 내용, 권리의 주체, 객체 및 그 내용, 나아가 법적 안정성의 문제를 둘러 싸고 다툼이 있는 것은 주지의 사실이다.

그러나, 신청인이 내세우고 있는 교육환경은 넓은 의미의 주거환경의 범주에 속하는 것으로서 이러한 주거환경에는 일조(日照), 통풍(通風), 정온(靜穩), 청정(淸淨)한 대기(大氣), 조망(眺望), 압박감(壓迫感) 없는 상태 등 자연적 환경이익이 포함되고, 이러한 주거환경은 사회의 진보에 응하여 필연적으로 변화하는 것이기 때문에 정지된 일시점에 있어서의 환경, 그 상태를 영속시키는 것을 목적으로 하는 취지의 권리를 인정하는 것은 곤란하지만, 그것은 주로 인위적 변화이기 때문에, 때에 따라서는 부당한 환경변화나 유해무익(有害無益)한 환경파괴를 초래하는 경우가 있을 수 있고, 이 경우 현재 환경이익을 누리고 있는 구성원들은 그 환경이익이 아무런 합리적 이유도 없이 박탈되거나 부당한 환경악화를 강요당하는 것은 도저히 묵과할 수 없는 중대한 사태이고 특히 그 손해는 물질적으로나 정신적으로 현저함은 명백하다. 따라서 그 구성원이 현재 누리고 있는 환경이익은 그 환경으로부터 받고 있는 현재의 이익에 대한 정당한 보지(保持)를 목적으로 하는 법익으로서 정당하게 보호받아야 할 필요가 있고, 이러한 환경이익에 대한 부당한 침해 즉 부당하게 환경을 악화시켜 손해를 주는 것은 당연히 법률상 불법행위를 구성하여 그 손해배상책임을 부담한다고 할 것이나, 환경이익은 그 법익의 성질상 원래 금전에 의한 평가가 극히 곤란하고 금전배상만으로는 거의 그 목적을 달성할 수 없는 것이므로 환경이익 보호의 방법으로서는 손해배상만으로는 충분하지 않고 그 부당한 침해행위 즉 환경의 부당악화 그 자체를 유효 적절하게 금지시키는 방법이 강구되어야 한다.

그래서 현재 환경이익을 누리는 구성원은 그 환경이 명백히 부당하게 파괴될 우려, 다시 말하면 환경이익이 명백히 부당하게 침해될 위험이 발생한 경우에는 그와 같은 부당한 침해를 사전에 거절하거나 미리 방지할 수 있는 권리, 이른바 '환경이익의 부당침해 방지권'을 가진다고 봄이 상당하고, 따라서 현실적으로 부당한 침해의 위험이 있거나 이미 부당한 침해가 발생하고 있는 경우에는 특단의 사정, 예를 들면 금전적 보상에 의한 해결을 수인(受忍)할 수 있는 사유 등이 없는 한 위 방지권에 기하여 위험방지를 위한 충분하고 필요한 한도 내에서 구체적인 금지청구권을 취득하고 이를 행사함으로써 환경이익을 보전할 수 있는 것으로 해석함이 상당하다 할 것이다.

* 대법원 1995.9.15. 선고 5다23378 판결【공사중지가처분이의】

환경권에 관한 헌법 제35조의 규정이 개개의 국민에게 직접으로 구체적인 사법상의 권리를 부여한 것이라고 보기는 어렵고, 사법상의 권리로서의 환경권이 인정되려면 그에 관한 명문의 법률규정이 있거나 관계법령의 규정취지 및 조리에 비추어 권리의 주체, 대상, 내용, 행사방법 등이 구체적으로 정립될 수 있어야 함은 소론이 주장하는 바와 같다(당원 1995.5.23.자 94마2218 결정 참조).

그러나 원심 판시와 같이 피신청인이 건축하는 이 사건 아파트가 24층까지 완공되는 경우 신청인 산하 부산대학교 구내의 그 판시 첨단과학관에서의 교육 및 연구활동에 커다란 지장이 초래되고, 위 첨단과학관 옥상에 설치된 자동기상관측장비 등의 본래의 기능 및 활용성이 극도로 저하되며, 위 부산대학교의 대학교로서의 경관, 조망이 훼손되고, 조용하고 쾌적한 교육환경이 저해되며, 소음의 증가 등으로 교육 및 연구활동이 방해받게 된다면, 위 부산대학교의 부지 및 건물을 교육 및 연구시설로서 활용하는 것을 방해받게 되는 그 소유자인 신청인으로서는 위와 같은 방해가 사회통념상 일반적으로 수인할 정도를 넘어선다고 인정되는 한 그것이 민법 제217조 제1항 소정의 매연, 열기체, 액체, 음향, 진동 기타 이에 유사한 것에 해당하는지 여부를 떠나 그 소유권에 기하여 그 방해의 제거나 예방을 청구할 수 있다 할 것이므로, 적어도 원심이 소유권에 기한 방해배제청구권을 이 사건 가처분의 피보전권리로 삼은 부분만큼은 정당하고(신청인의 신청원인사실 주장 속에는 이러한 취지의 주장도 포함되어 있는 것으로 보인다), 따라서 헌법 제35조의 규정이 구체적인 사법상의 권리를 부여한 것이 아니고 달리 사법상의 권리로서의 환경권을 인정하는 명문의 법률규정이 없는데도 원심이 마치 신청인이 환경권에 기하여 방해배제를 청구할 수 있는 것처럼 설시하고, 또한 원심이 불법행위나 인격권에 기한 방해배제청구권을 이 사건 피보전권리의 하나로 들고 있는 데에 설령 소론과 같은 잘못이 있다 하더라도, 그와 같은 잘못은 판결 결과에 영향을 미치지 못한다 할 것이다.

제2절 환경문제

Ⅰ. 환경문제의 의의

환경문제란 환경에 침해를 야기하는 문제로서 사전적 의미로는 대기와 수질의 오염, 환경파괴 등 자연환경과 생활환경에 악영향을 끼치는 다양한 문제라고 할 수 있는바, 다른 말로 환경오염 또는 환경훼손이라고도 할 수 있다.

사실상 이 세상에 존재하는 여러 가지 문제들이 존재하고 있다가, 학자들의 학문적 활동을 통해서 문제들이 윤곽을 드러내기 시작하게 된다. 지구온난화를 야기하는 지구온난화 가스의 경우에도 문제가 심각하기 전에 이미 존재하였고, 지구온난화에 대해서 연구를 하는 학자들에 의하여 그 정체들이 조금씩 드러나기 시작하였다. 그 중 대표적인 학자가 바로 Dave Keeling으로서 그는 지구온난화가스에 대해서 연구를 하였고 그의 여러 실험자료에 의거하여 지구온난화가스 특히 CO^2가 지구온난화를 야기하는 물질임을 증명하였다. 그로 인하여 후속실험들이 과학적으로 이루어지고 이러한 결과를 바탕으로 입법적인 조치가 이루어졌다. 현재 세계 각국의 입법에서 CO^2를 온난화가스로 규정하고 있으며 CO^2의 배출을 환경문제로 인식하게 되었고 이에 대처하기 위하여 각종 조치를 취하게 되었다. 즉 어떤 문제가 환경문제로 인식되기까지는 이러한 과정을 거쳐서 궁극적으로는 입법적인 조치를 통하여 구체화되고 강제적인 대응수단이 마련되는 것이다.

환경정책기본법 제3조 제4호로부터 제5호에서는 "환경오염"이라 함은 사업활동 기타 사람의 활동에 따라 발생되는 대기오염, 수질오염, 토양오염, 해양오염, 방사능오염, 소음 · 진동, 악취, 일조방해 등으로서 사람의 건강이나 환경에 피해를 주는 상태를 말하며, "환경훼손"이라 함은 야생생물의 남획 및 그 서식지의 파괴, 생태계질서의 교란, 자연경관의 훼손, 표토(表土)의 유실 등으로 인하여 자연환경의 본래적 기능에 중대한 손상을 주는 상태를 말한다. 이러한 개념정의에 의하면 인체 및 생활환경에 악영향을 미치는 경우를 환경오염이라고 하고, 자연환경에 악영향을 미치는 경우를 환경훼손이라고

할 수 있다.[5)]

그리고 "환경보전"이라 함은 환경오염 및 환경훼손으로부터 환경을 보호하고 오염되거나 훼손된 환경을 개선함과 동시에 쾌적한 환경의 상태를 유지 · 조성하기 위한 행위를 말한다라고 규정하고 있다. 보전(conservation)은 보존(preservation)과는 구별되어야 하는데, 후자가 접근 자체를 불허하는 이용금지를 의미한다면 전자는 적극적으로 이용을 하되 그 상태를 잘 유지하는 것을 의미한다.

환경오염 및 환경훼손 그리고 환경보전과 환경보존				
개념	환경오염 (Pollution)	환경훼손 (Damage)	환경보전 (Conservation)	환경보존 (Preservation)
정의	사업활동 기타 사람의 활동에 따라 발생되는 대기오염, 수질오염, 토양오염, 해양오염, 방사능오염, 소음·진동, 악취, 일조방해 등으로서 사람의 건강이나 환경에 피해를 주는 상태	야생생물의 남획 및 그 서식지의 파괴, 생태계질서의 교란, 자연경관의 훼손, 표토(表土)의 유실 등으로 인하여 자연환경의 본래적 기능에 중대한 손상을 주는 상태	환경오염 및 환경훼손으로부터 환경을 보호하고 오염되거나 훼손된 환경을 개선함과 동시에 쾌적한 환경의 상태를 유지·조성하기 위한 행위	
특징	인체 및 생활환경에 악영향을 미치는 경우	자연환경에 악영향을 미치는 경우	환경적으로 이용을 하되 그 상태를 잘 유지하는 것	접근 자체를 불허하는 이용금지

환경문제의 유형으로는 크게 환경문제가 발생하는 '영역'을 기준으로 대기오염, 수질 및 수생태계 오염, 자연환경오염, 토양오염, 해양오염 등으로 구분할 수 있으며, 환경문제가 가져오는 환경의 '변화'를 기준으로 기후변화, 오존층 파괴, 자연경관의 훼손, 산성비, 지하수 오염, 사막화, 지하수 고갈과 오염, 표토의 유실, 외래종의 유입과 생물다양성의 감소, 생태계 교란, 생태계 교란 야생생물[6)]의 창궐, 쓰레기섬, 적조현상, 백화현상(바

5) 김홍균, 환경법, 홍문사, 2010, 6면.

6) http://terms.naver.com/: 생태계 교란 야생생물이란, 생태계에 교란을 일으키거나 교란을 일으킬 우려가 있는 야생생물을 말한다. 번식력이 강한 외래종은 자연생태계에 유입되면서 토종서식지를 잠식하여 생태계의 균형을 깨고 종의 다양성을 떨어뜨리는 등 심각한 문제를 일으킬 수 있다. 이에 생태계에 악영향을 미칠 우려가 있는 종에 대하여 정부차원에서 생태계 교란 야생생물을 법으로 규정 · 규제하고, 관리기구를 설치하거나 외래종 생태계영향평가제도를 실시하여 수입여부를 결정하고 있다. 생태적 · 경제적 · 산업

다의 사막화), 동식물의 폐사, 호흡기 질환과 폐 질환이나 암 유발 등을 들 수 있다.

Ⅱ. 환경문제의 출현

산업혁명 이후 농업사회에서 산업사회로 전환되면서 환경문제가 대두되기 시작하였다. 1950년대부터 1970년대에 이르는 약 20여 년간 수많은 환경문제들이 발생하여 인류사회 전체에 커다란 충격을 가져왔으며, 그로 인해 환경문제는 더 이상 성장의 부수비용(Nebenkosten des Wachstums)이 아니라 생존의 조건(Bedingung der Existenz)으로서 인식하게 되었고, 환경보호를 위한 많은 노력들을 기울이기 시작하였다. 인류 역사와 우리나라에서 다음과 같은 대표적인 환경문제들이 등장하였다. 환경문제를 살펴보기 전에 엘 고어씨가 강연하는 "An Inconvenient Truth(불편한 진실)"라는 영화를 보기를 권장한다. 이 영화로 엘 고어씨는 2007년 노벨평화상을 수상하게 되었다.[7)]

A. 세계의 환경문제

1. 런던 스모그 사건

1952년 12월 4일에서 10일까지 영국 런던에서 발생한 사건으로서 영국 런던은 안개가 많은 도시인데, 산업혁명 이후 가정과 공장에서 다량으로 배출된 매연(smoke) 특히 아황산가스가 안개(fog)와 결합하여 스모그(smog)를 형성하였고, 1952년 12월 4일부터 이러

적 · 공중보건적 피해를 끼치는 일부 외래종은 야생생물 보호 및 관리에 관한 법률 제2조 제4항에 의거하여 생태계 교란 야생생물로 규정된다. 또한 외국으로부터 인위적 또는 자연적으로 유입된 종이나 유전자 변형생물체 중 생태계의 균형에 교란을 가져오거나 가져올 우려가 있는 야생생물이 생태계 교란 야생생물에 속한다. 야생생물 보호 및 관리에 관한 법률에 의해 지정된 생태계 교란 야생생물로는 포유류 1종(뉴트리아), 양서류 · 파충류 2종(황소개구리, 붉은귀거북속 전종), 어류 2종(파랑볼우럭, 큰입배스), 곤충류 1종(꽃매미), 식물 12종(돼지풀, 서양등골나물, 물참새피, 애기수영, 가시상추 등)으로 총 18종이다(2013년 현재).

7) http://ko.wikipedia.org/: 인간이 야기한 기후변화의 위대한 지식을 개발하고 이를 널리 알림으로써 기후변화 문제의 해결을 위한 조치들을 마련할 수 있도록 초석을 다지는데 노력한 공로를 인정해 앨 고어 전(前) 미국 부통령과 IPCC가 공동으로 2007년 노벨평화상을 수상했다. 엘 고어는 1960년대 후반 은사인 로저 레벨 교수의 영향으로 환경문제에 대해서 공부를 시작했고, 하원의원 시절에는 의회 역사상 최초로 환경청문회를 마련했다. 1992년 '위기의 지구(Earth in Balance)', 2000년 대선 낙선 후 지구온난화 문제의 심각성을 알리는 강연을 하였고, 2006년 '불편한 진실'을 제작하였다.

한 스모그를 흡입한 런던 시민들 가운데 약 12,000명이 만성폐질환과 호흡장애로 사망한 사건이다.

1953년에 비버위원회를 설치하여 대기오염실태와 대책을 강구하였으며, 1956년 Clean Air Act를 제정하기에 이르렀다.

2. 일본 수은 사건

1956년 일본의 미나마타병으로 인한 사망사건으로서 1932년부터 일본 미나마따만에 위치한 신일본질소비료의 미나마타 공장 등에서 메틸수은이 함유된 폐수가 적절한 정화조치를 취하지 아니한 채 바다로 흘러 들어가서 일종의 화학작용을 거쳐 유기수은을 형성하게 되었고, 이러한 물에서 사는 물고기들이 오염되게 되었는 바, 오염된 물고기를 잡아 먹은 인근 주민 수백명이 수은에 중독되어 중추신경장애로 인한 경련 또는 정신착란을 일으키다가 그 중에서 약 300여명이나 사망한 사건이다.

3. 일본 이따이이따이병 사건

이따이이따이병은 일본 도야마현(富山県)의 진즈(神通)강 하류에서 발생한 '카드뮴'에 의한 공해병으로서, 환자가 통증으로 인해서 '아프다, 아프다'(일본어: 이타이 이타이)라고 하여 붙여졌다. 카드뮴에 중독되면 신장 및 내분비계 이상으로 칼슘이 부족하게 되어 뼈가 물러지고 조금만 움직여도 뼈가 부러지기도 한다. 발생경과를 보면 일본 기후현(岐阜県) 가미오카(神岡町)에 있는 미츠이(三井) 금속광업 가미오카 광산에서 광석에 포함되어 있던 카드뮴을 제거하지 않고 강에 투척하여 발생하였다. 1971년 이따이이따이병 관련 제1차 소송에서 카드뮴과 이타이이타이병의 발생 사이에 인과관계가 인정되었다.

4. 영국 유류유출 사건

1967년 영국 근해에서 침몰한 대형유조선 토리캐년호에서 유출된 유류 약 117,000*kl*로 인한 오염사건 등을 들 수가 있다. 유류의 유출 규모는 태안반도 사건의 약 10여배에 이를 정도로 엄청난 재앙을 초래하였다.

5. 체르노빌 원자력발전소 사건

체르노빌 원자력발전소는 우크라이나와 벨라루스 국경에 위치하고 있으며, 1978년부터 가동을 하여 왔다. 동 발전소에서는 1986년 4월 25일에 하나의 실험을 진행하였는데, 그 실험의 주된 내용은 전원이 끊어진 경우에도 증기터빈이 관성에 의하여 회전하면서 원자로의 냉각펌프 등에 전력을 공급할 수 있는 시간을 측정하기 위한 것이었다. 그러다가 원자로 내부의 온도가 급격하게 상승하면서 4월 26일 반응로에서 폭발이 발생하였고, 건물이 붕괴되었다. 수십만명이 넘는 많은 주민들이 대피하였고, 인근 국가들까지 방사능 유출로 커다란 피해를 입었으며, 발전소 주변은 사건이 발생한 지 약 25년이 지났지만 아직도 죽음의 땅으로 버려져 있다.

6. 후쿠시마 원자력발전소 사건

2011년 3월 11일 오후 2시 25분 도호쿠 근처의 바다 밑에서 강도 8.8에 해당하는 엄청난 지진으로 엄청난 쓰나미가 발생하였는데, 이로 인하여 후쿠시마 제1원전이 침수되었다. 문제는 비상시 가동되는 발전기가 침수되어 냉각기로 보내는 전력이 차단되었고 이로 인하여 냉각장치 미작동으로 원자로가 과열되어서 3월 12일 오후 3시경 폭발하게 되었다. 이로 인하여 원전의 20㎞ 내에 거주하는 주민들에 대해서는 피난지시가 발동되었으나, 미국의 기준에 의하면 80㎞ 이내에 거주하는 주민들에게 피난권고가 발동되었다.

B. 우리나라의 환경문제

1. 낙동강 페놀유출 사건

우리나라에서도 1991년 3월 16일 낙동강 페놀 유출사고가 발생하였는바, 경상북도 구미시 구포동 소재 두산전자의 페놀원액 저장탱크로부터 페놀수지를 생산하는 시설로 연결된 관이 균열되어 30톤에 달하는 페놀원액이 옥계천을 통하여 낙동강으로 유출되었다. 이로 인하여 낙동강의 밀양 · 함안 · 칠서 수원지 등에서 페놀이 검출되었고 페놀이 함유된 수돗물에서는 악취가 발생하였고 수돗물을 마신 자들은 복통을 호소한 사건이다.

2. 태안 유류유출 사건

2007년 12월 7일(금)에 충남 태안군 만리포 해수욕장으로부터 북서쪽으로 약 5마일 해상에서 예인선 두척이 해상크레인 부선을 예인하던 중 예인 선(線)의 파손으로 인근에서 입항을 대기중이던 홍콩 선적 유조선인 '허베이 스피리트호'를 충돌하여 원유 12,547 *kl*가 바다로 유출되는 사고가 발생하였다.

3. 구미와 수원 불산 사건

최근에는 구미와 수원의 공장들로부터 불산이 유출되어서 심각한 손해를 가져왔다. 2012년 9월 27일 경상북도 구미시 산동면 봉산리 구미 제4국가산업단지에 위치한 '휴브글로브'라는 화학제품 생산회사로부터 '플루오린화 수소가스'가 유출되어서 5명이 사망하고 18명의 부상자가 발생하였다. 그리고 그 지역 주변의 주민들과 생태계에 커다란 피해를 주었다. 약 2,000명이 넘는 주민들이 치료를 받았다고 보도되었다.

2013년 1월 28일에는 삼성전자의 화성사업장에서 불산이 누출되어서 불산 용액 배관 교체 작업자 1명의 사망자와 4명의 부상자를 야기하였다.

4. 중국발 황사 및 초미세먼지 사건

한국일보에는 다음과 같은 중국발 황사와 초미세먼지에 대한 문제점을 지적하고 있다: 미세먼지는 우리 눈에 보이지 않는 아주 작은 물질로 대기 중에 오랫동안 떠다니거나 흩날려 내려오는 직경 10㎛ 이하의 입자다. 지름이 10㎛ 이하인 미세먼지(PM 10)는 대부분 코에서 걸러진다. 그러나 머리카락 직경의 30분의 1에 해당되는 초미세먼지는 지름이 2.5㎛ 이하(PM 2.5)여서 기관지를 거쳐 폐에 흡착되어 폐질환 등을 유발한다. 장기간 초미세먼지에 노출되면 면역력이 급격히 저하되어 감기, 천식, 기관지염 등의 호흡기 질환은 물론 심혈관 질환, 피부질환, 안구질환 등 각종 질병에 걸리기 쉽다. 증상이 악화되면 신경계질환이나 암을 유발할 뿐만 아니라 심장질환이나 순환기계 질환을 앓고 있는 병약자나 노약자는 조기사망에 까지 이를 수 있다고 전문가들은 위험성을 경고하고 있다. 초미세먼지 속에는 아황산가스, 질소산화물, 납, 오존, 일산화탄소 등 대기오염물질이 포함되어 있다. 세계보건기구(WHO)는 디젤에서 배출되는 BC(black carbon)을 1급 발암물질로 지정했다. 수명을 5.5년이나 단축시킬 만큼 인체에 치명적이다.

국회 환경노동위원회 소속 새누리당 김상민 의원은 "중국 스모그의 유입으로 국내에서 일일 환경기준(100㎍/㎥)을 넘는 고농도 미세먼지(PM10)의 발생 빈번도 높아지면서 국민의 우려가 커지고 있다"며 대응이 시급하다고 지적했다. … 최근 경기개발연구원 김동영 환경연구실장이 발표한 〈건강을 위협하는 미세먼지, 원인과 대책〉 보고서에 따르면 수도권 미세먼지로 인한 조기 사망자는 연간 약 2만명, 폐질환 발생자는 80만명에 이를 것으로 예상된다. 사회적 비용으로 환산하면 무려 12조 3천억원으로 추정된다. 미세먼지 배출량은 2050년까지 증가할 전망이다. 환경보건시민센터 최예용 소장은 "초미세먼지는 단순히 호흡기질환을 악화시키는 수준이 아니라 암을 일으키는 성분이다. 결국 수도권에 거주하는 수천만 명의 시민들은 전부 발암물질이 노출돼 있는 셈인데, 이것은 굉장히 심각한 문제"라고 지적했다. 중국 몽골 사막지대에서 발생하는 자연 황사와 달리 미세먼지는 자동차, 공장등에서 발생한 납과 비소 등 맹독성 성질을 지녔다. 2013년 1월 993㎍/㎥, 10월에 407㎍/㎥로 최고수준에 달했다. 이는 WHO 권고기준 일일 25㎍/㎥와 비교할 때 상당히 높은 농도로 연료사용이 많은 시기에 특히 높아진다.

환경부는 오는 2015년 1월부터 2.5㎛ 이하의 초미세먼지(PM 2.5)에 대한 예 · 경보제를 전면적으로 시행할 예정이다. 또 2024년까지 수도권의 초미세먼지를 매년 전망치 대비 45% 줄이기로 했다. 수도권으로 진입하는 오염물질 배출차량에 과태료를 부과하는 공해차량 운행제한지역(LEZ) 제도를 오는 2017년부터 대형 화물차 · 버스를 대상으로 실시할 예정이다.[8)]

C. 학자들의 경고와 인류의 대응

1962년 미국의 생태학자인 레이첼 카슨(Rachel Carson)[9)]이 "침묵의 봄(The Silent Spring)"에서 DDT에 의한 생태계의 파괴를 경고하였다. 주된 내용은 다음과 같다: "저자는 친구로부터 받은 편지 한 통을 계기로 살충제의 사용 실태와 그 위험성을 조사하고, 생물학자로서의 전문지식과 작가로서의 능력을 발휘해 방사능 낙진으로 인해 더욱 절실해지기 시작한 환경 문제의 복잡성을 알기 쉽게 풀어냈다. 더불어 무분별한 살충제 사용으로 파괴되는 야생 생물계의 모습을 적나라하게 공개하여, 생태계의 오염이 어떻게 시작되고 생물과 자연환경에 어떤 영향을 미치는지 구체적으로 설명하였다. 이를 통해 정부와 살충제 제조업체의 행태를 지적하고, 환경문제에 대한 대중들의 생각을 환기시킬 수 있는 기회를 제시하였다."[10)]

---

8) 정영석 · 황윤경 기자, 한국일보, 2014-01-04, '보이지 않는 습격… 수천만명 발암물질 노출'.

9) 레이첼 카슨은 '생태학 시대의 어머니'라고 불리며, 환경의 중요성을 일깨운 공로로 타임지에 의해서 '20세기를 변화시킨 100인'중 1인으로 선정되었다.

10) http://book.naver.com/bookdb.

1968년 개럿 하딘(Garette Hardin)이 "공유지의 비극(The Tragedy of the Commons)"에서 폐쇄된 생태계에서 인간의 무제한적인 이익추구가 초래할 수 있는 결과를 경고하면서 환경문제가 주목을 끌기 시작하였다. 공유지의 비극의 주된 내용은 다음과 같다: "한 목초지가 모두에게 개방되어 있는 공유지인 경우, 소를 치는 사람들은 거기에서 저마다 가능한 한 많은 소를 키우려고 할 것이고, 최대한의 이익을 추구하려 할 것이다. 암암리에 혹은 의식적이든 무의식적이든 그들 각자는 "나의 소를 한 마리씩 더 늘려 가면 나에게 얼마나 효용이 생길까?"라는 질문을 던질 것이다. 소를 한 마리 늘리게 되면 일장일단의 효용이 있다. ① 긍정적 요소는 한 마리의 소의 증가라는 것이다. 왜냐하면 그가 그 소를 팔면 거의 +1이라는 효용이 있을 테니까. ② 부정적 요소는 소가 한 마리 더 늘어나면 그만큼 풀을 많이 뜯어먹게 된다는 것이다. 그러나 나에게 돌아오는 과도한 방목의 효과는 모든 소치는 사람들과 함께 나눠 가지게 된다. 즉 소치는 사람이 n명이라면 나에게 돌아오는 손해는 −1/n밖에 안 된다. 따라서 합리적으로 계산을 해보면, 소치는 사람은 소를 한 마리 더 키우는 게 낫다. 따라서 또 한 마리 더 키우고, 또 한 마리 더 키우고…. 그러나 마침내 계산하는 날이 왔을 때, 우리는 눈앞에 벌어진 사실을 보고 기겁을 할 것이다. 그 많은 나머지 소는 다 어디로 간 것일까. 아마도 과도한 방목으로 풀이 없어서 굶어 죽었거나 소가 소를 잡아먹은 결과일 것이다. 공유지의 비극은 우리에게 남을 희생시켜서라도 끊임없이 자기 이익과 권리의 극대화를 추구할 경우, 결과적으로 자신을 포함한 공동체 전부가 피해를 입게 된다는 교훈을 준다."[11)]

UN은 1972년 6월에 스웨덴의 수도 스톡홀름에서 "UN인간환경회의"를 개최하여 범세계적 차원의 환경보전대책을 마련하기 시작하였으며 곧이어 유엔환경기구(UNEP)를 설립하였다. 또한 해양환경과 야생동식물들을 보호하기 위하여 많은 국제협약들이 체결되었다.

1992년 6월에는 브라질의 수도 리우 데 자네이로에서 "UN환경개발회의"가 개최되어 전세계적으로 환경보호의 필요성이 부각되었는바, 동 회의에서는 리우선언과 의제21이 채택되어 개발과 환경문제에 대한 인류사회의 기본입장이 천명되었으며, 우리도 이에 발맞추어 환경정책을 강화하고 각종 입법들을 추진하였다.

2012년 9월에는 대한민국의 제주도에서 세계자연보전총회(World Conservation Congress: WCC)가 개최되었다. 세계자연보전총회는 자연보전분야 세계최대 단체인 세계자연보전

---

11) http://terms.naver.com/.

연맹(IUCN)이 자연보전, 생물다양성, 기후변화 등을 논의하기 위해 4년마다 개최하는 대규모 회의이다. 여기에는 정부기관, NGO, 전문가 등 180개국 1,200여 개 단체가 참가하여 자연보전과 관련되는 활동을 한다. 그리고 세계자연보전연맹(IUCN)은 세계의 자원과 자연의 보호를 위해 국제연합의 지원을 받아 1948년 설립된 국제기구로서 세계 각국의 정부기관과 비정부기관을 지속적으로 받아들여 세계 최대 규모의 환경단체가 되었다. 제2차 세계대전으로 자연환경이 심하게 파괴되자 세계 각국은 파리에서 회담을 열고 기존의 국제자연보존연맹 국제자연보호사무국을 국제기구로 정식 발족시켰다. IUCN은 세계의 자원과 자연을 관리하고 멸종위기의 동식물을 보호하기 위해 국제협력을 이끌어내는 국제외교 업무는 물론, 야생동식물의 서식지와 환경을 보전할 가치가 있는 지역을 보호하기 위한 연구 조사도 병행한다. IUCN 산하에는 종보전위원회, 생태계관리위원회, 보호지역위원회, 교육커뮤니케이션위원회, 환경 · 경제 · 사회정책위원회, 환경법 · 교육 · 커뮤니케이션위원회 등 6개 위원회가 있다.

환경문제는 원인불명 및 인과관계의 입증곤란, 장기간의 잠복기간 그리고 피해의 광역화 내지 세계화 등으로 인해서 종래의 법체계로 대응하기가 곤란하게 되었다. 선진국에서는 시민들의 환경소송을 통한 노력이 있어 왔으나, 개발도상국에서는 정부의 노력이 보다 큰 비중을 차지하게 되었다.

환경문제는 이제는 국경을 넘어서 발생하고 있으므로 세계 각국의 공동노력이 절실히 요구된다. 우리나라의 경우에도 이웃나라인 중국으로부터 넘어오는 황사(Yellow Dust)로 인하여 호흡기 질환이나 알레르기의 발생 등을 경험하고 그리고 중국 해안으로부터 유출되는 오염물질 등으로 서해 앞바다가 심각하게 오염되는 것을 목격할 수 있다. 환경경영을 위한 국제표준제도로서 ISO 14000 등 환경보호를 위한 국제적 규범의 전지구적 도입도 절실히 요청된다.[12)]

12) 환경경영(Environmental Management System, ISO 14000)은 우리 인류의 생산활동, 소비활동에서 발생하는 환경오염을 예방하면서 경제 및 사회의 지속 가능한 개발(Sustainable Development)을 추구하는 수단이다.

Ⅲ. 환경문제의 원인과 특징

A. 환경문제의 원인

1. 산업화 · 도시화

인류의 발달과정에 있어서 18세기 후반에 발생한 산업혁명을 기점으로 산업화로 인한 생태계의 파괴가 본격화 되었다. 산업화는 자원 및 에너지의 소모를 증가시키며 결과적으로 오염물질의 증가로 귀결된다. 산업화와 맞물려서 도시화가 급속도로 진척되고, 이로 인해서 오염물질의 배출이 도시지역에서 집약적으로 이루어지게 되었다. 그러므로 환경의 자연정화작용이 그 기능을 잃게 되고 생태계의 순환작용에 무리를 가져왔다.

2. 인구의 증가

인구의 증가는 환경에 대한 사용을 보다 고도화시키는 결과를 야기하게 되었다. 인간은 환경을 이용하면서 생활할 수 밖에 없는 고로, 인구가 증가하면서 대기나 하천으로의 오염물질의 배출이 증가되고, 폐기물의 양도 늘어나며, 주거를 위하여 숲을 개간하게 된다.

3. 환경용량의 소진

인간이 환경을 이용하여 어느 정도 오염시킨다고 하더라도 환경의 자정능력이 유지된다면 커다란 문제가 발생하지 않을 것이다. 문제는 인구의 증가나 사회의 고도화로 인해서 특정 지역에 대한 환경용량에 과다한 부하가 걸려서 이러한 자연적인 정화작용이 정상적으로 기능을 발휘하지 못하는 데 있다.

4. 자연재해

대규모 산불이나 화산의 폭발 그리고 지진이나 해일과 같은 자연재해 역시 환경문제를 야기하는 원인으로 지목될 수 있다. 이러한 자연재해는 인간의 환경오염이나 기후온난화로 인하여 더욱 강도가 강하여지고 빈도가 증가하는 경향을 보이고 있다.

5. 생계의 곤란

생계의 곤란 역시 환경문제의 원인으로 지목될 수 있다. 우선 당장 먹고 사는 문제가 급박한 경우에는 환경에 대하여 고려할 여유를 갖지 못한다. 브라질에서 주민들이 밭을 일구기 위하여 삼림을 불태우는 경우를 볼 수 있다.

6. 환경의 가치에 대한 인식의 부족

인간들은 자신의 주위에 놓여 있는 환경의 가치에 대하여 얼마나 중요한가에 대한 인식을 하기가 쉽지 않다. 왜냐하면 주위의 환경들이 당연히 주어진 것으로 생각하기 때문이다. 마치 건강을 잃었을 때 건강이 얼마나 값진 것인가에 대해서 생각을 하듯이 환경 역시 환경오염으로 인하여 피해를 당한 경우에 보다 깊이 그 가치를 인식할 수 있을 것이다. 또한 환경의 훼손이 가져오는 심각성을 제대로 인식하지 못하기 때문이다. 이는 환경오염이 장기간에 걸쳐서 서서히 진행되는 경우가 빈번하기 때문이다.

7. 환경에 대한 인간의 영향력의 증가

과거에는 인간이 환경에 미치는 영향이 비교적 작고 좁고 미약하였으나, 이제는 과학기술의 발달로 커다란 영향을 미치게 되었다. 이는 소수의 사람들이 환경에 커다란 충격을 미칠 수도 있으며, 작은 사건으로도 파급효과가 거대할 수 있게 되었다. 대표적인 경우가 바로 원자력발전소 또는 핵무기의 사용이 주위 환경에 미치는 영향을 들 수 있을 것이다.

B. 환경문제의 특징

1. 오염원의 다양성

환경을 오염시키는 원인들이 매우 다양하다. 이는 과학기술의 발달로 점점 더 다양한 환경오염요소들을 만들어내고 있는 것과 관련이 있다. 예를 들면 원자력 기술의 발달로 방사능이라는 오염원이 등장하였고, 또한 각종의 이동통신기술이 발달하면서 전자파라는 오염원이나 유전자변형물질을 통하여 새로운 오염원이 나타난 것이 그것이다.

2. 원인규명의 곤란성

환경오염에 있어서는 원인이 되는 행위와 결과인 오염현상과는 시간적인 간격이 존재하기도 하지만 또한 인과관계를 규명하기도 쉽지 아니하다. 오염요소들이 매우 미세하여 시각적으로 확인하기가 어렵기도 하고, 또한 일회적인 오염현상으로 결과가 나타나기 보다는 장기에 걸쳐서 누적적으로 작용하는 경우가 많다.

3. 오염의 광역성

환경오염의 현상이 일단의 지역을 넘어서 광역화 내지 세계화 되는 특징을 보이고 있다. 이러한 광역성은 환경을 오염시키는 요소들의 이동가능성과도 연관이 있다. 그러므로 환경문제에 대처하기 위해서는 공동의 노력이 매우 중요하다.

참조	Trail Smelter Case(1937)
내용	1896년 캐나다 브리티시 컬럼비아주 Trail市에 위치한 제련소로부터 납과 아연을 정련하는 과정에서 아황산가스가 유출되었고 미국의 워싱턴주까지 남하하여 삼림, 과수 그리고 농작물 등에 막대한 피해를 야기하였다. 이 문제는 미국과 캐나다 사이에 체결된 조약에 따라서 중재법원에 회부되었고, 동 법원에서는 캐나다 정부에 배상책임을 인정하였다. 동 판결은 제련소를 운영하는 사인의 행위로 발생한 손해에 대해서 국가(캐나다 정부)가 제련소에 대한 감독의무위반으로 인하여 배상책임을 부담하는 점에서 의의가 인정되고 있다.

4. 오염의 발작성

환경오염은 오랜 잠복기를 거쳐서 오염으로 인한 현상이 나타나게 될 때 갑작스럽게 발작하는 경우가 많다. 이는 환경오염을 야기하는 물질들이 미세하거나 소량이지만 맹독성 물질이 많고, 인체에 치명적인 독성을 퍼뜨리기 때문이다.

5. 오염의 지속성 내지 비가역성

환경오염은 한 번 이루어지면 토레이 캐년호나 허베이 스피리트호의 유류오염 사건에서 볼 수 있듯이 수십년을 넘어서 지속적으로 오염을 시키는 것을 볼 수 있다. 한 번 파괴된 생태계를 복원하기까지 걸리는 시간이 수십년에서 수백년도 더 걸리는 것을 볼 때 환경오염은 한 번 이루어지면 상당한 기간 지속적으로 오염현상을 가져온다.

환경문제는 문제의 발생과 이로 인한 영향이 현실로 나타나기까지 상당한 시차가 존재하고, 어느 정도의 환경악화는 환경이 갖는 자체 정화능력에 의하여 쉽게 원상회복될 수 있지만 그 자체 정화능력을 초과하는 경우에는 환경악화가 가속화될 뿐만 아니라 심한 경우에는 원상회복이 어렵거나 불가능하게 되는 시차성(시차성), 탄력성(탄력성) 및 비가역성(비가역성) 등과 같은 특성을 가진다. 따라서 환경문제가 포함된 이 사건을 처리함에 있어서는 이러한 특성을 충분히 고려함으로써 현재의 잘못된 정책으로 인하여 이 사건 사업지역 인근에 거주하거나 한강을 상수원으로 삼는 재항고인들뿐만이 아닌 미래의 세대인 우리들 자손의 중요한 삶의 터전이 될 환경이 오염되거나 훼손되지 아니하도록 각별한 주의를 기울일 필요가 있다.[13)]

6. 예방의 중요성

환경문제에 대처하는 가장 효율적이고 적절한 방안은 미연에 환경오염의 발생을 예방하는 것이다. 환경이 한 번 오염되면 복구에 오랜 시일이 걸리고 이를 위해서 들어가는 비용도 매우 크므로 사전적으로 환경문제가 발생하지 아니하도록 제도적 장치를 마련하고 국민들을 교육시키는 데 보다 적극적으로 임할 필요가 있다.

13) 대법원 2011.04.21. 자 2010무111 전원합의체 결정[집행정지].

제3절 환경보호

Ⅰ. 환경보호의 의의

환경국가에서 바라보는 환경보호는 그 자체가 하나의 국가목표를 이루게 된다. 환경보호란 1970년대로부터 사용되기 시작한 개념으로서 개인적 · 조직적 혹은 정부적 차원에서 자연환경 그 자체 혹은 인간의 유익을 위하여 환경을 보호하는 작용이다. 환경보호(Umweltschutz)는 기능적으로 온전한 생태계에서 모든 생물체의 생존기반을 확보하는 것을 목표로 환경보호를 위한 모든 조치들의 총합을 의미한다. 경우에 따라서는 인간에 의하여 야기된 훼손이나 손해를 제거하는 것을 포함한다.

환경보호의 출발점은 인간의 생활영역과 그의 건강의 유지이다. 이것은 인간을 둘러싸고 있는 자연의 보호를 상당 부분 포함한다. 환경보호는 우선적으로 인간의 생활조건의 보호를 추구하는데, 이를 위해서 과학기술적 수단을 이용한다.[14)]

Ⅱ. 환경보호의 유형

환경보호의 유형을 살펴보면 환경오염을 시키는 원인에 따라서 핵 및 방사능 오염의 방지, 화학물질오염의 방지, 생필품 · 사료 · 의약품 오염의 방지, 소음 · 진동의 규제, 폐기물 등의 관리, 유전공학 등의 규제를 들 수 있고, 환경보호의 대상에 따라서 지표환경의 보호, 수자원 및 수질환경보전, 대기환경보전, 토양환경보전 등으로 구분할 수 있고, 환경보호가 다른 공익들과 어떤 관련이 있는가에 따라서 경합관계에서의 통합적 환경보호와 수렴관계에서의 통합적 환경보호로 구분할 수 있다. 경합관계에서의 통합적 환경보호는 국토기본법이나 국토의 계획 및 이용에 관한 법률 상의 도시계획 내지 도시관리계획에 있어서와 같이 생태계보호 등의 환경목적이 개발이나 토지이용 등과 같은 다

---

14) http://en.wikipedia.org/wiki/Environmental_protection;
http://de.wikipedia.org/wiki/Umweltschutz#Umweltrecht_in_Deutschland.

른 목적들과 경합할 때 이를 조정하는 경우이고, 수렴관계에서의 통합적 환경보호는 공중위생관리법, 의료법, 식품위생법 등 보건관계법들에서처럼 국민보건의 향상을 목적으로 하고 있어 환경보호와는 직접적인 관련은 없지만 국민보건의 향상은 건강하고 쾌적한 환경의 보호와 같은 방향으로 나아가는 것이므로 양자는 보완적인 관계에 놓이게 되는 경우이다. 노동법의 경우에도 노동환경이나 노동조건의 개선 역시 직접적으로 환경보호를 추구하지는 않지만 결과적으로 건강하고 쾌적한 환경의 보호에 이바지하는 관계로 볼 수 있다.

Ⅲ. 체험적 환경보호로의 방향설정

'만지지 마라, 들어가지 마라, 멀리서 바라보기만 하라'라는 환경보호의 패러다임에서 '만져 보라, 느껴 보라, 체험해 보라'는 환경보호의 패러다임으로 체제전환을 가져와야 할 것이다. 기존의 환경보호의 패러다임은 환경오염 내지 환경훼손에 대한 반작용으로서 폐쇄적인 환경보호를 지향하여 왔다면, 이제는 환경에 대해서 국민이 다가가서 그 중요성을 체험하도록 하는 새로운 패러다임을 도입하여야 할 것이며, 이에 발맞추어 환경법 역시 체제를 정비할 시점에 이르렀다고 사료된다.

각종 환경매체에 대한 보호도 이를 구획하거나 지구 · 지정을 통한 구획선을 긋는 방식에서 이제는 국민이 보다 적극적으로 환경에 다가가도록 하면서 함께 환경과 어울리면서 환경의 중요성을 체험하면서 환경을 보호하도록 하는 시점에 와 있다고 본다. 예를 들면 습지보전도 보호구역의 지정에 머무르는 것이 아니라, 습지 하부에 커다란 투명터널을 굴착하여 습지 밑을 국민들이 들어가 어떤 현상들이 일어나고 있는지 직접 보고 체험할 수 있도록 하는 것이나, 자연환경도 적절한 개발 내지 현명한 개발을 통하여 환경에 대한 접근성을 고양하는 것이 요청된다.

제4절 환경문제에 대한 국제적 대응

Ⅰ. 서설

환경문제는 그 광역적이고도 지속적인 속성으로 인하여 국제적인 공동대응이 요청된다. 구미 선진국에서는 일찍부터 경제성장과 더불어 나타난 공해문제를 대처하기 위한 노력을 기울였고, 인간다운 환경 가운데서 사는 행복한 삶에 대하여 추구하였으며, 환경문제를 절박한 생존의 문제로 인식하였다. 미국에서는 1969년 국가환경정책법을 만들었으며, 독일에서는 1971년 이후 환경권이라는 개념이 등장하여 環境에 대한 관심과 노력을 기울여 왔으며,[15] 환경보호에 대한 국민적인 관심의 증대와 함께 1994년 독일헌법개정을 통하여 헌법 제20a조[16]에서 환경보호를 국가목표(Staatsziel)로 규정하게 되었다.

환경문제에 대한 국제적인 공동대응을 위한 최초의 논의로는 1972년 6월 스웨덴의 스톡홀름에서 열린 "유엔인간환경회의(UN Conference on the Human Environment)"를 들 수 있다. 여기서 하나뿐인 지구(Only one Earth)"라는 주제 하에 '인간환경선언(Declaration on the Human Environment)'을 채택하였고 환경이 더 이상 파괴된다면 인류의 멸망을 초래할 것이라고 보았다.

회의 결과 유엔은 '유엔환경계획(UNEP)'을 설치하여 국제환경문제에 대해서 본격적으로 대처하기 시작하였다. 그 후 유엔은 계속하여 지구온난화 및 사막화 문제, 오존층의 파괴, 산성비, 해양오염, 습지훼손, 생물다양성의 감소 등 환경문제를 대처하기 위하여 1982년 "세계자연헌장(World Charter for Nature)"을 마련하고, 1983년 "환경과 개발에 관한 세계위원회(World Commission on Environment and Development)"를 태동시켰다.

1972년 스톡홀름 유엔인간환경회의가 개최된 지 20년 만에 또 하나의 분수령을 이루

---

15) 홍성방, 환경기본권, 환경오염의 법적구제와 개선책, 1996, 19면: 독일의 환경보호에 대한 논의와 환경보호를 헌법상의 국가목표로 규정하게 되기까지의 과정에 대하여 자세히 설명하고 있다.

16) Art. 20a [Schutz der natürlichen Lebensgrundlagen]
Der Staat schützt auch in Verantwortung für die künftigen Generationen die natürlichen Lebensgrundlagen im Rahmen der verfassungsmäßigen Ordnung durch die Gesetzgebung und nach Maßgabe von Gesetz und Recht durch die vollziehende Gewalt und die Rechtsprechung.

는 유엔환경개발회의(UNCED)가 1992년 6월 브라질 리우 데 자네이로에서 개최되었다. 동 회의에는 세계 각국의 정상과 민간환경운동단체가 참가하였으며, 지속가능한 개발을 위한 기본원칙인 27개 항목의 '리우선언'과 세부실천계획으로서 '의제21(Agenda 21)'을 채택하였다. 또한 기후변화협약, 생물다양성협약 그리고 산림원칙협약의 채택 등을 이루었다.

리우선언과 의제21을 구체적으로 이행하기 위하여 1993년 2월에 UN경제사회이사회 산하에 UN지속개발위원회(UNCSD: UN Commission on Sustainable Development)를 설치하였다.

현재적으로 체결된 국제환경협약은 바젤협약, 람사협약, 기후변화협약, 생물다양성협약 등 220여개에 이르고 있으며, 협약의 이행을 담보하기 위한 수단으로 무역규제를 규정하는 조약도 약 20여개에 이른다. 현재 우리나라는 약 50여개의 환경협약에 가입되어 있다.

현재적으로 환경과 관련된 국제기구로서는 United Nations Environment Programme (UNEP), The World Meteorological Organization(WMO), Intergovernmental Panel on Climate Change(IPCC), UN Commission on Sustainable Development(CSD) 등이 있으며, IPCC의 조직도는 다음과 같다.

[IPCC 조직도]

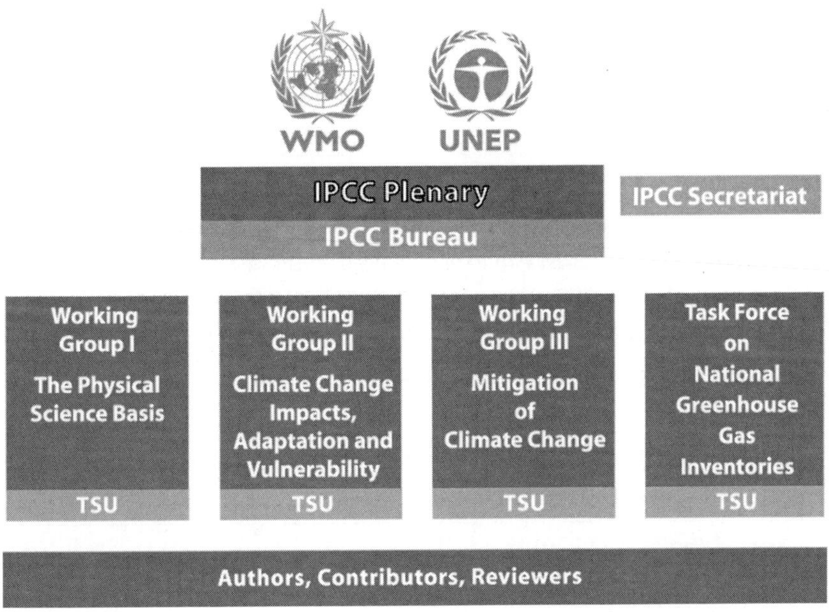

Ⅱ. 국제환경협약

환경법과 관련하여서는 특히 국제적인 차원에서 협약들이 많이 체결되고 있다. 그 이유는 환경오염이 가지는 이동성 내지 광역성이라는 특성상 국내적 차원을 넘어서 국제적인 차원으로 비화되기 때문이다. 국제적으로 체결된 중요한 국제환경협약들을 살펴보면 다음과 같다.

환경관련국제협약[18]	
년도	명칭
1946	고래잡이의 규제를 위한 국제협약
1950	조류 보호를 위한 국제협약
1951	국제 식물 보호 협약
1958	유류에 의한 해양오염방지를 위한 협약
1958	공해(High Seas)에 대한 협약
1960	핵에너지 분야에서 제3자 책임에 대한 협약
1961	식물의 새로운 종류 보호에 대한 국제협약
1969	유류오염손해를 위한 민사책임에 관한 국제협약
1971	물새서식지로서 특히 국제적으로 중요한 습지에 관한 협약(The Convention on Wetlands of International Importance, especially as Waterfowl Habitat: 람사협약)
1972	세계 문화 및 자연유산 보호에 관한 협약(Convention concerning the Protection of the World Cultural and Natural Heritage)
1972	자연과 자연자원의 보존을 위한 아프리카협약
1972	UN인간환경회의(United Nations Conference on the Human Environment) 인간환경선언(전문과 26개의 원칙) 109개의 권고문(Action Plan:행동계획) 제21원칙: 각국이 자국의 자원을 개발할 주권적 권리가 있고, 자국 내에서의 행위가 타국이나 국가관할권외부의 환경에 피해를 초래하지 않도록 할 책임이 있다. ※ 회의 이후 국제환경법이 국제법과 별개의 분야로 독립됨 ※ 유엔환경프로그램(UNEP) 설치 합의
1973	멸종위기에 처한 야생생물의 국제 거래에 대한 협약(Convention on International Trade in Endangered Species of Wild Fauna and Flora: CITES)

17) http://www.unep.org/Law/Law_instruments/law_instruments_global.asp.

1974	육지에 위치한 원인들로부터 해양오염방지를 위한 파리협약(Paris Convention for the Prevention of Marine Pollution from Land-Based Sources)
1979	이동성 야생동물의 보존에 관한 본 협약(Bonn Convention on the Conservation of Migratory Species of Wild Animals)
1985	오존층 보호를 위한 비엔나 협약(A protocol to the Vienna Convention for the Protection of the Ozone Layer)
1987	오존층을 감소시키는 물질에 대한 몬트리얼 의정서(Montreal Protocol on Substances that Deplete the Ozone Layer)
1989	유해폐기물의 국가간 이동과 처리의 통제에 대한 바젤협약(Basel Convention on the Control of Transboundary Movements of Hazardous Wastes and their Disposal)
1992	기후변화협약(United Nations Framework Convention on Climate Change)
1992	생물다양성협약(Convention on Biological Diversity)
1994	사막화방지협약(심각한 한발 또는 사막화를 겪고 있는 아프리카지역 국가 등 일부 국가들의 사막화를 방지하기 위한 국제연합협약: United Nations Convention to Combat Desertification in Those Countries Experiencing Serious Drought and/or Desertification, Particularly in Africa)
1994	핵안전에 대한 비엔나 협약(Convention on Nuclear Safety, Vienna)
1997	교토의정서: 공동이행(JI), 청정개발체제(CDM), 배출권거래제도(ET)
1997	오존층을 감소시키는 물질에 대한 몬트리얼 의정서에 대한 수정의정서(Montreal Amendment to the Montreal Protocol on Substances that Deplete the Ozone Layer, Montreal)
1997	핵 손해를 위한 민사책임에 대한 비엔나 협약을 수정하는 의정서(Protocol to Amend the Vienna Convention on Civil Liability for Nuclear Damage, Vienna)
1998	오르후스협약(Aarhus Convention: Convention on Access to Information, Public Participation in Decision-making and Access to Justice in Environmental Matters): 덴마크 오르후스(Aarhus)에서 체결된 협약.
1999	유해폐기물의 국가간 이동 및 그 처리로부터 기인하는 손해에 대한 책임과 보상에 대한 바 젤 의 정 서(Basel Protocol on Liability and Compensation for Damage resulting from Transboundary Movements of Hazardous Wastes and Their Disposal, Basel)
1999	오존층을 감소시키는 물질에 대한 몬트리얼 의정서에 대한 수정의정서(Amendment to the Montreal Protocol on Substances that Deplete the Ozone Layer, Beijing)
2000	생물다양성협약에 대한 카르타헤나 생물안전의정서(Cartagena Protocol on Biosafety to the Convention on Biological Diversity, Montreal)
2001	수중문화유산의 보호에 대한 협약(Convention on the Protection of the Underwater Cultural Heritage, Paris)
2001	식품과 농업을 위한 식물유전자원에 대한 국제협약(International Treaty on Plant Genetic Resources for Food and Agriculture, Rome)

2001	잔류성유기오염물질에 대한 협약(Stockholm Convention on Persistent Organic Pollutants, Stockholm)
2004	유해화학물질 및 농약의 국제교역시 사전 통보 승인 절차에 관한 로테르담협약(Prior Informed Consent)
	18)

A. 기후변화협약

온실효과의 증대로 지구 상의 기후에 심각한 영향을 미치게 되었는바, 이러한 온실가스의 배출을 감소하기 위하여 1992년 체결된 협약이 기후변화협약(United Nations Framework Convention on Climate Change)이다.

주된 내용은 각국의 온실가스 배출 · 흡수 현황에 대하여 국가보고서를 작성할 것, 온실가스배출을 감축하기 위하여 국내적인 정책을 수립하고 집행할 것 등이다. 이러한 기후변화협약의 이행을 위하여 1995년 3월에 제1차 당사국총회(COP: Conference of the Parties)가 개최되었고, 특히 1997년 12월 일본 교토에서 제3차 당사국총회가 되었는데, 여기서는 선진국들의 온실가스 감축목표를 설정한 교토의정서를 채택하였다.[19]

동 의정서에 따르면 27개의 OECD 회원국과 11개 동구권 국가들(Annex I 국가[20])은 온실가스의 배출을 1990년 수준으로 감축하기 위하여 2008년부터 2012년까지 유럽연합 8%, 미국 7%, 일본 6% 감축 등 전체적으로 1990년 대비 5.2%라는 구체적인 감축목표가 제시되었다. 각국들은 일차적으로 자국내의 조치들을 통하여 목표를 달성하여야 하지만, 배출권거래(Emissions trading), 청정개발체제(Clean development mechanism) 그리고 공동

---

18) 스스로 추가하여 보라!

19) Kim, Yong gun et., Domestic Greenhouse Gas Emissions Trading Schemes, KEI 2003 WO-04, 「정책보고서」, p.1.

20) Annex I Australia Austria Belarus* Belgium Bulgaria* Canada Czechoslovakia* Denmark European Economic Community Estonia* Finland France Germany Greece Hungary* Iceland Ireland Italy Japan Latvia* Lithuania* Luxembourg Netherlands New Zealand Norway Poland* Portugal Romania* Russian Federation* Spain Sweden Switzerland Turkey Ukraine* United Kingdom of Great Britain and Northern Ireland United States of America.

*Countries that are undergoing the process of transition to a market economy.

Annex II Australia Austria Belgium Canada Denmark European Economic Community Finland France Germany Greece Iceland Ireland Italy Japan Luxembourg Netherlands New Zealand Norway Portugal Spain Sweden Switzerland United Kingdom of Great Britain and Northern Ireland United States of America Publisher' s note: Turkey was deleted from Annex II by an amendment that entered into force 28 June 2002, pursuant to decision 26/CP.7 adopted at COP.7.

이행(Joint implementation)와 같은 시장원리에 기초한 추가적인 수단들을 제공하고 있다(교토메커니즘).

기후변화협약의 당사국 분류

구분	부속서 I (Annex I) 국가	부속서II(AnnexII) 국가	비부속서 I (non-Annex I) 국가
포함 국가	협약체결 당시 OECD 24개국, EU와 동구권 국가 등 40개국	Annex I 국가에서 동구권 국가가 제외된 OECD 24개국 및 EU	우리나라 등
의무	온실가스 배출량을 1990년 수준으로 감축 노력, 강제성을 부여하지 않음	개발도상국에 재정지원 및 기술이전 의무 부담	국가보고서 제출 등 협약상 일반적 의무만 이행

교토메커니즘

개념	청정개발체제(Clean Development Mechanism: CDM)	공동이행(Joint Implementation: JI)	배출권거래(Emission Trading: ET)
정의	선진국과 개발도상국이 공동으로 추진하는 온실가스 감축사업제도로서 선진국은 개발도상국에 자본과 기술을 제공하여 온실가스 감축사업을 실시하고, 이를 통해 달성한 온실가스 감축량을 인증된 감축실적(CER: Certified Emission Reduction)으로 자국에 부여된 감축량에 포함시킴으로써 비용 효과적으로 감축목표를 달성(교토의정서 제12조)	선진국가들 사이에서 온실가스 감축사업을 공동으로 수행하는 것을 인정하는 것으로 한 국가가 다른 국가에 투자하여 감축한 온실가스 감축량의 일부분을 투자국의 감축실적으로 인정하는 제도(교토의정서 제6조)	온실가스 감축의무 국가(Annex B)가 의무감축량을 초과 달성하였을 경우, 이 초과분을 다른 온실가스 감축의무국가와 거래할 수 있도록 하는 제도(교토의정서 제17조)

우리나라는 기후변화협약에서 비부속서(Non-Annex I) 국가로 분류되어 온실가스의 배출량을 감축하기 위한 국가전략을 자체적으로 수립 · 시행하고 이를 공개함과 동시에 온실가스의 배출량과 흡수량에 대한 국가적인 통계와 정책적인 이행에 관한 보고서인 국가보고서를 작성하여 당사국총회(COP: Conference of the Parties)에 제출하는 등 공통적인 의무사항들만 이행하면 족하다.[21] 그렇지만 앞으로는 보다 적극적으로 기후변화의 문

21) http://me.go.kr/kor/notice/: 우리나라는 일본과는 달리 기후변화협약상 비부속서 I 국가로서 국제사회에 국가인벤토리 보고서(NIR)를 제출할 의무는 없으며, 단순히 온실가스 통계 결과만을 국가보고서를 통해

제를 대처하는 것이 바람직하므로, 철강, 자동차, 수송 등 산업의 전분야에 걸쳐서 에너지 효율적인 구조로 전환하는 노력이 요청됨은 물론이고, 기후체제에서 선도적인 역할을 감당하기 위해서 적극적인 자세로의 전환이 요청된다.

이러한 선상에서 2011년 '저탄소 녹색성장 기본법'을 제정하였고 동법 제42조에서는 에너지 및 온실가스감축을 위한 목표관리제를 도입하였고, 제46조에서 온실가스 배출권 거래제도의 도입을 규정하였다.[22] 온실가스 배출권의 거래를 보다 구체화하는 법률로서 2012년 5월 '온실가스 배출권의 할당 및 거래에 관한 법률'을 제정하기에 이르렀다.

기후변화협약 당사국총회의 개최 및 주요내용

당사국총회 (연도 및 개최도시)	주요내용
제1차 당사국총회 (1995년 베를린)	2000년 이후 온실가스감축을 위한 협상그룹 설치
제2차 당사국총회 (1996년 제네바)	미국과 EU 감축목표에 대하여 법적인 구속력 인정
제3차 당사국총회 (1997년 교토)	선진 38개국이 2008년~2012년 온실가스배출량을 1990년 수준보다 5.2% 감축 의무화 및 공동이행 제도,[23] 청정개발체제,[24] 배출권 거래제도 등 도입

발표하고 있는 실정이다. 현재로서는 국내에서는 환경(폐기물) 분야가 유일하게 선도적으로 2008년부터 인벤토리 보고서를 작성하고 있다. 따라서 환경부는 국가온실가스 인벤토리의 발전을 위해 환경 부문 인벤토리 보고서 작성 경험을 토대로 향후 정부차원에서 전 부문을 포괄하는 국가인벤토리 보고서 작성을 준비할 필요가 있다는 입장이다. 이에 차기 회의에는 타 부문의 협조를 통해 상호검토 분야가 더욱 확대되기를 희망한다고 환경부 관계자는 밝혔다.

22) 저탄소 녹색성장 기본법 제46조(총량제한 배출권 거래제 등의 도입) ① 정부는 시장기능을 활용하여 효율적으로 국가의 온실가스 감축목표를 달성하기 위하여 온실가스 배출권을 거래하는 제도를 운영할 수 있다. ② 제1항의 제도에는 온실가스 배출허용총량을 설정하고 배출권을 거래하는 제도 및 기타 국제적으로 인정되는 거래 제도를 포함한다. ③ 정부는 제2항에 따른 제도를 실시할 경우 기후변화 관련 국제협상을 고려하여야 하고, 국제경쟁력이 현저하게 약화될 우려가 있는 제42조제5항의 관리업체에 대하여는 필요한 조치를 강구할 수 있다. ④ 제2항에 따른 제도의 실시를 위한 배출허용량의 할당방법, 등록 · 관리방법 및 거래소 설치 · 운영 등은 따로 법률로 정한다.

23) 공동이행제도(JI: Joint Implementation)는 감축의무를 지닌 국가간 특정국가가 타국가의 온실가스감축사업에 투자하여 얻어진 감축량을 특정국가의 감축실적으로 인정하는 제도이다.

24) 청정개발체제(CDM: Clean Development Mechanism)는 온실가스 감축 의무대상국(부속서 I 국가)이 그 외의 국가에서 온실가스감축 사업을 통해서 이룩한 온실가스감축량 중 일정량에 대해서 이를 감축분으로 인정해 주거나 또는 개도국 단독으로도 온실가스감축사업을 하여 의무부담국에 감축분을 판매하는 체제이다.

제4차 당사국총회 (1998년 부에노스아이레스)	교토의정서의 세부이행절차 마련 위한 행동계획 수립 아르헨티나와 카자흐스탄이 비부속서 국가로서 온실가스 감축의무부담 표명
제5차 당사국총회 (1999년 본)	개발도상국의 온실가스 감축 의무부담 문제
제6차 당사국총회 (2000년 헤이그, 본)	2002년 교토의정서 발효 위한 상세운영규정 확정
제7차 당사국총회 c(2001년 마라케쉬)	교토의정서, 의무준수체제, 흡수원 등에 대한 마라케시 합의 도출
제8차 당사국총회 (2002년 뉴델리)	뉴델리 각료선언(The Delhi Ministerial Declaration)
제9차 당사국총회 (2003년 밀라노)	기후변화협약 이행, CDM, 기후변화 특별기금(Speacial Climate Change Fund) 운용방안
제10차 당사국총회 (2004년 부에노스아이레스)	제1차 공약기간(2008년~2012년) 이후의 의무부담문제
제11차 당사국총회 (2005년 몬트리올)	2012년 이후 기후변화체제협의회 구성
제12차 당사국총회 (2006년 나이로비)	선진국들의 제2차 공약기간(2013년~2017년) 온실가스 감축량 설정 논의 개도국들의 의무감축 참여 문제
제13차 당사국총회 (2007년 발리)	측정 · 기록 · 검증 가능한 방법으로 온실가스감축 수행
제14차 당사국총회 (2008년 포즈난)	CDM의 지역적 불균형 해소방안 개도국의 기후변화 지원기금 사용절차
제15차 당사국총회 (2009년 코펜하겐)	제1차 공약기간 이후의 대응방안(포스트 교토체제) 논의 구속력 없는 코펜하겐 협정(Copenhagen Accord)에 그침
제16차 당사국총회 (2010년 칸쿤)	제1차 공약기간 이후의 체제(Post 2012 체제)에 대한 협상 칸쿤합의를 채택: 선진-개도국의 감축을 별도의 참고문서에 수록, 녹색기후기금 설립 등
제17차 당사국총회 (2011년 더반)	제2차 공약기간설정 예정 선진-개도국의 감축목표설정에 대한 합의 예정
제18차 당사국총회 (2012년 도하)	교토의정서 개정안(2013~2020년: 제2기 교토의정서 기간까지 선진국의 온실가스 의무감축) 채택, 단, 일본, 캐나다, 러시아, 뉴질랜드 등 국가들이 감축의무로부터 이탈 대한민국 GCF 사무국 유치 인준

제19차 당사국총회 (2013년 바르샤바)	2020년까지 온실가스 감축 행동 강화 방안 2020년 이후 신기후체제에 대한 논의 개도국의 기후변화대응노력 지원을 위한 기후기금 재원 조성과 활용방안
제20차 당사국총회 (2014년 페루 리마)	기후대책에 관한 '리마선언(Lima Call for Climate Action)' : 신기후체제의 성립토대 마련, 세계 모든 국가가 온실가스 감축에 동참 약속, 2015년 3월 말까지 2020년 이후 온실가스 감축계획을 유엔에 제출하도록 함
제21차 당사국총회 (2015년 파리)	'신기후체제' 지구 평균기온을 산업혁명 시기보다 2℃ 높은 수준에 맞추는 것
제22차 당사국총회	'신기후체제'의 확립
제23차 당사국총회[25]	'신기후체제' 하에서의 노력

B. 람사르협약

람사르협약의 정식명칭은 '물새서식지로서 특히 국제적으로 중요한 습지에 관한 협약(The Convention on Wetlands of International Importance, especially as Waterfowl Habitat)'이며, 1971년 이란의 람사르(Ramsar) 국제회의에서 채택되었으며, 1975년에 발효되었다. 주된 내용은 국제적으로 보존의 필요성이 있는 습지에 대해서 습지목록을 작성하여 보호하는 것이다. 동 협약에서 습지(Wetlands)란 자연적이거나 인공적이거나 영구적이거나 일시적이거나 또는 물이 정체하고 있거나 흐르고 있거나 담수이거나 기수이거나 함수이거나 관계없이 소택지, 늪지대, 이탄지역 또는 수역을 말하고, 이에는 간조시에 수심 6미터를 넘지 않는 해역을 포함한다.[26]

우리나라도 1997년 101번째로 동조약에 가입하였고, 2008년 10월 28일부터 11월 4일까지 8일간 경상남도 창원에서 '건강한 습지, 건강한 인간'을 주제로 제10차 람사르협약 당사국총회가 개최되기도 하였다. 강원도 인제군 대암산 용늪, 창녕 우포늪 등 총 18개소 176.782㎢이 습지보호지역으로 지정되어 있다.

---

25) 스스로 추가하여 보라!

26) Article 1 1. For the purpose of this Convention wetlands are areas of marsh, fen, peatland or water, whether natural or artificial, permanent or temporary, with water that is static or flowing, fresh, brackish or salt, including areas of marine water the depth of which at low tide does not exceed six metres. 2. For the purpose of this Convention waterfowl are birds ecologically dependent on wetlands.

람사르 습지				
지 역 명	위치	면적(㎢)	특징	지정일자
대암산용늪	강원 인제군 서화면 심적리 대암산 일원	1.06	희귀야생 동·식물이 서식하는 국내 유일의 고층습원	1997년 3월 28일
우포늪	경남 창녕군 대합면·이방면·유어면·대지면 일원	8.54	큰부리큰기러기, 가시연꽃 등 다수의 멸종위기 동·식물 서식하는 국내 최대의 자연늪	1998년 3월 2일
신안장도습지	전남 신안군 흑산면 비리 장도(섬) 일원	0.09	멸종위기종 서식하고 이탄층이 잘 보전된 도서지역 산지습지	2005년 3월 30일
순천만·보성갯벌	전남 순천시 별양면·해룡면·도사동 일대, 전남 보성군 벌교읍 해안가 일대	35.5	멸종위기종 흑두루미의 국내 최대 월동지이며 수산자원 풍부	2006년 1월 20일
제주 물영아리 오름습지	제주 서귀포시 남원읍 수망리 수령산 일대 분화구	0.309	물장군과 맹꽁이 등 멸종위기종이 서식하고 독특한 식생경관을 지닌 화구호습지	2006년 10월 18일
무제치늪	울산 울주군 삼동면 조일리 정족산 일원	0.04	끈끈이주걱, 꼬마잠자리 등 희귀 야생 동·식물 서식하고 이탄층이 잘 발달된 산지습지	2007년 12월 20일
두웅습지	충남 태안군 원동면 신두리	0.065	희귀야생 동·식물 서식하고 해안사구 배후에 형성된 사구습지	2007년 12월 20일
무안갯벌	전남 무안군 해제면·현경면 일대	35.89	생물다양성 풍부하고 지질학적 보전가치가 있음	2008년 1월 14일
오대산 국립공원습지	강원 평창군 대관령면 횡계리 일대(소황병산늪,질뫼늪),홍천군 내면 명개리 일대(조개동늪)	0.017	멸종위기종 서식하고 이탄층 잘 발달된 산지습지	2008년 10월 13일
강화 매화마름 군락지	인천 강화군 길상면 초지리	0.003	매화마름, 금개구리 등 멸종위기종이 서식하고 국내 최초로 람사르습지로 지정된 논습지	2008년 10월 13일
제주 물장오리 오름습지	제주 제주시 봉개동	0.628	팔색조, 삼광조 등 멸종위기종이 서식하고 이탄층 발달한 산정 하구호습지	2008년 10월 13일

제주1100 고지습지	제주 서귀포시 색달동 · 중문동~ 제주시 광령리	0.126	멸기위기종 및 희귀종이 서식하고 독특한 지형에 발달한 고산습지	2009년 10월 12일
서천갯벌	충남 서천군 서면, 유부도 일대	15.3	다수의 멸종위기종 조류 및 전 세계 물떼새 개체수의 1% 이상이 서식 (검은머리물떼새)	2009년 12월 2일
고창 · 부안갯벌	전북 부안군 줄포면 · 보안면, 고창군 부안면 · 심원면 일대	45.5	다수의 멸종위기종 조류 및 전세계 물떼새 개체수의 1% 이상이 서식 (흰물떼새)	2010년 2월 1일
동백동산습지	제주도 제주시 조천읍 선흘리	0.59	지하수함양률이 높고 생물다양성이 풍부한 곶자왈지역	2011년 3월 14일
운곡습지	전북 고창군 아산면 운곡리	1.797	생물다양성이 풍부하고 멸종위기종 수달 등 서식2	011년 4월 7일
증도갯벌	전남 신안군 증도면 증도 및 병풍도 일대	31.300	국제적인 보호 조류가 서식하는 연안 습지	2011년 9월 1일
밤섬	서울특별시 영등포구 여의도동 밤섬 일대	0.27	대도시 속의 습지로 그 의미가 큼[1]	2012년 6월 26일

C. 멸종위기 야생동식물보호협약

멸종위기 야생동식물보호협약(Convention on International Trade in Endangered Species of Wild Fauna and Flora: CITES)은 전세계적으로 멸종위기에 처한 야생생물의 포획이나 채취 그리고 상업적 거래에 대하여 규제를 함으로써 야생생물 및 생태계를 보호하고자 한다.

우리나라에서도 '야생생물 보호 및 관리에 관한 법률'이 제정되어서, 야생생물과 그 서식환경을 체계적으로 보호 · 관리하고 또한 야생생물의 멸종을 예방하여 생물의 다양성을 증진시키는 데 노력하고 있다.

D. 바젤협약

1976년 이탈리아 소베소에서 다이옥신 유출사고가 발생하였는데, 그때 사라진 폐기물이 1983년 그린피스에 의하여 프랑스의 한 외딴 마을에서 발견되는 등, 산업의 발전으로 발생하는 각종의 유해폐기물을 부적절하게 처리하는 경우 또는 국가간 이동하는 경우가 많이 발생하고 환경문제를 야기함에 따라서 이를 국제적 차원에서 규제하여야 할 필요성이 대두되었다. 그리하여 UNEP는 1989년 '유해폐기물의 국가간 이동 및 그 처리에 관한 바젤협약(The Basel Convention on the Control of Transboundary Movements of Hazardous Wastes and their Disposal)'을 채택하였다.

바젤협약의 주된 내용은 유해폐기물의 발생 및 교역을 최소화하고, 발생한 유해폐기물은 자국 내에서 처리를 원칙으로 하며, 유해폐기물의 국가간 이동을 통제하는 것이다.

유해폐기물의 이동과 처리로부터 발생하는 손해에 대한 책임과 배상과 관련하여 바젤협약 제12조는 책임과 배상에 관한 의정서를 채택하도록 권고하고 있다: ARTICLE 12 CONSULTATIONS ON LIABILITY The Parties shall co-operate with a view to adopting, as soon as practicable, a protocol setting out appropriate rules and procedures in th e field of liability and compensation for damage resulting from the transboundary m ovement and disposal of hazardous wastes and other wastes.

책임과 배상에 관한 의정서의 명칭은 다음과 같다: "PROTOCOL ON LIABILITY AND COMPENSATION FOR DAMAGE RESULTING FROM TRANSBOUNDARY MOVEMENTS OF HAZARDOUS WASTES AND THEIR DISPOSAL."

동 협약이 1992년 5월 5일부터 발효됨으로 인하여 이를 국내법적으로 이행하기 위하여 우리나라에서도 '폐기물의 국가간 이동 및 그 처리에 관한 법률'이 제정되어 시행되고 있다. 주된 내용으로는 폐기물의 수입과 수출시 허가를 받아야 하는 것과 허가시에는 폐기물의 종류와 처리방법 등을 기재한 서류를 교부토록 하여 효율적 관리를 가능하게 하는 것이다.

E. 비엔나협약과 몬트리얼의정서

오존층은 성층권에서 많은 양의 오존이 있는 높이 25~30km 사이에 해당하는 층으로서, 태양으로부터 방출되는 자외선을 흡수하는 역할을 수행한다. 오존층이 파괴되면 지표면으로 쏟아지는 자외선의 과다로 인하여 피부암, 백내장의 증가, 해양플랑크톤의 감소 등 피해가 나타나므로 이를 보호하는 것이 중요하다. UNEP는 1985년 비엔나 협약(A protocol to the Vienna Convention for the Protection of the Ozone Layer)을 채택하여 국제적 차원에서 오존층 보호를 위한 법적 기초를 놓았으며, 1987년에는 오존층 파괴물질의 생산과 소비를 감소하고자 몬트리얼 의정서(Montreal Protocol on Substances that Deplete the Ozone Layer)를 채택하였다.

몬트리얼 의정서는 비엔나 협약 당사자들이 오존층 파괴물질의 궁극적인 제거를 목표로 삼고 있다. 이를 위해서 전세계적으로 파괴물질의 배출총량을 규제하는 것을 내용으로 하고 있다.

우리나라도 '오존층보호를 위한 특정물질의 제조규제 등에 관한 법률'을 제정하여 대비하고 있다.

F. 사막화방지협약

사막화방지협약이란 원래 명칭은 심각한 한발 또는 사막화를 겪고 있는 아프리카지역 국가 등 일부 국가들의 사막화를 방지하기 위한 국제연합협약(United Nations Convention to Combat Desertification in Those Countries Experiencing Serious Drought and/or Desertification, Particularly in Africa)으로서, 심각한 한발 또는 사막화의 영향을 받는 국가들 특히 아프리카 국가들에 대하여 재정적 · 기술적인 지원과 이를 위한 재정체계 수립 그리고 개도국의 사막화 대응능력을 향상시키는 것을 목적으로 하고 있다. 동협약에 따르면 '사막화'란 건조 · 준건조 및 아습윤 지역에서 기후변동 및 인간활동을 포함한 다양한 요인으로 인하여 발생하는 토지황폐화를 말한다. 우리나라는 1999년 159번째로 동 협약에 가입하였다. 요즈음 중국의 사막화로 인하여 황사가 발생하여 우리나라에도 커다란 영향을 미치고 있고 우리나라는 이에 대한 대응책으로서 중국과 몽골에 조림사업을 실시하는 등 협약의 의의는 크다.

G. 생물다양성협약

지구상에 존재하는 생물의 종류가 다양하여야만 전체적인 생태계가 건강하게 유지된다는 전제하에 1992년 리우회의에서 생물다양성협약(Convention on Biological Diversity)이 체결되었다. 동 협약은 생물의 다양성을 보호하고 지속가능한 이용과 유전자원의 이용에서 발생하는 이익의 공평한 배분을 도모하고 있다.[27]

27) http://www.cbd.int/.

<table>
<tr><th colspan="3">바이오 관련 국제협약</th></tr>
<tr><td rowspan="2">생물다양성협약(CBD: Convetion on Biological Diversity)</td><td rowspan="2">생물안전의정서(The Cartagena Protocol on Biosafety: CPB)
당사국총회에서 추가의정서로 채택</td><td>유전자원의 이익 공유를 위한 나고야 의정서[28]</td></tr>
<tr><td rowspan="3">2010년 10월
제10차 생물다양성협약 당사국 총회
- 특정 국가에서 생물 유전자원을 채집, 반출한 뒤 의약품, 식량, 신소재 등으로 상품화하려면 자원 보유국에 미리 통보하고 승인을 받아야 함
- 해당 유전자원을 이용해서 얻은 이익은 상호 합의한 계약 조건에 따라 서로 나눠 가짐
- 50개국 이상이 비준해야 정식 발효</td></tr>
<tr><td>1992년 리우에서 체결</td><td>2000년 1월 29일 공표</td></tr>
<tr><td>1993년 12월 23일 발효</td><td>2003년 9월 발효
한국 2008년 비준</td></tr>
<tr><td rowspan="3">전문과 42개 조항, 2개 부속서
- 생물다양성의 지속가능한 이용, 생물다양성의 보전, 유전자원으로 발생한 이익의 공평한 분배라는 목표
- 각 국가별 지침을 별도로 마련해 실천토록 함
- 환경영향평가의 도입 유도
- 유전자원의 이용은 상호 합의된 조건과 사전 통보된 협의에 따르며 그에 따른 기술 접근과 기술이전을 공정한 조건으로 각 당사국에 제공하는 것</td><td rowspan="2">유전자 조작 작물(GMO)의 교역에 관한 첫 국제 규정
- 유전자 조작 농산물의 안전한 교역과 취급, 이용을 보장
- LMO의 국가간 이동을 규제하고 관리하는 성격</td><td>유전자변형생물체의 피해에 대한 배상과 구제를 위한 나고야-쿠알라룸푸르 추가의정서[29]</td></tr>
<tr><td rowspan="2">제5차 바이오안전성의정서 당사국총회(COP-MOP5)
- LMO의 국가간 이동으로 인한 피해배상체제
- LMO가공품도 대상
- 각국은 민사소송절차를 마련하여야 함</td></tr>
<tr><td>유전자변형생물체의 국가간 이동 등에 관한 법률: 2001년 3월 제정 · 공포, 2008년 1월 1일 시행</td></tr>
</table>

우리나라에서는 2012년 2월 '생물다양성 보전 및 이용에 관한 법률'을 제정하여 생물

28) 유전자원의 이익 공유를 위한 나고야 의정서(Nagoya Protocol on Access to Genetic Resources and The Fair and Equitable Sharing of Benefits Arising from their Utilization to the Convention on Biological Diversity; 나고야 의정서).

29) 유전자변형생물체(LMO; Living Modified Organism)의 피해에 대한 배상과 구제를 위한 나고야-쿠알라룸푸르 추가의정서(Nagoya-Kualalupur Supplementary Protocol on Liability and Redress to the Cartagena Protocol on Biosafety; 나고야-쿠알라룸푸르 추가의정서).

다양성의 종합적이고도 체계적인 보전과 생물자원의 지속가능한 이용을 도모하고 있다.

H. 오르후스협약

오르후스협약(Aarhus Convention: Convention on Access to Information, Public Participation in Decision-making and Access to Justice in Environmental Matters)은 1998. 6. 25. 덴마크의 오르후스(Aarhus)에서 체결되어서 2001. 10. 30부터 발효하였으며, 환경문제에 있어서 정보에의 접근, 결정과정에의 참여 그리고 사법에의 접근에 대한 협약이다. 2013년 5월 현재 EU 및 45개 국가에 의하여 인준되었다. EU는 동협약의 원칙들을 입법에 반영하였는데, 특히 수자원기본지침(Water Framework Directive: Directive 2000/60/EC)에서 이루어졌다. 오르후스협약은 정보에의 접근, 결정과정에의 참여 등을 통하여 투명성과 신뢰성을 고양함으로 환경분야에 있어서 협치(governance)를 추구하는 다자간 협약이며, 현재뿐만 아니라 미래세대의 공중에게 알권리와 건강하고 쾌적한 환경에서 생활할 권리를 보장한다.

오르후스협약의 세 기둥은 첫째, 정보에의 접근, 둘째, 결정과정에의 공중참여, 그리고 셋째, 사법에의 접근이다. 오르후스협약은 환경적 규제에 있어서 기준을 설정하거나 결과를 특정하기보다는 오히려 환경적 규제의 절차화를 추구하고 있으며, 관계당사자들에게 자신들에 맞는 이행체제를 구축하도록 허용하고 있다. 협약은 준수검토체제를 가지며, 오르후스협약준수위원회(Aarhus Convention Compliance Committee)가 설치되었다. 오르후스협약에 대한 키에프부속의정서(Kiev Protocol on Pollutant Release and Transfer Registers to the Aarhus Convention)가 2003. 5. 21. 당사국임시총회에서 채택되었다. 키에프의정서는 오염물질 방출 및 운송 등록(Pollutant Release and Transfer Registers: PRTRs)에 대한 법적으로 구속력이 있는 첫 국제적 수단이다. 키에프의정서의 목적은 통일적이고도 전국적인 오염 물질 방출 및 운송등록(PRTRs)의 확립을 통해 정보에 대한 공중참여를 증진시키는 것이다. 키에프의정서의 당사자는 오르후스협약의 당사자일 필요는 없는 고로 누구나 당사자가 될 수 있다.[30)]

참고로 독일에서는 2006. 12. 15. 환경구제법이 시행됨으로써 오르후스협약의 세가지 기둥들에 대한 이행규범들이 제정되었다. 첫째 기둥인 정보에의 접근은 '환경정보에

30) http://en.wikipedia.org/wiki/Aarhus_Convention.

관한 유럽지침(2003/4/EG)' 및 독일의 연방환경정보법(UIG)의 개정을 통해서, 둘째 기둥인 결정과정에의 공중참여는 '환경문제에 있어서 공중참여에 관한 유럽지침(2003/35/EG)' 및 환경문제에서의 공중참여에 관한 법률(Öffentlichkeitsbeteiligungsgesetz)을 통해서, 그리고 셋째 기둥인 사법에의 접근은 '환경문제에 있어서 공중참여에 관한 유럽지침(2003/35/EG)' 및 독일 환경구제법(Umwelt-Rechtsbehelfsgesetz)의 제정을 통해서 이행되었다.

독일 환경구제법의 주요내용은 다음과 같다: 제1조: 적용영역(Anwendungsbereich), 제2조: 단체의 법적 구제 (Rechtsbehelfe von Vereinigungen), 제3조: 단체의 승인 (Anerkennung von Vereinigungen), 제4조: 절차규정 적용에 있어서 흠(Fehler bei der Anwendung von Verfahrensvorschriften), 제5조: 경과규정(Übergangsvorschrift), 제6조: 시행 (Inkrafttreten).[31]

Ⅲ. 그린라운드(환경라운드)

1991년 미국의 막스 보커스 상원의원이 워싱턴 국제경제연구소에서 "우루과이라운드(Uruguay Round) 협상에서 환경규제에 대한 개념이 충분히 정립되지 않고 있는데, 다음번 GATT 협상에서는 환경 문제가 주제가 되어야 한다. 다음 GATT 협상이 열리면 환경문제에 Focus를 맞추기 위하여 그린 라운드라고 지칭되기를 소망한다"라면서 처음 사용한 용어로서, 지구의 환경문제를 국제적 차원에서 다자간 무역협상에 있어서 주된 문제로 다룬다는 뜻이다. 환경보호라는 가치를 달성하기 위한 수단으로 환경보호협약을 준수하지 아니하는 경우에 무역에 대한 규제를 이용하는 경향이 증가하고 있는바, 이를 그린라운드(Green Round)라고도 한다. 즉 개별국가들이 환경기준을 마련하고 이에 위반되는 상품에 대해서는 상계관세부과 또는 수입금지조치 등 여러가지 제재를 가한다. 이러한 규제조항을 둔 협약으로서 바젤협약, 몬트리얼 의정서, CITES 등을 들 수 있다.

바젤협약의 제4조 제1항을 보면 다음과 같다:

> ARTICLE 4 GENERAL OBLIGATIONS 1. (a) Parties exercising their right to prohibit the import of hazardous wastes or other wastes for disposal shall inform the other Parties of their decision pursuant to Article 13. (b) Parties shall prohibit or shall not permit the export of hazardous wastes and other wastes to the Parties which have prohibited the import of such wastes, when notified pursuant to subparagraph (a) above. (c) Parties shall prohibit or

---

31) 김현준, 獨逸 環境法上 團體訴訟의 새로운 展開, 환경법연구 제29권 제2호(2007), 50면 이하.

shall not permit the export of hazardous wastes and other wastes if the State of import does not consent in writing to the specific import, in the case where that State of import has not prohibited the import of such wastes.

몬트리얼 의정서 제4조 역시 수입과 수출의 금지조치를 언급하고 있다:

Article 4: Control of trade with non-Parties 1.As of 1 January 1990, each party shall ban the import of the controlled substances in Annex A from any State not party to this Protocol.

1 bis. Within one year of the date of the entry into force of this paragraph, each Party shall ban the import of the controlled substances in Annex B from any State not party to this Protocol.

이처럼 환경기준 내지 환경협약의 이행여부를 무역장벽과 결부시킨 것은 1990년 미국 대기정화법을 들 수 있다. 결부를 시키는 이유로는 국가별 환경기준의 차이로 인해서 외부효과가 발생하고 이것이 곧 상품의 경쟁력 차이를 가져오므로 이에 상응하는 상계관세를 부과해야 한다는 것이다. 즉 환경기준이 완화되어 있는 국가에서 수입된 제품은 엄격한 환경기준을 적용하고 있는 국가의 제품에 비하여 일종의 숨겨진 보조금을 받는 것으로 간주하여 환경기준의 차이만큼 상계관세를 부과함으로써 자국제품의 국제경쟁력을 확보하고, 또한 각 국가에 대한 환경기준의 강화를 유도하여 환경보호에도 이바지하자는 것이다.

그린라운드는 1995년 WTO의 출범과 산하기구로서 '환경무역위원회(Committee on Trade and Environment)'가 설치됨에 따라 커다란 파급효과를 가져오고 있다.

그린라운드와 관련하여 다음과 같은 문제들이 제기되고 있다.

첫째, 환경기술에 있어서 발전된 선진국을 중심으로 환경보호를 위하여 발전된 기술규정들을 무역의 규제수단으로 활용하는 것이다. 예를 들면, 자동차의 배기가스기준, 가전제품의 에너지 효율기준 등 선진국 중심으로 기술기준을 무역과 결부시키는 것이다. 또한 전세계 이산화탄소 배출량의 3.3%를 차지하는 선박과 관련하여 국제해사기구(IMO: International Maritime Organization)는 2011년부터 새로이 건조하는 선박엔진의 질소산화물 배출량을 2.6 g /kWh 줄이도록 의무화 하였다.

둘째, 환경보호를 위해 제품의 제조방법을 포함하는 생산부문까지도 규제를 하는 것이다. 즉 제품의 수출국이 생산방법에 관하여 함량미달의 기준을 갖고 있다면 환경비용이 제품가격에 내재화 되어 있지 아니한 고로, 일종의 'Ecodumping'으로 볼 수 있다는 것이다. 예를 들면, ISO 14000을 들 수 있다. ISO 14000은 ISO(국제표준화기구)에서 제정한 환경경영시스템에 대한 국제규격을 말하며, ISO 9000과 더불어 조직의 경영시스템 인증 분야의 대표적인 규격중의 하나이다. 이 규격은 조직의 제품 및 프로세스에 대하여 지속적인 환경성과를 개선하기 위한 환경경영시스템 구축을 요구하고 있으며, 구축된 환경경영시스템이 규격의 요구사항을 충족시키고 있는지 제3자(인증기관)로부터 객관적인 심사를 거쳐 인증을 취득하는 제도이다. 현재 국제적인 통상에 있어 품질경영시스템뿐만 아니라 환경경영시스템 인증 요구가 전 산업 분야로 확대되고 있는 상황이며, 일부 산업분야에서는 강제적인 요구로 사업기회의 중요한 요소로 작용하기도 한다. 이 규격의 적용은 ISO 9000과 마찬가지로 제조, 건설, 서비스뿐만 아니라 학교 및 지방 자치 단체와 같은 공공서비스 분야에 이르기까지 모든 산업 분야에 걸쳐 모든 규모의 조직에 적용된다.

셋째, 석면, 농약, 첨가물, PCB 등과 같은 환경에 대한 유해가능성이 있는 물질이나 제품의 생산, 사용 및 유통을 사전에 방지하거나 또는 희귀자원 및 멸종위기에 처한 종 등의 사용 · 판매를 제한하는 것이다. 예를 들면 독일에서는 알레르기성 피부질환을 유발하는 니켈이 함유된 안경테 등 금속제품의 수입을 금지하고, 미국에서는 CFCs를 이용하여 제조한 발포플라스틱제품의 수입을 금지하는 경우 등이다. 그리고 2007년 EU는 산업에 있어서 자기책임의 원칙에 따라서 'REACH(Registration, Evaluation, Authorisation and Restriction of Chemicals)[32)]'라는 새로운 화학물질 관리제도를 시행하면서 기업들의 수출 기준을 강화했다. '자료 없이는 시장도 없다(No data, No market)[33)]'는 모토하에 REACH에 의하면 EU 역내에서 화학물질을 1t 이상 제조하거나 또는 EU로 수출하는 기업은 의무적으로 유럽화학물질청(ECHA: European Chemicals Agency)에 단일화학물질별로 등록을 하여야 한다.

32) Die Verordnung (EG) Nr. 1907/2006 (REACH-Verordnung).

33) REACH Article 5 No data, no market Subject to Articles 6, 7, 21 and 23, substances on their own, in preparations or in articles shall not be manufactured in the Community or placed on the market unless they have been registered in accordance with the relevant provisions of this Title where this is required.

Ⅳ. 우리나라가 가입한 주요 국제환경협약

우리나라가 가입한 국제환경협약은 약 49개의 국제환경협약이라고 할 수 있다. 분야별로 구분하여 보면 ① 대기 · 기후 분야 : 8개 협약 ② 해양 · 어업 분야 : 16개 협약 ③ 유해물질 · 폐기물 분야 : 3개 협약 ④ 자연 · 생물보호 분야 : 8개 협약 ⑤ 핵안전 분야 : 7개 협약 ⑥ 기타 분야 : 7개 협약 등으로 나누어 볼 수 있다.[34)]

분 야 Area	협 약 명 (국문, 영문) Name of Convention	채택일시 (발효일시) Date of Adoption (Date of Enforcement)	주 요 내 용 Main Content	가입일시 (발효일시) Date of Signature (Date of Enforcement)
대기 · 기후 (8) Air · Climate	Vienna Convention for the Protection of the Ozone Layer(오존층 보호를 위한 비엔나 협약)	'85. 3. 22 ('88. 9. 22)	−오존층 파괴방지를 위한 과학기술협력 −오존층 파괴로부터 인간의 건강과 환경을 보호하기 위한 오존층 파괴물질 규제	'92. 2. 27 ('92. 5. 27)
	Montreal Protocol on Substances that Deplete the Ozone Layer (오존층 파괴물질에 관한 몬트리올의정서)(몬트리올 의정서)	'87. 9. 16 ('89. 1. 1)	−'86년을 기준으로 CFCs등 소비량의 단계적 감축일정 규정 (규제물질 CFC4종과 할론3종등 8종) −비가입국에 대한 무역규제	'92. 2. 27 ('92. 5. 27)
	The London Amendment to the Montreal Protocol (몬트리올의정서의 런던 개정서)	90. 6. 29 ('92. 8. 10)	−규제물질 20종으로 확대 (CFC 10종, 사염화탄소, 메틸클로로포름 추가지정)	'92. 12. 10 ('93. 3. 10)
	The Copenhagen Amendment to the Montreal Protocol (몬트리올의정서의 코펜하겐 개정서)	'92. 11. 25 ('94. 6. 14)	−규제물질 95종으로 확대 (HCFC 40종, HBFC 34종, 메틸브로마이드 추가지정)	'94. 12. 2 ('95. 3. 2)
	The Montreal Amendment to the Montreal Protocol (몬트리올의정서의 몬트리올 개정서)	'97. 9. 17 ('99. 11.10)	−2000년부터 규제물질에 대한 수출입허가제도 시행 −메틸브로마이드의 비당사국과의 교역금지	'98. 8. 19 ('99.11.10)
	The Beijing Amendment to the Montreal Protocol (몬트리올의정서의 베이징 개정서)	'99. 12. 3 ('02. 2. 25)	−브로모클로로메탄을 규제일정에 포함, 수소염화불화탄소(HCFCs) 생산에 대한 규제조치를 소비에 대한 규제조치까지 수정, 확대	'04. 1. 9 ('04. 4. 8)

34) http://www.me.go.kr.

	UN Framework Convention on Climate Change (기후변화에 관한 유엔 기본협약) (기후변화협약)	'92. 5. 9 ('94. 3. 21)	−지구의 온난화를 방지하기 위해 각국의 온실가스 배출 감축에 관한 기본내용 규정	'93. 12. 14 ('94. 3. 21)
	Kyoto Protocol to United Nations Framework Convention on Climate Change(기후변화에 관한 국제연합 기본협약에 대한 교토의정서)	'97. 12. 11 ('05. 2. 16)	−온실가스 배출 감축에 관한 세부내용 규정	'02. 11. 8 ('05. 2. 16)
해양 · 어업 (23) Marine · Fishery	International Convention for the Regulation of Whaling(ICRW)(As amended)(국제포경규제협약)	'46. 12. 2 ('48. 11.10)	−모든 종의 고래를 과도 남획으로부터 보호하기 위하여 국제적인 고래보호단체 설립 등 포경행위규제	'78. 12. 29 ('78. 12. 29)
	International Convention for the Prevention of Pollution of the Sea by Oil, 1954(as amended in 1962 and in 1969)(유류에 의한 해양오염방지를 위한 1954년 국제협약, 1962년 및 1969년 개정 포함)	'54. 5. 12 ('58. 7. 26) '62. 4. 11 ('67. 6. 28) '69. 10. 21 ('78. 1. 20)	−선박에서 유출되는 유류에 의한 해양오염을 방지	'78. 7. 31 ('78. 10. 31)
	International Convention for the Conservation of Atlantic Tunas(대서양 참치의 보존에 관한 국제협약)	'66. 5. 14 ('69. 3. 21)	−식용 등의 목적을 위해 일정 수준의 참치류 보존	'70. 8. 28 ('70. 8. 28)
	Protocol to the International Convention on Civil Liability for Oil Pollution Damage, 1969(유류오염 손해에 대한 민사책임에 관한 1969년 국제협약의 의정서)	'76. 11. 19 ('81. 4. 8)	−유류오염사고 피해에 대한 민사상책임 규정	'92. 12. 8 ('93. 3. 8)
	Convention on Conservation of the Living Resources of the South-East Atlantic(동남대서양생물자원보존협약)	'69. 10. 23 ('71. 10.24)	−생물자원의 보호와 합리적 개발에 따른 협력 도모	'81. 1. 19 ('81. 2. 19)
	International Convention on Civil Liability for Oil Pollution Damage (CLC)(as amended)(유류오염손해에 대한 민사책임에 관한 국제협약)	'69. 11. 29 ('75. 6. 19)	−유류오염에 관한 피해자에게 적절한 보상을 보장하고 책임문제 및 보상에 관한 기준 설정	'78. 12. 18 ('79. 3. 18)

	International Convention on the Establishment of an International Fund for Compensation for Oil PollutionDamage,1971(Fund Convention (as amended)(1971년 유류오염손해배상을 위한 국제기금 설치에 관한 국제협약)	'71. 12. 18 ('78. 10.16)	-유류업자도 오염배상기금을 마련토록 규정	'92. 12. 8 ('93. 3. 8)
	Convention on the Prevention of Marine Pollution by Dumping of Wastes&OtherMatter(London Convention)(폐기물 및 그밖의 물질의 투기에 의한 해양오염방지에 관한 협약(런던협약)	'72. 12. 29 ('75. 8. 30)	-폐기물 투기에 의한 해양오염방지를 위한 각국의 의무 규정	'93. 12. 21 ('94. 1. 20)
	International Convention for the Prevention of Pollution from Ships, 1973 as modified by the Protocol of 1978 Relating thereto(MARPOL 73/78)(1973년 선박으로부터의 오염방지를 위한 국제협약 및 1978년 의정서)	'73. 11. 2 '78. 2. 17 ('83. 10. 2)	-오일 및 기타 유해물질에 의한 오염을 저감시켜 해양환경을 보존 *1973년 선박으로부터의 오염방지를 위한 국제협약과 1978년 의정서를 합하여 "MARPOL 73/78"로 통칭	'84. 7. 23 ('84. 10. 23) (ANX III, IV, V 제외)
해양·어업 (23) Marine·Fishery	Convention on Future Multilateral Cooperation in the North-West Atlantic Fisheries(북대서양어업에 있어서의 장래 다자간 협력에 관한 협약)	'78. 10. 24 ('79. 1. 1)	-북서대서양지역 어업자원의 최적이용과 보전의 증진	'93. 12. 21 ('93. 12. 21)
	United Nations Convention on the Law of the Sea(해양법에 관한 국제연합 협약)	'82. 12. 10 ('94. 11. 16)	-해양환경의 오염방지를 위한 포괄적인 해양법 체제 마련	'96. 1. 29 ('96. 2. 28)
	Agreement Relating to the Implementation of the Part XI of the United Nations Convention on the Law of the Sea of 10 December 1982(1982년 12월 10일 해양법에 관한 국제연합협약 제11장의 이행과 관련된 협정)	'94. 7. 28 ('96. 7. 28)	-해양법에 관한 국제연합협약 제11장의 이행을 위한 규정	'96. 1. 29 ('96. 7. 28)
	Protocol of 1992 to Amend the 1969 International Convention on Civil Liability for Oil Pollution Damage(1969년 유류오염손해에 대한 민사책임에 관한 국제협약을 개정하는 1992년 의정서)	'92. 11. 27 ('96. 5. 30)	-유류오염사고피해에 대한 민사상 책임과 보상에 관한 규정을 개정	'97. 3. 7 ('98. 5. 15)

	Protocol of 1992 to Amend the International Convention on the Establishment of an International Fund for Compensation for Oil Pollution Damage(1971년 유류오염손해배상을 위한 국제기금의 설치에 관한 국제협약을 개정하는 1992년 의정서)	'92. 11. 27 ('96. 5. 30)	-유류업자도 오염배상기금을 마련토록 규정한 1992년 의정서	'97. 3. 7 ('98. 5. 15)
	International Convention on Oil Pollution Preparedness, Response and Cooperation, 1990(OPRC, 1990)(1990년 유류오염의 대비, 대응 및 협력에 관한 국제협력)	'90. 11. 30 ('95. 5. 13)	-유류유출로 인한 오염사고에 대비하기 위한 국가간 협력사항	'99. 11. 9 ('00. 2. 9)
	Convention on the Conservation of Antarctic Marine Living Resources (CCAMLR)(남극 해양생물자원 보존에 관한 협약)	'80. 5. 20 ('82. 4. 7)	-남극의 해양생태계 및 해양생물자원을 보호	'85. 3. 29 ('85. 4. 28)
해양·어업 (23) Marine·Fishery	Agreement for the Establishment of the Indian Ocean Tuna Commission(인도양 참치위원회 설립협정)	'93. 11. 25 ('96. 3. 27)	-인도양 참치위원회 설립 규정	'96. 3. 27 ('96. 3. 27)
	Convention on the Conservation and Management of Pollock Resources in the Central Bering Sea(중부베링해 명태자원의 보존과 관리에 관한 협약)	'94. 6. 16 ('95. 12. 8)	-중부베링해 명태자원의 보존과 관리를 위한 조치 협약	'95. 12. 5 ('96. 1. 4)
	Convention for the Conservation of Southern Bluefin Tuna(남방참다랑어 보존협약)	'93. 5. 10 ('94. 5. 20)	-남방참다랑어의 보전 및 최적 이용을 보장하기 위한 협약	'01. 10. 17 ('01. 10. 17)
	Convention for the Conservation of Anadromous Stocks in the North Pacific Ocean(북태평양소하성자원보전협약)	'92. 2. 11 ('93. 2. 16)	-북태평양소하성 자원보전을 위한 협약	'03. 5. 27 ('03. 5. 27)
	Agreement to Promote Compliance with International Conservation and Management Measures by Fishing Vessels on the High Seas(공해상 어선의 국제적 보존관리조치 이행증진을 위한 협정)	'93. 11. 24 ('03. 4. 24)	-해양생물자원의 국제적 보존관리조치 이행 등을 위한 어선관리 협정	'03. 4. 24 ('03. 4. 24)

	Convention on the Conservation and Management of Highly Migratory Fish Stocks in the Western and Central Pacific Ocean(중서부 태평양 고도회유성 어족의 보존과 관리에 관한 협약)	'00. 9. 5 ('04. 6. 19)	-중서부 태평양 고도회유성 어족의 장기적인 보존과 지속적인 이용 보장을 위한 협약	'04. 10. 26 ('04. 11. 25)
	Protocol to the Convention on the Prevention of Marine Pollution by Dumping of Wastes and Other Matter, 1972, London 1996(폐기물 및 기타 물질의 투기에 의한 해양 오염방지에 관한 협약(런던협약) 1996 의정서)	'96. 11. 7 ('06. 3. 24)	-폐기물이나 기타 물질의 해상 투기나 소각에 의한 오염을 방지하기 위한 협약	'09. 1. 22 ('09. 2. 21)
자연 및 생물 보호 (8) Nature & Species Conservation	International Plant Protection Convention(국제식물보호협약)	'51. 12. 6 ('52. 4. 3)	-식물 및 농작물의 해충 · 질병예방 및 치료에 대한 국제협력 증진	'53. 12. 8 ('53. 12. 8)
	Plant Protection Agreement for the South-East Asia & Pacific Region (asamended)(동남아시아태평양지역 식물보호 협정)	'56. 2. 27 ('56. 7. 2)	-질병과 해충을 지닌 식물의 동남아시아, 태평양지역에로의도입과 확산의 방지	'81. 11. 4 ('81. 11. 4)
	Convention on Wetlands of International Importance Especially as Waterfowl Habitat(물새서식지로서 국제적으로 중요한 습지에 관한 협약)	'71. 2. 2 ('75. 12.21)	-보호대상 습지지정, 람사습지 목록 관리 및 관련 정보 상호교환	'97. 3. 28 ('97. 7. 28)
	Convention on International Trade in Endangered Species of Wild Fauna & Flora(CITES)(멸종위기에 처한 야생동 · 식물종의 국제거래에 관한 협약)	'73. 3. 3 ('75. 7. 1)	-멸종위기에 처한 야생동 · 식물을 보호하기 위하여 보호시급 정도에 따라 구분하여 국제 거래 규제	'93. 7. 9 ('93. 10. 7)
	Convention on Biological Diversity(생물다양성에 관한 협약)	'92. 5. 22 ('93. 12.29)	-생물다양성의 보전과 지속가능한 이용의 증진, 유전적으로 변형된 생명체의 안전관리 등을 규정	'94. 10. 3 ('95. 1. 1)
	International Tropical Timber Agreement, 1983(ITTA)(1983년 국제열대목재협정)	'83. 11. 18 ('85. 4. 1)	-생태계의 균형을 유지하면서 열대목재림의 최적 이용 확보	'85. 6. 25 ('85. 6. 25)
	International Tropical Timber Agreement, 1994(1994년 국제열대목재협정)	'94. 1. 26 ('97. 1. 1)	-열대목재림의 최적 이용을 확보하기 위하여 국제협력증진	'95. 9. 12 ('97. 1. 1)
	Cartagena Protocol on Biosafety to the Convention on Biological Diversity(생물다양성협약 바이오안전성에 관한 카르타헤나의정서)	'00. 1. 29 ('03. 9. 11)	-생물다양성에 부정적 영향을 미칠 가능성이 있는 유전자변형생물체(LMO)의 안전한 이동, 취급 및 사용 분야에서의 적절한 수준의 보호 확보	'07. 10. 3 ('08. 1. 1)

핵안전 (7) Nuclear Security	Treaty Banning Nuclear Weapons Tests in the Atmosphere, in Outer Space & Underwater (대기권, 외기권 및 수중에서의 핵무기 실험금지 조약)	'63. 8. 5 ('63. 10. 10)	-군비경쟁을 종식하고 핵무기를 포함한 여타 무기의 생산 및 실험을 제한함	'64. 7. 24 ('64. 7. 24)
	Treaty on the Prohibition of the Emplacement of Nuclear Weapons & Other Weapons of Mass Destruction on the Seabed & the Ocean Floor & in the Subsoil Thereof(핵무기 및 기타 대량파괴무기의 해저·해상 및 그 하층토에 있어서의 설치금지에 관한 조약)	'71. 2. 11 ('72. 5. 18)	-군비경쟁종식을 위해 해저·해상 및 그 하층토에 핵무기 및 기타 대량파괴무기의 설치를 금지	'87. 6. 25 ('87. 6. 25)
	Convention on Early Notification of a Nuclear Accident(Notification Covention)(핵사고의 조기통보에 관한 협약)	'86. 9. 26 ('86. 10. 27)	-국가간 방사선 오염피해를 최소화하기 위하여 가능한 빨리 핵사고에 관한 관련정보제공	'90. 6. 8 ('90. 7. 9)
	Convention on Assistance in the Case of a Nuclear Accident or Ra diologicalEmergency(Assistance Convention)(핵사고 또는 방사능 긴급사태시 지원에 관한 협약)	'86. 9. 26 ('87. 2. 26)	-핵사고 또는 방사성 물질로 인한 긴급사태시 즉시 지원제공	'90. 6. 8 ('90. 7. 9)
	Convention on the Physical Protection of Nuclear Material(핵물질의 방호에 관한 협약)	'80. 3. 3 ('87. 2. 8)	-국제간 핵물질의 이동시 보호대상 범위설정과 수송방법에 대한 협약	'82. 4. 7 ('87. 2. 8)
	Convention on Nuclear Safety(핵안전에 관한 협약)	'94. 9. 20 ('96. 10. 24)	-원자력발전소의 안전한 유지 및 운영에 관한 법적 의무 창설	'95. 9. 19 ('96. 10. 24)
	Joint Convention on the Safety of Spent Fuel Management and on the Safety of Radioactive Waste Management(사용후 핵연료 및 방사성폐기물 관리의 안전에 관한 공동협약)	'97. 9. 5 ('01. 6. 18)	-사용된 연료와 방사능 폐기물에 대한 안전기준과 사고방지체계 확립	'02. 9. 16 ('02.12. 15)
유해물질·폐기물 (3) Toxic Sub stances·Hygiene	Basel Convention on the Control of Transboundary Movements of Hazardous Wastes & Their Disposal (Basel Convention)(유해폐기물의 국가간 이동 및 그 처리의 통제에 관한 바젤협약)(바젤협약)	'89. 3. 22 ('92. 5. 5)	-유해폐기물의 타국으로 이동(수출·입)시의 절차규정	'94. 2. 28 ('94. 5. 29)

	Rotterdam Convention on the Prior informed Consent Procedure for Certain Hazardous Chemicals and Pesticides in international Trade(특정 유해화학물질 및 농약의 국제교역에 있어서 사전통보승인에 관한 로테르담 협약)	'98. 9. 10 ('04. 2. 24)	-유해화학물질의 특생에 대한 정보교환을 용이하게하여, 수입 및 수출에 대한 국가 정책결정과정을 제공, 당사국들에게 이러한 결정들을 배포	'03. 8. 11 ('04. 2. 24)
	Stockholm Convention on Persistent Organic Pollutants(잔 류 성 유기오염물질에 관한 스톡홀름협약)	'01. 5. 22 ('04. 5. 17)	-독성, 생물농축성, 장거리이동성 등의 특성을 가진 잔류성 유기오염물질로부터 인간의 건강과 환경을 보호	'01. 10. 4 ('07. 1. 25)
기 타 (7) Etc.	Treaty on Principles Governing the Activities of States in the Exploration & Use of Outer Space, including the Moon & Other Celestial Bodies(달과 기타 천체를 포함한 대기권의 탐색과 이용에 있어서의 국가활동을 규율하는 원칙에 관한 조약)	'67. 1. 27 ('67. 10. 10)	-외계의 탐사 및 이용에 대한 국제법적 근거 마련	'67. 10. 31 ('67. 10. 31)
	Convention for the Protection of the World Cultural & Natural Heritage (World Heritage Covention)(세계문화유산 및 자연유산의 보호에 관한 협약)	'72. 11. 23 ('75. 12. 17)	-문화적·자연적 유적(지)의 효과적인 보호체계 수립, 가입국은 문화유산 보호를 위한 종합계획수립, 세계 유적(지) 리스트 작성	'88. 9. 14 ('88. 12.14)
	Convention for the Prohibition of Military or Any Other Hostile Use of Environmental Modification Techniques(환경변경기술의 군사적 또는 기타 적대적사용의 금지에 관한 협약)	'76. 12. 10 ('78. 10. 5)	-환경에 영향을 주는 화학기술의 군사목적 사용금지	'86. 12. 2 ('86. 12. 2)
	The Antarctic Treaty(남극조약)	'59. 12. 1 ('61. 6. 23)	-남극대륙의 평화적 목적에의 이용 및 과학적 연구를 위한 국제협력시 분쟁소지 억제	'86. 11. 28 ('86. 11. 28)
	Protocol to the Antarctic Treaty on Environmental Protection(환경보호에 관한 남극조약의정서)	'91. 10. 4 ('98. 1. 14)	-남극 환경을 보호하기 위한 제반사항 규정	'96. 1. 2 ('98. 1. 14)
	Convention on the Prohibition of the Development, Production and Stockpiling of the Bacteriological (Biological) and Toxin weapons, and on their Destruction(세균무기)(생물무기) 및 독소무기의 개발, 생산 및 비축의 금지와 그 폐기에 관한 협약	'72. 4. 10 ('75. 3. 26)	-모든 인류의 안전을 위하여 생물학적 무기의 개발금지	'87. 6. 25 ('87. 6. 25)

	United Nations Convention to Combat Desertification in Those Countries Experiencing Serious Drought and/or Desertification, Particularly in Africa(심각한 한발 또는 사막화를 경험한 국가(특히 아프리카)들의 사막화를 방지하기 위한 유엔협약)(사막화방지협약)	'94. 6. 17 ('96. 12. 26)	-기상이변, 산림황폐 등으로 심각한 한발 및 사막화의 영향을 받고 있는 국가들의 사막화방지를 통한 지구환경 보호	'99. 8. 17 ('99. 11. 15)

제5절 환경관

Ⅰ. 환경관

환경법의 기초로서 환경을 어떻게 바라보며, 환경보호라는 가치를 어떠한 관점에서 바라보는가가 중요하다. 환경을 어떠한 관점에서 바라보는가 또는 환경 특히 자연환경이라는 가치를 어느 정도로 인정할 것인가에 대한 문제가 환경관(Environmental Viewpoint)의 문제라고 할 수 있는데, 이러한 환경관이 앞으로 전개될 환경법의 세부영역을 형성함에 있어서 주춧돌이 된다.

환경을 바라보는 관점은 첫째 동양적인 환경관과 서양적인 환경관으로 구분하거나 둘째 인간중심적인 환경관(Anthropocentric Viewpoint)과 생태중심적인 환경관(Ecocentric Viewpoint)으로 나누거나 셋째 진화론적인 환경관(Evolutionary Viewpoint)과 창조론적인 환경관(Creationary Viewpoint) 등으로 구분할 수 있다.

서양적인 환경관은 자연을 인간이 정복하여야 할 대상으로 바라보는 것에 반하여 동양적인 환경관은 인간과 자연을 친화의 대상으로 보는 것으로 나아가 인간과 동물, 동물과 생물, 생물과 물질 그리고 물질과 정신 사이에 근본적으로 연결되어 있다고 본다.

서양적 환경관에서 정복한다는 의미가 무엇이냐와 관련하여 파괴나 약탈의 의미가 아니라 질서를 유지하고 관리한다는 의미로 보아야 한다. 이러한 서양적인 환경관의 기초는 성경(Bible)의 창세기 제1장 26절로 28절에 기초하고 있다. "1:26 하나님이 이르시되 우리의 형상을 따라 우리의 모양대로 우리가 사람을 만들고 그들로 바다의 물고기와 하늘의 새와 가축과 온 땅과 땅에 기는 모든 것을 다스리게 하자 하시고 1:27 하나님이 자기 형상 곧 하나님의 형상대로 사람을 창조하시되 남자와 여자를 창조하시고 1:28 하나님이 그들에게 복을 주시며 하나님이 그들에게 이르시되 생육하고 번성하여 땅에 충만하라, 땅을 정복하라, 바다의 물고기와 하늘의 새와 땅에 움직이는 모든 생물을 다스리라 하시니라." 물론 인간의 탐욕과 파괴적 본성이 창조의 질서보다 앞설 때 환경을 잘 관리하지 못하고 파괴한 역사적 경험이 있으므로, 법과 제도 그리고 교육을 통해서 이를 바로잡는 노력을 경주하여야 할 것이다.

동양적 환경관은 어떻게 보면 환경을 중요시 하는 것 같으나 환경이 존재하는 목적을 상실하게 되어서 결국에는 환경오염 내지 환경파괴 역시 전체의 일부라고 보게 된다.

인간중심적인 환경관과 생태중심적인 환경관은 환경을 바라봄에 있어서 인간을 중심으로 바라보아야 하는가 아니면 환경 그 자체를 목적으로 하여 환경을 바라보아야 하는가 하는 것인데, 이러한 환경관은 모두 바람직하지 못하다. 왜냐하면 인간이 환경에 있어서 중요한 위치에 있기는 하지만, 그러나 그러한 인간이 완전한 것은 아니어서 때때로 환경을 남용하거나 무분별하게 파괴하기도 하기 때문이다.

진화론적인 환경관은 진화 자체가 일종의 가설로서 증명된 것이 아니어서 받아들이기 어렵다. 아메바로부터 인간에 이르기까지 진화되어 왔다는 것은 우연을 믿으라는 것이나 마찬가지이며 그렇다면 인간은 원숭이로부터 진화되었으며 또한 현재 인간도 장래의 무엇을 향해서 진화되고 있다는 것인데 가깝게 로마나 조선시대의 인물들만 보더라도 현재와 대동소이함을 볼 때 받아들이기 어렵다. 또한 원숭이로부터 출발한 인간이 남자와 여자라는 서로 절대적으로 상이한 인격체로 진화되었다는 것도 믿기 어려운 것이다.

저자는 개인적으로 창조론적인 환경관을 취하고 있다. 왜냐하면 창조주가 없이 이 세상이 존재한다는 것은 받아들이기 어렵기 때문이고, 그 사고의 연장선상에는 그렇다면 결국 모든 것은 우연히 존재하게 되는 것이고 우리의 삶도 우연(Zufall)이라는 가치를 벗어나기 어렵기 때문이다. 그리고 창조론에 대해서는 Harvard Law School을 창시한 Simon Greenleaf 교수가 민사소송법의 대가답게 하나님이 없음, 특히 예수님의 부활이 허왕됨을 증명하기 위하여 혼신의 노력을 기울인 결과 예수님의 부활이 사실이며 하나님이 천지만물을 창조하였음을 믿게 되었다는 것으로 대신할 수 있을 것이다.[35)]

환경관에 대한 논의는 개인이 가지는 철학적이고도 가치결단적인 의미를 지니고 있는바, 편견이 없는 열린 자세로 다양한 견해에 대해서 비판적인 고찰을 통하여 각자의 환경관을 형성해 나가는 노력이 요청된다. 이 책에서는 다음에서 보듯이 "관리적 환경론(Managerial Viewpoint)"을 주창하는 바이다.

---

35) http://law2.umkc.edu/faculty/projects/ftrials/jesus/greenleaf.html.

Ⅱ. 환경보호와 다른 가치의 교량

환경이라는 것에 대해서 보호를 하여야 할 필요성은 긍정될 수 있다. 다만, 환경보호라는 가치에 대해서 법적으로 어떠한 태도를 견지할 것인가가 문제이다. 환경보호에 대해서 중요치 아니하게 여기는 태도에서부터 환경을 극단적으로 마치 종교와 같이 맹목적으로 신봉하는 태도에 이르기까지 광범한 스펙트럼을 볼 수 있다. 오직 환경보호만을 최고의 선으로 삼는 논리를 '생태주의'라 하는데, 논거의 핵심은 '생태계를 구성하는 다른 생물들 역시 우리 인간 못지않게 중요한 존재임을 깨달아 인간과 자연이 함께 살 수 있는 공존의 길을 모색해야 한다'는 주장이다. 생태주의는 시민 · 환경단체나 이들의 주장을 지지하는 일반 시민들이 환경보호운동을 펼치는 데 이론적 뒷받침이 되었다. 그러나 생태주의의 비타협적인 태도는 '과도한 생태주의'로서 우리 사회를 공멸의 길로 이끌 수도 있다. '과도한 생태주의'란 인간보다 다른 생물들을 우선시하는 사고방식 내지 일부 생태계 복원을 위해 지나치게 많은 비용과 노력을 감수하고자 하는 사고방식을 의미한다. 우리는 환경보호에 있어서도 중용의 도를 추구할 필요가 있는바, 롬보르그의 다음과 같은 주장을 고려할 필요가 있을 것이다: "패닉(공포) 단계에서 벗어나 정상적인 정책을 마련해야 한다. 환경도 다른 분야처럼 문제의 우선순위를 정할 필요가 있다. 예를 들어 교육 전문가에게 한 교실의 학생 수를 줄여야 하는지를 묻는다면 모두 '그렇다'고 대답할 것이다. 가장 이상적인 것은 학생 한 명당 교사 한 명을 배치하는 것이다. 하지만 교육 이외에 재정을 투입해야 하는 다른 많은 사안이 있다. 환경도 같은 맥락이다. 나의 논점은 돈을 써야 할 많은 분야가 있는데 왜 환경과 같은 특정한 분야의 특정 문제에 대해서만 많은 돈을 써야 하는가이다. 겁을 주는 것이 사람들로 하여금 문제의 심각성을 인식하고 행동에 옮기도록 하는 데는 효과적일 수 있다. 사람을 두렵게 만드는 것이 한동안은 효과적일 수 있지만 50~100년간 그 효과가 지속될 수는 없다. … 히말리야 빙하 소멸: 유엔 기후변화위원회(IPCC)는 2007년 전 세계 2500명의 전문가 의견을 종합해 기후변화 보고서를 내놓았다. IPCC는 그해 이 보고서의 공로를 인정받아 환경운동가로 변신한 앨 고어 전 미국 부통령과 함께 노벨평화상을 받았다. 하지만 얼마 후 이 보고서의 핵심 내용이 논란에 휩싸였다. 대표적인 것이 히말라야 빙하 소멸론이다. 이 보고서는 지구온난화로 2035년이면 히말라야 빙하가 사라질 것이라고 주장했다. 하지만 많은 전문가가 이 주장에 과학적 근거가 없고 심지어 한 대학원생 논문과 등산잡지 기사를 토대로 작성된 것이라는 반론을 제기했다. 또 2035년은 2350년의 오기라는 주장도 나왔다. 결국 IPCC는 올 초 "증거가 빈약했다"며 오류를 시인했다. 이에 대해 리젠드라 파차우리 IPCC 의장은 "IPCC를 공격하는 세력 뒤에는 전 지구적 로비가 존재하고 있다"고 주장했다. 전 세계적으로 2300여 명의 로비스트와 700여 개 회사가 온난화 문제 수용에 반하는 활동을 펼치고 있다는 설명이다. 롬보르 교수는 "히말라야 빙하 소멸, 농업생산성 감소 등 몇 가지 사례를 제외하면 IPCC의 보고서는 좋은 연구결과도 포함하고 있다"고 평가했다. 여론조사 기관인 갤럽이 3월 미국인 1014명을 대상으로 설문조사한 결과 응답자의 48%가 지구온난화의 심각성이 부풀려졌다고 믿고 있는 것으로 조사됐다. 이는 지난해보다 7%포인트 증가한 것이다."[36)]

여기서 우리 사회는 환경보호라는 가치와 다른 가치에 대해서 어느 정도의 관용을 베풀 수 있는가 심각하게 고려하여야 할 것이다. 환경보호를 위해서 발하는 여러 조치들은 인간이 향유하는 다른 권리들 특히 재산권과 영업의 자유를 제한할 수 있다. 예를 들면, 환경을 보호하기 위하여 유류에 부가되는 주행세가 인상된다면 이는 국민의 재산권이나 이동 및 영업의 자유에 대한 제한을 가져오게 되고, 환경보호를 강화하기 위하여 환경오염물질에 대한 배출부담금을 인상하거나 엄격한 배출허용기준을 세우게 된다면 이는 국민의 기업 혹은 직업의 自由에 대한 제한을 가져오게 된다. 또한 환경단체들이나 지역주민들이 환경보호를 위하여 집단행동을 하는 경우에 국가행정이나 다른 지역주민들에게 제한을 가하기도 한다. 환경보호는 이처럼 다양한 이익들이 서로 갈등하면서 이루어진다고 할 수 있다.

Ⅲ. 회의적 환경관

A. 사이먼의 회의적 환경관

사이먼 교수는 '인구폭탄'의 저자인 폴 엘릭과 다음의 사항들에 대하여 내기를 하였다. 1970년대 초 제1차 석유위기가 세계의 경제성장을 위협하였고, 많은 지식인들은 로

---

36) 홍욱희, 신동아, 2003년 04월 01일 (통권 523호), 456면 이하.
http://article.joinsmsn.com/news/article/article.asp?total_id=4287553&cloc=olink|article|default.

마클럽이 주장한 '성장의 한계'에 동의했다. 이때 사이먼 교수는 그와 같은 견해에 반대하여 인구가 증가해도 천연자원의 희소성은 증가하지 않는다고 하면서, 천연자원은 정부가 가격을 통제하지 않는 한 희소성이 낮아져 그 실질가격이 계속 하락할 것이라 주장했다. 사이먼 교수는 자신의 이러한 예측에 대해 반대하는 자와 내기를 하자고 제안하였다. 이러한 내기에 응하였던 사람이 "엄청난 인구폭발이 인류의 생존을 위협한다"고 주장하던 폴 엘릭이었다. 1980년 9월 29일에 이들은 크롬, 구리, 니켈, 주석, 텅스텐의 다섯 가지 천연자원을 선택하고, 각각 200달러씩 합계 1000달러어치를 구입하였다. 그런데 10년의 만기가 도래한 1990년에 내기에 진 쪽은 사이먼이 아니라 엘릭이었다. 해당 천연자원의 가치는 10년 동안에 무려 60%나 하락했던 것이다. 엘릭은 가격 하락분에 해당하는 576.07 달러를 사이먼에게 주어야만 했다.

구리의 경우를 살펴보면, 우리에게 필요한 것은 구리 자체가 아니라 구리가 제공하는 서비스다. 기술이 창의적으로 발전해 통신선로용 구리를 광섬유가 대신하고 다시 무선통신이 대체하게 되면서 구리 자체의 유한성은 무의미해졌다.[37] 현실이 그런데도 환경위기론자들은 가치가 계속 감소하는 구리와 같은 자원을 남겨서 후손에게 물려주려 한다는 것이 사이먼의 주장이다. 희소성이나 유한성에 집착하는 사람들은 '파이의 확대' 개념을 이해하지 못한다. 사람들은 핸드백용 악어가죽이 모자라면 악어를 기르고 제지용 펄프가 부족하면 나무를 심는다. 광어나 장어 양식도 마찬가지이다. 자연의 자정능력이 모자라면 하수처리장을 설치한다. 앞으로 수십 년이 지나 언젠가 핵융합 발전이 실용화된다면 에너지자원으로서 화석연료의 유한성은 의미가 없어질 것이고, 지구온난화의 원인이라는 이산화탄소 문제도 옛 이야기가 된다.

이와 함께 사이먼은 창의적 인간이야말로 사회를 번영하게 하는 '근본자원'이라 했다. 상상력과 창의력이 결핍된 '종말증후군'이야말로 인류에게 가장 위험한 오염이며 재앙 중에 재앙이라는 것이다.[38] 우리가 살고 있는 세상은 그다지 절망적이지 않으며, 더 나은 세상을 위한 처방은 근본부터 다시 검토되어야 한다는 것이 그 핵심이다.

사이먼은 그의 저서 '근본자원 2'에서 다음과 같이 말한다: "사람이 많아지고 소득이 증가하면 단기적으로는 자원이 모자라 문제가 발생할 수 있다. 자원이 부족해지면 가격이 상승하게 된다. 가격이 높다는 것은 발명가나 기업가에게는 기회이므로 재빨리 해결

---

37) 다이아몬드를 사재기했던 미국 정부가 인조 다이아몬드의 출현으로 큰 손해를 입은 것과 마찬가지다.

38) 조영일, 신동아, 2002년 12월 01일 (통권 519 호), 354면 이하; 동아일보, 2003. 08. 28; 환경위기, 사실인가 과장인가…'회의적 환경주의자' 국내 출간 계기 논쟁 불붙어.

책을 찾아 나설 것이다. 대부분 실패하겠지만 그 대가는 스스로 부담한다. 자유로운 사회는 해결책을 발견하기 마련이다. 그리하여 새로운 것이 나와 문제가 발생하기 전보다 세상은 더욱 좋아진다."

그에 따르면 지구온난화 방지와 열대우림보존을 위해 쏟아 부을 엄청난 비용을 저개발 국가의 상수도 건설과 의료체계 구축, 식량보급을 위해 사용한다면 훨씬 더 값진 효과를 얻을 것이다. 사이먼은 몇몇 사람의 '완벽한 안심'을 얻을 것인가 아니면 다른 곳에서 훨씬 더 많은 사람의 '생명'을 구할 것인가라는 질문을 환경주의자들에게 던지고 있다.

B. 롬보르그의 회의적 환경관

비예른 롬보르그(Bjorn Lomborg)[39]는 '회의적 환경론자'라는 저서를 통해서 환경론자들에 대하여 문제의식을 제기하였다. 1997년 2월 내기에서 이긴 사이먼 교수의 인터뷰 기사가 '와이어드'(Wierd)지에 실렸다. 사이먼 교수는 "환경에 대한 우리의 지식이 잘못된 통계 자료와 선입관에 기초하고 있다"며 "환경 파괴 때문에 세상이 멸망할 것이란 식의 주장은 옳지 않다"고 주장했다. 그는 또 누구는 공식적인 통계를 쉽게 구해서 자신의 주장을 확인해 볼 수 있다고 강조했다. 로스앤젤레스의 한 서점에서 이 인터뷰 기사를 보던 34세의 젊은이는 화가 났다. 그가 바로 덴마크 오르후스대학에서 통계학을 가르치는 교수이자 환경단체인 그린피스의 회원으로 활동하던 비외른 롬보르그였다. 롬보르그는 사이먼의 주장이 개발론자와 우익집단을 대변하는 궤변에 불과하다고 생각했다. 그는 사이먼 교수의 오류를 낱낱이 가려내 망신을 주겠다고 결심했다. 1997년 가을 롬보르는 그가 가르치던 우수한 학생 10명으로 연구그룹을 만들어 세계적 연구기관으로부터 통계 자료를 수집해 분석하기 시작했다. 그러나 연구가 계속될수록 기존의 신념과 지식에 배치되는 결과가 나오기 시작했다. 선진국의 대기오염은 심화되는 것이 아니라 오히려 개선되고 있었다. 개발도상국에서는 굶주리는 사람의 수가 늘어나는 것이 아니라 지속적으로 감소하고 있었다. 에너지 위기가 닥쳐올 가능성도 낮았다. 결국 롬보르의 '시도'는 실패로 끝나고 말았다. 1998년 롬보르그는 자신의 연구 결과를 덴마크 신문

39) 덴마크의 통계학자로서 "환경론자들은 미신에서 깨어나라"라는 표어를 제시하여, 환경주의자들에 대하여 문제를 제기하였으며, 2001년에 세계경제포럼에서 '내일의 세계지도자'로 선정됐고 2002년에는 덴마크 환경평가연구소 소장에 취임하였으며, 2002년 '비즈니스위크'가 뽑은 '50인의 유럽 스타'에 선정되었다.

에 4차례 기고했다. 이는 전세계적으로 엄청난 반향을 불러일으켰다. 이를 계기로 롬보르는 2001년 '회의적 환경주의자'란 제목으로 책을 출간했다. 일부 서구언론들은 이 책이 1962년 레이첼 카슨이 내놓은 '침묵의 봄' 이래 환경분야의 최대 역작이란 극찬을 쏟아냈다. 이 책은 2003년 우리나라에도 번역돼 소개됐다.[40)]

롬보르그는 다른 모든 사람과 마찬가지로 지구를 걱정하고 후손의 건강과 복지에 관심이 있기 때문에 '환경론자'임에는 틀림없다. 여기서 회의적이란 낙관이나 비관의 어느 쪽에도 치우치지 않으면서 사물의 진상을 알려는 것을 의미한다.

롬보르그는 환경위기론자들이 내세우는 이산화탄소 배출량 감축과 같은 대책보다 한층 중요하고 긴급한 실질적 사안이 수십억에 이르는 사람들의 위생환경개선이라 주장해 왔다. 왜냐하면 이산화탄소 배출량 감축을 위해서 사용할 수십억 달러의 몇분의 일만이라도 개발도상국의 위생환경개선을 위해서 사용한다면 훨씬 많은 생명을 구할 수 있기 때문이라고 한다. 롬보르그 교수의 '회의적 환경론'이 우리에게 던지는 메시지는 무엇보다도 잘못된 통계에 근거한 환경정책이 예산의 효율적 배분을 가로막고 있다는 것이다. 예를 들어 미국에서 농약 때문에 암에 걸려 사망한 사람은 전체 암 사망자의 1% 정도에 불과하다. 만약 환경오염을 우려하여 농약 사용을 금지한다면 1년에 약 20명이 죽음을 피할 수 있지만 거기에 필요한 비용은 연간 최소 200억 달러이며, 가난한 사람들은 비싼 무농약 과일과 야채를 사먹지 못해 연간 약 26,000명이 추가로 암에 걸려 죽는다는 것이 롬보르그 교수의 계산법이다. 롬보르그는 지구 온난화를 막기 위한 교토의정서를 수행하는 데 드는 1년 비용으로 개발도상국 전체에 깨끗한 물과 위생시설을 제공하면 200만명의 목숨을 살리고 5억 명의 질병을 예방할 수 있다고 주장한다. 최근의 환경위기론자들의 가장 큰 이슈는 '지구온난화'이다. 환경위기론자들은 지구가 더워지고 있으므로, 이를 방지하기 위해서는 전 세계적으로 이산화탄소를 줄여야 하며, 그렇지 않으면 극지방의 얼음이 녹아서 해수면이 상승하고, 이로 말미암아 세계의 많은 저지대가 수몰되고 기상이변이 극심해지고 생태계가 파괴되어 인류의 미래가 위협을 받는다고 한다. 그러나 엄밀하게 말하면 바다에 떠있는 빙산이 녹아도 해수면은 상승하지 않는다. 왜냐하면 얼음의 밀도는 물의 밀도보다 낮은데, 즉 일정량의 얼음은 같은 무게의 물보다 부피가 크기 때문인데, 흥미로운 것은 그 차이가 얼음이 물위에 떠 있을 때 수면위로 드러나는 부피와 비슷하다는 점이다. 빙산이 녹아 물이 되면 물위에 떠 있는 얼음

40) Bjorn Lomborg, The Skeptical Environmentalist, Cambridge Univ. Press, 2001.
http://www.hankyung.com/news/app/newsview.php?aid=2006090723141:

크기만큼 부피가 줄어든다. 그러므로 수면이 상승할 이유가 없다. 온실가스로 인한 '온실효과'에 대해서 롬보르그는 2100년까지의 기온 상승이 2~2.5℃로서 큰 재앙은 없을 것이며, 기술발전은 이러한 기온상승을 충분히 낮출 수 있다고 하며, 또한 교토의정서를 강행하더라도 기온 하강 효과는 0.15℃에 불과해 기온상승을 겨우 6년 지연시킬 뿐이라고 주장한다. 이 0.15℃를 낮추기 위해 필요한 비용이 대략 40억 달러인데 기회비용을 고려한다면 이 돈을 차라리 저개발국의 위생개선 등에 사용하는 편이 인류 복지에 효과가 크다고 주장한다.[41)]

Ⅳ. 관리적 환경관

환경법의 기초로서 중요한 것은 환경보호라는 가치를 어떠한 관점에서 바라보는가이다. 이러한 가치관적인 접근은 모든 사물에 대해서도 타당하다. 환경보호의 중요성은 더이상 언급할 필요가 없을 것이다. 그러나 환경보호라는 가치를 절대시하여 다른 가치들을 도외시 한다면 이 또한 문제라 할 것이다. 환경을 최우선적인 가치에 놓는 생태주의적인 환경관에 대한 사이먼이나 롬보르그의 비판적 주장에도 어느 정도의 일리는 있으며, 그러므로 환경보호를 위해서 가장 먼저 요청되는 것은 선입견을 배제한 열린 마음이라 할 것이다.

환경보호를 위해서 우리 인류가 추구하는 것의 상당부분은 현재의 과학기술에 근거한 가설에 근거하고 있음을 인정할 필요가 있다. 우리가 현재적으로 알고 있는 지식은

---

41) Bjorn Lomborg, The Skeptical Environmentalist, Cambridge Univ. Press, 2001:
조영일, 신동아, 2002년 12월 01일 (통권 519호), 354면 이하; 동아일보, 2003. 08. 28; 환경위기, 사실인가 과장인가…'회의적 환경주의자' 국내 출간 계기 논쟁 불붙어.
http://biz.chosun.com/site/data/html_dir/2010/12/10/2010121001112.html: 노벨상 수상자 3명이 포함된 세계 최고의 기후 경제학자 총 28명이 UN이 사용하는 거시 경제모델들을 이용해 교토의정서, 코펜하겐 합의 등 기후변화협약이 추구하는 탄소 배출량 절감 방식을 평가해 보니 금세기 말까지 기껏해야 섭씨 2도 정도의 기온 상승 밖에 막을 수 없는 것으로 나타났다. 하지만 여기에 드는 비용은 최소 40조 달러(매년 약 4500억달러)에 달해, 1달러 투자 당 효과(편익)는 2센트에 불과했다. 지구 온난화를 막기 위한 현재의 접근 방식은 효용이 무척 낮다는 얘기다. 이들 28명의 학자들의 결론은 차라리 매년 1000억달러씩 신재생에너지 연구개발에 집중 투자해 신재생에너지의 생산 단가를 빨리 끌어내리는 편이 훨씬 지구 온난화 예방 효과가 크다는 것이었다. 화석연료보다 태양광전지가 더 싸지도록 하면 전 세계 모든 사람, 심지어 중국이나 인도인들조차 자기 집 지붕에 태양광전지를 설치하려 들 것이다. 이 경우의 투자 효과는 1달러당 11달러로, 현재의 방식보다 무려 500배 이상이다.

유한하다. 그러므로 환경보호는 항상 다른 가치들을 존중하는 전제하에서 조화와 타협의 길을 가야 한다.

환경관 중에서 양극단에 위치하는 환경관으로는 인간중심적 환경관과 환경중심적 환경관을 들 수 있을 것이다. 그런데, 환경이라는 단어 자체로부터도 드러나듯이 환경이란 무엇을 둘러싸고 있는 것이라는 의미임을 고려할 때, 환경이 존재하는 이유는 그 자체가 목적이 아니고 무엇에 이바지하기 위해서이다. 그렇다면 환경을 바라볼 때 인간을 배제한 환경은 존립의미를 상실하게 된다. 그렇다고 인간중심적인 환경관이 타당한 것은 아니라고 할 것이다. 왜냐하면 인간에 내포된 탐욕으로 인하여 인간중심적인 접근만을 고집한다면 환경을 파괴할 수도 있기 때문이다.

우리 지구를 포함한 우주질서 가운데서 환경을 바라볼 때, 이 모든 것을 창조한 창조주가 존재한다는 것을 부인하기는 어렵고, 창조주는 우주 만물을 창조한 후 인간을 그 모든 만물의 관리자로 자리매김을 하였다고 볼 수 있으며, 그렇다면 인간이 환경을 관리하는 위치에 있는바, 이러한 창조주와 인간 사이에는 관리를 위임한 창조주의 의사에 부합하게 인간들이 환경을 관리하는 것이 요청된다.

인간은 창조주가 창조한 환경을 창조의 목적에 맞게 관리하여야 할 권리이자 의무를 부담하고 있다(관리적 환경론: Managerial Environmentalism). 이러한 관리적 환경론은 창조주가 이 세상을 창조함에 있어서 창조의 목적이 존재하는바 그것은 시편 제19장 제1절 "하늘이 하나님의 영광을 선포하고 궁창이 그의 손으로 하신 일을 나타내는도다"[42]에 의하면 창조주 하나님의 영광을 드러내는 것이 바로 인간과 환경의 목적이다. 그러므로 인간이 환경에 있어서 관리자적인 위치에 있으며, 인간은 환경을 잘 보존 · 관리하여 창조의 질서를 유지하고 현세대뿐만 아니라 장래세대도 행복하고 쾌적한 환경에서 생활할 수 있도록 할 청지기적인 관리자(Steward, Verwalter)의 위치에 있다.

42) Psalm 19:1 The heavens declare the glory of God; the skies proclaim the work of his hands.

제2편

환경국가와 환경권

제1절 서설

참고	대법원 1997. 7. 22. 선고 96다56153 판결【공사금지가처분】
판례	*대법원 1997. 7. 22. 선고 96다56153 판결【공사금지가처분】; 원심판결 서울고법 1996. 11. 21. 선고 95나41804 판결 인접 대지에 건물이 건축됨으로 인하여 입는 환경 등 생활이익의 침해를 이유로 건축공사의 금지를 청구하는 경우, 그 침해가 사회통념상 일반적으로 수인할 정도를 넘어서는지의 여부는 피해의 성질 및 정도, 피해이익의 공공성, 가해행위의 태양, 가해행위의 공공성, 가해자의 방지조치 또는 손해회피의 가능성, 인·허가관계 등 공법상 기준에의 적합 여부, 지역성, 토지이용의 선후관계 등 모든 사정을 종합적으로 고려하여 판단하여야 한다. 환경권은 명문의 법률규정이나 관계 법령의 규정 취지 및 조리에 비추어 권리의 주체, 대상, 내용, 행사 방법 등이 구체적으로 정립될 수 있어야만 인정되는 것이므로, 사법상의 권리로서의 환경권을 인정하는 명문의 규정이 없는데도 환경권에 기하여 직접 방해배제청구권을 인정할 수 없다. 어느 토지나 건물의 소유자가 종전부터 향유하고 있던 경관이나 조망, 조용하고 쾌적한 종교적 환경 등이 그에게 하나의 생활이익으로서의 가치를 가지고 있다고 객관적으로 인정된다면 법적인 보호의 대상이 될 수 있는 것이라 할 것이므로, 인접 대지에 건물을 신축함으로써 그와 같은 생활이익이 침해되고 그 침해가 사회통념상 일반적으로 수인할 정도를 넘어선다고 인정되는 경우에는 토지 등의 소유자는 소유권에 기하여 방해의 제거나 예방을 위하여 필요한 청구를 할 수 있고, 이와 같은 청구를 하기 위한 요건으로서 반드시 건물이 문화재보호법이나 건축법 등의 관계 규정에 위반하여 건축되거나 또는 그 건축으로 인하여 소유자의 토지 안에 있는 문화재 등에 대하여 직접적인 침해가 있거나 그 우려가 있을 것을 요하는 것은 아니다(사찰로부터 6m의 이격거리를 둔 채 높이 87.5m의 19층 고층빌딩을 건축 중인 자에 대하여 사찰의 환경이익 침해를 이유로 전체 건물 중 16층부터 19층까지의 공사를 금지시킨 사례).

I. 환경권의 의의

환경의 법적 의미를 살피기 위해서는 헌법적인 규정으로 거슬러 올라간다. 우리 헌법은 헌법상의 환경권을 규정하고 있다. 우리나라는 1960년대와 1970년대를 거쳐 고도성장을 이루면서 환경문제가 대두되었고 이에 대응하기 위하여 1980년 헌법 제33조에 환경권 조항을 처음으로 규정하였다.[1] 현행 헌법은 제35조에서 다음과 같이 환경권에 대한 규정을 하고 있다: "제1항: 모든 국민은 건강하고 쾌적한 환경에서 생활할 權利를 가지며, 국가와 국민은 환경보전을 위하여 노력하여야 한다. 제2항: 환경권의 내용과 행사에 관하여는 법률로 정한다. 제3항: 국가는 주택개발정책 등을 통하여 모든 國民이 쾌적한 주거생활을 할 수 있도록 노력하여야 한다."

환경권은 일반적으로 '좋은 환경을 향유할 권리', '건강하고 쾌적한 환경 속에서 생활할 권리', '인간다운 환경에서 삶(Leben in der menschenwürdigen Umwelt)을 영위할 수 있는 권리 또는 건강하고 쾌적한 환경에서 생활할 권리'라고 볼 수 있다.[2] 판례에 의하면 "헌법 제35조 제1항은 '모든 국민은 건강하고 쾌적한 환경에서 생활할 권리를 가지며, 국가와 국민은 환경보전을 위하여 노력하여야 한다.'고 규정하여 환경권을 헌법상의 기본권으로 명시함과 동시에 국가와 국민에게 환경보전을 위하여 노력할 의무를 부과하므로, 국가는 각종 개발 · 건설계획을 수립하고 시행함에 있어 소중한 자연환경을 보호하여 그 자연환경 속에서 살아가는 국민들이 건강하고 쾌적한 삶을 영위할 수 있도록 보장하고 나아가 우리의 후손에게 이를 물려줄 수 있도록 적극적인 조치를 취하여야 할 책무를 부담한다"고 부연설명하고 있다.[3] 그런데 헌법상 환경권을 규정하고는 있지만 과연 그 권리성을 인정할 수 있는가와 관련하여 많은 문제를 야기하고 있나. 독일에서는 환경권을 기본권으로 인정하지 않고, 환경보호를 국가목표(Staatsziel)로 규정하고 있다. 이는 환경권이라는 권리를 인정하는 경우에 그 권리의 내용을 정하기가 쉽지 아니하기 때문이다.

환경보호(Umweltschutz)를 자연적인 삶의 기반의 보호(Der Schutz der natürlichen Lebensgrundlagen)라고 규정하여 자연적인 삶의 기반 그 자체를 보호의 객체로 보고 있다. 그 중에서 인간을 위한 삶의 기반의 보호가 중심을 이루고 있음은 물론이다. 하지만, 인간이 보는 유용성에 의거해서만 환경을 평가할 것이 아니라, 자연적인 환경 그 자체를 존중하는 것이 중요한데, 왜냐하면, 인간은 그 인식에 있어서 매우 불완전하고 유한하기 때문에 인간의 평가와 관계없이 환경 자체를 보호해야 진정한 환경보호에 이를 수 있기 때문이다.[4]

---

1) 1980년 헌법 제33조: 모든 국민은 깨끗한 환경에서 생활할 권리를 가지며, 국가와 국민은 환경보호를 위하여 노력하여야 한다.

2) 구연창, 환경권 사상, 법과 공해, 한국교수회편, 1974, 356면; 문홍주, 환경권서설(상), 고시연구, 1977년 8월호, 12면; 김철수, 헌법학개론, 박영사, 1997, 654면.

3) 대법원 2006. 6. 2. 자 2004마1148,1149 결정【공사착공금지가처분】:

4) Murswiek, in: Sachs, GG, 1996, Art. 20a, Rn. 22 ff.

Ⅱ. 환경권의 주체와 객체

A. 환경권의 주체

환경권의 주체는 자연인이 주가 될 것이다. 미래의 자연인 역시 환경권의 주체가 될 수 있을 것인가와 관련하여, 환경법상 기본원칙인 지속가능발전의 원칙에 비추어 볼 때 그 주체성을 부인할 필요는 없을 것이다. 법인 역시 생활환경이나 사회 · 문화적 환경을 누릴 수 있다고 보아야 하기에 주체성을 긍정할 수 있다고 사료된다. 자연물 그 자체는 환경권의 주체성을 인정할 수 없다.

환경권의 대상으로서 객체는 환경 그 자체라고 할 수 있다.

B. 환경권의 객체

환경권을 논함에 있어서 '환경'의 개념과 관련하여 협의와 광의 그리고 최광의로 나누어 살펴볼 수 있는데, 협의로는 공기, 물, 토양, 식물, 동물, 미세조직, 광물, 오존층 및 기후 등의 자연적 환경을 의미하며, 광의로는 이러한 자연적 환경에 더하여 생활적 환경을 포함하고 나아가 최광의로는 자연환경이나 생활환경의 범위를 넘어서 문화적 · 사회적 환경까지 포함하는 것으로 본다. 학설을 살펴보면 환경법상 환경의 개념에는 ① 자연환경만을 의미한다는 견해(협의설),[5] ② 자연환경과 생활환경을 포함한다는 견해(광의설) 그리고 ③ 자연환경과 생활환경에다가 사회 · 문화적인 환경까지 포함한다는 견해(최광의설: 다수설) 등으로 나뉜다.

환경법상 '환경'의 범위			
학설	협의설	광의설	최광의설
범위	자연환경	자연환경 + 생활환경	자연환경 + 생활환경 + 사회 · 문화적 환경
법률	환경정책기본법 제3조 제1호: "환경"이라 함은 자연환경과 생활환경을 말한다(광의설).		

다수설은 그 근거로서 헌법 제35조가 건강하고 쾌적한 환경에서 생활할 권리와 쾌적

5) 홍성방, 환경기본권, 환경오염의 법적구제와 개선책, 1996, 61면 이하.

한 주거생활권을 규정하고 있고, 나아가 헌법 제10조는 행복추구권을 규정하고 있으며, 또 제36조 제3항에서 보건에 관한 권리를 규정하고 있기 때문에, 이를 통합하여 최광의의 환경권이 우리 헌법상 보장되어 있다고 주장한다.[6] 부산고등법원은 환경권에서의 환경의 개념을 최광의의 의미로 해석하고 있는바, "헌법상 규정된 '환경권'은 사람이 인간다운 생활을 영위함으로써 인간으로서의 존엄(Menschenwürdigkeit)을 유지하기 위하여 필요적으로 요구되는 인간의 생래적인 기본권의 하나로서, 이러한 환경권의 내용인 환경에는 자연적 환경은 물론이고, 역사적, 문화적 유산인 문화적 환경, 사람이 사회적 활동을 하는 데 필요한 사회적 시설 등 사회적 환경 등도 이에 포함된다"고 판시하고 있다.[7]

환경의 개념을 협의로 이해하는 견해는 다수설을 다음과 같은 이유로 비판하고 있다[8]: ① 다수설이 들고 있는 환경의 개념은 환경권이 헌법에 규정되어 있지 아니한 경우에 고려의 대상이 될 수 있었으나, 지금과 같이 환경권을 규정하고 있는 경우에는 헌법 제35조 외에는 고려의 대상이 아니다. ② 다수설은 환경의 개념에 너무나 많은 내용을 포함시켜서 해석하는 경우 보호법익이 방대해질뿐만 아니라 헌법 제9조, 제31조, 제36조 제3항 등을 규정한 의미가 소멸될 염려가 있다. ③ 헌법 제35조 제3항의 주택정책은 전통적으로 사회보장의 대상이 될 뿐이며 환경정책에는 포함되지 않는다.

이런 주장에 대하여는 다수설의 입장은 다음과 같다: ① 환경의 개념에 자연환경만을 포함시킨다면, 건강하고 쾌적한 환경에서 살 권리인 환경권의 실효성이 미약해진다. 왜냐하면, 건강하고 쾌적한 환경이 자연환경만을 의미하는 것이 아님은 분명하기 때문이다. ② 어떤 국민이 헌법상의 환경권을 주장하고자 할 때, 자연환경과 사회 · 문화적 환경과의 구별이 어려운 경우가 있어서 이러한 권리가 헌법상의 환경권에 포함되는지 여부가 불분명한 경우가 많게 된다. ③ 환경권은 하나의 포괄적 기본권으로서의 성격을 가지므로, 환경침해와 관련하여 구체적인 기본권이 적용될 경우에는 보충적으로 적용되어서, 기본권 보장의 공백을 메울 수 있다.

그런데 다수설의 입장은 환경의 개념을 너무나 확장하여 환경법이라는 하나의 범주

---

6) 김철수, 헌법학개론, 1997, 657면; 유경춘 · 김운용, 환경보전에 관련된 공법상의 문제, 강원법학 제1권, 1985, 221면; 김철수, 헌법학개론, 1997, 657면; 구병삭, 신헌법원론, 583면; 김영훈, 환경권과 공법상 구제, 법학논총, 숭전대학교법학연구소, 1985, 31면.

7) 부산고법 1995. 5. 18. 선고 95카합5 판결.

8) 홍성방, 환경기본권, 환경오염의 법적구제와 개선책, 1996, 60면 이하.

에 포함시키기 어렵고, 환경법에 부합되는 법원칙을 창설하기 어렵게 된다. 이러한 의미에서 광의의 환경개념으로서 자연환경과 생활환경만을 의미하는 것이 적절하다고 사료된다(광의설).

우리 환경정책기본법상 환경 개념에도 자연환경과 생활환경을 들고 있어서 광의의 환경개념을 취한다고 볼 수 있다.

Ⅲ. 환경권의 기초와 특성

A. 환경권의 기초

환경권의 기초란 어떤 연유로 국민에게 국가를 향해서 건강하고 쾌적한 환경에서 생활할 것을 요구할 수 있는 권리가 기본권의 하나로서 부여되어야 하는가의 문제라고 할 수 있다. 통상적으로 기본권은 생래적 권리로서 천부인권으로 인식되어져 왔다. 건강하고 쾌적한 환경에서 생활하는 권리 역시 우리 인간에게 생래적으로 부여되어 있다.

환경권의 기초로서 환경공유의 법리나 공공신탁의 법리를 주장하기도 하는바, 그러나 이러한 법리는 환경이라는 객체가 가지는 중요성을 인식시키는 단초가 되기는 하지만 환경권의 기초로 작용하기는 어렵다. 왜냐하면 환경권의 기초는 바로 국민이 국가에 대하여 건강하고 쾌적한 환경을 누릴 수 있도록 요구하는 권리이기 때문이다. 환경공유의 법리나 공공신탁의 법리는 도리어 국가가 국민이 누리는 환경권을 규제할 수 있는 근거로 작동할 뿐 역으로 국민에게 환경권을 부여하는 기제로 역할을 하기는 어렵기 때문이다. 환경권이라는 권리는 애초부터 탄생하지 말았어야 할 것이 아닌가 사료되며, 환경이라는 이익에 대해서 환경권으로 권리성을 포장시키는 경우에는 도리어 그 불명확성으로 인하여 본질을 잃어버리기 쉽다.

B. 환경권의 특성

1. 타기본권과의 혼재

환경에 대해서는 환경 그 자체가 문제되는 경우는 드물고 환경의 오염 내지 훼손 등을 매개로 하여 인간의 생명이나 신체 또는 정신에 대해서 손해를 끼친 경우만이 법적으로 중요하게 된다. 이러한 의미에서 우리 헌법이 규정하고 있는 환경권은 전통적인 기본권이 아니라, 환경을 매개체로 하는 포괄적 기본권으로서, 환경권에는 여러 가지의 기본권들이 환경을 매개체로 얽혀 있으므로, 환경권은 다른 기본권들을 보장하기 위한 전제조건(Voraussetzung)으로서의 성질을 지닌다. 즉 환경권의 보장은 인격권, 생명권, 행복추구권, 거주이전의 자유, 직업의 자유 및 재산권 등이 실질적으로 보장되기 위한 전제조건의 성격을 지닌다.[9] 환경적으로 황폐화 된 곳에서 거주하는 자들은 환경권의 침해는 물론이고 인격권이나 행복추구권도 동시에 침해를 받는다고 보아야 할 것이며, 거주이전이 자유롭더라도 환경이 쾌적하지 못하다면 거주이전에 제한을 받을 수 밖에 없을 것이다. 그러므로, 환경권이 침해된 경우에는 개인의 생명 · 신체 · 건강 또는 재산권과 같이 다른 기본권들도 함께 침해되는 경우가 대부분이다.

2. 예방의 중요성

환경침해는 대기오염, 핵 방사능 오염이나 수질오염 등과 같이 광역에 걸쳐 발생하며, 이미 발생한 환경권의 침해는 오랫동안 지속되는 것이 보통이므로, 환경권 침해에 대해 사후적 구제를 하는 것은 어렵다. 그러므로, 사후구제보다는 환경침해를 사전에 방지하는 것이 중요한데, 이러한 예방에는 환경자원을 손상시키는 활동을 될 수 있는 대로 하지 않으며 환경에 대한 위험을 저지하고 분산시키는 것을 포함한다.[10]

3. 타기본권과의 형량

환경권을 보장하는 조치들은 다른 기본권들을 제한하는 경우가 많은데, 특히 행동의 자유나 직업의 자유 그리고 재산권과 같이 경제적 자유에 대한 제한을 수반한다. 지금까지 자유롭게 이용할 수 있는 환경요소들이 국가의 환경보호계획(Umweltschutzplanung)에 의하여 접근할 수 없게 될 수도 있다. 이러한 경우에 기본권간의 충돌이 일어나며, 기본권 상호간 비교형량이 요청된다.[11] 환경보호라는 이익이 중요한 이익이지만 헌법상 보호되는 여러 이익들, 특히 헌법상의 기본권 조항 및 자유롭고 창의적인 경제질서와 조

---

9) 허영, 한국헌법론, 1995, 421면.

10) Murswiek, in: Sachs, GG, 1996, Art. 20a, Rn. 36.

11) Murswiek, in: Sachs, GG, 1996, Art. 20a, Rn. 52 ff.

화를 이루어야 할 것이다.[12)]

환경오염에 있어서 피해자와 가해자의 이익, 피해의 정도나 형태, 사업의 유효성 등을 비교형량하여 환경오염행위가 사회생활상 일반적으로 수인할 수 있을 정도를 초월한 침해가 아닌 경우에는 수인해야 하며, 이러한 수인한도를 초과한 경우에만 불법행위를 구성하게 된다.

이와 관련하여 서울남부지원은 환경권과 토지소유자의 권리행사와의 비교형량을 하여 토지소유자의 권리행사가 사회통념상의 수인할 수 있는 범위내의 경우에는 환경권 침해의 위법성을 조각하였다.[13)]

4. 미래지향적 성격

환경은 당대의 자산만이 아니라 미래 세대의 유산이다. 국가는 현재 살고 있는 국민들의 환경을 보전해야 할 뿐만 아니라 미래세대 또한 쾌적한 환경에서 생활할 수 있도록 노력하여야 한다. 우리 헌법은 그 전문에서 "우리들과 우리들의 자손의 안전과 자유와 행복을 영원히 확보할 것을 다짐한다"라고 하여 환경보전의 미래지향적인 성격을 강조한다.

독일 헌법도 미래의 후손들을 위하여(für die künftigen Generationen) 환경을 보호할 국가의 책무를 규정하고 있다. 우리 환경정책기본법 제2조 후반부에서는 환경을 이용하는 모든 행위를 할 때에는 환경보전을 우선적으로 고려함으로써 현재의 국민으로 하여금 그 혜택을 널리 향유할 수 있게 함과 동시에 미래의 세대에게 계승될 수 있도록 함을 이 법의 기본이념으로 한다고 규정하여 환경권의 미래지향적인 성격을 명확히 하고 있다.

5. 국제적 공조

환경오염은 어느 한 나라에만 국한되는 것이 아니라, 다른 나라로까지 번지기 쉽다. 인도네시아의 산불로 인하여 인근 국가인 말레이지아나 싱가포르, 필리핀 등의 국민들이 피해를 입기도 하고, 체르노빌의 원자력발전소에서의 핵방사능물질 유출로 인하여 유럽 등의 이웃 나라도 피해를 입는 등 영향을 미친다. 또한 환경보호를 위해서는 국가간의 환경보호기술의 이전도 필요하다. 그러므로, 환경보호를 위해서는 국제적인 협력

---

12) 전광석, 환경권의 공법적실현, 환경오염의 법적구제와 개선책, 1996, 86면.

13) 서울남부지원 1994. 2. 23. 선고 가합23326.

이 절실히 요청된다.

환경정책기본법은 국제협력의 중요성을 인식하여 정부는 국제협력을 통하여 환경정보 및 기술을 교류하고 전문인력을 양성하며, 환경보전을 위한 국제적인 노력에 적극 참여하여야 한다고 규정하고 있다.

제2절 환경권의 법적 성질과 내용

Ⅰ. 환경권의 법적 성질

A. 종합적 기본권성

환경권을 인간다운 환경에서 건강하고 쾌적한 삶(Leben in der menschenwürdigen Umwelt)을 영위할 수 있는 권리 또는 건강하고 쾌적한 환경에서 생활할 권리라고 할 때, 이러한 환경권의 법적 성질과 관련하여 ① 인간의 존엄과 가치, 행복추구권에서 파생된 기본권으로서 생존권적 기본권에 포함시키는 견해,[14] ② 여러 기본권의 전제조건을 보장하는 기본권으로서의 성질과 경제생활에 관한 기본권의 헌법적 한계로서의 성질을 동시에 가지는 종합적 기본권이라는 견해,[15] ③ 종합적 기본권이긴 하나 그 주된 성격은 사회적 기본권성에 있다고 보는 견해[16] 등이 주장되고 있다. 환경권의 법적 성질을 논의하는 이유는 결국 이러한 환경권이 특히 방해되는 경우에 어떤 효력을 결부시킬 것인가를 판단하기 위함에 있다.

이런 관점에서 우리 헌법상 환경권은 자유권적 · 방어권적 성격(freiheitrechtlicher abwehrrechtlicher Charakter) 뿐만 아니라 생존권적 기본권(soziales Grundrecht)으로서의 성격도 함께 인정되어야 할 것이다.[17] 즉 환경권에는 한편으로는 국가로부터 환경권에 대한 중대한 침해가 있을 경우에 이를 배제하는 측면, 즉 환경권 침해에 대한 방어적인 측면과 다른 한편으로는 이미 존재하는 인간다운 환경을 환경오염으로부터 보호 · 유지하는 동시에 쾌적하고 인간다운 환경을 조성 · 발전시키는 적극적인 측면이 함께 들어 있다.[18]

---

14) 김철수, 헌법학개론, 2001, 753면.

15) 허영, 한국헌법론, 1998, 421면 이하.

16) 權寧星, 헌법학원론, 1999, 604면 이하.

17) 홍성방, 환경기본권, 환경오염의 법적구제와 개선책, 1996, 66면; 전광석, 환경권의 공법적실현, 환경오염의 법적구제와 개선책, 1996, 104면.

18) 박수혁, 지구환경시대 · 환경자치시대에 있어서의 한국의 환경법정책의 문제점과 개선방향, 공법연구, 제25집제2호, 1997, 191면; 홍성방, 환경기본권, 환경오염의 법적구제와 개선책, 1996, 66면: 홍성방 교수는 환

환경권의 자유권적인 성격으로부터는 국가의 환경권 침해로 인하여 특히 개인의 생명 · 신체 · 건강 그리고 재산에 직접적인 침해를 받은 경우 이러한 환경권 침해의 배제를 청구할 수 있다. 국가 및 지방자치단체의 행위가 직접적으로 원인이 된 경우에는 국가 및 지방자치단체에 대하여 손해배상 및 유지청구를 할 수 있음은 물론, 국가가 환경권 침해에 대해서 방지할 권한을 가진 경우에 예를 들면 오염배출시설의 허가취소나 오염물질 배출사업소의 영업정지 등을 발급하도록 국민이 국가에 대해서 청구할 수도 있다.

환경권의 생존권적인 성격으로부터 보다 나은 환경에서 살기 위하여, 개인이 국가에 대하여 보다 나은 환경을 조성하도록 요구할 수 있는 환경존속 · 개선청구권 등의 성립 여부도 문제될 수 있으나, 이는 법령에서 구체적으로 규정한 경우에만 인정된다고 할 수 있다.

환경권의 법적 성질			
학설	생존권적 기본권	종합적 기본권	사회적 기본권
내용	인간의 존엄과 가치, 행복추구권에서 파생된 기본권으로서 생존권적 기본권에 포함	여러 기본권의 전제조건을 보장하는 기본권으로서의 성질과 경제생활에 관한 기본권의 헌법적 한계로서의 성질을 동시에 가지는 종합적 기본권	종합적 기본권이긴 하나 그 주된 성격은 사회적 기본권성에 있다고 보는 견해
사견	자유권적 · 방어권적 성격(freiheitrechtlicher abwehrrechtlicher Charakter) 뿐만 아니라 생존권적 기본권(soziales Grundrecht)으로서의 성격도 함께 인정(통합적 기본권설)		

B. 대국가적 공권성

환경권은 원칙적으로 국민이 국가를 상대로 주장하는 권리로서, 사인 상호간에는 직접적으로 그 효력을 발할 수는 없으며, 환경권 조항은 다만 사법상의 해석을 통하여 사인간의 관계에 간접적으로 효력을 발한다고 보아야 할 것이다.

그러므로 사인 상호간에 있어서는 원칙적으로 기본권으로서의 환경권을 주장할 수는 없고, 법적으로 보호를 받는 재산권이나 인격권의 침해에 대해서 법률에서 규정하는

경권을 사회적 기본권으로 분류하면서도, 수범자가 국가와 국민이라는 점에서 다른 사회적 기본권과는 달리보고 있다.

경우에만 손해배상이나 유지청구를 인정하는 선에서 그쳐야 할 것이다. 즉, 사인 상호간에 환경을 매개로 하여 법익의 침해가 발생한 경우 즉 생명이나 신체 또는 재산에 피해를 야기하는 경우가 될 것인데, 이런 경우가 민법상 불법행위를 구성한다면 손해배상청구권이나 유지청구권이 성립하게 될 수 있을 것이다.

Ⅱ. 환경권의 내용

A. 대국가적 공권

1. 국가의 환경침해에 대한 방어권

국가에 의하여 환경이 침해된 경우에는, 일반적으로 국민은 국가에 대하여 환경침해의 배제를 청구할 수 있다. 국가에 의한 환경침해는 주로 입법작용과 행정작용을 통해서 발생하는데, 전자의 경우에는, 법률이나 법률조항 그 자체가 국민의 환경권을 직접적으로 침해하는 경우에는 위헌심판을 제기할 수 있을 것이며, 행정청의 행정작용을 통하여 국민의 환경권이 침해된 경우에는 환경침해작용의 취소를 구하는 행정소송이나 또는 야기된 손해에 대하여 위법성이 인정된다면 국가배상청구를 할 수 있다. 그 외에 헌법상 보장된 청원권을 행사할 수 있다. 그리고 국가에 의하여 자유권적인 환경권이 침해되는 경우에는 일반적으로 개인의 다른 기본권(인격권, 행복추구권, 재산권)을 동시에 침해하는 경우가 많다.[19]

2. 국가에 대한 쾌적한 생활환경조성청구권

생활환경조성청구권이란 국민이 국가에게 건강하고 쾌적한 생활환경을 만들고 보전해 줄 것을 요구할 수 있는 권리이다. 생존권적 환경권의 실현을 위해서는 국가의 적극적인 환경보호노력이 요청된다. 생활환경을 조성하기 위해서는 국가는 장래 계획을 수립하고 이를 뒷받침할 재정적인 근원을 마련해야 할 것다. 나아가 법률에 명문규정을 두어서 국민의 권리를 보장하여야 할 것이다. 다만 국가가 국민을 위하여 쾌적한 생활환경을 조성하는 데에는 현실적인 여러 가지 어려움들이 있으므로, 법률에 명문의 규정이 없

19) 전광석, 환경권의 공법적 실현, 환경오염의 법적구제와 개선책, 1996, 86면.

이는 국민에게 구체적 권리를 설정하기는 어렵다. 그리고 쾌적한 환경을 조성하기 위해서 타인의 토지이용과 관련된 재산권이나 직업의 자유 등과 충돌되는 경우에는 이익형량이 요청된다.

만약 입법부가 생활환경조성을 위하여 요청되는 법률의 제정을 해태하고 있다면, 입법부작위를 근거로 헌법소원을 제기할 수가 있는가가 문제될 수 있다. 헌법재판소의 결정에 따를 때, "진정입법부작위가 헌법재판소법 제68조 제1항의 '공권력의 불행사'로서 헌법소원의 대상이 되려면, 헌법에서 기본권보장을 위하여 법령에 명시적인 입법위임을 하였는데도 입법자가 상당한 기간 내에 이를 이행하지 않거나 또는 헌법해석상 특정인에게 구체적인 기본권이 생겨 이를 보장하기 위한 국가의 행위의무 내지 보호의무가 발생하였음이 명백함에도 불구하고 입법자가 아무런 입법조치를 취하지 않고 있는 경우라야 한다."[20]

진정입법부작위 즉 어떤 영역에 대해서 입법을 전혀 행하지 아니한 경우에 있어서 그러한 부작위가 '공권력의 불행사'로서 헌법소원의 대상이 되기 위해서는, ① 헌법에서 기본권보장을 위하여 법령에 명시적인 입법위임을 하였는데도 입법자가 상당한 기간 내에 이를 이행하지 않거나 또는 ② 헌법해석상 특정인에게 구체적인 기본권이 생겨 이를 보장하기 위한 국가의 행위의무 내지 보호의무가 발생하였음이 명백함에도 불구하고 입법자가 아무런 입법조치를 취하지 않고 있는 경우를 들고 있다. ①의 경우는 헌법에서 명시적인 입법위임을 한 경우이므로 대단히 드문 경우일뿐만 아니라, 비교적 명백한 경우여서 문제가 될 소지가 별로 없고, ②의 경우가 문제가 될 수 있는데, '헌법해석상 특정인에게 구체적인 기본권이 생겨 이를 보장하기 위한 국가의 행위의무 내지 보호의무가 발생하였음이 명백함에도 불구하고 입법자가 아무런 입법조치를 취하지 않고 있는 경우' 역시 대단히 드문 경우일 것이다. 이상의 결정에 의하면 헌법재판소법 제68조 제1항의 '공권력의 불행사'로서 헌법소원의 대상이 되는 진정입법부작위는 거의 없다는 결론을 내릴 수 있다.

3. 국가에 대한 쾌적한 주거생활고려청구권

헌법 제35조 제3항은 국가의 주거환경개선의무를 인정하면서 주거환경개선에 대해서 보다 중요한 의미를 부여하고 있는데, 이로부터 도출되는 쾌적한 주거생활권 역시 생

---

20) 헌법재판소 2009.11.26. 선고 2008헌마385 전원재판부【입법부작위위헌확인】.

존권적 환경권으로 분류할 수 있다.[21] 여기서 국가나 지방자치단체가 개발계획을 세우거나 정책을 입안함에 있어서, 쾌적한 주거생활권을 보호하지 아니한다고 판단될 경우에 국민은 헌법 제35조 제3항을 근거로 소구할 수 있는가가 문제될 수 있을 것이다.

독일에서는 계획주체가 계획을 수립함에 있어서 관계된 사익과 공익들을 비교형량하여야 할 의무를 지니며, 비교형량에 있어서 중요한 이익을 고려요소에서 제외시켰거나, 중요한 이익을 중요치 않다고 고려한 경우들은 모두 형량하자로서 위법하게 된다.[22] 우리나라에서도 이러한 형량명령의 이론을 도입 · 활용하는 추세에 있으므로 쾌적한 주거환경이라는 요소를 계획의 수립에 있어서 고려하여야 하며, 그렇지 아니한 경우에는 행정소송을 통하여 다툴 수 있어야 할 것이다.[23]

4. 사인의 환경침해에 대한 행정개입청구권

환경오염배제청구권이란 국민이 국가 이외의 다른 원인에 의해서 발생하는 환경오염(Environmental Pollution)에 대해서 국가를 상대로 배제하여 줄 것을 요구하는 권리로서, 기업체나 사인이 오염물질을 배출하여 환경을 오염시킬 경우, 국민은 국가에게 기업체나 사인에 대한 행정적 제재를 요구할 수 있어야 할 것이다.

다만 이러한 환경오염배제청구권을 구체적 권리로서 재판상 주장할 수 있기 위해서는 국민이 국가에 대하여 행정개입을 구할 수 있는 법적인 권리로서 행정개입청구권이 인정되어야 하며, 행정소송법적으로도 의무이행소송이 긍정되어야 할 것이다.

B. 사권(私權)으로서의 환경권

헌법상의 환경권은 하나의 기본권으로서 국가를 향한 것이지 사인간의 관계에 대해서 규율하는 것이 아님을 명확히 하여야 한다. 사인이 환경을 매개로 하여 타인의 재산권이나 인격권을 침해하는 경우에 법률에 특별한 근거규정이 없음에도 헌법상 환경권으로부터 방해제거청구권, 방해예방청구권 또는 손해배상청구권이 도출될 수는 없다.

법원의 판결에 따르면 "헌법 제35조 제1항은 '모든 국민은 건강하고 쾌적한 환경에서

---

21) 참고, 홍성방, 환경기본권, 환경오염의 법적구제와 개선책, 1996, 70면: 헌법 제35조제3항은 환경권의 내용이 아니라, 사회보장정책에 속한다고 주장한다.

22) BVerwGE 34, 301; 41, 67; 48, 56; 56, 110 etc.

23) 대판 1996.11.29. 선고 96누8567.

생활할 권리를 가지며…'라고 규정하여 환경권을 국민의 기본적 권리로서 선언하고 있고, 환경정책기본법 제6조에도 위와 같은 취지의 규정을 두고 있으며, 건축법 제53조에서는 공동주택 등의 높이는 대통령령이 정하는 바에 의하여 시 · 군 · 구의 조례로 정하는 높이를 초과할 수 없다고 규정하고 있는데, 위와 같은 환경권의 내용으로서는 자연에 의하여 주어지는 일조, 전망, 통풍, 정온 등의 외부적 환경을 차단당하지 않고 쾌적하게 생활할 수 있는 권리도 당연히 포함된다고 할 것인바, 위 인정사실에 의하면 이 사건 아파트의 각 해당세대별 소유자이면서 입주자들인 원고들은 피고 회사가 환경권을 고려하지 아니하고 이 사건 아파트를 건축함으로써 앞서 본 바와 같은 일조, 조망, 프라이버시의 침해를 받고 있으므로, 피고 회사는 원고들에게 위 환경권의 침해로 인한 손해를 배상할 의무가 있다."고 판시하고 있으나, 이러한 판례의 태도는 헌법상의 기본권으로서의 환경권에 대한 이해가 결여되어서 나온 것이다. 여기서 환경권이라는 개념을 법원은 일조, 조망, 프라이버시의 침해 등을 환경권의 침해로 보고 있는바, 이처럼 환경권의 개념을 불명확하게 정의하면서 이에 기초하여 손해배상청구를 근거지우는 법원의 태도는 지양되어야 할 것이다.[24)]

환경과 관련된 사권에 대한 근거는 우리 민법 제214조와 제217조 그리고 특별법으로서 환경정책기본법이나 개별환경법령으로부터 찾을 수 있으므로, 그에 따라야만 할 것이다.

---

24) 대전지법 1998.1.8. 선고 96가합10960 판결 : 항소취하【손해배상(기)】.

제3절 환경권의 효력

환경권의 법적 효력		
학설	자유권적 · 방어권적 기본권	생존권적 기본권
내용	구체적 권리	입법방침(프로그램)규정설
		추상적 권리설(판례)
		구체적 권리설

I. 대국가적 효력

A. 자유권적 환경권

자유권적 환경권의 경우에는 국민이 국가에 의한 환경침해로 국민이 향유하고 있는 환경권의 핵심적 내용을 침해하는 경우에 이를 방어하는 환경권으로서 통상적으로 이 경우에는 개인의 생명 · 신체 · 건강 및 재산권이 함께 침해되는 경우이므로 국민은 환경권 및 이와 연관된 기본권과의 협력에 기초하여 이러한 환경침해를 방어 · 배제할 수 있다. 즉 자유권적 환경권의 침해는 일반적으로 생명권이나 재산권 등 타기본권의 침해가 동시에 발생하므로, 환경권 침해 뿐만 아니라 생명 · 신체 · 건강 및 재산권의 침해의 문제도 함께 고려하여 종합적으로 판단하여야 할 것이다.

B. 생존권적 환경권

환경권의 본질적 내용에 대해서 침해를 하는 경우에 이를 저지하는 자유권적 환경권보다는 생존권적 환경권의 경우에는 보다 쾌적하고 건강한 환경을 적극적으로 조성 · 발전시키려는 차원으로서의 환경권이다.

생존권적 환경권의 법적 효력을 어떻게 볼 것인가가 문제되는바, 다음과 같은 학설의 대립이 있다.

1. 입법방침(프로그램)규정설

생존권적 환경권은 국가 및 입법부의 정치적 · 도덕적 의무를 규정하고 있을 뿐이고 법적 의무를 부과하는 것은 아니라고 본다. 그러므로, 국민은 국가에 대하여 법적인 구속력이 있는 청구를 할 수는 없으며, 국가의 환경정책실현 여부나, 환경보호의무의 이행 여부에 대해서는 그 정치적인 책임을 물을 수는 있어도 그 법적인 책임을 물을 수는 없다.

2. 추상적 권리설

생존권적 환경권에게도 그 법적 권리성을 인정하되, 다만 그 권리의 성격은 구체적이 아니고 추상적이라는 견해이다. 환경권은 국민에게 국가에 대한 추상적 권리를 부여하며, 국가는 국민이 인간다운 환경 속에서 생활할 수 있도록 필요한 입법 기타 국정상 필요한 조치를 취할 추상적 의무를 진다. 여기서 추상적 권리라는 의미는 권리가 아직 구체화되지는 못하였으므로, 생존권적 환경권이 침해되었더라도 구체적 법률이 없는 한 재판상 청구를 할 수는 없다는 것이다.[25)]

3. 구체적 권리설

구체적 권리설에 서있는 학자들은 환경권의 자유권적 · 방어권적인 법적 성격으로부터 구체적 권리를 이끌어 내고 있다. 환경권은 환경침해행위의 중지나 방해배제 또는 예

---

25) 대법원 2006.6.2. 자 2004마1148,1149 자 결정: 환경권에 관한 헌법 제35조 제1항이나 자연방위권 등 헌법상의 권리에 의하여 직접 한국철도시설공단에 대하여 고속철도 중 일부 구간의 공사 금지를 청구할 수 없고, 환경정책기본법 등 관계 법령의 규정 역시 그와 같이 구체적인 청구권원을 발생시키는 것으로 해석할 수 없다.

대법원 1995.5.23. 자 94마2218 결정【공작물설치금지가처분】: 헌법 제35조 제1항은 "모든 국민은 건강하고 쾌적한 환경에서 생활할 권리를 가지며, 국가와 국민은 환경 보전을 위하여 노력하여야 한다"고 규정하여 환경권을 국민의 기본권의 하나로 승인하고 있으므로, 私法의 해석과 적용에 있어서도 이러한 기본권이 충분히 보장되도록 배려하여야 할 것임은 당연하다고 할 것이나, 헌법상의 기본권으로서의 환경권에 관한 위 규정만으로서는 그 보호대상인 환경의 내용과 범위, 권리의 주체가 되는 권리자의 범위 등이 명확하지 못하여 이 규정이 개개의 국민에게 직접으로 구체적인 사법상의 권리를 부여한 것이라고 보기는 어렵고, 또 사법적 권리인 환경권을 인정하면 그 상대방의 활동의 자유와 권리를 불가피하게 제약할 수밖에 없는 것이므로, 사법상의 권리로서의 환경권이 인정되려면 그에 관한 명문의 법률규정이 있거나 관계법령의 규정취지나 조리에 비추어 권리의 주체, 대상, 내용, 행사방법 등이 구체적으로 정립될 수 있어야 할 것이다.

방청구를 기초지우는 구체적 권리이며, 환경권의 침해에 대해서는 재판적 구제를 청구할 수 있고, 나아가 환경정책기본법 제6조 "모든 국민은 건강하고 쾌적한 환경에서 생활할 권리를 가지며 국가 또는 지방자치단체의 환경보전시책에 협력하고 환경보전을 위하여 노력하여야 한다"라는 규정도 환경권이 구체적인 권리임을 명시하고 있다고 주장한다.[26)]

다만 이러한 견해를 주장하는 학자들도 개인이 국가에 대하여 쾌적한 환경을 조성하여 주도록 요구할 수 있는 생존권적 환경권의 구체적 권리성에 대하여는 언급하지 않고 있다.

4. 소결

국가 또는 지방자치단체가 수질오염을 방지하기 위한 오·하수방지시설을 하지 아니한 결과 하천의 수질이 악화되고 그 악화된 하천수가 바다로 유입되어 그로 인하여 바다에서 양식되고 있던 조개 등이 폐사하는 피해가 발행한 경우에, 피해자인 국민이 국가 또는 지방자치단체에게 국가배상법 제2조에 의한 책임을 물을 수 있는가와 관련하여, 법원은 다음과 같이 판시하였다: "환경의 보전과 관련하여 우리 나라 헌법은 제35조 제1항에서 '국가와 국민은 환경보전을 위하여 노력하여야 한다'라고 규정하여 국가에 환경보전의무를 부과하고 있는바, 이와 같이 헌법에서 선언된 환경보전 그중에서도 특히 환경이 오염되지 아니하도록 하는 것은 국민의 생활을 윤택하게 하는 산업 발전 등을 포기하고 무조건적으로 환경이 오염되는 것을 방지하는 것이 아닐 뿐 아니라, 환경오염의 방지가 국가의 기본목표라 하더라도 이는 국가가 어느 사업에 중점을 둘 것인가 하는 국가의 정책수행방향 즉 환경보호정책과 불가분의 관계가 있다. 그러므로 환경보전은 국가(및 지방자치단체) 재정의 범위 내에서 그 정책우선순위에 따라 수행되는 것인 만큼 환경이 오염되지 아니하도록 하기 위한 오(하)수방지시설 등의 설치 운영은 결국 국가의 정책우선순위에 따른 예산의 배정에 의해 이루어질 수밖에 없다. 환경정책기본법도 제4조에서 '국가는 환경정책과 그 위해를 예방하고 환경을 적정하게 관리 보전하기 위하여 환경보전계획을 수립하여 이를 시행할 책무를 진다. 지방자치단체는 관할 구역의 지역적특성을 고려하여 국가의 환경보전계획에 따라 당해 지방자치단체의 계획을

---

26) 김철수, 헌법학개론, 박영사, 1997, 655면; 홍준형, 환경법, 1994, 35면.

수립하여 이를 시행할 책무를 진다'라고 규정하여 이를 명백히 하고 있다."[27]

이러한 판시에 기초하여 볼 때, 법원은 생존권적 환경권의 권리성을 부인하고 있음을 알 수 있다.

Ⅱ. 대사인적 효력

기본권으로서의 환경권은 사인에 대해서는 직접적으로 효력을 미치지는 아니하며, 다만 환경관련 법령의 해석에 있어서 간접적으로 효력을 발한다. 일부의 판결에서는 환경권에 기초하여 직접적으로 가해자에 대해서 손해배상을 청구할 수 있는 것처럼 판시하기도 하지만, 이러한 판시는 기본권으로서의 환경권에 대한 오해에서 비롯된 것이다. 이는 헌법상의 환경권 그 자체에 기초하는 것 보다는 사인의 재산권이나 자유권에 대한 침해가 환경을 매개로 하는 것일 뿐 결국 타인의 인격권이나 재산권에 대한 침해 때문에 손해배상청구권이 발생하는 것을 정확하게 인식하는 것이 필요하다.

Ⅲ. 결론

우리 헌법상 환경권은 자유권적 성격과 생존권적 성격을 아울러 가지고 있다. 이러한 서로 다른 법적 성격으로부터 각기 다른 법적인 내용과 효력을 가진다.

환경권을 자유권적 · 방어권적인 성격과 생존권적 성격으로 나누어 볼 때, 전자로부터는 구체적 권리가 도출되고, 후자로부터는 명문의 규정이 없는 한 구체적 권리를 부여하기는 어렵다.

자유권적 환경권이 침해된 경우에는 국가의 공권력으로 인한 경우에는 헌법소원, 행정소송 등을 제기할 수 있을 것이다.

생존권적 환경권은 국가의 입법작용을 매개로 하여 법령의 범위 내에서 구체적 권리를 가진다고 보고, 헌법상의 환경권 규정으로부터는 추상적인 권리가 도출된다고 보는

---

27) 참조: 서울민사지법 1993.7.2. 선고 91가합 42895 제12부판결:

것이 타당하다(추상적 권리설).[28] 그러므로 환경권의 침해에 대해서 생존권적 환경권의 경우에는 헌법이나 법률 또는 그 해석에 의하여 국가나 타인에 의무가 발생하는 등 특별한 경우가 아니면 이에 대해서 법적인 구제를 하기는 어렵다.

쾌적한 생활환경의 조성과 관련하여 ① 환경관련 재화는 희소하며, 국가가 임의로 처분할 수 없는 성질의 것이 많고, ② 환경보호는 전문 · 기술적인 사항, 정책적인 고려 등의 재량적인 요소를 많이 내포하고 있으며, ③ 환경보호는 국가의 재정능력에 의존하고 있고, ④ 환경법의 규정이 목적적 규정이고, 환경기준과 규제기준의 설정은 기술의 변화에 따라 가변적이어서 필수적으로 행정부에 위임될 수밖에 없는 등을 고려할 때, 국민에게 생존권적 환경권에 대해서 구체적 권리를 인정할 수는 없다.[29]

김홍균 교수는 환경권을 구체적인 권리로서 인정하여야 한다고 주장하면서, 그 근거로서 판례나 학설이 헌법이나 법률에 명시적인 규정이 없는 일조권, 조망권, 프라이버시권 등을 인정하고 있는 것을 들고 있는바, 이러한 권리들은 매우 구체적이고 범위가 한정적인 것에서 환경권과는 그 궤도를 달리하고 있다고 보아야 할 것이다. 환경권이라는 것은 김홍균 교수가 지적하듯이 범위와 내용이 사회의 발전에 따라 필연적으로 변하는 상대적 개념일 뿐만 아니라, 그 포괄하는 범위가 너무나 광범하여 이에 대해서 구체적인 권리를 인정하자는 것은 명확성과 법적 안정성 그리고 예측가능성을 중심요소로 하는 법치국가원리의 측면에서 문제를 내포하고 있다고 볼 것이다.[30]

헌법정책적으로는 내용이 불확정적인 환경권조항을 삭제하고 독일처럼 환경보호를 국가목표로 하는 정도의 국가목표조항(Staatszielbestimmung)을 두는 것이 타당하다고 사료된다.[31]

---

28) 대법원 2006.6.2. 자 2004마1148,1149 자 결정: 헌법 제35조 제1항은 "모든 국민은 건강하고 쾌적한 환경에서 생활할 권리를 가지며, 국가와 국민은 환경보전을 위하여 노력하여야 한다."고 규정하여 환경권을 헌법상의 기본권으로 명시함과 동시에 국가와 국민에게 환경보전을 위하여 노력할 의무를 부과하므로, 국가는 각종 개발 · 건설계획을 수립하고 시행함에 있어 소중한 자연환경을 보호하여 그 자연환경 속에서 살아가는 국민들이 건강하고 쾌적한 삶을 영위할 수 있도록 보장하고 나아가 우리의 후손에게 이를 물려줄 수 있도록 적극적인 조치를 취하여야 할 책무를 부담한다.

29) 전광석, 환경권의 공법적 실현, 환경오염의 법적구제와 개선책, 1996, 104면 이하.

30) 김홍균, 환경법, 홍문사, 2010, 30면 이하.

31) 박수혁, 지구환경시대 · 환경자치시대에 있어서의 한국의 환경법정책의 문제점과 개선방향, 공법연구, 제25집제2호, 1997, 191면이하: 박수혁교수는 우리나라의 환경권조항이 정치적 변혁기에 충분한 검토와 의견수렴없이 성격과 내용이 불명확함에도 불구하고 헌법속으로 도입되었다고 보고 있다. 헌법정책적으로 환경권을 헌법상의 기본권으로 존치시켜야 할지, 아니면 독일과 같이 현실적으로 타당한 국가목적조항으로 개정을 해야 할지를 신중하게 검토하여야 할 필요가 있다고 주장한다.

제3편

환경국가와 환경법의 전개

제1절 환경법의 발전

I. 우리나라의 입법례

A. 환경법의 발전단계

1. 공해방지법 시대

우리나라에 있어서 환경문제에 대한 법적 접근은 1963년 공해방지법에서 그 시발점을 찾을 수 있기는 하나, 동법은 전문이 21조에 지나지 않는 법률로서 시행령 · 시행규칙이 제정되지 아니하였고, 전담기관 및 예산상 조치가 마련되지 아니하는 등 후속조치가 제대로 이루어지지 아니하였고, 또한 내용상으로도 공장이나 사업장 또는 기계 · 기구의 조업으로 인해 야기되는 대기오염 · 하천오염 · 소음 · 진동으로 인한 보건위생상의 피해를 방지하여 국민보건의 향상을 기하는데 그 목적을 두어 위생 · 보건법적인 성격이 강하였고 환경보전법으로는 미약하였다(공해방지법 시대).

2. 환경보전법 시대

그러나 1970년대에 이르러 섬유산업과 중화학 공업을 중심으로 급속한 산업화 · 도시화가 이루어지므로 환경문제가 심각해지자 다양하고 광역적인 환경문제를 효과적으로 대처하기 위하여 환경문제에 대하여 보다 적극적이고도 미래지향적으로 대처하기 위하여 환경법이 요청되었다. 1977년 환경기준, 배출허용기준, 총량규제제도, 특별대책지역의 지정, 환경감시제도와 환경영향평가제도 등을 규정하는 환경보전법을 제정하였다. 1980년 헌법개정에서 환경권 조항을 신설하였으며, 1987년 헌법개정에서 환경권 조항에 법률유보사항과 쾌적한 주거생활보장 내용을 추가하였다. 아시안게임과 서울올림픽 준비를 위한 환경대책 마련의 일환으로 1987년 폐기물관리법이 제정되었다(환경보전법 시대).

3. 환경정책기본법 시대

1990년대에 들어서면서 도시 특히 대도시의 대기질 악화, 유해물질 사용 증가, 수자원 공급원 감소, 폐기물 배출 증가, 자연생태계 훼손 그리고 전세계적으로 환경문제가 크게 부각되면서 이에 보다 능동적이고 적극적으로 대처하기 위하여 환경보전법이 발전적으로 해체되고 환경정책기본법, 대기환경보전법, 수질환경보전법, 소음 · 진동관리법, 유해화학물질관리법, 환경오염피해분쟁조정법 등 환경육법이 제정되었다. 2000년대에 들어서면서 기존의 사후적인 환경관리의 틀을 벗어나 사전예방적인 환경관리정책의 기틀이 마련되었고, 관리대상도 매체별로 세분화 · 전문화되면서 환경부가 관장하는 법률은 총 46개까지 확대되었다(환경정책기본법 시대).

기타 환경관련 법률로는 토양환경보전법, 오수 · 분뇨 · 축산폐수의처리에관한법률, 해양환경관리법, 오존층의보호를위한특정물질의제조의규제에관한법률, 환경범죄 등의 단속 및 가중처벌에 관한 법률, 환경개선비용부담법, 독도등도서지역의생태계보전에관한특별법, 한강수계상수원수질개선및주민지원등에관한법률, 습지보전법, 환경영향평가법 등이 제정되었다.

<table>
<tr><th colspan="5">환경관련법률[1]</th></tr>
<tr><th>공해방지법 시대</th><th>환경보전법 시대</th><th colspan="3">환경정책기본법 시대</th></tr>
<tr><td rowspan="2">1960년대 (6개 법률)</td><td rowspan="2">1970~80 (5개 법률)</td><td colspan="3">1990~2013</td></tr>
<tr><td>현황</td><td>제정일</td><td>최종개정일</td></tr>
<tr><td rowspan="8">공해 방지법 (1963)</td><td rowspan="8">환경 보전법 (1977)</td><td>환경정책기본법</td><td>1990.8.1</td><td>2008.3.28</td></tr>
<tr><td>대기환경보전법</td><td>1990.8.1</td><td>2009.5.21</td></tr>
<tr><td>지속가능발전법</td><td>2007.8.3</td><td>2010.1.13</td></tr>
<tr><td>저탄소녹색성장기본법</td><td>2010.1.13</td><td></td></tr>
<tr><td>온실가스 배출권의 할당 및 거래에 관한 법률</td><td>2012.5.14</td><td></td></tr>
<tr><td>오존층보호를 위한 특정물질의 제조 규제 등에 관한 법률</td><td>1991.1.14</td><td>2011.3.30</td></tr>
<tr><td>생물다양성 보전 및 이용에 관한 법률</td><td>2012.2.1</td><td></td></tr>
<tr><td>환경교육진흥법</td><td>2008.3.21</td><td>2008.9.22</td></tr>
</table>

1) 참조: 환경부 홈페이지: 법률의 변동이 잦으므로 정확한 내용은 개별적으로 확인을 요함.

		환경보건법	2008.3.21	2009.3.22
		다중이용시설등의 실내공기질 관리법	1996.12.30	2007.10.17
		소음 · 진동관리법	1990.8.1	2011.4.28
		악취방지법	2004.2.9	2008.3.21
		수도권대기 환경개선에 관한 특별법	2003.12.31	2009.12.10
		수질 및 수생태계 보전에 관한 법률	1990.8.1	2009.5.21
		한강수계 상수원 수질개선 및 주민지원 등에 관한 법률	1999.2.8	2009.6.9
		낙동강수계 물관리 및 주민지원 등에 관한 법률	2002.1.14	2009.6.9
		금강수계 물관리 및 주민지원 등에 관한 법률	2002.1.14	2009.6.9
		영산강 · 섬진강수계 물관리 및 주민지원 등에 관한 법률	2002.1.14	2009.6.9
		자연환경보전법	1991.12.31	2009.6.9
		환경범죄 등의 단속 및 가중처벌에 관한 법률	1991.5.31	2011
		환경분쟁조정법	1990.8.1	2008.3.21
		남극활동 및 환경보호에 관한 법률(공동입법)	2004.3.22	2008.12.26
		친환경상품구매 촉진에 관한 법률	2004.12.31	2009.4.1
		환경분야 시험 · 검사 등에 관한 법률	2006.10.4	2009.4.1
		환경개선비용부담법	1991.12.31	2009.2.6
	자연 공원법 (1980)	자연공원법	1980.1.4	2008.12.31
		독도등도서지역의 생태계보전에 관한 특별법	1997.12.31	2009.5.21
		습지보전법(공동입법)	1999.2.8	2008.3.21
		환경영향평가법	1999.12.31	2008.3.28
		토양환경보전법	1995.1.5	2007.5.17
		백두대간보호에 관한 법률(공동입법)	2003.12.31	2009.3.5
		문화유산과 자연환경자산에 관한 국민신탁법(공동입법)	2006.3.24	2008.3.28

조수보호 및 수렵에 관한 법률(1967)		야생동 · 식물보호법	2004.2.9	2009.2.29
	환경오염방지사업단법(1983)	환경관리공단법(폐지)	1983.5.21	2010.1.1 (폐지일)
		환경개선 특별회계법	1994.1. 5	2009.2.6
		환경기술 및 환경산업 지원법	1994.12.22	2009.5.21
독물 및 극물에 관한 법(1963)		화학물질관리법	1990.8. 1	2008.3.21
		화학물질의 등록 및 평가 등에 관한 법률	2013.5.22	
		잔류성유기오염물질 관리법	2007.1.26	2009.2.6
오물청소법(1961)	폐기물관리법(1986)	폐기물관리법	1986.12.31	2009.6.9
		오수 · 분뇨 및 축산폐수의 처리에 관한 법률(폐지)	1991.3.8	2007.9.28 (폐지일)
		가축분뇨의 관리 및 이용에 관한 법률(공동입법)	2006.9.27	2009.2.6
		자원의 절약과 재활용촉진에 관한 법률	1992.12.8	2009.5.21
		전기 · 전자제품 및 자동차의 자원순환에 관한 법률(공동입법)	2007. 4.27	2009.2.6
		폐기물의 국가간 이동 및 그 처리에 관한 법률	1992.12.8	2008.2.29
		건설폐기물의 재활용촉진에 관한 법률	2003.12.31	2009.6.9
		폐기물처리시설 설치촉진 및 주변지역 지원 등에 관한 법률	1995.1. 5	2009.6.9
		수도권매립지관리공사의 설립 및 운영 등에 관한 법률	2000.1.21	2007.4.11
	합성수지폐기물처리사업법(1979)	한국환경자원공사법(폐지)	1993.12.27	2010.1.1(폐지일)
하수도법(1966)		하수도법	1966.8. 3	2009.6.9

수도법 (1961)		수도법	1961.12.31	2009.6.9
		먹는물관리법	1995.1. 5	2008.3.21
		한국환경공단법	2009.2.6	2010.1.1

B. 문제와 개선점

환경에 대하여 규율하는 법령들이 체계적 정합성이 결여된 채로 지나치게 세분화 됨으로 인하여 상호 충돌하거나 적용에 있어서 순위의 문제가 대두되는 경우가 적지 아니하다. 그리고 법령들이 그 때 그 때 임기응변식으로 제정되어 규제의 효율을 저하시키고 있다. 그리고 특별법이 지나치게 많이 제정되고 있으며, 법령의 내용은 대동소이함에도 불구하고 지나치게 빈번하게 명칭이나 내용을 개정하는 것도 문제로 지적될 수 있다. 환경법이 과학기술적인 면을 많이 내포하므로 불가피하겠으나, 국민의 권리 · 의무와 관련된 사항에 대해서도 지나치게 하위법령에 위임이 많이 이루어지는 것도 문제이다.

이제는 기왕에 생산된 법령들에 대해서 크게 보면서 체계적 정합성을 도출하고, 법치국가의 원칙에 부합되도록 그 내용을 정비하고, 법령 상호간에 유기적인 기능을 원활하게 수행할 수 있도록 도모할 때라고 할 것이다.

참조	**헌법재판소 2009.10.29. 선고 2008헌바122 전원재판부【구수질환경보전법제32조제1항등위헌소원】**
판례취지	수질오염물질의 배출허용기준은 수시로 변화하는 수질 및 복잡다단한 여건, 다양한 규율대상 간의 관계 등을 복합적으로 고려하여 정해져야 할 뿐만 아니라 배출허용기준의 설정은 고도의 전문성과 과학성이 요구되는 영역으로, 수질환경보호라는 공익을 보다 효과적으로 달성하기 위해서는 배출허용기준을 전문성을 갖춘 행정부에 위임하여 변화하는 상황에 유동적으로 대처하도록 할 필요성이 인정된다. 또한 법의 관련 규정 및 수질환경에 관한 일반법인 환경정책기본법의 규정 등을 종합적으로 고려할 때, 수범자인 수질오염물질을 배출하는 사업자로서는 법 제32조 제1항에 따라 환경부령에서 정해질 배출허용기준이 해당지역의 수질등급에 상응하는 수질환경기준을 유지하기에 충분한 정도를 상한으로 하고, 환경상의 위해발생 가능성 및 건강상의 위해발생 가능성이 없다고 판단되는 정도를 하한으로 하여 설정될 것이며, 그 기준치는 수소이온농도, 생물학적 산소요구량, 부유물질량, 용존산소량, 대장균군수 등의 생활환경기준과 카드뮴, 비소 등 중금속과 페놀 등의 오염원을 기준으로 하여 정해질 것이라는 점을 충분히 예측할 수 있다. 따라서 법 제32조 제1항은 포괄위임입법금지원칙에 위배되지 아니한다.

	배출부과금의 산정방법과 기준은 전문적이고 과학적인 판단과 탄력적인 규율이 요구되는 영역으로 이를 모두 법률로 정하기는 어렵다고 할 것이므로 이에 대한 위임의 필요성이 인정된다. 또한 법의 관련 규정 및 배출부과금 제도의 취지 등을 고려할 때 수범자로서는 초과배출부과금이 초과배출량 및 그 배출기간, 수질오염물질의 종류 등 기본사항을 중심으로 지역 등의 기타 사항을 반영하여 정하여질 것이라는 점과 그 상한이 오염물질의 배출로 인한 피해액 및 오염물질 처리비용이 될 것이라는 점을 충분히 예측할 수 있다고 할 것인바 법 제41조 제1항 부분은 포괄위임입법금지원칙에 위배되지 아니한다.
	위임입법의 한계는?
	*재판관 김종대, 재판관 목영준의 반대의견: 법 제41조 제1항 부분은 초과배출부과금의 근거조항이며, 법 제32조 제1항은 위 조항과 결합하여 초과배출부과금을 부과하는 구성요건적 조항으로 작용하는바, 이와 같은 부담금 부과법규의 경우에는 포괄위임입법금지원칙에서의 위임의 필요성과 예측가능성 요건이 보다 엄격하게 적용되어야 한다. 그런데 법 제32조 제1항과 제41조 제1항 부분은 부과금의 산정방법 및 산정기준이나 초과배출부과금의 부과 여부를 결정하는 배출허용기준의 구체적인 내용을 전부 대통령령이나 환경부령에서 정하도록 위임하고 있을 뿐만 아니라 관련 법조항 전체를 유기적 · 체계적으로 살펴보더라도 수질오염물질의 양과 질이 초과배출부과금의 부과에 있어 일응의 기준이 될 것이라는 점, 즉 수질오염물질을 많이 배출한 자 및 수질에 미치는 영향이 더 큰 수질오염물질을 배출한 자가 더 많은 초과배출부과금을 부담하게 될 것이라는 사실 정도만 예측 가능할 뿐 구체적인 부과기준 및 산정기준에 대해서는 전혀 예측할 수가 없다. 따라서 법 제32조 제1항과 제41조 제1항 부분은 포괄위임입법금지원칙에 위배된다.

Ⅱ. 미국의 입법례

미국은 1872년 Yellow stone 공원법, 1916년 국립공원법을 제정하면서 자연환경을 보전하고 국민의 건강을 위한 시설들을 설치하려는 정책을 추진하였다. 또한 Siera Club 등 환경단체들이 주축이 되어서 환경보호운동을 추진하였다. 미국에서는 환경권을 헌법으로 규정하지 아니하지만, 수정헌법 제5조(적법절차조항)와 제9조에서 그 근거를 찾고 있다. 이러한 환경권의 내용을 입법화 한 것으로는 1969년 국가환경정책법 내지 환경정책기본법(National Environmental Policy Act: NEPA)으로서 환경에 관한 권리장전(Environmental Bill of Rights)이라고도 불리운다. 동법은 제1장에서는 국가환경정책의 기본방향, 제2장에서는 환경위원회의 지위 · 조직 및 기능 그리고 § 102(2)(c)에서는 환경영향평가(EIS)에 대하여 규정하고 있다.

그리고 1970년 대기정화법 내지 대기환경보전법(Clean Air Act: CAA)에서는 오염물질을 배출하는 자가 배출기준을 준수하지 아니하는 경우에는 모든 시민에게 제소할 수 있는 권리를 인정하고 있고 또한 관할행정청이 규제임무를 해태하는 경우에는 관할행정청을 상대로 규제조치를 발하도록 소구할 수 있는 권리를 규정하고 있다. 그 외에도 청정수질법 내지 수질환경보전법(Clean Water Act: CWA), 자원보전 및 회복법 내지 자원의 절약과 재활용촉진에 관한 법률(Resources Conservation and Recovery Act: RCRA), 환경책임법(Comprehensive Environmental Response, Compensation, and Liability Act: CERCLA), 연방살충제법(Federal Insecticide, Fungicide, and Rodenticide Act: FIFRA), 독성물질규제법 내지 유해화학물질관리법(Toxic Substances Control Act: TSCA), 멸종위기동식물보호법(Endangered Species Act: ESA) 등이 중요한 법률들이다. 나아가 미국의 각주들은 주헌법에서 환경권의 헌법적 근거를 규정하고 있으며, 환경관련입법을 제정하고 있다.[2)]

미국 환경법의 주요 내용을 고찰하면 역시 우리나라와 대동소이하며, 연방과 주가 주축이 되어서 다양한 환경보호수단들을 마련하고 있으며, 이러한 환경보호수단들을 집행하는 행정조직으로는 환경보호청(Environmental Protection Agency: EPA)이 존재한다. 환경보호청은 환경법에서 부여하는 각종의 규제권한들을 행사한다. 행정주체가 규제권한을 행사하는 경우에 행정절차를 거치는 점과, 또한 사인에 의하여 환경침해가 야기되는 경우에 불법행위책임을 물을 수 있는 점은 동일하다.

미국 환경법에서 찾을 수 있는 독특한 점은 보다 사실적 그리고 경제적인 고려를 많이 하는 점과 집단소송(Class Action)이 허용되는 것과 미국의 발달된 과학적 탐구방법들이 많이 활용된다는 점들이다.[3)]

Ⅲ. 독일의 입법례

독일에서는 1960년대 고도의 경제성장을 거치면서 독일에서 대기오염 · 수질오염 · 토양오염 등이 빈번하게 나타나게 되었다. 이러한 환경오염에 대응하면서 환경법이 발

2) 조은래, 환경법, 세종출판사, 67면 이하.

3) 참조: 김형진 역/ Jeffrey M. Gaba, Environmental Law, 형설출판사, 2005.

달하게 되었다.

독일의 환경법체제는 우리나라가 현재 취하고 있는 구조와 대단히 유사하다. 통상적으로 서론부분에서 환경의 개념과 환경법의 기초 그리고 환경법의 일반원칙 나아가 헌법상의 환경권에 대해서 고찰한다. 그렇지만 독일에서 기본법 자체에서 환경권을 규정하지는 아니하고, 다만 1994년 독일 기본법을 개정하면서 제20a조에서 국가의 환경보전의무를 규정하였다.[4)]

환경보호수단으로 환경정보의 공개, 환경기준, 환경계획, 허가와 특허 그리고 인가 등 환경행정행위, 배출권거래제와 환경부담금 등 경제적 · 유인적 수단들, 환경사실행위에 대해서 다루고 있다. 행정주체의 환경보호수단들에 의하여 권리침해를 받은 자는 행정소송을 제기할 수 있다. 그리고 사인에 의한 환경침해에 대해서는 불법행위책임을 물을 수 있다.

중요한 법률로는 연방자연환경보전법(Bundesnaturschutzgesetz: BNatSchG), 연방산림법(Bundeswaldgesetz: BWaldG), 연방광업법(Bundesberggesetz: BBergG), 도로법(Verkehrswegegesetz), 동물보호법(Tierschutzgesetz: TierSchG), 연방토양환경보전법(Bundesbodenschutzgesetz: BBodSchG), 수자원관리법(Wasserhaushaltsgesetz: WHG), 연방이미시온보호법(Bundes-Immissionsschutzgesetz: BImSchG), 원자력법(Atomgesetz: AtG), 유전공학법(Gentechinikgesetz: GenTG), 유해화학물질관리법(Chemikaliengesetz: ChemG), 폐기물관리법(Kreislaufwirtschafts- und Abfallgesetz: KrW-/AbfG) 등이 존재한다.

독일의 환경법의 특징은, 물론 이 점은 유럽연합의 모든 회원국가에 해당되는 것이지만, 유럽연합의 환경법이 커다란 영향을 미치고 있다는 점이다. 유럽연합의 헌법에 해당되는 것으로 Primärrecht에는 Vertrag über die Europäische Union(EUG), Vertrag über die Arbeitsweise der Europäischen Union(AEU) 그리고 Charta der Grundrechte der Europäischen Union 등이 존재한다. 다음 단계로서는 Sekundärrecht로서 유럽연합의 법률에 해당되는 규정들로서 Verordnungen, Richtlinien 그리고 Beschlüsse 등이 존재한다. 그리고 그 하위에 명령에 해당되는 규정들로는 Empfehlungen, Stellungnahmen 등이 존재한다.[5)]

---

4) GG Art 20a Der Staat schützt auch in Verantwortung für die künftigen Generationen die natürlichen Lebensgrundlagen und die Tiere im Rahmen der verfassungsmäβigen Ordnung durch die Gesetzgebung und nach Maßgabe von Gesetz und Recht durch die vollziehende Gewalt und die Rechtsprechung.

5) Peters, Heinz-Joachim, Umweltrecht, 2010, Rn. 23 ff.

Ⅳ. 일본의 입법례

일본은 1950년대 고도의 경제성장을 이루면서 요가이찌 천식, 미나마타병 및 이타이이타이병 등이 발병하여 사회적 문제를 일으켰다. 그리하여 이러한 공해문제를 종합적으로 대처하기 위하여 1967년 공해대책기본법을 제정하였고, 공해에 대한 소극적인 차원으로부터 탈피하여 환경보호를 보다 체계적으로 담당하면서 능동적인 대책을 수립하기 위하여 1993년 환경기본법을 제정하여 환경을 보호하고 있다. 동법은 환경보전에 관한 시책이 종합적 · 계획적으로 추진될 수 있도록 하고 현재 및 장래의 국민건강이나 문화적 생활 확보에 기여함과 동시에 인류복지에 공헌하는 것을 목적으로 하고 있다.

일본의 환경법체제 역시 독일의 그것과 상당히 유사하다고 할 수 있을 것이다. 일본 환경법의 주된 내용은 먼저 환경법의 기초로서 환경법의 기본이념을 다루고 있으며, 환경기본법, 환경영향평가법, 대기오염방지법, 지구 온난화 대책의 추진에 관한 법률, 토양오염대책법, 자연환경보전법, 자연재생추진법, 자연공원법, 자원보전법, 순환형 사회형성 추진기본법, 외래생물법, 멸종 우려가 있는 야생 동식물 종의 보존에 관한 법률, 악취방지법, 화학물질의 심사 및 제조등의 규제에 관한 법률, 오염배출의 방지 · 삭감에 관한 법률, 순환관리법, 자연 · 문화환경보전법, 수산자원보호법, 해양오염 등 및 해상 재해 방지에 관한 법률, 화학물질의 심사 및 제조 등의 규제에 관한 법률, 소음규제법, 진동규제법, 공해분쟁처리법, 공해 방지 사업비 사업자 부담법, 공공 물 관리법 등이 존재하고 있으며, 공해 내지 환경오염사건에 대해서 민사소송 내지 행정소송을 통하여 권리를 구제하고 있다.

제2절 환경법의 특성

Ⅰ. 공법적 특성

환경법은 '환경보호'라는 공익을 추구하며 환경행정을 수행하는 주체에게 행정적 특권을 부여하는 역할을 수행하는 공법적 성격이 강한 법이다. 즉 환경법은 원칙적으로 공익을 추구하는 법으로서 그에 따른 강제적 수단들을 지니게 된다. 환경법의 수범자인 국민에 대해서 공권력을 행사하며 이를 준수하지 아니하는 경우에는 행정강제수단을 동원한다. 이러한 조치에 대해서 이의가 있는 국민은 행정심판이나 행정소송을 제기하여 다툴 수 있다.

Ⅱ. 계획성

환경보호를 위해서는 환경보호라는 목표를 설정하고 이를 달성하기 위한 공공시설의 정비 · 규제 · 보존 · 조성 등 각종 수단을 종합적 · 체계적으로 동원하기 위하여 계획이라는 수단에 의존하게 된다. 특히 환경법의 경우에는 한 번 파괴되면 돌이키기가 어려운 환경의 특성상 계획적인 조치들을 많이 활용하게 된다. 계획은 환경법의 중요한 원칙으로서 사전배려의 원칙의 구현 수단이기도 하다.

Ⅲ. 복잡 · 다양성

환경행정은 그 전문성과 기술성으로 인하여 공식적이거나 정형적인 법적 규율만에 의하여는 그 목적을 효율적으로 달성하기 어렵다. 환경행정은 환경문제의 복잡성, 상호연관성, 개별적 · 분야별 문제해결의 곤란, 그리고 역동적인 자연과학적 지식 및 산업 · 기술상의 발전에 대한 의존성으로 인하여 다른 어느 분야보다도 과학적이고 전문적인 예측능력을 필요로 한다. 따라서 환경행정에 있어서는 전통적인 행정작용형식 이외의 다양한 수단들이 동원되고, 또한 환경행정의 기준들이 법령보다는 규칙이나 지침으로 규정되는 등 복잡하고 다양하다는 특성을 지닌다.

Ⅳ. 자연과학과의 연계성

유전공학의 발달로 유전자를 조작한 식품이나 물질이 등장하게 됨으로 인하여 또한 DDT의 발명으로 인하여 환경문제가 더욱 심화되고 있다. 그리고 이에 대처하기 위하여 과학기술은 진보함에 따라서 환경을 보호하기 위한 방안들이 어제는 타당하였던 것이 오늘에는 그 타당성을 잃게 되는 경우도 빈번하다.

환경행정은 환경기준을 설정하는 것에서부터 시작하여 과학기술에 매우 의존하고 있다. 그리고 그 법적 해결에 있어서도 전문가의 감정이나 기술적 방법에 의존하고 있다.[6)]

Ⅴ. 지역성 및 국제성

환경오염이나 환경문제들이 각 지역이나 생활권역에 따라 각기 상이하게 나타나고 있으므로 환경행정은 전국적으로 일률적으로 규제하기보다는 지역적인 특성을 고려하여 수행하여야 한다. 그리하여 환경정책기본법 제4조 제2항에서는 지방자치단체에게 관할 구역의 지역적 특성을 고려하여 국가의 환경보전계획에 따라 당해 지방자치단체

6) 대법원 2010.11.25. 선고 2007다74560 판결【손해배상(기)】: 항공기소음의 측정은 전문적인 학식이나 경험이 있는 자의 감정에 의할 수밖에 없고, 또한 항공기소음은 그 영향범위가 넓고 지속적이기 때문에 실측만으로 이를 평가하는 것은 사실상 어렵다 할 것이므로, 감정대상 지역 중 대표적인 지점을 선정하여 일정기간 항공기소음을 실측한 값과 공인된 프로그램에 의하여 예측한 소음 값을 비교하여 그 예측 값이 일정한 오차의 허용범위 내에 들면 그 지역의 신빙성 있는 항공기소음도로 인정하는 것이 일반적이다. 따라서 법정의 절차에 따라 선서하였거나 법원의 촉탁에 의한 감정인이 전문적인 학식과 경험을 바탕으로 위와 같은 과정을 거쳐 제출한 감정 결과는 그 소음 실측이나 예측 과정에서 상당히 중한 오류가 있었다거나 상대방이 그 신빙성을 탄핵할 만한 객관적인 자료를 제출하지 않는다면 실측 과정 등에서 있을 수 있는 사소한 오류의 가능성을 지적하는 것만으로 이를 쉽게 배척할 수는 없다.

의 계획을 수립하여 이를 수행하여야 할 책무를 부과하고 있으며, 동법 제10조 제3항에서는 지역환경의 특수성을 고려하여 필요하다고 인정되는 때에는 당해 시 · 도의 조례로 환경기준보다 확대 · 강화된 별도의 환경기준을 만들 수 있다.

이러한 지역성과 함께 환경행정은 또한 그와 반대로 어느 한 지역, 어느 한 나라 만의 문제가 아니라 지구 전체의 문제로서 국제성도 띠고 있다. 왜냐하면 환경오염의 원인에 따라서 환경오염은 국가 간에도 전파가 가능하며 나아가 세계적인 문제를 야기할 수도 있기 때문이다. 그래서 세계적으로 다양한 국제협약을 체결하여 이에 대응하고 있다.

Ⅵ. 기타

그 밖에도 환경행정 활동형식과 수단의 다양성, 생존배려와 이해조정, 참여와 협동 등을 환경행정의 주요한 특징으로 볼 수 있다.

제3절 독자적 법영역

'환경법'은 이제 공법이나 사법의 한 영역이 아니라, 환경보호를 중심으로 하는 독자적인 법영역으로 자리매김하여야 할 때이다.

환경과 관련된 법적 문제들은 공 · 사법을 막론하고 모든 법영역에서 등장하고 있다. 예를 들면, 환경문제에 대한 헌법적 차원의 환경권의 문제, 환경문제에 대한 행정적 차원의 규제의 영역, 환경문제로 인하여 발생한 손해에 대한 사법적 구제의 영역, 환경에 대하여 미래지향적으로 적극적이고도 능동적인 형성의 영역, 환경오염에 대한 형벌적 제재의 영역 그리고 환경문제에 대한 국제법적 차원의 대처 등 환경을 매체로 하는 법영역은 기왕의 어느 특정의 법영역에 포섭하기 어렵게 되었다.

물론 환경문제를 해결하고 환경을 이용 · 관리 및 보호하기 위한 법규범들의 총체로서의 환경법에 있어서 국가 및 지방자치단체가 환경보호를 수행하는 환경행정 영역을 다루는 환경행정법이 주가 되기는 하지만, 환경법에는 환경법을 관통하는 환경법에 고유한 법원칙들이 발견되고 있으며, 예를 들면 사전배려의 원칙이나 원인자 책임의 원칙 등, 이러한 환경법의 적용으로 발생하는 법적 문제에 대해서는 환경분쟁에 고유한 재판규범에 의거하여 해결되어야 할 필요성이 대두되었다. 환경문제를 둘러싼 민사상 분쟁에 있어서도 인과관계를 인정함에 있어서 개연성설 내지 신개연성설이나 유지청구에 있어서 위법성의 판단과 관련하여 위법성 단계설이 주창되는 등 환경법에 특유한 법원리들이 생성되고 있다. 이러한 추세에 발맞추어서 환경법은 한걸음씩 독자적 법영역으로 나아가고 있다고 할 것이다.[7]

앞으로 환경문제와 관련하여서는 계속하여 독자적인 법규범들이 제정되어야 할 것이며, 그리고 환경문제에 대해서 관할하는 법원도 기존의 통상법원으로부터 독립하여 환경법원을 설치하여 재판을 진행하여야 할 것이다.

7) 동지: 김홍균, 환경법, 홍문사, 2010, 23면.

제4절 환경법의 법원

환경법의 법원으로는 헌법 · 법률 · 조약과 국제법규 · 명령 · 조례 그리고 환경법의 일반원칙 등을 들 수 있다.

Ⅰ. 헌법

현행 헌법 제35조 제1항은 환경권의 보장과 국가와 국민의 환경보전의무를 규정하고 있으며, 제2항에서는 환경권의 구체화를 위해서 법률유보를 규정하고 있으며, 제3항에서는 국민의 쾌적한 주거생활에 대해서 규정하고 있다.

Ⅱ. 법률

1980년 환경보전법이 제정되었으나, 동 법이 날로 복잡 · 다양하게 전개되는 환경문제에 대하여 적절하게 대처할 수 없어서, 1990년 환경정책기본법과 오염원별로 개별적인 법률들을 제정하였다. 1990년에 국가환경보전시책의 기본이념과 방향을 제시하는 환경정책기본법을 제정하여서 기존의 환경보전법을 대체하였으며, 계속해서 대기환경보전법, 소음 · 진동관리법, 수질환경보전법, 자연환경보전법, 유해화학물질관리법, 지하생활공간공기질관리법 등을 제정하였다. 그리고, 환경오염으로 인한 피해의 조사와 분쟁조정을 위한 알선 · 조정 및 제정의 절차 등을 규정한 환경오염피해분쟁조정법도 제정되어, 환경과 관련된 제반의 법률들이 제 모습을 갖추게 되었다.

<table>
<tr><th colspan="7">환경관련법률의 분류</th></tr>
<tr><th>환경일반</th><th>자연보전</th><th>대기보전</th><th>수질보전</th><th>상하수도관리</th><th>폐기물관리(자원순환)</th><th>기타</th></tr>
<tr><td>한국환경공단법</td><td>자연공원법</td><td>대기환경보전법</td><td>수질 및 수생태계 보전에 관한 법률</td><td>수도법</td><td>폐기물관리법</td><td rowspan="11">저탄소 녹색 성장 기본법</td></tr>
<tr><td>환경정책기본법</td><td>자연환경보전법</td><td>소음 · 진동규제법</td><td rowspan="2">한강수계상수원 수질개선 및 주민지원 등에 관한 법률</td><td>하수도법</td><td rowspan="2">자원의 절약과 재활용촉진에 관한 법률</td></tr>
<tr><td>환경보건법</td><td rowspan="2">독도등 도서지역의 생태계보전에 관한 특별법</td><td rowspan="3">다중이용시설등의 실내공기질 관리법</td><td rowspan="2">먹는물관리법</td></tr>
<tr><td>석면피해구제법</td><td rowspan="2">낙동강수계 물관리 및 주민지원등에 관한 법률</td><td>폐기물의 국가간이동 및 그 처리에 관한 법률</td></tr>
<tr><td>환경분쟁조정법</td><td>습지보전법</td><td>지하수법</td><td rowspan="2">폐기물처리시설설치 촉진 및 주변지역지원 등에 관한 법률</td></tr>
<tr><td>유해화학물질 관리법</td><td>환경영향평가법</td><td rowspan="3">수도권대기환경개선에 관한 특별법</td><td rowspan="3">금강수계 물관리 및 주민지원등에 관한 법률</td><td rowspan="6"></td></tr>
<tr><td>잔류성유기오염 물질 관리법</td><td>백두대간보호에 관한 법률</td><td>수도권매립지관리공사의 설립 및 운영등에 관한 법률</td></tr>
<tr><td>환경개선비용부담법</td><td>야생생물보호 및 관리에 관한 법률</td><td></td></tr>
<tr><td>환경범죄 등의 단속 및 가중처벌에 관한 법률</td><td rowspan="3">남극활동 및 환경 보호에 관한 법률</td><td rowspan="3">온실가스 배출권의 할당 및 거래에 관한 법률</td><td rowspan="3">영산강 · 섬진강수계 물관리 및 주민지원 등에 관한 법률</td><td rowspan="3">건설폐기물의 재활용촉진에 관한 법률</td></tr>
<tr><td>환경개선특별회계법</td></tr>
<tr><td>환경기술개발 및 지원에 관한 법률</td></tr>
</table>

친환경상품 구매 촉진에 관한 법률						
환경분야시험·검사등에 관한 법률	문화유산과 자연환경자산에 관한 국민신탁법	오존층보호를 위한 특정물질의 제조규제 등에 관한 법률	가축분뇨의 관리 및 이용에 관한 법률	토양환경보전법	전기·전자제품 및 자동차의 자원순환에 관한 법률	
지속가능발전법		악취방지법				
환경교육진흥법						

Ⅲ. 조약과 국제법규

우리나라 헌법 제 6조 1항은 '헌법에 의하여 체결·공포된 조약과 일반적으로 승인된 국제법규는 국내법과 같은 효력을 가진다'라고 규정하고 있는바, 우리나라가 체결·공포한 바젤협약, 생물다양성협약 및 기후변화협약 등은 국내법과 같은 효력을 가진다.[8)]

---

8) 참조: 대법원 2008.12.24. 선고 2004추72 판결【경상남도학교급식조례재의결무효확인】: 1994. 12. 16. 국회의 동의와 같은 달 23일 대통령의 비준을 거쳐 같은 달 30일 공포되고 1995. 1. 1. 시행된 WTO협정(조약 1265호)의 부속 협정(다자간 무역협정)인 GATT 제3조 제1항은, "체약국은 … 산품(products)의 국내 판매, 판매를 위한 제공, 구매, 수송, 분배 또는 사용에 영향을 주는 법률, 규칙 및 요건…은 국내생산을 보호하기 위하여 수입산품(imported products) 또는 국내산품(domestic products)에 대하여 적용하지 않을 것을 인정한다."고 규정하고, 같은 조 제4항은 "체약국 영역의 산품으로서 다른 체약국의 영역에 수입된 산품은 그 국내에서의 판매, 판매를 위한 제공, 구입, 수송, 분배 또는 사용에 관한 모든 법률, 규칙 및 요건에 관하여 국내 원산의 동종 산품에 부여하고 있는 대우보다 불리하지 아니한 대우를 부여하여야 함을 인정한다."라고 규정하고 있는바, 위 각 규정에 의하면, 수입산품의 국내 판매에 불리한 영향을 주는 법률, 규칙 및 요건 등이 국내생산을 보호하기 위하여 수입산품 또는 국내산품에 적용되어서는 아니 되고, 수입국이 법률, 규칙 및 요건에 의하여 수입산품에 대하여 국내의 동종물품보다 경쟁관계에 불리한 영향을 미칠 수 있는 차별적인 대우를 하여서는 안 된다고 해석된다(대법원 2005. 9. 9. 선고 2004추10 판결 참조). 그런데 앞서 거시한 이 사건 조례안의 각 조항은 학교급식을 위해 우리 농·축·수산물을 우선적으로 사용하도록 하고 그러한 우리 농·축·수산물을 사용하는 자를 선별하여 식재료나 식재료 구입비의 일부를 지원하며, 지원받은 지원대상자는 지원금을 반드시 우리 농·축·수산물을 구입하는 데 사용하도록 하고 있으므로, 이는 국내산품의 생산보호를 위하여 수입산품을 국내산품보다 불리하게 대우하는 것에 해당하는 것으로서, 내

Ⅳ. 명령

환경법은 그 특성상 고도의 전문적·기술적인 규율을 요하는 경우가 많으므로 법률에서는 대강을 정하고 세부적인 사항들은 전문적이고 기술적인 사항들을 반영하기 위하여 하위명령이나 규칙에 위임하는 경우가 많다.

Ⅴ. 조례와 규칙

환경문제는 국제적인 성격을 지니면서도 한편으로는 지역적인 성격을 지니고 있다. 따라서 이러한 지역적인 상황을 잘 알고 있는 지방자치단체의 대처방안이 중요하다. 이를 위해서 지방자치단체가 제정하는 조례와 지방자치단체장이 제정하는 규칙이 있다.

Ⅵ. 환경법의 일반원칙

환경법은 매우 광범하고 다양한 환경관련영역을 포함하고 있으므로 법령에 공백이 존재하는 경우가 있을 수 있으므로, 이러한 경우에는 환경법의 일반원칙이 이를 보충하여야 한다.

환경법의 일반원칙으로는 후술하는 환경법 특유의 법원칙 뿐만 아니라, 행정법의 일반원칙도 포함된다고 보아야 할 것이다. 따라서 평등의 원칙, 행정의 자기구속의 법리, 신뢰보호의 원칙, 비례의 원칙, 부당결부금지의 원칙, 공역무 평등의 원칙, 공역무 계속의 원칙, 공역무 적응의 원칙 등도 환경법의 일반원칙으로 작용한다.

국민대우원칙을 규정한 GATT 제3조 제1항, 제4항에 위반된다고 보아야 한다.

참조	대법원 2007.10.29. 선고 2005두14417 전원합의체 판결【개발제한구역훼손부담금부과처분취소】
판례 취지	구 개발제한구역의 지정 및 관리에 관한 특별조치법 시행령(2006. 6. 15. 대통령령 제19532호로 개정되기 전의 것) 제35조 제1항 제2호 (다)목에서는 공익시설 중 전기공급시설, 가스공급시설, 유류저장 및 송유설비에 대하여 개발제한구역 훼손부담금의 부과율을 100분의 20으로 정하고 있는 반면, 같은 항 제3호에서는 집단에너지공급시설을 포함한 다른 공익시설들(같은 항 제1호 및 제2호에서 규정하고 있는 공익시설은 제외)에 대하여 훼손부담금의 부과율을 100분의 100으로 정하고 있는바, 집단에너지공급시설과 전기공급시설 등은 모두 다수의 사용자에게 에너지를 공급하여 생활의 편의를 충족시키는 역할을 하는 공익시설들로서 에너지를 수송하는 시설들이 그 주요 부분을 차지하고 있고, 이러한 시설들은 개발제한구역이 도시 주위를 둘러싸고 띠 형태로 지정되어 있어서 도시 지역 밖에서 안으로 혹은 그 반대방향으로 에너지를 공급하기 위해서는 개발제한구역을 통과해야 하는 경우가 많아 개발제한구역 밖의 토지에 대한 입지 선택이 가능한 학교 등 다른 공익시설들과는 그 사정이 다른 점, 위와 같은 시설들의 설치는 주로 배관을 지중에 매설한 후 그 지표면을 다시 원상복구시키는 방식으로 이루어지는 것이어서, 다른 공익시설들에 비해 개발제한구역에 대한 훼손의 정도가 크지 않기 때문에 개발제한구역 훼손부담금의 제도적 취지상 다른 공익시설들보다 훼손부담금의 부과율을 낮게 정할 필요가 있으며, 이 점에서는 집단에너지공급시설과 전기공급시설 등의 사이에 아무런 차이가 없는 점, 그뿐만 아니라, 집단에너지공급시설과 전기공급시설 등은 공급하는 물질(에너지)만 다를 뿐, 그 설치공사의 내용과 방법이나 그에 관한 기술적 측면의 규제 내용 등이 동일하거나 유사하고, 그 외 도로법 등 다른 각종 행정법규에서도 점용료나 원인자부담금 등의 산정·부과 및 감면 등에서 같게 취급하고 있는 등 사실상의 차이도 찾아보기 어려운 점 등을 종합하여 보면, 위 시행령 제35조 제1항 제3호에서 집단에너지공급시설에 대한 훼손부담금의 부과율을 전기공급시설 등에 대한 훼손부담금의 부과율인 100분의 20의 다섯 배에 이르는 100분의 100으로 정한 것은, 집단에너지공급시설과 전기공급시설 등의 사이에 그 공급받는 수요자가 다소 다를 수 있음을 감안하더라도, 부과율에 과도한 차등을 둔 것으로서 합리적 근거 없는 차별에 해당하므로 헌법상 평등원칙에 위배되어 무효이다.

제5절 환경법의 기본원칙

I. 서설

1976년 독일 정부가 제출한 환경보고서의 편별방식에 따를 때 환경법의 3대 기본원칙으로 사전배려의 원칙, 원인자책임의 원칙, 협력의 원칙을 든다. 여기에 존속보장의 원칙, 지속가능의 원칙 등을 추가하기도 한다.[9] 이러한 환경법의 기본원칙들이 환경행정을 구속하는 법원칙인지 아니면 단순한 정책적인 행위원칙으로서 구속력을 갖지 않는 것인지에 대해서 논의가 있었으나, 오늘날은 개별 법률에서 이러한 원칙들의 법적 효력을 규정하고 있다.

나아가 환경법에 독특한 법원칙들을 정립하여 나가는 것이 환경법의 임무라고 할 수 있는바, 이러한 것들로는 공적 보험의 원칙, 환경정보공개의 원칙, 환경오염감시의 원칙 그리고 사전예측의 원칙 등을 들 수 있을 것이다.

Ⅱ. 사전배려원칙

사전배려원칙(Vorsorgeprinzip: Precautionary Principle)이란 미래예측적이고 형성적인 계획적 조치들을 통하여 모든 사회적 · 국가적 행위주체들이 환경보호적으로 행동하고 또한 이들이 결정을 내림에 있어 가능한 환경영향을 고려하도록 함으로써 생태계의 기초를 보호해야 한다는 원칙이다.[10] 사전배려의 원칙은 환경보호를 수행함에 있어서 하나의 선언적 원칙으로서, 이를 보다 구체화하기 위해선 개별법령에서 별도의 조치들을 규정하는 것이 필요하다. 보다 세부적이고도 상세한 규정들을 둠으로써 동 원칙의 실효성을 높여 나갈 수 있을 것이다.

사전배려의 원칙을 예방의 원칙(Preventive Principle)과 구별할 수 있는데, 예방의 원칙은

---

9) Schmidt, Einführung in das Umweltrecht, 1992, §1 Rn. 6.

10) Schmidt, Einführung in das Umweltrecht, 1992, §1 Rn. 7.

과학적으로 비교적 확실하게 증명된 위험에 대해서 보호를 하는 것이라 할 수 있는 반면에 사전배려의 원칙은 아직까지 합의에 이르지는 못하였지만 수긍할 수 있는 위험에 대해서도 적극적으로 보호를 하는 것이라고 할 수 있다.

환경이란 자원은 한번 파괴되면 회복이 곤란한 특성을 지니므로 무엇보다도 예방이 강조된다. 그래서 환경정책기본법 제1조 목적에서 '환경오염과 환경훼손을 예방하고'라고 규정하고 있으며, 제2조에서는 '환경을 이용하는 모든 행위를 할 때에는 환경보전을 우선적으로 고려하며, 지구의 환경상 위해를 예방하기 위한 공동의 노력을 강구함으로써'라고 규정하고 있다. 나아가 동법 제7조의2 제1항에서 오염의 사전예방이라는 제목 하에 "국가 및 지방자치단체는 환경오염물질 및 환경오염원의 원천적인 감소를 통한 사전예방적 오염관리에 우선적인 노력을 기울여야 하며, 사업자로 하여금 환경오염의 예방을 위하여 스스로 노력하도록 촉진하기 위한 시책을 강구하여야 한다"고 규정하여 사전배려원칙을 명시하고 있다.

그 외에도 환경보전을 위한 장기종합계획의 수립, 환경영향평가법에 따른 환경영향평가, 유전자변형생물체의국가간이동에관한법률 제14조 "국민의 건강과 생물다양성의 보전 및 지속적인 이용에 위해를 미치는 경우 뿐만 아니라 미칠 우려가 있는 경우에도 유전자변형생물체의 수입이나 생산을 금지하거나 제한할 수 있다." 가축전염병예방법 제20조 1항 "당해 가축이 있거나 있었던 장소를 중심으로 당해 가축전염병이 퍼진 지역 뿐만 아니라 퍼질 것으로 우려되는 지역안에 있는 가축의 소유자에게도 지체없이 살처분을 명할 수 있다" 등에서도 사전배려원칙을 규정하고 있다.

Ⅲ. 원인자책임원칙

원인자책임의 원칙(Verursacherprinzip)이란 1972년 경제협력개발기구에서 환경정책의 기본적 지도원리로 제시된 오염원인자부담원칙(Polluter Pays Principle)에서 출발한 원칙으로서, 자기의 영향권 내에 있는 자의 행위 또는 물건의 상태로 인하여 환경오염발생의 원인을 제공한 자는 그 환경오염의 방지 · 제거 또는 복원에 관하여 책임을 져야 한다는 원칙이다.

1992년 환경과 개발에 관한 리우선언에서도 '원칙16: 국가 당국은 오염자가 원칙적으로 오염의 비용을 부담해야 한다는 원칙을 고려하여 환경 비용의 내부화와 경제적 수단의 이용을 증진시키도록 노력해야 한다. 이에 있어서 공공 이익을 적절히 고려해야 하며 국제 무역과 투자를 왜곡시키지 않아야 한다.'라고 하여 원인자책임의 원칙을 규정하고 있다.

여기서 '원인자'라 함은 사실상의 생활지배의 범위 안에서 오염을 발생시킨 자라고 할 수 있다.[11] 이러한 원인자책임의 원칙은 오염을 방지 · 제거 또는 복원함에 있어서 누가 그 비용을 부담할 것인가와 관련된 '비용귀속의 원칙'이기도 하지만, 다른 한편으로는 환경오염의 방지 · 제거 또는 복원을 위해서 오염자에게 의무를 부과하는 '실질적 책임 귀속의 원칙'으로도 기능한다.[12] 다만 동원칙은 구체적인 효력을 발하기 위해서는 개별법령에서 보다 구체적인 책임규정을 두어야 한다.

환경개선비용부담법 제9조 제1항에 따르면 '환경오염물질을 다량으로 배출하여 환경오염의 직접적인 원인이 되는 건물이나 그 밖의 시설물의 소유자 또는 점유자와 경유

---

11) 대법원 1997.8.22. 선고 95누17724 제3부판결【폐기물처리명령취소】: 은행이 소외 회사에 대하여 금 1,400,000,000원을 대출하고 그에 상당하는 소외 회사 소유이던 당해 공장용지 및 그 지상 공장건물 등에 관하여 근저당권설정등기를 경료한 후, 위 회사가 부도나자 근저당권 실행을 위한 경매를 신청하여 공장에 납, 주석 등 당해 특정폐기물 중 일부가 야적 · 매립, 방치되어 있는 상태에 있는 공장용지 등을 경락받았고, 나아가 위 회사의 부도 후 공장을 관리하여 오면서 종업원들과 협의하여 공장을 일부 가동하고 원료에 대한 관리를 소홀히 함으로 말미암아 당해 특정폐기물 중 일부를 배출하여 공장에 야적, 방치하였으며, 그로 인하여 인근 상수원 등에 중대한 위해가 발생할 우려가 있다면, 은행이 당해 특정폐기물의 처리를 한 자에 해당한다는 취지의 전제하에, 지방환경관리청장이 위와 같은 위해 발생의 방지를 위하여 은행에게 당해 특정폐기물처리에 대한 조치명령을 한 것은 적법하다.

대법원 1989.10.24. 선고 88누9251 판결【간접보상금부과처분취소】: 울산시가 시행자가 되어 시행하는 이 사건 이주사업은 같은 법 제43조, 같은법시행령 제29조 제5호 소정의 환경오염방지사업인 공장 또는 사업장의 주변에 있는 주택 기타 시설의 이전사업이라 할 것이고 따라서 같은 법 제43조에 의하여 사업자 기타 오염의 원인을 직접 야기하게 한 자 즉 "원인자"는 그 사업에 필요한 비용의 전부 또는 일부를 부담할 의무가 있다고 할 것이나 여기에서 말하는 "원인자"란 모든 공해배출시설설치허가 대상업체가 당연히 그리고 무조건 포함되는 것은 아니고 당해 환경오염방지사업과 관계되는 지역에서 그 공해의 원인이 되는 사업을 행하는 자 즉 그의 사업활동으로 인하여 당해 환경오염사업의 원인이 되는 오염의 원인을 직접 야기하게 한 자에 한정되는 것이라고 보아야 할 것이다.

그런데 원심이 인정한 바에 의하면, 원고는 울산, 온산공단지역에 위치하는 소음진동배출시설설치허가 대상업체로서 환경오염의 원인이 되는 소음 진동을 소량 배출하고는 있으나 원고의 공장은 피고가 시행하는 울산, 온산공단 공해주민 이주사업의 제1단계 이주대상 지역과는 4킬로미터 이상 떨어져 있어 그 소음 진동이 이 사건 제1단계 이주대상 지역에 대한 환경오염의 직접원인이 된다고 볼 수 없고 위 소음진동 이외에 다른 오염물질의 배출허가설치 대상업체가 아니며 소음진동 이외의 매연 분진등 대기오염물질을 배출하고 있다고 인정되지도 아니하다는 것인바 그렇다면 원고는 비록 소음진동배출시설의 설치허가 대상업체라고 하더라도 그 사업활동으로 인하여 이 사건 이주사업의 원인이 된 환경오염의 원인을 직접 야기하게 한 "원인자"라고 볼 수는 없다고 할 것이다.

12) 박균성/함태성, 환경법, 2008, 54면.

를 연료로 사용하는 자동차의 소유자'로부터 환경개선부담금을 징수한다. 그리고 토양환경보전법 제10조의3(토양오염의 피해에 대한 무과실책임)에 의하면 토양오염으로 인하여 피해가 발생한 때에는 당해 오염원인자는 그 피해를 배상하고 오염된 토양을 정화하여야 하며, 오염원인자가 2인 이상 있는 경우에 어느 오염원인자에 의하여 피해가 발생한 것인지를 알 수 없을 때에는 각 오염원인자가 연대하여 배상하고 오염된 토양을 정화하여야 하도록 하고 있으며, 그리고 다음 각호의 1에 해당되는 자를 오염원인자로 보고 있다: 1. 토양오염물질을 토양에 누출·유출시키거나 투기·방치함으로써 토양오염을 유발시킨 자, 2. 토양오염의 발생 당시 토양오염의 원인이 된 토양오염관리대상시설을 소유·점유 또는 운영하고 있는 자, 3. 토양오염관리대상시설을 양수한 자 및 합병·상속 그 밖의 사유로 제1호 및 제2호에 해당되는 자의 권리·의무를 포괄적으로 승계한 자, 4. 민사집행법에 의한 경매,「채무자 회생 및 파산에 관한 법률」에 의한 환가, 국세징수법·관세법 또는「지방세기본법」에 따른 압류재산의 매각 그 밖에 이에 준하는 절차에 따라 토양오염관리대상시설을 인수한 자. 다만, 제3호(토양오염관리대상시설을 양수한 자에 한한다) 및 제4호의 경우에 토양오염관리대상시설을 인수한 자가 선의이며 과실이 없는 때에는 그러하지 아니하다.

환경정책기본법 제5조(사업자의 책무)에서는 "사업자는 그 사업활동으로부터 야기되는 환경오염 및 환경훼손에 대하여 스스로 이를 방지함에 필요한 조치를 하여야 하며, 국가 또는 지방자치단체의 환경보전시책에 참여하고 협력하여야 할 책무를 진다."고 규정하고 있으며, 동법 제7조에서는 "자기의 행위 또는 사업활동으로 인하여 환경오염 또는 환경훼손의 원인을 야기한 자는 그 오염·훼손의 방지와 오염·훼손된 환경을 회복·복원할 책임을 지며, 환경오염 또는 환경훼손으로 인한 피해의 구제에 소요되는 비용을 부담함을 원칙으로 한다"라고 하여 원인자책임원칙을 규정하고 있다.

원인자책임원칙을 구체화하는 제도로는 배출부과금제도, 환경개선부담금제도 등이 있다. 비용부담의 의미에는 환경오염·훼손의 방지와 오염·훼손된 환경을 회복·복원함에 소요되는 비용을 부담할 뿐만 아니라, 기왕에 환경보호를 위하여 지출하여야 하였던 비용도 포함한다.

원인자책임원칙은 공동부담원칙에 우선하는 성격을 지니지만, 원인확정이 곤란한 경우라든가 책임귀속이 어려운 경우에는 국가·공공단체가 환경오염의 방지·제거를 위한 비용을 부담하도록 하는 공동부담원칙이 보충적으로 적용된다.

원인자책임의 원칙		
	원인자	법령
내용	사실상 생활 지배의 범위 안에서 오염을 발생시킨 자	환경정책기본법 제7조(오염원인자 책임원칙) 자기의 행위 또는 사업활동으로 환경오염 또는 환경훼손의 원인을 발생시킨 자는 그 오염·훼손을 방지하고 오염·훼손된 환경을 회복·복원할 책임을 지며, 환경오염 또는 환경훼손으로 인한 피해의 구제에 드는 비용을 부담함을 원칙으로 한다.
		토양환경보전법[시행 2015.3.25.] 제10조의4(오염토양의 정화책임 등) ① 다음 각 호의 어느 하나에 해당하는 자는 정화책임자로서 제11조제3항, 제14조제1항, 제15조제1항·제3항 또는 제19조제1항에 따라 토양정밀조사, 오염토양의 정화 또는 오염토양 개선사업의 실시(이하 이 조에서 "토양정화등"이라 한다)를 하여야 한다. 1. 토양오염물질의 누출·유출·투기(投棄)·방치 또는 그 밖의 행위로 토양오염을 발생시킨 자 2. 토양오염의 발생 당시 토양오염의 원인이 된 토양오염관리대상시설의 소유자·점유자 또는 운영자 3. 합병·상속이나 그 밖의 사유로 제1호 및 제2호에 해당되는 자의 권리·의무를 포괄적으로 승계한 자 4. 토양오염이 발생한 토지를 소유하고 있었거나 현재 소유 또는 점유하고 있는 자 ② 제1항에도 불구하고 다음 각 호의 어느 하나에 해당하는 경우에는 같은 항 제4호에 따른 정화책임자로 보지 아니한다. 다만, 1996년 1월 6일 이후에 제1항제1호 또는 제2호에 해당하는 자에게 자신이 소유 또는 점유 중인 토지의 사용을 허용한 경우에는 그러하지 아니하다. 1. 1996년 1월 5일 이전에 양도 또는 그 밖의 사유로 해당 토지를 소유하지 아니하게 된 경우 2. 해당 토지를 1996년 1월 5일 이전에 양수한 경우 3. 토양오염이 발생한 토지를 양수할 당시 토양오염 사실에 대하여 선의이며 과실이 없는 경우 4. 해당 토지를 소유 또는 점유하고 있는 중에 토양오염이 발생한 경우로서 자신이 해당 토양오염 발생에 대하여 귀책 사유가 없는 경우 ③ 시·도지사 또는 시장·군수·구청장은 제11조제3항, 제14조제1항, 제15조제1항·제3항 또는 제19조제1항에 따라 토양정화등을 명할 수 있는 정화책임자가 둘 이상인 경우에는 대통령령으로 정하는 바에 따라 해당 토양오염에 대한 각 정화책임자의 귀책정도, 신속하고 원활한 토양정화의 가능성 등을 고려하여 토양정화등을 명하여야 하며, 필요한 경우에는 제10조의9에 따른 토양정화자문위원회에 자문할 수 있다. ④ 제11조제3항, 제14조제1항, 제15조제1항·제3항 또는 제19조제1항에 따라 토양정화등의 명령을 받은 정화책임자가 자신의 비용으로 토양정화등을 한 경우에는 다른 정화책임자의 부담부분에 관하여 구상권을 행사할 수 있다.

		⑤ 국가는 다음 각 호의 어느 하나에 해당하는 경우에는 제11조제3항, 제14조제1항, 제15조제1항 · 제3항 또는 제19조제1항에 따라 토양정화등을 하는 데 드는 비용(제10조의4제4항에 따른 구상권 행사를 통하여 상환받을 수 있는 비용 및 토양정화등으로 인한 해당 토지 가액의 상승분에 상당하는 금액은 제외한다. 이하 같다)의 전부 또는 일부를 대통령령으로 정하는 바에 따라 지원할 수 있다. 1. 제1항제1호 · 제2호 또는 제3호의 정화책임자가 토양정화등을 하는 데 드는 비용이 자신의 부담부분을 현저히 초과하거나 해당 토양오염관리대상시설의 소유 · 점유 또는 운영을 통하여 얻었거나 향후 얻을 수 있을 것으로 기대되는 이익을 현저히 초과하는 경우 2. 2001년 12월 31일 이전에 해당 토지를 양수하였거나 양도 또는 그 밖의 사유로 소유하지 아니하게 된 자가 제1항제4호의 정화책임자로서 토양정화등을 하는 데 드는 비용이 해당 토지의 가액을 초과하는 경우 3. 2002년 1월 1일 이후에 해당 토지를 양수한 자가 제1항제4호의 정화책임자로서 토양정화등을 하는 데 드는 비용이 해당 토지의 가액 및 토지의 소유 또는 점유를 통하여 얻었거나 향후 얻을 수 있을 것으로 기대되는 이익을 현저히 초과하는 경우 4. 그 밖에 토양정화등의 비용 지원이 필요한 경우로서 대통령령으로 정하는 경우[전문개정 2014.3.24.]

참조	**헌법재판소 2012.8.23. 선고 2010헌바28 전원재판부 【구토양환경보전법제2조제3호 등위헌소원】**
판례취지	*당해사건: 대법원 2009.12.24. 선고 2009두12778 판결【정화조치명령처분취소】 원심은, 원고가 2003. 3. 14. 한국철강 주식회사(이하 '한국철강'이라 한다)로부터 이 사건 토지를 매수하여 2003. 3. 25. 원고 앞으로 소유권이전등기를 마친 사실, 이 사건 토지는 오래전부터 한국철강의 철강공장 등 부지로 사용되어 오던 것으로서, 한국철강은 2003. 11.말경까지 계속하여 철강공장 등을 가동하였고, 원고는 2004. 3. 31.경 한국철강으로부터 제강설비, 압연설비 일부를 제외한 각종 시설물 및 잔해 등이 야적, 매립, 방치되어 있는 상태로 이 사건 토지를 인도받았으며, 2004. 6.경부터 장기간에 걸쳐 자신의 비용으로 대규모 철거작업을 수행한 사실, 원고 등이 2006. 10. 말경 서울대학교 농업과학공동기기센터 등 3개 연구기관에 의뢰하여 실시된 이 사건 토지에 대한 토양오염정밀조사 결과, 이 사건 토지에서 검출된 아연, 니켈, 불소, 카드뮴 등 9개 항목 토양오염물질이 법 제4조의2가 정한 토양오염의 우려기준을 초과하는 것으로 밝혀진 사실 등에 비추어, 공장시설 등의 부지인 이 사건 토지는 법 제2조 제3호 소정의 토양오염관리대상시설에 해당하고, 이 사건 토지의 양수인인 원고는 법 제10조의3 제3항 제3호 소정의 오염원인자에 해당한다고 판단하였는바, 위 법리와 기록에 비추어 살펴보면, 원심의 위와 같은 판단은 정당하고, 상고이유로 주장하는 바와 같은 법 제2조 제3호 소정의 토양오염관리대상시설의 의미, 법 제10조의3 제3항 제3호 소정의 오염원인자의 범위에 관한 법리오해 등의 위법이 없다.

	*헌법재판소 2012.8.23. 선고 2010헌바28 전원재판부 이 사건 오염원인자조항은 위 조항 시행 이전의 양수자에게까지 오염원인자의 인적범위를 시적으로 확장하여 토양오염을 신속하고 확실하게 제거·예방하고, 그로 인한 손해를 배상한다는 공익을 달성하고자 하는 것이다. 그런데 환경오염책임법제가 정비되기 이전의 토양오염에 대해서는 민법상의 불법행위규정에 의해서만 책임을 부담한다는데 대한 일반적인 신뢰가 존재하고, 폐기물에 대한 공법적 규제가 시작된 1970년대 이전까지는 자신이 직접 관여하지 않은 토양오염에 대해서 공법상의 책임을 부담할 수 있음을 예측하기 어려웠다. 또, 2002. 1. 1. 이전에 토양오염관리대상시설을 양수한 자에 대해서는 선의이며 무과실인 양수자에 대한 면책규정이 사실상 의미가 없고, 사실상 우선 책임을 추궁당한 양수자가 손해배상 및 토양정화 책임을 무한책임으로서 부담하게 되는 경우도 많다. 이처럼 이 사건 오염원인자조항은 예측하기 곤란한 중대한 제약을 사후적으로 가하고 있으면서도, 그로 인한 침해를 최소화 할 다른 제도적 수단을 마련하고 있지 않으므로, 이 사건 오염원인자조항이 2002. 1. 1. 이전에 이루어진 토양오염관리대상시설의 양수에 대해서 무제한적으로 적용되는 경우에는 이 사건 오염원인자조항이 추구하는 공익만으로는 신뢰이익에 대한 침해를 정당화하기 어렵다. 그러나 2002. 1. 1. 이후 토양오염관리대상시설을 양수한 자는 자신이 관여하지 않은 양수 이전의 토양오염에 대해서도 책임을 부담할 수 있다는 사실을 충분히 인식할 수 있고, 토양오염사실에 대한 선의·무과실을 입증하여 면책될 수 있으므로, 보호가치 있는 신뢰를 인정하기 어렵다.

참조	헌법재판소 2012.8.23. 선고 2010헌바167 전원재판부 【토양환경보전법제2조제3호등 위헌소원】
판례 취지	이 사건 오염원인자조항은 신속하고 확실하게 토양오염에 대한 책임자를 특정하고 그에 따른 책임이행을 확보할 수 있도록 오염원인자의 범위를 토양오염관리대상시설의 소유자·점유자·운영자로 확장하여 이들에게 무과실의 책임을 부담시키고 있는데, 이러한 입법목적은 토양환경보전법의 목적에 비추어 정당하다. 한편, 토양오염관리대상시설의 소유자·점유자·운영자에게 손해배상책임 및 오염토양의 정화책임 등을 부과하는 것은 그러한 입법목적 달성에 적합한 수단이 된다. 그러나 토양오염관리대상시설의 소유자·점유자·운영자에게 '토양오염을 유발시킨 자'(구법 제10조의3 제3항 제1호)의 책임에 대한 보충책임을 부담시키는 방법, 토양오염 발생에 관하여 선의·무과실이고 그 책임으로 돌릴 수 없는 경우에 한하여 면책하는 방법, 토양오염 발생에 대하여 선의·무과실인 토양오염관리대상시설의 소유자·점유자·운영자의 책임을 당해 토양오염관리대상시설의 시가 범위 내로 제한하거나, 일반적인 책임한도제를 도입하는 방법 등으로 침해를 최소화할 수 있으므로, 이 사건 오염원인자조항은 침해의 최소성 원칙에 반한다.

> 토양오염관리대상시설의 소유자 · 점유자 · 운영자는 사실상 면책이 불가능한 1차적인 무과실 책임을 부담하고, 경우에 따라서는 파산에 이를 정도로 거액에 이르기도 하는 비용을 그 범위의 제한 없이 전부 부담하여야 한다는 점에서, 이 사건 오염원인자조항으로 인하여 얻게 될 공익보다 토양오염관리대상시설의 소유자 · 점유자 · 운영자가 입게 되는 불이익이 더 클 수도 있다.
>
> 나아가, 토양오염관리대상시설의 양수자 · 인수자와는 달리, 토양오염관리대상시설의 소유자 · 점유자 · 운영자에게는 천재 · 지변, 전쟁으로 인한 면책만을 허용하고 다른 면책사유 또는 책임 제한수단을 전혀 인정하지 않은 것은 합리적인 이유가 있다고 할 수 없다. 따라서 이 사건 오염원인자조항은 토양오염관리대상시설 소유자 · 점유자 · 운영자의 재산권 및 평등권을 침해한다.

Ⅳ. 존속보장원칙

존속보장원칙(Bestandsschutzprinzip)은 악화금지원칙이라고도 하는바 환경보호의 목표를 현재의 환경을 더 이상 악화시키지 아니하고 현상의 유지 · 보호에 두는 원칙이다. 존속보장의 범위는 소극적 보장 및 적극적 보장을 포함하는바, 현상의 유지 · 보호를 위하여 지속적으로 환경을 관리 · 감독하는 것을 넘어 수질의 경우 오염되지 않도록 정수를 하는 것도 존속보장원칙에 포함시킬 수 있다.

환경상태의 악화를 금지한다는 점에서 특히 환경오염 및 파괴행위의 금지 내지 허가와 관련하여 중요한 의미를 지닌다. 이러한 존속보장원칙은 환경정책기본법 제11조 제1호 환경악화의 예방 및 그 요인의 제거 및 제2호 환경오염지역의 원상회복, 개발제한구역의 지정 및 관리에 관한 특별조치법 제1조의 도시의 무질서한 확산을 방지하는 것이나, 수질 및 수생태계 보전에 관한 법률, 자연공원법 및 산림보호법 상의 규정들이 존속보장의 원칙을 규정하고 있다.

Ⅴ. 지속가능한 개발 원칙

1992년 환경과 개발에 관한 유엔회의에서 환경과 개발에 관한 리우선언과 그의 세부 실천 강령인 의제 21을 채택하였다. 여기서의 중심개념이 장래 세대의 욕구를 만족시킬 수 있는 능력을 손상시키지 아니하고 현재의 요구를 만족시키는 개발과 보전의 형태, 즉 지속가능한 개발(sustainable development)이었다. 이러한 지속가능한 개발의 개념에는 미래세대를 위해 자연자원의 보전, 신중하고도 이성적이며 또한 현명한 방식을 통한 자연자원의 개발과 이용, 현재세대의 요구를 고려하는 자연자원의 공평한 이용 그리고 다른 개발계획 등에서의 환경적 고려 등을 포함하고 있다.[13)] 이러한 원칙은 2000년 지속가능발전위원회의 창설과 2007년 지속가능발전기본법 등을 통해서 우리 법제에서 확고하게 자리를 잡게 되었다.

환경정책기본법 제1조(목적)에서 동법의 목적을 달성하기 위한 수단으로 '환경을 적정하고 지속가능하게 관리 · 보전'하는 것을 규정하고 있다. 그리고 동법 제2조에서 "현재의 국민으로 하여금 그 혜택을 널리 향유할 수 있게 함과 동시에 미래의 세대에게 계승될 수 있도록 함을 이 법의 기본이념으로 한다"라고 하여 지속가능한 개발 원칙을 선언하고 있다.

또한 국토기본법 제2조(국토관리의 기본이념)에서도 "국토는 모든 국민의 삶의 터전이며 후세에 물려줄 민족의 자산이므로, 국토에 관한 계획 및 정책은 개발과 환경의 조화를 바탕으로, 국토를 균형있게 발전시키고 국가의 경쟁력을 높이며, 국민의 삶의 질을 개선함으로써 국토의 지속가능한 발전을 도모할 수 있도록 이를 수립 · 집행하여야 한다."고 하여 국토관리의 기본이념이 국토의 지속가능한 발전임을 천명하고 있다. 동법 제5조의2(지속가능한 국토관리의 평가지표 및 기준) 제1항에서는 국토해양부장관은 국토의 지속가능하고 균형 있는 발전을 위하여 국토관리의 지속가능성을 측정 · 평가하기 위한 지표 및 기준을 설정하여 공고하도록 의무화하고 있다.

Ⅵ. 협동의 원칙

환경보호를 달성하기 위해서는 국가와 사회단체 그리고 국민 모두가 협동을 하여야 한다. 협동의 전제조건의 하나로서는 환경보호를 위한 참여가 요청된다. 참여와 협동을 위해서는 투명한 환경행정의 수행과 환경정보의 공개가 필요하다. 환경행정이 투명하게 되어 개별 주체들이 환경정책의 형성과정에 대한 참여할 수 있도록 보장되고 환경 관

---

13) 김홍균, 환경법, 홍문사, 2010, 45면.

련 정보에의 자유로운 접근이 허용될 때 환경보호라는 목표가 달성될 수 있다.

이러한 협동의 원칙은 헌법 제35조 제1항 후단의 "국가와 국민은 환경보전을 위하여 노력하여야 한다"는 규정과 더불어 환경정책기본법 제2조(기본이념)에서는 "국가 · 지방자치단체 · 사업자 및 국민은 환경을 보다 양호한 상태로 유지 · 조성하도록 노력하고"라고 규정하여 환경과 관련된 주체들이 다함께 노력할 의무를 부여하고 있으며, 동법 제15조의3 제1항과 제2항에서는 환경정보의 보급 등이라는 제목하에 "환경부장관은 모든 국민에게 환경보전에 관한 지식 · 정보를 보급하고, 국민이 환경에 관한 정보에 쉽게 접근할 수 있도록 노력하여야 한다. 환경부장관은 제1항의 규정에 의한 환경보전에 관한 지식 · 정보의 원활한 생산 · 보급 등을 위하여 환경정보망을 구축 · 운영할 수 있다."고 규정하고 있다.

Ⅶ. 새로운 원칙들

환경법 분야에 있어서 하나의 방향이 되는 새로운 원칙들로는 다음의 원칙들을 생각해 볼 수 있을 것이다.

공적 보험의 원칙으로서 환경적인 오염 내지 재앙에 대해서는 개인이나 개별 기업에서 감당하기에는 너무나 큰 피해를 초래할 개연성이 높으므로, 환경오염과 관련하여 국가 전체적인 차원에서 합당한 공적 보험제도를 도입할 필요가 있다.

그리고, 환경과 관련되는 정보를 주민들에게 공개함으로써 환경오염에 대한 피해를 대비할 수도 있도록 하는 것이 요청되는바 이를 환경정보공개의 원칙이라고 할 수 있을 것이다.

환경오염감시의 원칙으로서 환경오염에 대해서는 모니터링 체제를 갖추어서 오염물질의 발생, 이동 그리고 처리에 대해서 소상히 파악할 필요가 있다.

그리고 사전예측의 원칙으로서 환경 오염에 대해서는 충분한 예측 시스템을 가동하여 마치 기상변화에 대해서 예측하고 대응하듯이 환경오염에 대해서도 발생에 대한 개연성을 보다 구체화할 수 있도록 하여야 할 것이다.

환경수혜자부담의 원칙으로서 환경오염을 방지하는 국가의 정책으로 인하여 수혜를 입는 국민들이 일정한 부담을 지는 원칙이다.

제6절 환경법의 주체

Ⅰ. 국가

환경보호의 주체로서 가장 중요한 것이 국가이다. 헌법상 국가는 환경보호를 위해 노력해야 할 임무가 주어져 있고, 개별환경법상으로도 국가는 분야별로 임무를 부여받고 있다. 환경정책기본법 제4조제1항은 "국가는 환경오염 및 환경훼손과 그 위해를 예방하고 환경을 적정하게 관리 · 보전하기 위하여 환경보전계획을 수립하여 이를 시행할 책무를 진다"고 규정하고 있다.

Ⅱ. 지방자치단체 및 공공단체

지방자치단체는 환경행정의 일선에서 행정집행자로서 지역에 부합하는 환경행정을 수행한다. 환경정책기본법 제4조제2항은 "지방자치단체는 관할구역의 지역적 특성을 고려하여 국가의 환경보전계획에 따라 당해 지방자치단체의 계획을 수립하여 이를 시행할 책무를 진다"고 규정하고 있으며, 환경기준의 설정과 관련하여서도 동법 제10조제3항에서 "특별시 · 광역시 · 도(이하 "시 · 도"라 한다)는 지역환경의 특수성을 고려하여 필요하다고 인정하는 때에는 당해 시 · 도의 조례로 제1항의 규정에 의한 환경기준보다 확대 · 강화된 별도의 환경기준(이하 "지역환경기준"이라 한다)을 설정할 수 있다"고 규정하고 있다. 지방자치단체에 있어서 환경행정은 환경국이나 환경보호과 내지 환경관리과에서 수행하고 있다.

지방자치단체 이외에 환경관리공단, 국립공원관리공단, 수도권매립지관리공사, 한국환경산업기술원 등 공공단체들도 그 권한의 범위 내에서 환경행정을 수행하고 있다.

참조	대법원 2009.10.15. 선고 2008다93001 판결【관리처분계획안수립결의무효】
판례 취지	도시 및 주거환경정비법에 따른 주택재건축정비사업조합은 관할 행정청의 감독 아래 위 법상의 주택재건축사업을 시행하는 공법인(위 법 제18조)으로서, 그 목적 범위 내에서 법령이 정하는 바에 따라 일정한 행정작용을 행하는 행정주체의 지위를 갖는다.

Ⅲ. 민간환경단체 및 국민

환경보호에 있어서는 민간환경단체 및 국민의 역할이 중요하다. 환경보호를 수행하기 위해서는 국가나 공공부문 만의 역할로는 부족하고 민간의 자발적인 협력이 요청된다. 환경정책기본법 제16조의2(민간환경단체 등의 환경보전활동 촉진) 제1항과 제2항에 의하면 "국가 및 지방자치단체는 민간환경단체등의 자발적인 환경보전활동을 촉진하기 위하여 정보의 제공 등 필요한 시책을 강구하여야 한다." "국가 및 지방자치단체는 민간환경단체 등이 경관이나 생태적 가치 등이 우수한 지역을 매수하여 관리하는 등의 환경보전활동을 하는 경우 이에 필요한 행정적 지원을 할 수 있다."고 규정하여 민간환경단체의 역할을 중요시하고 있다.

제7절 환경행정조직

우리나라의 환경행정조직은 크게 국가의 중앙행정기관으로서 환경부와 지방행정기관으로 구분된다. 그리고 국가의 간접행정조직으로서 공법인이 존재한다.

국가의 행정기관		
분류	행정기관	
국가중앙 행정기관	대통령, 국무총리, 각 부, 각 처, 각 청	
국가지방 행정기관	보통지방행정기관	시 · 도, 시 · 군 · 구
	특별지방행정기관	지방국세청, 지방병무청, 한강유역환경청
국가간접 행정기관	지방자치단체, 공공단체(국민건강보험공단, 한국산업인력공단, 한국연구재단, 한국장학재단, 근로복지공단, 한국환경공단, 금융감독원, 에너지관리공단 등)	

정부조직법에 의하면 환경부장관은 자연환경, 생활환경의 보전 및 환경오염방지에 관한 사무를 관장한다. 물론 여타의 중앙행정기관들도 소관 업무의 범위 내에서 직접적 또는 간접적으로 환경행정을 수행하고 있다.

그리고 국가의 지방행정기관은 그 권한의 내용에 따라 보통지방행정기관과 특별지방행정기관으로 나누어진다. 보통지방행정기관이란 특정한 중앙행정기관에 소속되지 아니하고 그 관할구역 내의 일반적인 국가행정사무를 수행하는 지방행정기관을 말한다.

현행법상 보통지방행정기관은 별도로 설치하지 아니하고 지방자치법의 "시 · 도와 시 · 군 및 자치구에서 시행하는 국가사무는 법령에 다른 규정이 없는 한 시 · 도지사와 시장 · 군수 및 자치구의 구청장에게 위임하여 행한다."라는 규정에 근거하여 지방자치단체의 장인 시 · 도지사와 시장 · 군수 및 자치구청장이 위임받아 행하고 있으므로 이들은 그 한도 내에서 국가의 보통지방행정기관의 지위를 가진다. 그러므로 이들이 해당지역에서 환경행정을 수행하는 경우 보통지방행정기관으로 활동하는 것이다. 그리고 특별지방행정기관이란 특정한 중앙행정기관에 소속되어 그의 소관업무만을 관장하는 지방행정기관을 말하는데, 현재 이러한 환경행정과 관련하여 특별지방행정기관으로는 한강, 낙동강, 금강 및 영산강 유역을 관장하는 4대 유역환경청과 수도권대기환경청 및 원주와 대구 그리고 전주에 설치된 지방환경청이 있다. 그 외에 환경부 내부에 설치되어 있지만 고유한 업무를 수행하는 기관으로서 중앙환경분쟁조정위원회, 국립환경과학원, 국립생물자원관, 국립환경인력개발원, 온실가스종합정보센터 등이 설치되어 있다.

국가의 간접행정조직으로 독립된 법인격을 가지며 고유의 사무를 수행하는 환경관리공단, 국립공원관리공단, 수도권매립지관리공사, 한국환경산업기술원 등이 있다. 수도권매립지관리공사는 수도권지역에서 발생하는 폐기물의 적정한 처리, 폐기물의 자원화 촉진 그리고 주변지역 주민의 쾌적한 생활환경 조성에 기여하기 위하여 설치되었다. 한국환경산업기술원은 환경기술개발 및 「친환경상품 구매촉진에 관한 법률」 제2조제1호에 따른 친환경상품의 구매를 효율적으로 지원하고 환경산업을 육성하기 위하여 설립되었다.

현행 환경조직의 문제점으로는 환경보호와 관련된 업무가 다른 부처들의 소관사항으로 되어 있어서 통일적인 환경행정이 어려운 점,[14] 지방에 있어서 환경보호업무가 국가특별지방행정기관과 국가보통지방행정기관인 지방자치단체에 중복되어 있어서 역시 통일적인 환경업무의 수행이 어려운 점, 그리고 환경행정을 담당할 전문인력의 부족 등이 지적되고 있다. 예컨대 야생동식물의 지정 및 관리와 관련하여 멸종위기 야생동식물, 보호야생동식물, 국제적 멸종위기종에 대해서는 환경부가, 천연기념물에 대해서는 문화재청이, 어류에 대해서는 해양수산부가, 산림에 대해서는 산림청이 소관부처로 되어 있으며, 물관리 및 규제와 관련하여 수량관리는 국토교통부가, 수실관리는 환경부가, 그리고 상수원 댐건설과 물공급은 국토교통부와 한국수자원공사의 소관업무로 되어 있다.[15]

14) 김홍균, 환경법, 홍문사, 2010, 25면.

15) 홍준형, 환경법, 128면 이하.

[환경부조직도]

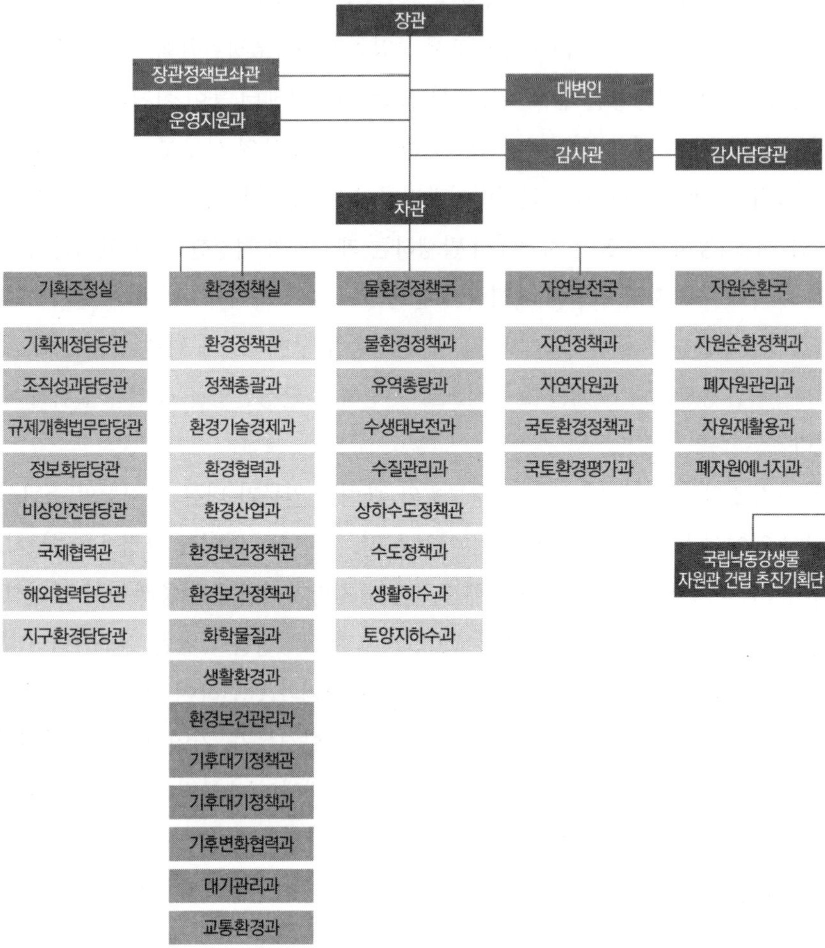
장관
장관정책보좌관
운영지원과
대변인
감사관
감사담당관
차관
기획조정실
기획재정담당관
조직성과담당관
규제개혁법무담당관
정보화담당관
비상안전담당관
국제협력관
해외협력담당관
지구환경담당관
환경정책실
환경정책관
정책총괄과
환경기술경제과
환경협력과
환경산업과
환경보건정책관
환경보건정책과
화학물질과
생활환경과
환경보건관리과
기후대기정책관
기후대기정책과
기후변화협력과
대기관리과
교통환경과
물환경정책국
물환경정책과
유역총량과
수생태보전과
수질관리과
상하수도정책관
수도정책과
생활하수과
토양지하수과
자연보전국
자연정책과
자연자원과
국토환경정책과
국토환경평가과
자원순환국
자원순환정책과
폐자원관리과
자원재활용과
폐자원에너지과
국립낙동강생물
자원관 건립 추진기획단

[서울시 조직도]

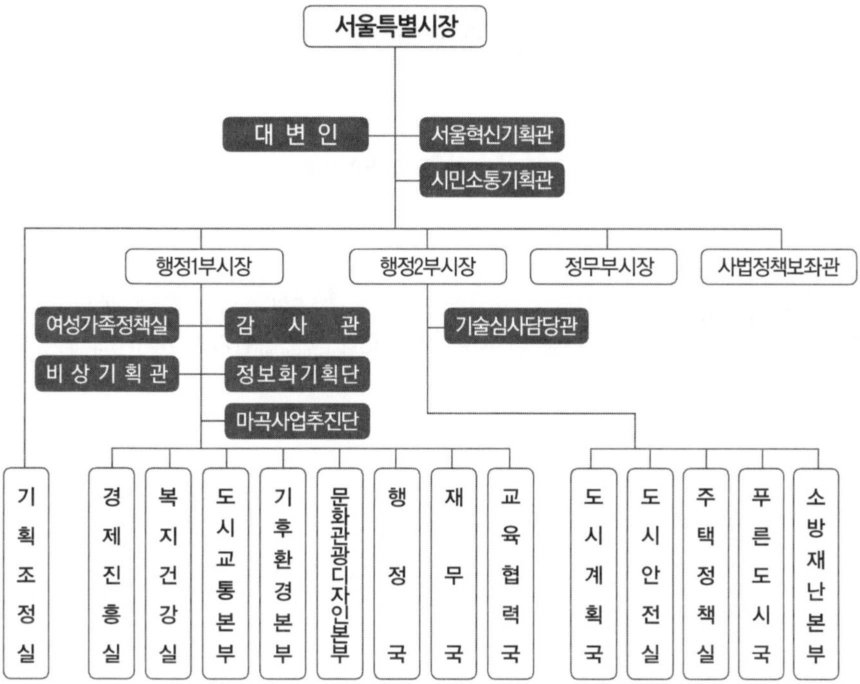

[기후환경본부]

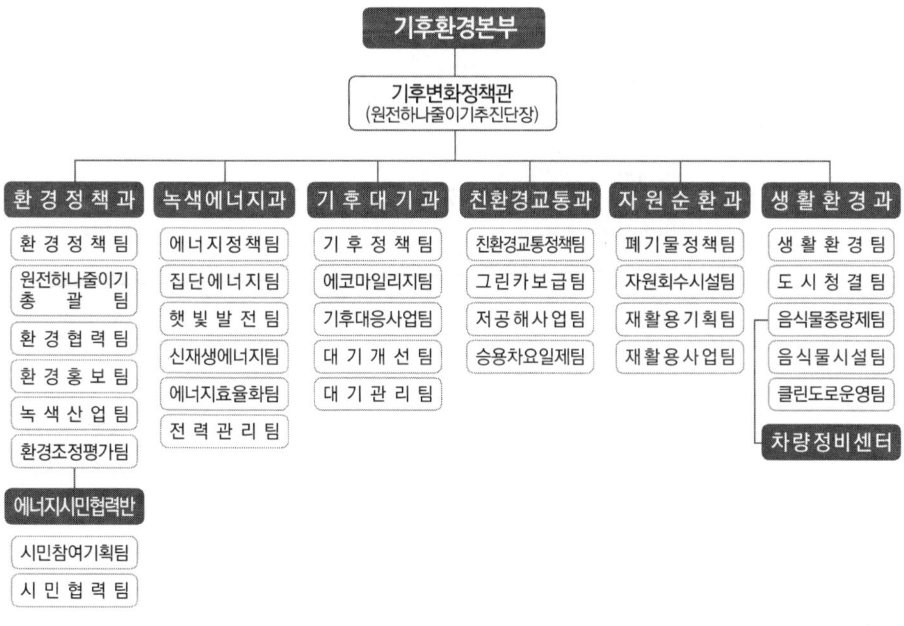

[한강유역환경청 조직도 및 관할구역]

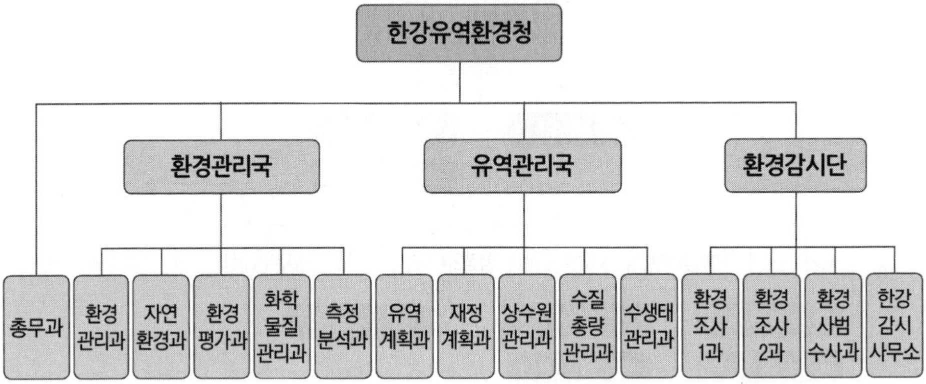

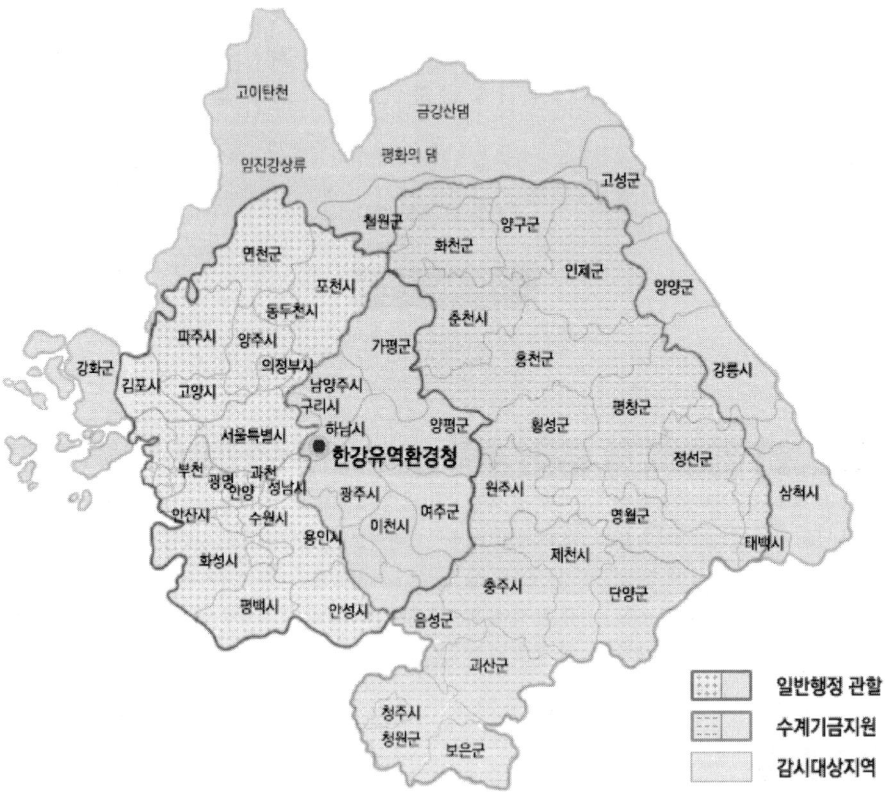

제4편

환경국가와 환경보호수단

제1절 서설

현재 다양한 분야에서 여러 주체들에 의하여 환경상 침해가 일어나고 있다. 이러한 환경침해는 국가나 지방자치단체에 의할 수도 있고, 사인이나 기업 또는 양자의 협동에 의할 수도 있다. 이러한 환경침해에 대해서 여러 가지의 환경보호수단들이 마련되고 있다.

환경보호를 위하여 제정된 법률들을 살펴보면, 그 목적 달성을 위해서 다양한 수단들을 허용하고 있다. 전통적 · 명령적 행정형식인 허가, 명령, 신고, 인가 등의 행정행위형식과 환경보전장기종합계획, 영향권별 환경관리계획, 자연환경보전계획 등과 같은 종합적 · 목표지향적인 행정수단들 뿐만아니라 다양한 유인적인 수단들인 배출부과금제도, 환경친화기업의 지정, 재정지원 및 환경기술개발지원, 홍보, 교육 등이 그것들이다.

이러한 환경보호수단은 크게 절차법적 환경보호수단과 실체법적 환경보호수단 그리고 소송법적 환경보호수단으로 나눌 수 있으며, 절차법적 환경보호수단으로는 환경영향평가제도를 들 수 있으며, 실체법적 환경보호수단에는 기준설정적 환경보호수단, 계획적 환경보호수단, 처분적 환경보호수단, 계약적 환경보호수단, 사실행위적 환경보호수단, 경제적 · 유인적 환경보호수단, 배출권거래를 통한 환경보호수단 그리고 행정강제적 환경보호수단 등을 들 수 있고, 소송법적 환경보호수단에는 헌법소송적 환경보호수단, 행정소송적 환경보호수단, 민사소송적 환경보호수단, 집단소송적 환경보호수단 그리고 조정적 환경보호수단으로 구분할 수 있다.

환경보호수단의 분류		
유형	구분	주요 내용
절차법적 환경 보호 수단	전략환경영향평가	정책계획: 기본방향이나 지침 등을 일반적으로 제시하는 계획
		개발기본계획: 구체적 계획
	환경영향평가	대상사업, 평가항목(Scoping)
	소규모환경영향평가	소규모 환경영향평가 대상사업
실체법적 환경 보호 수단	기준설정적 보호수단	환경기준: 대기, 소음, 수질 및 수생태계 배출허용기준
	계획적 보호수단	종합계획, 부문계획
	처분적 보호수단	명령, 허가, 특허, 인가
	계약적 보호수단	자율협약
	사실행위적 보호수단	조사, 협력, 대화
	경제적 · 유인적 보호수단	배출부과금: 기본부과금 및 초과부과금
	배출권거래적 보호수단	배출권 거래 잉여배출권 양도 · 예치 가능, 부족배출권 매입 · 차입 가능
	행정강제적 보호수단	과태료, 벌금, 형벌, 과징금, 공표
소송법적 환경 보호 수단	헌법소송	권리구제형 헌법소원 위헌심사형 헌법소원
	행정소송	항고소송(취소/무효등확인/부작위위법확인/의무이행소송) 당사자소송(행정상 손실보상 · 손해배상 · 부당이득반환이나 그 밖의 공법상 원인으로 발생하는 법률관계에 관한 소송)
	민사소송	불법행위(고의 · 과실/ 위법/ 타인/ 손해/ 인과관계) 유지청구(★위법/ 타인/ 피해/ 인과관계)
	집단소송	집단소송(대표당사자 청구에 대한 판결의 기판력) 단체소송(환경단체의 원고적격)
	환경조정	알선, 조정, 재정

제2절 절차법적 환경보호수단
– 환경영향평가 –

주요	대법원 2012. 7. 5. 선고 2011두19239 판결
문제	국방부는 제주도에 해군기지를 건설하기 위하여 2005년 4월 추진기획단을 구성하였고, 2006년 5월에 건설방침을 밝혔다. 사업설명회 등 절차를 거쳐 2007년 6월 8일 국방부는 제주 강정마을 일대 48만m²(매립 20만m², 매입 28만m²)에 항만시설을 건설하는 사업계획을 확정하였다. 그 후 사전환경성검토를 실시하였고 환경부장관과의 협의를 거친 후, 2009년 1월 21일 국방·군사시설사업에 관한 법률 제4조에 따라 국방부장관은 국방·군사시설 실시계획을 승인하였다. 그 후 2009년 4월 24일 환경영향평가서 초안에 대한 주민공람과 주민설명회를 개최하였다. 2009년 7월 8일 국방부장관은 제주특별자치도 설치 및 국제자유도시 조성을 위한 특별법 제299조에 따라 제주도지사에게 제주해군기지사업에 대한 환경영향평가 협의요청을 하였다. 한편, 강정마을의 해안지역은 경관이 아름다와서 2004년 10월 27일 제주도지사에 의해 절대보전지역으로 지정되었으며, 또한 멸종위기 야생동물 1급인 나팔고둥과 멸종위기 야생동물 2급인 붉은발말똥게, 맹꽁이 등이 서식하고 있다. 기지를 건설하기 위해서는 해안지역을 매립하여야 하는데 절대보전지역 안에서는 제주특별자치도 설치 및 국제자유도시 조성을 위한 특별법 제292조 제3항에 의거하여 공유수면매립을 할 수 없다. 해군본부는 2009년 9월 22일 제주도지사에게 절대보전지역 지정해제를 요청하였고, 제주도지사는 담당공무원으로 하여금 현장확인 등 조사를 거친 다음 주민의견청취절차를 생략한 채 제주특별자치도의회의 동의를 얻어 2009년 12월 23일 지정해제처분을 하고 이를 고시하였다. 2009년 12월 21일 제주도지사는 국방부장관의 협의요청에 대하여 대기질, 수질, 해양환경, 토양, 지형·지질, 동·식물상, 친환경적자원순환, 경관, 산업 등 9개 항목의 미비점에 대한 보완을 요청하였고, 국방부장관은 협의내용을 반영하여 환경영향평가서를 보완 작성한 후 시공회사들로 하여금 실시설계에 환경영향평가서의 내용을 반영하도록 하였다. 2010년 1월 27일 해군참모총장은 환경영향평가 협의절차가 종료되자 첫째, 환경영향평가결과와 환경영향평가를 반영한 항만공사설계관련사항을 실시계획의 내용으로 추가하고, 둘째, 사업시행 만료시점을 연장하며, 셋째, 보상대상 권리를 변경·추가하는 내용으로 국방부장관에게 실시계획의 변경승인을 신청하였다. 2010년 3월 15일 국방부장관은 실시계획의 변경을 승인하였다.
쟁점	국방·군사시설 설치사업에 있어서 실시계획 승인 처분 이전에 환경영향평가절차를 거치지 아니하고 이루어진 국방부장관의 국방·군사시설 실시계획승인처분이 위법한가? 환경영향평가를 거친 후 국방부장관이 행한 실시계획의 변경승인처분의 효력은 어떻게 되는가?

판례	환경영향평가법령에서 정한 환경영향평가를 거쳐야 할 대상사업에 대하여 그러한 환경영향평가를 거치지 아니하였음에도 승인 등 처분을 하였다면 그 처분은 위법하다 할 것이나, 그러한 절차를 거쳤다면, 비록 그 환경영향평가의 내용이 다소 부실하다 하더라도, 그 부실의 정도가 환경영향평가 제도를 둔 입법 취지를 달성할 수 없을 정도이어서 환경영향평가를 하지 아니한 것과 다를 바 없는 정도의 것이 아닌 이상, 그 부실은 당해 승인 등 처분에 재량권 일탈·남용의 위법이 있는지 여부를 판단하는 하나의요소로 됨에 그칠 뿐, 그 부실로 인하여 당연히 당해 승인 등 처분이 위법하게 되는 것이 아니라 할 것이다(2006. 3. 16. 선고 2006두330 전원합의체 판결 참조). 구 국방사업법 (2011. 7. 25. 법률 제10926호로 전문 개정되어 공포 후 6개월이 경과한 날부터 시행되기 전의 것) 제4조 (실시계획의 승인) ①사업시행자가 국방·군사시설사업중 대통령령이 정하는 사업을 시행하고자 하는 경우에는 그 실시계획을 작성하여 대통령령이 정하는 바에 의하여 국방부장관의 승인을 얻어야 한다. 실시계획을 변경하거나 폐지하고자 하는 경우에도 또한 같다. 다만, 대통령령이 정하는 경미한 사항을 변경하는 경우에는 그러하지 아니하다. 구 국방사업법 시행령 (2012. 1. 25. 대통령령 제23529호로 전부 개정되기 전의 것) 제2조 (실시계획승인 대상사업) 법 제4조제1항에서 "대통령령이 정하는 사업"이라 함은 다음 각호의 1에 해당하는 사업을 말한다. 2. 사업시행면적이 33만제곱미터이상인 사업(도시계획구역안에서는 9만9천제곱미터 이상인 사업) 구 환경영향평가법 (2011. 7. 21. 법률 제10892호로 전부 개정되어 공포 후 1년이 경과한 날부터 시행되기 전의 것) 제4조 (환경영향평가대상사업) ①환경영향평가를 실시하여야 하는 사업(이하 "환경영향평가대상사업"이라 한다)은 다음 각 호와 같다. 16. 국방·군사시설의 설치사업 제16조 (평가서에 대한 협의요청 등) ①승인등을 받아야 하는 사업자는 사업계획등에 대한 승인등을 받기 전에 승인기관의 장에게 평가서를 제출하여야 한다. ③제1항과 제2항에 따른 평가시의 구체적인 제출시기 및 협의요청시기, 그 밖에 필요한 사항은 대통령령으로 정한다.

환경영향평가법 시행령 [시행 2013.7.22] [대통령령 제23966호, 2012.7.20, 전부개정		
구분	환경영향평가대상사업의 종류 및 범위	협의 요청시기
16. 국방·군사시설의 설치 사업	가. 「국방·군사시설 사업에 관한 법률」 제2조제2호에 따른 국방·군사시설사업 중 사업면적이 33만제곱미터 이상인 것. 다만, 「체육시설의 설치·이용에 관한 법률」 제2조제1호에 따른 체육시설 중 골프장의 경우에는 사업면적이 25만제곱미터 이상인 것	가) 국방부장관등의 승인을 받아야 하는 경우: 「국방·군사시설 사업에 관한 법률」 제6조에 따른 국방·군사시설사업 실시계획 승인 전 나) 국방부장관등의 승인을 받지 아니하여도 되는 경우: 「국방·군사시설 사업에 관한 법률」 제6조에 따른 국방·군사시설사업 실시계획 수립 전

<table>
<tr><td></td><td>나.「군사기지 및 군사시설 보호법」 제2조제1호에 따른 군사기지(해군기지는 제외한다) 안에서 시행되는 다음의 어느 하나에 해당하는 사업
1) 비행장의 신설
2) 길이 500미터 이상인 활주로의 건설
3) 그 밖의 사업으로서 사업면적이 20만제곱미터 이상인 것</td><td></td></tr>
<tr><td colspan="3">환경영향평가법 시행령 〈개정 2011.3.9〉</td></tr>
<tr><td rowspan="3">16.
국방·군사시설의 설치사업</td><td>가.「국방·군사시설 사업에 관한 법률」 제2조제2항에 따른 국방·군사시설사업 중 사업면적이 33만 제곱미터 이상인 것. 다만,「체육시설의 설치·이용에 관한 법률」 제2조제1호에 따른 체육시설 중 골프장의 경우에는 사업면적이 25만 제곱미터 이상인 것</td><td>가) 국방부장관등의 승인을 받아야 하는 경우: 기본설계의 승인 전
나) 국방부장관등의 승인을 받지 아니하여도 되는 경우: 기본설계의 확정 전</td></tr>
<tr><td>나.「군사기지 및 군사시설 보호법」 제2조제1호에 따른 군사기지(해군기지는 제외한다) 안에서 시행되는 다음의 어느 하나에 해당하는 사업
1) 비행장의 신설
2) 길이 500미터 이상인 활주로의 건설
3) 그 밖의 사업으로서 사업면적이 20만 제곱미터 이상인 것</td><td></td></tr>
<tr><td>다.「군사기지 및 군사시설 보호법」 제2조제3호에 따른 해군기지 안에서 시행되는 사업으로서 사업면적이 15만 제곱미터 이상이거나 공유수면 3만 제곱미터 이상의 매립이 수반되는 것</td><td></td></tr>
</table>

Ⅰ. 의의

환경영향평가라 함은 사업의 시행으로 인하여 자연환경, 생활환경 및 사회·경제환경에 미치는 해로운 영향을 예측·분석하고 이에 대한 대책을 강구하는 것이라고 할 수 있다.

이러한 환경영향평가제도는 미국의 국가환경정책법(National Environmental Policy Act:

NEPA[1])에 처음 도입되었으며,[2] 개발계획의 수립 또는 공사시행에 앞서 개발자로 하여금 미리 당해 개발이 환경에 미치는 영향을 조사 · 평가하게 하여 이를 인 · 허가의 조건으로 삼는 것이 그 내용이다. NEPA Sec. 102[42 USC §4332].에 따르면 '의안과 연방의 주요 정책안이 인간환경의 질에 중대하게 영향을 미칠 때'에는 환경영향평가서를 작성하여야 한다.[3] 동법에 의하면 연방의 조치들에 한정하여 환경영향평가서를 작성하도록 규정하고 있으므로, 지방정부나 사인에 의한 행위들에 대해서는 작성할 필요가 없다. NEPA에 의하면 먼저 연방정부는 환경영향평가서를 작성할 필요가 있는지 여부를 결정하고, 만약 작성할 필요가 있으며 그 초안을 작성하여 일반 공중에 공람을 한 연후에 평가서를 작성한다. 이렇게 작성된 평가서가 NEPA의 절차를 적정하게 준수하였는지 여부는 사법심사의 대상이 된다. 미국 대법원은 NEPA를 본질적으로 절차적인 법이라고 판시하였다.[4]

우리나라는 1977년 환경보전법을 제정하면서 제5조에서 환경영향평가제도를 도입하였다. 1990년 환경정책기본법이 환경영향평가제도와 관련하여 3개 조항을 두고 있었으나, 1993년에 환경영향평가법이 제정되면서 환경정책기본법상의 환경영향평가와 관련된 조항을 확대 · 개선하였다. 그러나, 각종 개발사업 시행허가를 받기 위해서는 사업자가 사전에 이들 개개 분야의 영향평가에 대해 별도 用役을 실시하고 용역결과를 바탕으로 관련부처의 승인을 따로따로 받도록 돼 있었으며, 특히 인구영향평가에 대한 심의를 받기 위해서는 환경 · 교통영향평가 결과를 첨부해야 하는 등의 비효율적인 면이 있었다. 공정거래위원회는 사업자들에게 비용과 시간 부담을 줄여주기 위해 5개 영향평가 용역을 일시에 동일한 평가기관에서 받을 수 있도록 개선안을 마련하였으나, 경제규제

---

1) http://www.epa.gov/lawsregs/laws/nepa.html: 42 U.S.C. §4321 et seq. (1969) The National Environmental Policy Act (NEPA) was one of the first laws ever written that establishes the broad national framework for protecting our environment. NEPA's basic policy is to assure that all branches of government give proper consideration to the environment prior to undertaking any major federal action that significantly affects the environment. NEPA requirements are invoked when airports, buildings, military complexes, highways, parkland purchases, and other federal activities are proposed. Environmental Assessments (EAs) and Environmental Impact Statements (EISs), which are assessments of the likelihood of impacts from alternative courses of action, are required from all Federal agencies and are the most visible NEPA requirements.

2) Gilpin, Environmental Impact Assessment, 1995, p. 2.

3) Sec. 102 [42 USC 4332]. (2) all agencies of the Federal Government shall — (C) include in every recommendation or report on proposals for legislation and other major Federal actions significantly affecting the quality of the human environment, a detailed statement by the responsible official on — ….

4) Jeffrey M. Gaba/김형진 역, 미국환경법, 2001, 69면 이하.

개혁위원회는 절차뿐만 아니라 5개 영향평가제도도 하나로 통합하자는 의견을 제시하였는바, 환경뿐만 아니라 교통 · 재해 · 인구에 대한 영향도 함께 고려하기 위하여 1999년 12월 31일 환경 · 교통 · 재해등에관한영향평가법을 제정하였다.

그러나 환경 · 교통 · 재해 · 인구영향평가 등 성격이 서로 다른 평가제도를 통합하여 운영하는 과정에서 평가제도 상호간에 중복이 되거나 평가서 작성에 과다한 비용이 소요되는 등의 문제로 인하여, 법명을 「환경 · 교통 · 재해등에관한영향평가법」에서 「환경영향평가법」으로 변경하면서 교통 · 재해 · 인구영향평가 제도를 분리하고 환경영향평가제도만을 규정하였다.[5] 그 후 「환경영향평가법」[6] 전부개정을 통해서 환경정책기본법에 규정되어 있던 사전환경성검토제도를 환경영향평가법상 전략환경영향평가로 통일하였다.

환경영향평가법 제2조에 의하면 환경영향평가법에 의하여 "전략환경영향평가"란 환경에 영향을 미치는 상위계획을 수립할 때에 환경보전계획과의 부합 여부 확인 및 대안의 설정 · 분석 등을 통하여 환경적 측면에서 해당 계획의 적정성 및 입지의 타당성 등을 검토하여 국토의 지속가능한 발전을 도모하는 것을 말한다.[7] "환경영향평가"란 환경에 영향을 미치는 실시계획 · 시행계획 등의 허가 · 인가 · 승인 · 면허 또는 결정 등(이하 "승인등"이라 한다)을 할 때에 해당 사업이 환경에 미치는 영향을 미리 조사 · 예측 · 평가하여 해로운 환경영향을 피하거나 제거 또는 감소시킬 수 있는 방안을 마련하는 것을 말한다. 그리고 "소규모 환경영향평가"란 환경보전이 필요한 지역이나 난개발(亂開發)이 우려되어 계획적 개발이 필요한 지역에서 개발사업을 시행할 때에 입지의 타당성과 환경에 미치는 영향을 미리 조사 · 예측 · 평가하여 환경보전방안을 마련하는 것을 말한다.

---

5) 전부개정 2008.3.28 법률 제9037호.

6) 환경영향평가법 [시행 2012.7.22] [법률 제11019호, 2011.8.4, 타법개정]: 이하 '법'이라 칭함.

7) UVPG §2 (4) 독일의 경우 전략환경영향평가란 계획이나 프로그램의 수립이나 변경을 위하여 실시되는 행정부 내부의 비독립적인 절차로서 공공의 참여하에 환경에 미치는 영향을 조사 · 평가하는 절차를 의미한다.

<table>
<tr><th colspan="5">환경영향평가제도의 개편</th></tr>
<tr><th>분야</th><th colspan="2">개편 전</th><th colspan="2">개편 후</th></tr>
<tr><td rowspan="5">법률</td><td colspan="2">환경정책기본법/환경영향평가법</td><td colspan="2">환경영향평가법(일원화)</td></tr>
<tr><td rowspan="3">사전환경성 검토</td><td rowspan="2">행정계획
(17분야 93개 계획)</td><td rowspan="2">전략환경 영향평가</td><td>정책계획</td></tr>
<tr><td>전략환경영향평가</td></tr>
<tr><td>보전지역개발사업
(21개 사업)</td><td colspan="2">소규모환경영향평가</td></tr>
<tr><td>환경 영향평가</td><td>대규모 개발사업
(17분야 78개)</td><td colspan="2">환경영향평가</td></tr>
<tr><td>계획</td><td colspan="2">상위 및 하위계획에 대하여 같은 절차 및 주민의견수렴</td><td colspan="2">정책계획: 유통산업발전기본계획, 국가철도망 구축계획, 관광개발기본계획 등 지역적 범위가 넓고, 기본방향이나 지침적 성격의 계획으로서 주민의견수렴 대신 전문가 의견 수렴으로 대체
개발기본계획: 도시관리계획, 택지예정지구 지정, 산업단지의 지정, 재정비촉진계획 등 구체적인 개발구역의 지정계획으로서 주민의견수렴 절차 및 방법 강화
★주민들의 요구시 공청회 개최 의무화, 협의전 주요사항변경시 주민의견 재수렴 등</td></tr>
<tr><td>위원회</td><td colspan="2">환경성검토협의회, 환경영향평가계획서심의위원회 및 이의신청심의 위원회</td><td colspan="2">환경영향평가협의회(일원화)</td></tr>
<tr><td>평가서작성</td><td colspan="2">자격요건 없음(누구나 작성 대행)</td><td colspan="2">전략환경영향평가서: 전문평가업자 작성 의무화 대행업무범위에 따라 등록에 필요한 기술인력 차등화</td></tr>
<tr><td>평가사제도</td><td colspan="2">없음(대기, 수질 등 기술자격자)</td><td colspan="2">환경영향평가사 제도 도입, 평가서 작성 총괄</td></tr>
<tr><td>벌칙</td><td colspan="2">사전환경성검토 부실 · 허위작성 등에 대한 제재처분규정 없음</td><td colspan="2">전략환경영향평가서 부실 · 허위작성 및 협의내용 미이행 등 벌칙 신설</td></tr>
</table>

우리나라의 경우에 환경영향평가의 결과를 그 대상사업의 인 · 허가 조건으로 삼고 있지 못함으로 인하여 그 효과가 떨어지고 있다. 다만, 대상사업의 승인처분을 다툴 수 있는 원고적격의 인정범위 및 의견수렴의 여하와 관련하여 법적인 의미를 지닌다.

Ⅱ. 환경영향평가의 기본원칙

법 제4조(환경영향평가등의 기본원칙)에 의하면, 환경영향평가등은 다음 각 호의 기본원칙에 따라 실시되어야 한다: 1. 환경영향평가등은 보전과 개발이 조화와 균형을 이루는 지속가능한 발전이 되도록 하여야 한다. 2. 환경보전방안 및 그 대안은 과학적으로 조사·예측된 결과를 근거로 하여 경제적·기술적으로 실행할 수 있는 범위에서 마련되어야 한다. 3. 환경영향평가등의 대상이 되는 계획 또는 사업에 대하여 충분한 정보 제공 등을 함으로써 환경영향평가등의 과정에 주민 등이 원활하게 참여할 수 있도록 노력하여야 한다. 4. 환경영향평가등의 결과는 지역주민 및 의사결정권자가 이해할 수 있도록 간결하고 평이하게 작성되어야 한다. 5. 환경영향평가등은 계획 또는 사업이 특정 지역 또는 시기에 집중될 경우에는 이에 대한 누적적 영향을 고려하여 실시되어야 한다.

환경영향평가등을 하려는 자는 다음 각 호의 기준, 계획 또는 사업의 성격, 토지이용 및 환경 현황, 계획 또는 사업이 환경에 미치는 영향의 정도, 평가 당시의 과학적·기술적 수준 및 경제적 상황 등을 고려하여 환경보전목표를 설정하고 이를 토대로 환경영향평가등을 실시하여야 한다: 1.「환경정책기본법」제12조에 따른 환경기준 2.「자연환경보전법」제2조제14호에 따른 생태·자연도(생태·자연도) 3.「대기환경보전법」,「수질 및 수생태계 보전에 관한 법률」등에 따른 지역별 오염총량기준 4. 그 밖에 관계 법률에서 환경보전을 위하여 설정한 기준.

Ⅲ. 환경영향평가의 대상사업과 대상지역 그리고 평가항목

A. 평가대상

환경영향평가의 대상사업을 결정함에 있어서는 1. 미국이나 캐나다처럼 대상사업을 미리 정하지 않고 "인간환경의 질에 심대한 영향을 미치는 주요 연방행위들"로 보면서 추후 screening과정을 통해서 결정하는 방법 2. 독일의 경우처럼 대상사업을 미리 정하지만 예비평가를 통해서 그 당위성에 근거하여 결정하는 방법 3. 우리나라와 같이 대상

사업을 법령에 규정하는 방법 등이 있다.[8]

그러나 평가에 소요되는 시간 및 비용 등을 고려할 때 타 법령에 의하여 환경성이 검토되는 등 그 실익이 크지 않은 경우에는 평가대상에서 제외하는 것이 바람직할 것이다.

1. 전략환경영향평가

전략환경영향평가의 대상계획은 다음 각 호의 어느 하나에 해당하는 계획이다: 1. 도시의 개발에 관한 계획 2. 산업입지 및 산업단지의 조성에 관한 계획 3. 에너지 개발에 관한 계획 4. 항만의 건설에 관한 계획 5. 도로의 건설에 관한 계획 6. 수자원의 개발에 관한 계획 7. 철도(도시철도를 포함한다)의 건설에 관한 계획 8. 공항의 건설에 관한 계획 9. 하천의 이용 및 개발에 관한 계획 10. 개간 및 공유수면의 매립에 관한 계획 11. 관광단지의 개발에 관한 계획 12. 산지의 개발에 관한 계획 13. 특정 지역의 개발에 관한 계획 14. 체육시설의 설치에 관한 계획 15. 폐기물 처리시설의 설치에 관한 계획 16. 국방 · 군사 시설의 설치에 관한 계획 17. 토석 · 모래 · 자갈 · 광물 등의 채취에 관한 계획 18. 환경에 영향을 미치는 시설로서 대통령령으로 정하는 시설의 설치에 관한 계획.

전략환경영향평가 대상계획은 그 계획의 성격 등을 고려하여 다음 각 호와 같이 구분한다: 1. 정책계획: 국토의 전 지역이나 일부 지역을 대상으로 개발 및 보전 등에 관한 기본방향이나 지침 등을 일반적으로 제시하는 계획 2. 개발기본계획: 국토의 일부 지역을 대상으로 하는 계획으로서 다음 각 목의 어느 하나에 해당하는 계획: 가. 구체적인 개발구역의 지정에 관한 계획 나. 개별 법령에서 실시계획 등을 수립하기 전에 수립하도록 하는 계획으로서 실시계획 등의 기준이 되는 계획.

구분	전략환경영향평가 대상계획
정책계획	국토의 전 지역이나 일부 지역을 대상으로 개발 및 보전 등에 관한 기본방향이나 지침 등을 일반적으로 제시하는 계획
개발 기본 계획	구체적인 개발구역의 지정에 관한 계획
	개별 법령에서 실시계획 등을 수립하기 전에 수립하도록 하는 계획으로서 실시계획 등의 기준이 되는 계획

현재적으로 전략환경영향평가의 대상이 되는 계획에는 기존 사전환경성검토의 대상

8) 주수영/신보균, 환경영향평가실무, 1998, 20면.

이었던 93개 계획에 5개의 계획을 빼고[9] 13개를 추가하여[10] 총 101개 계획이다.

2. 환경영향평가

환경영향평가대상사업은 1. 도시의 개발사업 2. 산업입지 및 산업단지의 조성사업 3. 에너지개발사업 4. 항만의 건설사업 5. 도로의 건설사업 6. 수자원의 개발사업 7. 철도(도시철도를 포함한다)의 건설사업 8. 공항의 건설사업 9. 하천의 이용 및 개발사업 10. 개간 및 공유수면의 매립사업 11. 관광단지의 개발사업 12. 산지의 개발사업 13. 특정 지역의 개발사업 14. 체육시설의 설치사업 15. 폐기물처리시설의 설치사업 16. 국방·군사시설의 설치사업 17. 토석·모래·자갈·광물 등의 채취사업 18. 환경에 영향을 미치는 시설로서 대통령령으로 정하는 시설의 설치사업 등이다.

환경영향평가의 대상사업은 법에 열거되어 있는 개발사업 등으로 한정되어 있는 바, 이에 따르면 개발사업은 아니나 장기적으로 국토관리에 영향이 큰 정책 또는 계획변경의 경우에 환경영향평가가 요구되지 않는 점이 문제이다.[11] 왜냐하면 이미 지정된 개발제한구역을 해제하거나 국립공원의 구역을 변경하거나 또는 용도지구를 변경하는 경우에는 그 영향이 특정한 개발사업의 경우에 비해서 오히려 클 수 있음에도 불구하고 개발사업이 아니라는 이유로 환경영향평가가 요청되지 아니하기 때문이다.

미국의 경우에는 "환경에 큰 영향을 미치는 연방정부의 중요한 결정"[12]으로 규정하므로 상기의 경우에도 환경영향평가의 대상이 될 수 있다. EU에서 환경영향평가는 유럽의회의 準則(Richtlinie des Rates)에 의하는데, 이에 따르면 환경에 중요한 영향을 끼치는 행정부의 결정(Entscheidungen)들은 환경영향평가의 대상이 된다.

독일의 경우에도 유해한 환경영향이 우려되는 한 환경영향평가의 대상이 된다. Gesetz über die Umweltverträglichkeitsprüfung(UVPG) 제3조 제1항 제1문과 제2문 제1호에 의하면 연방정부는 법규명령으로 그 종류, 규모 또는 위치로 인하여 환경에 심대한 영향을 끼치는 사업들을 환경영향평가대상사업으로 포함시킬 수 있다.[13]

---

9) 소하천정비중기계획, 주한미군기지연차별계획, 기지구역결정, 해군기지구역결정, 온천원보호지구지정.

10) 특구지정 및 특구계획, 탄광지역진흥사업계획, 사방사업기본계획, 산림기본계획, 산림문화휴양기본계획, 산촌진흥기본계획, 임업진흥계획, 산촌개발사업계획, 온천개발계획, 온천발전종합계획, 농어촌도로기본계획, 묘지중장기계획, 개발도서지정 및 사업계획.

11) 李相敦/李昌桓, 環境法, 1999, 125면; 천병태/김명길, 환경법, 2000, 173면; 유영옥, 환경학, 1997, 299면.

12) "major federal actions significantly affecting the quality of the human environment".

13) § 3 Anwendungsbereich (1) Dieses Gesetz gilt für die in der Anlage 1 aufgeführten Vorhaben. Die

우리 법제에도 환경영향평가 대상사업을 법 제4조 제1항에 규정되어 있는 개발사업으로 한정하기보다는 환경에 큰 영향을 미치는 모든 사업을 그 대상으로 하여 평가대상 범위를 확대할 필요가 있으며, 해석론으로서는 제4조 제1항을 예시규정으로 보아 그 범위를 확대하여야 할 것이다. 또한 환경영향평가를 대상사업으로만 한정할 것이 아니라 환경에 영향을 미칠 수 있는 정책의 결정 시에도 환경영향평가를 실시하는 등 환경영향평가제도가 예방적 환경보호수단으로 적극적으로 활용되어야 하리라 생각된다. 또한 대상사업에의 해당여부를 판단함에 있어서 편법적인 사업지역의 분할 내지 부분개발(소위 토막치기)을 막기 위해서는 인접하고 있는 지역에서 이루어지는 행위가 밀접한 관련이 있는 경우에는 이를 함께 고려하도록 할 필요가 있다.[14)]

구분	대상사업(* 법령의 변경으로 다소간 차이가 있을 수 있음에 유의)	
	사업 구분	사업 범위
도시의 개발사업	도시계획시설사업: 유통업무설비 · 주차장시설, 공동집배송센터, 여객자동차터미널설치공사, 물류터미널개발사업, 물류단지개발사업, 화물터미널, 농어촌 마을정비구역, 유통단지, 학교설치공사	20만m²이상
	도시개발사업, 혁신도시개발사업 , 역세권개발사업	25만m²이상
	도정법상 정비사업, 주택건설사업, 대지조성사업, 택지개발사업, 학교시설	30만m²이상
	운하, 시장(15만m²이상), 하수종말처리시설(10만m³이상/일)	기타
산업입지 및 산업단지의 조성사업	산업단지개발사업, 중소기업진흥 단지조성사업, 자유무역지역지정, 공장 설립, 공업용지조성사업, 산업기술단지 조성사업, 연구개발특구 조성사업	15만m²이상
에너지 개발사업	에너지개발목적광업중 채광면적, 회처리장	30만m²이상
	송유관 저유시설, 석유비축시설, 가스사업 저장시설	10만kl이상

Bundesregierung wird ermächtigt, durch Rechtsverordnung mit Zustimmung des Bundesrates 1. Vorhaben in die Anlage 1 aufzunehmen, die aufgrund ihrer Art, ihrer Größe oder ihres Standortes erhebliche Auswirkungen auf die Umwelt haben können, 2. Vorhaben unter Beachtung der Rechtsakte der Europäischen Gemeinschaften oder der Europäischen Union aus der Anlage 1 herauszunehmen, die nach den vorliegenden Erkenntnissen keine erheblichen Auswirkungen auf die Umwelt besorgen lassen.

14) 김홍균, 환경법, 홍문사, 2010, 176면 이하.

	태양·풍력 발전소(10만kW이상), 공장안 자가발전설비(3만kW이상), 발전소(1만kW이상), 댐 및 저수지 건설을 수반한 발전소(3천kW이상), 옥외변전소(765kV이상), 345kV이상 지상송전선로(10km이상) 저탄장(5만m^2이상), 지상송전설로(10km이상), 해저광업개발사업중 에너지개발목적 사업	기타
항만의 건설사업	어항시설개발사업 또는 어항개발사업: 외곽시설(300m이상), 계류시설, 항만시설, 신항만건설사업: 외곽시설(300m이상), 계류시설,	3만m^2이상 (공유수면면적)
	항만준설사업(준설량 20만m^3이상)	10만m^2이상
	어항시설·항만시설, 그 밖의 항만시설(공유수면매립 3만m^2이상)	15만m^2이상
	항만재개발사업	30만m^2이상
도로의 건설사업	신설도로(도심지에서는 폭 25m이상인 도로만)	4km이상
	2차로 이상 도로 확장시	10km이상
	신설 및 확장도로, 도시 및 비도시구간에 걸쳐진 도로	기타
수자원의 개발사업	댐설치공사, 하구언 설치공사, 농업생산기반시설인 저수지·보·유지 조성공사	면적: 200만m^2 용량: 2천만m^3
철도(도시철도 포함)의 건설사업	철도시설, 도시철도시설, 고속철도, 궤도용지	10만m^2이상
	삭도	2km이상
	철도(공장안 전용철도 제외), 도시철도, 궤도, 고속철도	4km이상
공항의 건설사업	활주로 건설	500m이상
	공항개발사업	20만m^2이상
	비행장 신설	기타
하천의 이용 및 개발사업	하천구역 내지 홍수관리구역에서의 하천공사	10km이상
개간 및 공유수면의 매립사업	공유수면 매립사업	30만m^2이상
	지정항만, 신항만 또는 자연환경보전지역	3만m^2이상
	간척사업 또는 개간사업	100만m^2이상
관광단지의 개발사업	관광사업, 관광지 및 관광단지조성사업, 온천개발사업	30만m^2이상
	공원사업, 공원집단시설지구, 유원지시설, 공원시설	10만m^2이상
산지의 개발사업	묘지 또는 봉안시설설치사업	25만m^2이상
	초지조성사업	30만m^2이상
	산지전용면적	20만m^2이상
	임도설치(생태자연도 1등급지역 설치시 범위에 상관없음)	8km이상

특정지역의 개발사업	지역균형개발 및 지방중소기업육성사업, 주한미군기지 이전 주한미군시설사업 · 국제화계획지구개발사업 · 평택시개발사업, 행정중심복합도시 건설사업, 경제자유구역개발사업, 기업도시개발사업, 신공항건설사업	기타
	지역종합개발사업, 지방중소기업육성복합단지조성사업	20만m²이상
체육시설의 설치사업	체육시설, 경륜 · 경정시설 설치사업, 경마장 설치사업	25만m²이상
	청소년수련시설, 청소년수련지구	30만m²이상
폐기물처리 시설의 설치사업	폐기물처리시설-매립시설(용적 330만m³이상)	30만m²이상
	폐기물처리시설-지정폐기물처리시설(용적 25만m³이상)	5만m²이상
	중간처리시설 중 소각시설	100t/일
	분뇨처리시설, 가축분뇨처리시설(공공하수처리시설로 유입처리하는 처리시설은 제외)	1일 용량 100kl이상
국방 · 군사시설의 설치사업	국방 · 군사시설	33만m²이상
	비행장신설, 군용항공기지건설(활주로 500m이상, 시설면적 20만m²이상)	기타
	해군기지건설(공유수면매립시 3만m²이상)	15만m²이상
토석 · 모래 · 자갈 · 광물 등의 채취사업	하천구역 또는 홍수관리구역에서 하천광물채취(상수원보호구역 내, 유수거리 5km이내 5만m²이상)	2만m²이상
	산지광물채취	10만m²이상
	해안에서 광물채취(강원도 · 경상북도 2만m²이상)	3만m²이상
	공재채취예정지의 지정, 골재채취(채취량 50만m³이상)	25만m²이상
	골재채취단지, 채석단지지정	기타

3. 소규모 환경영향평가

다음 각 호 모두에 해당하는 개발사업(이하 "소규모 환경영향평가 대상사업"이라 한다)을 하려는 자(이하 이 장에서 "사업자"라 한다)는 소규모 환경영향평가를 실시하여야 한다: 1. 보전이 필요한 지역과 난개발이 우려되어 환경보전을 고려한 계획적 개발이 필요한 지역으로서 대통령령으로 정하는 지역(이하 "보전용도지역"이라 한다)에서 시행되는 개발사업 2. 환경영향평가 대상사업의 종류 및 범위에 해당하지 아니하는 개발사업으로서 대통령령으로 정하는 개발사업.

제1항에도 불구하고 다음 각 호의 어느 하나에 해당하는 개발사업은 소규모 환경영

향평가 대상에서 제외한다: 1.「재난 및 안전관리 기본법」 제37조에 따른 응급조치를 위한 사업 2. 국방부장관이 군사상 고도의 기밀보호가 필요하거나 군사작전의 긴급한 수행을 위하여 필요하다고 인정하여 환경부장관과 협의한 개발사업 3. 국가정보원장이 국가안보를 위하여 고도의 기밀보호가 필요하다고 인정하여 환경부장관과 협의한 개발사업(법 제43조).

B. 대상지역

1. 전략환경영향평가

전략환경영향평가 대상계획을 수립하려는 행정기관의 장은 전략환경영향평가를 실시하기 전에 평가준비서를 작성하여 환경영향평가협의회의 심의를 거쳐 전략환경영향평가 대상지역을 결정하여야 한다. 행정기관 외의 자가 제안하여 수립되는 전략환경영향평가 대상계획의 경우에는 전략환경영향평가 대상계획을 제안하는 자가 평가준비서를 작성하여 전략환경영향평가 대상계획을 수립하는 행정기관의 장에게 전략환경영향평가항목등을 결정하여 줄 것을 요청하여야 한다(법 제11조 제1항 및 제2항).

전략환경영향평가 항목별 검토대상지역의 설정		
구분		검토대상지역 설정
자연환경	지형 · 지질	■ 절성토작업에 따른 지형변화가 예상되는 계획지구를 영향권으로 설정함.
	동 · 식물상	■ 동식물의 자연환경과 서식환경에 영향이 미칠것으로 예상되는 계획지구 및 인근지역을 대상지역(반경 0.5㎞)으로 설정함.
생활환경	토지이용	■ 편입토지 발생 및 토지이용변화에 따른 계획지구를 영향권으로 설정함.
	대기질	■ 대기오염물질 배출로 인한 대기질 영향이 예상되는 계획지구 및 인근지역을 대상지역(반경 0.5㎞)으로 설정함.
	소음 · 진동	■ 장비운영에 따른 소음영향이 예상되는 계획지구 및 인근지역을 대상지역(구역계 기준 0.3㎞)으로 설정함.
	수질	■ 토사유출에 따른 인근 수계의 영향이 예상되는 계획지구 및 주변 수계를 대상지역으로 설정함.
	토양	■ 폐유류 등에 의한 토양오염이 예상되는 계획지구를 대상지역으로 설정함.
	친환경적 자원순환	■ 지장물철거 및 장비운영에 따른 폐기물 영향이 예상되는 계획지구를 대상지역으로 설정함.

	경관	■ 지형적변화 및 건축물 배치에 의한 경관변화가 예상되는 계획지구 및 인근 지역을 대상지역(반경 1.0㎞)으로 설정함.
	일조장해	■ 부지정지 및 신축구조물 등에 의한 일조변화가 예상되는 계획지구 및 인근 지역을 대상지역(반경 0.5㎞)으로 설정함.
결정내용		■ 사업시행에 따른 환경적 영향을 최소토록 항목별(동식물상, 대기질, 일조장해, 소음진동, 경관 등) 영향예측 및 검토범위를 확대 · 조정해야 할 것으로 판단됨

2. 환경영향평가

환경영향평가등은 계획의 수립이나 사업의 시행으로 영향을 받게 되는 지역으로서 환경영향을 과학적으로 예측 · 분석한 자료에 따라 그 범위가 설정된 지역에 대하여 실시하여야 한다. 환경영향평가대상지역의 범위를 결정하는 주체는 ① 승인등을 받지 아니하여도 되는 사업자는 사업자이지만, 환경영향평가계획서심의위원회의 심의를 거치게 되어 있다. ② 승인등을 받아야 하는 사업자는 환경영향평가를 실시하기 전에 평가준비서를 작성하여 승인기관의 장에게 환경영향평가항목등을 정하여 줄 것을 요청하여야 하며, 승인기관의 장이 이를 결정한다(법 제24조 제1항 및 제2항). 환경영향평가대상지역은 환경영향평가가 실시되는 지역적 한계를 정함과 동시에 주민의 의견수렴에 있어서 그 범위를 확정하고 나아가 특히 이와 관련된 항고소송에 있어서 원고적격의 인정 여부에 중요한 역할을 하고 있다.[15)]

평가항목별 평가대상지역 설정[16)]				
평가항목		평가대상지역 선정 기준	평가대상 지역	비고
대기 환경	대기질	-공사장비 가동에 의한 비산먼지 및 대기오염물질 배출 -운영시 연료사용 및 자동차 배출가스에 의한 영향	사업지구 경계로부터 0.5km 이내	공사시 운영시
수 환경	수질	-공사중 부지정지로 인하여 강우시 토사유입이 예상되는 수계 -운영시 발생되는 오수에 의한 영향이 예상되는 수용하천	사업지구 및 ㅇㅇ천	공사시 운영시

15) 대법원 2006.3.16. 선고 2006두330 전원합의체 판결【정부조치계획취소등】

16) 참조: http://eiass.go.kr/.

<table>
<tr><td>토지 환경</td><td>지형 · 지질</td><td>-공사중 절성토에 따른 지형 및 지질의 변화가 예상되는 지역</td><td>사업지구내</td><td>공사시</td></tr>
<tr><td colspan="2">자연생태환경</td><td>-사업시행으로 인해 동식물 및 자연생태계에 영향이 예상되는 지역</td><td>사업지구 경계로부터 1km 이내</td><td>공사시
운영시</td></tr>
<tr><td rowspan="5">생활 환경</td><td>토지이용</td><td>-사업시행에 따른 토지이용의 변화
-토지피복 유형별 면적변화</td><td>사업지구 및 주변지역</td><td>공사시
운영시</td></tr>
<tr><td>소음 · 진동</td><td>-공사시 건설장비의 가동 및 운영시 유발교통량에 의한 소음영향이 예상되는 정온 시설지역</td><td>사업지구 및 지구 경계로부터 0.15km</td><td>공사시
운영시</td></tr>
<tr><td>위락 · 경관</td><td>-절 · 성토공사로 인하여 지형변화가 예상되는 사업지구-건물의 입지로 SKY Line의 변화가 예상되는 사업지구와 주변지역</td><td>〃</td><td>공사시
운영시</td></tr>
<tr><td>친환경적 자원순환</td><td>-공사중 지장물 철거 및 운영시 폐기물 발생이 예상되는 지역</td><td>사업지구 및주변지역</td><td>공사시
운영시</td></tr>
<tr><td>일조장해</td><td>-공동주택 입지에 따른 사업지구 및 주변지역</td><td>사업지구 및 주변지역</td><td>운영시</td></tr>
</table>

3. 소규모 환경영향평가

다음 각 호 모두에 해당하는 개발사업(이하 "소규모 환경영향평가 대상사업"이라 한다)을 하려는 자(이하 이 장에서 "사업자"라 한다)는 소규모 환경영향평가를 실시하여야 한다: 1. 보전이 필요한 지역과 난개발이 우려되어 환경보전을 고려한 계획적 개발이 필요한 지역으로서 대통령령으로 정하는 지역(이하 "보전용도지역"이라 한다)에서 시행되는 개발사업 2. 환경영향평가 대상사업의 종류 및 범위에 해당하지 아니하는 개발사업으로서 대통령령으로 정하는 개발사업.

C. 평가항목 및 범위 등

1. 전략환경영향평가

전략환경영향평가 대상계획을 수립하려는 행정기관의 장은 전략환경영향평가를 실시하기 전에 평가준비서를 작성하여 환경영향평가협의회의 심의를 거쳐 다음 각 호의 사항을 결정하여야 한다: 1. 전략환경영향평가 대상지역 2. 토지이용구상안 3. 대안 4. 평가 항목 · 범위 · 방법 등(법 제10조 제1항). 행정기관 외의 자가 제안하여 수립되는 전략환경영향평가 대상계획의 경우에는 전략환경영향평가 대상계획을 제안하는 자가 평가준비서를 작성하여 전략환경영향평가 대상계획을 수립하는 행정기관의 장에게 전략환경영향평가항목등을 결정하여 줄 것을 요청하여야 한다.

전략환경영향평가 대상계획을 수립하려는 행정기관의 장은 전략환경영향평가항목등을 결정할 때에는 다음 각 호의 사항을 고려하여야 한다: 1. 해당 계획의 성격 2. 상위계획 등 관련 계획과의 부합성 3. 해당 지역 및 주변 지역의 입지 여건, 토지이용 현황 및 환경 특성 4. 계절적 특성 변화(환경적 · 생태적으로 가치가 큰 지역) 5. 그 밖에 환경기준 유지 등과 관련된 사항.

전략환경영향평가항목			
종류	분야	세부항목	
정책 계획	환경보전 계획과의 부합성	가) 국가 환경정책	
		나) 국제환경 동향 · 협약 · 규범	
	계획의 연계성 · 일관성	가) 상위 계획 및 관련 계획과의 연계성	
		나) 계획목표와 내용과의 일관성	
	계획의 적정성 · 지속성	가) 공간계획의 적정성	
		나) 수요 공급 규모의 적정성	
		다) 환경용량의 지속성	
개발 기본 계획	계획의 적정성	가) 상위계획 및 관련 계획과의 연계성	
		나) 대안 설정 · 분석의 적정성	
	입지의 타당성	가) 자연환경의 보전	(1) 생물다양성 · 서식지 보전
			(2) 지형 및 생태축의 보전
			(3) 주변 자연경관에 미치는 영향
			(4) 수환경의 보전
		나) 생활환경의 안정성	(1) 환경기준 부합성
			(2) 환경기초시설의 적정성
			(3) 자원 · 에너지 순환의 효율성
		다) 사회 · 경제 환경과의 조화성: 환경친화적 토지이용	

거제 한내 공유수면매립기본계획 전략환경영향평가 평가항목 범위등의 결정내용 공고
경상남도 공고 제2013-225호
거제 한내 공유수면매립 기본계획 전략환경영향평가 평가항목 · 범위 등의 결정내용 공고 거제 한내 공유수면매립 기본계획 전략환경영향평가 실시와 관련하여 「환경영향평가법」제11조제5항 및 같은 법 시행령 제10조제2항의 규정에 의거 전략환경영향평가 항목 등의 결정내용을 다음과 같이 공고합니다. 2013. 03. 27. 경 상 남 도 지 사 1. 계획의 개요 가. 계 획 명 : 거제 한내 공유수면매립 기본계획 나. 위　치 : 경상남도 거제시 연초면 한내리 870번지 지선 공유수면 일원 다. 계획규모 : 공유수면 매립 59,800㎡ 라. 계획시행자 : (주)해동 2. 전략환경영향평가 평가항목 · 범위 등의 결정 주요내용 ○ 대상지역 설정, 토지이용 구상안, 대안, 평가항목 · 범위 · 방법 선정 등 ※ 환경영향평가정보지원시스템(http://www.eiass.go.kr) 및 경상남도 홈페이지(http://www.gsnd.net), 거제시 홈페이지(http://www.geoje.go.kr)에 전략환경영향평가 평가항목 · 범위 등의 결정 내용 게재 3. 공람기간 및 장소 가. 공람기간 : 2013. 03. 27~2013. 04. 15(14일간, 공휴일 제외) 나. 공고장소 : 환경영향평가정보지원시스템(http://www.eiass.go.kr) 및 경상남도 홈페이지(http://www.gsnd.net), 거제시 홈페이지(http://www.geoje.go.kr) 4. 의견제출 가. 제출기간 : 공람일로부터 14일 이내(2013년 04월 15일까지) 나. 제출방법 : 환경영향평가정보지원시스템(http://www.eiass.go.kr) 및 경상남도 홈페이지(http://www.gsnd.net)에 주민의견 등록 및 경상남도 항만물류과에 서면 제출 다. 제출내용 : 전략환경영향평가 항목 등의 내용 5. 전략환경영향평가 항목 등의 결정내용 및 주민의견 제출서 ○ 붙임 공고문 등 참조 6. 기타 자세한 내용 : 경상남도 항만물류과(☎055-211-3963)로 문의하시기 바랍니다. 끝.

2. 환경영향평가

환경영향평가등은 계획의 수립이나 사업의 시행으로 영향을 받게 될 자연환경, 생활환경, 사회 · 경제 환경 등의 분야에 대하여 실시하여야 하며, 분야별 환경영향평가의 세부항목은 대통령령으로 정한다(법제 7조). 이에 의거하여 시행령 제5조 [별표2]에서는 대기환경, 수환경, 토지환경, 자연생태환경, 생활, 사회 · 경제환경의 6개 분야에 걸쳐 21개 항목을 규정하고 있다.

평가항목과 평가범위를 정함에 있어서 소위 Scoping 절차를 두어서 대상사업별로 사업의 유형 및 특성 그리고 입지여건 등을 고려할 수 있도록 하고 있다.[17] 스코핑(Scoping)이란 사업자가 환경영향평가서를 작성할 때 '선택과 집중' 차원에서 꼭 평가해야 할 항목과 범위를 미리 정하는 절차로서, 현행 환경영향평가법에서는 대기, 수질 등 총 21개 항목을 평가하도록 되어 있으나, 스코핑을 통해 사업 및 지역특성에 따라 영향이 크지 않은 일부 항목을 제외할 수 있도록 하는 것이다. 예를 들면, 같은 도로사업도 도심도로와 산간지역 도로는 소음의 중요도에 있어서 차등화가 필요하기 때문이다. 외국에서는 환경영향평가제도를 도입할 당시부터 스코핑제도를 기본적으로 도입하였다. 스코핑제도가 제대로 시행되면 사업 및 지역특성을 고려한 집중적인 평가가 가능하고, 평가항목 및 범위의 설정을 통해 평가의 질적 향상을 도모할 수 있고, 사업자에게는 시간적 · 경제적 부담을 경감할 수 있을 것이다.

승인등을 받아야 하는 사업자는 평가서초안을 작성하기 전에 해당 사업에 적용하여야 할 평가항목 및 그 범위 등을 정하여 주도록 승인기관의 장에게 요청하여야 한다. 다만, 승인기관의 장과 협의한 경우에는 승인기관을 거쳐 환경부장관에게 요청할 수 있다. 사업자 자신이 그 사업계획등에 대한 승인기관에 해당되어서 승인등을 받지 아니하여도 되는 사업자는 평가서초안을 작성하기 전에 환경영향평가계획서심의위원회의 심의를 거쳐 평가항목 · 범위 등을 결정하여야 한다. 다만, 승인등을 받지 아니하여도 되는 사업자가 필요하다고 인정하면 평가항목 · 범위 등을 정하여 주도록 환경부장관에게 요청할 수 있다. 이러한 절차를 거쳐 결정된 평가항목 · 범위 등에 따라서 사업자는 환경영향평가를 실시한다.

환경영향평가항목	
분야	항목
자연생태 환경분야	1) 생물상 2) 자연환경자산

17) 김홍균, 환경법, 홍문사, 2010, 136면.

대기환경 분야	1) 기상 2) 대기질 3) 악취 4) 온실가스
수환경 분야	1) 수질(지표 · 지하) 2) 수리 · 수문 3) 해양환경
토지환경 분야	1) 토지이용 2) 토양 3) 지형 · 지질
생활환경 분야	1) 친환경적 자원 순환 2) 소음 · 진동 3) 위락 · 경관 4) 위생 · 공중보건 5) 전파장해 6) 일조장해
사회 · 경제 분야	1) 인구 2) 주거(이주의 경우를 포함한다) 3) 산업

환경영향평가항목 선정기준		
구분	영향의 중요도	범위 선정 원칙(기준)
평가항목 제외	· 사업에 따른 영향이 미미할 경우 · 영향을 받는 대상(지역)이 없는 경우	-항목으로 선정하지 않는다.
현황조사 항목	· 영향을 받는 대상이 존재하나 사업에 의한 영향이 크지 않을 경우 · 유사사례에서 영향이 크지 않다고 증명된 경우 · 전략환경영향평가에서 충분히 검토되어 추가 조사가 필요 없는 경우	-기본적으로 현황조사로 대체하고, 상세조사 및 예측 평가는 생략할 수 있다.
평가항목 선정	· 영향을 받는 대상이 존재하며 사업에 의한 영향이 예상되는 경우 · 전략환경영향평가에서 추가조사가 필요한 것으로 인정되는 경우 · 전략환경영향평가에서 특히 중요한 항목으로 인정되는 경우 · 보호지역, 보호대상 등 법령에 의한 지정이 있는 경우 · 유사사업에서 보완 사례가 많은 항목 · 지역의 특별한 이슈가 되는 경우 · 전문가의 의견이 예상되는 경우 · 분쟁의 소지가 큰 경우	-지침을 충분히 활용하여 조사 예측 평가 방법을 선정한다. -지침을 적극적으로 해석하여 상세하게 조사한다. -필요시 전문가 의견을 청취한다. -보완을 줄이기 위하여 상세히 고려해야 한다.

3. 소규모환경영향평가

소규모환경영향평가의 평가항목은 다음과 같다:

소규모환경영향평가항목	
분야	항목
사업개요 및 지역 환경 현황	1) 사업개요 2) 지역개황 3) 자연생태환경 4) 생활환경 5) 사회 · 경제환경
환경에 미치는 영향 예측 · 평가 및 환경보전방안	1) 자연생태환경(동 · 식물상 등) 2) 대기질, 악취 3) 수질(지표, 지하), 해양환경 4) 토지이용, 토양, 지형 · 지질 5) 친환경적 자원순환, 소음 · 진동 6) 경관 7) 전파장해, 일조장해 8) 인구, 주거, 산업

Ⅳ. 환경영향평가서 초안의 작성 및 주민의견수렴

A. 전략환경영향평가

개발기본계획을 수립하는 행정기관의 장은 제11조에 따라 결정된 전략환경영향평가 항목등에 맞추어 전략환경영향평가서 초안을 작성한 후 제13조에 따라 주민 등의 의견을 수렴하여야 한다. 다만, 행정기관 외의 자가 제안하여 수립되는 개발기본계획의 경우에는 개발기본계획을 제안하는 자가 전략환경영향평가서 초안을 작성하여 개발기본계획을 수립하는 행정기관의 장에게 제출하여야 한다. 개발기본계획을 수립하는 행정기관의 장은 전략환경영향평가서 초안을 다음 각 호의 자에게 제출하여 의견을 들어야 한다: 1. 환경부장관 2. 승인기관의 장(승인등을 받아야 하는 계획만 해당한다) 3. 그 밖에 대통령령으로 정하는 관계 행정기관의 장.

개발기본계획을 수립하려는 행정기관의 장은 개발기본계획에 대한 전략환경영향평가서 초안을 공고 · 공람하고 설명회를 개최하여 해당 평가 대상지역 주민의 의견을 들어야 한다. 다만, 대통령령으로 정하는 범위의 주민이 공청회의 개최를 요구하면 공청회를 개최하여야 한다. 개발기본계획을 수립하려는 행정기관의 장은 개발기본계획이 생태계의 보전가치가 큰 지역으로서 대통령령으로 정하는 지역을 포함하는 경우에는 관계 전문가 등 평가 대상지역의 주민이 아닌 자의 의견도 들어야 한다. 개발기본계획을 수립하려는 행정기관의 장이 책임질 수 없는 사유로 제1항에 따른 설명회나 공청회가 정상적으로 진행되지 못하는 등 대통령령으로 정하는 사유가 있는 경우에는 설명회나 공청회를 개최하지 아니할 수 있다. 이 경우 대통령령으로 정하는 바에 따라 설명회 또는 공청회에 준하는 방법으로 주민 등의 의견을 들어야 한다. 개발기본계획을 수립하려는 행정기관의 장은 제1항 및 제2항에 따른 주민등의 의견 수렴 결과와 반영 여부를 대통령령으로 정하는 방법에 따라 공개하여야 한다. 제1항 및 제2항에 따른 공고 · 공람, 설명회 또는 공청회 개최, 그 밖에 의견 수렴 등에 필요한 사항은 대통령령으로 정한다(법제13조).

개발기본계획을 수립하려는 행정기관의 장은 다른 법령에 따른 의견 수렴 절차에서 전략환경영향평가서 초안에 대한 의견을 수렴한 경우에는 제13조에 따른 의견 수렴 절차를 거치지 아니할 수 있다. 개발기본계획을 수립하려는 행정기관의 장은 제13조에 따라 의견 수렴 절차를 거친 후 제18조에 따라 협의 내용을 통보받기 전에 개발기본계획 대상지역 등 대통령령으로 정하는 중요한 사항을 변경하려는 경우에는 제11조부터 제14조까지의 규정에 따라 전략환경영향평가서 초안을 다시 작성하여 주민 등의 의견을 재수렴하여야 한다.

B. 환경영향평가

사업자는 환경영향평가를 실시하려는 경우에는 대통령령으로 정하는 바에 따라 환경영향평가계획서를 작성하여야 한다. 즉 환경영향평가서의 작성 주체는 사업자이다. 승인등을 받아야 하는 사업자[18]는 평가서초안을 작성하기 전에 해당 사업에 적용하여야 할 평가항목 및 그 범위 등을 정하여 주도록 승인기관의 장에게 요청하여야 한다. 다만, 승인기관의 장과 협의한 경우에는 승인기관을 거쳐 환경부장관에게 요청할 수 있다.

사업자는 환경영향평가등의 평가서 초안 및 평가서, 사후환경영향조사서, 약식평가서를 작성하려는 때에는 등록한 환경영향평가업자로 하여금 대행하게 할 수 있다.

환경영향평가서의 작성을 代行시킬 경우 사업자가 어느 평가대행자에게 위탁할 것인지는 사업자의 자유의사에 달려 있다. 사업자가 자신에게 유리한 평가대행기관을 직

18) 승인등을 받아야 하는 사업자는 승인등을 받지 아니하는 사업자에 대비되는데, 이는 승인기관이 사업자가 되는 경우이다.

접 선택할 수 있으며, 사업자가 평가대행자를 겸하기도 한다. 일반적으로 사업의 기본계획이나 실시설계를 담당하고 있는 용역업체에게 그 영향평가를 의뢰하는 것이 비용이나 사업내용의 파악 면에서 유리하므로 대다수의 경우에 있어서 환경영향평가가 기왕의 용역업체에 의하여 대행되고 있는 바, 이런 경우에는 환경영향평가가 부실하게 행해질 가능성이 높다고 할 것이다. 그러므로 환경영향평가제도의 객관성을 높이기 위해서는 기본계획이나 실시설계를 담당하고 있는 용역업체와 무관한 제3의 평가대행자가 환경영향평가를 할 수 있도록 제도적인 장치의 마련이 필요하다.[19] 또한 대행자들 중에는 환경영향평가만을 전담하지 않아서 전문성이 떨어지는 점 등에 기인하고 있다.[20] 이로 인하여 평가서의 부실 작성과 평가서 내용의 객관성 · 공정성의 결여 등의 문제가 발생할 수 있다.

그리고 평가대행자에 대해서도 평가서 작성비용에 있어서 소요되는 비용을 적정하게 보장하는 것, 평가서 작성을 위한 충분한 기간을 부여하는 것이 요청된다.

이런 문제점들을 해결하기 위해서 사업시행주체는 당해 사업의 시행에 따른 평가서의 작성에 소요되는 비용을 정부나 제3의 기관에 납부하고, 정부나 제3의 기관이 객관적 기준에 의거하여 평가대행자를 선정하여 평가서를 작성하도록 하는 방안을 생각해 볼 수 있다.[21] 또한 환경영향평가가 잘못된 경우에 대한 책임조항이 미약한 점들이 문제로 지적되는 바, 부실 평가대행업체에게는 업무정지 1개월의 가벼운 처벌이 규정되어 있다. 그러므로, 환경영향평가대행자에 대하여 사후에 엄격한 책임을 물을 수 있도록 처벌을 강화할 필요성이 있다.[22]

부실평가를 방지하고 공정하고 독립적인 평가가 이루어질 수 있도록 하는 방향으로 법을 개정하였는데, 사업자가 환경영향평가대행자에게 평가서등의 작성을 대행하게 하기 위한 계약을 체결하려는 경우에는 환경영향평가대상사업의 공사에 관한 다른 계약과 분리하여 별도의 계약으로 체결하여야 하고, 다만, 평가계획서나 환경보전방안(제22조제3항에 따라 환경부장관의 의견을 들어야 하는 경우는 제외)의 작성을 위하여 환경영향평가대행자와 체결하는 계약의 경우에는 그러하지 아니할 수 있다(법 제34조 제2항)는 조항이 그것인데, 이런 조항으로는 평가대행자가 사업자로부터 자유롭다고 하기 어려운 점이 있다.

---

19) 홍준형, 環境法, 1994, 102면.

20) 유영옥, 환경학, 1997, 301면.

21) 주수영/신보균, 환경영향평가실무, 1998, 52면.

22) 천병태/김명길, 환경법, 2000, 174면.

V. 환경영향평가의 절차

A. 전략환경영향평가

전략환경영향평가 절차

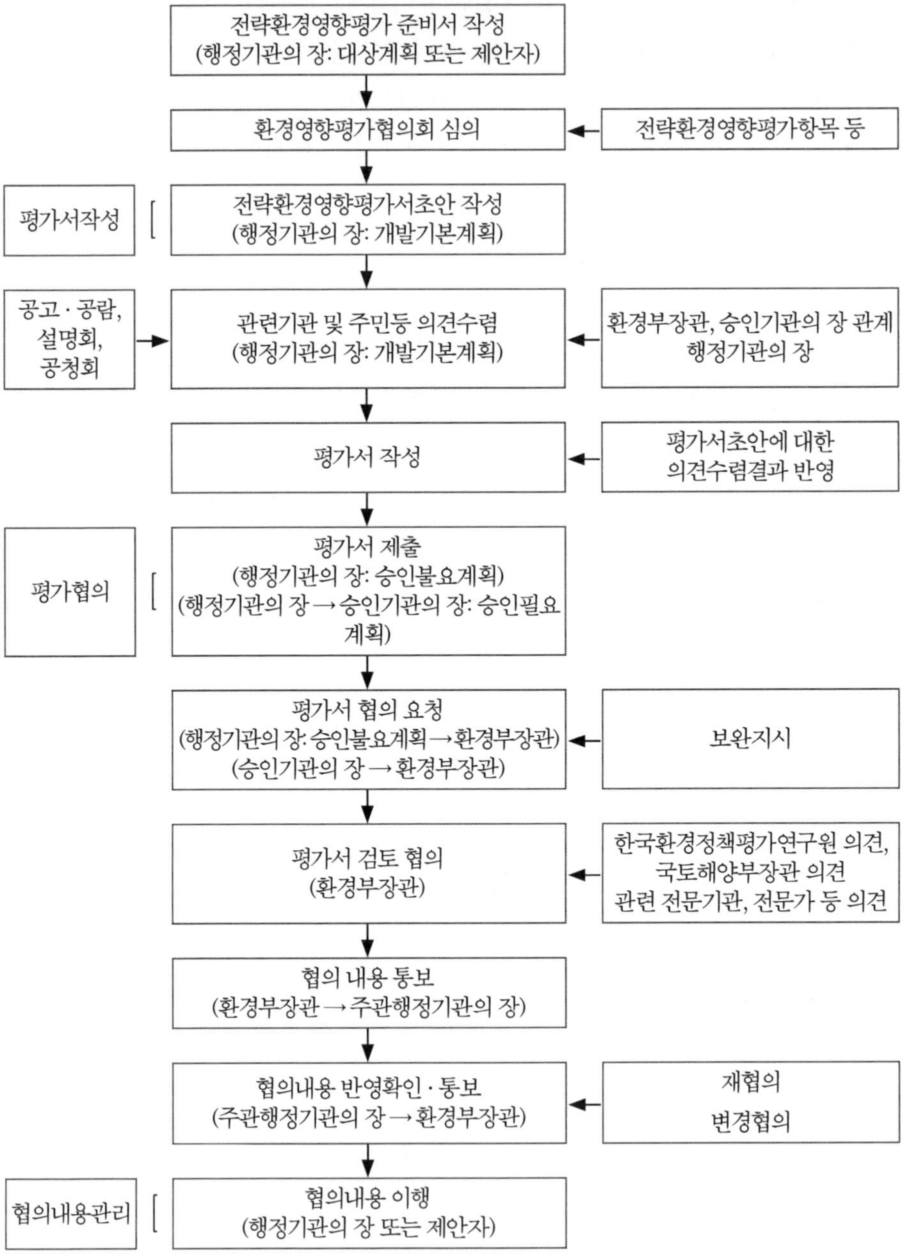

1. 전략환경영향평가준비서의 작성

전략환경영향평가 대상계획을 수립하려는 행정기관의 장은 전략환경영향평가를 실시하기 전에 평가준비서를 작성하여 환경영향평가협의회의 심의를 거쳐 다음 각 호의 사항(이하 이 장에서 "전략환경영향평가항목등"이라 한다)을 결정하여야 한다: 1. 전략환경영향평가 대상지역 2. 토지이용구상안 3. 대안 4. 평가 항목 · 범위 · 방법 등. 행정기관 외의 자가 제안하여 수립되는 전략환경영향평가 대상계획의 경우에는 전략환경영향평가 대상계획을 제안하는 자가 평가준비서를 작성하여 전략환경영향평가 대상계획을 수립하는 행정기관의 장에게 전략환경영향평가항목등을 결정하여 줄 것을 요청하여야 한다(법 제11조 제1항 및 제2항).

2. 전략환경영향평가서 초안의 작성

개발기본계획을 수립하는 행정기관의 장은 제11조에 따라 결정된 전략환경영향평가항목등에 맞추어 전략환경영향평가서 초안을 작성한 후 제13조에 따라 주민 등의 의견을 수렴하여야 한다. 다만, 행정기관 외의 자가 제안하여 수립되는 개발기본계획의 경우에는 개발기본계획을 제안하는 자가 전략환경영향평가서 초안을 작성하여 개발기본계획을 수립하는 행정기관의 장에게 제출하여야 한다. 개발기본계획을 수립하는 행정기관의 장은 전략환경영향평가서 초안을 다음 각 호의 자에게 제출하여 의견을 들어야 한다: 1. 환경부장관 2. 승인기관의 장(승인등을 받아야 하는 계획만 해당한다) 3. 그 밖에 대통령령으로 정하는 관계 행정기관의 장.

3. 전략환경영향평가서 초안의 공고 · 공람 및 주민등 의견수렴

개발기본계획을 수립하려는 행정기관의 장은 개발기본계획에 대한 전략환경영향평가서 초안을 공고 · 공람하고 설명회를 개최하여 해당 평가 대상지역 주민의 의견을 들어야 한다. 다만, 대통령령으로 정하는 범위의 주민이 공청회의 개최를 요구하면 공청회를 개최하여야 한다. 개발기본계획을 수립하려는 행정기관의 장은 개발기본계획이 생태계의 보전가치가 큰 지역으로서 대통령령으로 정하는 지역을 포함하는 경우에는 관계 전문가 등 평가 대상지역의 주민이 아닌 자의 의견도 들어야 한다. 개발기본계획을 수립하려는 행정기관의 장이 책임질 수 없는 사유로 제1항에 따른 설명회나 공청회가 정상적으로 진행되지 못하는 등 대통령령으로 정하는 사유가 있는 경우에는 설명회나 공청회를 개최하지 아니할 수 있다. 이 경우 대통령령으로 정하는 바에 따라 설명회 또는 공청회에 준하는 방법으로 주민 등의 의견을 들어야 한다. 개발기본계획을 수립하려는 행정기관의 장은 제1항 및 제2항에 따른 주민등의 의견 수렴 결과와 반영 여부를 대통령령으로 정하는 방법에 따라 공개하여야 한다(법 제13조).

개발기본계획을 수립하려는 행정기관의 장은 제13조에 따라 의견 수렴 절차를 거친 후 제18조에 따라 협의 내용을 통보받기 전에 개발기본계획 대상지역 등 대통령령으로 정하는 중요한 사항을 변경하려는 경우에는 제11조부터 제14조까지의 규정에 따라 전략환경영향평가서 초안을 다시 작성하여 주민 등의 의견을 재수렴하여야 한다(법 제15조).

4. 전략환경영향평가서의 협의

a) 협의 요청

승인등을 받지 아니하여도 되는 전략환경영향평가 대상계획을 수립하려는 행정기관의 장은 해당 계획을 확정하기 전에 전략환경영향평가서를 작성하여 환경부장관에게 협의를 요청하여야 한다. 승인등을 받아야 하는 전략환경영향평가 대상계획을 수립하는 행정기관의 장은 전략환경영향평가서를 작성하여 승인기관의 장에게 제출하여야 하며, 승인기관의 장은 해당 계획에 대하여 승인등을 하기 전에 환경부장관에게 협의를 요청하여야 한다.

b) 검토

환경부장관은 제16조제1항 및 제2항에 따라 협의를 요청받은 경우에는 주민의견 수렴 절차 등의 이행 여부 및 전략환경영향평가서의 내용 등을 검토하여야 한다. 환경부장관은 전략환경영향평가서의 검토를 위하여 필요하면 「정부출연연구기관 등의 설립·운영 및 육성에 관한 법률」에 따라 설립된 한국환경정책·평가연구원(이하 "한국환경정책·평가연구원"이라 한다)이나 관계 전문가에게 현지조사를 의뢰하거나 그 의견을 들을 수 있고, 관계 행정기관의 장에게 관련 자료의 제출을 요청할 수 있다. 다만, 국토해양부장관 외의 자가 수립하는 계획으로서 계획의 대상지역에 「연안관리법」 제2조제3호에 따른 연안육역(沿岸陸域)이 포함되어 있는 전략환경영향평가서의 경우에는 국토해양부장관의 의견을 들어야 한다. 환경부장관은 제1항에 따라 전략환경영향평가서를 검토한 결과 전략환경영향평가서 또는 계획 등을 보완·조정할 필요가 있는 등 대통령령으로 정하는 사유가 있는 경우에는 전략환경영향평가 대상계획을 수립하려는 행정기관의 장(승인등을 받아야 하는 계획의 경우에는 승인기관의 장을 말한다. 이하 "주관 행정기관의 장"이라 한다)에게 전략환경영향평가서 또는 해당 계획의 보완 · 조정을 요청하거나 보완 · 조정을 전략환경영향평가 대상계획을 제안하는 자 등에게 요구할 것을 요청할 수 있다. 이 경우 보완 · 조정을 요청받은 자는 특별한 사유가 없으면 이에 따라야 한다(법 제17조).

c) 협의 내용의 통보

환경부장관은 협의를 요청받은 날부터 대통령령으로 정하는 기간 이내에 주관 행정기관의 장에게 협의 내용을 통보하여야 한다. 다만, 부득이한 사정이 있을 때에는 그 기간을 연장할 수 있다. 환경부장관은 제1항 단서에 따라 협의 내용 통보기간을 연장할 때에는 협의기간이 끝나기 전에 주관 행정기관의 장에게 그 사유와 연장한 기간을 통보하여야 한다. 환경부장관은 다음 각 호의 어느 하나에 해당하는 경우에는 해당 계획에 관련 내용을 반영할 것을 조건으로 주관 행정기관의 장에게 협의 내용을 통보할 수 있다: 1. 보완 · 조정하여야 할 사항이 경미한 경우 2. 해당 계획을 수립 · 결정하기 전에 보완 · 조정이 가능한 경우(법 제18조).

d) 협의 내용의 이행

주관 행정기관의 장은 제18조에 따라 통보받은 협의 내용을 해당 계획에 반영하기 위하여 필요한 조치를 하거나 전략환경영향평가 대상계획을 제안하는 자 등에게 필요한 조치를 할 것을 요구하여야 하며, 그 조치결과 또는 조치계획을 환경부장관에게 통보하여야 한다. 주관 행정기관의 장은 협의 내용을 해당 계획에 반영하기 곤란한 특별한 사유가 있을 때에는 대통령령으로 정하는 바에 따라 환경부장관과 협의한 후 해당 계획을 승인하거나 확정하여야 한다. 전략환경영향평가 대상계획을 수립하는 자는 제1항에 따른 조치결과 및 조치계획을 성실히 이행하여야 한다(법 제19조).

5. 재협의 및 변경협의

개발기본계획을 수립하는 행정기관의 장은 제16조부터 제18조까지의 규정에 따라 협의한 개발기본계획을 변경하는 경우로서 다음 각 호의 어느 하나에 해당하는 경우에는 제11조부터 제19조까지의 규정에 따라 전략환경영향평가를 다시 하여야 한다: 1. 개발기본계획 대상지역을 대통령령으로 정하는 일정 규모 이상으로 증가시키는 경우 2. 협의 내용에서 원형대로 보전하거나 제외하도록 한 지역을 대통령령으로 정하는 규모 이상으로 개발하거나 그 위치를 변경하는 경우(법 제20조).

주관 행정기관의 장은 제16조부터 제18조까지의 규정에 따라 협의한 개발기본계획에 대하여 제20조 각 호에 해당하지 아니하는 변경을 하려는 경우로서 대통령령으로 정하는 사항을 변경하려는 경우에는 미리 환경부장관과 변경 내용에 대하여 협의를 하여야 한다. 주관 행정기관의 장은 제16조부터 제18조까지의 규정에 따라 협의한 정책계획을 변경하려는 경우로서 대통령령으로 정하는 사항을 변경하려는 경우에는 환경부장관과 변경 내용에 대하여 협의를 하여야 한다(법 제21조).

B. 환경영향평가

환경영향평가 절차

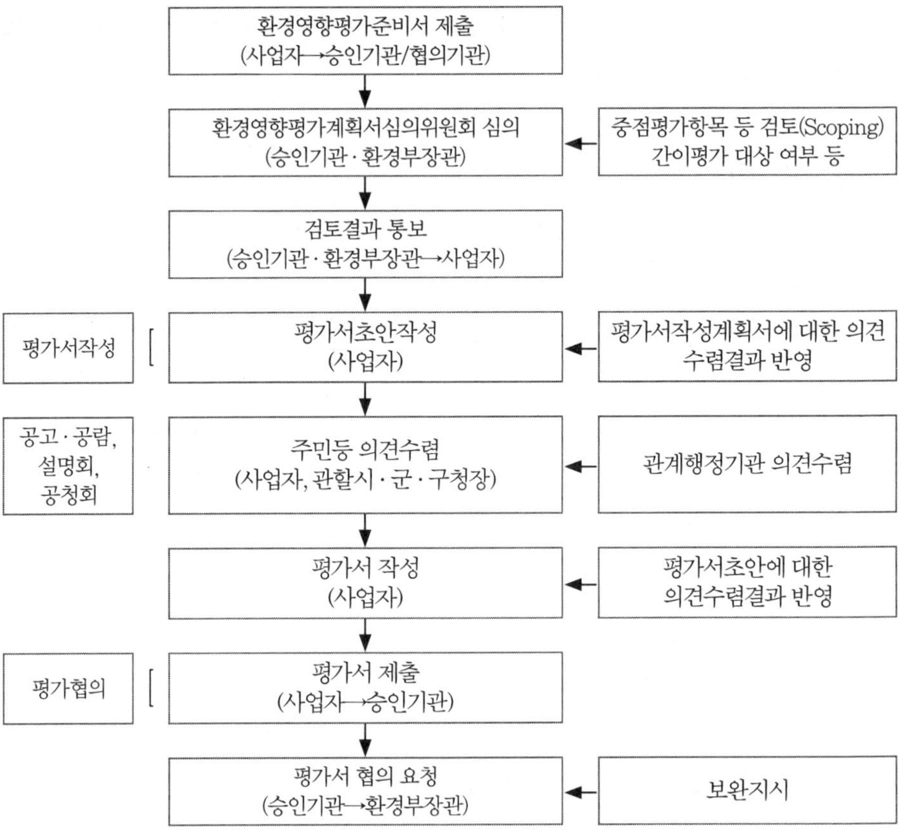

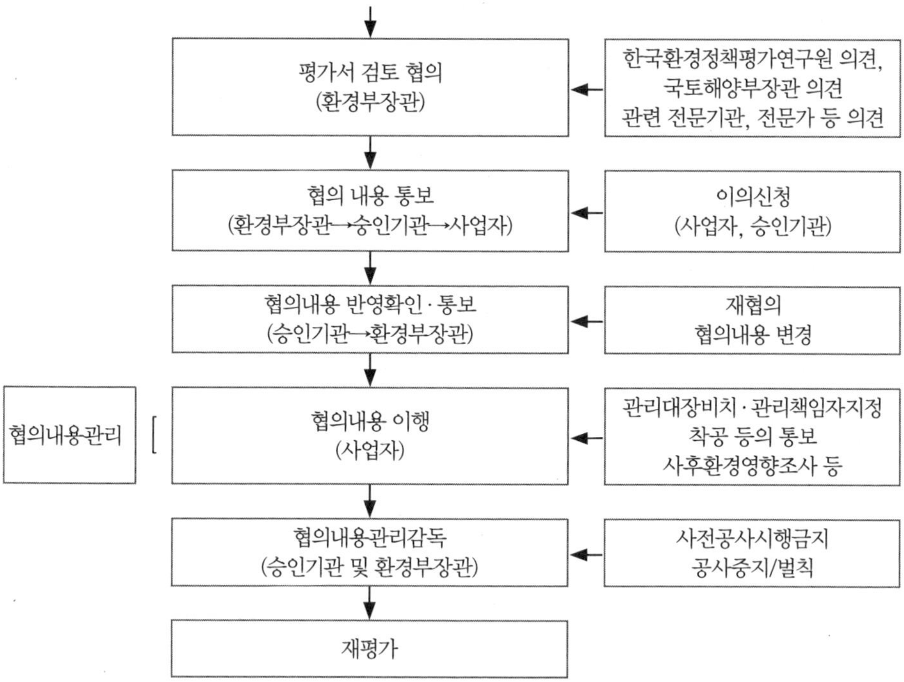

1. 환경영향평가준비서 작성

사업자는 환경영향평가를 실시하려는 경우에는 대통령령으로 정하는 바에 따라 환경영향평가준비서를 작성하여야 한다.

2. 환경영향평가서 초안 작성

사업자는 의견수렴을 하려는 때에는 평가서초안을 미리 작성하여야 한다. 평가서초안의 작성방법과 공고 · 공람, 그 밖에 의견수렴 등에 필요한 사항은 대통령령으로 정한다. 사업자는 의견수렴을 하고자 하는 경우 작성된 평가서 초안을 관계행정기관의 장에게 제출하여야 한다.

3. 평가서 초안의 공고 · 공람

주관 시장 · 군수 · 구청장은 천재지변 등 특별한 사유가 없으면 평가서초안이 접수된 날부터 10일 이내에 다음 각 호의 사항을 하나 이상의 전국을 보급지역으로 하여 발행되는 일간신문과 해당 지역을 주된 보급지역으로 하여 발행되는 일간신문에 각각 1회

이상 공고하고, 20일 이상 60일 이내의 범위에서 해당 사업의 시행으로 영향을 받게 되는 지역주민 등이 공람할 수 있게 하여야 한다: 1. 사업의 개요, 2. 평가서초안에 대한 공람기간 및 공람장소, 3. 평가서초안에 대한 의견(공청회 개최 여부에 대한 의견을 포함한다)의 제출 시기 및 방법. 주관 시장 · 군수 · 구청장은 공고를 하려면 공람기간, 공람장소 등에 대하여 미리 관계 시장 · 군수 · 구청장의 의견을 들어 그 내용을 결정하여야 하며, 관계 시장 · 군수 · 구청장의 관할구역에 공람장소가 1개소 이상 포함되도록 하여야 한다. 주관 시장 · 군수 · 구청장은 승인기관장등이 다음 각 호의 어느 하나에 해당하는 사유로 평가서초안의 일부를 제외하거나 공고 및 공람절차를 생략하여 줄 것을 요청하는 경우에는 평가서초안의 일부를 공고 및 공람의 대상에서 제외하거나 그 절차를 생략할 수 있다. 이 경우 주관 시장 · 군수 · 구청장은 그 사실을 협의기관의 장에게 통보하여야 한다: 1. 군사상의 기밀보호 등 국가안보를 위하여 필요한 경우, 2. 법령에 따라 공개가 제한되어 있는 경우.

주민은 평가서초안의 공람기간이 시작된 날부터 평가서초안의 공람기간이 끝난 후 7일 이내에 주관 시장 · 군수 · 구청장 또는 관계 시장 · 군수 · 구청장에게 해당 사업의 시행으로 예상되는 환경영향, 환경보전방안 및 공청회 개최 여부 등에 대한 의견을 제출할 수 있다. 이 경우 주민으로부터 의견을 제출받은 관계 시장 · 군수 · 구청장은 평가서초안의 공람기간이 끝난 날부터 10일 이내에 주관 시장 · 군수 · 구청장에게 제출받은 주민의 의견을 통보하여야 한다. 행정기관의 장은 평가서초안이 접수된 날부터 30일 이내에 해당 사업의 시행으로 예상되는 환경영향 및 환경보전방안 등에 대한 의견을 주관 시장 · 군수 · 구청장에게 통보할 수 있다.

4. 주민의견 등의 수렴

a) 설명회 또는 공청회의 개최

사업자는 평가서를 작성하려는 때에는 대통령령으로 정하는 바에 따라 설명회나 공청회 등을 개최하여 환경영향평가대상사업의 시행으로 영향을 받게 되는 지역 주민의 의견을 듣고 이를 평가서의 내용에 포함시켜야 한다. 이 경우 대통령령으로 정하는 범위의 주민의 요구가 있으면 공청회를 개최하여야 한다. 사업자가 설명회나 공청회를 개최하였으나 사업자가 책임질 수 없는 사유로 정상적인 진행이 되지 못하는 등 대통령령으로 정하는 사유에 해당되는 경우에는 설명회나 공청회를 생략할 수 있다.

사업자는 생태계의 보전가치가 큰 지역 등 대통령령으로 정하는 지역에서 환경영향평가대상사업을 시행하려는 경우에는 대통령령으로 정하는 바에 따라 주민의 의견 외에 전문기관 등 주민 외의 자의 의견을 듣고 이를 평가서의 내용에 포함시켜야 한다.

사업자는 대통령령으로 정하는 바에 따라 관계 행정기관의 장의 의견을 듣고 이를 평가서의 내용에 포함시켜야 한다.

b) 평가서초안 재작성 및 의견 재수렴

사업자는 의견수렴절차를 거친 후 승인기관의 장이나 환경부장관에게 평가서를 제출하기 전에 환경영향평가대상사업에 대한 사업계획의 변경 등 대통령령으로 정하는 사유가 발생한 경우에는 평가서초안의 작성과 의견수렴을 다시 하여야 한다(법 제26조).

5. 환경영향평가서의 협의

a) 환경영향평가서에 대한 협의와 협의요청시기

승인기관장등은 환경영향평가 대상사업에 대한 승인등을 하거나 환경영향평가 대상사업을 확정하기 전에 환경부장관에게 협의를 요청하여야 한다. 이 경우 승인기관의 장은 환경영향평가서에 대한 의견을 첨부할 수 있다(법 제27조 제1항). 승인등을 받지 아니하여도 되는 사업자는 제1항에 따라 환경부장관에게 협의를 요청할 경우 환경영향평가서를 작성하여야 하며, 승인등을 받아야 하는 사업자는 환경영향평가서를 작성하여 승인기관의 장에게 제출하여야 한다(동조 제2항). 환경영향평가서의 작성방법, 협의 요청시기 및 제출방법 등은 대통령령으로 정한다(동조 제3항).

그리고 사업자는 원칙적으로 제27조부터 제29조까지 및 제31조부터 제33조까지의 규정에 따른 협의 · 재협의 또는 변경협의의 절차가 끝나기 전에 환경영향평가 대상사업의 공사를 하여서는 아니 되며, 승인기관의 장은 제27조부터 제33조까지의 규정에 따른 협의 · 재협의 또는 변경협의의 절차가 끝나기 전에 사업계획 등에 대한 승인등을 하여서는 아니 된다(법 제34조 제1항 및 제2항). 그리고 사업자는 법시행령 제47조 제2항에 의거하여 [별표 3]에 규정된 협의요청시기를 준수하여야 한다.

b) 환경영향평가서의 검토

환경부장관은 평가서를 검토할 때 다음 각 호의 어느 하나에 해당하는 경우에는 승인기관장등에게 평가서나 사업계획등을 보완하거나 조정할 것을 요청할 수 있다: 1. 평가서가 제13조제2항에 따른 작성내용 · 작성방법 등에 따라 작성되지 아니한 경우, 2. 환경영향평가대상사업의 시행으로 환경에 해로운 영향을 미칠 우려가 있어 사업계획등의 조정이나 보완이 필요하다고 인정하는 경우.

환경부장관은 평가서를 검토할 때 「정부출연연구기관 등의 설립 · 운영 및 육성에 관한 법률」에 따라 설립된 한국환경정책 · 평가연구원의 의견을 들어야 하고, 그 밖에 해양환경에 영향을 미치는 환경영향평가대상사업 중 대통령령으로 정하는 사업의 경우에는 추가로 국토해양부장관의 의견을 들어야 한다. 환경부장관은 평가서 검토를 위하여 필요한 경우에는 관련 전문기관이나 전문가의 의견을 들을 수 있다.

환경부장관은 평가서 검토를 위하여 필요한 경우에는 사업자나 승인기관의 장에게 관련 자료 등을 제출하도록 요청할 수 있으며, 이 경우 사업자나 승인기관의 장은 특별한 사유가 없으면 이에 따라야 한다.

c) 협의내용의 통보

환경부장관은 대통령령으로 정하는 기간 이내에 평가서의 검토를 마치고 그 결과를 승인기관장등에게 통보하여야 한다. 협의내용은 크게 동의, 부동의 그리고 조건부 동의로 이루어지는데, 조건부 동의의 비율이 높다. 이 경우 환경부장관은 제17조제2항에 따라 국토해양부장관의 의견을 들었을 때에는 그 협의내용을 국토해양부장관에게도 함께 통보하여야 한다. 협의내용을 통보받은 승인기관의 장은 이를 지체 없이 사업자에게 통보하여야 하며, 사업자는 협의내용에 따른 필요한 조치를 하여야 한다.

환경부장관은 다음 각 호의 어느 하나에 해당하는 경우에는 평가서나 사업계획등을 보완 · 조정하여 사업계획등에 반영할 것을 조건으로 협의를 마치고 승인기관장등에게 그 협의내용을 통보할 수 있다: 1. 제17조제1항에 따라 보완하거나 조정할 내용이 경미하다고 판단되는 경우, 2. 해당 사업계획등에 대한 승인등을 하기 전에 사업자 또는 승인기관의 장이 보완하거나 조정하는 것이 가능하다고 판단되는 경우.

d) 협의내용반영여부에 대한 확인 · 통보

승인기관의 장은 사업계획등에 대하여 승인등을 하려는 때에는 협의내용이 사업계획등에 반영되었는지 여부를 확인하여야 한다. 이 경우 협의내용이 사업계획등에 반영되지 아니한 경우에는 이를 반영하도록 하여야 한다. 승인기관장등은 사업계획등에 대한 승인등을 하거나 승인 등을 받지 아니하여도 되는 사업계획등을 확정한 때에는 협의내용의 반영 여부 및 그 반영내용을 환경부장관에게 통보하여야 한다.

e) 협의내용에 대한 이의신청

사업자나 승인기관의 장은 통보받은 협의내용에 대하여 이의가 있으면 대통령령으로 정하는 바에 따라 환경부장관에게 이의를 신청할 수 있다. 이 경우 승인등을 받아야 하는 사업자는 승인기관의 장을 거쳐 이의신청을 하여야 한다. 이의신청의 타당성을 심의하기 위하여 환경부에 이의신청심의위원회를 둔다.

승인기관장등은 사업계획등의 변경을 수반하는 협의내용에 대한 이의신청이 있으면 제3항에 따른 통보를 받기 전에 그 사업계획등에 대하여 승인 등을 하거나 확정하여서는 아니 된다. 다만, 이의신청과 관련된 내용을 사업계획등에서 제외시키는 경우에는 그러하지 아니하다.

f) 환경영향평가서의 재협의 또는 환경보전방안 강구

사업자는 협의내용을 통보받은 후 다음 각 호의 어느 하나에 해당되는 사유가 있으면 평가서를 재작성하여야 하며, 승인 등을 받아야 하는 사업자는 재작성된 평가서를 승인기관의 장에게 제출하여야 한다: 1. 대통령령으로 정하는 기간 이내에 사업을 착공하지 아니한 경우(사업을 착공하지 아니한 기간에 주변여건의 변화가 경미한 경우로서 승인기관장등이 환경부장관과 협의한 경우는 제외한다), 2. 대통령령으로 정하는 사유가 발생하여 협의내용에 따라 사업계획등을 시행하는 것이 맞지 아니한 경우.

사업자는 사업계획등의 변경으로 협의내용이 변경되는 경우로서 평가서의 재작성·재협의 대상에 해당되지 아니하는 경우에는 사업계획등의 변경에 따른 환경보전방안을 강구하여 이를 변경되는 사업계획등에 반영하여야 한다.

6. 협의내용의 관리

a) 사전공사시행의 금지

사업자는 협의·재협의 절차 또는 사업계획등의 변경절차가 끝나기 전에 환경영향평가대상사업에 관한 공사를 시행하여서는 아니 된다. 다만, 다음 각 호의 어느 하나에 해당하는 공사의 경우에는 그러하지 아니하다: 1. 제21조제1항제2호에 따른 재협의 또는

제22조에 따른 사업계획등의 변경의 경우로서 협의내용의 변경을 가져오지 아니하는 부분에 대한 공사, 2. 환경부령으로 정하는 경미한 사항에 대한 공사(법 제28조 제1항).

승인기관의 장은 제1항에 따른 절차가 끝나기 전에 사업계획등에 대한 승인등을 하여서는 아니 된다(동조 제2항). 승인기관의 장은 승인등을 받아야 하는 사업자가 제1항을 위반하여 공사를 시행한 때에는 해당 사업의 전부 또는 일부에 대하여 공사중지명령을 하여야 한다(동조 제3항). 환경부장관은 사업자가 제1항을 위반하여 공사를 시행한 때에는 승인등을 받지 아니하여도 되는 사업자에게 공사중지 등 필요한 조치를 할 것을 요청하거나 승인기관의 장에게 공사중지명령 등 필요한 조치명령을 할 것을 요청할 수 있다. 이 경우 승인기관장등은 특별한 사유가 없으면 이에 따라야 한다(동조 제4항).

b) 협의내용의 이행관리

사업자는 환경영향평가대상사업을 시행하면서 사업계획등에 반영된 협의내용을 이행하여야 한다. 사업자는 협의내용을 성실히 이행하기 위하여 환경부령으로 정하는 바에 따라 협의내용을 적은 관리대장에 그 이행상황을 기록하여 공사현장에 갖추어 두어야 한다. 사업자는 협의내용의 적정한 이행관리를 위하여 협의내용 관리책임자를 지정하여 환경부령으로 정하는 바에 따라 승인기관의 장과 환경부장관에게 통보하여야 한다.

사업의 양도, 법인의 합병 등으로 사업자가 변경되면 변경된 사업자는 협의내용의 이행 등과 사후환경영향조사 등에 관한 의무를 승계한다. 다만, 제2조제3호 각 목의 어느 하나에 해당하는 시설에 운영자가 따로 있는 경우에는 그 시설의 운영자가 그 의무를 승계한다. 승계를 받은 사업자 또는 시설의 운영자는 협의내용의 이행상황과 승계사유 등 환경부령으로 정하는 사항을 승인기관의 장과 환경부장관에게 통보하여야 한다.

사업자는 환경영향평가대상사업의 착공 후에 발생될 수 있는 환경영향으로 인한 주변 환경의 피해를 방지하기 위하여 협의내용에 따른 사후환경영향조사대상 평가항목별로 환경영향을 조사하고, 그 결과를 승인기관의 장과 환경부장관에게 통보하여야 한다.

c) 협의내용의 관리·감독

승인기관의 장은 승인등을 받아야 하는 사업자가 협의내용을 이행하는지를 확인하여야 한다. 환경부장관과 승인기관의 장은 사업자에게 협의내용의 이행에 관련된 자료를 제출하게 하거나 소속 공무원으로 하여금 사업장에 출입하여 조사하게 할 수 있다. 승인기관의 장은 승인등을 받아야 하는 사업자가 협의내용을 이행하지 아니한 때에는 그 이행을 위하여 필요한 조치를 하도록 명령하여야 한다.

승인기관의 장은 승인등을 받아야 하는 사업자가 협의내용의 이행을 위한 조치명령을 이행하지 아니하여 환경에 중대한 영향을 미친다고 판단되는 때에는 그 사업의 전부 또는 일부에 대한 공사중지명령을 하여야 한다. 환경부장관은 협의내용의 이행관리를 위하여 필요하다고 인정하는 경우에는 승인등을 받지 아니하여도 되는 사업자에게 공사중지 등 필요한 조치를 할 것을 요청하거나 승인기관의 장에게 공사중지명령 등 필요한 조치명령을 할 것을 요청할 수 있으며, 이 경우 승인기관장등은 특별한 사유가 없으면 이에 따라야 한다. 승인기관의 장이 조치명령 또는 공사중지명령을 하거나 사업자가 조치를 한 때에는 지체 없이 그 내용을 환경부장관에게 통보하여야 한다.

환경부장관은 환경영향평가대상사업의 협의내용에 오염물질의 배출농도에 대한 내용이 포함되어 있으면 협의기준의 준수 여부를 확인하고, 협의기준을 지키지 아니한 경우 승인등을 받지 아니하여도 되는 사업자나 승인기관의 장에게 협의기준을 지키기 위하여 필요한 조치를 할 것을 요청할 수 있다.

d) 재평가

환경부장관은 환경영향평가대상사업으로서 평가서의 협의 당시에는 예측하지 못한 환경영향이 해당 사업의 착공 후 발생하여 주변환경에 중대한 영향을 미친다고 인정되는 경우에는 제24조제2항 및 제26조제3항부터 제5항까지 또는 제7항에 따른 조치나 조치명령으로는 환경보전방안을 강구하기 곤란한 사업에 대하여는 승인기관장등과의 협의를 거쳐 한국환경정책 · 평가연구원의 장에게 재평가를 하도록 요청할 수 있다(법 제29조제1항). 동조항은 개발사업의 시행 당시에는 예측하지 못한 환경상 영향이 발생하여 주변환경에 중대한 영향을 끼치는 것으로 인정되는 사업의 경우에는 환경부장관이 새로이 환경영향평가를 요청할 수 있도록 규정하고 있는바, 환경부장관에게 환경영향 재평가에 대한 재량을 부여하고 있는 재량규정이다. 문제는 사인이 동조항에 기초하여 환경부장관에게 재평가를 요청하도록 청구할 수 있는가 즉 다른 말로 행정개입청구권의 근거가 되는가가 문제될 수 있다. 이에 대해서 판례는 '위 토지소유자들은 이를 사법상의 권리로 청구할 수 있을 것이다.'라고 판시하여 사인에게 행정개입청구권을 긍정하고 있는

듯 하다.[23)]

한국환경정책 · 평가연구원의 장은 제1항에 따른 요청을 받은 때에는 해당 사업에 대하여 재평가를 실시하고 그 결과를 대통령령으로 정하는 기간 이내에 환경부장관과 승인기관장등에게 통보하여야 한다(동조 제2항). 환경부장관이나 승인기관장등은 제2항에 따라 재평가의 결과를 통보받은 때에는 사업자 또는 관계 행정기관의 장 등에게 재평가 결과에 따라 환경보전을 위하여 필요한 조치를 하게 하거나 필요한 조치명령을 하도록 요청할 수 있다(동조 제3항).

환경영향평가대상사업별 협의건수(2011년 3월 9일 현재)																			
협의연도	도시의 개발	산업입지및산업단지의조성	에너지개발	항만건설	도로의건설	수자원의개발	철도의건설	공항의건설	하천의이용및개발	개간및공유수면의매립	관광단지의개발	산지의개발	특정지역의개발	체육시설의설치	폐기물처리시설및분뇨처리시설의설치	국방군사시설의설치	토석모래자갈광물등의채취	기타	합계(연도별)
1982~1995	314	197	281	47	157	24	36	15	7	56	97	3	1	111	66	0	9	0	1,421
1996	37	16	15	16	40	0	8	1	1	2	10	1	0	0	3	0	1	0	151
1997	20	12	12	10	39	1	5	1	0	5	18	5	0	7	11	3	2	0	151
1998	29	8	3	20	64	2	3	1	2	1	7	1	0	6	6	2	0	0	155
1999	27	7	3	12	61	1	8	3	1	2	13	0	0	6	3	5	2	0	154
2000	20	5	3	5	57	0	13	0	0	2	4	0	0	5	5	1	1	0	121
2001	19	7	2	13	50	0	4	0	0	2	6	1	0	4	2	3	4	0	117
2002	25	11	2	16	59	0	5	3	1	4	13	1	1	5	6	3	12	0	167
2003	30	6	7	16	62	3	8	1	0	1	8	4	0	7	0	0	28	0	181

23) 대법원 2006.6.2. 자 2004마1148,1149 결정【공사착공금지가처분】: 환경영향평가제도는 환경 등에 미치는 영향이 큰 사업에 대한 계획을 수립 · 시행함에 있어서 그 사업이 환경 등에 미칠 영향을 미리 평가 · 검토하여 건전하고 지속가능한 개발이 되도록 함으로써 쾌적하고 안전한 국민생활을 도모함을 목적으로 하는 바(환경 · 교통 · 재해 등에 관한 영향평가법 제1조, 아래에서는 '통합 영향평가법'이라 한다), 피신청인이 국가의 전 지역에서 장기간 이루어지는 고속철도사업을 시행함에 있어서는 위 법에 의한 환경영향평가절차를 충실히 이행할 뿐 아니라, 환경영향평가절차를 이행한 후 환경영향평가시에 고려되지 아니하였던 새로운 사정이 발견되어 그 사업으로 인하여 사업시행구간 관련 토지 소유자들의 환경이익을 침해할 수 있다는 개연성이 나타나고 종전의 환경영향평가만으로는 그와 같은 개연성에 관한 우려를 해소하기에 충분하지 못한 경우에는 새로이 환경영향평가를 실시하거나 그 환경이익의 침해를 예방할 수 있는 적절한 조처를 먼저 행한 후 사업을 시행하도록 함이 상당하고, 위 토지소유자들은 이를 사법상의 권리로 청구할 수 있을 것이다.

2004	40	10	10	11	69	1	10	0	4	2	12	0	0	17	4	3	18	0	211
2005	46	21	4	16	81	2	12	0	1	3	6	1	2	16	2	2	17	0	232
2006	35	25	1	7	61	0	4	0	0	1	13	1	4	29	6	2	25	0	214
2007	44	19	9	15	30	0	5	1	1	0	11	1	0	39	6	5	23	0	209
2008	31	55	11	18	47	0	4	0	1	1	17	6	5	49	8	5	24	0	282
2009	48	79	8	14	42	2	10	1	13	1	12	2	2	44	5	2	18	0	303
2010	24	72	3	12	23	1	6	0	8	1	10	2	3	21	5	1	20	2	214
2011	1	1	0	0	3	0	0	0	1	0	2	0	0	2	1	0	4	0	15
합계	790	551	374	248	945	37	141	27	41	84	259	29	18	368	139	37	208	2	4,298

C. 소규모 환경영향평가

1. 평가서 작성 및 협의 요청

승인등을 받아야 하는 사업자는 소규모 환경영향평가 대상사업에 대한 승인등을 받기 전에 소규모 환경영향평가서를 작성하여 승인기관의 장에게 제출하여야 한다. 승인기관장등은 소규모 환경영향평가 대상사업에 대한 승인등을 하거나 대상사업을 확정하기 전에 환경부장관에게 소규모 환경영향평가서를 제출하고 소규모 환경영향평가에 대한 협의를 요청하여야 한다(법 제44조).

2. 평가서 검토 및 통보

환경부장관은 제44조제2항에 따라 협의를 요청받은 경우에는 협의 요청 절차의 적합성과 소규모 환경영향평가서의 내용 등을 검토한 후 협의를 요청받은 날부터 대통령령으로 정하는 기간 이내에 협의 내용을 승인기관장등에게 통보하여야 한다. 제1항에 따른 소규모 환경영향평가서의 검토에 관하여는 제17조제2항을 준용한다. 이 경우 "전략환경영향평가서"는 "소규모 환경영향평가서"로 본다. 환경부장관은 제1항에 따라 소규모 환경영향평가서를 검토한 결과 소규모 환경영향평가서 또는 사업계획 등을 보완·조정할 필요가 있는 등 대통령령으로 정하는 사유가 있는 경우에는 승인기관장등에게 소규모 환경영향평가서 또는 해당 사업계획의 보완·조정을 요청하거나 보완·조정을 사업자 등에게 요구할 것을 요청할 수 있다. 이 경우 승인기관장등은 특별한 사유가 없으면 이에 따라야 한다(법 제45조).

3. 협의 내용의 반영

사업자나 승인기관의 장은 제45조에 따라 협의 내용을 통보받았을 때에는 이를 해당 사업계획에 반영하기 위하여 필요한 조치를 하여야 한다. 제1항에 따른 협의 내용의 반영, 결과의 통보, 반영 요청 등에 관하여는 제30조제2항부터 제4항까지의 규정을 준용한다(법 제46조).

4. 협의 내용의 관리

a) 사전공사의 금지

사업자는 제44조 및 제45조에 따른 협의 절차가 끝나기 전에 소규모 환경영향평가 대상사업에 관한 공사를 착공하여서는 아니 된다. 승인기관의 장은 제44조 및 제45조에 따른 협의 절차가 끝나기 전에 소규모 환경영향평가 대상사업에 대한 승인등을 하여서는 아니 된다(법 제47조).

b) 사업 착공 등의 통보

소규모 환경영향평가 대상사업에 대한 사업 착공 등의 통보에 관하여는 제37조를 준용한다.

c) 협의 내용 이행의 관리·감독

사업자는 개발사업을 시행할 때에 그 사업계획에 반영된 협의 내용을 이행하여야 한다. 제1항에 따른 협의 내용 이행의 확인 · 통보, 자료제출 · 조사 및 조치명령 등에 관하여는 제39조와 제40조를 준용한다(법 제49조).

D. 환경영향평가등에 관한 특례

제50조(개발기본계획과 사업계획의 통합 수립 등에 따른 특례) ① 개발기본계획과 환경영향평가 대상사업에 대한 계획을 통합하여 수립하는 경우에는 제2조제1호 및 제2호에도 불구하고 전략환경영향평가와 환경영향평가를 통합하여 검토하되, 전략환경영향평가 또는 환경영향평가 중 하나만을 실시할 수 있다. ② 제16조제1항 및 제2항에 따른 전략환경영향평가 대상계획에 대한 협의시기와 제27조제1항에 따른 환경영향평가 대상사업에

대한 협의시기가 같은 경우에는 환경영향평가만을 실시할 수 있다.

제51조(환경영향평가의 협의 절차 등에 관한 특례) ① 사업자는 환경영향평가 대상사업 중 환경에 미치는 영향이 적은 사업으로서 대통령령으로 정하는 사업에 대하여는 대통령령으로 정하는 환경영향평가서(이하 "약식평가서"라 한다)를 작성하여 제25조에 따른 의견 수렴과 제27조에 따른 협의 요청을 함께 할 수 있다. ② 승인등을 받지 아니하여도 되는 사업자는 제24조제1항에 따른 환경영향평가항목등을 결정할 때에 환경영향평가협의회의 심의를 거쳐 제1항에 따른 절차(이하 "약식절차"라 한다)에 따라 환경영향평가를 실시할 수 있는지를 결정한다. ③ 사업자는 승인기관의 장 또는 환경부장관에게 제24조제2항 또는 제3항에 따라 환경영향평가항목등을 결정하여 줄 것을 요청할 때에 약식절차에 따라 환경영향평가를 실시할 수 있는지 여부를 결정하여 줄 것을 함께 요청할 수 있다. ④ 승인기관의 장이나 환경부장관은 제3항에 따른 요청을 받으면 환경영향평가협의회의 심의를 거쳐 약식절차에 의한 환경영향평가 실시 여부를 결정하고 대통령령으로 정하는 기간 내에 그 결과를 사업자에게 통보하여야 한다. ⑤ 약식절차에 따라 환경영향평가를 실시할 수 있는지 여부를 결정할 때에는 제24조제5항을 준용한다.

제52조(약식절차의 완료에 따른 평가서의 작성 등) ① 승인등을 받지 아니하여도 되는 사업자는 제51조제1항에 따라 의견 수렴 절차와 협의 절차를 마치면 제출된 의견과 협의 내용 등이 포함된 환경영향평가서를 다시 작성하여야 한다. 다만, 제출된 의견과 협의 내용이 다른 경우에는 환경부장관의 의견을 들어야 한다. ② 승인등을 받아야 하는 사업자는 제51조제1항에 따라 의견 수렴 절차와 협의 절차를 마치면 제출된 의견과 협의 내용 등이 포함된 환경영향평가서를 다시 작성하여 승인기관의 장에게 제출하여야 한다. 다만, 제출된 의견과 협의 내용이 다른 경우에는 승인기관의 장을 거쳐 환경부장관의 의견을 들어야 한다. ③ 환경부장관은 제1항 단서 및 제2항 단서에 따른 의견을 통보하려면 대통령령으로 정하는 기간 내에 환경영향평가협의회의 심의를 거쳐 승인기관의 장과 사업자에게 그 의견을 통보하여야 한다. ④ 승인기관장등은 제30조제3항에 따라 환경부장관에게 협의 내용의 반영 결과를 통보할 때에 제1항 및 제2항에 따른 환경영향평가서를 함께 제출하여야 한다. ⑤ 제1항 및 제2항에 따라 다시 작성하여야 하는 환경영향평가서의 작성 방법 및 절차 등 필요한 사항은 대통령령으로 정한다.

E. 시 · 도의 조례에 따른 환경영향평가

특별시 · 광역시 · 도 · 특별자치도 또는 인구 50만 이상의 시(이하 "시 · 도"라 한다)는 환경영향평가 대상사업의 종류 및 범위에 해당하지 아니하는 사업으로서 대통령령으로 정하는 범위에 해당하는 사업에 대하여 지역 특성 등을 고려하여 환경영향평가를 실시할 필요가 있다고 인정하면 해당 시 · 도의 조례로 정하는 바에 따라 그 사업을 시행하는 자로 하여금 환경영향평가를 실시하게 할 수 있다. 다만, 제43조에 따른 소규모 환경영향평가 대상사업에 해당하는 경우에는 그러하지 아니하다. 인구 50만 이상의 시의 경우에는 그 지역을 관할하는 도가 환경영향평가의 실시에 관한 조례를 정하지 아니한 경우에만 해당 시의 조례로 정하는 바에 따라 환경영향평가를 실시할 수 있다. 제1항 및 제2항에 따라 환경영향평가를 실시하는 경우의 환경영향평가 분야 및 세부 항목, 환경영향평가서의 작성 및 의견 수렴과 환경영향평가서의 협의 및 협의 내용의 관리 등의 절차, 그 밖에 필요한 사항은 해당 시 · 도의 조례로 정한다(법 제42조).

Ⅵ. 환경영향평가의 법적 쟁점

환경영향평가제도는 환경보호를 위하여 법적으로 커다란 의미가 있는데, 특히 환경영향평가와 결부되어 있는 행정작용에 대하여 행정소송법적으로 원고적격의 인정여부 그리고 본안심리에 있어서 중요한 법적 의미를 지니고 있다.

환경영향평가라는 절차는 이상에서 보았듯이 여러 단계의 절차들을 거치고 이해관계인과 주민들이 참여하게 되므로 이러한 절차에 있어서 하자들이 발생할 개연성이 높다. 환경영향평가라는 절차를 거침에 있어서 하자가 없으면 좋겠지만, 현실적으로는 많은 하자들을 지니고 있음을 알 수 있다.

환경영향평가의 하자에 어떤 법적 의미를 부여할 것인가는 쉽지 아니하다. 여러 관련되는 공익과 사익들을 종합적으로 고려하여 적정한 평가를 내려야 할 것이다.

다음에서는 환경영향평가에 있어서 법적으로 문제가 되는 것으로 특히 환경영향평가대상지역과 원고적격, 협의의 법적 성질, 환경영향평가절차의 하자와 관련하여 법적 의미를 살펴본다.

A. 환경영향평가의 대상지역과 원고적격

특정의 행정처분에 대해서 취소를 구하는 행정소송을 제기하기 위해서는 원고에게 '법률상 이익'이 있어야 하는바, 환경영향평가의 대상지역과 원고적격과 어떠한 관계가 있는가가 문제이다.

판례에 따르면 환경영향평가 대상지역의 범위가 원고적격의 인정여부에 매우 중요한 기준으로 작용하고 있다. 환경영향평가 대상지역 내에 거주하는 주민에게는 환경영향평가 대상사업을 승인하는 처분의 취소를 구할 법률상 이익이 사실상 추정된다고 보았다. 환경영향평가 대상지역 외에 거주하는 주민에게는 다만 예외적으로 환경영향평가 대상사업을 승인하는 처분으로 인하여 그 처분 전과 비교하여 수인한도를 넘는 환경피해를 받거나 받을 우려가 있다는 자신의 환경상 이익에 대한 침해 또는 침해 우려가 있음을 입증하여야만 원고적격을 인정받을 수 있다.

참조	대법원 2009.09.24. 선고 2009두2825 판결[개발사업시행승인처분취소]
판례 취지	행정처분의 직접 상대방이 아닌 자로서 그 처분에 의하여 자신의 환경상 이익이 침해받거나 침해받을 우려가 있다는 이유로 취소나 무효확인을 구하는 제3자는, 자신의 환경상 이익이 그 처분의 근거 법규 또는 관련 법규에 의하여 개별적·직접적·구체적으로 보호되는 이익, 즉 법률상 보호되는 이익임을 입증하여야 원고적격이 인정된다고 할 것이며, 다만 그 행정처분의 근거 법규 또는 관련 법규에 그 처분으로써 이루어지는 행위 등 사업으로 인하여 환경상 침해를 받으리라고 예상되는 영향권의 범위가 구체적으로 규정되어 있는 경우에는, 그 영향권 내의 주민들에 대하여는 당해 처분으로 인하여 직접적이고 중대한 환경피해를 입으리라고 예상할 수 있고, 이와 같은 환경상의 이익은 주민 개개인에 대하여 개별적으로 보호되는 직접적·구체적 이익으로서 그들에 대하여는 특단의 사정이 없는 한 환경상 이익에 대한 침해 또는 침해 우려가 있는 것으로 사실상 추정되어 법률상 보호되는 이익으로 인정됨으로써 원고적격이 인정된다고 할 것이며, 그 영향권 밖의 주민들은 당해 처분으로 인하여 그 처분 전과 비교하여 수인한도를 넘는 환경피해를 받거나 받을 우려가 있다는 자신의 환경상 이익에 대한 침해 또는 침해 우려가 있음을 입증하여야만 법률상 보호되는 이익으로 인정되어 원고적격이 인정된다고 볼 것이다(대법원 2006. 12. 22. 선고 2006두14001 판결 참조). 그리고 환경상 이익에 대한 침해 또는 침해 우려가 있는 것으로 사실상 추정되어 원고적격이 인정되는 자는 환경상 침해를 받으리라고 예상되는 영향권 내의 주민들을 비롯하여 그 영향권 내에서 농작물을 경작하는 등 현실적으로 환경상 이익을 향유하는 자도 포함된다고 할 것이나, 단지 그 영향권 내의 건물·토지를 소유하거나 환경상 이익을 일시적으로 향유하는 데 그치는 자는 포함되지 않는다고 할 것이다.

참조	대법원 2006.3.16. 선고 2006두330 전원합의체 판결【정부조치계획취소등】
판례 취지	공유수면매립면허처분과 농지개량사업 시행인가처분의 근거 법규 또는 관련 법규가 되는 구 공유수면매립법(1997. 4. 10. 법률 제5337호로 개정되기 전의 것), 구 농촌근대화촉진법(1994. 12. 22. 법률 제4823호로 개정되기 전의 것), 구 환경보전법(1990. 8. 1. 법률 제4257호로 폐지), 구 환경보전법 시행령(1991. 2. 2. 대통령령 제13303호로 폐지), 구 환경정책기본법(1993. 6. 11. 법률 제4567호로 개정되기 전의 것), 구 환경정책기본법 시행령(1992. 8. 22. 대통령령 제13715호로 개정되기 전의 것)의 각 관련 규정의 취지는, 공유수면매립과 농지개량사업시행으로 인하여 직접적이고 중대한 환경피해를 입으리라고 예상되는 환경영향평가 대상지역 안의 주민들이 전과 비교하여 수인한도를 넘는 환경침해를 받지 아니하고 쾌적한 환경에서 생활할 수 있는 개별적 이익까지도 이를 보호하려는 데에 있다고 할 것이므로, 위 주민들이 공유수면매립면허처분 등과 관련하여 갖고 있는 위와 같은 환경상의 이익은 주민 개개인에 대하여 개별적으로 보호되는 직접적·구체적 이익으로서 그들에 대하여는 특단의 사정이 없는 한 환경상의 이익에 대한 침해 또는 침해우려가 있는 것으로 사실상 추정되어 공유수면매립면허처분 등의 무효확인을 구할 원고적격이 인정된다. 한편, 환경영향평가 대상지역 밖의 주민이라 할지라도 공유수면매립면허처분 등으로 인하여 그 처분 전과 비교하여 수인한도를 넘는 환경피해를 받거나 받을 우려가 있는 경우에는, 공유수면매립면허처분 등으로 인하여 환경상 이익에 대한 침해 또는 침해우려가 있다는 것을 입증함으로써 그 처분 등의 무효확인을 구할 원고적격을 인정받을 수 있다.

참조	대법원 1998. 9. 22. 선고 97누19571 판결【발전소건설사업승인처분취소】
판례 취지	전원개발사업실시계획승인처분의 근거 법률인 전원개발에관한특례법령, 구 환경보전법령, 구 환경정책기본법령 및 환경영향평가법령 등의 규정 취지는 환경영향평가대상사업에 해당하는 발전소건설사업이 환경을 해치지 아니하는 방법으로 시행되도록 함으로써 당해 사업과 관련된 환경공익을 보호하려는 데 그치는 것이 아니라 당해 사업으로 인하여 직접적이고 중대한 환경피해를 입으리라고 예상되는 환경영향평가대상지역 안의 주민들이 전과 비교하여 수인한도를 넘는 환경침해를 받지 아니하고 쾌적한 환경에서 생활할 수 있는 개별적 이익까지도 이를 보호하려는 데에 있으므로, 주민들이 위 승인처분과 관련하여 갖고 있는 위와 같은 환경상 이익은 단순히 환경공익 보호의 결과로서 국민일반이 공통적으로 갖게 되는 추상적·평균적·일반적 이익에 그치지 아니하고 환경영향평가대상지역 안의 주민 개개인에 대하여 개별적으로 보호되는 직접적·구체적 이익이라고 보아야 하고, 따라서 위 사업으로 인하여 직접적이고 중대한 환경침해를 받게 되리라고 예상되는 환경영향평가대상지역 안의 주민에게는 위 승인처분의 취소를 구할 원고적격이 있다. 환경영향평가대상지역 밖의 주민·일반 국민·산악인·사진가·학자·환경보호단체 등의 환경상 이익이나 전원(전원)개발사업구역 밖의 주민 등의 재산상 이익에 대하여는 위 [1]항의 근거 법률에 이를 그들의 개별적·직접적·구체적 이익으로 보호하려는 내용 및 취지를 가지는 규정을 두고 있지 아니하므로, 이들에게는 위와 같은 이익 침해를 이유로 전원(전원)개발사업실시계획승인처분의 취소를 구할 원고적격이 없다.

환경영향평가의 대상지역이 어디까지인가가 원고적격의 인정 여부와 관련하여 대단히 중요하게 다루어짐에도 불구하고, 문제는 이러한 환경영향평가의 대상지역을 결정함에 있어서 환경영향평가의 대상계획이나 사업으로 인하여 영향을 받게 되는 주민들의 의견이 반영될 여지가 없다는 것이다.

① 전략환경영향평가에 있어서는 전략환경영향평가 대상계획을 수립하려는 행정기관의 장이 전략환경영향평가 대상지역을 결정하고, 행정기관 외의 자가 제안하여 수립되는 전략환경영향평가 대상계획의 경우에는 통상적으로 그 행정기관 외의 자가 결정하게 된다.

② 환경영향평가에 있어서는 환경영향평가의 경우에 있어서 대상지역의 결정은, 첫째, 승인등을 받아야 하는 사업자는 승인기관의 장이 이를 결정하고, 둘째, 승인등을 받지 아니하여도 되는 사업자는 환경영향평가계획서심의위원회의 심의를 거치기는 하지만 사업자가 환경영향평가대상지역의 범위를 결정하게 된다.

③ 소규모 환경영향평가의 경우에도 대상지역의 결정과 관련하여 명백한 규정을 두지 아니한 문제가 있다(동법 시행령 제60조). 승인등을 받아야 하는 사업자의 경우에는 사업자가 대상지역을 결정하게 되어 있고, 승인등을 받지 아니하여도 되는 사업에 있어서는 규정을 두고 있지 아니하다.

소송법적으로 중요한 의미를 지니는 환경영향평가 대상지역의 범위와 관련하여 관계법령에서 명확한 규정을 두어야 할 것으로 사료된다. 특히 환경영향평가 대상지역의 범위를 설정함에 있어서 이해관계가 있는 주민들의 참여를 위한 장치도 마련되어야 할 것이다.[24)]

B. 협의의 법적 성질

전략환경영향평가이든 환경영향평가이든 환경부장관과의 '협의'절차를 거쳐야 한다. 여기서 환경부장관이 사업자가 제출한 환경영향평가서를 검토한 후 그 결과를 승인기관장등에게 통보하는 것을 '협의'라고 한다. 여기서 협의의 법적 성질을 어떻게 볼 것인가가 문제로 될 수 있는바, 특히 승인기관의 장이 요청하여 환경부장관이 행하는 협의에 대해서 이를 단순히 행정청 내부의 내부행위로 볼 것인지 아니면, 대외적 효력을 지

---

24) 김홍균, 환경법, 홍문사, 2010, 158면 이하.

니는 처분으로 볼 것인지가 문제된다.

환경영향평가법에 따르면 여기서의 '협의'는 행정처분의 성질을 지니고 있다고 사료된다. 그 처분성을 긍정할 수 있는 근거로는 첫째, 행정처분이란 행정주체가 법령에 근거하여 행하는 일방적 공권력의 행사라고 할 때, 동 협의에 있어서는 환경부장관이 환경영향평가서를 검토한 후 협의내용을 일방적으로 통보하고 있는 점을 고려할 수 있다. 둘째, 사업자나 승인기관의 장은 통보받은 협의내용에 대하여 이의가 있으면 대통령령으로 정하는 바에 따라 환경부장관에게 이의를 신청할 수 있도록 규정하고 있는 점이다. 셋째, 협의내용을 통보받은 승인기관의 장은 이를 지체 없이 사업자에게 통보하여야 하며, 이에 의거하여 사업자는 협의내용에 따른 필요한 조치를 하여야 할 의무를 부담하게 된다. 그리고 넷째, 승인기관의 장에게 사업계획등에 대하여 승인등을 하려는 때에 협의내용이 사업계획등에 반영되었는지 여부를 확인하여야 할 의무를 부과하고 있다. 이러한 협의의 법적 의미에 기초하여 볼 때 그 처분성을 긍정할 수 있다.[25)]

협의의 처분성을 긍정한다면 사업자 역시 협의 내용에 대해서 이의신청을 할 수도 있고, 협의 내용이 사업자에게 불이익한 경우에는 이에 대해서 취소를 구하거나, 협의에 기초하여 향후 내려질 조치에 대해서 예방적 금지소송을 제기할 수도 있을 것이다.

그리고 환경부장관의 협의의 처분성을 긍정하는 경우에 만약 이러한 협의 내용에 반하는 내용의 처분을 승인기관의 장이 한 경우에는 법적으로 어떻게 보아야 하는가와 관련하여, 판례는 "국립공원 관리청이 국립공원 집단시설지구개발사업과 관련하여 그 시설물기본설계 변경승인처분을 함에 있어서 환경부장관과의 협의를 거친 이상, 환경영향평가서의 내용이 환경영향평가제도를 둔 입법 취지를 달성할 수 없을 정도로 심히 부실하다는 등의 특별한 사정이 없는 한, 공원관리청이 환경부장관의 환경영향평가에 대한 의견에 반하는 처분을 하였다고 하여 그 처분이 위법하다고 할 수는 없다."[26)]고 판시하여 협의 내용에 반하는 승인기관장의 처분의 위법성을 부인하고 있다.

---

25) 동지: 김홍균, 환경법, 홍문사, 2010, 163면.
참조: 대법원 2006.6.30. 선고 2005두14363 판결【국방군사시설사업실시계획승인처분무효확인】: 국방·군사시설 사업에 관한 법률 및 구 산림법(2002. 12. 30. 법률 제6841호로 개정되기 전의 것)에서 보전임지를 다른 용도로 이용하기 위한 사업에 대하여 승인 등 처분을 하기 전에 미리 산림청장과 협의를 하라고 규정한 의미는 그의 자문을 구하라는 것이지 그 의견을 따라 처분을 하라는 의미는 아니라 할 것이므로, 이러한 협의를 거치지 아니하였다고 하더라도 이는 당해 승인처분을 취소할 수 있는 원인이 되는 하자 정도에 불과하고 그 승인처분이 당연무효가 되는 하자에 해당하는 것은 아니라고 봄이 상당하다.

26) 대법원 2001. 7. 27. 선고 99두5092 판결【공원사업시행허가처분취소재결취소】.

C. 환경영향평가 하자의 법적 의미

환경영향평가의 절차에 하자가 있는 경우에 이러한 하자있는 환경영향평가절차에 근거하여 발급된 처분의 효력은 어떻게 되는가가 문제된다.

처분의 효력은 환경영향평가 절차를 거친 경우와 전혀 거치지 아니한 경우로 구분할 수 있다. 환경영향평가법에서 정한 환경영향평가를 거쳐야 할 대상사업에 대하여 그러한 환경영향평가를 거치지 아니하였음에도 승인 등 처분을 하였다면 그 처분은 위법하고 그 처분의 효력은 무효로 볼 것이다.

만약 환경영향평가 절차를 거쳤다면, 비록 그 환경영향평가의 내용이 다소 부실하다 하더라도, 그 부실의 정도가 환경영향평가제도를 둔 입법 취지를 달성할 수 없을 정도이어서 환경영향평가를 하지 아니한 것과 다를 바 없는 정도의 것이 아닌 이상 그 부실은 당해 승인 등 처분에 재량권 일탈 · 남용의 위법이 있는지 여부를 판단하는 하나의 요소로 됨에 그치며, 당해 처분의 위법 여부에 대해서는 다른 상황들을 종합적으로 고려하여 판단할 것이다.

<table>
<tr><th colspan="5">환경영향평가의 절차 및 내용상 하자의 법적 의미</th></tr>
<tr><th rowspan="2">구분</th><th rowspan="2">환경영향평가 시행하지 아니한 경우</th><th colspan="3">평가를 시행한 경우</th></tr>
<tr><th colspan="2">환경영향평가절차에 하자가 있는 경우</th><th>환경영향평가를 시행하지 아니한 것과 다를 바 없는 정도</th></tr>
<tr><td rowspan="2">처분의 위법성</td><td rowspan="2">위법</td><td colspan="2">재량권 일탈 · 남용판단에 있어서 하나의 고려요소</td><td rowspan="2">위법</td></tr>
<tr><td>적법</td><td>위법</td></tr>
<tr><td>처분의 효력</td><td>무효</td><td>유효</td><td>취소할 수 있음</td><td>무효</td></tr>
</table>

참조	서울행법 2010.4.23. 선고 2008구합29038 판결 : 확정【공사계획인가처분취소등】
판례취지	군산화력발전소 부지에 건립하는 복합화력발전소 공사계획 인가처분에 군산시 주민들을 상대로 한 의견수렴 절차만 이루어지고 환경영향평가 대상지역에 포함되는 서천군 주민들의 의견수렴 절차를 거치지 않고 온배수의 영향에 관한 예측의 충실성이 떨어지는 등 환경영향평가의 시행에서 다소 부실하게 이루어진 하자가 있으나, 군산시 주민들에 대한 의견수렴 절차를 거친 점, 환경영향의 평가 항목 대부분의 대상지역이 발전소 주변지역이나 해역으로 설정

	되어 있어 서천군이 그 범위에 포함되어 있는지 여부가 명백한 것은 아닌 점, 그 부실의 정도가 환경영향평가제도를 둔 입법 취지를 달성할 수 없을 정도이어서 환경영향평가를 하지 않은 것과 다를 바 없을 정도라고 보기 어려운 점 등에 비추어, 그 하자가 중대·명백하다고 볼 수 없어 취소사유에 불과하고, 위 처분을 취소할 경우 전력수급기본계획에 따른 안정적인 전력공급에 차질이 생길 수 있는 점, 상당한 기간 동안 막대한 자금이 투입된 복합화력발전소가 무용지물이 됨으로써 적지 않은 사회적 손실이 예상되는 점 등에 비추어, 위 처분을 취소하는 것이 오히려 현저히 공공복리에 적합하지 않다.

참조	대법원 2006.6.30. 선고 2005두14363 판결【국방군사시설사업실시계획승인처분무효확인】
판례 취지	구 환경영향평가법(1999. 12. 31. 법률 제6095호 환경·교통·재해 등에 관한 영향평가법 부칙 제2조로 폐지) 제1조, 제3조, 제9조, 제16조, 제17조, 제27조 등의 규정 취지는 환경영향평가를 실시하여야 할 사업(이하 '대상사업'이라 한다)이 환경을 해치지 아니하는 방법으로 시행되도록 함으로써 당해 사업과 관련된 환경공익을 보호하려는 데 그치는 것이 아니라, 당해 사업으로 인하여 직접적이고 중대한 환경피해를 입으리라고 예상되는 환경영향평가대상지역 안의 주민들이 전과 비교하여 수인한도를 넘는 환경침해를 받지 아니하고 쾌적한 환경에서 생활할 수 있는 개별적 이익까지도 보호하려는 데에 있는 것이다. 그런데 환경영향평가를 거쳐야 할 대상사업에 대하여 환경영향평가를 거치지 아니하였음에도 불구하고 승인 등 처분이 이루어진다면, 사전에 환경영향평가를 함에 있어 평가대상지역 주민들의 의견을 수렴하고 그 결과를 토대로 하여 환경부장관과의 협의내용을 사업계획에 미리 반영시키는 것 자체가 원천적으로 봉쇄되는 바, 이렇게 되면 환경파괴를 미연에 방지하고 쾌적한 환경을 유지·조성하기 위하여 환경영향평가제도를 둔 입법 취지를 달성할 수 없게 되는 결과를 초래할 뿐만 아니라 환경영향평가대상지역 안의 주민들의 직접적이고 개별적인 이익을 근본적으로 침해하게 되므로, 이러한 행정처분의 하자는 법규의 중요한 부분을 위반한 중대한 것이고 객관적으로도 명백한 것이라고 하지 않을 수 없어, 이와 같은 행정처분은 당연무효이다.

Ⅶ. 환경영향평가제도의 개선

첫째, 환경영향평가의 주체의 문제이다.

법 제22조 제1항에 의하면 "환경영향평가 대상사업을 하려는 자는 환경영향평가를 실시하여야 한다"라고 하여 환경영향평가절차의 실시자 및 평가서 작성의 주체를 사업을 하려는 자로 규정하고 있다. 이런 경우에 공정하고 객관적인 평가가 이루어지기 어려운 점이 있을 것이다. 그리고 환경영향평가를 대행하게 할 수도 있는바, 종전에는 별도의 자격 요건을 요구하지 아니하였으나, 새롭게 환경영향평가사제도가 도입된 점은 긍정적이다. 그렇지만 여전히 사업시행자가 환경영향평가대행업체를 선정할 수 있으므로 대행업체는 사업시행자의 영향으로부터 자유롭기가 어려울 것이다. 그러므로, 환경영향평가를 전담하는 독립된 제3의 기관으로 하여금 환경영향평가를 시행하도록 하는 방안이나, 사업시행자의 영향을 받지 않도록 평가대행자 체제를 정비할 필요가 있다.

둘째, 환경영향평가의 대상사업의 문제이다.

환경영향평가의 대상사업을 정함에 있어서 단순히 면적이나 규모만으로 평가대상사업을 정하고 있었던바, 이런 경우에는 대상사업의 면적을 분할하거나 규모를 세분하여 평가대상사업이 되지 않도록 하는 일명 '토막치기' 등이 이루어지는 문제가 있었으므로, 평가대상사업과 관련이 있는 연접하는 사업들도 고려하여 환경영향평가대상의 범위를 설정하는 방안이 고려되어야 할 것이 지적되었는데, 연접하는 주변을 고려하여 평가대상을 정하도록 입법이 개선되었다.[27]

나아가 대상사업의 규모나 면적 만이 아니라 작은 규모나 면적에도 환경에는 커다란 영향을 끼칠 수도 있을 것이므로 환경에 실질적으로 어떤 영향을 미치는가를 기준으로 대상사업을 설정하도록 하는 방안도 강구될 필요가 있을 것이다.

셋째, 환경영향평가대상지역의 범위를 결정하는 문제이다.

승인등을 받지 아니하여도 되는 사업자가 수행하는 사업에 대해서는 환경영향평가계획서심의위원회의 심의를 거치기는 하지만 사업자가 환경영향평가대상지역의 범위를 결정하는 점에서 문제가 있다. 또한 승인등을 받는 경우에 승인기관의 장이 일방적으로 결정하는 것도 문제가 있다. 왜냐하면 대상지역의 범위가 행정쟁송의 제기에 있어서는 원고적격의 범위와 밀접한 관련성이 있기 때문이다. 그러므로 대상지역의 범위를 결정함에 있어서 이해관계가 있는 주민의 참여를 허용하는 등 법령에서 명백한 기준을

---

27) 환경영향평가법시행령 [별표3] 환경영향평가 대상사업의 구체적인 종류, 범위 및 협의 요청시기(제31조제2항 및 제47조제2항 관련).
비고 4. 다음 각 목의 어느 하나에 해당하는 사업은 그 사업 전체에 대하여 환경영향평가를 하여야 한다.
가. 같은 사업자가 동일 영향권역에서 같은 종류의 사업을 하는 경우로서 각 사업 규모의 합이 평가 대상규모에 이른 경우(위 표 제17호마목의 골재채취예정지는 제외하고, 위 표 제3호다목 및 라목의 송전선로 건설사업, 제5호의 도로건설사업, 제7호의 철도건설사업의 경우에는 준공된 사업은 제외한다) 나. 사업의 승인등을 할 당시에 평가대상사업에 해당되나 평가 대상규모 미만이어서 환경영향평가를 하지 않은 사업이 동일 영향권역에서 사업계획의 변경으로 그 사업규모가 평가 대상규모에 이르거나, 그 사업규모와 신규로 승인등이 된 사업규모의 합이 평가 대상규모에 이른 경우 다. 해당 사업의 승인등이 이루어진 후 위 표의 개정으로 새로 환경영향평가대상사업에 해당하게 된 사업이 다음의 어느 하나에 해당하는 경우 ….

설정할 필요가 있다고 사료된다.

넷째, 환경영향평가에 있어서 주민들의 의견수렴의 실질화의 문제이다.

환경영향평가에 있어서 주민들의 의견수렴이 다만 하나의 통과의례로 이루어지지 아니하고, 주민들의 신뢰를 받을 수 있도록 환경영향평가의 각 단계에서 참여가 실질화 되도록 하는 방안이 요청된다. 예를 들면, 원하는 주민이라면 환경영향평가서 초안을 작성하는 과정에서 평가대상지역을 설정함에 있어서나 환경보전방안을 논의하는 자리 또는 평가항목을 설정하고 그 항목에 대해서 실제로 조사하는 과정에 함께 동반하여 직접 조사에 참여할 수 있도록 하는 것도 생각해 볼 수 있을 것이다. 환경영향평가의 협의의 과정에서도 이해관계 있는 주민들의 의견을 듣고 참여를 유도할 수 있는 시스템을 구비하는 것도 고려할만 하다.

다섯째, 환경영향평가의 내용을 준수하지 아니하더라도 커다란 불이익이 없다는 문제가 지적되었는바, 환경영향평가의 내용이 실질적으로 이행될 수 있도록 처벌의 강화나 적절한 조치들이 이루어질 수 있도록 벌칙이 강화된 것은 개선된 점이라고 할 것이다.[28]

환경영향평가대행실적			
		사업수	대행비용
지방청 전체		1,620	146,111.0
	한강청	1,076	115,334.6
	낙동강청	170	10,579.5
	금강청	100	8,326.5
	영산강청	107	4,352.6
	원주청	51	2,092.8
	대구청	65	3,257.8
	전주청	51	2,167.1
대상사업		1620	146,111.0
도시의 개발사업		224	14,730.3
산업입지 및 산업단지의 조성사업		209	17,979.4
에너지개발사업		50	11,996.8

28) 환경영향평가법 제73조 이하.

항만의 건설사업	123	11,420.7
도로의 건설사업	374	31,999.4
수자원의 개발사업	41	9,957.7
철도의 건설사업	65	6,856.4
공항의 건설사업	4	598.2
하천의 이용 및 개발사업	76	10,986.6
개간 및 공유수면의 매립사업	23	2,830.0
관광단지의 개발사업	71	3,297.5
산지의 개발사업	14	1,369.5
특정지역의 개발사업	9	1,905.0
체육시설의 설치사업	139	8,728.4
폐기물처리시설 설치사업	56	3,674.5
국방, 군사시설의 설치사업	16	2,907.1
토석,모래,자갈,광물 등의 채취사업	126	4,873.5

제3절 실체법적 환경보호수단

Ⅰ. 기준설정적 환경보호수단

참조	대법원 2008.8.21. 선고 2008다9358,9365 판결【채무부존재확인】
사실관계	*대법원 2008.8.21. 선고 2008다9358,9365 판결【채무부존재확인】; 부산고등법원 2008.1.8. 선고 2007나6895,2007나6901(병합) 판결【채무부존재확인】; 부산지방법원 2006. 12. 21. 선고 2003가합23819, 23901(병합) 판결 부산광역시는 1993년 지에스건설주식회사에게 부산광역시 사상구 주례동 방면 동서고가도로 및 백양로 바로 옆에 총 953세대 규모의 아파트 건설(LG신주례아파트)을 승인하였다. 지에스건설회사는 3년간 공사후 1996. 10. 26. 부산광역시 사상구청장으로부터 사용승인을 받고 1996. 10. 28.부터 아파트의 수분양자들을 입주시켰다. 동서고가도로 및 그 하부도로인 백양로는 부산광역시가 개설하여 관리하는 도로로서 부산 문현램프부터 감전IC까지 길이 10.9㎞, 노폭 19.1-22.4m의 4차선 도로이다. 동서고가도로는 지상 10m 정도의 높이에 있는데, 아파트와의 이격거리는 가장 가까운 106동과는 17.1m이고, 도로의 자체방음벽이 2m로 아파트의 106동의 2층과 비슷한 높이로 설치되어 있다. 그 하부도로인 백양로와 아파트 사이에는 보도가 있고 그 보도와 아파트의 경계에는 높이 9m 길이 112m의 투명방음벽이 설치되어 있다. 그런데 동 아파트에 거주하는 주민 갑과을 그리고 병은 동서고가도로 및 백양로를 운행하는 일일통행량 약 8만6,000여대의 차량통행으로 인한 소음으로 피해를 입게 되었다. 아파트 입주자대표회의가 1997. 10. 6. 신동환경산업 주식회사에게 소음측정(106동, 203동, 204동의 전면 대향부에서 각 동을 등분할한 중앙점 2개소를 측정점으로 하여 측정)을 의뢰한 결과는 106동의 경우 주간측정 평균치가 69.7-80.4dB(A), 야간측정 평균치가 65-76.5dB(A)이며, 1998. 6. 8. 부산시청 환경측정팀의 소음측정(오전, 오후 2차례 실시)결과는 평균 소음이 75.6dB(A)이고, 최고는 79dB(A)까지 이르며, 부산광역시 보건환경연구원에서 2000. 8. 3. 소음을 측정한 결과는 최고 등가소음도가 77dB(A)로 나타났고, 이 사건 아파트 입주자대표회의가 2002. 9. 5. 주식회사 대농구조안전연구소 소음측정을 의뢰하여 104동(101호, 1002호, 2502호), 105동(203호, 1402호, 2502호) 106동(106호, 1001호, 1604호)의 각 3세대씩 측정한 결과 주간측정 평균치는 66.42-82.42dB(A)이고, 야간측정 평균치는 67.41-85.22dB(A)였다.

	갑, 을, 병이 거주하는 세대의 야간 등가소음도가 65dB 이상으로 환경정책기본법이 요구하는 도로변 주거지역의 야간 소음기준(55dB)을 초과하였다. 소음·진동규제법상 도로소음 한도는 주거지역의 경우 주간 68dB(A), 야간 58dB(A)이고, 상업지역과 공업지역의 경우에는 주간 73dB(A), 야간 58dB(A)이며, 환경정책기본법은 환경소음기준에 관하여 도로변지역 중 전용주거지역, 일반주거지역 및 준주거지역은 주간 65dB, 야간 55dB, 상업지역과 준공업지역은 주간 70dB, 야간 60dB로 규정하고 있고, 아파트에 관한 사업승인 당시 적용되던 주택건설기준 등에 관한 규정 제9조 제1항에서는 "공동주택을 건설하는 지점의 소음도가 건설교통부장관이 환경부장관과 협의하여 고시하는 소음측정기준에 의하여 65dB이상인 경우에는 공동주택을 철도·고속도로·자동차전용도로·폭 20m 이상인 일반도로 기타 소음발생시설(설치계획이 확정된 시설을 포함한다)로부터 수평거리 50m 이상 떨어진 곳에 배치하거나 방음벽·수림대 등의 방음시설을 설치하여 당해 공동주택의 건설지점의 소음도가 65dB미만이 되도록 하여야 한다."라고 규정하고 있었다. 아파트에 대한 사업승인을 받기 전에 지에스건설회사는 부산광역시에게 아파트의 소음도를 낮추기 위해 도로에 반터널식 방음벽을 설치하기 위한 사업계획서를 제출하였으며, 부산광역시의 불가통보에도 불구하고 1998. 7.경 부산광역시에게 반터널식 방음벽설치를 위한 도로의 구조검토의견서를 제출하였다.
쟁점	도로에서 유입되는 소음 때문에 인근 주택의 거주자가 사회통념상 수인한도를 넘는 생활이익의 침해를 당한 경우, 도로의 관리책임자에게 소음으로 인한 불법행위책임을 물을 수 있는지? 분양회사가 소음과 관련하여 수분양자에게 책임을 부담하는 경우는?
판결 취지	차량이 통행하는 도로에서 유입되는 소음 때문에 인근 주택의 거주자에게 사회통념상 일반적으로 수인할 정도를 넘어서는 침해가 있는지 여부는, 주택법 등에서 제시하는 주택건설기준보다는 환경정책기본법 등에서 설정하고 있는 환경기준을 우선적으로 고려하여 판단하여야 한다. 도로에서 유입되는 소음 때문에 인근 주택의 거주자에게 사회통념상 수인한도를 넘는 생활이익의 침해가 발생하였다고 하더라도, 그 주택을 건축하여 분양한 분양회사는 도로의 설치·관리자가 아니고 그 주택의 건축으로 인하여 소음이 발생하였다고 볼 수도 없으므로, 주택의 거주자들이 분양회사를 상대로 소음 때문에 발생한 생활이익의 침해를 원인으로 하는 불법행위책임을 물을 수는 없다. 다만 분양회사는 주택의 공급 당시에 주택법상의 주택건설기준 등 그 주택이 거래상 통상 소음 방지를 위하여 갖추어야 할 시설이나 품질을 갖추지 못한 경우에 집합건물의 소유 및 관리에 관한 법률 제9조 또는 민법 제580조의 담보책임을 부담하거나, 수분양자와의 분양계약에서 소음 방지 시설이나 조치에 관하여 특약이 있는 경우에 그에 따른 책임을 부담하거나, 또는 분양회사가 수분양자에게 분양하는 주택의 소음 상황 등에 관한 정보를 은폐하거나 부정확한 정보를 제공하는 등 신의칙상의 부수의무를 게을리한 경우에 그 책임을 부담할 뿐이다.

A. 의의

환경보호를 지향하는 다양한 법률들이 존재하고 있으며, 그러한 법률에서는 필요에 따라서는 하위법령에 위임하여 환경보호를 도모하기도 한다. 이를 기준설정적 환경보호수단이라고 할 수 있는바, 바로 법률 그 자체서나 또는 법률의 위임에 의하여 시행령이나 시행규칙에서 환경기준을 설정하는 것이다.

환경기준이란 쾌적한 환경을 보전하고 사람의 건강을 보호하기 위하여 요구되는 환경상의 조건을 수치화한 것 혹은 환경행정이 추구하는 지침 또는 목표치로서 일정한 환경상태를 유지하기 위하여 정해 놓은 기준이다. 즉, 사람들이 건강하고도 쾌적한 삶을 유지하고 생물등 자연생태계가 보전되는데 적합하다고 생각되는 환경적인 요소들을 계량가능한 수치로 나타낸 것을 의미한다(협의).[29] 광의로 환경기준은 배출허용기준을 포함하기도 한다. 여기서는 원칙적으로 환경정책기본법 상의 환경기준을 대상으로 하며, 개별법상의 환경관련기준들은 추후에 다룬다.

환경기준의 분류		
분야	근거법률	환경기준
수질	환경정책기본법	① 수질환경기준(하천, 호수, 지하수, 해역)(제12조)
	수질 및 수생태계 보전에 관한 법률	① 목표기준(제10조의2) ② 방류수 수질기준(제12조) ③ 먹는 물 수질관리기준(제21조의3) ④ 배출허용기준(제32조) ⑤ 농약잔류허용기준(제58조)
대기	환경정책기본법	① 대기환경기준(제12조)
	대기환경보전법	① 환경기준(제7조) ② 대기배출허용기준(제16조) ③ 특별배출허용기준(제16조) ④ 황함유기준(제41조) ⑤ 휘발성유기화합물함유기준(제44조의2) ⑥ 제작차 배출허용기준(제46조) ⑦ 운행차 배출가스허용기준(제57조)

29) 전병성, 우리나라 환경법의 발전과 환기법의 제정, 환경법연구, 제14권, 1992, 96면: 홍준형, 환경법, 1994, 86면: 김종민, 환경법, 1994, 225면.

<table>
<tr><td></td><td></td><td>⑧ 선박배출허용기준(제76조)</td></tr>
<tr><td rowspan="2">소음 · 진동</td><td>환경정책기본법</td><td>① 소음환경기준(제12조)</td></tr>
<tr><td>소음 · 진동규제법</td><td>① 공장소음 · 진동배출허용기준(제7조)
② 생활소음 · 진동규제기준(제21조)
③ 교통소음 · 진동 관리기준(제26조)
④ 제작차 소음허용기준(제30조)
⑤ 운행차 소음허용기준(제35조)
⑥ 방음시설설치기준(제40조)</td></tr>
<tr><td>토양</td><td>토양환경보전법</td><td>① 토양오염 우려기준(제4조의2)
② 토양오염 대책기준(제16조)
③ 정화기준(제15조의3)</td></tr>
<tr><td>유독물관리</td><td>유해화학물질관리법</td><td>① 유독물관리기준(제24조)
② 사고대비물질의 관리기준(제38조의2)</td></tr>
</table>

이러한 환경기준은 크게 기술기준과 성과기준으로 구분될 수 있는바, 전자는 환경오염의 방지 · 제거 등을 위한 기술적 기준이라면, 후자는 궁극적으로 달성하고 유지하여야 할 기준으로서 달성방법은 개인이 스스로 선택할 수 있다. 이러한 성과기준은 다시금 농도기준, 질(Quality)기준, 총량기준 등으로 구분될 수 있다.

<table>
<tr><th colspan="3">환경기준의 구분</th></tr>
<tr><td rowspan="5">종류</td><td>기술기준
(Technology Standards[30])</td><td>성과기준
(performance standards)</td></tr>
<tr><td>합리적으로 이용가능한 통제기술기준
(Reasonably Available Control Technology)</td><td>농도기준
(PPM 이하)</td></tr>
<tr><td>이용가능한 최선의 통제기술기준
(Best Available Control Technology)</td><td>질기준</td></tr>
<tr><td>동종의 오염원에 의하여 달성가능한 가장 낮은 오염배출률 기준
(Lowest Achievable Control Technology)</td><td rowspan="2">총량기준</td></tr>
<tr><td>최상의 기술기준
(Best Demonstrated Available Technology)</td></tr>
</table>

30) www.wikipedia.org/: Reasonably Available Control Technology (RACT) is a pollution control standard

참조	대법원 2008.8.21. 선고 2008다9358,9365 판결【채무부존재확인】
판례 취지	수인한도의 기준을 결정함에 있어서는 일반적으로 침해되는 권리나 이익의 성질과 침해의 정도뿐만 아니라 침해행위가 갖는 공공성의 내용과 정도, 그 지역환경의 특수성, 공법적인 규제에 의하여 확보하려는 환경기준, 침해를 방지 또는 경감시키거나 손해를 회피할 방안의 유무 및 그 난이 정도 등 여러 사정을 종합적으로 고려하여 구체적 사건에 따라 개별적으로 결정하여야 하는바(대법원 2005. 1. 27. 선고 2003다49566 판결 등 참조), 특히 차량이 통행하는 도로에서 유입되는 소음으로 인하여 인근 공동주택의 거주자에게 사회통념상 일반적으로 수인할 정도를 넘어서는 침해가 있는지 여부는 주택법 등에서 제시하는 주택건설기준보다는 환경정책기본법 등에서 설정하고 있는 환경기준을 우선적으로 고려하여 판단하여야 한다. 특히 차량이 통행하는 도로에서 유입되는 소음으로 인하여 인근 공동주택의 거주자에게 사회통념상 일반적으로 수인할 정도를 넘어서는 침해가 있는지 여부는 주택법 등에서 제시하는 주택건설기준보다는 환경정책기본법 등에서 설정하고 있는 환경기준을 우선적으로 고려하여 판단하여야 한다.

created by the Environmental Protection Agency and is used to determine what air pollution control technology will be used to control a specific pollutant to a specified limit. RACT applies to existing sources in areas that are not meeting national ambient air quality standards on controlled air pollutants and is required on all sources that meet these criteria. The RACT standard is less stringent than either the Best Available Control Technology or the Lowest Achievable Control Technology standard set forth by the EPA.

Best available control technology(BACT) is a pollution control standard mandated by the United States Clean Air Act. The U.S. Environmental Protection Agency(EPA) determines what air pollution control technology will be used to control a specific pollutant to a specified limit. When a BACT is determined, factors such as energy consumption, total source emission, regional environmental impact, and economic costs are taken into account. It is the current EPA standard for all polluting sources that fall under the New Source Review guidelines and is determined on a case-by-case basis. The BACT standard is significantly more stringent than the Reasonably Available Control Technology standard but much less stringent than the lowest achievable control technology standard.

Lowest Achievable Control Technology (LAER) is a pollution control standard created by the Environmental Protection Agency and is used to determine what air pollution control technology will be used to control a specific pollutant to a specified limit. At the discretion of the overseeing regulatory agency, the Local, State, or Federal EPA, LAER may apply to any source, either existing or new, and is used to limit a source to the lowest achievable emissions possible based on commercially available technology, and in some instances on non-commercial experimental or demonstration technologies. The LAER standard is the most stringent standard set forth by the EPA and applied only in extreme circumstances.

Best Demonstrated Available Technology is most effective commercially available means of treating specific hazardous wastes. As identified by the Environmental Protection Agency (EPA), the most effective commercially available means of treating specific types of hazardous waste. BDATs may change with advances in treatment technologies.

B. 설정 및 유지

환경정책기본법 제10조(환경기준의 설정)에 따르면, 정부는 국민의 건강을 보호하고 쾌적한 환경을 조성하기 위하여 환경기준을 설정하여야 하며 환경여건의 변화에 따라 그 적정성이 유지되도록 하여야 한다. 동법 제11조(환경기준의 유지)에 의하면, 국가 및 지방자치단체는 환경기준이 적절히 유지되도록 환경에 관련되는 법령의 제정과 행정계획의 수립 및 사업의 집행을 할 경우에는 다음 사항을 고려하여야 한다: 1. 환경악화의 예방 및 그 요인의 제거, 2. 환경오염지역의 원상회복, 3. 새로운 과학기술의 사용으로 인한 환경위해의 예방, 4. 환경오염방지를 위한 재원의 적정배분.

C. 법적 성격

환경정책기본법 제10조제2항에 의하면 환경기준은 大統領令으로 정하도록 하고 있으며, 이에 의거하여 환경정책기본법시행령 제2조 [별표1]에 의거하여 환경기준이 제정되어 있다. 그리고 특별시 · 광역시 · 도는 지역환경의 특수성을 고려하여 필요하다고 인정하는 때에는 당해 시 · 도의 조례로 국가의 환경기준보다 확대 · 강화된 별도의 환경기준을 설정할 수도 있다.

환경기준은 하나의 목표를 설정하는 것이므로 국민에 대하여 직접적인 법적 구속력은 없으며, 단지 국가나 지방자치단체에 대하여 노력할 의무를 지우는데 불과하다고 할 수 있으나,[31] 점차적으로 환경기준이 국민의 생활에도 커다란 영향을 미치기 시작하였다. 환경기준이 대국민과의 관계에서 직접적인 효력은 가지지 않으나, 그렇지만 대기환경보전법 제8조에 따른 대기오염에 대한 경보,[32] 배출시설설치허가요건의 심사에 있어

31) 홍준형, 환경법, 1994, 89면.

32) 대기환경보전법 제8조(대기오염에 대한 경보) ①시 · 도지사는 대기오염도가 「환경정책기본법」 제12조에 따른 대기에 대한 환경기준(이하 "환경기준"이라 한다)을 초과하여 주민의 건강 · 재산이나 동식물의 생육에 심각한 위해를 끼칠 우려가 있다고 인정되면 그 지역에 대기오염경보를 발령할 수 있다. 대기오염경보의 발령 사유가 없어진 경우 시 · 도지사는 대기오염경보를 즉시 해제하여야 한다. 〈개정 2011.7.21〉 ②시 · 도지사는 대기오염경보가 발령된 지역의 대기오염을 긴급하게 줄일 필요가 있다고 인정하면 기간을 정하여 그 지역에서 자동차의 운행을 제한하거나 사업장의 조업 단축을 명하거나, 그 밖에 필요한 조치를 할 수 있다. ③제2항에 따라 자동차의 운행 제한이나 사업장의 조업 단축 등을 명령받은 자는 정당한 사유가 없으면 따라야 한다. ④대기오염경보의 대상 지역, 대상 오염물질, 발령 기준, 경보 단계 및 경보 단계별 조치 등에 필요한 사항은 대통령령으로 정한다.

서 중요한 고려요소로 작용하며,[33] 배출허용기준을 강화할 수 있는 근거,[34] 대기환경규제지역의 지정의 근거,[35] 총량규제의 근거,[36] 환경영향평가시 평가기준으로 작용하고,[37] 환경정책을 입안할 때 참고자료로 이용되는 등 법적으로 의미가 점점 더 중요해지고 있다.

---

33) 제23조(배출시설의 설치 허가 및 신고) ⑥시 · 도지사는 배출시설로부터 나오는 특정대기유해물질이나 특별대책지역의 배출시설로부터 나오는 대기오염물질로 인하여 환경기준의 유지가 곤란하거나 주민의 건강 · 재산, 동식물의 생육에 심각한 위해를 끼칠 우려가 있다고 인정되면 대통령령으로 정하는 바에 따라 특정대기유해물질을 배출하는 배출시설의 설치 또는 특별대책지역에서의 배출시설 설치를 제한할 수 있다. 〈개정 2012.5.23〉

34) 대기환경보전법 제16조(배출허용기준) ③특별시 · 광역시 · 도 또는 특별자치도(이하 "시 · 도"라 한다)는 「환경정책기본법」 제12조제3항에 따른 지역 환경기준의 유지가 곤란하다고 인정되거나 제18조에 따른 대기환경규제지역의 대기질에 대한 개선을 위하여 필요하다고 인정되면 그 시 · 도의 조례로 제1항에 따른 배출허용기준보다 강화된 배출허용기준(기준 항목의 추가 및 기준의 적용 시기를 포함한다)을 정할 수 있다. 다만, 제87조제1항에 따라 제23조, 제30조, 제33조 및 제35조부터 제37조까지의 규정에 따른 환경부장관의 권한이 시 · 도지사에게 위임된 경우만 해당한다. 〈개정 2011.7.21〉

35) 대기환경보전법 제18조(대기환경규제지역의 지정) ①환경부장관은 환경기준을 초과하였거나 초과할 우려가 있는 지역으로서 대기질의 개선이 필요하다고 인정되는 지역을 대기환경규제지역으로 지정 · 고시할 수 있다. ②환경부장관은 제1항에 따라 대기환경규제지역을 지정 · 고시할 때에 지형과 기상조건 등으로 보아 인접한 지역으로부터 발생한 대기오염물질의 유입이 환경기준의 초과에 상당한 영향을 미치는 것으로 인정되면 그 대기오염물질이 발생한 지역을 관할하는 시 · 도지사 또는 대도시 시장에게 의견을 물어 그 지역을 대기환경규제지역의 범위에 포함시킬 수 있다. 〈개정 2012.5.23〉

36) 대기환경보전법 제22조(총량규제) ①환경부장관은 대기오염 상태가 환경기준을 초과하여 주민의 건강 · 재산이나 동식물의 생육에 심각한 위해를 끼칠 우려가 있다고 인정하는 구역 또는 특별대책지역 중 사업장이 밀집되어 있는 구역의 경우에는 그 구역의 사업장에서 배출되는 오염물질을 총량으로 규제할 수 있다.

37) 환경영향평가법 제2조(정의) 이 법에서 사용하는 용어의 뜻은 다음과 같다. … 5. "협의기준"이란 사업의 시행으로 영향을 받게 되는 지역에서 다음 각 목의 어느 하나에 해당하는 기준으로는 「환경정책기본법」 제12조에 따른 환경기준을 유지하기 어렵거나 환경의 악화를 방지할 수 없다고 인정하여 사업자 또는 승인기관의 장이 해당 사업에 적용하기로 환경부장관과 협의한 기준을 말한다.

제5조(환경보전목표의 설정 등) 환경영향평가등을 하려는 자는 다음 각 호의 기준, 계획 또는 사업의 성격, 토지이용 및 환경 현황, 계획 또는 사업이 환경에 미치는 영향의 정도, 평가 당시의 과학적 · 기술적 수준 및 경제적 상황 등을 고려하여 환경보전목표를 설정하고 이를 토대로 환경영향평가등을 실시하여야 한다.

1. 「환경정책기본법」 제12조에 따른 환경기준 2. ….

제11조(평가 항목 · 범위 등의 결정) ④ 전략환경영향평가 대상계획을 수립하려는 행정기관의 장은 제1항부터 제3항까지의 규정에 따라 전략환경영향평가항목등을 결정할 때에는 다음 각 호의 사항을 고려하여야 한다. … 5. 그 밖에 환경기준 유지 등과 관련된 사항.

D. 설정된 환경기준

환경정책기본법 및 동법시행령에 의하면 현재 대기, 소음, 수질 및 수생태계의 3개 분야에 대해서 환경기준을 설정하고 있다. 대기환경기준은 1979년 2월 아황산가스에 대한 기준을 최초로 설정하였다. 1983년 8월에 일산화탄소 · 이산화질소 · 오존 · 미세먼지 · 탄화수소에 대한 기준들을 설정하였으며, 1991년 2월에 납에 대한 기준을 설정하였다. 1993년도에는 아황산가스 · 일산화탄소 등 일부 항목은 기준을 달성하였으므로 이들 항목을 강화하고 탄화수소는 항목에서 제외하였다. 현재 대기분야에서는 아황산가스(SO_2), 일산화탄소(CO), 이산화질소(NO_2), 미세먼지(PM-10), 오존(O_3), 납(Pb), 벤젠 등 7개 항목에 있어서 환경기준을 설정하고 있다.[38]

대기환경기준		
항 목	기 준	측정방법
아황산가스 (SO_2)	연간평균치 0.02ppm 이하 24시간평균치 0.05ppm 이하 1시간평균치 0.15ppm 이하	자외선형광법 (Pulse U.V. Fluorescence Method)
일산화탄소 (CO)	8시간평균치 9ppm 이하 1시간평균치 25ppm 이하	비분산적외선분석법 (Non–Dispersive Infrared Method)

38) 대기 관련 외국의 환경기준을 참조하면 다음과 같다: WHO는 총 35개 물질에 대하여 권고기준(Guideline)을 규정하고 있다. 권고기준항목으로 설정한 35개의 물질 중 아크릴로니트릴, 비소, 벤젠, 부타디엔, Chromium(VI), 니켈 화합물, 벤조(a)피렌, Refractory ceramic fibers, 트리클로로에틸렌, 염화비닐을 발암 물질로 규정하고 있다. EU는 6개의 기준성 대기오염물질과 유해대기오염물질로서 벤젠과 1,3부타디엔에 대한 대기환경기준을 설정하고 있다. 미국 연방의 대기환경기준은 6가지 기준성 오염물질인 SO_2, CO, NO_2, O_3, PM10, Pb과 PM2.5를 구분하여 규정하고 있으며, 공공의 건강을 고려하여 설정한 1차 기준과 공공의 안녕을 고려하여 설정한 2차 기준으로 구분하여 별도의 기준치를 각각 설정하고 있다. 미국 캘리포니아주의 대기환경기준은 연방의 기준항목 외에 Sulfates, 황화수소(H_2S), 염화비닐(Vinyl Chloride)에 대한 기준을 별도로 규정하고 있다. 영국은 6개의 기준성 대기오염물질과 유해대기오염물질로서 벤젠과 1,3Butadiene에 대한 대기환경기준을 설정하고 있다. 호주는 6가지 기준성 오염물질에 대해 기준을 설정하고 있으며 미세먼지는 PM10과 PM2.5에 대하여 별도의 기준을 설정하고 있다. 캐나다의 CEPA(Canadian Environmental Protection Act)는 5개의 일반대기오염물질(SO_2, CO, NO_2, O_3, TSP)에 대한 NAAQOs(National Ambient Air Quality Objectives)를 규정하고 있으며, 대기환경기준을 3단계 Desirable, Acceptable, Tolerable로 구분하여 규정하고 있다. 일본은 6가지의 기준성 오염물질 중 Pb를 제외한 5가지 오염물질에 대해 대기환경기준을 설정하고 있으며, 유해대기오염물질로서 벤젠, 테트라클로로에틸렌, 트리클로로에틸렌, 디클로로메탄, Dioxin(PCDDs, PCDFs, PCB)의 기준을 설정하고 있다.

이산화질소 (NO_2)	연간평균치 0.03ppm 이하 24시간평균치 0.06ppm 이하 1시간평균치 0.10ppm 이하	화학발광법 (Chemiluminescent Method)
미세먼지 (PM-10)	연간평균치 50㎍/㎥ 이하 24시간평균치 100㎍/㎥ 이하	베타선흡수법 (β-Ray Absorption Method)
미세먼지 (PM-2.5)	연간 평균치 25㎍/㎥ 이하 24시간 평균치 50㎍/㎥ 이하	중량농도법 또는 이에 준하는 자동 측정법
오존 (O_3)	8시간평균치 0.06ppm 이하 1시간평균치 0.1ppm 이하	자외선광도법 (U.V Photometric Method)
납 (Pb)	연간평균치 0.5㎍/㎥ 이하	원자흡광광도법 (Atomic Absorption Spectrophotometry)
벤젠	연간평균치 5㎍/㎥ 이하	가스크로마토그래프법 (Gas Chromatography)
비고	1. 1시간 평균치는 999천분위수(千分位數)의 값이 그 기준을 초과해서는 안 되고, 8시간 및 24시간 평균치는 99백분위수의 값이 그 기준을 초과해서는 안 된다. 2. 미세먼지(PM-10)는 입자의 크기가 10㎛ 이하인 먼지를 말한다. 3. 미세먼지(PM-2.5)는 입자의 크기가 2.5㎛ 이하인 먼지를 말한다.	

[참고] 세계 각국의 대기환경기준

항목	기준시간	WHO	EU	미국	영국	캐나다	호주	일본	한국
SO_2 (ppm)	10분	0.188							
	15분				0.10				
	1시간		0.131		0.132		0.201	0.10	0.15
	24시간	0.008	0.047	0.14	0.047		0.081	0.04	0.05
	1년			0.03			0.02		0.02
CO (ppm)	15분	85.8							
	30분	51.5							
	1시간	25.7		35					25
	8시간	8.6	8.6	9	8.6		91	20	9
	24시간							10	

NO_2 (ppm)	1시간	0.105	0.105		0.105		0.121		0.10
	24시간							0.04~0.06	0.06
	연	0.021	0.021	0.053	0.021		0.03		0.03
O_3 (ppm)	1시간			0.12			0.101	0.061	0.1
	4시간						0.081		
	8시간	0.05	0.061	0.075	0.05	0.065			0.06
PM-10 (㎍/㎥)	1시간							200	
	24시간	50	50	150	50	50		100	100
	연	20	40		40		501		50
PM-2.5 (㎍/㎥)	24시간	25		35		30	25		
	연	10	25	15	25		8		
Pb (㎍/㎥)	30일			1.5					
	3개월			0.15					
	연	0.5	0.5		0.25		0.5		0.5
Benzene (㎍/㎥)	연		5		5			3	5
PAH (ng/㎥)	연				0.25				

소음환경기준은 일반지역과 도로변지역으로 구분하여 이를 다시 소음으로부터 보호받아야 할 시설을 기준으로 "가" 내지 "라"지역으로 구분하고 각 대상지역별로 낮과 밤으로 구분하여 정하고 있다.

소음환경기준 (단위: Leq dB(A))			
지역구분	적용대상지역	기준	
		낮(06:00~22:00)	밤(22:00~06:00)
일반 지역	"가" 지역	50	40
	"나" 지역	55	45
	"다" 지역	65	55
	"라" 지역	70	65

<table>
<tr><td rowspan="3">도로변 지역</td><td>“가” 및 “나” 지역</td><td>65</td><td>55</td></tr>
<tr><td>“다” 지역</td><td>70</td><td>60</td></tr>
<tr><td>“라” 지역</td><td>75</td><td>70</td></tr>
<tr><td>비고</td><td colspan="3">1. 지역구분별 적용 대상지역의 구분은 다음과 같다.
가. “가”지역
1) 「국토의 계획 및 이용에 관한 법률」 제36조제1항제1호라목에 따른 녹지지역
2) 「국토의 계획 및 이용에 관한 법률」 제36조제1항제2호가목에 따른 보전관리지역
3) 「국토의 계획 및 이용에 관한 법률」 제36조제1항제3호 및 제4호에 따른 농림지역 및 자연환경보전지역
4) 「국토의 계획 및 이용에 관한 법률 시행령」 제30조제1호가목에 따른 전용주거지역
5) 「의료법」 제3조제2항제3호마목에 따른 종합병원의 부지경계로부터 50미터 이내의 지역
6) 「초·중등교육법」 제2조 및 「고등교육법」 제2조에 따른 학교의 부지경계로부터 50미터 이내의 지역
7) 「도서관법」 제2조제4호에 따른 공공도서관의 부지경계로부터 50미터 이내의 지역
나. “나”지역
1) 「국토의 계획 및 이용에 관한 법률」 제36조제1항제2호나목에 따른 생산관리지역
2) 「국토의 계획 및 이용에 관한 법률 시행령」 제30조제1호나목 및 다목에 따른 일반주거지역 및 준주거지역
다. “다”지역
1) 「국토의 계획 및 이용에 관한 법률」 제36조제1항제1호나목에 따른 상업지역 및 같은 항 제2호다목에 따른 계획관리지역
2) 「국토의 계획 및 이용에 관한 법률 시행령」 제30조제3호다목에 따른 준공업지역
라. “라”지역
「국토의 계획 및 이용에 관한 법률 시행령」 제30조제3호가목 및 나목에 따른 전용공업지역 및 일반공업지역
2. “도로”란 자동차(2륜자동차는 제외한다)가 한 줄로 안전하고 원활하게 주행하는 데에 필요한 일정 폭의 차선이 2개 이상 있는 도로를 말한다.
3. 이 소음환경기준은 항공기소음, 철도소음 및 건설작업 소음에는 적용하지 않는다.</td></tr>
</table>

수질 및 수생태계 분야에서는 하천, 호소, 지하수, 해역 등 4개 항목에 있어서 환경기준을 설정하고 있다. 예를 들면, 하천은 다시금 1) 사람의 건강보호 기준, 2) 생활환경 기준으로 구분하고 있다. 다음에 하천에 있어서 1) 사람의 건강보호 기준은 다음과 같다.

가. 하천 1) 사람의 건강보호 기준	
항목	기준값(mg/L)
카드뮴(Cd)	0.005 이하
비소(As)	0.05 이하
시안(CN)	검출되어서는 안 됨(검출한계 0.01)
수은(Hg)	검출되어서는 안 됨(검출한계 0.001)
유기인	검출되어서는 안 됨(검출한계 0.0005)
폴리클로리네이티드비페닐(PCB)	검출되어서는 안 됨(검출한계 0.0005)
납(Pb)	0.05 이하
6가 크롬(Cr6+)	0.05 이하
음이온 계면활성제(ABS)	0.5 이하
사염화탄소	0.004 이하
1,2-디클로로에탄	0.03 이하
테트라클로로에틸렌(PCE)	0.04 이하
디클로로메탄	0.02 이하
벤젠	0.01 이하
클로로포름	0.08 이하
디에틸헥실프탈레이트(DEHP)	0.008 이하
안티몬	0.02 이하
1,4-다이옥세인	0.05 이하
포름알데히드	0.5 이하
헥사클로로벤젠	0.00004 이하

E. 환경기준과 배출허용기준

종래의 공해대책은 오염물질 발생원에 대한 농도규제를 중심으로 하였던바, 이는 개별적인 오염발생원에 대한 규제에 불과하였으며, 따라서 오염발생원의 규모나 수적 증대로 인한 오염물질의 총량을 규제하기에는 부적절하였다. 따라서 오염물질의 총량을 규제하여 쾌적한 환경을 조성하기 위한 기준으로 환경기준이 등장하였다.

환경기준은 정책적 행정목표로서 구속력은 없으며 국가 또는 지방자치단체를 수범자로 하고 환경기준을 위반해도 처벌되지 않는다. 이에 반하여 배출허용기준이란 오염물질의 배출원에 대하여 오염물질을 배출할 수 있는 법적 허용한도를 정한 것을 말한다. 배출허용기준을 초과하는 경우에 행정청은 배출시설의 개선을 명하거나, 배출부과금을 부과하는 등의 규제조치를 할 수 있다. 배출허용기준은 환경기준과는 달리 ① 법적 구속력이 있는 규제기준이며, ② 사업장의 경영자 또는 관리자를 수범자로 하며, ③ 위반시에는 제제가 가하여 진다. 예를 들어 대기환경보전법에 의하면 배출허용기준을 위반하는 경우에는 개선명령, 조업정지, 배출부과금의 부과, 허가의 취소, 과징금 부과, 폐쇄조치 등의 제재적 조치를 취할 수 있다.

환경기준은 이처럼 불완전함에도 불구하고, 다음과 같은 법적 의미를 지니고 있다.

① 환경영향평가에 있어 평가기준으로 작용하며

② 개별법이 인·허가의 기준으로 환경기준에 관한 규정을 두고 있는 경우 인·허가에 있어서 고려기준이 되며,[39)]

③ 총량규제 내지 각종 규제지역지정의 기준을 제공해 주며,[40)]

④ 환경오염발생원에 대한 민사상의 손해배상청구나 유지청구소송에 있어 수인한도를 판단하는 기준이 되고,

⑤ 각종 환경정책이나 제도의 도입여부, 시행시기 등을 좌우하는 유효한 기준을 제공

---

39) 대기환경보전법 제23조(배출시설의 설치 허가 및 신고) ①배출시설을 설치하려는 자는 대통령령으로 정하는 바에 따라 환경부장관의 허가를 받거나 환경부장관에게 신고하여야 한다. ⑥환경부장관은 배출시설로부터 나오는 특정 대기유해물질이나 특별대책지역의 배출시설로부터 나오는 대기오염물질로 인하여 환경기준의 유지가 곤란하거나 주민의 건강·재산, 동식물의 생육에 심각한 위해를 끼칠 우려가 있다고 인정되면 대통령령으로 정하는 바에 따라 특정대기유해물질을 배출하는 배출시설의 설치 또는 특별대책지역에서의 배출시설 설치를 제한할 수 있다.

수질 및 수생태계 보전에 관한 법률 제33조(배출시설의 설치허가 및 신고) ①배출시설을 설치하고자 하는 자는 대통령령이 정하는 바에 의하여 환경부장관의 허가를 받거나 환경부장관에게 신고하여야 한다. 다만, 제7항의 규정에 의하여 폐수무방류배출시설을 설치하고자 하는 자는 환경부장관의 허가를 받아야 한다. ⑤환경부장관은 상수원보호구역의 상류지역, 특별대책지역 및 그 상류지역, 취수시설이 있는 지역 및 그 상류지역의 배출시설로부터 배출되는 수질오염물질로 인하여 환경기준의 유지가 곤란하거나 주민의 건강·재산, 동·식물의 생육에 중대한 위해를 가져올 우려가 있다고 인정되는 경우에는 관할시·도지사의 의견을 듣고 관계중앙행정기관의 장과 협의하여 배출시설의 설치(변경을 포함한다)를 제한할 수 있다.

40) 대기환경보전법 제18조(대기환경규제지역의 지정) ①환경부장관은 환경기준을 초과하였거나 초과할 우려가 있는 지역으로서 대기질의 개선이 필요하다고 인정되는 지역을 대기환경규제지역으로 지정·고시할 수 있다.

대기환경보전법 제22조(총량규제) ①환경부장관은 대기오염 상태가 환경기준을 초과하여 주민의 건강·재산이나 동식물의 생육에 심각한 위해를 끼칠 우려가 있다고 인정하는 구역 또는 특별대책지역 중 사업장이 밀집되어 있는 구역의 경우에는 그 구역의 사업장에서 배출되는 오염물질을 총량으로 규제할 수 있다.

한다.

주요	대법원 2008.8.21. 선고 2008다9358,9365 판결【채무부존재확인】
사실관계	부산광역시는 1993년 지에스건설주식회사에게 부산광역시 사상구 주례동 방면 동서고가도로 및 백양로 바로 옆에 총 953세대 규모의 아파트 건설(LG신주례아파트)을 승인하였으며, 3년간 공사후 입주 완료하였다. 그런데 동 아파트에 거주하는 주민들은 동서고가도로 및 백양로를 운행하는 일일통행량 약 8만6,000여대의 차량통행으로 인한 소음으로 피해를 입게 되었다. 주민들은 중앙환경분쟁조정위원회에 재정신청을 하였고, 조정위원회는 부산광역시와 지에스건설 주식회사에 대하여 피해배상 및 방음대책비용을 지급하라는 명령을 발급하였다. 이에 부산광역시와 지에스건설주식회사(원고)는 채무부존재 확인소송을 관할법원에 제기했다. 이에 1·2심에서는 부산광역시에 "시공허가를 내기 전 방음대책을 세우지 않은 점 등의 책임이 있다"는 이유로 원고 패소판결을 하였다. 시공을 맡은 지에스건설회사에 대해서는 "도로에서 유입되는 소음으로 인하여 인근 공동주택의 거주자에게 사회통념상 수인한도를 넘는 생활이익의 침해가 발생하였다고 하더라도, 그 공동주택을 건축하여 분양한 분양회사는 도로의 설치·관리자가 아니고 위 공동주택의 건축으로 인하여 소음이 발생하였다고 볼 수도 없으므로, 공동주택의 거주자들이 분양회사를 상대로 소음으로 인하여 발생한 생활이익의 침해를 원인으로 하는 불법행위책임을 물을 수는 없다"며 원고 승소판결을 내렸다.
논점	도로에서 유입되는 소음에 있어서 수인한도 판단의 근거법령은?
판례취지	수인한도의 기준을 결정함에 있어서는 일반적으로 침해되는 권리나 이익의 성질과 침해의 정도뿐만 아니라 침해행위가 갖는 공공성의 내용과 정도, 그 지역환경의 특수성, 공법적인 규제에 의하여 확보하려는 <u>환경기준</u>, 침해를 방지 또는 경감시키거나 손해를 회피할 방안의 유무 및 그 난이 정도 등 여러 사정을 종합적으로 고려하여 구체적 사건에 따라 개별적으로 결정하여야 하는바(대법원 2005. 1. 27. 선고 2003다49566 판결 등 참조), <u>특히 차량이 통행하는 도로에서 유입되는 소음으로 인하여 인근 공동주택의 거주자에게 사회통념상 일반적으로 수인할 정도를 넘어서는 침해가 있는지 여부는 주택법 등에서 제시하는 주택건설기준보다는</u>[41] <u>환경정책기본법 등에서 설정하고 있는 환경기준을 우선적으로 고려하여 판단하여야 한다.</u> 원심은, 이 사건 도로의 하루 통행 차량이 약 86,361대에 이르는 등 공공도로인 점과 피고들이 이 사건 도로가 개통된 이후에 건축된 이 사건 아파트에 입주한 점 등을 감안하더라도, 피고들이 거주하는 세대의 야간 등가소음도가 65dB 이상으로 환경정책기본법이 요구하는 도로변 주거지역의 야간 소음기준(55dB)을 훨씬 초과함으로써 피고들에게 통상의 수인한도를 넘는 피해를 발생하게 하였다면 원고 부산광역시의 이 사건 도로 설치·관리상에 하자가 있다고 판단하였는바, 앞서 본 법리에 비추어 보면 원심의 위와 같은 판단은 정당한 것이다.

41) 주택건설기준 등에 관한 규정 제9조(소음등으로부터의 보호) ① 공동주택을 건설하는 지점의 소음도(이하 "실외소음도"라 한다)가 65데시벨 이상인 경우에는 방음벽·수림대 등의 방음시설을 설치하여 해당

이처럼 환경기준의 법적 의미가 증가되고 있는 현상황에서는 환경기준이 이제 국민에 대해서 구속력이 없다고 하기에는 어렵게 되었다. 그럼에도 불구하고 환경기준의 설정과 관련하여 이를 모법에서 구체적으로 범위를 정하는 등 명확하게 규율하지 아니하고 대통령령으로 환경기준을 설정할 수 있도록 한 것은 법치국가원칙에 비추어 볼 때 위헌의 소지가 있다.[42]

Ⅱ. 계획적 환경보호수단

A. 서설

계획이라는 행정작용은 과학기술의 발달 및 미래에 대한 예측가능성의 증대와 더불어 각광을 받는 수단으로서, 미래를 예측하여 목표를 설정하고 이를 달성하기 위하여 다양한 수단들을 동원하는 작용이다. 환경보전에 있어서는 환경보전의 특성상 사전배려가 중요하며, 특히 과학기술과의 연관성이 깊고 나아가 미래세대까지 고려하여야 하는 등을 고려할 때 이러한 계획작용이 많이 이용된다.

현행법상 환경보호를 위한 계획의 유형은 크게 적용범위에 따라 종합적 환경계획, 영향권별 환경계획으로 구분될 수 있으며, 보호대상에 따라서 분야별 환경보전계획, 국토계획의 일환으로 추진되는 환경계획 그리고 다른 부문계획의 일부로서 추진되는 환경계획으로 구분할 수 있다.[43]

공동주택의 건설지점의 소음도가 65데시벨 미만이 되도록 하여야 한다. 다만, 공동주택이 「국토의 계획 및 이용에 관한 법률」 제36조에 따른 도시지역(주택단지 면적이 30만제곱미터 미만인 경우로 한정한다) 또는 「소음 · 진동관리법」 제27조에 따라 지정된 지역에 건축되는 경우로서 다음 각 호의 기준을 모두 충족하는 경우에는 그 공동주택의 6층 이상인 부분에 대하여 본문을 적용하지 아니한다. 〈개정 2007.7.24, 2010.6.28〉 1. 세대 안에 설치된 모든 창호(窓戶)를 닫은 상태에서 거실에서 측정한 소음도(이하 "실내소음도"라 한다)가 45데시벨 이하일 것 2. 공동주택의 세대 안에 「건축법 시행령」 제87조제2항에 따라 정하는 기준에 적합한 환기설비를 갖출 것.

42) 김홍균, 환경법, 홍문사, 2010, 80면.

43) 홍준형, 환경법, 박영사, 142면.

B. 환경계획

1. 환경종합계획

a) 국가환경종합계획

환경부장관은 관계중앙행정기관의 장과 협의하여 국가차원의 환경보전을 위한 종합계획을 10년마다 수립하여야 하고, 수립된 국가환경종합계획은 국무회의의 심의를 거쳐 확정한다. 국가환경종합계획에는 다음 각호의 사항이 포함되어야 한다: 1. 인구 · 산업 · 경제 · 토지 및 해양의 이용등 환경변화 여건에 관한 사항, 2. 환경오염원 · 환경오염도 및 오염물질 배출량의 예측과 환경오염 및 환경훼손으로 인한 환경질의 변화전망, 3. 자연환경의 현황 및 전망, 4. 환경보전 목표의 설정과 이의 달성을 위한 가. 생물다양성 · 생태계 · 경관 등 자연환경의 보전에 관한 사항, 나. 토양보전에 관한 사항, 다. 해양환경의 보전에 관한 사항, 라. 국토환경의 보전에 관한 사항, 마. 대기환경의 보전에 관한 사항, 바. 수질환경의 보전에 관한 사항, 사. 상 · 하수도의 보급에 관한 사항, 아. 폐기물의 관리 및 재활용에 관한 사항, 자. 유해화학물질의 관리에 관한 사항, 차. 방사능오염물질의 관리 그 밖의 환경의 관리에 관한 사항에 관한 단계별 대책 및 사업계획, 5. 사업의 시행에 소요되는 비용의 산정 및 재원 조달방법, 6. 그 밖에 제1호 내지 제5호에 부대되는 사항.

이와 같은 중 · 장기 종합계획은 행정내부에서는 구속력을 지니나, 내국민직 관계에 있어서는 그 효력이 부인된다. 그러나 장기종합계획은 하위의 세부적인 계획의 수립에 있어서 실질적인 효력을 발휘한다.

국가환경종합계획 수립[44)]
가. 추진배경 □ 지속가능한 국가발전을 위한 국가환경관리 기본틀 마련 필요 ○ 제2차 환경보전장기종합계획인 「환경비전21(1996~2005)」 계획기간이 만료됨에 따라 이를 대체할 새로운 「국가환경종합계획(2006~2015)」 수립 필요 ※ 환경정책기본법 개정('02.12)으로 계획명이 국가환경종합계획으로 변경 나. 법적근거 □ 환경정책기본법 제12조, 제13조 ○ 환경부장관이 관계중앙행정기관의 장과 협의하여 국가차원의 환경보전을 위한 국가환경종합계획을 10년 주기로 수립

ㅇ 확정된 국가환경종합계획은 관계중앙행정기관에 통보되어 시행에 필요한 조치 강구

다. 그간의 추진현황

□ 1차년도 사업으로 국가환경종합계획 기본틀 마련('03.12월)

□ 2차년도 사업으로 국가환경종합계획 시안 마련('05. 3월)

ㅇ 공청회, 토론회, 국제세미나 등 외부 의견수렴(27회)

ㅇ 중앙환경보전자문위원회 자문('05. 8월)

라. 주요내용

□ "지속가능한 녹색국가 조성"을 위해 향후 10년간의 환경정책 비전과 정책목표를 설정하는 국가환경종합계획 수립

ㅇ 계획의 비전과 목표 달성을 위한 "환경관리 7대 핵심전략"과 이행과제 제시

※ 7대 핵심전략분야 : 생활환경, 자연생태, 자연자원, 환경과 경제, 환경형평성, 동북아환경, 지구환경

ㅇ 국토의 환경가치를 체계적으로 보전하기 위하여 3대 생태축과 5대 환경관리 대권역에 기초한 "국토환경보전 기본구상" 제시

※ 3대 생태축 : 백두대간, 비무장지대 일원, 제주 및 도서 · 연안

※ 5대 환경관리 대권역 : 한강수도권, 금강충청권, 영산강호남권, 낙동강영남권, 태백강원권

ㅇ 국가환경종합계획 집행의 실효성 제고를 위한 "추진기반 강화방안" 제시

마. 향후 추진계획

□ 국가환경종합계획 확정 및 홍보강화

ㅇ 국무회의 심의 · 확정('05.9)

ㅇ 국정 중점홍보과제로 채택('05.9~10)

ㅇ 지자체 환경보전계획 수립지침 하달('05.11)

b) 환경보전중기종합계획

환경부장관은 국가환경종합계획의 종합적 · 체계적 추진을 위하여 5년마다 환경보전중기종합계획을 수립하여야 한다. 환경부장관은 중기계획을 관계 중앙행정기관의 장 및 시 · 도지사에게 통보하여야 하며 통보를 받은 관계 중앙행정기관의 장 및 시 · 도지사는 이를 소관업무계획에 반영하여야 한다.

c) 시 · 도환경보전계획

시 · 도지사는 국가환경종합계획 및 중기계획에 따라 관할구역의 지역적 특성을 고려하여 당해 시 · 도의 환경보전계획을 수립 · 시행하여야 하며, 시 · 도환경계획을 수립한

44) http://contents.archives.go.kr/: 국가기록원.

경우에는 지체없이 이를 환경부장관에게 보고하여야 한다.

환경부장관은 영향권별 환경관리를 위하여 필요한 경우에는 당해 시·도지사에게 시·도환경계획의 변경을 요청할 수 있다.

d) 시·군·구환경보전계획

시장·군수·구청장(자치구의 구청장)은 국가환경종합계획과 중기계획 및 시·도환경계획에 따라 관할구역의 지역적 특성을 고려하여 당해 시·군·구의 환경보전계획을 수립·시행하여야 하고, 시·군·구환경계획을 수립하는 경우에는 관할 시·도지사를 거쳐 지방환경관서의 장과 협의한 후 환경부장관에게 보고하여야 한다.

지방환경관서의 장 또는 시·도지사는 영향권별 환경관리를 위하여 필요한 경우에는 당해 시장·군수·구청장에게 시·군·구환경계획의 변경을 요청할 수 있다.

e) 특별대책지역

환경부장관은 환경오염·환경훼손 또는 자연생태계의 변화가 현저하거나 현저하게 될 우려가 있는 지역과 환경기준을 자주 초과하는 지역을 관계중앙행정기관의 장 및 시·도지사와 협의하여 환경보전을 위한 특별대책지역으로 지정·고시하고 당해 지역안의 환경보전을 위한 특별종합대책을 수립하여 관할시·도지사에게 이를 시행하게 할 수 있으며, 이러한 특별대책지역내의 환경개선을 위하여 필요한 경우에 한하여 대통령령이 정하는 바에 의하여 그 지역내의 토지이용과 시설설치를 제한할 수 있다.

동 조항에 의하면 환경부장관이 환경보전을 위하여 특별대책지역을 지정할 수 있는데, 이를 고시라는 행위형식을 통하여 할 수 있도록 규정하고 있다. 그런데 이러한 특별대책지역으로 지정되는 경우에 그 지역내에서 국민들의 재산권 행사가 제한받을 수 있음에 비추어 볼 때, 이러한 지역의 지정은 보다 큰 정당성을 요한다.[45]

2. 환경부문계획

환경부장관은 환경오염의 상황을 파악하고 그 방지대책을 강구하기 위하여 대기오염의 영향권별지역 및 수질오염의 수계별지역 및 생태계권역 등에 대한 환경의 영향권별관리를 하여야 하며, 지방자치단체의 장은 관할구역의 대기오염·수질오염 또는 생

45) 김홍균, 환경법, 홍문사, 2010, 27면.

태계의 효과적인 관리를 위하여 지역의 실정에 따라 환경의 영향권별 관리를 할 수 있는 바, 이를 위해서 계획을 영향권별관리계획을 수립할 수 있을 것이다.

또한 환경부문계획으로 환경의 각부문별로 수립되는 계획을 들 수 있다. 대기환경보전법에 따른 대기환경개선종합계획, 백두대간보호에 관한 법률에 따른 백두대간보호기본계획, 수질 및 수생태계 보전에 관한 법률에 의한 오염총량관리기본계획, 습지보전법에 따른 습지보전계획, 자연환경보전법에 의한 자연환경보전기본계획, 생태 · 경관보전지역관리계획, 자원의 절약과 재활용촉진에 관한 법률에 따른 자원순환기본계획, 잔류성유기오염물질관리법에 따른 잔류성유기오염물질관리기본계획, 토양환경보전법에 따른 토양보전기본계획, 폐기물관리법에 의한 폐기물처리기본계획과 폐기물관리종합계획, 하수도법에 따른 국가하수도종합계획과 하수도정비기본계획 등이 있다.

다음에서는 자연환경보전법상 생태 · 경관보전지역 지정 및 그 현황에 대해서 고찰한다.

자연환경보전법 제12조(생태 · 경관보전지역)에 의하면, 환경부장관은 다음 각호의 어느 하나에 해당하는 지역으로서 자연생태 · 자연경관을 특별히 보전할 필요가 있는 지역을 생태 · 경관보전지역으로 지정할 수 있다: 1. 자연상태가 원시성을 유지하고 있거나 생물다양성이 풍부하여 보전 및 학술적 연구가치가 큰 지역 2. 지형 또는 지질이 특이하여 학술적 연구 또는 자연경관의 유지를 위하여 보전이 요한 지역 3. 다양한 생태계를 대표할 수 있는 지역 또는 생태계의 표본지역 4. 그 밖에 하천 · 산간계곡 등 자연경관이 수려하여 특별히 보전할 필요가 있는 지역으로서 대통령령이 정하는 지역.

이러한 생태 · 경관보전지역을 지정하고 관리하는 절차는 다음과 같다: 자연환경정밀조사(국립환경과학원) → 보전지역 지정 검토 → 부처협의, 지자체 및 지역주민 의견수렴 → 지정 · 고시(환경부) → 보전계획수립 → 감시원 배치 및 관리 시설물 설치(지방환경청), 토지매수(지자체) 등을 하는 순서로 추진한다.

그동안 생태 · 경관보전지역을 지정한 현황을 살펴보면, 1989년 3월 처음 '낙동강 하구'를 지정한 이래 환경부에서 11개 지역(242.953㎢), 국토해양부에서 4개 지역(70.373㎢), 시 · 도에서 19개 지역(41.036㎢) 등 총 32개 지역, 354.362㎢를 지정하여 관리하고 있다. 이러한 생태 · 경관보전지역이 지정되면 특정의 행위가 제한되거나 금지된다. 제한되는 행위로는 야생생물을 포획 · 채취 · 이식 · 훼손하거나 고사시키는 행위 또는 포획하거나 고사시키기 위하여 화약류 · 덫 · 올무 · 그물 · 함정 등을 설치하거나 유독물 · 농약

등을 살포 · 주입하는 행위 그리고 건축물 그 밖의 공작물의 신축 · 증축(생태 · 경관보전지역 지정 당시의 건축연면적의 2배 이상 증축하는 경우에 한한다) 및 토지의 형질변경 등이 제한되고, 금지되는 행위로는 특정수질유해물질, 폐기물 또는 유독물을 버리는 행위나 휘발유 등 인화물질을 소지하거나 환경부장관이 지정하는 장소외에서 취사 또는 야영을 하는 행위 등이다.

C. 국토계획관련 환경계획

1. 국토계획

국토계획이란 국토를 이용 · 개발 및 보전함에 있어서 미래의 경제적 · 사회적 변동에 대응하여 국토가 지향하여야 할 발전방향을 설정하고 이를 달성하기 위한 계획을 말하는데, 여기에는 1. 국토전역을 대상으로 하여 국토의 장기적인 발전방향을 제시하는 국토종합계획, 2. 도의 관할구역을 대상으로 하여 당해 지역의 장기적인 발전방향을 제시하는 도종합계획(道綜合計劃), 3.특별시 · 광역시 · 시 또는 군(광역시의 군을 제외)의 관할구역을 대상으로 하여 당해 지역의 기본적인 공간구조와 장기발전방향을 제시하고, 토지이용 · 교통 · 환경 · 안전 · 산업 · 정보통신 · 보건 · 후생 · 문화 등에 관하여 수립하는 계획으로서 국토계획법에 의하여 수립되는 시군종합계획(市郡綜合計劃), 4. 특정한 지역을 대상으로 특별한 정책목적을 달성하기 위하여 수립하는 지역계획, 5. 국토전역을 대상으로 하여 특정부문에 대한 장기적인 발전방향을 제시하는 부문별계획 등이 있다.

이러한 국토계획을 수립함에 있어서 환경 등을 고려하도록 되어 있으며, 또한 국가 및 지방자치단체는 국토에 관한 계획이나 사업을 수립 · 집행함에 있어서 자연환경과 생활환경에 미치는 영향을 사전에 고려하여야 하며, 환경에 미치는 부정적인 영향이 최소화될 수 있도록 하여야 하며, 국토의 무질서한 개발을 방지하고 국민생활에 필요한 토지를 원활하게 공급하기 위하여 토지이용에 관한 종합적인 계획을 수립하고 이에 따라 국토공간을 체계적으로 관리하여야 한다.

국가 및 지방자치단체는 산 · 하천 · 호소 · 연안 · 해양으로 이어지는 자연생태계를 통합적으로 관리 · 보전하고 훼손된 자연생태계를 복원하기 위한 종합적인 시책을 추진함으로써 인간이 자연과 더불어 살 수 있는 쾌적한 국토환경을 조성하여야 한다.

2. 종합계획에 있어 환경보호

환경계획은 전체공간계획의 일부로서 수립되기도 하는 바, 국토기본법에 따른 국토계획의 수립시에 종합계획적인 차원에서 환경보호란 요소가 고려되고 있으며, 국토계획법에 따른 도시계획의 수립에 있어서 보전관리지역이나 농림지역 혹은 자연환경보전지역 등의 지정을 통하여 환경보호가 이루어지기 한다.

국토계획법상의 도시계획에는 광역도시계획, 도시기본계획, 도시관리계획 등이 있는바, 특히 도시관리계획이란 특별시 · 광역시 · 시 또는 군의 개발 · 정비 및 보전을 위하여 수립하는 토지 이용, 교통, 환경, 경관, 안전, 산업, 정보통신, 보건, 후생, 안보, 문화 등에 관한 다음 각 목의 계획을 말한다: 가. 용도지역 · 용도지구의 지정 또는 변경에 관한 계획 나. 개발제한구역, 도시자연공원구역, 시가화조정구역(市街化調整區域), 수산자원보호구역의 지정 또는 변경에 관한 계획 다. 기반시설의 설치 · 정비 또는 개량에 관한 계획 라. 도시개발사업이나 정비사업에 관한 계획 마. 지구단위계획구역의 지정 또는 변경에 관한 계획과 지구단위계획. 지구단위계획이란 도시계획 수립 대상지역의 일부에 대하여 토지 이용을 합리화하고 그 기능을 증진시키며 미관을 개선하고 양호한 환경을 확보하며, 그 지역을 체계적 · 계획적으로 관리하기 위하여 수립하는 도시관리계획을 말한다.

이러한 도시관리계획을 수립함에 있어서 환경보호라는 요소를 고려할 수 있다. 국토에 대한 용도지역은 토지의 이용실태 및 특성, 장래의 토지이용방향 등을 고려하여 1. 인구와 산업이 밀집되어 있거나 밀집이 예상되어 당해 지역에 대하여 체계적인 개발 · 정비 · 관리 · 보전 등이 필요한 도시지역, 2. 도시지역의 인구와 산업을 수용하기 위하여 도시지역에 준하여 체계적으로 관리하거나 농림업의 진흥, 자연환경 또는 산림의 보전을 위하여 농림지역 또는 자연환경보전지역에 준하여 관리가 필요한 관리지역, 3. 도시지역에 속하지 아니하는 농지법에 의한 농업진흥지역 또는 산림법에 의한 보전임지 등으로서 농림업의 진흥과 산림의 보전을 위하여 필요한 농림지역, 4. 자연환경 · 수자원 · 해안 · 생태계 · 상수원 및 문화재의 보전과 수산자원의 보호 · 육성 등을 위하여 필요한 자연환경보전지역으로 구분되는바, 특히 자연환경보전지역의 지정범위를 보다 확대함으로 환경보호에 기여할 수 있다.

3. 전문계획에 있어 환경보호

하천사용의 이익을 증진하고 하천을 자연친화적으로 정비·보전하며 하천의 유수(流水)로 인한 피해를 예방하기 위하여 하천관리청은 그가 관리하는 하천에 대하여 대통령령으로 정하는 바에 따라 하천의 이용 및 자연친화적 관리에 필요한 기본적인 사항 등을 내용으로 하는 10년 단위의 하천기본계획으로서 하천정비기본계획을 수립하여야 하는바, 이러한 하천정비기본계획의 수립을 함에 있어서 환경을 고려할 수 있다.

수도권에 과도하게 집중된 인구와 산업을 적정하게 배치하도록 유도하여 수도권을 질서 있게 정비하고 균형 있게 발전시키는 수도권정비계획법의 수도권정비계획의 수립에 있어서 환경보호의 요소들이 고려되어 질 수 있다. 수도권정비계획법에 따르면, 국토해양부장관은 수도권의 인구 및 산업의 집중을 억제하고 적정하게 배치하기 위하여 중앙행정기관의 장과 서울특별시장·광역시장 또는 도지사의 의견을 들어 다음 각 호의 사항이 포함된 수도권정비계획안을 입안한다: 1. 수도권 정비의 목표와 기본 방향에 관한 사항, 2. 인구와 산업 등의 배치에 관한 사항, 3. 권역(圈域)의 구분과 권역별 정비에 관한 사항, 4. 인구집중유발시설 및 개발사업의 관리에 관한 사항, 5. 광역적 교통 시설과 상하수도 시설 등의 정비에 관한 사항, 6. 환경 보전에 관한 사항, 7. 수도권 정비를 위한 지원 등에 관한 사항, 8. 제1호부터 제7호까지의 사항에 대한 계획의 집행 및 관리에 관한 사항, 9. 그 밖에 대통령령으로 정하는 수도권 정비에 관한 사항.

참조	대법원 2011.4.21. 자 2010무111 전원합의체 결정【집행정지】
판례취지	[1] 항고소송 대상이 되는 행정청의 처분이란 원칙적으로 행정청의 공법상 행위로서 특정사항에 대하여 법규에 의한 권리의 설정 또는 의무의 부담을 명하거나 기타 법률상 효과를 직접 발생하게 하는 등 국민의 권리의무에 직접 관계가 있는 행위를 말하므로, 행정청의 내부적인 의사결정 등과 같이 상대방 또는 관계자들의 법률상 지위에 직접 법률적 변동을 일으키지 않는 행위는 그에 해당하지 아니한다. [2] 국토해양부, 환경부, 문화체육관광부, 농림수산부, 식품부가 합동으로 2009. 6. 8. 발표한 '4대강 살리기 마스터플랜' 등은 4대강 정비사업과 주변 지역의 관련 사업을 체계적으로 추진하기 위하여 수립한 종합계획이자 '4대강 살리기 사업'의 기본방향을 제시하는 계획으로서, 행정기관 내부에서 사업의 기본방향을 제시하는 것일 뿐, 국민의 권리·의무에 직접 영향을 미치는 것이 아니어서 행정처분에 해당하지 않는다고 한 사례.

[3] 행정소송법 제23조 제2항[46]에서 정하고 있는 효력정지 요건인 '회복하기 어려운 손해'란, 특별한 사정이 없는 한 금전으로 보상할 수 없는 손해로서 금전보상이 불가능한 경우 내지는 금전보상으로는 사회관념상 행정처분을 받은 당사자가 참고 견딜 수 없거나 참고 견디기가 현저히 곤란한 경우의 유형, 무형의 손해를 일컫는다. 그리고 '처분 등이나 그 집행 또는 절차의 속행으로 인하여 생길 회복하기 어려운 손해를 예방하기 위하여 긴급한 필요'가 있는지는 처분의 성질과 태양 및 내용, 처분상대방이 입는 손해의 성질·내용 및 정도, 원상회복·금전배상의 방법 및 난이 등은 물론 본안청구의 승소가능성 정도 등을 종합적으로 고려하여 구체적·개별적으로 판단하여야 한다.

[4] 국토해양부 등에서 발표한 '4대강 살리기 마스터플랜'에 따른 '한강 살리기 사업' 구간 인근에 거주하는 주민들이 각 공구별 사업실시계획승인처분에 대한 효력정지를 신청한 사안에서, 위 사업구간에 편입되는 팔당지역 농지 대부분이 국가 소유의 하천부지이고, 유기농업에 종사하는 주민들 대부분은 국가로부터 하천점용허가를 받아 경작을 해온 점, 위 점용허가의 부관에 따라 허가를 한 행정청은 공익상 또는 법령이 정하는 것에 따르거나 하천정비사업을 시행하는 경우 허가변경·취소 등을 할 수 있는 점 등에 비추어, 주민들 중 환경영향평가대상지역 및 근접 지역에 거주하거나 소유권 기타 권리를 가지고 있는 사람들이 위 사업으로 인하여 토지 소유권 기타 권리를 수용당하고 이로 인하여 정착지를 떠나 타지로 이주를 해야 하며 더 이상 농사를 지을 수 없게 되고 팔당지역의 유기농업이 사실상 해체될 위기에 처하게 된다고 하더라도, 그러한 손해는 행정소송법 제23조 제2항에서 정하고 있는 효력정지 요건인 금전으로 보상할 수 없거나 사회관념상 금전보상으로는 참고 견디기 어렵거나 현저히 곤란한 경우의 유·무형 손해에 해당하지 않는다고 본 원심판단을 수긍한 사례.

[5] [다수의견] 행정처분의 효력정지나 집행정지를 구하는 신청사건에서는 행정처분 자체의 적법 여부를 판단할 것이 아니고 행정처분의 효력이나 집행 등을 정지시킬 필요가 있는지 여부, 즉 행정소송법 제23조 제2항에서 정한 요건의 존부만이 판단대상이 된다. 나아가 '처분 등이나 그 집행 또는 절차의 속행으로 인한 손해발생의 우려' 등 적극적 요건에 관한 주장·소명[47] 책임은 원칙적으로 신청인 측에 있으며, 이러한 요건을 결여하였다는 이유로 효력정지 신청을 기각한 결정에 대하여 행정처분 자체의 적법 여부를 가지고 불복사유로 삼을 수 없다.

---

46) 행정소송법 제23조(집행정지) ①취소소송의 제기는 처분등의 효력이나 그 집행 또는 절차의 속행에 영향을 주지 아니한다. ②취소소송이 제기된 경우에 처분등이나 그 집행 또는 절차의 속행으로 인하여 생길 회복하기 어려운 손해를 예방하기 위하여 긴급한 필요가 있다고 인정할 때에는 본안이 계속되고 있는 법원은 당사자의 신청 또는 직권에 의하여 처분등의 효력이나 그 집행 또는 절차의 속행의 전부 또는 일부의 정지(이하 "집행정지"라 한다)를 결정할 수 있다. 다만, 처분의 효력정지는 처분등의 집행 또는 절차의 속행을 정지함으로써 목적을 달성할 수 있는 경우에는 허용되지 아니한다. ③집행정지는 공공복리에 중대한 영향을 미칠 우려가 있을 때에는 허용되지 아니한다. ④제2항의 규정에 의한 집행정지의 결정을 신청함에 있어서는 그 이유에 대한 소명이 있어야 한다. ⑤제2항의 규정에 의한 집행정지의 결정 또는 기각의 결정에 대하여는 즉시항고할 수 있다. 이 경우 집행정지의 결정에 대한 즉시항고에는 결정의 집행을 정지하는 효력이 없다. ⑥제30조제1항의 규정은 제2항의 규정에 의한 집행정지의 결정에 이를 준용한다.

47) 소송법상「증명」이란 법관이 확신을 갖게 할 정도의 확실한 증거를 제시함으로써 어떤 사실을 명확히 하

Ⅲ. 행정행위적 환경보호수단

A. 서설

환경을 보호하기 위하여 행정청이 행하는 명령적 · 규제적 수단의 핵심으로서는 일방적 행정행위가 존재한다. 일방적 행정행위는 크게 명령적 행정행위와 형성적 행정행위로 구분할 수 있다. 즉 명령적 행정행위란 우월적 지위에 있는 행정주체가 공익을 위하여 (기왕에 존재하는) 국민의 자연적 자유를 제한하거나 제한을 해제하는 행위이다. 이런 점에서 개인에게 (기왕에 없었던) 특별한 권리나 포괄적인 법률관계를 성립 · 변경 · 폐지하는 것을 내용으로 하는 형성적 행정행위와 구별된다. 명령적 행정행위에는 하명, 허가, 면제 등이 있다. 형성적 행정행위라 함은 상대방에게 특정한 권리, 능력, 법률상 지위, 포괄적 법률관계 또는 기타 법률상의 힘을 발생 · 변경 · 소멸시키는 행정행위를 말한다.

B. 명령(하명)

1. 작위 · 부작위 · 수인 · 급부명령

환경행정은 환경보호라는 목적을 달성하기 위하여 직접 상대방에게 일정한 자위 · 부작위 · 수인 등의 의무를 부과하여 수행될 수 있는데, 대표적인 경우가 배출허용기준 등을 매개로 상대방에게 일정한 행위의무를 부과하는 경우이다. 예컨대 수질 및 수생태계 보전에 관한 법률에 의하면 환경부장관은 배출시설 가동개시신고를 한 후 조업중인 배출시설에서 배출되는 오염물질의 정도가 배출허용기준을 초과한다고 인정하는 때에는 대통령령이 정하는 바에 의하여 기간을 정하여 사업자에게 그 오염물질의 정도가 배출허용기준이하로 내려가도록 필요한 조치를 취할 것을 명할 수 있다. 또한 대기환경보전법상 배출시설 · 방지시설 등의 운영자 등의 행위금지 또는 개선명령이나 조업정지명령, 폐기물관리법상 폐기물의 투기금지, 야생생물보호법상 불법포획한 야생동물의 취득 등 금지, 야생동물의 포획금지 등을 들 수 있다. 자원의절약과재활용촉진에관한법률 제10

는 것임에 반하여, 「소명」이란 법관이 확신을 가질 정도까지는 못되지만 일단 확실하다고 추측되는 정도의 증거를 제시하는 것을 뜻한다.

조(1회용품의 사용 억제 등)에 의하면, 대통령령으로 정하는 음식점, 목욕장, 백화점, 그 밖의 업종을 경영하는 사업자는 대통령령으로 정하는 바에 따라 1회용품의 사용을 억제하고 무상으로 제공하지 아니하여야 한다라고 규정하고 있는바 이는 법령에서 직접적인 명령을 하고 있는 경우이다.

2. 신고 · 등록 · 표시 등 명령

신고의무의 부과는 가장 약한 규제수단으로서 다양한 목적으로 사용되고 있다. 신고는 신고의 효력이 발생하기 위하여 행정청의 수리를 요하는가 여부에 따라서 수리를 요하지 아니하는 신고(자체완결적 신고)와 수리를 요하는 신고(행위요건적 신고)로 구분되고 있다.

자체완결적 신고는 사인이 행정청에 대하여 일정한 사항을 그저 통보함으로써 최종적인 법률효과를 발생시키는 것을 의미하고, 수리를 요하는 신고는 관련 규정의 내용상 그 수리 여부에 대하여 행정청에 형식적 내지 실질적 심사권이 인정되고 있는 경우를 의미한다. 따라서 신고로 인하여 최종적인 법률효과가 발생하는 것이 아니라, 신고가 행정주체의 어떤 행정법적 행위가 행하여지는 동기 또는 요인이 되는데 그친다. 자체완결적 신고와 행위요건적 신고의 구별기준으로는 당해 법령의 목적과 당해 법령에서 나타나고 있는 관련조문에 대한 합리적이고도 유기적인 해석을 통해서 양자를 구별할 수 밖에 없다.

행정절차법 제40조 제1항은 "법령 등에서 행정청에 대하여 일정한 사항을 통지함으로써 의무가 끝나는 신고제도를 규정하고 있는 경우에는"이라고 규정하여 행정청에 대하여 일정한 사항을 통지함으로써 의무가 끝나는 자체완결적 신고제도와 그러하지 아니한 신고제도(예: 수리를 요하는 신고)가 구분되어 운용될 수 있는 여지를 두고 있다. 행정절차법이 신고에 대하여 위와 같은 한정적 적용의 해석이 가능하도록 한 것은 입법과정에서 관계부처들이 법령에 신고로 표현되어 있더라도 사실상 인 · 허가로 운영되고 있기 때문에 형식요건을 갖춘 신고서가 제출되기만 하면 신고의무가 이행된 것으로 하는 것은 문제가 있다는 현실을 반영해달라는 의견을 따른 것이다. 오준근 교수도 "행정기관에서 규제완화된 형태의 신고절차로 법령에 그 이름은 정해 놓고, 다른 한편으로는 허가제도로 운용하는 편법을 사용해 온 관행을 계속할 수 있는 길을 열어준 것"이라고 그 문제점을 지적하고 있다.[48]

---

48) 오준근, 행정절차법, 삼지원, 1998, 449면.

신고는 알리는 목적에 따라서 '정보제공적 신고'와 '행위개시통제적 신고'로 구분할 수 있는데, 정보제공적 신고는 행정청이 행정목적 달성을 위하여 다양한 정보의 수집이 요청되는데, 이러한 정보수집을 위하여 국민에게 신고의무를 부과하는 경우에 국민이 의무이행을 위하여 행하는 신고라고 할 수 있을 것이다. 이러한 정보획득을 위하여 국민에게 부과하는 신고의무도 헌법적 테두리 내에서 인정되어야 할 것이며, 특히 기본권과의 관련성 하에서 그 범위는 적절하게 제한되어야 할 것이다.[49] 혼인신고, 출생신고 또는 사망신고 등의 공법상 효과와 관련하여서는 행정청이 호적사무, 통계사무 내지 조세행정 등을 원활히 수행하기 위해 사인에게 신고의무를 부과한 것이므로 공법상으로는 정보제공적 신고의 범주에 포함된다고 볼 것이다. 물론 그에 따라서 사법적 효과는 민사법령에 규정된 효과를 발하게 된다.

행위개시통제적 신고는 국민의 기본권 행사를 통제하는 신고로서 직업을 수행하거나 영업을 영위하거나 또는 사인이 행동의 자유를 누리기 위하여는 신고라는 행위를 하도록 하는 것이라고 할 것이다.[50] 행위개시통제적 신고는 일단 사인이 공법상의 효과를 향유하기 위하여 관할행정청에 신고서를 제출한 경우 즉시 그 공법상의 효과를 향유할 수 있으며, 그 이후에 전개되는 행정청의 모든 심사 내지 통제는 전적으로 '사후심사'라는 점에서 신고라는 행위의 존재의의가 있다. 이는 '수리' 내지 '수리거부'라는 용어를 사용하더라고 마찬가지이고, 이러한 수리 또는 수리거부 역시 사후심사에 해당된다는 것이 바로 행위개시통제적 '신고' 제도의 본래적 의의이다.[51] 이러한 의미에서 사실상 '수리를 요하는 신고'라는 개념 자체는 존재하지 말아야 했고 또한 이제부터라도 퇴출(退出)되어야만 할 개념이라고 할 수 있다.[52] 수리를 요하는 신고를 긍정하는 경우에는

---

49) 김중권, 행정법기본연구 I, 법문사, 2008, 124면.

50) Ehlers in Erichsen/Ehlers (Hg.), Allgemeines Verwaltungsrecht, 12. Aufl., 2002, S. 36.

51) Maurer, Hartmut, Allgemeines Verwaltungsrecht, 18. Aufl. 2011, S. 227 f.: 3. Kontrollerlaubnis und Ausnahmebewilligung: Danach ist eine geplante Betätigung nur zulässig, wenn sie der Behörde vorher angezeigt wird, die dadurch die Möglichkeit erhält, das Vorhaben auf seine Rechtmäßigkeit zu prüfen und ggf. ein Verbot zu erlassen(§9 Rn. 54).
Badura in Schmidt-Aßmann , Eberhard (Hg.), Besonderes Verwaltungsrecht, 12. Aufl., 2003, S. 352: Wo das Gesetz eine derartige präventive Kontrolle für unverhältnismäßig hält, begnügt es sich mit einer besonderen Anzeigepflicht.
대법원 2002. 03. 12. 선고 2000다73612: 수산제조업을 하고자 하는 사람이 형식적 요건을 모두 갖춘 수산제조업 신고서를 제출한 경우에는 담당 공무원이 관계 법령에 규정되지 아니한 사유를 들어 그 신고를 수리하지 아니하고 반려하였다고 하더라도 그 신고서가 제출된 때에 신고가 있었다고 볼 것이다.

52) 홍준형, 사인의 공법행위로서 신고에 대한 고찰 - 자기완결적 신고와 수리를 요하는 시고에 관한 대법원판

결국 국민은 신고를 한 후 원하는 행위로 나아갈지 여부에 대해서 여전히 미궁속에 빠지게 되고, 또한 어떤 신고가 자체완결적 신고인지 수리를 요하는 신고인지에 대한 구분 역시 모호한 경우에는 국민의 행위개시여부가 불확정적이 되고, 또한 국민이 신고를 한 후 행위를 개시한 경우에 행정청이 사후적으로 '여기서 신고는 수리를 요하는 신고'라고 하면서 국민의 권리를 제한하는 경우도 발생할 우려가 있다고 할 것이다. 또한 등록이라는 기왕의 행위개시통제수단의 정상적 운용을 위해서도 그러하다. 문제의 가장 간명한 해결책은 입법적인 방안으로서 입법을 함에 있어서 논리적이고도 체계정합적으로 하여야 하는바, 이를 위해서는 행정청이 행하는 행위개시통제수단에 대해서 다음의 도표와 같이 분명한 구도를 가지고 있어야 할 것이다.

행정청의 행위개시통제수단			
종류	신고	등록	허가
사전심사	무심사	형식적 요건심사	실체적 요건심사
사후통제	시정명령 취소 · 철회 과태료/행정벌	시정명령 취소 · 철회 과태료/행정벌	시정명령 취소 · 철회 과태료/행정벌

참조	대법원 2011.1.20. 선고 2010두14954 전원합의체 판결【건축(신축)신고불가취소】
판례 취지	[다수의견] 건축법에서 인 · 허가의제 제도를 둔 취지는, 인 · 허가의제사항과 관련하여 건축허가 또는 건축신고의 관할 행정청으로 그 창구를 단일화하고 절차를 간소화하며 비용과 시간을 절감함으로써 국민의 권익을 보호하려는 것이지, 인 · 허가의제사항 관련 법률에 따른 각각의 인 · 허가 요건에 관한 일체의 심사를 배제하려는 것으로 보기는 어렵다. 왜냐하면, 건축법과 인 · 허가의제사항 관련 법률은 각기 고유한 목적이 있고, 건축신고와 인 · 허가의제사항도 각각 별개의 제도적 취지가 있으며 그 요건 또한 달리하기 때문이다. 나아가 인 · 허가의제사항 관련 법률에 규정된 요건 중 상당수는 공익에 관한 것으로서 행정청의 전문적이고 종합적인 심사가 요구되는데, 만약 건축신고만으로 인 · 허가의제사항에 관한 일체의 요건 심사가 배제된다고 한다면, 중대한 공익상의 침해나 이해관계인의 피해를 야기하고 관련 법률에서

례를 중심으로 -, 공법연구 제40집 제4호, 2012/6, 337면 이하: 홍준형 교수도 "생각건대, 수리를 요하지 않는 신고와 수리를 요하는 신고를 구별할 수 있게 해 주는 통일적이고 단일한 절대적 기준은 존재하지 않는다."고 적시하고 있다. 이처럼 자기완결적 신고와 수리를 요하는 신고의 구별이 분명하지 아니한 경우가 얼마나 많은가를 생각할 때, 수리를 요하는 신고라는 개념을 인정하는 것은 법치국가의 원칙 특히 법적 안정성과 예측가능성의 측면에서 많은 문제를 야기한다고 할 것이다.

오준근, 행정절차법, 삼지원, 1998, 441면 각주 7): 진입규제에 있어 혼동되어 사용되고 있는 개념이 정리되어야 함을 지적하고 있다.

판례 취지	인·허가 제도를 통하여 사인의 행위를 사전에 감독하고자 하는 규율체계 전반을 무너뜨릴 우려가 있다. 또한 무엇보다도 건축신고를 하려는 자는 인·허가의제사항 관련 법령에서 제출하도록 의무화하고 있는 신청서와 구비서류를 제출하여야 하는데, 이는 건축신고를 수리하는 행정청으로 하여금 인·허가의제사항 관련 법률에 규정된 요건에 관하여도 심사를 하도록 하기 위한 것으로 볼 수밖에 없다. 따라서 인·허가의제 효과를 수반하는 건축신고는 일반적인 건축신고와는 달리, 특별한 사정이 없는 한 행정청이 그 실체적 요건에 관한 심사를 한 후 수리하여야 하는 이른바 '수리를 요하는 신고'로 보는 것이 옳다. [대법관 박시환, 대법관 이홍훈의 반대의견] 다수의견과 같은 해석론을 택할 경우 헌법상 기본권 중 하나인 국민의 자유권 보장에 문제는 없는지, 구체적으로 어떠한 경우에 수리가 있어야만 적법한 신고가 되는지 여부에 관한 예측 가능성 등이 충분히 담보될 수 있는지, 형사처벌의 대상이 불필요하게 확대됨에 따른 죄형법정주의 등의 훼손 가능성은 없는지, 국민의 자유와 권리를 제한하거나 의무를 부과하려고 하는 때에는 법률에 의하여야 한다는 법치행정의 원칙에 비추어 그 원칙이 손상되는 문제는 없는지, 신고제의 본질과 취지에 어긋나는 해석론을 통하여 여러 개별법에 산재한 각종 신고 제도에 관한 행정법 이론 구성에 난맥상을 초래할 우려는 없는지의 측면 등에서 심도 있는 검토가 필요한 문제로 보인다. 그런데 다수의견의 입장을 따르기에는 그와 관련하여 해소하기 어려운 여러 근본적인 의문이 제기된다. 여러 기본적인 법원칙의 근간 및 신고제의 본질과 취지를 훼손하지 아니하는 한도 내에서 건축법 제14조 제2항에 의하여 인·허가가 의제되는 건축신고의 범위 등을 합리적인 내용으로 개정하는 입법적 해결책을 통하여 현행 건축법에 규정된 건축신고 제도의 문제점 및 부작용을 해소하는 것은 별론으로 하더라도, '건축법상 신고사항에 관하여 건축을 하고자 하는 자가 적법한 요건을 갖춘 신고만 하면 건축을 할 수 있고, 행정청의 수리 등 별단의 조처를 기다릴 필요는 없다'는 대법원의 종래 견해(대법원 1968. 4. 30. 선고 68누12 판결, 대법원 1990. 6. 12. 선고 90누2468 판결, 대법원 1999. 4. 27. 선고 97누6780 판결, 대법원 2004. 9. 3. 선고 2004도3908 판결 등 참조)를 인·허가가 의제되는 건축신고의 경우에도 그대로 유지하는 편이 보다 합리적인 선택이라고 여겨진다. [다수의견] 일정한 건축물에 관한 건축신고는 건축법 제14조 제2항, 제11조 제5항 제3호에 의하여 국토의 계획 및 이용에 관한 법률 제56조에 따른 개발행위허가를 받은 것으로 의제되는데, 국토의 계획 및 이용에 관한 법률 제58조 제1항 제4호에서는 개발행위허가의 기준으로 주변 지역의 토지이용실태 또는 토지이용계획, 건축물의 높이, 토지의 경사도, 수목의 상태, 물의 배수, 하천·호소·습지의 배수 등 주변 환경이나 경관과 조화를 이룰 것을 규정하고 있으므로, 국토의 계획 및 이용에 관한 법률상의 개발행위허가로 의제되는 건축신고가 위와 같은 기준을 갖추지 못한 경우 행정청으로서는 이를 이유로 그 수리를 거부할 수 있다고 보아야 한다. [대법관 박시환, 대법관 이홍훈의 반대의견] 수리란 타인의 행위를 유효한 행위로 받아들이는 수동적 의사행위를 말하는 것이고, 이는 허가와 명확히 구별되는 것이다. 그런데 다수의견에 의하면, 행정청이 인·허가의제조항에 따른 국토의 계획 및 이용에 관한 법률상 개발행위허가 요건 등을 갖추었는지 여부에 관하여 심사를 한 다음, 그 허가 요건을 갖추지 못하였음을

판례 취지	이유로 들어 형식상으로만 수리거부를 하는 것이 되고, 사실상으로는 허가와 아무런 차이가 없게 된다는 비판을 피할 수 없다. 이러한 결과에 따르면 인 · 허가의제조항을 특별히 규정하고 있는 입법 취지가 몰각됨은 물론, 신고와 허가의 본질에 기초하여 건축신고와 건축허가 제도를 따로 규정하고 있는 제도적 의미 및 신고제와 허가제 전반에 관한 이론적 틀이 형해화 될 가능성이 있다.

등록은 자기완결적 신고와는 다르게 행정청의 수리를 요한다. 환경법령은 일정한 경우에 사인에게 환경유해성에 대한 표시의무를 부과한다. 등록 내지 표시의무를 부과하는 이유도 환경규제를 가능케 하는 기초자료의 확보에 있다.

현행법령에 따르면 신고로는 대기환경보전법이나 수질 및 수생태계보전에 관한 법률에 따른 배출시설의 설치 및 변경신고, 폐기물관리법에 따른 사업장폐기물 배출자의 배출신고 등을 들 수 있고, 등록은 환경영향평가법상의 환경영향평가대행자의 등록와 유해화학물질관리법상 유독물 영업의 등록을 들 수 있으며, 표시에는 유해화학물질관리법상의 유독물의 표시 등이 있다.

C. 허가

이러한 일방적 행정행위 중에서도 특히 명령적 행정행위로서 허가가 환경보호를 위하여 중요하다. 허가란 예를 들면 음식점 영업을 하는 것은 헌법상 보장된 인간의 존엄성과 가치, 행복추구권 그리고 영업의 자유 등에 의하여 보장되는 자연적 권리라고 할 것이지만 공익을 위해서, 여기서는 특히 '공중의 위생 및 안전'을 위하여, 일단 이러한 행위를 일반적으로 금지시킨 연후에 일정한 조건을 충족시키는 경우에 한하여 행정주체의 허락을 통하여 영업을 하도록 하는 것이다. 이러한 허가를 다른 말로 법률에 의한 허용유보부 금지라고 하고, 허용유보부 금지는 일정한 행위의 법령위배 여부를 사전에 심사하여 문제가 없을 때는 허용하는 예방적 금지와 사회적으로 유해하거나 바람직하지 못한 행위를 일반적으로 억제하기 위하여 금지하고 다만 예외적인 경우에만 그 금지를 해제하는 억제적 금지로 구분할 수 있다. 억제적 금지가 예방적 금지와 다른 점은 그 허용여부가 관계행정청의 재량에 맡겨져 있다는 점이다.

이러한 허가제도는 환경과 관련되는 일정한 공사 · 사업의 시행에 있어서 환경보전의 관점에서 일정한 조건을 설정하고, 이러한 조건을 충족하는 경우에만 행위를 허용함으로써 환경을 적정한 수준으로 보호하려는 데 그 의의가 있다.[53)] 환경법령상 예방적 금지의 예로는 대기환경보전법 상의 배출시설의 설치허가를 들 수 있으며, 예외적 허가의 예로는 야생생물보호법상의 국제적 멸종위기종의 국제거래, 생물자원의 국외반출 등이다.

D. 특허

특허란 행정주체가 특정인을 위하여 공법상 또는 사법상의 새로운 권리를 설정하는 행위, 능력을 설정하는 행위, 포괄적인 법률관계를 설정하는 행위를 의미한다. 특허는 ① 특허기업의 경우처럼 국가의 독점에 의하여 사인이 원칙적으로 배제되어 있는 활동영역에 있어서 사인이 활동의 자유를 회복하는 의미의 특허(Konzession)와 ② 국가적인 공역무를 사인이 수행하도록 하는 특허(Verleihung)로 구분될 수 있다. 특허는 원칙적으로 특정인에 대한 처분의 형식을 취하지만 경우에 따라서는 법규형식을 취하기도 한다.

특허는 행정행위로 분류되어 왔으나, 프랑스에서는 공법상 계약으로 보기도 한다. 특허는 공익상의 필요나 정책적인 목표에 의하여 특정인에게 법률상의 힘을 부여하는 행정행위이므로 원칙적으로 행정청의 재량적 판단을 허용하는 재량행위이다. 허가와 특허의 구별은 그 대상행위의 성질이 자연적 자유에 해당하는가의 여부에 있다고 할 것이다. 그 대상이 자연적 자유에 해당하는 사항을 공익을 위하여 예방적으로 금지하고 있는 것을 공익에 대한 위해가 사라진 경우에 허용하는 것이 허가(許可)이다. 이에 반하여 특허는 그 대상이 자연적 자유에 해당하는 것이 아닌 사항 즉 누구나 수행할 수 있는 것이 아닌 사항에 대하여 국가가 정책적인 견지에서 권리를 설정하여 주는 것이 특허이다.

특허는 특정인에게 법률상의 힘을 부여하는 행정행위이므로, 특허는 원칙적으로 특정인의 신청을 전제로 한다. 특허의 효과는 특허의 상대방에 대하여 일정한 법률상의 힘을 발생하게 함으로 그 법률상의 힘을 제3자에 대하여 주장할 수 있고, 이에 대한 침해는

53) 대법원 2007. 10. 26. 선고 2006도7968 판결【자연공원법위반】: 구 자연공원법(2005. 3. 31. 법률 제7456호로 개정되기 전의 것, 이하 '구법'이라 한다) 제23조 제1항 각 호의 행위에 대한 허가는 특별한 사정이 없는 한 각 행위에 대하여 별도의 허가를 받아야 하고, 건축법상 허가나 신고를 요하지 아니하는 건축행위라 하더라도 자연공원구역에서의 건축행위는 자연공원의 특수성을 살려 자연생태계와 자연 및 문화경관 등을 보존하고 지속가능한 이용을 도모하고자 하는 자연공원법의 입법목적에 비추어 구법 제23조 제1항 단서에서 규정하는 경미한 사항에 해당하지 아니하는 한 같은 조 제1항 제1호 소정의 공원관리청의 허가를 받아야 하며(대법원 2005. 3. 10. 선고 2004도8311 판결 등 참조), 오폐수의 배출가능성 등을 고려할 때 자연공원구역 내에서 창고를 주택으로 용도변경하는 행위는 자연공원의 보전 · 관리에 지장을 줄 우려가 있는 경우에 해당한다고 할 것이다.

권리침해가 되므로 행정쟁송의 제기가 가능하다.

E. 인가

인가란 제3자의 법률행위를 보충하여 그 법률적 행위를 완성시켜주는 행위를 말한다. 예컨대 ① 협동조합의 임원의 선출에 있어서 조합원의 선출행위만으로는 선출행위의 효력이 완성되지 못하고 행정청의 인가가 있어야 선출행위가 완성되거나 효력을 발생하게 되는 경우, 혹은 ② 토지거래허가구역내에 토지를 소유하고 있는 자가 타인에게 토지를 매도하기 위하여 매매계약을 체결하였을 경우 이들의 매매계약만으로 재산권 변동이 완전히 발생하지 않고 관할 군수의 토지거래허가가 있어야만 완전하게 재산권이 변동되는 경우 등이다. 인가제도는 당사자간의 법률행위의 자유를 인정하면서도 일정한 공익상의 필요가 있는 경우에 행정청이 개입할 수 있는 제도이다. 비영리법인설립인가, 사립학교이사취임승인, 공기업운임 · 요금승인, 영업양도에 따른 지위승계신고수리 등이 이에 해당한다.

환경법령에서 이러한 인가의 예로서는 수질 및 수생태계 보전에 관한 법률에 따른 폐수종말처리시설 기본계획의 승인, 유해화학물질관리법상 유해화학물질 관리협회정관의 인가 등을 들 수 있다.

Ⅳ. 계약적 환경보호수단

A. 서설

환경과 관련하여 행정주체와 사인 간에 환경보호를 목적으로 하는 협약을 체결할 수 있는바, 이는 기존의 전통적 · 명령적 환경보호수단에 대하여 보완적인 의미를 지님과 동시에 시장원리에 입각한 자율적이고 책임있는 환경관리체제로의 전환을 의미한다. 즉 사인의 자유와 창의를 환경보호에 도입하여 사인 스스로 환경보호의 목표를 설정한다거나 창의적으로 시도할 수 있는 다양한 수단들을 동원하도록 유도하며, 이에 행정주체는 각종의 부담을 완화하여 주거나 지원을 하는 체제이다.

현재적으로 진행되고 있는 협약을 살펴보면, 환경부와 석유업계 간에 자율적인 토양오염도검사와 정화책임 이행을 핵심으로 하는 토양환경보전을 위한 협약을 체결하였다. 환경부가 토양오염 관련 행정업무를 수행함에 있어서 육안으로 식별이 어렵고 서서히 확산되므로 오염상태를 확인하기 곤란한 문제가 있어서 특히 자발적인 참여의 효과가 크다. 협약에 의한 오염도 검사로 토양오염이 발견될 경우 지자체의 시정명령을 면제하고 신규 클린주유소 설치 시 15년 동안 토양오염도 검사를 면제토록 하며, 시설설치비용을 장기저리로 대부하는 내용도 담고 있다.

환경부 고시로 제정된 '자율환경관리협약운영규정'에 따르면 "협약"이라 함은 환경오염저감을 위하여 기업 또는 단체와 정부 또는 지방자치단체간에 체결하는 자발적인 환경관리협약을 말한다고 규정되어 있다. 행정주체는 사인에게 협약의 이행을 위하여 인센티브나 다양한 지원을 하고, 사인은 자발적으로 설정한 환경보호목표를 추진하는 것이다. 이처럼 환경보호를 위해서 사인의 자발적인 참여를 유도함으로써 개별 기업의 특성에 맞는 환경개선대책을 세울 수 있을 뿐만 아니라, 보다 적은 비용으로도 환경목표를 유연하고 탄력성있는 방식으로 환경보호라는 목표를 달성할 수 있다.

환경정책기본법 제34조제2항(사업자의 환경관리 지원)에서, "국가 및 지방자치단체는 사업자가 스스로 환경관리를 위하여 노력하는 자발적 환경관리체제가 정착 · 확산될 수 있도록 필요한 행정적 · 재정적 지원을 할 수 있다"고 규정하여 이러한 환경협약의 기초를 제공하고 있다. 환경부는 고시로서 '자율환경관리협약운영규정'을 제정하여 비교적 자세한 규정을 두고 있다.

그리고 자연환경보전법 제37조에서는 생물다양성관리계약에 대해서 규율하고 있는바, 이 역시 환경협약의 일종으로 볼 수 있다. 동조항에 의하면 "① 환경부장관은 다음의 지역을 보전하기 위하여 토지의 소유자 · 점유자 또는 관리인과 경작방식의 변경, 화학물질의 사용감소, 습지의 조성 그 밖에 토지의 관리방법 등을 내용으로 하는 계약(이하 "생물다양성관리계약"이라 한다)을 체결하거나 관계중앙행정기관의 장 또는 지방자치단체의 장에게 생물다양성관리계약의 체결을 권고할 수 있다. 〈개정 2006.10.4, 2011.7.28.〉 1. 멸종위기야생생물의 보호를 위하여 필요한 지역 2. 생물다양성의 증진이 필요한 지역 3. 생물다양성이 독특하거나 우수한 지역 ② 환경부장관 · 관계중앙행정기관의 장 또는 지방자치단체의 장이 생물다양성관리계약을 체결하는 경우에는 대통령령이 정하는 기준에 따라 그 계약의 이행으로 인하여 당해 토지에서 수익이 감소된 자에게 실비보상을 하여야 한다. ③ 생물다양성관리계약을 체결한 당사자가 그 계약내용을 이행하지 아니하거나 계약을 해지하고자 하는 경우에는 상대방에게 3월 이전에 이를 통보하여야 한다.

④ 생물다양성관리계약의 체결 등 그 밖에 필요한 사항은 대통령령으로 정한다."고 하여 법률로 협약의 대강을 정하고 있다.

자원의 절약과 재활용촉진에 관한 법률 제34조의8(자발적 협약의 체결)에 의하면 "① 환경부장관이나 지방자치단체의 장은 폐기물의 발생을 억제하고 재활용을 촉진하기 위하여 폐기물배출자 · 재활용사업자 · 제조자등 또는 이들로 구성된 단체와 협약(이하 "자발적 협약"이라 한다)을 체결할 수 있다. ② 자발적 협약의 목표 · 이행방법 및 절차 등에 관하여 필요한 사항은 환경부령이나 해당 지방자치단체의 조례로 정한다. ③ 환경부장관이나 지방자치단체의 장은 제1항에 따라 자발적 협약을 체결한 자에게는 그 자발적 협약의 이행에 필요한 지원을 할 수 있다."고 규정하고 있다.

국유림 경영 및 관리에 관한 법률 제11조에서도 "국유림의 보호협약"이라는 제목하에 "① 산림청장은 국유림의 보호를 위하여 필요한 때에는 농림축산식품부령으로 정하는 바에 따라 현지에 소재한 「산림조합법」에 따른 산림조합(이하 "산림조합"이라 한다), 해당 지역 주민들, 학교 또는 「임업 및 산촌 진흥촉진에 관한 법률」 제18조제1항에 따른 임업기능인으로 구성된 단체로서 대통령령으로 정하는 단체와 국유림을 보호하기 위한 협약(이하 "보호협약"이라 한다)을 체결하고 이들에게 일정한 구역을 정하여 산불방지 · 도벌방지 등 농림축산식품부령으로 정하는 보호활동을 하게 할 수 있다. 이 경우 해당 국유림에서 생산되는 임산물의 전부 또는 일부를 무상으로 양여할 수 있다. ② 보호협약의 기간은 5년 이내로 하되, 필요한 경우에는 그 기간을 5년의 범위 안에서 연장할 수 있다. ③ 산림청장은 보호협약을 체결한 자가 보호협약사항을 위반하거나 보호활동을 게을리하였을 때에는 보호협약을 해지할 수 있으며, 해지사실을 보호협약당사자에게 통지하여야 한다."라고 규정을 두고 있다.

B. 환경협약의 법적 성질

환경협약의 법적 성질은 '공법상 계약'으로 볼 수 있다. 공법상 계약이란 공법적 효과의 발생을 목적으로 하는 복수당사자 사이의 서로 반대방향의 의사의 합치에 의하여 성립되는 행위이다. 환경협약을 비공식적 행정작용으로 보는 견해도 있으나, 이 경우에는 다만 사실적 행정작용으로서 법적인 구속력이 부여되기 어려울 것이고, 행정주체와 사인간의 대화, 의견교환, 정보제공 또는 지원의 모색 등에 불과할 것이다.

환경행정주체와 사인 간에 체결되는 계약을 공법상 계약으로 보기 위해서는 다음과 같은 징표들을 기준으로 삼을 수 있다. ① 공법적 효과의 발생을 목적으로 한다. 환경보호 내지 환경보전이라는 목적을 추구한다면 공법적 효과로 볼 수 있다. ② 계약의 일방당사자가 행정주체이다. 환경을 수행하는 행정주체로서는 환경부나 지역환경청을 포함하는 국가 그리고 지방자치단체나 공공단체를 들 수 있다. ③ 행정주체는 계약의 상대방에 대하여 일방적 해제권 등 사법상의 계약에서는 찾아 볼 수 없는 특권을 향유한다. 즉 계약의 내용에 대해서 일방적 변경권이나 해제권 등을 환경행정주체가 유보하고 있어서 공익을 담보하게 된다.

그리고 환경행정주체와 사인 간에 체결된 계약이 공법상 계약인지 사법상 계약인지가 모호한 경우에는 ① 계약에 관하여 분쟁이 발생한 경우 행정소송절차에 의한다는 규정이 있는지, ② 계약불이행에 대하여 행정벌이나 행정상 강제집행이 규정되어 있는지, ③ 계약의 체결이나 내용변경, 해제, 해지 등에 관하여 사법상 계약과는 다른 특별한 규정을 두고 있는지, ④ 계약의 성질상 공공성이 강하여 사법상 계약으로 보기 어려운지 등을 참조하여 판별한다.[54)]

환경부고시로서 자율환경관리협약운영규정에 의한 자율환경관리협약(VEA : Voluntary Environmental management Agreements)은 모호하기는 하지만 공법상 계약으로 분류할 수 있을 것이다. 동 규정에 의하면 자율환경관리협약이란 환경오염저감을 위하여 기업 또는 단체와 정부 또는 지방자치단체간에 체결하는 자발적인 환경관리협약을 말한다.

C. 환경협약의 한계

1. 법령상 한계

환경협약을 크게 공법상 계약의 범주에 포함시킬 때, 가장 먼저 법치행정의 원칙과의 조화가 요청된다. 환경협약을 체결하는 경우에 법적인 한계를 지켜야 하며 법령에서 허용하는 테두리를 벗어나는 것을 내용으로 하는 환경협약을 체결하여서는 아니되며, 설령 그런 계약을 체결하였다손치더라도 이는 무효이다. 법령에서 규율하지 않거나 허용되는 범위 내에서 사인의 자유와 창의를 촉진할 수 있도록 협약을 체결할 수 있다.

예를 들면 어떤 회사의 토양오염이 심각하여 정화명령을 발급하여야만 하는데, 환경협약을 체결하여 법령에서 요청되는 정화명령을 발급하지 않기로 하는 것을 들 수 있다.

---

54) 강현호, 국가경영행정법, 디비북스, 2012, 352면 이하.

이러한 환경협약은 환경상 동의를 요하는 행정행위와 구분되어야 하는바, 전자는 상대방의 의사를 존중하고 이를 계약의 내용에 반영하는 것이고, 후자는 단지 상대방의 동의가 없는 행정행위를 하지 아니하고자 하는 것이지 상대방과의 의사의 교환이나 합치를 의도하는 것은 아니므로 구분된다. 그러므로 전자에 있어서 상대방과의 의사의 합치는 그 성립요건에 해당되는 것이고, 후자에 있어서 상대방의 동의는 단지 효력요건에 불과하여 동의가 없이 행정행위가 이루어지더라도 그 행정행위는 성립한다.

2. 실무상 한계

환경협약이 실질로 사인의 자유와 창의를 이끌어 내려고 하는 것 보다는 환경보호의 흐름에 비추어 하나의 형식으로 자리잡고 있으므로 시도하는 것에 머무르는 경우 즉, 환경협약의 체결을 하나의 과시용으로 운용하는 경우가 많다는 것이다. 이러한 측면에서 환경협약의 체결을 유인할 실질적인 지원책이 미비하고 그저 약간의 부담을 경감하여 주거나 지원하는 정도에 그치고 있다. 개개의 사업의 특성을 반영하고 사인의 자유와 창의를 이끌어 낼 수 있는 제도적 설계가 요청된다.

D. 자율환경관리협약운영규정

1. 목적

동 규정은 환경정책기본법 제34조제2항의 규정에 의하여 지역 환경질 개선을 위한 기업 또는 단체와 정부 또는 지방자치단체간의 자율환경관리협약(VEA:Voluntary Environmental management Agreements)의 체결과 운영에 관한 사항을 규정함을 목적으로 한다.

2. 협약기업

협약기업은 다음 각 호에 해당하는 자로 한다: 1. 환경정책기본법 제17조의 규정에 의한 지구환경에 영향을 미치는 오염물질을 배출하는 자, 2. 대기환경보전법 제2조의 규정에 의한 대기오염물질을 배출하는 자, 3. 수질환경보전법 제2조의 규정에 의한 수질오염물질을 배출하는 자, 4. 소음 · 진동관리법 제2조의 규정에 의한 소음 · 진동 배출시설을 설치하는 자, 5. 폐기물관리법 제2조의 규정에 의한 폐기물을 배출하는 자, 6. 토양환경보전법 제2조의 규정에 의한 토양오염유발시설을 설치한 자, 7. 유해화학물질관리법 제

2조의 규정에 의한 유해화학물질을 사용하는 자, 8. 오수 · 분뇨및축산폐수의처리에관한법률 제2조의 규정에 의한 오염물질을 배출하는 자, 9. 기타 관할 행정기관의 장이 정하는 오염물질을 배출하는 자.

3. 협약대상

협약 대상분야는 다음 각 호로 한다: 1. 환경정책기본법 제17조의 규정에 의한 지구환경에 영향을 미치는 오염물질 배출저감, 2. 대기환경보전법 제2조의 규정에 의한 대기오염물질 배출 저감, 3. 수질환경보전법 제2조의 규정에 의한 수질오염물질 배출 저감, 4. 소음 · 진동관리법 제2조의 규정에 의한 소음 · 진동 배출 저감, 5. 폐기물관리법 제2조의 규정에 의한 폐기물 배출 저감 (제품의 사용후 폐기 및 재활용도 포함), 6. 토양환경보전법 제2조의 규정에 의한 토양오염 저감, 7. 유해화학물질관리법 제2조의 규정에 의한 유해화학물질 배출저감, 8. 오수 · 분뇨및축산폐수의처리에관한법률 제2조의 규정에 의한 오수 · 분뇨 또는 축산폐수 배출저감, 9. 기타 관할 행정기관의 장이 정하는 오염물질의 배출저감.

4. 협약의 주된 내용

a) 환경개선목표

관할 행정기관은 다음 각 호의 여건을 고려하여 중점관리대상의 환경개선 목표를 설정한다: 1. 환경기준 2. 중점관리대상의 환경여건 및 변화추세, 3. 중점관리대상의 환경질의 변화 추세, 4. 환경개선 투자 재원, 5. 기타 중점관리대상의 환경질 변화에 영향을 미치는 사항.

b) 환경개선계획

관할 행정기관은 환경개선목표를 달성하기 위하여 다음 각 호의 사항이 포함된 중점관리대상의 환경개선계획을 수립 · 시행하여야 한다: 1. 중점관리대상의 환경개선목표, 2. 중점관리대상의 환경개선목표 달성을 위한 단계별 대책 및 사업계획, 3. 중점관리대상의 환경개선목표 달성을 위한 자율환경관리협약 체결 및 지원계획, 4. 사업의 시행에 소요되는 비용의 산정 및 재원 조달방안 등.

5. 협약의 체결

협약을 체결하고자 하는 자는 별지 제1호 서식의 자율환경관리협약 참여의향서와 다음 각 호의 사항을 포함한 별지 제2호 서식의 협약 이행계획서를 관할 행정기관에 제출하여야 한다: 1. 협약대상 분야 및 기간, 2. 협약대상 분야별 환경오염저감 목표, 3. 환경오염저감을 위한 추진조직체계, 4. 환경오염저감을 위한 추진사업, 5. 환경오염저감을 위한 투자계획, 6. 기타 환경오염저감목표 이행을 위하여 필요한 사항.

관할 행정기관은 이행계획서를 접수한 때에는 이를 검토하여야 하며, 이행계획서를 검토함에 있어서 보완이 필요한 경우에는 일정기간 내에 보완을 요구할 수 있으며 보완을 하지 아니하는 때에는 그 사유를 명시하여 이행계획서를 반려할 수 있다.

관할 행정기관은 이행계획서의 검토결과를 토대로 협약기업을 확정한다. 관할 행정기관은 협약기업과 별지 제3호 서식의 협약을 체결하고 협약기업에 대하여 별지 제4호 서식의 현판을 교부한다.

6. 협약의 이행

a) 지위승계

협약기업이 분할 또는 매각(부분매각 포함) 등으로 법인이 변경되어 협약기업의 지위를 승계 하고자 하는 경우에는 기존의 협약내용을 충실히 준수하겠다는 확약서를 제출하여야 한다. 다만, 분할 또는 부분매각 등으로 법인이 분할된 경우에는 변경된 이행 계획서를 함께 제출하여야 한다.

b) 성실·자료제출 및 보고의무

협약기업은 제출한 이행계획서를 성실히 이행하여야 한다. 관할 행정기관이 협약기업의 이행실적 평가 등을 위하여 필요한 자료 제출을 요구할 경우 특별한 사유가 없는 한 이에 응하여야 한다. 협약기업이 협약체결 사실을 광고에 활용하는 경우에는 허위 또는 과장 광고를 하여서는 아니 된다.

협약기업은 당해연도 이행실적보고서를 별지 제5호 서식에 따라 다음 연도 2월말까지 관할 행정기관에 제출하여야 하며, 최종연도의 이행실적보고서에는 협약기간 동안의 종합실적보고가 포함되도록 작성하여 제출하여야 한다. 다만 관할 행정기관과 협약기업의 협약내용에 따라 이행실적보고 기간을 달리 정할 수 있다.

c) 협약의 변경

협약기업은 이행계획서의 변경이 필요하여 이를 변경하고자 하는 경우에는 관할 행정기관과 협의하여 협약내용을 변경할 수 있다.

d) 현지점검

관할 행정기관은 협약기업의 이행실적과 협약에 따른 제반 이행사항의 이행여부에 대하여 현지점검 할 수 있다.

e) 의무면제와 지원

관할 행정기관은 협약기업에 대하여는 협약기간동안의 협약대상 분야에 해당되는 다음 각 호의 사항에 대하여 우대할 수 있다: 1. 대기환경보전법 제49조 및 수질환경보전법 제49조, 소음 · 진동관리법 제51조의 규정에 의한 사업장에 대한 오염물질 채취 또는 관계서류, 시설, 장비 등의 검사 면제, 2. 폐기물관리법 제43조의 규정에 의한 검사의 면제, 3. 유해화학물질관리법 제37조의 규정에 의한 보고 · 검사의 면제, 4. 오수 · 분뇨및축산폐수의처리에관한법률 제46조의 규정에 의한 보고 · 검사의 면제, 5. 사업장의 환경관리 및 환경개선을 위한 기술진단 및 기술지원, 6. 방지시설설치자금, 재활용산업육성자금 등의 우선융자(중소기업에 한함), 7. 환경친화기업 지정시 협약대상 분야 심사 면제 등 우대, 8. 기타 이행계획서 이행을 위한 행정적 · 기술적 지원.

여기서 '우대할 수 있다'는 규정은 행정주체가 환경협약을 체결함에 있어서 이러한 내용을 구체적인 계약의 내용으로 할 수 있다는 의미이다. 구체적인 내용이 환경협약의 내용으로 되어서 협약이 체결된 경우에는 행정주체는 이러한 내용을 준수하여야 할 의무를 지닌다.

7. 협약의 파기

관할 행정기관은 협약기업이 다음 각 호의 1에 해당하는 경우에는 일정기간을 정하여 이행을 촉구하거나 협약을 파기할 수 있다: 1. 정당한 사유 없이 이행계획서를 계획대로 이행하지 아니한 경우, 2. 이행실적이 매우 미흡한 것으로 평가된 경우, 3. 허위보고, 민원 또는 오염사고 등을 야기하여 자발적 환경협약제도의 취지를 훼손한 경우.

이러한 협약의 파기 조항은 일반적인 민사법상의 계약의 해제보다 완화된 것으로서 공법상 계약의 주요 내용을 이루게 된다.

V. 사실행위적 환경보호수단

A. 사실행위

환경법상 사실행위란 직접 일정한 법적 효과의 발생을 의도하는 행위가 아니라, 단순히 사실상의 효과만을 발생하는 행위이다. 환경보전을 위하여 환경행정청이 동원하는 수단에는 법적인 효과를 발생시키지는 아니하는 것들도 많다.

사실행위는 통상적으로 환경행정의 결정을 준비하거나 결정을 집행하는 수단으로서 활용된다. 행정청의 행위의 대부분은 사실행위임에도 커다란 주목을 받지 못하였던 것은, 법적 행위에 비하여 단지 사실적 결과에 대해서만 간접적으로 법적 문제를 발생시키기 때문이다.

사실행위가 적법하게 이루어지기 위해서는 행정청이 당해 사실행위를 할 수 있는 정당한 권한을 가져야 한다. 그리고 법률우위의 원칙에 위배되어서는 아니되고, 행정법의 일반원칙도 준수하여야 한다. 사실행위에도 조직법적 근거 외에 법률유보원칙이 적용되는가가 문제되는바, 적어도 침해적 · 권력적 사실행위에는 법적 근거가 요구된다 할 것이다.

B. 법적 쟁점

환경지원적인 조치들에 있어서는 먼저 헌법상 과잉지원금지의 원칙이 적용되어야 할 것이다. 과잉금지의 원칙의 지원에 있어서의 적용으로서 과잉지원은 우리 헌법상의 자유와 창의를 바탕으로 하는 자유민주적 기본질서와 경제질서에 대한 침해를 가져오므로 위헌의 문제가 대두될 수 있다.

사실행위적 환경보호수단에 있어서 법적 쟁점으로는 먼저 자금지원을 포함한 각종의 조치들의 법적 성격이다. 자금지원이라는 환경보호작용을 하나의 사실행위로 볼 것인지 아니면 법적 행위로 볼 것인지가 문제된다. 이단계이론에 의하면 지원의 결정은 행정처분으로 보고, 이에 따르는 후속조치로서의 지원은 사실행위로 볼 수 있을 것이다.

이 경우에 지원결정에 대해서 행정소송법적으로 다툴 수 있을 것이며, 지원신청자가 거부를 당한 경우에는 거부처분취소소송 내지 의무이행소송을 제기할 수 있을 것이며, 만약 여러 명의 지원신청자 가운데서 거부결정을 받은 경우에는 경원자소송을 제기할 수도 있다.

C. 자금지원

환경정책기본법 제54조와 제55조 그리고 제57조에 의하면, 국가 및 지방자치단체는 환경보전을 위한 시책의 실시에 필요한 법제상 · 재정상의 조치를 하여야 하며, 국가는 지방자치단체의 환경보전사업에 소요되는 경비의 전부 또는 일부를 국고에서 지원할 수 있고, 국가 또는 지방자치단체는 사업자가 행하는 환경보전을 위한 시설의 설치 · 운영을 지원하기 위하여 필요한 세제상의 조치 기타 재정지원을 할 수 있다. 또한 국가 또는 지방자치단체는 환경보전에 관련되는 학술조사 · 연구 및 기술개발에도 필요한 재정지원을 할 수 있다.

폐기물관리법 제57조에서는 폐기물처리시설을 설치하고자 하는 자에게 설치비용을 지원할 수 있도록 하고 있으며, 저공해자동차엔진 등의 기술개발에 재정적 · 기술적 지원을 가능하게 하고 있다.

또한 조세감면을 통하여 경제적인 지원을 하는 경우도 있는바, 공해방지시설의 투자에 대한 소득세 또는 법인세의 감면, 오염물질방지 · 폐기물처리기기 수입시 관세감면, 폐기물처리 및 분뇨처리 등의 용역에 대한 부가가치세 면제 등의 예들이 있다.[55)]

자원의 절약과 재활용촉진에 관한 법률에서는 국가 또는 지방자치단체는 재활용사업자에게 자원재활용에 필요한 자금을 보조하거나 융자할 수 있다고 규정하여 환경보전을 위한 자금의 지원정책을 펼 수 있도록 하고 있다. 동법 제31조(재활용산업 육성을 위한 자금 등의 지원) 제1항에 의하면, 국가나 지방자치단체는 재활용산업을 육성하기 위하여 다음 각 호의 사업을 하는 자(재활용사업자)에게 자원순환에 필요한 자금을 보조하거나 융자할 수 있으며, 필요한 경우에는 차관을 알선할 수 있다: 1. 재활용시설의 설치 사업, 2. 재활용지정사업자, 지정부산물배출사업자의 자원재활용사업, 3. 제24조의2에 따른 에너지회수시설의 설치 · 운영, 4. 제34조에 따른 재활용단지 조성 사업, 5. 「폐기물관

55) 홍준형, 환경법, 박영사, 2001, 282면 이하.

리법」 제25조제5항제5호부터 제7호까지의 규정에 따른 폐기물 재활용업의 허가를 받은 자 또는 같은 법 제46조에 따른 폐기물처리 신고자의 폐기물 처리, 6. 자원순환 촉진을 위한 연구 및 기술개발 사업, 7. 제1호부터 제6호까지의 사업 외에 재활용산업의 육성을 위하여 필요한 사업으로서 대통령령으로 정하는 사업.

동법 제34조의3(국 · 공유재산의 대부 · 사용 등) 제1항에 의하면, 국가나 지방자치단체는 재활용시설의 확충, 재활용단지의 조성 및 운영을 위하여 필요하다고 인정하면 「국유재산법」이나 「공유재산 및 물품 관리법」에도 불구하고 국유재산이나 공유재산을 수의계약으로 대부 · 사용 · 수익하게 하거나 매각할 수 있다.

D. 기술지원

환경오염을 예방하고 환경을 보전하기 위해서는 환경기술의 개발이 요청되는바, "환경기술 및 환경산업 지원법(약칭: 환경지원법)"은 환경기술의 개발 · 지원 및 보급을 촉진하고 환경산업을 육성함으로써 환경보전 및 국민경제의 지속가능한 발전에 이바지함을 목적으로 하여 제정되었다(제1조). 여기서 환경기술이라 함은 환경의 자정능력을 향상시키고 사람과 자연에 대한 환경피해유발요인을 억제 · 제거하는 기술로서 환경오염을 사전에 예방 · 저감하고 오염 및 훼손된 환경을 복원하는 등 환경의 보전 및 관리에 필요한 기술을 의미한다.

환경부장관은 5년마다 관계 중앙행정기관의 환경기술개발계획을 종합하여 환경기술개발종합계획을 수립하여야 한다(제3조). 정부는 환경기술을 개발하거나 이를 실용화하는 사업자, 환경기술개발을 위한 출자(出資)를 주된 사업으로 하는 자 및 환경산업체를 육성하기 위하여 필요한 시책을 강구하여야 한다(제6조).

E. 녹색기업의 지정

1992년 리우선언을 기초로 기존의 규제와 통제를 통한 환경보호를 보완하는 장치로서 협력을 통한 환경보호를 추구하면서 정부와 기업과의 관계에 있어서도 협력관계의 일환으로서 녹색기업을 지정하게 되었다.

환경지원법 제16조의2 제1항에 의하면 환경부장관은 오염물질의 현저한 감소, 자원과 에너지의 절감, 제품의 환경성 개선, 녹색경영체제의 구축 등을 통하여 환경개선에 크게 이바지하는 사업장을 녹색기업으로 지정할 수 있으며, 지정 기간이 끝나면 다시 지정할 수 있다. 이 경우 「환경친화적 산업구조로의 전환촉진에 관한 법률」에 따른 녹색경영체제인증을 받은 기업은 환경친화기업을 지정하는 때에 우대하여야 한다.

환경부장관은 녹색기업으로 지정된 사업장에 대하여는 다음 각 호의 어느 하나에 해당하는 조치를 하여야 한다: 1. 「대기환경보전법」 제23조 및 「수질 및 수생태계 보전에 관한 법률」 제33조에 따른 허가를 신고로 대신, 2. 「대기환경보전법」 제82조, 「수질 및 수생태계 보전에 관한 법률」 제68조, 「소음 · 진동관리법」 제47조, 「폐기물관리법」 제39조, 「유해화학물질 관리법」 제45조 및 「가축분뇨의 관리 및 이용에 관한 법률」 제41조 및 「하수도법」 제69조에 따른 보고 · 검사 중 환경부령으로 정하는 사항의 면제, 3. 그 밖에 대통령령으로 정하는 우대 조치(제16조의2 제5항).[56]

녹색기업은 1995년도에 28개, 2000년 99개, 그리고 2009년 187개가 지정되었으며, 2013년 3월까지 208개가 지정되었다.

녹색기업 지정현황('13년 3월 31일 현재 208개의 녹색기업)

연번	업체명	대표자	소재지	업종	최초지정	현 지정일자		연락처	비고
						부터	까지		
1	한국동서발전㈜ 일산열병합발전처	박신동	주소	전기	'96/01/03	'12/07/27	'15/07/26	031-900-2250	한강유역환경청
2	페어차일드코리아반도체㈜	강병곤	주소	전자	'98/11/30	'07/11/22	'12/11/21	032-680-1061	한강유역환경청
3	삼성전기㈜ 수원사업장	박종우	주소	전자	'98/01/01	'11/12/14	'16/12/13	031-210-5055	한강유역환경청
4	삼성전자㈜ 수원사업장	최지성	주소	전자	'96/04/25	'07/11/19	'12/11/18	031-200-1964	한강유역환경청
5	삼성전자㈜ 기흥/화성사업장	최지성	주소	전자	-	'07/11/05	'12/11/04	031-209-4722	한강유역환경청
6	삼성모바일디스플레이㈜ 기흥사업장	강호문	주소	전자	'09/07/07	'09/07/07	'14/07/06		한강유역환경청
7	삼성에버랜드㈜	최주현	주소	서비스	'97/09/12	'11/06/10	'16/06/09	031-320-8460	한강유역환경청

56) 환경지원법 시행령: 제22조의6(녹색기업에 대한 우대 조치) 법 제16조의2제5항제3호에서 "대통령령으로 정하는 우대 조치"란 사업장의 환경개선에 드는 자금 및 기술 지원을 말한다.

8	LG전자(주) 평택공장	남용	주소	전자	'96/02/23	'08/01/22	'13/01/21	031-610-5180	한강유역환경청
…	…								

F. 친환경상품 구매촉진

친환경상품의 개발을 촉진하기 위하여 2005년 7월부터 친환경상품의 구매를 촉진하는 내용의 「녹색제품 구매촉진에 관한 법률(약칭 녹색구매법)」을 제정 · 시행하고 있다. 동 법률에서는 환경표지 인증제품 및 우수재활용(GR) 인증제품과 동 인증기준에 적합한 상품을 친환경상품으로 규정하고 있으며, 공공기관에서는 구매하고자 하는 품목에 친환경상품이 있는 경우 이를 의무적으로 구매하도록 하고 있다. 구매가 실질적으로 이루어지도록 하기 위하여 환경부장관으로 하여금 필요한 사항(공사설계서 등에 친환경상품 사용근거 반영, 친환경상품 구매실적을 기관 평가에 반영 등)을 해당 공공기관의 장에게 요청할 수 있도록 규정하고 있으며, 지방자치단체는 필요한 경우 조례를 제정할 수 있도록 규정하고 있다(제11조 제1항).

2003년 OECD에서도 "환경친화적 정부 구매정책" 보고서를 통하여 공공기관의 친환경적 구매정책의 중요성을 지적하였고, 일본은 2001년부터 「국가 등 환경물품조달의 추진 등에 관한 법률」을 제정 · 시행하는바, 국가 등 공공부문에서는 환경부하가 적은 제품(물품 및 서비스)의 조달을 추진하고 이와 관련된 적절한 정보를 제공하도록 하고 있다. 대만은 정부조달법에서 공공기관의 친환경제품 의무구매를 규정함은 물론 조달의 특성, 예산, 그리고 시방서에서 요구하는 수준 등을 고려하여 10% 범위 내에서 가격차등제(친환경상품이 동일한 성능 · 규격의 일반제품보다 10% 이상 비싸지 않을 경우 우선적으로 구매하는 제도)를 실시할 수 있도록 규정하고 있다.[57]

구매율 산정 대상품목은 33가지로서 다음과 같다: 복사기, 팩시밀리, 세탁기, 식기세척기, 냉장고, 공기청정기, 텔레비전 및 비디오 프로젝터, 디지털 프로젝터, 책상(탁자), 의자, 보관용 가구, 침대 및 침대매트리스, OA칸막이, 개인용 컴퓨터, 노트북 컴퓨터, 프린터, 컴퓨터용 모니터, 전자판서 모니터, 사무용지, 인쇄용지, 난방연료, 침구, 화장지 및 종이에어타월, 수처리제, 건설중장비, 차량용타이어, 특장차, 축전지, 램프용 안정기,

57) 환경백서2010, 125면 이하.

전선케이블, 가스보일러, 절수형 수도꼭지, 절수형양변기.

국가기관 녹색제품 구매실적('11년) [대상기관 : 46개](단위 : 백만원, %)					
번호	기 관 명	2011년도 구매실적			
		전체 녹색제품 구매액	구매율 산정대상 품목		
			총구매액 (A)	녹색제품구매액(B)	비율 (B/A)
계	국가기관	346,195	429,070	243,714	56.8
1	감사원	761	759	729	96.1
2	민주평화통일자문회의사무처	58	61	56	91.8
3	공정거래위원회	192	201	192	95.6
4	법제처	103	119	103	86.4
5	국가보훈처	1,783	2,443	1,648	67.5
6	국세청	13,941	15,502	11,798	76.1
7	관세청	2,175	2,712	2,093	77.2
8	조달청	975	1,155	769	66.6
9	통계청	1,429	2,054	1,316	64.1
10	통일부	419	618	401	64.9
11	외교통상부	1,405	1,633	1,400	85.7
12	법무부	7,885	10,760	6,017	55.9
13	대검찰청	4,367	4,689	3,693	78.8
14	국방부	83,001	117,768	49,288	41.9
15	병무청	1,494	1,292	1,020	78.9
16	경찰청	20,992	33,803	19,725	58.4
17	교육과학기술부	76,154	117,326	71,750	61.2
18	기상청	1,278	1,475	985	66.8
19	농촌진흥청	2,331	3,017	1,384	45.9
20	산림청	1,969	1,947	1,663	85.4
21	중소기업청	12,005	12,306	11,789	95.8
22	특허청	802	1,020	802	78.6
23	보건복지부	1,613	2,836	1,454	51.3
24	식품의약품안전청	1,686	2,503	1,426	57.0

25	환경부	5,349	4,494	4,173	92.9
26	고용노동부	6,592	6,174	5,425	87.9
27	해양경찰청	1,546	2,235	1,475	66.0
28	문화재청	1,007	1,091	724	66.3
29	소방방재청	16,178	435	353	81.3
30	행정중심복합도시건설청	970	1,841	953	51.8
31	방위사업청	242	487	212	43.5
32	국회 국회사무처	2,223	2,550	2,223	87.2
33	대법원	14,773	16,497	10,081	61.1
34	헌법재판소	180	175	149	84.9
35	중앙선거관리위원회	1,701	2,324	1,343	57.8
36	방송통신위원회	1,418	1,429	1,254	87.7
37	국토해양부	9,803	8,396	3,000	35.7
38	금융위원회	214	242	195	80.3
39	기획재정부	1,681	1,860	1,576	84.7
40	농림수산식품부	8,743	3,470	1,974	56.9
41	문화체육관광부	1,556	2,301	1,495	65.0
42	지식경제부	27,391	30,012	12,004	40.0
43	행정안전부	5,041	3,921	2,842	72.5
44	여성가족부	138	142	131	92.2
45	국무총리실	379	628	379	60.3
46	국민권익위원회	254	366	254	69.5

G. 환경경영시스템의 인증

ISO(International Organization for Standardization: 국제표준화기구)는 지적 활동이나 과학·기술·경제 활동 분야에 있어서 세계적으로 협력하기 위하여 1946년에 설립된 국제기구로서 여러 표준들을 만들어 내고 있다. 대표적인 표준으로서는 ISO 9000 Quality management, ISO 14000 Environmental management, ISO 3166 Country codes, ISO 26000 Social responsibility, ISO 50001 Energy management, ISO 31000 Risk management, ISO

22000 Food safety management, ISO 4217 Currency codes, ISO 639 Language codes 등이 있다. 이러한 표준 중에서 ISO 14000 family(Environmental management)는 환경 경영의 다양한 측면을 규율하고 있다.

특히 ISO 14000의 제정 동기는 리우선언을 계기로 '환경에 관한 전략자문 그룹(SAGE, Strategic Advisory Group on Environment)'이 설치되었고, 동그룹은 ① 환경경영의 통일된 접근방법 개발 및 보급, ② 환경성과의 개선을 달성하고 측정할 수 있는 조직의 능력 배양, ③ 환경을 빌미로 한 무역장벽을 제거함으로써 국제교역을 촉진할 것 등 환경경영 국제표준화 작업에 관한 세 가지 원칙을 제시하면서 환경경영시스템의 필요성을 ISO에 건의하였다.

그리하여 1996년 12월 7일 기업경영에 있어서 환경분야에서 체계적으로 파악, 평가, 관리 및 개선을 통하여 기업이 받는 환경위험에 대하여 체계적으로 관리하기 위하여 갖추어야 할 환경경영체제로서 ISO 14001이 제정되었다. ISO 14000s(환경경영체제)는 리우선언의 주된 테마였던 지속 가능한 개발을 달성하기 위하여 기업경영의 새로운 패러다임으로 등장하게 되었으며, 기업에 있어서 사후처리 위주의 기존의 환경관리 방법을 극복하고, 경제성과 환경성을 함께 추구하는 시스템이다.[58] 이러한 환경경영시스템은 선진국에 의하여 무역과 연계시킴으로 인하여 사실상 무역장벽으로 기능하기도 한다.[59]

ISO 14000 family는 환경영향을 규명하고 통제하고자 하며 부단하게 환경적 성과를 개선하고자 하는 회사나 기구들에게 실무적인 수단들을 제공한다. ISO 14001:2004, ISO 14004:2004는 특히 환경경영체제에 초점을 맞추고 있다. ISO 14000 family는 조직의 환경경영시스템에 대한 인증 또는 자체 선언을 위한 요구사항을 규정한 ISO 14001과 환경경영시스템의 실행이나 개선을 위해 조직에게 인증이 아닌 일반적인 도움을 제공할 목적으로 사용되는 지침인 ISO 14004로 구분된다. ISO 14000의 다른 표준들은 생명주기분석, 통신 그리고 감사 등 특정의 환경적 측면에 초점을 맞추고 있다.

ISO 14001은 오염방지 및 지속적 개선활동을 회사경영의 한 부분으로서 이행할 것을 요구하며, 계획(Plan), 실행(Do), 점검 및 시정(Check), 개선(Action)의 관리 사이클 모델에 따라 구성되어 있다. 이를 도입하는 이유로는 ① 각종 환경규제에 대하여 능동적으로 대

---

58) http://www.iso-korea.com: ISO(International Organization for Standardization: 국제표준화기구)는 1947년에 창설된 국제기구로서 재화 및 서비스와 관련된 제반 설비와 활동의 표준화를 통하여 국제 교역을 촉진하고, 기술적 · 지적 · 학문적 · 경제적 활동 분야에서의 협력증진을 하는 기구이다.

59) 김홍균, 환경법, 홍문사, 2010, 932면.

처하고, ② 환경사고의 사전 예방체제를 구축함으로 환경비용을 최소화하며, ③ 지속적인 환경성과 개선으로 다양한 이해관계자의 압력에 능동적으로 대처하고, ④ 환경을 이유로 하는 국제무역장벽에 대하여 조기에 대응함으로써 대외 경쟁의 우위를 확보하기 위함이다.[60]

환경경영시스템은 조직을 평가하는 영역과 제품 및 공정을 평가 · 분석하는 영역으로 대별되는바, 환경경영체제, 환경심사, 그리고 환경성과평가 등은 조직의 환경경영에 대한 평가를 위한 표준이며, 환경레이블링, 전과정평가와 제품규격에 관한 환경측면 등은 생산제품과 생산공정의 환경성에 관한 평가표준이라 할 수 있다.

환경경영시스템(ISO 14001)		
영역	조직평가	제품 및 공정 평가 · 분석
내용	환경경영체제 환경심사 환경성과평가	환경레이블링과 선언 전과정 평가 제품규격에 관한 환경측면

우리나라에서는 환경경영시스템을 녹색경영체제라고 표현하고 있다. 환경친화적 산업구조로의 전환촉진에 관한 법률에 의하면 "녹색경영체제"란 기업등이 녹색경영을 도입하여 실행함으로써 환경요인을 효율적으로 관리하기 적합하도록 구축한 체제를 말한다. 그리고 "녹색경영체제인증"이란 기업등의 녹색경영체제가 국제기준에 적합함을 증명하는 행위를 말한다. 녹색경영체제에 관한 다음 각 호의 사업을 하려는 자는 지식경제부장관이 환경부장관과 협의하여 지정하는 자나 국제인정기관협력기구의 관리를 받는 외국 소재 인정기관으로부터 사업의 인정을 받아 이를 수행할 수 있다: 1. 녹색경영체제 인증사업 2. 녹색경영체제 관련 인증심사원의 자격인증사업 3. 그 밖에 녹색경영체제에 관한 사업으로서 지식경제부령으로 정하는 사업.

H. 환경감사

환경감사(Environmental Auditing: EA)란 사업자 내지 기업이 스스로 자신의 환경상태에 대해서 평가를 하는 것이다. 자신의 환경상태를 체계적이고 정기적으로 감사를 하여 환

60) http://www.gmi.go.kr/.

경법규를 엄격하게 준수한다. 그리고 이런 기업들에 대해서는 의무의 면제 내지 다양한 지원을 통해서 보상하는 시스템을 구축한다.

ISO 14000s는 환경경영시스템을 구축하면서, 환경감사의 규격을 포함시켰다. ISO14010에서 환경감사의 일반원칙을 규율하고, ISO 14011에서 환경경영시스템의 적합성을 검증하는 감사계획과 순서를 규정하고, ISO 14012에서는 감사인 자격기준에 관하여 정하고 있다. ISO 14012에서는 환경감사인 자격으로 ① 기술분야 지식(계량계측, 설비운영, 환경과학 등), ② 전문가적 지식(배출, 환경상호작용, 법규준수 등), ③ 감사경험 160시간 이상을 확보, ④ 감사인의 객관성과 독립성 확보 등을 요구하고 있다.

환경부에서 2002년 5월에 시범사업을 토대로 6개 분야 21개 항목에 대한 '환경보고서 가이드라인 2002'을 제정하였는데, 환경보고서에는 기업이 수행하는 환경감사정보에 대해 기술하는 환경감사항목이 포함되어 있다. 환경정보의 조작이나 환경정보의 왜곡을 방지하고 환경정보의 신뢰성을 확보하고 환경보고서의 질을 향상시키기 위하여 공시하여야 할 정보에 대한 환경감사를 실시하는 것이다. 환경보고서에서 환경감사와 관련하여서는 ① 감사의 범위와 빈도 및 감사목적(환경경영체제 운영 평가), ② 감사수행자에 대한 내용(감사자는 5년 이상의 경력을 가지고 있는 내부 및 외부 전문가로 구성되며, 일반적으로 1~3년마다 감사를 실시한다), ③ 감사결과 및 기업의 대처 노력 등을 보고하도록 하였다.

I. 환경라벨링제도

환경라벨링제도란 제품의 환경성에 대한 정보를 제품에 표시하는 환경친화적인 상품에 대한 품질인증제로서, 제품 생산자로 하여금 환경친화적인 제품을 개발하도록 하고, 소비자는 가능한 한 환경친화적인 제품을 소비하도록 하여 환경보호에 이바지하는 제도이다. 이러한 환경라벨링제도는 크게 ① 환경마크제도, ② 제품의 환경성 자기주장 제도 그리고 ③ 환경성적표지제도로 구분된다.

환경마크제도는 1979년 독일에서 처음 시행된 제도로서 제조 · 유통, 사용 또는 사용 후 폐기과정에서 동일 용도의 다른 제품에 비하여 환경오염을 적게 일으키거나 자원을 절약할 수 있는 제품임을 인증해주는 환경표지제도이다. 통상적으로 상위 20%의 제품에 대해서 인증하고 있다. 환경마크 등의 인증을 받은 자는 재료 및 제품의 포장 · 용기 등에 환경표지 등을 표시하거나 환경표지 등의 인증(認證)에 관한 광고를 할 수 있으며, 환경부 장관은 환경마크 표시제품의 구매를 촉진하기 위하여 정부 · 지방자치단체를 비롯한 공공기관 등에서 우선구매하도록 하는 등 필요한 조치를 할 수 있다. 환경지원법 제17조(환경표지의 인증)에 의하면, 환경부장관은 같은 용도의 다른 제품(기기, 자재 및 환경에 영향을 미치는 서비스를 포함)에 비하여 환경오염을 적게 일으키거나 자원을 절약할 수 있는 제품에 대하여 환경표지의 인증을 할 수 있다. 그리고 환경표지의 인증을 받은 제품을 친환경상품 구매 촉진에 관한 법률상 친환경상품으로 간주하여, 공공기관의 장이 상품을 구매하고자 하는 경우에는 친환경상품을 구매하도록 의무를 부과하고 있다.

제품의 환경성 자기주장제도는 표시 · 광고의 공정화에 관한 법률에 근거하여 시행하는 제도로서 제품의 생산자가 자체적으로 제품의 환경성에 대한 주장을 할 수 있는 방법과 조건 등을 정하는 제도로서, 기업이 자체적으로 도안하여 자기가 생산하는 제품상에 환경친화적인 상품임을 도형이나 문구들을 사용하여 표시하는 것이다. 제품의 공급자의 무분별한 환경성 주장으로 인하여 발생할 수 있는 소비자 기만 내지 혼란을 예방하기 위하여 가이드라인이 정해져 있다.

환경성적표지제도는 재료 및 제품의 환경성 제고를 위해 재료 및 제품의 생산, 유통, 소비 및 폐기단계 등의 전과정에 대한 환경성 정보를 도표나 그래프 등을 통하여 계량적으로 표시하는 제도로서 2010년에 도입되었다. 마켓에서 녹색소비자가 친환경제품에 대한 구매를 지원하기 위하여 제품에 대한 환경성정보를 쉽고 투명하게 공개함으로써 잠재적으로 시장 주도의 지속적인 환경개선을 유도하는 것을 목적으로 하고 있다.

J. 환경행정지도

환경행정에 있어서는 특히 국민들이나 기업들과의 협력이 중요하므로, 이에 부합하는 행정활동이 요청된다. 그 중에서 대표적인 행정활동이 바로 행정지도를 포함하는 협력적 행정작용을 들 수 있다. 협력적 행정작용(kooperatives Verwaltungshandeln)이란 환경행정주체가 사인과의 협의 · 사전절충 · 타협 등을 통하여 환경보호라는 목표를 달성하는 일체의 행정작용을 말한다. 예를 들면 자연환경보전법 상의 생물다양성관리계약의 체결권고, 자원의 절약과 재활용촉진에 관한 법률 상 자원의 절약 권고 또는 지도, 그리고 개별법령 상 오염물질처리시설의 개선권고나, 폐기물처리장설치에 대한 주민과의 협상 등 권고(Warnung), 상담(Beratung), 협상(Absprӓche) 등이다. 이러한 협력적 행정작용은 행정주체와 행정객체와의 관계가 종래의 명령 · 복종관계에서 타협과 협동의 관계로 변화된 현대국가에서 점차적으로 중요한 의미를 얻게 되었다.

행정지도 등 협력적 행정작용은 첫째, 행정주체와 사인 간의 논의나 설명을 통하여 법령의 해석 · 적용상의 법적 불확실성을 제거하고, 둘째, 당사자 간의 사전논의나 상호 협력을 통해 법적 분쟁 · 대립을 회피하고 시간 · 비용을 절감케 함으로써 행정의 능률화를 기하며, ③ 가변적이고 다양한 환경행정현실에 대응함에 있어서 유연성과 탄력성을 제고할 수 있다.

행정절차법 제2조 제3호는 행정지도에 대해서 정의를 내리고 있는데, 이에 의하면 "행정지도라 함은 행정기관이 그 소관사무의 범위 안에서 일정한 행정목적을 실현하기 위하여 특정인에게 일정한 행위를 하거나 하지 아니하도록 지도 · 권고 · 조언 등을 하는 행정작용을 말한다." 환경오염 등에 대한 대책은 사전적 · 예방적으로 행하여지는 것이 바람직하다는 점에서 행정지도는 효율적인 수단으로 기능할 수 있다.

다만, 행정지도는 반드시 법적 근거를 요하지 않으므로 책임소재가 불명확할 우려가 있고, 심리적 압박으로 인해 사실상의 강제가 될 수 있으며, 처분성과 배상책임 등을 인정하기가 곤란하여 행정쟁송 또는 국가배상을 통한 구제를 받기가 어려울 수 있으며, 당연히 발급하여야 할 행정행위도 주민의 동의를 얻도록 행정지도 함으로써 오히려 공익과 법치주의를 후퇴시킬 우려가 있는 문제점이 있다.

K. 환경교육

환경보전은 전국민의 참여를 통하여 원활하게 이루어질 수 있다. 국민의 참여를 유도하기 위해서는 환경오염 및 그 보전에 대한 지식들의 교육 및 홍보가 필수적이다. 환경정책기본법에 따르면 국가 및 지방자치단체는 환경보전에 관한 교육과 홍보 등을 통하여 국민의 환경보전에 대한 이해를 깊게 함과 아울러 국민 스스로 환경보전에 참여하고 일상생활에서 이를 실천할 수 있도록 필요한 시책을 수립 · 추진하여야 한다. 또한 2008년 환경교육진흥법이 제정되어서 환경교육을 "국가와 지역사회의 지속가능발전을 목표로 국민이 환경을 보전하고 개선하는데 필요한 지식 · 기능 · 태도 · 가치관 등을 배양하고 이를 실천하도록 하는 교육을 말한다"고 규정하고 있다. 동법에 의하면 환경부장관은 교육과학기술부장관 및 국토해양부장관 등 관계 중앙행정기관의 장과 협의하여 환경교육진흥위원회의 심의를 거쳐 5년마다 환경교육종합계획을 수립하여야 하고 또한 국가 및 지방자치단체는 모든 국민에게 다양한 환경교육의 기회를 제공하기 위하여 환경교육프로그램을 개발 · 보급하여야 한다.

L. 환경정보공개

환경정보를 국민이나 기업들에게 알릴 때 국민 및 기업들의 자발적 참여를 유도할 수 있다. 환경정보를 정확하게 작성하고 이를 일반인들이 이해하기 쉽게 체계적으로 정리하여 공개하는 것이 요청된다.

환경정책기본법 제15조의3 제1항에 따르면, 환경부장관은 모든 국민에게 환경보전에 관한 지식·정보를 보급하고, 국민이 환경에 관한 정보에 쉽게 접근할 수 있도록 노력하여야 하고, 또한 환경보전에 관한 지식·정보의 원활한 생산·보급 등을 위하여 환경정보망을 구축·운영할 수 있다. 또한 공공기관의 정보공개에 관한 법률에 의거하여 환경부 등 공공기관이 보유·관리하는 정보들을 일반인들에게 공개할 수 있다.

환경 기술 개발 및 지원에 관한 법률 제16조의8 (환경정보의 작성·공개)에서는 "① 제16조의2에 따른 녹색기업과 그 밖에 대통령령으로 정하는 공공기관 및 환경영향이 큰 기업 등은 다음 각 호에 해당하는 환경정보를 작성·공개하여야 한다. 다만, 「부정경쟁방지 및 영업비밀보호에 관한 법률」 제2조제2호에 따른 영업비밀에 해당하는 환경정보에 대하여는 그러하지 아니하다. 1. 환경보호, 자원절약, 환경오염물질 배출 저감 등의 관리(이하 이 조에서 "환경관리"라 한다)를 위한 목표 및 주요활동 계획 2. 환경관리를 위한 제품 및 서비스의 개발·활용에 관한 사항 3. 환경관리 성과에 관한 사항 4. 「저탄소 녹색성장 기본법」 제2조제7호에 따른 녹색경영에 관한 사항 ② 제1항에 따른 환경정보의 공개 방법 및 절차 등 세부사항은 환경부령으로 정한다."고 규정하여 환경정보를 작성·공개에 대한 규정을 두고 있다. 동법 시행령 제22조의9 (환경정보의 공개 대상)에서는 "법 제16조의8제1항에서 "대통령령으로 정하는 공공기관 및 환경영향이 큰 기업 등"이란 다음 각 호와 같다. 1. 「정부조직법」 제2조에 따른 중앙행정기관 2. 「지방자치법」 제2조에 따른 지방자치단체 3. 「공공기관의 운영에 관한 법률」 제4조에 따라 지정된 기관(같은 법 제5조제4항에 따른 기타공공기관으로서 직원의 정원이 100명 미만인 기관은 제외한다) 4. 「고등교육법」 제3조에 따른 국립대학 및 공립대학 5. 「지방공기업법」 제49조에 따른 지방공사 및 같은 법 제76조에 따른 지방공단 중 별표 2의 기관 6. 「저탄소 녹색성장 기본법」 제42조제5항에 따른 관리업체"를 규정하고 있다.

자원의 절약과 재활용촉진에 관한 법률에 의하면 환경부장관은 국민에게 자원순환에 관한 지식·정보의 보급을 위하여 노력하여야 하며, 자원순환에 관한 지식·정보 등을 생산·보급하고 이를 촉진하기 위한 자원순환정보시스템을 구축·운영할 수 있다.

환경정보의 공개는 환경행정에 대하여 '정보공개를 통한 규제'를 가능케 하며, 특히 일반국민들에게 유해물질이나 환경상 위험요인 등에 관한 정보를 제공함으로써 간접적으로 환경규제의 목적을 달성할 수 있다.

2007년 EU는 산업에 있어서 자기책임의 원칙에 따라서 'REACH(Registration, Evaluation, Authorisation and Restriction of Chemicals)[61]'라는 새로운 화학물질 관리제도를 시행하면서 기업들의 수출 기준을 강화했다. '자료 없이는 시장도 없다(No data, No market)'[62]는 모토하에 REACH에 의하면 EU 역내에서 화학물질을 1t 이상 제조하거나 또는 EU로 수출하는 기업은 의무적으로 유럽화학물질청(ECHA: European Chemicals Agency)에 단일화학물질별로 등록을 하여야 한다고 규정하여 이 역시 환경정보의 공개에 이바지하는 제도로 볼 수 있다.

M. 소결

환경보호를 위한 각종 지원책을 통해서 국민이나 기업의 자발적인 참여 내지 유도를 시도하고 있다. 이러한 제도들은 영속적으로 존속하기보다는 시대와 상황에 따라서 생겨났다가 그 효용을 다하면 다시금 새로운 제도에 의하여 교체될 수도 있을 것이다. 이러한 환경보호를 지원하는 정책들이 그 효용을 잘 발휘할 수 있도록 제도적인 설계를 잘 하는 것이 중요하겠고, 국민들이 이러한 제도를 이용하기 쉽도록 접근성을 고양하여야 할 필요도 있을 것이다.

제품의 환경친화적인 특성을 과장하거나 조작을 하여 경제적 이득을 노리는 그린워싱에 대해서는 주의를 하여야 할 것이다. 2010년 한국소비자원의 조사에 따르면 녹색 관련 표시를 한 상품 621개 중 74개(50.2%) 가량이 부적절한 것으로 보고되었다.

---

61) Die Verordnung (EG) Nr. 1907/2006 (REACH-Verordnung).

62) REACH Article 5 No data, no market Subject to Articles 6, 7, 21 and 23, substances on their own, in preparations or in articles shall not be manufactured in the Community or placed on the market unless they have been registered in accordance with the relevant provisions of this Title where this is required.

Ⅵ. 경제적 · 유인적 환경보호수단

A. 서설

환경보호와 관련하여 기존의 명령적 · 일방적 메커니즘은 한계를 나타나게 되었고, 이를 타파하기 위한 수단으로서 경제적 · 유인적 수단을 도입하게 되었다. 즉 기존의 명령적 · 규제적 메커니즘 하에서는 사업자를 포함한 국민은 환경보호를 하여야 할 동기를 갖기 어렵다. 특정의 사업자에게 준수하여야 할 기준을 제시하는 경우에 그는 이러한 기준을 최대한 활용하고자 할 것이어서, 즉 그 사업자는 기준을 준수하는 경우에 그것으로 만족하여 더 이상 환경오염물질을 저감하고자 하는 동기를 가지기 어렵게 되어서 그에게 환경보호를 위하여 보다 적극적인 활동을 기대하기 어렵다. 이에 반하여 경제적 · 유인적 수단은 경제적 부담의 결부와 유인책의 제시로 인하여 특정의 사업자가 부단하게 환경오염을 저감시킬 동인을 부여하게 된다.

경제적 · 유인적 수단의 이론적 기초는 환경경제학에서 찾을 수 있는데, 유한한 재화인 환경에 대해서 재산적인 가치를 결부시킴으로써 환경보호의 목적을 달성하려는 것이다. 예를 들면 이산화탄소의 배출감축을 시도하는 경우에 기존의 일방적 · 명령적 규제는 규제기준을 하회하는 배출량에 대해서는 감축을 위한 동기가 결여되어 있었지만, 이에 반하여 경제적 · 유인적 규제는 배출량을 감축한 경우 이를 시장에서 매매할 수 있도록 하여 경제적 이익을 취할 수 있도록 함으로써 기준을 하회하는 경우에도 지속적으로 탄소배출량의 감축을 유인하는 효과와 더불어 관련 기술의 개발도 조장할 수 있다.

이러한 패러다임의 변화는 국가와 사회의 변천과 맞물려서 특히 어느 정도 고도성장 후 사회가 보다 성숙하게 된 경우에 보다 적극적으로 나타나게 된다. 개인과 기업의 창의성을 존중하고, 또한 행정주체와 국민 내지 기업이 상호 협력하여 행정목적을 달성하려는 시도들이 나타나게 되고 이러한 맥락에서 환경보호와 관련하여서도 경제적 · 유인적 수단들이 발달하게 되었다. 이러한 수단들로서 환경세, 환경부담금 그리고 최근에는 지구온난화로 인한 사태의 심각성을 인식하고서 세계적으로 탄소배출권 거래제도를 도입하고자 노력하고 있다. 그 외에도 행정적인 제재 보다는 지원을 통하여 행정목적을 달성하고자 하는 다양한 시도들이 나타나고 있다.

다만, 이러한 경제적 · 유인적 수단들이 장점을 가지고 있기는 하지만 그러한 수단들

역시 법치국가의 테두리 내에서 움직여야 하며 법적인 통제를 받아야 한다.[63]

B. 환경세와 환경부담금

1. 서설

환경을 보호하기 위하여 일방적이고도 강제적인 조치만으로는 한계에 봉착하게 되었다. 이에 환경을 오염시키는 행위에 대해서 경제적인 부담을 지우거나 환경을 보호하는 여러 양태에 대해서 지원을 함으로써 환경을 보호하려는 시도가 나타나게 되었다.

그 중에서 특히 환경세와 환경부담금을 들 수 있는데, 환경세란 환경을 오염시키는 행위나 발생한 환경오염에 대해서 과세함으로써 환경오염을 줄이고자 하는 세이며, 환경부담금은 일정한 부과요건이 충족되면 강제적으로 부과되는 공법상의 급부금이며, 환경세는 그러한 부담금 중에서 조세로서의 징표를 구비한 것이다. 어떤 공과금이 조세인지 아니면 부담금인지는 단순히 법률에서 그것을 무엇으로 성격 규정하고 있느냐를 기준으로 할 것이 아니라, 그 실질적인 내용을 결정적인 기준으로 삼아야 한다.[64]

부담금의 부과와 관련하여 국민에 대해서 침익적인 효과를 가져오므로 법률유보의 원칙에 의거하여 법률에서 근거를 규정하여야 하고 부과기준과 관련하여 하위법령에 위임하는 경우에는 명확성원칙과 포괄위임금지의 원칙에 부합되어야 한다.

---

63) 류난영, 각종 부담금에 고통 받는 국민들…부담금 10년간 4배 ↑, 뉴시스 2010.09.21: 기업과 국민이 세금 외에 내는 준조세 성격의 부담금 징수액이 지난 10년간 4배 가까이 늘어난 것으로 나타났다. 21일 기획재정부와 한국조세연구원 등에 따르면 우리나라의 부담금 수는 2000년 98개에서 2009년 99개로 수년째 비슷한 수준인 반면 같은 기간 부담금 징수액은 약 4조원에서 약 15조원으로 4배 가까이 증가했다. 2000년 4조원에 불과하던 부담금 징수액은 2009년 14조8000억원 이었다.

이상혁, 부담금 징수액 8년새 4배 '껑충', 2009.12.01: 2000년 이후 신설된 총 41개 부담금 중 68%인 28개가 환경 · 건설교통 관련 부담금인데, 부처별 부담금 수에서도 국토해양부가 24개, 환경부가 23개로 타부처에 비해 압도적으로 많다.

64) 헌법재판소 2004. 7. 15. 2002헌바42:

<table>
<tr><th colspan="5">공법상 부담(öffentlich-rechtliche Abgaben)[65]</th></tr>
<tr><th>구분</th><th colspan="4">세분</th></tr>
<tr><td>비금전적 부담</td><td colspan="4">물품 및 노역(Sach- und Dienstleistungspflichten)</td></tr>
<tr><td rowspan="10">금전적 부담 (Geld-abgaben)</td><td>세금</td><td colspan="3">(Steuer)</td></tr>
<tr><td rowspan="9">기타 부담 (sonstige Abgaben)</td><td rowspan="2">특별부담금 (Sonder-abgaben)</td><td>*재정조달목적 부담금</td><td>특별히 밀접한 관련성</td></tr>
<tr><td>*정책실현목적 부담금</td><td>부과목적의 정당성</td></tr>
<tr><td colspan="2">분담금(Beiträge)</td><td>예) 사회보험분담금</td></tr>
<tr><td colspan="2" rowspan="2">이용료 내지 수수료 (Gebühren)</td><td>이용료(Benutzungsgebühren)
예) TV수신료</td></tr>
<tr><td>수수료(Verwaltungsgebühren)
예) 건축허가수수료</td></tr>
<tr><td colspan="2">이자(Zinsen)</td><td></td></tr>
<tr><td colspan="2">가산금, 과징금</td><td>(sonstige Ungehorsamsfolgen)</td></tr>
<tr><td colspan="2">벌금(Geldstrafen)</td><td></td></tr>
<tr><td colspan="2">과태료(Geldbußen)</td><td></td></tr>
</table>

2. 환경세

환경세란 환경과 조세가 결합된 개념으로서 환경보호를 위한 재원을 마련하기 위하여 반대급부 없이 부과 · 징수되는 금전이다. 환경세는 "오염이 있는 곳에 세금 있다"는 원칙에 기초하여 납세의무자에게 과세를 통하여 환경친화적인 행위를 유도하고 또한 환경보호에 소요되는 재정을 확보하고자 한다. 나아가 환경세는 환경오염과 관련하여 발생하는 외부효를 조정하는 역할을 수행한다.[66]

교통 · 에너지 · 환경세법[67]에 근거하여 일반적인 목적세로서 환경세가 한시적으로

65) http://de.wikipedia.org/wiki/Abgabe.

66) 이종영, 환경세의 기능과 효과, 환경법연구 19권 (1997년), 78면 이하: 독일의 연방헌법재판소에 의하면 "현대산업국가에서 조세는 국가에 의한 적극적 경제정책과 사회정책의 핵심적 유도수단으로 되었다." 그러므로 조세를 환경친화적인 행위의 유도수단으로 사용하는 것은 헌법적 또는 조세법적으로 아무런 문제없이 허용된다.

67) 교통 · 에너지 · 환경세법[시행 2016.1.1] [법률 제9346호, 2009.1.30, 폐지] 교통 · 에너지 · 환경세법은 이를 폐지한다. 부칙 〈법률 제9346호, 2009.1.30.〉 제1조(시행일) 이 법은 2016년 1월 1일부터 시행한다. 〈개

부과되고 있다. 동법에 의하면 도로·도시철도 등 교통시설의 확충 및 대중교통 육성을 위한 사업, 에너지 및 자원 관련 사업, 환경의 보전과 개선을 위한 사업에 필요한 財源을 확보함을 목적으로 한다. 교통·에너지·환경세를 부과할 과세물품과 그 세율은 다음과 같다: 1. 휘발유와 이와 유사한 대체유류 리터당 475원, 2. 경유 및 이와 유사한 대체유류 리터당 340원. 과세물품의 세목과 종류는 대통령령으로 정하며, 과세물품의 판정은 그 명칭여하에 불구하고 당해 물품의 형태·용도·성질 기타 중요한 특성에 의한다. 과세물품이 2이상의 물품에 해당하는 경우에는 당해 물품의 특성에 따라 이를 판정하고, 그 특성이 명확하지 아니한 경우에는 주된 용도에 따라 판정하며, 특성과 주된 용도가 명확하지 아니한 경우에는 높은 세율이 적용되는 물품으로 취급한다. 세율은 국민경제의 효율적 운용을 위하여 교통시설의 확충과 대중교통 육성 사업, 에너지 및 자원 관련 사업, 환경의 보전·개선사업 및 유가 변동에 따른 지원 사업에 필요한 재원의 조달과 해당 물품의 수급상 필요한 경우에는 그 세율의 100분의 30의 범위에서 대통령령으로 조정할 수 있다.

지방세로서 대기오염분야에서 부과되는 교통세도 환경세의 일종으로 볼 수 있다.

저탄소녹색성장기본법 제3조(저탄소 녹색성장 추진의 기본원칙) 제7호에서는 "7. 정부는 환경오염이나 온실가스 배출로 인한 경제적 비용이 재화 또는 서비스의 시장가격에 합리적으로 반영되도록 조세체계와 금융체계를 개편하여 자원을 효율적으로 배분하고 국민의 소비 및 생활 방식이 저탄소 녹색성장에 기여하도록 적극 유도한다. 이 경우 국내산업의 국제경쟁력이 약화되지 않도록 고려하여야 한다."라고 하여 일종의 환경친화적 조세체제로의 전환을 선언하고 있다. 또한 동법 제30조(조세 제도 운영)에서도 "정부는 에너지·자원의 위기 및 기후변화 문제에 효과적으로 대응하고 저탄소 녹색성장을 촉진하기 위하여 온실가스와 오염물질을 발생시키거나 에너지·자원 이용효율이 낮은 재화와 서비스를 줄이고 환경친화적인 재화와 서비스를 촉진하는 방향으로 국가의 조세 제도를 운영하여야 한다."고 규정하고 있다.

다만 문제는 인간의 활동 및 기업의 영위는 필수적으로 환경을 이용하여야만 하며, 또한 환경을 이용 내지 오염 시키지 아니할 수 있는 대안을 찾기가 쉽지 아니한 점이다. 그럼에도 불구하고 환경세를 부과하는 경우에 인간의 자유로운 활동, 영업의 자유 등과

정 2009.12.31, 2013.1.1.〉 교통·에너지·환경세는 1994년부터 시행되어 왔으나 목적세로 운영되어 재정운영의 경직성을 초래하고 유류에 대한 과세체계를 복잡하게 하는 등의 문제점이 있으므로 교통·에너지·환경세를 폐지하고 개별소비세에 통합하려는 것임.

충돌하는 문제가 발생한다. 그렇다면 환경세를 부과하는 경우에는 그에 합당한 정당성을 지녀야만 한다.

조세와 부담금의 비교					
분류	부과대상	부과목적	부과기준	반대급부	존속기간
조세	일반국민	재정충당	엄격한 법률주의	없음	원칙:영구
부담금	이해관계자	경비충당	완화된 법률주의	있음/미약함	원칙:10년

3. 환경부담금

a) 부담금 일반

(1) 의의

현재 우리나라에서 환경과 관련하여 부과되는 환경부담금은 약 24개에 달한다. 부담금에 대해서는 부담금관리기본법에서 정의하고 있는바, "부담금"이란 중앙행정기관의 장, 지방자치단체의 장, 행정권한을 위탁받은 공공단체 또는 법인의 장 등 법률에 따라 금전적 부담의 부과권한을 부여받은 자(이하 "부과권자"라 한다)가 분담금, 부과금, 기여금, 그 밖의 명칭에도 불구하고 재화 또는 용역의 제공과 관계없이 특정 공익사업과 관련하여 법률에서 정하는 바에 따라 부과하는 조세 외의 금전지급의무(특정한 의무이행을 담보하기 위한 예치금 또는 보증금의 성격을 가진 것은 제외한다)를 말한다. 그리고 부담금은 별표에 규정된 법률에 따르지 아니하고는 설치할 수 없으며, 설치목적을 달성하기 위하여 필요한 최소한의 범위에서 공정성 및 투명성이 확보되도록 부과되어야 하고, 특별한 사유가 없으면 하나의 부과대상에 이중으로 부과되어서는 아니 된다. 부담금을 신설하거나 부과대상을 확대하는 경우, 그 부담금을 계속 존속시켜야 할 명백한 사유가 없는 한, 그 부담금의 존속기한을 법령에 명시하여야 한다. 부담금의 존속기한은 부담금의 목적을 달성하기 위하여 필요한 최소한의 기간으로 설정하여야 하며, 그 기간은 10년을 초과할 수 없다.

부담금의 정의에서 '재화 또는 용역의 제공과 관계없이'라고 규정한 데에서 알 수 있듯이, 부담금은 국가 등이 제공하는 특정한 급부에 대한 반대급부로서 부과되는 것이 아니다. 물론 부담금과 관련된 공적 과제의 수행으로부터 납부의무자 중 일부 또는 전부가 이익을 얻을 수도 있지만, 부담금의 산정에는 그러한 이익과의 엄밀한 등가관계가 관철되고 있지 않으며, 이러한 의미에서 여전히 반대급부적 성격은 부인된다. 그리고 이처럼 반대급부적 성격이 없이 공법상 강제로 부과·징수되는 점에서는 부담금과 조세는 매우 유사하다. 다만, 조세는 국가 등의 일반적 과제의 수행을 위한 것으로서 담세능력이 있는 일반국민에 대해 부과되지만, 부담금은 특별한 과제의 수행을 위한 것으로서 당해 공익사업과 일정한 관련성이 있는 특정 부류의 사람들에 대해서만 부과되는 점에서 양자는 차이가 있다.[68]

(단위: 조원)

부담금 규모의 변화추이									
부문	2003	2004	2005	2006	2007	2008	2009	2010	2011
부담금규모	9.2	10	11.4	11.9	14.4	15.3	14.8	14.5	14.8
GDP대비, %	1.3	1.3	1.4	1.4	1.6	1.5	1.4	-	-
환경건설	2.3	2.6	2.8	2.9	3.6	3.4	3.5	3.1	3.2
산업정보	2.3	2.5	3.2	3.1	3.4	3.5	3.6	4	4
금융	1.5	1.6	1.8	1.8	2.3	2.6	2.8	2.9	3.1
농림수산	1.3	1.4	1.2	1.5	2.1	1.5	0.8	1	0.9
기타	1.8	1.9	2.4	2.6	3	4.3	4.1	4.5	3.6

(2) 유형

부담금의 종류로는 부과목적에 의하여 ① 순수하게 재정조달 목적만 가지는 재정조달목적 부담금과 ② 재정조달 목적 뿐만 아니라 부담금의 부과 자체로 추구되는 특정한 사회·경제정책 실현 목적을 가지는 정책실현목적 부담금으로 나눌 수 있다.

재정조달목적 부담금의 경우에는 추구되는 공적 과제가 부담금 수입의 지출 단계에서 비로소 실현된다고 한다면, 정책실현목적 부담금의 경우에는 추구되는 공적 과제의 전부 혹은 일부가 부담금의 부과 단계에서 이미 실현된다. 정책실현목적 부담금은 다시금 경제적 부담을 지우는 것 자체가 국민의 행위를 일정한 정책적 방향으로 유도하는 수단이 되는 유도적 부담금과 특정한 공법적 의무를 이행하지 않은 사람과 그것을 이행

68) 헌법재판소 2004.7.15. 2002헌바42 전원재판부【먹는물관리법제28조제1항위헌소원】.

한 사람 사이 혹은 공공의 출연(出捐)으로부터 특별한 이익을 얻은 사람과 그 외의 사람 사이에 발생하는 형평성 문제를 조정하는 조정적 부담금으로 구분할 수 있다.

그리고 부담금은 공익사업과 부담자의 관계에 의거하여 ① 공익사업으로 인하여 특별한 이익을 받는 자에 대하여 그 수익의 한도 안에서 당해 사업경비 일부를 부담시키기 위하여 부과하는 수익자 부담금, ② 공익사업을 필요하게 만든 원인을 제공한 자에 대해 당해 사업경비의 일부를 부담시키기 위하여 부과하는 원인자 부담금, 그리고 ③ 공익사업의 시설을 손괴하는 사업 또는 행위를 한 자에 대하여 당해 시설의 유지·보수비 등의 전부 또는 일부를 부담시키기 위하여 부과하는 손상자 부담금으로 구분할 수 있다.[69]

<table>
<tr><th colspan="5">부담금의 분류</th></tr>
<tr><th>분류</th><th colspan="2">명칭</th><th>목적실현
단계</th><th>부과이유</th></tr>
<tr><td rowspan="3">부과
목적</td><td colspan="2">재정조달목적 부담금</td><td>지출단계</td><td>재정을 조달함</td></tr>
<tr><td rowspan="2">정책실현
목적
부담금</td><td>유도적 부담금</td><td rowspan="2">부과단계</td><td>국민의 행위를 일정한 정책적 방향으로 유도</td></tr>
<tr><td>조정적 부담금</td><td>이해를 조정하는 수단</td></tr>
<tr><td rowspan="3">공익
사업
관련성</td><td colspan="3">수익자부담금</td><td>공익사업으로 인하여 특별한 이익을 받는 자에 대하여 그 수익의 한도 안에서 당해 사업경비 일부를 부담시키기 위하여 부과</td></tr>
<tr><td colspan="3">원인자부담금</td><td>공익사업을 필요하게 만든 원인을 제공한 자에 대해 당해 사업경비의 일부를 부담시키기 위하여 부과</td></tr>
<tr><td colspan="3">손상자부담금</td><td>공익사업의 시설을 손괴하는 사업 또는 행위를 한 자에 대하여 당해 시설의 유지·보수비 등의 전부 또는 일부를 부담시키기 위하여 부과</td></tr>
</table>

구 먹는물관리법 제28조 제1항은 공공의 지하수자원을 보호하고 먹는물의 수질개선에 기여하게 하기 위하여 환경부장관으로 하여금 먹는샘물 제조업자로부터 먹는샘물 판매가액의 100분의 20의 범위안에서 대통령령이 정하는 율에 따라 수질개선부담금을 부과·징수할 수 있도록 하고 있는바, 수질개선부담금은 특정한 행정과제의 수행을 위

69) 헌법재판소 2004.7.15. 2002헌바42 전원재판부【먹는물관리법제28조제1항위헌소원】;
김국현, 폐기물부담금의 산출기준을 수입업자와 제조업자에 대해 달리 정한 시행령 조항과 평등 원칙의 위배 (2008. 11. 20. 선고 2007두8287 전원합의체 판결: 공2008하, 1796), 대법원판례해설 78호(2009.07), 59면.

하여 그 과제에 대하여 특별하고 긴밀한 관계에 있는 특정집단에 대하여만 부과되는 조세외적 부담금으로서, 먹는샘물 제조업자에게 재정적 부담을 지움으로써 지하수자원을 고갈시키고 침해하는 기업활동을 억제하도록 간접적으로 유도함과 아울러 먹는물, 특히 수돗물 수질개선이라는 환경정책 실현을 위한 재원을 마련하고자 하는 것이므로 그 내용상 환경에 관한 부담금이고, 기능상으로는 정책목표 달성을 유도하고 조정하는 성격을 가진 부담금이다.[70)]

(3) **헌법적 정당성**

1) 재정조달목적부담금의 정당성

헌법재판소는 부담금의 부과에 있어서 헌법적 정당성에 대하여 결정을 하였는데, 특히 먹는샘물 수입판매업자에 대한 수질개선부담금과 같이 재정조달목적부담금의 헌법적 정당성과 관련하여 다음과 같은 결정을 내렸다.[71)]

첫째, 부담금은 조세에 대한 관계에서 어디까지나 예외적으로만 인정되어야 하며, 어떤 공적 과제에 관한 재정조달을 조세로 할 것인지 아니면 부담금으로 할 것인지에 관하여 입법자의 자유로운 선택권을 허용하여서는 안 된다. 즉, 국가 등의 일반적 재정수입에 포함시켜 일반적 과제를 수행하는 데 사용할 목적이라면 반드시 조세의 형식으로 해야 하지, 거기에 부담금의 형식을 남용해서는 안 되는 것이다.

둘째, 부담금 납부의무자는 재정조달 대상인 공적 과제에 대하여 일반국민에 비해 '특별히 밀접한 관련성'을 가져야 한다. 당해 과제에 관하여 납부의무자 집단에게 특별한 재정책임이 인정되고 주로 그 부담금 수입이 납부의무자 집단에게 유용하게 사용될 때 위와 같은 관련성이 있다고 볼 것이다. 특히 부담금 납부의무자는 그 부과를 통해 추구하는 공적 과제에 대하여 '특별히 밀접한 관련성'이 있어야 한다는 점에 있어서 ① 일반인과 구별되는 동질성을 지녀 특정집단이라고 이해할 수 있는 사람들이어야 하고(집단적 동질성), ② 부담금의 부과를 통하여 수행하고자 하는 특정한 경제적 · 사회적 과제와 특별히 객관적으로 밀접한 관련성이 있어야 하며(객관적 근접성), ③ 그러한 과제의 수행에 관하여 조세외적 부담을 져야 할 책임이 인정될만한 집단이어야 하고(집단적 책임성), ④ 만약 부담금의 수입이 부담금 납부의무자의 집단적 이익을 위하여 사용될 경우

70) 헌법재판소 1998.12.24. 선고 98헌가1 전원재판부 구먹는물관리법제28조제1항위헌제청.

71) 헌법재판소 2004. 7. 15. 2002헌바42.

에는 그 부과의 정당성이 더욱 제고된다(집단적 효용성).[72]

셋째, 이상과 같은 부담금의 예외적 성격과 특히 부담금이 재정에 대한 국회의 민주적 통제체계로부터 일탈하는 수단으로 남용될 위험성을 감안할 때, 부담금이 장기적으로 유지되는 경우에 있어서는 그 징수의 타당성이나 적정성이 입법자에 의해 지속적으로 심사될 것이 요구된다고 하여야 한다.

2) 정책실현목적부담금의 정당성

정책실현목적 부담금의 경우 재정조달목적은 오히려 부차적이고 그보다는 부과 자체를 통해 일정한 사회적 · 경제적 정책을 실현하려는 목적이 더 주된 경우가 많기 때문에, 재정조달목적 부담금의 정당화 여부를 논함에 있어서 고려되었던 사정들 중 일부는 정책실현목적 부담금의 경우에 똑같이 적용될 수 없다.

첫째, 헌법이 예정하고 있는 기본적 재정질서에 터잡아 부담금에 대한 조세의 우선적 지위가 인정되는 것은 어디까지나 그 부과목적이 재정조달에 있는 경우라 할 것이며, 특정한 정책 실현에 목적을 둔 모든 경우에도 같다고 볼 것은 아니다. 공과금은 그 개념상 원래 국가 또는 지방자치단체의 재정수입을 목적으로 하는 것인데, 재정수입의 목적보다는 주로 특정한 경제적 · 사회적 정책을 실현할 목적에서 공과금을 부담시킬

---

72) 헌법재판소 2008.11.27. 2007헌마860【영화 및 비디오물의 진흥에 관한 법률 제25조의2 등 위헌확인】; 헌법재판소 2004.7.15. 2002헌바42 전원재판부【먹는물관리법제28조제1항위헌소원】: 참고) 재판관 윤영철, 재판관 김영일, 재판관 권 성, 재판관 송인준의 반대의견: 준조세적 성격을 가진 부담금은 자칫 공과금 부담의 형평성을 훼손하고 국회의 재정통제권을 무력화시킬 수 있기 때문에, 납부의무자가 특정한 공적 과제에 대하여 일반국민에 비해 특별히 밀접한 관련성이 있는 경우에 예외적으로 최소한의 범위 내에서 허용되어야 하며, 그 위헌성은 엄격하게 심사되어야 한다. 그런데 먹는샘물 수입판매업자는 국내 지하수 자원을 이용하거나 훼손하지 않는 점에서 공공의 지하수자원의 보호라는 과제에 대하여 특별히 밀접한 관련성을 가진다고 할 수 없다. 또한 수입 먹는샘물 이외의 먹는물, 그 중에서도 특히 수돗물의 수질개선의 과제는 국가나 지방자치단체의 일반적 과제에 속하므로 이에 대해 먹는샘물 수입판매업자들에게 특별한 재정책임을 인정하기는 어렵다. 그렇다면 이 사건 법률조항은 합리적 이유 없이 수입판매업자에 대하여 조세외적 부담금을 추가로 부담시킴으로써 공과금 부담의 형평성을 훼손한다고 할 것이므로 평등원칙에 위배된다. 다음으로, 수입 먹는샘물에 관한 수질개선사업이란 사실상 수질검사 및 유통관리에 국한될 수밖에 없다. 나아가 관계법령의 규정을 보면, 수입 먹는샘물 자체의 수질개선사업에 소요되는 재정은 매우 미미할 것으로 보이고, 실제로 먹는샘물 수입판매업자에게서 거둔 이 사건 부담금은 환경개선특별회계에 편입되어 그 세입의 일부를 이루지만 동 특별회계의 세입 중 정작 수입 먹는샘물과 관련하여 별도로 지출되는 금액은 거의 전무한 실정이다. 그럼에도 불구하고 먹는샘물 수입판매업자들은 이 사건 법률조항에 의하여 매분기마다 평균판매가액의 최고 100분의 20의 비율 범위 내에서 수질개선부담금을 고정적으로 납부하도록 되어 있는바, 이는 먹는샘물 수입판매업자들의 기업활동의 자유나 재산권을 필요 이상으로 지나치게 제약하는 것으로, 비례성의 원칙에 위배된다.

수가 있는가 하는 것은 기본적 재정질서가 어떠한가와는 별개로 헌법적 쟁점이 되고 있으며, 그러한 한에서 공과금으로서의 조세와 부담금은 똑같은 문제상황에 처해 있기 때문이다.

둘째, 조세평등주의는 담세능력에 따른 과세의 원칙을 예외 없이 절대적으로 관철시킬 것을 의미하지는 않으며, 합리적 이유가 있는 경우라면 납세자간의 차별취급도 예외적으로 허용될 수 있다(헌재 1999. 11. 25. 98헌마55, 판례집 11-2, 593, 608 참조). 마찬가지로, 부담금도 그 납부의무자에게 추가적인 공과금을 부담시킬 만한 합리적 이유가 있으면 공과금 부담의 형평성에 반하지 않는다. 그리고 바로 그러한 합리적 이유로서, 재정조달목적 부담금의 경우에는 납부의무자가 재정조달의 대상인 공적 과제에 대하여 일반국민에 비해 특별히 밀접한 관련성을 가질 것이 요구되는 것이다. 그런데 정책실현목적 부담금의 경우에는, 특별한 사정이 없는 한, 부담금의 부과가 정당한 사회적 · 경제적 정책목적을 실현하는 데 적절한 수단이라는 사실이 곧 합리적 이유를 구성할 여지가 많다. 그러므로 이 경우에는 '재정조달 대상인 공적 과제와 납부의무자 집단 사이에 존재하는 관련성' 자체보다는 오히려 '재정조달 이전 단계에서 추구되는 특정 사회적 · 경제적 정책목적과 부담금의 부과 사이에 존재하는 상관관계'에 더 주목하게 된다. 따라서 재정조달목적 부담금의 헌법적 정당화에 있어서는 중요하게 고려되는 '재정조달 대상 공적 과제에 대한 납부의무자 집단의 특별한 재정책임 여부' 내지 '납부의무자 집단에 대한 부담금의 유용한 사용 여부' 등은 정책실현목적 부담금의 헌법적 정당화에 있어서는 그다지 결정적인 의미를 가지지 않는다.

부담금의 헌법적 정당성			
분류	재정조달목적 부담금	정책실현목적 부담금	
		유도적 부담금	조정적 부담금
예외성	부담금은 조세에 대한 관계에서 어디까지나 예외적으로만 인정되어야 하며, 어떤 공적 과제에 관한 재정조달을 조세로 할 것인지 아니면 부담금으로 할 것인지에 관하여 입법자의 자유로운 선택권을 허용하여서는 아니됨	헌법이 예정하고 있는 기본적 재정질서에 터잡아 부담금에 대한 조세의 우선적 지위가 인정되는 것은 그 부과목적이 재정조달에 있는 경우이고, 정책 실현에 목적의 경우에는 다름	

<table>
<tr><td rowspan="4">공적 과제

납부 의무자</td><td rowspan="4">특별히 밀접한 관련성</td><td>집단적 동질성</td><td>일반인과 구별되는 동질성을 지녀 특정집단이라고 이해할 수 있는 사람들이어야 함</td><td rowspan="4">사회적 경제적 정책 목적

부담금 부과

상관 관계</td><td>집단적 동질성 완화</td></tr>
<tr><td>객관적 근접성</td><td>부담금의 부과를 통하여 수행하고자 하는 특정한 경제적·사회적 과제와 특별히 객관적으로 밀접한 관련성</td><td>객관적 근접성</td></tr>
<tr><td>집단적 책임성</td><td>그러한 과제의 수행에 관하여 조세외적 부담을 져야 할 책임이 인정될만한 집단</td><td>집단적 책임성 완화됨</td></tr>
<tr><td>집단적 효용성</td><td>만약 부담금의 수입이 부담금 납부의무자의 집단적 이익을 위하여 사용될 경우에는 그 부과의 정당성이 더욱 제고</td><td>집단적 효용성 완화됨</td></tr>
<tr><td>남용 가능성</td><td colspan="3">부담금의 예외적 성격과 특히 부담금이 재정에 대한 국회의 민주적 통제체계로부터 일탈하는 수단으로 남용될 위험성을 감안할 때, 부담금이 장기적으로 유지되는 경우에 있어서는 그 징수의 타당성이나 적정성이 입법자에 의해 지속적으로 심사될 것이 요구됨</td><td colspan="2"></td></tr>
</table>

참조	**헌법재판소 2007.12.27. 선고 2006헌바25 전원재판부 【해양오염방지법[73] 제46조의3제1항위헌소원】**
판례취지	해양환경개선부담금은 수산자원 보호를 위한 해양환경개선 등에 필요한 재원을 확보하기 위하여 설치된 수산발전기금의 재원을 안정적으로 확보하기 위하여 설립되었고 우리나라가 원칙적으로 해양투기 금지라는 해양 폐기물 관리정책을 추진하면서 육상처리비용보다 해양배출이 저렴하다는 경제적 이유로 급격히 증가하고 있는 해양배출을 억제하기 위해 부담금이라는 금전적 부담의 부과를 통하여 간접적으로 국민의 행위를 일정한 정책적 방향으로 유도하기 위한 것으로 그 입법목적의 정당성은 인정된다. 헌법 제35조 제1항은 환경정책에 관한 국가적 규제와 조정을 뒷받침하는 헌법적 근거가 되며 국가는 환경정책 실현을 위한 재원마련과 환경침해적 행위를 억제하고 환경보전에 적합한 행위를 유도하기 위한 수단으로 환경부담금을 부과·징수하는 방법을 선택할 수 있다. 이 사건 해양환경개선부담금의 납부의무자는 폐기물해양배출업자들로서 원칙적으로 금지되어 있는 폐기물 해양배출을 예외적으로 허용 받아 이를 영업으로 하면서 그 이득을 취하는 자들로 일반인이나 다른 집단과 구별되는 집

73) 2007년 1월 19일 해양오염방지법은 폐지되고 해양환경관리법이 제정되었음.

단적 동질성을 가지고 있다. 또한 폐기물의 해양배출로 인하여 위축될 것이 분명한 수산업의 육성 및 해양환경개선 등을 위한 수산발전기금의 안정적인 운용재원 확보와 폐기물의 해양배출 억제라는 특별한 경제적·사회적 공적 과제와 객관적으로 밀접한 관련성을 가지고 이러한 공적과제 실현에 있어 조세외적 부담을 져야할 책임이 인정되므로 이 사건 해양환경개선부담금은 부담금의 형식을 남용한 것으로 볼 수 없다. 이 사건 법률조항의 동일한 입법 목적 달성을 위해 기본권의 제한을 최소화 할 수 있는 다른 수단이 존재하는지 여부를 살펴보면 형벌이나 행정벌을 통해 폐기물의 해양 배출을 애초에 금지하는 방법을 생각해 볼 수 있으나 이는 원칙적으로 금지되어 있는 폐기물 해양배출을 예외적으로 허용 받아 영업으로 하는 폐기물해양배출업을 인정하고 있는 취지에 정면으로 배치되고 해양환경개선부담금의 입법 목적 중 다른 하나인 수산발전기금 재원의 안정적 확보라는 입법 목적을 달성할 수도 없을 뿐 아니라 형벌이나 행정벌의 부과가 부담금의 부과보다 덜 제한적인 수단이라고 볼 수도 없다. 나아가 이 사건 법률조항을 통해 달성하려는 공익은 이 사건 해양환경개선부담금의 부과에 따라 제한되는 개인의 재산권에 비해 결코 작다고 할 수도 없으므로 이 사건 법률조항은 재산권을 침해하지 않는다.

부담금이 헌법적으로 정당화되기 위해서는 부담금 납부의무자가 부담금을 통해 추구하고자 하는 공적 과제에 대하여 일반 국민에 비해 '특별히 밀접한 관련성'을 가져야 한다. 이 사건 해양환경개선부담금의 납부의무자는 폐기물해양배출업자들로서 원칙적으로 금지되어 있는 폐기물 해양배출을 예외적으로 허용 받아 이를 영업으로 하면서 그 이득을 취하는 자들로 일반인이나 다른 집단과 구별되는 집단적 동질성을 가지고 있다. 그리고 폐기물해양배출업자는 해양환경오염의 주요한 원인이 되는 폐기물 해양배출을 영업으로 하여 이익을 창출하고 있으므로 폐기물의 해양배출로 인하여 위축될 것이 분명한 수산업의 육성 및 해양환경개선 등을 위한 수산발전기금의 안정적인 운용재원 확보와 폐기물의 해양배출 억제라는 특별한 경제적·사회적 공적 과제와 객관적으로 밀접한 관련성을 가지고, 또한 이러한 공적과제 실현에 있어 조세외적 부담을 져야할 책임이 인정된다. 따라서, 이 사건 해양환경개선부담금의 납부의무자와 이 부담금을 통해 달성하려는 특별한 공적과제 사이에는 '특별히 밀접한 관련성'이 인정된다고 할 수 있다.

재판관 목영준의 반대의견: 해양환경개선부담금의 성격 및 부담금관리기본법의 입법취지에 비추어 볼 때, 법률이 부담금의 부과에 관한 사항을 대통령령에 위임할 때 요구되는 구체성 및 명확성의 요구 정도는 조세법규의 그것에 준하여야 하고, 위임의 요건과 범위가 일반적인 급부행정법규의 경우보다 더 엄격하고 제한적으로 규정되어야 한다. 따라서 해양환경개선부담금의 부과에 관한 사항을 대통령령에 위임하는 경우에는 적어도 법률 자체에서 산정기준의 대강을 정하고, 부과될 수 있는 부담금의 상한을 규정함으로써 납부의무자가 대통령령에서 규정될 내용의 대강을 예측할 수 있도록 하여야 한다. 그러나 이 사건 법률조항은 해양환경개선부담금의 대강이나 범위의 한정 없이 부담금의 산정·감면기준 및 부과·징수절차 전부를 대통령령에 위임하고 있어 산정·감면기준을 어떻게 정할지, 부과 및 징수절차는 어떠한 형태로 할지가 오로지 행정권의 임의적 판단에 맡겨져 있다. 또한 이 사건 법률조항의 규정내용과 해양오염방지법의 전반적인 체계, 부담금 납부의무자 등에 관한 관련조항을 유기적·체계적

판례 취지	으로 판단하여 보아도 위 법률조항의 위임에 따라 시행령에 규정될 부담금 산정 · 감면기준의 내용이 대강 어떤 것이 될지를 전혀 예측할 수 없다. 결국 이 사건 법률조항은 포괄위임입법금지원칙에 위배되어 헌법에 위반된다.

b) 배출부과금

대기환경보전법을 보면 환경부장관은 대기오염물질로 인한 대기환경상의 피해를 방지 또는 감소시키기 위하여 대기오염물질을 배출하는 사업자에 대하여 배출부과금을 부과 · 징수한다고 규정하고 있는바, 여기서 '배출부과금'이란 일반적으로 일정한 환경기준을 초과하는 공해배출량이나 잔류량에 대하여 일정단위당 부과금을 곱하여 산정되는 금전적 급부의무를 부과함으로써 환경오염을 방지하기 위한 수단을 말한다. 배출부과금은 허가받은 배출시설 또는 무허가시설로서 지도단속결과 배출허용기준을 초과하여 행정처분을 받은 경우 또는 부득이 배출허용기준을 초과하여 조업할 것을 사업자 스스로 신고하는 경우 부과된다.[74]

부과대상 오염물질은 대기분야가 황산화물, 암모니아, 황화수소, 이황화탄소, 불소화합물, 먼지, 악취 등이며, 수질분야는 유기물질, 부유물질, 카드뮴 및 그 화합물, 시안화합물, 페놀류 등이다. 축산폐수에도 BOD(생물화학적 산소요구량)와 SS(부유물질)에 대하여 배출부과금을 부과하고 있다.

배출부과금은 행정법상의 의무위반자에 대하여 과하는 금전상의 제재로서 일종의 과징금의 성격과 시장유인적 규제수단으로서의 의미를 함께 지니고 있다.

일반적으로 배출부과금제도의 단점으로는 배출부과금의 결정이 어렵고, 실효를 거두기 위해서는 배출업체의 오염물질배출에 대한 상시감시와 측정이 요구되므로 많은 비용이 수반되는 점이 지적되고 또한 배출부과금 산정 방법에 있어 농도규제방식이 사용되고 있는데 농도는 공기나 물로 희석하는 등의 방법을 통해 농도를 줄일 수 있다. 장점으로는 피규제자의 합리적 선택을 허용하므로 경제적 효율성을 증대할 수 있으며, 배출업체로 하여금 환경보호를 하도록 유도하는 경제적 유인작용을 하며, 원인자책임의 원칙에 보다 부합되고, 환경보전을 위한 국고수입의 증대를 가져오는 점 등이 지적된다.[75]

배출부과금은 기본배출부과금과 초과배출부과금으로 구분되며, 후자는 다시금 사업장 규모별로 부과하는 종별부과금과 배출허용기준치를 초과하여 배출되는 오염물질의

74) 대법원 2009.12.10. 선고 2009두14705 판결【초과부과금부과처분취소】.

75) 홍준형, 환경법, 박영사, 2001, 273면.

처리비용에 상당하는 금액을 부과하는 처리부과금을 합산한 금액으로 한다.

종류	대기 및 수질분야의 배출부과금의 산정	
배출부과금	기본배출부과금 + 초과배출부과금	
기본배출부과금	배출허용기준이내 오염물질배출량×오염물질 1kg당 부과금액×지역별부과계수×연도별부과금산정지수×농도별부과계수(대기) 또는 방류수수질기준초과율별계수(수질)	
초과배출부과금	종별부과금 + 처리부과금	
	종별부과금	사업장규모별로 5종 사업장(50만원) ~ 1종 사업장(400만원)까지 정액을 부과
	처리부과금	배출허용기준초과 오염물질배출량×오염물질 1kg당 부과금액×지역별부과계수×연도별부과금산정지수×배출허용기준초과율별계수×위반횟수별계수

주요	대법원 2009.12.10. 선고 2009두14705 판결【초과부과금부과처분취소】
사실관계	갑은 자동차부품 등 제조업체로서 사업장 내에 대기오염물질의 배출 및 방지를 위하여 집진시설을 설치, 운영하고 있었다. 2007. 7. 27. 갑의 집진시설에 대하여 보건환경연구원이 대기오염도를 검사한 결과 먼지 배출허용기준 100㎎/Sm^3을 훨씬 초과하는 2,879.3㎎/Sm^3의 먼지가 검출되었다. 이에 2007. 8. 1. 관할행정청 을은 갑에게 개선명령을 발하였고, 갑은 2007. 10. 31.까지 집진시설을 개선하겠다는 내용의 개선계획서를 을에게 제출하였다. 그리고 집진시설에 대한 보수공사를 하여, 2007. 10. 31. 개선완료를 보고하였다. 을은 2007. 11. 2. 그 개선이행상태를 확인한 후 2007. 7. 27.자 초과농도 측정결과를 토대로 그 배출기간을 위 집진시설에 대한 오염물질 채취일인 2007. 7. 27.부터 갑의 개선완료보고일인 2007. 10. 31.까지(중간의 휴무일 공제)로 하고서, 그 기간 중 1일 조업시간을 10시간으로 확정하여 배출부과금 계산식에 근거하여 총 85일의 배출기간에 대하여 1,303,020,520원의 초과배출부과금을 부과하였다. 이에 반하여 갑은 실제로 배출한 종기인 2007. 9. 30. 까지만 초과배출부과금을 산정하여야 한다고 보아 초과배출부과금부과처분에 대하여 일부취소를 내용으로 하여 부과금부과처분 취소의 소를 제기하였다. 근거법령: 대기환경보전법 시행령 제28조 (부과금의 조정) ① 환경부장관은 다음 각호의 1에 해당하는 경우에는 부과금을 다시 산정하여 조정하되, 이미 납부한 금액과 조정된 금액에 차이가 있을 때에는 그 차액을 다시 부과하거나 환급하여야 한다. 1. 명령이행완료예정일 전에 명령의 이행이 완료되어 초과부과금 산정의 기초가 되는 오염물질 또는 배출물질의 배출기간이 달라지게 된 경우 ② 제1항 제1호의 사유로 초과부과금을 조정하는 경우의 초과부과금산정을 위한 오염물질 또는 배출물질의 배출기간은 명령이행의 보고를 한 날까지로 한다.

쟁점	초과배출부과금부과의 시기를 어느 시점으로 보아야 하는가?
판례	1. 시행령 제28조 제2항에서 명시적으로 명령이행 완료 보고일을 기준으로 하도록 하고 있다. 문언에 충실하게 행정처분한 것을 위법하다고 할 수 없다. 2. 공사완료에 대해서는 구체적 사실관계의 확인이 필요한데 그러한 절차가 없었다. 3. 배출량이 줄어드는 것에는 공사 완료 이외에도 다른 요인들이 있을 수 있으므로 행정청의 측정완료가 있어야 한다. 4. 시행령 제28조 제2항에 따라서 명령이행 완료 보고일을 배출종기로 보아야 한다.

c) 과징금

과징금이란 법을 위반하여 경제적 이익을 얻는 경우에 기존의 벌금이나 과태료로는 충분한 억제효과를 나타낼 수 없으므로 도입한 의무이행수단으로서 원칙적으로 경제적 이익의 전부를 박탈하는 것을 목적으로 부과하는 금전적 제재이다.

환경범죄 등의 단속 및 가중처벌에 관한 법률에서는 불법배출이익에 대하여 과징금을 부과할 수 있도록 규정하고 있는바, 환경부장관은 대통령령이 정하는 오염물질을 불법배출한 사업자에 대하여 불법배출이익의 2배 이상 10배 이하에 상당하는 금액과 특정오염물질의 제거 및 원상회복에 소요되는 비용을 과징금으로 부과 · 징수한다고 규정하고 있다.

대기환경보전법에 따르면 환경부장관은 1. 의료법에 의한 의료기관의 배출시설 2. 사회복지시설 및 공동주택의 냉난방시설 3. 발전소의 발전설비 4. 집단에너지사업법에 의한 집단에너지시설 5. 초 · 중등교육법 및 고등교육법에 의한 학교의 배출시설 5의2. 제조업의 배출시설 6. 기타 대통령령이 정하는 배출시설을 설치 · 운영하는 사업자에 대하여 조업정지를 명하여야 하는 경우로서 그 조업정지가 주민의 생활, 대외적인 신용 · 고용 · 물가 등 국민경제 기타 공익에 현저한 지장을 초래할 우려가 있다고 인정되는 경우에는 조업정지처분에 갈음하여 2억원 이하의 과징금을 부과할 수 있다. 조업계속의 필요성이 큰 배출시설들의 조업을 정지시킬 경우 그로부터 기대되는 환경정책적 이익보다 더 중요한 공익이 손상될 수도 있으므로 과징금을 부과하는데 이런 과징금을 변형과징금이라고 한다.

d) 환경개선부담금

환경개선부담금은 오염원인자책임의 원칙에 따라 오염원인자에게 오염물질처리비용을 부담하도록 하여 오염저감을 유도하고 환경개선을 위한 투자재원을 합리적으로 조달하기 위한 것으로 환경사용료의 성격을 지니는바 우리나라에서는 1991년 제정된 환경개선비용부담법에 근거하여 부과한다. 동법의 목적은 환경오염의 원인자로 하여금 환경개선에 필요한 비용을 부담하게 하여 환경개선을 위한 투자재원을 합리적으로 조달함으로써 국가의 지속적인 발전의 기반이 되는 쾌적한 환경을 조성하는 데 이바지하는 것을 목적으로 한다(법제1조).

환경부장관은 환경오염물질을 다량(多量)으로 배출하여 환경오염의 직접적인 원인이 되는 건물이나 그 밖의 시설물(이하 "시설물"이라 한다)의 소유자 또는 점유자와 경유를 연료로 사용하는 자동차의 소유자로부터 환경개선부담금(이하 "개선부담금"이라 한다)을 부과·징수한다. 다만, 생산시설, 저장시설 및 군사시설 등 대통령령으로 정하는 시설물은 제외한다(법제9조).

다만 환경개선부담금 부과와 관련된 문제로는 첫째, 부과요율과 관련하여 환경오염방지시설의 설치나 운영여부에 관계없이 일률적인 부과요율을 적용하는 것, 둘째, 건물과 자동차의 소유주에게 환경개선부담금을 부과하기 때문에 소유주와 사용자가 일치하지 아니하므로 원인자부담원칙에 위배될 소지가 있는 것, 셋째, 배출부과금 부과에 있어 오염물질의 배출이 배출허용기준을 초과하는 경우에는 초과부과금을 부과하는데, 이에 더하여 환경개선부과금이 부과되어 이중부담이 되고 있는 점 등이다.[76]

특히 환경개선부담금의 부과대상과 관련하여 환경개선부담금 납부의무자는 그 부과를 통해 추구하는 공적 과제에 대하여 '특별히 밀접한 관련성'이 있어야 한다는 점에 있어서 ① 일반인과 구별되는 동질성을 지녀 특정집단이라고 이해할 수 있는 사람들이어야 하고(집단적 동질성), ② 부담금의 부과를 통하여 수행하고자 하는 특정한 경제적·사회적 과제와 특별히 객관적으로 밀접한 관련성이 있어야 하며(객관적 근접성), ③ 그러한 과제의 수행에 관하여 조세외적 부담을 져야 할 책임이 인정될만한 집단이어야 하고(집단적 책임성), ④ 만약 부담금의 수입이 부담금 납부의무자의 집단적 이익을 위하여 사용될 경우에는 그 부과의 정당성이 더욱 제고되는바(집단적 효용성) 이러한 기준에 비추어 볼 때 집단적 동질성이나 집단적 효용성의 측면어서 위헌의 소지가 다분하다. 왜냐하면 환경개선부담금의 부과대상자들이 역사적·사회적으로 특징적인 여건이나 환경에 의하여 각인된 집단으로서 특별하게 공통점이나 연대감을 가지는 동질적 집단으로 보기

76) 김홍균, 환경법, 홍문사, 2010, 869면.

어렵기 때문이고, 또한 환경개선부담금이 부담금 부과대상 시설물 등의 소유자 또는 점유자의 집단적 이익을 위하여 사용된다고 보기도 어렵기 때문이다.[77)]

e) 저탄소협력금

대기환경보전법 개정으로 2015년 1월 1일부터 차량 구매시 온실가스 배출량에 따라 보조금 또는 부담금을 부여하는 저탄소협력금제도가 시행되도록 규정하였지만, 정부는 제도 시행 시기를 2020년 이후로 연장하였다. 그 이유로는 당초 생각했던 것보다 이산화탄소 감축 효과가 크지 않은데다 자동차 업계의 부담을 고려하였기 때문이다.[78)]

된다. 대상차종은 10인승 이하 승용 · 승합차 중 총 중량이 3.5톤 미만인 자동차이다. 저탄소협력금제도는 온실가스를 많이 배출하는 차량을 구매하는 소비자에게 부담금을 부과하고, 반대로 온실가스를 적게 배출하는 차량을 구매하는 소비자에게는 보조금을 지원하는 제도이다.

2011년 기준 주요국 경차비중은 일본 30.6%, 프랑스 39.0%인 반면 한국은 8.9% 수준에 그치고 있는바, 이 제도가 도입되면 중 · 대형차 대신 온실가스를 적게 배출하는 하이브리드차 · 전기차 등 친환경차와 소형차가 보다 적극적으로 보급될 수 있을 것이다.

프랑스는 2008년부터 보너스-맬러스(Bonus-Malus) 제도를 도입해 온실가스 배출량에 따라 차량 구매자에게 보너스는 200~7000유로, 부담금은 100~6000유로를 부과하고 있는데, 이를 통해 저탄소차의 소비가 46.3% 증가하고 연간 24만톤의 온실가스 배출량이 감소되는 성과를 이끌어 냈다.[79)]

f) 생태계보전협력금

생태계보전협력금이란 환경부장관이 자연환경을 체계적으로 보전하고 자연자산을 관리 · 활용하기 위하여 자연환경 또는 생태계에 미치는 영향이 현저하거나 생물다양성의 감소를 초래하는 개발사업을 하는 사업자에 대하여 부과 · 징수하는 금전이다(자연환경보전법 제46조).

생태계보전협력금의 부과대상이 되는 사업은 1.「환경영향평가법」 제22조에 따른 환경영향평가대상사업 2.「광업법」 제3조제2호에 따른 광업중 대통령령이 정하는 규모 이

77) 김홍균, 환경법, 홍문사, 2010, 869면.

78) 한국경제신문, 김주완/정인설, 2014-09-02, http://www.hankyung.com.

79) http://www.kiee.or.kr/.

상의 노천탐사 · 채굴사업 3.「환경영향평가법」 제43조에 따른 소규모 환경영향평가 대상 개발사업으로 개발면적이 3만제곱미터 이상인 사업 4. 그 밖에 생태계에 미치는 영향이 현저하거나 자연자산을 이용하는 사업중 대통령령이 정하는 사업 등이다(동법 제46조 및 동법시행령 제36조).

생태계보전협력금의 산정방법은 다음과 같다: 생태계보전협력금 = 생태계의 훼손면적×단위면적당부과금액×지역계수.

g) 수질개선부담금

수질개선부담금은 환경부장관이 공공의 지하수자원을 보호하고 먹는물의 수질개선에 기여하기 위하여 먹는 샘물의 제조업자 · 수입판매업자 · 샘물개발자에게 부과하는 것이다.

수질개선부담금의 도입 경위를 살펴보면, 1974 식품위생법시행령에서 처음으로 '보존음료수 제조업'을 허가업종에 포함시킨 이래 먹는 샘물 제조는 전량을 수출하거나 주한외국인에 판매하는 조건으로만 허가되었다. 아시안 게임과 올림픽 게임을 통해서 먹는 샘물의 국내 시판이 긍정적으로 고려되었으나, 1989년 수돗물 중금속 파동, 1991년 낙동강 페놀 오염 사건 등으로 국내시판은 수돗물에 대한 국민의 불신을 증가시킬 수 있다는 이유로 보류되었다.

그 후 1994 먹는 샘물의 국내시판 금지는 국민의 행복추구권 및 직업의 자유를 과도하게 침해한다는 대법원 판결 및 1994년 초 낙동강 유기용제 오염 사건을 계기로 1995 먹는물관리법 제정을 통하여 먹는 샘물의 국내시판을 허용하였다. 이와 더불어 무분별한 지하수 개발을 방지하여 공공의 지하수자원을 보호하고 먹는물의 수질개선에 기여하고자 수질개선부담금을 부과하게 되었다.[80]

부담금의 부과 대상은 샘물을 개발하여 이를 원료로 제품을 제조 · 판매한 먹는샘물 제조업자 및 먹는샘물 수입판매업자, 기타 1일 300톤 이상의 샘물을 개발하여 원수의 일부를 음료류 · 주류 등의 원료로 사용하는 자이다.

h) 재활용부과금(폐기물예치금)

자원의절약과재활용촉진에관한법률 제16조(제조업자 등의 재활용의무)에 의거하여 부

80) 헌법재판소 2004. 7. 15. 2002헌바42.

과되는 폐기물예치금(재활용부과금)은 자원의 재활용을 유도하기 위한 것으로 포괄적 생산자 책임의 원칙 하에서 폐기물의 생산단계에서부터 원천적으로 폐기물을 감량하고 재활용을 확대하고자 하는 제도이다. 이러한 재활용부과금은 생산자책임재활용(Extended Producer Responsibility)제도의 일환으로서, 생산자책임재활용제도는 제품 생산자나 포장재를 이용한 제품의 생산자에게 그 제품이나 포장재의 폐기물에 대하여 일정량의 재활용의무를 부여하여 재활용하게 하고, 이를 이행하지 않을 경우 재활용에 소요되는 비용 이상의 재활용 부과금을 생산자에게 부과하는 제도이다.

자원의절약과재활용촉진에관한법률에 따르면 환경부장관은 회수 · 재활용이 용이한 제품 · 용기 중 대통령령이 정하는 제품 · 용기가 폐기물이 되는 경우 그 회수 · 처리에 소요되는 費用을 당해 제품 · 용기의 제조업자 또는 수입업자로 하여금 환경개선특별회계법에 의한 환경개선특별회계에 매년 예치하게 할 수 있도록 하고 있으며, 적정하게 회수 · 처리한 경우에는 그 실적에 따라 예치비용을 반환함으로써 회수 · 재활용이 용이한 제품의 생산을 유도하고 폐기물 발생량을 줄이거나 폐기물의 재활용을 촉진하는 제도이다.

자원의절약과재활용촉진에관한법률 제19조(재활용부과금의 징수 등)제1항에 의하면, 환경부장관은 재활용의무생산자가 제16조에 따른 의무를 이행하지 아니하거나 제27조에 따른 재활용사업공제조합이 조합원의 재활용의무를 대행하지 아니하는 경우에는 재활용의무량 중 재활용되지 아니한 폐기물의 재활용에 드는 비용에 그 100분의 30 이하의 금액을 더한 금액(이하 "재활용부과금"이라 함)을 재활용의무생산자나 재활용사업공제조합에 부과하여 징수한다. 환경부장관은 재활용부과금을 내야 하는 자가 납부기한까지 내지 아니하면 30일 이상의 기간을 정하여 납부를 독촉하여야 하며, 이 경우 체납된 재활용부과금에 100분의 5에 해당하는 가산금을 부과하고, 독촉을 받은 자가 그 기한까지 재활용부과금이나 가산금을 내지 아니하면 국세 체납처분의 예에 따라 징수한다.

재활용부과금의 산출기준이 되는 폐기물의 재활용에 드는 비용, 그 납부시기 · 절차, 그 밖에 필요한 사항은 대통령령으로 정한다.

i) 폐기물부담금

폐기물부담금은 폐기물 예치금의 부과대상인 제품이나 용기 외에 제품 그 자체가 유해물질 또는 유독물을 함유하고 있거나, 재활용이 어렵고 폐기물 관리상의 문제를 초래할 가능성이 있는 제품 · 재료 · 용기인 경우에는 폐기물의 처리에 소요되는 비용에 상당하는 비용을 제조업자 또는 수입업자에게 부담시킴으로써 제품의 가격에 환경비용을 내재화시켜 환경비용을 합리적으로 배분하고 제품의 환경친화성을 제고하기 위하여 도입된 제도로서, 폐기물을 발생시킨 원인자가 되는 제조·수입업자에게 부과된다는 점에서 정책실현목적 부담금이면서 동시에 원인자 부담금의 성격을 가진다.

폐기물부담금의 문제로는 부담금 부과대상의 선정이 어렵고 재활용이 어렵고 및 폐기물 관리상 문제를 초래할 가능성이 있는지를 판단함에 있어서 객관적인 판단기준을 정립하는 것이 쉽지 아니한 점이다.

자원의절약과재활용촉진에관한법률 제12조(폐기물부담금)제1항에 의하면, 환경부장관은 폐기물의 발생을 억제하고 자원의 낭비를 막기 위하여 다음 각 호의 어느 하나에 해당하는 물질을 함유하고 있거나 재활용이 어렵고 폐기물 관리상의 문제를 초래할 가능성이 있는 제품·재료·용기(제16조에 따른 제품·포장재와 생분해성수지제품은 제외) 중 대통령령으로 정하는 제품·재료·용기의 제조업자나 수입업자에게 그 폐기물의 처리에 드는 비용을 매년 부과·징수한다: 1.「대기환경보전법」제2조제9호에 따른 특정대기유해물질, 2.「수질 및 수생태계 보전에 관한 법률」제2조제8호에 따른 특정수질유해물질, 3.「유해화학물질 관리법」제2조제3호에 따른 유독물.

환경부장관은 폐기물부담금을 내야 하는 자가 납부기한까지 내지 아니하면 30일 이상의 기간을 정하여 납부를 독촉하여야 한다. 이 경우 체납된 폐기물부담금의 100분의 5에 해당하는 가산금(加算金)을 부과하며, 독촉을 받은 자가 그 기간까지 폐기물부담금이나 가산금을 내지 아니하면 국세 체납처분의 예에 따라 징수한다.

참조	헌법재판소 2008.5.29. 선고 2005헌바48,64(병합) 전원재판부 【자원의절약과재활용촉진에관한법률제12조제1항등위헌소원】
판례취지	이 사건 제1항 조항에 대한 법률의 불명확성의 문제는 폐기물부담금의 부과대상이 되는 요건이나 기준 등을 법률에 명확히 규정함이 없이 대통령령에 위임하고 있기 때문에 발생하는 것으로 법률의 명확성원칙에 관한 부분은 이러한 위임이 위임입법의 헌법적 한계를 준수하였는지에 대한 심사로서 포괄위임입법금지원칙 위반 여부와 함께 판단되어질 수 있다. 이 사건 제1항 조항은 폐기물의 발생을 억제하고 자원의 낭비를 막기 위하여 부과대상 제품 등의 제조업자로 하여금 그 '폐기물의 처리에 드는 비용'을 매년 납부하게 할 수 있도록 명확하게 규정하고 있고, 여기에서 '폐기물'이란 "쓰레기·연소재·오니·폐유·폐산·폐알카리·동물의 사체 등으로서 사람의 생활이나 사업활동에 필요하지 아니하게 된 물질"을 말하며(자원재활용촉진법 제2조 제8호, 폐기물관리법 제2조 제1호) '처리'라 함은 "폐기물의 소각·중화·파쇄·고형화 등에 의한 중간처리와 매립·해역배출 등에 의한 최종처리"를 의미하므로(폐기물관리법 제2조 제5호), 이와 같이 이 사건 제2항 조항의 규정

<table>
<tr>
<td>판례 취지</td>
<td>형식과 내용, 관련 법규 등을 유기적, 체계적으로 살펴보면, 이 사건 제2항 조항에 의하여 대통령령에 위임된 폐기물부담금이 폐기물의 발생을 억제하고 자원의 낭비를 막기 위하여 그 원인 제공자인 제조업자에게 매년 부과되는 금원으로서 그 산출기준에 관하여도 폐기물의 처리에 드는 비용을 상한으로 하고 있음을 쉽게 예측할 수 있다. '폐기물 처리에 드는 비용'이 일단 그 의미에 있어 불명확해 보이기는 하나 폐기물의 소각 및 매립 등을 통해 처리하는 비용이라는 것은 쉽게 예측 할 수 있고, 이 사건 제1 · 2항 조항들이 적용되는 대상은 플라스틱 제품의 제조업자 등으로서 그 집단의 특수성 · 관련성 · 전문성으로 인해 폐기물부담금의 산출기준 등을 충분히 예측할 수 있다 할 것이므로, 일반 국민들을 대상으로 하는 다른 부담금이나 조세에 대한 예측 가능성 판단과는 달리 보아야 한다. 또한 폐기물 등을 발생시킬 수 있는 제품이 극히 다양하고 이에 대처하는 자원의 재활용 및 폐기물 처리에 관한 기술 등 환경 관련 기술의 지속적인 변화 발전으로 인하여 이 사건과 같은 환경관련 법률은 고도로 전문적이고 기술적일 뿐 아니라 수시로 변화가 예상되는 등, 상황 변화에 효율적으로 대처할 수 있는 탄력성이 요구되는 분야이고, 이 사건 제2항 조항이 규율대상으로 삼고 있는 사항도 폐기물부담금의 산출기준 · 납부시기 · 납부절차 등에 대한 것으로서 그 대상이 지극히 다양할 뿐만 아니라 세부적 · 기술적 · 가변적인 사항이어서 이를 형식적인 법률로 규정하기에 부적절하며, 오히려 법률로 규정할 경우 위 조항이 추구하는 폐기물의 발생 억제 및 자원의 낭비를 막으려는 입법목적을 효율적으로 달성하기 어려운 점 등에 비추어 보면, 이 사건 제2항 조항은 위임사항의 내용과 범위를 그 나름대로 구체적으로 특정한 것으로서 이로부터 대통령령에 규정될 사항의 대강을 예측할 수 있다 할 것이므로 포괄위임입법금지원칙에 위배되지 않는다.

재판관 이강국, 재판관 김종대의 반대의견: 폐기물은 종류에 따라 그 처리 방법이 매우 다양할 수 있고 각각의 처리 방법에 따라 처리에 드는 비용 또한 천차만별일 것이므로 그 처리 비용의 범위가 어느 정도에 이를 것인지 확정하기 어렵다. 그렇다면 이 사건 제2항을 관련 법률조항과 유기적으로 종합하여 판단함으로써, 폐기물부담금을 폐기물의 소각이나 매립 등을 통해 처리하는 비용이라고 해석한다 하더라도, 이 사건 제2항이 부담금 산출기준의 대강을 정해 두었다거나 부담금의 상한을 정해 놓았다고 보기는 어렵다. 따라서 이 사건 제2항은 국민의 재산권과 관련된 중요한 사항이라 할 수 있는 폐기물부담금의 산출기준과 납부시기 및 납부절차 등에 관하여 구체적이고 명확하게 규정하지 아니한 채 하위법령인 대통령령에 포괄적으로 위임함으로써, 부담금 납부의무자로 하여금 그 납부의무의 범위와 납부방법 등에 대하여 전혀 예측할 수 없게 하고, 나아가 행정부의 자의적인 행정입법권 행사에 의하여 국민의 재산권이 침해될 여지를 남김으로써 헌법 제75조가 규정하고 있는 포괄위임금지원칙에 위반하였다고 판단하지 않을 수 없다.</td>
</tr>
</table>

j) 해양환경개선부담금

해양환경개선부담금은 어업경영자금의 지원, 수산물 유통구조개선 및 가격안정, 경쟁력 있는 수산업 육성에 필요한 재원을 확보하기 위해 설립된 수산발전기금의 안정적인 운용재원 확보와 부담금의 부과를 통한 해양배출의 억제라는 특별한 공적 과제를 위하여 부과되며, 그 지출 용도가 제한적으로 설정되어 있고(어특법 제25조), 위 공적 과제와의 관련성을 매개로 특정 부류의 사람들에 대해서만 부과되는 점에서, 그 이념과 기능이 조세의 그것과 실질적으로 구별되므로 부담금에 해당한다.[81)]

---

81) 헌법재판소 2007.12.27. 선고 2006헌바25 전원재판부【해양오염방지법제46조의3제1항위헌소원】: 해양환경개선부담금은 수산자원 보호를 위한 해양환경개선 등에 필요한 재원을 확보하기 위하여 설치된 수산발전기금의 재원을 안정적으로 확보하기 위하여 설립되었고 우리나라가 원칙적으로 해양투기 금지라는 해양 폐기물 관리정책을 추진하면서 육상처리비용보다 해양배출이 저렴하다는 경제적 이유로 급격히 증가하고 있는 해양배출을 억제하기 위해 부담금이라는 금전적 부담의 부과를 통하여 간접적으로 국민의 행위를 일정한 정책적 방향으로 유도하기 위한 것으로 그 입법목적의 정당성은 인정된다. 헌법 제35조 제1항은 환경정책에 관한 국가적 규제와 조정을 뒷받침하는 헌법적 근거가 되며 국가는 환경정책 실현을 위한 재원마련과 환경침해적 행위를 억제하고 환경보전에 적합한 행위를 유도하기 위한 수단으로 환경부담금을 부과·징수하는 방법을 선택할 수 있다. 이 사건 해양환경개선부담금의 납부의무자는 폐기물해양배출업자들로서 원칙적으로 금지되어 있는 폐기물 해양배출을 예외적으로 허용 받아 이를 영업으로 하면서 그 이득을 취하는 자들로 일반인이나 다른 집단과 구별되는 집단적 동질성을 가지고 있다. 또한 폐기물의 해양배출로 인하여 위축될 것이 분명한 수산업의 육성 및 해양환경개선 등을 위한 수산발전기금의 안정적인 운용재원 확보와 폐기물의 해양배출 억제라는 특별한 경제적·사회적 공적 과제와 객관적으로 밀접한 관련성을 가지고 이러한 공적과제 실현에 있어 조세외적 부담을 져야할 책임이 인정되므로 이 사건 해양환경개선부담금은 부담금의 형식을 남용한 것으로 볼 수 없다.

이 사건 법률조항의 동일한 입법 목적 달성을 위해 기본권의 제한을 최소화 할 수 있는 다른 수단이 존재하는지 여부를 살펴보면 형벌이나 행정벌을 통해 폐기물의 해양 배출을 애초에 금지하는 방법을 생각해 볼 수 있으나 이는 원칙적으로 금지되어 있는 폐기물 해양배출을 예외적으로 허용 받아 영업으로 하는 폐기물해양배출업을 인정하고 있는 취지에 정면으로 배치되고 해양환경개선부담금의 입법 목적 중 다른 하나인 수산발전기금 재원의 안정적 확보라는 입법 목적을 달성할 수도 없을 뿐 아니라 형벌이나 행정벌의 부과가 부담금의 부과보다 덜 제한적인 수단이라고 볼 수도 없다. 나아가 이 사건 법률조항을 통해 달성하려는 공익은 이 사건 해양환경개선부담금의 부과에 따라 제한되는 개인의 재산권에 비해 결코 작다고 할 수도 없으므로 이 사건 법률조항은 재산권을 침해하지 않는다. 이 사건 해양환경개선부담금은 일반 국민들에 비해 이 부담금을 통해 달성하려는 특별한 공적과제와 특별히 밀접한 관련성이 인정되는 폐기물해양배출업자들에게 부담시키는 것으로 본질적으로 다른 집단을 다르게 취급하는 것일 뿐, 차별이 존재하지 않으므로 평등원칙 위반의 문제가 발생하지 않는다. 또한 폐기물해양배출업자와 해양폐기물처리 위탁자를 해양오염의 원인을 제공한 자라는 측면에서 보더라도 해양오염의 원인 폐기물의 발생부터 분뇨 및 폐수처리장 등을 통한 중간처리단계, 이러한 단계를 거친 폐기물의 폐기물해양배출업자를 통한 해양 투기에 이르기까지 폐기물의 형태 및 양은 지속적으로 변화하며 해양 투기가 이루어지기까지의 일련의 과정 속에서 어느 한 특정 집단을 해양오염의 원인 제공자로 그 책임을 묻는 것은 현실적으로 쉽지 않은 상황에서 입법자가 해양 투기의 직접적 행위자인 폐기물해양배출업자를 해양오염 발생에 더욱 밀접한 관련이 있는 것으로 보아 해양환경개선부담금을 부과시키는 것은 입법 재량 내의 합리적인 선택으로 평등의 원칙에 위반된다고 할 수 없다.

k) 기타

(1) 쓰레기 종량제

자원의절약과재활용촉진에관한법률 제9조(포장폐기물의 발생억제)제1항에 의하면, 대통령령으로 정하는 제품의 제조자등은 포장폐기물의 발생을 억제하고 재활용을 촉진하기 위하여 다음 각 호의 어느 하나에 해당하는 사항을 지켜야 한다: 1. 포장재질·포장방법(포장공간비율과 포장횟수를 말함)에 관한 기준, 2. 합성수지재질(생분해성수지제품은 제외함)로 된 포장재의 연차별 줄이기에 관한 기준. 제품의 포장재질·포장방법에 관한 기준 및 합성수지재질로 된 포장재의 연차별 줄이기 목표 등 구체적인 기준은 환경부장관이 주무부장관과 협의하여 환경부령으로 정한다. 환경부장관은 제조자등에게 환경부령으로 정하는 바에 따라 포장방법과 포장재의 재질을 포장의 겉면에 표시하도록 권장하여야 한다.

(2) 빈용기보증금제도

자원의절약과재활용촉진에관한법률 제15조의2(빈용기보증금 및 취급수수료) 제1항에 의하면, 대통령령으로 정하는 제품의 제조업자나 수입업자는 그 제품에 사용된 용기의 회수·재사용을 촉진하기 위하여 출고가격이나 수입가격과는 별도의 금액(이하 "빈용기보증금"이라 함)을 제품 가격에 포함시킬 수 있고, 빈용기보증금이 포함된 제품의 제조자등은 그 용기를 반환하는 자에게 빈용기보증금을 돌려주어야 한다.

제도의 문제점으로는 첫째, 맥주병을 기준으로 빈병기보증금을 살펴보면, 핀란드 186원, 독일 149원, 호주 95원 그리고 한국은 50원으로서, 보증금이 너무 낮음으로 인하여 실효성이 저감되었다. 둘째, 대상품목이 술병과 청량음료병으로 한정되어 있어서 활성화되기에 수량이 부족하여 실제적으로 상점에서 빈병기를 회수하고자 하지 아니하고 있다.

C. 배출권거래제도

1. 서설

배출권거래제도에는 여러 유형이 있을 수 있다. 배출권거래제란 배출부과금제도와 비슷하나 사후에 납부하는 것이 아니라 사전에 일정한 기준에 따라 확정된 오염배출권을 기업에 판매하는 제도이다. 동 제도는 수질오염방지와 관련하여 제안된 것이지만 그

후에 환경을 오염시키는 다양한 물질에 대해서 일정기간 동안 일정지역에 일정량의 오염물질을 배출할 수 있는 배출권이 공개시장을 통하여 판매되고 매입된 오염배출권을 기업간에 자유로이 양도될 수 있도록 하는 제도이다.

일정한 절차를 거쳐서 일련의 유해물질에 관한 지역적 최대배출허용치를 설정하고 이 허용치를 배출권으로 전환하여 각 배출시설의 사업자에게 분배한 후, 동 배출권의 거래를 허용하는 것이다. 개개의 기업은 필요한 만큼의 오염권을 매입하고 또한 매입한 오염권을 다른 기업에게 판매할 수 있다. 이러한 과정에서 오염권을 매입할 것인가 아니면 오염물질의 배출을 적절하게 감소 · 억제시킬 것인가 고려하게 될 것이며, 궁극적으로는 환경오염방지기술의 개발을 촉진하게 될 것이다.[82)]

2. 탄소배출권 거래제도

a) 지구온난화 현상

지구가 시간이 지날수록 온난화되고 있다. 태양으로부터 도달하는 방사능 및 열을 포함하는 광선이 지구에 도달한 후 다시금 외계로 되돌아가야 함에도 이를 막는 물질로 인해서 지구상에 머무르게 되고, 고로 지구가 더워지게 되는 것이다. 이러한 온난화에 직접적인 영향을 주는 가스로는 다음의 여섯 가지를 들고 있다: 이산화탄소(CO_2), 이산화질소(N_2O), 육불화황(SF_6), 수소불화탄소(HFCs), 과불화탄소(PFCs), 메탄(CH_4).

1988년 IPCC의 제4차 보고서에 의하면 현 상황처럼 화석연료를 사용하는 경우에는 금세기 말 지구의 평균온도가 최대 6.4℃ 상승하고 해수면은 59㎝ 높아질 것으로 추측하고 있다. 온실가스의 부작용으로는 다음의 것들이 지적된다: ① 기후의 변동이 확대된다. ② 홍수, 폭염, 한냉 현상등이 심화된다. ③ 사막화가 급속히 진행된다. ④ 특히 고지대의 물부족이 심화된다. ⑤ 빙하가 녹고, 육지의 저지대가 침수된다. ⑥ 해충이 많아지고 식량문제가 심화된다. ⑦ 생태계의 파괴와 생물의 다양성이 훼손된다. ⑧ 지진, 지구의 자전축 변화, 남 · 북극의 자기장 파괴 등 기타 지구의 생태계에 강한 충격을 준다. ⑨ 결국 지구의 멸망이 도래된다.

---

82) 이하 부분은 다음의 논문에서 발췌한 것임을 밝혀 둔다: 강현호, 탄소배출권 거래제도에 대한 법적 고찰, 환경법연구 제32권 제2호, 2010, 100면 이하; 강현호, 배출권의 정의 및 재산권성에 대한 법적 고찰, 환경법연구 제33권 제1호, 2011, 43면 이하.

b) 배출권거래제도의 기본구도

종전에는 환경을 오염시키는 물질을 배출하려면 허가를 받도록 하거나, 일정량 이상의 배출을 금지하거나 하는 등의 명령적 · 강제적 수단에 의존하였지만, 환경오염이라는 것은 소수가 소량에 의해서도 커다란 환경재앙을 가져올 수 있다는 점에서 자발적인 참여, 유인책의 부여 등이 더욱 더 중요하게 되었다. 즉 경제적 · 유인적 수단이 보다 중요하게 되었는데, 대표적으로 보조금을 지급하거나, 경제적 인센티브를 제공하는 것이다. 이런 환경보호의 패러다임의 변화로서 나타난 것이 탄소배출권의 거래제도이다. 탄소배출권 거래제도는 기존에 거의 무상으로 이용하던 환경재에 대해서 경제적 가치를 결부시킴으로 인하여 그 가치를 인식시킴과 동시에 국제법적으로나 국내법적으로도 이러한 가치를 인정받을 수 있는 체제를 구축하고자 한다. 이는 탄소를 배출하는 권리를 개별적인 행위주체에게 부여하고 이러한 권리의 행사여부를 경제적 이익과 관련시킴으로써 결과적으로 탄소배출의 감소를 도모한다.

이러한 탄소배출권거래제도의 기본구상과 관련하여 Ronald Harry Coase는 1960년에 '사회적 비용의 문제(The Problem of Social Cost)'에 관한 논문에서 환경재를 포함한 특정재화에 대한 외부효과(externality)[83]의 문제는 불명확하거나 또는 정의되지 아니한 재산적 권리(property right)로 인하여 발생하게 되므로 환경재에 대해서 재산적 권리성을 결부시켜 줌으로써 경제주체간 자발적인 협상을 유도할 수 있고 이러한 방법을 통해서 환경문제를 효율적으로 해결할 수 있다고 주장하였으며, 그 후에 캐나다의 경제학자인 J. H. Dales도 1968년 그의 '오염, 재산 그리고 가격(Pollution, Property and Prices)'이라는 저서에서 산업폐수로 인한 바닷물의 오염을 방지하기 위하여 오염권을 위한 시장을 설치하는 것을 제안하였던 바, 이를 위해서는 특정의 오염물질을 위하여 구체적인 지역과 기한을 정하고 배출총량이 결정되어야 하며, 이러한 배출총량에 기초하여 소위 환경인증이 발급되어야 한다는 것[84] 등에서 찾아볼 수 있다.

기본구도로는 먼저 탄소를 배출하는 기업들의 탄소배출량을 조사한다. 다음으로는 탄소배출을 위한 감축목표를 설정한다. 1990년 대비(예: 100억톤) 2012년까지 예를 들면

83) 외부효과 내지 외부성이란 특정한 경제주체 갑의 생산 · 소비 또는 분배행위가 시장에 참여하지 않는 다른 경제주체 을에게 유리하거나 또는 불리한 영향을 끼치는 효과를 말한다. 이러한 외부효과에는 을에게 이득을 줌으로써 경제활동의 편익이 갑에 의해 충분하게 흡수되지 아니하는 외부경제와, 을에게 손해를 줌으로써 갑의 비용이 사회적인 비용보다 작은 외부불경제의 두 가지 유형이 있다.

84) http://de.wikipedia.org/wiki/Emissionsrechtehandel.

5% 감축목표(예: 5억톤)를 정한다. 다음으로는 95억톤을 기업들에게 분배한다.

여기서 특정기업 갑에게 1억톤이 분배되었다면, 갑은 이를 다 소진할 것인가에 대해서 구상을 한다. 만약 시장에서 배출권을 남기면 1톤당 10,000원을 받고 팔 수 있다고 한다면, 갑은 9,000만톤을 이용하고 1,000만톤을 남기는 경우, 갑은 1,000억원의 이익을 창출할 수 있다. 이런 경제적 효과가 수반되므로, 갑은 기업의 어느 부분을 어떻게 탄소친화적으로 바꿀 수 있는가 궁리할 것이고 그리고 이러한 변경에 소요되는 비용은 얼마인가를 계산한다. 만약에 1,000만톤을 줄이는데 약 500억원이 소요된다면 갑은 기꺼이 이를 지출 할 것이다. 왜냐하면 500억원의 이익이 발생되기 때문이다. 만약 갑의 기업활동이 잘 되고 이윤이 많아서 도리어 배정받은 1억톤보다 1,000만톤을 더 필요로 한다면, 갑은 이를 시장에서 구매하여 활용할 수도 있다. 즉 배출권 거래제도 하에서는 외부로부터의 직접적인 명령이나 지시가 없더라도 사업자는 스스로 배출량을 줄여서 경제적인 이익을 취할 동기를 부여받게 될 뿐만 아니라, 환경보호를 위한 기술들도 경제적인 가치를 인정받게 되어서 비교적 활발하게 개발될 수 있을 것이다.[85]

c) 배출권거래제도의 도입

1972년의 스톡홀름 유엔인간환경회의에서 '하나뿐인 지구'를 슬로건으로 최초로 국제적으로 환경문제를 논의함으로써 지구환경문제가 국제적 관심을 끄는 계기가 된 이후, 1992년 리우 데 자네이로에서 개발로 인하여 악화되는 환경을 보호하기 위하여 환경과 개발에 관한 리우선언을 채택함과 동시에 또한 기후변화협약의 체결도 가져 왔다. 그 이후로 당사국총회(COP/MOP: Conference of the Parties serving as the meeting of the Parties, 최근에는 COP라고만 칭해짐)가 개최되었으며, 1997년 제3차 당사국총회에서 온실가스 농도 감축에 대한 법적 구속력이 있는 교토의정서가 채택되었으며, 탄소배출권제도의 도입이 논의되었다. 교토의정서는 누가 얼마만큼 줄일 것인가 즉 국가별 감축목표를 부과한 의정서로서 특히 그동안 논의되어왔던 온실가스 감축에 대해 구체적인 절차와 방안이 언급되어 있다는 점에서 큰 주목을 받았다. 이후에 1998.3.16~1999.3.15 뉴욕의 유엔본부에서 서명을 받아 채택되었고, 각 협약 당사국들은 의정서가 발효될 수 있도록 비준을 위해 노력했다. 2001년 3월 최대 온실가스 배출국인 미국을 포함한 중국, 인도 등의 개

---

85) Jonathan Donehower, ANALYZING CARBON EMISSIONSTRADING: A POTENTIAL COST EFFICIENT MECHANISM TO REDUCE CARBON EMISSIONS, Environmental Law Winter 2008, pp. 189-190.

발도상국들이 의무감축대상에서 빠져있고, 자국의 경제에 큰 피해를 줄 수 있다는 이유를 들어 중간에 탈퇴하였지만, 2004년 11월 러시아가 비준서를 제출함에 따라 교토의정서 발효조건이 충족되어 2005년 2월 마침내 교토 의정서가 발효되었다. 그 주요내용은 다음과 같다:

첫째, Annex 1 국가(38개국)는 1차 의무이행기간(2008~2012) 중에 1990년을 기준하여 온실가스(이산화탄소 기준) 평균 5.2% 감축목표를 이행하여야 한다.

둘째, 온실가스 감축 목표를 달성하기 위해 교토메커니즘 즉 ① 공동이행제도(JI: Joint Implementation), ② 청정개발체제(CDM: Clean Development Mechanism), ③ 배출권거래제(Emission Trading)를 도입한다.

공동이행제도란 Annex 1 국가들이 협조하여 주어진 공약사항(commitment)을 공동으로 이행할 수 있도록 하는 규정이다. 청정개발체제란 교토의정서 제12조에 따라 선진국이 개발도상국의 온실가스 감축사업에 자본과 기술을 투자하는 체제를 말한다.

다음에서 참고로 EU ETS의 운영의 주요내용을 고찰하면 다음과 같다:

EU ETS 계획기간별 주요내용[86]			
주요내용	제1기	제2기	제3기
주요목표	시험가동 인프라구축	교토의정서 1차 공약 EU: 1990년 대비 8% 감축목표	UNFCCC 부속서 1국가: 2020년까지 1990년대비 25~40% 감축목표
주요기준	EU Directive 2003/87/EC	EU Directive 2003/87/EC EU Directive 2008/101/EC	EU Directive 2003/87/EC EU Directive 2009/29/EC
참여대상	20MW 이상 연소시설, 전력, 정유, 철강, 시멘트, 제지, 유리, 세라믹 설비		20MW 이상 설비
계획기간	2005~2007	2008~2012	2013~2020
거래대상	CO_2	CO_2 + PFCs(과불화탄소), N_2O(이산화질소) 다른 온실가스 선택적 포함	
규제업종	전력, 산업 (에너지 다소비업종)	전력, 산업, 항공 (항공은 2012년부터, EU 지역을 경유 또는 입출항하는 모든 항공기에 온실가스 배출할당량 배분)	전력, 산업(화학, 알루미늄부문 추가), 항공

평균 가격추이	2005년 18.4유로/톤 2006년 18.2유로/톤 2007년 0.7유로/톤	2008년 25.8유로/톤 2009년 15.3유로/톤 2010년 15.4유로/톤 2011년 13.1유로/톤	-
특성	• 시험적인 성격이 강함 • 공급과잉(공급>수요) 배출권 가격 폭락 • 1기 EUA의 2기로의 이월불가 • 예치와 차입 불가	• 회원국별 할당 낮춤 • 외부 배출권 사용: CDM 사업에 의한 CER과 JI사업에 의한 ERU사용 가능(EUA 대비 10% 이내) • 2기 EUA의 3기 이월가능 • 예치 가능, 차입 불가	• 회원국별 총량 설정 및 할당에서 벗어나 EU 차원의 총량 설정 및 할당-국가별할당계획 폐지, 총량 매년 1.74% 감소, 산업별 벤치마킹 기준 할당 • CER, ERU 상쇄유지-지역·사업별 차별 • 경매비중 상향-경매수익의 최소 50%는 회원국 기후변화대응에 사용, 전력부문은 2013년부터 전량 경매
유상할당 비율	실제 0.12% (계획상 5%까지 경매)	실제 약 3% (계획상 국가별 10%까지 경매확대)	발전부문 100% 여타 산업부문 20%
할당기준 배출량	1998~2003	2000~2003	2기 평균배출량 산업부문별로 최상위 10%의 사업장 기준
벌금	40유로/톤	기본 100유로/톤	기본 100유로/톤 (유럽소비자물가지수와 연동)

d) 탄소배출권의 基底

탄소배출권은 환경재로서 대기에 대한 기존의 자유로운 이용을 일단 일반적으로 금지(Verbot)를 시키고 특정한 경우에 즉 여기서는 탄소배출권을 가지고 있고 이를 행사하는 경우에 탄소배출을 허용하는 시스템으로 만드는 제도라고 할 수 있다. 이러한 탄소배출권은 마치 기존의 자유롭게 영위할 수 있던 영업의 자유에 대해서 일반적으로 금지를 한 연후에, 특정의 조건을 갖춘 경우에 영업을 할 수 있도록 해 주는 행정법상의 규제제도의 모습을 지니게 된다.[87] 예를 들면 음식점 영업을 하는 것은 헌법상 보장된 인간의 존엄성과 가치, 행복추구권 그리고 영업의 자유 등에 의하여 보장되는 자연적 권리라

86) 참조: http://www.bisd.or.kr/seminarPage/pds_data/20120530_data2.pdf; www.kemcocdm.or.kr.

87) 홍정선, 행정법원론(상), 2010, 328면.

고 할 것이지만 공익을 위해서, 여기서는 특히 공중의 위생 및 안전을 위하여, 일단 이러한 행위를 금지시킨 연후에 일정한 조건을 충족시키는 경우에 한하여 행정주체의 허락을 통하여 영업을 하도록 하는 것이다. 탄소배출권이라는 권리의 생성 역시 기존의 자유로운 탄소의 배출로부터 이제는 탄소배출권을 득하여야만 탄소를 배출할 수 있도록 한다는 의미에서 탄소배출권은 크게 보아서 사전적 예방적 행위규제로서의 범주에 속하는 행정법적 규제제도를 기저로 하고 있다고 볼 수 있다.

이러한 탄소배출권의 기저를 국가의 규제의 큰 틀에 있어서 이를 허가로 볼 것인가 아니면 특허로 볼 것인가가 문제될 수 있다. 물론 허가와 특허의 구별이 상대화 되는 경향이 있기는 하지만, 허가와 특허는 그 법적 기초가 동일할 수는 없고 오히려 이를 명확하게 구분하는 것이 법치국가적 요청이라고 할 수 있을 것이다. 왜냐하면 양자 중 어떠한 기저(Foundation)에 탄소배출권을 구축하는가에 따라서 국가의 관여정도, 탄소배출권을 할당받은 사업자의 권리의 내용, 탄소배출권 제도에 대한 국가의 규제강도, 탄소배출권 거래제도에 대한 법적 구성 등이 다르게 나타나기 때문이다.

허가와 특허라는 국가규제 시스템의 양대 메커니즘을 구분하는 중요한 기준으로는 자연적 자유에 대한 금지가 존재하는가의 여부이다. 허가라는 법제도는 국민이 향유하고 있던 기존의 자연적 자유를 공익상의 목적으로 사전적 예방적으로 금지를 시킨 연후에, 공익을 위태롭게 할 여러 요인들이 제거된 경우 행정주체가 국민에게 자연적 자유를 누리도록 허용하는 시스템이라고 할 것이고, 특허제도는 어떠한 행위를 하는 것이 국민의 자연적 자유에 속하는 사항은 아니지만 국가의 행정정책상 특정 국민에게 향유하도록 특별한 권리를 부여하는 시스템이라고 할 것이다.[88] 그러므로 허가와 특허의 구별기준으로는 자연적 자유에 대한 금지가 존재하는가의 여부로 보아야 할 것이다.[89]

탄소배출권 거래제도가 그러면 자연적 자유에 대한 금지인가 아닌가에 대한 고찰이 필요하다. 이러한 고찰을 하는 이유는 탄소배출권 거래제도를 운영함에 있어서도 그 근본적 시각을 달리하기 때문인데, 탄소배출권 거래제도가 자연적 자유에 대한 제한에 근거하는 경우에는 할당에 있어서도 비교적 관대한 할당이 이루어져야 할 것이며, 또한 이

---

88) 참조, 홍정선, 행정법원론(상), 2010, 339면, 각주 1): 홍정선 교수는 허가와 특허의 기저를 구분하는 기준으로 개인의 자유영역과 관련되는가 아니면 국가의 고유영역과 관련되는가를 들고 있으며, 개인택시운송사업면허도 국가의 고유영역이라고 보기 어렵고 또한 개인의 택시영업의 자유를 회복시켜 주기도 하므로 이를 특허로만 보기는 어렵다고 주장한다. 그런데 홍정선 교수가 제시한 기준은 구별기준으로 보기는 어려운 점이 있다. 왜냐하면 개인의 자유영역과 국가의 고유영역은 분리개념이 아니라 중첩개념이기 때문이다.

89) 물론 이에 대하여 다양한 견해들이 주장될 수 있으나 이에 대해서는 추후 다른 논문에서 발표하기로 한다.

러한 탄소배출권제도를 통하여 이루고자 하는 환경공익상의 목적도 비교적 제한적으로 한정되어야 할 것이고, 탄소배출권의 행사 내지 양도에 있어서도 공익상의 위험이 제거된 경우에는 그 행사 내지 양도를 과도하게 제한할 수 없게 될 것이다. 그렇지 아니하고 탄소배출권 거래제도가 법령에 의하여 생성된 권리인 경우에는 이에 대한 제한이 비교적 확대될 수 있을 것이며 또한 다양한 공익상의 이유로 이에 대한 규제를 정당화 할 수 있을 것이다. 탄소배출권에 대한 이러한 기저에 대한 기본적 입장이 정립되어야만 추후 이에 대한 다양한 규제시스템을 일관성 있게 구축할 수 있다. 그렇지 아니한 경우에는 탄소배출권 내지 그 거래 시스템은 마치 건강한 인체의 혈액순환을 방해하는 혈관질환처럼 기존의 시장메커니즘에 보이지 아니하는 독소를 투여할 수도 있게 될 것이다.

생각건대 탄소배출권에 대한 규제메커니즘은 허가라는 기저에 기초하여 구축하여야 할 것이다. 왜냐하면 탄소배출이라는 행위는 자연적 자유에 해당되는 것임을 긍정하여야 할 것이며, 탄소의 배출이라는 우리 인간과 기업들에게 필수불가결한 행위에 대한 규제는 매우 신중하게 이루어져야 하고, 탄소배출권이라는 권리가 인간과 기업의 삶에 과도한 제한을 가하는 방향으로 발전하여서는 아니되기 때문이다.

e) 탄소배출권의 법적 성질

(1) 기본권

사실 인간의 기본적 활동은 모두 탄소의 배출을 전제로 하고 있다. 탄소의 배출이 없는 인간의 활동은 상상하기 어렵다. 그렇다면 탄소를 배출하는 것은 지금까지 헌법적으로 규정을 두지 않았을 뿐이지, 아마도 너무나도 당연하기 때문에, 우리가 가지는 기본적 인권으로 하나로 볼 수도 있다. 탄소배출권은 원래 자연적 상태에서 인간에게 존재하는 권리였으나 다만 인간 사회의 한계적인 상황으로부터 수면 위로 떠오른 권리라고 할 수 있다. 기본권으로서 탄소배출권은 주관적 공권이자 객관적 법질서를 형성하고 있다. 탄소배출권은 건강권이나 자유행동권과 같은 의미에서 기본권에 포함될 수도 있을 것이다.

(2) 권리성 및 주관적 공권성

Gerald Torres 교수에 의하면 탄소배출권거래제도에 있어서 배출자는 법적으로 배출량을 할당량의 수준으로 줄일 의무가 부여됨과 동시에 또한 법적으로 그 할당량을 배출할 권리를 지닌다고 하면서 법적 권리를 부여하는 것이 탄소배출권 거래제도의 보편적

전제라고 주장한다.[90] 탄소배출권거래제도에 있어서 등장하는 탄소배출권을 특정인이 자신의 자유 내지 기본권을 영위하기 위하여 탄소를 외부의 세계로 배출하면서 이익을 누릴 수 있도록 법이 인정하는 힘이라고 할 수 있는가라고 의문을 제기할 때, 탄소배출권거래제도가 정착된 연후에는 탄소배출권은 이러한 권리성을 지닌다고 볼 수 있을 것이다. 특히 이러한 권리성은 그 행사를 방해받는 경우에 방해배제를 청구할 수 있는 힘으로 나타난다고 할 것이다(권리설).

대기의 관리는 공역무에 해당하며, 대기에 대한 사용권을 부여하는 할당이라는 행위는 공법적 성격을 지니며 수익적 행정행위에 해당한다.[91] 탄소배출권이란 문언 그대로 탄소를 대기에 배출할 수 있는 권리를 의미하는데, 이러한 권리의 부여자는 원칙적으로 특정 개인이 아니라 국가 내지 국가기관이 된다. 또한 이러한 탄소배출권은 그 자체로서 많은 제한을 수반하고 있다. 그러므로 탄소배출권은 순전히 사권으로서의 의미만 지니는가 아니면 공권으로도 규정될 수 있는가가 문제된다. 이러한 논의가 의미를 가지는 이유는 탄소배출권의 공권성을 긍정하는 경우에는 공권에 부여되는 각종의 특징들 예를 들면 양도가능성의 제한 내지 금지, 권리의 포기 제한, 권리의 내용에 있어서 사권과의 구별, 단기의 소멸시효 등의 공권 특유의 효과가 따르기 때문이다.

주관적 공권이란 특정인이 공법관계에서 자기를 위하여 일정한 이익을 주장할 수 있는 법적인 힘이라고 할 때, 탄소배출권은 때로는 사인간의 관계 뿐만 아니라 공익을 위하여 행정주체에 대해서 자신의 이익을 주장할 수 있다는 점에서 주관적 공권의 특성을 지닌다고 볼 수 있다.

이러한 주관적 공권성은 탄소배출권과 관련하여 개인이 행정주체에 대해서 가지는 권리로서, 다음과 같은 여러가지 내용을 포함할 수 있을 것이다. 첫째로 행정주체로서 탄소배출권의 할당주체 乙이 특정사업자 甲에게 일정량의 탄소배출권을 할당하는 경우에 그것이 부족하다고 하여 다투는 내용(취소소송),[92] 둘째, 할당주체 乙이 사업자 甲에게 일정량의 탄소배출권을 할당한 경우에 사업자 丙이 그러한 할당량에 대해서 다투는 내

---

90) Gerald Torres, development dialogue september 2006 - Carbon Trading: 'an emitter is not only legally obligated to reduce emissions down to the limit specified on its permit; it is also legally entitled to emit up to that amount'.

91) Pohlmann, Markus, Kyoton Protokoll: Erwerb von Emissionsrechten durch Projekte in Entwicklungsländern, D&H, 2004, S. 211.

92) 독일의 경우를 보더라도 배출권거래법 제9조 제1항에 의하면 사업의 책임자는 탄소배출권의 국내할당계획에 관한 법률에 따라서 배출권의 배분을 요구할 권리를 가진다.

용(인인소송), 셋째, 사업자 甲이 할당주체 乙이 주관하는 탄소배출권의 할당절차에 참여하기를 원하는 경우에 행정절차에 참여하는 내용(절차참여권), 넷째, 사업자 甲이 할당 내지 양도받은 탄소배출권을 특정지역에서 행사하려고 하는 경우에 이에 대해서 관할 지방자치단체 丁이 자신의 지역 내에서는 탄소배출권을 행사하지 못하도록 방해하는 경우에 甲이 가진 법적인 힘의 내용(방해배제권), 다섯째, 할당주체 乙이 탄소배출권 할당을 위해서 기준을 마련한 경우나 특정의 방식을 도입하는 경우에 사업자 甲이 이러한 기준에 대해서 다투는 내용(규범통제신청권) 등을 포함한다.

(3) 재산권성

배출권의 재산권성을 긍정하는가와 관련하여 세계 각국의 입장이 다양하며, 특히 미국의 입법에서는 재산권성을 부인하는 명문의 규정을 두기도 한다. 배출권의 재산권성을 긍정하는 경우에는 재산권에 부여되는 법적 보호로 인하여 추후에 유연한 행정정책의 수행이 어렵다는 고려하에서 재산권성을 부인하고자 하는 것이다. 즉 배출권의 할당이후 할당을 취소 내지 철회하여야 할 필요성이 있을 수도 있고, 또는 기왕에 할당한 배출권을 보상없이 박탈할 필요성도 존재하므로 재산권성을 부정하려고 한다. 그러나 재산권성의 긍정 여부와 행정목적 달성의 유연성 내지 효율성은 항상 상반되는 것은 아니며, 특히 배출권 거래제도의 기초가 바로 재산적 가치가 없는 환경재에 재산적 가치를 부여함으로 소중히 아끼고 재산적 가치가 지니는 융통성 그리고 시장적 거래메커니즘을 통한 효율적 분배 나아가 이러한 효율성을 기초로 탄소의 배출을 감축하고자 하는 것인바, 배출권의 재산권성을 부인하는 경우에는 초기의 행정목적 달성에는 어느 정도 이바질 할 수 있을 지는 모르지만 결국 제도의 실패로 귀결될 수밖에 없을 것이다.

처음에는 어느 정도 어려움이 있을 수 있지만 그러나 법치국가의 원리, 법적 안정성의 보호, 법적인 절차의 준수 등 법적인 장치들이 결국에는 행정의 효율에 이바지 한다는 것이 법치주의자들의 신념이요 또한 역사적으로 증명되어 온 것이다. 배출권의 재산권성을 긍정할 것인가 부정할 것인가에 대해서 정책적인 결단의 영역으로 보기보다는 법리적으로 정치하게 논의해 볼 필요가 있다.[93] 이러한 논의를 전개함에 있어서는 공법상의 재산권의 개념은 민법상의 재산권의 개념보다는 확장되어 있으므로 공법적인 사

93) 이민창, 재산권 이론의 정책학적 기여에 관한 소고 : 이론적 함의를 중심으로, 행정논총 44권2호(2006/06), 282면: 재산권은 누가 무엇을 할 수 있으며 만약 어떤 손해가 발생했다고 한다면 누구에게 그 손해를 배상해 줄 것인가를 결정하는 게임의 규칙(제도)이다.

고에 의하여 접근하여야 한다는 것이다.

1) 재산권의 법적 의의

재산권이란 무엇인가를 고찰할 때, 재산권은 재산적 가치를 지니는 권리로서 우리 헌법 제23조 제1항[94] 및 제13조 제2항[95]에 의하여 보호되는 재산권은 '재산적 가치가 있는 모든 공법상 · 사법상의 권리'이다.[96] 오늘날 헌법이 보호하는 재산권의 범위가 소유권 등 사법상 권리에 한정되지 아니하고, 다양한 공법상의 권리에까지 확대된 까닭은 무엇보다도 생활양식 및 사회경제구조의 변화 그리고 사회국가의 경향 때문이라고 할 것이다.[97] 이때 재산권보장에 의하여 보호되는 재산권은 '사적 유용성 및 그에 대한 원칙적 처분권을 내포하는 재산가치 있는 구체적 권리를 의미하고, 단순한 이익이나 재화의 획득에 관한 기회 또는 기업 활동의 사실적 · 법적 여건 등은 재산권보장의 대상이 아니다.[98] 사적유용성이 인정되기 위해서는 그 권리가 권리주체에게 귀속되어 그 주체의 이익을 위해 이용가능해야 하며, 원칙적 처분권이란 자신의 의사에 따라 처분할 수 있어야 함을 의미한다. 사적유용성과 원칙적 처분권이 재산권의 징표라고 본다면, 재산가치는 그와 같은 사적유용성과 원칙적 처분권 등 재산성이 인정될 만한 가치가 있는 것을 의미하는 것이다.[99]

---

94) 헌법 제23조 제1항: 모든 국민의 재산권은 보장된다. 그 내용과 한계는 법률로 정한다.

95) 헌법 제13조 제2항: 모든 국민은 소급입법에 의하여 참정권의 제한을 받거나 재산권을 박탈당하지 아니한다.

96) Helmut Rittstieg, Grundgesetz und Eigentum, NJW 1982, S. 721.

97) 허영, 한국헌법론, 2003, 457면.

98) 헌법재판소 2005.11.24. 2004헌마536 전원재판부: 헌법상 보장된 재산권은 원래 사적 유용성 및 그에 대한 원칙적인 처분권을 내포하는 재산가치 있는 구체적인 권리이므로 구체적 권리가 아닌 영리획득의 단순한 기회나 기업활동의 사실적 · 법적 여건은 기업에게는 중요한 의미를 갖는다고 하더라도 재산권 보장의 대상이 아니다. 따라서 엘피파워의 효능을 최대화하기 위하여 첨가비율을 40%로 유지해야 하고 이 경우 엘피파워가 유사석유제품으로 의심될 여지가 다른 제품에 비하여 많다고 하더라도 이와 같은 불이익은 제조 · 판매 등 기업활동의 사실적 · 법적 여건에 불과하므로 헌법 제23조 의 재산권의 범위에 속하지 아니한다.

99) 헌법재판소 2010. 4. 29. 2007헌바40; 헌법재판소 2009.4.30. 선고 2007헌마103 전원재판부【게임산업진흥에관한법률제32조제1항제6호등위헌확인】: 청구인들은 경품용상품권제도의 폐지로 인하여 더 이상 종전의 방식으로 게임제공업을 영위할 수 없어 적법하게 운영해온 영업장을 폐쇄해야 하므로, 신뢰보호원칙과 과잉금지원칙에 위배되는 재산권의 침해라고 주장한다. 그러나 경품용상품권제도의 폐지에 의하여 청구인들이 소유하는 시설이나 장비 등 재산권 보장의 보호를 받는 구체적인 권리가 침해되는 것은 아니다. 또한, 청구인들의 영업활동은 국가에 의하여 강제된 것이 아님은 물론이고, 일정한 경제적 목표를 달성하기 위하여 취한 국가의 경제정책적 조치에 의하여 유발된 사경제의 행위가 아니라, 원칙적으로 자신의 자유로운 결정과 계획, 그에 따른 사적 위험부담과 책임 하에 행위하면서 법질서가 반사적으로 부여하는 기회를 활용한 것에 지나지 않는다고 할 것이므로, 청구인들이 주장하는 폐업으로 인한 재산적 손실은 헌법 제

독일 연방헌법재판소의 판례에 따르면 그러한 권리가 법주체에게 사적효용이 있는 것으로 배타적으로 귀속되어 있고, 자신의 노력과 자본이 투하되는 등 적지 않은 자신의 기여로 그러한 지위를 이룩했으며, 그것이 자신의 생존에 이바지할 수 있을 때, 재산권에 준하는 보호를 받을 수 있다고 한다.[100] Maurer 교수도 특정한 공법상의 지위 내지 권리가 귀속된 귀속자에게 소유자와 마찬가지의 법적 지위를 부여하고 있고, 이에 대한 보상없이 그러한 지위 내지 권리를 박탈하는 것이 헌법상 법치국가원리에 반할 경우에는 헌법상 재산권에 포함된다고 하면서, 중요한 것은 그러한 지위 내지 권리가 국가의 행정행위가 아니라, 개인의 노무나 자본투입 등과 같은 특별한 희생으로부터 발생하였는가의 여부라고 한다.[101]

그런데 어떠한 권리나 법적 지위를 재산권으로 인정하여 헌법상의 보호를 부여할 것인가의 여부는 대단히 신중하게 결정하여야 할 것이며, 단지 국가의 경제적인 재정능력에만 의존하여 판단을 하여서는 아니될 것이다. 왜냐하면 프랑스의 「인간과 시민의 권리선언」 제17조에서 밝히고 있듯이 재산권은 초국가적 인권으로서의 성격을 가짐과 동시에, 현대 국가에서 재산권은 국민에게 단지 물질적인 기초만을 보장하는 것이 아니라, 나아가 개개의 국민이 각자의 인간다운 생활을 자주적으로 형성함과 동시에 자유로운 활동을 하는데 필요한 경제적 조건을 보장해 주는 중요한 기능을 수행하기 때문이다.[102]

2) 재산권으로서의 배출권

• 부정설

김성수 교수는 자신의 논문에서 배출권이 법률안에 규정된 할당처분이라는 정부의

23조 제1항의 재산권의 범위에 속하지 아니한다.

100) BVerfGE 69, 272(299ff.).

BVerfGE 1, 264(278): 독일 연방헌법재판소의 소위 굴뚝청소원결정에 의하면, 연방법률(das Gesetz zur Ordnung des Schornsteinfegerwesens vom 22. Januar 1952)이 굴뚝청소원(Schornsteinfeger) 단체에 대하여 새롭게 규율하면서, 지금까지는 종신토록 직업수행을 보장받았던 굴뚝청소원의 정년이 70세로 결정되었는바, 이러한 제한은 기본법 제14조가 보장하는 재산권에 대한 침해라고 주장하면서 굴뚝청소원들의 장인들(Schornsteinfegermeister)이 동법률에 대해서 위헌심판을 신청하였다. 이에 연방헌법재판소는 재산권으로 인식되어 침해로부터 보호할만한 가치가 있는 재산권이란 자신의 노력과 자본투하로 획득한 것이어야 한다고 결정하였다.

101) H. Maurer, Allgemeines Verwaltungsrecht, § 27 Rn. 44.

102) BVerfGE 24, 367(389); 31, 229(239); 50, 290(339); 헌법재판소 1998. 12. 24. 89헌마214.

김형성, 재산권, 기본권의 개념과 범위에 관한 연구 제6권(1995), 385면 이하.

행정행위를 통하여 발생하는 일정한 범위에서 온실가스를 배출할 수 있는 공법상의 지위 내지 자격이라는 점에서 주관적 권리와는 달리 직접적으로 재산적 가치가 있는 권리라고 보기 어렵다고 한다. 배출권은 할당 대상 업체가 재산권으로 보유한 시설이나 지적 재산권 등을 사용하는 일종의 재산사용권 일부의 내용을 이루는 것으로 볼 수 있다고 한다.[103] 김교수는 독일 연방헌법재판소의 결정과 같이 개인의 특정한 권리를 헌법상 보호되는 재산권으로 인정하기 위해서는 자신의 비용과 노력에 의한 기여분이 필요하다고 보아서, 배출권이 자신의 노력과는 무관하게 국가가 행정절차와 행정처분을 통하여 부여한 공법상의 지위에 불과하므로 재산권으로서 보호받기는 어렵고, 따라서 무상할당의 경우에는 재산권으로서의 성격이 희박하다고 평가한다.[104]

우리나라의 헌법재판소는 구 체육시설의 설치·이용에 관한 법률 제30조 제3항 등 위헌소원에 대한 결정에서 법상 사업계획승인이라는 행정처분을 통하여 발생하는 자격 내지 법적 지위는 첫째, 어떠한 재산적 가치가 내포되어 있다고 보기 어렵고, 둘째, 나아가 공법상 수급권과는 달리 그 처분을 통해 어떠한 재산적 가치를 설정하거나 부여하고자 하는 행정주체의 의사가 표현되어 있다고 보기도 곤란하므로 헌법상 보호되는 재산권이 아니라고 보고 있다.[105]

독일 연방최고법원은 국가가 발급한 택시면허로 발생한 권리는 관할 행정청이 행정절차와 행정처분에 따라 특정인에게 부여한 법적 지위에 불과하기 때문에 그 자체로서는 재산적 가치가 있는 권리가 아니며 결과적으로 기본법 제14조 제1항에 의한 재산권으로 보호받는 것은 아니라고 판시하였다.[106]

이상의 논거를 고찰할 때 개인의 희생이나 노력, 자기자본의 투하 등이 없이 그냥 국가로부터 주어진 법적 지위에 대해서는 재산권성을 긍정할 수 없는바, 배출권은 국가로부터 무상으로 주어졌으므로 재산권성을 부인하고 있다.

---

103) Kobes, Engel, Der Emissionshandel im Lichte der Rechtsprechung (Teil 1) NVwZ 2011, S. 210: Die Emissionsbefugnis sichert lediglich die Benutzbarkeit der dem Anlagenbetreiber eigentumsrechtlich zugeordneten Gegenstände seiner Anlage oder den Fortbestand des von ihm eingerichteten und ausgeübten Gewerbebetriebs.

104) 김성수, '온실가스 배출권 거래제도에 관한 법률안'상의 온실가스 배출권의 법적 성격과 할당의 법적 과제 - 독일의 경험을 참고하여 -, 토지공법연구 제52집(2011/2), 228면.

105) 헌법재판소 2010. 4. 29, 2007헌바40.

106) BGHZ 108, 364 (371).

• 긍정설

배출권의 재산권성을 긍정하는 견해는 배출권의 탄생에 착안하기보다는 배출권이 실제적인 거래시장에서 반대급부를 받고 양도되므로 사적유용성과 처분가능성의 표식을 지니므로 재산권성을 긍정한다.[107)]

Burgi 교수는 독일 배출권거래지침에 의하면 배출권은 그 소유자에게 재산적 가치를 지니는 주관적 지위와 함께 기본법 제14조 제1항의 재산권으로서 보아야 할 것이라고 한다.[108)]

김성수 교수는 유상으로 배출권을 취득하는 경우는 재산권성을 긍정하며, 나아가 무상으로 배출권을 취득한 경우에도 배출권 등록부의 계정에 등록하여 거래참여자가 되는 경우에는 할당으로 발생하는 배출권능과는 다른 법적 지위를 인정할 수 있다고 하면서, 등록부에 등록절차를 마치고 시장에서 완전한 거래의 대상이 되는 경우에는 배출 대상 업체가 배출권에 대하여 완전한 사적유용성과 처분가능성을 가진 권리를 유상으로 양도하는 것이므로 이 경우에는 헌법상 재산권으로서 보호받을 수 있다고 한다.[109)]

헌법재판소의 구 체육시설의 설치 · 이용에 관한 법률 제30조 제3항 등 위헌소원에 대한 결정에서 '별개의견'에 의하면 어떤 권리가 사적 유용성이 있다고 인정되는 것은 그 권리가 권리주체에게 귀속되어 그 주체의 이익을 위해 이용 가능하다는 것을 의미하는바, 이 사건에서의 사업계획승인권이 그 권리자에게 귀속되는 것임은 명백한 점, 이 사건 법률 개정 이전의 경제거래 현실에서 기존의 사업계획승인권자는 자신의 위 승인권을 타인에게 양도하는 경우 그 대가로서의 양도대금을 취득하여 왔고, 이러한 거래 및 양도대금의 수수 등이 대법원의 판결(대법원 2006. 6. 29. 선고 2005다49836 판결 등)을 통하여 뒷받침되어 온 점 등을 종합하여 볼 때, 사업계획승인권이 사적 유용성을 결여하고 있다고는 볼 수 없다고 결정하였다. 또한 원칙적 처분권이란 자신의 의사에 따라 처분할 수 있어야 함을 의미하는바, 비록 이 사건에서와 같이 기존의 사업계획승인권자가 체육시설 중 필수시설의 소유권을 상실한 상태가 됨으로써 사업계획승인권을 양도할 상대방

---

107) 김태호, 독일의 기후변화 대응 법체계, 기후변화와 법의 지배, 박영사, 195면; 전종익, 탄소배출권의 헌법적 성격과 거래제도, 기후변화와 법의 지배, 박영사, 257면 이하.

108) Martin Burgi: Emissionszertifikate als Eigentum im Sinne von Art. 14 GG. LSK 2004, S. 29: Nach der Emissionshandelsrichtlinie liegt es nahe, die Zertifikate in Deutschland ihren Inhabern als vermögenswerte subjektive Positionen des Privatrechts, und mithin als Eigentum i.S.d. Art. 14 I GG zuzuordnen.

109) 김성수, '온실가스 배출권 거래제도에 관한 법률안'상의 온실가스 배출권의 법적 성격과 할당의 법적 과제 - 독일의 경험을 참고하여 -, 토지공법연구 제52집(2011/2), 229면.

을 선택하거나 그 조건을 정할 자유가 상당히 제약되게 되었다 하더라도, 양도계약의 체결 여부 및 조건의 약정 등에 있어서 처분의 자유가 전혀 없어졌다고는 할 수 없다.[110)]

이상을 요약하면 배출권은 배출권 거래시장에서 매매 등을 통하여 거래될 수 있으므로 사적유용성과 처분가능성을 가지고 있으므로 재산권성을 긍정한다.

• 소결

배출권이라는 권리는 그동안 수면하에 잠복하여 있다가 그 시대를 맞이하여 새롭게 출생하게 된 권리라고 할 수 있으며, 배출권의 재산권성을 긍정하는가 여부는 그 중요한 표식으로 사적유용성과 처분가능성을 들 수 있는데 배출권은 이러한 표식을 모두 충족시킨다고 사료된다. 부정설은 배출권이 자신의 노력과는 무관하게 국가가 행정절차와 행정처분을 통하여 부여한 공법상의 지위에 불과하므로 재산권성을 부정하고 있다. 그러나 이러한 입장은 시대에 뒤떨어진 것이라고 할 수 있다. 헌법상 보장되는 재산권이라는 것이 절대불변의 것이 아니라 그 시대와 상황에 따라서 탄생되었다가 성장하고 또 사망할 수도 있는 것이다. 또한 재산권의 탄생에 가장 크게 이바지 하는 것이 바로 국가이며 재산권의 대상 역시 동산에서 부동산으로, 유체재산에서 무체재산으로, 심지어 소위 '새로운 재산(new property)'으로 까지 확대되고 있다.[111)] 재산권과 관련하여 독일의 Sachs 교수는 독일 기본법 제14조의 재산권 보장에는 재산적 가치가 있는 것의 법적 주체에게의 법적인 귀속을 보호하고 있는데, 어떠한 재산적 가치가 있는 법적 지위를 보장하는가는 헌법의 전체적인 체계 하에 그 의미를 고려하여 재산권보장의 기능과 목적에 따라서 결정된다고 하면서, 특히 이때 무엇보다도 재산법적 영역에서 사적인 영역과 경제적인 활동을 위하여 관계자에게 보장되고, 그의 존속을 신뢰할 수 있는 자유영역을 보장하며, 그와 함께 그에게 개성발현과 자기책임적 생활형성을 가능하게 하는 그 기능에 착안하는 것이 중요하다고 한다.[112)] 이러한 입장에서 볼 때 헌법재판소의 구 체육시설의 설치·이용에 관한 법률 제30조 제3항 등 위헌소원에 대한 결정에서 '별개의견'이 적절하게 지적하듯이 국가의 공권력 행사로 인하여 발생한 법적 지위라고 하여 재산권성을 부정할

110) 헌법재판소 2010. 4. 29, 2007헌바40.

111) 조홍식, 유지청구 허용 여부에 관한 소고, 민사판례연구 XXII (2000년) 민사판례연구회, 50면 이하: Reich 교수는 국가에 의하여 여러 가지 대상에 재산권을 설정하고 있다고 주장하면서, 그 예로 직업(jobs), 영업면허, 독점판매권(franchise), 계약, 정부보조금, 공공자원과 공공서비스 사용 등을 제시한 바 있다.

112) Sachs, Michael, GG Kommentar, Art. 14 Rn. 21.

수는 없다.[113] 비교법적으로 고찰할 때에도 배출권의 재산권성을 부정하는 이유는 재산권성을 긍정하는 경우에 보상의 문제 등으로 인하여 발생하게 될 행정목적의 효율적 수행에 어려움을 극복하기 위함에 있다.

그러나 이 경우에도 배출권의 재산권성을 긍정하고 다만 이러한 재산권성을 긍정함으로 인하여 발생할 수 있는 행정목적 달성에의 어려움을 극복하거나 행정정책적 목적에서 배출권의 재산권성에 대한 제한이 필요한 경우에는 헌법 제23조 제2항과 제3항으로서 해결하는 것이 헌법합치적인 길이다. 그렇지 아니하고 미국을 포함한 타입법에서 볼 수 있듯이 행정정책적인 이유로 배출권의 재산권성을 부인하는 것은 법치국가적 헌법의 체계를 부인하는 것으로서 본말이 전도된 것이라고 하지 아니할 수 없을 것이다.[114]

(4) 금융투자상품의 대상으로서의 성질

배출권이 금융투자상품의 대상이 되는가의 문제로서, 먼저 금융투자상품이 무엇인가 고찰할 필요가 있다. 자본시장과 금융투자업에 관한 법률 제3조에서 규정하기를 "금융투자상품"이란 이익을 얻거나 손실을 회피할 목적으로 현재 또는 장래의 특정 시점에 금전, 그 밖의 재산적 가치가 있는 것을 지급하기로 약정함으로써 취득하는 권리로서, 그 권리를 취득하기 위하여 지급하였거나 지급하여야 할 금전 등의 총액이 그 권리로부터 회수하였거나 회수할 수 있는 금전 등의 총액을 초과하게 될 위험이 있는 것을 말한다. 즉, 자본시장과 금융투자업에 관한 법률에 따르면 '금융상품성'이란 첫째 이익의 획득이나 손실의 회피를 목적으로 하고, 둘째 투자성 즉, 원본의 손실가능성이 있어야 한다. 배출권이 이러한 금융상품성을 내포하고 있는가를 고찰하면, 배출권이 거래소에서 거래가 되는 경우에는 금융상품성을 지닐 수밖에 없을 것이므로 금융상품성을 긍정하여야 할 것이다.

113) 헌법재판소 2010. 4. 29, 2007헌바40.

114) 김성수, '온실가스 배출권 거래제도에 관한 법률안'상의 온실가스 배출권의 법적 성격과 할당의 법적 과제 - 독일의 경험을 참고하여 -, 토지공법연구 제52집(2011/2), 229면: 김성수 교수도 결국에는 거래단계에 이른 배출권은 시장참여자가 자신의 책임하에 사적 효용을 실현하기 위하여 양도 또는 양수하는 것이므로 헌법상 재산권으로서의 요건을 모두 갖춘 것으로 볼 수 있으며, 다른 재산권과 마찬가지로 수익과 처분의 대상이 되는바, 결국 배출권 거래 제도를 통하여 재산권의 대상이 되는 사법상의 또 다른 권리가 성립하는 것이다라고 주장하고 있다.

f) 우리나라의 대응

우리나라는 비부속서 I 국가에 포함되어 있으나, 제2차 의무이행기간(2013~2017)에는 의무감축국에 포함될 가능성이 높으므로 이에 대한 충분한 준비가 필요하다. 저탄소녹색성장기본법 제46조(총량제한 배출권 거래제 등의 도입)에서는 정부는 시장기능을 활용하여 효율적으로 국가의 온실가스 감축목표를 달성하기 위하여 온실가스 배출권을 거래하는 제도를 운영할 수 있으며, 이러한 제도의 실시를 위한 배출허용량의 할당방법, 등록 · 관리방법 및 거래소 설치 · 운영 등은 따로 법률로 정한다고 규정하고 있다. 이에 따라서 온실가스 배출권 거래제도에 관한 법률(안)이 마련되었다. 동법의 목적은 「저탄소녹색성장 기본법」 제46조에 따라 온실가스 배출권 거래제도를 도입함으로써 가격기능과 시장원리에 기반을 둔 비용 효과적인 방식으로 온실가스 감축을 추진하고 국내 탄소시장을 활성화하여 국제 탄소시장에 적극적으로 대비하는 것이다.

동법 제2조에서는 동법에서 사용하는 용어의 개념을 정의하고 있는데, 특히 제2호에서 "배출권"이란 일정 기간 동안 1톤의 이산화탄소(CO_2) 또는 이산화탄소 1톤에 상응하는 온실가스를 배출할 수 있는 권한을 말한다고 규정하고 있는바, 권한이라는 표현은 문제이며 오히려 권리라고 규정하는 것이 타당하다. 권한이란 특정의 행정기관에게 임무의 범위 내에서 구체적인 조치를 취할 수 있는 힘을 부여하는 것을 말하며, 이러한 구체적인 힘을 부여하는 규범을 권한규범이라고 한다. 그렇다면 행정기관이 아닌 사인이 탄소를 배출할 수 있는 배출권을 권리라고 표현하지 아니하고, 권한으로 표현한 것은 부적절하다. 사인이 가지는 어떤 행위를 할 수 있는 법적 힘은 권리이지 권한이 아니기 때문이다. 또한 탄소배출권 거래제도를 운영함에 있어서는 탄소를 배출할 수 있는 '권리'로 보는 것이 거래의 원활, 법적 안정성을 위해서는 타당하기 때문이다.

기타 주요한 내용으로는 배출권 할당위원회를 설치하고, 배출권의 신청 및 배출권의 할당절차를 규정하고 있다. 온실가스 · 에너지 목표관리 제도 총괄기관인 환경부를 비롯해 농림부, 지경부, 국토부는 2011. 3. 16자로 국제사회에 통용될 수 있는 '온실가스 산정 · 보고 · 검증체계'를 구축하기 위하여 「온실가스 · 에너지 목표관리 운영 등에 관한 지침」을 고시했다. 동 지침은 온실가스 배출감량과 관련해 관리대상이 되는 개별 업체를 정하는 것부터 시작하여 목표설정, 검증 등에 대한 사항들을 포괄적으로 규정하여 온실가스 · 에너지 목표관리 제도의 이행에 필요한 사항들을 담고 있다.

동 초안에 대해서는 온실가스 배출권거래제를 하나의 산업으로 보아야 하고 경제성장에서 중요한 역할을 할 수 있다는 점에서 긍정적인 제도라는 정부의 입장과 배출권거래제 도입으로 발생하는 비용이 예상보다 클 것이고 전세계적으로 배출권거래제 도입을 재고하는 상황에서 우리나라만 강행하는 것은 바람직하지 않다는 산업계의 입장이 팽팽하게 맞섰다.[115] 이에 정부는 준비기간 및 제도의 유연성 강화가 필요하다는 산업계의 의견을 반영하고 무엇보다도 동 법률(안)의 이해당사자인 산업계의 경쟁력 여건과 제반 준비 상황 등을 종합적으로 고려하여 수정안을 마련하여 2011년 2월 28일 입법예고를 다시 실시하였다.[116] 2011년 4월 12일 법명을 「온실가스 배출권의 할당 및 거래에 관한 법률」로 개정하고 2015년부터 배출권거래제를 도입하는 것을 주요 내용으로 하여 국무회의에서 의결하였다. 배출권거래제도는 단순히 온실가스 감축이라는 의미를 넘어서 경제주체에게 녹색성장의 필요성을 부각시키고 국가의 녹색경쟁력을 확보하려는 의미를 담고 있다.[117]

초안과 비교할 때 수정안의 주요 내용은 다음과 같다:

첫째, 배출권 거래제 계획기간(안 제2조 제4호): 초안은 온실가스 감축목표를 달성하기 위하여 5년 단위의 배출권 거래제의 계획기간에 대하여 국가 배출권 할당계획을 수립하도록 하였으나, 수정안은 5년의 범위내에서 국가 배출권 할당계획을 수립하도록 함으로써 계획기간이 보다 유동적으로 변경되었다.

둘째, 배출권 할당위원회의 설치 등(안 제7조 제2항): 초안에는 배출권 할당위원회의 위원장이 명시되어 있지 않았으나, 수정안에서는 환경부장관이 위원장이 경우 산업계에 대한 규제가 심해질 수 있다는 산업계의 우려로 인해 위원장을 기획재정부 장관으로 명시하였다.

셋째, 목표관리제와의 관계(안 제10조): 초안은 온실가스 에너지목표관리업체로 지정된 업체 중 6대 온실가스 배출량이 대통령령으로 정하는 기준량 이상인 업체를 할당대상업체

---

115) http://www.hankyung.com/news/2011031156381: 탄소배출권 거래제도의 도입과 관련하여, "한 대기업의 최고경영자(CEO)는 이런 우려를 표명했다. 입법안에 의하면 할당위원회가 배출권의 할당계획과 조정을 맡고 정부는 구체적인 할당 대상업체의 지정, 할당조치, 취소 등을 할 수 있다. 배출권을 운용하는 일부 정부 부서가 기업의 생산과 투자를 좌우할 수 있게 된다는 얘기다. 예컨대 배출권 할당을 얻지 못하면 신규사업 참여는 불가능해질 수 있다. 여태 공장을 잘 운영해 오던 기업이라도 배출권 할당이 취소된다면 수천억원에서 수조원짜리 생산시설을 멈춰야 하는 상황을 맞을 수 있게 된다는 것이다. 탄소배출권이 기업의 생사여탈권을 쥐게 되는 셈이다."라고 하면서 탄소배출권에 대해서 우려를 표명하였다.

116) http://www.pmo.go.kr/: 정부가 일방적으로 밀어붙이기 식으로 추진하기 보다는 보다 신중한 제도설계를 통해 이해당사자인 산업계의 의견을 보다 적극적으로 수렴하여 배출권 거래제를 차질 없이 추진해 나가기 위한 것이다.

117) http://www.pmo.go.kr/.

로 지정함으로써 목표관리제와 배출권거래제의 중복 규제 논란이 있었으나, 수정안은 배출권 할당 대상업체로 지정될 경우 목표관리제의 적용을 배제함으로써 중복규제의 문제를 해소하였다.

넷째, 할당의 방법(안 제12조 제3항): 초안은 제1차 계획기간 중의 무상할당 비율을 전체 할당량의 90% 이상으로 하는 것으로 규정하였으나 수정안은 국내 산업의 국제경쟁력에 미치는 영향 등을 고려하여 대통령령(제1차 계획기간은 95% 이상)으로 정하도록 하였다.

다섯째, 배출권 거래참여(안 제22조 제3항): 수정안은 배출권 거래에 참여하는 자에 대해서는 자본시장과 금융투자업에 관한 법률의 각 규정을 배출권 거래시장에서의 거래의 성질에 부합되게 준용하도록 하고 있다. 이를 통해 향후 온실가스 배출권이 자본시장과 금융투자업에 관한 법률 상 금융투자상품의 형태로 거래될 수 있는 기반을 마련하고 있다.

여섯째, 배출권의 이월 및 차입(안 제28조 제1항): 초안은 할당 대상업체가 배출권을 제출한 후 배출권을 초과로 보유하고 있는 경우 그 초과분을 계획기간 내의 다음 이행 연도에만 사용할 수 있도록 하였고 계획기간 간의 이월은 허용하고 있지 않았으나, 수정안은 초과분을 다음 이행연도 및 차기 계획기간의 최초이행연도에 사용할 수 있도록 함으로써 기업들이 보다 탄력적으로 배출권을 운용할 수 있도록 하였다. 다만, 제1차 계획기간의 배출권은 제2차 계획기간으로 이월할 수 없다(안 부칙 제4조).

일곱째, 금융 · 세제 상의 지원 등(안 제35조 제1항): 초안은 배출권 거래제 도입으로 인한 기업 경쟁력 감소 방지를 위한 제도로 저탄소녹색기금의 설치만을 규정하였으나, 수정안은 저탄소녹색기금 설치와 관련된 규정을 삭제하고 온실가스 감축설비에 대한 지원 등 대통령령이 정하는 사업에 대하여 금융 · 세제상의 지원 또는 보조금의 지급, 그 밖에 필요한 지원을 할 수 있도록 하였다.

여덟째, 과징금(안 제33조), 과태료(안 제42조): 초안은 할당 대상업체가 제출한 배출권이 인증된 온실가스 배출량보다 부족한 경우에는 그 부족분의 이산화탄소 1톤당 100만원 범위 내에서 당해 배출권 평균 시장 가격의 5배 이하의 과징금 및 배출권의 제출을 하지 않은 자 및 허위로 보고한 자 등에 대하여 5,000만원 이하의 과태료를 부과할 수 있도록 하였다. 수정안은 이산화탄소 1톤당 당해 이행연도의 배출권 평균 시장가격의 3배 이하의 과징금을 부과할 수 있도록 하였고, 배출권의 제출을 하지 않은 자 및 허위로 보고한 자 등에 대하여 1,000만원 이하의 과태료를 부과할 수 있도록 하였다.

아홉째, 청정개발체제사업 관련(안 제30조): 정부는 교토의정서상 청정개발체제(CDM)를 위하여 주무관청의 인증과 관리에 필요한 제도를 운영할 수 있도록 하였다.

열번째, 제1차 국가할당계획기간(안 부칙 제2조): 초안에는 2013년부터 배출권거래제를 시행하려고 하였으나 산업계의 의견을 받아들여 수정안은 최초로 시작되는 계획기간은 2015년 1월 1일부터 대통령령으로 정하는 기간으로 하였다.

온실가스배출권의 할당 및 거래에 관한 법률의 주요내용은 다음과 같다:

[배출권거래제도의 시행체계]

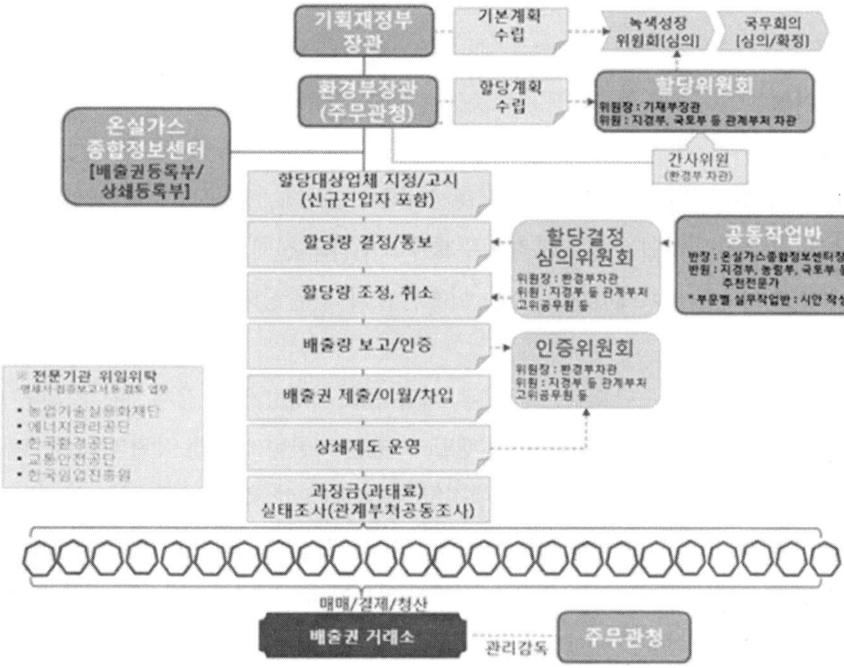

Ⅶ. 강제적 환경보호수단

환경행정상 의무이행확보행위			
행정상 강제	강제집행	대집행	대체적 작위의무
		강제징수	금전적 납부의무
		직접강제	비대체적 의무
		이행강제금	이행압박
	즉시강제	즉시강제	효율성, 급박성, 영장주의

행정상 제재	행정벌	행정형벌	9가지 형벌
		행정질서벌	과태료
기타	새로운 수단들	행정조사	정보수집
		과징금	변형 과징금
		관허사업제한	부당결부
		공급거부	부당결부
		공표	사생활보호

A. 서설

행정상 강제에는 행정상 강제집행과 즉시강제가 있는바, 행정상 강제집행이란 행정법상 의무의 불이행이 있는 경우에 행정주체가 의무자의 신체 또는 재산에 직접 실력을 행사하여 그 의무를 이행케 하거나 또는 이행된 것과 같은 상태를 실현하는 공행정작용을 말한다.

행정상 강제집행의 수단으로는 대집행, 직접강제, 이행강제금, 강제징수가 있다. 대집행이란 타인이 대신하여 그 의무를 이행할 수 있는 이른바 대체적 작위의무(예: 건축물의 철거)의 불이행이 있는 경우에, 당해 행정청(行政廳)이 스스로 또는 제3자로 하여금 이를 대신 이행케 하고 그 비용을 의무자로부터 징수하는 것을 말한다. 직접강제란 의무자가 의무를 이행하지 아니하는 경우 행정청이 의무자의 신체 또는 재산에 직접 실력을 행사하여 의무자가 의무를 이행한 것과 같은 상태를 실현하는 작용을 말한다. 예컨대, 방어해면구역을 무단침입한 선박에 대하여 강제로 퇴거를 시키거나 영업자가 영업정지명령에 위반하여 계속 영업행위를 하는 때에 영업소의 간판을 제거하거나 시설물을 봉인하는 것 혹은 시위군중이 해산하지 아니하는 경우에 해산을 위한 물의 살포 등이 이에 해당한다. 이행강제금이란 행정법상의 작위의무 또는 부작위의무를 불이행한 경우에 그 의무를 간접적으로 강제이행시키기 위하여 일정한 기간 안에 의무이행이 없을 때에는 일정한 이행강제금을 부과할 것을 계고하고 그 기간 안에 이행이 없는 경우에는 이행강제금을 부과하는 것을 말한다. 이행강제금은 과거 의무위반행위에 대한 제재로서의 벌금이 아니라 장래에 행위의 이행확보를 위한 강제수단이다. 행정상 강제징수란 행정법상의 금전급부의무가 이행되지 아니한 경우에 행정청이 의무자의 재산에 실력을 행사하여 의무가 이행된 것과 같은 상태를 실현하는 작용을 말한다. 작위, 부작위 또는 수인의무를 강제하기 위한 수단인 대집행이나 이행강제금 그리고 직접강제와는 달리 강제징수는 금전급부의무의 불이행에 대한 강제수단이다.

행정상 강제집행제도의 특색은 민사상의 강제집행제도와는 달리 법원 및 강제집행기관의 도움이 없이 자력에 의하여 집행한다는 데 있다.

행정상 즉시강제란 행정법상의 목적을 달성하기 위하여 의무를 명할 시간적 여유가 없거나 의무이행을 명령하여서는 목적을 달성하기 어려운 경우에 행정주체가 의무자의 신체 또는 재산에 직접 실력을 행사하여 의무를 이행하는 행위이다. 행정상 즉시강제를 직접강제와 구별하지 아니하고 직접강제의 일종으로 보는 견해도 있다.

B. 행정벌

환경행정상 환경보전의 목적을 달성하기 위한 행정상 제재로는 행정벌(Verwaltungsstrafe)을 부과하는 것인데, 행정벌이란 행정법상의 의무위반에 대하여 일반통치권에 의거하여 과하는 제재로서의 처벌을 말한다. 행정벌은 직접적으로는 과거의 의무위반에 대하여 제재를 가함으로써 '행정법령'의 실효성을 확보하지만, 간접적으로는 의무자에게 심리적 압박을 가하여 행정법상의 의무이행확보를 기한다. 행정벌에는 의무위반자에게 최종적인 수단으로 징역 · 벌금과 같은 형법상의 형벌을 과하는 행정벌과 과태료가 부과되는 행정질서벌이 있다.[118]

행정질서벌이란 직접 행정목적을 침해하는 것은 아니고, 다만 행정목적 달성에 장해가 되는 정도의 위반행위, 예컨대, 신고 · 보고 · 장부비치 등의 의무를 태만히 한 경우에 과태료를 과하는 벌을 말한다. 과태료와 같은 행정질서벌은 행정질서유지를 위하여 행정법규위반이라는 객관적 사실에 대하여 과하는 제재이므로 반드시 현실적인 행위자가 아니라도 법령상 책임자로 규정된 자에게 부과되고 또한 특별한 규정이 없는 한 원칙

118) 주요논문: 박정훈, 협의의 행정벌과 광의의 행정벌 - 행정상 제재수단과 법치주의적 안전장치 -, 서울대학교 법학 41권 4호 (2001년).

헌법재판소 1994. 4. 28. 91헌바14【집회및시위에관한법률제2조등에대한헌법소원】: 어떤 행정법규 위반행위에 대하여 이를 단지 간접적으로 행정상의 질서에 장해를 줄 위험성이 있음에 불과한 경우로 보아 행정질서벌인 과태료를 과할 것인가 아니면 직접적으로 행정목적과 공익을 침해한 행위로 보아 행정형벌을 과할 것인가, 그리고 행정형벌을 과할 경우 그 법정형의 형종과 형량을 어떻게 정할 것인가는 당해 위반행위가 위의 어느 경우에 해당하는가에 대한 법적 판단을 그르친 것이 아닌한 그 처벌내용은 기본적으로 입법권자가 제반사정을 고려하여 결정할 입법재량에 속하는 문제라고 할 수 있다.

적으로 위반자의 고의 · 과실을 요하지 아니한다[119]는 판례가 있었으나, 현재는 질서위반행위규제법에 의거하여 과태료의 부과에 있어서도 고의나 과실을 요건으로 규정하고 있다. 이러한 행정벌은 개별환경법 및 환경범죄 등의 단속 및 가중처벌에 관한 법률에서도 규정하고 있다.

참조	**헌법재판소 2009. 5. 28. 선고 2007헌바22 전원재판부【집회및시위에관한법률제2조제1호등위헌소원】**
판례 취지	어떤 행정법규 위반행위에 대하여, 직접적으로 행정목적과 공익을 침해한 행위로 보아 행정형벌을 과할 것인가, 그리고 행정형벌을 과할 경우 그 법정형의 형종과 형량을 어떻게 정할 것인가는, 기본적으로 입법권자가 제반 사정을 고려하여 결정할 그 입법재량에 속하는 문제이다. 미신고 옥외집회의 주최는 직접적으로 행정목적을 침해하고 나아가 공익을 침해할 고도의 개연성을 띤 행위라고 볼 수 있으므로 이에 대하여 w행정형벌을 과하도록 한 구 집시법 제19조 제2항이 집회의 자유를 침해한다고 할 수 없고, 그 법정형이 입법재량의 한계를 벗어난 과중한 처벌이라고 볼 수 없으며, 이로 인하여 신고제가 사실상 허가제화한다고도 볼 수 없다. 재판관 김종대의 일부 반대의견: 집회에 대한 신고의무는 단순한 행정절차적 협조의무에 불과하고, 그러한 협조의무의 이행은 과태료 등 행정상 제재로도 충분히 확보 가능함에도 구 집시법 제19조 제2항이 징역형이 있는 형벌의 제재로 신고의무의 이행을 강제하는 것은 헌법상 집회의 자유를 전체적으로 위축시키는 결과를 가져올 수 있고, 이는 신고제도의 본래적 취지에 반하여 허가제에 준하는 운용을 가능하게 하는 것이며, 미신고 옥외집회 주최자를 집시법상 금지되는 집회 또는 시위의 주최자와 동일하게 처벌하는 것은 법익침해의 정도가 질적으로 현저히 다른 것을 동일하게 처벌하는 것으로 국가형벌권 행사에 관한 법치국가적 한계를 넘어 지나치게 과중한 형벌을 규정한 것이다.

119) 대법원 1994. 8. 26. 선고 94누6949 판결【사용료및과태료부과처분취소】.
헌법재판소 2009. 3. 26. 선고 2008헌바63 전원재판부【구공인중개사의업무및부동산거래신고에관한법률제27조등위헌소원】: 과태료는 행정의 실효성확보수단의 하나로 행정상의 질서유지를 위한 행정질서벌이며, 행정법규위반이 직접적으로 행정목적이나 사회공익을 침해하는 데까지는 이르지 않고 간접적으로 행정상의 질서에 장애를 줄 위험성이 있는 정도의 단순한 의무태만에 대하여 제재로서 과하여지는 것이다(헌재 1998. 5. 28. 96헌바83, 판례집 10-1, 624, 635). 따라서 조세나 부담금 등 '금원징수 자체를 목적'으로 하는 일반적인 금전납부의무의 강제와 달리 행정상 의무이행을 담보하기 위하여 그 '수단으로서 부과되는 의무위반자에 대한 제재'라는 데 그 본질이 있으므로, 행정상 의무위반에 대하여 과태료가 예정되어 있다고 하더라도 위 의무를 강제함에 따른 기본권 제한이 문제될 뿐 과태료 조항이 별도로 국민의 재산권을 제한하는 것이라고 보기 어렵다.

1. 환경오염에 대한 행정적 · 형사적 제재

개개의 법률에서 처벌규정을 두고 있다. 대체로 무허가배출시설의 설치 및 변경, 적합판정 전 조업행위, 배출시설 및 방지시설의 비정상운영, 조업정지 등 각종 명령의 위반행위에 대해 규정하고 있다.

행정형벌과 관련하여서는 형사벌에 대한 법이론이 그대로 타당하다. 특히 형사벌의 기본원칙인 죄형법정주의는 환경법령을 위반하여 부과되는 행정형벌에 있어서도 존중되어야 한다. 다만 형사벌에 비교하여 행정형벌에는 몇가지의 특수성이 인정될 수 있는데, ① 행정형벌에 대한 형법총칙의 적용문제 ② 고의의 성립 ③ 과실범의 처벌 ④ 양벌규정 등에 있어서 문제가 대두된다.

개별법상의 처벌규정들은 행정형벌의 대상과 질서벌의 대상이 명확하게 구분되지 못하고 과도한 형벌이 부과되도록 규정되어 있다는 점에서 비판을 받고 있다. 환경관련 보호법익의 침해를 이유로 형법상의 처벌규정으로는, 형법상의 가스 · 전기 등의 방류, 음용수의 사용방해 등을 들 수 있다.

2. 환경범죄 등의 단속 및 가중처벌에 관한 법률에 의한 처벌

a) 제정동기

환경범죄 등의 단속 및 가중처벌에 관한 법률은 최근 환경오염이 심화되어 국민의 건강을 위협함은 물론 환경범죄도 지속적인 증가 추세에 있어 환경을 오염시키는 물질을 배출하는 행위를 근절시킬 필요가 있어서 제정되었다. 그 후 환경범죄 등의 단속 및 가중처벌에 관한 법률은 대구 페놀사건을 계기로 사람의 생명 또는 신체에 위험을 주는 환경오염행위를 방지하기 위하여 환경범죄의처벌에관한특별조치법을 개정하여 만든 형사특별법이다. 동법은 사람의 생명 · 신체, 상수원 또는 자연생태계등에 유해한 환경오염 또는 환경훼손을 초래하는 행위를 가중처벌하고, 그에 대한 행정처분을 강화함으로써 환경보전에 이바지함을 목적으로 하고 있으며, 환경범죄가 가지는 특징을 고려하여 다음과 같은 조항을 두고 있다.

b) 처벌 관련 특별조항들

(1) 가중처벌

환경범죄 등의 단속 및 가중처벌에 관한 법률에 의하면 오염물질 불법배출의 가중처벌, 환경보호지역 오염행위 등의 가중처벌, 멸종위기야생생물의 포획 등의 가중처벌, 폐기물불법처리의 가중처벌 등 가중처벌을 규정하고 있으며, 또한 업무상과실 또는 중대한 과실로 인하여 오염물질을 불법배출한 자도 처벌하도록 규정하고 있다.

(2) **양벌규정**

법인의 대표자 또는 법인이나 개인의 대리인 · 사용인 기타 종업원이 그 법인 또는 개인의 업무에 관하여 제5조 내지 제7조의 위반행위를 한 때에는 행위자를 벌하는 외에 그 법인 또는 개인에 대하여도 각 해당조의 벌금형을 과하도록 양벌규정을 두었는바, 이러한 규정에 대해서는 다른 사람의 범죄에 대해 그 책임 유무를 묻지 않고 형벌을 부과함으로써 법치국가의 원리 및 죄형법정주의로부터 도출되는 책임주의원칙에 반하므로 헌법에 위반된다고 볼 것이다.[120)]

(3) **인과관계의 추정**

인과관계규명의 곤란성을 배려하여 오염물질을 사람의 생명 · 신체, 상수원 또는 자연생태계등에 위험(제3조제3항 각호의 1에 해당하는 경우를 포함)이 발생할 수 있을 정도로 불법배출한 사업자가 있는 경우 그 물질의 불법배출에 의하여 위험이 발생할 수 있는 지역 안에서 동종의 물질에 의하여 생명 · 신체등에 위험이 발생하고 그 불법배출과 발생한 위험 사이에 상당한 개연성이 있는 때에는 그 위험은 그 사업자가 불법배출한 물질에 의하여 발생한 것으로 추정한다고 규정하고 있다.

---

120) 헌법재판소 2009. 7. 30. 선고 2008헌가24 전원재판부【의료기사등에관한법률제32조위헌제청】: 이 사건 법률조항은 법인이 고용한 종업원 등이 업무에 관하여 법 제30조 제1항 제1호의 위반행위를 저지른 사실이 인정되면, 법인이 그와 같은 종업원 등의 범죄에 대해 어떠한 잘못이 있는지를 전혀 묻지 않고 곧바로 그 종업원 등을 고용한 법인에게도 종업원 등에 대한 처벌조항에 규정된 벌금형을 과하도록 규정하고 있는바, 오늘날 법인의 반사회적 법익침해활동에 대하여 법인 자체에 직접적인 제재를 가할 필요성이 강하다 하더라도, 입법자가 일단 "형벌"을 선택한 이상, 형벌에 관한 헌법상 원칙, 즉 법치주의와 죄형법정주의로부터 도출되는 책임주의원칙이 준수되어야 한다. 그런데 이 사건 법률조항에 의할 경우 법인이 종업원 등의 위반행위와 관련하여 선임 · 감독상의 주의의무를 다하여 아무런 잘못이 없는 경우까지도 법인에게 형벌을 부과될 수밖에 없게 되어 법치국가의 원리 및 죄형법정주의로부터 도출되는 책임주의원칙에 반하므로 헌법에 위반된다.

c) 행정규제관련 특별조항들

(1) 과징금

환경부장관은 대통령령이 정하는 오염물질을 불법배출(법 제2조제2호 가목 내지 자목에 한함)한 사업자에 대하여 불법배출이익(불법배출한 때부터 적발된 때까지 특정오염물질을 불법배출함으로써 지출하지 아니하게 된 당해 특정오염물질의 처리비용을 말함)의 2배 이상 10배 이하에 상당하는 금액과 특정오염물질의 제거 및 원상회복에 소요되는 비용을 과징금으로 부과 · 징수하며, 과징금의 부과처분을 받은 자가 과징금을 기한내에 납부하지 아니한 때에는 국세체납처분의 예에 따라 이를 징수한다.

(2) 행정처분효과의 승계

사업자가 불법배출시설을 양도하거나 사망한 경우 또는 법인의 합병이 있는 경우에는 종전의 사업자에 대하여 제13조의 규정에 의하여 행한 행정처분의 효과는 양수인 · 상속인 또는 합병후 존속하는 법인이나 합병에 의하여 새로이 설립되는 법인에 승계된다고 규정하여 사업의 양도 등을 통한 편법(便法)으로서 제재적 행정처분의 효과를 면탈하는 것을 방지하고 있다.

(3) 사업장의 출입

환경부장관은 제12조 또는 제13조의 규정에 의한 행정처분을 하기 위하여 관계공무원으로 하여금 불법배출시설 또는 사업장등에 출입하여 오염물질을 채취하거나 관계서류 · 시설 · 장비등을 검사하게 할 수 있다.

(4) 행정대집행

환경부장관은 불법배출시설의 소유자 또는 점유자에게 당해시설의 사용중지 · 철거 또는 폐쇄를 명할 수 있으며, 불법배출시설의 소유자 또는 점유자가 철거명령을 받고도 이를 이행하지 아니하는 때에는 행정대집행법이 정하는 바에 따라 대집행하고 그 비용을 소유자 또는 점유자로부터 징수할 수 있다.

제4절 소송법적 환경보호수단

Ⅰ. 의의

환경침해로 인하여 피해를 입은 국민이 가해자인 국가나 지방자치단체 또는 사인에 대해서 권리구제를 도모할 수 있다. 그리하여 이러한 권리구제를 환경상 권리구제라고 하면서 다루었으나, 이 책에서는 이를 소송법적 환경보호수단이라는 장으로 다루고자 한다. 그 이유는 환경상 권리구제라는 관점에서는 피해자의 피해를 전보하는 차원에서 접근하게 되므로 이러한 접근은 기왕의 행정법적 또는 민사법적 접근과 구별되는 환경법적 접근이 어렵게 되기 때문이다. 환경침해로 인하여 피해자가 발생한 경우에 피해의 구제도 중요하지만 환경법적으로 보다 중요한 것은 환경침해를 예방하고 환경침해가 발생한 경우에도 이를 피해 구제의 측면보다도 환경보호의 측면에서 접근할 때 비로소 환경법적인 의의가 충분히 고려될 수 있기 때문이다.

환경침해에 대해서 권리구제를 도모하는 경우에 일반적인 법적 구제에 비해 다음과 같은 특성이 있다고 할 수 있을 것이다: 첫째 환경분쟁의 원인이 복잡·다양하여 가해자를 특정하기 곤란하고, 둘째 환경분쟁의 가해자가 거대기업 등 힘의 우위에 있는 경우가 많으며, 셋째 환경오염의 피해범위가 광범하며, 넷째 환경피해는 인과관계의 입증이 곤란하고, 다섯째 환경분쟁의 경우에 분쟁해결의 비용이 상대적으로 크고, 여섯째 환경침해로 인한 피해구제에 있어서는 그 기본관점이 피해자의 손해전보에 초점을 맞추는 것도 중요하지만 더불어 환경보호라는 관점에서 접근하는 것도 중요하게 고려되어야 한다.[121)]

이러한 관점에서 환경상 피해를 입은 자에게 피해를 구제받을 수 있도록 하는 것을 단순히 피해자의 권리구제의 측면에서만이 아니라, 그러한 피해가 두 번 다시 발생하지 아니하도록 하는 관점과 또한 어떤 의미에서는 환경상 보호이익의 대표자로서 소송을 통해서 환경보호를 도모하는 것으로 볼 수도 있을 것이다. 이러한 관점을 환경침해

---

121) 김남진, 행정법 II, 2000, 607면.

에 대입시킬 때 소송법적 환경보호수단이라고 할 수 있을 것이다. 단체소송이나 시민소송의 도입도 피해자의 구제뿐만 아니라 환경보호의 실질화라는 관점에서도 고려하여야 할 것이다.

소송법적 환경보호수단과 관련하여서는 크게 헌법소송적 환경보호수단, 행정소송적 환경보호수단, 민사소송적 환경보호수단, 집단적 환경보호수단 그리고 조정적 환경보호수단으로 구분할 수 있다. 헌법소송적 환경보호수단으로서는 주로 헌법소원이 있으며, 행정소송적 환경보호수단으로는 항고소송과 당사자소송으로 나누어 고찰할 수 있으며, 처분성과 원고적격의 확대 및 당사자소송의 활성화가 요청되고, 민사소송적 환경보호수단에 있어서는 환경침해자의 과실 및 침해행위의 위법 판단의 기준설정과 환경침해행위와 피해 사이의 인과관계의 인정에 있어서 난이도의 조절이 요청된다. 집단적 환경보호수단에 있어서는 환경침해의 특성상 다수의 이해당사자를 야기하는 경우가 많으므로 이를 고려하는 것이 요청되고 그리고 조정적 환경보호수단에 있어서는 환경침해의 원인규명의 곤란성, 시간적 장기성 그리고 비용적 어려움 등을 고려하여 적절한 타협을 도출하는 것이 핵심이다.

Ⅱ. 헌법소송적 환경보호수단

A. 의의

헌법소송적 환경보호의 수단으로는 헌법 제111조와 헌법재판소법에 의한 크게 위헌법률심판과 헌법소원심판을 들 수 있다. 어떤 법률 내지 법률의 조항이 헌법에 위반되는지 여부가 재판의 전제가 된 경우 당해 사건을 담당하는 법원은 직권 또는 당사자의 신청에 의한 결정으로 헌법재판소에 위헌 여부 심판을 제정할 수 있다. 이러한 위헌법률심판에 의하여 헌법재판소는 헌법상의 환경권을 중대하게 침해하는 법률에 대해서 위헌을 결정할 수도 있을 것이다. 다만, 헌법상의 환경권 내지 환경적 이익을 기초로 특정의 법률을 위헌으로 결정하는 예는 현실적으로 매우 드물 것이다.

참조	헌법재판소 2008.07.31. 선고 2006헌마711 전원재판부 입법부작위위헌확인
판례 취지	가. 공직선거법이 확성장치에 의해 발생하는 선거운동 소음을 규제하는 입법을 전혀 하지 않았다고 할 수 없고, 다만 소음제한 입법이 확성장치의 출력수 등 소음 제한에 관한 기준을 설정하지 않는 등 불완전·불충분한 것인지가 문제될 따름이다. 따라서 확성장치에 의해 유발되는 선거운동 소음규제 입법에 관한 이 사건 심판청구는 부진정입법부작위를 다투는 것에 해당한다. 나. 일정한 경우 국가는 사인인 제3자에 의한 국민의 환경권 침해에 대해서도 적극적으로 기본권 보호조치를 취할 의무를 지나, 헌법재판소가 이를 심사할 때에는 국가가 국민의 기본권적 법익 보호를 위하여 적어도 적절하고 효율적인 최소한의 보호조치를 취했는가 하는 이른바 "과소보호금지원칙"의 위반 여부를 기준으로 삼아야 한다. 이 사건의 경우 청구인의 기본권적 법익이 침해되고 있음이 명백히 드러나지 않고, 공직선거법의 규정을 보더라도 확성장치로 인한 소음을 예방하는 규정이 불충분하다고 단정할 수도 없으며, 기본권보호의무의 인정 여부를 선거운동의 자유와의 비교형량하에서 판단할 때, 확성장치 소음규제기준을 정하지 않았다는 것만으로 청구인의 정온한 환경에서 생활할 권리를 보호하기 위한 입법자의 의무를 과소하게 이행하였다고 평가할 수는 없다. 재판관 조대현의 별개의 합헌의견 이 사건 법률조항에서 선거운동을 위하여 확성장치의 사용을 허용하면서 확성장치에 의한 소음허용기준을 규정하지 아니한 것이 청구인의 환경권을 침해하였는지 여부에 대해서는 과소보호금지원칙이 아니라 헌법 제37조 제2항이 심사기준이 되어야 한다. 이 사건 법률조항은 청구인의 환경권을 과도하게 침해하였다고 볼 수 없으므로 합헌이다. 재판관 김희옥, 재판관 김종대, 재판관 민형기, 재판관 목영준의 반대의견 이 사건 법률조항은 관련 법익을 형량하여 기본권 보호의무를 이행하는 데 있어서 환경권을 과소하게 보호하고 있고, 이는 청구인이 누려야 할 정온한 환경에서 생활할 권리의 침해를 가져왔다고 하지 않을 수 없으므로, 입법자가 공직선거시 유발되는 선거소음에 대한 입법을 개선할 수 있도록 이 사건 법률조항에 대하여 헌법불합치 결정을 선고하여야 한다.

참조	헌법재판소 1999. 7. 22. 선고 97헌바9 전원재판부 【자연공원법제16조제1항제4호등위헌소원】
판례 취지	인간존엄과 행복추구권을 보장한 헌법 제10조, 국민의 환경권보장과 국가의 환경보전의무를 선언한 헌법 제35조 제1항, 그리고 재산권의 사회적 기속성을 강조한 헌법 제23조 제1항과 제2항의 취지를 고려하고, 또 위 헌법규정에 근거하여 자연풍경지의 보호와 적정한 이용을 도모하기 위해 마련된 자연공원법의 입법목적, 집단시설지구 안에서 허용될 수 있는 행위를 "탐방휴양에 적합한 공원시설 및 그 부대시설의 설치행위"로 제한하고 있는 자연공원법 제16조 제2항 제4호, 그리고 집단시설지구내 공원시설의 기본설계를 공원의 자연풍경과 조화되게 수립할 것을 요구하고 있는 자연공원법 제21조의2 제2항 등을 종합하여 판단할 때, 이 사건 심판대상조항들이 집단시설지구 안에서 행정청에게 제한없는 개발허가권한을 부여한 규정이라고 볼 수 없으므로 그 자체로는 청구인들의 기본권을 침해하지 아니한다.

헌법소송적 환경보호수단에 있어서 보다 현실적으로 생각할 수 있는 수단으로는 공행정작용에 의하여 헌법상 보장된 환경권의 침해를 주장하면서 헌법소원을 청구하는 경우가 있을 수 있는바, 헌법소원(Verfassungsbeschwerde)이란 국가의 공권력의 행사 또는 불행사에 의하여 헌법상 보장된 국민의 기본권이 침해된 경우에 헌법재판소에 제기하는 기본권구제수단으로서, 개인의 기본권보장제도임과 동시에 객관적인 헌법질서유지 기능도 수행하고 있다. 헌법소원은 국민의 기본권이 정당한 이유없이 침해되는 것을 막아주는 방파제로서의 역할을 하고 있기에, "헌법재판의 꽃" 또는 "현대판 신문고"라 불리운다.

국민이 누리는 환경권이 그 기본권성을 인정받는 것에 비례하여 헌법소송적인 환경보호수단이 빛을 발하게 될 것이다. 우리 헌법상의 환경권을 자유권적 · 방어권적 환경권과 생존권적 환경권으로 구분하는 경우에 전자에 대한 침해의 경우에는 보다 쉽게 기본권의 침해를 긍정할 수 있을 것이고, 후자에 대한 침해는 법률에서 보다 구체화하는 경우에 그 기본권성을 긍정할 수 있을 것이다.

B. 헌법소원의 종류

헌법소원은 두 종류가 있는데, 하나는 공권력의 행사 또는 불행사로 인하여 기본권이 침해된 경우에 기본권을 침해받은 자가 제기하는 권리구제형 헌법소원(헌법재판소법 제68조 제1항)과, 다른 하나는 법원에 법률에 대한 위헌법률심판 제청신청을 하였으나 기각된 경우에 제청신청을 한 당사자가 헌법재판소에 제기하는 위헌심사형 헌법소원(법 제68조 제2항)이다. 환경권 내지 환경상 이익의 보호를 위하여는 양자 모두 중요하다.[122]

---

122) 참조: 헌법재판소 2012.8.23. 선고 2010헌바28 전원재판부 【구토양환경보전법제2조제3호등위헌소원】; 헌법재판소 2012.8.23. 선고 2010헌바167 전원재판부 【토양환경보전법제2조제3호등위헌소원】.

1. 권리구제형 헌법소원

〈헌법소원심판청구서(법 제68조 제1항)〉[123)]

헌법소원심판청구서

청구인 ○ ○ ○

서울 ○○구 ○○동

대리인 변호사 ○ ○ ○

서울 ○○구 ○○동

청 구 취 지

"피청구인이 20 . . . ○○회사에 대하여 한 무혐의결정은 청구인의 평등권 및 재판절차진술권을 침해한 것이므로 이를 취소한다."라는 결정을 구합니다.

침해된 권리

헌법 제11조 제1항 평등권

헌법 제27조 제5항 재판절차에서의 진술권

침해의 원인

피청구인의 20 . . .자 ○○회사에 대한 무혐의 결정

청 구 이 유

1. 사건의 개요
2. 위 처분의 위헌성
3. 심판청구에 이르게 된 경위
4. 청구기간의 준수 여부 등

첨 부 서 류

1. 각종 입증서류
2. 소송위임장(소속변호사회 경유)

20 . . .

청구인 대리인 변호사 ○ ○ ○ (인)

헌법재판소 귀중

---

123) www.ccourt.go.kr.

2. 위헌심사형 헌법소원

〈헌법소원심판청구서(법 제68조 제2항)〉[124)]

헌법소원심판청구서

청구인 ○ ○ ○

서울 ○○구 ○○동

대리인 변호사 ○ ○ ○

서울 ○○구 ○○동

청 구 취 지

"구 토양환경보전법(2004. 12. 31. 법률 제7291호로 개정되고, 2011. 4. 5. 법률 제10551호로 개정되기 전의 것) 제10조의3 제3항 제3호 중 '토양오염관리대상시설을 양수한 자' 부분은 헌법에 위반된다."라는 결정을 구합니다.

당 해 사 건

대법원 2009두12778 정화조치명령처분취소

원고 ○○○, 피고 ○○○

위헌이라고 해석되는 법률조항

구 토양환경보전법(2004. 12. 31. 법률 제7291호로 개정되고, 2011. 4. 5. 법률 제10551호로 개정되기 전의 것) 제10조의3

청 구 이 유

1. 사건의 개요
2. 재판의 전제성
3. 위헌이라고 해석되는 이유
4. 심판청구에 이르게 된 경위(청구기간의 준수 여부 등)

첨 부 서 류

1. 위헌제청신청서
2. 위헌제청신청기각 결정문 및 동 결정의 송달증명서
3. 당해 사건의 판결문 등 기타 부속서류
4. 소송위임장(소속변호사회 경유)

20 . . .

청구인 대리인 변호사 ○ ○ ○ (인)

헌법재판소 귀중

---

124) www.ccourt.go.kr.

C. 권리구제형 헌법소원

1. 심판대상 – 공권력의 행사 또는 불행사

a) 공권력의 행사

공권력에 의하여 국민의 기본권이 침해될 경우 국민은 헌법소원을 청구할 수 있다. 공권력에 의한 기본권 침해는 국가나 지방자치단체가 국민에게 어떤 종류의 의무를 부담시키거나 의무이행을 하도록 강제하는 공권력의 행사에 의하여 발생하는 것이 보통이다. 그러나 국가나 지방자치단체가 국민을 위하여 당연히 하여야 할 의무를 하지 않는 공권력의 불행사(부작위)에 의하여 기본권이 침해되는 경우도 있다.

헌법소원의 대상이 되는 공권력의 예로는 국회의 입법행위와 대통령을 중심으로 하는 행정부의 행정행위를 들 수 있다. 물론 사법부(법원)도 공권력을 행사하지만 헌법재판소법은 법원의 재판을 헌법소원의 대상에서 제외시켜 놓고 있으므로, 법원의 재판에 대하여는 헌법소원을 청구할 수 없고, 재판 이외의 사법부의 행위에 대하여만 헌법소원을 청구할 수 있다. 그리고 사법부가 일정한 내용의 공권력을 행사하여야 할 의무가 있는데도 이를 행사하지 않고 그로 인하여 기본권이 침해되는 경우도 그 공권력의 불행사가 위헌이라는 내용의 확인을 구하는 헌법소원을 청구할 수 있는데, 법원이 법무사법에 규정된 법무사시험을 시행하지 않아 직업선택의 자유를 침해하고 있었던 것이 그 한 예이다.

국회는 입법부이므로 통상 법률을 만드는 입법행위가 공권력 행사에 해당할 것이고, 따라서 만일 국회가 만든 법률에 의하여 기본권을 직접 침해받았으면 그 법률에 대하여 위헌선언을 구하는 헌법소원을 청구할 수 있다. 반대로 국회가 일정한 내용의 법률을 만들어야 할 의무가 있는데도 법률을 만들지 않고 그로 인하여 기본권이 침해되는 경우(입법부작위)에도 국회가 법률을 만들지 않고 있는 것이 위헌이라는 내용의 확인을 구하는 헌법소원을 청구할 수 있는데, 재조선미국육군사령부군정청법률 제75호 조선철도의 통일로 손실보상청구권이 생긴 자에 대하여 보상이 끝나기도 전에 국회가 위 군정청법령을 폐지하고서도 아직 끝나지 않은 보상을 위한 다른 법을 제정하지 않아 손실보상청구권을 침해하고 있는 경우가 그 예이다.

공권력의 행사와 관련하여 주요한 헌법재판소의 결정은 다음과 같다: 표준어 규정은 "표준어는 교양 있는 사람들이 두루 쓰는 현대 서울말로 정함을 원칙으로 한다."는 내용인바, 이는 표준어의 개념을 정의하는 조항으로서 그 자체만으로는 아무런 법적 효과를 갖고 있지 아니하여 청구인들의 자유나 권리를 금지 · 제한하거나 의무를 부과하는 등 청구인들의 법적 지위에 영향을 미치지 아니하므로, 이로 인한 기본권 침해의 가능성이나 위험성을 인정하기 어렵다. 가사, 표준어의 지정으로 방언을 사용하는 사람에게 심리적인 제약 효과가 발생한다 하더라도 이는 간접적 · 사실적인 제약이라 할 수 있을 뿐 법적 효과로서의 기본권 제한이라 보기 어렵다. 또한, 청구인들은 국가가 특정의 방언을 표준어로 지정함에 따라 다른 방언은 표준에서 벗어나는 것으로 인정되어 이를 사용하는 사람은 상대적으로 교양 없는 사람으로 평가되는 불이익을 입게 된다고 주장하나, 앞서 본 표준어의 정의는 서울지역어 가운데 교육을 받은 사람이 구사하는 언어라는 의미일 뿐 그 표준어를 쓰는지 여부와 교양이 있는 사람인지 여부에 관한 판단이 관련되어 있다고 보기 어려우므로, 이러한 표준어의 정의만으로 청구인들이 주장하는 것과 같은 효과가 발생한다고 보기 어렵다. 결국, 이 사건 표준어 규정은 표준어의 개념을 정의하는 조항으로서 그 자체만으로는 아무런 법적 효과를 갖고 있지 아니하여, 청구인들의 자유나 권리를 금지 · 제한하거나 의무를 부과하는 등 청구인들의 법적 지위에 영향을 미친다고 인정하기 어렵다.[125]

〈헌법소원심판청구서(부작위)〉[126]

헌법소원심판청구서

청구인 ○ ○ ○

서울 ○○구 ○○동

대리인 변호사 ○ ○ ○

서울 ○○구 ○○동

피청구인 환경부장관

청 구 취 지

"피청구인이 ○○법 제○○조 및 ○○법 시행령 제○○조가 정하는 경우에 관하여 환경기준을 정하여 고시하지 아니한 부작위는 청구인의 환경권을 침해한 것이므로 위헌임을 확인한다."라는 결정을 구합니다.

---

125) 헌법재판소 2009. 5. 28. 선고 2006헌마618 전원재판부【표준어규정제1장제1항등위헌확인】:

126) www.ccourt.go.kr.

침해된 권리

헌법 제35조 환경권

침해의 원인

피청구인이 ○○법 제○○조 및 ○○법 시행령 제○○조가 정하는 경우에 관하여 환경기준을 정하여 고시하지 아니한 부작위

청 구 이 유

1. 사건의 개요
2. 위 부작위의 위헌성
3. 심판청구에 이르게 된 경위

첨 부 서 류

1. 각종 입증서류
2. 소송위임장(소속변호사회 경유)

20 . . .

청구인 대리인 변호사 ○ ○ ○ (인)

헌법재판소 귀중

b) 공권력 행사의 유형

(1) 법규명령

법규명령은 원칙적으로 항고소송의 대상이 되지 아니하며, 다만 예외적으로 처분성을 갖는 경우에만 항고소송의 대상이 된다. 따라서 법규명령이 별도의 집행행위 없이도 직접 국민의 기본권을 침해하는 경우에는 헌법소원의 대상이 된다.

(2) 행정규칙

행정규칙은 원칙적으로 항고소송의 대상이 되지 아니하므로 행정규칙이 직접 국민의 기본권을 침해하는 경우에는 헌법소원의 대상이 된다. 헌법재판소는 인문계열 대학별고사의 제2외국어에 일본어를 제외한 서울대학교 1994년도 대학입시요강이 헌법소원의 대상이 된다고 보았다.[127)]

127) 헌법재판소 1992. 10. 1. 선고 92헌마68.

(3) 조례

대법원은 조례가 집행행위의 개입이 없이도 그 자체로서 직접 국민의 구체적인 권리 · 의무나 법적 이익에 영향을 미치는 등의 법률상 효과를 발생하는 경우 그 조례는 항고소송의 대상이 되는 행정처분에 해당된다고 보았다. 그러나 대법원이 조례의 처분성을 인정한 경우는 예외적이므로, 조례의 처분성을 인정한 대법원 판례가 조례에 대한 헌법소원을 배제할 수는 없다. 헌법재판소는 조례 자체로 인하여 직접 그리고 현재 자기의 기본권을 침해받은 자는 그 권리구제의 수단으로서 조례에 대한 헌법소원을 제기할 수 있다고 결정하였다.[128)]

(4) 행정입법부작위

대법원은 "추상적인 법령에 관하여 제정의 여부등은 그 자체로서 국민의 구체적인 권리 · 의무에 직접적 변동을 초래하는 것이 아니어서 부작위위법확인소송의 대상이 될 수 없다"라고 판시하였다.[129)] 따라서 행정입법부작위에 대한 헌법소원은 보충성의 요건을 충족시킨다.[130)]

(5) 행정처분부작위

행정처분의 부작위는 행정소송의 대상이 되기 때문에 헌법소원의 대상이 될 수 없다. 그러나 공권력의 불행사가 처분의 부작위가 아니거나, 행정처분의 부작위이더라도 항고소송의 대상이 되는지 불분명한 경우에는 헌법소원의 대상이 될 수 있다.[131)]

(6) 권력적 사실행위

권력적 사실행위에 대한 처분성과 관련하여 대법원은 일관된 판례를 내리지 못하고

헌법재판소 2001. 5. 31. 선고 99헌마413 전원재판부【학교장초빙제실시학교선정기준위헌확인】: 행정규칙은 일반적으로 행정조직 내부에서만 효력을 가지는 것이나, 행정규칙이 법령의 규정에 의하여 행정관청에 법령의 구체적 내용을 보충할 권한을 부여한 경우나 재량권행사의 준칙인 규칙이 그 정한 바에 따라 되풀이 시행되어 행정관행이 이룩되게 되면, 평등의 원칙이나 신뢰보호의 원칙에 따라 행정기관은 그 상대방에 대한 관계에서 그 규칙에 따라야 할 자기구속을 당하게 되는 경우에는 대외적인 구속력을 가지게 되는바, 이러한 경우에는 헌법소원의 대상이 될 수도 있다.

128) 헌법재판소 1995. 4. 20. 선고 92헌마264 · 279.

129) 대법원 1992. 5. 8. 선고 91누11261 판결.

130) 헌법재판소 1995. 4. 20. 92헌마264.

131) 헌법재판소 1996. 11. 28. 92헌마237 전원재판부【도로예정지미수용위헌확인】

있다. 헌법소원의 보충성과 관련하여 헌법재판소는 권력적 사실행위가 항고소송의 대상이 된다고 단정하기 어려운 경우 또는 그 대상이 된다고 하더라도 이미 종료된 행위로서 소의 이익이 부정될 가능성이 많은 경우에는 헌법소원심판을 청구하는 외에 달리 효과적인 구제방법이 있다고 보기 어려우므로 보충성의 원칙에 대한 예외에 해당된다고 보았다.[132)]

(7) 법원의 재판

헌법재판소법 제68조 제1항과 제2항에 의거하여 법원의 재판은 원칙적으로 헌법소원의 대상에서 제외되고, 다만 재판의 전제가 된 법률의 위헌심판제청을 기각하는 법원의 결정만은 헌법소원으로 다룰 수 있도록 하고 있다. 그런데 헌법재판소는 헌법재판소가 위헌으로 결정한 법률을 적용해서 기본권을 침해하는 법원의 재판에 대해서는 예외적으로 헌법소원의 대상으로 보고 있다.[133)]

행정소송법상의 처분은 항고소송의 대상이 되므로 헌법소원의 보충성으로 인하여 원칙적으로 헌법소원의 대상이 될 수 없다. 문제는 처분에 대하여 항고소송을 거쳤으나 인용되지 아니한 경우에 원처분에 대하여 헌법소원을 제기할 수 있는가가 문제이다.

1) 긍정설

헌법재판소법 제68조 제1항 단서의 반대해석에 의하면 기존의 구제절차인 항고소송절차를 거친 후에는 헌법소원심판이 가능하다.

2) 부정설

헌법소원제기불가설은 헌법소원제기를 인정하게 되면 헌법재판소법 제68조 제1항에서 재판을 헌법소원에서 제외하고 있는 규정을 참탈하게 된다.

3) 판례

헌법재판소는 예외적으로 법원의 재판에 대한 헌법소원이 인정되는 경우에 한하여 원처분에 대한 헌법소원을 인정하고 있다. 즉 헌법재판소는 우선 재판에 대한 헌법소원에 대하여 헌법재판소의 기속력 있는 위헌결정에 반하여 국민의 기본권을 침해하는 법

---

132) 헌법재판소 1995. 7. 21. 92헌마144.

133) 헌법재판소 1997. 12. 24. 선고 96헌마172 · 173.

원의 재판에 대하여 헌법소원을 인정하고 있다.[134)]

4) 소결

행정처분에 대하여 항고소송을 거쳤으나 인용되지 아니한 경우에 원처분에 대하여 헌법소원을 제기할 수 있는가에 대해서는 원칙적으로는 불가하나 다만 예외적으로 긍정될 수 있을 것이다(절충설).

2. 청구요건

a) 청구인적격

헌법소원심판을 청구할 수 있는 적격을 청구인적격이라고 하는데, 청구인적격이 인정되기 위해서는 기본권의 주체가 헌법상의 기본권을 침해받았어야 한다. 그리고 이러한 기본권의 침해에는 자기관련성, 현재성, 직접성이 요청된다.

(1) 자기관련성

공권력에 의하여 자기 자신의 기본권이 침해되어야 한다. 따라서 타인의 기본권이 침해되었다는 이유로는 헌법소원을 청구할 수 없다.[135)]

(2) 침해의 현재성

기본권이 현재적으로 침해받고 있어야 한다. 그러므로 가까운 장래에 기본권이 침해될 우려가 거의 확실한 경우를 제외하고는 장래에 기본권의 침해가 있을 것으로 막연히 예상된다는 이유만으로 곧바로 헌법소원을 청구할 수 없다. 그리고 과거에는 기본권의 침해가 있었으나 현재에는 그 침해가 없어진 경우에도 원칙적으로 헌법소원을 청구할 수 없다.[136)]

(3) 침해의 직접성

공권력에 의하여 기본권이 직접 침해되어야 한다. 이는 특히 국회가 만든 법률이나

---

134) 헌법재판소 1997. 12. 24. 선고 96헌마172 · 173.

135) 헌법재판소 1995. 7. 21. 선고 94헌마136.

136) 헌법재판소 1997. 6. 26. 선고 97헌바4.

하위 법령인 행정부의 명령 · 규칙에 의하여 기본권을 침해받았다고 하여 헌법소원을 청구하려는 경우 중요한 요건이다. 예를 들어 어떤 법률이나 명령 · 규칙이 행정부 등의 처분행위에 의해 집행될 것을 예정하고 있고, 그 처분행위에 의하여 비로소 기본권이 침해된 경우에는, 기본권을 직접 침해한 행위는 행정부의 처분행위이지 법률이나 명령 · 규칙 자체는 아니므로, 그 법률이나 명령 · 규칙에 대하여는 직접 헌법소원을 청구할 수 없다.[137)]

(4) **권리보호의 이익**(협의의 소익)

헌법소원은 헌법소원을 통하여 현실적으로 실현되는 이익이 존재하여야 하는바 이를 권리보호의 이익이라고 한다.

기본권침해행위의 종료 등으로 헌법소원의 인용결정이 있더라도 기본권구제의 실효성이 없을 경우에는 권리보호의 이익은 부정된다. 예외적으로 청구인에 대한 권리침해 상태가 종료되었더라도 위헌 여부의 해명이 헌법적으로 중요하거나 기본권 침해행위의 반복위험성이 있는 경우에는 심판청구의 이익이 있다.[138)]

b) 헌법소원의 보충성과 예외

권리구제형 헌법소원은 기본권 보장의 최후의 보루로서 현행 행정쟁송법에 의한 권리구제의 흠결을 보충하는 기능을 수행한다. 그런데 헌법소원은 다른 법률에 구제절차가 있는 경우에는 그 절차를 모두 거친 후가 아니면 청구할 수 없는 한계가 있다(법 제68조 제1항 단서). 다른 법률에 의한 구제절차란 공권력의 행사 또는 불행사를 직접 대상으로 하여 그 효력을 다툴 수 있는 권리구제절차를 의미하고, 사후적 · 보충적 구제수단을 뜻하는 것은 아니다.[139)] 다른 방법에 의한 구제절차로 가장 대표적인 것이 법원의 재판이다. 그런데 법원의 재판에 대하여는 헌법소원을 청구할 수 없도록 되어 있으므로, 기본권을 침해받은 경우 우선 법원의 재판으로 구제받도록 하고, 그것이 불가능한 경우에는 헌법소원에 의하여 권리를 구제받도록 하고 있다고 할 수 있다. 이는 헌법소원이 최종적인 구제수단인 점을 감안하여 법률이 정한 다른 구제절차를 모두 거친 뒤에도 구제되지 않는 경우에만 제기될 수 있도록 한 것이다.

---

137) 헌법재판소 1997. 12. 24. 선고 96헌마149.

138) 헌법재판소 1997. 6. 26. 선고 96헌마89.

139) 헌법재판소 1989. 4. 17. 선고 88헌마3.

그러나 헌법재판소는 보충성의 원칙의 예외 사유로서 세 가지를 인정하고 있다. 첫째, 심판청구인이 그의 불이익으로 돌릴 수 없는 정당한 이유있는 착오로 전심절차를 밟지 않은 경우, 둘째, 전심절차로 권리가 구제될 가능성이 거의 없는 경우, 셋째, 권리구제절차가 허용되는지의 여부가 객관적으로 불확실하여 전심절차이행의 기대가능성이 없는 경우이다.[140] 이러한 예외적인 경우에는 전심절차를 거칠 필요가 없이 직접 헌법소원을 제기할 수 있다.

3. 청구기간

헌법재판소법에 의하면 헌법소원을 청구할 수 있는 기간은 기본권 침해의 사유가 있음을 안 날로부터 90일 이내 또는 그 사유가 있은 날로부터 1년 이내로 규정하고 있다. 다만 다른 법률에 의한 구제절차를 거친 헌법소원의 심판은 그 최종결정을 통지받은 날로부터 30일 이내에 청구하여야 한다. 그리고 법률에 의하여 직접 기본권이 침해되는 경우에는 통상적으로 그 법률의 시행일로부터 기간을 계산하며, 다만, 법률의 시행 후에 해당 사유가 발생하여 비로소 기본권이 침해된 경우는 그 사유발생일로부터 기간을 계산한다.

통상적으로 기본권 침해의 사유가 있음을 알기란 쉽지 아니하고 비교적 오랜 시일이 요구되는 경우도 있으므로 청구기간을 기본권 침해의 사유가 있음을 안 날로부터 360일 이내 또는 그 사유가 있은 날로부터 3년 이내 정도로 대폭 연장하여야 할 것이다.

4. 인용결정의 내용과 효력

a) 내용

헌법소원에 있어서 인용결정을 할 때에는 재판관 6인 이상의 찬성이 있어야 한다. 인용결정의 정족수를 재판관 6인 이상으로 하는 것은 문제가 있다. 이는 법조인이 아닌 자가 재판관으로 임용될 수 있는 경우에는 어느 정도 타당성이 있다고 할 수 있으나, 현재 체제하에서는 모두가 다 법조인의 자격을 구비하고 있으므로 재판관 5인 이상의 찬성으로 인용결정을 하여야 할 것이다.

공권력의 행사 또는 불행사에 의한 기본권침해에 대한 헌법소원을 인용할 때에는 인용결정서의 주문에서 침해된 기본권과 침해의 원인이 된 공권력의 행사 또는 불행사를

---

140) 헌법재판소 1989. 9. 4. 선고 88헌마22.

특정하여야 한다. 이 경우에 헌법재판소는 기본권침해의 원인이 된 공권력의 행사를 취소하거나 그 불행사가 위헌임을 확인할 수 있다. 이러한 권리구제형 헌법소원심판에서 헌법재판소는 공권력의 행사 또는 불행사가 위헌인 법률 또는 법률의 조항에 기인한 것이라고 인정될 때에는 인용결정에서 당해 법률 또는 법률의 조항이 위헌임을 선고할 수 있다.

b) 효력

헌법소원의 인용결정은 모든 국가기관과 지방자치단체를 기속한다(법 제75조 제1항).[141] 헌법재판소는 불기소처분을 취소하는 헌법소원 인용결정의 취지를 무시하고 불충분한 수사로 다시 내린 불기소처분을 다시 취소하였다.[142] 헌법재판소가 공권력의 불행사에 대한 헌법소원을 인용하는 결정을 한 때에는 피청구인은 결정취지에 따라 새로운 처분을 하여야 한다(법 제75조 제4항).

---

141) 참조: 대법원 2001. 4. 27. 선고 95재다14 판결【구상금】: 헌법재판소의 결정이 주문에서 헌법소원의 대상인 법률이나 법률조항의 전부 또는 일부에 대하여 위헌결정을 선고함으로써 그 효력을 상실시켜 법률이나 법률조항의 전부 또는 일부가 폐지되는 것과 같은 결과를 가져오는 것이 아니라, 그에 대하여 특정의 해석기준을 제시하면서 그러한 해석에 한하여 위헌임을 선언하는 이른바 한정위헌결정의 경우에는 헌법재판소의 결정에 불구하고 법률이나 법률조항은 그 문언이 전혀 달라지지 않은 채 효력을 상실하지 않고 존속하게 되므로, 이러한 한정위헌결정은 유효하게 존속하는 법률이나 법률조항의 의미 · 내용과 그 적용 범위에 관한 해석기준을 제시하는 법률해석이라고 이해하지 않을 수 없다. 그런데 구체적 분쟁사건의 재판에 즈음하여 법률 또는 법률조항의 의미 · 내용과 적용 범위가 어떠한 것인지를 정하는 권한, 곧 법령의 해석 · 적용 권한은 사법권의 본질적 내용을 이루는 것이고, 법률이 헌법규범과 조화되도록 해석하는 것은 법령의 해석 · 적용상 대원칙이므로, 합헌적 법률해석을 포함하는 법령의 해석 · 적용 권한은 대법원을 최고법원으로 하는 법원에 전속하는 것이며, 이러한 법원의 권한에 대하여 다른 국가기관이 법률의 해석기준을 제시하여 법원으로 하여금 그에 따라 당해 법률을 구체적 분쟁사건에 적용하도록 하는 등의 간섭을 하는 것은 우리 헌법에 규정된 국가권력 분립구조의 기본원리와 사법권 독립의 원칙상 허용될 수 없으므로, 법률의 해석기준을 제시하는 헌법재판소의 한정위헌결정은 법원에 전속되어 있는 법령의 해석 · 적용 권한에 대하여 기속력을 가질 수 없으며, 헌법재판소법에서 헌법재판소로 하여금 제청된 법률 또는 법률조항의 위헌 여부만을 결정하도록 하고(제45조), 법률의 위헌결정에 기속력을 부여하면서(제47조 제1항) 위헌으로 결정된 법률 또는 법률조항은 효력을 상실하도록 규정하고 있으므로(제47조 제2항), 법률 또는 법률조항 자체의 효력을 상실시키는 위헌결정은 기속력이 있지만, 한정위헌결정과 같은 해석기준을 제시하는 형태의 헌법재판소 결정은 기속력을 인정할 근거가 없다. 헌법재판소법 제75조 제7항에서 재심을 청구할 수 있는 사유로서 규정하고 있는 '헌법소원이 인용된 경우'라 함은 법원에 대하여 기속력이 있는 위헌결정이 선고된 경우를 말하는 것인바, 그 주문에서 법률조항의 해석기준을 제시함에 그치는 한정위헌결정은 법원에 전속되어 있는 법령의 해석 · 적용 권한에 대하여 기속력을 가질 수 없고, 따라서 소송사건이 확정된 후 그와 관련된 헌법소원에서 한정위헌결정이 선고되었다고 하여 위 재심사유가 존재한다고 할 수 없다.

142) 헌법재판소 1997. 12. 24. 선고 97헌마250.

위헌법률심사형 헌법소원이 인용된 경우에 당해 헌법소원과 관련된 소송사건이 이미 확정된 때에는 당사자는 재심을 청구할 수 있다. 재심에 있어 형사사건에 대하여는 형사소송법의 규정을, 그 외의 사건에 대하여는 민사소송법의 규정을 준용한다.

그리고 헌법재판소는 제청된 법률 또는 법률조항의 위헌여부만을 결정한다. 다만, 법률조항의 위헌결정으로 인하여 당해 법률 전부를 시행할 수 없다고 인정될 때에는 그 전부에 대하여 위헌의 결정을 할 수 있으며(법 제45조), 위헌으로 결정된 법률 또는 법률의 조항은 그 결정이 있는 날로부터 효력을 상실한다. 다만, 형벌에 관한 법률 또는 법률의 조항은 소급하여 그 효력을 상실한다(법 제47조).[143]

---

143) 헌법재판소 2008.9.25. 선고 2006헌바108 전원재판부【헌법재판소법제47조제2항위헌소원】: 헌법재판소에 의하여 위헌으로 선고된 법률 또는 법률의 조항이 제정 당시로 소급하여 효력을 상실하는가 아니면 장래에 향하여 효력을 상실하는가의 문제는 특단의 사정이 없는 한 헌법적합성의 문제라기보다는 입법자가 법적 안정성과 개인의 권리구제 등 제반이익을 비교형량하여 가면서 결정할 입법정책의 문제로 보인다. 우리의 입법자는 헌법재판소법 제47조 제2항 본문의 규정을 통하여 형벌법규를 제외하고는 법적 안정성을 더 높이 평가하는 방안을 선택하였는바, 이에 의하여 구체적 타당성이나 평등의 원칙이 완벽하게 실현되지 않는다고 하더라도 헌법상 법치주의의 파생인 법적 안정성 내지 신뢰보호의 원칙에 의하여 이러한 선택은 정당화된다 할 것이고, 특단의 사정이 없는 한 이로써 헌법이 침해되는 것은 아니라 할 것이다.

재판관 조대현의 헌법불합치의견

헌법의 최고규범성과 위헌법률심판제도의 취지에 비추어 보면, 헌법재판소가 헌법에 위반된다고 선언한 법률은 특별한 사정이 없는 한 그것이 제정된 때부터 헌법의 최고규범력에 저촉되어 효력을 가질 수 없다고 봄이 마땅하다. 헌법재판소법 제47조 제2항을 문리적으로 해석하면, 위헌법률은 소급적으로 실효되는 것이 아니라 원칙적으로 위헌이라고 결정된 날 이후에만 효력을 상실하고, 형벌법규만 예외적으로 소급적으로 효력을 상실한다는 취지라고 해석되는데, 이는 헌법이 위헌법률심판제도를 마련하여 헌법의 최고규범력을 확보하려는 취지에 부합된다고 보기 어렵다. 따라서 이 사건 법률조항은 위헌법률에 의거하여 형성된 법적안정성을 보호할 필요성이 헌법의 최고규범력을 확보하야 한다는 요청보다 더 큰 지 여부를 묻지 않고 위헌법률의 소급적 실효를 부정함으로써 위헌법률심판제도를 마련하여 헌법의 최고규범력을 확보하려는 헌법의 취지에 부합되지 아니한다고 선언하고, 위헌법률의 효력이 소급적으로 실효되는 경우와 그렇지 않은 경우를 헌법의 취지에 맞게 다시 획정하는 개선입법을 촉구함이 상당하다고 할 것이다.

대법원 2009.5.14. 선고 2007두16202 판결【퇴직연금청구】: 헌법재판소가 한 위헌결정의 효력은 위헌결정 이후에 제소된 사건으로서 위헌으로 결정된 당해 법률조항이 재판의 전제가 되는 일반사건에도 미친다고 할 것이나, 다른 법리에 의하여 그 소급효를 제한하는 것까지 부정되는 것은 아니고, 법적 안정성 유지나 당사자의 신뢰보호를 위하여 불가피한 경우에 그 소급효를 제한하는 것은 오히려 법치주의의 원칙상 요청되는 바이다(대법원 2006. 6. 9. 선고 2006두1296 판결 등 참조). 그런데 공무원연금법(2000. 12. 30. 법률 제6328호로 개정되기 전의 것) 제47조 제2호 내지 제5호에 대한 헌법재판소의 위헌결정에 관하여는, 그 이후 제소된 일반사건에 대하여도 위헌결정의 소급효를 인정할 경우 그로 인하여 보호되는 수급자들의 권리구제라는 구체적 타당성 등의 요청에 비하여 종래의 법령에 의하여 형성된 공무원연금제도에 관한 법적 안정성과 신뢰보호의 요청이 현저하게 우월하므로, 위 위헌결정의 소급효는 제한되어 위헌결정 이후 제소된 일반사건에 미치지 아니한다고 할 것이다(대법원 2006. 6. 9. 선고 2006두1296 판결 등 참조).

D. 위헌심사형 헌법소원

어떤 환경관련 법률이 헌법상의 기본권 규정이나 헌법상의 기본원칙들을 위반하는 경우에 위헌법률심판 내지 위헌심사형 헌법소원을 제기할 수 있다. 헌법재판소법 제68조 제2항에 의하면 "제41조제1항에 따른 법률의 위헌 여부 심판의 제청신청이 기각된 때에는 그 신청을 한 당사자는 헌법재판소에 헌법소원심판을 청구할 수 있다. 이 경우 그 당사자는 당해 사건의 소송절차에서 동일한 사유를 이유로 다시 위헌 여부 심판의 제청을 신청할 수 없다."라고 규정하고 있다. 국민이 법원에 법률에 대한 위헌법률심판 제청신청을 하였으나 기각된 경우에 제청신청을 한 당사자가 헌법재판소에 제기하는 위헌심사형 헌법소원에 있어서는 위헌성이 있는 것으로 보이는 법령이 심판대상이 된다. 이는 헌법소원심판의 성질도 가지지만, 오히려 위헌법률심판제도와 함께 구체적 규범통제의 한 유형으로 법률의 위헌여부를 심판하는 제도이다.

법률이 헌법에 위반되는지 여부가 재판의 전제가 된 경우에 당사자는 법률의 위헌 여부에 대해서 헌법재판소에 위헌법률심판을 제청하여 줄 것을 법원에 신청할 수 있고 그러한 제청신청이 기각된 경우에, 당사자는 헌법재판소에 헌법소원심판을 청구할 수 있다. 재판의 전제가 된 경우란 법원에 소송계속 중인 사건에 대하여 적용할 법률이 헌법에 위반되는지 여부가 선결문제가 되어야 한다.

Ⅲ. 행정소송적 환경보호수단

행정소송적 차원에 있어서 환경보호수단에서는 행정심판에 대한 사항은 행정소송과 거의 대동소이하므로 생략하고 행정소송과 관련하여서 주로 다루기로 한다. 행정심판에 있어서는 다만 의무이행심판이 인정되어서, 행정심판위원회에서 특정의 처분을 행할 것을 행정청에게 명할 수 있고, 만일 행정청이 이러한 처분을 발급하지 아니하는 경우에는 위원회가 직접 처분을 할 수도 있다는 점에서 커다란 차이가 있다.

행정소송적 환경보호수단은 주로 국가나 지방자치단체의 행정작용으로 인하여 환경상 이익의 침해를 받는 국민이 자신의 환경상 이익을 방어하기 위하여 동원하게 된다.

행정소송적 환경보호수단에 있어서 주요쟁점으로는 행정소송의 대상으로서 처분성의 범위 문제, 원고적격의 인정 문제, 특히 제3자의 원고적격의 문제, 그리고 행정주체가 환경을 보호할 수 있는 권한을 가지면서도 사인의 환경오염에 대해서 아무런 조치를 취하고 있지 아니한 경우에 행정개입청구권의 문제 등을 들 수 있다. 그리고 행정주체의 의무위반이나 불법행위로 인하여 국민이나 주민이 환경상 피해를 입은 경우에 국가배상 또는 손실보상 나아가 원상회복을 청구할 수 있다.

참고	대법원 2007.5.11. 선고 2007두1811 판결【공사중지명령처분취소】
사실관계	*대법원 2007.5.11. 선고 2007두1811 판결【공사중지명령처분취소】; 서울고법 2006. 12. 21. 선고 2006누7722 판결 갑은 아스팔트와 콘크리트의 혼합물인 아스콘을 생산하는 사업을 영위하기 위하여 주식회사 모모아스콘을 설립하고자 계획을 하였다. 갑은 중소기업창업지원법상 사업승인의 근거법령에 따라서, 관할행정청 을에게 사업승인을 신청하였다. 을은 이에 '사업계획서를 보완하는 것과 공장의 건축면적을 조정하는 것'을 조건으로 사업계획을 승인하였다. 그런데 갑이 조건을 이행하지 아니하였다. 2013. 3. 18. 을은 갑에게 사업승인 내지 건축허가 당시 부가하였던 조건에 따른 이행을 하고 이를 증명하는 서류를 제출할 때까지 신축공사를 중지하라는 공사중지명령을 발급하였다. 이러한 공사중지명령의 발급 후 공사중지명령의 발급 근거가 되는 중요한 원인사실이 해소되었고 갑이 불이행한 부분은 적은 비용으로 비교적 쉽게 보완이 가능하게 되었다. 그리고 갑은 공사중지명령으로 공장신축이 지연되는 등 상당한 손해를 입고 있다. 갑은 을에게 공사중지명령의 철회를 요청하였으나, 을은 갑에게 아무런 답변을 주지 않고 있다.
판례취지	*지방자치단체장이 공장시설을 신축하는 회사에 대하여 사업승인 내지 건축허가 당시 부가하였던 조건을 이행할 때까지 신축공사를 중지하라는 명령을 한 경우, 위 회사에게는 중지명령의 원인사유가 해소되었음을 이유로 당해 공사중지명령의 해제를 요구할 수 있는 권리가 조리상 인정된다.

A. 항고소송

환경행정청의 위법한 환경행정으로 인하여 피해를 입은 자는 행정청을 상대로 당해 행정작용을 취소할 것을 요구하는 행정소송을 제기할 수 있다. 여기서 환경행정청의 행정작용에 처분성이 인정될 때 항고고송을 제기할 수 있다. 그리고 환경관련 행정소송에 있어서는 행정작용의 상대방이 아닌 제3자가 행정청의 처분에 대해서 환경피해를 이유로 소송을 제기하는 경우가 많다는 점이다. 예컨대, 행정청이 특정인에게 환경오염시설을 허가하거나 또는 오염물질배출에 대한 규제조치를 이행하지 않음으로 인하여 자신의 권익을 침해받은 자가 행정청을 상대로 허가의 취소를 구하는 취소소송을 제기하거나 부작위위법확인소송을 제기하는 경우이다.

환경관련 항고소송에서는 처분성의 확대, 원고적격 그리고 행정청의 부작위에 대한 행정개입청구권의 인정 문제가 중요하게 대두된다.

1. 처분성의 확대

행정소송 중 항고소송은 행정청의 처분등이나 부작위에 대하여 제기하는 소송인바, 특히 처분의 범위가 중요하다.

'처분등'의 개념과 관련하여 실체법적 개념설과 쟁송법상 개념설이 주장되는데, 전자는 취소소송을 행정행위의 공정력을 배제하기 위한 절차로 이해하여, 취소소송의 대상을 공정력이 인정되는 행정행위로 한정해야 한다는 견해이고, 후자는 행정소송의 권익구제기능을 중시하여 처분개념을 실체법상의 처분개념과 별개로 파악하여, 행정행위뿐만 아니라 권력적 행정조사, 권력적 행정지도, 권력적 사실행위 등 사실상의 지배력을 행사하는 행정작용 등도 처분에 포함시켜야 한다는 견해이다.

현행 행정소송법은 처분의 개념에 대해 '구체적 사실에 관한 법집행으로 행하는 공권력의 행사 또는 거부 뿐만 아니라 그 밖에 이에 준하는 행정작용'이라고 규정함으로써 쟁송법상 개념설을 취하고 있다.

판례에 따르면 "행정청의 어떤 행위가 항고소송의 대상이 될 수 있는지의 문제는 추상적 · 일반적으로 결정할 수 없고, 구체적인 경우 행정처분은 행정청이 공권력의 주체로서 행하는 구체적 사실에 관한 법집행으로서 국민의 권리의무에 직접적으로 영향을 미치는 행위라는 점을 염두에 두고, 관련 법령의 내용과 취지, 그 행위의 주체 · 내용 · 형식 · 절차, 그 행위와 상대방 등 이해관계인이 입는 불이익과의 실질적 견련성, 그리고 법치행정의 원리와 당해 행위에 관련한 행정청 및 이해관계인의 태도 등을 참작하여 개별적으로 결정하여야 한다." 내지는 "항고소송의 대상이 되는 행정처분이라 함은 행정청의 공법상의 행위로서 특정사항에 대하여 법규에 의한 권리의 설정 또는 의무의 부담을 명하거나 기타 법률상 효과를 발생하게 하는 등 국민의 구체적인 권리의무에 직접적 변동을 초래하는 행위를 말하는 것이고, 행정권 내부에서의 행위나 알선, 권유, 사실상의 통지 등과 같이 상대방 또는 기타 관계자들의 법률상 지위에 직접적인 법률적 변동을 일으키지 아니하는 행위 등은 항고소송의 대상이 될 수 없다."고 설시하고 있다.[144]

---

144) 대법원 2010.11.18. 선고 2008두167 전원합의체 판결【건축신고불허(또는반려)처분취소】; 대법원 2008. 4.

환경에 영향을 미치는 행정작용에 대해서는 가급적 처분성을 긍정하여 사법심사가 가능하도록 할 필요가 있다. 행정작용의 처분성과 관련하여 문제가 되는 것들로는 다음과 같다.

a) 처분적 행정입법

법규명령의 처분성을 인정하지 아니하는 것이 우리 판례의 일반적 태도이지만[145), 행정입법의 일종인 조례 자체가 직접적으로 개인의 권익에 영향을 미치는 경우에는 처분성을 인정하고 있다.[146) 환경 관련 입법에는 조례를 통한 규율이 증가함에 비추어 볼 때 이에 대해서 처분성을 긍정할 필요가 있다. 참고로 프랑스의 경우에는 행정입법도 행정청이 법을 집행하는 집행적 결정으로 보아 처분성을 긍정하고 있음을 참고할 필요가 있다.

b) 도시관리계획결정

환경행정은 크게 자연환경보전계획, 대기환경보전계획 등 계획적 작용에 크게 의존하고 있음을 직시할 때, 이러한 계획작용에 대해서 처분성을 긍정하여 국민의 권익을 보호할 필요가 있다.

계획적 작용과 관련하여서는 지금까지 주로 도시관리계획결정과 관련하여 그 처분

---

24. 선고 2008두3500 판결【행정처분부존재확인등】; 대법원 2009.12.24. 선고 2009두12853 판결【방산물자지정취소처분취소】: 방위사업법 제35조 제1항에서 방산업체로 지정되기 위해서는 방산물자를 생산하고자 하는 자이어야 한다고 규정하고 있고, 같은 법 시행령 제42조에서 방산업체의 시설기준에 관하여 방산물자의 생산에 필요한 일반시설 및 특수시설, 품질검사시설, 기술인력 등의 인적, 물적 시설을 갖출 것을 요건으로 하고 있는 점에 비추어, 방산물자 지정이 취소되는 경우 당해 물자에 대한 방산업체 지정도 취소될 수밖에 없다고 보아야 한다. 그렇게 되면 방위사업법에서 규정하는 방산물자 등에 대한 수출지원(제44조)을 받을 수 없을 뿐 아니라 방산업체로서 방위사업법에 따라 누릴 수 있는 각종 지원과 혜택을 상실하게 되고, 국가를 당사자로 하는 계약에 관한 법률 시행령 제26조 제1항 제6호 (다)목에서 규정한 '방위사업법에 의한 방산물자를 방위산업체로부터 제조 · 구매하는 경우' 수의계약에 의할 수 있는 지위도 상실하게 되므로, 결국 방산물자 지정취소는 당해 방산물자에 대하여 방산업체로 지정되어 이를 생산하는 자의 권리의무에 직접 영향을 미치는 행위로서 항고소송의 대상이 되는 행정처분에 해당한다.

145) 대법원 1994. 9. 10. 선고 94두33 판결: 대학입시기본계획 내의 내신성적산정지침은 항고소송의 대상인 처분이 아니다.

146) 대법원 1996. 9. 20. 선고 95누8003 판결: 경기도 가평군 가평읍 상색초등학교 두밀분교를 폐지하는 내용의 이 사건 조례는 위 두밀분교의 취학아동과의 관계에서 영조물인 특정의 초등학교를 구체적으로 이용할 이익을 직접적으로 상실하게 하는 것이므로 항고소송의 대상이 되는 행정처분이다.

성이 논의되어 왔는바, 행정청이 행하는 도시관리계획의 결정은 구속적 · 일반처분적 성질을 가지므로 처분성을 긍정한다. 그리고 계획의 성질상 일단 기본이 되는 행정계획이 확정되면 후속적 행정계획에 대해서 기속적으로 작용하므로 기본계획의 단계에서 다투지 아니하면 기성사실들이 완성되어서 다툴 수 없게 될 우려가 크다. 그러므로 각종의 기본계획에 대해서도 다툴 수 있는 길을 열어놓아야 할 것이다.[147)]

참조	대법원 2007. 11. 15. 선고 2007두10198 판결【혁신도시최종입지확정처분취소】
판례 취지	정부가 국가균형발전 특별법 제18조와 동법 시행령 제15조에 근거를 두고 수도권에 있는 공공기관의 지방이전시책을 추진하면서 11개 시 · 도지사와 '공공기관 지방이전 기본협약'을 체결하고, '혁신도시 입지선정지침'을 마련하여 협약에 참가한 시 · 도지사에게 통보한 사실, 피고는 이 사건 지침에 따라 혁신도시입지선정위원회를 구성하여 위원회로 하여금 강원도 내 10개 시 · 군에 대한 평가를 하게 하였는데, 그 결과 원주시가 최고점수를 받자 건설교통부로부터 협의회신을 받은 후 2006. 1. 16. 원주시 반곡동 일원 105만 평을 혁신도시 최종입지로 선정하였음을 공표한 사실을 인정한 다음, 법과 법시행령 및 이 사건 지침에는 공공기관의 지방이전을 위한 정부 등의 조치와 공공기관이 이전할 혁신도시 입지선정을 위한 사항 등을 규정하고 있을 뿐 혁신도시입지 후보지에 관련된 지역 주민 등의 권리의무에 직접 영향을 미치는 규정을 두고 있지 않으므로, 피고가 원주시를 혁신도시 최종입지로 선정한 행위는 항고소송의 대상이 되는 행정처분으로 볼 수 없다.

c) 신고 수리거부 내지 반려행위

환경법령에는 사전예방의 원칙에 근거하여 국민들에게 신고의무를 부과하는 경우가 있는바, 이러한 신고와 관련하여 그 처분성이 문제된다. 신고는 자체완결적 신고와 행정요건적 신고로 구분되는바, 전자는 요건을 갖춘 신고를 하면 의무를 이행한 것이 되므로 설령 행정청이 수리를 거부하더라도 이러한 거부는 행정처분이 아닌 사실행위로서 취소소송의 대상이 아니고, 후자의 경우에는 그 수리거부를 판례는 행정처분으로 보았다.[148)]

147) 대법원 2000. 9. 5. 선고 99두974 판결: 구 농어촌도로정비법 제6조에 의한 농어촌도로기본계획은 그에 후속되는 농어촌도로정비계획의 근거가 되는 것일뿐 그 자체로 국민의 권리의무를 개별적 구체적으로 규제하는 효과를 가지는 것은 아니므로 이는 항고소송의 대상이 되는 행정처분에 해당한다고 할 수 없다.

148) 대법원 1996. 2. 27. 선고 94누6062 판결【체육시설업신고수리거부처분취소】: 피고의 이 사건 체육시설업 신고수리거부처분 또한 항고소송의 대상이 되는 행정처분이다.

참조	대법원 2010.11.18. 선고 2008두167 전원합의체 판결【건축신고불허(또는반려)처분취소】
판례 취지	구 건축법(2008. 3. 21. 법률 제8974호로 전부 개정되기 전의 것) 관련 규정의 내용 및 취지에 의하면, 행정청은 건축신고로써 건축허가가 의제되는 건축물의 경우에도 그 신고 없이 건축이 개시될 경우 건축주 등에 대하여 공사 중지 · 철거 · 사용금지 등의 시정명령을 할 수 있고(제69조 제1항), 그 시정명령을 받고 이행하지 않은 건축물에 대하여는 당해 건축물을 사용하여 행할 다른 법령에 의한 영업 기타 행위의 허가를 하지 않도록 요청할 수 있으며(제69조 제2항), 그 요청을 받은 자는 특별한 이유가 없는 한 이에 응하여야 하고(제69조 제3항), 나아가 행정청은 그 시정명령의 이행을 하지 아니한 건축주 등에 대하여는 이행강제금을 부과할 수 있으며(제69조의2 제1항 제1호), 또한 건축신고를 하지 않은 자는 200만 원 이하의 벌금에 처해질 수 있다(제80조 제1호, 제9조). 이와 같이 건축주 등은 신고제하에서도 건축신고가 반려될 경우 당해 건축물의 건축을 개시하면 시정명령, 이행강제금, 벌금의 대상이 되거나 당해 건축물을 사용하여 행할 행위의 허가가 거부될 우려가 있어 불안정한 지위에 놓이게 된다. 따라서 건축신고 반려행위가 이루어진 단계에서 당사자로 하여금 반려행위의 적법성을 다투어 그 법적 불안을 해소한 다음 건축행위에 나아가도록 함으로써 장차 있을지도 모르는 위험에서 미리 벗어날 수 있도록 길을 열어 주고, 위법한 건축물의 양산과 그 철거를 둘러싼 분쟁을 조기에 근본적으로 해결할 수 있게 하는 것이 법치행정의 원리에 부합한다. 그러므로 건축신고 반려행위는 항고소송의 대상이 된다고 보는 것이 옳다.

2. 원고적격

행정심판법과 행정소송법은 원고적격을 '법률상 이익이 있는 자'에 한정하고 있는 바, 법률상 이익의 의미를 어떻게 해석할 것인가 견해가 대립되고 있다. 특히, 종래로부터 취소소송의 목적과 관련하여 논의되고 있는바, ① 취소소송의 목적을 행정청의 처분에 의하여 침해된 사인의 법적 권리를 구제하는 것으로 보아 권리가 침해된 자만이 법률상 이익이 있는 자에 해당된다는 권리침해설, ② 취소소송의 목적을 법이 직접 사인에게 보장한 법적 권리는 물론 행정법규가 사인 등 권리주체의 개인적 법익을 보호함을 목적으로 하여 행정권의 행사에 제약을 과함으로써 보장되고 있는 이익도 구제하는 것으로 보아 처분의 근거법규에 의하여 보호되는 이익을 침해받은 자가 법률상 이익이 있는 자에 해당된다는 법률상이익보호설, ③ 특정이익이 관계법령에 의하여 보호되는 것이라고 볼 수 없는 경우에도 개인이 현실적으로 받는 불이익의 성질 · 정도 등을 고려할 때 그 실질적 내용이 재판에 의하여 보호될만한 가치가 있다고 판단되는 경우에는 그와 같은 이익을 침해받은 자에게도 원고적격이 인정된다고 보는 보호가치이익구제설, ④ 취소소송의 목적을 행정의 적법성 보장에 두는 입장에 서서 원고적격의 문제를 원고가 침해되었다고 주장하는 이익의 성질에 의해서 판단하지 않고 오히려 당해 처분에 대한 소송에 있어 가장 적합한 이해관계를 가지는 자에게 원고적격을 인정하여야 한다는 적법성보장설 등이 주장되고 있다.

현행법의 해석론으로는 헌법에서 보장하고 있는 실질적 법치국가의 이념, 기본권보장의 원칙 그리고 국민의 재판청구권의 실질적 보장 등의 정신이 원고적격을 통해서 구현되도록 하여야 할 것이므로, 법률상 이익을 보호가치가 있는 사실상의 이익이나 경제적 이익도 포함하는 방향으로 나아가야 할 것이다. 원고적격의 인정범위는 점진적으로 확대되고 있다. 이는 특히 특정국가의 사법제도, 법관의 수, 법원의 역할 등과 밀접한 관련이 있다. 환경행정쟁송에서는 행정처분의 직접 상대방인 국민의 원고적격 뿐만 아니라 제3자인 인근 주민들에게 원고적격을 인정할 수 있는가도 크게 문제도 대두된다. 환경법상 원고적격과 관련하여 중요한 문제는 바로 행정개입청구권을 인정할 수 있는가 하는 점이다.

a) 행정개입청구권의 인정여부

만일 배출시설에서 배출되는 오염물질의 농도가 배출허용기준을 초과함에도 환경행정청이 아무 조치를 취하지 않고 있어 권리를 침해받는 주민이 행정청을 상대로 개선명령 내지 조업중지명령을 발동할 것을 청구할 수 있는가 하는 문제처럼 행정청이 법상 주어진 권한을 행사하지 아니하여 자신의 권익을 침해당한 자가 자신의 이익을 위하여 행정권의 발동을 청구할 수 있는가 하는 문제가 제기되는바, 이것이 바로 행정개입청구권의 문제이다. 행정개입청구권을 통하여 행정청이 의무를 해태하거나 부작위의 상태로 있는 경우에 행정소송을 제기할 수 있는 소송요건 내지 원고적격을 긍정할 수 있게 된다.

이러한 경우에 법령이 행정청으로 하여금 일정한 행정권발동의무를 부과하고 있고, 그러한 법령의 규정이 공익의 보호뿐만 아니라 사익도 보호하는 경우에는 행정개입청구권을 인정할 수 있는바, 문제는 행정청에게 법령이 개입의 재량을 부여하고 있는 경우이다. 즉 재량의 영역에 대해서도 국민에게 주관적 공권을 인정할 수 있는가가 동청구권의 핵심문제이다. 이와 관련하여 독일 연방행정법원은 주거지역에 설치된 석탄 제조 및 하역업소가 사용하는 띠톱에서 나오는 먼지와 소음으로 인하여 피해를 입은 인근주민이 관할행정청에 대하여 금지처분을 취해줄 것을 요청한 사안에서 제1심인 베를린고등행정법원은 원고의 청구를 원고가 행정청에게 특정행위를 요구할 수 없다는 이유로 청구를 각하하였으나, 연방행정법원은 재량권의 0으로의 수축이론을 원용하여 원고에게 행정규제를 청구할 권리를 인정하였다.[149)]

우리나라에 있어서도 서울고등법원에서는 “구체적인 공유수면매립면허에 의하여 매립사업이 진행되는 과정에서 환경 및 생태계 또는 경제성에 있어 예상하지 못한 변화가 발생하였다면, 처분청은 매립기본계획의 타당성을 검토하여야 함이 공유수면매립법의 취지에 부합하는 점, 공유수면매립면허에 의하여 환경영향평가 대상지역 안에 거주하는 주민이 수인할 수 없는 환경침해를 받거나 받을 우려가 있어 개별적 · 구체적 환경이익을 침해당하였다면, 그 이익 침해의 배제를 위하여 면허의 취소 · 변경 등을 요구할 위치에 있다고 봄이 상당한 점, 환경영향평가 대상지역 안에 있어 환경상의 이익을 침해당한 개인이 공유수면매립면허가 취소되거나 변경됨으로써 그 이익을 회복하거나 침해를 줄일 수 있다고 주장하면서 그 주장의 당부를 판단하여 주도록 요구하는 재판 청구에 대하여 소송요건 심리에서 이를 배척할 것이 아니라 그 본안에 나아가 판단함이 개인의 권리구제를 본질로 하는 사법국가 원리에도 부합하는 점 등을 종합하면, 환경영향평가 대상지역 안에 거주하는 주민에게는 공유수면매립면허의 처분청에게 공유수면매립법 제32조에서 정한 취소 · 변경 등의 사유가 있음을 내세워 면허의 취소 · 변경을 요구할 조리상의 신청권이 있다고 보아야 함이 상당하다”고 판시하여 행정청의 재량의 영역에 대해서도 공권의 성립을 긍정하고 있다.[150)]

나아가 대법원에서도 행정개입청구권을 인정하는 판례를 내리고 있다[151)]: “환경영향평가제도는 환경 등에 미치는 영향이 큰 사업에 대한 계획을 수립 · 시행함에 있어서 그 사업이 환경 등에 미칠 영향을 미리 평가 · 검토하여 건전하고 지속가능한 개발이 되도록 함으로써 쾌적하고 안전한 국민생활을 도모함을 목적으로 하는바(환경 · 교통 · 재해 등에 관한 영향평가법 제1조, 아래에서는 ‘통합 영향평가법’이라 한다), 피신청인이 국가의 전 지역에서 장기간 이루어지는 고속철도사업을 시행함에 있어서는 위 법에 의한 환경영향평가절차를 충실히 이행할 뿐 아니라, 환경영향평가절차를 이행한 후 환경영향평가시에 고려되지 아니하였던 새로운 사정이 발견되어 그 사업으로 인하여 사업시행구간 관련 토지 소유자들의 환경이익을 침해할 수 있다는 개연성이 나타나고 종전의 환경영향평가만으로는 그와 같은 개연성에 관한 우려를 해소하기에 충분하지 못한 경우에는 새로

149) BVerwGE 11, 95 띠톱판결.

150) 서울고법 2005.12.21. 선고 2005누4412 판결 : 상고【정부조치계획취소등】.

151) 대법원 2006.6.2. 자 2004마1148,1149 결정【공사착공금지가처분】.

이 환경영향평가를 실시하거나 그 환경이익의 침해를 예방할 수 있는 적절한 조처를 먼저 행한 후 사업을 시행하도록 함이 상당하고, 위 토지소유자들은 이를 사법상의 권리로 청구할 수 있을 것이다." 이러한 변화는 우리나라에도 행정개입청구권을 하나의 독립된 공권으로서 인정할 수 있는 중요한 계기가 될 것이다.

b) 판례상 원고적격의 범위

(1) 상수원보호구역 · 공설화장장설치결정과 원고적격

대법원은 "상수원보호구역 설정의 근거가 되는 수도법이 보호하고자 하는 것은 상수원의 확보와 수질보전일 뿐이고, 그 상수원에서 급수를 받고 있는 지역주민들이 가지는 상수원의 오염을 막아 양질의 급수를 받을 이익은 직접적이고 구체적으로는 보호하고 있지 않음이 명백하여 위 지역주민들이 가지는 이익은 상수원의 확보와 수질보호라는 공공의 이익이 달성됨에 따라 반사적으로 얻게 되는 이익에 불과하므로 지역주민들에 불과한 원고들에게는 위 상수원보호구역변경처분의 취소를 구할 법률상의 이익이 없다"고 판시하였으나, "도시계획법의 위임에 따라 제정된 도시계획시설기준에관한규칙이 화장장의 구조 및 설치에 관하여는 매장및묘지등에관한법률이 정하는 바에 의한다고 규정하고 있어, 도시계획의 내용이 화장장의 설치에 관한 것일 때에는 도시계획법 제12조 뿐만 아니라 매장및묘지등에관한법률 및 같은법시행령 역시 그 근거 법률이 된다고 보아야 할 것이므로, 같은법시행령 제4조 제2호가 공설화장장은 20호 이상의 인가가 밀집한 지역, 학교 또는 공중이 수시 집합하는 시설 또는 장소로부터 1,000m 이상 떨어진 곳에 설치하도록 제한을 가하고, 같은법시행령 제9조가 국민보건상 위해를 끼칠 우려가 있는 지역, 도시계획법 제17조의 규정에 의한 주거지역, 상업지역, 공업지역 및 녹지지역 안의 풍치지구 등에의 공설화장장 설치를 금지함에 의하여 보호되는 부근 주민들의 이익은 위 도시계획결정처분의 근거 법률에 의하여 보호되는 법률상 이익이다"라고 판시하였다.[152)]

수도법 제1조의 목적을 살펴보면 "이 법은 수도에 관한 종합적인 계획을 수립하고 수도를 적정하고 합리적으로 설치 · 관리함으로써 공중위생의 향상과 생활환경의 개선에 이바지함을 목적으로 한다."라고 규정하고 제2조 제1항에서 "국가는 모든 국민이 양질의 물을 공급받을 수 있도록 수도에 관한 종합적인 계획을 수립하고 합리적인 시책을

152) 대법원 1995. 9. 26. 94누14544, 상수원보호구역변경처분등취소.

강구하며 수도사업자에 대한 기술 및 재정지원에 노력하여야 한다."라고 규정하고 있는 바, 이러한 규정에 근거하여 수도법이 보호하고자 하는 것은 상수원의 확보와 수질보전일 뿐이고, 그 상수원에서 급수를 받고 있는 지역주민들이 가지는 상수원의 오염을 막아 양질의 급수를 받을 이익은 직접적이고 구체적으로는 보호하고 있지 않음이 명백하다라고 판시한 것은 납득하기 어렵다. 행정처분의 근거법규정을 매개로 원고적격의 인정여부를 판단하고 있으나 근거법규정이 명확하지 아니한 것이 문제이다. 수도법의 규정을 어떻게 해석할 것인가에 있어서 판단주체에 따라서 달라질 수 있는 등 객관적인 판단기준이 정립되지 아니한 것도 문제이다.

(2) **환경영향평가와 보호법익**

대법원은 "조성면적 10만㎡ 이상이어서 환경영향평가대상사업에 해당하는 당해 국립공원 집단시설지구개발사업에 관하여 당해 변경승인 및 허가처분을 함에 있어서는 반드시 자연공원법령 및 환경영향평가법령 소정의 환경영향평가를 거쳐서 그 환경영향평가의 협의내용을 사업계획에 반영시키도록 하여야 하는 것이니 만큼 자연공원법령뿐 아니라 환경영향평가법령도 당해 변경승인 및 허가처분에 직접적인 영향을 미치는 근거 법률이 되며, 환경영향평가에 관한 자연공원법령 및 환경영향평가법령의 규정들의 취지는 집단시설지구개발사업이 환경을 해치지 아니하는 방법으로 시행되도록 함으로써 집단시설지구개발사업과 관련된 환경공익을 보호하려는 데에 그치는 것이 아니라 그 사업으로 인하여 직접적이고 중대한 환경피해를 입으리라고 예상되는 환경영향평가대상지역 안의 주민들이 개발 전과 비교하여 수인한도를 넘는 환경침해를 받지 아니하고 쾌적한 환경에서 생활할 수 있는 개별적 이익까지도 이를 보호하려는 데에 있다 할 것이므로, 위 주민들이 당해 변경승인 및 허가처분과 관련하여 갖고 있는 위와 같은 환경상의 이익은 단순히 환경공익 보호의 결과로 국민일반이 공통적으로 가지게 되는 추상적 · 평균적 · 일반적인 이익에 그치지 아니하고 주민 개개인에 대하여 개별적으로 보호되는 직접적 · 구체적인 이익이라고 보아야 할 것이고, 당해 국립공원 용화집단시설지구개발사업으로 인하여 직접적이고 중대한 환경피해를 입으리라고 예상되는 환경영향평가대상지역 안의 주민에게 환경영향평가대상사업에 관한 변경승인 및 허가처분의 취소를 구할 원고적격이 있다"라고 판시하였다.[153]

153) 대법원 1998. 4. 24. 97누3286, 공원사업시행허가처분취소.

대법원은 원고적격을 인정함에 있어서 종래에는 처분의 직접적 근거법률에 의하여 보호되는 이익으로 한정하였으나, 점차로 간접적으로라도 처분의 근거가 되는 법률로 확장하였다. 대법원은 처분의 근거법률들로부터 환경영향평가대상지역 안의 주민들이 누리는 환경상의 이익을 개별적 이익으로 평가하였다. 또한 동 판결에서 대법원은 환경영향평가대상지역 안의 주민들에게 원고적격을 인정하면서 이들 주민이 갖는 이익은 개별적으로 보호되는 직접적 · 구체적인 이익이라고 판시하였다.

(3) 공장입지지정승인과 인근주민의 원고적격

대법원은 "원자력법 제12조 제3호[154]의 취지와 원자력법 제11조의 규정에 의한 원자로 및 관계 시설의 건설사업을 환경영향평가대상사업으로 규정하고 있는 구 환경영향평가법[155] 제4조, 구 환경영향평가법시행령[156] 제2조 제2항 [별표 1]의 다의 (4) 규정 및 환경영향평가서의 작성, 주민의 의견 수렴, 평가서 작성에 관한 관계 기관과의 협의, 협의 내용을 사업계획에 반영한 여부에 대한 확인 · 통보 등을 규정하고 있는 법규정의 내용을 종합하여 보면, 위 환경영향평가법 제7조에 정한 환경영향평가대상지역 안의 주민들이 방사성물질 이외의 원인에 의한 환경침해를 받지 아니하고 생활할 수 있는 이익도 직접적 · 구체적 이익으로서 그 보호대상으로 삼고 있다고 보이므로, 위 환경영향평가대상지역 안의 주민에게는 방사성물질 이외에 원전냉각수 순환시 발생되는 온배수로 인한 환경침해를 이유로 부지사전승인처분의 취소를 구할 원고적격도 있다"고 판시하였다.[157]

(4) 발전소건설사업승인처분과 원고적격

대법원은 "전원(電源)개발사업실시계획승인처분의 근거 법률인 전원개발에관한특례법령, 구환경보전법령, 구환경정책기본법령 및 환경영향평가법령 등의 규정 취지는 환경영향평가대상사업에 해당하는 발전소건설사업이 환경을 해치지 아니하는 방법으로 시행되도록 함으로써 당해 사업과 관련된 환경공익을 보호하려는 데 그치는 것이 아니라 당해 사업으로 인하여 직접적이고 중대한 환경피해를 입으리라고 예상되는 환경영향평가대상지역 안의 주민들이 전과 비교하여 수인한도를 넘는 환경침해를 받지 아니

154) 발전용 원자로 및 관계시설의 건설이 국민의 건강 · 환경상의 위해방지에 지장이 없을 것.
155) 1997. 3. 7. 법률 제5302호로 개정되기 전의 것.
156) 1993. 12. 11. 대통령령 제14018호로 제정되어 1997. 9. 8. 대통령령 제15475호로 개정되기 전의 것.
157) 대법원 1998. 9. 4. 97누19588 판결 부지사전승인처분취소.

하고 쾌적한 환경에서 생활할 수 있는 개별적 이익까지도 이를 보호하려는 데에 있으므로, 주민들이 위 승인처분과 관련하여 갖고 있는 위와 같은 환경상 이익은 단순히 환경공익 보호의 결과로서 국민일반이 공통적으로 갖게 되는 추상적 · 평균적 · 일반적 이익에 그치지 아니하고 환경영향평가대상지역 안의 주민 개개인에 대하여 개별적으로 보호되는 직접적 · 구체적 이익이라고 보아야 하고, 따라서 위 사업으로 인하여 직접적이고 중대한 환경침해를 받게 되리라고 예상되는 환경영향평가대상지역 안의 주민에게는 위 승인처분의 취소를 구할 원고적격이 있다"고 판시하였다.[158]

이러한 일련의 판례들을 고찰할 때 원고적격이 확대되는 현상을 발견할 수 있으며, 특히 환경영향평가대상지역내의 주민들에게는 보다 폭넓게 원고적격을 인정함을 알 수 있다.

(5) 공장설립승인처분과 원고적격

행정처분의 직접 상대방이 아닌 자로서 그 처분에 의하여 자신의 환경상 이익이 침해받거나 침해받을 우려가 있다는 이유로 취소소송을 제기하는 제3자는, 자신의 환경상 이익이 그 처분의 근거 법규 또는 관련 법규에 의하여 개별적 · 직접적 · 구체적으로 보호되는 이익, 즉 법률상 보호되는 이익임을 입증하여야 원고적격이 인정되고, 다만 그 행정처분의 근거 법규 또는 관련 법규에 그 처분으로써 이루어지는 행위 등 사업으로 인

---

158) 대법원 2006.3.16. 선고 2006두330 전원합의체 판결【정부조치계획취소등】: 공유수면매립면허처분과 농지개량사업 시행인가처분의 근거 법규 또는 관련 법규가 되는 구 공유수면매립법(1997. 4. 10. 법률 제5337호로 개정되기 전의 것), 구 농촌근대화촉진법(1994. 12. 22. 법률 제4823호로 개정되기 전의 것), 구 환경보전법(1990. 8. 1. 법률 제4257호로 폐지), 구 환경보전법 시행령(1991. 2. 2. 대통령령 제13303호로 폐지), 구 환경정책기본법(1993. 6. 11. 법률 제4567호로 개정되기 전의 것), 구 환경정책기본법 시행령(1992. 8. 22. 대통령령 제13715호로 개정되기 전의 것)의 각 관련 규정의 취지는, 공유수면매립과 농지개량사업시행으로 인하여 직접적이고 중대한 환경피해를 입으리라고 예상되는 환경영향평가 대상지역 안의 주민들이 전과 비교하여 수인한도를 넘는 환경침해를 받지 아니하고 쾌적한 환경에서 생활할 수 있는 개별적 이익까지도 이를 보호하려는 데에 있다고 할 것이므로, 위 주민들이 공유수면매립면허처분 등과 관련하여 갖고 있는 위와 같은 환경상의 이익은 주민 개개인에 대하여 개별적으로 보호되는 직접적 · 구체적 이익으로서 그들에 대하여는 특단의 사정이 없는 한 환경상의 이익에 대한 침해 또는 침해우려가 있는 것으로 사실상 추정되어 공유수면매립면허처분 등의 무효확인을 구할 원고적격이 인정된다. 한편, 환경영향평가 대상지역 밖의 주민이라 할지라도 공유수면매립면허처분 등으로 인하여 그 처분 전과 비교하여 수인한도를 넘는 환경피해를 받거나 받을 우려가 있는 경우에는, 공유수면매립면허처분 등으로 인하여 환경상 이익에 대한 침해 또는 침해우려가 있다는 것을 입증함으로써 그 처분 등의 무효확인을 구할 원고적격을 인정받을 수 있다.
대법원 1998.9.22. 선고 97누19571 판결 발전소건설사업승인처분취소.

하여 환경상 침해를 받으리라고 예상되는 영향권의 범위가 구체적으로 규정되어 있는 경우에는, 그 영향권 내의 주민들에 대하여는 당해 처분으로 인하여 직접적이고 중대한 환경피해를 입으리라고 예상할 수 있고, 이와 같은 환경상의 이익은 주민 개개인에 대하여 개별적으로 보호되는 직접적 · 구체적 이익으로서 그들에 대하여는 특단의 사정이 없는 한 환경상 이익에 대한 침해 또는 침해 우려가 있는 것으로 사실상 추정되어 법률상 보호되는 이익으로 인정됨으로써 원고적격이 인정되며, 그 영향권 밖의 주민들은 당해 처분으로 인하여 그 처분 전과 비교하여 수인한도를 넘는 환경피해를 받거나 받을 우려가 있다는 자신의 환경상 이익에 대한 침해 또는 침해 우려가 있음을 증명하여야만 법률상 보호되는 이익으로 인정되어 원고적격이 인정된다(대법원 2006. 3. 16. 선고 2006두330 전원합의체 판결, 대법원 2006. 12. 22. 선고 2006두14001 판결 등 참조). 이 사건 공장설립승인처분의 근거 법규 및 관련 법규인 구 산업집적활성화 및 공장설립에 관한 법률(2005. 8. 4. 법률 제7678호로 개정되어 2006. 8. 5. 시행되기 전의 것, 이하 '공장설립법'이라 한다) 제8조 제4호가 산업자원부장관으로 하여금 관계 중앙행정기관의 장과 협의하여 '환경오염을 일으킬 수 있는 공장의 입지제한에 관한 사항'을 정하여 고시하도록 규정하고 있고, 이에 따른 산업자원부 장관의 공장입지기준고시(제2004-98호) 제5조 제1호가 '상수원 등 용수이용에 현저한 영향을 미치는 지역의 상류'를 환경오염을 일으킬 수 있는 공장의 입지제한지역으로 정할 수 있다고 규정하고, 국토의 계획 및 이용에 관한 법률(이하 '국토계획법'이라 한다) 제58조 제3항의 위임에 따른 같은 법 시행령(2006. 8. 17. 대통령령 제19647호로 개정되기 전의 것, 이하 같다) 제56조 제1항 [별표 1] 제1호 (라)목 (2)가 '개발행위로 인하여 당해 지역 및 그 주변 지역에 수질오염에 의한 환경오염이 발생할 우려가 없을 것'을 개발사업의 허가기준으로 규정하고 있는 취지는, 공장설립승인처분과 그 후속절차에 따라 공장이 설립되어 가동됨으로써 그 배출수 등으로 인한 수질오염 등으로 직접적이고도 중대한 환경상 피해를 입을 것으로 예상되는 주민들이 환경상 침해를 받지 아니한 채 물을 마시거나 용수를 이용하며 쾌적하고 안전하게 생활할 수 있는 개별적 이익까지도 구체적 · 직접적으로 보호하려는 데 있다고 할 것이다. 따라서 수돗물을 공급받아 이를 마시거나 이용하는 주민들로서는 위 근거 법규 및 관련 법규가 환경상 이익의 침해를 받지 않은 채 깨끗한 수돗물을 마시거나 이용할 수 있는 자신들의 생활환경상의 개별적 이익을 직접적 · 구체적으로 보호하고 있음을 증명하여 원고적격을 인정받을 수 있다. 원심이 적법하게 채택한 증거와 기록에 의하여 알 수 있는 다음과 같은 사정들, 즉 이 사건 공장설립 예정지인 김해시 상동면 매리 산 140-40 토지를 비롯한 그 일대 토지(이하 '이 사건 신청지'라 한다) 주변의 하천수는 소감천을 통해 낙동강에 합류하게 되는데, 상수원인 물금취수장은 소감천이 흘러 내려 낙동강 본류와 합류하는 지점에 근접하여 위치하고 있는 점, 이 사건 공장 설립에 따라 사전환경성검토협의를 위해 제출된 검토서에 물금취수장이 주요보호 대상시설물의 하나로 기재되어 있고, 이 사건 공장설립으로 인한 수질오염 등이 물금취수장에 미치는 영향이 분석되어 있는 점, 사전환경성검토협의를 한 낙동강유역환경청장은 이 사건 공장설립이 물금취수장에 미치는 영향 등을 이유로 '이 사건 신청지를 대상부지로 하는 공장설립은 바람직하지 않다'는 협의의견을 제시한 점 등을 종합하여 보면, 물금취수장은 이 사건 공장설립으로 인하여 그 근거 법규 및 관련 법규가 개별적 · 구체적 · 직접적인 환경상 이익으로서 보호하고 있는 '상수원 등 용수이용에 현저한 영향을 미치는 지역'이나 '수질오염에 의한 환경오염이 발생할 우려가 있는 개발행위의 주변 지역'에 위치한다고 볼 여지가 충분하고, 비록 나머지 원고들의 거주지역이 물금취수장으로부터 다소 떨어진 부산광역시 또는 양산시이기는 하나, 수돗물은 수도관 등 급수시설에 의해 공급되는 것이어서 수돗물을 공급받는 주민들이 가지게 되는 수돗물의 수질악화 등으로 인한 환경상 이익의 침해나 침해 우려는 그 거주 지역에 불구하고 그 수돗물을 공급하는 취수시설이 입게 되는 수질오염 등의 피해나 피해 우려와 동일하게 평가될 수 있다고 할 것이다. 따라서 물금취수장에서 취수된 물을 수돗물로 공급받는 나머지 원고들로서는 이 사건 공장설립승인처분의 근거 법규 및 관련 법규에 의하여 개별적 · 구체적 · 직접적으로 보호되는 환경상 이익, 즉 법률상 보호되는 이익이 침해되거나 침해될 우려가 있는 주민으로서 원고적격이 인정될 수 있다고 할 것이다. 그럼에도 원심은, 나머지 원고들의 개별적 · 구체적 환경상 이익을 보호하고 있는 근거 법규나 관련 법규도 인정되지 아니할뿐더러 나머지 원고들이 이 사건 공장설립승인처분 전과 비교하여 수인한도를 넘는 건강상 · 환경상 이익을 침해받거나 침해받을 우려가 있다는 점을 증명하지 못하였다는 등의 이유로, 나머지 원고들의 원고적격을 부인하고 이 부분 소를 각하한 제1심 판결을 그대로 유지하였으니, 이러한 원심의 판단에는 원고적격에 관한 법리를 오해한 나머지 심리를 다하지 아니하여 판결결과에 영향을 미친 위법이 있다고 할 것이다.[159)]

159) 대법원 2010.4.15. 선고 2007두16127 판결【공장설립승인처분취소】.

(6) 개발사업시행승인처분과 원고적격

행정처분의 직접 상대방이 아닌 자로서 그 처분에 의하여 자신의 환경상 이익이 침해받거나 침해받을 우려가 있다는 이유로 취소나 무효확인을 구하는 제3자는, 자신의 환경상 이익이 그 처분의 근거 법규 또는 관련 법규에 의하여 개별적 · 직접적 · 구체적으로 보호되는 이익, 즉 법률상 보호되는 이익임을 입증하여야 원고적격이 인정된다. 다만, 그 행정처분의 근거 법규 또는 관련 법규에 그 처분으로써 이루어지는 행위 등 사업으로 인하여 환경상 침해를 받으리라고 예상되는 영향권의 범위가 구체적으로 규정되어 있는 경우에는, 그 영향권 내의 주민들에 대하여는 당해 처분으로 인하여 직접적이고 중대한 환경피해를 입으리라고 예상할 수 있고, 이와 같은 환경상의 이익은 주민 개개인에 대하여 개별적으로 보호되는 직접적 · 구체적 이익으로서 그들에 대하여는 특단의 사정이 없는 한 환경상 이익에 대한 침해 또는 침해 우려가 있는 것으로 사실상 추정되어 법률상 보호되는 이익으로 인정됨으로써 원고적격이 인정되며, 그 영향권 밖의 주민들은 당해 처분으로 인하여 그 처분 전과 비교하여 수인한도를 넘는 환경피해를 받거나 받을 우려가 있다는 자신의 환경상 이익에 대한 침해 또는 침해 우려가 있음을 입증하여야만 법률상 보호되는 이익으로 인정되어 원고적격이 인정된다. 그리고 환경상 이익에 대한 침해 또는 침해 우려가 있는 것으로 사실상 추정되어 원고적격이 인정되는 자는 환경상 침해를 받으리라고 예상되는 영향권 내의 주민들을 비롯하여 그 영향권 내에서 농작물을 경작하는 등 현실적으로 환경상 이익을 향유하는 자도 포함된다고 할 것이나, 단지 그 영향권 내의 건물 · 토지를 소유하거나 환경상 이익을 일시적으로 향유하는 데 그치는 자는 포함되지 않는다고 할 것이다.[160)]

3. 본안심리

본안에 들어가게 되면 법원에서는 행정처분의 위법성을 심사하게 된다. 심사의 기준은 헌법을 포함하여 행정처분의 근거법령들과 행정법의 일반원칙들이다. 행정청이 발급한 행정행위가 위법하다고 판단되면 취소하거나 무효를 선언하게 된다. 기속행위에 있어서는 법령 위반의 여부에 대해서 엄격하게 심사를 하게 되고, 즉 판단기준으로서 작용하는 근거법령에 대해서 법원에서 독자적으로 해석을 하고 그러한 기준에 행정행위가 부합되는 여부를 심사하지만, 재량행위에 있어서는 재량권의 일탈 · 남용여부만을

160) 대법원 2009.9.24. 선고 2009두2825 판결.

심사하게 된다.

a) 위법여부의 판단

기속행위의 경우에는 당해 행정행위가 근거법령에 위반되는지 여부에 대해서 심사를 하여 위법여부를 판단한다.

재량행위의 경우에는 원칙적으로 당해 행정행위가 재량권을 일탈 · 남용하였는지만을 심사한다. 경제자유구역의 지정 및 운영에 관한 법률 제4조 에 따라 '황해경제자유구역'을 지정한 사안에서, 대상 지역에 대하여 경제자유구역의 지정에 따른 사전환경성검토 및 주민공람, 주민설명회가 있었다고 볼 수 있고, 지정처분이 외국인투자를 촉진하고 국가경쟁력의 강화와 지역 간 균형발전을 도모하는 것을 목적으로 하는 등 공익적 필요성이 적지 않고 관련 법령에 따라 이루어진 적법한 처분인 점 등에 비추어, 사전환경성검토 등을 하지 않았다거나 행정계획의 재량권을 일탈 · 남용한 위법이 없다.[161]

b) 위법정도의 판단

기속행위에 있어서 근거법령을 위반하였거나, 재량행위의 경우에도 재량권의 일탈 · 남용이 존재하는 것으로 판단되면 다음으로는 그러한 위반의 정도를 어떻게 평가할 것인가가 문제된다. 하자있는 행정처분이 당연무효가 되기 위하여는 그 하자가 법규의 중요한 부분을 위반한 중대한 것으로서 객관적으로 명백한 것이어야 하며, 하자가 중대하고 명백한지 여부를 판별함에 있어서는 그 법규의 목적, 의미, 기능 등을 목적론적으로 고찰함과 동시에 구체적 사안 자체의 특수성에 관하여도 합리적으로 고찰함을 요하는바, 행정청이 어느 법률관계나 사실관계에 대하여 어느 법률의 규정을 적용하여 행정처분을 한 경우에 그 법률관계나 사실관계에 대하여는 그 법률의 규정을 적용할 수 없다는 법리가 명백히 밝혀져 그 해석에 다툼의 여지가 없음에도 불구하고 행정청이 위 규정을 적용하여 처분을 한 때에는 그 하자가 중대하고도 명백하다고 할 것이나, 그 법률관계나 사실관계에 대하여 그 법률의 규정을 적용할 수 없다는 법리가 명백히 밝혀지지 아니하여 그 해석에 다툼의 여지가 있는 때에는 행정관청이 이를 잘못 해석하여 행정처분을 하였더라도 이는 그 처분 요건사실을 오인한 것에 불과하여 그 하자가 명백하다고 할 수 없는 것이다(대법원 2004. 10. 15. 선고 2002다68485 판결 등 참조).[162]

---

161) 서울행법 2009.6.18. 선고 2008구합30939 판결 : 항소.

162) 대법원 2009.9.24. 선고 2009두2825 판결.

B. 당사자소송

참고	대법원 2010.11.25. 선고 2007다74560 판결【손해배상(기)】
사실관계	*대법원 2010.11.25. 선고 2007다74560 판결【손해배상(기)】; 서울고법 2007. 10. 4. 선고 2007나4440 판결; 서울중앙지방법원 2006. 12. 5. 선고 2006가합23904 판결 갑과 을, 병 그리고 정은 군사 목적으로 1970. 10.경 건설된 ㅇㅇ비행장 주변의 주거지역에 거주하는 주민들이다. 이 비행장은 국가의 소유이며, 국방부에 의하여 관리되고 있다. ㅇㅇ비행장의 면적은 약 67,500㎡이고, 이를 사용하는 전투기의 기종은 F-4D · F-4E 등이며 약 100대 이상의 전투기들이 이 비행장에 주둔하고 있다. 갑은 비행장이 건설되기 전부터 거주하던 자이고, 을과 병은 비행장이 건설된 이후에 이주를 한 자이다. 정은 미성년자이다. 특히 병은 ㅇㅇ비행장과 관련된 손해배상청구소송 중에 이주를 한 자이다. ㅇㅇ비행장 주변 지역의 소음을 전문적인 학식이나 경험이 있는 자를 통하여 측정한 결과 그 소음도가 85WECPNL 이상으로 판명되었다. 비행장으로부터 발생하는 항공기 소음의 특성은 금속성 고주파음으로 상공에서 다량으로 발생하는 충격음이므로 다른 소음원에 비하여 피해지역이 광범위하다는 것이다. 비행장으로부터 발생하는 소음에 의하여 주민들은 대화방해나 TV시청 방해뿐만 아니라, 이명현상과 심각한 스트레스를 받고 있고, 병이 운영하는 축사의 가축들이 새끼들을 사산하는 등 피해를 겪고 있다. 갑과 을 그리고 병이 피해를 구제받기 위하여 국가를 상대로 손해배상을 청구하였다. 1) ㅇㅇ비행장의 소유자인 국가에게 배상책임이 성립하는가? 2) 만약 손해를 배상하여야 한다면, 국가는 갑, 을, 병 그리고 정에게 어느 정도 배상을 하여야 하는가?
판결취지	*소음 등을 포함한 공해 등의 위험지역으로 이주하여 들어가서 거주하는 경우와 같이 위험의 존재를 인식하면서 그로 인한 피해를 용인하며 접근한 것으로 볼 수 있는 경우에, 그 피해가 직접 생명이나 신체에 관련된 것이 아니라 정신적 고통이나 생활방해의 정도에 그치고 그 침해행위에 고도의 공공성이 인정되는 때에는, 위험에 접근한 후 실제로 입은 피해 정도가 위험에 접근할 당시에 인식하고 있었던 위험의 정도를 초과하는 것이거나 위험에 접근한 후에 그 위험이 특별히 증대하였다는 등의 특별한 사정이 없는 한 가해자의 면책을 인정하여야 하는 경우도 있다. 특히 소음 등의 공해로 인한 법적 쟁송이 제기되거나 그 피해에 대한 보상이 실시되는 등 피해지역임이 구체적으로 드러나고 또한 이러한 사실이 그 지역에 널리 알려진 이후에 이주하여 오는 경우에는 위와 같은 위험에의 접근에 따른 가해자의 면책 여부를 보다 적극적으로 인정할 여지가 있다. 다만 일반인이 공해 등의 위험지역으로 이주하여 거주하는 경우라고 하더라도 위험에 접근할 당시에 그러한 위험이 존재하는 사실을 정확하게 알 수 없는 경우가 많고, 그 밖에 위험에 접근하게 된 경위와 동기 등의 여러 가지 사정을 종합하여 그와 같은 위험의 존재를 인식하면서도 위험으로 인한 피해를 용인하면서 접근하였다고 볼 수 없는 경우에는 손해배상액의 산정에 있어 형평의 원칙상 과실상계에 준하여 감액사유로 고려하여야 한다.

> 그리고 수인한도의 기준을 결정함에 있어서는 일반적으로 침해되는 권리나 이익의 성질과 침해의 정도뿐만 아니라 침해행위가 갖는 공공성의 내용과 정도, 그 지역환경의 특수성, 공법적인 규제에 의하여 확보하려는 환경기준, 침해를 방지 또는 경감시키거나 손해를 회피할 방안의 유무 및 그 난이 정도 등 여러 사정을 종합적으로 고려하여 구체적 사건에 따라 개별적으로 결정하여야 할 것이다 (대법원 2005. 1. 27. 선고 2003다49566 판결 등 참조).

국가 또는 지방자치단체의 환경행정으로 인하여 손해를 받은 자는 국가배상법에 따라 손해배상을 청구할 수 있고 이러한 손해가 법령에 의거하여 적법하게 이루어진 경우에는 손실보상을 청구할 수 있다. 이러한 국가배상 내지 보상의 청구는 행정소송 중 당사자소송으로 제기될 수 있다.

그런데 환경행정과 관련된 국가배상의 경우에 환경행정의 특수성으로 인하여 과실책임주의를 엄격하게 적용하는 경우에는 피해자의 구제가 어렵게 된다. 그러므로 객관적으로 누구에게 손해의 전보책임을 부담시키는 것이 공평한가라는 차원에서 접근하여야 할 것이다. 환경정책기본법 제44조 제1항은 환경오염 또는 환경훼손으로 피해가 발생한 경우에는 해당 환경오염 또는 환경훼손의 원인자가 그 피해를 배상하여야 한다고 하여 환경피해에 대하여 원인자의 무과실책임을 인정하는 등 피해자의 구제를 고려하고 있다.

환경행정으로 인한 손해전보에 있어서는 피해의 유형에 따라 다음과 같이 구분할 수 있을 것이다: 첫째, 위법한 배출시설의 허가로 인한 피해에 대한 국가배상과 둘째, 환경규제조치 등의 불행사 · 해태로 인한 피해에 대한 국가배상 셋째, 영조물의 설치 · 관리의 하자로 인한 국가배상, 넷째, 공익을 위하여 적법하게 손해를 입은 경우에 이루어지는 손실보상으로 구분하여 고찰할 수 있다. 이러한 경우에 국민에게는 손해배상청구권 내지 손실보상청구권이 발생할 수 있고, 이는 행정소송법상 당사자소송을 통하여 구제를 받을 수 있다.

1. 위법한 배출시설의 허가로 인한 피해

위법한 배출시설 설치허가에 의해 설치 · 운영되고 있는 배출시설로부터 환경오염피해를 받은 자가 그 위법한 설치허가를 이유로 국가배상을 청구하는 경우처럼 행정청이 환경오염에 대한 규제를 태만히 하여 국민에게 손해를 입힌 경우에 국가배상책임이 인정되는가가 문제이다. 국가배상법 제2조 제1항은 국가 또는 지방자치단체는 공무원이 그 직무를 집행함에 당하여 고의 또는 과실로 법령에 위반하여 타인에게 손해를 가한 때에는 이 법에 의하여 그 손해를 배상하여야 한다고 규정하고 있다.

위법한 배출시설의 허가가 국가배상법의 직무집행행위에 해당하는바, 그렇다면 공무원의 과실이 인정되어야 한다.[163] 그런데 환경행정의 특성상 과실의 입증이 매우 어려우므로, 과실의 객관화, 과실의 추정 또는 무과실책임을 인정하는 방향으로 나아가야 할 것이다.

2. 환경규제조치 등의 불행사 · 해태로 인한 피해

행정청의 환경오염행위의 규제조치 · 개선명령 등의 불행사 또는 해태로 인하여 피해가 발생한 경우에 국가배상책임이 인정될 수 있는가의 문제이다. 일반적으로 공무원의 직무집행행위에는 적극적 행위뿐만 아니라 부작위도 포함된다.

그러므로 국가배상책임을 인정하기 위하여는 당해 부작위가 관계법령에 의하여 부과되고 있는 작위의무에 위반한 위법한 것이어야 하며, 또한 이러한 작위의무를 부과하고 있는 관계법령의 취지가 공익뿐만 아니라, 사익도 보호하여야 한다.

당해 규제조치의 행사가 재량처분에 해당하는 경우에도 재량권이 영으로 수축되는 경우에는 그 불행사는 위법하게 된다.[164]

일반적으로 국가 또는 지방자치단체가 권한을 행사할 때에는 국민에 대한 손해를 방지하여야 하고, 국민의 안전을 배려하여야 하며, 소속 공무원이 전적으로 또는 부수적으로라도 국민 개개인의 안전과 이익을 보호하기 위하여 법령에서 정한 직무상의 의무에 위반하여 국민에게 손해를 가하면 상당인과관계가 인정되는 범위 안에서 국가 또는 지방자치단체가 배상책임을 부담하는 것이지만, 공무원이 직무를 수행하면서 그 근거되는 법령의 규정에 따라 구체적으로 의무를 부여받았어도 그것이 국민의 이익과는 관계없이 순전히 행정기관 내부의 질서를 유지하기 위한 것이거나, 또는 국민의 이익과 관련

---

163) 대법원 2001. 2. 9. 선고 98다52988 판결【손해배상(기)】 : 법령에 대한 해석이 복잡, 미묘하여 워낙 어렵고, 이에 대한 학설, 판례조차 귀일되어 있지 않는 등의 특별한 사정이 없는 한 일반적으로 공무원이 관계 법규를 알지 못하거나 필요한 지식을 갖추지 못하고 법규의 해석을 그르쳐 행정처분을 하였다면 그가 법률전문가가 아닌 행정직 공무원이라고 하여 과실이 없다고는 할 수 없는바(대법원 1981. 8. 25. 선고 80다1598 판결 등 참조), 기록에 의하여 인정할 수 있는 이 사건 건축허가의 경위와 당시의 담당 공무원의 판단 내용, 건폐율 산정 및 건축허가에 관한 관계 법령의 규정과 이 사건 건축허가 대상이 된 대지를 사업부지로 한 이 사건 도시계획시설사업계획의 내용에 비추어 보면, 이 사건 건축허가취소에 관하여 피고들의 담당 공무원에게 귀책사유가 있다.

164) 김동희, 행정법 II, 박영사, 2001, 483면.

된 것이라도 직접 국민 개개인의 이익을 위한 것이 아니라 전체적으로 공공 일반의 이익을 도모하기 위한 것이라면 그 의무에 위반하여 국민에게 손해를 가하여도 국가 또는 지방자치단체는 배상책임을 부담하지 아니한다.[165)]

3. 영조물의 설치 · 관리의 하자로 인한 피해

행정청이 도로나 공원 등의 영조물의 설치 · 관리의 하자로 주민에게 피해를 입힌 경우에 배상을 하여야 하는바, 배출시설, 폐기물처리시설 또는 항만 등에서 환경오염피해가 발생하는 경우를 들 수 있다.[166)]

---

165) 대법원 2001. 10. 23. 선고 99다36280 판결: 상수원수의 수질을 환경기준에 따라 유지하도록 규정하고 있는 관련 법령의 취지 · 목적 · 내용과 그 법령에 따라 국가 또는 지방자치단체가 부담하는 의무의 성질 등을 고려할 때, 국가 등에게 일정한 기준에 따라 상수원수의 수질을 유지하여야 할 의무를 부과하고 있는 법령의 규정은 국민에게 양질의 수돗물이 공급되게 함으로써 국민 일반의 건강을 보호하여 공공 일반의 전체적인 이익을 도모하기 위한 것이지, 국민 개개인의 안전과 이익을 직접적으로 보호하기 위한 규정이 아니므로, 국민에게 공급된 수돗물의 상수원의 수질이 수질기준에 미달한 경우가 있고, 이로 말미암아 국민이 법령에 정하여진 수질기준에 미달한 상수원수로 생산된 수돗물을 마심으로써 건강상의 위해 발생에 대한 염려 등에 따른 정신적 고통을 받았다고 하더라도, 이러한 사정만으로는 국가 또는 지방자치단체가 국민에게 손해배상책임을 부담하지 아니한다. 또한 상수원수 2급에 미달하는 상수원수는 고도의 정수처리 후 사용하여야 한다는 환경정책기본법령상의 의무 역시 위에서 본 수질기준 유지의무와 같은 성질의 것이므로, 지방자치단체가 상수원수의 수질기준에 미달하는 하천수를 취수하거나 상수원수 3급 이하의 하천수를 취수하여 고도의 정수처리가 아닌 일반적 정수처리 후 수돗물을 생산 · 공급하였다고 하더라도, 그렇게 공급된 수돗물이 음용수 기준에 적합하고 몸에 해로운 물질이 포함되어 있지 아니한 이상, 지방자치단체의 위와 같은 수돗물 생산 · 공급행위가 국민에 대한 불법행위가 되지 아니한다.

166) 대법원 2008. 8. 21. 선고 2008다9358,9365 판결【채무부존재확인】: 국가배상법 제5조 제1항에 정하여진 '영조물의 설치 또는 관리의 하자'라 함은 공공의 목적에 공여된 영조물이 그 용도에 따라 갖추어야 할 안전성을 갖추지 못한 상태에 있음을 말하고, 안전성을 갖추지 못한 상태, 즉 타인에게 위해를 끼칠 위험성이 있는 상태라 함은 당해 영조물을 구성하는 물적 시설 그 자체에 있는 물리적 · 외형적 흠결이나 불비로 인하여 그 이용자에게 위해를 끼칠 위험성이 있는 경우뿐만 아니라, 그 영조물이 공공의 목적에 이용됨에 있어 그 이용상태 및 정도가 일정한 한도를 초과하여 제3자에게 사회통념상 수인할 것이 기대되는 한도를 넘는 피해를 입히는 경우까지 포함된다고 보아야 한다. 그리고 수인한도의 기준을 결정함에 있어서는 일반적으로 침해되는 권리나 이익의 성질과 침해의 정도뿐만 아니라 침해행위가 갖는 공공성의 내용과 정도, 그 지역환경의 특수성, 공법적인 규제에 의하여 확보하려는 환경기준, 침해를 방지 또는 경감시키거나 손해를 회피할 방안의 유무 및 그 난이 정도 등 여러 사정을 종합적으로 고려하여 구체적 사건에 따라 개별적으로 결정하여야 하는바(대법원 2005. 1. 27. 선고 2003다49566 판결 등 참조), 특히 차량이 통행하는 도로에서 유입되는 소음으로 인하여 인근 공동주택의 거주자에게 사회통념상 일반적으로 수인할 정도를 넘어서는 침해가 있는지 여부는 주택법 등에서 제시하는 주택건설기준보다는 환경정책기본법 등에서 설정하고 있는 환경기준을 우선적으로 고려하여 판단하여야 한다.

4. 공익을 위하여 적법하게 입은 손해

각종 환경보전을 위한 계획이나 각종 규제명령 등에 의하여 개인의 재산권에 특별한 희생이 가해지는 경우에 법률이 정하는 바에 의거하여 이를 보상한다. 문제는 각종의 환경보호조치로 인하여 국민의 재산권에 피해를 가져옴에도 불구하고 법령에서 보상을 규정하고 있지 아니한 경우이다. 이런 경우에는 헌법소원심판을 통하여 구제받을 수도 있다.[167] 헌법소원을 제기하기 위해서는 첫째, 공권력의 행사 또는 불행사가 있을 것, 둘째, 이로 말미암아 자신의 기본권이 직접적이고도 현실적으로 침해될 것, 셋째, 다른 법률에 구제절차가 존재하는 경우 그러한 절차를 거칠 것, 넷째, 권리보호의 필요성이 있을 것이 요청된다.

Ⅳ. 민사소송적 환경보호수단

환경침해에 대한 민사소송적 권리구제			
유형	손해배상청구		유지청구
청구기초	불법행위	민법 제750조/제758조	★ 물권적 청구권(판례) ● 상린권(민법 제217조) ● 불법행위(민법 제750조) ● 인격권 ● 환경권(헌법 제35조)
	물권	민법 제205조/제206조/제214조	
	생활방해	민법 제217조	
	하자담보책임	민법 제580조	
	제조물책임	제조물책임법 제3조	
	기타	개별 법령	

참고	대법원 2008.9.25. 선고 2006다49284 판결【손해배상(기)】
사실관계	* 대법원 2008.9.25. 선고 2006다49284 판결【손해배상(기)】 원심판결: 대전고법 2006. 6. 21. 선고 2002나6362 판결

167) 헌재 1999.10.21, 97헌바26: 도시계획시설로 지정된 토지가 나대지인 경우, 토지소유자는 더 이상 그 토지를 종래 허용된 용도(건축)대로 사용할 수 없게 됨으로써 토지의 매도가 사실상 거의 불가능하고 경제적으로 의미있는 이용가능성이 배제된다. 이러한 경우, 사업시행자에 의한 토지매수가 장기간 지체되어 토지소유자에게 토지를 계속 보유하도록 하는 것이 경제적인 관점에서 보아 더 이상 요구될 수 없다면, 입법자는 매수청구권이나 수용신청권의 부여, 지정의 해제, 금전적 보상 등 다양한 보상가능성을 통하여 재산권에 대한 가혹한 침해를 적절하게 보상하여야 한다.

	甲은 광업을 영위하는 회사로서 충북 음성군 금왕읍에 있는 ㅇㅇ광산에서 금광의 탐광 및 채광을 위한 굴진공사를 진행하여 왔다. 인근 주민 을과 병이 이러한 굴진공사로 인하여 소음과 진동 그리고 분진이 날려서 정신적으로나 물질적으로 피해를 입고 있다. 갑과 을이 소유하고 있는 토지에 대해서 토양 및 지하수의 오염이 우려되었으며, 실제로 을과 병이 농사를 위하여 이용하고 있던 지하수가 부족하여 농작물이 제대로 생육하지 못하였다.
판결 취지	*광산에서 금광의 탐광 및 채광을 위한 굴진공사를 계속 진행할 경우 인근 주민들에게 수인한도를 넘는 환경침해가 발생할 개연성이 있고, 그 침해이익이 생명, 건강 기타 금전으로 배상하기 어려운 생활상 이익에 관한 것이므로, 위 주민들은 토지 소유권 및 환경권에 기초하여 굴진공사의 중지와 금지를 청구할 권리가 있다고 한 사례

참고	청주지법 1998. 2. 26. 선고 97카합613 판결
사실 관계	청주지법 1998. 2. 26. 선고 97카합613 판결: 항소【공사중지가처분】 조합은 충북 괴산군, 상주시, 점촌시의 중간 지점에 위치한 토지상에서 공사를 하고 있다. 이 토지는 남한강의 최상류인 신월천으로부터 약 300m 정도 상류에 위치하고 있다. 신월천은 그 하류에서 박대천과, 박대천은 다시 그 하류에서 달천과, 달천은 다시 그 하류에서 남한강과 각 합류되어 흐른다. 갑과을 그리고 병은 이 사건 공사부지에서 약 2㎞ 정도 떨어진 신월천변 지역인 충북 괴산군 청천면 사담리를 비롯하여 그 하류지역에 거주하고 있는 주민들이다. 조합은 관할행정청으로부터 일원 3,000,000m^2(속리산국립공원 내 230,000m^2, 속리산국립공원 외 2,770,000m^2)에 관하여 1987. 11. 27. 온천지구 지정을, 1989. 7. 14. 문상대온천관광지조성계획승인을, 그리고 관할행정청으로부터 1989. 11. 22. 대지상에 위치하는 온천공 굴착허가를 받았다. 1996. 4. 8. 문장대온천관광지조성사업 시행허가를 받아, 1996. 8. 20.부터 공사를 시행하고 있다. 사업시행허가에는 종합오수처리시설에 대한 계획을 수립하여 오수처리시설이 다른 시설보다 우선 설치, 가동되도록 하여야 하며, 오수처리시설을 포함하여 도로, 상·하수도 등 공공시설은 사업완료시 관할행정청에 기부채납하여야 한다는 조건이 붙어 있다. 조합은 문장대온천시설이 설치되어 가동될 경우 생물학적산소요구량 150ppm 내지 200ppm 정도의 오수가 발생되더라도 신월천 등 인근 하천지역의 수질이 생물학적산소요구량 기준으로 위에서 본 환경기준(생물학적산소요구량 1ppm 이하)을 유지할 수 있도록 이 사건 오수처리시설의 시공을 계획하고 있다.
판결 취지	환경관계법령 중 환경정책기본법 제1조에는 "이 법은 환경보전에 관한 국민의 권리·의무와 국가의 책무를 명확히 하고 환경보전시책의 기본이 되는 사항을 정함으로써 환경오염으로 인한 위해를 예방하고 자연환경 및 생활환경을 적정하게 관리·보전함을 목적으로 한다.", 동법 제5조에는 "사업자는 사업활동으로부터 야기되는 환경오염에 대하여 스스로 이를 방지함에 필요한 조치를 하여야 하며, 국가 또는 지방자치단체의 환경보전시책에 참여하고

판결 취지	협력하여야 할 책무를 진다.", 동법 제6조에는 "모든 국민은 건강하고 쾌적한 환경에서 생활할 권리를 가지며 국가 및 지방자치단체의 환경보전시책에 협력하고, 환경보전을 위하여 노력하여야 한다.", 동법 제7조에는 "자기의 행위 또는 사업활동으로 인하여 환경오염의 원인을 야기한 자는 그 오염의 방지와 오염된 환경의 회복 및 피해구제에 소요되는 비용을 부담함을 원칙으로 한다.", 동법 제10조에는 "정부는 국민의 건강을 보호하고 쾌적한 환경을 조성하기 위해 환경기준을 설정하여야 하며 환경여건의 변화에 따라 그 적정성이 유지되도록 하여야 한다.", 동법시행령 제2조에는 상수원수 1급 자연환경보전구역은 생물학적산소요구량이 1ppm 이하로 유지되어야 하는 것으로 각 규정되어 있고, 한편 먹는물관리법 제2조에는 "국가 및 지방자치단체는 모든 국민이 질 좋은 먹는 물을 공급받을 수 있도록 합리적인 시책을 마련하여야 하고, 먹는물관련영업자에 대한 알맞은 지도와 관리를 하여야 한다., 먹는물관련영업자는 관계 법령이 정하는 바에 따라 질 좋은 먹는물을 안전하고 알맞게 공급하도록 하여야 한다.", 동법 제5조에는 "환경부장관은 먹는 물의 수질기준을 정하여 이를 보급하는 등 먹는 물의 수질관리를 위하여 필요한 시책을 마련하여야 한다.", 동법에 따라 제정된 먹는물수질기준및검사등에관한규칙 제2조에는 먹는 물에는 건강상유해영향무기물질 중 하나로서 불소가 1.5ppm 이상 함유되어서는 아니된다고 각 규정되어 있다. 그렇다면 비록 개개 국민에게 구체적인 사법상 권리로서의 환경권을 인정한 명시적인 법률규정이 없다 하더라도, 식수에 관한 환경이익에 대하여는 헌법 제35조 제1항의 정신에 따른 환경정책기본법 및 먹는물관리법의 위 각 규정 취지에 비추어, 또한 식수오염의 피해가 인간생존에 대한 근원적인 위협을 의미한다는 점에서 조리에 비추어도, 오염되지 않은 식수를 음용할 구체적인 사법상 권리로서의 환경권이 예외적으로 인정된다고 보아야 할 것이다. 그 권리의 내용으로서도 부당침해에 대하여 손해배상청구는 물론, 사후적 금전배상으로는 회복, 전보할 수 없는 생존에 직결된 환경이익을 침해받는 이상, 그 침해의 위험을 사전에 방지하기 위한 유지청구권도 부여된다고 보지 않을 수 없다. 따라서 식수오염의 가능성이 있는 공사를 진행하고자 하는 사업자로서는 그 공사로 인하여 식수오염의 위험이 전혀 없음을 스스로 소명하지 못하는 한 그 공사중지청구를 거부할 수 없다고 보아야 할 것이다. 결국 위와 같이 예외적으로 인정되는 사법상 권리로서의 환경권은 이 사건 가처분의 피보전권리가 될 수 있는 것이다.

참고	대법원 2011.4.28. 선고 2009다98652 판결【손해배상(기)】
사실 관계	대법원 2011.4.28. 선고 2009다98652 판결【손해배상(기)】; 서울고법 2009. 11. 5. 선고 2007나16627 판결 한국토지주택공사는 갑 소유의 고양시 일산동구 중산동 56-4 외 2필지(이하 '이 사건 토지'라 한다) 인근 토지에서 18층 내지 20층 높이의 아파트(이하 '이 사건 아파트'라 한다)를 건축하였다. 토지상에 설치된 원고 소유의 약 1,300평 규모의 비닐하우스(A, B동, 이하 '이 사건 비닐하우스'라 한다)에 발생한 일조방해가 발생하였다. 심비디움 등의 난 재배에 있어 정상적인 난 재배가 어렵게 되었다. 심비디움 등과 같은 서양란 대신 상대적으로 적은 일조량으로도 재배 가능한

	동양란을 재배하더라도 10~60%의 피해를 면할 수 없을 뿐 아니라 난방비 증가로 인해 수익성이 떨어지며, 고품질의 난을 생산하기에도 지장이 있고, 생산된 난의 판매 또한 어려운 실정이다.
쟁점	갑이 을에 대해서 손해배상을 청구하는 소송을 제기하였다. 인용될 수 있는가?
판결취지	토지의 소유자 등이 종전부터 향유하던 일조이익이 객관적인 생활이익으로서 가치가 있다고 인정되면 법적인 보호의 대상이 될 수 있는데, 그 인근에서 건물이나 구조물 등이 신축됨으로 인하여 햇빛이 차단되어 생기는 그늘, 즉 일영(日影)이 증가함으로써 해당 토지에서 종래 향유하던 일조량이 감소하는 일조방해가 발생한 경우, 일조방해의 정도, 피해이익의 법적 성질, 가해 건물의 용도, 지역성, 토지이용의 선후관계, 가해 방지 및 피해 회피의 가능성, 공법적 규제의 위반 여부, 교섭 경과 등 모든 사정을 종합적으로 고려하여 사회통념상 일반적으로 해당 토지 소유자의 수인한도를 넘게 되면 그 건축행위는 정당한 권리행사의 범위를 벗어나 사법상 위법한 가해행위로 평가된다. 일조방해로 인하여 인근 공작물 등 토지상에 정착한 물건을 더 이상 본래의 용법대로 사용할 수 없게 되었다면, 공작물 등 소유자로서는 공작물 등 이전이 불가능하거나, 이전으로 인하여 공작물 등을 종래 용법대로 사용할 수 없게 되거나, 공작물 등 이전비용이 공작물 등의 교환가치를 넘는다는 등 특별한 사정이 없는 한, 이전비용 상당액을 통상의 손해로서 청구할 수 있고, 이전 과정에서 불가피하게 발생한 손해 역시 통상의 손해로서 청구할 수 있으며, 위와 같은 특별한 사정이 있는 경우에는 공작물 등의 교환가치 상당액을 통상의 손해로서 청구할 수 있다. 한편 이와 같이 이전비용 등을 통상의 손해로서 청구하는 경우 장래 공작물 등을 사용 · 수익하여 얻을 수 있었을 이익은 이전비용 등에 포함되어 있어 이를 따로 청구할 수 없다.

A. 서설

민사소송법적 환경보호수단으로는 환경침해 내지 환경훼손으로 인하여 타인에게 손해를 발생시킨 경우에 대해서 불법행위를 구성하는 경우에 불법행위책임을 묻는 것이다. 사인의 환경침해행위가 불법행위로 평가되는 경우에는 그에 따른 책임을 묻는 방안으로는 손해배상을 청구하는 것과 유지청구를 할 수 있다.

B. 손해배상청구

1. 의의

환경피해구제제도로서 우선 민사상의 불법행위로 인한 손해배상청구를 들 수 있다.

이는 환경오염으로 인하여 신체나 재산에 피해를 입은 자가 민법 제750조의 불법행위로 인한 손해배상책임이 성립하는 경우에 민사상의 손해배상을 청구하는 것으로서 가장 보편적인 구제수단이다.[168] 민법 제750조에 의하면 "고의 또는 과실로 인한 위법행위로 타인에게 손해를 가한 자는 그 손해를 배상할 책임이 있다"고 하여, 가해자에게 고의 또는 과실이 있어야 하고, 또한 가해행위에는 위법성이 있어야 하며, 타인에게 손해가 발생하여야 하고 가해행위와 그러한 손해 발생과는 인과관계가 존재하여야 한다.

그런데 환경침해와 관련된 손해배상청구에 있어서는 첫째로 가해자의 과실을 입증하기가 어려운 문제가 있다. 둘째로는 환경침해행위의 위법성을 밝히기가 어려운 문제가 있다. 셋째로는 가해행위와 피해 사이의 인과관계의 입증이 곤란하다는 문제가 있다. 그 외에도 소송의 장기화, 과다한 소송비용 등이 있다.

일반적으로 불법행위로 인한 손해배상청구소송에서 가해자의 가해행위, 피해자의 손해발생, 가해행위와 손해발생 사이의 인과관계에 관한 증명책임은 청구자인 피해자가 부담한다. 다만 대기오염이나 수질오염에 의한 공해로 인한 손해배상을 청구하는 소송에서 피해자에게 사실적인 인과관계의 존재에 관하여 과학적으로 엄밀한 증명을 요구한다는 것은 공해의 사법적 구제를 사실상 거부하는 결과가 될 수 있는 반면, 가해자가 기술적 · 경제적으로 피해자보다 훨씬 원인조사가 용이한 경우가 많을 뿐만 아니라 원인을 은폐할 염려가 있기 때문에 가해자가 어떠한 유해한 원인물질을 배출하고 그것이 피해물건에 도달하여 손해가 발생하였다면 가해자 측에서 그것이 무해하다는 것을 증명하지 못하는 한 가해행위와 피해자의 손해발생 사이의 인과관계를 인정할 수 있다. 그러나 이 경우에도 적어도 가해자가 어떠한 유해한 원인물질을 배출한 사실, 그 유해의 정도가 사회생활상 통상의 수인한도를 넘는다는 사실, 그것이 피해물건에 도달한 사실, 그 후 피해자에게 손해가 발생한 사실에 관한 증명책임은 여전히 피해자가 부담한다.[169]

그리고 손해배상청구소송을 수행하기 위하여서 소송을 수행할 당사자능력이 있어야 하는바, 도롱뇽은 천성산 일원에 서식하고 있는 도롱뇽목 도롱뇽과에 속하는 양서류로서 자연물인 도롱뇽 또는 그를 포함한 자연 그 자체로서는 소송을 수행할 당사자능력을 인정할 수 없다.[170]

---

168) 김철용, 행정법 II, 2001, 624면; 고영훈, 환경법, 법문사, 2000, 118면 이하.

169) 대법원 2013.10.24, 선고, 2013다10383 판결.

170) 대법원 2006.6.2. 자 2004마1148,1149 결정.

2. 불법행위의 성립

a) 과실

민법 제750조에 의하면 불법행위가 성립하기 위해서는 행위자에게 고의 · 과실이 있어야 하는바, 과실은 사회생활상 요구되는 주의의무를 해태하는 것으로서, 즉 적법한 행위를 의욕하였으나 적법한 행위의 과정에서 주의를 다 하지 아니한 점에 대해서 행위자의 주관적 비난가능성을 말한다. 주의의 정도와 관련하여서는 통상적으로 사회평균인이 가져야 할 주의정도를 기준으로 보고 있으며, 판례에 의하면 '사회평균인'이란 추상적인 일반인을 가리키는 것이 아니라 구체적인 사례에서의 보통인을 의미한다. 예를 들면 위험성이 높은 업무에 종사하는 경우에는 그러한 직무에 일반적으로 요구되는 주의가 사회평균인의 주의정도이다.

그리고 주의의 내용과 관련하여 방지의무위반설과 예견가능성설이 주장되고 있다. 방지의무위반설은 결과발생의 예방을 위하여 일정한 방지시설을 하여야 할 의무를 위반한 경우에 과실이 있다고 보는 견해로서, 사업의 성질에 맞게 상당한 설비를 한 경우에는 과실이 없다고 본다. 이에 반하여 예견가능성설은 환경오염으로 인한 피해의 발생을 예견할 수 있는 경우임에도 피해가 발생하였다면 과실이 있다고 보는 견해로서, 왜냐하면 예견가능한 경우에는 피해를 회피하는 조치를 취할 수 있었기 때문이다(판례, 통설).

환경분쟁의 경우 가해자의 과실과 관련하여 피해에 대한 과학적인 규명이 어려우므로 위험물을 관리하여 이득을 얻은 자는 그 잠재적 위험이 현실화하여 또는 그 위험물로부터 생긴 손해도 배상하지 않으면 아니된다는 위험책임의 법리가 환경책임을 지배하는 법리로 되었다.[171)] 공법상 위험책임의 법리는 프랑스의 산업재해에 관한 법률(1898)과 국영공장의 노동자가 작업 중 입은 손해에 대하여 오로지 그로부터 창출된 위험만을 근거로 국가의 배상책임을 인정한 꽁세이 데따의 판례(1895)로 형성되었다.

---

171) 유지태, 환경책임입법론, 공법연구, 제20집, 297면 이하; 홍천룡, 환경오염피해의 구제, 환경법연구, 제14권, 1992, 10면.

대법원 1984.6.12. 선고 81다558 판결【손해배상】: 수질오탁으로 인한 공해소송인 이 사건에서 (1)피고공장에서 김의 생육에 악영향을 줄 수 있는 폐수가 배출되고 (2)그 폐수중 일부가 유류를 통하여 이사건 김양식장에 도달하였으며 (3)그후 김에 피해가 있었다는 사실이 각 모순없이 증명된 이상 피고공장의 폐수배출과 양식 김에 병해가 발생함으로 말미암은 손해간의 인과관계가 일응 증명되었다고 할 것이므로, 피고가 (1)피고 공장폐수 중에는 김의 생육에 악영향을 끼칠 수 있는 원인물질이 들어 있지 않으며 (2)원인물질이 들어 있다 하더라도 그 해수혼합율이 안전농도 범위내에 속한다는 사실을 반증을 들어 인과관계를 부정하지 못하는 한 그 불이익은 피고에게 돌려야 마땅할 것이다.

이러한 위험책임에서 발전하여 우리 환경정책기본법 제44조 제1항은 "환경오염 또는 환경훼손으로 피해가 발생한 경우에는 해당 환경오염 또는 환경훼손의 원인자가 그 피해를 배상하여야 한다."고 규정하여 환경오염의 피해에 대한 무과실책임을 규정하고 있다. 따라서 환경오염 또는 환경훼손으로 피해가 발생한 경우에는 동법 제44조가 민법 제750조에 대해서 특별규정으로 볼 수 있을 것이므로, 환경침해의 경우에는 원칙적으로 무과실책임주의를 취하고 있다고 볼 것이다. 그 외에도 원자력손해배상법, 유류오염손해배상보장법, 토양환경보전법, 광업법, 수산업법 등 개별법령에서 무과실책임을 규정하고 있다.[172)]

참조	대법원 2008.9.11. 선고 2006다50338 판결【손해배상(기)】
판례취지	환경정책기본법 제31조 제1항은 불법행위에 관한 민법 규정의 특별 규정이라고 할 것이므로 환경오염으로 인하여 손해를 입은 자가 환경정책기본법에 의하여 손해배상을 주장하지 않았다고 하더라도 법원은 민법에 우선하여 환경정책기본법을 적용하여야 한다.

참조	인천지법 부천지원 2004. 10. 22. 선고 2002가단23361 판결: 확정【손해배상(기)】
판례취지	이 사건 폐사는 피고 회사가 2002. 5. 24.부터 덤프트럭 등을 집중 투입하여 이 사건 양식장 앞의 야적장에 적치된 토사를 위 양식장 3호지 앞 도로를 통하여 대량 운반하면서 발생한 소음과 진동으로 인하여 발생하였다고 봄이 상당하므로(그 직접적인 원인은 소음과 진동 때문에 3호지 내 숭어의 집단 요동현상이 일어나 아랫물과 윗물이 뒤집어지고 흙탕물이 생겨 용존산소량이 부족해지고 수질이 급격히 악화된 데 있었다고 보여진다.), 피고들은 환경오염 피해에 대한 무과실책임을 규정

---

172) 가해자의 무과실책임을 명시하는 있는 규정으로는 토양환경보전법 제10조의3(토양오염의 피해에 대한 무과실책임) 제1항: 토양오염으로 인하여 피해가 발생한 때에는 당해 오염원인자는 그 피해를 배상하고 오염된 토양을 정화하여야 한다. 다만, 토양오염이 천재 · 지변 또는 전쟁으로 인하여 발생한 경우에는 그러하지 아니하다.

수산업법 제82조 제82조(수질오염에 따른 손해배상) ① 다음 각 호의 어느 하나에 해당하는 사유로 인하여 수질이 오염되어 면허받은 어업에 피해가 발생하면 그 오염발생시설의 경영자는 관계 법령으로 정하는 바에 따라 피해자에게 정당한 배상을 하여야 한다: 1. 산업시설이나 그 밖의 사업장의 건설 또는 조업, 2. 선박 또는 해양시설(「해양환경관리법」 제2조제17호에 따른 해양시설을 말한다), 3. 해저광구의 개발.

원자력법 제109조(보상): 원자력이용과 이에 따른 안전관리중에 방사선에 의하여 신체 또는 재산에 피해를 입은 자는 대통령령이 정하는 바에 따라 정당한 보상을 받는다.

유류오염손해배상보장법 제5조(유조선의 유류오염 손해배상책임) ① 유조선에 의한 유류오염손해가 발생하였을 때에는 사고 당시 그 유조선의 선박소유자는 그 손해를 배상할 책임이 있다. 다만, 그 유류오염손해가 다음 각 호의 어느 하나에 해당하는 경우에는 손해를 배상할 책임이 없다: 1. 전쟁 · 내란 · 폭동 또는 천재지변 등 불가항력으로 발생한 경우, 2. 유조선의 선박소유자 및 그 사용인이 아닌 제3자의 고의만으로 발생한 경우, 3. 국가 및 공공단체의 항로표지 또는 항행보조시설 관리의 하자만으로 발생한 경우.

> 한 환경정책기본법 제31조 제1항에 의하여 그 사업장인 위 토사반출현장에서 발생한 환경오염의 하나인 소음·진동으로 인한 원고의 피해를 배상할 의무가 있다 할 것이다(원고는 민법 제750조의 일반 불법행위법을 근거로 피고들에게 손해배상을 구하나, 위 환경정책기본법의 규정은 손해의 책임과 발생에 관한 입증책임을 환경오염을 발생시키는 사업자에게 지우는 것으로서 민법 제750조에 대한 특별규정이라고 보아야 하므로 환경오염으로 인한 손해배상 사건에 관하여는 그 피해자가 위 법률의 적용을 구하는 주장을 하였는지 여부를 가리지 아니하고 민법상의 손해배상 규정에 우선하여 적용하여야 할 것이다.

b) 위법

(1) 수인한도론

위법이란 가해자의 가해행위가 법질서에 위반된다는 것으로서, 환경침해행위의 위법성과 관련하여 이를 판단하는 것이 쉽지는 아니한바, 위법성의 판단기준으로는 '수인한도론'이 발전되었다.

이에 의하면 가해자측의 사정과 피해자측의 사정 및 지역성 등 기타의 사정을 비교형량하여 손해가 합리적인 평균인으로 하여금 통상 인용할 수 있는 한도를 넘어 피해가 발생한 때에는 가해행위의 위법성이 인정된다는 이론이다. 즉 수인한도의 기준을 결정함에 있어서는 일반적으로 침해되는 권리나 이익의 성질과 침해의 정도뿐만 아니라 침해행위가 갖는 공공성의 내용과 정도, 그 지역환경의 특수성, 공법적인 규제에 의하여 확보하려는 환경기준, 침해를 방지 또는 경감시키거나 손해를 회피할 방안의 유무 및 그 난이 정도 등 여러 사정을 종합적으로 고려하여 구체적 사건에 따라 개별적으로 결정하여야 한다.[173)]

---

173) 가해자의 무과실책임을 명시하는 있는 규정으로는 토양환경보전법 제10조의3(토양오염의 피해에 대한 무과실책임) 제1항: 토양오염으로 인하여 피해가 발생한 때에는 당해 오염원인자는 그 피해를 배상하고 오염된 토양을 정화하여야 한다. 다만, 토양오염이 천재·지변 또는 전쟁으로 인하여 발생한 경우에는 그러하지 아니하다.

수산업법 제82조 제82조(수질오염에 따른 손해배상) ① 다음 각 호의 어느 하나에 해당하는 사유로 인하여 수질이 오염되어 면허받은 어업에 피해가 발생하면 그 오염발생시설의 경영자는 관계 법령으로 정하는 바에 따라 피해자에게 정당한 배상을 하여야 한다: 1. 산업시설이나 그 밖의 사업장의 건설 또는 조업, 2. 선박 또는 해양시설(「해양환경관리법」 제2조제17호에 따른 해양시설을 말한다), 3. 해저광구의 개발.

원자력법 제109조(보상): 원자력이용과 이에 따른 안전관리중에 방사선에 의하여 신체 또는 재산에 피해를 입은 자는 대통령령이 정하는 바에 따라 정당한 보상을 받는다.

유류오염손해배상보장법 제5조(유조선의 유류오염 손해배상책임) ① 유조선에 의한 유류오염손해가 발생하였을 때에는 사고 당시 그 유조선의 선박소유자는 그 손해를 배상할 책임이 있다. 다만, 그 유류오염손해가 다음 각 호의 어느 하나에 해당하는 경우에는 손해를 배상할 책임이 없다: 1. 전쟁·내란·폭동 또

(2) 신수인한도론

근자에는 '신수인한도론'도 주장되고 있는바, 이는 과실과 위법 양 요건을 분리하여 판단하는 것이 현실적으로 어렵고 또한 양 요건은 긴밀한 상관관계가 있으므로, 수인한도를 넘는 손해가 발생한 경우에는 과실과 위법 양 요건이 동시에 충족되는 것으로 보는 견해이다. 이 견해에 의하면 수인한도를 넘는 손해가 발생하였다면 그 손해가 예견가능하지 아니하였더라도 가해자의 가해행위가 과실이 있고 위법한 것으로 평가된다.

참조	대법원 2010.9.9. 선고 2008다77795 판결【손해배상(기)】
판례 취지	구 식품위생법(2005. 1. 27. 법률 제7374호로 개정되기 전의 것) 제7조, 제9조, 제10조, 제16조 등 관련 규정이 식품의약품안전청장 및 관련 공무원에게 합리적인 재량에 따른 직무수행 권한을 부여한 것으로 해석된다고 하더라도, 식품의약품안전청장 등에게 그러한 권한을 부여한 취지와 목적에 비추어 볼 때 구체적인 상황 아래에서 식품의약품안전청장 등이 그 권한을 행사하지 아니한 것이 현저하게 합리성을 잃어 사회적 타당성이 없는 경우에는 직무상 의무를 위반한 것이 되어 위법하게 된다. 그리고 위와 같이 식약청장등이 그 권한을 행사하지 아니한 것이 직무상 의무를 위반하여 위법한 것으로 되는 경우에는 특별한 사정이 없는 한 과실도 인정된다.

설령 사업자가 법령의 기준인 산업안전보건법에 정한 분진배출허용기준을 준수하여 오염물질을 배출하였다고 하더라도 보통 정도의 건강상태에 있던 사람이 진폐증이 이환될 정도의 분진이 발생한 경우에 공장을 경영하여 수익하는 기업인 피고가 분진의 발생을 위하여 완벽한 조치를 취하지 못하고 석탄분진을 발생하여 원고에게 진폐증이 걸리게 한 행위는 위법성이 있다고 하지 않을 수 없다고 판시한 하급심 판결이 있다.[174)]

불법행위 성립요건으로서의 위법성은 관련 행위 전체를 일체로만 판단하여 결정하여야 하는 것은 아니고, 문제가 되는 행위마다 개별적・상대적으로 판단하여야 할 것이므로 어느 시설을 적법하게 가동하거나 공용에 제공하는 경우에도 그로부터 발생하는 유해배출물로 인하여 제3자가 손해를 입은 경우에는 그 위법성을 별도로 판단하여야 하고, 이러한 경우의 판단 기준은 그 유해의 정도가 사회생활상 통상의 수인한도를 넘는 것인지 여부라고 할 것이다(대법원 2001. 2. 9. 선고 99다55434 판결 등 참조).[175)]

는 천재지변 등 불가항력으로 발생한 경우, 2. 유조선의 선박소유자 및 그 사용인이 아닌 제3자의 고의만으로 발생한 경우, 3. 국가 및 공공단체의 항로표지 또는 항행보조시설 관리의 하자만으로 발생한 경우.

174) 서울민사지법 1989.1.12. 선고 88가합2897.

175) 대법원 2003. 6. 27. 선고 2001다734 판결.

토지의 소유자 등이 종전부터 향유하던 일조이익(日照利益)이 객관적인 생활이익으로서 가치가 있다고 인정되면 법적인 보호의 대상이 될 수 있는데, 그 인근에서 건물이나 구조물 등이 신축됨으로 인하여 햇빛이 차단되어 생기는 그늘, 즉 일영(日影)이 증가함으로써 해당 토지에서 종래 향유하던 일조량이 감소하는 일조방해가 발생한 경우, 그 일조방해의 정도, 피해이익의 법적 성질, 가해 건물의 용도, 지역성, 토지이용의 선후관계, 가해 방지 및 피해 회피의 가능성, 공법적 규제의 위반 여부, 교섭 경과 등 모든 사정을 종합적으로 고려하여 사회통념상 일반적으로 해당 토지 소유자의 수인한도를 넘게 되면 그 건축행위는 정당한 권리행사의 범위를 벗어나 사법상(私法上) 위법한 가해행위로 평가된다(대법원 2004. 10. 28. 선고 2002다63565 판결 , 대법원 2007. 6. 28. 선고 2004다54282 판결 등 참조). 일반적으로 위와 같이 위법한 건축행위에 의하여 건물 등이 준공되거나 외부골조공사가 완료되면 그 건축행위에 따른 일영의 증가는 더 이상 발생하지 않게 되고 해당 토지의 소유자는 그 시점에 이러한 일조방해행위로 인하여 현재 또는 장래에 발생 가능한 재산상 손해나 정신적 손해 등을 예견할 수 있다고 할 것이므로, 이러한 손해배상청구권에 관한 민법 제766조 제1항 소정의 소멸시효는 원칙적으로 그 때부터 진행한다(대법원 1966. 6. 9. 선고 66다615 전원합의체 판결 등 참조). 다만, 지극히 예외적이기는 하지만, 위와 같은 일조방해로 인하여 건물 등의 소유자 내지 실질적 처분권자가 피해자에 대하여 건물 등의 전부 또는 일부에 대한 철거의무를 부담하는 경우가 있다면, 이러한 철거의무를 계속적으로 이행하지 않는 부작위는 새로운 불법행위가 되고 그 손해는 날마다 새로운 불법행위에 기하여 발생하는 것이므로 피해자가 그 각 손해를 안 때로부터 각별로 소멸시효가 진행한다고 볼 수 있을 것이다(대법원 1999. 3. 23. 선고 98다30285 판결 등 참조).[176)]

(3) 공익의 고려

우리나라에서는 환경침해 가운데 소음으로 인한 침해가 가장 빈번하다. 소음원으로는 공장소음, 생활환경, 항공기소음 그리고 교통소음 등을 들 수 있으며, 특히 북한과의 분단상황을 고려하여 군사비행장이 국토 전역에 산재하여 있는 고로, 비행장소음으로 인한 환경침해도 심각한 수준이라고 할 수 있다. 이러한 소음원으로부터 소음이 발생하여 인근 주민에게 피해를 주는 경우에는 이에 대해서 피해를 전보하여야 함이 마땅하지만, 공항이나 도로와 같은 공익적 이유로 반드시 필요한 소음원에 대해서는 그 위법성을

176) 대법원 2008. 4. 17. 선고 2006다35865 전원합의체 판결.

일률적으로 판단하여서는 아니될 것이다. 즉 공익의 고려를 통하여 보다 강화된 환경침해가 존재하여야만 위법한 것으로 판단되어야 할 것이다.

현재적으로 이러한 고려에 있어서 근거하여 위법성을 판단함에 있어서는 민법 제217조 상린관계규정을 원용하여, 토지의 통상적 이용으로 인한 환경침해에 대해서는 그 위법성을 부인하여야 할 것이고, 다만 환경침해가 중대한 경우에는 이를 형평의 원칙에서 보완하기 위하여 조절적 보상을 할 수 있을 따름으로 보아야 할 것이다.

c) 타인에 대한 손해

환경침해로 인하여 타인에게 손해가 발생하여야 한다.

손해란 법익에 관하여 받은 불이익으로서 가해자의 가해행위에 의하여 손해가 현실적으로 발생하여야 한다. 손해는 생명이나 건강 등 신체나 정신에 대하여 발생할 수도 있고, 동물을 포함하여 물건 등에 대해서 발생할 수도 있다. 판례는 현실적으로 손해가 발생하였는지 여부는 사회통념에 비추어 객관적이고 합리적으로 판단하여야 한다고 본다. 구체적으로 손해의 범위를 정하는 것은 어려운 문제인바 다수설인 차액설에 의하면 가해원인이 없었더라면 있었어야 할 이익상태와 가해가 이미 발생한 현재의 이익상태의 차액을 손해라고 본다. 이러한 손해에는 재산적 손해와 정신적 손해로 구분할 수 있으며, 재산적 손해는 다시금 적극적 손해와 소극적 손해로 구분될 수 있다.

d) 인과관계

불법행위가 성립하기 위해서는 가해자의 행위로 인하여 피해자에게 손해가 발생하여야 하는바, 즉 가해행위와 피해와의 사이에 인과관계가 존재하여야 한다. 그런데, 환경피해와 관련하여서는 오염원인의 복잡성, 피해의 누적성 그리고 장기성 등 환경피해의 특성으로 인하여 인과관계의 입증이 매우 곤란한 경우가 적지 아니하다. 그리하여 인과관계의 입증과 관련하여 이를 다소 완화하는 다양한 견해들이 주장되고 있다.

(1) 개연성설

가해자와 피해자 사이의 인과관계의 입증이 곤란한 점과 관련하여서는 우리 대법원은 인과관계의 입증과 관련하여 개연성설의 입장을 취하고 있는바, 동설에 따르면 피해자는 인과관계의 존재의 개연성만을 증명하면 족하고 피고는 반증으로서 인과관계가 존재하지 않음을 증명하지 못하는 한 책임을 면할 수 없다는 이론이다.

참조	대법원 1974.12.10. 선고 72다1774 판결【손해배상】
판례 취지	이런 공해로 인한 손해배상청구소송에 있어도 가해행위와 손해발생사이에 있어야 할 인과관계의 증명에 관하여도 이른바 개연성이론이 대두되어 대소간에 그 이론이 사실인정에 작용하고 있음을 부인할 수 없는 추세에 있다고 하겠다. 개연성이론 그 자체가 확고하게 정립되어 있다고는 할 수 없으나 결론적으로 말하면 공해로 인한 불법행위에 있어서의 인과관계에 관하여 당해 행위가 없었더라면 결과가 발생하지 아니 하였으리라는 정도의 개연성이 있으면 그로써 족하다는 다시 말하면 침해행위와 손해와의 사이에 인과관계가 존재하는 상당정도의 가능성이 있다는 입증을 하므로써 족하고 가해자는 이에 대한 반증을 한 경우에만 인과관계를 부정할 수 있다고 하는 것으로 이는 손해배상을 청구하는 원고에 입증책임이 있다는 종래의 입증책임 원칙을 유지하면서 다만 피해자의 입증의 범위를 완화 내지 경감하는 반면 가해자의 반증의 범위를 확대하자는 것을 그 골자로 하고 있는 것으로 이해된다. 무릇 불법행위로 인한 손해배상에 있어서 불법행위의 성립요건으로서의 인과관계는 현실로 발생한 손해를 누구에게 배상책임을 지울 것인가를 가리기 위한 개념이므로 자연과학의 분야에서 말하는 인과관계가 아니라 법관의 자유심증에 터 잡아 얻어지는 확신에 의하여 인정되는 인과관계를 말한다 할 것인데 이런 확신은 통상인이 일상생활에 있어서 그 정도의 판단을 얻을 때는 의심을 품지 않고 안심하고 행동할 것이라는 정도를 일컬어 말함이니 이런 관점에서 볼 때 개연성이론을 수긍못할 바 아니니다. 그러나 요는 구체적 사건에서 어떠한 증거에 의하여 어떤 사실을 인정한 조치가 타당한 여부에 문제의 초점이 있다고 할 것이므로 개연성이론 그것이 논의의 대상이 될 수 없는 바이다. 돌이켜 이 사건을 살피건대 기록에 의하여 원심이 그 의용의 증거에 의하여 피고 발전소에서 다량으로 분출 확산되는 아황산까스로 인하여 원고소유 과수의 수세가 악화되어 결실의 불량 저하로 원고는 손해를 입었다는 사실을 인정한 조치는 정당하며 위 설시와 같은 개연성을 바탕으로 한 그 증거취사나 사실인정 과정에 나무랄 곳이 없으므로 반대의 견해로 원심을 비난하는 논지는 이유없다.

판례 역시 인과관계의 입증과 관련하여 입증책임의 전환의 법리 등을 통하여 피해자의 구제를 도모하고 있다: 일반적으로 불법행위로 인한 손해배상청구사건에 있어서 가해행위와 손해발생 간의 인과관계의 입증책임은 청구자인 피해자가 부담하나, 대기오염이나 수질오염에 의한 공해로 인한 손해배상을 청구하는 소송에 있어서는 기업이 배출한 원인물질이 물을 매체로 하여 간접적으로 손해를 끼치는 수가 많고 공해문제에 관하여는 현재의 과학수준으로도 해명할 수 없는 분야가 있기 때문에 가해행위와 손해의 발생 사이의 인과관계를 구성하는 하나 하나의 고리를 자연과학적으로 증명한다는 것은 극히 곤란하거나 불가능한 경우가 대부분이므로, 이러한 공해소송에 있어서 피해자에게 사실적인 인과관계의 존재에 관하여 과학적으로 엄밀한 증명을 요구한다는 것은

공해로 인한 사법적 구제를 사실상 거부하는 결과가 될 우려가 있는 반면에, 가해기업은 기술적 · 경제적으로 피해자보다 훨씬 원인조사가 용이한 경우가 많을 뿐만 아니라, 그 원인을 은폐할 염려가 있고 가해기업이 어떠한 유해한 원인물질을 배출하고 그것이 피해물건에 도달하여 손해가 발생하였다면 가해자측에서 그것이 무해하다는 것을 입증하지 못하는 한 책임을 면할 수 없다고 보는 것이 사회형평의 관념에 적합하다.[177]

이러한 개연성설의 이론적 근거는 '사실상 추정설'과 영미 소송법상의 '증거우월설'에 있다. 사실상 추정설은 환경침해로 인한 책임에 있어서 피해자가 인과관계의 존재에 관하여 상당한 정도의 개연성을 입증하면 손해발생의 인과관계가 사실상 추정된다는 것이고, 영미법상의 증거우월설은 민사사건에서는 입증책임을 부담하는 당사자가 제출하는 증거가 우월한 것이라는 정도를 입증하면 족하다고 보는 것이다.[178]

(2) 신개연성설

나아가 신개연성설이라고 하는 다음과 같은 견해가 주장된다. 신개연성설이란 환경상 손해배상소송에서는 청구권의 성립요건들을 직접증거에 의하여 입증은 어려우므로 통상적으로 원고는 먼저 성립요건들의 존재를 추인하게 하는 몇 개의 간접사실을 입증하게 되고, 이에 대하여 피고는 직 · 간접 반증을 하게 되는 형태로 진행되는 것에 근거하고 있다. 신개연성설이 세력을 얻게 된 계기는 1984년의 의창군 대 진해화학(주) 사건이었다.[179] 본 판결은 개연성 정도의 입증에 관한 기준을 제시하고 있는바, ① 피고의 공해물질의 배출, ② 오염 물질의 원고에의 도달, ③ 피해 메커니즘 및 피해발생 가능한 분량의 존재, ④ 피해의 발생사실 중 ①②④의 세 가지의 간접사실만 입증하면 개연성 정도의 입증을 다한 것이 되어서, 이러한 인과관계의 연결고리를 깨뜨리기 위해서는 피고가 ① 그의 배출물질 중 오염물질이 존재하지 않거나, ② 존재하더라도 피해메커니즘과 연결되지 아니한다는 사실에 대해서 반증할 것을 요구하고 있다.[180] 반증이란 본증에 의

177) 대법원 2002. 10. 22. 선고 2000다65666, 65673 판결.

178) 전경운, 환경사법론, 집문당, 2009, 149면.

179) 대법원 1984. 6. 12. 81다558.

180) 황진호, 공해소송에 있어서 인과관계 - 개연성설을 중심으로 -, 단국대 학술논총 제13집 (1990년), 137면 이하. 서울중앙지법 2010.2.3. 선고 2007가합16309 판결 : 항소【대기오염배출금지청구등】 : 피해자 측에서 자동차배출가스와 호흡기질환 발병 사이의 인과관계의 고리를 모두 자연과학적으로 증명하는 것은 곤란하거나 불가능하고, 개인인 피해자 측에 비해 국가, 지방자치단체 및 자동차 제조 · 판매 회사들이 보다 적은 노력과 비용으로 보다 합리적인 인과관계를 입증할 가능성이 월등히 큰 점 등을 고려할 때, 공해소송에서의 증명책임 완화의 법리를 자동차배출가스와 호흡기질환 발병 사이의 인과관계의 증명에 적용할 수 있다.

한 증명을 저지하기 위하여 상대방이 제출하는 증거로서, 직접반증과 간접반증으로 구분된다.

자동차배출가스로 인한 천식 등 건강피해가 문제되는 경우에는 그 노출과 피해에 관한 직접적인 실험은 불가능하므로, 역학적인 조사를 통해 통계적 연관성을 입증하는 방법으로 일반적 인과관계를 인정하는 방법도 허용되어야 한다. 다만, 역학적 의미의 상관관계가 인정되는 것만으로는 부족하고, 그와 다른 요인의 존재를 합리적으로 배제할 수 있는 정도의 신뢰도가 확보되어야 하며, 그에 더 나아가 피해자 개인별로 해당 요인에 직접적으로 노출된 점 및 해당 요인이 주요한 가해요인이거나 주요한 것은 아니더라도 상당한 인과관계를 인정할 만큼 비중 있는 가해요인이었던 점이 입증되어야 비로소 인과관계가 모두 입증되었다고 할 수 있다. 서울특별시 지역에서 거주 또는 근무하면서 호흡기질환 등으로 진단을 받거나 치료를 받은 사람들이 대한민국, 서울특별시, 자동차 제조·판매 회사들을 상대로 서울의 대기오염으로 인한 건강피해를 이유로 손해배상을 청구한 사안에서, 자동차배출가스로 인하여 위 호흡기질환이 발병 또는 악화되었다고 볼 직접적인 자료가 없을 뿐만 아니라 원고들이 제출한 각종 자료와 연구 결과만으로는 자동차배출가스의 성분과 호흡기질환 사이의 역학적 인과관계가 있다고 보기 어렵고, 자동차가 대기 중의 미세먼지, 이산화질소 등의 주요 배출원이라고 단정할 수 없으므로, 자동차배출가스와 위 호흡기질환의 발병 사이에 인과관계를 추단할 수 없다.

대법원 2009.10.29. 선고 2009다42666 판결【손해배상(기)】: 일반적으로 불법행위로 인한 손해배상청구사건에 있어서 가해행위와 손해발생 간의 인과관계의 입증책임은 청구자인 피해자가 부담하나, 대기오염이나 수질오염에 의한 공해로 인한 손해배상을 청구하는 소송에 있어서는 기업이 배출한 원인물질이 대기나 물을 매체로 하여 간접적으로 손해를 끼치는 수가 많고 공해문제에 관하여는 현재의 과학수준으로도 해명할 수 없는 분야가 있기 때문에 가해행위와 손해의 발생 사이의 인과관계를 구성하는 하나 하나의 고리를 자연과학적으로 증명한다는 것이 매우 곤란하거나 불가능한 경우가 많으므로, 이러한 공해소송에 있어서 피해자에게 사실적인 인과관계의 존재에 관하여 과학적으로 엄밀한 증명을 요구한다는 것은 공해로 인한 사법적 구제를 사실상 거부하는 결과가 될 우려가 있는 반면에, 가해기업은 기술적·경제적으로 피해자보다 훨씬 원인조사가 용이한 경우가 많을 뿐만 아니라, 그 원인을 은폐할 염려가 있기 때문에, 가해기업이 어떠한 유해한 원인물질을 배출하고 그것이 피해물건에 도달하여 손해가 발생하였다면 가해자측에서 그것이 무해하다는 것을 입증하지 못하는 한 책임을 면할 수 없다고 보는 것이 사회형평의 관념에 적합하다(대법원 2002. 10. 22. 선고 2000다65666, 65673 판결 등 참조). 원심은 제1심판결 이유를 인용하여 그 판시와 같은 사실을 인정한 다음, ① 녹사평역 부근의 지하수 흐름이 주한미군 영내에서 녹사평역 방향인 점, ② 주한미군 영내에서 검출된 등유와 녹사평역 부지에서 검출된 등유가 주한미군만이 사용하는 JP-8로 동일한 점, ③ 주한미군이 2001. 2.과 같은 해 8. 누수시험을 통과하지 못하였다는 이유로 지하저장탱크를 제거하였는데 이들 지하저장탱크에는 JP-8이 보관되어 있었던 점, ④ 휘발유와 JP-8이 혼합되어 유출된 경우 휘발유가 JP-8에 비해 생물막에 의한 분해, 공기 중으로 휘발, 물에 용해되는 현상이 잘 일어나 하류로 갈수록 전체 유류에서 휘발유가 차지하는 비율이 점점 낮아지는 점, ⑤ 주한미군 영내에 있는 것을 제외한 녹사평역 인근에 있는 유류저장시설에서는 유류누출 현상이 발견되지 않은 점 등에 비추어, 주한미군이 관리하는 유류저장시설에서 휘발유와 등유(JP-8)가 유출되어 원고 소유의 토지를 오염시켰다고 판단하였다. 앞서 본 법리와 기록에 비추어 살펴보면, 원심의 위와 같은 사실인정 및 판단은 정당한 것으로 수긍이 가고, 거기에 상고이유에서 주장하는 바와 같은 채증법칙 위반으로 인한 사실오인, 심리미진, 불법행위의 입증책임에 관한 법리오해 등의 잘못이 없다.

<table>
<tr><th colspan="3">환경상 손해배상청구소송에서의 신개연성설</th></tr>
<tr><td>당사자</td><td>원고</td><td>피고</td></tr>
<tr><td rowspan="3">입증
내용</td><td>피고의
오염물질배출</td><td>반증1) 피고의 배출물질에 피해를 발생시키는 원인물질부재
반증2) 원인물질이 존재하나 안전농도 범위 내</td></tr>
<tr><td>원고에게 도달</td><td></td></tr>
<tr><td>원고에게 피해 발생</td><td>간접반증) 다른 원인이 전적으로 작용하여 발생</td></tr>
<tr><td>효과</td><td>입증 완료</td><td>이상의 세 가지 중 하나를 증명하지 못하면 책임부담</td></tr>
</table>

참조	대법원 2012.1.12. 선고 2009다84608,84615,84622,84639 판결
판례 취지	*사실관계: 수도권매립지관리공사는 수도권에서 매립지를 관리하는 공사이다. 1992년 수도권에서 반입되는 쓰레기를 처리하기 위한 수도권매립지가 조성되었다. 공사가 운영하는 수도권매립지로부터 해양생물에 악영향을 미칠 수 있는 유해한 오염물질이 포함된 침출처리수가 배출되었다. 매립지가 조성된 이후 연근해 어업으로 생계를 유지해온 김포시 대곶면 대명리와 인천 강화군 길상면 초지리 · 동검리 갑 등의 어민들에 있어서 어장 수질이 악화되고 어획량이 줄고 어장이 황폐해지는 현상이 발생하였다. 갑 등은 수도권매리지관리공사를 상대로 손해배상을 청구하였다. *1심은 전문감정인의 조사결과를 바탕으로 침출처리수를 어장 피해의 직접적인 원인으로 보고 "어민 202명에게 총 106억원을 지급하라"며 원고 일부승소 판결을 내렸으나, 2심은 감정 결과를 배척한 채 침출처리수로 인한 어장 피해는 미미하다고 판단해 1심 판결을 파기하였다. *대법원 판결요지: 일반적으로 불법행위로 인한 손해배상청구사건에서 가해행위와 손해발생 간의 인과관계의 증명책임은 청구자인 피해자가 부담하나, 대기오염이나 수질오염에 의한 공해로 인한 손해배상을 청구하는 소송에서는 기업이 배출한 원인물질이 대기나 물을 매체로 하여 간접적으로 손해를 끼치는 수가 많고 공해문제에 관하여는 현재 과학수준으로도 해명할 수 없는 분야가 있기 때문에 가해행위와 손해 발생 사이의 인과관계를 구성하는 하나하나의 고리를 자연과학적으로 증명한다는 것이 매우 곤란하거나 불가능한 경우가 많다. 그러므로 이러한 공해소송에서 피해자에게 사실적인 인과관계의 존재에 관하여 과학적으로 엄밀한 증명을 요구한다는 것은 공해로 인한 사법적 구제를 사실상 거부하는 결과가 될 수 있는 반면에, 가해기업은 기술적 · 경제적으로 피해자보다 훨씬 원인조사가 용이한 경우가 많을 뿐만 아니라 원인을 은폐할 염려가 있기 때문에, 가해기업이 어떠한 유해한 원인물질을 배출하고 그것이 피해물건에 도달하여 손해가 발생하였다면 가해자 측에서 그것이 무해하다는 것을 증명하지 못하는 한 책임을 면할 수 없다고 보는 것이 사회형평의 관념에 적합하다. 수질오염으로 인한 공해소송인 이 사건에 있어서 피고가 그 운영의 수도권매립지로부터 유해한 오염물질이 포함된 침출처리수를 배출하고, 그 오염물질이 원고들이 조업하는 어장(이하 '이 사건 어장'이라고 한다)에 도달하였으며, 그 이후에 이 사건 어장이 오염되어 어획량이 감

	소하는 등의 피해가 발생한 사실이 각 모순 없이 증명되면 피고의 침출처리수 배출과 이 사건 어장에서 발생한 피해 사이의 인과관계가 일응 증명되었다고 할 것이므로, 피고가 반증으로 피고가 배출한 침출처리수에는 해양생물에 악영향을 끼칠 수 있는 원인물질이 들어 있지 않거나, 원인물질이 들어 있다고 하더라도 안전농도 범위 내에 속한다는 사실을 증명하거나, 간접반증으로 원고들이 입은 피해는 피고가 배출한 침출처리수가 아닌 다른 원인이 전적으로 작용하여 발생한 것을 증명하지 못하는 이상 피고는 그 책임을 면할 수 없다고 할 것이다.

참조	대법원 1997. 6. 27. 선고 95다2692 판결【손해배상(기)】
판례 취지	오염물질인 폐수를 배출하는 등의 공해로 인한 손해배상을 청구하는 소송에 있어서는 기업이 배출한 원인물질이 물을 매체로 하여 간접적으로 손해를 끼치는 수가 많고 공해문제에 관하여는 현재의 과학수준으로도 해명할 수 없는 분야가 있기 때문에 가해행위와 손해의 발생 사이의 인과관계를 구성하는 하나 하나의 고리를 자연과학적으로 증명한다는 것은 극히 곤란하거나 불가능한 경우가 대부분이므로, 이러한 공해소송에 있어서 피해자인 원고에게 사실적인 인과관계의 존재에 관하여 과학적으로 엄밀한 증명을 요구한다는 것은 공해로 인한 사법적 구제를 사실상 거부하는 결과가 될 우려가 있는 반면에 가해기업은 기술적, 경제적으로 피해자보다 훨씬 원인조사가 용이한 경우가 많을 뿐만 아니라 그 원인을 은폐할 염려가 있고 가해기업이 어떠한 유해한 원인물질을 배출하고 그것이 피해물건에 도달하여 손해가 발생하였다면 가해자측에서 그것이 무해하다는 것을 입증하지 못하는 한 책임을 면할 수 없다고 보는 것이 사회 형평의 관념에 적합하다고 할 것(대법원 1984. 6. 12. 선고 81다558 판결 참조)이라고 전제하고, 따라서 수질오염으로 인한 손해배상을 구하는 이 사건에 있어서는 ㉠ 피고의 주행시험장 설치공사현장에서 농어 양식에 악영향을 줄 수 있는 황토와 폐수를 배출하고, ㉡ 그 황토 등 물질의 일부가 물을 통하여 이 사건 양식어장에 도달되었으며, ㉢ 그 후 양식 농어에 피해가 있었다는 사실이 각 모순 없이 증명되는 이상 피고의 위 황토와 폐수의 배출과 원고가 양식하는 농어가 폐사하여 입은 손해와 사이에 일응 인과관계의 증명이 있다고 보아야 할 것이고, 이러한 사정 아래에서 황토와 폐수를 배출하는 피고로서는 ㉠ 피고의 공사현장에서 배출하는 황토와 폐수 중에는 양식 농어의 생육에 악영향을 끼칠 수 있는 원인물질이 들어 있지 않고, ㉡ 원인 물질이 들어 있다 하더라도 그 혼합률이 안정농도 범위 내에 속한다는 사실에 관하여 반증을 들어 인과관계를 부정하지 못하는 이상 그 불이익은 피고에게 돌려야 마땅할 것이다.

참조	대법원 1984. 6. 12. 81다558 판결
판례 취지	일반적으로 불법행위로 인한 손해배상청구사건에 있어서 가해행위와 손해발생 간의 인과관계의 입증책임은 청구자인 피해자가 부담하나, 수질오탁으로 인한 이 사건과 같은 공해로 인한 손해배상청구 소송에 있어서는 기업이 배출한 원인물질이 물을 매체로 간접적으로 손해를 끼치는 수가 많고 공해문제에 관하여는 현재의 과학수준으로 해명할 수 없는 분야가 있기 때문에 가해행위와 손해발생 간의 인과관계의 고리를 모두 자연과학적으로 증명하는 것

> 은 곤란 내지 불가능한 경우가 대부분이므로 피해자에게 사실적 인과관계의 존재에 관한 엄밀한 과학적 증명을 요구함은 공해의 사법적 구제의 사실상 거부가 될 우려가 있는 반면에 가해기업은 기술적 경제적으로 피해자 보다 원인조사가 훨씬 용이할 뿐 아니라 그 원인을 은폐할 염려가 있어, 가해기업이 배출한 어떤 유해한 원인물질이 피해물건에 도달하여 손해가 발생하였다면 가해자측에서 그 무해함을 입증하지 못하는 한 책임을 면할 수없다고 봄이 사회형평의 관념에 적합하다.
>
> 소위 수질오탁으로 인한 공해소송인 이 사건에 있어서 원심이 적법하게 확정하고 있는 바와 같이 (1)피고공장에서 김의 생육에 악영향을 줄 수 있는 폐수가 배출되고 (2) 그 폐수중의 일부가 해류를 통하여 이 사건 어장에 도달되었으며, (3) 그후 김에 피해가 있었다는 사실이 각 모순없이 증명되는 이상 피고의 위 폐수의 배출과 원고가 양식하는 김에 병해가 발생하여 입은 손해와의 사이에 일응 인과관계의 증명이 있다고 보아야 할 것이고, 이러한 사정아래서 폐수를 배출하고 있는 피고로서는 (1) 피고공장 폐수중에는 김의 생육에 악영향을 끼칠 수 있는 원인물질이 들어 있지 않으며 또는 (2) 원인물질이 들어 있다 하더라도 그 혼합율이 안전농도 범위내에 속한다는 사실을 반증을 들어 인과관계를 부정하지 못하는 이상 그 불이익은 피고에게 돌려야 마땅할 것이다.

독일 환경책임법은 제6조 제1항에서 “어떤 배출시설이 개별적 상황에 의거하여 발생한 손해를 야기하기에 적합하다면, 그 손해는 이 배출시설을 통하여 야기된 것으로 추정된다.”고 하여 인과관계를 추정하고 있으며, 동조 제2항에서는 “배출시설이 법령에 적합하게 운영되었다면 제1항은 적용되지 않는다. 특별한 운영의무들이 준수되었고 운영의 장애가 발생하지 아니한 경우에는 법령에 적합하게 조업되었다고 본다.”고 규정하여 배출시설의 운영자에 대한 책임을 제한하고 있음을 참조할 수 있다.

(3) 역학적 인과관계설

가해행위와 피해 사이에 역학적으로 인과관계가 인정되는 경우에는 인과관계가 있다고 보는 견해이다. 역학(Epidemiology)은 질병이 발생한 경우, 발생인자와 질병 사이의 상세한 메카니즘을 규명하기 어려운 경우에 다수인으로 구성된 집단을 대상으로 질병발생의 상태 등을 조사하여 그 질병의 원인과 경로를 통계적 방법으로 파악하고 이에 대한 예방책을 세우는 의학의 한 분야를 말하며, 예를 들면 흡연과 폐암이나 후두암 사이에서 역학적 방법에 의하여 구체적 인과관계를 인정하려는 이론을 일컬어 역학적 인과관계론이라 한다.

(4) 소결

역학적 인과관계설은 역학이란 사실학문으로서 이를 법적으로 어떻게 평가하는가는 다시금 법적인 판단이 개입되어야 하므로 이를 그대로 법적 인과관계로 인정하기에는 어려움이 있고, 개연성설과 신개연성설은 그다지 큰 차이는 보이지 아니하나 신개연성설이 보다 체계적인 인과관계의 고리를 찾을 수 있다는 점에서 보다 타당하다고 사료된다(신개연성설).

3. 불법행위의 효과

a) 손해배상청구권

민법 제750조에 의거하여 불법행위의 성립요건이 충족되는 경우에 피해자는 가해자에 대해서 손해배상청구권을 갖게 된다.

b) 손해배상의 내용

손해배상청구권의 구체적 내용으로서 손해배상의 방법에 대해서는 민법 제763조(준용규정)는 '제393조, 제394조, 제396조, 제399조의 규정은 불법행위로 인한 손해배상에 준용한다.'고 하여 채무불이행책임에 대한 규정들을 준용하고 있다: 제393조 (손해배상의 범위) ① 채무불이행으로 인한 손해배상은 통상의 손해를 그 한도로 한다. ②특별한 사정으로 인한 손해는 채무자가 그 사정을 알았거나 알 수 있었을 때에 한하여 배상의 책임이 있다. 제394조 (손해배상의 방법) 다른 의사표시가 없으면 손해는 금전으로 배상한다. 제396조 (과실상계) 채무불이행에 관하여 채권자에게 과실이 있는 때에는 법원은 손해배상의 책임 및 그 금액을 정함에 이를 참작하여야 한다. 제399조 (손해배상자의 대위) 채권자가 그 채권의 목적인 물건 또는 권리의 가액전부를 손해배상으로 받은 때에는 채무자는 그 물건 또는 권리에 관하여 당연히 채권자를 대위한다.

(1) 손해배상의 방법

손해배상의 방법으로 금전배상주의와 원상회복주의가 있는데, 우리 민법은 금전배상을 원칙으로 하고 있으며, 예외적으로 법률의 규정이나 당사자 간의 합의가 있는 경우에는 원상회복을 할 수도 있다. 금전배상에 있어서 일시금배상과 정기금배상이 있을 수 있는데, 학설과 판례는 일시금배상을 원칙으로 보고 있다.

(2) 손해배상의 범위

손해배상의 범위는 불법행위와 상당인과관계가 있는 모든 손해를 그 범위로 한다. 상당인과관계란 어떤 행위에서 그러한 결과가 생기는 것이 경험상 통상인 경우에는 인과관계가 있다는 견해이다. 그러므로 가해자는 통상손해를 배상하는 것이 원칙이고 특별손해에 대해서는 가해자는 배상책임을 부담하지 아니함이 원칙이다. 다만 예외적으로 가해자가 피해자에게 있는 특별한 사정에 대해서 가해자가 '알았거나 알 수 있었을 때'에는 배상책임을 부담한다.

사망이나 상해 등 인신사고로 인한 손해배상의 경우에는 적극적 손해(장례비, 기왕치료비, 향후치료비, 개호비, 신체감정 등 부대비용 등), 소극적 손해(일실수입 등) 그리고 비재산적 손해(위자료)로 구분하여 배상한다.

(3) 손해배상의 제한

1) 과실상계

불법행위에 기한 손해배상 사건에 있어서 피해자가 입은 손해가 자연력과 가해자의 과실행위가 경합되어 발생된 경우 가해자의 배상범위는 손해의 공평한 부담이라는 견지에서 손해발생에 대하여 자연력이 기여하였다고 인정되는 부분을 공제한 나머지 부분으로 제한하여야 함이 상당하고(대법원 1993. 2. 23. 선고 92다52122 판결 등 참조), 다만 피해자가 입은 손해가 통상의 손해와는 달리 특수한 자연적 조건 아래 발생한 것이라 하더라도 가해자가 그와 같은 자연적 조건이나 그에 따른 위험의 정도를 미리 예상할 수 있었고 또 과도한 노력이나 비용을 들이지 아니하고도 적절한 조치를 취하여 자연적 조건에 따른 위험의 발생을 사전에 예방할 수 있었다면, 그러한 사고방지 조치를 소홀히 하여 발생한 사고로 인한 손해배상의 범위를 정함에 있어서 자연력의 기여분을 인정하여 가해자의 배상범위를 제한할 것은 아니라고 할 것이다(대법원 1995. 2. 28. 선고 94다31334 판결 참조).[181)]

2) 배상청구포기 합의

불법행위로 인한 손해배상에 관하여 가해자와 피해자 사이에 피해자가 일정한 금액을 지급받으면서 향후 일체의 청구를 포기하기로 합의하였으나, 일반적으로 비록 합의

---

181) 대법원 2003. 6. 27. 선고 2001다734 판결.

서의 권리포기조항이 문언상으로는 나머지 일체의 청구권을 포기한다고 되어 있다 할지라도, 당사자 쌍방간에 있어 손해의 대체의 범위가 암묵리에 상정되어 있고, 후에 생긴 손해가 위 범위를 현저히 일탈할 정도로 중대하여 당초의 손해금과 비교할 때 심히 균형을 잃고 있으며, 합의의 경위, 내용, 시기 기타 일체의 사정을 고려하더라도 처음의 합의에 의하여 후의 손해 전부를 포함하도록 함이 당사자의 신의, 공평에 반한다고 인정되는 경우에는 먼저의 합의에 있어서 권리포기조항은 그 후에 발생한 손해에는 미치지 않는 것으로, 즉 합의 당시에 예측하였던 손해만을 포기한 것으로 한정적으로 해석함이 당사자의 합리적 의사에 합치한다고 보아 그 합의 당시 예상하지 못하였던 추가손해의 배상을 인정한 원심의 판단은 정당하다.[182]

C. 유지(중지)청구

유지청구는 환경침해행위가 지속됨으로 인하여 피해가 발생하고 있거나 발생할 우려가 있는 경우에 피해자가 피해를 제거 또는 예방하기 위하여 환경침해행위의 적극적 또는 소극적 중지를 청구하는 것으로서 보통 조업정지나 예방 및 개선조치를 청구한다. 그러므로 유지청구는 환경오염중지청구, 환경오염제거청구 그리고 환경오염예방청구 등을 내용으로 한다. 유지청구는 환경침해가 발생하면 이를 되돌리기는 어려운 특성을 지니므로, 환경침해를 미리 사전적으로 예방을 할 수 있는 점에서 그 의의가 크다.

우리 민법은 사후구제수단인 손해배상의 청구를 원칙으로 하고 있으며, 유지청구는 예외적으로 인정하고 있으므로 이를 인정하는 경우 그 법적 근거를 어디서 찾아야 하는가가 문제되고 있다.

1. 법적 근거

유지청구의 법적 근거로는 물권적 청구권, 상린권, 인격권, 환경권 등 여러 견해가 주장되고 있다.[183]

첫째, 물권적 청구권설에 의하면 환경침해를 피해자가 지배하는 토지, 건물의 소유권, 점유권 등의 물권 또는 물권화한 임차권 등에 대한 침해로 파악하여, 피해자는 이러한 물권으로부터 도출되는 물권적 청구권에 기하여 침해행위의 예방 또는 배제를 구할

---

182) 대법원 2002. 10. 22. 선고 2000다65666, 65673 판결.

183) 문광섭, 환경침해에 대한 유지청구, 재판자료 제94집, 법원도서관(2002), 318면 이하.

수 있다는 견해이다. 실정법적인 근거로서 민법 제214조는 다음과 같이 규정하고 있다: 제214조 (소유물방해제거, 방해예방청구권) 소유자는 소유권을 방해하는 자에 대하여 방해의 제거를 청구할 수 있고 소유권을 방해할 염려있는 행위를 하는 자에 대하여 그 예방이나 손해배상의 담보를 청구할 수 있다.

건물, 토지 등의 소유자가 종전부터 향유하던 경관, 조망 등 생활이익이 침해되고, 그 침해가 사회통념상 수인한도를 넘어서는 경우에 토지 등의 소유자는 그 소유권에 기하여 건물의 건축금지 등 방해의 제거나 예방을 위하여 필요한 청구를 할 수 있다.

둘째, 상린권설에 따르면 민법 제217조[184]를 근거로 하여 동조의 요건을 충족하는 침해인 이상 직접 이 규정에 의해 방해배제를 청구할 수 있다는 견해이다.

셋째, 인격권설에 의하면 환경오염피해를 인격권의 침해로 보는 견해로, 인격권은 물권과 마찬가지로 절대권이고 배타적 성격을 가지므로 유지청구의 근거가 된다고 한다.

넷째, 불법행위설에 의하면 물권이나 인격권 등 절대권의 침해가 없더라도 환경상 이익의 침해가 있으면 불법행위의 효과로서 손해배상청구뿐만 아니라 유지청구까지 할 수 있다는 견해이다.

다섯째, 환경권설에 따르면 유지청구의 근거로서 환경권이라는 새로운 하나의 절대권을 인정하는 견해이다.

참조	대법원 1997. 7. 22. 선고 96다56153 판결 【공사금지가처분】
판례 취지	환경권은 명문의 법률규정이나 관계 법령의 규정 취지 및 조리에 비추어 권리의 주체, 대상, 내용, 행사 방법 등이 구체적으로 정립될 수 있어야만 인정되는 것이므로, 사법상의 권리로서의 환경권을 인정하는 명문의 규정이 없는데도 환경권에 기하여 직접 방해배제청구권을 인정할 수 없다. 어느 토지나 건물의 소유자가 종전부터 향유하고 있던 경관이나 조망, 조용하고 쾌적한 종교적 환경 등이 그에게 하나의 생활이익으로서의 가치를 가지고 있다고 객관적으로 인정된다면 법적인 보호의 대상이 될 수 있는 것이라 할 것이므로, 인접 대지에 어떤 건물을 신축함으로써 그와 같은 생활이익이 침해되고 그 침해가 사회통념상 일반적으로 수인할 정도를 넘어선다고 인정되는 경우에는 위 토지 등의 소유자는 그 소유권에 기하여 그 방해의 제거나 예방을 위하여 필요한 청구를 할 수 있다고 할 것이고(대법원 1995. 9. 15. 선고 95다23378 판결 참조),

184) 제217조 (매연 등에 의한 인지에 대한 방해금지) ① 토지소유자는 매연, 열기체, 액체, 음향, 진동 기타 이에 유사한 것으로 이웃토지의 사용을 방해하거나 이웃거주자의 생활에 고통을 주지 아니하도록 적당한 조처를 할 의무가 있다. ② 이웃거주자는 전항의 사태가 이웃 토지의 통상의 용도에 적당한 것인 때에는 이를 인용할 의무가 있다.

> 위와 같은 청구를 하기 위한 요건으로서 반드시 위 건물이 문화재보호법이나 건축법 등의 관계 규정에 위반하여 건축되거나 또는 그 건축으로 인하여 그 토지 안에 있는 문화재 등에 대하여 직접적인 침해가 있거나 그 우려가 있을 것을 요하는 것은 아니라고 할 것이다.
>
> 원심이 같은 취지에서 원심판시 운봉빌딩이 당초의 예정에 따라 신청인 사찰과 불과 6m의 거리를 둔 채 신청인 사찰 경내 전체를 내려볼 수 있도록 높이 87.5m의 고층으로 신축하게 되면 신청인 사찰의 일조가 침해되는 외에도 위 건물이 신청인 사찰의 전체 경관과 조화되지 아니하여 신청인 사찰의 경관이 훼손되는 결과로 될 뿐만 아니라 사찰 경내의 시계 차단으로 조망이 침해되고, 그 한편으로 위 사찰에서 수행하는 승려나 불공 등을 위하여 출입하는 신도들에게도 그들의 일상생활이나 종교활동 등이 감시되는 듯한 불쾌감과 위압감을 불러일으킴으로써 결국 신청인 사찰이 종래 유지하여 온 조용하고 쾌적한 종교적 환경이 크게 침해될 우려가 있고, 그 침해의 정도가 사회통념상 일반적으로 수인할 정도를 넘어선다고 할 것이므로, 신청인이 위 운봉빌딩에 관하여 피신청인에 대하여 신청인 사찰의 사찰로서의 환경 침해를 방지하기 위하여 필요한 한도 내에서 그 건축공사의 금지를 청구할 수 있다.

현재 다수의 견해와 판례는 물권적 청구권설의 입장에 서있는데, 동 견해는 피침해이익을 물권으로 보아 전통적인 법체계와 조화를 이루면서 법적 안정성의 측면에서 장점이 있는 반면, 환경침해를 물권에 대한 침해로 보는 점에서 물권을 갖지 않는 자의 보호가 불충분하고 보호범위가 협소하다는 문제가 있다. 상린권설에 대해서는 현대의 복잡한 환경오염문제를 해결하기에 부족하고, 인격권설은 수인한도론과 조화를 이루기 어려우며, 환경권설은 환경권의 내용이 불명확하여 실체적인 권리로 인정하기 어렵고, 불법행위설에 대하여는 금전배상 원칙을 규정한 민법의 규정(제394조, 제763조)과 맞지 않다는 비판이 있다.

다만 불법행위설과 관련하여 최근에 불법행위에 의거한 금지청구권을 신설하자는 민법 개정안도 있음을 참조할 필요가 있다: 제766조의2(금지청구) ① 타인의 위법행위로 인하여 손해를 입거나 입을 염려가 있는 자는 손해배상에 의하여 손해를 충분히 회복할 수 없으며 손해의 발생을 중지 또는 예방하도록 함이 상당한 경우 가해자 또는 가해하려는 자에게 손해발생의 금지를 청구할 수 있다. ② 제1항의 금지를 위하여 필요한 경우 손해를 입거나 입을 염려가 있는 자는 가해에 사용되는 물건 등의 폐기 또는 그 밖에 적절한 조치를 청구할 수 있다.

2. 유지청구의 요건

a) 청구권자와 피청구권자

원칙적으로 소유권자, 점유권자 및 일정한 제한물권자도 청구권을 가진다. 피청구권에는 현재 방해를 하고 있는 자와 방해행위를 직접 행하지 않더라도 방해하는 사정을 지배하는 지위에 있는 자도 포함된다. 다만 과거의 방해자는 유지청구의 상대방은 될 수 없고, 손해배상청구의 상대방이 될 수 있을 뿐이다.

b) 환경오염행위로 인한 물권의 침해

현재적으로 계속 내지 반복하여 환경오염행위가 있고 그로 인하여 물권에 대한 침해가 있어야 한다. 그리고 환경에 대한 오염행위는 중대하여야 한다.

c) 위법성

유지청구가 성립하기 위해서는 물권에 대한 침해로서의 환경오염행위가 위법하여야 한다. 유지청구와 관련한 위법성 판단을 위하여 수인한도론과 위법성단계설이 주장되고 있다.[185] 수인한도의 수준에 있어 손해배상의 경우와 동일하다고 보는 견해(수인한도론: 일원론)와 유지청구에 있어서는 손해배상보다 높은 수준을 요한다고 보는 견해(위법성 단계설)가 주장된다.

첫째, 수인한도론이란 인간이 공동생활을 영위해 나가는데 있어서 각자가 어느 일정한 정도까지는 수인하지 않으면 안 되는 범위가 있고, 환경소송의 경우에도 환경오염이 존재하는 것만으로 위법한 것이 아니라 수인한도를 넘을 때에 비로소 위법성을 띠게 되어 손해배상이나 유지청구를 할 수 있다는 것이다.

둘째, 위법성 단계설에 의하면 위법성의 정도는 손해배상청구의 경우와 유지청구의 경우를 일률적으로 보지는 않고, 유지청구에서의 수인한도가 손해배상청구에서의 수인한도보다 높다고 보는 견해이다. 동 견해의 근거는 유지청구의 경우에는 기업에 치명적인 타격을 주어 그 존립을 위태롭게 하고, 공격의 태양도 위법성 판단의 요인이 되는 것이므로 양자의 위법성에 차이가 생기는 것은 당연하다는 점 등을 이유로 한다. 이러한

185) 문광섭, 환경침해에 대한 유지청구, 재판자료 제94집, 법원도서관(2002), 291면 이하; 조홍식, 유지청구 허용 여부에 관한 소고, 민사판례연구 XXII(2000년), 민사판례연구회, 44면 이하.

위법성단계설에 대하여는 위법성은 질적 판단이어서 양적으로 판단할 수 있는 것이 아니라는 비판이 있다.

유지청구는 손해배상에 비하여 환경오염문제를 근본적으로 해결하는 방법이기는 하나, 가해자에게 중대한 손해를 가져올 우려가 높으므로, 유지청구가 인정되기 위해서는 환경침해의 정도가 중대하여 가해자에게 그 침해행위를 중지시킬 만큼 이르러야 한다(위법성 단계설).[186)]

참조	대법원 2006.6.2. 자 2004마1148, 1149 자 결정
판례 취지	환경영향평가제도는 환경 등에 미치는 영향이 큰 사업에 대한 계획을 수립·시행함에 있어서 그 사업이 환경 등에 미칠 영향을 미리 평가·검토하여 건전하고 지속가능한 개발이 되도록 함으로써 쾌적하고 안전한 국민생활을 도모함을 목적으로 하는바(환경·교통·재해 등에 관한 영향평가법 제1조), 한국철도시설공단이 국가의 전 지역에서 장기간 이루어지는 고속철도사업을 시행함에 있어서는 위 법에 의한 환경영향평가 절차를 충실히 이행할 뿐 아니라, 환경영향평가절차를 이행한 후 환경영향평가시에 고려되지 아니하였던 새로운 사정이 발견되어 그 사업으로 인하여 사업시행구간 관련 토지소유자들의 환경이익을 침해할 수 있다는 개연성이 나타나고 종전의 환경영향평가만으로는 그와 같은 개연성에 관한 우려를 해소하기에 충분하지 못한 경우에는 새로이 환경영향평가를 실시하거나 그 환경이익의 침해를 예방할 수 있는 적절한 조처를 먼저 행한 후 사업을 시행하도록 함이 상당하고, 위 토지소유자들은 이를 사법상의 권리로 청구할 수 있을 것이다. 그러나 위와 같은 환경영향평가를 통한 권리의 보장은 실체적인 환경이익의 침해를 보호하기 위한 것이므로, 비록 위와 같이 다시 환경영향평가를 함이 상당한 새로운 사정들이 발생되었다고 하더라도, 그 새로운 사정들과 소유자들의 환경이익 사이에 구체적인 피해가능성 내지는 연관성을 인정하기 어려운 사정이 소명되는 경우 또는 새로운 환경영향평가절차 내지는 이에 준하는 조사가 이루어지고 환경이익의 침해를 예방할 수 있는 적절한 방법이 보완되는 등 소유자들의 환경이익이 침해될 수 있다는 개연성이 부정될 만한 사정이 소명되는 경우에는 더 이상 사업시행의 중지를 구할 수는 없다.

186) 대법원 2007.6.15. 선고 2004다37904,37911 판결【채무부존재확인등 · 손해배상(기)】: 건물의 소유자 또는 점유자가 인근의 소음으로 인하여 정온하고 쾌적한 일상생활을 영유할 수 있는 생활이익이 침해되고 그 침해가 사회통념상 수인한도를 넘어서는 경우에 건물의 소유자 또는 점유자는 그 소유권 또는 점유권에 기하여 소음피해의 제거나 예방을 위한 유지청구를 할 수 있다(대법원 1999. 7. 27. 선고 98다47528 판결 참조).
대법원 1997. 7. 22. 96다56153: 인접 대지에 건물이 건축됨으로 인하여 입는 환경 등 생활이익의 침해를 이유로 건축공사의 금지를 청구하는 경우, 그 침해가 사회통념상 일반적으로 수인할 정도를 넘어서는지의 여부는 피해의 성질 및 정도, 피해이익의 공공성, 가해행위의 태양, 가해행위의 공공성, 가해자의 방지조치 또는 손해회피의 가능성, 인·허가관계 등 공법상 기준에의 적합 여부, 지역성, 토지이용의 선후관계 등 모든 사정을 종합적으로 고려하여 판단하여야 한다(사찰로부터 6m의 이격거리를 둔 채 높이 87.5m의 19층 고층빌딩을 건축 중인 자에 대하여 사찰의 환경이익 침해를 이유로 전체 건물 중 16층부터 19층까지의 공사를 금지시킨 사례).

참조	대법원 1995.9.15. 선고 95다23378 판결【공사중지가처분이의】
판례취지	인접 대지 위에 건축중인 아파트가 24층까지 완공되는 경우, 대학교 구내의 첨단과학관에서의 교육 및 연구 활동에 커다란 지장이 초래되고 첨단과학관 옥상에 설치된 자동기상관측장비 등의 본래의 기능 및 활용성이 극도로 저하되며 대학교로서의 경관·조망이 훼손되고 조용하고 쾌적한 교육환경이 저해되며 소음의 증가 등으로 교육 및 연구 활동이 방해받게 된다면, 그 부지 및 건물을 교육 및 연구시설로서 활용하는 것을 방해받게 되는 대학교측으로서는 그 방해가 사회통념상 일반적으로 수인할 정도를 넘어선다고 인정되는 한 그것이 민법 제217조 제1항 소정의 매연, 열기체, 액체, 음향, 진동 기타 이에 유사한 것에 해당하는지 여부를 떠나 그 소유권에 기하여 그 방해의 제거나 예방을 청구할 수 있고, 이 경우 그 침해가 사회통념상 일반적으로 수인할 정도를 넘어서는지 여부는 피해의 성질 및 정도, 피해이익의 공공성과 사회적 가치, 가해행위의 태양, 가해행위의 공공성과 사회적 가치, 방지조치 또는 손해회피의 가능성, 공법적 규제 및 인·허가 관계, 지역성, 토지이용의 선후 관계 등 모든 사정을 종합적으로 고려하여 판단하여야 한다.

3. 법적 효과

법원에 의하여 유지청구가 인용된 경우에는 피청구인은 환경침해행위를 중지할 의무를 부담한다. 법원의 유지명령을 피청구인이 위반하는 경우에는 민사집행법에 기초하여 대체집행을 할 수 있고 또한 신청인의 신청에 의하여 지체기간에 따라서 일정한 금원배상을 할 것을 명하는 간접강제방법을 취할 수도 있다.

4. 판례

고속도로로부터 발생하는 소음이 피해 주민들 주택을 기준으로 일정 한도를 초과하여 유입되지 않도록 하라는 취지의 유지청구가 적법한지 여부에 관하여, 대법원은 "소음발생원을 특정하여 일정한 종류의 생활방해를 일정 한도 이상 미치게 하는 것을 금지하는 것으로 청구가 특정되지 않은 것이라고 할 수 없고, 이러한 내용의 판결이 확정될 경우 민사집행법 제261조 제1항에 따라 간접강제의 방법으로 집행을 할 수 있으므로, 이러한 청구가 내용이 특정되지 않거나 강제집행이 불가능하여 부적법하다고 볼 수는 없다"라고 판시하였다.[187] 동 판결은 환경소송과 관련한 본안소송에서 추상적 부작위의무가 문제된 첫 사건에서 환경피해와 관련하여 추상적 부작위를 명하는 유지청구의 적법성을 명시적으로 인정함으로써 공해피해자들의 환경피해 관련소송에 있어서 청구취지

187) 대법원 2007.6.15. 선고 2004다37904,37911 판결【채무부존재확인등·손해배상(기)】.

특정과 관련한 곤란함을 덜어 주었다는 데 그 의미가 있다.[188]

D. 독일 환경책임법

1986년 체르노빌 원자력발전소 폭발사건이나 라인강으로 유독소방액유입에 따른 어류폐사사건 등으로 인하여 환경책임법제의 필요성이 제기되었고 1991년 환경책임법(Umwelthaftungsgesetz)이 제정되었다. 환경책임법의 제정 이전에는 환경침해에 대한 책임은 BGB § 823와 § 906, 그리고 연방이미시온법 § 14조 등에 의거하였다. 그런데 환경침해에 대한 충분한 규율이 되지 못한다는 비판에 직면하여 독일 환경책임법의 제정을 가져오게 되었다. 그 주된 내용은 동법 제1조와 제2조에 규정되어 있듯이 위험책임을 부과하는 것이다. 제1조(환경침해에 있어서 시설의 책임)에서는 "부록1에 열거된 시설로부터 발생하는 환경침해로 인하여 사람이 사망하거나, 신체나 건강에 손상을 입거나, 물건이 훼손된 경우에는 시설의 보유자는 피해자에게 그로 인하여 발생한 손해를 배상하여야 한다.[189]"라고 규정하고 있다.

독일 환경책임법의 주된 내용을 살펴보면 다음과 같다:

§ 1 Anlagenhaftung bei Umwelteinwirkungen.(환경침해에 있어서 시설의 책임)

§ 2 Haftung für nichtbetriebene Anlagen.(비가동시설의 책임)

§ 3 Begriffsbestimmungen.(개념정의)

§ 4 Ausschluß der Haftung.(책임의 면제)

§ 5 Beschränkung der Haftung bei Sachschäden.(물적 손해에 있어서 책임의 제한)

§ 6 Ursachenvermutung.(원인의 추정)

§ 7 Ausschluß der Vermutung.(추정의 배제)

§ 8 Auskunftsanspruch des Geschädigten gegen den Inhaber einer Anlage.(시설소유자에 대한 피해자의 석명청구권)

§ 9 Auskunftsanspruch des Geschädigten gegen Behörden.(행정청에 대한 피해자의 석명청

188) 여미숙, 민사소송법, 민사판례연구 33-2권(2011. 02), 971면 이하; 지영난, 고속도로의 소음과 관련하여 추상적 부작위명령을 구하는 유지청구의 인정 여부, 민사재판의 제문제 16권(2007. 12.), 540면.

189) UmweltHG §1 Anlagenhaftung bei Umwelteinwirkungen. Wird durch eine Umwelteinwirkung, die von einer im Anhang 1 genannten Anlage ausgeht, jemand getötet, sein Körper oder seine Gesundheit verletzt oder eine Sache beschädigt, so ist der Inhaber der Anlage verpflichtet, dem Geschädigten den daraus entstehenden Schaden zu ersetzen.

구권)

§ 10 Auskunftsanspruch des Inhabers einer Anlage.(시설소유자의 석명청구권)

§ 11 Mitverschulden.(과실상계)

§ 12 Umfang der Ersatzpflicht bei Tötung.(사망시 배상의무의 범위)

§ 13 Umfang der Ersatzpflicht bei Körperverletzung.(상해시 배상의무의 범위)

§ 14 Schadensersatz durch Geldrente.(정기금을 통한 손해전보)

§ 15 Haftungshöchstgrenzen.(책임상한)

§ 16 Aufwendungen bei Wiederherstellungsmaßnahmen.(회복조치에 있어서 비용)

§ 17 Verjährung.(소멸시효)

§ 18 Weitergehende Haftung.(추가적 책임)

§ 19 Deckungsvorsorge.(책임담보의 준비)

§ 20 Ermächtigung zum Erlaß von Rechtsverordnungen.(법규명령제정권의 위임)

§ 21 Strafvorschriften.(벌칙)

§ 22 Bußgeldvorschriften.(과태료)

§ 23 Übergangsvorschriften.(경과규정)

Anhang 1 (zu § 1 UmweltHG).(부록 1: 제1조 관련)

Anhang 2 (zu § 19 UmweltHG).(부록 2: 제19조 관련)

V. 집단소송적 환경보호수단

A. 서설

환경침해의 경우에 광역적인 환경오염의 특성상 다수의 피해자가 발생할 가능성이 높다. 이러한 경우에 영국에서 시작되어 미국에서 발달하게 된 집단소송제도(class action)를 활용할 수 있다. 또한 환경침해의 경우에 개별적으로 소송을 수행하기가 어려우므로 환경보호단체가 소송을 수행하는 단체소송제도(Verbandsklage)도 활용할 수 있다.

나아가 환경오염으로 인한 피해에 대한 소송구조는 그 공익적 성격을 감안하여 원고적격을 인정함에 있어서 원고의 법률상 이익이 침해되어야 한다는 주관주의적인 소송구조로부터 어느 정도 탈피하여, 공익으로서의 환경상 이익을 보호한다는 점을 고려하여 원고에 대해서 '정당한 이익'이 있다면 원고적격을 인정하는 객관주의적인 구조로 변화를 도모하여야 할 것이다.

B. 집단소송

1. 서설

집단소송 내지 대표당사자소송은 다수의 피해자들이 원인이나 쟁점을 공통으로 하는 소액의 손해배상청구권을 갖고 있는 경우에 그 피해자군(Class)중에서 대표자가 나서서 피해자 군에 속하는 총원의 청구총액을 일괄하여 소송하고 일거에 전체의 권리를 실현시키는 소송형태를 말하며 1966년에 개정된 미국연방민사소송 규칙 제23조에 최초로 성문화하였다.

집단소송은 스스로 나서는 대표자가 전체의 이익을 적절하게 대표할 수 있다고 인정되고 피해자 군에 속하는 개인으로부터 제외신청이 없으면 당연히 수권이 있는 것으로 인정한다. 따라서 기판력이 미치는 범위가 재판에 참가하지 아니한 피해자들에게도 미치어서 그들의 재판권을 침해하는 문제가 제기될 수 있으므로 그 요건을 엄격하게 할 필요가 있다.

이러한 점에서 우리 현행법에서 공동이행관계에 있는 다수인이 공동소송인이 되어 소송을 하는 경우의 개별적 수권을 통해 그 권익에 관하여 소송을 하게 되는 선정당사자와 구분된다.

2. 집단소송의 방식

집단소송은 피해자들의 개인적 권리를 대표자가 그 소송에서 일괄적으로 청구하여 상대방으로부터 일괄보상을 받아 개인별로 분배하는 방식과 공통의 분쟁 예컨대 원인과 피해결과간의 상관관계에 대한 판결을 받아 피해자군 전원에게 효력을 미치게 하는데 국한하고, 개개인이 배상금액을 증명하여 개별적으로 배상을 청구하는 방식이 있다.

3. 집단소송의 요건

a) 선행요건

집단소송에 있어서 소를 제기하기 위해서는 다음의 여섯가지 요건을 구비하여야 한다.

첫째, 하나의 집단이어야 한다. 다수인들이 하나의 집단을 구성할 수 있도록 확인 가능한 하나의 집단을 구성하고 있어야 한다.

둘째, 대표당사자를 선정하여야 한다. 대표당사자는 그 집단에 속한 구성원이어야 한다.

셋째, 다수인이어야 한다. 집단의 구성원의 수가 일정 수준 이상으로 정하여져 있는 것은 아니지만 아무튼 그 구성원이 너무 많아서 이들을 모두 당사자로 소송을 수행하기가 사실상 곤란한 정도가 되어야 한다. 사실상 곤란하다는 것은 불가능함을 의미하는 것은 아니고, 규모, 지리적 위치 등을 고려할 때 소의 병합의 실현 가능성이란 관점을 중시한 것이다.

넷째, 공통성이 있어야 한다. 사실상 또는 법률상 쟁점이 집단구성원 전체에게 공통이어야 한다. 모든 쟁점들이 공통일 필요는 없고, 한가지라도 중요한 공통쟁점이 존재하면 족하다.

다섯째, 전형성이 있어야 한다. 대표당사자들의 주장이 집단의 주장의 전형이어야 한다. 집단의 대표자들이 입은 손해와 소송에 직접 참여하지 않은 피해 집단 구성원들이 입은 손해에 일정한 관계가 있다면 족하다. 공통성과 대표의 적절성의 요건과 중첩적으로 적용된다.

여섯째, 대표당사자의 적절성이 있어야 한다. 집단의 대표자는 집단의 이해관계를 공정하고 적절하게 분배할 수 있어야 한다. 이를 위해서는 먼저 대표당사자와 기타 집단 구성원들 간의 이해관계 사이에 충돌이 없어야 하고, 다음으로 대표자가 소송대리인을 통하여 집단의 주장을 적극적으로 전달할 수 있어야 한다.

b) 유지요건

선행요건이 충족되어 집단소송을 제기한 후에는, 다음 세 가지 유지요건 중 하나에 해당되어야 집단소송이 유지될 수 있다.

첫째, 모순된 판결의 가능성: 만일 집단구성원들이 개별적으로 소송을 수행 할 경우 각 구성원 상호간에 양립할 수 없는 판결이 내려질 위험이 있는 경우이다.

둘째, 침해중지와 예방의 필요성: 상대방에 대하여 특정한 행위를 하도록 명령하거나 침해행위를 금지하거나 또는 선언적으로 무효확인판결을 함으로써, 계속되는 침해를 중지시키고 확대손해를 예방할 필요가 있는 경우이다.

셋째, 집단소송의 압도성과 우수성: 소송에 있어서 법률상 또는 사실상의 쟁점이 구성원 개인에게보다는 집단전체에게 미치는 영향이 훨씬 강하고(압도성), 이러한 분쟁을 해결함에 있어서 집단소송제도가 다른 분쟁해결제도보다 우수한 경우이다.(우수성)

4. 집단소송의 예

a) 실리콘 젤 유방 임플란트 사건

1930년대에 다우케미컬 회사가 개발한 실리콘을 인간의 체내에 삽입하는 용도로 사용하게 되었다. 이것이 인체 내부에서 파손 등으로 질병을 일으키는 등 의학적 문제를 야기할 수도 있다는 가능성이 제기되었고, 이에 대해서 1992년 2월 신시내티의 변호사 스탠 체슬리(Stan Chesley)가 그리고, 1992년 12월 텍사스 휴스턴의 변호사 존 오퀸(John O'Quinn) 등이 집단소송을 제기하여 배상을 받아내었다. 1994년 12월 다우 코닝, 3M 등에 대한 집단소송이 종결되기까지 약 19,000 여건의 소송이 제기되었다.

b) 시민소송

집단소송의 일종으로서 미국의 연방대기정화법, 연방수질오염규제법, 소음규제법, 자연자원보호법 등에 규정되어 있는 시민소송(Citizen Suit)을 들 수 있다. 이러한 시민소송은 지역의 주민에게만 원고적격이 인정되고 구제수단도 손해배상청구는 제외되고 중지청구나 집행명령만 인정되는 점이 특징이다.[190]

C. 단체소송

1. 서설

단체소송은 집단소송에서와 같이 대표당사자 개인이 나서지 아니하고 단체가 전면에 나서서 타인의 이익의 대표자로서 행동하는 소송으로서 다양한 형태가 존재한다.

첫째는 단체의 구성원이 그 소속단체에게 자기의 소송수행권을 임의적으로 신탁하고, 이에 기하여 단체가 나서서 손해배상, 부작위나 그 밖의 청구를 위한 소송을 수행하는 것이고, 둘째는 부정경쟁방지법, 약관의 규제에 관한 법률 등에 규정된 바로서 법률이 보호하는 집단이익이나 공익이 침해된 경우에 영업상의 이익촉진단체 또는 소비자

---

190) 조은래, 환경법, 2000, 304면.

단체에 부작위 또는 철회의 소를 제기할 권한을 부여하여 그 단체의 이름으로 소송을 수행하는 방식이 있다. 최근에는 개개의 소비자가 자기의 손해액을 소비자단체에서 서면으로 양도하고 소비자단체는 그 양수 받은 손해액을 묶어서 가해자에게 행사하는 방식도 나타났다.

단체소송은 일반적으로 부진정 단체소송과 진정 단체소송으로 구분된다. 부진정단체소송은 등록거부처분에 대한 사회단체의 취소소송과 같이 단체 스스로가 개인과 마찬가지로 법으로 보호하는 자신의 이익을 보호받기 위하여 제기하는 소송을 의미한다. 이는 개인이 자신의 법률상 이익을 위하여 제기하는 행정소송과 크게 다르지 아니하다.

진정단체소송은 다시금 이기적 단체소송과 이타적 단체소송으로 구분된다. 이기적 단체소송은 약사회가 약사 전체의 이익을 위하여 특정한 처분에 대하여 제기하는 취소소송과 같이 단체가 그의 구성원의 집단적 이익을 관철하기 위하여 단체의 이름으로 제기하는 소송을 의미한다. 이타적 단체소송은 단체 자신의 이익이나 단체 구성원의 이익을 직접적으로 보호하기 위한 것이 아니라 특정한 제도나 문화적 가치, 환경보전 등 공익을 목적으로 하는 소송을 말한다.

진정단체소송은 법률에 특별한 규정이 없는 한 허용되지 아니한다.

2. 독일의 단체소송

단체소송(Verbandsklage)은 단체(Verband)나 협회(Verein)가 자신의 이익을 위해서가 아니라 공익을 위해서 제소할 수 있도록 허용하는 제도이다. 공익에는 자연보호법, 장애인법, 경쟁법 그리고 소비자보호법 등에서 단체소송을 허용하고 있다.

독일에서 1979년 브레멘주의 자연보호법 제44조 제1항에서 “공적으로 승인된 권리능력이 있는 단체는 법정요건을 충족하면, 자신의 권리침해를 주장함이 없이도, 주 또는 행정청에 의한 행정행위의 발급, 거부 또는 부작위가 연방자연보호법, 브레멘주 자연보호법 또는 이들을 근거로 제정된 법령에 위반되는 경우에는 취소소송 또는 의무이행소송을 제기할 수 있다”라고 하여 처음으로 도입되었다. 그 후 헤센주, 함부르크주, 베를린주 등 14개 주법률에서 단체소송을 규정하였다. 단체소송은 2002년 연방자연보호법에서 이른바 이타적 단체소송을 명문의 규정으로 도입하면서 연방차원에서 가능하도록 규율하였다.[191]

---

191) 김현준, 독일 환경법상 단체소송의 새로운 전개, 환경법연구 제29권 제2호(2007), 41면 이하.

독일 환경구제법(Umwelt-Rechtsbehelfsgesetz: UmwRG) 제3조 및 제4조[192]와 연방자연보호

192) Umwelt-Rechtsbehelfsgesetz(UmwRG) § 2 Rechtsbehelfe von Vereinigungen (1) Eine nach § 3 anerkannte inländische oder ausländische Vereinigung kann, ohne eine Verletzung in eigenen Rechten geltend machen zu müssen, Rechtsbehelfe nach Maßgabe der Verwaltungsgerichtsordnung gegen eine Entscheidung nach 1 Abs. 1 Satz 1 oder deren Unterlassen einlegen, wenn die Vereinigung 1. geltend macht, dass eine Entscheidung nach § 1 Abs. 1 Satz 1 oder deren Unterlassen Rechtsvorschriften, die dem Umweltschutz dienen und für die Entscheidung von Bedeutung sein können, widerspricht, 2. geltend macht, in ihrem satzungsgemäßen Aufgabenbereich der Förderung der Ziele des Umweltschutzes durch die Entscheidung nach § 1 Abs. 1 Satz 1 oder deren Unterlassen berührt zu sein, und 3. zur Beteiligung in einem Verfahren nach § 1 Absatz 1 Satz 1 berechtigt war und sie sich hierbei in der Sache gemäß den geltenden Rechtsvorschriften geäußert hat oder ihr entgegen den geltenden Rechtsvorschriften keine Gelegenheit zur Äußerung gegeben worden ist. (2) Eine Vereinigung, die nicht nach § 3 anerkannt ist, kann einen Rechtsbehelf nach Absatz 1 nur dann einlegen, wenn 1. sie bei Einlegung des Rechtsbehelfs die Voraussetzungen für eine Anerkennung erfüllt, 2. sie einen Antrag auf Anerkennung gestellt hat und 3. zur Beteiligung in einem Verfahren nach § 1 Absatz 1 Satz 1 berechtigt war und sie sich hierbei in der Sache gemäß den geltenden Rechtsvorschriften geäußert hat oder ihr entgegen den geltenden Rechtsvorschriften keine Gelegenheit zur Äußerung gegeben worden ist. (2) Eine Vereinigung, die nicht nach § 3 anerkannt ist, kann einen Rechtsbehelf nach Absatz 1 nur dann einlegen, wenn 1. sie bei Einlegung des Rechtsbehelfs die Voraussetzungen für eine Anerkennung erfüllt, 2. sie einen Antrag auf Anerkennung gestellt hat und 3. über eine Anerkennung aus Gründen, die von der Vereinigung nicht zu vertreten sind, noch nicht entschieden ist. Bei einer ausländischen Vereinigung gelten die Voraussetzungen der Nummer 3 als erfüllt. Mit der Bestandskraft einer die Anerkennung versagenden Entscheidung wird der Rechtsbehelf unzulässig. (3) Hat die Vereinigung im Verfahren nach § 1 Absatz 1 Satz 1 Gelegenheit zur Äußerung gehabt, ist sie im Verfahren über den Rechtsbehelf mit allen Einwendungen ausgeschlossen, die sie im Verfahren nach § 1 Absatz 1 Satz 1 nicht oder nach den geltenden Rechtsvorschriften nicht rechtzeitig geltend gemacht hat, aber hätte geltend machen können. (4) Ist eine Entscheidung nach § 1 Abs. 1 Satz 1 nach den geltenden Rechtsvorschriften weder öffentlich bekannt gemacht noch der Vereinigung bekannt gegeben worden, müssen Widerspruch oder Klage binnen eines Jahres erhoben werden, nachdem die Vereinigung von der Entscheidung Kenntnis erlangt hat oder hätte erlangen können. Satz 1 gilt entsprechend, wenn eine Entscheidung nach § 1 Abs. 1 Satz 1 entgegen geltenden Rechtsvorschriften nicht getroffen worden ist und die Vereinigung von diesem Umstand Kenntnis erlangt hat oder hätte erlangen können. Für Bebauungspläne gilt § 47 Abs. 2 Satz 1 der Verwaltungsgerichtsordnung. (5) Rechtsbehelfe nach Absatz 1 sind begründet, 1. soweit die Entscheidung nach § 1 Absatz 1 Satz 1 oder deren Unterlassen gegen Rechtsvorschriften verstößt, die dem Umweltschutz dienen und für die Entscheidung von Bedeutung sind, 2. bei Rechtsbehelfen in Bezug auf Bebauungspläne, soweit die Festsetzungen des Bebauungsplans, die die Zulässigkeit eines UVP-pflichtigen Vorhabens begründen, gegen Rechtsvorschriften verstoßen, die dem Umweltschutz dienen, und der Verstoß Belange des Umweltschutzes berührt, die zu den Zielen gehören, die die Vereinigung nach ihrer Satzung fördert. Bei Entscheidungen nach § 1 Abs. 1 Nr. 1 muss zudem eine Pflicht zur Durchführung einer Umweltverträglichkeitsprüfung bestehen.

§ 3 Anerkennung von Vereinigungen (1) Auf Antrag wird einer inländischen oder ausländischen Vereinigung die Anerkennung zur Einlegung von Rechtsbehelfen nach diesem Gesetz erteilt. Die

법(BNatSchG) 제63조 및 제64조에서는 일정한 요건을 갖춘 단체에 대해서 참가권과 제소권을 부여하고 있다.[193]

Anerkennung ist zu erteilen, wenn die Vereinigung 1. nach ihrer Satzung ideell und nicht nur vorübergehend vorwiegend die Ziele des Umweltschutzes fördert, 2. im Zeitpunkt der Anerkennung mindestens drei Jahre besteht und in diesem Zeitraum im Sinne der Nummer 1 tätig gewesen ist, 3. die Gewähr für eine sachgerechte Aufgabenerfüllung bietet; dabei sind Art und Umfang ihrer bisherigen Tätigkeit, der Mitgliederkreis sowie die Leistungsfähigkeit der Vereinigung zu berücksichtigen, 4. gemeinnützige Zwecke im Sinne von § 52 der Abgabenordnung verfolgt und 5. jeder Person den Eintritt als Mitglied ermöglicht, die die Ziele der Vereinigung unterstützt; Mitglieder sind Personen, die mit dem Eintritt volles Stimmrecht in der Mitgliederversammlung der Vereinigung erhalten; bei Vereinigungen, deren Mitgliederkreis zu mindestens drei Vierteln aus juristischen Personen besteht, kann von der Voraussetzung nach Halbsatz 1 abgesehen werden, sofern die Mehrzahl dieser juristischen Personen diese Voraussetzung erfüllt. In der Anerkennung ist der satzungsgemäße Aufgabenbereich, für den die Anerkennung gilt, zu bezeichnen; dabei ist insbesondere anzugeben, ob die Vereinigung im Schwerpunkt die Ziele des Naturschutzes und der Landschaftspflege fördert. Die Anerkennung kann, auch nachträglich, mit der Auflage verbunden werden, dass Satzungsänderungen mitzuteilen sind. Sie kann ferner auch öffentlich bekannt gemacht werden. In den Fällen des Absatzes 3 ist bei einer Vereinigung, die im Schwerpunkt die Ziele des Naturschutzes und der Landschaftspflege fördert, in der Anerkennung darüber hinaus anzugeben, ob sie nach ihrer Satzung landesweit tätig ist. (2) Für eine ausländische Vereinigung sowie für eine Vereinigung mit einem Tätigkeitsbereich, der über das Gebiet eines Landes hinausgeht, wird die Anerkennung durch das Umweltbundesamt ausgesprochen. Bei der Anerkennung einer Vereinigung nach Satz 1, die im Schwerpunkt die Ziele des Naturschutzes und der Landschaftspflege fördert, ergeht diese Anerkennung im Einvernehmen mit dem Bundesamt für Naturschutz. (3) Für eine inländische Vereinigung mit einem Tätigkeitsbereich, der nicht über das Gebiet eines Landes hinausgeht, wird die Anerkennung durch die zuständige Behörde des Landes ausgesprochen.

193) BNatSchG § 63 Mitwirkungsrechte (1) Einer nach § 3 des Umwelt-Rechtsbehelfsgesetzes vom Bund anerkannten Vereinigung, die nach ihrem satzungsgemäßen Aufgabenbereich im Schwerpunkt die Ziele des Naturschutzes und der Landschaftspflege fördert (anerkannte Naturschutzvereinigung), ist Gelegenheit zur Stellungnahme und zur Einsicht in die einschlägigen Sachverständigengutachten zu geben 1. bei der Vorbereitung von Verordnungen und anderen im Rang unter dem Gesetz stehenden Rechtsvorschriften auf dem Gebiet des Naturschutzes und der Landschaftspflege durch die Bundesregierung oder das Bundesministerium für Umwelt, Naturschutz und Reaktorsicherheit, 2. vor der Erteilung von Befreiungen von Geboten und Verboten zum Schutz von geschützten Meeresgebieten im Sinne des § 57 Absatz 2, auch wenn diese durch eine andere Entscheidung eingeschlossen oder ersetzt werden, 3. in Planfeststellungsverfahren, die von Behörden des Bundes oder im Bereich der deutschen ausschließlichen Wirtschaftszone und des Festlandsockels von Behörden der Länder durchgeführt werden, wenn es sich um Vorhaben handelt, die mit Eingriffen in Natur und Landschaft verbunden sind, 4. bei Plangenehmigungen, die von Behörden des Bundes erlassen werden und an die Stelle einer Planfeststellung im Sinne der Nummer 3 treten, wenn eine Öffentlichkeitsbeteiligung vorgesehen ist, soweit sie durch das Vorhaben in ihrem satzungsgemäßen Aufgabenbereich berührt wird. (2) Einer nach § 3 des Umwelt-Rechtsbehelfsgesetzes von einem Land anerkannten Naturschutzvereinigung, die nach ihrer Satzung landesweit tätig ist, ist Gelegenheit

환경구제법 제2조에서는 '단체의 법적 구제'라는 제목 하에 다음과 같은 규정을 두고 있다: (1) 제3조에 의하여 인정된 국내 또는 국외의 단체(Vereinigung)는 자신의 권리침해를 주장할 필요 없이 행정소송법에 의거하여 제1조 제1항 제1문의 결정 또는 그 부작위에 대항하여 다음의 경우에 법적 구제를 제기할 수 있다: 만약 단체가 1. 제1조 제1항 제1문에 따른 결정 또는 그 부작위가 환경보호에 이바지하고 결정을 위하여 중요한 의미를 지니는 법적 규정에 저촉된다는 것을 주장한다면, 2. 제1조 제1항 제1문에 따른 결정 또는 그 부작위를 통해서 그의 정관에 따른 환경보호 목표의 조장이라는 임무영역에 있어서 관련되었다는 것을 주장한다면, 그리고 3. 제1조 제1항 제1문에 의거한 절차에 참여할 권리가 있었고 단체가 현행 법령에 따라서 참여의사를 표명하였거나 또는 단체에게 현행 법령에 위반하여 의견표명의 기회가 주어지지 아니한 경우.

환경구제법 제3조에서는 '단체의 인정'이라는 제목하에 다음과 같은 규정을 두고 있다: (1) 신청에 의하여 국내 또는 국외 단체에게 법적 구제의 제기를 위한 인증(Anerkennung)이 동법에 따라서 부여된다. 인증은 다음의 경우에 부여될 수 있다: 만약 단체가 1. 정관에 의거할 때 환경보호의 목표를 이념적으로, 대체적으로 그리고 지속적으로 조장하는 경우, 2. 인증 시점에 최소한 3년 이상 존속하였고 동기간 동안 제1호의 의미에서 활동하고 있었던 경우, 3. 단체의 지금까지의 활동의 유형과 범위, 구성원 및 수

zur Stellungnahme und zur Einsicht in die einschlägigen Sachverständigengutachten zu geben 1. bei der Vorbereitung von Verordnungen und anderen im Rang unter dem Gesetz stehenden Rechtsvorschriften der für Naturschutz und Landschaftspflege zuständigen Behörden der Länder, 2. bei der Vorbereitung von Programmen und Plänen im Sinne der § § 10 und 11, 3. bei der Vorbereitung von Plänen im Sinne des § 36 Satz 1 Nummer 2, 4. bei der Vorbereitung von Programmen staatlicher und sonstiger öffentlicher Stellen zur Wiederansiedlung von Tieren und Pflanzen verdrängter wild lebender Arten in der freien Natur, 5. vor der Erteilung von Befreiungen von Geboten und Verboten zum Schutz von Gebieten im Sinne des § 32 Absatz 2, Natura 2000-Gebieten, Naturschutzgebieten, Nationalparken, Nationalen Naturmonumenten und Biosphärenreservaten, auch wenn diese durch eine andere Entscheidung eingeschlossen oder ersetzt werden, 6. in Planfeststellungsverfahren, wenn es sich um Vorhaben im Gebiet des anerkennenden Landes handelt, die mit Eingriffen in Natur und Landschaft verbunden sind, 7. bei Plangenehmigungen, die an die Stelle einer Planfeststellung im Sinne der Nummer 6 treten, wenn eine Öffentlichkeitsbeteiligung vorgesehen ist, 8. in weiteren Verfahren zur Ausführung von landesrechtlichen Vorschriften, wenn das Landesrecht dies vorsieht, soweit sie durch das Vorhaben in ihrem satzungsgemäßen Aufgabenbereich berührt wird. (3) § 28 Absatz 2 Nummer 1 und 2, Absatz 3 und § 29 Absatz 2 des Verwaltungsverfahrensgesetzes gelten entsprechend. Eine in anderen Rechtsvorschriften des Bundes oder der Länder vorgeschriebene inhaltsgleiche oder weiter gehende Form der Mitwirkung bleibt unberührt. (4) Die Länder können bestimmen, dass in Fällen, in denen Auswirkungen auf Natur und Landschaft nicht oder nur im geringfügigen Umfang zu erwarten sind, von einer Mitwirkung abgesehen werden kann.

행능력을 고려할 때, 정상적인 임무수행을 위한 보장이 제시되는 경우, 4. 국세기본법(Abgabenordnung) 제52조의 의미에서 공익목적을 추구하는 경우 그리고 5. 단체의 목표를 후원하는 누구나 구성원으로 가입이 가능한 경우; 구성원은 가입으로 총회에서 온전한 투표권을 지닌 자이다; 구성원층의 최소한 3/4이 법인으로 구성된 단체에 있어서는 만약 법인의 다수가 이러한 조건을 충족하는 경우에는 후단의 조건은 적용되지 않을 수 있다.

2006년 말 환경단체의 지위를 중대하게 강화하는 환경구제법(Umwelt-Rechtsbehelfsgesetz)이 시행되었다.[194)]

---

194) Umwelt-Rechtsbehelfsgesetz(UmwRG) § 2 Rechtsbehelfe von Vereinigungen (1) Eine nach § 3 anerkannte inländische oder ausländische Vereinigung kann, ohne eine Verletzung in eigenen Rechten geltend machen zu müssen, Rechtsbehelfe nach Maßgabe der Verwaltungsgerichtsordnung gegen eine Entscheidung nach § 1 Abs. 1 Satz 1 oder deren Unterlassen einlegen, wenn die Vereinigung 1. geltend macht, dass eine Entscheidung nach § 1 Abs. 1 Satz 1 oder deren Unterlassen Rechtsvorschriften, die dem Umweltschutz dienen und für die Entscheidung von Bedeutung sein können, widerspricht, 2. geltend macht, in ihrem satzungsgemäßen Aufgabenbereich der Förderung der Ziele des Umweltschutzes durch die Entscheidung nach § 1 Abs. 1 Satz 1 oder deren Unterlassen berührt zu sein, und 3. zur Beteiligung in einem Verfahren nach § 1 Absatz 1 Satz 1 berechtigt war und sie sich hierbei in der Sache gemäß den geltenden Rechtsvorschriften geäußert hat oder ihr entgegen den geltenden Rechtsvorschriften keine Gelegenheit zur Äußerung gegeben worden ist. (2) Eine Vereinigung, die nicht nach § 3 anerkannt ist, kann einen Rechtsbehelf nach Absatz 1 nur dann einlegen, wenn 1. sie bei Einlegung des Rechtsbehelfs die Voraussetzungen für eine Anerkennung erfüllt, 2. sie einen Antrag auf Anerkennung gestellt hat und 3. zur Beteiligung in einem Verfahren nach § 1 Absatz 1 Satz 1 berechtigt war und sie sich hierbei in der Sache gemäß den geltenden Rechtsvorschriften geäußert hat oder ihr entgegen den geltenden Rechtsvorschriften keine Gelegenheit zur Äußerung gegeben worden ist. (2) Eine Vereinigung, die nicht nach § 3 anerkannt ist, kann einen Rechtsbehelf nach Absatz 1 nur dann einlegen, wenn 1. sie bei Einlegung des Rechtsbehelfs die Voraussetzungen für eine Anerkennung erfüllt, 2. sie einen Antrag auf Anerkennung gestellt hat und 3. über eine Anerkennung aus Gründen, die von der Vereinigung nicht zu vertreten sind, noch nicht entschieden ist. Bei einer ausländischen Vereinigung gelten die Voraussetzungen der Nummer 3 als erfüllt. Mit der Bestandskraft einer die Anerkennung versagenden Entscheidung wird der Rechtsbehelf unzulässig. (3) Hat die Vereinigung im Verfahren nach § 1 Absatz 1 Satz 1 Gelegenheit zur Äußerung gehabt, ist sie im Verfahren über den Rechtsbehelf mit allen Einwendungen ausgeschlossen, die sie im Verfahren nach § 1 Absatz 1 Satz 1 nicht oder nach den geltenden Rechtsvorschriften nicht rechtzeitig geltend gemacht hat, aber hätte geltend machen können. (4) Ist eine Entscheidung nach § 1 Abs. 1 Satz 1 nach den geltenden Rechtsvorschriften weder öffentlich bekannt gemacht noch der Vereinigung bekannt gegeben worden, müssen Widerspruch oder Klage binnen eines Jahres erhoben werden, nachdem die Vereinigung von der Entscheidung Kenntnis erlangt hat oder hätte erlangen können. Satz 1 gilt entsprechend, wenn eine Entscheidung nach § 1 Abs. 1 Satz 1 entgegen geltenden Rechtsvorschriften nicht getroffen worden ist und die Vereinigung von diesem Umstand Kenntnis erlangt hat oder hätte erlangen können. Für Bebauungspläne gilt § 47 Abs. 2 Satz 1 der Verwaltungsgerichtsordnung. (5) Rechtsbehelfe nach Absatz 1 sind begründet, 1.

유럽재판소(EuGH)는 2011. 5. 12. Trianel-Verfahren에서 환경단체의 제소권을 제한하는 독일 환경구제법 제2조는 유럽법에 저촉된다는 결정을 내렸다. 이에 따라서 독일은 환경단체의 소권을 확장하는 입법을 하여야 한다.

3. 소비자기본법상 단체소송

소비자기본법 제70조 이하에서는 단체소송에 대해서 규율하고 있다. 소비자기본법

---

soweit die Entscheidung nach § 1 Absatz 1 Satz 1 oder deren Unterlassen gegen Rechtsvorschriften verstößt, die dem Umweltschutz dienen und für die Entscheidung von Bedeutung sind, 2. bei Rechtsbehelfen in Bezug auf Bebauungspläne, soweit die Festsetzungen des Bebauungsplans, die die Zulässigkeit eines UVP-pflichtigen Vorhabens begründen, gegen Rechtsvorschriften verstoßen, die dem Umweltschutz dienen, und der Verstoβ Belange des Umweltschutzes berührt, die zu den Zielen gehören, die die Vereinigung nach ihrer Satzung fördert. Bei Entscheidungen nach § 1 Abs. 1 Nr. 1 muss zudem eine Pflicht zur Durchführung einer Umweltverträglichkeitsprüfung bestehen.

§ 3 Anerkennung von Vereinigungen (1) Auf Antrag wird einer inländischen oder ausländischen Vereinigung die Anerkennung zur Einlegung von Rechtsbehelfen nach diesem Gesetz erteilt. Die Anerkennung ist zu erteilen, wenn die Vereinigung 1. nach ihrer Satzung ideell und nicht nur vorübergehend vorwiegend die Ziele des Umweltschutzes fördert, 2. im Zeitpunkt der Anerkennung mindestens drei Jahre besteht und in diesem Zeitraum im Sinne der Nummer 1 tätig gewesen ist, 3. die Gewähr für eine sachgerechte Aufgabenerfüllung bietet; dabei sind Art und Umfang ihrer bisherigen Tätigkeit, der Mitgliederkreis sowie die Leistungsfähigkeit der Vereinigung zu berücksichtigen, 4. gemeinnützige Zwecke im Sinne von § 52 der Abgabenordnung verfolgt und 5. jeder Person den Eintritt als Mitglied ermöglicht, die die Ziele der Vereinigung unterstützt; Mitglieder sind Personen, die mit dem Eintritt volles Stimmrecht in der Mitgliederversammlung der Vereinigung erhalten; bei Vereinigungen, deren Mitgliederkreis zu mindestens drei Vierteln aus juristischen Personen besteht, kann von der Voraussetzung nach Halbsatz 1 abgesehen werden, sofern die Mehrzahl dieser juristischen Personen diese Voraussetzung erfüllt. In der Anerkennung ist der satzungsgemäβe Aufgabenbereich, für den die Anerkennung gilt, zu bezeichnen; dabei ist insbesondere anzugeben, ob die Vereinigung im Schwerpunkt die Ziele des Naturschutzes und der Landschaftspflege fördert. Die Anerkennung kann, auch nachträglich, mit der Auflage verbunden werden, dass Satzungsänderungen mitzuteilen sind. Sie kann ferner auch öffentlich bekannt gemacht werden. In den Fällen des Absatzes 3 ist bei einer Vereinigung, die im Schwerpunkt die Ziele des Naturschutzes und der Landschaftspflege fördert, in der Anerkennung darüber hinaus anzugeben, ob sie nach ihrer Satzung landesweit tätig ist. (2) Für eine ausländische Vereinigung sowie für eine Vereinigung mit einem Tätigkeitsbereich, der über das Gebiet eines Landes hinausgeht, wird die Anerkennung durch das Umweltbundesamt ausgesprochen. Bei der Anerkennung einer Vereinigung nach Satz 1, die im Schwerpunkt die Ziele des Naturschutzes und der Landschaftspflege fördert, ergeht diese Anerkennung im Einvernehmen mit dem Bundesamt für Naturschutz. (3) Für eine inländische Vereinigung mit einem Tätigkeitsbereich, der nicht über das Gebiet eines Landes hinausgeht, wird die Anerkennung durch die zuständige Behörde des Landes ausgesprochen.

제70조(단체소송의 대상등): 다음 각 호의 어느 하나에 해당하는 단체는 사업자가 제20조의 규정을 위반하여 소비자의 생명 · 신체 또는 재산에 대한 권익을 직접적으로 침해하고 그 침해가 계속되는 경우 법원에 소비자권익침해행위의 금지 · 중지를 구하는 소송(이하 "단체소송"이라 한다)을 제기할 수 있다. 1. 제29조의 규정에 따라 공정거래위원회에 등록한 소비자단체로서 다음 각 목의 요건을 모두 갖춘 단체 가. 정관에 따라 상시적으로 소비자의 권익증진을 주된 목적으로 하는 단체일 것 나. 단체의 정회원수가 1천명 이상일 것 다. 제29조의 규정에 따른 등록 후 3년이 경과하였을 것 2. 「상공회의소법」에 따른 대한상공회의소, 「중소기업협동조합법」에 따른 중소기업협동조합중앙회 및 전국 단위의 경제단체로서 대통령령이 정하는 단체 3. 「비영리민간단체 지원법」 제2조의 규정에 따른 비영리민간단체로서 다음 각 목의 요건을 모두 갖춘 단체 가. 법률상 또는 사실상 동일한 침해를 입은 50인 이상의 소비자로부터 단체소송의 제기를 요청받을 것 나. 정관에 소비자의 권익증진을 단체의 목적으로 명시한 후 최근 3년 이상 이를 위한 활동실적이 있을 것 다. 단체의 상시 구성원수가 5천명 이상일 것 라. 중앙행정기관에 등록되어 있을 것.

동법에서는 다음과 같은 조항들을 두고 있다: 제71조(전속관할), 제72조(소송대리인의 선임), 제73조(소송허가신청), 제74조(소송허가요건 등), 제75조(확정판결의 효력), 그리고 제76조(「민사소송법」의 적용 등)를 두고 있다.

특히 제75조(확정판결의 효력)에서는 다음과 같이 규정하고 있다: 원고의 청구를 기각하는 판결이 확정된 경우 이와 동일한 사안에 관하여는 제70조의 규정에 따른 다른 단체는 단체소송을 제기할 수 없다. 다만, 다음 각 호의 어느 하나에 해당하는 경우에는 그러하지 아니하다. 1. 판결이 확정된 후 그 사안과 관련하여 국가 또는 지방자치단체가 설립한 기관에 의하여 새로운 연구결과나 증거가 나타난 경우 2. 기각판결이 원고의 고의로 인한 것임이 밝혀진 경우.

Ⅵ. 분쟁조정적 환경보호수단

A. 서설

환경관련분쟁이 발생한 경우에 그 원인자가 공행정주체인 경우에는 행정소송법적 구제수단을 취하고, 사인인 경우에는 민사소송을 제기하여 해결을 도모할 수 있다. 그런데 환경오염으로 인한 피해는 그 원인과 내용이 복합적이며 가해자와 피해자의 합의 도출이 어렵고 행정쟁송이나 민사소송의 경우에도 비용과 시간이 과다하게 소요되는 어려움이 있다.

따라서 행정청이 환경분쟁에 적극적으로 개입함으로써 환경오염피해를 신속 · 공정하게 구제해 줄 수 있는 환경분쟁조정제도가 필요하다. 환경분쟁조정제도란 준사법적인 분쟁해결기구인 환경분쟁조정위원회를 통하여 환경오염으로 인한 분쟁을 소송을 통하지 아니하고서 신속, 저렴, 공정 그리고 효율적으로 해결하는 제도로서, 현재 환경분쟁조정법에 따른 환경분쟁조정제도는 당사자의 신청시 국가가 비용을 부담하여 신속 · 공정하게 분쟁을 해결하는 방법으로서 무과실책임주의에 입각하고 있다.

환경분쟁조정제도는 1971년 공해방지법에 대한 전문개정시 근거규정이 마련되었으나, 실제로 활용되지는 못하였고, 1977년 환경보전법의 제정으로 환경분쟁조정위원회를 설치하게 됨으로써 활용되기 시작하였다. 그렇지만 위원회가 비상설기구로 설치되었고 인과관계를 입증하거나 피해조사를 위한 전담기구는 마련되지 아니하여 실질적인 기능을 하기 어려웠다. 1990년 환경오염피해분쟁조정법의 제정을 계기로 중앙환경분쟁조정위원회가 설치되었고 그 업무로서 알선, 조정, 재정이 규정되었다. 1997년 환경분쟁조정법의 전문개정을 통하여 국가 또는 지방자치단체를 당사자로 하는 환경분쟁도 조정의 대상으로 삼게 되었으며, 환경피해의 제거 또는 예방을 위하여 필요한 경우에는 관계행정기관에 행정조치를 권고할 수 있는 규정도 마련하였다.

"환경피해"란 사업활동, 그 밖에 사람의 활동에 의하여 발생하였거나 발생이 예상되는 대기오염, 수질오염, 토양오염, 해양오염, 소음 · 진동, 악취, 자연생태계 파괴, 일조 방해, 통풍 방해, 조망 저해, 인공조명에 의한 빛공해, 그 밖에 대통령령으로 정하는 원인으로 인한 건강상 · 재산상 · 정신상의 피해를 말한다. 다만, 방사능오염으로 인한 피해는 제외한다. "환경분쟁"이란 환경피해에 대한 다툼과 「환경기술 및 환경산업 지원법」 제2조제2호에 따른 환경시설의 설치 또는 관리와 관련된 다툼을 말한다(법 제2조).

환경분쟁처리통계[195]									
구분	접 수 현 황			처 리 현 황				자진 철회	처리중 (이월)
	계	접 수	전년이월	계	재정	조정	중재합의		
합 계	-	2,867	-	2,416	1,403	51	962	340	111
'10	317	220	97	174	116	2	56	32	111
'09	416	242	174	283	230	7	46	36	97
'08	391	301	90	209	149	-	60	8	174
'07	275	196	79	172	126	3	43	13	90
'06	276	202	74	165	83	2	80	32	79
'05	266	166	100	174	100	4	70	18	74
'04	372	195	177	223	101	1	121	49	100
'03	550	350	200	292	87	-	205	81	177
'02	493	440	53	263	118	2	143	30	200
'01	184	154	30	121	68	7	46	10	53
'00	100	70	30	60	39	3	18	10	30
'99	119	82	37	79	35	1	43	10	30
'98이전	249	249		201	151	19	31	11	37

B. 환경분쟁조정위원회

1. 위원회의 임무

환경분쟁조정위원회는 1. 환경분쟁의 조정, 다만,「건축법」제2조제1항제8호의 건축으로 인한 일조 방해 및 조망 저해와 관련된 분쟁의 조정은 그 건축으로 인한 다른 분쟁과 복합되어 있는 경우만 해당한다. 2. 환경피해와 관련되는 민원의 조사·분석 및 상담, 3. 분쟁의 예방 및 해결을 위한 제도와 정책의 연구 및 건의, 4. 환경피해의 예방 및 구제와 관련된 교육 및 홍보, 5. 기타 법령에 의하여 위원회의 소관으로 규정된 사항 등에 대한 사무를 담당한다. 이러한 사무를 관장하기 위하여 환경부에 중앙환경분쟁조정위원회를, 특별시·광역시 또는 도에 지방환경분쟁조정위원회를 각각 설치한다.

195) 중앙환경분쟁조정위원회 자료.

중앙조정위원회는 분쟁 조정사무 중 다음 각 호의 사항을 관할한다: 1. 분쟁의 재정 2. 국가나 지방자치단체를 당사자로 하는 분쟁의 조정 3. 둘 이상의 시·도의 관할 구역에 걸친 분쟁의 조정 4. 제30조에 따른 직권조정(職權調停) 5. 그 밖에 대통령령으로 정하는 분쟁의 조정. 그리고 지방조정위원회는 해당 시·도의 관할 구역에서 발생한 분쟁의 조정사무 중 제1항제2호부터 제5호까지의 사무 외의 사무를 관할한다. 다만, 제1항제1호의 경우에는 일조 방해, 통풍 방해, 조망 저해로 인한 분쟁은 제외한 것으로서 대통령령으로 정하는 분쟁의 재정만 해당한다.

2. 위원회의 구성

중앙조정위원회는 위원장 1명을 포함한 15명 이내의 위원으로 구성하며, 그 중 상임위원은 3명 이내로 한다. 지방조정위원회는 위원장 1명을 포함한 15명 이내의 위원으로 구성하며, 그 중 상임위원은 1명을 둘 수 있다. 위원회 위원의 임기는 2년으로 하며, 연임할 수 있다(법 제7조).

중앙조정위원회의 위원장을 포함한 위원은 환경에 관한 학식과 경험이 풍부한 사람으로서 다음 각 호의 어느 하나에 해당하는 사람 중 환경부장관의 제청에 의하여 대통령이 임명하거나 위촉한다. 이 경우 제2호에 해당하는 사람이 3명 이상 포함되어야 한다: 1. 1급부터 3급까지에 상당하는 공무원 또는 고위공무원단에 속하는 공무원으로 3년 이상 재직한 사람 2. 판사·검사 또는 변호사로 6년 이상 재직한 사람 3. 공인된 대학이나 연구기관에서 부교수 이상 또는 이에 상당하는 직(職)에 재직한 사람 4. 환경 관계 업무에 10년 이상 종사한 사람. 중앙조정위원회의 위원장은 고위공무원단에 속하는 별정직 공무원으로 보한다. 지방조정위원회의 위원은 제1항 각 호의 어느 하나에 해당하는 사람 중에서 특별시장·광역시장·도지사 또는 특별자치도지사가 임명하거나 위촉한다. 이 경우 제1항제2호에 해당하는 사람이 2명 이상 포함되어야 한다. 지방조정위원회의 위원장은 부시장 또는 부지사 중에서 시·도지사가 임명하는 사람으로 한다(법 제8조).

위원회의 위원은 독립하여 직무를 수행하며, 법 제9조 각호의 1에 해당되게 되거나 장기간의 심신쇠약등으로 직무를 수행함에 현저히 부적당하다고 인정되는 때를 제외하고는 그 의사에 반하여 해임 또는 해촉되지 아니한다(법 제10조).

3. 조정(調整)의 대상

조정의 대상은 환경분쟁이다. 환경분쟁이란 환경피해에 대한 다툼과 환경기술 및 환경산업 지원법 제2조제2호의 규정에 의한 환경시설의 설치 또는 관리와 관련된 다툼을 말한다. 그리고 "환경피해"라 함은 사업활동 기타 사람의 활동에 의하여 발생하였거나 발생이 예상되는 대기오염, 수질오염, 토양오염, 해양오염, 소음 · 진동, 악취, 자연생태계파괴, 일조방해, 통풍방해, 조망저해 그 밖의 대통령령이 정하는 원인으로 인한 건강 · 재산 · 정신에 관한 피해를 말한다. 다만, 방사능오염으로 인한 피해를 제외한다.

중앙환경분쟁조정위원회에 신청된 환경분쟁에 대한 피해원인별 통계자료						
구 분	계	소음 · 진동	대기오염	수질오염	해양오염	기타
계(%)	2,416(100)	2,070(86)	155(6)	72(3)	9(-)	110(5)
'10	174	148	3	6	-	17
'09	283	241	13	2	-	27
'08	209	173	8	3	-	25
'07	172	142	7	3	-	20
'06	165	150	8	3	-	4
'05	174	151	11	5	-	7
'04	223	206	8	3	1	5
'03	292	264	19	8	-	1
'02	263	229	26	4	-	4
'01	121	103	11	7	-	-
'00	60	49	7	4	-	-
'99	79	67	8	4	-	-
'98이전	201	147	26	20	8	-

중앙환경분쟁조정위원회에 신청된 사건의 피해내용									
구분	계	정신적 피 해	건축물+ 정신적	축산물 피 해	농작물 피 해	건축물 피 해	내 륙 수산물 피 해	해 양 수산물 피 해	기 타 피 해
계 (%)	2,416 (100)	951 (39)	559 (23)	308 (13)	151 (6)	78 (3)	55 (2)	11 (1)	303 (13)

'10.12.31	174	63	33	22	13	6	8	-	29
'09	283	127	55	20	16	9	4	1	51
'08	209	71	57	19	18	4	5	-	35
'07	172	45	54	17	18	3	1	-	34
'06	165	74	40	20	6	3	2	-	20
'05	174	72	40	22	10	1	4	-	25
'04	223	107	49	33	9	1	1	1	22
'03	292	149	58	18	9	12	5	-	41
'02	263	121	65	42	13	7	1	-	14
'01	121	36	33	26	8	2	5	-	11
'00	60	16	13	15	4	2	5	-	5
'99	79	19	22	23	6	4	2	-	3
'98이전	201	51	40	31	21	24	12	9	13

4. 조정의 신청 및 신청자

조정을 신청하고자 하는 자는 관할위원회에 알선 · 조정 또는 재정 신청서를 제출하여야 한다. 국가를 당사자로 하는 조정에 있어서는 환경부장관이 국가를 대표한다. 이 경우 환경부장관은 당해 사건의 소관행정청 소속공무원을 조정수행자로 지정할 수 있다. 다수인이 공동으로 조정의 당사자가 되는 때에는 그중에서 3인 이하의 대표자를 선정할 수 있다. 분쟁이 조정절차에 계류되고 있는 경우에 동일한 원인에 의한 환경피해를 주장하는 자는 위원회의 승인을 얻어 당사자로서 해당 절차에 참가할 수 있다.

다음 각호의 요건을 갖춘 환경단체는 중대한 자연생태계파괴로 인한 피해가 발생하였거나 발생할 위험이 현저한 경우에는 위원회의 허가를 받아 분쟁당사자를 대리하여 위원회에 조정을 신청할 수 있다: 1. 민법 제32조의 규정에 의하여 환경부장관의 허가를 받아 설립된 비영리법인일 것, 2. 정관에 의하여 환경보호등 공익의 보호와 증진을 목적으로 하는 단체일 것, 3. 기타 대통령령이 정하는 요건에 해당할 것.

5. 분쟁의 조정

환경분쟁의 조정(調整)이란 다시금 환경분쟁에 대한 알선 · 조정(調停) 및 재정으로 구분된다.

중앙환경분쟁조정위원회에 신청된 사건의 유형											
구 분	처리 건수	재정(裁定)사건					조정(調停)사건			
		계	재정회의			중재 합의	계	조정 성립	조정 중단	기각
			배상 결정	기각	방음 대책 등					
합계 (%)	2,416	2,365 (100)	1,120 (47)	269 (11)	14 (1)	962 (41)	51 (100)	21 (41)	28 (55)	2 (4)
'10	174	172	89	26	1	56	2	-	2	-
'09	283	276	169	59	2	46	7	4	3	-
'08	209	209	127	21	1	60	-	-	-	-
'07	172	169	107	18	1	43	3	3	-	-
'06	165	163	62	20	1	80	2	-	2	-
'05	174	170	74	24	2	70	4	1	3	-
'04	223	222	80	19	2	121	1	-	1	-
'03	292	292	66	19	2	205	-	-	-	-
'02	263	261	105	12	1	143	2	1	1	-
'01	121	114	59	8	1	46	7	3	4	-
'00	60	57	32	7	-	18	3	2	1	-
'99	79	78	32	3	-	43	1	1	-	-
'98이전	201	182	118	33	-	31	19	6	11	2

a) 알선

알선이란 분쟁의 해결을 위하여 분쟁당사자 사이를 중개하여 쉽게 교섭되도록 하고 합의를 도모하는 것으로서, 사건마다 위원회의 위원 중에서 위원장이 임명한 3인 이내의 알선위원이 당사자 쌍방이 주장하는 요점을 확인하여 사건이 공정하게 해결되도록 노력한다.

알선위원은 알선으로써는 분쟁 해결의 가능성이 없다고 인정되는 때에는 알선을 중단할 수 있으며, 알선중인 분쟁에 대하여 조정 또는 재정신청이 있는 때에는 당해 알선은 중단된 것으로 본다(법 제29조).

b) 조정(調停)

조정은 3인의 위원으로 구성되는 위원회에서 행하며, 조정위원회가 당해 분쟁에 대한 조정안을 작성하여 당사자에게 그 수락을 권고하는 것을 말한다. 조정은 당사자의 신청에 의하여 하는 것이나 예외적으로 중앙환경분쟁조정위원회는 직권조정을 할 수도 있다. 중앙조정위원회는 환경오염으로 인한 사람의 생명·신체에 대한 중대한 피해, 제2조제2호의 환경시설의 설치 또는 관리와 관련된 다툼 등 사회적으로 파급효과가 클 것으로 우려되는 환경분쟁에 대하여는 당사자의 신청이 없는 경우에도 직권으로 조정절차를 개시할 수 있다(법 제30조).

조정위원회는 분쟁의 해결을 위하여 필요하다고 인정하는 때에는 조정안을 작성하고 이를 당사자에게 통지하여야 하며, 30일이상의 기간을 정하여 당사자에게 그 受諾을 권고할 수 있으며, 수락된 조정조서는 재판상 화해조서와 동일한 효력을 갖는다(법 제33조).

조정위원회는 당해 분쟁이 그 성질상 조정을 하는 것이 적당하지 아니하다고 인정하거나 당사자가 부당한 목적으로 조정을 신청한 것으로 인정되는 때에는 조정을 하지 아니할 수 있다. 조정위원회는 당해 조정사건에 관하여 당사자간에 합의가 이루어질 가능성이 없다고 인정하는 때에는 조정을 하지 아니하는 결정으로 조정을 종결시킬 수 있다.

c) 재정

재정은 중앙환경분쟁조정위원회의 5인으로 구성되는 재정위원회에서 행하는데, 회의는 구성원 전원의 출석으로 개의하고 구성원 과반수의 찬성으로 의결한다. 재정위원회는 심문의 기일을 정하여 당사자에게 의견의 진술을 하게 하여야 하며, 심문기일 7일전까지 당사자에게 통지하여야 한다(법 제37조).

재정위원회는 분쟁의 재정을 위하여 필요하다고 인정하는 때에는 당사자의 신청에 의하여 또는 직권으로 1. 당사자 또는 참고인에 대한 출석의 요구·질문 및 진술청취 2. 감정인의 출석 및 감정의 요구 3. 사건과 관계있는 문서 또는 물건의 열람·복사·제출요구 및 유치 4. 사건과 관계있는 장소의 출입·조사 등을 할 수 있다(법 제38조)

재정위원회가 재정을 행한 경우에 재정문서의 정본이 당사자에게 송달된 날부터 60일 이내에 당사자 쌍방 또는 일방으로부터 그 재정의 대상인 환경피해를 원인으로 하는 소송이 제기되지 아니하거나 그 소송이 철회된 때에는 해당 재정문서는 재판상 화해와 동일한 효력이 있다. 다만, 당사자가 임의로 처분할 수 없는 사항에 관한 것은 그러하지 아니하다(법 제42조).

알선 · 조정 · 재정의 구분		
유형	내용	절차상 주안점
알선	• 분쟁당사자를 협상테이블로 이끌어 내고 이해할 수 있도록 하여 합의 도모 • 당사자 간 자발적 해결 추진	• 3인 이내의 알선위원 지명 • 3개월 이내 완료 • 합의서 작성에 의한 분쟁해결 • 알선 중단시 조정 · 재정 신청
조정	• 사실조사 후 조정위원회가 조정안 작성하여 당사자간 합의를 권고 • 당사자의 신청 또는 직권조정으로 개시	• 3인 이내의 조정위원 구성 • 9개월 이내 완료 • 조정위원회의 조정안을 당사자가 수락하여 조정조서를 작성하면 재판상 화해조서와 동일한 효력
재정	• 사실조사 및 당사자 심문 후 재정위원회가 피해배상액을 결정하는 준사법적 절차 • 대심구조 및 당사자의 구술변론권 보장	• 5인의 재정위원회 • 9개월 이내 완료 • 재정문서 정본이 송달된 날부터 60일 이내에 당사자 쌍방 또는 일방이 소송을 제기하지 않으면 재정문서는 재판상 화해와 동일한 효력 (재정내용의 채권 · 채무관계확정)

[별지 제16호서식]

재 정 신 청 서(예시)

<table>
<tr><td colspan="2">접수번호</td><td colspan="2">접수일</td><td>처리기간 9개월 이내</td></tr>
<tr><td rowspan="5">신청인</td><td colspan="3">상호(명칭)</td><td></td></tr>
<tr><td colspan="3">성명(대표자) 아이고 등 ○명
(다수인 경우 별첨1)</td><td>생년월일</td></tr>
<tr><td rowspan="2">주소</td><td colspan="3">법 인
(전화번호:)</td></tr>
<tr><td colspan="3">개 인
(전화번호:)</td></tr>
<tr><td colspan="4"></td></tr>
<tr><td rowspan="3">선정대표자, 대리인 또는 대표당사자</td><td colspan="4">상호(명칭)</td></tr>
<tr><td colspan="4">성명 신청인이 다수인으로 대표자를 선정한 경우 기재</td></tr>
<tr><td colspan="4">주소</td></tr>
<tr><td rowspan="4">피신청인</td><td colspan="4">상호(명칭) 피해를 준 상대방(다수인 경우 별첨2)</td></tr>
<tr><td colspan="4">성명(대표자)</td></tr>
<tr><td rowspan="2">주소</td><td colspan="3">법 인</td></tr>
<tr><td colspan="3">개 인</td></tr>
<tr><td colspan="2">환경피해 발생의 일시 · 장소</td><td colspan="3">'10. 1~현재까지 신청인의 피해 지역 기재</td></tr>
<tr><td colspan="2">재정을 구하는 취지 및 이유</td><td colspan="3">피해 입은 사실을 6하 원칙에 준하여 기재(내용 별첨3 참고)</td></tr>
<tr><td colspan="2">피해금액 또는 예상 피해금액</td><td colspan="3">피해신청금액 총액 기재</td></tr>
<tr><td colspan="2">분쟁의 경과</td><td colspan="3">피해 과장을 시기별로 기재(내용 별첨4 참고)</td></tr>
<tr><td colspan="2">참고자료</td><td colspan="3">피해입증 등에 관한 자료 제목기재(세부내용 별첨5)</td></tr>
<tr><td colspan="5">「환경분쟁 조정법」 제16조 및 같은 법 시행령 제8조에 따라 위와 같이 신청합니다.
년 월 일
신청인 (서명 또는 인)
○○환경분쟁조정위원회 귀중</td></tr>
<tr><td>첨부서류</td><td colspan="3">없음</td><td>수수료(수입인지 또는 수입증지)
시행령 별표 또는 시 · 도 조례 참조</td></tr>
</table>

210㎜×297㎜(백상지 80g/㎡)

6. 평가

중앙환경분쟁조정위원회의 재정사건에 대한 소송의 건수와 결과를 고찰해 보면, 2004년 이후 위원회의 재정 결정건수는 870건이고 이 중에서 173건에 대해서 법원에 제소되었다. 이를 분석해 보면 위원회의 재정에 대한 불복률은 약 20%에 이르고 있으며, 소송사건에 대해서 소송이 종결된 112건을 분석해 보면 청구가 인용된 것이 80건(인용률 71%)이고 청구가 기각된 것이 32건(불인용률 29%)이다. 잔여 61건은 아직 소송계속 중(49건)이거나 소취하(12건)의 경우이다. 이러한 결과를 놓고 평가할 때 문제는 소송에 있어서 인용률이 너무나 높게 나타나고 있는 것인데, 역으로 말하면 위원회의 재정결정에 문제가 있다는 것이다. 그러므로 위원회의 재정결정에 있어서 보다 신중을 기하고 법적인 측면에서 전문성을 고양하는 것이 요청된다.

중앙환경분쟁조정위원회의 재정사건에 대한 소송							
구분	재 정	소 송	소송결과				진행중
			소계	인용	불인용	기타 (소취하 등)	
합계	870	173 (20%)	124	80 (71%)	32 (29%)	12	49
'10.8.31	81	8	-	-	-	-	8
'09	230	35	6	3	2	1	29
'08	149	32	25	16	8	1	7
'07	126	26	23	18	4	1	3
'06	83	13	13	7	2	4	-
'05	100	29	27	18	6	3	2
'04	101	30	30	18	10	2	-

C. 재정사례[196]

1. 경기 김포시 공장분진으로 인한 재산, 건강 및 정신적 피해에 대한 재정사건

경기 김포시 공장분진으로 인한 재산, 건강 및 정신적 피해에 대한 재정사건

이 유

1. 당사자 주장

가. 신청인

1) ㅇㅇ금속 사업장에서 검은 미세분진 등 유독한 가스를 배출하여, 주택, 옥상 및 실내에까지 냄새, 미세먼지가 들어와 건물피해, 건강피해 및 정신적 피해를 입고 있다.

2) 김포시에 민원을 제기하여 가정에 들어온 주물가루가 ㅇㅇ금속 것이라 하여 주물가루인 것을 알았으며, 김포시 공무원이 옥상, 창틀, 방바닥, 장독대 등 육안으로 확인하였다.

3) 사업장에서 배출한 악취, 분진, 그을음 등으로 인간의 삶의 질을 떨어뜨리고 육체 건강이나 정신적, 물리적 피해를 입었다.

4) 피신청인의 공장 분진으로 인하여 간판 변색, 기계 및 집기류에 쇳가루가 쌓이고 녹이 슬고 제품 재포장 등으로 피해를 입었다.

〈표1〉 배상액 신청 내역

피해내역	계	정신적 피해	건강피해	재산피해
피해금액(천원)	166,500	144,200	2,300	20,000

나. 피신청인

- ㅇㅇ금속은 '08년 9월부터 운영된 주물공장으로 대기배출시설 신고를 하였으며 환경법에 맞게 운영하고 있음에도 신청인이 주물공장이라는 이유로 분진, 악취, 그을음이 발생된다고 김포시에 반복하여 민원을 제기하였다.

- 따라서, 당 사업장에서는 집진기 외곽 및 작업장 출입구 천막, 전기로 후드, 고압 물분사기 등을 설치하여 비산먼지를 방지하고 민원 해결을 위해 노력하였다.

- 현재는 김포시 단속과 민원문제로 지속적인 사업이 어려워 공장이전을 추진 중이며 '13년 2월 이전 예정이다.

※ 현재 김포시 ㅇㅇ리에 공장설립 인허가 및 환경설비 이전 등을 추진 중임

196) 참조: 중앙환경분쟁조정위원회 홈페이지: http://edc.me.go.kr.

2. 사실조사결과

가. 분쟁지역 개황

1) 분쟁지역은 김포시 ○○번지 일원으로 북서쪽에 김포시 ○○읍과 ○○면이 서로 맞붙어 있는 지역으로 계획관리지역이며, 공장, 농경지 및 주택이 혼재되어 있다.

2) 신청인들의 주택은 ○○금속에서 약 63~244m이내에 위치하고 있으며 주변은 주물공장, 가구공장, 폐기물 중간처리 사업장, 고물상 및 수질, 소음, 폐기물 배출시설 등이 혼재되어 있다.

나. 피신청인 사업장 현황

1) 업체현황

가) 사업장 입지지역 : 경기 김포시 ○○읍 ○○리 계획관리지역 내

나) 생산 품목 및 수량 : 주물제품 657톤/년

다) 가동일수 및 시간 : 연간 300일, 일 8시간 가동

라) 생산공정 : 선철, 고철 등을 전기아크로에 용해하고 주물공정을 거쳐 탈사 및 도장

2) 배출시설 및 방지시설 설치 현황 등

가) 배출시설은 전기아크로(용해) 2기, 주물사 처리시설 2기, 탈사시설 2기, 도장시설 1기 등이고, 방지시설은 여과집진기 5기를 가동 중이며, 사업장의 먼지 배출량은 7.21톤/년이다.

〈표3〉 배출시설 및 방지시설 내역먼지 배출시설 방지시설

먼지 배출시설	방지시설
전기아크로 400kw/시 * 2기 주물사처리시설 15마력	여과집진기 250m³/분 * 1기
주물사처리시설 0.5톤/시간	여과집진기 500m³/분 * 1기
탈사시설 75마력 * 1기	여과집진기 250m³/분 * 1기
탈사시설 10마력 * 1대	여과집진기 30m³/분 * 1기
도장시설 6.9m³	여과집진기 100m³/분 * 1기

다. 관할 행정관서의 사업장 지도 · 점검 결과

1) 경기도 및 김포시에서 악취 및 먼지 관련 지도 · 점검을 실시한 결과

○ 대기배출시설 가동시 방지시설 미가동(대기법 제31조 제1항 제1호 위반)으로 행정처분(조업정지 10일) 및 고발조치('11.4.22)

○ 대기배출시설 설치신고 미이행(대기법 제23조 제1항)으로 행정처분(사용중지) 및 고발조치('12.2.7, 9.11)

2) 미신고 배출시설 운영 내역

○ 주형장입 및 해체시설

- 대기환경보전법 개정('07.1.31)으로 2010년 1월 1일부터 적용되는 대기오염물질 배출시설에 "시간당 처리능력이 0.1톤 이상 또는 용적 1m³이상의 주형장입 및 해체시설"이 추가되었다.

- 주형장입 및 해체시설은 법 개정 전부터 운영 중인 시설로 배출시설설치허가 등에 관한 경과조치에 따라 '11.12.31까지 변경신고를 득하여야 하나, 공장 이전 등의 문제로 미신고 운영 중에 있다.

〈표4〉 대기오염물질 배출시설 변경신고 유예기준

대기환경보전법 시행규칙 부칙〈제227호, 2007.1.31〉 제3조(배출시설 설치허가 등에 관한 경과조치) ② 2010년 1월 1일 당시 종전의 규정에 따라 배출시설을 설치 · 운영하는 자로서 당해 배출시설이 별표 3의 개정규정에 따라 변경허가 또는 변경신고의 대상에 해당되는 경우에는 2011년 12월 31일까지 법 제10조제2항 및 제3항에 따라 변경허가를 받거나 변경신고를 하여야 한다.

라. 사업장 대기오염측정 결과

1) 먼지, 악취 및 중금속 측정결과

ㅇ 김포시에서 의뢰하여 경기도보건환경연구원에서 측정한 결과, 먼지, 악취 및 중금속 농도가 배출허용기준 이내로 나타났다.

〈표6〉 먼지, 악취 및 중금속 측정결과

오염물질	측정일자	검사 항목	측정지점	분석 결과	배출허용 기준	비고
먼지	'12.4.4	배출 농도	전기아크로	1.6	10	기준이내
			탈사시설	3.0	50	〃
			주물사처리시설	3.1	50	〃
악취	'12.2.13	복합 악취	부지경계선	8배	15배 이하	〃
	'12.5.10			5배		〃
먼지	'13.3.6.	배출 농도	전기아크로 및 주물사처리시설	7.7	10	〃
구리화합물				불검출	10	〃
납화합물				불검출	5	〃
크롬화합물				불검출	1.0	〃
니켈화합물				불검출	20	〃
아연화합물				불검출	10	〃

※ 단위 : 먼지(㎎/S㎥), 중금속(㎎/S㎥), 악취(희석배수)

2) 대기오염 측정결과

ㅇ 한국환경공단이 ㅇㅇ금속 옆 사업장에서 대기연속자동측정장비 탑재이동측정차량을 이용하여 5일간('13.2.4~2.8) 측정한 결과, 미세먼지(PM-10) 농도가 53~130㎍/㎥(평균 79㎍/㎥)로 나타났다.

〈표7〉 대기오염물질 측정 결과[생략]

ㅇ 2월 5일에 측정된 미세먼지 농도가 130㎍/㎥으로 비교적 높게 나타났으며, 같은 날 김포시 ㅇㅇ

읍사무소에 설치된 도시대기측정망 미세먼지 농도 역시 높은 편으로 나타났다.

〈표8〉 ○○금속과 ○○읍사무소의 미세먼지 측정결과 비교 [생략]

3) 사업장 자가측정 결과

○ 대기오염 자가측정은 김포시에 소재한 측정대행업체를 통하여 시설별로 먼지 항목을 반기 1회 실시하고 있으며, '09.9월부터 '12.5월까지의 측정 결과는 모두 배출허용기준 이내이다.

〈표9〉 대기오염 자가측정 결과 (단위 : ㎎/S㎥) [생략]

마. 사업장 근로자 특수건강검진 결과

○ '10~12년까지 ○○금속의 근로자 특수건강검진 결과, 소음에 대하여 는 "추가검사 필요"의 결과가 나왔으나, 분진을 포함한 나머지 항목에 대하여는 수진 근로자 모두 "정상"이라는 결과가 나왔다. ('10년 4명, '11년 3명, '12년 8명 검진)

※ 산업안전보건법에 의한 특수건강검진 항목 : 소음, 분진(광물성, 기타 분진), 유기화합물, 중금속(크롬, 기타금속)

3. 판단

가. 먼지로 인한 정신적 피해

○ 피신청인 사업장 인근에서 측정한 미세먼지 농도가 최고 130㎍/㎥(24시간 평균)로서 환경기준(100㎍/㎥)을 초과하였으며, ○ 관할 행정기관의 지도·점검 결과 대기오염 방지시설 미가동 및 배출시설 설치신고 미이행으로 행정처분 및 고발조치를 3회 받은 사실이 있으며, 현재도 주형장입 및 해체시설의 배출시설 설치신고를 미이행 상태에서 사업장을 운영하고 있다.

○ 먼지 방지시설이 제대로 운영되지 못하여 먼지를 충분히 흡입하지 못하고 있고, 사업장 환경관리 미흡으로 사업장 바닥에 비산먼지가 쌓여 있으며, 작업장 밖으로 먼지가 비산되고 있다는 전문가 의견 등을 종합적으로 고려할 때, 피신청인 공장에서 발생한 분진으로 인하여 신청인들이 사회통념상 수인한도를 넘는 정신적 피해를 입었을 개연성이 인정된다.

나. 악취로 인한 정신적 피해

○ 경기도보건환경연구원이 피신청인 사업장 부지경계선에서 악취를 측정한 결과 최고 8배로 배출허용기준 이내이므로,

○ 신청인들이 악취로 인하여 사회통념상 수인한도를 넘는 정신적 피해를 입었을 개연성이 인정되지 아니한다.

다. 먼지로 인한 건강상 피해

○ 미세먼지 농도 측정자료, ○○금속 근로자 특수건강검진 결과 등을 종합적으로 고려할 때 신청인이 제출한 진단서 및 소견서만으로는 건강피해를 인정하기 불충분하므로,

○ 신청인이 피신청인 공장에서 발생한 분진으로 인하여 건강피해를 입었을 개연성이 인정되지 아니한다.

라. 먼지로 인한 재산상 피해

○ 먼지로 인한 재산상 피해를 입증할만한 자료가 없으며 대기오염측정 자료 등을 종합적으로 고려할 때 재산상 피해를 인정하기 불충분하므로,

○ 신청인이 피신청인 공장에서 발생한 분진으로 재산상 피해를 입었을 개연성이 인정되지 아니한다.

4. 배상수준 검토

가. 배상책임

오염원인자인 ○○금속은 환경정책기본법 제7조(오염원인자 책임원칙) 및 동법 제44조(무과실책임) 규정에 의거 환경오염으로 인한 피해의 구제에 소요되는 비용을 부담하는 피해배상의 책임이 있다.

나. 배상범위

○ 피신청인 공장에서 발생한 분진으로 인한 정신적 피해는 공장으로부터 180m 이내에 거주하여 피해가 예상되는 ○○○ 등 19명에 대하여 배상한다.

- 배상기간은 거주기간에서 재정 신청일까지 1년 6월 이내에서 3년으로 한다.

- 배상액은 피신청인 사업장 인근에서 측정한 미세먼지(PM10) 농도는 최고 130㎍/㎥이나, 행정처분 및 고발조치 3회, 사업장 대기환경관리가 미흡한 점 등을 종합적으로 고려할 때, 먼지 피해배상 수인한도 150㎍/㎥를 넘는 정신적 피해가 있을 것으로 판단된다.

- 따라서, 먼지 피해배상액 산정기준 중 미세먼지(PM10) 24시간 평균 150~180㎍/㎥ 농도에 준하여 신청인들의 거주기간을 고려하여 신청인 1인당 160,000원 ~ 470,000원으로 한다.

- 다만, 신청인 중 김포시 ○○면 ○○번지, ○○번지, ○○번지의 경우 피신청인 공장으로부터 190m 이상 이격되어 있고, 피신청인 사업장과의 사이에 다른 공장들과 도로가 위치하여 있으므로, 정신적 피해 배상을 신청한 나머지 11명의 신청은 기각한다.

- 또한, 대기방지시설 미가동 및 대기배출시설 신고 미이행으로 행정처분 및 고발조치를 3회 받은 사실과 현재까지 미신고 배출시설을 운영하고 있는 점 등을 감안하여 먼지로 인한 정신적 피해에 대한 배상액에 20%를 가산한다.

다. 배상액

○ 피신청인 사업장 공장 분진으로 인한 정신적 피해액 8,688,000천원에 재정신청수수료 26,010원을 합하여 합계 금8,714,010원이며, 신청인별 배상액은 별지와 같다.

5. 결론

본 위원회에서는 현지조사 결과와 신청인 및 피신청인 제출자료, 당사자의 주장과 진술 등을 종합하여 주문과 같이 결정한다.

2. 과천시 경마장 수질오염으로 인한 분재피해에 대한 재정사건

과천시 경마장 수질오염으로 인한 분재피해에 대한 재정사건
이 유 1. 당사자 주장 가. 신청인 ㅇ 경마장의 경주로에 뿌리는 염화칼슘이 수십년간 지하수로 유입되어 기준치 이상의 염소 성분이 검출되었고, '06년도 박ㅇㅇ씨의 분재 염소피해가 시작된 이후 '08년부터 '11년까지 6개 농가의 분재가 고사하거나 입이 타고 가지가 마르는 등의 막대한 피해가 발생하였다. ㅇ 피신청인도 지하수 염소성분에 의한 각농가의 분재피해를 인정하고 환경분쟁조정신청 절차를 거쳐 충분히 보상하겠다는 입장을 여러번 표명한 바 있으며, 현재 더 큰 피해를 막기 위해 염소에 오염되지 아니한 물을 농가에 공급하고 있으나, 피해배상에 대하여는 어떠한 조치도 없다. ㅇ 과천시에서 동절기 염화칼슘을 사용하였다는 물사랑길을 따라 길게 늘어선 수많은 화훼농가들은 염소이온이 낮게 나왔고, 경마장 바로 밑을 흐르는 실개천에 근접하고 있는 농가에서만 과다한 염소이온이 검출되었다. ㅇ 분재는 4계절 내내 지하수를 이용한 직접 관수로 재배하고 있으며, 특히 4월하순부터 9월 하순까지는 매일 2~3회 관수를 해야 하기 때문에 기준치를 초과한 지하수로 장기간 관수할 경우 분속에 잔류하는 염소성분은 당연히 증가하게 된다. ㅇ 신청인들의 분재재배지역 반경 1km 안밖에는 피신청인을 제외한 오염원이 존재하지 않으며, 경마공원내 지하수의 염소수치가 300이 넘는 것은 경주로에 뿌리는 소금 때문이다. ㅇ 따라서, 피신청인은 분재의 고사, 상품가치 상실 등 총 3,162,882천원의 피해배상을 청구한 것이다. 나. 피신청인 ㅇ 생활용수 및 농 · 어업용수의 염소이온 수질기준은 250㎎/ l 이하이고, 신청인들이 사용하는 지하수의 염소이온 농도는 270㎎/ l , 347㎎/ l , 424㎎/ l 로서 기준치를 크게 벗어나지 않으므로 신청인들이 재배하는 작물이 고사할 정도에 이르렀다고 하기 어려우며, 수질기준이 1회 약간 높게 측정되었다고 하여 수인한도를 넘은 것이라고 보기 어렵다.(특히 염소이온 농도가 270㎎/ l 인 경우는 다른 요소의 개입에 따른 영향을 받았을 것으로 추정되므로 피신청인의 책임이 없다). ㅇ 염소이온은 자연상태의 지하수에서도 존재하는 성분이고 유기농약이나 비료에도 염소성분이 포함되어 있어 신청인들이 사용하는 농약이나 비료가 염소이온 상승에 일정부분 기여하였을 가능성이 상당히 높으며, 인근 도로의 결빙을 막기 위해 과천시 등 도로관리청에서 살포한 염화칼슘도 지하수 하류부 지점인 인근 농가 주변 지하수로 침투하였을 가능성도 상당히 높다. ㅇ '08년 환경관리공단에서 실시한 서울경마공원 토양 및 지하수 환경조사 결과에 따르면, 당시 환경분쟁조정 신청인 부지내(ㅇㅇ분재원) 지하수에서 칼슘이 나트륨보다 고농도로 존재하는 것으로 조사되었는데, 이는 이온교환에 의한 칼슘농도의 증가와 칼슘유입원에 의한 것으로 도로관리청에서

사용한 염화칼슘이 그 칼슘유입원일 가능성이 높다.

○ 토양시료채취를 통한 오염 분석 결과, 경마공원 토양 내 나트륨, 칼슘 및 염소함량은 일반적인 토양 내 함량을 보여 오염되지 않은 것으로 나타나 염소오염원이 경마공원이라고 보기는 어렵다고 할 수 있다.

○ 피신청인은 기온이 낮아 모래가 얼게 될 우려가 있는 겨울에 한하여 소금을 뿌리고 있고, 사용한 소금은 세척시설을 이용하여 염분함유량을 최소화 하는 등의 방법으로 별도 처리하고 있으며, '06년도부터는 천일염을 사용하고 있으며, 면적당 소금 사용량도 꾸준히 줄이고 있다.

○ 피신청인은 기온이 낮아 모래가 얼게 될 우려가 있는 겨울에 한하여 소금을 뿌리고 있고, 사용한 소금은 세척시설을 이용하여 염분함유량을 최소화 하는 등의 방법으로 별도 처리하고 있으며, '06년도부터는 천일염을 사용하고 있으며, 면적당 소금 사용량도 꾸준히 줄이고 있다.

○ '08.11월경에 작성된 '한국마사회 서울경마공원 토양 및 지하수 환경조사 사업' 결과는 단순히 추정된다는 수준에 그치는 것일 뿐만 아니라 현재와는 상당한 시차가 있어 이 사건에 그대로 적용하기 어렵고, 신청인들이 사용하는 지하수의 염소성분 유입경로에 대하여는 별도의 조사가 이루어진 바가 없다.

○ 과거의 염소이온의 농도와 보상사례를 고려할 때 신청인들의 피해주장은 과다하며, 재배작물의 종류, 가격 등에 대한 객관적인 자료나 근거도 제시하지 못하고 있다.

○ 신청인들은 '10년과 '11년에 집중적으로 매우 심각한 피해를 받았다고 주장하나, 신청인들이 운영하는 분재원의 '10년 및 '11년 부가가치세 수입금액은 거의 변동이 없거나 오히려 상승하여 신청인들의 위와 같은 주장을 믿기 어렵다.

○ 신청인들이 주로 피해를 입었다고 주장하는 '10년과 '11년에는 과천시에서 살포한 염화칼슘의 양('10년 440톤, '11년 360톤)이 피신청인이 사용한 소금의 양('10년 425톤, '11년 256톤)보다 더 많고, 과천시는 살포한 염화칼슘이 인근 수목의 식생에 부정적인 영향을 줄 수 있다는 사실을 알면서도 이를 강행하였을 뿐만 아니라, 살포한 염화칼슘을 처리하거나 수거하는 등의 조치를 전혀 취하지 않았다.

○ 반면, 피신청인은 '09년 이래 단계적으로 소금 사용량을 축소하여 왔고, 사용한 소금 별도로 처리하여 토양에 흡수되는 것을 최대한 방지하는 조치를 취하고 있으므로, 피신청인의 소금 사용으로 인하여 '10년과 '11년에 염소이온 농도가 대폭 상승하였다고 보기는 어렵다.

○ 피신청인은 과천 부시장주재로 시의회, 마사회, 피해농가 단체 협의에서 농업용 물공급 근원적인 해결책인 상수도 지원을 요청하였으나, 상수도사업소에서 상수도 공급이 불가하다는 의견에 따라 법률적인 책임여부를 떠나 신청인들을 포함한 11개 농가에 대하여 '12.4.2일부터 현재까지 무료로 상수도를 공급하고 있다.

○ 신청인들은 분재가 다른 식물에 비하여 염분에 취약하다는 사실과 '06년과 '08년경 경마공원 주변 분재원에서 지하수의 염분 농도로 인하여 환경분쟁조정 사례가 있었다는 점을 알고 있었음에도 불구하고, 지하수의 염분농도를 확인하지 않은 채 경마공원 주변 지하수의 불법 사용을 계속하여 왔다.

○ 따라서 피신청인의 행위는 위법성이 없거나 신청인들이 주장하는 손해와 인과관계가 있다고 보기 어렵다.

2. 사실조사 결과[생략]

3. 판단

가. 수질오염으로 인한 분재 피해 여부

○ 피신청인 경마장 개장이후 매년 상당히 많은 량(231~361톤)의 소금을 사용하여 왔다는 점,

- 신청인들이 관수용으로 사용하는 지하수의 염소이온농도가 246~427㎎/ l 로 농업용수 수질기준을 초과하고, 경마장내 지하수의 염소이온농도가 341~345㎎/ l 로 상당히 높으며 경마장으로부터 유입되는 소지천의 염소이온농도도 120~ 1,400㎎/ l 로 높다는 점,

- '08년 환경관리공단이 수행한 토양 및 지하수 조사결과에서도 경주로에서 사용한 염분에 의한 오염물질이 지하수로 함양되어 인근지역으로 이동되었을 가능성을 추정하였다는 점,

- 사단법인 ○○분재조합의 분재피해 가격평가결과에 따라 상당한 피해가 있음이 확인되었다는 점,

- 경마공원에서 사용한 소금으로 인한 지하수 수질오염으로 인하여 염분에 약한 농작물에 피해를 받은 것으로 추정된다는 수질오염분야 전문가의 의견,

- 분재의 경우 지하부(뿌리부분)의 절단부분이 많고 염소농도가 높은 물이 장기간 관수되는 경우 뿌리의 장애와 고사의 피해가 발생할 것으로 추정된다는 농작물 전문가의 의견 등을 종합적으로 고려할 때 피신청인의 소금사용에 따른 지하수 오염으로 인하여 분재의 피해가 발생하였을 개연성이 인정된다.

○ 위와 같은 분재피해에 따라 시설이전의 필요성과 그로 인한 피해의 개연성이 인정되나, 기타 영업손실, 임대비용, 관리비용, 시설설치비 등은 피해주장의 일관성이 없고, 그 피해를 증명할 만한 구체적인 자료를 제출하지 아니하였으므로 그 피해가 인정되지 아니한다.

4. 배상수준 검토

가. 배상책임

○ 피신청인 한국마사회는 환경정책기본법 제7조(오염원인자 책임원칙) 및 동법 제44조(환경오염 피해에 대한 무과실책임) 규정에 따라 환경오염으로 인한 피해의 구제에 소요되는 비용을 부담할 피해배상의 책임이 있다.

나. 배상범위

○ 분재의 피해기간은 피해배상 청구권의 소멸시효 등을 고려하여 '09~'11년까지 3년으로 하고, 피해기초금액은 사단법인 ○○분재조합의 가격평가 결과를 적용하되,

- 김○○과 용○○은 위 가치평가액을 5년간 받아온 피해로 간주하여 이중 3년간의 피해를 인정하고,

- 김○○은 피해기간이 짧고, 피해가 집중된 기간에 한하여 피해배상을 신청한 점을 고려하여 위 가격평가액을 그대로 인정하며,

- 동일한 유형의 분재원을 경영한 오○○과 이○○ 및 진○○는 분재가격의 가변성을 고려하여 최소의 피해를 주장한 오○○의 가치평가액을 기준으로 하되, 시설규모에 따라 그 피해를 차등 인정한다.

- 이전비는 이ㅇㅇ의 피해주장액을 기준으로 하여 인정한다.

ㅇ 다만, 사전에 분재피해가 있음을 인지하였음에도 불구하고 대체관정 개발 등 피해예방을 위한 조치를 강구하지 아니한 점, 지하수가 오염된 상태에서 분재원을 개시한 점(위험에의 접근) 등을 고려하여 이에 따른 피해자 과실(60%)을 피해액에서 공제한다.

[신청인별 배상액 산정내역]

업체명 (대표자)	재배 면적 (㎡)	염분 농도 (mg/l)	피해 기간	가치 평가액 (천원)	수목피해 기초액 (천원)	수목피해 인정액 (천원)	이전비 (천원)	피해자 과실율 (%)	분재 피해액 (천원)
산ㅇㅇ (김ㅇㅇ)	4,321	347	08~'11	927,750	927,750	556,650	0	60	222,660
ㅇㅇ 분재원 (용ㅇㅇ)	4,364	424	08~'11	858,300	858,300	514,980	0	60	205,992
ㅇㅇ 분재원 (김ㅇㅇ)	2,192	347	10~'11	188,830	188,755	188,755	0	60	75,502
갑ㅇㅇ (오ㅇㅇ)	628	270	10~'11	96,575	93,735	93,735	0	60	37,494
ㅇㅇ원 (이ㅇㅇ)	231	270	10~'11	409,810	409,810	46,868	7,800	60	21,867
ㅇㅇ원 (진ㅇㅇ)	231	270	10~'11	97,039	97,019	46,868	7,800	60	21,867
합 계	11,967			2,578,304	2,575,369	1,447,856	15,600		585,382

다. 배상액

ㅇ 신청인 김ㅇㅇ 등 6명에 대한 배상액은 분재 피해 배상액 587,154,170원에 재정신청수수료 2,195,210원과 신청인이 부담한 가격평가비용 5,000,000원을 추가하여 총592,154,170원이다.

5. 결론

ㅇ 본 위원회에서는 현지조사 결과, 전문가 조사, 당사자 주장과 진술 등을 종합하여 주문과 같이 결정한다.

제5편

환경관련 개별문제

제1절 일조(日照)의 문제

Ⅰ. 서설

일조란 문자 그대로 태양의 직사광선으로서, 일조가 가지는 효과로는 실내온도를 높여주고 거주공간을 밝게 하며 인체에 작용하여 호르몬 등에 영향을 미치고 또한 심리적으로 안정감을 높여 주는 등 열 효과, 광 효과, 생리적 효과 그리고 심리적 효과 등이 있다.[1] 일조(日照)의 문제는 이미 오래 전부터 문제가 되어 와서, 이제 법제적으로나 판례법적으로는 어느 정도 일조방해에 대한 기준을 마련하고 있다.[2] 판례에 의하면 일조에 대해서 "쾌적하고 건강한 생활에 필요한 생활이익으로서 법적 보호의 대상이 되는 주거의 일조"라고 하고, 일조방해를 "건물의 신축으로 인하여 그 이웃 토지상의 거주자가 직사광선이 차단되는 불이익을 받은 경우"라고 판시하고 있다.[3]

「환경정책기본법」 제3조 제3호는 "생활환경"을 '일조(日照) 등 사람의 일상생활과 관계되는 환경'이라고 정의하고 있고, 제4호에서는 "환경오염"을 '일조방해 등으로서 사람의 건강이나 환경에 피해를 주는 상태'라고 정의하여 일조에 대해서 규정하고 있다.[4] 「환경분쟁 조정법」 제2조 제1호에서도 "환경피해"를 '사업활동, 그 밖에 사람의 활동에 의하여 발생하였거나 발생이 예상되는 대기오염, 수질오염, 토양오염, 해양오염, 소음·진동, 악취, 자연생태계 파괴, 일조 방해, 통풍 방해, 조망 저해, 인공조명에 의한 빛공해, 그 밖에 대통령령으로 정하는 원인으로 인한 건강상·재산상·정신상의 피해를 말한다. 다만, 방사능오염으로 인한 피해는 제외한다.'라고 규정하고 있다.

---

1) 손윤하, 『환경침해와 민사소송』, 2005, 청림출판, 82면 이하.

2) 서울고등법원 1971. 7. 23. 선고 71나835 민사부판결.

3) 대법원 2010. 6. 24. 선고 2008다23729 판결.

4) 김강운, "일조권의 헌법상의 근거와 침해구제", 원광법학 제23권 제1호, 2007. 6, 239면:「환경정책기본법」상의 "생활환경"에 일조를 포함시켜 처음으로 규정한 것은 1999. 12. 31. 개정을 통하여서라고 한다. 당시 개정할 때 "환경오염"에는 일조를 포함시키지 않았으나 2002년 12월 30일 법을 다시 개정하면서 환경오염에 일조방해를 규정하였다고 한다.

Ⅱ. 일조에 대한 법적 규율의 변천

"일조권"이라는 개념이 우리 법령에 처음으로 규율된 것은「구 건축법시행령」제167조"일조권등을 위한 건축물의 높이 제한"이었다.[5] 그 후 건축법의 개정[6]으로 제53조에서 "일조등의 확보를 위한 건축물의 높이제한"이라는 제목 하에 규율되었다.「건축법」제61조(일조 등의 확보를 위한 건축물의 높이 제한)은 "① 전용주거지역과 일반주거지역 안에서 건축하는 건축물의 높이는 일조(日照) 등의 확보를 위하여 정북방향(正北方向)의 인접 대지경계선으로부터의 거리에 따라 대통령령으로 정하는 높이 이하로 하여야 한다. ② 다음 각 호의 어느 하나에 해당하는 공동주택(일반상업지역과 중심상업지역에 건축하는 것은 제외한다)은 채광(採光) 등의 확보를 위하여 대통령령으로 정하는 높이 이하로 하여야 한다. 1. 인접 대지경계선 등의 방향으로 채광을 위한 창문 등을 두는 경우 2. 하나의 대지에 두 동(棟) 이상을 건축하는 경우 ③ 다음 각 호의 어느 하나에 해당하면 제1항에도 불구하고 건축물의 높이를 정남(正南)방향의 인접 대지경계선으로부터의 거리에 따라 대통령령으로 정하는 높이 이하로 할 수 있다. 1.~8. 생략 ④ 2층 이하로서 높이가 8미터 이하인 건축물에는 해당 지방자치단체의 조례로 정하는 바에 따라 제1항부터 제3항까지의 규정을 적용하시 아니할 수 있다."라고 규정되어 있다.

「건축법 시행령」제86조 (일조 등의 확보를 위한 건축물의 높이 제한)에서는 "① 전용주거지역이나 일반주거지역에서 건축물을 건축하는 경우에는 법 제61조 제1항에 따라 건축물의 각 부분을 정북 방향으로의 인접 대지경계선으로부터 다음 각 호의 범위에서 건축조례로 정하는 거리 이상을 띄어 건축하여야 한다. 다만, 건축물의 미관 향상을 위하여 너비 20미터 이상의 도로(자동차 · 보행자 · 자전거 전용도로를 포함한다)로서 건축조례로 정하는 도로에 접한 대지(도로와 대지 사이에 도시 · 군계획시설인 완충녹지가 있는 경우 그 대지를 포함한다) 상호간에 건축하는 건축물의 경우에는 그러하지 아니하다.〈개정 2010.2.18, 2012.4.10, 2012.12.12〉 1. 삭제 〈2012.12.12〉 2. 높이 9미터 이하인 부분: 인접 대지경계선으로부터 1.5미터 이상 3. 높이 9미터를 초과하는 부분: 인접 대지경계선으로부터 해

---

5) [시행 1976.4.15.] [대통령령 제8090호, 1976.4.15., 일부개정].
전극수, "일조권분쟁의 공법적 해결을 위한 연구", 환경법연구 제30권 제2호, 2008, 556면 이하: 구법시행령에서 이를 규정하기 전에도 건축물의 높이를 제한하는 규정은 있었으나, 일조권 확보를 위한 것은 아니었다.

6) [시행 1992.6.1.] [법률 제4381호, 1991.5.31., 전부개정].

당 건축물 각 부분 높이의 2분의 1 이상 ② 법 제61조 제2항에 따라 공동주택은 다음 각 호의 기준에 적합하여야 한다. 다만, 채광을 위한 창문 등이 있는 벽면에서 직각 방향으로 인접 대지경계선까지의 수평거리가 1미터 이상으로서 건축조례로 정하는 거리 이상인 다세대주택은 제1호를 적용하지 아니한다. 〈개정 2009.7.16, 2013.5.31〉 1. 건축물(기숙사는 제외한다)의 각 부분의 높이는 그 부분으로부터 채광을 위한 창문 등이 있는 벽면에서 직각 방향으로 인접 대지경계선까지의 수평거리의 2배(근린상업지역 또는 준주거지역의 건축물은 4배) 이하로 할 것 2. 같은 대지에서 두 동(棟) 이상의 건축물이 서로 마주보고 있는 경우(한 동의 건축물 각 부분이 서로 마주보고 있는 경우를 포함한다)에 건축물 각 부분 사이의 거리는 다음 각 목의 거리 이상을 띄어 건축할 것. 다만, 그 대지의 모든 세대가 동지(冬至)를 기준으로 9시에서 15시 사이에 2시간 이상을 계속하여 일조(日照)를 확보할 수 있는 거리 이상으로 할 수 있다. 가. 채광을 위한 창문 등이 있는 벽면으로부터 직각방향으로 건축물 각 부분 높이의 0.5배(도시형 생활주택의 경우에는 0.25배) 이상의 범위에서 건축조례로 정하는 거리 이상 나. 가목에도 불구하고 서로 마주보는 건축물 중 남쪽 방향(마주보는 두 동의 축이 남동에서 남서 방향인 경우만 해당한다)의 건축물 높이가 낮고, 주된 개구부(거실과 주된 침실이 있는 부분의 개구부를 말한다)의 방향이 남쪽을 향하는 경우에는 높은 건축물 각 부분의 높이의 0.4배(도시형 생활주택의 경우에는 0.2배) 이상의 범위에서 건축조례로 정하는 거리 이상이고 낮은 건축물 각 부분의 높이의 0.5배(도시형 생활주택의 경우에는 0.25배) 이상의 범위에서 건축조례로 정하는 거리 이상 다. 가목에도 불구하고 건축물과 부대시설 또는 복리시설이 서로 마주보고 있는 경우에는 부대시설 또는 복리시설 각 부분 높이의 1배 이상 라. 채광창(창넓이가 0.5제곱미터 이상인 창을 말한다)이 없는 벽면과 측벽이 마주보는 경우에는 8미터 이상 마. 측벽과 측벽이 마주보는 경우[마주보는 측벽 중 하나의 측벽에 채광을 위한 창문 등이 설치되어 있지 아니한 바닥면적 3제곱미터 이하의 발코니(출입을 위한 개구부를 포함한다)를 설치하는 경우를 포함한다]에는 4미터 이상 3. 제3조 제1항 제4호에 따른 주택단지에 두 동 이상의 건축물이 법 제2조 제1항 제11호에 따른 도로를 사이에 두고 서로 마주보고 있는 경우에는 제2호 가목부터 다목까지의 규정을 적용하지 아니하되, 해당 도로의 중심선을 인접 대지경계선으로 보아 제1호를 적용한다. ③ 내지 ⑤ 생략 [전문개정 2008.10.29]"이라고 규정하고 있는바, 「건축법」 제61조는 건축법시행령에서 높이 제한을 규정하도록 함에도 불구하고, 동시행령에서는 거리 제한으로 규정되어 있다.

「건축법」 제61조 및 동법시행령 제86조에서 위임하고 있는 사항에 관하여 지방자치단체에서는 「건축조례」를 통하여 규정하고 있는데, 서울특별시에서는 「서울특별시 건축조례」 제35조(일조 등의 확보를 위한 건축물의 높이제한)에서 다음과 같이 규율하고 있다[7]: "① 영 제86조 제1항에 따라 전용주거지역이나 일반주거지역에서 일조 등의 확보를 위하여 건축물의 각 부분을 정북방향의 인접대지경계선으로부터 띄어야 하는 거리는 다음 각 호와 같다. 다만, 건축물의 미관향상을 위하여 너비 20미터이상의 도로(자동차 전용도로를 포함한다)에 접한 대지(도로와 대지의 사이에 도시계획시설인 완충녹지가 있는 경우에는 그 대지를 포함한다) 상호간(대지사이에 도로가 있는 양쪽 대지를 포함한다)과 너비가 각각 20미터 이상인 교차도로의 서로 다른 도로에 접한 2이상의 대지가 서로 접하는 경우 그 대지상호 간에는 그러하지 아니하다.〈개정 2003.4.15, 2009.11.11, 2013.3.28〉 1. 삭제 〈2013.3.28〉 2. 높이 9미터이하인 부분 : 인접대지 경계선으로부터 1.5미터 이상 3. 높이 9미터를 초과하는 부분 : 인접대지경계선으로부터 당해 건축물의 각 부분 의 높이의 2분의 1이상 ②「재래시장 및 상점가 육성을 위한 특별법 시행령」 제31조 제1항에 따라 건축되는 복합형 상가건축물의 높이제한의 산정을 위한 배수기준은 다음 각 호와 같다.(본항개정 2005.12.29, 2007.5.29, 2009.11.11〉 1. 일반주거지역 : 3배 〈개정 2009.11.11〉 2. 준주거지역 : 4배 〈개정 2009.11.11〉 3. 준공업지역 : 4배 〈개정 2009.11.11〉 ③ 영 제86조 제2항 각 호 외의 부분 단서에 따른 다세대주택의 경우 영 제86조 제2항 제1호의 규정에 불구하고 채광을 위한 창문 등이 있는 벽면에서 직각방향으로 인접대지경계선까지의 수평거리는 1미터 이상으로 한다. 〈신설 2007.5.29〉 ④ 영 제86조 제2항 제2호 가목 및 나목에 따라 같은 대지에서 두 동(棟) 이상의 건축물이 서로 마주보고 있는 경우에 건축물 각 부분 사이의 거리는 다음 각 호의 거리 이상을 띄어 건축할 것. 〈신설 2009.11.11, 2010.7.15〉 1. 채광을 위한 창문 등이 있는 벽면이 서로 마주보는 경우 벽면의 직각방향으로 건축물 각 부분의 높이의 0.8배 이상, 법령에서 따로 정하지 아니한 그 밖의 경우 0.5배 이상 〈신설 2009.11.11, 2010.7.15〉 2. 「주택법 시행령」 제3조에 따른 도시형 생활주택 중 단지형다세대주택은 4미터 이상으로서 0.25배 이상 〈신설 2009.11.11〉 3. 제1호에도 불구하고 서로 마주보는 건축물 중 남쪽방향의 건축물 높이가 낮고, 주된 개구부의 방향이 남쪽을 향하는 경우에는 높은 건축물 각 부분 높이의 0.6배 이상, 낮은 건축물 각 부분의 높이의 0.8배 이상 〈신설 2010.7.15〉"

7) 「서울특별시 건축조례」([시행 2013.8.1.] [서울특별시조례 제5562호, 2013.8.1., 일부개정]) 제35조 (일조 등의 확보를 위한 건축물의 높이제한).

Ⅲ. 일조권의 법적 성격

일조권이라는 권리를 인정하는 근거는 어디에 있는가와 관련하여 다양한 견해들이 주장되고 있다.

A. 학설

1. 물권설

일조권을 물권의 일종으로 보는 견해이다. 물권으로서 소유권의 개념에는 부동산의 지배나 이용뿐 아니라 인간이 건강하고 쾌적한 생활에 필요한 일조의 이익도 포함된다고 본다. 물권설은 크게 「민법」 제214조 제1항에 규정된 소유권에 근거하는 물권적 청구권설과 제217조의 상린관계 규정에 근거를 두는 상린권설로 구분될 수 있다.

2. 인격권설

일조로 인한 이익을 인격권의 일부로 보아, 일조방해로 인한 피해법익이 인간의 쾌적한 생활이익 그 자체라고 인정하고, 일조방해를 인격권의 침해로 구성하는 견해이다.

3. 환경권설

하나의 절대권으로 환경권을 인정할 수 있으므로, 이러한 환경권에 기초하여 환경권의 일부로서의 일조를 방해하는 일조방해행위에 대한 배제를 구할 수 있다는 견해이다.

4. 불법행위설

일조의 침해가 불법행위를 구성하는 경우에 이러한 불법행위에 대하여 손해배상청구뿐만 아니라 방해제거청구나 방해예방청구를 할 수 있다는 견해이다.

5. 일조권설

일조권이라는 하나의 절대권을 새롭게 창설하여, 일조방해가 존재하는 경우에 일조권에 기초하여 손해배상청구, 방해제거청구나 방해예방청구를 할 수 있다는 견해이다.

B. 소결

일조권이라는 독자적인 사법상의 권리가 존재해서 일조방해에 대한 법적 보호를 주는 것이 아니라, 일조방해는 소유권의 소극적 침해로서 예외적으로 인정되는 것으로 보아야 할 것이다(물권적 청구권설).[8)]

Ⅳ. 일조권 관련 판례

A. 일조권의 향유자

학교건물에 대한 일조방해가 문제가 된 사안에서 대법원은 "토지의 소유자 등이 종

---

8) 전경운, 『환경사법론』, 2009, 집문당, 388면.
서울중앙지법 2008. 12. 17. 선고 2007가합96794, 2008가합89571 판결: 일조이익의 원칙적인 근거는 피해자의 피해대상 건물에 대한 소유권에서 찾아야 한다. 즉, 일조방해로 인한 손해배상이 생활이익의 침해에서 비롯되는 것이기는 하나, 생활이익 역시 소유권 또는 그 소유권에서 파생되는 정당한 생활을 누릴 수 있는 권리를 바탕으로 하여야 한다. 따라서 가령 생활이익이 불법점유에서 비롯된 것이라면 그에 바탕을 두고 손해배상을 청구할 수 없다. 위와 같은 이유에서 피해 건물의 소유자 외에도 그로부터 정당하게 임차권 등을 취득하여 일조방해행위 당시 실제로 거주한 자도 위 손해배상을 청구할 수 있다.
서울중앙지법 2008.7.8. 선고 2007가합79119 판결. 일조이익은 어떤 사람이 특정 토지나 건물을 소유함으로써 곧바로 취득하는 권리가 아니라, 피해자들이 피해건물에서 거주하기 시작한 이래 특정 정도의 일조량을 누리면서 상당한 시간이 경과하여 그로 인한 피해자들의 생활이익이 피해자들 자신뿐 아니라 주변의 다른 토지의 소유자들을 비롯한 제3자들에 의하여 법적으로 보호될 만한 가치가 있는 것으로 인정될 수준에 이르러야 비로소 인정되는 상대적인 이익이다.
피해자에 관하여는 ① 원칙적으로 피해건물이 주거지역에 위치해 있어야 하며, 주거용으로 건축되고 실제로도 주거용으로 사용되고 있어야 하고, ② 가해건물의 골조가 완성되기 전에 피해건물의 거주자가 상당한 기간 일조이익 등과 관련된 침해 없이 거주함으로써 그들에게 보호받을 만한 충분한 생활이익이 형성되었다고 인정할 수 있어야 한다.
가해자에 관하여는 ③ 피해건물 및 가해건물의 인접지역의 상황에 비추어 가해건물에 건물의 형상과 이용방식 등 여러 면에서 상당한 정도의 이례성이 있어야 하고, ④ 가해건물이 피해건물로부터 피해건물의 거주자들에게 직접적인 압박감을 느끼게 할 정도의 상당한 거리 이내에 위치하고 있어야 한다. 일조량에 관하여는 ⑤ 일조량 감소로 인한 피해의 정도가 상당한 정도의 것이어야 한다는 각 요건이 충족되어야 한다.
마지막으로 이상의 각 요건에 더하여 ⑥ 피해이익의 성질 및 그에 대한 사회적 평가, 토지이용의 선후관계, 가해 방지 및 피해 회피의 가능성, 공법적 규제의 위반 여부, 교섭 경과, 가해건물이 주거지역에 위치하고 있는지 여부 등 모든 사정을 종합적으로 고려하여 일조이익의 침해를 이유로 한 손해배상청구의 인정 여부를 판단하여야 한다.

전부터 향유하던 일조이익이 객관적인 생활이익으로서 가치가 있다고 인정되면 법적인 보호의 대상이 될 수 있는데, … 여기에서 객관적인 생활이익으로서 일조이익을 향유하는 '토지의 소유자 등'이란 토지소유자, 건물소유자, 지상권자, 전세권자 또는 임차인 등의 거주자를 말하는 것으로서, 당해 토지 · 건물을 일시적으로 이용하는 것에 불과한 사람(초등학생)은 이러한 일조이익을 향유하는 주체가 될 수 없다."고 판시하였다.[9]

B. 일조권의 성립시기

원고가 매년 갱신되는 국유재산대부계약을 통하여 토지를 빌려 상추 농사를 지어왔으나 인근에 교량이 건설됨으로써 일조가 방해되어 더 이상 상추 농사를 지을 수 없게 된 사안에서, 대법원은 "1992. 2. 17.(교량이 완공된 이후 국유재산대부계약을 새로 갱신한 날) 이전에 이 사건 일조방해로 인하여 원고가 입은 손해는 사회생활상 통상의 수인한도를 넘은 것으로 불법행위가 성립한다는 원심의 판단은 정당한 것으로 수긍할 수 있으나", 교량이 이미 완공되어 일조방해가 존재하게 된 이후에 새로운 계약 체결을 통하여 사용권을 취득한 경우에는 "국유재산대부계약에 의하여 취득한 사용권은 이미 강동대교로 인한 일조방해로 겨울철 동안에 비닐하우스에서 상추를 재배할 수 없는 토지에 대한 사용권이므로 특별한 사정이 없는 한, 1992. 2. 17. 이후에는 이 사건 일조방해로 원고의 이 사건 토지에 대한 사용권이 침해되어 겨울철 동안 상추를 재배할 수 없는 손해가 발생하였다고 보기 어렵다."고 판시하였다.[10]

C. 지역성과 일조방해

갑(甲) 등이 신축한 26층 내지 43층 높이의 아파트 7개 동 및 20층 높이의 오피스텔 1개동의 건물로 인하여 을(乙) 학교시설에 수인한도를 초과한 일조방해가 발생하였는지 여부가 문제된 사안에서, 대법원은 "토지의 소유자 등이 종전부터 향유하던 일조이익이 객관적인 생활이익으로서 가치가 있다고 인정되면 법적인 보호의 대상이 될 수 있는데, 그 인근에서 건물이나 구조물 등이 신축됨으로 인하여 햇빛이 차단되어 생기는 그늘, 즉 일영이 증가함으로써 해당 토지에서 종래 향유하던 일조량이 감소하는 일조방해가 발

9) 대법원 2008. 12. 24. 선고 2008다41499 판결.

10) 대법원 2004. 11. 26. 선고 2004다2366 판결.

생한 경우, 일조방해의 정도, 피해이익의 법적 성질, 가해 건물의 용도, 지역성, 토지이용의 선후관계, 가해 방지 및 피해 회피의 가능성, 공법적 규제의 위반 여부, 교섭 경과 등 모든 사정을 종합적으로 고려하여 사회통념상 일반적으로 해당 토지 소유자의 수인한도를 넘게 되면 그 건축행위는 정당한 권리행사의 범위를 벗어나 사법상 위법한 가해행위로 평가된다"라고 판시하였다.[11)]

D. 일조방해와 소멸시효

일조방해로 인하여 성립한 손해배상청구권의 소멸시효의 기산점과 관련하여 대법원은 "[다수의견] (가) 토지의 소유자 등이 종전부터 향유하던 일조이익(일조이익)이 객관적인 생활이익으로서 가치가 있다고 인정되면 법적인 보호의 대상이 될 수 있는데, 그 인근에서 건물이나 구조물 등이 신축됨으로 인하여 햇빛이 차단되어 생기는 그늘, 즉 일영(일영)이 증가함으로써 해당 토지에서 종래 향유하던 일조량이 감소하는 일조방해가 발생한 경우, 그 일조방해의 정도, 피해이익의 법적 성질, 가해 건물의 용도, 지역성, 토지이용의 선후관계, 가해 방지 및 피해 회피의 가능성, 공법적 규제의 위반 여부, 교섭 경과 등 모든 사정을 종합적으로 고려하여 사회통념상 일반적으로 해당 토지 소유자의 수인한도를 넘게 되면 그 건축행위는 정당한 권리행사의 범위를 벗어나 사법상 위법한 가해행위로 평가된다. (나) 일반적으로 위법한 건축행위에 의하여 건물 등이 준공되거나 외부골조공사가 완료되면 그 건축행위에 따른 일영의 증가는 더 이상 발생하지 않게 되고 해당 토지의 소유자는 그 시점에 이러한 일조방해행위로 인하여 현재 또는 장래에 발생 가능한 재산상 손해나 정신적 손해 등을 예견할 수 있다고 할 것이므로, 이러한 손해배상청구권에 관한 민법 제766조 제1항 소정의 소멸시효는 원칙적으로 그 때부터 진행한다. 다만, 위와 같은 일조방해로 인하여 건물 등의 소유자 내지 실질적 처분권자가 피해자에 대하여 건물 등의 전부 또는 일부에 대한 철거의무를 부담하는 경우가 있다면, 이러한 철거의무를 계속적으로 이행하지 않는 부작위는 새로운 불법행위가 되고 그 손해는 날마다 새로운 불법행위에 기하여 발생하는 것이므로 피해자가 그 각 손해를 안 때로부터 각별로 소멸시효가 진행한다.

[대법관 고현철, 김영란, 이홍훈, 김능환의 반대의견] (가) 일조방해란 태양의 직사광

11) 대법원 2011.2.24. 선고 2010다13107 판결.

선이 차단되는 불이익을 말하는 것이고, 그 일조방해의 정도가 사회통념상 일반적으로 인용하는 수인한도를 넘게 되면 사법상 위법한 가해행위로 평가된다. 헌법 제35조 제1항에 비추어 볼 때, 위법한 일조방해는 단순한 재산권의 침해에 그치는 것이 아니라 건강하고 쾌적한 환경에서 생활할 개인의 인격권을 침해하는 성격도 지니고 있다. (나) 위법한 일조방해행위로 인한 피해 부동산의 시세 하락 등 재산상의 손해는 특별한 사정이 없는 한 가해 건물이 완성될 때 일회적으로 발생한다고 볼 수 있으나, 위법한 일조방해로 직사광선이 차단되는 등 생활환경이 악화됨으로써 피해 건물의 거주자가 입게 되는 정신적 손해는 가해 건물이 존속하는 한 날마다 계속적으로 발생한다고 보아야 하므로, 그 위자료 청구권의 소멸시효는 가해 건물이 피해 부동산의 일조를 방해하는 상태로 존속하는 한 날마다 개별적으로 진행한다."[12]라고 판시하였다.

12) 대법원 2008.4.17. 선고 2006다35865 전원합의체 판결.

제2절 빛공해의 문제

최근에는 인공조명의 사용 등 각양각색의 조명기구의 사용으로 인하여 타인에게 빛으로 인한 피해를 야기하거나, 또는 건물의 외관을 빛을 반사할 수 있는 유리로 덮는 경우가 증가하고 있는바, 이러한 유리외관으로 인하여 빛을 반사함으로 인하여 타인에게 눈부심이나 집중력 저하, 온도상승 등의 피해를 주는 경우가 나타나게 되었다.

최근에 부산의 해운대 마린시티에 위치한 '해운대 아이파크'로부터 그 외벽이 커트월 공법에 의한 유리로 되어 있어서 그 유리로부터 반사되는 빛으로 인한 피해를 호소하는 인근 주민들에게 법원이 배상을 명하는 판결을 내리기도 하였다.[13)]

특히, 2012년에는 인공조명으로부터 발생하는 과도한 빛 방사 등으로 인한 국민 건강 또는 환경에 대한 위해(危害)를 방지하고 인공조명을 환경친화적으로 관리하여 모든 국민이 건강하고 쾌적한 환경에서 생활할 수 있게 함을 목적으로 하여 '인공조명에 의한 빛공해 방지법'이 제정되었다.

동법에 의하면 "인공조명에 의한 빛공해"(이하 "빛공해"라 한다)란 인공조명의 부적절한 사용으로 인한 과도한 빛 또는 비추고자 하는 조명영역 밖으로 누출되는 빛이 국민의 건강하고 쾌적한 생활을 방해하거나 환경에 피해를 주는 상태를 말한다. 그리고 "조명기구"란 공간을 밝게 하거나 광고, 장식 등을 위하여 설치된 발광기구 및 부속장치로서 대통령령으로 정하는 것을 말한다.

---

13) 김혜경, 노컷뉴스, 2013-06-26: 부산고법 제5민사부(박종훈 부장판사)는 25일 해운대 마린시티 인근 아파트 주민 50명이 해운대 아이파크 시공사인 현대산업개발을 상대로 제기한 손해배상청구소송 항소심에서 34명에게 재산가치 하락 등 위자료 명목으로 1인당 132만~687만원씩 모두 2억100만원을 지급하라며 원고 일부 승소판결했다.

제3절 조망의 문제

Ⅰ. 서설

조망에 대한 사전적 정의는 '먼 곳을 내다볼 수 있는 것, 멀리 바라봄'등을 의미하지만, 법적인 의미에서는 일반적으로 경관 조망권을 의미하는 것으로 보아야 할 것이다. 그러므로 조망권이란 아름다운 자연, 역사적 또는 문화적 풍물 등을 조망하여 미적 만족감이나 정신적 휴식을 향유할 수 있는 조망적 이익을 의미한다고 볼 수 있다.

Ⅱ. 조망의 권리성

조망권을 아름다운 자연, 역사적 또는 문화적 풍물 등을 조망하여 미적 만족감이나 정신적 휴식을 향유할 수 있는 조망적 이익이라는 것으로 해석하면서 그러한 조망의 이익에 대해서 법적인 측면에서 권리성을 부여할 수 있을 것인가가 문제된다.[14]

A. 긍정설

조망이익은 법적으로 보호할 가치가 있는 법익으로 보아야 한다는 견해로서, 조망이익을 권리로 규정한다는 법률상 내용은 없지만 조망이익이 가지는 권리로서의 실질과 침해에 관한 사법적인 구제의 필요성에 비추어볼 때 이를 권리로 인정할 수 있다고 본

---

14) 대법원 2007. 6. 28. 선고 2004다54282 판결 (손해배상): 조망의 대상과 그에 대한 조망의 이익을 누리는 건물 사이에 타인 소유의 토지가 있지만 그 토지 위에 건물이 건축되어 있지 않거나 저층의 건물만이 건축되어 있어 그 결과 타인의 토지를 통한 조망의 향수가 가능하였던 경우 그 타인은 자신의 토지에 대한 소유권을 자유롭게 행사하여 그 토지 위에 건물을 건축할 수 있고 … 조망 향수자가 누리던 조망의 이익을 부당하게 침해하려는 해의에 의한 것으로서 권리의 남용에 이를 정도가 아닌 한 인접한 토지에서 조망의 이익을 누리던 자라도 이를 함부로 막을 수는 없으며, 따라서 조망의 이익은 주변에 있는 객관적 상황의 변화에 의하여 저절로 변용 내지 제약을 받을 수밖에 없고, 그 이익의 향수자가 이러한 변화를 당연히 제약할 수 있는 것도 아니다.

다. 조망권이 인정된다면 헌법상 환경권에 기하여 지역의 특수성, 시설의 소유, 조망의 차단, 시간의 선주 등의 사정에 따라 경관을 향유하고자 하는 자에게 독자적 권리성이 인정되어 생활상 이익이 인정될 수 있다.

B. 부정설

기존 건물 소유자가 누리던 경관이나 조망이 새로운 건물의 신축 등으로 방해를 받는다 해도 기존 건물의 소유자가 법적으로 보호받을 수는 없다는 견해로서, 조망은 인간이 누릴 수 있는 산물일 뿐 권리나 이익이 아니며, 조망권으로 논의되는 권리 자체가 어떠한 사법상 권리에 의하여 정당화될 수 있는지 불명확하다고 본다. 환경보호라는 것은 개인적 보호법익이라기보다 집단적 이익에 가깝고 토지나 건물의 장소적 관계에 따라서 우연히 누리던 조망은 반사적 이익에 불과하다.

C. 소결

조망으로 인한 이익에 대해서 이제는 전향적으로 검토하여야 할 시기가 되었다고 사료된다. 조망의 이익을 단순히 반사적 이익으로만 이해하는 입장은 현대사회의 변화된 시대상황을 제대로 반영하지 못하는 것으로 보이며, 조망의 이익에 대한 권리성을 특정한 조건하에서는 긍정하는 입장이 필요하다고 보인다.[15)]

Ⅲ. 조망권의 법적 기초

예외적으로 조망의 이익에 대해서 권리성을 부여하고 보호할 필요성이 존재한다면 조망권의 인정 근거는 무엇인가가 문제된다. 조망권의 기초 역시 일조권과 마찬가지로 다양한 근거가 주장되고 있다.

---

15) 대법원 2004. 9. 13. 선고 2004다24212 판결 (손해배상): 일반적으로 조망은 풍물을 바라보는 자에게 미적 만족감과 정신적 편안함을 부여하는 점에 있어서 생활상 적지 않은 가치를 가지고 있고, 어느 토지나 건물의 소유자가 종전부터 향유하고 있던 조망, 조용하고 쾌적한 환경 등이 그에게 있어 하나의 생활이익으로서의 가치를 지닌다고 객관적으로 인정된다면 법적 보호의 대상이 될 수 있다.

A. 물권설

물권설에 의하면 조망의 방해를 토지, 건물 등 소유권의 침해로 보아 방해예방 내지 방해제거를 청구할 수 있다는 견해이다.

B. 인격권설

조망의 이익을 자유롭게 향유하는 것이 인격권의 한 부분으로 보는 견해이다.

C. 환경권설

조망은 쾌적한 환경의 일부이므로 조망의 방해를 받는 경우에는 환경권에 기초하여 방해예방이나 방해제거 또는 손해배상을 청구할 수 있다는 견해이다.

D. 소결

조망권을 긍정하는 경우에는 이를 물권에 결부시켜서 논하는 것이 법적 안정성을 도모할 수 있는 점에서 타당하다고 사료된다(물권설).[16)]

Ⅳ. 조망권의 성립요건

조망권이 성립하기 위해서는 다음의 요건들을 구비하여야 할 것이다.[17)]

---

16) 대법원 1997. 7. 22. 선고 96다56153 판결 (공사금지가처분): 어느 토지나 건물의 소유자가 종전부터 향유하고 있던 경관이나 조망, 조용하고 쾌적한 종교적 환경 등이 그에게 하나의 생활이익으로서의 가치를 가지고 있다고 객관적으로 인정된다면 법적인 보호의 대상이 될 수 있는 것이라 할 것이므로, 인접 대지에 어떤 건물을 신축함으로써 그와 같은 생활이익이 침해되고 그 침해가 사회통념상 일반적으로 수인할 정도를 넘어선다고인정되는경우에는 위 토지 등의 소유자는 그 소유권에 기하여 그 방해의 제거나 예방을 위하여 필요한 청구를 할 수 있다.

17) 대법원 2007.9.7. 선고 2005다72485 판결[손해배상(기)]: 어느 토지나 건물의 소유자가 종전부터 향유하고 있던 경관이나 조망이 그에게 하나의 생활이익으로서의 가치를 가지고 있다고 객관적으로 인정된다면 법

첫째, 지역적 특수성으로서, 조망을 받는 곳 즉 조망의 대상이나 조망을 하는 조망지 모두가 지역적인 특수성을 지녀야 한다. 건물의 건축 당시에는 조망이 확보되어있다고 하더라도 그 건물이 상업지역에 위치하는 경우에는 조망을 방해하는 건축물들이 건축되리라고 예상할 수 있으므로 지역적 특수성이 부정된다고 볼 것이다. 조망대상이나 조망지가 반드시 유명한 경승지일 필요는 없고 토지나 건물로부터 보이는 경관이 특별한 조망적 가치를 가지면 족하겠지만, 그러나 일반 사회통념상 독자적인 조망이익으로 승인되어야 할 정도로 중요성을 가져야 한다.

둘째, 조망을 추구하는 목적성으로서 조망의 향유를 주요 목적으로 하여 건축물이 축조되었고, 건물의 가치가 이러한 조망에 상당히 의존되어 있어야 한다. 예를 들면, 조망이 영업상 중요한 요소로서 작용하여 재산적 가치를 가질 경우를 들 수 있다.

셋째, 시간적 선주성으로서, 조망의 이익은 그 조망의 대상을 먼저 선점한 자에게 인정될 수 있으므로, 선주자(先住者) 후주자(後住者) 사이에 조망의 이익과 관련하여 분쟁이 발생하는 경우에는 선주자에게 우선권이 부여된다.

적인 보호의 대상이 될 수 있는 것인바, 이와 같은 조망이익은 원칙적으로 특정의 장소가 그 장소로부터 외부를 조망함에 있어 특별한 가치를 가지고 있고, 그와 같은 조망이익의 향유를 하나의 중요한 목적으로 하여 그 장소에 건물이 건축된 경우와 같이 당해 건물의 소유자나 점유자가 그 건물로부터 향유하는 조망이익이 사회통념상 독자의 이익으로 승인되어야 할 정도로 중요성을 갖는다고 인정되는 경우에 비로소 법적인 보호의 대상이 되는 것이고, 그와 같은 정도에 이르지 못하는 조망이익의 경우에는 특별한 사정이 없는 한 법적인 보호의 대상이 될 수 없다(대법원 2004. 9. 13. 선고 2003다64602 판결, 2007. 6. 28. 선고 2004다54282 판결 등 참조).

대법원 2004. 9. 13. 선고 2003다64602 판결 (손해배상): 이와 같은 조망이익은 원칙적으로 특정의 장소가 그 장소로부터 외부를 조망함에 있어 특별한 가치를 가지고 있고, 그와 같은 조망이익의 향유를 하나의 중요한 목적으로 하여 그 장소에 건물이 건축된 경우와 같이 당해 건물의 소유자나 점유자가 그 건물로부터 향유하는 조망이익이 사회통념상 독자의 이익으로 승인되어야 할 정도로 중요성을 갖는다고 인정되는 경우에 비로소 법적인 보호의 대상이 되는 것이다.

조망이익이 법적인 보호의 대상이 되는 경우에 이를 침해하는 행위가 사법상 위법한 가해행위로 평가되기 위해서는 … 조망의 대상이 되는 경관의 내용과 피해건물이 입지하고 있는 지역에 있어서 건조물의 전체적 상황 등의 사정을 포함한 넓은 의미에서의 지역성, 피해건물의 위치 및 구조와 조망상황, 특히 조망과의 관계에서의 건물의 건축 · 사용목적 등 피해건물의 상황, 주관적 성격이 강한 것인지 여부와 여관 · 식당 등의 영업과 같이 경제적 이익과 밀접하게 결부되어 있는지 여부 등 당해 조망이익의 내용, 가해건물의 위치 및 구조와 조망방해의 상황 및 건축 · 사용목적 등 가해건물의 상황, 가해건물 건축의 경위, 조망방해를 회피할 수 있는 가능성의 유무, 조망방해에 관하여 가해자측이 해의(害意)를 가졌는지의 유무, 조망이익이 피해이익으로서 보호가 필요한 정도 등 모든 사정을종합적으로 고려하여 판단하여야 한다.

V. 판례

인접 토지에 건물 등이 건축되어 발생하는 시야차단으로 인한 폐쇄감이나 압박감 등 생활이익의 침해를 이유로 하는 소송에서, 침해가 사회통념상 수인한도를 넘어 위법한지 판단하는 기준과 관련하여, 대법원은 다음과 같이 판시하였다: 인접 토지에 건물 등이 건축되어 발생하는 시야 차단으로 인한 폐쇄감이나 압박감 등의 생활이익의 침해를 이유로 하는 소송에서 침해가 사회통념상 일반적으로 수인할 정도를 넘어서서 위법하다고 할 것인지 여부는, 피해 건물의 거실이나 창문의 안쪽으로 일정 거리 떨어져서 거실 등의 창문을 통하여 외부를 보았을 때 창문의 전체 면적 중 가해 건물 외에 하늘이 보이는 면적비율을 나타내는 이른바 천공률이나 그중 가해 건물이 외부 조망을 차단하는 면적비율을 나타내는 이른바 조망침해율뿐만 아니라, 피해건물과 가해건물 사이의 이격거리와 가해 건물의 높이 및 이격거리와 높이 사이의 비율 등으로 나타나는 침해의 정도와 성질, 창과 거실 등의 위치와 크기 및 방향 등 건물 개구부 현황을 포함한 피해 건물의 전반적인 구조, 건축법령상의 이격거리 제한 규정 등 공법상 규제의 위반 여부, 나아가 피해 건물이 입지하고 있는 지역에 있어서 건조물의 전체적 상황 등의 사정을 포함한 넓은 의미의 지역성, 가해건물 건축의 경위 및 공공성, 가해자의 방지조치와 손해회피의 가능성, 가해자 측이 해의를 가졌는지 유무 및 토지 이용의 선후관계 등 모든 사정을 종합적으로 고려하여 판단하여야 한다. 갑 아파트의 일부 세대 소유자들인 을 등이 인접 토지에 신축된 병 아파트의 시행사인 정 주식회사를 상대로 조망침해(개방감 상실)에 따른 손해배상을 구한 사안에서, 병 아파트와 갑 아파트 각 피해 세대 사이의 이격거리와 병 아파트의 높이 및 이격거리와 높이의 비율 등 가해 건물과 피해 건물 사이의 배치관계가 그 지역에서 이례적인 것으로 보기 어려운데도, 이른바 조망침해율의 증가만을 이유로 정 회사의 병 아파트 신축으로 을 등에게 수인한도를 초과한 시야차단으로 폐쇄감이나 압박감이 발생하였다고 본 원심판결에는 시야차단으로 인한 폐쇄감이나 압박감의 수인한도에 관한 법리오해 등 위법이 있다.[18]

18) 대법원 2014.2.27. 선고 2009다40462 판결[손해배상(기)]〈신축 아파트 시야차단 사건〉.

제4절 경관의 문제

Ⅰ. 서설

시대와 상황의 변화에 의하여, 이제는 일단의 지역에 있어서 나타나는 지역환경적 특성으로서 경관(Landschaft)을 중요시 하여야 할 시점에 와 있다. 그동안 개발위주의 국토정책과 가난으로부터 벗어나고자 몸부림치던 시대에 살아 왔으므로 경관이라는 인간의 심리적 미적 요소가 결부된 영역에 대해서는 그다지 커다란 관심을 기울일 여유가 없었다. 그러나, 이제 우리나라도 어느 정도 경제적인 여유를 누리게 되면서 인간다운 삶의 질과 심미적인 고려를 중요시하는 단계로 이양되게 되었다. 이러한 단계에서는 경관을 고려하면서 국토를 개발하는 것이 중요하며, 이러한 경관의 중시는 나아가 다른 산업 예를 들면 관광산업이나 디자인 그리고 보다 고차원적인 효율성을 추구할 수 있는 기초가 될 수 있을 것이다.

Ⅱ. 경관의 의의

경관법 제2조 제1호에 의거할 때, 경관이란 자연, 인공요소 및 주민의 생활상 등으로 이루어진 일단의 지역환경적 특징을 나타내는 것을 말한다.

조망과 경관을 구별하기가 쉽지는 아니하지만, 조망은 '먼 곳을 바라보는 것 또는 바라보이는 경치'이고 경관은 '경치, 특색있는 풍경 형태를 가진 일정한 지역'을 의미한다고 볼 것이다.

일본에서는 조망과 경관을 구별하고 있는데, 그 근거로는 첫째, 조망은 자연의 표면적인 전망을 의미하나, 경관은 전망을 형성하는 지역 자체의 자연과 건물 역사 등도 포함하고, 둘째, 조망은 생활자를 기준으로 (즉, 바라보는 사람을 기준으로) 하는 전망을 의미하나, 경관은 사회 일반의 기준으로 하는 전망을 의미함. 즉, 조망이 개인의 특정한 장소에서 좋은 경치나 풍경을 향유할 수 있는 개인적 이익의 측면을 의미한다면 경관은 그것을 객관화시키는 공공적인 이익을 의미하며, 셋째, 조망이익은 개인적 이익이므로 방해배제청구나 손해배상과 같은 사법적 구제가 가능하며, 경관이익은 개인보다는 공공의 느낌이 강하여 공법, 즉 행정소송의 대상이 되는 것이라는 점들을 들고 있다.[19]

Ⅲ. 경관관리의 기본원칙과 경관계획

A. 기본원칙

경관법 제3조에 의하면 경관은 다음 각 호의 원칙에 따라 계획되고 관리되어야 한다.

1. 국민이 아름답고 쾌적한 경관을 누릴 수 있도록 할 것
2. 지역의 고유한 자연 · 역사 및 문화를 드러내고 지역주민의 생활 및 경제활동과의 긴밀한 관계 속에서 지역주민의 합의를 통하여 양호한 경관이 유지될 것
3. 각 지역의 경관이 고유한 특성과 다양성을 가질 수 있도록 자율적인 경관행정 운영방식을 권장하고, 지역주민이 이에 주체적으로 참여할 수 있도록 할 것
4. 개발과 관련된 행위는 경관과 조화 및 균형을 이루도록 할 것
5. 우수한 경관을 보전하고 훼손된 경관을 개선 · 복원함과 동시에 새롭게 형성되는 경관은 개성있는 요소를 갖도록 유도할 것
6. 국민의 재산권을 과도하게 제한하지 아니하도록 하고, 지역 간 형평성을 고려할 것.

B. 경관정책기본계획과 경관계획

경관법 제6조(경관정책기본계획의 수립 등) 제1항에 의하면, "① 국토교통부장관은 아름답고 쾌적한 국토경관을 형성하고 우수한 경관을 발굴하여 지원 · 육성하기 위하여 경관정책기본계획을 5년마다 수립 · 시행하여야 한다." 그리고 동조 제2항에서는 "② 경관정책기본계획에는 다음 각 호의 사항이 포함되어야 한다. 1. 국토경관의 현황 및 여건

19) 조은래, "조망권의 민사법적 보호에 관한 연구", 256면.
최낙균, "부동산 생활환경 이익보호에 관한 민사법적 연구", 경기대학교, 2010, 29면

변화 전망에 관한 사항 2. 경관정책의 기본목표와 바람직한 국토경관의 미래상 정립에 관한 사항 3. 국토경관의 종합적 · 체계적 관리에 관한 사항 4. 사회기반시설의 통합적 경관관리에 관한 사항 5. 우수한 경관의 보전 및 그 지원에 관한 사항 6. 경관 분야의 전문인력 육성에 관한 사항 7. 지역주민의 참여에 관한 사항 8. 그 밖에 경관에 관한 중요 사항"라고 규정하고 있다.

경관법 제9조(경관계획의 내용)에 의하면, "① 경관계획에는 다음 각 호의 사항이 포함되어야 한다. 다만, 도지사가 수립하는 경관계획에는 제4호부터 제11호까지의 사항을 생략할 수 있고, 특별시장 · 광역시장 · 특별자치시장 · 특별자치도지사, 시장 · 군수, 행정시장, 구청장등 또는 경제자유구역청장이 수립하는 경관계획에는 제5호부터 제9호까지 및 제11호의 사항을 생략할 수 있다. 1. 경관계획의 기본방향 및 목표에 관한 사항 2. 경관자원의 조사 및 평가에 관한 사항 3. 경관구조의 설정에 관한 사항 4. 중점적으로 경관을 보전 · 관리 및 형성하여야 할 구역(이하 "중점경관관리구역"이라 한다)의 관리에 관한 사항 5. 「국토의 계획 및 이용에 관한 법률」 제37조제1항제1호에 따른 경관지구(이하 "경관지구"라 한다)와 같은 항 제2호에 따른 미관지구(이하 "미관지구"라 한다)의 관리 및 운용에 관한 사항 6. 제16조에 따른 경관사업의 추진에 관한 사항 7. 제19조에 따른 경관협정의 관리 및 운영에 관한 사항 8. 경관관리의 행정체계 및 실천방안에 관한 사항 9. 자연 경관, 시가지 경관 및 농산어촌 경관 등 특정한 경관 유형 또는 건축물, 가로(街路), 공원 및 녹지 등 특정한 경관 요소의 관리에 관한 사항 10. 경관계획의 시행을 위한 재원조달 및 단계적 추진에 관한 사항 11. 그 밖에 경관의 보전 · 관리 및 형성에 관한 사항으로서 해당 지방자치단체의 조례로 정하는 사항"이라고 규정하고 있다.

Ⅳ. 경관사업

경관법 제16조(경관사업의 대상 등)에 의하면 "① 중앙행정기관의 장 또는 시 · 도지사 등은 지역의 경관을 향상시키고 경관의식을 높이기 위하여 경관계획이 수립된 지역에서 다음 각 호의 사업(이하 "경관사업"이라 한다)을 시행할 수 있다. 1. 가로환경의 정비 및 개선을 위한 사업 2. 지역의 녹화(綠化)와 관련된 사업 3. 야간경관의 형성 및 정비를 위한 사업 4. 지역의 역사적 · 문화적 특성을 지닌 경관을 살리는 사업 5. 농산어촌의 자연경관 및 생활환경을 개선하는 사업 6. 그 밖에 경관의 보전 · 관리 및 형성을 위한 사업으로서 해당 지방자치단체의 조례로 정하는 사업"이라고 규정하고 있다.

V. 경관협정

토지소유자와 그 밖에 대통령령으로 정하는 자(이하 "토지소유자등"이라 한다)는 전원의 합의로 쾌적한 환경과 아름다운 경관을 형성하기 위한 협정(이하"경관협정"이라 한다)을 체결할 수 있다. 이 경우 경관협정의 효력은 경관협정을 체결한 토지소유자등에게만 미친다(법 제19조 제1항). 경관협정은 다음 각 호의 사항을 포함할 수 있다: 1. 건축물의 의장(意匠)·색채 및 옥외광고물(「옥외광고물 등 관리법」 제2조제1호에 따른 옥외광고물을 말한다)에 관한 사항 2. 공작물[「건축법」 제83조제1항에 따라 특별자치도지사 또는 시장·군수(광역시 관할 구역에 있는 군의 군수를 포함한다. 이하 제27조제4항 및 제28조제3항에서 같다)·구청장에게 신고하여 축조하는 공작물을 말한다. 이하 같다] 및 건축설비(「건축법」 제2조제1항제4호에 따른 건축설비를 말한다)의 위치에 관한 사항 3. 건축물 및 공작물 등의 외부 공간에 관한 사항 4. 토지의 보전 및 이용에 관한 사항 5. 역사·문화 경관의 관리 및 조성에 관한 사항 6. 그 밖에 대통령령으로 정하는 사항(법 제19조 제4항).

Ⅵ. 경관심의

A. 사회기반시설사업심의

「건설기술 진흥법」 제2조제6호에 따른 발주청(이하 이 조에서 "발주청"이라 한다)은 다음 각 호의 사회기반시설 사업으로서 대통령령으로 정하는 규모 이상의 사업을 실시하려고 하는 경우 대통령령으로 정하는 바에 따라 제29조제1항에 따른 경관위원회(이하 이 장에서 "경관위원회"라 한다)의 심의를 거쳐야 한다: 1. 「도로법」에 따른 도로 2. 「철도건설법」에 따른 철도시설 3. 「도시철도법」에 따른 도시철도시설 4. 「하천법」에 따른 하천시설 5. 그 밖에 지방자치단체의 조례로 정하는 시설(법 제26조 제1항).

B. 개발사업심의

「도시개발법」 제2조제1항제2호에 따른 도시개발사업 등 대통령령으로 정하는 개발사업을 시행하려는 자는 개발사업에 따른 지구의 지정이나 사업계획의 승인 등을 받기 전에 대통령령으로 정하는 바에 따라 경관위원회의 심의를 거쳐야 한다(법 제27조 제1항).

C. 건축물심의

다음 각 호의 어느 하나에 해당하는 건축물을 건축하려는 자는 대통령령으로 정하는 바에 따라 경관위원회의 심의를 거쳐야 한다: 1. 경관지구의 건축물(해당 지방자치단체의 조례로 정하는 건축물은 제외한다) 2. 중점경관관리구역의 건축물로서 해당 지방자치단체의 조례로 정하는 건축물 3. 지방자치단체,「공공기관의 운영에 관한 법률」에 따른 공공기관 또는「지방공기업법」에 따른 지방공기업이 건축하는 건축물로서 해당 지방자치단체의 조례로 정하는 건축물 4. 그 밖에 관할지역의 경관관리를 위하여 필요한 건축물로서 해당 지방자치단체의 조례로 정하는 건축물(법 제28조 제1항).

Ⅶ. 경관위원회

경관과 관련된 사항에 대한 심의 또는 자문을 위하여 국토교통부장관 또는 시 · 도지사등 소속으로 경관위원회를 둔다. 다만, 경관위원회를 설치 · 운영하기 어려운 경우에는 대통령령으로 정하는 경관과 관련된 위원회가 그 기능을 수행할 수 있다(법 제29조 제1항).

경관위원회의 심의를 거쳐야 할 사항은 다음 각 호와 같다: 1. 제12조에 따른 경관계획의 수립 또는 변경 2. 제13조에 따른 경관계획의 승인 3. 제16조에 따른 경관사업 시행의 승인 4. 제21조에 따른 경관협정의 인가 5. 제26조에 따른 사회기반시설 사업의 경관심의 6. 제27조에 따른 개발사업의 경관 심의 7. 제28조에 따른 건축물의 경관 심의 8. 그 밖에 경관에 중요한 영향을 미치는 사항으로서 대통령령으로 정하는 사항(법 제30조 제1항).

국토교통부장관 또는 시 · 도지사등이 경관위원회에 자문하여야 하는 사항은 다음 각 호와 같다. 다만, 제3호 및 제4호는 시 · 도지사등에만 해당한다: 1. 경관계획에 관한 사항 2. 경관사업의 계획에 관한 사항 3. 경관에 관한 조례의 제정 및 개정에 관한 사항

4. 그 밖에 경관에 중요한 영향을 미치는 사항으로서 해당 지방자치단체의 조례로 정하는 사항(법 제30조 제2항).

제6편

환경국가에서의 환경기본법

제1절 환경정책기본법

Ⅰ. 서설

A. 의의

환경정책기본법은 환경과 관련된 법령들을 총괄적으로 조정하고 지도하는 기본이 되는 법률이다. 헌법의 기본이념들이 환경관련법령에서 구체화되는 과정에서 하나의 이념적 그리고 통합적 기초를 제공하는 역할을 수행하고 있다. 이러한 기본법은 법률 중에서도 다른 법률들과 비교할 때 한 단계 높은 효력을 지니는 법률로 평가되어야 한다(헌법률).[1)]

환경정책기본법에 나타나는 이념들이나 정책의 방향은 선언적 의미를 지니기도 하지만, 그러나 구체적 사안에 있어서 중요한 고려요소로 작용할 수 있다.

B. 목적

환경정책기본법은 환경보전에 관한 국민의 권리 · 의무와 국가의 책무를 명확히 하고 환경정책의 기본이 되는 사항을 정하여 환경오염과 환경훼손을 예방하고 환경을 적정하고 지속가능하게 관리 · 보전함으로써 모든 국민이 건강하고 쾌적한 삶을 누릴 수 있도록 함을 목적으로 한다.

동법의 목적은 모든 국민이 건강하고 쾌적한 삶을 누릴 수 있도록 하는 데 있다. 이는 환경보호에 있어서 중심은 국민의 건강하고 행복한 삶에 있음을 천명하는 것이다. 따라서 지나치게 환경 그 자체를 중시하는 것은 동법의 목적에 반하는 것이므로 환경보호는 결국 국민의 복리에 이바지하는 수단으로서의 역할에 그쳐야 할 것이다. 목적을 달성하

---

1) 헌법률이라는 용어는 헌법학에서 통상적으로 헌법규정 중에서 보다 하위의 규범들을 지칭하기도 하지만, 법률 중에서 보다 고차원의 법률의 경우에는 헌법과 법률 사이에 위치한다는 의미에서 헌법률이라는 용어를 사용하기로 한다.

기 위한 수단으로서 환경오염과 환경훼손을 예방하는 것과 환경을 적정하고 지속가능하게 관리 · 보전하는 것을 들고 있다. 이러한 수단은 다시금 국민의 권리 · 의무와 국가의 책무를 명확하게 규정하고 환경정책의 기본이 되는 사항들을 정하는 것으로부터 시작한다.

C. 기본이념

동법 제2조(기본이념)에서는 "① 환경의 질적인 향상과 그 보전을 통한 쾌적한 환경의 조성 및 이를 통한 인간과 환경 간의 조화와 균형의 유지는 국민의 건강과 문화적인 생활의 향유 및 국토의 보전과 항구적인 국가발전에 반드시 필요한 요소임에 비추어 국가, 지방자치단체, 사업자 및 국민은 환경을 보다 양호한 상태로 유지 · 조성하도록 노력하고, 환경을 이용하는 모든 행위를 할 때에는 환경보전을 우선적으로 고려하며, 지구환경상의 위해(危害)를 예방하기 위하여 공동으로 노력함으로써 현 세대의 국민이 그 혜택을 널리 누릴 수 있게 함과 동시에 미래의 세대에게 그 혜택이 계승될 수 있도록 하여야 한다. ② 국가와 지방자치단체는 지역 간, 계층 간, 집단 간에 환경 관련 재화와 서비스의 이용에 형평성이 유지되도록 고려한다."고 규정하고 있다. 기본이념은 직접적으로 환경상 법률관계에 영향을 미치지는 아니하지만 환경관련법령의 해석에 있어서나 개별적 · 구체적 사안을 판단함에 있어서 주요한 고려요소로서 작용할 수 있다.

동규정에 의거할 때 주요한 이념으로는 ① 국가 · 지방자치단체 · 사업자 및 국민은 환경을 보다 양호한 상태로 유지 · 조성하도록 노력하고, ② 환경을 이용하는 모든 행위를 할 때에는 환경보전을 우선적으로 고려하며, ③ 지구의 환경상 위해를 예방하기 위한 공동의 노력을 강구함으로써 현재의 국민으로 하여금 그 혜택을 널리 향유할 수 있게 함과 동시에 미래의 세대에게 계승될 수 있도록 하는 것을 들 수 있다.

이러한 이념들은 그 자체로는 선언적 의미를 지니고 있으나, 구체적인 사안을 판단하고 평가함에 있어서는 중요한 고려요소로서의 의미를 지니게 된다.

Ⅱ. 환경관련주체

A. 국가 및 지방자치단체

국가는 환경오염 및 환경훼손과 그 위해를 예방하고 환경을 적정하게 관리 · 보전하기 위하여 환경보전계획을 수립하여 이를 시행할 책무를 지고, 지방자치단체는 관할구역의 지역적 특성을 고려하여 국가의 환경보전계획에 따라 당해 지방자치단체의 계획을 수립하여 이를 시행할 책무를 진다. 지방자치단체는 지역적 특성을 고려할 의무이자 권리를 소지하고 있으므로, 그 관할구역 내에서 보다 창조적이고 적절한 환경계획을 수립 · 시행할 수 있다.

국가 및 지방자치단체는 환경보전을 위한 시책의 실시에 필요한 법제상 · 재정상의 조치를 하여야 하고, 나아가 국제협력을 통하여 환경정보와 기술을 교류하고 전문인력을 양성하며, 지구전체의 환경에 영향을 미치는 기후변화, 오존층의 파괴, 해양오염, 사막화 및 생물자원의 감소등으로부터 지구의 환경을 보전하기 위하여 지구환경의 감시 · 관측 및 보호에 관하여 상호 협력하는 등 국제적인 노력에 적극 참여하여야 한다. 국가 및 지방자치단체는 환경보전을 위한 실험 · 조사 · 연구 · 기술개발 및 전문인력의 양성등 환경과학기술의 진흥에 필요한 시책을 강구하여야 한다. 국가 및 지방자치단체는 환경오염의 저감을 위한 녹지대, 폐 · 하수 및 폐기물의 처리를 위한 시설, 소음 · 진동 및 악취의 방지를 위한 시설, 야생생물 및 생태계의 보호 · 복원을 위한 시설 등 환경보전을 위한 공공시설의 설치 · 관리를 위하여 필요한 조치를 하여야 한다.

국가 및 지방자치단체의 장은 토지의 이용 또는 개발에 관한 계획을 수립하는 때에는 국가환경종합계획, 시 · 도환경계획 및 시 · 군 · 구환경계획과 당해 지역의 환경용량을 고려하여야 한다. 관계중앙행정기관의 장, 시 · 도지사 및 시장 · 군수 · 구청장은 토지의 이용 또는 개발에 관한 사업의 허가등을 하는 경우에는 국가환경종합계획등을 고려하여야 한다.

B. 사업자

사업자는 그 사업활동으로부터 야기되는 환경오염 및 환경훼손에 대하여 스스로 이를 방지함에 필요한 조치를 하여야 하며, 국가 또는 지방자치단체의 환경보전시책에 참여하고 협력하여야 할 책무를 진다. 사실 환경에 가장 직접적이고도 중대한 영향을 미치는 자는 바로 사업자일 것이다. 사업자란 사업을 영위하는 자로서 자연인이나 법인이 될 것이다.

C. 국민

모든 국민은 건강하고 쾌적한 환경에서 생활할 권리를 가짐과 동시에 국가 및 지방자치단체의 환경보전시책에 협력하여야 하며, 또한 일상생활에 따르는 환경오염과 환경훼손을 줄이고, 국토 및 자연환경의 보전을 위하여 노력하여야 한다.

D. 환경정책관련 기구

1. 환경정책위원회

환경부장관은 다음 각 호의 사항에 대한 심의 · 자문을 수행하는 중앙환경정책위원회를 둘 수 있다: 1. 제14조에 따른 국가환경종합계획 및 제17조에 따른 중기계획의 수립 · 변경에 관한 사항, 2. 환경기준 · 오염물질배출허용기준 및 방류수수질기준 등에 관한 사항, 3. 제38조에 따른 특별대책지역의 지정 및 특별종합대책의 수립에 관한 사항, 4. 「가축분뇨의 관리 및 이용에 관한 법률」 제5조에 따른 가축분뇨관리기본계획 등 가축분뇨의 처리 · 자원화를 위한 기본시책에 관한 사항, 5. 「녹색제품 구매촉진에 관한 법률」 제4조에 따른 녹색제품구매촉진기본계획 등 녹색제품 구매촉진을 위한 기본시책에 관한 사항, 6. 「잔류성유기오염물질 관리법」 제5조에 따른 잔류성유기오염물질관리기본계획 등 잔류성유기오염물질 관리를 위한 기본시책에 관한 사항, 7. 「환경분야 시험 · 검사 등에 관한 법률」 제3조에 따른 환경시험 · 검사발전기본계획 등 환경시험 · 검사 및 환경기술 분야의 기본시책에 관한 사항, 8. 「전기 · 전자제품 및 자동차의 자원순환에 관한 법률」 제9조제1항, 제10조제1항 및 제2항, 제12조제3항, 제16조제1항 및 제25조제1항에 따른 유해물질 함유기준 설정, 재질 · 구조의 개선, 재활용비율 등에 관한 사항, 9. 그 밖에 환경정책 · 자연환경 · 기후대기 · 물 · 상하수도 · 자연순환 · 지구환경 등 부문별 환경보전 기본계획이나 대책의 수립 · 변경에 관한 사항과 위원장 또는 분과위원장이 중앙환경정책위원회의 심의 또는 자문을 요청하는 사항.

중앙환경정책위원회는 위원장과 10명 이내의 분과위원장을 포함한 200명 이내의 위원으로 구성한다. 위원장은 환경부장관과 환경부장관이 위촉하는 민간위원 중에서 호선으로 선정된 자가 공동으로 하고, 분과위원장은 환경정책 · 자연환경 · 기후대기 · 물 · 상하수도 · 자원순환 등 환경관리 부문별로 환경부장관이 지명한 자가 된다.

지역의 환경정책에 관한 심의 · 자문을 위하여 시 · 도지사 소속으로 시 · 도환경정책위원회를 두며, 시장 · 군수 · 구청장 소속으로 시 · 군 · 구환경정책위원회를 둘 수 있다.

이러한 위원회는 하나의 자문위원회로서 환경행정청의 의사결정에 있어서 전문적인 조언 내지 자문을 제공하게 된다.

2. 환경보전협회

환경보전에 관한 조사연구, 기술개발 및 교육 · 홍보 등을 하기 위하여 환경보전협회를 두며, 협회의 조직형태는 법인으로 한다. 협회의 회원이 될 수 있는 자는 환경오염물질을 배출하는 시설의 설치허가를 받은 자 및 대통령령이 정하는 자로 하며, 협회의 사업에 소요되는 경비는 회비 · 사업수입금등으로 충당하며, 국가는 소요 경비의 일부를 예산의 범위안에서 지원할 수 있다.

환경부장관은 협회의 운영이 법령에 위반되거나 기타 정관에 위배된다고 인정하는 때에는 그 정관 또는 사업계획의 변경이나 임원의 개임을 명할 수 있다. 협회에 관하여 이 법에 규정되지 아니한 사항은 「민법」중 사단법인에 관한 규정을 준용한다.

환경보전협회는 공법에 의거하여 설립된 공법인으로서 환경보전이라는 공익에 이바지하는 단체이다.

Ⅲ. 환경정책의 기본원칙

A. 오염원인자 책임원칙

법 제7조(오염원인자 책임원칙)에 따르면, "자기의 행위 또는 사업활동으로 인하여 환경오염 또는 환경훼손의 원인을 야기한 자는 그 오염 · 훼손의 방지와 오염 · 훼손된 환경을 회복 · 복원할 책임을 지며, 환경오염 또는 환경훼손으로 인한 피해의 구제에 소요되는 비용을 부담함을 원칙으로 한다."라고 규정하고 있다.

동 조문이 공법상 효력을 지닐 뿐만 아니라 사법상의 효력도 지니는가와 관련하여 견해의 대립이 있을 수 있다. 사법상 효력을 긍정하는 경우에는 동조항에 근거하여 오염된 토양의 매수인이 오염원인자인 매도인을 상대로 그 처리비용을 청구할 수 있게 되기 때문이다. 조홍식 교수에 따르면 원인자부담의 원칙을 규정한 동조항에 사법상 효력을 부여할 수는 없다: "① 文言만으로는 그 사법상 효력 여부를 추단할 수 없다. 오히려 "…원칙으로 한다"고 규정하고 있는바, 이것은 얼마든지 예외가 있을 수 있다는 것을 의미하고 원칙인지 예외인지는 개별법규에서 입법적으로 정할 것을 예정한 것이라고 보는 것이 합리적이다. 실제로도 "한강수계수변지역개발특별법"은 원인자부담의 원칙에 정면으로 반하는「수익자부담의 원칙」에 기하여 오염원인자인 강원도민이 아니라 정화수익자인 서울 시민에게 비용을 부담 시키고 있다. 따라서 이 규정은 앞서 본 바와 같이 정책기조를 정하고 있는 규정이라고 보는 것이 적절하다. ② 문맥적 요소(文脈的 要素)를 살펴보아도 문언에 기한 판단을 뒤집을 근거를 찾기 어렵다. ㉠ 立法史(legislative history)에 해당하는 입법 자료를 살펴보아도 위 조문의 사법상 효력 여하를 판단할 수 있는 자료를 찾을 수 없어 위 조문의 기안자들의 의도를 간파하는 것은 불가능하다고 말해도 과언이 아니다. ㉡ 법률구조를 보아도 앞서 설명한 바와 같이 환경정책기본법이 그 목적을 달성하기 위한 수단으로 권리 · 의무의 설정만이 아니라 정책기조의 책정도 거론하고 있고, 여타의 규정을 보아도 권리 · 의무를 규정한 규정보다는 정책기조에 관계된 규정이 다수이다. ㉢ 입법목적은 앞서 본 바와 같이 환경보호인데 이를 달성하기 위한 수단으로 두 방안이 함께 제시되어 있다는 점, 환경보호가 국가의 유일한 목적이 될 수 없기 때문에 여타의 목적을 가진 타법과의 관계에서 법질서 전체의 조화와 일관성을 염두에 두어야 한다. ㉣ 기존의 민법 등 사법의 규정과 법이론으로도 환경보호에 충실한 결과를 도출할 수 있기 때문에, 굳이 사법체계 자체에 큰 영향을 끼칠 수 있는 조문의 사법상 효력을 인정할 필요는 없을 것이다. 요컨대 환경정책기본법 제7조만으로는 매도인의 의무의 내용과 범위를 확정할 수 없기 때문에 이 규정에 기해 민사상 청구를 하는 것은 불가하다고 본다.[2)]"

2) 조홍식, 폐기물관리법상 사업장폐기물 배출사업자의 법적 책임, 법학 45권 2호(2004), 137면 이하.

B. 사전예방원칙

법 제8조(환경오염 등의 사전예방)에 따르면, 국가 및 지방자치단체는 환경오염물질 및 환경오염원의 원천적인 감소를 통한 사전예방적 오염관리에 우선적인 노력을 기울여야 하며, 사업자로 하여금 환경오염의 예방을 위하여 스스로 노력하도록 촉진하기 위한 시책을 강구하여야 한다. 사업자는 제품의 제조 · 판매 · 유통 및 폐기 등 사업활동의 모든 과정에서 환경오염이 적은 원료를 사용하고 공정을 개선하며, 자원의 절약과 재활용의 촉진 등을 통하여 오염물질의 배출을 원천적으로 줄이고, 제품의 사용 및 폐기로 인하여 환경에 미치는 해로운 영향을 최소화하도록 노력하여야 한다. 국가 · 지방자치단체 및 사업자는 행정계획이나 개발사업에 따른 국토 및 자연환경의 훼손을 예방하기 위하여 당해 행정계획 또는 개발사업으로 인하여 환경에 미치는 해로운 영향을 최소화하도록 노력하여야 한다.

C. 통합적 고려원칙

법 제9조(환경과 경제의 통합적 고려 등)에 따르면, 정부는 환경과 경제를 통합적으로 평가할 수 있는 방법을 개발하여 이를 각종 정책의 수립시에 고려하여야 하며, 환경용량의 범위안에서 산업간 · 지역간 · 사업간 협의에 의하여 환경에 미치는 해로운 영향을 최소화하도록 지원하여야 한다.

D. 자원의 순환적 사용원칙

법 제10조(자원 등의 절약 및 순환적 사용 촉진)에 따르면, 국가 및 지방자치단체는 자원 및 에너지를 절약하고 자원의 재사용 · 재활용 등 자원의 순환적 사용을 촉진하는데 필요한 시책을 마련하여야 하며, 사업자는 경제활동을 함에 있어 국가 및 지방자치단체의 시책에 협력하여야 한다.

Ⅳ. 환경행정의 수단

A. 환경기준의 설정 및 유지

1. 환경기준의 설정

정부는 국민의 건강을 보호하고 쾌적한 환경을 조성하기 위하여 환경기준을 설정하여야 하며 환경여건의 변화에 따라 그 적정성이 유지되도록 하여야 하며, 이러한 환경기준의 설정과 관련된 법형식은 대통령령으로 정한다. 특별시·광역시·도는 지역환경의 특수성을 고려하여 필요하다고 인정하는 때에는 당해 시·도의 조례로 정부의 환경기준보다 확대·강화된 별도의 환경기준을 설정할 수 있으며, 이 경우에는 이를 지체없이 환경부장관에게 보고하여야 한다.

2. 환경기준의 유지

국가 및 지방자치단체는 환경기준이 적절히 유지되도록 환경에 관련되는 법령의 제정과 행정계획의 수립 및 사업의 집행을 할 경우에는 다음 사항을 고려하여야 한다: 1. 환경악화의 예방 및 그 요인의 제거, 2. 환경오염지역의 원상회복, 3. 새로운 과학기술의 사용으로 인한 환경위해의 예방, 4. 환경오염방지를 위한 재원의 적정배분.

B. 환경계획

1. 국가환경종합계획

환경부장관은 관계중앙행정기관의 장과 협의하여 국가차원의 환경보전을 위한 종합계획을 10년마다 수립하여야 하고, 수립된 국가환경종합계획은 국무회의의 심의를 거쳐 확정한다.

국가환경종합계획에는 다음 각호의 사항이 포함되어야 한다: 1. 인구·산업·경제·토지 및 해양의 이용등 환경변화 여건에 관한 사항, 2. 환경오염원·환경오염도 및 오염물질 배출량의 예측과 환경오염 및 환경훼손으로 인한 환경질의 변화전망, 3. 자연환경의 현황 및 전망, 4. 환경보전 목표의 설정과 이의 달성을 위한 가. 생물다양성·생태계·경관 등 자연환경의 보전에 관한 사항, 나. 토양보전에 관한 사항, 다. 해양환경의 보전에 관한 사항, 라. 국토환경의 보전에 관한 사항, 마. 대기환경의 보전에 관한 사항, 바. 수질환경의 보전에 관한 사항, 사. 상 · 하수도의 보급에 관한 사항, 아. 폐기물의 관리 및 재활용에 관한 사항, 자. 유해화학물질의 관리에 관한 사항, 차. 방사능오염물질의 관리 그 밖의 환경의 관리에 관한 사항에 관한 단계별 대책 및 사업계획, 5. 사업의 시행에 소요되는 비용의 산정 및 재원 조달방법, 6. 그 밖에 제1호 내지 제5호에 부대되는 사항.

2. 환경보전중기종합계획

환경부장관은 국가환경종합계획의 종합적 · 체계적 추진을 위하여 5년마다 환경보전중기종합계획을 수립하여야 한다. 환경부장관은 중기계획을 관계 중앙행정기관의 장 및 시 · 도지사에게 통보하여야 하며 통보를 받은 관계 중앙행정기관의 장 및 시 · 도지사는 이를 소관업무계획에 반영하여야 한다.

3. 시 · 도환경보전계획

시 · 도지사는 국가환경종합계획 및 중기계획에 따라 관할구역의 지역적 특성을 고려하여 당해 시 · 도의 환경보전계획을 수립 · 시행하여야 하며, 시 · 도환경계획을 수립한 경우에는 지체없이 이를 환경부장관에게 보고하여야 한다. 환경부장관은 영향권별 환경관리를 위하여 필요한 경우에는 당해 시 · 도지사에게 시 · 도환경계획의 변경을 요청할 수 있다.

4. 시 · 군 · 구환경보전계획

시장 · 군수 · 구청장(자치구의 구청장)은 국가환경종합계획과 중기계획 및 시 · 도환경계획에 따라 관할구역의 지역적 특성을 고려하여 당해 시 · 군 · 구의 환경보전계획을 수립 · 시행하여야 하고, 시 · 군 · 구환경계획을 수립하는 경우에는 관할 시 · 도지사를 거쳐 지방환경관서의 장과 협의한 후 환경부장관에게 보고하여야 한다. 지방환경관서의 장 또는 시 · 도지사는 영향권별 환경관리를 위하여 필요한 경우에는 당해 시장 · 군수 · 구청장에게 시 · 군 · 구환경계획의 변경을 요청할 수 있다.

5. 특별대책지역

환경부장관은 환경오염 · 환경훼손 또는 자연생태계의 변화가 현저하거나 현저하게 될 우려가 있는 지역과 환경기준을 자주 초과하는 지역을 관계중앙행정기관의 장 및 시 · 도지사와 협의하여 환경보전을 위한 특별대책지역으로 지정 · 고시하고 당해 지역 안의 환경보전을 위한 특별종합대책을 수립하여 관할시 · 도지사에게 이를 시행하게 할 수 있으며, 이러한 특별대책지역내의 환경개선을 위하여 필요한 경우에 한하여 대통령령이 정하는 바에 의하여 그 지역내의 토지이용과 시설설치를 제한할 수 있다.

동 조항에 의하면 환경부장관이 환경보전을 위하여 특별대책지역을 지정할 수 있는데, 이를 고시라는 행위형식을 통하여 할 수 있도록 규정하고 있다. 그런데 이러한 특별대책지역으로 지정되는 경우에 그 지역내에서 국민들의 재산권 행사가 제한받을 수 있음에 비추어 볼 때, 이러한 지역의 지정은 보다 큰 정당성을 요한다.[3]

6. 영향권별 환경관리

환경부장관은 환경오염의 상황을 파악하고 그 방지대책을 강구하기 위하여 대기오염의 영향권별지역 및 수질오염의 수계별지역 및 생태계권역 등에 대한 환경의 영향권별관리를 하여야 한다. 지방자치단체의 장은 관할구역의 대기오염 · 수질오염 또는 생태계의 효과적인 관리를 위하여 지역의 실정에 따라 환경의 영향권별 관리를 할 수 있다.

C. 환경영향평가

국가는 환경에 영향을 미치는 개발사업을 시행함에 있어서 해당 사업이 환경에 미칠 영향을 미리 평가 · 검토하여 환경에 미치는 해로운 영향을 최소화하기 위한 저감방안 등을 마련하기 위하여 환경영향평가를 실시하여야 한다.

D. 환경상 행정작용

1. 권력적 행정작용

정부는 환경보전을 위하여 대기오염 · 수질오염 · 토양오염 또는 해양오염의 원인이 되는 물질의 배출, 소음, 진동, 악취의 발생, 폐기물의 처리, 일조의 침해 및 자연환경의 훼손에 대하여 필요한 규제를 하여야 한다.

---

3) 김홍균, 환경법, 홍문사, 2010, 27면.

국가는 관계법령에 따라 환경오염에 관한 배출허용기준을 정하거나 변경하고자 할 때에는 특별한 사유가 없는 한 이를 예고하여야 한다.

2. 경제적 · 유인적 행정작용

정부는 자원의 효율적인 이용을 도모하고 환경오염의 원인을 야기한 자 스스로 오염물질의 배출을 줄이도록 유도하기 위하여 필요한 경제적 유인수단을 강구하여야 한다.

이러한 경제적 수단을 뒷받침 하기 위하여 법 제45조(환경개선특별회계의 설치 등)에 따르면, 정부는 환경개선사업의 투자를 확대하고 그 관리 · 운영을 효율화하기 위하여 환경개선특별회계를 설치하고, 환경개선특별회계는 환경부장관이 관리 · 운용한다.

3. 중점적 행정작용

a) 유해화학물질의 관리

정부는 화학물질에 의한 환경오염과 건강상의 위해를 예방하기 위하여 유해화학물질을 적정하게 관리하기 위한 시책을 강구하여야 한다. 이를 위해서 유해화학물질관리법이 제정되어 있고, 최근에는 구미, 청주 등의 산업단지에서 화학물질 누출사고가 잇따름에도 불구하고, 현행 「유해화학물질 관리법」으로는 화학물질 관리 및 화학사고 대응에 한계가 있어, 예방 및 관리체계를 강화하여 국민의 불안을 해소하기 위해 개정되었다. 본 법안에 따르면 화학물질에 대한 통계조사 및 정보체계를 구축하여 국민의 알권리를 보장하고 유해화학물질 취급기준의 구체화, 화학사고 장외영향평가제도 및 영업허가제 신설 등을 통해 유해화학물질 예방관리체계를 강화하였다. 또한 화학사고의 발생 시 즉시 신고의무를 부여하고 현장조정관 파견 및 특별관리지역 지정 등을 통해 화학사고의 신속한 대응체계도 마련하였다. 아울러 「유해화학물질 관리법」을 「화학물질관리법」으로 제명을 변경하고, 법규위반 사업장에 대한 제재수단을 강화하여 화학물질의 체계적인 관리와 화학사고의 예방을 통해 화학물질의 위험으로부터 국민 건강 및 환경을 보호할 수 있도록 했다.[4)]

---

4) 참조: 2013. 5. 7. 변재일의원실 보도자료.

b) 방사성 물질에 의한 환경오염의 방지등

정부는 방사성 물질에 의한 환경오염 및 그 방지등에 관하여 적절한 조치를 하여야 한다. 이와 관련하여 방사성폐기물 관리법이 제정되어 있으며, 방사성폐기물을 안전하고 효율적으로 관리하는 데에 필요한 사항을 규정함으로써 방사성폐기물로 인한 위해(危害)를 방지하고 공공의 안전과 환경보전에 이바지함을 목적으로 한다.

c) 과학기술의 위해성 평가 등

정부는 과학기술의 발달로 인하여 생태계 또는 인간의 건강에 미치는 해로운 영향을 예방하기 위하여 필요하다고 인정하는 경우 그 영향에 대한 분석이나 위해성 평가 등 적절한 조치를 마련하여야 한다. 이와 관련하여 화학물질의 등록 및 평가에 관한 법률이 제정되었다.

d) 환경성질환에 대한 대책

국가 및 지방자치단체는 환경오염으로 인한 국민의 건강상의 피해를 규명하고 환경오염에 따른 질환에 대한 대책을 마련하여야 한다.

e) 국가시책 등의 환경친화성 제고

국가 및 지방자치단체는 교통부문에서의 환경오염 또는 환경훼손을 최소화하기 위하여 환경친화적인 교통체계의 구축에 필요한 시책을 마련하여야 한다. 국가 및 지방자치단체는 에너지의 이용에 따른 환경오염 또는 환경훼손을 최소화하기 위하여 에너지의 합리적 · 효율적 이용과 환경친화적인 에너지의 개발 · 보급에 필요한 시책을 마련하여야 한다. 국가 및 지방자치단체는 농업 · 임업 · 어업부문에서의 환경오염 또는 환경훼손을 최소화하기 위하여 환경친화적인 농업 · 임업 · 어업의 진흥에 필요한 시책을 마련하여야 한다.

4. 환경상 사실행위

a) 환경지원

국가는 지방자치단체의 환경보전사업에 소요되는 경비의 전부 또는 일부를 국고에서 지원할 수 있다. 환경부장관은 지방자치단체의 환경관리능력을 향상시키고 환경친화적 지방행정을 활성화하기 위하여 환경관리시범 지방자치단체를 지정하고 이를 지원하기 위하여 필요한 조치를 할 수 있다.

국가 또는 지방자치단체는 사업자가 행하는 환경보전을 위한 시설의 설치 · 운영을 지원하기 위하여 필요한 세제상의 조치 기타 재정지원을 할 수 있다. 국가 및 지방자치단체는 사업자가 스스로 환경관리를 위하여 노력하는 자발적 환경관리체제가 정착 · 확산될 수 있도록 필요한 행정적 · 재정적 지원을 할 수 있다.

국가 또는 지방자치단체는 환경보전에 관련되는 학술조사 · 연구 및 기술개발에 필요한 재정지원을 할 수 있다.

b) 환경조사

국가 및 지방자치단체는 다음 각호의 사항을 상시 조사 · 평가하여야 한다: 1. 자연환경 및 생활환경현황, 2. 환경오염 및 환경훼손실태, 3. 환경오염원 및 환경훼손요인, 4. 환경의 질의 변화, 5. 그 밖에 국가환경종합계획등의 수립 · 시행에 관하여 필요한 사항.

국가 및 지방자치단체는 조사 · 평가를 적정하게 실시하기 위한 연구 · 감시 · 측정 · 시험 및 분석체제를 유지하여야 한다.

c) 환경친화적 계획기법의 작성 · 보급

정부는 환경에 영향을 미치는 행정계획 및 개발사업이 환경적으로 건전하고 지속가능하게 계획되어 수립 · 시행될 수 있게 하기 위하여 환경친화적인 계획기법 및 토지이용 · 개발기준을 작성 · 보급할 수 있다. 환경부장관은 국토환경의 효율적인 보전과 환경친화적인 국토의 이용을 위하여 국토에 대한 환경적 가치를 평가하여 등급으로 표시한 환경성평가지도를 작성 · 보급할 수 있다.

d) 민간환경단체 지원

국가 및 지방자치단체는 민간환경단체등의 자발적인 환경보전활동을 촉진하기 위하여 정보의 제공 등 필요한 시책을 강구하여야 하고, 민간환경단체 등이 경관이나 생태적 가치 등이 우수한 지역을 매수하여 관리하는 등의 환경보전활동을 하는 경우 이에 필요한 행정적 지원을 할 수 있다.

e) 환경정보의 보급

환경부장관은 모든 국민에게 환경보전에 관한 지식 · 정보를 보급하고, 국민이 환경에 관한 정보에 쉽게 접근할 수 있도록 노력하여야 하며, 이를 위하여 환경정보망을 구축 · 운영할 수 있다. 환경부장관은 관계행정기관의 장에게 환경정보망 구축 · 운영에 필요한 자료의 제출을 요청할 수 있으며, 이 경우 요청받은 관계행정기관의 장은 특별한 사유가 없는 한 이에 따라야 한다.

f) 환경교육

국가 및 지방자치단체는 환경보전에 관한 교육과 홍보 등을 통하여 국민의 환경보전에 대한 이해를 깊게 함과 아울러 국민 스스로 환경보전에 참여하고 일상생활에서 이를 실천할 수 있도록 필요한 시책을 수립 · 추진하여야 한다.

V. 환경분쟁해결과 벌칙

A. 신속 · 공정 · 효율

국가 및 지방자치단체는 환경오염 또는 환경훼손으로 인한 분쟁 기타 환경관련 분쟁이 발생한 경우에 그 분쟁이 신속하고 공정하게 해결되도록 하기 위하여 필요한 시책을 강구하여야 한다. 국가 및 지방자치단체는 환경오염 또는 환경훼손으로 인한 피해를 원활히 구제하기 위하여 필요한 시책을 강구하여야 한다.

B. 무과실책임 및 연대책임

1. 무과실책임

법 제44조(환경오염의 피해에 대한 무과실책임) 제1항 및 제2항에 의하면, 환경오염 또는 환경훼손으로 피해가 발생한 경우에는 해당 환경오염 또는 환경훼손의 원인자가 그 피해를 배상하여야 하며, 환경오염 또는 환경훼손의 원인자가 둘 이상인 경우에 어느 원인자에 의하여 제1항에 따른 피해가 발생한 것인지를 알 수 없을 때에는 각 원인자가 연대하여 배상하여야 한다.[5] 동 규정은 구 환경보전법상 생명 또는 신체에 대한 손해에 한정하여 무과실책임을 인정하던 것을 재산적 손해로까지 확대하였다. 또한 법규정에서 '사업장등[6]'이라는 요건을 삭제하여 원인자가 피해를 배상하도록 규정하고 있다.

동규정에 대해서는 다음과 같은 문제점이 지적될 수 있다.

첫째, 환경정책기본법 제44조는 일반조항의 형태로 대단히 포괄적으로 규정되어 있어서 구체적인 배상책임의 인정여부가 불확실하다. 무과실책임을 환경책임에 있어서 하나의 기본원칙으로 해석할 수 있기는 하지만 실효성이 떨어진다.[7]

둘째, 동 규정에서 '환경오염 또는 환경훼손으로 인한 피해'라고 할 때 그 피해의 범위를 어디까지로 할 것인가가 어렵다. 즉 환경오염이나 환경훼손으로 인한 피해 중 민법 제217조[8]에 의하여 인용의무가 있는 피해, 즉 이웃토지의 통상적 이용으로 인한 피해

---

5) 대법원 2008.9.11. 선고 2006다50338 판결【손해배상(기)】: 환경정책기본법 제31조 제1항 및 제3조 제1호, 제3호, 제4호에 의하면, 사업장 등에서 발생되는 환경오염으로 인하여 피해가 발생한 경우에는 당해 사업자는 귀책사유가 없더라도 그 피해를 배상하여야 하고, 위 환경오염에는 소음 · 진동으로 사람의 건강이나 환경에 피해를 주는 것도 포함된다(대법원 2001. 2. 9. 선고 99다55434 판결).

대법원 2001. 2. 9. 선고 99다55434 판결【손해배상(기)】: 환경정책기본법 제31조 제1항 및 제3조 제1호, 제3호, 제4호에 의하면, 사업장 등에서 발생되는 환경오염으로 인하여 피해가 발생한 경우에는 당해 사업자는 귀책사유가 없더라도 그 피해를 배상하여야 하고, 위 환경오염에는 소음 · 진동으로 사람의 건강이나 환경에 피해를 주는 것도 포함되므로, 피해자들의 손해에 대하여 사업자는 그 귀책사유가 없더라도 특별한 사정이 없는 한 이를 배상할 의무가 있다.

참조: 대법원 2008.9.11. 선고 2006다50338 판결: 민사소송법 제136조 제1항은 "재판장은 소송관계를 분명하게 하기 위하여 당사자에게 사실상 또는 법률상 사항에 대하여 질문할 수 있고, 증명을 하도록 촉구할 수 있다."라고 규정하고 있고, 그 제4항은 "법원은 당사자가 간과하였음이 분명하다고 인정되는 법률상 사항에 관하여 당사자에게 의견을 진술할 기회를 주어야 한다."라고 규정하고 있으므로, 당사자가 부주의 또는 오해로 인하여 증명하지 아니한 것이 분명하거나 쟁점으로 될 사항에 관하여 당사자 사이에 명시적인 다툼이 없는 경우에는 법원은 석명을 구하고 증명을 촉구하여야 하고, 만일 당사자가 전혀 의식하지 못하거나 예상하지 못하였던 법률적 관점을 이유로 법원이 청구의 당부를 판단하려는 경우에는 그 법률적 관점에 대하여 당사자에게 의견진술의 기회를 주어야 하며, 그와 같이 하지 않고 예상 외의 재판으로 당사자 일방에게 불의의 타격을 가하는 것은 석명의무를 다하지 아니하여 심리를 제대로 하지 아니한 위법을 범한 것이 된다(대법원 1994. 10. 21. 선고 94다17109 판결, 대법원 2002. 1. 25. 선고 2001다11055 판결 등 참조).

6) '사업장등'이라 함은 오염물질을 배출하는 배출시설이 설치되어 있는 공장이나 사업장 그리고 기타 모든 설비나 시설들을 지칭한다.

7) 전경운, 환경사법론, 집문당, 2009, 197면.

8) 민법 제217조 (매연 등에 의한 인지에 대한 방해금지) ① 토지소유자는 매연, 열기체, 액체, 음향, 진동 기타 이에 유사한 것으로 이웃토지의 사용을 방해하거나 이웃거주자의 생활에 고통을 주지 아니하도록 적당한 조처를 할 의무가 있다. ② 이웃거주자는 전항의 사태가 이웃 토지의 통상의 용도에 적당한 것인 때에는 이를 인용할 의무가 있다.

및 경미한 피해에 대한 인용의무의 인정여부에 대해서 규정하고 있지 아니한 문제가 있다.[9] 동 규정에 의하면 오염배출시설의 설치에 있어서 인・허가상의 요건들을 준수하면서 경영을 하여도 환경오염 내지 환경훼손이 발생할 수 있음을 간과한 것으로서 사업자인 오염원인자에게 과도한 책임을 부담시키는 것이다.

셋째, 무과실책임에서 책임의 감면사유를 어디까지 인정할 것인가와 관련하여서도 불분명하다.[10] 불가항력에 의한 피해에 대한 면책규정이 없으므로 불가항력에 의한 경우에도 배상책임이 있다고 해석될 여지가 있다. 불가항력이란 태풍・토네이도・눈보라・새 떼의 비상과 같은 자연재해, 제3자의 개입에 의한 태업・파업 등과 같이 일반적으로 그 발생을 최고도의 주의에 의해서도 예견할 수 없었거나 방지할 수 없었던 외부로부터의 기인하는 사건이라고 정의할 수 있다.

참조	인천지법 부천지원 2004. 10. 22. 선고 2002가단23361 판결: 확정
판례 취지	이 사건 폐사는 피고 회사가 2002. 5. 24.부터 덤프트럭 등을 집중 투입하여 이 사건 양식장 앞의 야적장에 적치된 토사를 위 양식장 3호지 앞 도로를 통하여 대량 운반하면서 발생한 소음과 진동으로 인하여 발생하였다고 봄이 상당하므로(그 직접적인 원인은 소음과 진동 때문에 3호지 내 숭어의 집단 요동현상이 일어나 아랫물과 윗물이 뒤집어지고 흙탕물이 생겨 용존산소량이 부족해지고 수질이 급격히 악화된 데 있었다고 보여진다.), 피고들은 환경오염 피해에 대한 무과실책임을 규정한 환경정책기본법 제31조 제1항에 의하여 그 사업장인 위 토사반출현장에서 발생한 환경오염의 하나인 소음・진동으로 인한 원고의 피해를 배상할 의무가 있다 할 것이다(원고는 민법 제750조의 일반 불법행위법을 근거로 피고들에게 손해배상을 구하나, 위 환경정책기본법의 규정은 손해의 책임과 발생에 관한 입증책임을 환경오염을 발생시키는 사업자에게 지우는 것으로서 민법 제750조에 대한 특별규정이라고 보아야 하므로 환경오염으로 인한 손해배상사건에 관하여는 그 피해자가 위 법률의 적용을 구하는 주장을 하였는지 여부를 가리지 아

9) 전경운, 환경사법론, 집문당, 2009, 198면.

10) 독일 환경책임법 제4조(책임의 면제)에 의하면, 불가항력에 의해 초래된 손해에 대해서는 책임을 배제하도록 규정되어 있으며(Umwelthaftungsgesetz § 4 Ausschluß der Haftung Die Ersatzpflicht besteht nicht, soweit der Schaden durch höhere Gewalt verursacht wurde.), 불가항력의 개념은 판례에 의해 다음 3가지를 주요 특징으로 한다: 첫째, 조업과 무관한 외부로부터의 침해, 둘째, 초일상성, 셋째, 불가피성을 들고 있다.
독일 환경책임법 제5조(물적 손해에 있어서 책임의 제한)에 의하면 "배출시설이 법령에 적합하게 조업되었고, 물건들이 비본질적으로 또는 위치적 관계에 비추어 수인가능한 정도로 침해된 경우에는 물적 손해에 대한 배상의무는 면제된다."고 규정하고 있다(§ 5 Beschränkung der Haftung bei Sachschäden Ist die Anlage bestimmungsgemäß betrieben worden(§ 6 Abs. 2 Satz 2), so ist die Ersatzpflicht für Sachschäden ausgeschlossen, wenn die Sache nur unwesentlich oder in einem Maße beeinträchtigt wird, das nach den örtlichen Verhältnissen zumutbar ist.)

니하고 민법상의 손해배상 규정에 우선하여 적용하여야 할 것이다(대법원 1967. 9. 26. 선고 67다1695 판결 참조).

오염원인자가 무과실책임을 부담하더라도 가해행위와 손해 사이에는 인과관계가 있어야 한다. 물론 이러한 인과관계는 통상적으로 신개연성설에 의거하여 피해자가 다음의 사실들을 입증하면 오염원인자가 반증을 통하여 그러한 사실을 번복하지 못하는 경우에 책임을 부담하게 된다: 오염원인자로부터 오염물질이 배출되었고, 그러한 오염물질이 피해자에게 도달하였으며, 피해가 발생하였다는 사실을 피해자가 입증하는 경우에, 오염원인자는 오염물질을 배출하지 아니하였다거나, 오염물질이 배출되었더라도 안전수치의 범위내에 있다거나 혹은 피해가 전혀 다른 원인에 의하여 발생하였다는 사실을 반증하지 못하는 한 인과관계가 인정되어서 배상책임을 부담하게 되는 것이다.

독일 환경책임법은 제6조 제1항에서 "어떤 배출시설이 개별적 상황에 의거하여 발생한 손해를 야기하기에 적합하다면, 그 손해는 이 배출시설을 통하여 야기된 것으로 추정된다."고 하여 인과관계를 추정하고 있으며, 동조 제2항에서는 "배출시설이 법령에 적합하게 운영되었다면 제1항은 적용되지 않는다. 특별한 운영의무들이 준수되었고 운영의 장애가 발생하지 아니한 경우에는 법령에 적합하게 조업되었다고 본다."고 규정하여 배출시설 운영자의 책임을 제한하고 있다.[11)]

---

11) Umwelthaftungsgesetz § 6 Ursachenvermutung (1) Ist eine Anlage nach den Gegebenheiten des Einzelfalles geeignet, den entstandenen Schaden zu verursachen, so wird vermutet, daβ der Schaden durch diese Anlage verursacht ist. Die Eignung im Einzelfall beurteilt sich nach dem Betriebsablauf, den verwendeten Einrichtungen, der Art und Konzentration der eingesetzten und freigesetzten Stoffe, den meteorologischen Gegebenheiten, nach Zeit und Ort des Schadenseintritts und nach dem Schadensbild sowie allen sonstigen Gegebenheiten, die im Einzelfall für oder gegen die Schadensverursachung sprechen. (2) Absatz 1 findet keine Anwendung, wenn die Anlage bestimmungsgemäβ betrieben wurde. Ein bestimmungsgemäβer Betrieb liegt vor, wenn die besonderen Betriebspflichten eingehalten worden sind und auch keine Störung des Betriebs vorliegt. (3) Besondere Betriebspflichten sind solche, die sich aus verwaltungsrechtlichen Zulassungen, Auflagen und vollziehbaren Anordnungen und Rechtsvorschriften ergeben, soweit sie die Verhinderung von solchen Umwelteinwirkungen bezwecken, die für die Verursachung des Schadens in Betracht kommen. (4) Sind in der Zulassung, in Auflagen, in vollziehbaren Anordnungen oder in Rechtsvorschriften zur Überwachung einer besonderen Betriebspflicht Kontrollen vorgeschrieben, so wird die Einhaltung dieser Betriebspflicht vermutet, wenn 1. die Kontrollen in dem Zeitraum durchgeführt wurden, in dem die in Frage stehende Umwelteinwirkung von der Anlage ausgegangen sein kann, und diese Kontrollen keinen Anhalt für die Verletzung der Betriebspflicht ergeben haben, oder 2. im Zeitpunkt der Geltendmachung des Schadensersatzanspruchs die in Frage stehende Umwelteinwirkung länger als zehn

2. 연대책임

'환경오염 또는 환경훼손의 원인자가 둘 이상인 경우에 어느 원인자에 의하여 제1항에 따른 피해가 발생한 것인지를 알 수 없을 때에는 각 원인자가 연대하여 배상하여야 한다'라는 규정에서 연대책임의 성질과 관련하여 이를 부진정연대책임으로 보고 있다. 연대책임이란 수인이 각각 독립하여 동일한 내용의 책임을 부담하고, 수인 중 어느 1인이 책임을 부담하면 다른 자의 책임도 소멸하는 것을 내용으로 하는 책임이다. 부진정연대책임이란 수인이 각각 독립하여 동일한 내용의 책임을 부담하는 점에서는 연대책임과 동일하지만, 수인의 책임자 상호간에 책임을 공동으로 부담한다는 주관적 공동관계가 없는 점에서 연대책임과 구별된다.

Jahre zurückliegt.

§ 7 Ausschluβ der Vermutung (1) Sind mehrere Anlagen geeignet, den Schaden zu verursachen, so gilt die Vermutung nicht, wenn ein anderer Umstand nach den Gegebenheiten des Einzelfalles geeignet ist, den Schaden zu verursachen. Die Eignung im Einzelfall beurteilt sich nach Zeit und Ort des Schadenseintritts und nach dem Schadensbild sowie allen sonstigen Gegebenheiten, die im Einzelfall für oder gegen die Schadensverursachung sprechen. (2) Ist nur eine Anlage geeignet, den Schaden zu verursachen, so gilt die Vermutung dann nicht, wenn ein anderer Umstand nach den Gegebenheiten des Einzelfalles geeignet ist, den Schaden zu verursachen.

제2절 저탄소 녹색성장 기본법

Ⅰ. 서설

저탄소 녹색성장 기본법은 경제와 환경의 조화로운 발전을 위하여 저탄소(低炭素) 녹색성장에 필요한 기반을 조성하고 녹색기술과 녹색산업을 새로운 성장동력으로 활용함으로써 국민경제의 발전을 도모하며 저탄소 사회 구현을 통하여 국민의 삶의 질을 높이고 국제사회에서 책임을 다하는 성숙한 선진 일류국가로 도약하는 데 이바지함을 목적으로 한다. "녹색성장"이란 에너지와 자원을 절약하고 효율적으로 사용하여 기후변화와 환경훼손을 줄이고 청정에너지와 녹색기술의 연구개발을 통하여 새로운 성장동력을 확보하며 새로운 일자리를 창출해 나가는 등 경제와 환경이 조화를 이루는 성장을 말하고, "저탄소"란 화석연료(化石燃料)에 대한 의존도를 낮추고 청정에너지의 사용 및 보급을 확대하며 녹색기술 연구개발, 탄소흡수원 확충 등을 통하여 온실가스를 적정수준 이하로 줄이는 것을 일컫는다.

환경부가 마련한 녹색성장을 위한 환경정책 추진전략을 도표로 살펴보면 다음과 같다.[12)]

녹색성장을 위한 환경정책 추진전략		
비전	환경의 신가치 혁명을 통한 녹색부국실현	
목표	• 2020년 환경기술 · 산업 글로벌 TOP 5 진입 • 친환경 저탄소형 사회경제구조로 체질 개선	
저탄소	온실가스 감축	①폐자원 에너지화 ②바이오매스 에너지화 ③수도권 환경 · 에너지 종합타운 조성 ④환경기초시설 에너지 자립화 ⑤기상자원지도 작성
	기후변화 적응	①한반도 기후변화 감시망 구축 ②기후변화 시나리오 및 예측모델 개발 ③온실가스 배출통계 및 감축잠재량 평가 ④기후변화 취약성 지도 작성 및 기후변화 영향평가 도입

12) 환경백서2009, 52면.

녹색 성장	10대 환경기술개발	①수처리 선진기술 ②Green Car 기술 ③기후변화 대응기술 ④온실가스 대체물질 기술 ⑤고효율 자원회수 기술 ⑥토양·지하수 오염정화기술 ⑦생물자원 활용·복원기술 ⑧생활공감형 친환경제품 기술 ⑨환경보건 선도기술 ⑩융합기반 환경오염 개선기술
	10대 환경산업육성	①환경플랜트산업 ②그린카산업 ③탄소시장 ④기상산업 ⑤도시광업 ⑥토양정화산업 ⑦생물자원산업 ⑧생태관광산업 ⑨친환경상품산업 ⑩환경컨설팅산업
	녹색인프라 조성 및 그린리더십	①녹색성장 교육·홍보 ②녹색성장 거버넌스 구축 ③국제환경회의 및 환경기구 유치 ④남북환경협력사업
녹색 일자리	그린뉴딜사업	①하수처리수 재이용 BTO ②Blue-Green 네트워크 ③클린코리아 실천사업 ④사용종료매립지 정비·개발
	녹색인재양성	①환경전문인력 양성 및 단기 일자리 창출 ②환경·에너지 대학원대학 설립
생활 공감	고품격 환경·기상 서비스 제공	①향기로운 도시만들기 ②깨끗하고 안전한 수돗물 공급 ③지방상수도 관망정비 ④기상예보 정확도 향상
	국민건강보호	①아토피없는 나라 프로젝트 ②친환경 건강도우미「그린코디」서비스 실시 ③친환경 안심놀이터 조성 ④지하역사

Ⅱ. 기본적 체제

A. 저탄소 녹색성장 추진의 기본원칙

저탄소 녹색성장은 다음 각 호의 기본원칙에 따라 추진되어야 한다(법제3조): 1. 정부는 기후변화·에너지·자원 문제의 해결, 성장동력 확충, 기업의 경쟁력 강화, 국토의 효율적 활용 및 쾌적한 환경 조성 등을 포함하는 종합적인 국가 발전전략을 추진한다. 2. 정부는 시장기능을 최대한 활성화하여 민간이 주도하는 저탄소 녹색성장을 추진한다. 3. 정부는 녹색기술과 녹색산업을 경제성장의 핵심 동력으로 삼고 새로운 일자리를 창출·확대할 수 있는 새로운 경제체제를 구축한다. 4. 정부는 국가의 자원을 효율적으로 사용하기 위하여 성장잠재력과 경쟁력이 높은 녹색기술 및 녹색산업 분야에 대한 중점 투자 및 지원을 강화한다. 5. 정부는 사회·경제 활동에서 에너지와 자원 이용의 효율성을 높이고 자원순환을 촉진한다. 6. 정부는 자연자원과 환경의 가치를 보존하면서 국토와 도시, 건물과 교통, 도로 · 항만 · 상하수도 등 기반시설을 저탄소 녹색성장에 적합하게 개편한다. 7. 정부는 환경오염이나 온실가스 배출로 인한 경제적 비용이 재화 또는 서비스의 시장가격에 합리적으로 반영되도록 租稅체계와 금융체계를 개편하여 자원을 효율적으로 배분하고 국민의 소비 및 생활 방식이 저탄소 녹색성장에 기여하도록 적극 유도한다. 이 경우 국내산업의 국제경쟁력이 약화되지 않도록 고려하여야 한다. 8. 정부는 국민 모두가 참여하고 국가기관, 지방자치단체, 기업, 경제단체 및 시민단체가 협력하여 저탄소 녹색성장을 구현하도록 노력한다. 9. 정부는 저탄소 녹색성장에 관한 새로운 국제적 動向을 조기에 파악 · 분석하여 국가 정책에 합리적으로 반영하고, 국제사회의 구성원으로서 책임과 역할을 성실히 이행하여 국가의 위상과 품격을 높인다.

법률에서 정한 기본원칙은 법적으로 선언적인 의미를 지니고 행정정책의 추진방향을 제시한다. 그리고 행정결정의 과정에 있어서 고려하여야 할 중요요소로서 행정작용의 정당성 내지 적법성을 판단함에 있어서 근거로 작용한다.

B. 녹색경제 · 녹색산업 구현 기본원칙

정부는 화석연료의 사용을 단계적으로 축소하고 녹색기술과 녹색산업을 육성함으로써 국가경쟁력을 강화하고 지속가능발전을 추구하는 경제를 구현하여야 하며, 녹색경제 정책을 수립 · 시행할 때 금융 · 산업 · 과학기술 · 환경 · 국토 · 문화 등 다양한 부문을 통합적 관점에서 균형 있게 고려하여야 한다. 그리고 정부는 새로운 녹색산업의 창출, 기존 산업의 녹색산업으로의 전환 및 관련 산업과의 연계 등을 통하여 에너지 · 자원 다소비형 산업구조가 저탄소 녹색산업구조로 단계적으로 전환되도록 노력하여야 하고, 저탄소 녹색성장을 추진할 때 지역 간 균형발전을 도모하며 저소득층이 소외되지 않도록 지원 및 배려하여야 한다(법 제22조).

C. 기후변화대응 기본원칙

정부는 저탄소 사회를 구현하기 위하여 기후변화대응 정책 및 관련 계획을 다음 각 호의 원칙에 따라 수립 · 시행하여야 한다(법 제38조). 1. 지구온난화에 따른 기후변화 문제의 심각성을 인식하고 국가적 · 국민적 역량을 모아 총체적으로 대응하고 범지구적 노력에 적극 참여한다. 2. 온실가스 감축의 비용과 편익을 경제적으로 분석하고 국내 여건 등을 감안하여 국가온실가스 중장기 감축 목표를 설정하고, 가격기능과 시장원리에 기반을 둔 비용효과적 방식의 합리적 규제체제를 도입함으로써 온실가스 감축을 효율적 · 체계적으로 추진한다. 3. 온실가스를 획기적으로 감축하기 위하여 정보통신 · 나노 · 생명 공학 등 첨단기술 및 융합기술을 적극 개발하고 활용한다. 4. 온실가스 배출에 따른 권리 · 의무를 명확히 하고 이에 대한 시장거래를 허용함으로써 다양한 감축수단을 자율적으로 선택할 수 있도록 하고, 국내 탄소시장을 활성화하여 국제 탄소시장에 적극 대비한다. 5. 대규모 자연재해, 환경생태와 작물상황의 변화에 대비하는 등 기후변화로 인한 영향을 최소화하고 그 위험 및 재난으로부터 국민의 안전과 재산을 보호한다.

D. 에너지정책 기본원칙

정부는 저탄소 녹색성장을 추진하기 위하여 에너지정책 및 에너지와 관련된 계획을 다음 각 호의 원칙에 따라 수립 · 시행하여야 한다(법제 39조): 1. 석유 · 석탄 등 화석연료의 사용을 단계적으로 축소하고 에너지 자립도를 획기적으로 향상시킨다. 2. 에너지 가격의 합리화, 에너지의 절약, 에너지 이용효율 제고 등 에너지 수요관리를 강화하여 지구온난화를 예방하고 환경을 보전하며, 에너지 저소비 · 자원순환형 경제 · 사회구조로 전환한다. 3. 친환경에너지인 태양에너지, 폐기물 · 바이오에너지, 풍력, 지열, 조력, 연료전지, 수소에너지 등 신 · 재생에너지의 개발 · 생산 · 이용 및 보급을 확대하고 에너지 공급원을 다변화한다. 4. 에너지가격 및 에너지산업에 대한 시장경쟁 요소의 도입을 확대하고 공정거래 질서를 확립하며, 국제규범 및 외국의 법제도 등을 고려하여 에너지산업에 대한 규제를 합리적으로 도입 · 개선하여 새로운 시장을 창출한다. 5. 국민이 저탄소 녹색성장의 혜택을 고루 누릴 수 있도록 저소득층에 대한 에너지 이용 혜택을 확대하고 형평성을 제고하는 등 에너지와 관련한 복지를 확대한다. 6. 국외 에너지자원 확보, 에너지의 수입 다변화, 에너지 비축 등을 통하여 에너지를 안정적으로 공급함으로써 에너지에 관한 국가안보를 강화한다.

E. 녹색생활 및 지속가능발전 기본원칙

녹색생활 및 지속가능발전의 실현을 위한 국가의 시책은 다음 각 호의 기본원칙에 따라 추진되어야 한다(법 제49조): 1. 국토는 녹색성장의 터전이며 그 결과의 전시장이라는 점을 인식하고 현세대 및 미래세대가 쾌적한 삶을 영위할 수 있도록 국토의 개발 및 보전·관리가 조화될 수 있도록 한다. 2. 국토·도시공간구조와 건축·교통체제를 저탄소 녹색성장 구조로 개편하고 생산자와 소비자가 녹색제품을 자발적·적극적으로 생산하고 구매할 수 있는 여건을 조성한다. 3. 국가·지방자치단체·기업 및 국민은 지속가능발전과 관련된 국제적 합의를 성실히 이행하고, 국민의 일상생활 속에 녹색생활이 내재화되고 녹색문화가 사회전반에 정착될 수 있도록 한다. 4. 국가·지방자치단체 및 기업은 경제발전의 기초가 되는 생태학적 기반을 보호할 수 있도록 토지이용과 생산시스템을 개발·정비함으로써 환경보전을 촉진한다.

F. 개별주체들의 책무

국가는 정치·경제·사회·교육·문화 등 국정의 모든 부문에서 저탄소 녹색성장의 기본원칙이 반영될 수 있도록 노력하여야 하고, 각종 정책을 수립할 때 경제와 환경의 조화로운 발전 및 기후변화에 미치는 영향 등을 종합적으로 고려하여야 한다(법 제4조 제1항 및 제2항).

지방자치단체는 저탄소 녹색성장 실현을 위한 국가시책에 적극 협력하여야 하고, 저탄소 녹색성장대책을 수립·시행할 때 해당 지방자치단체의 지역적 특성과 여건을 고려하여야 한다(법 제5조 제1항 및 제2항).

사업자는 녹색경영을 선도하여야 하며 기업활동의 전 과정에서 온실가스와 오염물질의 배출을 줄이고 녹색기술 연구개발과 녹색산업에 대한 투자 및 고용을 확대하는 등 환경에 관한 사회적·윤리적 책임을 다하여야 하며, 정부와 지방자치단체가 실시하는 저탄소 녹색성장에 관한 정책에 적극 참여하고 협력하여야 한다(법 제6조 제1항 및 제2항).

국민은 가정과 학교 및 직장 등에서 녹색생활을 적극 실천하여야 하고, 기업의 녹색경영에 관심을 기울이고 녹색제품의 소비 및 서비스 이용을 증대함으로써 기업의 녹색경영을 촉진한다. 나아가 국민은 스스로가 인류가 직면한 심각한 기후변화, 에너지·자원 위기의 최종적인 문제해결자임을 인식하여 건강하고 쾌적한 환경을 후손에게 물려주기 위하여 녹색생활 운동에 적극 참여하여야 한다(법 제7조).

G. 다른 법률과의 관계

저탄소 녹색성장에 관하여는 다른 법률에 우선하여 이 법을 적용하며, 저탄소 녹색성장과 관련되는 다른 법률을 제정하거나 개정하는 경우에는 이 법의 목적과 기본원칙에 맞도록 하여야 한다. 그리고 국가와 지방자치단체가 다른 법령에 따라 수립하는 행정계획과 정책은 제3조에 따른 저탄소 녹색성장 추진의 기본원칙 및 제9조에 따른 저탄소 녹색성장 국가전략과 조화를 이루도록 하여야 한다(법 제8조). 동법은 다른 법률들에 대해서 부합의무(Anpassungspflicht)를 부과하고 있으며 여타의 행정작용에게는 조화의무(Harmonisierungspflicht)를 부과하고 있다.

Ⅲ. 녹색성장의 수단

A. 계획적 수단

1. 국가진략

정부는 국가의 저탄소 녹색성장을 위한 정책목표 · 추진전략 · 중점추진과제 등 다음 각호의 사항을 포함하는 저탄소 녹색성장 국가전략을 수립 · 시행하여야 한다(법 제9조 제1항 및 제2항): 1. 제22조에 따른 녹색경제 체제의 구현에 관한 사항, 2. 녹색기술 · 녹색산업에 관한 사항, 3. 기후변화대응 정책, 에너지 정책 및 지속가능발전 정책에 관한 사항, 4. 녹색생활, 제51조에 따른 녹색국토, 제53조에 따른 저탄소 교통체계 등에 관한 사항, 5. 기후변화 등 저탄소 녹색성장과 관련된 국제협상 및 국제협력에 관한 사항, 6. 그 밖에 재원조달, 조세 · 금융, 인력양성, 교육 · 홍보 등 저탄소 녹색성장을 위하여 필요하다고 인정되는 사항.

2. 중앙행정기관의 추진계획

중앙행정기관의 장은 녹색성장국가전략을 효율적 · 체계적으로 이행하기 위하여 대통령령으로 정하는 바에 따라 소관 분야의 추진계획(이하 "중앙추진계획"이라 한다)을 수립 · 시행하여야 한다(법 제10조 제1항).

3. 지방자치단체의 추진계획

특별시장 · 광역시장 · 도지사 또는 특별자치도지사(이하 "시 · 도지사"라 한다)는 해당 지방자치단체의 저탄소 녹색성장을 촉진하기 위하여 대통령령으로 정하는 바에 따라 녹색성장국가전략과 조화를 이루는 지방녹색성장 추진계획(이하 "지방추진계획"이라 한다)을 수립 · 시행하여야 한다(법 제11조 제1항).

4. 기후변화대응 기본계획 및 에너지 기본계획

정부는 기후변화대응의 기본원칙에 따라 20년을 계획기간으로 하는 기후변화대응 기본계획을 5년마다 수립 · 시행하여야 한다(법 제40조 제1항). 정부는 에너지정책의 기본원칙에 따라 20년을 계획기간으로 하는 에너지기본계획을 5년마다 수립 · 시행하여야 한다(법 제41조 제1항).

5. 온실가스에 대한 적극적 대응

정부는 범지구적인 온실가스 감축에 적극 대응하고 저탄소 녹색성장을 효율적 · 체계적으로 추진하기 위하여 다음 각 호의 사항에 대한 중장기 및 단계별 목표를 설정하고 그 달성을 위하여 필요한 조치를 강구하여야 한다(법 제42조 제1항): 1. 온실가스 감축 목표, 2. 에너지 절약 목표 및 에너지 이용효율 목표, 3. 에너지 자립 목표, 4. 신 · 재생에너지 보급 목표.

6. 지속가능발전기본계획

정부는 1992년 브라질에서 개최된 유엔환경개발회의에서 채택한 의제21, 2002년 남아프리카공화국에서 개최된 세계지속가능발전정상회의에서 채택한 이행계획 등 지속가능발전과 관련된 국제적 합의를 성실히 이행하고, 국가의 지속가능발전을 촉진하기 위하여 20년을 계획기간으로 하는 지속가능발전 기본계획을 5년마다 수립 · 시행하여야 한다(법 제50조 제1항).

7. 녹색국토

정부는 건강하고 쾌적한 환경과 아름다운 경관이 경제발전 및 사회개발과 조화를 이루는 국토(이하 "녹색국토"라 한다)를 조성하기 위하여 국토종합계획 · 도시 · 군기본계획

등 대통령령으로 정하는 계획을 제49조에 따른 녹색생활 및 지속가능발전의 기본원칙에 따라 수립 · 시행하여야 한다(법 제51조 제1항).

8. 저탄소 교통체계의 구축

정부는 교통부문의 온실가스 감축을 위한 환경을 조성하고 온실가스 배출 및 에너지의 효율적인 관리를 위하여 대통령령으로 정하는 바에 따라 온실가스 감축목표 등을 설정 · 관리하여야 하며, 에너지소비량과 온실가스 배출량을 최소화하는 저탄소 교통체계를 구축하기 위하여 대중교통분담률, 철도수송분담률 등에 대한 중장기 및 단계별 목표를 설정 · 관리하여야 한다(법 제53조 제1항).

9. 녹색건축물의 확대

정부는 에너지이용 효율 및 신 · 재생에너지의 사용비율이 높고 온실가스 배출을 최소화하는 건축물을 확대하기 위하여 녹색건축물 등급제 등의 정책을 수립 · 시행하여야 하며, 건축물의 설계 · 건설 · 유지관리 · 해체 등의 전 과정에서 에너지 · 자원 소비를 최소화하고 온실가스 배출을 줄이기 위하여 설계기준 및 허가 · 심의를 강화하는 등 설계 · 건설 · 유지관리 · 해체 등의 단계별 대책 및 기준을 마련하여 시행하여야 한다(법 제54조).

B. 조직적 수단

1. 녹색성장위원회 등

국가의 저탄소 녹색성장과 관련된 주요 정책 및 계획과 그 이행에 관한 사항을 심의하기 위하여 대통령 소속으로 녹색성장위원회를 둔다(법 제14조 제1항). 위원회는 위원장 2명을 포함한 50명 이내의 위원으로 구성한다.

위원회는 다음 각 호의 사항을 심의한다: 1. 저탄소 녹색성장 정책의 기본방향에 관한 사항, 2. 녹색성장국가전략의 수립 · 변경 · 시행에 관한 사항, 3. 기후변화대응 기본계획, 에너지기본계획 및 지속가능발전 기본계획에 관한 사항, 4. 저탄소 녹색성장 추진의 목표 관리, 점검, 실태조사 및 평가에 관한 사항, 5. 관계 중앙행정기관 및 지방자치단체의 저탄소 녹색성장과 관련된 정책 조정 및 지원에 관한 사항, 6. 저탄소 녹색성장과 관련된 법제도에 관한 사항, 7. 저탄소 녹색성장을 위한 재원의 배분방향 및 효율적 사용에 관한 사항, 8. 저탄소 녹색성장과 관련된 국제협상 · 국제협력, 교육 · 홍보, 인력양성 및 기반구축 등에 관한 사항, 9. 저탄소 녹색성장과 관련된 기업 등의 고충조사, 처리, 시정권고 또는 의견표명, 10. 다른 법률에서 위원회의 심의를 거치도록 한 사항, 11. 그 밖에 저탄소 녹색성장과 관련하여 위원장이 필요하다고 인정하는 사항.

위원회의 회의는 정기회의와 임시회의로 구분하며, 임시회의는 위원장이 필요하다고 인정하는 경우 또는 위원 5명 이상의 소집요구가 있을 경우에 위원장이 소집한다. 위원회의 회의는 위원 과반수의 출석으로 개의하고, 출석위원 과반수의 찬성으로 의결한다. 다만, 대통령령으로 정하는 경우에는 서면으로 심의 · 의결할 수 있다.

2. 분과위원회

위원회의 업무를 효율적으로 수행 · 지원하고 위원회가 위임하는 업무를 검토 · 조정 또는 처리하기 위하여 대통령령으로 정하는 바에 따라 위원회에 분과위원회를 둘 수 있다(법 제17조 제1항).

3. 녹색성장기획단

위원회 및 분과위원회의 운영 및 업무를 효율적으로 지원하기 위하여 위원회에 녹색성장기획단을 둔다(법 제18조 제1항).

4. 지방녹색성장위원회

지방자치단체의 저탄소 녹색성장과 관련된 주요 정책 및 계획과 그 이행에 관한 사항을 심의하기 위하여 시 · 도지사 소속으로 지방녹색성장위원회를 둘 수 있다(법 제20조 제1항).

C. 명령적 수단

정부는 기후변화로 인한 가뭄 등 자연재해와 물 부족 및 수질악화와 수생태계 변화에 효과적으로 대응하고 모든 국민이 물의 혜택을 고루 누릴 수 있도록 하기 위하여 다음 각 호의 사항을 포함하는 시책을 수립 · 시행하여야 한다(법 제53조): 1. 깨끗하고 안전한 먹는 물 공급과 가뭄 등에 대비한 안정적인 수자원의 확보, 2. 수생태계의 보전 · 관리와 수질 개선, 3. 물 절약 등 수요관리, 빗물 이용 · 하수 재이용 등 순환 체계의 정비 및 수해의 예방, 4. 자연친화적인 하천의 보전 · 복원, 5. 수질오염 예방 · 처리를 위한 기술 개발 및 관련 서비스 제공 등.

정부는 교통부문의 온실가스 감축을 위한 환경을 조성하고 온실가스 배출 및 에너지의 효율적인 관리를 위하여 대통령령으로 정하는 바에 따라 온실가스 감축목표 등을 설정 · 관리하여야 한다(법 제53조 제1항).

정부는 에너지이용 효율 및 신 · 재생에너지의 사용비율이 높고 온실가스 배출을 최소화하는 건축물(이하 "녹색건축물"이라 한다)을 확대하기 위하여 녹색건축물 등급제 등의 정책을 수립 · 시행하여야 한다(법 제54조 제1항).

D. 경제적 · 유인적 수단

정부는 자원을 효율적으로 이용하고 온실가스와 오염물질의 발생을 줄이기 위한 규제를 도입하려는 경우에는 온실가스 또는 오염물질의 발생 원인자가 스스로 온실가스와 오염물질의 발생을 줄이도록 유도함으로써 사회 · 경제적 비용을 줄이도록 노력하여야 하고, 온실가스와 오염물질의 발생을 줄이기 위한 규제를 도입하려는 경우에는 민간의 자율과 창의를 저해하지 않도록 하고, 기업의 규제에 대한 국내외 실태조사 등을 하여 산업경쟁력을 높일 수 있도록 규제의 중복을 피하는 등 규제 체계를 선진화하여야 한다(법 제36조).

E. 사실적 수단

1. 지원

정부는 녹색경제를 구현함으로써 국가경제의 건전성과 경쟁력을 강화하고 성장잠재력이 큰 새로운 녹색산업을 발굴 · 육성하는 등 녹색경제 · 녹색산업의 육성 · 지원 시책을 마련하여야 한다(법 제23조 제1항). 정부는 자원을 절약하고 효율적으로 이용하며 폐기물의 발생을 줄이는 등 자원순환의 촉진과 자원생산성 제고를 위하여 자원순환 산업을 육성 · 지원하기 위한 다양한 시책을 마련하여야 한다(법 제24조 제1항). 정부는 기업의 녹색경영을 지원 · 촉진하여야 한다(법 제25조 제1항).

국가 또는 지방자치단체는 녹색기술 · 녹색산업에 대하여 보조금의 지급 등 필요한 지원을 할 수 있다. 「신용보증기금법」에 따라 설립된 신용보증기금 및 「기술신용보증기금법」에 따라 설립된 기술신용보증기금은 녹색기술 · 녹색산업에 우선적으로 신용보증을 하거나 보증조건 등을 우대할 수 있다(법 제31조 제1항 및 제2항).

정부는 「공공기관의 운영에 관한 법률」 제4조에 따른 공공기관이 녹색산업투자회사에 출자하려는 경우 이를 위한 자금의 전부 또는 일부를 예산의 범위에서 지원할 수 있다(법 제29조 제3항).

2. 촉진

정부는 녹색기술의 연구개발 및 사업화 등을 촉진하기 위하여 다음 각 호의 사항을 포함하는 시책을 수립 · 시행할 수 있다(법 제26조 제1항): 1. 녹색기술과 관련된 정보의 수집 · 분석 및 제공, 2. 녹색기술 평가기법의 개발 및 보급, 3. 녹색기술 연구개발 및 사업화 등의 촉진을 위한 금융지원, 4. 녹색기술 전문인력의 양성 및 국제협력 등.

정부는 정보통신 · 나노 · 생명공학 기술 등의 융합을 촉진하고 녹색기술의 지식재산권화를 통하여 저탄소 지식기반경제로의 이행을 신속하게 추진하여야 한다(법 제26조 제2항).

정부는 저탄소 녹색성장을 촉진하기 위하여 다음 각 호의 사항을 포함하는 금융 시책을 수립 · 시행하여야 한다(법 제28조 제1항): 1. 녹색경제 및 녹색산업의 지원 등을 위한 재원의 조성 및 자금 지원, 2. 저탄소 녹색성장을 지원하는 새로운 금융상품의 개발, 3. 저탄소 녹색성장을 위한 기반시설 구축사업에 대한 민간투자 활성화, 4. 기업의 녹색경영 정보에 대한 공시제도 등의 강화 및 녹색경영 기업에 대한 금융지원 확대, 5. 탄소시장(온실가스를 배출할 수 있는 권리 또는 온실가스의 감축 · 흡수 실적 등을 거래하는 시장)의 개설 및 거래 활성화 등.

녹색기술 및 녹색산업에 자산을 투자하여 그 수익을 투자자에게 배분하는 것을 목적으로 하는 녹색산업투자회사(「자본시장과 금융투자업에 관한 법률」 제9조제18항의 집합투자기구)를 설립할 수 있다(법 제29조 제1항).

정부는 에너지 · 자원의 위기 및 기후변화 문제에 효과적으로 대응하고 저탄소 녹색성장을 촉진하기 위하여 온실가스와 오염물질을 발생시키거나 에너지 · 자원 이용효율이 낮은 재화와 서비스를 줄이고 환경친화적인 재화와 서비스를 촉진하는 방향으로 국가의 조세 제도를 운영하여야 한다(법 제30조). 국가나 지방자치단체는 녹색기술 · 녹색산업과 관련된 기업을 지원하기 위하여 「조세특례제한법」과 「지방세법」에서 정하는 바에 따라 소득세 · 법인세 · 취득세 · 재산세 · 등록세 등을 감면할 수 있다(법 제31조 제3항).

정부는 국내에서 개발되었거나 개발 중인 녹색기술 · 녹색산업이 「국가표준기본법」 제3조제2호에 따른 국제표준에 부합되도록 표준화 기반을 구축하고 녹색기술 · 녹색산업의 국제표준화 활동 등에 필요한 지원을 할 수 있으며, 녹색기술 · 녹색산업의 발전을 촉진하기 위하여 녹색기술, 녹색사업, 녹색제품 등에 대한 적합성 인증을 하거나 녹색전문기업 확인, 공공기관의 구매의무화 또는 기술지도 등을 할 수 있다(법 제32조 제1항 및 제2항).

정부는 녹색기술의 공동연구개발, 시설장비의 공동활용 및 산 · 학 · 연 네트워크 구축 등의 사업을 위한 집적지와 단지를 조성하거나 이를 지원할 수 있다(법 제34조 제1항).

정부는 관리업체가 제42조제5항에 따른 목표관리를 받기 전에 자발적으로 행한 실적에 대해서는 이를 목표관리 실적으로 인정하거나 그 실적을 거래할 수 있도록 하는 등 자발적으로 온실가스를 미리 감축하는 행동을 하도록 촉진하여야 한다(법 제43조 제1항).

3. 일자리 창출

정부는 녹색기술 · 녹색산업에 대한 일자리를 창출 · 확대하여 모든 국민이 녹색성장의 혜택을 누릴 수 있도록 하여야 하며, 정부는 녹색기술 · 녹색산업에 대한 일자리를 창출하는 과정에서 산업분야별 노동력의 원활한 이동 · 전환을 촉진하고 국민이 새로운 기술을 습득할 수 있는 기회를 확대하며, 녹색기술 · 녹색산업에 대한 일자리 창출을 위한 재정적 · 기술적 지원을 할 수 있다(법 제35조).

4. 국제규범 대응

정부는 외국 정부 또는 국제기구에서 제정하거나 도입하려는 저탄소 녹색성장과 관련된 제도 · 정책에 관한 동향과 정보를 수집 · 조사 · 분석하여 관련 제도 · 정책을 합리적으로 정비하고 지원체제를 구축하는 등 적절한 대책을 마련하여야 하며, 제1항의 동향 · 정보 및 대책에 관한 사항을 기업 · 국민들에게 충분히 제공함으로써 국내 기업과 국민들이 대응역량을 높일 수 있도록 하여야 한다(법 제37조).

5. 보고

관리업체는 사업장별로 매년 온실가스 배출량 및 에너지 소비량에 대하여 측정 · 보고 · 검증 가능한 방식으로 명세서를 작성하여 정부에 보고하여야 한다(법 제44조 제1항).

6. 온실가스 종합정보관리체계 구축

정부는 국가 온실가스 배출량 · 흡수량, 배출 · 흡수 계수(係數), 온실가스 관련 각종 정보 및 통계를 개발 · 검증 · 관리하는 온실가스 종합정보관리체계를 구축하여야 하며(법 제45조 제1항), 시장기능을 활용하여 효율적으로 국가의 온실가스 감축목표를 달성하기 위하여 온실가스 배출권을 거래하는 제도를 운영할 수 있다(법 제46조 제1항).[13]

우리나라 온실가스의 배출현황(2007년 기준)[33]							
부문	'90	'00	'04	'05	'06	'07	'90~'07 증가율
총배출량	305.4(100.0)	461.2(151.0)	534.4(175.0)	596.7(195.0)	602.6(197.0)	620.0(203.0)	4.3
○ 에너지	247.8(81.1)	372.2(80.7)	438.8(82.1)	498.9(83.6)	505.9(83.9)	525.4(84.7)	4.5
-전환	37.9(15.9)	83.0(22.6)	125.7(29.1)	170.8(34.8)	179.3(36.1)	189.8(36.8)	9.9
-산업	87.2(36.5)	132.8(20.9)	152.4(35.3)	156.2(31.8)	157.5(31.7)	167.2(32.4)	3.9
-수송	42.2(17.7)	76.7(20.9)	86.6(20.0)	97.5(19.9)	99.3(20.0)	100.2(19.4)	5.2
-가정상업	64.7(27.1)	69.7(19.)	63.5(14.7)	61.1(12.5)	56.7(11.4)	54.5(10.6)	△1.0
-공공기타	7.0(2.9)	4.6(1.3)	4.0(0.9)	4.9(1.0)	4.3(0.9)	4.5(0.9)	△2.5
○ 산업 공정	19.9(6.5)	47.1(10.2)	58.3(10.9)	64.8(10.9)	63.7(10.6)	60.9(9.8)	6.8
○ 농업	15.2(5.0)	22.4(4.9)	20.6(3.9)	18.2(3.1)	17.5(2.9)	18.4(3.0)	1.1
○ 폐기물	22.5(7.4)	19.5(4.2)	16.7(3.1)	14.7(2.5)	15.6(2.6)	15.3(2.5)	△2.2
※ 참고	1. ( )는 구성비임 2. 온실가스 총배출량/순배출량지수는 90년 100일 때 상대지수 3. tCO_2: Tons of Carbon Dioxide(이산화탄소톤) 4. '90-'07 증가율%는 연평균 증가율임 5. 에너지부문중 탈루성 배출('07년, 6.7백만톤)은 제외						

7. 기후변화 영향평가

정부는 기상현상에 대한 관측 · 예측 · 제공 · 활용 능력을 높이고, 지역별 · 권역별로 태양력 · 풍력 · 조력 등 신 · 재생에너지원을 확보할 수 있는 잠재력을 지속적으로 분석 · 평가하여 이에 관한 기상정보관리체계를 구축 · 운영하여야 한다(법 제48조 제1항).

13) http://www.gir.go.kr/main.jsp.

14) 참조: 녹색성장위원회 http://www.greengrowth.go.kr.

8. 교통부문 온실가스관리

자동차 등 교통수단을 제작하려는 자는 그 교통수단에서 배출되는 온실가스를 감축하기 위한 방안을 마련하여야 하며, 온실가스 감축을 위한 국제경쟁 체제에 부응할 수 있도록 적극 노력하여야 한다(법 제47조 제1항).

9. 기타 시책의 실시

정부는 에너지 절감 및 바이오에너지 생산을 위한 농업기술을 개발하고, 기후변화에 대응하는 친환경 농산물 생산기술을 개발하여 화학비료 · 자재와 농약사용을 최대한 억제하고 친환경 · 유기농 농수산물 및 나무제품의 생산 · 유통 및 소비를 확산하여야 한다(법 제55조). 정부는 생물의 서식지, 생태적으로 우수한 자연환경자산, 지역의 특색 있는 문화자산 등을 조화롭게 보존 · 복원 및 이용하여 이를 관광자원화하고 지역경제를 활성화함으로써 생태관광을 촉진하고, 국민 모두가 생태체험 · 교육의 장으로 활용할 수 있도록 하여야 한다(법 제56조). 정부는 재화의 생산 · 소비 · 운반 및 폐기(이하 "생산등"이라 한다)의 전 과정에서 에너지와 자원을 절약하고 효율적으로 이용하며 온실가스와 오염물질의 발생을 줄일 수 있도록 관련 시책을 수립 · 시행하여야 한다(법 제57조 제1항). 정부는 국민 및 기업들이 녹색생활에 친숙할 수 있도록 하는 시책을 마련하고 지방자치단체 · 기업 · 민간단체 및 기구 등과 협력체계를 구축하며 교육 · 홍보를 강화하는 등 범국민적 녹색생활 운동을 적극 전개하여야 한다(법 제58조 제1항).

제7편

환경국가에서의 환경개별법

헌법과 환경정책기본법의 이념과 정책을 구체적으로 구현하는 법령들을 개별환경법이라고 한다. 현재 개별환경법으로서 중요한 것들로는 대기환경보전법, 소음 · 진동관리법, 수질 및 수생태계 보전에 관한 법률, 자연환경보전법, 토양환경보전법, 폐기물관리법 등을 들 수 있는바, 이는 이들 법률들이 변호사시험과 관련하여 출제범위에 포함되기도 하려니와 실제적으로 환경과 관련하여 중요한 역할을 수행하고 있기도 하다.[1] 물론 그 외에도 중요한 환경관련법령들이 존재하고 있으나, 여기에서는 상기의 법령들에 한정하여 보다 구체적으로 다루기로 한다. 기타의 개별법령들에 대해서는 법조문을 참조하면 될 것이다.

환경기본법 및 환경개별법	
환경기본법	환경정책기본법
	저탄소 녹색성장 기본법
환경개별법	대기환경보전법
	소음 · 진동관리법
	수질 및 수생태계 보전에 관한 법률
	자연환경보전법
	토양환경보전법
	폐기물관리법
	화학물질관리법
	화학물질의 평가 및 등록 등에 관한 법률
	환경오염피해 배상책임 및 구제에 관한 법률
환경조정법	환경분쟁조정법

1) 변호사시험법시행령 [별표 2] 출제 범위를 정하여 실시하는 시험과목과 그 출제 범위(제7조제2항 관련): 환경법 과목의 출제범위: 「환경정책기본법」, 「환경영향평가법」, 「대기환경보전법」, 「수질 및 수생태계 보전에 관한 법률」, 「폐기물관리법」, 「토양환경보전법」, 「자연환경보전법」, 「소음 · 진동관리법」 및 「환경분쟁조정법」으로 한다.

제1절 대기환경보전법

Ⅰ. 서설

대기오염으로 인하여 일어나는 피해는 단지 시야를 가리는 것에 그치지 아니하고 우리의 생명을 위협하고 있다. 산성비나 오존층의 파괴 그리고 지구온난화 현상을 가져온다. 대기오염을 야기하는 물질로는 먼지, 매연, 황사 등이 있다. 대기환경보전법[2]에 의하면 "대기오염물질"이란 대기 중에 존재하는 물질 중 제7조에 따른 심사·평가 결과 대기오염의 원인으로 인정된 가스·입자상 물질로서 환경부령으로 정하는 것을 말하며, 환경부령에서는 황산화물, 질소산화물, 일산화탄소 등 61여 종을 대기오염물질로 지정하고 있다.[3]

대기오염물질을 발생시키는 것을 오염원이라고 하고, 오염원은 배출태양 및 지역성에 따라서 점오염원, 면오염원 그리고 선오염원 등으로 구분할 수 있고, 이동성에 따라서 고정오염원(stationary source)과 이동오염원(mobile source)으로 분류할 수 있다.[4]

대기오염물질은 그 특성상 확산성이 강하므로 사전배려의 원칙에 따른 예방이 다른 오염물질보다 강하게 요청된다. 대기오염물질의 배출에 있어서는 가능한 한 초기단계에서 규율하는 것이 필요하다. 우리나라에서 대기환경관련 규제법령으로는 대기환경보

---

2) 이하 '법'이라 칭함.

3) 1. 입자상물질 2. 브롬 및 그 화합물 3. 알루미늄 및 그 화합물 4. 바나듐 및 그 화합물 5. 망간화합 물 6. 철 및 그 화합물 7. 아연 및 그 화합물 8. 셀렌 및 그 화합물 9. 안티몬 및 그 화합물 10. 주석 및 그 화합물 11. 텔루륨 및 그 화합물 12. 바륨 및 그 화합물 13. 일산화탄소 14. 암모니아 15. 질소산화물 16. 황산화물 17. 황화수소 18. 황화메틸 19. 이황화메틸 20. 메르캅탄류 21. 아민류 22. 사염화탄소 23. 이황화탄소 24. 탄화수소 25. 인 및 그 화합물 26. 붕소화합물 27. 아닐린 28. 벤젠 29. 스틸렌 30. 아크롤레인 31. 카드뮴 및 그 화합물 32. 시안화물 33. 납 및 그 화합물 34. 크롬 및 그 화합물 35. 비소 및 그 화합물 36. 수은 및 그 화합물 37. 구리 및 그 화합물 38. 염소 및 그 화합물 39. 불소화물 40. 석면 41. 니켈 및 그 화합물42. 염화비닐 4. 다이옥신 44. 페놀 및 그 화합물 45. 베릴륨 및 그 화물 46. 프로필렌사이드 47. 폴리염화비페닐 48. 클로로포름 49. 포름알데히드 50. 아세트알데히드 51. 벤지딘 52. 1,3-부타디엔 53. 다환 방향족 탄수소류 54. 에틸렌옥사이드 55. 디클로로메탄 56. 테트라클로로에렌 57. 1,2-디클로로에탄 58. 에틸벤젠 59. 트리클로로에틸렌 60. 아크릴로니트릴 61. 히드라진.

4) 김홍균, 환경법, 홍문사, 2010, 309면.

전법, 소음 · 진동관리법, 악취방지법, 수도권 대기환경개선에 관한 특별법 그리고 다중이용시설 등의 실내공기질관리법 등이 있으나, 여기에서는 대기환경보전법상 주요내용에 대해서만 고찰하기로 한다.

대기환경보전법은 1990년 환경보전법에서 분법화 되었으며, 동법은 대기오염물질에 대하여 ① 사업장에서 배출되는 대기오염물질, ② 생활환경에서 배출되는 대기오염물질 그리고 ③ 자동차 배출가스로 나누어 규제하고 있다.

주요한 규제수단으로는 배출허가, 배출허용기준의 설정, 배출부과금의 부과, 조업정지, 벌칙의 부과 등이 있다.

대기오염과 관련하여서는 대기오염피해에 대한 구제와 관련하여 보다 충실한 규율이 요청되며, 또한 산성비, 황사 등과 관련하여서 국제적인 대응책과 관련하여 보다 상세한 규율들이 요청된다.[5)]

Ⅱ. 대기환경보전법의 주요 내용

A. 기본적 체제

1. 상시측정

환경부장관은 전국적인 대기오염 및 기후 · 생태계 변화유발물질의 실태를 파악하기 위하여 환경부령으로 정하는 바에 따라 측정망을 설치하고 대기오염도 등을 상시 측정하여야 한다. 특별시장 · 광역시장 · 도지사 또는 특별자치도지사(이하 "시 · 도지사"라 한다)는 해당 관할 구역 안의 대기오염 실태를 파악하기 위하여 환경부령으로 정하는 바에 따라 측정망을 설치하여 대기오염도를 상시 측정하고, 그 측정 결과를 환경부장관에게 보고하여야 한다(법 제3조).

5) 김홍균, 환경법, 홍문사, 2010, 310면 이하.

대기오염측정망[6]		
분 류	정의	측정항목
도시대기 측정망	도심(거주)지역의 평균대기질 농도 측정	SO_2 , CO , O_3 , NOx , PM-10 등
교외대기 측정망	도시를 둘러싼 교외 지역의 배경농도 측정	SO_2 , CO , O_3 , NOx , PM-10 등
국가배경 농도측정망	국가의 배경농도를 파악하고 외국으로의 오염물질 유입, 유출상태 등을 파악	SO_2 , CO , O_3 , NOx , PM-10 등
도로변대 기측정망	자동차 통행량과 유동인구가 많은 도로변 대기농도 측정	SO_2 , CO , O_3 , NOx , PM-10 (필수) Pb , PM-2.5 , HC , 교통량 등(선택)

대기오염측정망 설치현황('07. 9월말 기준)[7]															
구분	계		도시대기		교외대기		국가배경	도로변	유해대기	중금속	광화학		산성강하물	지구대기	시정거리
합계	국가	지자체	국가	지자체	국가	지자체	국가	지자체	국가	지자체	국가	지자체	국가	국가	지자체
	400		224		14		6	22	31	43	21		34	1	4
계	98	302		224	14		6	22	31	43	12	9	34	1	4

상시측정을 통하여 대기오염에 대한 정확한 정보를 얻는 것이 규제의 첫걸음이다. 대기오염의 상황을 파악하고, 대기오염물질 특히 기후 · 생태계 변화유발물질의 흐름에 대해서도 정보를 획득할 필요가 있다.

2. 대기오염경보 및 긴급조치

대기오염으로 인하여 주민의 건강이나 재산 또는 동식물의 생육에 위해가 우려되는 경우에 이에 대한 대비를 할 수 있도록 경고하는 것이 요청된다. 시 · 도지사는 대기오염도가 「환경정책기본법」 제10조에 따른 대기에 대한 환경기준(이하 "환경기준"이라 한다)을 초과하여 주민의 건강 · 재산이나 동식물의 생육에 심각한 위해를 끼칠 우려가 있다고

6) http://www.airkorea.or.kr/.

7) 참조: 환경부 홈페이지.

인정되면 그 지역에 대기오염경보[8]를 발령할 수 있다. 대기오염경보의 발령 사유가 없어진 경우 시 · 도지사는 대기오염경보를 즉시 해제하여야 한다. 시 · 도지사는 대기오염경보가 발령된 지역의 대기오염을 긴급하게 줄일 필요가 있다고 인정하면 기간을 정하여 그 지역에서 자동차의 운행을 제한하거나 사업장의 조업 단축을 명하거나, 그 밖에 필요한 조치를 할 수 있다. 제2항에 따라 자동차의 운행 제한이나 사업장의 조업 단축 등을 명령받은 자는 정당한 사유가 없으면 따라야 한다. 대기오염경보의 대상 지역, 대상 오염물질, 발령 기준, 경보 단계 및 경보 단계별 조치 등에 필요한 사항은 대통령령으로 정한다(법제8조).

대기환경보전법 시행령[시행 2013.3.23] [대통령령 제24451호, 2013.3.23, 타법개정] 제2조(대기오염경보의 대상 지역 등)에 의하면 "①「대기환경보전법」(이하 "법"이라 한다) 제8조제4항에 따른 대기오염경보의 대상 지역은 시(특별시와 광역시를 포함한다) 지역 중 특별시장 · 광역시장 · 도지사 또는 특별자치도지사(이하 "시 · 도지사"라 한다)가 필요하다고 인정하여 지정하는 지역으로 한다. ② 법 제8조제4항에 따른 대기오염경보의 대상 오염물질은「환경정책기본법」제12조에 따라 환경기준이 설정된 오염물질 중 오존을 말한다. 〈개정 2012.7.20.〉 ③ 법 제8조제4항에 따른 대기오염경보 단계는 대기오염경보 대상 오염물질의 농도에 따라 주의보, 경보 또는 중대경보로 구분하되, 대기오염경보 단계별 오염물질의 농도기준은 환경부령으로 정한다. ④ 법 제8조제4항에 따른 경보 단계별 조치에는 다음 각 호의 구분에 따른 사항이 포함되도록 하여야 한다. 다만, 지역의 특성에 따라 특별시 · 광역시 · 도 · 특별자치도의 조례로 경보 단계별 조치사항을 일부 조정할 수 있다. 1. 주의보 발령 : 주민의 실외활동 및 자동차 사용의 자제 요청 등 2. 경보 발령 : 주민의 실외활동 제한 요청, 자동차 사용의 제한명령 및 사업장의 연료사용량 감축 권고 등 3. 중대경보 발령 : 주민의 실외활동 금지 요청, 자동차의 통행금지 및 사업장의 조업

---

8) http://terms.naver.com: 미국에서는 로스앤젤레스의 대기오염통제국 시스템에 의하여 1955년부터 채택 · 실시되고 있는 제도이다. 제1경보는 안전하지만 예방수단이 필요하다고 인정될 때, 제2경보는 초기적인 건강 피해가 발생할 우려가 있을 때, 제3경보는 위험한 건강피해의 발생우려가 있을 때 내린다. 1969년까지 71회의 제1경보가 발령되었는데, 모두 오존가스가 기준을 초과한 때문이다. 오염가스 대상은 일산화탄소 · 질소산화물 · 황산화물 · 오존 등으로, 그 중 오존의 경보기준은 제1경보는 1시간 0.5 ppm, 제2경보는 1시간 1.0 ppm, 제3경보는 1시간 1.5 ppm이다. 오염경보를 발하였을 때 취해지는 단계별 대책을 보면 아래와 같다. 제1경보에는, ① 일반 진개소각로(塵芥燒却爐)의 운용중지, ② 중요한 공장의 조업정지 준비, ③ 불필요한 자동차의 운행억제 권고 등이다. 제2경보에는 ① 공장의 조업정지, ② 자동차 교통의 최소한의 규제 등이다. 제3경보에서는 ① 긴급사용의 자동차에 한한 운행, ② 대기오염방지위원회의 요청에 따라 주지사는 긴급사태를 선언 · 공포하고 재해법을 발동한다.

시간 단축명령 등"을 규정하고 있다.

대기환경보전법 시행규칙[시행 2013.3.23] [환경부령 제503호, 2013.3.23, 타법개정] 제13조(대기오염경보의 발령 및 해제방법 등)에서는 "① 법 제8조제1항에 따른 대기오염경보는 방송매체 등을 통하여 발령하거나 해제하여야 한다. ② 제1항에 따른 대기오염경보에는 다음 각 호의 사항이 포함되어야 한다. 1. 대기오염경보의 대상지역 2. 대기오염경보단계 및 대기오염물질의 농도 3.「대기환경보전법 시행령」(이하 "영"이라 한다) 제2조제4항에 따른 대기오염경보단계별 조치사항 4. 그 밖에 시 · 도지사가 필요하다고 인정하는 사항"이라고 규정하고 있다.

현재 대기오염경보의 대상 오염물질로 지정된 것은 '오존'으로서, 오존농도가 0.12ppm/시 이상인 경우 주의보, 0.3ppm/시 이상인 경우 경보 그리고 0.5ppm/시 이상인 경우 중대경보를 발령하도록 되어 있다.

3. 대기순환장애의 방지

관계 중앙행정기관의 장, 지방자치단체의 장 및 사업자는 각종 개발계획을 수립 · 이행할 때에는 계획지역 및 주변 지역의 지형, 풍향 · 풍속, 건축물의 배치 · 간격 및 바람의 통로 등을 고려하여 대기오염물질의 순환에 장애가 발생하지 아니하도록 하여야 한다(법 제10조).

4. 총량규제

환경부장관은 대기오염 상태가 환경기준을 초과하여 주민의 건강 · 재산이나 동식물의 생육에 심각한 위해를 끼칠 우려가 있다고 인정하는 구역 또는 특별대책지역 중 사업장이 밀집되어 있는 구역의 경우에는 그 구역의 사업장에서 배출되는 오염물질을 총량으로 규제할 수 있다(법 제22조).

총량규제란 환경오염원이 영향을 미치는 일정한 지역을 설정하고 그 지역 내에서 배출되는 오염물질을 총량적으로 관리하는 체제를 말한다. 기존의 성과기준 특히 농도기준을 통한 규제의 경우에 허용기준 이하로 오염물질이 배출되더라도 오염원이 증가하거나 많은 오염량이 축적되는 경우를 대처하기 어렵기 때문에 총량규제를 통한 보완이 요청된다.

다만, 이러한 총량규제는 일정한 지역 내에서 허용가능한 환경용량을 파악하여야 하는바 이것이 기술적으로 쉽지 아니하고 신규사업자의 영업의 자유를 제한하는 기능을 할 수 있는 등의 문제도 함께 내포하고 있다. 그러므로 총량규제는 그 도입의 필요성이 매우 크고 환경개선의 효과가 탁월하며 명확한 범위의 설정이 가능한 경우에 한정하여 허용되어야 할 것이다.

B. 대기환경보전 수단

1. 계획적 수단

대기오염은 그 속성상 이동성이 매우 강하므로 오염을 방지함에 있어서도 오염원을 포함하여 오염물질이 영향을 미칠 수 있는 일정한 지역 전체에 대해서 오염방지조치를 취하여야 한다. 이러한 오염방지를 위해서는 계획적 수단이 매우 중요하다.

a) 대기환경개선종합계획

환경부장관은 대기오염물질과 온실가스를 줄여 대기환경을 개선하기 위하여 대기환경개선 종합계획(이하 "종합계획"이라 한다)을 10년마다 수립하여 시행하여야 한다(법 제11조).

환경부장관은 황사피해방지를 위하여 5년마다 관계 중앙행정기관의 장과 협의하고 시·도지사의 의견을 들은 후 제14조에 따른 황사대책위원회의 심의를 거쳐 황사피해방지 종합대책(이하 "종합대책"이라 한다)을 수립하여야 한다. 종합대책 중 대통령령으로 정하는 중요 사항을 변경하려는 경우에도 또한 같다(법 제13조).

b) 대기환경규제지역

환경부장관은 환경기준을 초과하였거나 초과할 우려가 있는 지역으로서 대기질의 개선이 필요하다고 인정되는 지역을 대기환경규제지역으로 지정·고시할 수 있다(법 제18조).

c) 실천계획

대기환경규제지역을 관할하는 시·도지사는 그 지역이 대기환경규제지역으로 지정·고시된 후 2년 이내에 그 지역의 환경기준을 달성·유지하기 위한 계획(이하 "실천계획"이라 한다)을 환경부령으로 정하는 내용과 절차에 따라 수립하고, 환경부장관의 승인을 받아 시행하여야 한다. 이를 변경하는 경우에도 또한 같다(법 제19조).

2. 조직적 수단

a) 권한의 위임·위탁

법에 따른 환경부장관의 권한은 대통령령으로 정하는 바에 따라 그 일부를 시 · 도지사, 환경부 소속 환경연구원의 장이나 지방 환경관서의 장에게 위임할 수 있으며, 환경부장관은 대통령령으로 정하는 바에 따라 이 법에 따른 업무의 일부를 관계 전문기관에 위탁할 수 있다(법 제87조).

대기환경보전을 위한 주무부서로는 환경부가 있고 주무행정관청으로는 환경부장관이 있다. 그리고 지방자치단체도 대기환경보전을 위하여 주요한 활동을 하고 있으며 이를 자치사무로 수행하는 경우도 있고 중앙행정관청인 환경부장관으로부터 위임을 받아 위임사무로 수행하는 경우도 있다. 그리고 지방에서의 대기환경보전업무를 수행하는 특별지방행정관청도 존재한다. 그 외에도 대기환경보전을 위하여 설립된 각종의 공공단체가 존재한다.

b) 환경기술인

사업자는 배출시설과 방지시설의 정상적인 운영 · 관리를 위하여 환경기술인을 임명하고, 환경부장관에게 신고하여야 한다. 환경기술인을 바꾸어 임명한 경우에도 또한 같다(법 제40조). 환경기술인이 사업자에 의하여 임명되고 그 권한이 제한적인 점에서 한계가 있다.

동법 시행령 제39조(환경기술인의 자격기준 및 임명기간)에 따르면 "① 법 제40조제1항에 따라 사업자가 환경기술인을 임명하려는 경우에는 다음 각 호의 구분에 따른 기간에 임명하여야 한다. 〈개정 2013.1.31.〉 1. 최초로 배출시설을 설치한 경우에는 가동개시 신고를 할 때 2. 환경기술인을 바꾸어 임명하는 경우에는 그 사유가 발생한 날부터 5일 이내. 다만, 환경기사 1급 또는 2급 이상의 자격이 있는 자를 임명하여야 하는 사업장으로서 5일 이내에 채용할 수 없는 부득이한 사정이 있는 경우에는 30일의 범위에서 별표 10에 따른 4종 · 5종사업장의 기준에 준하여 환경기술인을 임명할 수 있다. ② 법 제40조제1항에 따라 사업장별로 두어야 하는 환경기술인의 자격기준은 별표 10과 같다."라고 규정하고 있다.

[별표 10] 사업장별 환경기술인의 자격기준(대기환경보전법시행령 제39조제2항 관련)	
구분	환경기술인의 자격기준
1종사업장(대기오염물질발생량의 합계가 연간 80톤 이상인 사업장)	대기환경기사 이상의 기술자격 소지자 1명 이상
2종사업장(대기오염물질발생량의 합계가 연간 20톤 이상 80톤 미만인 사업장)	대기환경산업기사 이상의 기술자격 소지자 1명이상
3종사업장(대기오염물질발생량의 합계가 연간 10톤 이상 20톤 미만인 사업장)	대기환경산업기사 이상의 기술자격 소지자, 환경기능사 또는 3년 이상 대기분야 환경관련 업무에 종사한 자 1명 이상
4종사업장(대기오염물질발생량의 합계가 연간 2톤 이상 10톤 미만인 사업장)	배출시설 설치허가를 받거나 배출시설 설치신고가 수리된 자 또는 배출시설 설치허가를 받거나 수리된 자가 해당 사업장의 배출시설 및 방지시설 업무에 종사하는 피고용인 중에서 임명하는 자 1명 이상
5종사업장(1종사업장부터 4종사업장까지에 속하지 아니하는 사업장)	

비고 : 1. 4종사업장과 5종사업장 중 특정대기유해물질이 포함된 오염물질을 배출하는 경우에는 3종사업장에 해당하는 기술인을 두어야 한다.

2. 1종사업장과 2종사업장 중 1개월 동안 실제 작업한 날만을 계산하여 1일 평균 17시간 이상 작업하는 경우에는 해당 사업장의 기술인을 각각 2명 이상 두어야 한다. 이 경우, 1명을 제외한 나머지 인원은 3종사업장에 해당하는 기술인 또는 환경기능사로 대체할 수 있다.

3. 공동방지시설에서 각 사업장의 대기오염물질 발생량의 합계가 4종사업장과 5종사업장의 규모에 해당하는 경우에는 3종사업장에 해당하는 기술인을 두어야 한다.

4. 전체 배출시설에 대하여 방지시설 설치 면제를 받은 사업장과 배출시설에서 배출되는 오염물질 등을 공동방지시설에서 처리하는 사업장은 5종사업장에 해당하는 기술인을 둘 수 있다.

5. 대기환경기술인이 「수질 및 수생태계 보전에 관한 법률」에 따른 수질환경기술인의 자격을 갖춘 경우에는 수질환경기술인을 겸임할 수 있으며, 대기환경기술인이 「소음 · 진동관리법」에 따른 소음 · 진동환경기술인 자격을 갖춘 경우에는 소음 · 진동환경기술인을 겸임할 수 있다.

6. 법 제2조제11호에 따른 배출시설 중 일반보일러만 설치한 사업장과 대기 오염물질 중 먼지만 발생하는 사업장은 5종사업장에 해당하는 기술인을 둘 수 있다.

7. "대기오염물질발생량"이란 방지시설을 통과하기 전의 먼지, 황산화물 및 질소산화물의 발생량을 환경부령으로 정하는 방법에 따라 산정한 양을 말한다.

c) 황사대책위원회

황사피해 방지에 관한 다음 각 호의 사항을 심의 · 조정하기 위하여 환경부에 황사대책위원회(이하 "위원회"라 한다)를 둔다: 1. 종합대책의 수립과 변경에 관한 사항 2. 황사피해 방지와 관련된 분야별 정책에 관한 사항 3. 종합대책 추진상황과 민관 협력방안에 관한 사항 4. 그 밖에 황사피해 방지를 위하여 위원장이 필요하다고 인정하는 사항(법 제14조).

2007년 황사대책위원회가 설치된 이후로 별다른 활동은 하지 아니하면서, 매년 예산은 약 38억원이나 사용하고 있어서 문제로 지적되고 있다.[9]

d) 자동차환경협회

자동차 배출가스로 인하여 인체 및 환경에 발생하는 위해를 줄이기 위하여 제80조의 업무를 수행하기 위한 자동차환경협회(이하 "협회"라 한다)를 설립할 수 있다(법 제78조 제1항).

3. 입법적 수단

a) 배출허용기준

배출허용기준은 오염물질을 배출함에 있어서 법상 허용되는 기준으로서 대국민적 구속력을 가진다. 대국민적 구속력을 가진다는 의미는 국민이 이를 준수하여야 하며, 준수하지 아니하는 경우에는 법적인 책임을 부과한다는 것이다. 법적인 책임에는 행정적 책임, 민사적 책임 그리고 형사적 책임을 들 수 있다.

배출허용기준이 설정된 경우에는 이를 준수하도록 강제하는 효과를 가지는데, 이를 초과하는 경우에는 관할행정청은 배출시설을 운영하는 사업자에 대해서 (초과)배출부과금을 부과하거나 개선명령, 시정명령, 조업정지명령 등을 발하게 되고 나아가 폐쇄조치나 운영허가를 취소할 수도 있는바, 이것이 행정적 책임의 예이다. 또한 배출허용기준은 사업자가 손해배상책임을 부담하는 경우에 수인한도를 판단하는 주요 요소로서 작

---

9) 조성완, 만남없는 위원회 혈세만 63억원, 새 정부는?, 데일리안 2013.01.13. http://www.dailian.co.kr/news: 위원회의 수가 지난 2010년 6월 431개로 줄었지만 1년만인 2011년 6월 기준으로 505개까지 늘어났고, 현재까지 유지되는 상황이다. 문제는 505개 정부위원회 중 156개 위원회가 2011년 단 한차례도 모임을 갖지 않았으며, 그 중 111개 위원회는 서면회의조차 갖지 않은 '부실위원회'라는 점이다. 위원회 운영에 책정된 정부 예산이 낭비되고 있는 것이다. 박남춘 민주통합당 의원이 지난해 10월 '2011년 정부위원회 회의개최내역'을 분석한 결과에 따르면 505개의 정부위원회에 책정된 2011년도 예산은 2908억7900만원이다. 총 505개 중 출석회의를 한 번도 개최하지 않은 156개의 위원회에는 63억, 단 한 차례의 서면회의조차 개최되지 않은 111개 위원회에는 51억원의 예산이 각각 배정됐다. 2011년에 '회의개최 0건'이었던 환경부 산하 황사대책위원회에는 2012년 38억원의 예산이 다시 책정됐다.

용하게 된다.

현행 손해배상책임과 관련된 판례는 배출허용기준을 준수하였더라고 손해배상책임을 부담할 수 있다는 입장인데, 이러한 입장은 사업자의 기본권 특히 직업수행의 자유와 개성발현의 자유 등에 대한 과도한 제한으로 보인다.

사견으로는 배출허용기준을 준수한 경우에는 사업자에게 손해배상책임을 부담시킬 수는 없고, 다만 피해자의 구제를 위하여 필요한 경우에는 희생보상의 법리로서 국가가 위험을 부담하여야 할 것이다.

대기오염물질배출시설(이하 "배출시설"이라 한다)에서 나오는 대기오염물질(이하 "오염물질"이라 한다)의 배출허용기준은 환경부령으로 정한다(법 제16조 제1항). 배출허용기준은 배출과 관련된 성과기준의 하나인 농도기준으로서 배출시설별로 정해진 오염물질 배출의 최대허용치 또는 최대허용농도이다. 이러한 배출허용기준은 사업자의 활동을 규율하는 효과를 가지므로 기본권 특히 영업의 자유와 밀접한 관련을 가지게 되므로 이에 대해서는 모법에서 명백한 규율을 하는 것이 요청된다(중요사항유보설).[10]

특별시 · 광역시 · 도 또는 특별자치도(이하 "시 · 도"라 한다)는 「환경정책기본법」 제10조제3항에 따른 지역 환경기준의 유지가 곤란하다고 인정되거나 제18조에 따른 대기환경규제지역의 대기질에 대한 개선을 위하여 필요하다고 인정되면 그 시 · 도의 조례로 제1항에 따른 배출허용기준보다 강화된 배출허용기준(기준 항목의 추가 및 기준의 적용 시기를 포함한다)을 정할 수 있다. 다만, 제87조제1항에 따라 제23조, 제30조, 제33조 및 제35조부터 제37조까지의 규정에 따른 환경부장관의 권한이 시 · 도지사에게 위임된 경우만 해당한다. 시 · 도지사는 제3항에 따른 배출허용기준이 설정 · 변경된 경우에는 지체 없이 환경부장관에게 보고하고 이해 관계자가 알 수 있도록 필요한 조치를 하여야 한다. 이처럼 조례로서 법령의 기준보다 강화된 내용을 정하는 것을 초과조례라고 하는바, 이러한 초과조례는 원칙적으로 허용되지 아니하지만, 법령의 위임이 있는 경우에는 가능한바, 본조의 경우가 바로 법령의 위임이 있는 경우에 해당된다.

환경부장관은 「환경정책기본법」 제22조에 따른 특별대책지역(이하 "특별대책지역"이라 한다)의 대기오염 방지를 위하여 필요하다고 인정하면 그 지역에 설치된 배출시설에 대하여 제1항의 기준보다 엄격한 배출허용기준을 정할 수 있으며, 그 지역에 새로 설치되는 배출시설에 대하여 특별배출허용기준을 정할 수 있다(법 제16조 제5항).

---

10) 김홍균, 환경법, 홍문사, 2010, 317면.

b) 제작차 배출허용기준

자동차(환경부령으로 정하는 건설기계의 경우에는 엔진을 말한다. 이하 이 조, 제47조부터 제56조까지, 제82조제1항제6호, 제89조제6호·제7호 및 제91조제4호에서 같다)를 제작(수입을 포함한다. 이하 같다)하려는 자(이하 "자동차제작자"라 한다)는 그 자동차(이하 "제작차"라 한다)에서 나오는 오염물질(대통령령으로 정하는 오염물질만 해당한다. 이하 "배출가스"라 한다)이 환경부령으로 정하는 허용기준(이하 "제작차배출허용기준"이라 한다)에 맞도록 제작하여야 한다(법 제46조 제1항).

c) 황의 함유허용기준

환경부장관은 연료용 유류 및 그 밖의 연료에 대하여 관계 중앙행정기관의 장과 협의하여 그 종류별로 황의 함유 허용기준(이하 "황함유기준"이라 한다)을 정할 수 있다.

d) 선박의 배출허용기준

선박 소유자는 「해양환경관리법」에 따른 선박의 디젤기관에서 배출되는 대기오염물질 중 대통령령으로 정하는 대기오염물질을 배출할 때 환경부령으로 정하는 허용기준에 맞게 하여야 한다(법 제76조 제1항).

4. 명령적 수단

a) 의무 부과

법 제23조제1항부터 제3항까지의 규정에 따라 허가·변경허가를 받은 자 또는 신고·변경신고를 한 자(이하 "사업자"라 한다)가 해당 배출시설을 설치하거나 변경할 때에는 그 배출시설로부터 나오는 오염물질이 제16조의 배출허용기준 이하로 나오게 하기 위하여 대기오염방지시설(이하 "방지시설"이라 한다)을 설치하여야 한다. 다만, 대통령령으로 정하는 기준에 해당하는 경우에는 설치하지 아니할 수 있다.

사업자는 배출시설에서 나오는 오염물질이 제16조와 제29조제3항에 따른 배출허용기준에 맞는지를 확인하기 위하여 측정기기를 부착하는 등의 조치를 하여 배출시설과 방지시설이 적정하게 운영되도록 하여야 한다(법 제32조 제1항).

여기서 측정기기를 굴뚝자동감시체제(telemetering system: TMS)라고 하는바, 이는 굴뚝별로 공장의 가동상태나 오염물질의 성분별 배출상태 등을 24시간 모니터링하는 것이다. 이러한 감시체제가 대기환경오염을 규제할 수 있는 중요한 것이므로 동법 시행령 제17조(측정기기의 부착대상 사업장 및 종류 등)에서는 배출시설을 운영하는 사업자는 법 제32조제1항 및 제2항에 따라 오염물질배출량과 배출허용기준의 준수 여부 및 방지시설의 적정 가동 여부를 확인할 수 있는 다음 1. 적산전력계(積算電力計) 2. 굴뚝 자동측정기기{流量 · 流速計, 온도측정기 및 자료수집기를 포함한다. 이하 같다}의 측정기기를 부착하여야 한다라고 규율하고 있다.

사업자가 그 배출시설을 운영할 때에는 나오는 오염물질을 자가측정하거나 「환경분야 시험 · 검사 등에 관한 법률」 제16조에 따른 측정대행업자에게 측정하게 하여 그 결과를 사실대로 기록하고, 환경부령으로 정하는 바에 따라 보존하여야 한다(법 제39조 제1항).

사업자는 조업을 할 때에는 환경부령으로 정하는 바에 따라 그 배출시설과 방지시설의 운영에 관한 상황을 사실대로 기록하여 보존하여야 한다.

b) 명령 · 제한 · 금지

환경부장관은 제30조에 따른 신고를 한 후 조업 중인 배출시설에서 나오는 오염물질의 정도가 제16조나 제29조제3항에 따른 배출허용기준을 초과한다고 인정하면 대통령령으로 정하는 바에 따라 기간을 정하여 사업자(제29조제2항에 따른 공동 방지시설의 대표자를 포함한다)에게 그 오염물질의 정도가 배출허용기준 이하로 내려가도록 필요한 조치를 취할 것(이하 "개선명령"이라 한다)을 명할 수 있다(법 제33조).

특별시장 · 광역시장 또는 시장 · 군수 · 구청장은 제61조에 따른 운행차에 대한 점검 결과 그 배출가스가 운행차배출허용기준을 초과하는 경우에는 환경부령으로 정하는 바에 따라 자동차 소유자에게 개선을 명할 수 있다. 이 경우 개선에 필요한 기간 동안 그 자동차의 사용정지를 함께 명할 수 있으나 그 기간은 10일 이내로 제한한다(법 제70조 제1항).

환경부장관은 배출시설로부터 나오는 특정 대기유해물질이나 특별대책지역의 배출시설로부터 나오는 대기오염물질로 인하여 환경기준의 유지가 곤란하거나 주민의 건강 · 재산, 동식물의 생육에 심각한 위해를 끼칠 우려가 있다고 인정되면 대통령령으로 정하는 바에 따라 특정대기유해물질을 배출하는 배출시설의 설치 또는 특별대책지역에서의 배출시설 설치를 제한할 수 있다(법 제23조 제6항). 배출시설의 설치와 관련하여 기타 관계법령에 의한 제한도 함께 검토하여야 하므로, 대기환경보전법상의 배출시설허가를 받더라도 다른 법령에 의한 제한은 여전히 존재할 수 있다.

사업자(제29조제2항에 따른 공동 방지시설의 대표자를 포함한다)는 배출시설과 방지시설을 운영할 때에는 다음 각 호의 행위를 하여서는 아니 된다: 1. 배출시설을 가동할 때에 방지시설을 가동하지 아니하거나 오염도를 낮추기 위하여 배출시설에서 나오는 오염물질에 공기를 섞어 배출하는 행위 2. 방지시설을 거치지 아니하고 오염물질을 배출할 수 있는 공기 조절장치나 가지 배출관 등을 설치하는 행위. 다만, 화재나 폭발 등의 사고 예방을 위하여 다른 법령에서 정한 시설로서 배출시설 설치허가를 받은 경우는 제외한다. 3. 부식(腐蝕)이나 마모(磨耗)로 인하여 오염물질이 새나가는 배출시설이나 방지시설을 정당한 사유 없이 방치하는 행위 4. 방지시설에 딸린 기계와 기구류의 고장이나 훼손을 정당한 사유 없이 방치하는 행위 5. 그 밖에 배출시설이나 방지시설을 정당한 사유 없이 정상적으로 가동하지 아니하여 배출허용기준을 초과한 오염물질을 배출하는 행위.

환경부장관 또는 시·도지사는 연료의 사용으로 인한 대기오염을 방지하기 위하여 특히 필요하다고 인정하면 관계 중앙행정기관의 장과 협의하여 대통령령으로 정하는 바에 따라 그 연료를 제조·판매하거나 사용하는 것을 금지 또는 제한하거나 필요한 조치를 명할 수 있다. 다만, 대통령령으로 정하는 바에 따라 환경부장관 또는 시·도지사의 승인을 받아 그 연료를 사용하는 자에 대하여는 그러하지 아니하다.

시·도지사는 자동차의 배출가스로 인한 대기오염 및 연료 손실을 줄이기 위하여 필요하다고 인정하면 그 시·도의 조례가 정하는 바에 따라 터미널, 차고지, 주차장 등의 장소에서 자동차의 원동기를 가동한 상태로 주차하거나 정차하는 행위를 제한할 수 있다(법 제59조 제1항).

c) 허가·신고

배출시설을 설치하려는 자는 대통령령으로 정하는 바에 따라 환경부장관의 허가를 받거나 환경부장관에게 신고하여야 한다(법 제23조 제1항).[11]

---

11) 대법원 2013.05.09. 선고 2012두22799 판결[대기배출시설설치불허가처분등취소]: [1] 구 수도권 대기환경개선에 관한 특별법(2013. 3. 23. 법률 제11690호로 개정되기 전의 것, 이하 '구 수도권대기환경특별법'이라 한다) 제2조 제2호, 제8조 제2항 제8호, 제14조 제1항, 제15조, 제16조, 제19조 제1항, 같은 법 시행령(2011. 12. 30. 대통령령 23465호로 개정되기 전의 것) 제2조, 제17조, [별표 1], [별표 2], 같은 법 시행규칙 제8조 등 대기오염물질 총량관리사업장 설치의 허가 또는 변경허가에 관한 규정들의 문언 및 그 체제·형식과 함께 구 수도권대기환경특별법의 입법 목적, 규율 대상, 허가의 방법, 허가 후 조치권한 등을 종합적으로 고려할 때, 구 수도권대기환경특별법 제14조 제1항에서 정한 대기오염물질 총량관리사업장 설치의 허가 또는 변경허가는 특정인에게 인구가 밀집되고 대기오염이 심각하다고 인정되는 수도권 대기관리권역에서 총

배출시설설치허가의 법적 성질과 관련하여서는 이를 예방적 금지로서의 허가로 볼 것인가 아니면 억제적 금지로서의 허가로 볼 것인가의 문제가 있다. 배출시설의 설치 그 자체는 자연적 자유라고 보는 것이 타당하고, 국민이 사업을 영위하기 위해서는 대부분의 경우에 배출시설의 설치가 요청된다고 볼 것이며, 배출시설의 설치 여부를 행정청의 재량에 맡기는 경우에는 국민의 기본적 자유에 대한 제한이 과도한 것이라는 점 등을 고려할 때 예방적 금지로서의 허가로 봄이 타당하다. 그리고 배출시설의 설치 허가는 예외적인 경우를 제외하고서는 대물적 허가로서의 성격을 지니므로 배출시설의 양도와 함께 허가도 양수인에게 이전하는 것을 보아야 할 것이다.

배출시설의 설치에 대해서 어떤 배출시설이 어떠한 경우에 허가를 받거나 신고를 하여야 하는지에 대해서 전적으로 대통령령으로 규율하도록 한 것은 법치국가의 원칙에 비추어 위헌적인 요소가 있다.[12] 왜냐하면 배출시설의 설치허가는 사업자의 영업의 자

량관리대상 오염물질을 일정량을 초과하여 배출할 수 있는 특정한 권리를 설정하여 주는 행위로서 그 처분의 여부 및 내용의 결정은 행정청의 재량에 속한다. [2] 구 대기환경보전법(2011. 7. 21. 법률 제10893호로 개정되기 전의 것, 이하 같다) 제2조 제9호, 제23조 제1항, 제5항, 제6항, 같은 법 시행령(2010. 12. 31. 대통령령 제22601호로 개정되기 전의 것, 이하 같다) 제11조 제1항 제1호, 제12조, 같은 법 시행규칙 제4조, [별표 2]와 같은 배출시설 설치허가와 설치제한에 관한 규정들의 문언과 그 체제 · 형식에 따르면 환경부장관은 배출시설 설치허가 신청이 구 대기환경보전법 제23조 제5항에서 정한 허가 기준에 부합하고 구 대기환경보전법 제23조 제6항, 같은 법 시행령 제12조에서 정한 허가제한사유에 해당하지 아니하는 한 원칙적으로 허가를 하여야 한다. 다만 배출시설의 설치는 국민건강이나 환경의 보전에 직접적으로 영향을 미치는 행위라는 점과 대기오염으로 인한 국민건강이나 환경에 관한 위해를 예방하고 대기환경을 적정하고 지속가능하게 관리 · 보전하여 모든 국민이 건강하고 쾌적한 환경에서 생활할 수 있게 하려는 구 대기환경보전법의 목적(제1조) 등을 고려하면, 환경부장관은 같은 법 시행령 제12조 각 호에서 정한 사유에 준하는 사유로서 환경 기준의 유지가 곤란하거나 주민의 건강 · 재산, 동식물의 생육에 심각한 위해를 끼칠 우려가 있다고 인정되는 등 중대한 공익상의 필요가 있을 때에는 허가를 거부할 수 있다고 보는 것이 타당하다.

대법원 2007. 7. 26. 선고 2005도464 판결: 구 대기환경보전법령에 따르면 소각시설의 용량을 신고할 때 적용되는 소각용량이라 함은 '최대소각용량'을 의미하고, 최대소각용량은 당해 소각시설이 단위시간당 소각할 수 있는 특정 폐기물의 최대소각량을 의미한다. 이때, 위 최대소각용량의 구체적인 산정방식에 관하여는 비록 법령상에 아무런 규정이 없으나, 소각시설 형태 및 가동방법의 다양성 등에 기인한 입법기술상의 한계, 소각시설에 관한 법령의 입법 필요성 등을 종합적으로 고려하면, 소각시설의 설계 · 제작 및 운영 등 관련 업계에 종사하는 건전한 상식과 통상적인 법감정을 가진 사람이라면 통상의 해석방법에 의하여 그 의미를 알 수 있는 개념이다.

참조: 대법원 2005. 11. 25. 선고 2005다53705,53712 판결: 대기환경보전법상의 배출시설설치신고에 필요한 사양서 등 서류의 교부의무는 배출시설설치계약에 있어서 그 설치업자의 주된 채무라 볼 수 없으므로, 이 의무의 불이행을 사유로 한 계약해제는 효력이 없다.

12) 대기환경보전법시행령 제11조(배출시설의 설치허가 및 신고 등) ① 법 제23조제1항에 따라 설치허가를 받아야 하는 배출시설은 다음 각 호와 같다. 1. 특정대기유해물질이 발생되는 배출시설 2. 「환경정책기본법」 제22조에 따라 지정 · 고시된 특별대책지역(이하 "특별대책지역"이라 한다)에 설치하는 배출시설. 다만, 특

유와 행동의 자유에 대해서 중대한 제한을 가져오는 바, 이러한 사항에 대해서는 법률로서 정하여야 하기 때문이다.

사업자는 배출시설이나 방지시설의 설치를 완료하거나 배출시설의 변경(변경신고를 하고 변경을 하는 경우에는 대통령령으로 정하는 규모 이상의 변경만 해당한다)을 완료하여 그 배출시설이나 방지시설을 가동하려면 환경부령으로 정하는 바에 따라 미리 환경부장관에게 가동개시 신고를 하여야 한다.

특별대책지역 또는 대기환경규제지역으로 지정 · 고시(대기환경규제지역의 경우에는 제19조제2항에 따른 실천계획의 고시를 말한다. 이하 이 항에서 같다)될 당시 그 지역에서 휘발성유기화합물을 배출하는 시설을 운영하고 있는 자는 특별대책지역이나 대기환경규제지역으로 지정 · 고시된 날부터 3개월 이내에 제44조제1항에 따른 신고를 하여야 하며, 특별대책지역이나 대기환경규제지역으로 지정 · 고시된 날부터 1년 이내에 제44조제3항에 따른 조치를 하여야 한다.

일정한 배출구 없이 대기 중에 직접 배출되는 먼지(이하 "비산먼지"라 한다)를 발생시키는 사업으로서 대통령령으로 정하는 사업을 하려는 자는 환경부령으로 정하는 바에 따라 시 · 도지사에게 신고하고 비산먼지의 발생을 억제하기 위한 시설을 설치하거나 필요한 조치를 하여야 한다. 이를 변경하려는 때에도 또한 같다.[13)]

특별대책지역이나 제18조제1항에 따른 대기환경규제지역(제19조제2항에 따라 실천계획이 고시된 경우만 해당한다. 이하 "대기환경규제지역"이라 한다)에서 휘발성유기화합물을 배출하는 시설로서 대통령령으로 정하는 시설을 설치하려는 자는 환경부령으로 정하는 바

정대기유해물질을 배출하지 아니하는 배출시설로서 별표 1에 따른 5종사업장에 설치하는 배출시설은 제외한다. ② 법 제23조제1항에 따라 제1항 각 호 외의 배출시설을 설치하려는 자는 배출시설 설치신고를 하여야 한다.

13) 대법원 2008.12.24. 선고 2007두17076 판결【비산먼지발생사업변경신고불가처분취소】: 구 대기환경보전법이나 그 시행규칙 등은 비산먼지배출사업을 단순한 신고사항으로 규정하고 있을 뿐 행정청으로 하여금 그 신고의 수리 여부를 심사, 결정할 수 있도록 규정하고 있지 않으므로, 행정청은 비산먼지배출사업 신고서가 구 대기환경보전법 제28조 제1항, 같은 법 시행규칙 제62조에서 정한 형식적 요건을 모두 갖춘 경우에는 특별한 사정이 없는 한 이를 수리하여야 하고, 만일 비산먼지배출사업을 하는 자가 비산먼지의 발생을 억제하기 위한 시설의 설치 또는 필요한 조치를 하지 않거나 그 시설이나 조치가 적합하지 않다고 인정하는 때에는 필요한 시설의 설치나 조치의 이행 또는 개선을 명하고, 위 명령을 이행하지 않는 경우에는 당해 사업의 중지 또는 시설 등의 사용중지나 사용제한을 명할 수 있을 뿐이다. 그러나 다른 법령에 의하여 비산먼지배출사업을 하는 것 자체가 허용되지 않는다면 설령 비산먼지배출사업이 구 대기환경보전법 제28조 제1항, 같은 법 시행규칙 제62조에서 정한 요건을 모두 갖추고 있다고 하더라도, 비산먼지배출사업을 하고자 하는 자가 적법한 신고를 할 수 없으므로 그 수리거부가 위법하게 되는 것은 아니다.

에 따라 환경부장관 또는 시·도지사(시·도지사의 경우 대통령령으로 정하는 사업장 외의 사업장만 해당한다. 이하 이 조에서 같다)에게 신고하여야 한다.

신고라는 행위는 사인이 행하는 행위로서 공법상의 효과를 야기하는 것으로서, 이에는 자체완결적 신고와 행정요건적 신고 내지 수리를 요하는 신고로 구분된다고 하는 것이 대법원 판례의 다수의견이다. 그러나 행정요건적 신고 내지 수리를 요하는 신고라는 개념은 퇴출되어야 할 개념으로서, 이에 해당하는 행위의 통제유형으로는 등록 내지 허가가 이미 존재하고 있으므로 신고라는 용어를 사용하는 경우에는 자체완결적 신고의 의미로만 한정하여 사용하여야 할 것이다.

d) 인증

자동차제작자가 자동차를 제작하려면 미리 환경부장관으로부터 그 자동차의 배출가스가 배출가스보증기간에 제작차배출허용기준에 맞게 유지될 수 있다는 인증을 받아야 한다. 다만, 환경부장관은 대통령령으로 정하는 자동차에는 인증을 면제하거나 생략할 수 있다(법 제48조 제1항).

여기서 인증이라는 용어를 사용하고 있으나, 이는 '허가'의 다른 표현에 지나지 않는다. 인증이라는 용어는 허가라는 용어가 가지는 권위적인 의미를 다소간 삭감하고자 사용되는 용어에 지나지 않고, 경우에 따라서는 '인가'라는 행정행위 대신으로 사용되는 경우도 있다. 인증이라는 행위통제유형은 허가 중에서도 예방적 금지로서의 허가의 성격을 지니는 것으로 보아야 할 것이다.

배출가스저감장치나 저공해엔진을 제조·공급 또는 판매하려는 자는 환경부장관으로부터 그 장치나 엔진이 보증기간 동안 환경부령으로 정하는 저감효율에 맞게 유지될 수 있다는 인증을 받아야 한다. 다만, 제작단계에서 배출가스저감장치나 저공해엔진을 부착하여 제작차 인증을 받은 경우에는 인증을 받지 아니할 수 있다(법 제60조 제1항).

5. 경제적·유인적 수단

환경부장관은 대기오염물질로 인한 대기환경상의 피해를 방지하거나 줄이기 위하여 대기오염물질을 배출하는 사업자(제29조에 따라 공동 방지시설을 설치·운영하는 자를 포함한다)와 제23조제1항부터 제3항까지의 규정에 따른 허가·변경허가를 받지 아니하거나 신고·변경신고를 하지 아니하고 배출시설을 설치 또는 변경한 자에 대하여 배출부과금을 부과·징수한다. 이 경우 배출부과금은 다음 각 호와 같이 구분하여 부과하고, 그 산정방법과 산정기준 등에 관하여 필요한 사항은 대통령령으로 정한다: 1. 초과부과금은 배출허용기준을 초과하여 배출하는 경우에 오염물질의 배출량과 배출농도 등에 따라 부과하는 금액으로 한다. 2. 기본부과금은 대기오염물질을 배출하는 사업자(「환경개선비용 부담법」 제9조제3항에 따라 개선부담금이 면제되는 시설물의 소유자 또는 점유자는 제외한다)가 배출허용기준 이하로 배출하는 오염물질의 배출량 및 배출농도 등에 따라 부과하는 금액으로 한다.

1983년 환경보전법에서 배출부과금제도가 규정되었으며, 이 때에는 기본부과금은 부과되지 아니하고 오직 초과부과금만 부과되다가 현재에는 기본부과금과 초과부과금을 부과하고 있다.

배출부과금은 정책실현목적부담금의 성격을 지니고 있다. 그런데 이에 대해서는 첫째, 산정절차의 적정성이 담보되기 어려운 점, 둘째, 기본부과금의 경우 부과대상이 황산화물과 먼지로 한정되어 있는 점,[14] 셋째, 초과부과금의 경우 적용계수의 적정성이 문제되는 점 등이 지적되고 있다.[15]

참조	대법원 2009.12.10. 선고 2009두14705 판결【초과부과금부과처분취소】
판례취지	구 대기환경보전법(2007. 4. 27. 법률 제8404호로 전부 개정되기 전의 것) 제16조, 제19조 제1항, 제2항, 같은 법 시행령(2007. 11. 15. 대통령령 제20383호로 전부 개정되기 전의 것) 제13조 제1항, 제14조 제1항, 제17조 제2항 제2호, 제18조 제1항 제2호, 제28조 제1항 제1호, 제2항에 의한 배출부과금 산정의 기준이 되는 배출허용기준 초과 배출량은 사업자가 조업에 제공하기 위하여 실제로 가동하는 배출시설로 인하여 배출되는 오염물질의 양을 위 법령에 정한 방법을 토대로 산정하는 것이므로 법령에 특별한 규정이 없는 한 행정청은 가능한 한 객관적 사실관계에 입각하여 이를 산정하여야 할 것이지만, 사업장에서의 일정 기간에 걸친 오염물질의 실제 배출량은 그 시기와 종기는 물론 그 기간 중에도 늘 같을 수는 없는 관계로 정확한 배출량의 측정 및 그에 따른 배출부과금의 산정은 현실적으로 불가능한 반면, 그 위반행위의 적발이 어려우며 오염물질의 초과 배출로 말미암아 일단 훼손된 환경의 원상회복은 쉽지 아니함을 고려할 때 이와 같은 초과 배출량 및 배출부과금의 산정방법과 기준은 법령에서 정하는 일정한 기준에 따라 이루어질 수밖에 없다.

14) 대기환경보전법 제35조 제2항 제1호 및 동법시행령 제23조 제1항.
참조: http://oneclick.law.go.kr: 기본부과금.

15) 김홍균, 환경법, 홍문사, 2010, 336면 이하.

> 한편, 그 산정방법과 기준은 전문적 · 과학적인 판단과 탄력적인 규율이 요구되는 영역이므로 하위 법령으로의 위임의 필요성이 인정된다 할 것인바, 이 점에 관한 위 시행령의 각 규정은 위 법 제19조에서 부과대상, 기본배출부과금, 초과배출부과금의 부과요건을 모두 정한 다음 배출기간 등 그 세부적 사항을 대통령령에 위임한 데에 근거한 것이어서 사업자로서는 배출부과금의 산정방법 및 그 기준의 대강을 쉽게 예측할 수 있을 뿐만 아니라 위 시행령 제28조에서 개선명령 이행완료예정일 이전의 조기 이행 등에 따른 배출부과금의 조정절차까지 마련하여 사업자가 불측 · 부당한 손해를 입지 않을 수 있도록 배려하고 있음에 비추어, 포괄위임입법 금지원칙에 위배된다고 볼 수도 없다.

6. 사실적 수단

a) 조사

환경부장관은 종합계획, 「환경정책기본법」 제14조의2에 따른 환경보전중기종합계획과 「수도권 대기환경개선에 관한 특별법」 제8조에 따른 수도권 대기환경관리기본계획을 합리적으로 수립 · 시행하기 위하여 전국의 대기오염물질 배출원(排出源) 및 배출량을 조사하여야 한다.

시 · 도지사 및 지방 환경관서의 장은 환경부령으로 정하는 바에 따라 관할 구역의 배출시설 등 대기오염물질의 배출원 및 배출량을 조사하여야 한다.

환경부장관은 제48조에 따른 인증을 받아 제작한 자동차의 배출가스가 제작차배출허용기준에 맞는지를 확인하기 위하여 대통령령으로 정하는 바에 따라 검사를 하여야 한다(법 제50조 제1항).

b) 보고 · 검사

환경부장관은 환경부령으로 정하는 경우에는 다음의 자에게 필요한 보고를 명하거나 자료를 제출하게 할 수 있으며, 관계 공무원(제87조제2항에 따라 환경부장관의 권한을 위탁받은 관계 전문기관의 직원을 포함한다)으로 하여금 해당 시설이나 사업장 등에 출입하여 제16조나 제46조제3항에 따른 배출허용기준 준수 여부, 제32조에 따른 측정기기의 정상운영 여부(제87조제2항에 따라 환경부장관의 권한을 위탁받은 관계 전문기관 직원의 경우에는 제32조 제7항에 따른 사항만 해당한다), 제48조에 따른 인증시험, 제48조의2에 따른 인증시험업무의 대행, 제62조에 따른 검사업무, 제64조에 따른 검사업무의 대행, 제74조에 따른 검사, 제74조의2에 따른 검사업무의 대행의 적정이행 여부를 확인하기 위하여 오염물질을 채취하거나 관계 서류, 시설, 장비 등을 검사하게 할 수 있다. 다만, 제2호부터 제5호까지, 제7호 또는 제8호에 해당하는 자에 대하여는 환경부장관 또는 시 · 도지사가 검사한다: 1. 사업자 2. 제41조제1항에 따라 황함유기준이 정하여진 유류를 공급 · 판매하거나 사용하는 자 3. 제42조에 따라 연료를 제조 · 판매하거나 사용하는 것을 금지당한 자 4. 제43조제1항에 따른 비산먼지 발생사업의 신고를 한 자 5. 제44조에 따라 휘발성유기화합물을 배출하는 시설을 설치하는 자 6. 제46조에 따른 자동차제작자 6의2. 제48조의2제1항에 따라 인증시험대행기관으로 지정된 자 7. 제62조제2항과 제64조제1항에 따른 정기검사 업무나 정밀검사의 대행업무를 수행하는 자 8. 제71조제1항에 따라 등록한 확인검사대행자 9. 제74조에 따라 자동차연료 · 첨가제 또는 촉매제를 제조 · 공급 또는 판매하는 자 10. 제74조의2에 따라 검사대행기관으로 지정된 자 11. 제87조제2항에 따라 환경부장관의 업무를 위탁받은 자(법 제82조).

c) 지원

관계 중앙행정기관의 장은 실천계획이 목표기간 내에 달성될 수 있도록 필요한 재정적 · 기술적 지원을 할 수 있다.

환경부장관은 사업자가 부착한 측정기기와 연결하여 그 측정결과를 전산처리할 수 있는 전산망을 운영할 수 있으며, 사업자가 측정기기를 정상적으로 유지 · 관리할 수 있도록 기술지원을 할 수 있다.

국가는 자동차로 인한 대기오염을 줄이기 위하여 다음 각 호의 어느 하나에 해당하는 시설 등의 기술개발 또는 제작에 필요한 재정적 · 기술적 지원을 할 수 있다: 1. 저공해자동차 및 그 자동차에 연료를 공급하 기 위한 시설 중 환경부장관이 정하는 시설 2. 배출가스저감장치 3. 저공해엔진(법 제47조 제1항).

국가는 대기환경개선을 위하여 다음 각 호의 사업을 추진하는 지방자치단체나 사업자에게 필요한 재정적 · 기술적 지원을 할 수 있다: 1. 제11조에 따른 종합계획의 수립 및 시행을 위하여 필요한 사업 2. 삭제〈2010.1.13.〉 3. 제16조제5항에 따른 특별대책지역에서의 엄격한 배출허용기준과 특별배출허용기준의 준수 확보에 필요한 사업 4. 제63조에 따른 정밀검사 기술개발과 연구 5. 그 밖에 대기환경을 개선하기 위하여 환경부장관이 필요하다고 인정하는 사업. 국가는 황사피해를 방지하기 위한 보호 및 감시활동, 피해방지사업, 그 밖에 황사피해 방지와 관련된 법인 또는 단체의 활동에 대하여 필요한 재정지원을 할 수 있다(법 제81조).

d) 사업장의 분류

환경부장관은 배출시설의 효율적인 설치 및 관리를 위하여 그 배출시설에서 나오는 오염물질 발생량에 따라 사업장을 1종부터 5종까지로 분류하여야 한다.

e) 배출가스 정보관리 전산망 설치 및 운영

환경부장관은 부품의 결함과 배출가스에 관한 정보를 관리하기 위하여 「자동차관리법」 제69조에 따른 전산정보처리조직과 연계한 전산망을 환경부령으로 정하는 바에 따라 설치 · 운영할 수 있다(법 제54조).

7. 의무이행확보수단

a) 권리 · 의무의 승계

사업자가 배출시설이나 방지시설을 양도하거나 사망한 경우 또는 사업자인 법인이 합병한 경우에는 그 양수인이나 상속인 또는 합병 후 존속하는 법인이나 합병에 따라 설립되는 법인은 허가 · 변경허가 · 신고 또는 변경신고에 따른 사업자의 권리 · 의무를 승계한다(법 제27조 제1항). 여기서 배출시설의 설치허가는 대물적 처분의 성격이 강하므로 시설의 양도에 의하여 그 설치허가처분도 함께 이전된다.

배출시설이나 방지시설을 임대차하는 경우 임차인은 제31조부터 제35조까지, 제36조(허가취소의 경우는 제외한다), 제39조, 제40조, 제82조제1항제1호를 적용할 때에는 사업자로 본다.

환경부장관은 제4항에 따른 측정기기의 운영 · 관리기준을 지키지 아니하는 사업자에게 대통령령으로 정하는 바에 따라 기간을 정하여 측정기기가 기준에 맞게 운영 · 관리되도록 필요한 조치를 취할 것을 명할 수 있다(법 제32조 제5항).

환경부장관은 제5항에 따라 조치명령을 받은 자가 이를 이행하지 아니하면 해당 배출시설의 전부 또는 일부에 대하여 조업정지를 명할 수 있다.

환경부장관은 제33조에 따라 개선명령을 받은 자가 개선명령을 이행하지 아니하거나 기간 내에 이행은 하였으나 검사결과 제16조 또는 제29조제3항에 따른 배출허용기준을 계속 초과하면 해당 배출시설의 전부 또는 일부에 대하여 조업정지를 명할 수 있다.

환경부장관은 대기오염으로 주민의 건강상 · 환경상의 피해가 급박하다고 인정하면 환경부령으로 정하는 바에 따라 즉시 그 배출시설에 대하여 조업시간의 제한이나 조업정지, 그 밖에 필요한 조치를 명할 수 있다.

자동차제작자가 그 사업을 양도하거나 사망한 경우 또는 법인인 자동차제작자가 합병한 경우에는 그 양수인이나 상속인 또는 합병 후 존속하는 법인이나 합병에 따라 설립되는 법인은 제48조에 따른 인증이나 변경인증에 따른 자동차제작자의 권리 · 의무를 승계한다(법제 49조).

b) 허가취소 · 배출시설의 사용중지 또는 폐쇄 · 조업정지

환경부장관은 사업자가 1. 거짓이나 그 밖의 부정한 방법으로 허가 · 변경허가를 받은 경우 2. 거짓이나 그 밖의 부정한 방법으로 신고 · 변경신고를 한 경우 3. 제23조제2항 또는 제3항에 따른 변경허가를 받지 아니하거나 변경신고를 하지 아니한 경우 등과 같이 법령을 위반하는 경우에는 배출시설의 설치허가 또는 변경허가를 취소하거나 배출시설의 폐쇄를 명하거나 6개월 이내의 기간을 정하여 배출시설 조업정지를 명할 수 있다.

환경부장관은 제23조제1항부터 제3항까지의 규정에 따른 허가를 받지 아니하거나 신고를 하지 아니하고 배출시설을 설치하거나 사용하는 자에게는 그 배출시설의 사용중지를 명하여야 한다. 다만, 그 배출시설을 개선하거나 방지시설을 설치 · 개선하더라도 그 배출시설에서 배출되는 오염물질의 정도가 제16조에 따른 배출허용기준 이하로 내려갈 가능성이 없다고 인정되는 경우 또는 그 설치장소가 다른 법률에 따라 그 배출시설의 설치가 금지된 경우에는 그 배출시설의 폐쇄를 명하여야 한다.

c) 과징금의 부과

환경부장관은 다음 각 호의 어느 하나에 해당하는 배출시설을 설치 · 운영하는 사업자에 대하여 제36조에 따라 조업정지를 명하여야 하는 경우로서 그 조업정지가 주민의 생활, 대외적인 신용 · 고용 · 물가 등 국민경제, 그 밖에 공익에 현저한 지장을 줄 우려가 있다고 인정되는 경우 등 그 밖에 대통령령으로 정하는 경우에는 조업정지처분을 갈음하여 2억원 이하의 과징금을 부과할 수 있다: 1. 「의료법」에 따른 의료기관의 배출시설 2. 사회복지시설 및 공동주택의 냉난방시설 3. 발전소의 발전 설비 4.「집단에너지사업법」에 따른 집단에너지시설 5.「초 · 중등교육법」및「고등교육법」에 따른 학교의 배출시설 6. 제조업의 배출시설 7. 그 밖에 대통령령으로 정하는 배출시설.

조업정지처분에 갈음하여 부과하는 과징금을 변형된 과징금이라고 할 수 있다.

d) 벌칙의 부과

대기환경보전법상의 각종 명령이나 의무를 위반한 자에게는 과태료, 벌금 그리고 징역형이 과해진다(법 제89조 이하). 법인의 대표자나 법인 또는 개인의 대리인, 사용인, 그 밖의 종업원이 그 법인 또는 개인의 업무에 관하여 제89조부터 제93조까지의 어느 하나에 해당하는 위반행위를 하면 그 행위자를 벌하는 외에 그 법인 또는 개인에게도 해당 조문의 벌금형을 과(科)한다. 다만, 법인 또는 개인이 그 위반행위를 방지하기 위하여 해당 업무에 관하여 상당한 주의와 감독을 게을리하지 아니한 경우에는 그러하지 아니하다(법 제95조).

제2절 소음 · 진동관리법

Ⅰ. 서설

1979년 환경보전법의 제정과 더불어 소음 · 진동에 대하여 규율하기 시작하였으며, 1990년 소음 · 진동규제법에서 본격적으로 규제를 하였다. 소음은 진동과 함께 논의되는데 그 이유는 소음은 통상적으로 진동을 수반하기 때문이다. 소음 · 진동의 규율대상으로는 공장소음 · 진동, 생활소음 · 진동, 교통소음 · 진동, 항공기 소음으로 구분하고 있다. 특히 확성기의 사용이나 소규모 공사장이나 공장 또는 유흥업소로부터 발생하는 생활소음 · 진동으로 인한 민원이 전체 민원에서 대다수를 차지하고 있다. 소음 · 진동은 집중방해, 심적 스트레스, 불안 · 초조, 소화기의 장애, 수면방해 등을 야기하고 나아가 건물의 균열 등 외부적인 영향을 가져올 수 있다.[16)]

우리나라는 도시화 및 산업화가 강하게 진행되고 있는바, 이로 인해서 토지와 건물에 대해서 보다 집약적으로 이용하게 되므로 소음 · 진동으로 인하여 상호간에 분쟁을 야기할 개연성이 더욱 크다. 대기나 수질오염은 환경재 그 자체를 훼손하는데 반하여 소음은 개인의 평온하고 쾌적한 일상생활을 방해하는 '생활방해'의 성질을 더 강하게 지니는 오염원으로서, 소음의 원인으로는 산업시설과 같은 대규모의 소음원으로부터 작게는 이웃집으로부터도 발생할 수 있다. 최근에는 아파트에 거주하는 주민들이 층간소음으로 인하여 살인까지 발생하였다는 보도도 있었다.[17)] 중앙환경분쟁조정위원회의 조정건수 가운데도 소음 · 진동으로 인한 것이 80%를 넘고 있다.[18)]

"소음(騷音)"이란 기계 · 기구 · 시설, 그 밖의 물체의 사용 또는 환경부령[19)]으로 정하

---

16) 김홍균, 환경법, 홍문사, 2010, 384면 이하.

17) http://news.donga.com: 2013. 2. 11. 설연휴 층간소음에 형제 2명 살해 '경악'.

18) http://edc.me.go.kr/index.jsp.

19) 소음 · 진동관리법 시행규칙 제2조(사람의 활동으로 인한 소음의 종류) 법 제2조제1호에서 "환경부령으로 정하는 사람의 활동으로 인하여 발생하는 강한 소리"란 다음 각 호의 사업장에서 발생되는 소리에 한정한다. 1.「체육시설의 설치 · 이용에 관한 법률」제10조제1항제2호에 따른 체육도장업, 체력단련장업, 무도학원업 및 무도장업 2.「학원의 설립 · 운영 및 과외교습에 관한 법률」제2조에 따른 학원 및 교습소 중 음악

는 사람의 활동으로 인하여 발생하는 강한 소리(법 제2조 제1호)를 말하고, "진동(振動)"이란 기계·기구·시설, 그 밖의 물체의 사용으로 인하여 발생하는 강한 흔들림을 말한다. 이러한 소음과 진동을 발생시키는 시설을 "소음·진동배출시설"이라고 하며, 법적 정의에 따르면 소음·진동을 발생하는 공장의 기계·기구·시설, 그 밖의 물체로서 환경부령으로 정하는 것을 말한다.

일상생활을 함에 있어서 소음이 어느 정도 발생하는 것은 당연하지만 한계를 넘으면 오염원의 하나로 취급받게 된다. 다만 다른 환경오염에 비하여 몇가지 특징이 있다: ① 소음의 실체가 비물질적이고 무형적이라는 무형성(無形性), ② 소음의 음량에 따라 발원지로부터 일정 범위의 지역에 국한하여 영향을 미친다고 하는 국지성(局地性), ③ 소음원의 소음발생행위가 종료되면 소음도 소멸하는 한시성(限時性), ④ 소음원의 위치나 시간대 등에 따라 그 영향이 다른 상대성(相對性)의 특성이 있다.

일반적으로 소음의 측정단위로는 데시벨(dB: decibell)[20]이 사용되고 있다. 중요한 것은 데시벨이 +6이 더하여지면 소음도는 배(倍)가 된다는 점이다. 그러므로 55 dB과 61 dB은 소음도가 배가 차이가 난다는 점이다. 85 dB 이상의 소음에 지속적으로 노출되는 경우에는 청각장애를 유발할 수도 있다.

음원별 소음도와 영향[21]			
dB	음원의 예	소음의 영향	비고
20	나뭇잎 살랑거리는 소리, 손목시계 초침소리	쾌적	
30	심야의 교외, 속삭이는 소리, 벽시계 소리	수면에 거의 영향 없음	
35	조용한 공원	수면에 거의 영향 없음	WHO 침실기준
40	주간의 조용한 주택, 도서관, 냉장고 소리	수면깊이 낮아짐	
50	조용한 사무실	호흡·맥박 수 증가, 계산력 저하	환경기준(주간)

교습을 위한 학원 및 교습소 3. 「식품위생법 시행령」 제21조제8호다목 및 라목에 따른 단란주점영업 및 유흥주점영업 4. 「음악산업진흥에 관한 법률」제2조제13호에 따른 노래연습장업 5. 「다중이용업소 안전관리에 관한 특별법 시행규칙」제2조제4호에 따른 콜라텍업.

20) 데시벨(dB: decibell)은 소음의 크기를 나타내는 단위로서 10분의 1을 의미하는 deci와 전화기를 발명한 알렉산더 그레이엄 벨의 이름인 Bell에서 유래한 단어이다.

21) 참조: 사법연수원, 환경법, 성문인쇄사, 2009, 264면; http://www.noiseinfo.or.kr/ 국가소음정보시스템.

60	보통의 대화소리, 조용한 승용차, 인근가옥의 피아노 소리	수면장애 시작	
70	도로변 소음, 전화벨 소리, 시끄러운 사무실	TV · 라디오 청취 방해, 정신집중력 저하, 말초혈관 수축	공사장 규제기준
80	철로변 및 지하철 차내 소음	청력장애 시작, 양수막 조기파열 가능	작업장 내 기준
90	소음 심한 공장 내부, 큰 소리의 독창, 대형트럭의 주행음	난청증상 시작, 소변량 증가	
100	착암기, 경적 소리, 열차 통과 시 철로변 소음	작업량 저하, 단시간 노출 시 일시적 난청	
110	(근접한) 자동차 경적 소음		
120	비행기의 엔진소음, 전투기의 이 · 착륙 소음		
130	귀가 아파 견딜 수 없는 정도		

Ⅱ. 소음 · 진동관리법의 주요 내용

A. 기본적 체제

1. 상시측정

환경부장관은 전국적인 소음 · 진동의 실태를 파악하기 위하여 측정망을 설치하고 상시(常時) 측정하여야 하며, 특별시장 · 광역시장 · 도지사 또는 특별자치도지사는 해당 관할 구역의 소음 · 진동 실태를 파악하기 위하여 측정망을 설치하고 상시 측정하여 측정한 자료를 환경부령으로 정하는 바에 따라 환경부장관에게 보고하여야 한다(법 제3조).

중앙환경분쟁조정위원회에 신청된 환경분쟁에 대한 피해원인별 통계자료						
구 분	계	소음 · 진동	대기오염	수질오염	해양오염	기타*
계(%)	2,416(100)	2,070(86)	155(6)	72(3)	9(–)	110(5)
'10	174	148	3	6	–	17
'09	283	241	13	2	–	27
'08	209	173	8	3	–	25

'07	172	142	7	3	–	20
'06	165	150	8	3	–	4
'05	174	151	11	5	–	7
'04	223	206	8	3	1	5
'03	292	264	19	8	–	1
'02	263	229	26	4	–	4
'01	121	103	11	7	–	–
'00	60	49	7	4	–	–
'99	79	67	8	4	–	–
'98이전	201	147	26	20	8	–

2. 소음지도

환경부장관 또는 시·도지사는 교통기관 등으로부터 발생하는 소음을 적정하게 관리하기 위하여 필요한 경우에는 환경부령으로 정하는 바에 따라 일정 지역의 소음의 분포 등을 표시한 소음지도(騷音地圖)를 작성할 수 있다(법 제4조의2 제1항). 소음지도란 이론적으로 증명된 예측식이나 실험상의 결과로 얻은 경험식 및 지리정보시스템(GIS, Geographic Information System)을 사용하여 소음의 수치와 분포를 계산하여 계절적인 변화나 시간적인 변화에 관한 데이터를 분석하여 시각적으로 제시하여 주는 지도를 말한다. 현재의 소음평가는 광역적인 지역보다는 특정 지점에 대한 소음도 평가가 이루어지기 때문에 전체적인 영향을 파악하기 힘들며 이에 따른 결과도 수치적으로만 제시되어 일반인이 소음의 정도 및 영향 그리고 범위를 이해하는 것이 쉽지 아니하였던바, 이를 개선하여 소음을 컴퓨터를 이용하여 등고선이나 색을 이용하여 시각화 시켜 보여줌으로써 소음에 대한 영향을 좀 더 쉽게 파악하고 평가할 수 있는 도구가 바로 소음지도이다. 소음지도는 소음도를 시각적으로 나타내어 주기 때문에 이를 판별하기 쉽고 지역적 분석이 이루어지므로 소음에 대한 광역적인 영향평가가 가능하다. 또한 대상지역 내의 모든 소음원에 대한 영향을 고려하기 때문에 소음영향평가시 정확한 예측이 가능하며 총괄적이고 체계적인 대안의 수립이 가능하며 지리정보시스템(GIS)과의 연계를 통하여 소음노출인구의 파악, 소음저감 대책이나 개발계획의 효율성까지도 판단할 수 있다.[22)]

22) http://www.noise-tech.co.kr/field/map.php.

B. 소음 · 진동관리 수단

1. 계획적 수단

a) 측정망 설치계획

환경부장관은 제3조제1항에 따른 측정망의 위치, 범위, 구역 등을 명시한 측정망 설치계획을 결정하여 환경부령으로 정하는 바에 따라 고시하고 그 도면을 누구든지 열람할 수 있게 하여야 한다. 이를 변경한 경우에도 또한 같다(법 제4조 제1항).

b) 교통소음 · 진동 관리지역

특별시장 · 광역시장 · 특별자치도지사 또는 시장 · 군수(광역시의 군수는 제외한다. 이하 이 조에서 같다)는 교통기관에서 발생하는 소음 · 진동이 교통소음 · 진동 관리기준을 초과하거나 초과할 우려가 있는 경우에는 해당 지역을 교통소음 · 진동 관리지역(이하 "교통소음 · 진동 관리지역"이라 한다)으로 지정할 수 있다(법 제27조 제1항).

2. 조직적 수단

a) 권한의 위임 · 위탁

이 법에 따른 환경부장관의 권한은 대통령령으로 정하는 바에 따라 그 일부를 시 · 도지사, 국립환경과학원장 또는 지방환경관서의 장에게 위임할 수 있고, 환경부장관은 이 법에 따른 업무의 일부를 대통령령으로 정하는 바에 따라 관계 전문기관에 위탁할 수 있다(법 제54조).

b) 환경기술인

사업자는 배출시설과 방지시설을 정상적으로 운영 · 관리하기 위하여 환경기술인을 임명하여야 한다. 다만, 다른 법률에 따라 환경기술인의 업무를 담당하는 자가 지정된 경우에는 그러하지 아니하다(법 제19조 제1항). 환경기술인(제1항 단서에 따라 지정된 자를 포함한다. 이하 같다)은 그 배출시설과 방지시설에 종사하는 자가 이 법이나 이 법에 따른 명령을 위반하지 아니하도록 지도 · 감독하여야 하며, 배출시설과 방지시설이 정상적으로 가동되어 소음 · 진동의 정도가 배출허용기준에 적합하도록 관리하여야 한다.

c) 인증시험대행기관

환경부장관은 제31조에 따른 인증에 필요한 시험(이하 "인증시험"이라 한다)을 효율적으로 수행하기 위하여 필요한 경우에는 전문기관을 지정하여 인증시험에 관한 업무를 수행하게 할 수 있다(법 제31조의2 제1항).

3. 입법적 수단

a) 배출허용기준

소음 · 진동 배출시설(이하 "배출시설"이라 한다)을 설치한 공장에서 나오는 소음 · 진동의 배출허용기준은 환경부령으로 정한다(법 제7조 제1항). 동조에 의거하여 소음 · 진동관리법 시행규칙 제8조(공장소음 · 진동의 배출허용기준) 제1항에서는 "법 제7조에 따른 공장소음 · 진동의 배출허용기준은 별표 5와 같다."고 규정하고 있다.[23] 별표 5는 다음과 같다:

[별표 5] 〈개정 2010.6.30〉			
공장소음 · 진동의 배출허용기준(제8조 관련)			
1. 공장소음 배출허용기준[단위 : dB(A)]			
대상 지역	시간대별		
	낮(06:00~18:00)	저녁(18:00~24:00)	밤(24:00~06:00)
가. 도시지역 중 전용주거지역 · 녹지지역, 관리지역 중 취락지구 · 주거개발진흥지구 및 관광 · 휴양개발진흥지구, 자연환경보전지역 중 수산자원보호구역 외의 지역	50 이하	45 이하	40 이하
나. 도시지역 중 일반주거지역 및 준주거지역	55 이하	50 이하	45 이하

23) 수원지법 2009.8.19. 선고 2008구합10813 판결 : 항소: 나이트클럽에 개폐식 지붕이 설치되는 경우 관광진흥법령과 식품위생법령에서 정한 '방음장치'를 갖추었다고 보기 어려우며, 그 지붕이 열리는 경우 소음 · 진동규제법에서 정하고 있는 사업장의 야간 소음한도를 초과할 가능성이 상당히 높을 뿐만 아니라, 소음이 발생하는 시간이 인근 주민들의 숙면을 취하는 심야인 점을 감안하면, 인근 주상복합아파트 주민들의 주거생활에 상당한 지장을 초래할 것이 분명해 보이고, 이는 수인할 수 있는 한도를 넘어서는 것이라고 판단되므로, 사후적으로 규제하기보다는 사전적으로 예방함이 타당하다.

다. 농림지역, 자연환경보전지역 중 수산자원보호구역, 관리지역 중 가목과 라목을 제외한 그 밖의 지역	60 이하	55 이하	50 이하
라. 도시지역 중 상업지역 · 준공업지역, 관리지역 중 산업개발진흥지구	65 이하	60 이하	55 이하
마. 도시지역 중 일반공업지역 및 전용공업지역	70 이하	65 이하	60 이하

비고

1. 소음의 측정 및 평가기준은 「환경분야 시험 · 검사 등에 관한 법률」 제6조제1항제2호에 해당하는 분야에 대한 환경오염공정시험기준에서 정하는 바에 따른다.
2. 대상 지역의 구분은 「국토의 계획 및 이용에 관한 법률」에 따른다.
3. 허용 기준치는 해당 공장이 입지한 대상 지역을 기준으로 하여 적용한다.
4. 충격음 성분이 있는 경우 허용 기준치에 -5dB을 보정한다.
5. 관련시간대(낮은 8시간, 저녁은 4시간, 밤은 2시간)에 대한 측정소음발생시간의 백분율이 12.5% 미만인 경우 +15dB, 12.5% 이상 25% 미만인 경우 +10dB, 25% 이상 50% 미만인 경우 +5dB을 허용 기준치에 보정한다.
6. 위 표의 지역별 기준에도 불구하고 다음 사항에 해당하는 경우에는 배출허용기준을 다음과 같이 적용한다.

가. 「산업입지 및 개발에 관한 법률」에 따른 산업단지에 대하여는 마목의 허용 기준치를 적용한다.

나. 「의료법」에 따른 종합병원, 「초 · 중등교육법」 및 「고등교육법」에 따른 학교, 「도서관법」에 따른 공공도서관, 「노인복지법」에 따른 노인전문병원 중 입소규모 100명 이상인 노인전문병원 및 「영유아보육법」에 따른 보육시설 중 입소규모 100명 이상인 보육시설(이하 "정온시설"이라 한다)의 부지경계선으로부터 50미터 이내의 지역에 대하여는 해당 정온시설의 부지경계선에서 측정한 소음도를 기준으로 가목의 허용 기준치를 적용한다.

다. 가목에 따른 산업단지와 나목에 따른 정온시설의 부지경계선으로부터 50미터 이내의 지역이 중복되는 경우에는 특별자치도지사 또는 시장 · 군수 · 구청장이 해당 지역에 한정하여 적용되는 배출허용기준을 공장소음 배출허용기준 범위에서 정할 수 있다.

2. 공장진동 배출허용기준[단위 : dB(V)]

대상 지역	시간대별	
	낮(06:00~22:00)	밤(22:00~06:00)
가. 도시지역 중 전용주거지역 · 녹지지역, 관리지역 중 취락지구 · 주거개발진흥지구 및 관광 · 휴양개발진흥지구, 자연환경보전지역 중 수산자원보호구역 외의 지역	60 이하	55 이하
나. 도시지역 중 일반주거지역 · 준주거지역, 농림지역, 자연환경보전지역 중 수산자원보호구역, 관리지역 중 가목과 다목을 제외한 그 밖의 지역	65 이하	60 이하
다. 도시지역 중 상업지역 · 준공업지역, 관리지역 중 산업개발진흥지구	70 이하	65 이하

라. 도시지역 중 일반공업지역 및 전용공업지역	75 이하	70 이하

비고

1. 진동의 측정 및 평가기준은 「환경분야 시험·검사 등에 관한 법률」 제6조제1항제2호에 해당하는 분야에 대한 환경오염공정시험기준에서 정하는 바에 따른다.
2. 대상 지역의 구분은 「국토의 계획 및 이용에 관한 법률」에 따른다.
3. 허용 기준치는 해당 공장이 입지한 대상 지역을 기준으로 하여 적용한다.
4. 관련시간대(낮은 8시간, 밤은 3시간)에 대한 측정진동발생시간의 백분율이 25% 미만인 경우 +10dB, 25% 이상 50% 미만인 경우 +5dB을 허용 기준치에 보정한다.
5. 위 표의 지역별 기준에도 불구하고 다음 사항에 해당하는 경우에는 배출허용기준을 다음과 같이 적용한다.
   가. 「산업입지 및 개발에 관한 법률」에 따른 산업단지에 대하여는 라목의 허용 기준치를 적용한다.
   나. 정온시설의 부지경계선으로부터 50미터 이내의 지역에 대하여는 해당 정온시설의 부지경계선에서 측정한 진동레벨을 기준으로 가목의 허용 기준치를 적용한다.
   다. 가목에 따른 산업단지와 나목에 따른 정온시설의 부지경계선으로부터 50미터 이내의 지역이 중복되는 경우에는 특별자치도지사 또는 시장·군수·구청장이 해당 지역에 한정하여 적용되는 배출허용기준을 공장진동 배출허용기준 범위에서 정할 수 있다.

b) 교통소음·진동 관리기준

교통기관에서 발생하는 소음·진동의 관리기준(이하 "교통소음·진동 관리기준"이라 한다)은 환경부령으로 정한다. 이 경우 환경부장관은 미리 관계 중앙 행정기관의 장과 교통소음·진동 관리기준 및 시행시기 등 필요한 사항을 협의하여야 한다(법 제26조 제1항).

c) 제작차 소음허용기준

자동차를 제작(수입을 포함한다. 이하 같다)하려는 자(이하 "자동차제작자"라 한다)는 제작되는 자동차(이하 "제작차"라 한다)에서 나오는 소음이 대통령령으로 정하는 제작차 소음허용기준에 적합하도록 제작하여야 한다(법 제30조).

4. 명령적 수단

a) 명령·제한·금지

배출시설의 설치 또는 변경에 대한 신고를 하거나 허가를 받은 자(이하 "사업자"라 한다)가 그 배출시설을 설치하거나 변경하려면 그 공장으로부터 나오는 소음·진동을 제7

조의 배출허용기준 이하로 배출되게 하기 위하여 소음 · 진동방지시설(이하 "방지시설"이라 한다)을 설치하여야 한다(법 제9조 제1항 전단).

사업자는 배출시설 또는 방지시설의 설치 또는 변경을 끝내고 배출시설을 가동(稼動)한 때에는 환경부령으로 정하는 기간 이내에 공장에서 배출되는 소음 · 진동이 제7조 또는 제12조제2항에 따른 소음 · 진동 배출허용기준(이하 "배출허용기준"이라 한다) 이하로 처리될 수 있도록 하여야 한다. 이 경우 환경부령으로 정하는 기간 동안에는 제15조, 제16조, 제17조제6호 및 제60조제2항제2호를 적용하지 아니한다(법 제14조 제1항).

특별자치도지사 또는 시장 · 군수 · 구청장은 조업 중인 공장에서 배출되는 소음 · 진동의 정도가 배출허용기준을 초과하면 환경부령으로 정하는 바에 따라 기간을 정하여 사업자에게 그 소음 · 진동의 정도가 배출허용기준 이하로 내려가는 데에 필요한 조치(이하 "개선명령"이라 한다)를 명할 수 있다(법 제15조).

특별자치도지사 또는 시장 · 군수 · 구청장은 개선명령을 받은 자가 이를 이행하지 아니하거나 기간 내에 이행은 하였으나 배출허용기준을 계속 초과할 때에는 그 배출시설의 전부 또는 일부에 조업정지를 명할 수 있다. 이 경우 환경부령으로 정하는 시간대별 배출허용기준을 초과하는 공장에는 시간대별로 구분하여 조업정지를 명할 수 있다(법 제16조 제1항).

특별자치도지사 또는 시장 · 군수 · 구청장은 생활소음 · 진동이 제21조제2항에 따른 규제기준을 초과하면 소음 · 진동을 발생시키는 자에게 작업시간의 조정, 소음 · 진동 발생 행위의 분산 · 중지, 방음 · 방진시설의 설치, 환경부령으로 정하는 소음이 적게 발생하는 건설기계의 사용 등 필요한 조치를 명할 수 있다(법 제23조 제1항). 특별자치도지사 또는 시장 · 군수 · 구청장은 이동소음의 원인을 일으키는 기계 · 기구[이하 "이동소음원(移動騷音源)"이라 한다]로 인한 소음을 규제할 필요가 있는 지역을 이동소음 규제지역으로 지정하여 이동소음원의 사용을 금지하거나 사용 시간 등을 제한할 수 있다(법 제24조 제1항).

자동차의 소유자는 그 자동차에서 배출되는 소음이 대통령령으로 정하는 운행차 소음허용기준에 적합하게 운행하거나 운행하게 하여야 하며, 소음기(消音器)나 소음덮개를 떼어 버리거나 경음기를 추가로 붙여서는 아니 된다(법 제35조).

b) 허가 · 신고

배출시설을 설치하려는 자는 대통령령으로 정하는 바에 따라 특별자치도지사 또는 시장 · 군수 · 구청장(자치구의 구청장을 말한다. 이하 같다)에게 신고하여야 한다. 다만, 학교 또는 종합병원의 주변 등 대통령령으로 정하는 지역은 특별자치도지사 또는 시장 · 군수 · 구청장의 허가를 받아야 한다(법 제8조 제1항).

생활소음 · 진동이 발생하는 공사로서 환경부령으로 정하는 특정공사를 시행하려는 자는 환경부령으로 정하는 바에 따라 관할 특별자치도지사 또는 시장 · 군수 · 구청장에게 신고하여야 한다(법 제22조 제1항).

c) 인증

자동차제작자가 자동차를 제작하려면 미리 제작차의 소음이 제30조에 따른 제작차 소음허용기준에 적합하다는 환경부장관의 인증을 받아야 한다. 다만, 환경부장관은 군용 · 소방용 등 공용의 목적 또는 연구 · 전시목적 등으로 사용하려는 자동차 또는 외국에서 반입하는 자동차로서 대통령령으로 정하는 자동차는 인증을 면제하거나 생략할 수 있다(법 제31조).

5. 사실적 수단

a) 보고 · 검사

사업자는 제15조, 제16조, 제17조 또는 제18조 본문에 따른 조치명령 · 개선명령 · 조업정지명령 또는 사용중지명령 등을 이행한 경우에는 환경부령으로 정하는 바에 따라 그 이행결과를 지체 없이 특별자치도지사 또는 시장 · 군수 · 구청장에게 보고하여야 한다(법 제20조 제1항).

특별시장 · 광역시장 · 특별자치도지사 또는 시장 · 군수 · 구청장은 다음 각 호의 사항을 확인하기 위하여 도로 또는 주차장 등에서 운행차를 점검할 수 있다(법 제36조 제1항): 1. 운행차의 소음이 제35조에 따른 운행차 소음허용기준에 적합한지 여부 2. 소음기나 소음덮개를 떼어 버렸는지 여부 3. 경음기를 추가로 붙였는지 여부.

자동차의 소유자는 「자동차관리법」 제43조제1항제2호와 「건설기계관리법」 제13조제1항제2호에 따른 정기검사를 받을 때에 다음 각 호의 사항 모두에 대하여 검사를 받아야 한다(법 제37조 제1항): 1. 해당 자동차에서 나오는 소음이 운행차 소음허용기준에 적합한지 여부 2. 소음기나 소음덮개를 떼어버렸는지 여부 3. 경음기를 추가로 붙였는지 여부.

b) 행정응원

환경부장관은 항공기 소음이 대통령령으로 정하는 항공기 소음의 한도를 초과하여 공항 주변의 생활환경이 매우 손상된다고 인정하면 관계 기관의 장에게 방음시설의 설치나 그 밖에 항공기 소음의 방지에 필요한 조치를 요청할 수 있다(법 제39조). 환경부장관은 이 법의 목적을 달성하기 위하여 필요하다고 인정하면 다음 각 호에 해당하는 조치를 관계 기관의 장에게 요청할 수 있다. 이 경우 관계 기관의 장은 특별한 사유가 없으면 그 요청에 따라야 한다(법 제48조): 1. 도시재개발사업의 변경 2. 주택단지 조성의 변경 3. 도로 · 철도 · 공항 주변의 공동주택 건축허가의 제한 4. 그 밖에 대통령령으로 정하는 사항.[24]

6. 의무이행확보수단

a) 권리 · 의무의 승계

사업자가 배출시설 및 방지시설을 양도하거나 사망한 경우 또는 법인의 합병이 있는 경우에는 그 양수인 · 상속인 또는 합병 후 존속하는 법인이나 합병으로 설립되는 법인은 신고 · 허가 또는 변경 신고에 따른 사업자의 권리 · 의무를 승계한다(법 제10조 제1항). 제10조(제32조에 따라 준용되는 경우를 포함한다)에 따른 사업의 승계가 있으면 종전의 사업자에 대한 행정처분의 효과는 그 처분 기간이 끝나는 날까지 새로운 사업자에게 승계되며, 행정처분의 절차가 진행 중이면 새로운 사업자에게 그 절차를 속행할 수 있다. 다만, 새로운 사업자(상속에 의한 승계는 제외한다)가 그 사업을 승계 시에 그 처분 또는 위반 사실을 알지

---

24) 서울남부지법 2009.10.9. 선고 2006가합14470 판결 : 항소【손해배상(공)】 : 국가배상법 제5조 제1항 에 정하여진 '영조물의 설치 또는 관리의 하자'라 함은 공공의 목적에 공여된 영조물이 그 용도에 따라 갖추어야 할 안전성을 갖추지 못한 상태에 있음을 말하고(대법원 2002. 8. 23. 선고 2002다9158 판결 참조), 여기서 안전성을 갖추지 못한 상태, 즉 타인에게 위해를 끼칠 위험성이 있는 상태라 함은 당해 영조물을 구성하는 물적 시설 그 자체에 있는 물리적 · 외형적 흠결이나 불비로 인하여 그 이용자에게 위해를 끼칠 위험성이 있는 경우뿐만 아니라, 그 영조물이 공공의 목적에 이용됨에 있어 그 이용상태 및 정도가 일정한 한도를 초과하여 제3자에게 사회통념상 수인할 것이 기대되는 한도를 넘는 피해를 입히는 경우까지 포함된다고 보아야 할 것이다(대법원 2004. 3. 12. 선고 2002다14242 판결 참조). 김포공항 주변의 항공기 소음이 수인한도를 초과하여 위법하다고 보아, 국가는 그 소음으로 인해 주민들이 입은 정신적 손해를 배상할 책임이 있다고 한 사례 [2] 김포공항 주변 항공기 소음으로 그 주변 지역 주민들이 입은 정신적 고통에 대한 위자료 액수를 90WECPNL 이상 지역에 거주하는 사람들에 대하여는 하루 2,000원, 80WECPNL 이상 90WECPNL 미만 지역에 거주하는 사람들에 대하여는 하루 1,000원에 각 거주일수를 곱하여 산출한 다음, 피해 주민들이 소음침해를 인식하였거나 과실로 이를 인식하지 못하고 그 지역에 입주하였음을 참작하여 손해배상액을 30% 감액한 사례.

못하였음을 증명하면 그러하지 아니하다(법 제50조).

b) 폐쇄조치

특별자치도지사 또는 시장 · 군수 · 구청장은 제8조에 따른 신고를 하지 아니하거나 허가를 받지 아니하고 배출시설을 설치하거나 운영하는 자에게 그 배출시설의 사용중지를 명하여야 한다. 다만, 그 배출시설을 개선하거나 방지시설을 설치 · 개선하더라도 그 공장에서 나오는 소음 · 진동의 정도가 배출허용기준 이하로 내려갈 가능성이 없거나 다른 법률에 따라 그 배출시설의 설치가 금지되는 장소이면 그 배출시설의 폐쇄를 명하여야 한다(법 제18조).

c) 벌칙의 부과

소음 · 진동관리법상의 각종 명령이나 의무를 위반한 자에게는 과태료, 벌금 그리고 징역형이 과해진다(법 제56조 이하). 법인의 대표자나 법인 또는 개인의 대리인, 사용인, 그 밖의 종업원이 그 법인 또는 개인의 업무에 관하여 제56조부터 제58조까지의 어느 하나에 해당하는 위반행위를 하면 그 행위자를 벌하는 외에 그 법인 또는 개인에게도 해당 조문의 벌금형을 과(科)한다. 다만, 법인 또는 개인이 그 위반행위를 방지하기 위하여 해당 업무에 관하여 상당한 주의와 감독을 게을리하지 아니한 경우에는 그러하지 아니하다(법 제59조).

Ⅲ. 항공기 소음 관련 판례

A. 개설

우리나라는 지정학적인 요인에 의하여 특히 군사공항을 많이 운영하고 있으며, 국토가 비교적 협소하여 공항의 입지에 따른 항공기 소음의 영향을 많이 받고 있다. 2002년 매향리사격장의 인근 주민들이 제기한 전투기소음 등으로 인한 손해배상청구가 일부 인용된 이래 김포, 대구, 인천 등에 위치한 공항의 인근 주민들에 의해 소음피해를 원인으로 하는 손해배상청구소송이 제기되어 왔다.[25]

---

25) 대법원 2004. 3. 12. 선고 2002다14242 판결; 대법원 2005. 1. 28. 선고 2003다50535 판결; 대법원 2010. 11.

2006년 대구비행장 소음피해에 대한 손해배상청구소송 이래 군사공항의 소음피해 배상청구소송은 2012년 말까지 모두 179건이 제기되었고 이 중에서 27건을 제외하고는 원고들이 승소하였는바, 국방부가 원고들에게 배상한 배상금액은 4천억원을 상회하였다. 아직도 약 140여건의 소송이 제기되어 있고, 배상청구액은 약 1,875억원에 이르고 있다.[26)]

항공기 소음에 대해서 소음 · 진동관리법과 공항소음방지및소음대책지역지원에관한법률에서 규율하고 있다. 소음 · 진동관리법 제5장 항공기 소음의 관리, 제39조(항공기 소음의 관리)에서는 "①환경부장관은 항공기 소음이 대통령령으로 정하는 항공기 소음의 한도를 초과하여 공항 주변의 생활환경이 매우 손상된다고 인정하면 관계 기관의 장에게 방음시설의 설치나 그 밖에 항공기 소음의 방지에 필요한 조치를 요청할 수 있다. ② 제1항에 따라 필요한 조치를 요청할 수 있는 공항은 대통령령으로 정한다. ③제1항에 따른 조치는 항공기 소음 관리에 관한 다른 법률이 있으면 그 법률로 정하는 바에 따른다."고 규정하고 있다. 동법 시행령 제9조(항공기 소음의 한도 등)에서는 "① 법 제39조제1항에 따른 항공기 소음의 한도는 공항 인근 지역은 항공기소음영향도(WECPNL) 90으로 하고, 그 밖의 지역은 75로 한다. ②제1항에 따른 공항 인근 지역과 그 밖의 지역의 구분은 환경부령[27)]으로 정한다. ③ 법 제39조제2항에 따른 공항은 「공항소음 방지 및 소음대책지역 지원에 관한 법률」 제2조제4호[28)]에 따른 공항으로 한다."고 정하고 있다.

항공기 소음이란 항공기의 이 · 착륙을 포함하여 항공기의 이용으로 발생하는 강한

---

25. 선고 2007다74560 판결; 서울중앙지방법원 2006. 5. 9. 선고 2003가합70565 판결 등.

26) http://www.nocutnews.co.kr: 노컷뉴스 2013. 1. 16. 자 "[단독]소송하면 무조건? … 군비행장 소음피해 배상액 4천억 … "

27) 소음 · 진동관리법 시행규칙 제49조(공항주변의 지역 구분) 영 제9조제2항에 따른 공항 인근지역과 그 밖의 지역의 구분은 다음 각 호와 같다. 1. 공항 인근지역: 「항공법 시행규칙」 제271조에 따른 소음피해지역 2. 그 밖의 지역: 「항공법 시행규칙」 제271조에 따른 소음피해예상지역.

28) 공항소음 방지 및 소음대책지역 지원에 관한 법률 제2조(정의) 4. "공항"이란 「항공법」 제2조제7호에 따른 공항과 공항개발사업시행자가 새로이 건설하는 공항을 말한다. 다만, 「군사기지 및 군사시설 보호법」 제2조제4호가목부터 다목까지의 규정에 따른 항공작전기지를 겸하는 공항은 제외하되, 부산광역시 강서구에 있는 공항은 포함한다.
항공법 제2조(정의) 제7호: 7. "공항"이란 공항시설을 갖춘 공공용 비행장으로서 국토교통부장관이 그 명칭 · 위치 및 구역을 지정 · 고시한 것을 말한다.
군사기지 및 군사시설 보호법 제2조제4호 가목~다목: 4. "항공작전기지"란 군의 항공작전의 근거지로서 다음 각 목의 것을 말한다. 가. 전술항공작전기지 : 군의 전술항공기를 운용할 수 있는 기지 나. 지원항공작전기지 : 군의 지원항공기를 운용할 수 있는 기지 다. 헬기전용작전기지 : 군의 회전익항공기(回轉翼航空機)를 운용할 수 있는 기지.

소리를 의미한다. 항공기 소음은 통상적으로 금속성 고주파음으로 상공에서 다량으로 발생하는 충격음이다. 소음도가 높고 영향권이 대단히 광역적인 특징을 보이고 있다. 항공기 소음으로 인하여 수면방해, 난청, 집중력 저하, 학습 능률 저하, 전화 통화와 TV시청의 지장을 초래하고, 토지 · 건물의 재산상 가치 하락이나 가축의 유산 등 손해를 야기한다. 항공기소음의 측정 및 평가에는 전 세계적으로 통일된 소음평가단위는 없으며 주로 미국연방항공국(FAA: Federal Aviation Administration) 및 국제민간항공기구(ICAO: International Civil Organization)에서 PNL, WECPNL, Ldn 등을 사용하고 있다. WECPNL(웨클 혹은 위클: Weighted Equivalent Continuous Perceived Noise Level)은 ICAO가 정한 항공기 소음의 측정단위로서 항공기 소음이 시간대별로 달라지는 점, 같은 크기의 소음이라도 상황이나 시간에 따라 개인이 느끼는 강도가 다른 점 등을 고려하여 한 지점에서 1일 수회 그 소음도를 측정한 후 시간대에 따른 가중치를 부여하여 계산한 소음영향도의 단위를 말한다.[29) 우리 나라는 1991. 11. 5. 환경부에서 고시한 '소음 · 진동공정시험방법'에 따라 'WECPNL'을 항공기 소음의 측정단위로 채택하였다.

<table>
<tr><th colspan="4">소음지역의 구분</th></tr>
<tr><th>소음 · 진동관리법시행령상 지역 구분(제9조 제2항)</th><th colspan="2">공항소음방지및소음대책지역지원에관한법률 시행령상 소음대책지역(제2조 제1항)</th><th>소음영향도 (WECPNL)</th></tr>
<tr><td rowspan="2">공항주변 인근지역</td><td colspan="2">제1종</td><td>95이상</td></tr>
<tr><td colspan="2">제2종</td><td>90이상 95미만</td></tr>
<tr><td rowspan="3">기타 지역</td><td rowspan="3">제3종</td><td>가지구</td><td>85이상 90미만</td></tr>
<tr><td>나지구</td><td>80이상 85미만</td></tr>
<tr><td>다지구</td><td>75이상 80미만</td></tr>
</table>

29) WECPNL의 산정방법은 공항소음 방지 및 소음대책지역 지원에 관한 법률 시행규칙 제2조 제1항에 규정되어 있다: 소음영향도(WECPNL) = dB(A) + 10LogN - 27. 일반적 소음측정단위인 dB(데시벨 : 소리의 상대적인 크기를 나타내는 단위)은 (순간적인) 소리의 크기를 측정하는 단위이며, 웨클은 시간의 흐름에 따라 가중치를 부여한 측정기준이라는 점에 차이가 있다. 순간적인 폭음이 문제가 되는 사격장 등의 사건에서는 dB을 기준으로 삼고, 계속적 소음이 문제되는(특히 주 · 야간 어느 쪽의 소음인지가 중요시되는) 공항소음 사건에 있어서는 WECPNL을 많이 사용한다.

B. 대구비행장 사건

1. 개요

대구비행장은 대구광역시 동구 지저동에 위치하고 있으며, 1969년경 설치되었다. 남북방향으로 약 2.8㎞ 길이의 활주로 2본을 갖추고 있으며, 그 면적은 약 67,474㎡ 정도이다. 대구비행장은 군용기(전투기, 정찰기, 수송기 및 헬리콥터)와 민간 항공기가 함께 이용하고 있는데, 소음원의 주된 원인은 전투기(팬텀기)가 제공하고 있다. 비행훈련은 주로 주중 평일 08:30~21:00 사이에 이루어지고, 토 · 일요일, 공휴일, 평일야간 및 기상악화 시에는 비행훈련이 없다.

감정인의 소음피해감정결과에 의하면, 대구비행장의 항공기로 인하여 주거지의 소음정도는 90~94 WECPNL에 이르고 있다.

2. 판례요지

참조	대법원 2010.11.25. 선고 2007다74560 판결: 대구비행장 소음사건
	[1] 항공기소음의 측정은 전문적인 학식이나 경험이 있는 자의 감정에 의할 수밖에 없고, 또한 항공기소음은 그 영향 범위가 넓고 지속적이기 때문에 실측만으로 이를 평가하는 것은 사실상 어려우므로, 감정대상 지역 중 대표적인 지점을 선정하여 일정 기간 항공기소음을 실측한 값과 공인된 프로그램에 의하여 예측[30]한 소음 값을 비교하여 그 예측 값이 일정한 오차의 허용 범위 내에 들면 그 지역의 신빙성 있는 항공기소음도로 인정하는 것이 일반적이다. 따라서 법정의 절차에 따라 선서하였거나 법원의 촉탁에 의한 감정인이 전문적인 학식과 경험을 바탕으로 위와 같은 과정을 거쳐 제출한 감정결과는 그 소음 실측이나 예측 과정에서 상당히 중한 오류가 있었다거나 상대방이 그 신빙성을 탄핵할 만한 객관적인 자료를 제출하지 않는다면 실측 과정 등에서 있을 수 있는 사소한 오류의 가능성을 지적하는 것만으로 이를 쉽게 배척할 수는 없다. [2] 소음 등을 포함한 공해 등의 위험지역으로 이주하여 들어가서 거주하는 경우와 같이 위험의 존재를 인식하면서 그로 인한 피해를 용인하며 접근한 것으로 볼 수 있는 경우에, 그 피해가 직접 생명이나 신체에 관련된 것이 아니라 정신적 고통이나 생활방해의 정도에 그치고 그 침해행위에 고도의 공공성이 인정되는 때에는, 위험에 접근한 후 실제로 입은 피해 정도가 위험에 접근할 당시에 인식하고 있었던 위험의 정도를 초과하는 것이거나 위험에 접근한 후

30) 공동주택의 소음측정기준(국토해양부고시 제 2009-655호): 제2장 사업계획 승인단계에서의 실외소음도 예측방법 제6조(실외소음도의 예측).

판례 취지	에 그 위험이 특별히 증대하였다는 등의 특별한 사정이 없는 한 가해자의 면책을 인정하여야 하는 경우도 있다. 특히 소음 등의 공해로 인한 법적 쟁송이 제기되거나 그 피해에 대한 보상이 실시되는 등 피해지역임이 구체적으로 드러나고 또한 이러한 사실이 그 지역에 널리 알려진 이후에 이주하여 오는 경우에는 위와 같은 위험에의 접근에 따른 가해자의 면책 여부를 보다 적극적으로 인정할 여지가 있다. 다만 일반인이 공해 등의 위험지역으로 이주하여 거주하는 경우라고 하더라도 위험에 접근할 당시에 그러한 위험이 존재하는 사실을 정확하게 알 수 없는 경우가 많고, 그 밖에 위험에 접근하게 된 경위와 동기 등의 여러 가지 사정을 종합하여 그와 같은 위험의 존재를 인식하면서도 위험으로 인한 피해를 용인하면서 접근하였다고 볼 수 없는 경우에는 손해배상액의 산정에 있어 형평의 원칙상 과실상계에 준하여 감액사유로 고려하여야 한다. [3] 국가배상법 제5조 제1항에 정하여진 '영조물의 설치 또는 관리의 하자'라 함은 공공의 목적에 공여된 영조물이 그 용도에 따라 갖추어야 할 안전성을 갖추지 못한 상태에 있음을 말하고, 여기서 안전성을 갖추지 못한 상태, 즉 타인에게 위해를 끼칠 위험성이 있는 상태라 함은 당해 영조물을 구성하는 물적 시설 그 자체에 있는 물리적·외형적 흠결이나 불비로 인하여 그 이용자에게 위해를 끼칠 위험성이 있는 경우뿐만 아니라, 그 영조물이 공공의 목적에 이용됨에 있어 그 이용 상태 및 정도가 일정한 한도를 초과하여 제3자에게 사회통념상 수인할 것이 기대되는 한도를 넘는 피해를 입히는 경우까지 포함된다고 보아야 한다. 그리고 수인한도의 기준을 결정함에 있어서는 일반적으로 침해되는 권리나 이익의 성질과 침해의 정도뿐만 아니라 침해행위가 갖는 공공성의 내용과 정도, 그 지역 환경의 특수성, 공법적인 규제에 의하여 확보하려는 환경기준, 침해를 방지 또는 경감시키거나 손해를 회피할 방안의 유무 및 그 난이 정도 등 여러 사정을 종합적으로 고려하여 구체적 사건에 따라 개별적으로 결정하여야 한다. [4] 대구비행장 주변 지역의 항공기소음으로 인한 피해의 내용 및 정도, 그 비행장 및 군용항공기의 운항이 가지는 공공성과 아울러 그 비행장이 개설 당시와 달리 점차 주거지 및 도시화되어 인구가 밀집되는 등으로 비도시지역에 위치한 국내의 다른 비행장과 확연히 구별되는 지역적, 환경적 특성을 갖는 점 등 여러 사정을 종합적으로 고려하여, 대구비행장 주변 지역의 소음 피해가 소음도 85WECPNL 이상인 경우 사회생활상 통상의 수인한도를 넘어 위법하다고 본 원심의 판단이 정당하다고 한 사례.

3. 영조물 불법행위

a) 서설

항공기 소음으로 인한 피해에 대해서 소송을 제기함에 있어 민법 제750조, 제758조 또는 국가배상법 제5조 등을 근거로 할 수 있을 것인데, 실무상 불법행위에 의한 손해배상책임론으로 구성하면 과실의 입증이 어렵기 때문에 대체로 국가배상법상 영조물의

설치 · 관리의 하자에 따른 국가배상을 청구한다.[31)]

국가배상법에 의하면 '도로 · 하천 기타 공공의 영조물의 설치 또는 관리에 하자가 있기 때문에 타인에게 손해를 발생하게 하였을 때에는 국가 또는 지방자치단체는 그 손해를 배상하여야 한다'라고 규정하고 있는바, 이는 우리나라와 일본에만 규정되어 있는 독특한 조항이다. 동규정은 민법상 공작물책임에 비하여 ① 공작물(인공적 작업으로 만들어진 물건)에 포함될 수 없는 것에도 책임을 인정하므로 그 적용대상의 범위를 확대하고 ② 점유자의 면책규정(손해의 방지에 필요한 주의를 해태하지 아니한 때)을 두지 않음으로 국가나 지방자치단체에 대하여 보다 중한 책임을 지운다.

b) 배상책임의 요건

(1) 영조물

공공의 영조물이란 행정주체에 의하여 직접 공공목적에 공용되는 유체물 내지 물적 설비, 즉 강학상 공물을 의미한다. 따라서 인공공물뿐만 아니라, 하천 등과 같은 자연공물도 이에 포함된다. 그러나 국가 등의 소유에 속하는 유체물이라도 공물이 아닌 잡종재산은 제외된다. 판례는 맨홀, 신호등, 공중전화부스, 공중화장실, 가로수, 전신주, 철도시설물인 대합실과 승강장, 도로상에 설치된 보행자 신호기와 차량신호기 등을 영조물로 인정하였다.

(2) 설치 또는 관리의 하자

영조물의 설치 또는 관리의 하자란 영조물이 통상 갖추어야 할 안전성을 결여한 상태를 말한다. 설치란 영조물의 설계 및 건조를, 관리란 영조물의 유지 · 수선 · 보관을 의미한다. 관리의 형식은 구체적 처분이나 사실작용뿐만 아니라, 관리규칙의 정립과 같은 입법작용도 포함된다. 법규정상 '설치 및 관리'가 아닌 '설치 또는 관리'라 한 까닭은 설치가 필요 없는 자연공물도 포함할 뿐만 아니라, 제방 등을 설치한 자연공물과 아무런 시설도 설치하지 아니한 자연공물의 배상책임이 달라지는 불합리를 시정하기 위함이다.

배상책임의 요건에 대하여 국가배상법은 '도로 · 하천 기타 공공의 영조물의 설치 또는 관리에 하자가 있기 때문에 타인에게 손해를 발생하게 하였을 때'라고만 규정하고 있는 까닭에, '하자'가 무엇을 뜻하는지에 대해서 견해가 나뉜다. 특히 하자에 영조물의

---

31) 손윤하, 항공기소음에 의한 피해구제를 위한 민사소송의 문제점, 법조(Vol.582) 2005, 203면 이하.

객관적 흠만을 의미하는가 아니면 설치 · 관리자의 과실을 포함하는가가 문제된다.

(a) 객관설

'설치 또는 관리의 하자'는 영조물 자체의 물적 하자를 의미한다는 견해로서, 하자의 발생에 있어서 관리자의 과실이 없는 경우에도 국가는 배상책임을 진다.[32)]

(b) 교통안전의무위반설(위법 · 무과실책임설)

영조물의 관리주체가 부담하는 책임은 관리주체에게 부과된 교통안전의무를 위반한 위법 · 무과실의 책임이라는 견해로서, 관리주체가 형체적 요소를 갖춘 일정한 물건을 공용개시를 통하여 일반의 사용에 제공한 경우 또는 일반의 교통에 노출시킨 경우에는 타인에게 위험이 발생하지 않도록 안전조치를 취하여야 할 법적인 교통안전의무를 부담하며, 이러한 의무를 위반하여 타인의 신체 · 생명 · 재산을 침해하여 손해를 발생시킨 경우에는 이에 대한 책임을 부담하여야 한다. 영조물의 하자로 인하여 타인에게 손해가 발생한 경우에 국가가 배상책임을 지는 것은 국가가 교통안전의무를 위반한 위법이 있기 때문이며, 이러한 교통안전의무는 공무원의 과실과는 관계가 없는 무과실 책임이다.

(c) 주관설(의무위반설)

영조물의 결함발생에 관리자의 주관적 귀책사유가 있는 경우를 하자로 보는 견해로서, 영조물에 대한 설치 · 관리상의 하자로 인하여 국가의 배상책임이 인정되는 것은 공물이 일반적으로 갖추어야 하는 안전성의 흠결이 공물관리자의 안전확보의무위반 내지 사고방지의무위반이라는 귀책사유로 발생하는 경우에 한한다는 견해이다.[33)]

---

32) 대법원 1994. 11. 22. 선고 94다32924판결: 국가배상법 제5조 소정의 영조물의 설치 · 관리상의 하자라 함은 영조물의 설치 및 관리에 불완전한 점이 있어 이 때문에 영조물 자체가 통상 갖추어야 할 안전성을 갖추지 못한 상태에 있는 것을 말하는 것이다. 국가배상법 제5조 소정의 영조물의 설치 · 관리상의 하자로 인한 책임은 무과실책임이고 나아가 민법 제758조 소정의 공작물의 점유자의 책임과는 달리 면책사유도 규정되어 있지 않으므로, 국가 또는 지방자치단체는 영조물의 설치 · 관리상의 하자로 인하여 타인에게 손해를 가한 경우에 그 손해의 방지에 필요한 주의를 해태하지 아니하였다 하여 면책을 주장할 수 없다.
대법원 1967. 2. 21. 선고 66다1723판결: 영조물 설치의 하자라 함은 영조물의 축조에 불완전한 점이 있어 이 때문에 영조물 자체가 통상 갖추어야 할 완전성을 갖추지 못한 상태에 있음을 말한다고 할 것인바 그 하자 유무는 객관적 견지에서 본 안전성의 문제이고 그 설치자의 재정사정이나 영조물의 사용목적에 의한 사정은 안전성을 요구하는데 대한 정도 문제로서 참작사유에는 해당할지언정 안전성을 결정지을 절대적 요건에는 해당하지 아니한다 할 것이다.

33) 대법원 2008. 9. 25. 선고 2007다88903 판결【손해배상(기)】 : 국가배상법 제5조 제1항 소정의 '영조물의 설

(d) 결합설(기능적 하자설)

하자의 의미를 영조물의 객관적인 물적 결함이 있는 경우는 물론이고, 객관적인 흠결은 없더라도 영조물관리자의 안전관리의무 소홀로 인한 손해에 대하여도 국가 등의 배상책임을 인정하는 견해로서, 영조물과 관련하여 손해가 발생한 경우에 손해의 발생이 당해 영조물의 물적 결함에 기인한 것인지, 관리자의 관리행위의 과오에 기인한 것인지를 불문하고 국가의 배상책임을 인정할 수 있으며, 또한 자연재해에 대해서도 관리자가 안전관리의무를 위반하였다면 배상책임을 인정할 수 있다. 영조물의 물적 결함은 없으나 그 기능상 문제가 있는 경우에도 이를 기능적 하자로 보는 견해[34]가 있는데, 이 역시 결합설의 범주에 포함된다고 사료된다.

(e) 하자유형설

국가배상법상 '하자'의 개념을 국가재정의 견실화와 피해자의 완전한 구제라는 서로 상반되는 이념을 적절하게 조정하는 도구개념으로 이해하면서, 하자의 의미를 영조물의 이용자에 대해서는 '추정과실'을 의미하고, 영조물의 이용자가 아닌 제3자에 대해서는 '무과실'을 의미한다는 견해이다.

'추정과실'은 피해자가 영조물의 설치 · 관리로 인하여 손해가 발생한 것을 입증하면 국가의 과실이 추정되어 국가는 과실이 없음을 스스로 입증하여야 하고, 국가가 과실이 없음을 입증하지 못하면 국가가 배상책임을 부담한다. 국가가 과실이 없음을 입증하는 대표적인 경우로는 '영조물의 정상적 유지상 흠결'이 없음을 입증하는 경우이다.

'무과실'은 과실은 없으나 영조물의 설치 · 관리에 의하여 손해가 발생하였다고 하는 사실 그 자체가 바로 '국가 운영상의 흠'에 해당되는 것으로 인하여 국가가 배상책임을

치 또는 관리의 하자'라 함은 영조물이 그 용도에 따라 통상 갖추어야 할 안전성을 갖추지 못한 상태에 있음을 말하는 것으로서, 영조물이 완전무결한 상태에 있지 아니하고 그 기능상 어떠한 결함이 있다는 것만으로 영조물의 설치 또는 관리에 하자가 있다고 할 수 없고, 위와 같은 안전성의 구비 여부는 당해 영조물의 용도, 그 설치장소의 현황 및 이용 상황 등 제반 사정을 종합적으로 고려하여 설치 · 관리자가 그 영조물의 위험성에 비례하여 사회통념상 일반적으로 요구되는 정도의 방호조치의무를 다하였는지 여부를 그 기준으로 삼아 판단하여야 하고, 다른 생활필수시설과의 관계나 그것을 설치하고 관리하는 주체의 재정적, 인적, 물적 제약 등을 고려하여 그것을 이용하는 자의 상식적이고 질서 있는 이용 방법을 기대한 상대적인 안전성을 갖추는 것으로 족하며, 객관적으로 보아 시간적 · 장소적으로 영조물의 기능상 결함으로 인한 손해발생의 예견가능성과 회피가능성이 없는 경우 즉 그 영조물의 결함이 영조물의 설치관리자의 관리행위가 미칠 수 없는 상황 아래에 있는 경우에는 영조물의 설치 · 관리상의 하자를 인정할 수 없다.

34) 참조: 안경희, 항공기소음으로 인한 민사책임, 환경법연구(제33권 2호), 2011, 262면 이하.

지는 것이다.

예를 들면, 도로를 주행하던 트럭으로부터 떨어진 물건으로 인해서 뒤에서 주행하던 차량이 그 낙하물로 인하여 사고가 난 경우에, 도로의 관리주체는 과실이 있음을 추정받게 되어서 만약 과실이 없었음 예를 들면 도로에 대한 정상적 유지의 흠결이 없었음을 입증하지 못하면 책임을 부담하게 되는 경우이다(추정과실책임). 그리고 도로상의 낙하물을 뒤따르던 차량이 튕겨서 도로변에 위치한 농지에서 수확하던 농부에게 손해를 가한 경우라든가, 보도상의 가로수가 넘어져서 인근의 주택을 파손한 경우에는 영조물의 비이용자에 대한 책임이므로 무과실책임을 부담하게 된다.

이처럼 하자를 영조물의 이용자인가 아니면 제3자인가라는 유형에 따라 차별적으로 적용함으로써 국가 재정의 건실화라는 공익과 피해자의 완전한 구제라는 사익을 조정할 수 있다.

(f) 소결

객관설의 경우 영조물의 이용자에게도 국가가 무과실책임을 지게 되어, 국가의 배상범위가 너무나 넓게 된다. 위법 · 무과실책임설은 결국 국가배상법 자체에는 '법령을 위반하여'라는 규정이 없음에도 불구하고 위법이라는 새로운 손해배상책임 요건을 추가하는 문제가 있으며 또한 영조물의 설치 또는 관리의 하자라는 불확정 개념을 교통안전의무라는 불확정 개념으로 대체한 것에 불과하며, 하자를 무과실책임으로 해석한다면 국가는 불가항력인 경우를 제외하고는 무조건적인 책임을 져야 되므로 비현실적이다. 주관설의 경우 과실책임주의의 원칙에 근거하여 배상책임에는 항상 과실이 전제되어야 한다는 고정관념을 벗어나지 못한 문제가 있다. 물론 과실의 객관화라는 수단을 이용하여 손해분담의 적정화를 기하려고는 하나, 과실을 객관화하더라도 이는 과실책임에 불과하며 무과실책임까지 포함할 수 없는 문제가 있다. 결합설은 하자의 인정범위가 너무 넓어서 국가배상법상의 책임분배기능을 적정하게 수행할 수 없다.

판례는 하자의 의미에 대해서 일관성 있는 판결을 내리지 못하고 있으며, 최근에 판시된 바에 의하면 '국가배상법 제5조 제1항에서 규정하고 있는 '영조물의 설치 또는 관리의 하자'라 함은 공공의 목적에 공여된 영조물이 그 용도에 따라 갖추어야 할 안전성을 갖추지 못한 상태에 있음을 말하고, 여기서 안전성을 갖추지 못한 상태, 즉 타인에게 위해를 끼칠 위험성이 있는 상태라 함은 당해 영조물을 구성하는 물적 시설 그 자체에 있는 물리적 · 외형적 흠결이나 불비로 인하여 그 이용자에게 위해를 끼칠 위험성이 있는 경우뿐만 아니라, 그 영조물이 공공의 목적에 이용됨에 있어 그 이용 상태 및 정도가 일정한 한도를 초과하여 제3자에게 사회통념상 수인할 것이 기대되는 한도를 넘는 피해를 입히는 경우까지 포함된다(대법원 2010. 11. 25. 선고 2007다74560 판결 등 참조).'라고 판시하여 하자의 범위를 지나치게 넓히고 있다.[35)]

그러므로 영조물의 설치 · 관리에 있어서 하자의 의미는 국가재정의 견실화와 피해자의 완전한 구제라는 국가배상법상의 상반되는 이념을 적절하게 조정하는 도구개념으로 보아서, 영조물을 이용하는 자에 대해서는 추정과실을 의미하고 제3자에 대해서는 무과실을 의미한다고 보는 것이 타당하다(하자유형설).[36)]

(3) 손해의 발생과 인과관계

영조물의 설치 · 관리의 하자로 인하여 손해가 발생하여야 하며, 이 경우 영조물의 설치 · 관리의 하자와 손해발생과의 사이에는 상당인과관계가 인정되어야 한다.

c) 배상책임의 효과

영조물의 설치 또는 관리의 하자로 인하여 타인에게 손해가 발생하면 국가배상법에 기초하여 국가 또는 지방자치단체는 피해자에게 손해를 배상하여야 한다.

국가배상법에 의하면 배상책임자는 국가 또는 지방자치단체이다. 영조물의 설치 · 관리를 맡은 자와 비용을 부담하는 자가 동일하지 않는 경우에는 비용부담자도 손해를 배상할 책임이 있다. 피해자는 영조물의 설치 · 관리를 맡은 자와 비용을 부담(負擔)하는 자 중 택일하여 배상청구를 할 수 있다. 예로서는 국영공비의 도로나 하천 등의 공물의 설치 · 관리에 하자가 있어서 손해가 발생한 경우를 들 수 있다. 이 경우에 손해를 배상한 자는 내부관계에서 그 손해를 배상할 책임이 있는 자에게 구상할 수 있다. 이 때 내부적으로 손해를 배상할 책임이 있는 자는 영조물의 설치 · 관리로 인한 권리와 의무는 최종적으로 관리책임자에게 귀속되기 때문에 영조물의 설치 · 관리의 주체가 최종적인 배상책임자이다.

불가항력(die höhere Gewalt; Force Majeure; act of God)이라 함은 천재지변과 같이 법률관계의 외부에서 생겨나는 사변(事變)으로서, 모든 방법을 동원하여도 손해의 발생을 막을

35) 대법원 2010.11.25. 선고 2007다74560 판결.

36) 참조: 이광윤, 행정법이론, 2000, 195면 이하.

수 없는 일을 일컫는데, 인간의 능력으로는 예견할 수가 없거나, 예견할 수 있어도 회피할 수 없는 외부의 힘에 의하여 손해가 발생한 경우로서, 예컨대 태풍(颱風)으로 인하여 하천수해가 발생한 경우로서 하천의 계획고수량의 산정이 당시의 과학기술수준에 비추어 적정한 것이었고 그것에 기준하여 제방 등이 축조되어 있었다면 국가는 배상책임을 지지 아니한다.

예산부족의 문제는 인공공물과 자연공물을 구분하여 논하여야 한다. 전자는 예산부족이 면책사유가 될 수 없으나, 후자는 국가나 지방자치단체가 자연공물의 안전성을 증진시키기 위한 합리적인 예산투입계획을 수립 · 집행하고 있는 한 국가나 지방자치단체의 배상책임을 인정할 수 없다.

피해자에게 과실이 있는 경우에는 피해자의 과실의 비율에 의하여 책임을 분담하게 된다. 특히 항공소음과 관련하여서는 일반적으로 '위험에의 접근이론(coming to nuisance)'이 책임감면사유로 자주 등장하게 된다. 동 이론은 피해자가 소음의 영향이 미치는 위험을 알거나 알 수 있었음에도 불구하고 그 지역에 새로이 거주를 시작한 사정이 있는 경우, 이러한 사정을 이유로 피해자의 청구를 전부 또는 일부를 기각하거나 혹은 책임판단의 단계에서 이를 책임감경의 근거로 삼을 수 있는가의 여부에 관한 이론으로서 영미법계에서 발전되어 왔다.[37] 다만, 가해자가 피해자보다 먼저 거주 또는 조업하고 있다고 하여 오염발생행위가 정당화 될 수는 없고, 오염원 주위의 주민들이 빈번하게 교체되는 것으로 인하여 가해자가 이익을 보는 것도 허용될 수 없으며, 가해자가 손해의 전보를 게을리하여 지가를 하락시켜 놓고 이를 자신의 면책에 이용하는 것도 허용될 수 없으므로, 동 이론의 적용에는 제한이 따른다.[38]

d) 항공기 소음과 영조물 책임

비행장에서 이착륙하거나 운항 중인 항공기로 인하여 발생하는 소음에 대해서 과연 국가배상법 제5조의 영조물책임을 부담시킬 수 있는가가 문제인바, 우리 판례는 영조물

---

37) 윤수진, 항공기 소음소송에 있어서의 위험에의 접근이론에 대한 검토, 환경법연구(제32권 2호) 2010, 223-225면: 소음, 진동 등 생활방해로 인한 소송이 빈번한 미국에서 사례를 통해 발전하여 왔으며 통상 '위험에의 접근(coming to nuisance)' 이론 또는 '위험감수(assumption of risk)' 이론으로 알려져 있다. 독일에서는 선주(先主)성 이론 또는 자기위험에 의한 행위의 법리 등으로 논하여져 왔다.

38) 이용우, 공해방지소송, 재판자료(제2집), 100면 이하; 정형근, 교통공해와 영조물책임, 인권과 정의(제380호) 대한변호사협회, 2008/4, 160면 이하.

의 설치 · 관리의 하자가 있다고 보아 국가의 손해배상책임을 긍정하고 있다.

그러나, 이러한 판례의 입장은 문제가 있다고 사료된다. 왜냐하면 영조물책임은 주로 영조물 그 자체의 물적 하자가 있어야만 하는 것임에 반하여, 공항의 경우에는 공항 그 자체의 물적 하자로 인하여 손해가 발생한 것이 아니기 때문이다. 그럼에도 이를 국가배상법 제5조의 영조물책임으로 해결을 시도하는 것은 법해석의 범주를 넘어서는 것이다. 여기에 대해서 규율하는 규정으로는 민법 제217조(매연 등에 의한 인지에 대한 방해금지)가 존재하는바, 동규정에 의거하여 해결을 시도하여야 할 것이다: ① 토지소유자는 매연, 열기체, 액체, 음향, 진동 기타 이에 유사한 것으로 이웃 토지의 사용을 방해하거나 이웃 거주자의 생활에 고통을 주지 아니하도록 적당한 조처를 할 의무가 있다. ② 이웃 거주자는 전항의 사태가 이웃 토지의 통상의 용도에 적당한 것인 때에는 이를 인용할 의무가 있다.

따라서 국가는 인근 주민들의 생활에 고통을 주지 아니하도록 적당한 조처를 할 의무가 있으며, 인근 주민 역시 이러한 소음이 토지의 통상적 용도에 적당한 것인 때에는 이를 인용할 의무가 있다. 특히 공항 등 사회적으로 중요한 기반시설의 경우는 인용할 의무가 더욱 가중된다고 할 수 있을 것이다. 공항 내지 항공기의 이착륙으로부터 발생하는 소음에 대해서는 일반 민사법상의 손해배상법에 적용되는 수인한도론에 의거하여 위법성을 판단하여서는 아니되며, 민법 제217조에 의거하여 조절적 보상만이 가능한 것으로 보아야 할 것이다.

제3절 수질 및 수생태계 보전에 관한 법률

Ⅰ. 서설

인간의 몸의 약 70%는 물로 구성되어 있으므로 물은 우리 인간들의 생명 또한 생물계에 있어서도 생존에 필수적인 요소이다. 물을 깨끗하고 건강하게 유지하여 인간들이 섭취하기에 적절하도록 할 뿐만 아니라 우리의 후손들에게도 양질의 수생태계를 물려주어야 한다. 그런데 현실은 산업화와 도시화의 진전으로 물이 부족하고 하천과 바다는 오염되고 있다.

수질을 오염시키는 원인으로서는 크게 점오염원, 비점오염원 그리고 기타 수질오염원으로 구분할 수 있는바, "점오염원(point source)"이라 함은 폐수배출시설, 하수발생시설, 축사 등으로서 관거 · 수로 등을 통하여 일정한 지점으로 수질오염물질을 배출하는 배출원으로서 일반적으로 생활하수, 산업폐수 그리고 축산폐수 등은 점오염원에 해당되고, "비점오염원(non-point source)"이라 함은 도시, 도로, 농지, 산지, 공사장 등으로서 불특정 장소에서 불특정하게 수질오염물질을 배출하는 배출원으로서 빗물, 농경지 배출수, 농지에 살포된 농약 그리고 노면배수 등을 말하며, "기타 수질오염원"이라 함은 점오염원 및 비점오염원으로 관리되지 아니하는 수질오염물질을 배출하는 시설 또는 장소로서 환경부령이 정하는 것을 말한다. 그리고 오염원의 발생장소와 형태를 기초로 생활하수, 산업폐수, 축산폐수 그리고 광산폐수 등으로 구분할 수 있다.

오염원의 분류	
점 오염원	폐수배출시설, 하수발생시설, 축사 등으로서 관거 · 수로 등을 통하여 일정한 지점으로 수질오염물질을 배출하는 배출원 – 생활하수, 산업폐수 그리고 축산폐수 등
비점 오염원	도시, 도로, 농지, 산지, 공사장 등으로서 불특정 장소에서 불특정하게 수질오염물질을 배출하는 배출원 – 빗물, 농경지 배출수, 농지에 살포된 농약 그리고 노면배수 등

기타 수질오염원	점오염원 및 비점오염원으로 관리되지 아니하는 수질오염물질을 배출하는 시설 또는 장소 – 환경부령이 정하는 것: 1. 수산물 양식시설, 2. 골프장, 3. 운수장비 정비 또는 폐차장시설, 4. 농축수산물 단순가공시설, 5. 사진 처리 또는 X-Ray 시설, 6. 금은 판매점의 세공시설이나 안경점, 복합물류터미널 시설(법 제2조, 동법시행규칙 제2조 별표1).

그리하여 수질 및 수생태계를 오염원으로부터 보호하고 수질오염으로 인한 국민건강 및 환경상의 위해를 예방하고 하천 · 호소 등 공공수역의 수질 및 수생태계를 적정하게 관리 · 보전함으로써 국민으로 하여금 그 혜택을 널리 향유할 수 있도록 함과 동시에 미래의 세대에게 승계될 수 있도록 하기 위하여 수질 및 수생태계 보전에 관한 법률[39]이 제정되었다. 이 중에서 생활하수 및 축산폐수는 「오수 · 분뇨 및 축산폐수의 처리에 관한 법률」 및 「하수도법」에 의하므로(법 제52조), 동법은 주로 산업폐수에 대해서 규율하고 있다.

참조	대법원 2005. 10. 28. 선고 2003도5192 판결
판례 취지	2000. 1. 21. 법률 제6199호로 개정되기 전의 수질환경보전법 제2조 제5호 에서는 폐수배출시설을 '수질오염물질을 공공수역에 배출하는 시설물 · 기계 · 기구 기타 물체로서 환경부령으로 정하는 것'이라고 정의하고 있었으나, 2000. 1. 21. 개정된 수질환경보전법(2000. 10. 22. 시행) 제2조 제5호 에서는 폐수배출시설을 정의하면서 위 규정에서 "공공수역에"라는 부분을 삭제하여 '수질오염물질을 배출하는 시설물 · 기계 · 기구 기타 물체로서 환경부령으로 정하는 것'이라고 규정하고 있으므로, 2000. 1. 21. 개정된 수질환경보전법의 시행 이후에는, 폐수배출시설은 수질오염물질을 '공공수역'에 배출하는 시설에 한정되지 않게 되었다고 할 것이고, 또한 위 개정법하에서는 당해 기계시설에서 발생된 수질오염물질이 포함된 액체를 공공수역에 배출하지 않고 당해 기계시설에 재사용하는 시설도 폐수배출시설에 해당한다.

39) 이하에서는 '수법'이라 칭함.

Ⅱ. 수질 및 수생태계 보전에 관한 법률의 주요 내용

A. 기본적 체제

1. 상시측정 및 측정기기 부착

환경부장관은 하천·호소, 그 밖에 환경부령이 정하는 공공수역(이하 "하천·호소등"이라 한다)의 전국적인 수질 및 수생태계의 실태를 파악하기 위하여 측정망을 설치하여 수질오염도를 상시측정하여야 하며, 하천·호소등의 수질 및 수생태계 현황을 전국적으로 조사할 수 있다(법 제9조 제1항).

측정망 (2008년 기준)		총계	하천수(지점수) 소계	하천수(지점수) 수질측정망	하천수(지점수) 수질+총량측정망	하천수(지점수) 총량측정망	호소수 (지점수/호소)	농업용수 (지점수)	기타 소계	기타 도시관류	기타 공단배수
총계		1,476	697	555	89	53	185/77	474	120	49	71
환경부	소계	382	298	298	–	–	80/35	0	4	4	0
	한강유역	55	46	46	–	–	7/2(1)	–	2	2	–
	낙동강유역	39	37	37	–	–	2/1	–	–	–	–
	금강유역	58	38	38	–	–	20/7	–	–	–	–
	영산강유역	59	40	40	–	–	19/8	–	–	–	–
	원주지방	83	59	59	–	–	24/14(1)	–	–	–	–
	대구지방	59	57	57	–	–	2/1	–	–	–	–
	전주지방	29	21	21	–	–	6/2(1)	–	2	2	–
연구소	소계	155	148	6	89	53	7/1(2)	–	–	–	–
	한강물 환경연구소		52	4	34	14	5/1	–	–	–	–
	낙동강물 환경연구소		42	–	24	18	–	–	–	–	–
	금강물 환경연구소		31	1	17	13	1/0(1)	–	–	–	–

	영산강물 환경연구소		23	1	14	8	1/0(1)	–	–	–	–
시·도	소계	359	220	220	–	–	23/10	0	116	45	71
	서울		21	21	–	–	–	–	3	–	3
	부산		4	4	–	–	–	–	21	19	2
	대구		–	–	–	–	2/1	–	11	7	4
	대전		14	14	–	–	–	–	6	3	3
	인천		1	1	–	–	–	–	10	5	5
	광주		2	2	–	–	2/1	–	3	–	3
	울산		16	16	–	–	–	–	12	4	8
	경기		42	42	–	–	18/7	–	11	–	11
	강원		16	16	–	–	–	–	3	–	3
	충북		27	27	–	–	–	–	5	–	5
	충남		29	29	–	–	–	–	2	–	2
	전북		10	10	–	–	–	–	9	4	5
	전남		9	9	–	–	–	–	6	–	6
	경북		4	4	–	–	–	–	7	1	6
	경남		25	25	–	–	1/1	–	7	2	5
	제주		–	–	–	–	–	–	–	–	–
한국수자원공사		105	31	31	–	–	74/30	–	–	–	–
한국농어촌공사		475	–	–	–	–	1/1	474	–	–	–

다음 각 호의 어느 하나에 해당하는 자는 배출되는 수질오염물질이 제32조에 따른 배출허용기준, 제12조제3항 또는 「하수도법」 제7조에 따른 방류수 수질기준에 맞는지를 확인하기 위하여 적산전력계 · 적산유량계 · 수질오염물질 배출농도 측정기기 등 대통령령이 정하는 기기(이하 "측정기기"라 한다)를 부착하여야 한다(법 제38조의2 제1항): 1. 대통령령이 정하는 폐수배출량 이상의 사업장을 운영하는 사업자. 다만, 제33조제1항 단서 또는 같은 조 제2항에 따른 폐수무방류배출시설의 설치허가 또는 변경허가를 받은 사업자를 제외한다. 2. 대통령령이 정하는 처리용량 이상의 방지시설(공동방지시설을 포함한다)을 운영하는 자 3. 대통령령이 정하는 처리용량 이상의 제48조제1항에 따른 폐수종말처리시설 또

는 「하수도법」 제2조제9호에 따른 공공하수처리시설(이하 "공공하수처리시설"이라 한다)을 운영하는 자.

2. 공동의 책무

국가 및 지방자치단체는 수질 및 수생태계(水生態系)의 오염이나 훼손을 사전에 억제하고 오염되거나 훼손된 수질 및 수생태계를 적정하게 보전할 수 있는 시책을 강구하여 하천 · 호소 등 공공수역의 수질 및 수생태계를 적정하게 관리 · 보전함으로써 모든 국민이 건강하고 쾌적한 환경에서 생활할 수 있도록 하여야 하고, 모든 국민은 일상생활이나 사업활동에서 발생되는 수질오염물질의 발생을 줄이고, 국가 또는 지방자치단체가 추진하는 수질 및 수생태계 보전을 위한 시책에 적극 참여하고 협력하여야 한다(법 제3조).

3. 총량관리

환경부장관은 다음 각 호의 어느 하나에 해당하는 지역에 대하여는 제22조제2항에 따른 수계영향권별로 배출되는 수질오염물질을 총량으로 관리할 수 있다. 다만, 「금강수계 물관리 및 주민지원 등에 관한 법률」, 「낙동강수계 물관리 및 주민지원 등에 관한 법률」, 「영산강 · 섬진강수계 물관리 및 주민지원 등에 관한 법률」 및 「한강수계 상수원수질개선 및 주민지원 등에 관한 법률」(이하 "4대강수계법"이라 한다)의 적용을 받는 지역의 경우에는 4대강수계법의 해당 규정에서 정하는 바에 따르고, 「해양환경관리법」에 따라 오염총량규제가 실시되는 지역의 경우에는 「해양환경관리법」의 해당 규정에서 정하는 바에 따른다(법 제4조 제1항): 1. 제10조의2제2항 및 제3항에 따라 수질 및 수생태계의 목표기준 달성 여부를 평가한 결과 그 기준을 달성 · 유지하지 못한다고 인정되는 수계의 유역에 속하는 지역 2. 수질오염으로 주민의 건강 · 재산이나 수생태계에 중대한 위해를 가져올 우려가 있다고 인정되는 수계의 유역에 속하는 지역.

환경부에서는 수질오염총량관리기본방침에 따라 수질오염총량관리 목표수질지점에 대한 수질 · 유량조사를 실시하고 있으며, "수질 · 유량측정망 등 DB 및 웹시스템"은 이러한 수질 · 유량 측정망 조사결과를 DB로 구축하고 Web을 통해서 데이터를 관리 및 조회하는 정보시스템이다.[40]

40) http://water.nier.go.kr/smat/index.jsp.

4. 수계영향권별 수질 및 수생태계 관리

환경부장관 또는 지방자치단체의 장은 제24조 내지 제26조에 따른 수계영향권별 수질 및 수생태계 보전계획에 따라 수질 및 수생태계 현황을 파악하고 적절한 관리대책을 강구하여야 한다(법 제22조 제1항).

5. 국토계획과의 조화

시 · 도지사, 시장 또는 군수는 「국토기본법」에 의하여 도종합계획 또는 시군종합계획을 작성하는 경우에는 대통령령이 정하는 바에 의하여 공공수역의 수질오염방지를 위하여 제22조제1항의 규정에 의한 방지대책 및 하수종말처리시설 · 분뇨처리시설 등의 설치계획을 당해 종합계획에 반영하여야 하며, 특별시장 · 광역시장 · 시장 또는 군수는 「국토의 계획 및 이용에 관한 법률」 제18조의 규정에 의하여 도시 · 군기본계획을 수립하는 경우에는 제13조의 규정에 의한 도종합계획, 「지역균형개발 및 지방중소기업 육성에 관한 법률」 제5조의 규정에 의한 광역개발사업계획에 포함된 하수종말처리시설 · 분뇨처리시설 등의 설치계획을 종합하여 당해 도시 · 군기본계획에 반영하여야 한다(법 제13조 및 제14조).

6. 폐수종말처리시설

국가 · 지방자치단체 및 「한국환경공단법」에 따른 한국환경공단은 수질오염이 악화되어 환경기준의 유지가 곤란하거나 수질보전에 필요하다고 인정되는 지역 안의 각 사업장에서 배출되는 수질오염물질을 공동으로 처리하여 공공수역에 배출하게 하기 위하여 폐수종말처리시설(이하 "종말처리시설"이라 한다)을 설치 · 운영할 수 있으며, 국가 및 지방자치단체는 다음 각 호의 어느 하나에 해당하는 자에게 종말처리시설을 설치 또는 운영하게 할 수 있다. 이 경우 사업자 그 밖에 수질오염의 원인을 직접 야기한 자(이하 "원인자"라 한다)는 종말처리시설의 설치 · 운영에 필요한 비용의 전부 또는 일부를 부담하여야 한다(법 제48조 제1항): 1. 「한국환경공단법」에 따른 한국환경공단 2. 「산업입지 및 개발에 관한 법률」 제16조제1항(제5호 및 제6호를 제외한다)의 규정에 따른 산업단지개발사업의 시행자 3. 「사회기반시설에 대한 민간투자법」 제2조제7호의 규정에 따른 사업시행자 4. 제1호 내지 제3호에 해당하는 자에 준하는 종말처리시설을 설치 · 운영할 능력을 가진 자로서 대통령령이 정하는 자.

법 제48조의 규정에 따라 종말처리시설을 설치 · 운영하는 자(이하 "시행자"라 한다)는 그 사업에 소요되는 비용의 전부 또는 일부에 충당하기 위하여 원인자로부터 종말처리시설의 설치 · 운영 부담금(이하 "종말처리시설 부담금"이라 한다)을 부과 · 징수할 수 있다(법 제48조의2 제1항). 시행자는 종말처리시설 설치에 필요한 토지 · 건물 또는 그 토지에 정착된 물건이나 토지 · 건물 또는 물건에 관한 소유권 외의 권리를 수용 또는 사용할 수 있다(법 제49조의4 제1항).

B. 수질 및 수생태계의 보전수단

1. 계획적 수단

a) 오염총량관리기본계획

오염총량관리지역을 관할하는 시 · 도지사는 오염총량관리기본방침에 따라 다음 각 호의 사항이 포함되는 기본계획(이하 "오염총량관리기본계획"이라 한다)을 수립하여 환경부령이 정하는 바에 따라 환경부장관의 승인을 얻어야 한다. 오염총량관리기본계획 중 대통령령이 정하는 중요한 사항을 변경하는 경우에도 또한 같다(법 제4조의3 제1항): 1. 당해 지역 개발계획의 내용 2. 지방자치단체별 · 수계구간별 오염부하량(汚染負荷量)의 할당 3. 관할지역에서 배출되는 오염부하량의 총량 및 저감계획 4. 당해 지역 개발계획으로 인하여 추가로 배출되는 오염부하량 및 그 저감계획.

b) 오염총량관리시행계획

오염총량관리지역 중 오염총량목표수질이 환경부령이 정하는 바에 따라 달성 · 유지되지 아니하는 지역을 관할하는 특별시장 · 광역시장 · 특별자치도지사 · 시장 · 군수(광역시의 군수를 제외한다. 이하 이 조에서 같다)는 오염총량관리기본계획에 따라 시행계획(이하 "오염총량관리시행계획"이라 한다)을 수립하여 대통령령이 정하는 바에 따라 환경부장관 또는 시 · 도지사의 승인을 얻은 후 이를 시행하여야 한다. 오염총량관리시행계획 중 대통령령이 정하는 중요한 사항을 변경하는 경우에도 또한 같다(법 제4조의4 제1항).

c) 측정망 설치계획

환경부장관은 제9조제1항의 규정에 의한 측정망의 위치 · 측정항목 · 조사시기 및 횟

수 등을 명시한 측정망 설치계획을 결정하여 환경부령이 정하는 바에 의하여 이를 고시하고 그 도면을 누구든지 열람할 수 있게 하여야 한다. 이를 변경한 때에도 또한 같다(법 제10조 제1항).

d) 권역별 수질 및 수생태계 보전계획

환경부장관은 대권역별로 수질 및 수생태계 보전을 위한 기본계획(이하 "대권역계획"이라 한다)을 10년마다 수립하여야 한다(법 제24조 제1항). 유역환경청장 또는 지방환경청장은 대권역계획에 따라 중권역의 수질 및 수생태계 보전을 위한 계획(이하 "중권역계획"이라 한다)을 수립하여야 한다(법 제25조 제1항). 시장 · 군수 · 구청장은 대권역계획 및 중권역계획에 따라 소권역의 수질 및 수생태계 보전을 위한 계획(이하 "소권역계획"이라 한다)을 수립하여 환경부장관의 승인을 얻은 후 시행하여야 한다(법 제26조 제1항).

e) 종말처리시설기본계획

환경부장관은 제48조제1항의 규정에 의하여 종말처리시설을 설치(변경을 포함한다)하고자 하는 때에는 기본계획을 수립하여야 한다(법 제49조 제1항).

f) 비점오염원관리지역

환경부장관은 비점오염원에서 유출되는 강우유출수로 인하여 하천 · 호소 등의 이용목적, 주민의 건강 · 재산이나 자연생태계에 중대한 위해가 발생하거나 발생할 우려가 있는 지역에 대하여는 관할 시 · 도지사와 협의하여 비점오염원관리지역(이하 "관리지역"이라 한다)으로 지정할 수 있다(법 제54조 제1항).

2. 조직적 수단

a) 권한의 위임 · 위탁

환경부장관은 이 법에 의한 권한의 일부를 대통령령이 정하는 바에 의하여 시 · 도지사 또는 지방환경관서의 장에게 위임할 수 있으며, 환경부장관 또는 시 · 도지사는 이 법에 의한 업무의 일부를 대통령령이 정하는 바에 의하여 관계전문기관에 위탁할 수 있다(법 제74조).

b) 수질 및 수생태계 정책심의위원회

다음 각 호의 사항을 심의하기 위하여 환경부장관 소속으로 수질 및 수생태계 정책심의위원회(이하 "위원회"라 한다)를 둔다(법 제10조의3 제1항): 1. 수질 및 수생태계 보전을 위한 장 · 단기 정책방향에 관한 사항 2. 수질 및 수생태계 관리체계에 관한 사항 3. 수계 · 호소 등의 관리 우선순위 및 관리대책에 관한 사항 4. 제12조에 따른 공공시설의 투자 우선순위에 관한 사항 5. 수질 및 수생태계와 관련된 측정 · 조사에 관한 사항 6. 제1호 내지 제5호와 관련된 정책의 추진상황 점검 및 성과의 평가에 관한 사항 7. 그 밖에 수질 및 수생태계 보전정책에 관한 사항으로서 대통령령으로 정하는 사항.

c) 환경기술인

사업자는 배출시설과 방지시설의 정상적인 운영 · 관리를 위하여 환경기술인을 임명하고, 대통령령이 정하는 바에 따라 환경부장관에게 신고하여야 한다. 환경기술인을 바꾸어 임명한 때에도 또한 같다. 그리고 환경기술인은 배출시설과 방지시설에 종사하는 자가 이 법 또는 이 법에 의한 명령을 위반하지 아니하도록 지도 · 감독하고, 배출시설 및 방지시설이 정상적으로 운영되도록 관리하여야 한다(법 제47조 제1항 및 제2항).

[별표 17] 사업장별 환경기술인의 자격기준(동법시행령 제59조제2항 관련)	
구분	환경기술인
제1종사업장	수질환경기사 1명 이상
제2종사업장	수질환경산업기사 1명 이상
제3종사업장	수질환경산업기사, 환경기능사 또는 3년 이상 수질분야 환경관련 업무에 직접 종사한 자 1명 이상
제4종사업장 · 제5종사업장	배출시설 설치허가를 받거나 배출시설 설치신고가 수리된 사업자 또는 배출시설 설치허가를 받거나 배출시설 설치신고가 수리된 사업자가 그 사업장의 배출시설 및 방지시설업무에 종사하는 피고용인 중에서 임명하는 자 1명 이상

비고: 1. 사업장의 규모별 구분은 별표 13에 따른다.

2. 특정수질유해물질이 포함된 수질오염물질을 배출하는 제4종 또는 제5종사업장은 제3종사업장에 해당하는 환경기술인을 두어야 한다. 다만, 특정수질유해물질이 포함된 1일 10㎥ 이하의 폐수를 배출하는 사업장의 경우에는 그러하지 아니하다.

3. 제1종 또는 제2종사업장 중 1개월간 실제 작업한 날만을 계산하여 1일 평균 17시간 이상 작업하는 경우 그 사업장은 환경기술인을 각각 2명 이상 두어야 한다. 이 경우 각각 1명을 제외한 나머지 인원은 제3종사업장에 해당하는 환경기술인으로 대체할 수 있다.

4. 공동방지시설의 경우에는 폐수배출량이 제4종 또는 제5종사업장의 규모에 해당하면 제3종사업장에 해당하는 환경기술인을 두어야 한다.

5. 법 제48조에 따른 폐수종말처리시설에 폐수를 유입시켜 처리하는 제1종 또는 제2종사업장은 제3종사업장에 해당하는 환경기술인을, 제3종사업장은 제4종사업장 · 제5종사업장에 해당하는 환경기술인을 둘 수 있다.

6. 방지시설 설치면제 대상인 사업장과 배출시설에서 배출되는 수질오염물질 등을 공동방지시설에서 처리하게 하는 사업장은 제4종사업장 · 제5종사업장에 해당하는 환경기술인을 둘 수 있다.

7. 연간 90일 미만 조업하는 제1종부터 제3종까지의 사업장은 제4종사업장 · 제5종사업장에 해당하는 환경기술인을 선임할 수 있다.

8. 「대기환경보전법」 제40조제1항에 따라 대기환경기술인으로 임명된 자가 수질환경기술인의 자격을 함께 갖춘 경우에는 수질환경기술인을 겸임할 수 있다.

9. 환경산업기사 이상의 자격이 있는 자를 임명하여야 하는 사업장에서 환경기술인을 바꾸어 임명하는 경우로서 자격이 있는 구직자를 찾기 어려운 경우 등 부득이한 사유가 있는 경우에는 잠정적으로 30일 이내의 범위에서는 제4종사업장 · 제5종사업장의 환경기술인 자격에 준하는 자를 그 자격을 갖춘 자로 보아 제59조제1항제2호에 따른 신고를 할 수 있다.

3. 입법적 수단

a) 배출허용기준

폐수배출시설(이하 "배출시설"이라 한다)에서 배출되는 수질오염물질의 배출허용기준은 환경부령으로 정한다(법 제32조 제1항). 시 · 도는 「환경정책기본법」 제10조제3항의 규정에 의한 지역환경기준의 유지가 곤란하다고 인정하는 때에는 조례로 제1항의 기준보다 엄격한 배출허용기준을 정할 수 있다. 다만, 제74조제1항의 규정에 의하여 제33조 · 제37조 · 제39조 및 제41조 내지 제43조의 규정에 의한 환경부장관의 권한이 시 · 도지사에게 위임된 경우에 한한다(법 제32조 제3항). 환경부장관은 특별대책지역 안의 수질오염방지를 위하여 필요하다고 인정하는 때에는 당해 지역 안에 설치된 배출시설에 대하여 제1항의 기준보다 엄격한 배출허용기준을 정할 수 있고, 당해 지역 안에 새로이 설치되는 배출시설에 대하여 특별배출허용기준을 정할 수 있다(법 제32조 제5항).[41]

---

41) 참조: 헌법재판소 2004. 11. 25. 2004헌가15 전원재판부: 우리 헌법은 제75조 와 제95조 에서 위임입법의 근거를 마련하는 한편 위임입법의 범위와 한계를 제시하고 있다. 법률로 부령에 위임을 하는 경우라도 적어도 법률의 규정에 의하여 부령으로 규정될 내용 및 범위의 기본사항을 구체적으로 규정함으로써 누구라도 당해 법률로부터 부령에 규정될 내용의 대강을 예측할 수 있도록 하여야 할 것이다. 이러한 예측가능성의 유무는 당해 특정조항 하나만을 가지고 판단할 것은 아니고 관련 법 조항 전체를 유기적 · 체계적으로

b) 오염총량목표수질의 고시 · 공고 및 오염총량관리기본방침

환경부장관은 제4조제2항에 따라 지정 · 고시된 지역(이하 "오염총량관리지역"이라 한다)의 수계 이용상황 및 수질상태 등을 고려하여 대통령령이 정하는 바에 따라 수계구간별로 오염총량관리의 목표가 되는 수질(이하 "오염총량목표수질"이라 한다)을 정하여 고시하여야 한다. 다만, 환경부장관이 정하여 고시하는 특별시 · 광역시 · 도 또는 특별자치도(이하 "시 · 도"라 한다) 경계지점의 오염총량목표수질을 달성하기 위하여 관할 특별시장 · 광역시장 · 도지사 · 특별자치도지사(이하 "시 · 도지사"라 한다)가 대통령령이 정하는 바에 따라 환경부장관의 승인을 얻어 그 시 · 도 관할 구역 안의 수계구간별 오염총량목표수질을 공고하는 지역의 경우에는 그러하지 아니하다(법 제4조의2 제1항). 환경부장관은 오염총량목표수질을 달성 · 유지하기 위하여 관계 시 · 도지사 및 관계 기관과의 협의를 거쳐 대통령령이 정하는 사항이 포함되는 오염총량관리에 관한 기본방침(이하 "오염총량관리기본방

종합 판단하여야 하며 각 대상법률의 성질에 따라 구체적 · 개별적으로 검토하여야 한다. 법률조항 자체에서 위임의 구체적 범위를 명확히 규정하고 있지 않다고 하더라도 당해 법률의 전반적 체계와 관련규정에 비추어 위임조항의 내재적인 위임의 범위나 한계를 객관적으로 분명히 확정할 수 있다면 이를 일반적이고 포괄적인 백지위임에 해당하는 것으로 볼 수는 없다. 나. 첫째, 수질환경의 여건은 기후변화, 산업발전의 정도와 생활수준의 향상 등과 같은 경제적 · 사회적 상황에 따라 수시로 변동하는 것이며, 수질환경기준설정은 고도의 전문성 · 과학성이 필요한 영역으로서 오수 · 분뇨및축산폐수의처리에관한법률이 추구하는 자연환경과 생활환경의 청결 및 수질오염의 감소라는 공익목적을 효율적으로 달성하기 위해서는 방류수수질기준을 환경부령으로 정하여 상황에 맞게 유동적으로 대처할 필요가 있다. 둘째, 환경에 관한 일반법인 환경정책기본법과 오수 · 분뇨및축산폐수의처리에관한법률 제1조 , 제2조 및 제5조 를 유기적 · 체계적으로 고려하여 볼 때, 방류수수질기준의 경우에도 수질오염실태파악을 위한 측정자료로서 환경정책기본법상의 수질환경기준 항목인 수소이온농도, 생물학적산소요구량, 부유물질, 대장균군수 등을 측정항목으로 정할 것으로 충분히 예측할 수 있으며, 측정수치와 관련하여서도 환경기준을 유지할 수 있을 정도의 수준을 요구할 것으로 대강의 예측이 가능하다. 그러므로 오수 · 분뇨및축산폐수의처리에관한법률 제5조 제1항 중 "오수처리시설의 방류수수질기준은 환경부령으로 정한다" 부분(이하 '이 사건 법률조항'이라 한다)은 방류수수질기준을 탄력적으로 규제한다는 측면에서 일정 정도의 위임의 불가피성이라는 측면, 그리고 위임의 명확성이나 수범자의 예측가능성이라는 측면에서 보아 위임입법의 한계를 벗어난 것이라고 할 수 없다.

재판관 김영일의 반대의견: 당해 법률조항만이 아니라 그 규범이 위치하는 법률 전체를 포함한 관련법조항의 체계적인 해석을 통하여 판단해야 한다는 점을 고려하더라도, 오수 · 분뇨및축산폐수의처리에관한법률의 다른 규정과 환경에 관한 일반법인 환경정책기본법으로부터는 일반적인 수질환경의 측정기준에 관한 사항만 예측할 수 있을 뿐 어느 정도의 범위 내에서 방류수수질이 허용되는지에 대해서는 이를 예측할 수 있는 자료가 전혀 없으며, 이 사건 법률조항은 과태료부과조항인 오수 · 분뇨및축산폐수의처리에관한법률 제58조 제1항 제1호 와 결합하여 과태료를 부과하는 구성요건적 조항이 되므로, 비록 이 사건 법률조항이 형법법규는 아니라 하더라도 이와 유사하게 기본권을 제한하는 요소가 강하다는 점에서, 위임의 명확성에 대하여 형법법규에 버금가는 엄격한 요구를 해야 하는바, 이 사건 법률조항은 입법위임의 명확성을 요청하는 헌법 제75조에 위반되는 규정으로서 위헌으로 판단되어야 한다.

침"이라 한다)을 수립하여 관계 시 · 도지사에게 통보하여야 한다(법 제4조의2 제2항).

c) 수질 및 수생태계 목표기준

환경부장관은 하천 · 호소등의 이용목적, 수질 및 수생태계 현황, 오염원의 현황 및 전망 등을 고려하여 제22조에 따른 수계영향권별 및 제28조에 따른 조사 · 측정 대상이 되는 호소별 수질 및 수생태계 목표기준(이하 "목표기준"이라 한다)을 결정하여 고시하여야 한다(법 제10조의2 제1항). 목표기준의 결정 · 고시, 목표기준 달성여부의 평가 및 평가결과의 공개 등에 필요한 방법 및 절차 등은 환경부령으로 정하는바, 동법 시행규칙 제25조(수질 및 수생태계 목표기준의 결정 · 평가 · 공개 등)는 다음과 같이 규정하고 있다: "① 환경부장관은 법 제10조의2제1항에 따라 수질 및 수생태계 목표기준을 결정 · 고시하려는 경우에는 미리 관계 시 · 도지사의 의견을 들어야 한다. ② 환경부장관은 법 제10조의2제2항에 따라 법 제9조에 따른 수질오염도 상시측정 결과와 수질 및 수생태계 조사결과를 토대로 하여 매년 3월 31일까지 전년도의 목표기준 달성 여부 등을 평가하여야 한다. ③ 환경부장관은 제2항에 따른 목표기준 등을 평가한 경우에는 그 결과를 관보에 싣고, 법 제5조에 따른 전산망에 게시하여야 한다. ④ 제1항부터 제3항까지의 규정 외에 목표기준의 달성 여부 등에 대한 평가방법과 평가절차에 관하여 필요한 사항은 환경부장관이 정하여 고시한다."

d) 농약잔류허용기준

환경부장관은 수질 또는 토양의 오염방지를 위하여 필요하다고 인정하는 때에는 수질 또는 토양의 농약잔류허용기준을 정할 수 있다(법 제58조 제1항).

4. 명령적 수단

a) 명령 · 제한 · 금지

수면관리자는 호소 안의 쓰레기를 수거하고, 당해 호소를 관할하는 시장 · 군수 · 구청장은 수거된 쓰레기를 운반 · 처리하여야 하며, 수면관리자 및 시장 · 군수 · 구청장은 쓰레기의 운반 · 처리주체 및 쓰레기의 운반 · 처리에 소요되는 비용을 분담하기 위한 협약을 체결하여야 한다(법 제31조 제1항 및 제2항).

환경부장관은 오염총량목표수질을 달성 · 유지하기 위하여 필요하다고 인정되는 경우에는 다음 각 호의 어느 하나의 기준을 적용받는 시설 중 대통령령이 정하는 시설에 대하여 환경부령이 정하는 바에 따라 최종방류구별 · 단위기간별로 오염부하량을 할당하거나 배출량을 지정할 수 있다. 이 경우 환경부장관은 관할 오염총량관리시행 지방자치단체의 장과 미리 협의하여야 한다(법 제4조의5 제1항) 1. 제12조제3항에 따른 방류수 수질기준 2. 제32조에 따른 배출허용기준 3. 「하수도법」 제7조에 따른 방류수수질기준 4. 「가축분뇨의 관리 및 이용에 관한 법률」 제13조에 따른 방류수수질기준.

환경부장관 또는 오염총량관리시행 지방자치단체장은 제4조의5제1항 또는 제2항에 따라 할당된 오염부하량 또는 지정된 배출량(이하 "할당오염부하량등"이라 한다)을 초과하여 배출하는 자에게 수질오염방지시설의 개선 등 필요한 조치를 명령할 수 있다(법 제4조의6 제1항).

환경부장관 또는 오염총량관리시행 지방자치단체장은 제1항에 따른 조치명령을 받은 자가 그 명령을 이행하지 아니하거나 이행기간 내에 이행을 하였으나 검사 결과 할당오염부하량등을 계속 초과하는 때에는 그 시설의 전부 또는 일부에 대하여 6개월 이내의 기간을 정하여 조업정지를 명령하거나 시설의 폐쇄를 명령할 수 있다. 다만, 방지시설을 개선하는 등의 조치를 하더라도 할당오염부하량등 이내로 내려갈 가능성이 없다고 인정되는 경우로서 환경부령이 정하는 경우에는 시설의 폐쇄를 명령하여야 한다(법 제4조의 6 제3항).

환경부장관은 상수원의 수질오염이 다음 각 호의 어느 하나에 해당하는 경우에는 수질오염을 발생시키는 오염원에 대하여 오염물질의 배출금지 등 특별조치를 명할 수 있다(법 제21조의3 제1항): 1. 상수원의 수질오염으로 먹는 물 수질관리기준(「수도법」 제26조에 따른 수질기준을 말한다)의 충족이 어려울 것으로 예상되는 경우 2. 제1호의 수질관리기준에서 정하고 있지 아니한 오염물질로 인하여 주민의 건강에 중대한 위해를 가져올 우려가 있다고 인정되는 경우.

누구든지 정당한 사유 없이 다음 각호의 어느 하나에 해당하는 행위를 하여서는 아니된다(법 제15조 제1항): 1. 공공수역에 특정수질유해물질, 「폐기물관리법」에 의한 지정폐기물, 「석유 및 석유대체연료 사업법」에 의한 석유제품 및 원유(석유가스를 제외한다. 이하 "유류"라 한다), 「유해화학물질 관리법」에 의한 유독물(이하 "유독물"이라 한다), 「농약관리법」에 의한 농약(이하 "농약"이라 한다)을 누출 · 유출하거나 버리는 행위 2. 공공수역에 분뇨, 축산폐수, 동물의 사체, 폐기물(「폐기물관리법」에 의한 지정폐기물을 제외한다) 또는 오니(汚泥)를 버리는 행위 3. 하천 · 호소에서 자동차를 세차하는 행위 4. 공공수역에 다량의 토사를 유출하거나 버려 상수원 또는 하천 · 호소를 현저히 오염되게 하는 행위.

법 제15조 제1항제1호 또는 제2호의 행위로 인하여 공공수역이 오염되거나 오염될 우려가 있는 경우에는 그 행위자 · 행위자가 소속된 법인 및 그 행위자의 사업주(이하 "행위자등"이라 한다)는 당해 물질을 제거하는 등 환경부령이 정하는 바에 따라 오염의 방지 · 제거를 위한 조치(이하 "방제조치"라 한다)를 하여야 한다(법 제15조 제2항).

전복, 추락 등 사고시 상수원을 오염시킬 우려가 있는 물질을 수송하는 자동차를 운행하는 자는 다음 각호의 어느 하나에 해당하는 지역 또는 그 지역에 인접한 지역 중에서 제4항의 규정에 의하여 환경부령이 정하는 도로 · 구간을 통행할 수 없다(법 제17조 제1항): 1. 상수원보호구역 2. 특별대책지역 3. 「한강수계 상수원수질개선 및 주민지원 등에 관한 법률」 제4조, 「낙동강수계물관리 및 주민지원 등에 관한 법률」 제4조, 「금강수계 물관리 및 주민지원 등에 관한 법률」 제4조 및 「영산강 · 섬진강수계 물관리 및 주민지원 등에 관한 법률」 제4조의 규정에 의하여 각각 지정 · 고시된 수변구역 4. 상수원에 중대한 오염을 일으킬 수 있어 환경부령이 정하는 지역.

사업자(제33조제1항 단서 또는 동조제2항의 규정에 의하여 폐수무방류배출시설의 설치허가 또는 변경허가를 받은 사업자를 제외한다) 또는 방지시설을 운영하는 자(제35조제5항의 규정에 의한 공동방지시설 운영기구의 대표자를 포함한다. 이하 같다)는 다음 각호의 어느 하나에 해당하는 행위를 하여서는 아니된다(법 제38조 제1항): 1. 배출시설에서 배출되는 수질오염물질을 방지시설에 유입하지 아니하고 배출하거나 방지시설에 유입하지 아니하고 배출할 수 있는 시설을 설치하는 행위 2. 방지시설에 유입되는 수질오염물질을 최종 방류구를 거치지 아니하고 배출하거나, 최종 방류구를 거치지 아니하고 배출할 수 있는 시설을 설치하는 행위 3. 배출시설에서 배출되는 수질오염물질에 공정 중에서 배출되지 아니하는 물 또는 공정 중에서 배출되는 오염되지 아니한 물을 섞어 처리하거나, 배출허용기준이 초과되는 수질오염물질이 방지시설의 최종 방류구를 통과하기 전에 오염도를 낮추기 위하여 물을 섞어 배출하는 행위. 다만, 환경부장관이 환경부령이 정하는 바에 따라 희석하여야만 수질오염물질의 처리가 가능하다고 인정하는 경우 그 밖에 환경부령이 정하는 경우를 제외한다. 4. 그 밖에 배출시설 및 방지시설을 정당한 사유 없이 정상적으로 가동하지 아니하여 배출허용기준을 초과한 수질오염물질을 배출하는 행위.

환경부장관은 제37조제1항의 규정에 의한 신고를 한 후 조업 중인 배출시설(폐수무방류배출시설을 제외한다)에서 배출되는 수질오염물질의 정도가 제32조의 규정에 의한 배출허용기준을 초과한다고 인정하는 때에는 대통령령이 정하는 바에 의하여 기간을 정하여 사업자(제35조제5항의 규정에 의한 공동방지시설 운영기구의 대표자를 포함한다)에게 그 수질오염물질의 정도가 배출허용기준 이하로 내려가도록 필요한 조치를 취할 것(이하 "개선명령"이라 한다)을 명할 수 있다(법 제39조). 환경부장관은 제39조의 규정에 의하여 개선명령을 받은 자가 개선명령을 이행하지 아니하거나 기간 이내에 이행은 하였으나 검사결과가 제32조의 규정에 의한 배출허용기준을 계속 초과할 때에는 당해 배출시설의 전부 또는 일부에 대한 조업정지를 명할 수 있다(법 제40조).

b) 허가·신고

배출시설을 설치하고자 하는 자는 대통령령이 정하는 바에 의하여 환경부장관의 허가를 받거나 환경부장관에게 신고하여야 한다. 다만, 제7항의 규정에 의하여 폐수무방류배출시설을 설치하고자 하는 자는 환경부장관의 허가를 받아야 한다(법 제33조 제1항). 법 제33조제1항 단서 및 동조제2항의 규정에 의하여 폐수무방류배출시설의 설치허가 또는 변경허가를 받고자 하는 자는 폐수무방류배출시설 설치계획서 등 환경부령이 정하는 서류를 환경부장관에게 제출하여야 한다(법 제34조 제1항).

'수법'에서의 배출시설설치허가의 법적 성격은 예방적 금지로서의 허가의 성격을 지니는 것으로 보아야 할 것이다. 왜냐하면 배출시설을 설치하는 것은 자연적 자유에 해당되는 것으로서 이는 다시금 개개의 국민에게 보장된 헌법상의 직업의 자유, 자유로운 행동의 자유 그리고 행복을 추구할 권리와 밀접한 관련이 있는 것으로서, 이러한 자유를 금지하는 것은 특별한 공익목적을 위해서만 가능하며 여기서는 환경보호라는 공익을 위해서 배출시설의 설치를 일단 금지하고 환경보호를 위한 요건이 갖추어지는 경우에는 설치를 허용하여야만 하는 것으로 보아야 하기 때문이다.[42] 배출시설설치를 위한 요건이 구비된 경우 관할행정청은 반드시 허가를 발급하여야 한다는 점에서 행정법상 기속행위에 해당된다.

유류·유독물·농약 또는 특정수질유해물질을 운송 또는 보관 중인 자가 당해 물질로 인하여 수질을 오염시킨 때에는 지체 없이 지방환경관서 또는 시·군·구 등의 행정기관에 신고하여야 한다(법 제16조). 사업자는 배출시설 또는 방지시설의 설치를 완료하거나 배출시설의 변경(변경신고를 하고 변경을 하는 경우에는 대통령령이 정하는 변경의 경우에 한한다)을 완료하여 당해 배출시설 및 방지시설을 가동하고자 하는 때에는 환경부령이 정하는

---

42) 동지: 김홍균, 환경법, 홍문사, 2010, 426면 이하.

바에 의하여 미리 환경부장관에게 가동개시 신고를 하여야 한다. 신고한 가동개시일을 변경하고자 할 때에는 환경부령이 정하는 바에 따라 변경신고를 하여야 한다(법 제37조 제1항).

공공수역에 대한 점용 또는 매립을 허가 또는 인가하고자 하는 행정기관은 공공수역의 수질오염방지를 위하여 필요한 조건을 붙일 수 있다(법 제18조 제1항). 시행자(환경부장관을 제외한다. 이하 제49조의2제2항 및 제4항에서 같다)가 제48조제1항의 규정에 따라 종말처리시설을 설치(변경을 포함한다)하고자 하는 때에는 대통령령이 정하는 바에 따라 종말처리시설 기본계획을 수립하여 환경부장관의 승인을 얻어야 한다. 환경부령이 정하는 중요사항을 변경하고자 하는 때에도 또한 같다(법 제49조 제2항).

다음 각 호의 어느 하나에 해당하는 자는 환경부령이 정하는 바에 따라 환경부장관에게 신고하여야 한다. 신고한 사항 중 대통령령이 정하는 사항을 변경하고자 하는 때에도 또한 같다(법 제53조 제1항): 1. 대통령령이 정하는 규모 이상의 도시의 개발, 산업단지의 조성 그 밖에 비점오염원에 의한 오염을 유발하는 사업으로서 대통령령으로 정하는 사업을 하려는 자 2. 대통령령이 정하는 규모 이상의 사업장에 제철시설, 섬유염색시설 그 밖에 대통령령이 정하는 폐수배출시설을 설치하는 자 3. 사업이 재개되거나 사업장이 증설되는 등 대통령령이 정하는 경우가 발생하여 제1호 또는 제2호에 해당되는 자.

기타 수질오염원을 설치 또는 관리하고자 하는 자는 환경부령이 정하는 바에 의하여 환경부장관에게 신고하여야 한다. 신고한 사항을 변경하는 때에도 또한 같다(법 제60조 제1항).

c) 등록

폐수의 수탁처리를 위한 영업(이하 "폐수처리업"이라 한다)을 하고자 하는 자는 환경부령이 정하는 바에 의하여 기술능력 · 시설 및 장비를 갖추어 환경부장관에게 등록하여야 한다. 등록한 사항 중 환경부령이 정하는 중요사항을 변경하는 때에도 또한 같다(법 제62조 제1항).

5. 경제적 · 유인적 수단

a) 배출부과금

환경부장관은 수질오염물질로 인한 수질오염 및 수생태계 훼손을 방지 또는 감소시키기 위하여 수질오염물질을 배출하는 사업자(제48조의 규정에 의한 폐수종말처리시설, 공공하수처리시설 중 환경부령이 정하는 시설을 운영하는 자를 포함한다) 또는 제33조제1항 내지 제3

항의 규정에 의한 허가 · 변경허가를 받지 아니하거나 신고 · 변경신고를 하지 아니하고 배출시설을 설치 또는 변경한 자에 대하여 배출부과금을 부과 · 징수한다. 이 경우 배출부과금은 다음 각호와 같이 구분하여 부과하되, 그 산정방법 및 산정기준 등에 관하여 필요한 사항은 대통령령으로 정한다(법 제41조 제1항): 1. 기본배출부과금 가. 배출시설(폐수무방류배출시설을 제외한다)에서 배출되는 폐수 중 수질오염물질이 제32조의 규정에 의한 배출허용기준 이하로 배출되나, 제12조제3항의 규정에 의한 방류수 수질기준을 초과하는 경우 나. 폐수종말처리시설 또는 공공하수처리시설에서 배출되는 폐수 중 수질오염물질이 제12조제3항의 규정에 의한 방류수 수질기준을 초과하는 경우 2. 초과배출부과금 가. 수질오염물질이 제32조의 규정에 의한 배출허용기준을 초과하여 배출되는 경우 나. 수질오염물질이 공공수역에 배출되는 경우(폐수무방류배출시설에 한한다). 배출부과금은 제12조제3항의 규정에 의한 방류수 수질기준 이하로 배출하는 사업자(폐수무방류배출시설을 운영하는 사업자를 제외한다. 이하 이 항에서 같다)에 대하여는 부과하지 아니하며, 대통령령이 정하는 양 이하의 수질오염물질을 배출하는 사업자 및 다른 법률의 규정에 의하여 수질오염물질의 처리비용을 부담한 사업자에 대하여는 부과를 감면할 수 있다. 이 경우 다른 법률의 규정에 의하여 처리비용을 부담한 사업자에 대한 부과의 감면은 그 부담한 처리비용의 금액 이내에 한한다(법 제41조 제3항).

참조	헌법재판소 2009. 10. 29. 2008헌바122 구 수질환경보전법 제32조 제1항 등 위헌소원
사실관계	갑은 부산 사하구 소재 50여개의 피혁공업사업체를 조합원으로 하여 설립된 협동조합이다. 갑은 낙동강 유역 중 환경부장관에 의해 환경정책기본법 제10조 및 시행령 제2조 별표 1에 의하여 수질보전이 요청되는 지역에서 공동폐수처리업 허가를 받아서 1일 처리용량이 15,000㎥에 이르는 공동폐수처리장을 운영하고 있던 중, 부산광역시 사하구청장 을(乙)로부터 갑이 운영하는 공동폐수처리장으로부터 2005. 11. 4.부터 2007. 10. 30.까지 수질환경보전법상 배출허용기준을 초과하여 폐수를 배출하였다는 이유로 2007. 11. 12. 수질환경보전법 제41조에 의거하여 초과배출부과금 100,000,000원을 부과하였다. 갑은 을의 부과처분에 불복하여 그 부과처분의 취소를 구하는 소를 제기하였고, 소송계속 중 초과배출부과금의 근거규정인 수질환경보전법 제32조 제1항 및 제41조 제1항에 대하여 위헌법률심판 제청신청을 하였으나 기각되었다. 그 후 갑은 수질환경보전법 제32조 제1항 및 제41조 제1항이 "법 제32조 제1항은 폐수배출시설을 가동하면서 배출되는 폐수의 수질기준에 대하여 어떠한 측정기준에 입각하여 어느 정도의 범위 내에서 오염 또는 배출을 허용하는지에 관하여 최소한의 정보도 제공하지 아니한 채 포괄적으로 이를 환경부령에 위임하고 있고, 더욱이 위 조항은 초과배출부과금을 부과하는 구성요건적 조항이므로 비록 형벌법규는

사실 관계	아니라고 하더라도 이와 유사하게 기본권을 제한하는 요소가 강하다는 점에서 이에 준하는 정도의 엄격한 명확성이 요구된다고 할 것인데도, 합리적인 이유 없이 배출허용기준에 관하여 전적으로 행정부에 위임하고 있으므로, 이는 위임입법의 한계를 벗어난 것일 뿐만 아니라, 위임입법의 명확성을 요청하는 헌법 제75조 및 제95조에도 위배된다. 그리고 법 제41조 제1항 부분은 배출부과금의 산정방법과 산정기준에 관하여 최소한 배출부과금의 부과대상이 되는 수질오염물질의 종류가 무엇이고, 배출부과금의 액수는 무엇을 기준으로 어떠한 방식에 따라 산정하는 것인지 등 기본적인 사항에 관하여 그 내용을 스스로 확정하지 아니한 채 이를 전적으로 대통령령에 위임하고 있으므로, 이는 포괄위임입법금지원칙에 위배된다."는 이유로 헌법소원심판을 청구하였다. [참조법령] 구 수질환경보전법(2005. 3. 31. 법률 제7459호로 전부 개정되고 2007. 5. 17. 법률 제8466호 '수질 및 수생태계 보전에관한법률'로개정되기전의것) 제32조(배출허용기준) ① 폐수배출시설(이하 "배출시설"이라 한다)에서 배출되는 수질오염물질의 배출허용기준은 환경부령으로 정한다. 제41조(배출부과금) ① 환경부장관은 수질오염물질로 인한 수질환경상의 피해를 방지 또는 감소시키기 위하여 수질오염물질을 배출하는 사업자(제48조의 규정에 의한 폐수종말처리시설, 「하수도법」제2조 제5호의 규정에 의한 하수종말처리시설 중 환경부령이 정하는시설을운영하는자를포함한다) 또는 제33조 제1항 내지 제3항의 규정에 의한 허가「변경허가를 받지 아니하거나 신고」변경신고를 하지 아니하고 배출시설을 설치 또는 변경한 자에 대하여 배출부과금을 부과·징수한다. 이 경우 배출부과금은 다음 각 호와 같이 구분하여 부과하되, 그 산정방법 및 산정기준 등에 관하여 필요한 사항은 대통령령으로 정한다. 1. 생략 2. 초과배출부과금 가. 수질오염물질이 제32조의 규정에 의한 배출허용기준을 초과하여 배출되는 경우 나. 생략 ② 생략.
쟁점	포괄위임금지의 원칙과 명확성의 원칙 위반 여부
판례 취지	1. 수질오염물질의 배출허용기준은 수시로 변화하는 수질 및 복잡다단한 여건, 다양한 규율 대상 간의 관계 등을 복합적으로 고려하여 정해져야 할 뿐만 아니라 배출허용기준의 설정은 고도의 전문성과 과학성이 요구되는 영역으로, 수질환경보호라는 공익을 보다 효과적으로 달성하기 위해서는 배출허용기준을 전문성을 갖춘 행정부에 위임하여 변화하는 상황에 유동적으로 대처하도록 할 필요성이 인정된다. 또한 법의 관련 규정 및 수질환경에 관한 일반법인 환경정책기본법의 규정 등을 종합적으로 고려할 때, 수범자인 수질오염물질을 배출하는 사업자로서는 법 제32조 제1항에 따라 환경부령에서 정해질 배출허용기준이 해당지역의 수질등급에 상응하는 수질환경기준을 유지하기에 충분한 정도를 상한으로 하고, 환경상의 위해발생 가능성 및 건강상의 위해발생 가능성이 없다고 판단되는 정도를 하한으로 하여 설정될 것이며, 그 기준치는 수소이온농도, 생물학적 산소요구량, 부유물질량, 용존산소량, 대장균군수 등의 생활환경기준과 카드뮴, 비소 등 중금속과 페놀 등의 오염원을 기준으로 하여 정해질 것이라는 점을 충분히 예측할 수 있다. 따라서 법 제32조 제1항은 포괄위임입법금지원칙에 위배되지 아니한다.

> 2. 배출부과금의 산정방법과 기준은 전문적이고 과학적인 판단과 탄력적인 규율이 요구되는 영역으로 이를 모두 법률로 정하기는 어렵다고 할 것이므로 이에 대한 위임의 필요성이 인정된다. 또한 법의 관련 규정 및 배출부과금 제도의 취지 등을 고려할 때 수범자로서는 초과배출부과금이 초과배출량 및 그 배출기간, 수질오염물질의 종류 등 기본사항을 중심으로 지역 등의 기타 사항을 반영하여 정하여질 것이라는 점과 그 상한이 오염물질의 배출로 인한 피해액 및 오염물질 처리비용이 될 것이라는 점을 충분히 예측할 수 있다고 할 것인바 법 제41조 제1항 부분은 포괄위임입법금지원칙에 위배되지 아니한다.
>
> [재판관 김종대, 재판관 목영준의 반대의견]
>
> 법 제41조 제1항 부분은 초과배출부과금의 근거 조항이며, 법 제32조 제1항은 위 조항과 결합하여 초과배출부과금을 부과하는 구성요건적 조항으로 작용하는바, 이와 같은 부담금 부과법규의 경우에는 포괄위임입법금지원칙에서의 위임의 필요성과 예측가능성 요건이 보다 엄격하게 적용되어야 한다. 그런데 법 제32조 제1항과 제41조 제1항 부분은 부과금의 산정방법 및 산정기준이나 초과배출부과금의 부과 여부를 결정하는 배출허용기준의 구체적인 내용을 전부 대통령령이나 환경부령에서 정하도록 위임하고 있을 뿐만 아니라 관련 법조항 전체를 유기적 · 체계적으로 살펴보더라도 수질오염물질의 양과 질이 초과배출부과금의 부과에 있어 일응의 기준이 될 것이라는 점, 즉 수질오염물질을 많이 배출한 자 및 수질에 미치는 영향이 더 큰 수질오염물질을 배출한 자가 더 많은 초과배출부과금을 부담하게 될 것이라는 사실 정도만 예측 가능할 뿐 구체적인 부과기준 및 산정기준에 대해서는 전혀 예측할 수가 없다. 따라서 법 제32조 제1항과 제41조 제1항 부분은 포괄위임입법금지원칙에 위배된다.

b) 오염총량초과부과금

환경부장관 또는 오염총량관리시행 지방자치단체장은 할당오염부하량등을 초과하여 배출한 자에 대하여 총량초과부과금(이하 "오염총량초과부과금"이라 한다)을 부과 · 징수한다(법 제4조의7 제1항).

6. 사실적 수단

a) 조사

환경부장관은 오염총량관리의 시행에 필요한 자료를 효율적으로 활용하기 위한 정보체계를 구축하기 위하여 관계 중앙행정기관, 지방자치단체, 「공공기관의 운영에 관한 법률」 제4조에 따른 공공기관 등 관계 기관의 장에게 필요한 자료를 제출하도록 요청할 수 있다. 이 경우 관계 기관의 장은 특별한 사유가 없으면 이에 따라야 한다(법 제4조의9 제1항). 환경부장관은 환경부령이 정하는 바에 따라 수계영향권별로 오염원의 종류 · 수질오염물질 발생량 등을 정기적으로 조사하여야 한다(법 제23조). 환경부장관 및 시 · 도지사는 호소의 수질 및 수생태계 보전을 위하여 호소수의 이용상황, 수질 및 수생태계 현황, 수질오염원의 분포상황 및 수질오염물질 발생량 등을 대통령령이 정하는 바에 의하여 정기적으로 조사 · 측정하여야 한다(법 제28조).

사업자는 그가 운영하는 배출시설 및 방지시설을 적정하게 운영하기 위하여 배출되는 수질오염물질을 스스로 측정하거나 「환경분야 시험 · 검사 등에 관한 법률」 제16조에 따른 측정대행업자로 하여금 측정하게 할 수 있다(법 제46조).

b) 보고

법 제38조의4제2항 · 제39조 · 제40조 · 제42조 또는 제44조의 규정에 따른 개선명령 · 조업정지명령 · 사용중지명령 또는 폐쇄명령을 받은 자가 그 명령을 이행한 때에는 지체 없이 이를 환경부장관에게 보고하여야 한다(법 제45조 제1항).

c) 지원

국가는 오염총량관리시행계획을 수립 · 시행하는 지방자치단체에 대하여 오염총량관리에 필요한 비용의 일부를 지원할 수 있다(법 제4조의8 제1항). 국가 및 지방자치단체는 지역주민, 민간단체의 자발적인 수질 및 수생태계를 보전하거나 그 오염 또는 훼손을 감시하는 활동을 지원할 수 있다(법 제6조). 국가 또는 지방자치단체는 기업, 대학, 민간단체, 정부출연연구기관 및 국 · 공립 연구기관 등에서 실시하는 수질 및 수생태계에 대한 연구 · 조사 활동을 지원할 수 있다(법 제6조의2). 정부는 물의 사용을 절약하거나 세제 등의 합성화합물의 사용을 줄이거나 그 밖의 수질오염물질의 발생을 저감하여 하천 · 호소 등의 수질오염을 예방할 수 있는 제품의 생산자 · 판매자 또는 소비자에게 보조금 등을 지원하거나 기술개발 및 관련산업을 진흥하기 위한 시책을 강구할 수 있다(법 제7조).

환경부장관은 조류(藻類)의 발생 등으로 인하여 호소의 수질 및 수생태계에 중대한 영향을 미친다고 인정하는 경우에는 수면관리자 또는 호소를 수원으로 하는 취수시설 또는 정수시설의 관리자로 하여금 조류의 발생 등으로 인한 피해를 예방하기 위하여 필요한 조치를 하도록 명할 수 있다. 이 경우 환경부장관은 소요사업비를 예산의 범위 안에서 지원할 수 있다(법 제29조).

d) 전산망 운영

환경부장관은 국민이 제9조에 따른 상시측정 및 조사결과, 제23조의 규정에 의한 오염원조사결과, 폐수배출시설에서 발생하는 폐수의 오염도 및 배출량, 그 밖에 환경부령이 정하는 정보에 쉽게 접근할 수 있도록 전산망을 구축 · 운영하여야 한다(법 제5조). 환경부장관은 측정자료를 관리 · 분석하기 위하여 측정기기부착사업자등이 부착한 측정기기와 연결하여 그 측정결과를 전산처리할 수 있는 전산망을 운영할 수 있다(법 제38조의5 제1항).

e) 권고

시 · 도지사는 공공수역의 수질보전을 위하여 필요하다고 인정하는 경우에는 하천 · 호소구역 안에서 농작물을 경작하는 자에 대하여 경작대상 농작물의 종류 및 경작방식의 변경과 휴경 등을 권고할 수 있다(법 제19조 제1항). 환경부장관은 제9조에 따른 측정 · 조사결과 방치할 경우 하천 · 호소등의 수질 및 수생태계에 중대한 위해를 끼칠 우려가 있다고 판단되는 때에는 공공수역을 관리하는 자(수면관리자, 「하천법」 제12조에 따른 하천관리청 및 시장 · 군수 · 구청장을 말한다)에게 수질 및 수생태계 보전을 위하여 필요한 조치를 할 것을 권고할 수 있으며, 환경부장관은 권고를 이행하는 데 드는 비용의 일부를 예산의 범위에서 지원할 수 있다(법 제19조의2).

f) 관리

환경부장관은 하천 · 호소등의 수질 및 수생태계 보전을 위하여 필요하다고 인정하는 때에는 대통령령이 정하는 기준에 해당하는 수변습지 및 수변토지(이하 "수변생태구역"이라 한다)를 매수하거나 환경부령이 정하는 바에 따라 생태적으로 조성 · 관리할 수 있고, 시 · 도지사는 관할 구역 안의 상수원 보호를 위하여 불가피한 경우로서 대통령령이 정하는 경우에는 제1항의 기준에 따라 수변생태구역을 매수하거나 환경부령이 정하는 바에 따라 생태적으로 조성 · 관리할 수 있다(법 제19조의3 제1항 및 제2항).

시 · 도지사는 공공수역의 수질보전을 위하여 환경부령이 정하는 해발고도 이상에 위치한 농경지 중 환경부령이 정하는 경사도 이상의 농경지를 경작하는 자에 대하여 경작방식의 변경, 농약 · 비료의 사용량 저감, 휴경 등을 권고할 수 있으며, 시 · 도지사는 권고에 따라 농작물을 경작하거나 휴경함으로 인하여 경작자가 입은 손실에 대하여는 대통령령이 정하는 바에 의하여 보상할 수 있다(법 제59조).

g) 경보

환경부장관 또는 시 · 도지사는 수질오염으로 하천 · 호소수의 이용에 중대한 피해를 가져올 우려가 있거나, 주민의 건강 · 재산이나 동물 · 식물의 생육에 중대한 위해를 가져올 우려가 있다고 인정되는 때에는 당해 하천 · 호소에 대하여 수질오염경보를 발령할 수 있다(법 제21조 제1항).

7. 의무이행확보수단

a) 권리 · 의무의 승계

사업자가 배출시설 및 방지시설을 양도하거나 사망한 경우 또는 법인의 합병이 있는 경우에는 그 양수인 · 상속인 또는 합병 후 존속하는 법인이나 합병에 의하여 설립되는 법인은 허가 · 변경허가 · 신고 또는 변경신고에 따른 사업자의 권리 · 의무를 승계하고, 「민사집행법」에 의한 경매, 「파산법」에 의한 환가나 「국세징수법」 · 「관세법」 또는 「지방세기본법」에 따른 압류재산의 매각 그 밖에 이에 준하는 절차에 따라 사업자의 배출시설 및 방지시설을 인수한 자는 허가 · 변경허가 또는 신고 · 변경신고에 따른 사업자의 권리 · 의무를 승계한다(법 제36조 제1항 및 제2항).

종말처리시설 부담금의 징수대상이 되는 공장 또는 사업장 등을 양수한 자는 당사자간에 특별한 약정이 없는 한 양수 전에 이 법에 따라 양도자에게 발생한 종말처리시설 부담금에 관한 권리 · 의무를 승계한다(법 제49조의3).

폐수처리업자가 그 사업을 양도하거나 사망한 때 또는 법인의 합병이 있는 때에는 그 사업의 양수인 · 상속인 또는 합병 후 존속하는 법인이나 합병에 의하여 설립되는 법인은 이 법에 의한 종전 폐수처리업자의 권리 · 의무를 승계한다. 이 경우 제63조제1호 내지 제4호의 어느 하나에 해당하는 양수인 · 상속인 또는 법인은 3월 이내에 그 사업을 다른 사람 또는 법인에게 양도할 수 있다(법 제65조 제1항).

b) 허가 취소

환경부장관은 사업자 또는 방지시설을 운영하는 자가 다음 각 호의 어느 하나에 해당하는 경우에는 배출시설의 설치허가나 변경허가를 취소하거나 배출시설의 폐쇄 또는 6개월 이내의 조업정지를 명령할 수 있다. 다만, 제1호에 해당하는 경우에는 배출시설의 설치허가나 변경허가를 취소하거나 그 폐쇄를 명령하여야 한다(법 제42조 제1항): 1. 거짓이나 그 밖의 부정한 방법으로 제33조제1항 내지 제3항에 따른 허가 · 변경허가를 받았거나 신고 · 변경신고를 한 경우 2. 제33조제1항에 따른 허가를 받거나 신고를 한 후 특별한 사유 없이 5년 이내에 배출시설 또는 방지시설을 설치하지 아니하거나 배출시설의 멸실 또는 폐업이 확인된 경우 3. 제33조제1항 단서에 따라 폐수무방류배출시설을 설치한 자가 방지시설을 설치하지 아니하고 배출시설을 가동한 경우 4. 제33조제2항에 따른 변경허가를 받지 아니한 경우 5. 제33조제6항에 따른 배출시설설치제한지역에 제33조제1항 내지 제3항에 따른 배출시설 설치허가(변경허가를 포함한다)를 받지 아니하거나 신고를 아니하고 배출시설을 설치하거나 가동한 경우 6. 제35조제1항 본문에 따른 방지시설을 설치하지 아니하고 배출시설을 설치 · 가동하거나 변경한 경우 7. 제35조제1항 단서에 따라 방지시설의 설치가 면제되는 자가 배출허용기준을 초과하여 오염물질을 배출한 경우 8. 제37조제1항에 따른 가동개시신고 또는 변경신고를 하지 아니하고 조업한 경우 9. 제38조제1항 각 호의 어느 하나 또는 같은 조 제2항 각 호의 어느 하나에 해당하는 행위를 한 경우 10. 제38조의2제1항에 따른 측정기기를 부착하지 아니한 경우 11. 제38조의3 제1항 각 호의 어느 하나에 해당하는 행위를 한 경우 12. 제38조의4제2항 · 제40조 또는 제42조에 따른 조업정지명령을 이행하지 아니한 경우 13. 제39조에 따른 개선명령을 이행하지 아니한 경우 14. 배출시설을 설치 · 운영하던 사업자가 사업을 영위하지 아니하기 위하여 당해 시설을 철거한 경우.

c) 과징금의 부과

환경부장관은 다음 각호의 어느 하나에 해당하는 배출시설(폐수무방류배출시설을 제외한다)을 설치 · 운영하는 사업자에 대하여 제42조의 규정에 의하여 조업정지를 명하여야 하는 경우로서 그 조업정지가 주민의 생활, 대외적인 신용 · 고용 · 물가 등 국민경제 그 밖에 공익에 현저한 지장을 초래할 우려가 있다고 인정되는 경우에는 조업정지처분에 갈음하여 3억원 이하의 과징금을 부과할 수 있다(법 제43조 제1항): 1. 「의료법」에 의한 의료기관의 배출시설 2. 발전소의 발전설비 3. 「초 · 중등교육법」 및 「고등교육법」에 의한 학교의 배출시설 4. 제조업의 배출시설 5. 그 밖에 대통령령이 정하는 배출시설.

환경부장관은 제62조제1항의 규정에 의하여 폐수처리업의 등록을 한 자에 대하여 제64조의 규정에 따라 영업정지를 명하여야 하는 경우로서 그 영업정지가 주민의 생활 그 밖의 공익에 현저한 지장을 초래할 우려가 있다고 인정되는 경우에는 영업정지처분에 갈음하여 2억원 이하의 과징금을 부과할 수 있다. 다만, 제64조제2항제1호 내지 제3호의 규정에 해당하는 경우에는 그러하지 아니하다(법 제66조 제1항).

d) 폐쇄조치

환경부장관은 제33조제1항 내지 제3항의 규정에 의한 허가를 받지 아니하거나 신고를 하지 아니하고 배출시설을 설치하거나 사용하는 자에 대하여 당해 배출시설의 사용중지를 명하여야 한다. 다만, 당해 배출시설을 개선하거나 방지시설을 설치 · 개선하더라도 그 배출시설에서 배출되는 수질오염물질의 정도가 제32조의 규정에 의한 배출허용기준 이하로 내려갈 가능성이 없다고 인정되는 경우(폐수무방류배출시설의 경우에는 그 배출시설에서 나오는 폐수가 공공수역으로 배출될 가능성이 있다고 인정되는 경우를 말한다) 또는 그 설치장소가 다른 법률의 규정에 의하여 당해 배출시설의 설치가 금지된 장소인 경우에는 그 배출시설의 폐쇄를 명하여야 한다(법 제44조). 동조는 관할행정청에게 폐쇄조치를 명하여야 한다라고 기속적 의무를 부과하고 있으므로 기속적 규정이라고 보아야 할 것이다.[43]

e) 대집행

시 · 도지사는 방제조치 명령을 받은 자가 그 명령을 이행하지 아니하거나 그 방제조치만으로는 수질오염의 방지 또는 제거가 곤란하다고 인정되는 때에는 시장 · 군수 · 구청장으로 하여금 당해 방제조치의 대집행을 하도록 할 수 있다(법 제15조 제4항).

f) 벌칙의 부과

수질및수생태계보전에관한법률상의 각종 명령이나 의무를 위반한 자에게는 과태료, 벌금 그리고 징역형이 과해진다(법 제75조 이하).[44] 법인의 대표자나 법인 또는 개인의 대리인, 사

---

43) 광주고법 1995. 5. 26. 선고 94구3147 판결: 원고가 배출시설 중 일부만을 운영한다 하더라도 이는 허가대상이 되고, 배출시설의 운영으로 인해 대기 및 수질오염을 방지할 중대한 공익상 필요가 있으므로 피고의 무허가 배출시설에 대한 폐쇄명령은 재량사항이 아니고 의무사항이다.

44) 대법원 2010.3.25. 선고 2009도14772 판결: 폐수 수질검사와 같은 과학적 증거방법은 전문지식과 경험을 지닌 감정인이 시료에 대하여 일반적으로 확립된 표준적인 분석기법을 활용하여 분석을 실행하고, 그 분석이 적정한 절차를 통하여 수행되었음이 인정되는 이상 법관이 사실인정을 함에 있어 상당한 정도로 구

용인 그 밖에 종업원이 그 법인 또는 개인의 업무에 관하여 제75조 내지 제80조의 위반 행위를 한 때에는 행위자를 벌하는 외에 그 법인 또는 개인에 대하여도 각 해당 조의 벌금형을 과한다(법 제81조).[45)]

헌법재판소의 결정요지는 다음과 같다: 벌은 범죄에 대한 제재로서 그 본질은 법질서에 의해 부정적으로 평가된 행위에 대한 비난이다. 만약 법질서가 부정적으로 평가한 결과가 발생하였다고 하더라도 그러한 결과의 발생이 어느 누구의 잘못에 의한 것도 아니라면, 부정적인 결과가 발생하였다는 이유만으로 누군가에게 형벌을 가할 수는 없다. 이와 같이 '책임 없는 자에게 형벌을 부과할 수 없다.' 이는 형벌에 관한 책임주의는 형사법의 기본원리로서, 헌법상 법치국가의 원리에 내재하는 원리인 동시에, 헌법 제10조의 취지로부터 도출되는 원리이다.

그런데 이 사건 법률조항들은 법인이 고용한 종업원 등의 범죄행위에 관하여 비난할 근거가 되는 법인의 의사결정 및 행위구조, 즉 종업원 등이 저지른 행위의 결과에 대한 법인의 독자적인 책임에 관하여 전혀 규정하지 않은 채, 단순히 법인이 고용한 종업원 등이 업무에 관하여 범죄행위를 하였다는 이유만으로 법인에 대하여 형사처벌을 과하고 있는바 , 이는 다른 사람의 범죄에 대하여 그 책임 유무를 묻지 않고 형벌을 부과함으로써 법치국가의 원리 및 죄형법정주의로부터 도출되는 책임주의원칙에 반하여 헌법에

속력을 가지므로, 비록 사실의 인정이 사실심의 전권이라 하더라도 아무런 합리적 근거 없이 함부로 이를 배척하는 것은 자유심증주의의 한계를 벗어나는 것으로서 허용될 수 없는 것이다(대법원 2007. 5. 10. 선고 2007도1950 판결 , 대법원 2009. 3. 12. 선고 2008도8486 판결 등 참조). 그러나 이러한 과학적 증거방법이 사실인정에 있어서 상당한 정도로 구속력을 갖기 위해서는 감정인이 전문적인 지식 · 기술 · 경험을 가지고 공인된 표준 검사기법으로 분석을 거쳐 법원에 제출하였다는 것만으로는 부족하고, 시료의 채취 · 보관 · 분석 등 모든 과정에서 시료의 동일성이 인정되고 인위적인 조작 · 훼손 · 첨가가 없었음이 담보되어야 하며 각 단계에서 시료에 대한 정확한 인수 · 인계 절차를 확인할 수 있는 기록이 유지되어야 한다.

45) [단순위헌, 2010헌가68, 2010.9.30, 수질 및 수생태계 보전에 관한 법률(2007. 5. 17. 법률 제8466호로 개정된 것) 제81조 중 "법인의 대리인, 사용인 그 밖에 종업원이 그 법인의 업무에 관하여 제76조 제1의2호의 위반행위를 한 때에는 그 법인에 대하여도 해당 조의 벌금형을 과한다."는 부분은 헌법에 위반된다.]

[단순위헌, 2010헌가88, 2010.11.25, '수질 및 수생태계 보전에 관한 법률'(2005. 3. 31. 법률 제7459호로 개정된 것) 제81조 중 "법인의 대리인, 사용인 그 밖에 종업원이 그 법인의 업무에 관하여 제77조의 위반행위를 한 때에는 그 법인에 대하여도 해당 조의 벌금형을 과한다."는 부분은 헌법에 위반된다.]

[단순위헌, 2011헌가38, 2011.12.29. '수질 및 수생태계 보전에 관한 법률'(2007. 5. 17. 법률 제8466호로 개정된 것) 제81조 중 "법인의 대리인, 사용인 그 밖에 종업원이 그 법인의 업무에 관하여 제76조 제2호, 제2호의3의 위반행위를 한 때에는 그 법인에 대하여도 각 해당 조의 벌금형을 과한다."는 부분은 헌법에 위반된다.]

위반된다.[46)]

46) 헌법재판소 2010헌가68, 2010.9.30.:
재판관 이공현의 별개 위헌의견: 법인의 경영방침이나 주요의사를 결정하거나 그 법인의 전체 업무를 관리·감독할 수 있는 지위에 있는 기관이나 종업원 혹은 그와 같은 지위에 있는 자로부터 전권을 위임받은 대리인이 그의 권한 범위 내에서 한 행위는 그 법인의 행위와 동일시할 수 있을 것이고, 그와 같은 지위에 있는 자가 법인의 업무에 관하여 한 범법행위에 대하여 법인에게 형사책임을 귀속시키 더라도 책임주의에 반한다고 볼 수 없을 것이다. 따라서 위 대표자 관련 부분과 이 사건 심판대상 법률조항 소정의 대리인·사용인 기타의 종업원 중 위와 같은 자 관련부분은 헌법에 위반되지 아니하나, 그 이외의 대리인·사용인 기타의 종업원 관련 부분은 책임원칙에 반하여 헌법에 위반된다.
재판관 조대현의 반대의견: 이 사건 심판대상 법률조항에서 법인의 종업원 등이 법인의 업무에 관하여 위법행위를 한 경우 그 법인도 벌금형으로 처벌하도록 규정하고 있는 것은, 법인이 그 종업원 등에 대한 지휘·감독의무를 다하지 못하여 업무상 위법행위를 막지 못한 경우에 처벌하는 것이므로 책임주의의 원칙에 위반된다고 보기 어렵다.
재판관 이동흡의 반대의견: 이 사건 심판대상 법률조항의 문언상 '법인의 종업원에 대한 선임감독상의 과실 기타 귀책사유'가 명시되어 있지 않더라도 그와 같은 귀책사유가 있는 경우에 만 처벌하는 것으로 해석할 수 있고 이러한 해석을 전제로 할 때 이 사건 법률조항은 책임주의 원칙에 위반되지 아니한다.

제4절 자연환경보전법

Ⅰ. 서설

인간은 자연환경이 주는 혜택을 덧입고 살아가고 있다. 그러므로 자연환경을 잘 보전하여 대대로 물려주어야 한다. 자연환경을 보전하기 위하여 접근하는 방법론으로 첫째는 특정종을 보호하는 방법과 둘째는 일정의 지역을 보호하는 방법이 있다. 전자로는 멸종위기 야생생물을 보호하는 것이고 후자로는 생태 · 경관보전지역 또는 자연휴식지를 지정하는 것을 들 수 있다.

자연환경을 보전하기 위하여 일반법으로서 자연환경보전법을 제정하여 시행하고 있는데, 동법은 자연환경을 인위적 훼손으로부터 보호하고, 생태계와 자연경관을 보전하는 등 자연환경을 체계적으로 보전 · 관리함으로써 자연환경의 지속가능한 이용을 도모하고, 국민이 쾌적한 자연환경에서 여유있고 건강한 생활을 할 수 있도록 함을 목적으로 한다. 자연환경보전법상 "자연환경"이라 함은 지하 · 지표(해양을 제외한다) 및 지상의 모든 생물과 이들을 둘러싸고 있는 비생물적인 것을 포함한 자연의 상태(생태계 및 자연경관을 포함한다)를 말하고, "자연환경보전"이라 함은 자연환경을 체계적으로 보존 · 보호 또는 복원하고 생물다양성을 높이기 위하여 자연을 조성하고 관리하는 것을 말한다.

그런데 자연환경의 보전과 관리에 관련되는 법률들이 예를 들면 야생생물 보호 및 관리에 관한 법률, 자연공원법, 습지보전법, 백두대간 보호에 관한 법률, 경관법, 문화유산과 자연환경자산에 관한 국민신탁법, 독도등 도서지역의 생태계 보전에 관한 특별법 등 대단히 많아서 그 체계적 정합성이 문제되고 있으며, 또한 주무부서가 다양하여 자연환경보전에 대한 통일적인 관리가 어려운 문제가 있다.

Ⅱ. 자연환경보전법의 주요 내용

A. 기본적 체제

1. 자연환경보전의 기본원칙

자연환경은 다음의 기본원칙에 따라 보전되어야 한다(법 제3조): 1. 자연환경은 모든 국민의 자산으로서 공익에 적합하게 보전되고 현재와 장래의 세대를 위하여 지속가능하게 이용되어야 한다. 2. 자연환경보전은 국토의 이용과 조화·균형을 이루어야 한다. 3. 자연생태와 자연경관은 인간활동과 자연의 기능 및 생태적 순환이 촉진되도록 보전·관리되어야 한다. 4. 모든 국민이 자연환경보전에 참여하고 자연환경을 건전하게 이용할 수 있는 기회가 증진되어야 한다. 5. 자연환경을 이용하거나 개발하는 때에는 생태적 균형이 파괴되거나 그 가치가 저하되지 아니하도록 하여야 한다. 다만, 자연생태와 자연경관이 파괴·훼손되거나 침해되는 때에는 최대한 복원·복구되도록 노력하여야 한다. 6. 자연환경보전에 따르는 부담은 공평하게 분담되어야 하며, 자연환경으로부터 얻어지는 혜택은 지역주민과 이해관계인이 우선하여 누릴 수 있도록 하여야 한다. 7. 자연환경보전과 자연환경의 지속가능한 이용을 위한 국제협력은 증진되어야 한다.

2. 국가·지방자치단체 및 사업자의 책무

국가 및 지방자치단체는 제1조의 목적과 제3조의 규정에 의한 자연환경보전의 기본원칙에 따라 다음의 조치를 강구하여 시행할 책무를 진다(법 제4조 제1항): 1. 국토의 개발 및 이용 등으로 인한 자연환경의 훼손방지 및 자연환경의 지속가능한 이용을 위한 자연환경보전대책의 수립·시행 2. 자연생태·자연경관 등 자연환경과 조화를 이루는 토지의 이용, 개발계획 및 개발사업의 수립·시행 3. 생태통로의 설치 등 생태계의 연속성을 유지하기 위한 대책의 수립·시행 4. 자연환경 훼손지에 대한 복원·복구 대책의 수립·시행 5. 생태복원기술의 개발, 생태복원전문기관의 육성 등 생태계 복원을 위하여 필요한 시책의 수립·시행 6. 민간단체·사업자·국민 등이 자연환경보전에 적극 참여하도록 하는 시책의 추진 및 여건의 조성 7. 자연환경에 관한 조사·연구·기술개발 및 전문인력 양성 등 자연환경보전을 위한 과학기술의 진흥 8. 자연환경보전에 관한 교육 및 홍보를 통한 자연환경보전의 중요성에 대한 국민인식의 증진 9. 자연환경보전 및 지구환경보전에 관한 국제협력.

사업자는 사업활동을 함에 있어서 다음 각호의 사항을 준수하여야 한다(법 제4조 제2항): 1. 자연생태 · 자연경관을 우선적으로 고려할 것 2. 사업활동으로부터 비롯되는 자연환경훼손에 대하여 스스로 복원 · 복구하는 등의 필요한 조치를 할 것 3. 제1항의 규정에 의한 국가 및 지방자치단체의 자연환경보전대책 등에 참여하고 협력할 것.

3. 자연환경보전기본방침

환경부장관은 제1조의 목적과 제3조의 규정에 의한 자연환경보전의 기본원칙을 실현하기 위하여 관계중앙행정기관의 장 및 특별시장 · 광역시장 · 도지사(이하 "시 · 도지사"라 한다)의 의견을 듣고 환경정책기본법 제37조의 규정에 의한 환경정책위원회(이하 "중앙환경정책위원회"라 한다) 및 국무회의의 심의를 거쳐 자연환경보전을 위한 기본방침(이하 "자연환경보전기본방침"이라 한다)을 수립하여야 한다(법 제6조 제1항).

4. 자연경관영향의 협의

관계행정기관의 장 및 지방자치단체의 장은 다음 각호의 어느 하나에 해당하는 개발사업등으로서 「환경영향평가법」 제9조에 따른 전략환경영향평가 대상계획, 같은 법 제22조에 따른 환경영향평가 대상사업 또는 같은 법 제43조에 따른 소규모 환경영향평가 대상사업에 해당하는 개발사업등에 대한 인 · 허가등을 하고자 하는 때에는 당해 개발사업등이 자연경관에 미치는 영향 및 보전방안 등을 전략환경영향평가 협의, 환경영향평가 협의 또는 소규모 환경영향평가 협의 내용에 포함하여 환경부장관 또는 지방환경관서의 장과 협의를 하여야 한다(법 제28조 제1항): 1. 다음 각목의 어느 하나에 해당하는 지역으로부터 대통령령이 정하는 거리 이내의 지역에서의 개발사업등 가. 자연공원법 제2조제1호의 규정에 의한 자연공원 나. 습지보전법 제8조의 규정에 의하여 지정된 습지보호지역 다. 생태 · 경관보전지역 2. 제1호외의 개발사업등으로서 자연경관에 미치는 영향이 크다고 판단되어 대통령령이 정하는 개발사업등.

B. 자연환경보전 수단

1. 계획적 수단

a) 자연환경보전기본계획

환경부장관은 전국의 자연환경보전을 위한 기본계획(이하 "자연환경보전기본계획"이라 한다)을 10년마다 수립하여야 하며, 자연환경보전기본계획은 중앙환경정책위원회의 심의를 거쳐 확정하고, 환경부장관은 자연환경보전기본계획을 수립함에 있어서 미리 관계중앙행정기관의 장과 협의를 거쳐야 한다(법 제8조).

b) 생태 · 경관보전지역

환경부장관은 다음 각호의 어느 하나에 해당하는 지역으로서 자연생태 · 자연경관을 특별히 보전할 필요가 있는 지역을 생태 · 경관보전지역으로 지정할 수 있다(법 제12조 제1항): 1. 자연상태가 원시성을 유지하고 있거나 생물다양성이 풍부하여 보전 및 학술적 연구가치가 큰 지역 2. 지형 또는 지질이 특이하여 학술적 연구 또는 자연경관의 유지를 위하여 보전이 요한 지역 3. 다양한 생태계를 대표할 수 있는 지역 또는 생태계의 표본지역 4. 그 밖에 하천 · 산간계곡 등 자연경관이 수려하여 특별히 보전할 필요가 있는 지역으로서 대통령령이 정하는 지역.

환경부장관은 생태 · 경관보전지역의 지속가능한 보전 · 관리를 위하여 생태적 특성, 자연경관 및 지형여건 등을 고려하여 생태 · 경관보전지역을 다음과 같이 구분하여 지정 · 관리할 수 있다(법 제12조 제2항): 1. 생태 · 경관핵심보전구역(이하 "핵심구역"이라 한다) : 생태계의 구조와 기능의 훼손방지를 위하여 특별한 보호가 필요하거나 자연경관이 수려하여 특별히 보호하고자 하는 지역 2. 생태 · 경관완충보전구역(이하 "완충구역"이라 한다) : 핵심구역의 연접지역으로서 핵심구역의 보호를 위하여 필요한 지역 3. 생태 · 경관전이(轉移)보전구역(이하 "전이구역"이라 한다) : 핵심구역 또는 완충구역에 둘러싸인 취락지역으로서 지속가능한 보전과 이용을 위하여 필요한 지역.

생태 · 경관보전지역의 구분	
생태 · 경관핵심 보전구역	생태계의 구조와 기능의 훼손방지를 위하여 특별한 보호가 필요하거나 자연경관이 수려하여 특별히 보호하고자 하는 지역

생태 · 경관완충 보전구역	핵심구역의 연접지역으로서 핵심구역의 보호를 위하여 필요한 지역
생태 · 경관전이(轉移) 보전구역	핵심구역 또는 완충구역에 둘러싸인 취락지역으로서 지속가능한 보전과 이용을 위하여 필요한 지역

생태 · 경관보전지역의 지정절차는 대상지역에 대해서 당해 지역 주민과 이해관계인 및 지방자치단체장의 의견을 수렴한 후 관계중앙행정기관의 장과 협의하고 중앙환경보전자문위원회의 심의를 거쳐서 지정된다. 현재 자연환경보전법 제12조에 근거하여 생태 · 경관보전지역으로 지정된 곳은 35개 지역에 362.525㎢에 이른다. 이러한 생태 · 경관보전지역의 지정은 반면에 주민들의 재산권에 대한 제한을 수반하므로 보다 신중한 지정절차가 요청된다.[47]

생태 · 경관보전지역 지정현황[49]				
지역명	위 치	면적(㎢)	특 징	지정일자
환경부 지정 : 9개소, 241.613㎢				
지리산	전남 구례군 산동면 심원계곡 및 토지면 피아골 일원	20.20	극상원시림 (구상나무 등)	'89.12.29
섬진강 수달서식지	전남 구례군 문척면, 간전면, 토지면 일원	1.83	수달 서식지	2001.12.1
고산봉 붉은박쥐 서식지	전남 함평군 대동면 일원	8.78	붉은박쥐 서식지	2002.5.1
동강유역	강원 영월군 영월읍, 정선군 정선 · 신동읍, 평창군 미탄면 일원	72.85 (7.88)	지형 · 경관 우수희귀 야생동식물 서식	2002.8.9 ('10.7.27변경)
왕피천 유역	경북 울진군 서면, 근남면 일원	102.838	지형 · 경관 우수희귀 야생동식물 서식	2005.10.14 (2006.12.8 변경)
소황사구	충남 보령시 웅천읍 소황리, 독산리 일원	0.121	해안사구 희귀 야생동식물 서식	2005.10.28

47) 지영일, I-View 인천인터넷신문, 2008. 4. 16. 계양산 북사면 생태 · 경관보전지역 지정 제시, 주민과 환경단체 민감한 대립; 연합뉴스 2011. 10. 31. 고성해안 생태 · 경관보전지역 지정검토에 주민 반발.

48) 출처: 환경부.

하시동 · 안인 사구	강원도 강릉시 강동면 하시동리 일원	0.234	사구의 지형 · 경관 우수	2008.12.17
운문산	경북 청도군 운문면 일원	26.395	경관 및 수달, 하늘다람쥐, 담비, 산작약 등 멸종위기종 서식	2010.9.9
거금도 적대봉	전남 고흥군 거금도 적대봉 일원	8.365	멸종위기종과 특정 야생동식물 서식	2011.1.7
국토해양부 지정 : 4개소, 70.373㎢				
신두리사구 해역	충남 태안군 원북면 신두리 일원	0.639	다양한 식생과 특이한 지형	2002.10.9
문섬 등 주변 해역	제주 서귀포시 강정동, 법환동, 서귀동, 토평동, 보목도 일원	13.684	국내 유일의 산호군락지 다양한 해조류 군락 존재	2002.11.5
오륙도 및 주변해역	부산 남구 용호2동 936~941번지 및 주변 해역	0.35	기암괴석의 무인도서 및 수직암반 생물상 보호	2003.12.31
대이작도 주변 해역	인천 옹진군 이작리 및 승봉리 일원 해역	55.7	뛰어난 자연경관 및 수산생물과 저서생물 주요 서식지	2003.12.31

시 · 도지사 지정 : 22개소, 50.539㎢ ( )은 추가 지정면적[50]					
시 · 도	지역명	위 치	면적 (㎢)	특 징	지정일자
서울	한강밤섬	서울 영등포구 여의도동 84-4 및 마포구 당인동 314	0.241	철새도래지, 서식지	'99.8.10
	둔촌동 자연습지	서울 강동구 둔촌동 211	0.025	도시지역의 자연습지	2000.3.6 2002.12.5
	방이동습지	서울 송파구 방이동 439-2 일대	0.059	도시지역의 습지	2002.4.15 2005.11.24
	탄천	서울 송파구 가락동 및 강남구 수서동	1.405	도심속의 철새도래지	2002.4.15

49) 출처: 환경부.

서울	진관내동습지	서울 은평구 진관내동 78번지 일대	0.017	도시지역의 자연습지	2002.12.30
	암사동습지	서울 강동구 624-1 일대	0.103	도시지역의 하천습지	2002.12.30
	고덕동 한강고수부지	서울 강동구 고덕동 396 일대 서울 강동구 강일동 661 일대 (고덕수변 생태복원지~하남시계)	0.320 (0.215)	다양한 자생종 번성제비, 물총새 등 보호종을 비롯한 다양한 조규서식	2004.10.20 (2007.12.27)
	청계산 원터골	서울 서초구 원지동 산4-15번지 일대	0.146	갈참나무를 중심으로 낙엽활엽수군집 분포	2004.10.20
	헌인릉 오리나무	서울 서초구 내곡동 산13-1 일대	0.057	다양한 자생종 번성	2005.11.24
	남산	서울 중구 예장동 산5-6 일대 서울 용산구 이태원동 산1-5일대	0.705 (0.345)	신갈나무군집 발달 남산 소나무림 지역	2006.7.27 (2007.12.27)
	불암산 삼유대	서울 노원구 공능동 산223-1일대	0.204	서어나무군집 발달	2006.7.27
	창덕궁 후원	서울시 종로구 와룡동 2-71일대	0.441	갈참나무군집 발달	〃
	봉산 팥배나무림	서울시 은평구 신사동 산93-16	0.073	팥배나무림 군락지	2007.12.27
	인왕산 자연경관	서대문구 홍제동 산1-1일대	0.258	기암과 소나무가 잘 어우러지는 수려한 자연경관	〃
	성내천하류	송파구 방이동 88-6 일대	0.700	도심속 자연하천	2009.11.26
	관악산	관악구 신림동 산56-2 일대	7.482	회양목군락 자생지	〃
	백사실 계곡	종로구 부암동 산 115-1 일대	1.326	생물다양성 풍부	〃
울산	태화강	울산시 태화강 하류 일원	0.983	철새 등 야생동·식물 서식지	'08.12.24
강원	대덕산·금대봉	강원도 태백시, 삼척군, 정선군	4.20	희귀야생동·식물 집단 서식지	'93.4.26
전남	광양 백운산	전남 광양군 옥룡면, 진상면, 다압면	9.74	자연경관수려 및 원시 자연림	'93.4.26

경기	조종천상류 명지산 · 청계산	경기 가평군, 포천군	21.84	희귀곤충상 및 식물상이 다양하고 풍부한 지역	'93.9.1
경남	거제시 고란초서식지	경남 거제시 하청면 덕곡리 산 144-3	0.002	고란초 집단자생지	'95.10.2

c) 생태 · 경관보전지역관리기본계획

환경부장관은 생태 · 경관보전지역에 대하여 관계중앙행정기관의 장 및 관할 시 · 도지사와 협의하여 다음의 사항이 포함된 생태 · 경관보전지역관리기본계획을 수립 · 시행하여야 한다(법 제14조): 1. 자연생태 · 자연경관과 생물다양성의 보전 · 관리 2. 생태 · 경관보전지역 주민의 삶의 질 향상과 이해관계인의 이익보호 3. 자연자산의 관리와 생태계의 보전을 통하여 지역사회의 발전에 이바지하도록 하는 사항 4. 그 밖에 생태 · 경관보전지역관리기본계획의 수립 · 시행에 필요한 사항으로서 대통령령이 정하는 사항.

d) 시 · 도지사 생태 · 경관보전지역 및 시 · 도 생태 · 경관보전지역관리계획

시 · 도지사는 생태 · 경관보전지역에 준하여 보전할 필요가 있다고 인정되는 지역을 시 · 도 생태 · 경관보전지역으로 지정하여 관리할 수 있다(법 제23조 제1항).

시 · 도지사는 제14조의 규정에 준하여 당해 지방자치단체가 정하는 조례에 따라 시 · 도 생태 · 경관보전지역관리계획을 수립 · 시행하여야 한다(법 제25조).

e) 자연유보지역

환경부장관은 자연유보지역에 대하여 관계중앙행정기관의 장 및 관할 시 · 도지사와 협의하여 생태계의 보전과 자연환경의 지속가능한 이용을 위한 종합계획 또는 방침을 수립하여야 한다(법 제22조 제1항).

2. 조직적 수단

a) 권한의 위임 및 위탁

환경부장관은 이 법에 의한 권한의 일부를 대통령령이 정하는 바에 의하여 시 · 도지사 또는 지방환경관서의 장에게 위임할 수 있으며, 환경부장관은 이 법에 의한 업무의 일부를 대통령령이 정하는 바에 의하여 관계전문기관에 위탁할 수 있다(법 제61조).

b) 자연경관심의위원회

지방환경관서의 장이 제28조의 규정에 의한 협의를 요청받는 경우 이에 관한 전문적이고 효율적인 검토 · 심의를 위하여 지방환경관서의 장 소속하에 자연경관심의위원회를 둔다(법 제29조 제1항).

c) 한국자연환경보전협회

자연환경보전을 위한 다음의 사업을 하기 위하여 법인의 형식으로 한국자연환경보전협회(이하 "협회"라 한다)를 둔다(법 제55조 제1항): 1. 자연환경의 실태 및 보전방안에 관한 조사 · 연구 2. 훼손된 생태계나 종의 복원, 소생태계의 조성 등 생물다양성의 보전 3. 자연환경보전에 관한 영상물의 제작 및 출판 등 자연교육과 홍보. 협회의 사업에 소요되는 경비는 회비, 사업수입금 등으로 충당하며, 국가 또는 지방자치단체는 소요경비의 일부를 예산의 범위안에서 지원할 수 있으며, 협회에 관하여 이 법에 규정되지 아니한 사항은 민법중 사단법인에 관한 규정을 준용한다(법 제55조 제3항 및 제4항).

d) 생태관광협회

생태관광 사업자, 생태관광 관련 단체 및 그 밖에 생태관광 관련 업무에 종사하는 자는 생태관광의 육성에 필요한 다음 각 호의 사업을 수행하기 위하여 환경부장관의 허가를 받아 생태관광협회를 설립할 수 있다. 1. 생태관광에 적합한 지역 및 탐방프로그램의 조사 · 연구 2. 생태관광 관련 국제협력업무 3. 그 밖에 생태관광 육성을 위하여 필요한 사업. 생태관광협회는 법인으로 한다(법 제55조의2 제1항 및 제2항).

e) 자연환경학습원

시 · 도지사는 제5조의 규정에 의한 자연보호운동 활성화 및 국민들에 대한 자연환경보전 중요성의 인식증진 등을 위하여 시 · 도지사 소속하에 자연환경교육 · 연수 · 홍보 등의 기능을 수행하는 자연환경학습원을 둘 수 있으며, 자연환경학습원의 설치 · 운영에 관하여 필요한 사항은 지방자치단체의 조례로 정한다(법 제60조).

f) 자연환경조사원

환경부장관 또는 지방자치단체의 장은 제30조의 자연환경조사 또는 제31조의 규정에 의한 정밀 · 보완조사와 그 밖의 자연환경에 대한 조사를 실시하기 위하여 필요한 경우에는 조사기간중 자연환경조사원(이하 "조사원"이라 한다)을 둘 수 있으며, 조사원의 자격 · 위촉절차 그 밖에 필요한 사항은 환경부령 또는 당해 지방자치단체의 조례로 정한다(법 제32조).

자연환경조사원은 공무수탁사인이라기 보다는 자연환경의 조사를 담당하는 행정의 보조자로서 자리매김할 수 있다. 행정보조인은 행정권한을 자기책임하에 수행함이 없이 행정임무의 단순한 기술적인 집행만을 담당한다. 행정보조인은 공무수탁사인과는 달리 개인과 직접적인 법률관계를 맺지 아니하며, 행정청과의 계약에 근거하여 행정청의 지시에 따라 활동한다.

g) 민간자연환경보전단체 및 자연환경보전명예지도원

환경부장관은 자연환경보전을 위하여 다음 각호의 어느 하나에 해당하는 활동을 하는 민간자연환경보전단체를 육성할 수 있다(법 제57조): 1. 국제 자연환경보전단체 · 기구와의 협조와 교류 2. 멸종위기야생생물의 보호 3. 그 밖의 자연환경보전 및 자연자산의 보전.

환경부장관 또는 지방자치단체의 장은 자연환경보전을 위한 지도 · 계몽 등을 위하여 민간자연환경보전단체의 회원, 자연환경보전을 위한 활동을 성실히게 수행하고 있는 사람 또는 협회에서 추천하는 사람을 자연환경보전명예지도원으로 위촉할 수 있다(법 제58조 제1항).

h) 자연환경해설사

환경부장관 또는 지방자치단체의 장은 생태 · 경관보전지역, 자연휴식지 및 자연공원법에 의한 자연공원 등을 이용하는 사람에게 자연환경보전의 인식증진 등을 위하여 자연환경해설 · 홍보 · 교육 · 생태탐방안내 등을 전문적으로 수행하는 자연환경해설사를 둘 수 있다. 환경부장관 또는 지방자치단체의 장은 자연환경해설사 양성기관에서 환경부령으로 정하는 교육과정을 이수한 사람을 자연환경해설사로 채용하여 활용하거나 활용하게 할 수 있다(법 제59조 제1항 및 제2항).

3. 입법적 수단

관계행정기관의 장 및 지방자치단체의 장은 자연환경보전 · 이용시설을 이용하는 사람으로부터 유지 · 관리비용 등을 고려하여 이용료를 징수할 수 있으며, 이용료의 금액 · 징수절차 및 면제에 관하여 필요한 사항은 환경부령으로 정한다(법 제38조).

이처럼 자연환경의 보전을 위하여 법령에서 행정입법을 통하여 규율할 수 있도록 위임하는 경우가 많다.

4. 명령적 수단

a) 명령 · 금지

환경부장관은 생태 · 경관보전지역안에서 제15조제1항의 규정에 위반되는 행위를 한 사람에 대하여 그 행위의 중지를 명하거나 상당한 기간을 정하여 원상회복을 명할 수 있다. 다만, 원상회복이 곤란한 경우에는 대체자연의 조성 등 이에 상응하는 조치를 하도록 명할 수 있다(법 제17조).

누구든지 생태 · 경관보전지역안에서는 다음 각호의 어느 하나에 해당하는 자연생태 또는 자연경관의 훼손행위를 하여서는 아니된다. 다만, 생태 · 경관보전지역안에 자연공원법에 의하여 지정된 공원구역 또는 문화재보호법에 의한 문화재(보호구역을 포함한다)가 포함된 경우에는 자연공원법 또는 문화재보호법이 정하는 바에 의한다(법 제15조 제1항): 1. 핵심구역안에서 야생생물을 포획 · 채취 · 이식(移植) · 훼손하거나 고사시키는 행위 또는 포획하거나 고사시키기 위하여 화약류 · 덫 · 올무 · 그물 · 함정 등을 설치하거나 유독물 · 농약 등을 살포 · 주입하는 행위 2. 건축물 그 밖의 공작물(이하 "건축물등"이라 한다)의 신축 · 증축(생태 · 경관보전지역 지정 당시의 건축연면적의 2배 이상 증축하는 경우에 한한다) 및 토지의 형질변경 3. 하천 · 호소 등의 구조를 변경하거나 수위 또는 수량에 증감을 가져오는 행위 4. 토석의 채취 5. 그 밖에 자연환경보전에 유해하다고 인정되는 행위로서 대통령령이 정하는 행위.

누구든지 생태 · 경관보전지역안에서 다음 각호의 어느 하나에 해당하는 행위를 하여서는 아니된다. 다만, 군사목적을 위하여 필요한 경우, 천재 · 지변 또는 이에 준하는 대통령령이 정하는 재해가 발생하여 긴급한 조치가 필요한 경우에는 그러하지 아니하다(법 제16조): 1. 「수질 및 수생태계 보전에 관한 법률」 제2조의 규정에 의한 특정수질유해물질, 폐기물관리법 제2조의 규정에 의한 폐기물 또는 유해화학물질관리법 제2조의 규정에 의한 유독물을 버리는 행위 2. 환경부령이 정하는 인화물질을 소지하거나 환경부장관이 지정하는 장소외에서 취사 또는 야영을 하는 행위(핵심구역 및 완충구역에 한한다) 3. 자연환경보전에 관한 안내판 그 밖의 표지물을 오손 또는 훼손하거나 이전하는 행위 4. 그 밖에 생태 · 경관보전지역의 보전을 위하여 금지하여야 할 행위로서 풀 · 나무의 채취 및 벌채 등 대통령령이 정하는 행위.

b) 제한

환경부장관은 다음 각 호의 어느 하나에 해당하는 경우에는 생태 · 경관보전지역의 전부 또는 일부에 대한 출입을 일정 기간 제한하거나 금지할 수 있다(법 제16조의2 제1항): 1. 자연생태계와 자연경관 등 생태 · 경관보전지역의 보호를 위하여 특별히 필요하다고 인정되는 경우2. 자연적 또는 인위적인 요인으로 훼손된 자연환경의 회복을 위한 경우3. 생태 · 경관보전지역을 출입하는 자의 안전을 위한 경우.

지방자치단체의 장은 다음 각호의 어느 하나에 해당하는 경우에 생태적 · 경관적 가치 등의 훼손을 방지하기 위하여 당해 지방자치단체의 조례가 정하는 바에 따라 입목의 벌채 또는 토지의 형질변경을 제한하거나 출입 · 취사 · 야영행위를 제한할 수 있다(법 제40조): 1. 해수욕장 등 공공용으로 이용되고 있는 장소에 인접한 숲으로서 훼손되는 경우 공공용으로 이용되는 장소의 가치가 크게 감소되거나 상실되는 경우 2. 도로 또는 철도변에 있는 숲 · 거목(巨木) 등으로서 훼손되는 경우 경관적 가치가 크게 상실되는 경우 3. 그 밖에 제1호 또는 제2호에 준하는 경우로서 대통령령이 정하는 기준에 해당하는 경우.

c) 자연휴식지의 지정 · 관리

지방자치단체의 장은 다른 법률에 의하여 공원 · 관광단지 · 자연휴양림 등으로 지정되지 아니한 지역중에서 생태적 · 경관적 가치 등이 높고 자연탐방 · 생태교육 등을 위하여 활용하기에 적합한 장소를 대통령령이 정하는 바에 따라 자연휴식지로 지정할 수 있다. 이 경우 사유지에 대하여는 미리 토지소유자 등의 의견을 들어야 한다(법 제39조 제1항).

5. 경제적 · 유인적 수단 – 생태계보전협력금

a) 생물다양성관리계약

자연환경보전법에서 생물다양성관리계약 부분이 폐지되고, 생물다양성 보전 및 이용에 관한 법률 제16조에서 규율하게 되었다.

생물다양성관리계약은 큰기러기 서식지, 철새 도래지 등 보존할 가치가 높은 생태우수지역을 선정하여 생태계 및 생물다양성을 보전함과 동시에 토지의 소유주에게 경제적인 지원을 통하여 상호간에 도움이 되는 것을 추구하는 계약이다. "생물다양성"이라 함은 육상생태계 및 수생생태계(해양생태계를 제외한다)와 이들의 복합생태계를 포함하는 모든 원천에서 발생한 생물체의 다양성을 말하며, 종내 · 종간 및 생태계의 다양성을 포함한다(생물다양성법 제2조). 생물다양성에 대한 중요성은 유전공학의 발전과 함께 점점 더 커져 가고 있다. 생물다양성의 감소가 가져오는 재앙으로는 토종동 · 식물의 감소, 식량 및 산업자원의 소실, 의약품의 원재료의 감소, 생태계의 이상현상 등을 들 수 있다. 그리하여 생물다양성을 보호하고 이에 영향을 미치는 과학기술의 발전과 유전자원의 상업적 이용 등을 규제하기 위하여 국제적으로도 이미 1992년에 생물다양성협약이 체결되었으며, 또한 2000년에는 생물다양성과 관련하여 생물안전의정서(바이오안전성 의정서: The Cartagena Protocol on Biosafety)와 2010년에는 유전자원접근 및 이익공유의정서 등이 체결되었다.

환경부장관은 해양을 제외한 다음 각 호의 지역을 보전하기 위하여 토지의 소유자 · 점유자 또는 관리인과 경작방식의 변경, 화학물질의 사용 감소, 습지의 조성, 그 밖에 토지의 관리방법 등을 내용으로 하는 계약(이하 "생물다양성관리계약"이라 한다)을 체결하거나 관계 중앙행정기관의 장 또는 지방자치단체의 장에게 생물다양성관리계약의 체결을 권고할 수 있다(법 제16조 제1항): 1. 멸종위기야생생물의 보호를 위하여 필요한 지역 2. 생물다양성의 증진이 필요한 지역 3. 생물다양성이 독특하거나 우수한 지역. 환경부장관, 관계 중앙행정기관의 장 또는 지방자치단체의 장이 생물다양성관리계약을 체결하는 경우에는 대통령령으로 정하는 기준에 따라 그 계약의 이행으로 인하여 해당 토지에서 수익이 감소된 자에게 실비 보상을 하여야 하고, 생물다양성관리계약을 체결한 당사자가 그 계약 내용을 이행하지 아니하거나 계약을 해지하려는 경우에는 상대방에게 3개월 이전에 이를 통보하여야 한다(동조 제2항 및 제3항).

■ 생물다양성 보전 및 이용에 관한 법률 시행규칙 [별지 제4호서식]

<table>
<tr><td colspan="5">생물다양성관리계약 청약서</td></tr>
<tr><td rowspan="2">청약인</td><td>① 성 명</td><td></td><td>② 생년월일</td><td></td></tr>
<tr><td colspan="4">③ 주 소
(전화번호:)</td></tr>
<tr><td rowspan="3">청약
내용</td><td>④ 계약 대상지역
위치, 용도, 면적</td><td colspan="3">- 위치:
- 용도 및 면적: (㎡)</td></tr>
<tr><td>⑤ 계약 내용</td><td colspan="3"></td></tr>
<tr><td>⑥ 보상액 지급시기</td><td colspan="3"></td></tr>
<tr><td colspan="5">「생물다양성 보전 및 이용에 관한 법률」 제16조제1항, 같은 법 시행령 제9조제2항 및 같은 법 시행규칙 제7조에 따라 생물다양성관리계약을 청약합니다.
년 월 일
청약인 (서명 또는 인)

유역환경청장(지방환경청장),
관계 중앙행정기관의 장
시 · 도지사, 시장 · 군수 · 구청장 [직인]</td></tr>
</table>

210mm×297mm(백상지 80g/㎡, 재활용품)

b) 생태계보전협력금

환경부장관은 자연환경을 체계적으로 보전하고 자연자산을 관리 · 활용하기 위하여 자연환경 또는 생태계에 미치는 영향이 현저하거나 생물다양성의 감소를 초래하는 사업을 하는 사업자에 대하여 생태계보전협력금을 부과 · 징수한다(법 제46조 제1항).

생태계보전협력금(National Trust Fund for the Environment)은 원인자책임의 원칙에 기초하여 부과되는 것으로서 자연환경이나 생태계에 커다란 영향을 미치는 사업에 대해서 부과되므로 간접적으로 이러한 사업을 억제하는 효과를 지닌다.

생태계보전협력금의 부과대상이 되는 사업은 다음과 같다. 다만,「해양생태계의 보전 및 관리에 관한 법률」제49조제2항의 규정에 의한 해양생태계보전협력금의 부과대상이 되는 사업을 제외한다.〈개정 2013.3.22.〉 1.「환경영향평가법」제9조에 따른 전략환경영향평가 대상계획 중 개발면적 3만제곱미터 이상인 개발사업으로서 대통령령으로 정하는 사업 2.「환경영향평가법」제22조 및 제42조에 따른 환경영향평가대상사업 3.「광업법」제3조제2호에 따른 광업중 대통령령이 정하는 규모 이상의 노천탐사 · 채굴사업 4.「환경영향평가법」제43조에 따른 소규모 환경영향평가 대상 개발사업으로 개발면적이 3만제곱미터 이상인 사업 5. 그 밖에 생태계에 미치는 영향이 현저하거나 자연자산을 이용하는 사업중 대통령령이 정하는 사업(동법 제46조 제2항 및 동법시행령 제36조).

생태계보전협력금은 50억원의 범위안에서 생태계의 훼손면적에 단위면적당 부과금액과 지역계수를 곱하여 산정 · 부과한다. 다만, 국방목적의 사업중 대통령령이 정하는 사업에 대하여는 생태계보전협력금을 감면할 수 있다. 생태계보전협력금 및 제48조제1항의 규정에 의한 가산금은 환경정책기본법에 의한 환경개선특별회계의 세입으로 한다(법 제46조 제3항 및 제4항).

법 제46조제2항의 규정에 의한 생태계보전협력금의 부과대상이 되는 사업의 인 · 허가등을 한 행정기관의 장은 그 날부터 20일 이내에 사업자, 사업내용, 사업의 규모 그 밖에 대통령령이 정하는 인 · 허가등의 내용을 환경부장관에게 통보하여야 한다(법 제47조 제1항).

생태계보전협력금의 산정수식은 다음과 같다: 생태계보전협력금 = 훼손면적×단위면적당 부과금액×지역계수. 생태계보전협력금의 단위면적당 부과금액은 제곱미터당 250원으로 하고, 지역계수는 다음 각 호와 같다. 이 경우 토지의 용도는 법 제46조제2항의 규정에 따른 생태계보전협력금 부과대상 사업의 인가 · 허가 또는 승인 등 처분시의 토지의 용도(부과대상사업의 시행을 위하여 토지의 용도를 변경하는 경우에는 변경 전의 용도를 말한다)에 따른다. 〈개정 2009.12.14.〉 1. 주거지역 · 상업지역 · 공업지역 및 계획관리지역: 「측량 · 수로조사 및 지적에 관한 법률」에 따른 지목이 전 · 답 · 임야 · 염전 · 하천 · 유지 또는 공원에 해당하는 경우에는 1, 그 밖의 지목인 경우에는 0, 2. 녹지지역: 2, 3. 생산관리지역: 2.5, 4. 농림지역: 3, 5. 보전관리지역: 3.5, 6. 자연환경보전지역: 4.

6. 사실적 수단

a) 토지등의 매수

환경부장관은 생태 · 경관보전지역 및 자연유보지역의 생태계를 보전하기 위하여 필요한 경우에는 동 지역의 토지 등을 그 소유자와 협의하여 매수할 수 있다(법 제19조 제1항).

b) 지원

환경부장관은 생태 · 경관보전지역에 수질오염 등의 영향을 직접 미칠 수 있는 지역(이하 이 조에서 "인접지역"이라 한다)에서 그 지역의 주민이 주택을 증축하는 등의 경우 「하수도법」의 규정에 따른 개인하수처리시설 및 분뇨처리시설을 설치하는 경비의 전부 또는 일부를 지원할 수 있다(법 제20조 제1항). 관계 행정기관의 장은 유네스코가 선정한 생물권보전지역의 보전 및 관리를 위하여 필요한 재정적 지원을 할 수 있다(법 제21조의2).

환경부장관은 생태적으로 건전하고 자연친화적인 관광(이하 "생태관광"이라 한다)을 육성하기 위하여 문화체육관광부장관과 협의하여 지방자치단체 · 관광사업자 및 자연환경의 보전을 위한 민간단체에 대하여 지원할 수 있다(법 제41조 제1항).

환경부장관은 생태계보전협력금을 납부한 자 또는 생태계보전협력금을 납부한 자로부터 자연환경보전사업의 시행 및 생태계보전협력금의 반환에 관한 동의를 얻은 자(이하 "자연환경보전사업 대행자"라 한다)가 환경부장관의 승인을 얻어 대체자연의 조성, 생태계의 복원 등 대통령령이 정하는 자연환경보전사업을 시행한 경우에는 납부한 생태계보전협력금중 대통령령이 정하는 금액을 돌려줄 수 있다. 다만, 산림 또는 산지에서 시행하는 제46조제2항제2호의 규정에 의한 사업으로 인하여 부과된 생태계보전협력금에 대하여는 반환금 또는 반환예정금액의 범위안에서 다른 법률에 의하여 시행하는 산림 또는 산지를 대상으로 하는 훼손지 복원사업에 지원할 수 있다(법 제50조 제1항).

c) 조사 및 정밀조사

환경부장관은 관계중앙행정기관의 장과 협조하여 5년마다 전국의 자연환경을 조사하여야 하고, 관계중앙행정기관의 장과 협조하여 생태 · 자연도에서 1등급 권역으로 분류된 지역과 자연상태의 변화를 특별히 파악할 필요가 있다고 인정되는 지역에 대하여 2년마다 자연환경을 조사할 수 있다(법 제30조 제1항 및 제2항). 〈개정 2013.3.22〉

환경부장관은 제30조의 규정에 의한 조사결과 새롭게 파악된 생태계로서 특별히 조사하여 관리할 필요가 있다고 판단되는 경우에는 그 생태계에 대한 정밀조사계획을 수립 · 시행하여야 한다(법 제31조 제1항).

환경부장관 또는 지방자치단체의 장은 제30조의 자연환경조사 또는 제31조의 규정에 의한 정밀 · 보완조사를 위하여 필요한 경우에는 소속 공무원 또는 조사원으로 하여금 타인의 토지에 출입하여 조사하거나 그 토지의 나무 · 흙 · 돌 그 밖의 장애물을 변경 또는 제거하게 할 수 있다(법 제33조 제1항).

d) 자연환경정보망의 구축 · 운영 등

환경부장관은 자연환경에 관한 지식정보의 원활한 생산 · 보급 등을 위하여 생태 · 자연도, 생물종(生物種)정보 등을 전산화 한 자연환경종합지리정보시스템(이하 "자연환경정보망"이라 한다)을 구축 · 운영할 수 있다(법 제11조 제1항).

e) 생태 · 자연도

환경부장관은 토지이용 및 개발계획의 수립이나 시행에 활용할 수 있도록 하기 위하여 제30조 및 제31조의 규정에 의한 조사결과를 기초로 하여 전국의 자연환경을 다음의 구분에 따라 생태 · 자연도를 작성하여야 한다(법 제34조 제1항): 1. 1등급 권역 : 다음에 해당하는 지역 가. 야생생물 보호 및 관리에 관한 법률 제2조 제2호의 규정에 의한 멸종위기 야생생물(이하 "멸종위기야생생물"이라 한다)의 주된 서식지 · 도래지 및 주요 생태축 또는 주요 생태통로가 되는 지역 나. 생태계가 특히 우수하거나 경관이 특히 수려한 지역 다. 생물의 지리적 분포한계에 위치하는 생태계 지역 또는 주요 식생의 유형을 대표하는 지역 라. 생물다양성이 특히 풍부하고 보전가치가 큰 생물자원이 존재 · 분포하고 있는 지역 마. 그 밖에 가목 내지 라목에 준하는 생태적 가치가 있는 지역으로서 대통령령이 정하는 기준에 해당하는 지역 2. 2등급 권역 : 제1호 각목에 준하는 지역으로서 장차 보전의 가치가 있는 지역 또는 1등급 권역의 외부지역으로서 1등급 권역의 보호를 위하여 필요한 지역 3. 3등급 권역 : 1등급 권역, 2등급 권역 및 별도관리지역으로 분류된 지역외의 지역으로서 개발 또는 이용의 대상이 되는 지역 4. 별도관리지역 : 다른 법률의 규정에 의하여 보전되는 지역중 역사적 · 문화적 · 경관적 가치가 있는 지역이거나 도시의 녹지보전 등을 위하여 관리되고 있는 지역으로서 대통령령이 정하는 지역.

생태 · 자연도 등급 특성	
등급	내용
1등급	가. 야생생물 보호 및 관리에 관한 법률 제2조의 규정에 의한 멸종위기야생생물(이하 "멸종위기야생생물"이라 한다)의 주된 서식지 · 도래지 및 주요 생태축 또는 주요 생태통로가 되는 지역 나. 생태계가 특히 우수하거나 경관이 특히 수려한 지역 다. 생물의 지리적 분포한계에 위치하는 생태계 지역 또는 주요 식생의 유형을 대표하는 지역 라. 생물다양성이 특히 풍부하고 보전가치가 큰 생물자원이 존재 · 분포하고 있는 지역 마. 그 밖에 가목 내지 라목에 준하는 생태적 가치가 있는 지역으로서 대통령령이 정하는 기준에 해당하는 지역 - 자연원시림이나 이에 가까운 산림 또는 고산초원 - 자연상태나 이에 가까운 하천, 호소, 강하구
2등급	1등급에 준하는 지역으로서 장차 보전의 가치가 있는 지역 또는 1등급 권역의 외부지역으로서 1등급 권역의 보호를 위하여 필요한 지역
3등급	1등급 권역, 2등급 권역 및 별도관리지역으로 분류된 지역외의 지역으로서 개발 또는 이용의 대상이 되는 지역
별도 관리 지역	다른 법률의 규정에 의하여 보전되는 지역중 역사적 · 문화적 · 경관적 가치가 있는 지역이거나 도시의 녹지보전 등을 위하여 관리되고 있는 지역으로서 대통령령이 정하는 지역 - 자연공원(국립 · 도립 · 군립공원), 생태 · 경관보전지역, 습지보호지역, 백두대간보호지역, 야생생물(특별)보호구역, 수산자원보호구역, 산림유전자원보호구역, 천연기념물 및 천연보호구역 등

f) 생태계 보전대책 수립 및 국제협력

정부는 생물다양성의 보전 및 지속가능한 이용, 생물자원의 적절한 관리와 국가가 가입한 생물다양성에관한협약 · 멸종위기종국제거래협약 및 물새서식처로서국제적으로 중요한습지에관한협약(이하 "생물다양성에관한협약등"이라 한다)의 이행에 필요한 시책을 수립 · 시행하여야 한다(법 제35조 제1항). 이와 관련하여 생물다양성 보전 및 이용에 관한 법률[시행 2013.2.2] [법률 제11257호, 2012.2.1, 제정]이 제정되어 시행되고 있다.

g) 생태계의 연구 · 기술개발 등

정부는 자연환경의 조사, 생태계의 체계 · 기능 · 복원에 대한 연구, 기후변화 등에 의한 생태계 변화와 적응 등에 관하여 연구 및 기술개발을 하여야 한다(법 제36조 제1항).

h) 자연환경보전 · 이용시설의 설치 · 운영

관계중앙행정기관의 장 및 지방자치단체의 장은 자연환경보전 및 자연환경의 건전한 이용을 위하여 다음의 시설을 설치할 수 있다(법 제38조 제1항): 1. 자연환경을 보전하거나 훼손을 방지하기 위한 시설 2. 훼손된 자연환경을 복원 또는 복구하기 위한 시설 3. 자연환경보전에 관한 안내시설, 생태관찰을 위한 나무다리 등 자연환경을 이용하거나 관찰하기 위한 시설 4. 자연보전관 · 자연학습원 등 자연환경을 보전 · 이용하기 위한 교육 · 홍보시설 또는 관리시설 5. 그 밖의 자연자산을 보호하기 위한 시설.

i) 생태마을의 지정 및 해제

환경부장관 또는 지방자치단체의 장은 다음 각호의 어느 하나에 해당하는 마을을 생태마을로 지정할 수 있다(법 제42조 제1항): 1. 생태 · 경관보전지역안의 마을 2. 생태 · 경관보전지역밖의 지역으로서 생태적 기능과 수려한 자연경관을 보유하고 있는 마을. 다만, 산림기본법 제28조의 규정에 의하여 지정된 산촌진흥지역의 마을을 제외한다.

환경부장관 또는 지방자치단체의 장은 제1항에 따라 지정된 생태마을이 도시개발 등으로 인하여 생태적 기능과 수려한 자연경관 등이 크게 훼손된 경우에는 생태마을의 지정을 해제할 수 있다. 〈신설 2013.3.22〉

j) 생태계의 복원

환경부장관은 다음 각호의 어느 하나에 해당하는 경우 관계중앙행정기관의 장 및 시 · 도지사와 협조하여 해당 생태계의 보호 · 복원대책을 마련하여 추진할 수 있다(법 제44조): 1. 멸종위기야생생물의 주된 서식지 또는 도래지로서 파괴 · 훼손 또는 단절 등으로 인하여 종의 존속이 위협을 받고 있는 경우 2. 자연성이 특히 높거나 취약한 생태계로서 그 일부가 파괴·훼손되거나 교란되어 있는 경우 3. 생물다양성이 특히 높거나 특이한 자연환경으로서 훼손되어 있는 경우.

k) 생태통로의 설치

국가 또는 지방자치단체는 개발사업등을 시행하거나 인·허가등을 함에 있어서 야생생물의 이동 및 생태적 연속성이 단절되지 아니하도록 생태통로 설치 등의 필요한 조치를 하거나 하게 하여야 한다(법 제45조 제1항). 〈개정 2013.3.22〉

l) 행정응원

환경부장관은 이 법의 목적을 달성하기 위하여 필요하다고 인정하는 경우에는 대통령령이 정하는 사항에 대하여 관계중앙행정기관의 장 또는 지방자치단체의 장에게 필요한 시책을 마련하거나 조치를 할 것을 요청할 수 있다. 이 경우 관계중앙행정기관의 장 또는 지방자치단체의 장은 특별한 사유가 없는한 이에 응하여야 한다(법 제51조 제1항).

m) 토지등의 수용·사용 및 보상

국가 또는 지방자치단체는 제38조의 규정에 의한 자연환경보전·이용시설의 설치를 위하여 필요하다고 인정되는 때에는 자연환경보전·이용시설에 필요한 토지등을 수용 또는 사용할 수 있다(법 제52조 제1항).법 제52조 제2항의 규정에 의하여 공익사업을위한토지등의 취득및보상에관한법률을 준용하는 경우에는 제38조의 규정에 의한 자연환경보전·이용시설의 설치에 관한 계획의 결정·고시가 있는 때에 공익사업을위한토지등의취득및보상에관한법률 제20조 및 제22조의 규정에 의한 사업인정 및 사업인정고시가 있는 것으로 본다(법 제52조 제3항). 법 제15조제5항의 규정에 의하여 이미 실시하고 있는 개발사업·영농행위 등을 할 수 없음에 따라 초래되는 재산상의 손실 또는 제33조제1항의 규정에 의하여 재산상의 손실을 입은 사람은 대통령령이 정하는 바에 의하여 환경부장관 또는 지방자치단체의 장에게 보상을 청구할 수 있다(법 제53조 제1항).

n) 국고보조

국가는 예산의 범위안에서 다음의 사업에 대하여 자연환경보전을 위한 사업을 집행하는 관계행정기관 및 지방자치단체 또는 자연보호 관련단체에 대하여 그 비용의 전부 또는 일부를 보조할 수 있다(법 제54조): 1. 제5조의 규정에 의한 자연보호운동 지원사업 2. 제20조 및 제42조의 규정에 의한 생태 · 경관보전지역, 인접지역 및 생태마을의 주민지원사업 3. 제38조의 규정에 의한 자연환경보전 · 이용시설의 설치사업 4. 제45조의 규정에 의한 생태통로 설치사업 5. 제49조 각호의 사업 6. 그 밖에 자연환경보전을 위한 사업으로서 대통령령이 정하는 사업.

7. 의무이행확보수단

a) 생태계보전협력금의 강제징수

환경부장관은 제46조의 규정에 의하여 생태계보전협력금을 납부하여야 하는 사람이 납부기한 이내에 이를 납부하지 아니한 경우에는 30일 이상의 기간을 정하여 이를 독촉하여야 한다. 이 경우 체납된 생태계보전협력금에 대하여는 100분의 3에 상당하는 가산금을 부과하며, 독촉을 받은 사람이 기한 이내에 생태계보전협력금과 가산금을 납부하지 아니한 경우에는 국세체납처분의 예에 의하여 이를 징수할 수 있다(법 제48조).

b) 벌칙의 부과

자연환경보전법상의 명령이나 의무를 위반한 자에 대해서는 과태료, 벌금 그리고 징역형을 과할 수 있다(법 제63조 이하).

제5절 토양환경보전법

참조	*헌법재판소 2012.8.23. 선고 2010헌바28 전원재판부【구토양환경보전법제2조제3호 등위헌소원】대법원 2009.12.24. 선고 2009두12778 판결【정화조치명령처분취소】
사실관계	2003년 3월 17일 한국철강은 부영에 마산공장 부지를 1,667억 3,000만원에 매각하였다. 매각 후 공장부지를 조사한 보고서에 의하면 발암물질로 알려진 비소, 카드뮴, 아연, 크롬 등 중금속이 발견되었다. 지하수에서도 납이 기준치를 초과하는 등 오염이 발견되었다. 마산시는 이러한 조사결과를 기초로 부영과 한국철강에 대해서 정화명령을 발급하였다. 부영과 한국철강은 정화명령에 대해서 취소소송을 제기하였다. 취소소송에서 패소한 부영은 헌법재판소에 위헌심사형 헌법소원을 제기하였다. 헌법재판소는 이에 대해서 아래와 같이 헌법불합치결정을 내렸다.
쟁점	취소소송은 인용될 수 있는가? 오염원인자의 범위에 대한 법률규정은 어떤 점에서 위헌인가?
헌재결정	오염원인자가 아닌 현재의 땅 소유자에게 일정 부분 정화책임을 지도록 한 토양환경보전법 오염원인자 조항이 헌법에 불합치한다. 토양 오염사고의 원인이 된 시설의 양수자를 오염원인자로 보고 정화책임을 지우도록 한 법률 조항이 헌법정신에 어긋난다. 토양환경보전법의 오염원인자 조항은 토양오염관리대상시설의 소유자·점유자·운영자의 재산권·평등권을 침해하고 시설 양수자의 신뢰이익을 침해한다. 토양오염관리대상시설의 양수자를 오염원인자로 간주하는 조항은 2002년 1월 1일 시행됐으나 '제3호' 조항은 양수시기에 제한 없이 오염시설 양수자를 모두 오염원인자로 간주해 신뢰보호원칙에 위배된다. '제2호' 조항은 일반 공중의 건강, 쾌적한 생활환경의 확보라는 중요한 공익에 직결돼 있지만, 토양오염관리대상시설의 소유자 등은 경우에 따라서 파산에 이를 정도의 거액을 전부 부담해야 한다는 점에서 이 조항으로 얻게 될 공익보다 소유자 등이 입게 되는 불이익이 더 클 수도 있다. 단순 위헌결정을 하면 모든 토양오염관리대상시설 소유자 등과 양수자를 일률적으로 토양오염 피해에 관한 책임으로부터 면책시키는 부당한 결과를 야기하게 될 것이며 입법자는 되도록 이른 시일 내 오염원인자 조항의 위헌적 상태를 제거해야 할 것이다.

Ⅰ. 서설

우리나라는 처음에는 토양오염에 대해서 비교적 무관심하였으며, 1977년 환경보전법에서 토양오염방지를 규정하였다. 1995년 토양환경보전법을 제정하면서 본격적으로 토양오염으로 인한 국민 건강 및 환경상의 위해를 예방하고 오염된 토양을 정화하는 등 토양을 적정하게 관리 · 보전하기 시작하였다.

먼저 토양이란 일반적으로 "석탄의 풍화작용으로 인해 분해되어가는 유기물이 섞여지고 기후생물 등의 작용을 받아 변화되며, 그 변화는 환경조건과 평형을 이루기 위해 항상 계속되고, 토양단면의 형태를 이루는 자연체로서 이것을 엷은 층으로 지구 표면을 덮고 있으며, 알맞은 양의 공기와 물이 들어 있을 때에는 기계적으로 식물을 지지하고, 양분의 일부를 공급하여 식물을 길러주는 곳"[50] 또는 "토양의 기능수행자로서 지하수와 하상을 제외한 액체구성부분과 가스형태의 구성부분을 포함하는 지각의 상층부"[51]로 정의되고 있다.

토양오염의 특징으로는 오염이 장기간에 걸쳐서 누적적으로 이루어지는 경우가 많고, 또한 그 오염으로 인한 영향이 간접적이어서 이를 인지하는데 오랜 시일이 소요된다는 것을 들 수 있다. 다른 환경오염과 마찬가지로 일단 오염된 경우에는 이를 원상회복시키는데 시간과 비용이 크다. 또한 육안으로 비교적 쉽게 판단할 수 있는 다른 오염현상과는 달리 인간의 인지능력에 의한 한계도 있기 때문에 토양오염의 경우 오염의 사전예방과 사후대책이 동시에 요구되는 특성을 가지고 있다.

"토양오염"이란 사업활동이나 그 밖의 사람의 활동에 의하여 토양이 오염되는 것으로서 사람의 건강 · 재산이나 환경에 피해를 주는 상태를 말한다. 즉, 토양오염이란 토양에 유해한 물질이 유입되어 물리적 · 화학적 · 생물학적 변화가 발생하여 토양에 악영향을 미치는 것을 의미한다. 토양은 자정능력을 가지고 있기 때문에 토양에 유입되는 일정량의 오염물질은 토양 자체의 미생물에 의해 분해되거나 식물체내로 흡수되어 일정기간이 지나면 자연스럽게 소멸한다. 이러한 토양의 오염물질의 유입이 자정능력을 초과하여 계속적으로 투입 · 축적되어 토양 본래상태의 기능이 상실된 상태를 토양오염이라 한다.[52]

토양오염의 원인이 되는 물질로서 환경부령으로 정하는 것을 "토양오염물질"이라 하고, 이러한 토양오염물질을 생산 · 운반 · 저장 · 취급 · 가공 또는 처리하는 과정에서

---

50) 조은래, 토양환경의 보전과 책임, 토지법학 제28권 제1호, 2012, 한국토지법학회, 210면.

51) BBodSchG § 2 Abs. 1: Boden im Sinne dieses Gesetzes ist die obere Schicht der Erdkruste, soweit sie Träger der in Absatz 2 genannten Bodenfunktionen ist, einschlie β lich der flüssigen Bestandteile (Bodenlösung) und der gasförmigen Bestandteile (Bodenluft), ohne Grundwasser und Gewässerbetten.

52) 송동수, 토양오염과 공법상 정화책임, 201면.

토양을 오염시킬 우려가 있는 시설 · 장치 · 건물 · 구축물(構築物) 및 그 부지와 토양오염이 발생한 장소를 "토양오염관리대상시설"이라 한다.

폐기물관리법의 적용범위에 대해서 동법 제3조 제1항에서 규율하고 있다: 이 법은 다음 각 호의 어느 하나에 해당하는 물질에 대하여는 적용하지 아니한다. 〈개정 2011.7.25.〉 1.「원자력안전법」에 따른 방사성 물질과 이로 인하여 오염된 물질 2. 용기에 들어 있지 아니한 기체상태의 물질 3.「수질 및 수생태계 보전에 관한 법률」에 따른 수질 오염 방지시설에 유입되거나 공공 수역(水域)으로 배출되는 폐수 4.「가축분뇨의 관리 및 이용에 관한 법률」에 따른 가축분뇨 5.「하수도법」에 따른 하수 · 분뇨 6.「가축전염병예방법」 제22조제2항, 제23조, 제33조 및 제44조가 적용되는 가축의 사체, 오염 물건, 수입 금지 물건 및 검역 불합격품 7.「수산생물질병 관리법」 제17조제2항, 제18조, 제25조제1항 각 호 및 제34조제1항이 적용되는 수산동물의 사체, 오염된 시설 또는 물건, 수입금지물건 및 검역 불합격품 8.「군수품관리법」 제13조의2에 따라 폐기되는 탄약.

참조	헌법재판소 2012.8.23. 선고 2010헌바28 전원재판부 【구토양환경보전법제2조제3호등위헌소원】 *대법원 2009.12.24. 선고 2009두12778 판결【정화조치명령처분취소】
판례취지	(1) 명확성원칙 명확성원칙은 기본권을 제한하는 법규범의 내용은 명확하여야 한다는 헌법상의 원칙인바, 법규범에 이러한 원칙을 충족할 것을 요구하는 이유는 만일 법규범의 의미내용이 불확실하다면 법적 안정성과 예측가능성을 확보할 수 없고 법집행 당국의 자의적인 법해석과 집행을 가능하게 할 것이기 때문이다. 다만 법규범의 문언은 어느 정도 일반적 · 규범적 개념을 사용하지 않을 수 없기 때문에 기본적으로 최대한이 아닌 최소한의 명확성을 요구하는 것으로서, 법문언이 법관의 보충적인 가치판단을 통해서 그 의미내용을 확인할 수 있고, 그러한 보충적 해석이 해석자의 개인적인 취향에 따라 좌우될 가능성이 없다면 명확성원칙에 반한다고 할 수 없다(헌재 2008. 1. 17. 2007헌마700, 판례집 20-1상, 139, 164 참조). 이 경우 법규범의 의미내용은 법규범의 문언뿐만 아니라 입법목적이나 입법취지, 입법연혁, 그리고 법규범의 체계적 구조 등을 종합적으로 고려하는 해석방법에 의하여 구체화하게 되므로 결국 당해 법률조항이 명확성원칙에 위반되는지 여부는 위와 같은 해석방법에 의하여 의미내용을 합리적으로 파악할 수 있는 해석기준을 얻을 수 있는지 여부에 달려 있다(헌재 2011. 11. 24. 2010헌바254, 판례집 23-2하, 358, 369-370). (2) 판단 이 사건 정의조항은 토양오염관리대상시설에 '장소 등'을 포함시키고 있는바, '장소'의 의미는 통상 '어떤 일이 이루어지거나 일어나는 곳'으로, '등'의 의미는 '장소에 준하는 것'으로 각 해석되고, 위 '장소 등'은 '토양오염물질을 생산 · 운반 · 저장 · 취급 · 가공 또는 처리함으로써 토양을 오염시킬 우려가 있는'이라는 문구에 의하여 그 범위가 한정되고 있다.

	‘토양오염물질을 생산 · 운반 · 저장 · 취급 · 가공 또는 처리’하는 것은 일정한 시설 · 장치 · 건물 · 구축물을 통한 경우와 기타의 방법에 의하는 경우가 있다. 통상의 경우 시설 · 장치 · 건물 · 구축물은 일정한 ‘장소’를 가질 수밖에 없는데, 그 장소를 토지의 측면에서 평가한 것이 ‘부지’이므로, ‘토양오염물질을 생산 · 운반 · 저장 · 취급 · 가공 또는 처리함으로써 토양을 오염시킬 우려가 있는 시설 · 장치 · 건물 · 구축물의 부지’ 역시 ‘장소’의 범위에 포함된다(대법원 2009. 12. 24. 선고 2009두12778 판결 참조). 이처럼 이 사건 정의조항이 일정한 부지를 토양오염관리대상시설에 포함시키는 것은, 토양오염을 예방하고 오염된 토양을 정화한다는 토양환경보전법의 목적(구법 제1조)을 달성하기 위하여 일정한 부지의 소유자 · 점유자 · 운영자, 양수자, 인수자에게도 토양오염에 대한 책임을 부담시킬 필요가 있기 때문이다(구법 제10조의3 제3항 제2호, 제3호, 제4호). 한편, 구법 제10조의2 제1항은 ‘토양오염관리대상시설이 설치되어 있거나 설치되어 있었던 부지’를 양도 · 양수하거나 임대 · 임차하는 경우에 토양환경평가를 할 수 있도록 규정함으로써 이 사건 정의조항과는 달리 ‘토양오염관리대상시설’에서 ‘토양오염물질을 생산 · 운반 · 저장 · 취급 · 가공 또는 처리함으로써 토양을 오염시킬 우려가 있는 시설 · 장치 · 건물 · 구축물의 부지’를 제외하고 있으나, 위 조항 역시 ‘토양오염관리대상시설이 설치되어 있거나 설치되어 있었던 부지’만의 거래를 통해서도 토양오염에 대한 책임이 발생할 수 있음을 전제하고 있으므로, 이 사건 정의조항과 구법 제10조의2 제1항은 모순된다고 보기 어렵다. 또한 토양은 토양오염물질의 확산을 통하여 그 자체 다른 토양오염의 원인이 되거나 다른 토양을 오염시킬 우려가 있으므로, 구법 제10조의3 제3항 제2호가 ‘토양오염의 원인이 된 토양오염관리대상시설’이라고 규정한 것은, 이 사건 정의조항이 ‘토양오염물질을 생산 · 운반 · 저장 · 취급 · 가공 또는 처리함으로써 토양을 오염시킬 우려가 있는 장소 등’이라고 규정하여 일정한 부지를 토양오염관리대상시설에 포함시키고 있는 것과 모순되지 아니한다. (3) 소결 그렇다면 이 사건 정의조항은 수범자의 예측가능성을 해하거나 법집행 기관의 자의적인 집행을 가능하게 할 정도로 불명확하다고 할 수 없으므로, 명확성원칙에 위배되지 아니한다.

참조	**헌법재판소 2012.8.23. 선고 2010헌바28 전원재판부【구토양환경보전법제2조제3호등위헌소원】**
판례 취지	*대법원 2009.12.24. 선고 2009두12778 판결【정화조치명령처분취소】 법 제2조 제3호에 규정된 토양오염관리대상시설 중 ‘장소’에는 토양오염물질을 생산 · 운반 · 저장 · 취급 · 가공 또는 처리함으로써 토양을 오염시킬 우려가 있는 시설 · 장치 · 건물 · 구축물이 설치되어 있는 부지도 포함된다고 볼 것이므로, 위와 같은 부지를 양수한 자는 법 제10조의3 제3항 제3호의 규정에 따라 같은 조 제1항의 규정에 의한 오염원인자로 보되, 다만 선의이며 과실이 없는 때에는 그러하지 아니하다고 할 것이다. 건설회사 갑이 철강회사 을의 철강공장 부지로 사용되던 토지를 제강설비, 압연설비 일부를 제외한 각종 시설물 및 잔해 등이 야적, 매립, 방치되어 있는 상태로 매수한 사안에서, 공장

판례 취지

시설 등의 부지인 위 토지가 토양환경보전법 제2조 제3호에 정한 '토양오염관리대상시설'에 해당하고 그 토지의 양수인인 갑이 위 법 제10조의3 제3항 제3호에 따라 제1항에 정한 '오염원인자'에 해당한다.

*헌법재판소 2012.8.23. 선고 2010헌바28 전원재판부 【구토양환경보전법제2조제3호등위헌소원】

(3) 신뢰보호원칙 위반 여부

신뢰보호의 원칙은 헌법상 법치국가의 원칙으로부터 파생되는 것으로서, 법률의 제정이나 개정시 구법질서에 대한 당사자의 신뢰가 합리적이고도 정당하며 법률의 제정이나 개정으로 야기되는 당사자의 손해가 극심하여 새로운 입법으로 달성하고자 하는 공익적 목적이 그러한 당사자의 신뢰의 파괴를 정당화할 수 없다면 그러한 새 입법은 신뢰보호의 원칙상 허용될 수 없다(헌재 2010. 10. 28. 2009헌바67, 판례집 22-2하, 118). 신뢰보호원칙의 위배 여부를 판단하기 위해서는 한편으로는 침해받은 이익의 보호가치, 침해의 중한 정도, 신뢰가 손상된 정도, 신뢰침해의 방법 등과 다른 한편으로는 새 입법을 통해 실현하고자 하는 공익적 목적을 종합적으로 비교·형량하여야 한다(헌재 1995. 10. 26. 94헌바12, 판례집 7-2, 447, 460-461; 헌재 1999. 7. 22. 97헌바76등, 판례집 11-2, 175, 195; 헌재 2008. 9. 25. 2007헌바74, 판례집 20-2상, 511, 523- 524 참조).

(가) 이 사건 오염원인자조항이 추구하는 공익

토양오염의 장기성으로 인하여 토양오염피해가 발생한 시점에는 자력이 있는 오염원인자를 찾을 수 없는 경우가 많으므로, 토양오염 발생당시 현존하고 경제력이 있는 토양오염관리대상시설의 양수자에 대하여 그 양수의 시기를 불문하고 오염원인자로서의 책임을 부과할 필요가 있다. 따라서 이 사건 오염원인자조항은 위 조항 시행 이전의 양수자에게까지 오염원인자의 인적범위를 시적으로 확장하여 토양오염을 신속하고 확실하게 제거·예방하고, 그로 인한 손해를 배상한다는 공익을 달성하고자 하는 것이다.

(나) 신뢰이익

구 토양환경보전법(1995. 1. 5. 법률 제4906호로 제정되고, 2001. 3. 28. 법률 제6452호로 개정된 것) 제23조 제1항은 오염원인자의 범위를 구체적으로 규정하지 아니하였는데, 구 토양환경보전법(2001. 3. 28. 법률 제6452호로 개정되고, 2004. 12. 31. 법률 제7291호로 개정되기 전의 것) 제23조 제3항 제3호가 시행되면서부터 토양오염관리대상시설의 양수자가 오염원인자로 간주되었다. 따라서 신뢰이익의 측면에서 토양오염관리대상시설의 양수시점이 구 토양환경보전법(2001. 3. 28. 법률 제6452호로 개정되고, 2004. 12. 31. 법률 제7291호로 개정되기 전의 것) 제23조 제3항 제3호의 시행일인 2002. 1. 1. 이전인 경우와 그 이후인 경우가 달리 평가될 수 있다.

1) 2002. 1. 1. 이전의 양수의 경우

토양오염을 비롯한 환경오염 전반에 대한 규제들이 도입되고오염원인자비용부담원칙이명시된것은 1977. 환경보전법이 제정되면서부터였고, 환경오염피해에 대한 무과실책임 원칙은 1990. 환경정책기본법이 제정되면서 도입되었다. 한편, 환경오염피해에 대한 공법상 책임이 규정된 것은 1987. 폐기물관리법이 그 시초이며, 1995. 폐기물처리업 또는 폐기물처리시설의 양수인 및 포괄적 승계인의 책임승계제도가, 1999. 산업폐기물을 발생시키는 사업장의 양수인 및 포괄적 승계인의 책임승계제도가 폐기물관리법에 도입되었다.

위와 같이 환경오염책임법제가 정비되기 이전의 토양오염에 대해서는 자기책임, 과실책임을 원칙으로 하는 민법상의 불법행위규정에 의해서만 책임을 부담한다는데 대한 일반적인 신뢰가 존재한다. 특히, 폐기물에 대한 공법적 규제가 시작된 1970년대 이전까지는 토양오염관리대상시설을 양수한 자가 비록 토양오염 사실을 알거나 알지 못한 데 과실이 있다고 하더라도 자신이 직접 관여하지 않은 토양오염에 대해서까지 공법상의 책임을 부담할 수 있음을 예측하기 어려웠던 것으로 보인다.

한편, 선의이며 무과실인 양수자는 면책되지만(구법 제10조의3 제3항 단서), 토양오염관리대상시설의 양수자는 통상 토양오염사실 또는 그 가능성에 대해 알거나 알 수 있는 위치에 있다고 평가되기 쉽고, 양수자의 면책을 위해 도입된 토양환경평가제도는 2002. 1. 1. 에서야 시행되었으므로, 그 이전의 양수자에 대해서는 위 면책규정이 사실상 의미가 없다.

이 사건 오염원인자조항으로 인하여 토양오염관리대상시설의 양수자는 손해배상 및 토양정화 책임을 무한책임으로서 부담하게 된다. 그런데 다른 오염원인자가 존재하지 않거나 무자력인 경우가 많고, 자력이 있는 다른 오염원인자가 존재하더라도 구상권 행사의 절차 및 책임분배의 기준이 미비하여, 사실상 우선 책임을 추궁당한 양수자가 전적으로 손해배상 및 토양정화 비용을 부담하게 되는 경우가 많다.

이처럼 이 사건 오염원인자조항은 예측하기 곤란한 중대한 제약을 사후적으로 가하고 있으면서도, 그로 인한 침해를 최소화 할 다른 제도적 수단을 마련하고 있지 않으므로 신뢰이익의 손상 정도가 중대하다.

2) 2002. 1. 1. 이후의 양수의 경우

구 토양환경보전법(2001. 3. 28. 법률 제6452호로 개정되고, 2004. 12. 31. 법률 제7291호로 개정되기 전의 것) 제23조 제3항 제3호가 시행된 2002. 1. 1. 이후 토양오염관리대상시설을 양수한 자는 자신이 관여하지 않은 양수 이전의 토양오염에 대해서도 책임을 부담할 수 있다는 사실을 충분히 인식할 수 있었다고 할 것이어서 보호가치 있는 신뢰를 인정하기 어렵다.

또한 양수자는 선의·무과실을 입증하여 면책될 수 있다. 법은 토양환경평가(법 제10조의2) 제도를 2002. 1. 1. 시행함으로써 토양오염시설의 양수과정에서 법적 책임 관계를 명확히 하고, 이를 계약 체결 여부 및 내용에 반영할 수 있도록 하였다. 토양환경평가와 같은 전문적인 절차를 이행할 것을 기대할 수 없는 토지 거래에 있어서는, 당해 토지의 이전 사용관계를 합리적인 범위 내에서 조사함으로써 선의·무과실로 평가될 수 있다.

(다) 공익과 신뢰이익과의 비교형량

신뢰이익을 보호할 필요가 있는 양수 시점의 확정은 총체적인 법상태를 고려하여 입법자가 정할 사항이지만, 적어도 이 사건 오염원인자조항이 2002. 1. 1. 이후에 이루어진 토양오염관리대상시설의 양수에 대해서 적용되는 경우에는 앞서 본 바와 같이 보호가치 있는 신뢰를 인정하기 어렵다.

그러나 이 사건 오염원인자조항이 2002. 1. 1. 이전에 이루어진 토양오염관리대상시설의 양수에 대해서 무제한적으로 적용되는 경우에는, 기존 법상태에 대한 신뢰의 정당성, 책임

> 회피 가능성의 부재, 신뢰침해 결과의 중대성을 고려해 볼 때, 토양오염을 신속하고 확실하게 제거 · 예방하고, 그로 인한 손해를 배상한다는 이 사건 오염원인자조항이 추구하는 공익만으로는 신뢰이익에 대한 침해를 정당화하기 어렵다.
>
> (라) 소결
>
> 따라서 이 사건 오염원인자조항은 2002. 1. 1. 이전에 토양오염관리대상시설을 양수한 자를 그 양수 시기의 제한 없이 모두 오염원인자로 간주하여 보호가치 있는 신뢰를 침해하였으므로, 신뢰보호원칙에 위배된다.

Ⅱ. 토양환경보전법의 주요 내용

A. 기본적 체제

1. 상시측정

환경부장관은 전국적인 토양오염 실태를 파악하기 위하여 측정망을 설치하고, 토양오염도를 상시측정하여야 한다(법 제5조 제1항).

2. 토양환경평가

다음 각 호의 어느 하나에 해당하는 시설이 설치되어 있거나 설치되어 있었던 부지를 양도 · 양수(제10조의4제4호 각 목의 어느 하나에 해당하는 방법으로 인수하는 경우를 포함한다) 또는 임대 · 임차하는 경우에 양도인 · 양수인 · 임대인 또는 임차인은 해당 부지와 그 주변지역(토양오염의 우려가 있다고 인정되어 환경부령으로 정하는 지역을 말한다. 이하 같다)에 대하여 토양관련전문기관으로부터 토양오염에 관한 평가(이하 "토양환경평가"라 한다)를 받을 수 있다(법 제10조의2 제1항): 1. 토양오염관리대상시설 2. 「산업집적활성화 및 공장설립에 관한 법률」 제2조제1호에 따른 공장 3. 「국방 · 군사시설 사업에 관한 법률」 제2조제1항에 따른 국방 · 군사시설. 토양환경평가의 결과는 그 평가 당시의 토양오염의 정도를 나타내고 있는 것으로 추정한다(법 제10조의2 제2항). 토양환경평가를 받는 것은 당사자의 자유이나, 일단 토양환경평가를 실시한 경우 그 결과는 그 평가 당시의 토양오염의 정도를 나타내고 있는 것으로 추정하게 된다.

제1항 각 호의 어느 하나에 해당하는 시설이 설치되어 있거나 설치되어 있었던 부지,

그 밖에 토양오염의 우려가 있는 토지를 양수한 자가 양수 당시 같은 항에 따라 토양환경평가를 받고 그 부지 또는 토지의 오염 정도가 우려기준 이하인 것을 확인한 경우에는 토양오염 사실에 대하여 선의이며 과실이 없는 것으로 추정한다. 〈개정 2014.3.24.〉

토양환경평가는 다음 각 호에 따라 실시하여야 하며, 토양환경평가의 실시에 따른 구체적인 사항과 그 밖에 필요한 사항은 대통령령으로 정한다(법 제10조의2 제3항): 1. 토양환경평가 항목: 제2조제2호에 따른 토양오염물질과 토양환경평가를 위하여 필요하여 대통령령으로 정하는 오염물질 2. 토양환경평가 절차: 기초조사와 개황조사, 정밀조사로 구분하여 실시 3. 토양환경평가 방법: 제1호에 따른 오염물질의 오염도 등의 조사·분석 및 평가, 대상 부지의 이용현황, 토양오염관리대상시설에 해당하는지 여부.

참고로 미국의 경우에는 정화관련정보를 종합적으로 관리하는 CERCLIS가 구축되어 있다. 유럽은 90년대 초반부터 토양오염가능성이 있는 토지의 위해성평가정보를 수집하고 데이터 베이스를 구축하였다. 독일에서도 국가토양정보시스템을 구축하여 오염부지 관련정보, 토양과학정보, 토양보호정보 등 토양과 관련된 정보를 체계화하고 있다.

토지의 거래에 있어서 토양환경평가가 우리나라에서는 매년 10건 정도에 그치고 있으나, 미국의 경우 약 25만 여건이나 이루어지고 있는바, 아직까지 우리나라에서는 토양환경평가제도가 정착되어 있다고 보기는 어려울 것이다. 생각해보면 우리나라에 있어서는 토지의 소유가 특정인들에게 전체 토지의 80% 이상이 집중적으로 귀속되어 있는 점, 따라서 토지의 이용을 위한 거래가 비교적 덜 활발하게 이루어지는 점, 임야가 국토의 70% 이상을 차지하므로 토양오염의 문제가 상대적으로 발생하기 어려운 점, 산악지형에 토양오염을 시키기 위하여 굴착을 하거나 매립을 하기가 상대적으로 어려운 점 등을 고려할 필요가 있다.

3. 토양오염의 피해에 대한 무과실책임

토양오염으로 인하여 피해가 발생한 경우, 토양오염이 천재지변이나 전쟁, 그 밖의 불가항력으로 인하여 발생하였을 때를 제외하고는, 그 오염을 발생시킨 자는 그 피해를 배상하고 오염된 토양을 정화하는 등의 조치를 하여야 하고, 토양오염을 발생시킨 자가 둘 이상인 경우에 어느 자에 의하여 제1항의 피해가 발생한 것인지를 알 수 없을 때에는 각자가 연대하여 배상하고 오염된 토양을 정화하는 등의 조치를 하여야 한다(법 제10조의3 제1항 및 제2항).

연대책임을 규정한 이유는 오염원인자가 다수인 경우에 발생할 수 있는 책임소재의 입증곤란과 그로 인한 책임의 회피가능성을 막기 위해서이다.

다음 각 호의 어느 하나에 해당하는 자는 정화책임자로서 제11조제3항, 제14조제1항, 제15조제1항 · 제3항 또는 제19조제1항에 따라 토양정밀조사, 오염토양의 정화 또는 오염토양 개선사업의 실시(이하 이 조에서 "토양정화등"이라 한다)를 하여야 한다.

1. 토양오염물질의 누출 · 유출 · 투기(投棄) · 방치 또는 그 밖의 행위로 토양오염을 발생시킨 자

2. 토양오염의 발생 당시 토양오염의 원인이 된 토양오염관리대상시설의 소유자 · 점유자 또는 운영자[53]

3. 합병 · 상속이나 그 밖의 사유로 제1호 및 제2호에 해당되는 자의 권리 · 의무를 포괄적으로 승계한 자

4. 토양오염이 발생한 토지를 소유하고 있었거나 현재 소유 또는 점유하고 있는 자.

---

53) 헌법재판소 2012. 8. 23. 2010헌바167 토양환경보전법 제2조 제3호 등 위헌소원:
구 토양환경보전법(2004. 12. 31. 법률 제7291호로 개정되고, 2011. 4. 5. 법률 제10551호로 개정되기 전의 것) 제10조의3(토양오염의 피해에 대한 무과실책임) ①~② 생략
③ 다음 각 호의 1에 해당하는 자는 제1항의 규정에 의한 오염원인자로 본다. 다만, 제3호(토양오염관리대상시설을 양수한 자에 한한다) 및 제4호의 경우에 토양오염관리대상시설을 인수한 자가 선의이며 과실이 없는 때에는 그러하지 아니하다.
2. 토양오염의 발생 당시 토양오염의 원인이 된 토양오염관리대상시설을 소유 · 점유 또는 운영하고 있는 자
이 사건 오염원인자조항은 신속하고 확실하게 토양오염에 대한 책임자를 특정하고 그에 따른 책임이행을 확보할 수 있도록 오염원인자의 범위를 토양오염관리대상시설의 소유자 · 점유자 · 운영자로 확장하여 이들에게 무과실의 책임을 부담시키고 있는데, 이러한 입법목적은 토양환경보전법의 목적에 비추어 정당하다. 한편, 토양오염 관리대상시설의 소유자 · 점유자 · 운영자에게 손해배상책임 및 오염토양의 정화책임 등을 부과하는 것은 그러한 입법목적 달성에 적합한 수단이 된다. 그러나 토양오염관리대상시설의 소유자 · 점유자 · 운영자에게 '토양오염을 유발시킨 자'(구법 제10조의3 제3항 제1호)의 책임에 대한 보충책임을 부담시키는 방법, 토양오염 발생에 관하여 선의 · 무과실이고 그 책임으로 돌릴 수 없는 경우에 한하여 면책하는 방법, 토양오염 발생에 대하여 선의 · 무과실인 토양오염관리대상시설의 소유자 · 점유자 · 운영자의 책임을 당해 토양오염관리대상시설의 시가 범위 내로 제한하거나, 일반적인 책임한도제를 도입하는 방법 등으로 침해를 최소화할 수 있으므로, 이 사건 오염원인자조항은 침해의 최소성 원칙에 반한다. 토양오염관리대상시설의소유자 · 점유자 · 운영자는 사실상 면책이 불가능한 1차적인 무과실 책임을 부담하고, 경우에 따라서는 파산에 이를 정도로 거액에 이르기도 하는 비용을 그 범위의 제한 없이 전부 부담하여야 한다는 점에서, 이 사건 오염원인자조항으로 인하여 얻게 될 공익보다 토양오염관리대상시설의소유자 · 점유자 · 운영자가 입게 되는 불이익이 더 클 수도 있다. 나아가, 토양오염관리대상시설의 양수자 · 인수자와는 달리, 토양오염관리대상시설의 소유자 · 점유자 · 운영자에게는천재 · 지변,전쟁으로인한 면책만을 허용하고 다른 면책사유 또는 책임 제한수단을 전혀 인정하지 않은 것은 합리적인 이유가 있다고 할 수 없다. 따라서 이 사건 오염원인자조항은 토양오염관리대상시설 소유자 · 점유자 · 운영자의 재산권 및 평등권을 침해한다.

B. 토양환경보전 수단

1. 계획적 수단

a) 토양환경보전기본계획

환경부장관은 관계 중앙행정기관의 장과 협의하여 토양보전을 위하여 10년마다 토양보전에 관한 기본계획을 수립 · 시행하여야 한다(법 제4조).

b) 측정망설치계획

환경부장관은 제5조제1항에 따른 측정망의 위치 · 구역 등을 구체적으로 밝힌 측정망설치계획을 결정하여 고시하고, 누구든지 그 도면을 열람할 수 있게 하여야 한다. 측정망설치계획을 변경하였을 때에도 또한 같다(법 제6조).

c) 토양관리단지

환경부장관은 제15조의3제3항 단서에 따라 오염토양을 반출하여 정화하거나 정화된 토양을 재활용하기 위하여, 토양정화에 필요한 시설을 일정 지역에 집중시켜 효율적으로 토양정화를 할 필요가 있다고 인정하는 경우에는 「국유재산법」에 따른 국유재산 중 환경부장관이 중앙관서의 장인 토지를 토양관리단지로 지정할 수 있다(법 제15조의7 제1항).

d) 토양보전대책지역

환경부장관은 대책기준을 넘는 지역이나 제2항에 따라 특별자치도지사 · 시장 · 군수 · 구청장이 요청하는 지역에 대하여는 관계 중앙행정기관의 장 및 관할 시 · 도지사와 협의하여 토양보전대책지역(이하 "대책지역"이라 한다)으로 지정할 수 있다. 다만, 대통령령으로 정하는 경우에 해당하는 지역에 대하여는 대책지역으로 지정하여야 한다(법 제17조 제1항).

2. 조직적 수단

a) 권한의 위임·위탁

이 법에 따른 환경부장관의 권한은 대통령령으로 정하는 바에 따라 그 일부를 소속기관의 장에게 위임할 수 있다(법 제27조).

b) 토양정화공제조합

특정토양오염관리대상시설의 설치자 · 운영자 및 제23조의7제1항에 따라 토양정화업의 등록을 한 자(이하 "토양정화업자"라 한다)는 제11조제3항에 따른 오염토양의 정화를 보증하고 토양정화에 드는 재원을 확보하기 위하여 환경부장관의 허가를 받아 법인의 형식으로 토양정화 공제조합(이하 "조합"이라 한다)을 설립할 수 있다(법 제10조의4).

c) 토양관련전문기관

다음 각 호의 구분에 따라 토양관련전문기관이 되려는 자는 대통령령으로 정하는 바에 따라 검사시설, 장비 및 기술능력을 갖추어 환경부장관의 지정을 받아야 한다. 지정받은 사항 중 대통령령으로 정하는 사항을 변경할 때에도 또한 같다(법 제23조의2 제1항): 1. 토양오염조사기관: 다음 각 목의 업무를 수행하는 기관 가. 토양정밀조사 나. 제13조제3항에 따른 토양오염도검사 다. 제15조의6제1항에 따른 토양정화의 검증 라. 제19조제1항에 따른 오염토양 개선사업의 지도 · 감독 2. 누출검사기관: 제13조제3항에 따른 누출검사를 하는 기관 3. 토양환경평가기관: 토양환경평가를 하는 기관 4. 위해성평가기관: 위해성평가를 하는 기관.

3. 입법적 수단

a) 토양오염 우려기준

사람의 건강 · 재산이나 동물 · 식물의 생육에 지장을 줄 우려가 있는 토양오염의 기준(이하 "우려기준"이라 한다)은 환경부령으로 정한다(법 제4조의2).

b) 토양오염 대책기준

우려기준을 초과하여 사람의 건강 및 재산과 동물 · 식물의 생육에 지장을 주어서 토양오염에 대한 대책이 필요한 토양오염의 기준(이하 "대책기준"이라 한다)은 환경부령으로 정한다(법 제16조).

c) 정화기준

오염토양은 대통령령으로 정하는 정화기준 및 정화방법에 따라 정화하여야 한다(법 제15조의3 제1항). 법 제15조의3제1항의 규정에 의한 오염토양의 정화기준은 법 제4조의2의 규정에 의한 토양오염우려기준으로 한다(법시행령 제10조 제1항).

4. 명령적 수단

a) 명령 · 제한 · 금지

토양오염조사를 한 결과 오염도가 우려기준을 넘는 토양(이하 "오염토양"이라 한다)에 대하여는 대통령령으로 정하는 바에 따라 기간을 정하여 오염원인자에게 토양관련전문기관에 의한 토양정밀조사의 실시, 오염토양의 정화 조치를 할 것을 명할 수 있다(법 제11조 제3항).

특별자치도지사 · 시장 · 군수 · 구청장은 특정토양오염관리대상시설의 설치자가 다음 각 호의 어느 하나에 해당하면 대통령령으로 정하는 바에 따라 기간을 정하여 토양오염방지시설의 설치 또는 개선이나 그 시설의 부지 및 주변지역에 대하여 토양관련전문기관에 의한 토양정밀조사 또는 오염토양의 정화 조치를 할 것을 명할 수 있다(법 제14조 제1항): 1. 토양오염방지시설을 설치하지 아니하거나 그 기준에 맞지 아니한 경우 2. 제13조제3항에 따른 토양오염도검사 결과 우려기준을 넘는 경우 3. 제13조제3항에 따른 누출검사 결과 오염물질이 누출된 경우. 특별자치도지사 · 시장 · 군수 · 구청장은 특정토양오염관리대상시설의 설치자가 제1항에 따른 명령을 이행하지 아니하거나 그 명령을 이행하였더라도 그 시설의 부지 및 그 주변지역의 토양오염의 정도가 제15조의3제1항에 따른 정화기준 이내로 내려가지 아니한 경우에는 그 특정토양오염관리대상시설의 사용중지를 명할 수 있다(법 제14조 제3항).

시 · 도지사 또는 시장 · 군수 · 구청장은 제5조제4항제2호에 해당하는 지역의 오염원인자에 대하여 대통령령으로 정하는 바에 따라 기간을 정하여 토양관련전문기관으로부터 토양정밀조사를 받도록 명할 수 있다(법 제15조 제1항). 시 · 도지사 또는 시장 · 군수 · 구청장은 상시측정, 토양오염실태조사 또는 토양정밀조사의 결과 우려기준을 넘는 경우에는 대통령령으로 정하는 바에 따라 기간을 정하여 다음 각 호의 어느 하나에 해당하는 조치를 하도록 오염원인자에게 명할 수 있다(법 제15조 제3항): 1. 토양오염관리대상시설의 개선 또는 이전 2. 해당 토양오염물질의 사용제한 또는 사용중지 3. 오염토양의 정화. 다만, 오염원인자를 알 수 없거나 오염원인자에 의한 토양정화가 곤란하다고 인정하는 경우에는 시 · 도지사 또는 시장 · 군수 · 구청장이 오염토양의 정화를 실시할 수 있다(법 제조15 제3항 단서).

누구든지 다음 각 호의 어느 하나에 해당하는 행위를 하여서는 아니 된다(법 제15조의4): 1. 오염토양을 버리거나 매립하는 행위 2. 보관, 운반 및 정화 등의 과정에서 오염토양을 누출·유출하는 행위 3. 정화가 완료된 토양을 그 토양에 적용된 것보다 엄격한 우려기준이 적용되는 지역의 토양에 사용하는 행위.

오염원인자는 오염토양을 정화하기 위하여 토양정화업자에게 토양정화를 위탁하는 경우에는 제23조의2제1항제1호에 따른 토양오염조사기관으로 하여금 정화과정 및 정화완료에 대한 검증을 하게 하여야 한다. 다만, 토양정밀조사를 한 결과 오염토양의 규모가 작거나 오염의 농도가 낮은 경우 등 오염토양이 대통령령으로 정하는 규모 및 종류에 해당하는 경우에는 정화과정에 대한 검증을 생략할 수 있다(법 제15조의6 제1항).

누구든지 대책지역에서는 「수질 및 수생태계 보전에 관한 법률」 제2조제8호에 따른 특정수질유해물질, 「폐기물관리법」 제2조제1호에 따른 폐기물, 「유해화학물질 관리법」 제2조제8호에 따른 유해화학물질, 「하수도법」 제2조제1호·제2호에 따른 오수·분뇨 또는 「가축분뇨의 관리 및 이용에 관한 법률」 제2조제2호에 따른 가축분뇨를 토양에 버려서는 아니 된다. 다만, 환경부령으로 정하는 행위는 제외한다(법 제21조 제1항).

b) 허가·신고

토양오염물질을 생산·운반·저장·취급·가공 또는 처리하는 자가 그 과정에서 토양오염물질을 누출·유출한 때, 토양오염관리대상시설을 소유·점유 또는 운영하는 자가 그 소유·점유 또는 운영 중인 토양오염관리대상시설에서 토양이 오염된 사실을 발견한 때에는 지체 없이 관할 특별자치도지사·시장·군수·구청장에게 신고하여야 한다(법 제11조 제1항).

특정토양오염관리대상시설을 설치하려는 자는 대통령령으로 정하는 바에 따라 그 시설의 내용과 제3항에 따른 토양오염방지시설의 설치계획을 관할 특별자치도지사·시장·군수·구청장에게 신고하여야 한다. 신고한 사항 중 환경부령으로 정하는 내용을 변경(특정토양오염관리대상시설의 폐쇄를 포함한다)할 때에도 또한 같다(법 제12조 제1항).

c) 등록

토양정화업을 하려는 자는 대통령령으로 정하는 바에 따라 시설(제15조의3제3항 단서에 따라 오염토양을 반출하여 정화하는 경우에는 이를 반입하여 정화하는 시설을 포함한다), 장비 및 기술인력 등을 갖추어 환경부장관에게 등록하여야 한다. 등록한 사항 중 대통령령으로 정하는 사항을 변경할 때에도 또한 같다(법 제23조의7 제1항).

5. 사실적 수단

a) 표토의 침식 현황 조사

환경부장관은 표토(表土)의 침식(浸蝕)으로 인한 토양환경의 실태를 파악하기 위하여 다음 각 호의 어느 하나에 해당하는 지역에 대하여 표토의 침식 현황 및 정도에 대한 조사를 할 수 있다(법 제6조의2 제1항): 1.「수도법」제7조에 따라 지정·공고된 상수원보호구역 2.「한강수계 상수원수질개선 및 주민지원 등에 관한 법률」제4조,「낙동강수계 물관리 및 주민지원 등에 관한 법률」제4조,「금강수계 물관리 및 주민지원 등에 관한 법률」제4조 및「영산강·섬진강수계 물관리 및 주민지원 등에 관한 법률」제4조에 따라 각각 지정·고시된 수변구역.

b) 토양정밀조사 및 토양정화

환경부장관은 다음 각 호의 어느 하나에 해당하는 경우에는 토양오염의 확산을 방지하기 위하여 토양정밀조사를 한 후 토양정화를 할 수 있다. 이 경우 이미 토양정밀조사가 실시되었을 경우에는 토양정밀조사를 생략할 수 있다(법 제6조의3 제1항): 1.「국유재산법」제2조제1호에 따른 국유재산으로 인하여 우려기준을 넘는 토양오염이 발생하여 토양정화가 필요한 경우로서 국가가 제10조의4에 따른 오염원인자(오염원인자. 이하 "오염원인자"라 한다)인 경우 2. 제15조제3항 단서에 따라 토양정화를 하는 경우로서 긴급한 토양정화가 필요하다고 시·도지사 또는 시장·군수·구청장이 요청하는 경우 3. 제19조제3항에 따라 오염토양 개선사업을 하는 경우로서 긴급한 토양정화가 필요하다고 특별자치도지사·시장·군수·구청장이 요청하는 경우.

c) 명령의 이행완료 보고

법 제11조제3항, 제14조제1항·제3항 또는 제15조제3항에 따라 조치명령 또는 중지명령을 받은 자가 그 명령을 이행하였을 때에는 환경부령으로 정하는 바에 따라 지체 없이 이를 시·도지사 또는 시장·군수·구청장에게 보고하여야 한다. 이 경우 시·도지사 또는 시장 · 군수 · 구청장은 환경부령으로 정하는 바에 따라 명령 이행 상태를 확인하여야 한다(법 제15조의2).

d) 토양오염검사

특정토양오염관리대상시설의 설치자는 대통령령으로 정하는 바에 따라 토양관련전문기관으로부터 그 시설의 부지와 그 주변지역에 대하여 토양오염검사(이하 "토양오염검사"라 한다)를 받아야 한다. 다만, 토양시료(土壤試料)의 채취가 불가능하거나 토양오염검사가 필요하지 아니한 경우로서 대통령령으로 정하는 요건에 해당하여 특별자치도지사 · 시장 · 군수 · 구청장의 승인을 받은 경우에는 토양오염검사를 받지 아니한다(법 제13조 제1항).

e) 지원

환경부장관은 토양관리단지에서 토양정화업을 하려는 자에게 「국유재산법」에도 불구하고 토양관리단지의 토지 일부를 수의계약으로 사용 · 수익하게 하거나 대부 또는 매각할 수 있으며, 또한 토양관리단지를 원활하게 운영하기 위하여 도로 등 기반시설의 설치 등에 필요한 지원을 할 수 있다.

국가는 예산의 범위에서 지방자치단체가 추진하는 토양보전을 위한 사업에 필요한 비용을 보조하거나 융자할 수 있다(법 제26조).

f) 위해성평가

환경부장관, 시 · 도지사, 시장 · 군수 · 구청장 또는 오염원인자는 제23조의2제1항제4호에 따른 위해성평가기관으로 하여금 오염물질의 종류 및 오염도, 주변 환경, 장래의 토지이용계획과 그 밖에 필요한 사항을 고려하여 해당 부지의 토양오염물질이 인체와 환경에 미치는 위해의 정도를 평가(이하 "위해성평가"라 한다)하게 한 후 그 결과를 토양정화의 범위, 시기 및 수준 등에 반영할 수 있다(법 제15조의5 제1항).

g) 토지등의 수용 및 사용

환경부장관, 시 · 도지사 또는 시장 · 군수 · 구청장은 다음 각 호의 어느 하나에 해당하는 측정, 조사, 설치 및 토양정화를 위하여 필요한 경우에는 해당 지역 또는 구역의 토지 · 건축물이나 그 토지에 정착된 물건을 수용(제2호 및 제4호에만 적용한다) 또는 사용할 수 있다(법 제7조 제1항): 1. 상시측정, 토양오염실태조사, 토양정밀조사 2. 제5조제1항에 따른 측정망 설치 3. 제6조의2에 따른 표토의 침식 현황 및 정도에 대한 조사 4. 제6조의3에 따른 국유재산 등에 대한 토양정화.

환경부장관, 시·도지사, 시장·군수·구청장 또는 제23조의2에 따른 토양관련전문기관(이하 "토양관련전문기관"이라 한다)은 상시측정, 토양오염실태조사, 토양정밀조사, 제6조의2제1항에 따른 표토의 침식 현황 및 정도에 대한 조사와제15조의5제1항에 따른 위해성평가를 위하여 필요하면 소속 공무원 또는 직원으로 하여금 타인의 토지에 출입하여 그 토지에 있는 나무·돌·흙이나 그 밖의 장애물을 변경 또는 제거하게 할 수 있다. 이 경우 토양관련전문기관의 장은 특별자치도지사·시장·군수·구청장의 허가를 받아야 한다(법 제8조 제1항).

h) 손실보상

국가·지방자치단체 또는 토양관련전문기관은 제8조에 따른 행위로 인하여 타인에게 손실을 입혔을 때에는 대통령령으로 정하는 바에 따라 그 손실을 보상하여야 한다(법 제9조 제1항).

i) 정화

오염토양은 대통령령으로 정하는 정화기준 및 정화방법에 따라 정화하여야 한다(법 제15조의3 제1항).

6. 의무이행확보수단

a) 권리·의무의 승계

다음 각 호의 어느 하나에 해당하는 자는 제23조의2에 따른 토양관련전문기관의 지정을 받은 자 또는 제23조의7에 따른 토양정화업의 등록을 한 자의 지정 또는 등록에 따른 권리·의무를 승계한다. 이 경우 상속인이 제23조의3 또는 제23조의8에 따른 결격사유에 해당하는 경우에는 3개월 이내에 토양관련전문기관 또는 토양정화업을 다른 사람에게 양도하여야 한다(법 제23조의12 제1항): 1. 토양관련전문기관의 지정을 받은 자 또는 토양정화업의 등록을 한 자가 사망한 경우 그 상속인 2. 토양관련전문기관의 지정을 받은 자가 토양관련전문기관을 양도하거나 토양정화업의 등록을 한 자가 토양정화업을 양도한 경우 그 양수인 3. 법인인 토양관련전문기관의 지정을 받은 자 또는 토양정화업자의 등록을 한 자가 합병한 경우 합병 후 존속하는 법인 또는 합병으로 설립되는 법인.

b) 행정처분효과의 승계

법 제23조의2에 따른 토양관련전문기관의 지정을 받은 자 또는 제23조의7에 따른 토양정화업의 등록을 한 자가 사망한 경우나 토양관련전문기관 또는 토양정화업을 양도한 경우 또는 법인이 합병한 경우에는 종전의 토양관련전문기관 또는 토양정화업자에 대하여 제23조의6 또는 제23조의10 각 호의 사항을 위반한 사유로 한 행정처분의 효과는 그 처분기간이 끝난 날부터 1년간 양수인, 상속인 또는 합병 후 신설되거나 존속하는 법인에 승계되며, 행정처분의 절차가 진행 중일 때에는 양수인, 상속인 또는 합병 후 신설되거나 존속하는 법인에 대하여 그 절차를 계속 진행할 수 있다. 다만, 양수인 또는 합병 후 신설되거나 존속하는 법인이 양수 또는 합병을 할 때 그 처분이나 위반사실을 알지 못하였다는 것을 증명하면 그러하지 아니하다(법 제23조의13).

c) 대집행

특별자치도지사 · 시장 · 군수 · 구청장은 제13조제1항에 따라 토양오염검사를 받아야 하는 자나 다음 각 호의 어느 하나에 해당하는 명령을 받은 자가 토양오염검사를 받지 아니하거나 그 명령을 이행하지 아니하는 경우에는 「행정대집행법」에서 정하는 바에 따라 대집행(代執行)을 하고 그 비용을 명령위반자로부터 징수할 수 있다(법 제24조): 1. 제11조제3항 및 제14조제1항에 따른 명령 2. 제15조제1항에 따른 토양정밀조사명령 3. 제15조제3항에 따른 명령 4. 제19조제1항에 따른 오염토양 개선사업 실시명령 5. 제21조제3항에 따른 토양오염물질의 제거 또는 시설 철거 등의 명령.

d) 벌칙의 부과

토양환경보전법상의 각종 명령이나 의무를 위반한 자에게는 과태료, 벌금 그리고 징역형이 과해진다(법 제28조 이하). 법인의 대표자나 법인 또는 개인의 대리인, 사용인, 그 밖의 종업원이 그 법인 또는 개인의 업무에 관하여 제28조부터 제30조까지의 어느 하나에 해당하는 위반행위를 하면 그 행위자를 벌하는 외에 그 법인 또는 개인에게도 해당 조문의 벌금형을 과(科)한다. 다만, 법인 또는 개인이 그 위반행위를 방지하기 위하여 해당 업무에 관하여 상당한 주의와 감독을 게을리하지 아니한 경우에는 그러하지 아니하다(법제31조).

Ⅲ. 토양오염과 그 책임

A. 토양환경보전법의 규정

토양오염과 그 책임과 관련하여 중요한 규정으로는 법 제10조의3과 제10조의4가 있다.

제10조의3(토양오염의 피해에 대한 무과실책임 등) ①토양오염으로 인하여 피해가 발생한 경우 그 오염을 발생시킨 자는 그 피해를 배상하고 오염된 토양을 정화하는 등의 조치를 하여야 한다. 다만, 토양오염이 천재지변이나 전쟁, 그 밖의 불가항력으로 인하여 발생하였을 때에는 그러하지 아니하다. 〈개정 2014.3.24.〉 ② 토양오염을 발생시킨 자가 둘 이상인 경우에 어느 자에 의하여 제1항의 피해가 발생한 것인지를 알 수 없을 때에는 각자가 연대하여 배상하고 오염된 토양을 정화하는 등의 조치를 하여야 한다. 〈개정 2014.3.24.〉

제10조의4(오염토양의 정화책임 등) ① 다음 각 호의 어느 하나에 해당하는 자는 정화책임자로서 제11조제3항, 제14조제1항, 제15조제1항 · 제3항 또는 제19조제1항에 따라 토양정밀조사, 오염토양의 정화 또는 오염토양 개선사업의 실시(이하 이 조에서 "토양정화등"이라 한다)를 하여야 한다.

1. 토양오염물질의 누출 · 유출 · 투기(投棄) · 방치 또는 그 밖의 행위로 토양오염을 발생시킨 자 2. 토양오염의 발생 당시 토양오염의 원인이 된 토양오염관리대상시설의 소유자 · 점유자 또는 운영자 3. 합병 · 상속이나 그 밖의 사유로 제1호 및 제2호에 해당되는 자의 권리 · 의무를 포괄적으로 승계한 자 4. 토양오염이 발생한 토지를 소유하고 있었거나 현재 소유 또는 점유하고 있는 자

② 제1항에도 불구하고 다음 각 호의 어느 하나에 해당하는 경우에는 같은 항 제4호에 따른 정화책임자로 보지 아니한다. 다만, 1996년 1월 6일 이후에 제1항제1호 또는 제2호에 해당하는 자에게 자신이 소유 또는 점유 중인 토지의 사용을 허용한 경우에는 그러하지 아니하다. 1. 1996년 1월 5일 이전에 양도 또는 그 밖의 사유로 해당 토지를 소유

하지 아니하게 된 경우 2. 해당 토지를 1996년 1월 5일 이전에 양수한 경우 3. 토양오염이 발생한 토지를 양수할 당시 토양오염 사실에 대하여 선의이며 과실이 없는 경우 4. 해당 토지를 소유 또는 점유하고 있는 중에 토양오염이 발생한 경우로서 자신이 해당 토양오염 발생에 대하여 귀책 사유가 없는 경우

③ 시·도지사 또는 시장·군수·구청장은 제11조제3항, 제14조제1항, 제15조제1항·제3항 또는 제19조제1항에 따라 토양정화등을 명할 수 있는 정화책임자가 둘 이상인 경우에는 대통령령으로 정하는 바에 따라 해당 토양오염에 대한 각 정화책임자의 귀책정도, 신속하고 원활한 토양정화의 가능성 등을 고려하여 토양정화등을 명하여야 하며, 필요한 경우에는 제10조의9에 따른 토양정화자문위원회에 자문할 수 있다.

④ 제11조제3항, 제14조제1항, 제15조제1항·제3항 또는 제19조제1항에 따라 토양정화등의 명령을 받은 정화책임자가 자신의 비용으로 토양정화등을 한 경우에는 다른 정화책임자의 부담부분에 관하여 구상권을 행사할 수 있다.

⑤ 국가는 다음 각 호의 어느 하나에 해당하는 경우에는 제11조제3항, 제14조제1항, 제15조제1항·제3항 또는 제19조제1항에 따라 토양정화등을 하는 데 드는 비용(제10조의4제4항에 따른 구상권 행사를 통하여 상환받을 수 있는 비용 및 토양정화등으로 인한 해당 토지 가액의 상승분에 상당하는 금액은 제외한다. 이하 같다)의 전부 또는 일부를 대통령령으로 정하는 바에 따라 지원할 수 있다.

1. 제1항제1호·제2호 또는 제3호의 정화책임자가 토양정화등을 하는 데 드는 비용이 자신의 부담부분을 현저히 초과하거나 해당 토양오염관리대상시설의 소유·점유 또는 운영을 통하여 얻었거나 향후 얻을 수 있을 것으로 기대되는 이익을 현저히 초과하는 경우

2. 2001년 12월 31일 이전에 해당 토지를 양수하였거나 양도 또는 그 밖의 사유로 소유하지 아니하게 된 자가 제1항제4호의 정화책임자로서 토양정화등을 하는 데 드는 비용이 해당 토지의 가액을 초과하는 경우

3. 2002년 1월 1일 이후에 해당 토지를 양수한 자가 제1항제4호의 정화책임자로서 토양정화등을 하는 데 드는 비용이 해당 토지의 가액 및 토지의 소유 또는 점유를 통하여 얻었거나 향후 얻을 수 있을 것으로 기대되는 이익을 현저히 초과하는 경우

4. 그 밖에 토양정화등의 비용 지원이 필요한 경우로서 대통령령으로 정하는 경우[전문개정 2014.3.24.] [2014.3.24 .. 법률 제12522호에 의하여 2012.8.23 .. 헌법재판소에서 헌법불합치된 이 조를 전문개정함.]

B. 토양오염의 책임 관련 비교법적 고찰

1. 미국

a) 슈퍼펀드법(CERCLA)

미국은 토양오염과 관련하여 슈퍼펀드법(CERCLA: Comprehensive Environmental Response, Compensation, and Liability Act of 1980)이 제정되어 있는데, 이는 1978년 뉴욕 북부에서 발생한 러브캐널 사건이후 유해화학폐기물의 토양오염에 대한 사회적 관심이 높아지면서 제정되었으며, 1986년 슈퍼펀드 개정 및 재승인법(SARA: Superfund Amendments and Reauthorization Act)에 의하여 정화조치가 강화되었다.

러브캐널 사건의 주요내용은 다음과 같다: 1836년 Niagara Falls 인근에 canal 및 power plant를 계획하였으나 실행되지 못하였다가, 1892년 윌리암 러브가 실행에 착수하였으나 1910년 경기침체 등으로 회사가 도산하여 사업수행이 중단되었고 나이아가라로부터 100야드 떨어진 곳에 길이 1마일 너비 15야드 깊이 10~40피트 가량의 운하 일부만이 잔존하게 되었다. 1940년대 초 화학회사 Hooker Chemical이 이 운하를 인수하여 1950년까지 각종 폐기물 22,000여톤을 매립하였다. 1953년 Hooker Chemical이 러버캐널 주위 투지를 Niagara 시교육위원회에 기증하게 되었고, 학교 및 주택이 들어서게 되었다. 1970년대 초 주민들은 건물지하실로부터 오염물질이 나오는 것을 목격하였고, 학교 학생들도 흙속의 검고 끈끈한 액체에 화상을 입기도 하였다. 주민들에게 피부병과 두통이 자주 발생하였으며, 어린이들에게 신장질환, 천식 등이 많이 발생하였다. 1977년 이 지역을 조사한 결과, 유독성 화학폐기물이 매립되어 있음을 발견하고, 미국 정부는 러브캐널 지역을 국가적 재난지역으로 선포하고 주민을 이주시켰으며, 1995년 EPA는 해당 회사와 소송을 벌여서, 1억 2천 9백만 달러의 배상금을 지급하도록 하였다.

슈퍼펀드법의 주요 내용은 재원을 마련하여 연방환경청(Environmental Protection Agency: EPA)으로 하여금 오염지역의 실태를 종합적으로 조사, 파악하고 위험의 정도가 심각한 지역을 우선적으로 정화하도록 하는 것이다. 정화비용을 마련하기 위하여 오염원인자 주로 석유화학회사로부터 87.5%, 그리고 연방정부의 지원으로 슈퍼펀드를 마련하였다.[54)]

---

54) 이재협, 금융기관의 환경책임과 대응방안에 대한 법적 고찰, 환경정책연구 제3권 제1호, 2004, 한국환경정책평가연구원, 5면.

토양이 오염된 지역의 관리 및 정화는 슈퍼펀드법에 의해 포괄적으로 주도되고 있고, 자원보전 및 재생법(RCRA: Resource Conservation and Recovery Act of 1976)이 상호보완적으로 작용하고 있다. 토양오염지역의 책임은 주로 CERCLA에서 다루어지고, 현재 운영 중인 시설에 의해 오염된 부지의 정화책임은 RCRA가 담당한다. 따라서 과거의 토지이용에 의해 토양오염이 발생된 경우에는 CERCLA가 적용된다.

CERCLA에 의하면 토양오염지역에 대하여 정화책임을 지는 잠재적 정화책임자(Potential Responsible Parties: PRPs)는 다음의 4가지로 구분될 수 있다.[55)]

첫째, 현재 시설 또는 선박을 소유하고 있는 자와 운영하는 자[56)]

둘째, 유해물질의 배출시점에 그러한 유해물질이 배출된 시설을 소유하였거나 운영하였던 자

셋째, 자기소유의 유해물질을 다른 당사자가 소유 · 운영 · 보관하고 있던 시설에서 처리 또는 취급하기 위하여 계약 · 합의를 한 자 또는 유해물질을 그곳으로 운반하기 위해 운반자와 계약을 맺은 자

넷째, 유해물질을 자기가 선택한 처리 또는 취급시설, 소각용 선박 또는 부지로 운반

---

55) CERCLA § 107 Notwithstanding any other provision or rule of law, and subject only to the defenses set forth in subsection (b) of this section—

(1) the owner and operator of a vessel or a facility,

(2) any person who at the time of disposal of any hazardous substance owned or operated any facility at which such hazardous substances were disposed of,

(3) any person who by contract, agreement, or otherwise arranged for disposal or treatment, or arranged with a transporter for transport for disposal or treatment, of hazardous substances owned or possessed by such person, by any other party or entity, at any facility or incineration vessel owned or operated by another party or entity and containing such hazardous substances, and

(4) any person who accepts or accepted any hazardous substances for transport to disposal or treatment facilities, incineration vessels or sites selected by such person, from which there is a release, or a threatened release which causes the incurrence of response costs, of a hazardous substance.

56) 김홍균, 미국 종합환경대응책임법상의 책임당사자와 토양환경보전법상의 오염원인자, 67면: 동 법에 따르면 유해물질이 배출되고 있거나 배출될 위험이 있는 사업장의 소유주 또는 운영자는 토양오염에 대한 책임이 있다. 이는 현재의 소유권 여부만으로 판단하기 때문에 판례에 따르면 유해물질이 배출될 당시 당해 시설을 소유하고 있을 뿐 적극적으로 오염행위를 하지 않은 자에게도 책임을 부담시킬 수 있으며, 현재 사업장의 소유자는 과거 유해물질이 처리된 당시 그 사업장을 소유하고 있지 않더라도 책임을 부담한다. 동 법은 사업장 등의 소유자 뿐만 아니라 운영자에 대해서도 책임을 부과할 수 있게 하였는데, 운영자의 판단 기준은 판례에 의하면 사업장의 재정을 통제하는가, 사업장의 고용인을 관리하는가, 매일 영업활동을 관리하는가, 사업장에서의 환경문제를 책임지고 있는가, 세금의 수령이나 납부 외에 사업장의 운영으로 경제적 이익을 향유하는가 등이 기준이 된다.

하기 위해 수령 또는 수령하였던 자[57)]

그런데 슈퍼펀드법에는 다음과 같은 문제점들이 지적되고 있다:

첫째, 오염된 site의 발견부터 정화조치의 완료까지 평균 15년이상 소요되며, 한 곳의 정화조치에도 약 25~50억 달러가 소모되고 있다.[58)] 둘째, 다수의 당사자들이 소송에 연루됨으로써 막대한 비용이 오염지역의 정화와는 관계없는 소송비용 등으로 지출되고 있다. 셋째, 오염의 정도가 적은 지역, 이른바 브라운필드(brownfield)도 방치되거나 또는 활용되지 못하고 있다. 넷째, 책임의 범위가 광범하여 오염원인자책임의 원칙이 제대로 준수되지 아니하고, 주주, 이사, 모회사 등도 책임당사자로 인정하게 되어 투자 기피와 산업 위축을 가져왔다. 다섯째, 정화조치를 실행할 site를 선정함에 있어서 환경적인 고려보다는 정치적인 고려가 크게 작용하였다.[59)]

b) 브라운필드법

CERCLA 상의 엄격한 정화책임의 완화 및 브라운필드의 활성화를 목적으로 2002년 1월 중소기업 책임 경감 및 브라운필드 활성화에 관한 법률(Small Business Liability Relief and Brownfield Revitalization Act)이 제정되었다. 여기서 브라운필드(brownfield)란 유해물질, 오염물질, 오탁물질의 존재 또는 잠재적인 존재 가능성으로 인하여 확대, 재개발, 재이용이 곤란할 수 있는 부동산을 뜻하며(42 U.S.C. § 9601(39)(A)), 또한 슈퍼펀드법상 유해물질의 정의에 포함되지 않았던 유류로 인해 오염된 토지도 포함된다(42 U.S.C. § 9601(39)(D)).[60)] 브라운필드법의 목적은 첫째, 브라운필드의 활성화를 위하여 일정한 책임당사자에 대하여 CERCLA 상의 책임을 면제해 주는 것과, 둘째, 주정부와 지방자치단체의 브라운필드 정화 프로그램에 대하여 자금을 원조하는 것, 그리고, 셋째, 브라운필드 관리에 있어서 연방정부의 역할을 축소하는 것이다.[61)]

---

57) 42 U.S.C § 9601(26) The terms 1 "transport" or "transportation" means the movement of a hazardous substance by any mode, including a hazardous liquid pipeline facility.

58) 김홍균, 미국 종합환경대응책임법(CERCLA)상의 책임당사자와 토양환경보전법상의 오염원인자, 환경법연구 제24권 제1호, 2002, 한국환경법학회, 88면 이하.

59) 이상돈, 미국의 종합환경대응책임법에 대한 최근의 논쟁과 개정 논의, 중앙대 법학논문집 제24권 제1호, 2000, 중앙대학교 법학연구소, 62면.

60) 박종원, 미국의 브라운필드 문제와 그에 대한 법적 대응-브라운필드법을 중심으로-, 환경법연구 제29권 제3호, 2007, 한국환경법학회, 236면.

61) 김성배, 브라운필드법의 문제점과 시사점, 환경법연구 제31권 제1호, 2009, 한국환경법학회.

2. EU 및 독일

2000년 2월에 간행된 유럽연합의 '환경책임에 대한 백서(White Paper on Environmental Liability)'에서는 환경피해의 복구를 위한 오염자의 책임에 대한 통일된 지침을 마련하였는데, 백서에 따르면 오염부지의 정화의무 뿐만 아니라 자연환경손해의 회복까지 포함하는 광범한 책임을 오염자에게 부과하고 있다. 독일에서는 1980년대 환경오염이 사회적 문제로 부각되면서 1990년에 환경책임법을 제정하였다. 환경책임법은 재산 혹은 신체상 발생한 피해에 대해서 시설물 등의 소유자 혹은 점유자의 책임에 대해 규정하고 있다. 환경책임법에서는 사업자가 배상책임을 지게 될 경우에 배상책임보험, 연방정부, 주정부의 보증 및 신탁금융기관에 의한 보증 및 신탁 등의 사업자의 이행확보조치 의무를 준수하도록 하고 있다.

독일에서는 1998년 연방토양보호법이 제정되어 시행되고 있는바, 독일 환경법체제에서 물, 공기, 토양이라는 3대 환경매체에 관한 근거법을 구축했다는 의미가 있다.[62] 동법에는 유해한 토양변경 혹은 위험오염지의 원인자를 규정하고 있다. 유해한 토양변경이란 개인이나 공중에 대한 위험, 현저한 불이익 또는 현저한 부담을 줄 수 있는 토양기능의 침해를 말하고, 위험오염지란 정지 상태에 있는 폐기물제거시설 및 기타 부지로서 그 위에 폐기물이 취급되었거나 놓여졌거나, 집적되었던 곳인 폐기물 집적부지 및 정지 상태에 있는 시설부지 및 기타 환경위험물질이 다루어졌던 부지인 구 산업부지로서, 이를 통하여 개인이나 공중에게 유해한 토양변경 및 기타 위험이 초래되는 곳을 말한다.[63]

연방토양보호법 제4조 제3항 및 제6항에서 정화의무자에 관해서 규정하고 있는데, 법문에 기술된 정화의무자의 범위는 예시적이 아닌 열거적인 것으로 이해되고 있으며, 다음과 같다: 첫째, 유해한 토양변경이나 위험오염의 원인자 둘째, 전항의 원인자 뿐만 아니라 원인자의 포괄승계인 셋째, 토지의 소유자 넷째, 토지의 점유자 다섯째, 전 소유자.[64]

---

62) 김현준, 독일 물보호법의 현황과 시사점, 토지공법연구 제43집 제3호, 한국토지공법학회, 2009 참조: 동법의 원래 명칭은 "유해한 토양변경으로부터의 보호 및 위험오염지 정화에 관한 법률(Gesetz zum Schutz vor schädlichen Bodenveränderungen und zur Sanierung von Altlasten)"이다.

63) 김현준, 독일연방토양보호법상의 정화의무자, 환경법연구 제27권 제3호, 한국환경법학회, 2005, 137면 이하.

64) 독일 연방토양보호법 제4조 ⑥ 토지의 전소유자로서 1999년 3월 1일 이후에 소유권을 이전했고, 유해한 토양변경이나 위험오염인자를 알았거나 알았어야 했던 경우에는 그 전소유자는 정화의무를 진다. 이는 토지를 취득함에 있어서 유해한 토양변경이나 위험오염지가 존재하지 아니한다고 신뢰한 자에게는 그 신뢰

3. 일본

일본에서는 2002년 5월 토양오염대책법이 제정되어 2003년 1월부터 시행되었고 2009년에 개정되었다.[65] 일본에서 토양오염에 대한 대책이 비교적 늦어진 이유는 ① 오염원인자를 특정하기 어려운 점, ② 고비용이 요구되는 토양오염의 조사 그리고 오염제거비용 등에 있다.[66] 토양오염대책법이 제정된 이유는 첫째, 토양오염의 건강에 대한 영향에 관해, 직접적인 섭취와 오염원인 지하수를 통한 음용으로부터 발생하는 위험에 대해서 보다 많은 정보가 축적되었으며, 둘째, 이전의 공업용 부지에서 토양 오염에 관한 수많은 사건들의 증가가 발견되었고, 이러한 부동산의 매매를 금지할 필요가 생겼고, 셋째, 유럽과 북미에서 토양보호법을 입법하려는 움직임과 2001년 ISO 14015[67] 인증 등을 들 수 있다.

C. 토양오염의 법적 책임의 성질

1. 무과실책임

토양오염으로 인하여 피해가 발생한 경우에는 해당 오염원인자는 피해배상 및 오염토양 정화에 대해서 무과실 책임을 부담한다. 토양오염의 피해자는 해당 오염원인자의 토양오염과 피해발생 간의 인과관계만 입증하면 손해배상을 받을 수 있으며, 오염원인자는 나아가 정화책임을 부담한다. 이를 통해서 토양오염 피해자를 구제하고, 공공재의 성격을 지닌 토양을 보호하고자 한다.

환경정책기본법 제44조 제1항에서도 '환경오염 또는 환경훼손으로 피해가 발생한 경우에는 해당 환경오염 또는 환경훼손의 원인자가 그 피해를 배상하여야 한다.'라고 하여 환경오염에 대한 무과실책임을 규정하고 있으나, 토양환경보전법은 피해배상 외에 정화책임까지 규정하고 있음에 차이가 있다.

가 개별상황의 고려 하에서 보호할 만한 가치가 있는 경우에는 적용되지 아니한다.

65) 타다시 오츠카, 일본에서의 「토양오염대책법」의 제정과 개정, 전남대학교 법학연구소, 전남대학교 법학연구소 학술대회, 2010; 타다시 오츠카 · 윤일구, 일본에서의 「토양오염대책법」의 법적평가, 법학논총 제30권 제1호, 전남대학교 법학연구소, 2010을 기본으로 구성한 것이다.

66) 채우석, 토양오염의 방지를 위한 규제법제와 주민참가, 161면.

67) 부지 및 조직에 대한 환경평가.

제10조의3(토양오염의 피해에 대한 무과실책임 등) ① 토양오염으로 인하여 피해가 발생한 경우 그 오염을 발생시킨 자는 그 피해를 배상하고 오염된 토양을 정화하는 등의 조치를 하여야 한다. 다만, 토양오염이 천재지변이나 전쟁, 그 밖의 불가항력으로 인하여 발생하였을 때에는 그러하지 아니하다. 〈개정 2014.3.24.〉
② 토양오염을 발생시킨 자가 둘 이상인 경우에 어느 자에 의하여 제1항의 피해가 발생한 것인지를 알 수 없을 때에는 각자가 연대하여 배상하고 오염된 토양을 정화하는 등의 조치를 하여야 한다. 〈개정 2014.3.24.〉 [전문개정 2011.4.5.] [제목개정 2014.3.24.] [시행일 : 2015.3.25.]

2. 연대책임

오염원인자가 둘 이상이고 누구에 의하여 토양오염이 발생한 것인지를 알 수 없을 때에는 각 오염원인자가 연대하여 배상하고 오염토양을 정화하여야 한다. 장기에 걸쳐서 누적적으로 이루어지는 토양오염의 특성상 책임의 소재를 명확하게 규명하기 어려우므로 연대책임을 부담시키고 있다.

3. 책임의 성질

토양오염으로 인하여 피해가 발생한 경우 그 오염을 발생시킨 자는 그 피해를 배상하고 오염된 토양을 정화하는 등의 조치를 하여야 한다(법 제10조의3 제1항 제1문)는 규정으로부터 도출되는 오염원인자의 책임의 성질에 대해서 견해가 대립하고 있다.

① 해석론적 방법론에 근거하여 사법상 책임과 공법상 책임을 병행해 규정한 것이라는 복합책임설,[68] ② 오염원인자의 범위와 의무의 내용 및 성격을 정하면서 민사상 책임까지도 포함하는 것으로 해석하는 것은 지나친 것이므로 오염원인자에 대한 공법상의 책임만으로 이해하는 공법책임설,[69] 그리고 ③ 책임귀속의 형태가 무과실책임, 연대책임이라는 측면에 착안하여 이에 대한 사법상 법리를 차용하여 동조의 책임을 사법상 책임이라 하는 사법책임설[70] 등이 주장된다.

동조의 규정에 의한 책임은 국민건강 및 환경상 위해 방지라는 공익을 추구하는 공법으로서의 토양환경보전법에 기초한 책임일 뿐만 아니라 행정주체가 사인에 대해서 부과하는 책임의 성격을 지니므로 공법적인 성격을 지니고 또한 오염원인자인 사인에 대

---

68) 김현준, 토지정화책임, 192면; 조홍식, 토양환경침해에 대한 법적 책임, 환경법연구 제20권, 한국환경법학회, 1998, 320면.

69) 조은래, 토양환경보전법상 정화책임의 민사법적 검토, 35면.

70) 김홍균, 미국 종합환경대응책임법상의 책임당사자와 토양환경보전법상의 오염원인자, 78면.

해서도 피해를 입은 사인이 배상책임과 정화책임을 물을 수 있다는 점에서 사법적인 성질도 함께 가지고 있다고 사료된다(복합책임설). 특히 사인이 자신이 소유하는 토지를 오염시킨 경우에도 동조에 의하여 책임을 부담하게 된다는 점에서 사법상의 책임만을 의미하는 것은 아님이 나타난다.

D. 정화책임자

토양환경보전법 제10조의4에 의하면, 다음 각 호의 어느 하나에 해당하는 자는 정화책임자로서 제11조제3항, 제14조제1항, 제15조제1항 · 제3항 또는 제19조제1항에 따라 토양정밀조사, 오염토양의 정화 또는 오염토양 개선사업의 실시(이하 이 조에서 "토양정화등"이라 한다)를 하여야 한다.

1. 토양오염물질의 누출 · 유출 · 투기(投棄) · 방치 또는 그 밖의 행위로 토양오염을 발생시킨 자
2. 토양오염의 발생 당시 토양오염의 원인이 된 토양오염관리대상시설의 소유자 · 점유자 또는 운영자
3. 합병 · 상속이나 그 밖의 사유로 제1호 및 제2호에 해당되는 자의 권리 · 의무를 포괄적으로 승계한 자
4. 토양오염이 발생한 토지를 소유하고 있었거나 현재 소유 또는 점유하고 있는 자.

동조 제2항에서는 제1항에도 불구하고 다음 각 호의 어느 하나에 해당하는 경우에는 같은 항 제4호에 따른 정화책임자로 보지 아니한다. 다만, 1996년 1월 6일 이후에 제1항 제1호 또는 제2호에 해당하는 자에게 자신이 소유 또는 점유 중인 토지의 사용을 허용한 경우에는 그러하지 아니하다.

1. 1996년 1월 5일 이전에 양도 또는 그 밖의 사유로 해당 토지를 소유하지 아니하게 된 경우
2. 해당 토지를 1996년 1월 5일 이전에 양수한 경우
3. 토양오염이 발생한 토지를 양수할 당시 토양오염 사실에 대하여 선의이며 과실이 없는 경우
4. 해당 토지를 소유 또는 점유하고 있는 중에 토양오염이 발생한 경우로서 자신이 해당 토양오염 발생에 대하여 귀책 사유가 없는 경우.

여기서 선의란 토양의 오염정도가 우려기준 이상이라는 사실에 대하여 알지 못한 것

을 말하며, 과실이 없다는 것은 양수인이 오염정도가 우려기준 이상이라는 사실을 알지 못한데 대해서 주의의무위반이 없다는 것을 의미한다. 토양오염관리대상시설을 양수 또는 인수한 자가 토양환경평가를 받아서 토양의 오염정도가 우려기준 이하라는 것을 확인하는 경우를 선의 · 무과실의 중요한 예로 들고 있다. 토양환경보전법상의 정화책임자와 관련된 규정은 규범의 수범자 즉 국민이나 사업을 영위하는 회사의 측면에서 볼 때에는 과중한 책임을 지게 될 소지를 안고 있다고 사료되므로 귀책사유가 없는 경우에는 면책이 되도록 규정하고 있다.

토양환경보전법[시행 2015.3.25.] 제10조의4(오염토양의 정화책임 등)

① 다음 각 호의 어느 하나에 해당하는 자는 정화책임자로서 제11조제3항, 제14조제1항, 제15조제1항 · 제3항 또는 제19조제1항에 따라 토양정밀조사, 오염토양의 정화 또는 오염토양 개선사업의 실시(이하 이 조에서 "토양정화등"이라 한다)를 하여야 한다.

1. 토양오염물질의 누출 · 유출 · 투기(投棄) · 방치 또는 그 밖의 행위로 토양오염을 발생시킨 자 2. 토양오염의 발생 당시 토양오염의 원인이 된 토양오염관리대상시설의 소유자 · 점유자 또는 운영자 3. 합병 · 상속이나 그 밖의 사유로 제1호 및 제2호에 해당되는 자의 권리 · 의무를 포괄적으로 승계한 자 4. 토양오염이 발생한 토지를 소유하고 있었거나 현재 소유 또는 점유하고 있는 자

② 제1항에도 불구하고 다음 각 호의 어느 하나에 해당하는 경우에는 같은 항 제4호에 따른 정화책임자로 보지 아니한다. 다만, 1996년 1월 6일 이후에 제1항제1호 또는 제2호에 해당하는 자에게 자신이 소유 또는 점유 중인 토지의 사용을 허용한 경우에는 그러하지 아니하다.

1. 1996년 1월 5일 이전에 양도 또는 그 밖의 사유로 해당 토지를 소유하지 아니하게 된 경우 2. 해당 토지를 1996년 1월 5일 이전에 양수한 경우 3. 토양오염이 발생한 토지를 양수할 당시 토양오염 사실에 대하여 선의이며 과실이 없는 경우 4. 해당 토지를 소유 또는 점유하고 있는 중에 토양오염이 발생한 경우로서 자신이 해당 토양오염 발생에 대하여 귀책 사유가 없는 경우

③ 시 · 도지사 또는 시장 · 군수 · 구청장은 제11조제3항, 제14조제1항, 제15조제1항 · 제3항 또는 제19조제1항에 따라 토양정화등을 명할 수 있는 정화책임자가 둘 이상인 경우에는 대통령령으로 정하는 바에 따라 해당 토양오염에 대한 각 정화책임자의 귀책정도, 신속하고 원활한 토양정화의 가능성 등을 고려하여 토양정화등을 명하여야 하며, 필요한 경우에는 제10조의9에 따른 토양정화자문위원회에 자문할 수 있다.

④ 제11조제3항, 제14조제1항, 제15조제1항 · 제3항 또는 제19조제1항에 따라 토양정화등의 명령을 받은 정화책임자가 자신의 비용으로 토양정화등을 한 경우에는 다른 정화책임자의 부담부분에 관하여 구상권을 행사할 수 있다.

⑤ 국가는 다음 각 호의 어느 하나에 해당하는 경우에는 제11조제3항, 제14조제1항, 제15조제1항 · 제3항 또는 제19조제1항에 따라 토양정화등을 하는 데 드는 비용(제10조의4제4항에 따른 구상권 행사를 통하여 상환받을 수 있는 비용 및 토양정화등으로 인한 해당 토지 가액의 상승분에 상당하는 금액은 제외한다. 이하 같다)의 전부 또는 일부를 대통령령으로 정하는 바에 따라 지원할 수 있다. 1. 제1항제1호 ·

제2호 또는 제3호의 정화책임자가 토양정화등을 하는 데 드는 비용이 자신의 부담부분을 현저히 초과하거나 해당 토양오염관리대상시설의 소유·점유 또는 운영을 통하여 얻었거나 향후 얻을 수 있을 것으로 기대되는 이익을 현저히 초과하는 경우 2. 2001년 12월 31일 이전에 해당 토지를 양수하였거나 양도 또는 그 밖의 사유로 소유하지 아니하게 된 자가 제1항제4호의 정화책임자로서 토양정화등을 하는 데 드는 비용이 해당 토지의 가액을 초과하는 경우 3. 2002년 1월 1일 이후에 해당 토지를 양수한 자가 제1항제4호의 정화책임자로서 토양정화등을 하는 데 드는 비용이 해당 토지의 가액 및 토지의 소유 또는 점유를 통하여 얻었거나 향후 얻을 수 있을 것으로 기대되는 이익을 현저히 초과하는 경우 4. 그 밖에 토양정화등의 비용 지원이 필요한 경우로서 대통령령으로 정하는 경우 [전문개정 2014.3.24.] [2014.3.24 ..법률 제12522호에 의하여 2012.8.23 ..헌법재판소에서 헌법불합치된 이 조를 전문개정함.]

1. 오염유발자(제1호) – 행위책임자

제1호는 '토양오염물질의 누출·유출·투기(投棄)·방치 또는 그 밖의 행위로 토양오염을 발생시킨 자' 즉 토양오염을 직접적으로 유발한 자를 오염원인자로 규정하고 있다. 즉 오염된 토지의 소유·점유 또는 토지상에서 시설을 운영하였는지 여부에 상관없이 토양오염물질을 누출·유출시키거나 방치·투기한 오염유발자를 규정하고 있다. 이러한 오염유발자가 책임의 주체가 되는 것은 자신의 행위에 의하여 타인 또는 공공에 대해서 피해를 야기하여 책임을 부담하게 되는 것이므로 전형적인 행위책임에 해당된다. 다만, 토양오염물질을 방치하는 것을 포함하는바, 이는 자신이 유출 내지 누출한 토양오염물질을 방치하는 경우 외에도 타인이 유출 내지 누출한 것을 방치하는 것을 포함하는가가 문제될 수 있다. 본호에서는 전자만을 의미한다고 보아야 할 것이다.

2. 시설관리자(제2호) – 상태책임자

제2호에서는 '토양오염의 발생 당시 토양오염의 원인이 된 토양오염관리대상시설의 소유자·점유자 또는 운영자'라고 하여 토양오염관리대상시설을 관리하는 자의 책임을 규정하고 있다. '토양오염의 발생 당시'라는 시점이 의미하는 바가 분명한 것은 아니지만, 토양오염사실이 드러나고 이에 대해서 손해배상이나 행정적 조치가 취하여지는 시점을 의미하는 것으로 볼 수 있을 것이다. 이 시점에 그 시설을 소유·점유하고 있는 자는 책임을 부담하게 된다. 그 시설을 운영하고 있는 자는 그 시설에 대해서 관리·감독하는 위치에 있는 자를 의미한다.

3. 오염유발자 · 시설관리자의 포괄승계자(제3호 후단) – 승계책임자

제3호는 '합병 · 상속이나 그 밖의 사유로 제1호 및 제2호에 해당되는 자의 권리 · 의무를 포괄적으로 승계한 자'라고 하여, 토양오염관리대상시설에 대한 권리관계의 변동시를 고려하고 있다.

토양오염은 통상적으로 장기에 걸쳐 누적적으로 이루어지기 때문에 토양오염 사실이 발견된 때에는 그 시설의 소유권이 양도되었거나, 오염유발자 내지 시설관리자는 사망하였거나, 파산 또는 사업양도 등으로 인해 더 이상 존속하지 않는 경우도 있으므로 이에 대처하기 위한 규정이다.

4. 오염토지소유자 및 점유자(제4호) – 소유책임자

제4호는 '토양오염이 발생한 토지를 소유하고 있었거나 현재 소유 또는 점유하고 있는 자'라고 규정하고 있는데, 이는 토양오염이 발생한 토지에 대한 소유자 및 점유자에 대해서는 보다 자세한 규정이 필요하기 때문에 별도로 규정하게 되었다.

동조 제2항에 의하면 "제1항에도 불구하고 다음 각 호의 어느 하나에 해당하는 경우에는 같은 항 제4호에 따른 정화책임자로 보지 아니한다. 다만, 1996년 1월 6일 이후에 제1항제1호 또는 제2호에 해당하는 자에게 자신이 소유 또는 점유 중인 토지의 사용을 허용한 경우에는 그러하지 아니하다. 1. 1996년 1월 5일 이전에 양도 또는 그 밖의 사유로 해당 토지를 소유하지 아니하게 된 경우 2. 해당 토지를 1996년 1월 5일 이전에 양수한 경우 3. 토양오염이 발생한 토지를 양수할 당시 토양오염 사실에 대하여 선의이며 과실이 없는 경우 4. 해당 토지를 소유 또는 점유하고 있는 중에 토양오염이 발생한 경우로서 자신이 해당 토양오염 발생에 대하여 귀책 사유가 없는 경우"라고 규정하여 토양오염이 발생한 토지의 정화책임에 대해서는 비교적 상세한 책임규정을 두고 있다.

참조	대법원 2012.1.26. 선고 2009다76546 판결【손해배상(기)】
판례 취지	법의 목적을 달성하기 위하여 법 제10조의3 제1항에서 토양오염으로 인하여 발생한 피해를 배상하고 오염된 토양을 정화할 책임에 대하여 무과실책임을 규정하고 동시에 실효성 있는 피해배상과 오염된 토양의 정화를 위하여 법 제10조의3 제3항에서 오염원인자를 구체적으로 나열한 것으로 해석된다. 법 제10조의3 제3항 제1호에서 토양오염물질을 토양에 누출시키는 등의 직접적인 행위로 토양오염을 유발시킨 자를 오염원인자로 규정하는 한편 같은 항 제2호에서 토양오염의 원인이 된 토양오염관리대상시설을 소유 · 점유 또는 운영하고 있는 자를 오염원인자로 규정하고 있다. 제1호에서 직접적인 행위로 토양오염을 유발시킨 자를 규정하

고 이어서 제2호에서 '토양오염의 원인이 된 토양오염관리대상시설'이라고 규정한 문언적인 해석이나 법 제2조 제3호에서 단지 '토양을 오염시킬 우려가 있는 시설 · 장치 · 건물 · 구축물 및 장소 등'을 '토양오염관리대상시설'로 정의하고 있는 것과 대비하여 볼 때, 제2호는 토양오염관리대상시설을 소유 · 점유 또는 운영하고 있는 자의 직접적인 행위로 토양오염을 유발시킬 것을 요건으로 하지는 않지만 토양오염관리대상시설이 토양오염의 원인이 될 것을 요건으로 한다고 해석함이 상당하다. 즉 토양오염관리대상시설이라는 유체물(유체물)과의 인과관계가 요구되고 그 소유 · 점유 또는 운영하고 있는 자와의 인과관계는 요구되지 않는다고 할 것이다.

E. 매도인의 하자담보책임 및 불법행위책임

1. 사인간의 매매

사인 간에 물건 특히 토지를 거래하는 경우에 토지에 폐기물이 적치되어 있다면, 매도인은 매수인에 대해서 하자담보책임을 부담하는가가 문제된다. 민법 제580조(매도인의 하자담보책임) 제1항에 의하면 경매의 경우를 제외하고는 "매매의 목적물에 하자가 있는 때에는 제575조 제1항[71]의 규정을 준용한다. 그러나 매수인이 하자있는 것을 알았거나 과실로 인하여 이를 알지 못한 때에는 그러하지 아니하다."라고 규정하고 있다.

즉 매도인이 토지에 폐기물이 매립되어 있는 사실을 숨기고 매수인은 그 내용을 모른 가운데 토지를 매수하였다면, 매도인이 하자담보책임을 부담하게 될 것이다.

문제는 매매 목적물의 하자 여부이다. 매매 목적물에 하자가 존재하는지 여부는 그 목적물이 통상 갖추어야 할 품질 내지 상태를 갖추었는지 여부에 의하여 판단된다. 토지의 매매에 있어서는 토지의 지상이나 지하 등 토지 전체의 이용에 제약이 없는 것을 전제로 매매되는 것이 일반적이라 할 것이다. 그러므로 매도인이 토지에 폐기물을 매립하는 등 토지를 전체적으로 이용할 수 없게 하고 또한 이로 인하여 폐기물 처리비용을 매수인이 부담하도록 하였다면 매매목적물에 하자가 존재한다고 사료된다. 거래 관행에 의거하더라도 매수인이 폐기물의 매립사실을 인지하였다면 폐기물의 처리에 소요되는 비용을 매매대금에서 공제하려고 하였을 것이기 때문이다.

매수인이 매수를 하는 시점에 매수대상토지의 하자여부에 대해서 알았거나 과실로

71) 민법 제575조(제한물권있는 경우와 매도인의 담보책임) ① 매매의 목적물이 지상권, 지역권, 전세권, 질권 또는 유치권의 목적이 된 경우에 매수인이 이를 알지 못한 때에는 이로 인하여 계약의 목적을 달성할 수 없는 경우에 한하여 매수인은 계약을 해제할 수 있다. 기타의 경우에는 손해배상만을 청구할 수 있다.

알지 못한 여부는 구체적인 사정을 종합적으로 고려하여 판단할 수 있다.[72]

참조	대법원 2004. 7. 22. 선고 2002다51586 판결【손해배상(기)】
판례 취지	매도인이 성토작업을 기화로 다량의 폐기물을 은밀히 매립하고 그 위에 토사를 덮은 다음 도시계획사업을 시행하는 공공사업시행자와 사이에서 정상적인 토지임을 전제로 협의취득 절차를 진행하여 이를 매도함으로써 매수자로 하여금 그 토지의 폐기물처리비용 상당의 손해를 입게 하였다면 매도인은 이른바 불완전이행으로서 채무불이행으로 인한 손해배상책임을 부담하고, 이는 하자 있는 토지의 매매로 인한 민법 제580조 소정의 하자담보책임과 경합적으로 인정된다고 할 것이다. 한편, 피고가 스스로 법령에 의하여 요구되는 정도와 방법에 부합하도록 폐기물을 처리하여 판시 토지를 정상적으로 복구할 것을 기대하기 어려워 원고가 그 처리비용 상당의 손해배상을 구하는 이 사건에서 원고에게 피고가 스스로 폐기물을 처리할 것만을 청구하거나 손해배상청구에 앞서 이러한 청구를 먼저 행사하여야 할 의무는 없는 것이고, 나아가 폐기물처리비용이 매매대금을 초과한다는 사정은 원고의 손해배상청구권 행사에 아무런 장애가 되지 않는다고 할 것이다.

서울고등법원에 의하면 "매립지에 은밀하게 폐기물을 불법매립한 사실이 추후 드러나는 경우 그 매립사실을 모르고 토지를 취득한, 발각 당시의 토지소유자는 행정청으로부터 폐기물의 제거명령을 받거나 기타 토지 사용의 필요상 이를 반드시 제거하여야 할 것이므로 그로 인한 손해를 입은 것은 필연적으로 예상되는 결과이나, 은밀하게 행해진 불법행위의 성질에 비추어 불법 매립자의 위법행위와 폐기물의 제거를 위한 현실적인 손해 발생 사이에 시간적인 간격이 있게 되고, 이러한 경우에는 단지 관념적이고 부동적인 상태에서 잠재적으로만 존재하던 손해가 그 후 현실화되었다고 볼 수 있는 때에 불법행위가 완성된다고 보아야 할 것이므로 폐기물을 불법매립한 자는 그 후 매립지의 소유권을 취득한 자가 폐기물을 제거하기 위해 입은 손해를 배상할 책임이 있다. 피고가 이 사건 매립지에 폐기물을 불법 매립함으로써 그 뒤 소유권을 취득한 원고로 하여금 이 사건 매립지의 폐기물을 제거할 손해를 발생케 한 행위 자체가 불법행위인 만큼 이는 매립 당시 이 사건 매립지의 소유권과는 관계없이 성립되는 것이다"고 판시하였다.[73]

2. 상인간 매매

상인간의 매매에 있어서는 매수인이 목적물을 수령한 때에는 지체없이 이를 검사하

---

72) 조홍식, 폐기물관리법상 사업장폐기물 배출사업자의 법적 책임, 법학 45권 2호(2004), 133면 이하.

73) 서울고등법원 1999. 2. 2. 선고 98나22989 판결.

여야 하며 하자 또는 수량의 부족을 발견한 경우에는 즉시 매도인에게 그 통지를 발송하지 아니하면 이로 인한 계약해제, 대금감액 또는 손해배상을 청구하지 못하고, 매매의 목적물에 즉시 발견할 수 없는 하자가 있는 경우에 매수인이 6월내에 이를 발견한 때에 즉시 매도인에게 그 통지를 발생하여야 한다(상법 제69조 제1항). 동조 제1항의 규정은 매도인이 악의인 경우에는 적용하지 아니한다(상법 제69조 제2항).

오염된 토지 내지 환경오염시설의 매매가 이처럼 상사매매에 해당하는 경우에는, 매도인이 악의가 아닌 한, 하자담보책임의 특칙이 적용된다.

F. 오염원인자 책임의 문제점

토양환경보전법상 오염원인자에 대한 규정에 있어서 다수의 오염원인자가 존재하는 경우, 이들 상호간 책임분담을 보다 구체적으로 규정할 필요가 있다. 다수의 오염원인자에 대한 책임을 분담하기 위한 기준의 정립이 요청된다.

또한 토양오염에 기여한 바가 미미한 오염원인자에 대해서는 책임을 면제하거나 또는 분쟁에 휘말리지 않도록 할 필요가 있다.

오염원인자가 이미 사망했거나 파산하여 책임을 물을 수 없는 경우 그들이 부담해야 할 책임에 대해서는 공적 보험을 통하여 해결하는 방안도 요청된다.

제6절 폐기물관리법

Ⅰ. 서설

A. 폐기물

인간의 삶은 폐기물을 발생시키도록 구조화되어 있다. 문제는 적정량의 폐기물보다 더 많은 폐기물이 발생하는 것이다. 그러므로 폐기물의 발생을 환경용량의 범위내로 한정하는 것이 중요한데, 이를 위해서 환경정책기본법 제7조의4(자원 등의 절약 및 순환적 사용 촉진)에서 국가 및 지방자치단체는 자원 및 에너지를 절약하고 자원의 재사용・재활용 등 자원의 순환적 사용을 촉진하는데 필요한 시책을 마련하도록 의무화하고 있으며, 사업자에게도 경제활동을 함에 있어서 이러한 시책에 협력할 의무를 부담시키고 있다.

"폐기물"이란 쓰레기, 연소재(燃燒滓), 오니, 폐유, 폐산, 폐알칼리 및 동물의 사체 등으로서 사람의 생활이나 사업활동에 필요하지 아니하게 된 물질을 말한다. 실제 사례에서는 어떤 물질이 '폐기물(Abfälle, Waste)'에 해당되는지 여부가 대단히 중요한데, 왜냐하면 폐기물관리법상의 폐기물에 해당되어야만 폐기물관리법상의 여러 규정들이 적용될 수 있기 때문이다.[74]

---

74) 대법원 2011.05.26. 선고 2008도2907 판결[폐기물관리법위반]: 구 폐기물관리법(2007. 4. 11. 법률 제8371호로 전부 개정되기 전의 것, 이하 같다)은 폐기물의 발생을 최대한 억제하고 발생한 폐기물을 적정 처리함을 목적으로 하는 법률로서(제1조), 위 법 제2조 제1호에 의하면 "폐기물"은 쓰레기・연소재・오니・폐유・폐산・폐알카리・동물의 사체 등으로서 사람의 생활이나 사업 활동에 필요하지 아니하게 된 물질을 의미한다. 그리고 구 폐기물관리법 제2조 제2호, 제3호, 제4호 및 제4호의2에 의하면 폐기물은 다시 생활폐기물, 사업장폐기물, 사업장폐기물 중 대통령령 소정의 지정폐기물 및 기타 의료폐기물 등으로 나누어지는데, 구 폐기물관리법 시행령 제3조 및 [별표 1]에 의하면 지정폐기물은 폐합성고분자화합물 등 특정시설에서 발생되는 폐기물, 폐산과 폐알칼리 등 부식성폐기물, 광재, 분진, 폐주물사 및 샌드블라스트 폐사, 폐흡착제 및 폐흡수제(광물유・동물유 및 식물유의 정제에 사용된 폐토사 포함) 등 유해물질함유 폐기물, 폐유기용제, 폐페인트 및 폐락카, 폐유, 폐석면, 폴리클로리네이티드비페닐(PCBs) 함유 폐기물, 폐유독물, 감염성폐기물 기타 주변 환경을 오염시킬 수 있는 유해한 물질로서 환경부장관이 고시하는 물질 등으로 규정되어 있다. 그러나 구 폐기물관리법은 물론 그 밖에 건설폐기물의 재활용촉진에 관한 법률과 그 각 시행령에서도 특정 공사나 작업에 사용된 토사만을 폐기물로 규정하고 있을 뿐, 자연 상태의 토양 자체를 구

성하는 토사를 폐기물로 규정하고 있지는 아니하다. 한편 토양환경보전법은 토양생태계의 보전을 위하여 오염된 토양을 정화하는 등 토양을 적정하게 관리·보전함을 목적으로 하는 법률로서(제1조), 위 법 제2조 제2호에 의하면 "토양오염물질"은 토양오염의 원인이 되는 '물질'로서 환경부령이 정하는 것을 의미하고, 위 법 제4조의2와 같은 법 제11조 제3항을 종합하면 "오염토양"은 토양오염물질이 축적되어 사람의 건강·재산, 동·식물의 생육에 지장을 주는 토양이라고 정의할 수 있다. 그리고 토양환경보전법 제14조, 제15조, 제15조의2 내지 제15조의6 및 그 벌칙 규정에 의하면 오염토양에 대해서는 법령상 절차에 따른 정화가 시행되어야 하고 오염토양을 버리거나 누출·유출하는 행위는 금지된다. 위 각 법령의 규정을 종합하면, 토양은 폐기물 기타 오염물질에 의하여 오염될 수 있는 대상일 뿐 오염토양이라 하여 동산으로서 '물질'인 폐기물에 해당한다고 할 수 없고, 나아가 오염토양은 법령상 절차에 따른 정화의 대상이 될 뿐 법령상 금지되거나 그와 배치되는 개념인 투기나 폐기의 대상이 된다고 할 수는 없다. 따라서 오염토양 자체의 규율에 관하여는 '사람의 생활이나 사업 활동에 필요하지 아니하게 된 물질'의 처리를 목적으로 하는 구 폐기물관리법에서 그 처리를 위한 별도의 근거 규정을 두고 있지 아니한 이상 구 폐기물관리법의 규정은 성질상 적용될 수 없다 할 것이고, 이는 오염토양이 구 폐기물관리법상의 폐기물이나 그 구성요소인 오염물질과 섞인 상태로 되어 있다거나 그 부분 오염토양이 정화작업 등의 목적으로 해당 부지에서 반출되어 동산인 '물질'로서의 상태를 일시 갖추게 되었다 하더라도 마찬가지라 할 것이다. 그럼에도 원심은 오염토양이 구 폐기물관리법의 규율 대상인 폐기물로 처리될 수 있음을 전제로, 구 폐기물관리법상 지정폐기물을 구성하는 오염물질인 폴리클로리네이티드비페닐(PCBs)이 법정기준치 이상 함유되어 있어 오염토양에 해당하는 이 사건 토지가 구 폐기물관리법에 의한 처리의 대상이 된다고 한 다음, 피고인들이 이 사건 토지의 오염된 토사를 처리함에 있어 구 폐기물관리법이 규정한 폐기물 처리절차를 위반하였음을 이유로 하는 이 사건 공소사실을 모두 유죄로 인정하였으니, 원심판결에는 오염토양에 대한 적용 법률을 오해함으로써 판결에 영향을 미친 위법이 있다.

대법원 2009.1.30. 선고 2008도8971 판결: 구 폐기물관리법(2007. 4. 11. 법률 제8371호로 전문 개정된 것, 이하 같다) 제2조 제1호 는 폐기물을 '쓰레기·연소재·오니·폐유·폐산·폐알칼리·동물의 사체 등으로서 사람의 생활이나 사업활동에 필요하지 아니하게 된 물질'로 정의하고 있는바, 폐기물의 발생을 최대한 억제하고 발생한 폐기물을 적정하게 처리하여 환경보전과 국민생활의 질적 향상에 이바지하는 것을 목적으로 하는 구 폐기물관리법의 취지에 비추어 볼 때, 위 액체비료가 본래 위 공장의 원료로서 보관하던 것이라 하더라도 그것이 일단 저장탱크로부터 유출되어 더 이상 위 생산 목적에 사용하기 어렵게 된 이상은 사람의 생활이나 사업활동에 필요하지 아니하게 된 물질로서 폐기물에 해당한다고 보아야 할 것이다.

대법원 2008.6.12. 선고 2008도3108 판결: 폐기물관리법 제2조 제1호 는 "폐기물"이라 함은 쓰레기·연소재·오니·폐유·폐산·폐알카리·동물의 사체 등으로서 사람의 생활이나 사업활동에 필요하지 아니하게 된 물질을 말한다고 규정하고 있어, 당해 사업장의 사업활동에 필요하지 아니하게 된 물질은 비록 그 물질이 재활용의 원료로 공급된다는 사정만으로는 폐기물로서의 성질을 상실하지는 않는다고 할 것이나(대법원 2001. 6. 1. 선고 2001도70 판결 참조), 그 물질을 공급받은 자가 이를 파쇄, 선별, 풍화, 혼합 및 숙성의 방법으로 가공한 후 완제품을 생산하는 경우에 있어서는 그 물질을 공급받는 자의 의사, 그 물질의 성상 등에 비추어 아직 완제품에 이르지 않았다고 하더라도 위와 같은 가공과정을 거쳐 객관적으로 사람의 생활이나 사업활동에 필요하다고 사회통념상 승인될 정도에 이르렀다면 그 물질은 그 때부터는 폐기물로서의 속성을 잃고 완제품 생산을 위한 원료물질로 바뀌었다고 할 것이어서 그 물질을 가리켜 사업활동에 필요하지 않게 된 폐기된 물질, 즉 폐기물에 해당한다고 볼 수는 없다고 할 것이다(대법원 2002. 12. 26. 선고 2002도3116 판결 참조). 원심은 그 채택 증거를 종합하여, 피고인이 1999. 11.경부터 2000. 2.경까지 양주시 율정동 281 소재 밭에서 퇴비로 사용하기 위하여 닭털, 계분, 왕겨, 톱밥을 혼합하여 이를 발효시킨 후 2003. 3.경 양주시 율정동 2의 16 소재 임야로 옮겨 매립하고 일부는 그곳에 적치한 사실을 인정한 다음,

참조	대법원 2010.9.30. 선고 2009두6681 판결【폐기물처리에대한조치명령취소】
판례 취지	골재 제조업, 폐기물 중간 처리업 등을 영위하는 갑 회사가 건설현장에서 발생하는 토사를 공급받아 세척시설을 이용하여 모래와 흙으로 분리한 후 흙을 인근지역 농민인 을에게 공급하자, 행정청이 위 흙은 폐기물관리법상 산업용 폐기물에 해당하고 갑이 위 법에서 정한 폐기물재활용 신고절차를 이행하지 않고 폐기물을 처리하였다는 이유로 갑에 대해서 '불법배출 폐기물 적정처리'를, 을에 대해서 '폐기물 반입지 원상복구'를 내용으로 하는 조치명령을 내린 사안: 폐기물관리법 제2조 제1호는 폐기물을 "쓰레기 · 연소재 · 오니 · 폐유 · 폐산 · 폐알칼리 · 동물의 사체 등으로서 사람의 생활이나 사업 활동에 필요하지 아니하게 된 물질"로 정의하고 있는바, 자연환경 및 생활환경에 중대한 영향을 미칠 우려가 있는 폐기물의 배출을 엄격히 규제하여 환경보전과 국민생활의 질적 향상을 도모하려는 폐기물관리법의 취지에 비추어, 사업장에서 배출되는 위와 같은 물질이 당해 사업장의 사업 활동에 필요하지 아니하게 된 이상, 그 물질은 폐기물관리법에서 말하는 폐기물에 해당한다고 보아야 하고, 당해 사업장에서 폐기된 물질이 재활용 원료로 공급된다고 해서 폐기물로서의 성질을 상실하는 것은 아니다(대법원 2001. 6. 1. 선고 2001도70 판결, 대법원 2003. 2. 28. 선고 2002도6081 판결 등 참조).

이 사건 매립물은 3년에 걸친 숙성의 가공과정을 거친 것으로서 폐기물로서의 속성을 잃고 퇴비의 원료로 사용될 수 있게 된 이상 이미 폐기물에 해당한다고 볼 수 없다고 판단하여 이 사건 예비적 공소사실에 대하여 무죄를 선고하였는바, 앞서 본 법리 및 기록에 비추어 살펴보면 원심의 위와 같은 사실인정과 판단은 정당한 것으로 수긍이 가고, 거기에 상고이유의 주장과 같은 채증법칙 위반으로 인한 사실오인이나 폐기물의 개념에 관한 법리오해 등의 위법이 없다.

대법원 2003.02.28. 선고 2002도6081 판결[폐기물관리법위반]: 폐기물중간처리업자가 자신이 경영하는 공장 옆 부지에 수거한 오니를 적치하고 그 위에 흙을 덮은 후 나무를 심은 행위가 폐기물관리법상 금지되는 '매립'에 해당한다고 본 원심의 판단을 수긍한 사례:【이유】피고인이 피고인 경영의 공장 옆 부지에 매립한 이 사건 물질은 폐기물중간처리업을 영위하는 피고인이 사업장폐기물배출자들과의 사이에 체결한 폐수처리오니 처리계약 내지 일반폐기물 재활용계약에 따라 수거한 오니인데, 피고인 경영 공장에서 생산되는 물품인 비료 및 암반녹화식생토는 산업폐기물배출업자들로부터 수거한 오니를 공장 내에 야적하고 톱밥 및 발효제를 배합한 후 약 1주일간의 발효과정과 건조과정을 거쳐 선별된 것임에 반하여, 이 사건 물질은 폐기물배출업자들로부터 수거한 오니 그 자체이거나 혹은 오니에 흙을 섞은 것에 불과하고, 이를 비료 또는 암반녹화식생토로 만들기 위한 공정인 톱밥 및 발효제와 배합한 후 발효 · 건조시키는 공정을 거치지 않은 것인 사실을 인정한 다음, 비록 이 사건 물질이 장차 피고인에 의하여 피고인 경영의 공장에서 비료 내지 암반녹화식생토로 만들어지는 원료로 사용될 것이라는 사정만으로는 그 성상이 변경된 것으로 볼 수 없어 아직 폐기물로서의 속성을 상실하지 않았으므로 이 사건 물질은 여전히 폐기물에 해당한다.

대법원 2001. 6. 1. 선고 2001도70 판결[폐기물관리법위반]: [1] 자연환경 및 생활환경에 중대한 영향을 미칠 우려가 있는 폐기물의 배출을 엄격히 규제하여 환경보전과 국민생활의 질적 향상을 도모하려는 구 폐기물관리법(1999. 12. 31. 법률 제6096호로 개정되기 전의 것)의 취지에 비추어 같은 법 제2조 제1호, 제24조 제2항, 제25조 제1항, 제44조의2의 규정들의 내용을 종합하여 보면, 사업장에서 배출되는 쓰레기 · 연소재 · 오니 · 폐유 · 폐산 · 폐알카리 · 동물의 사체 등의 물질이 당해 사업장의 사업활동에 필요하지 아니하게 된 이상은 그 물질은 구 폐기물관리법에서 말하는 폐기물에 해당한다고 보아야 하며, 당해 사업장에서 폐기된 물질이 재활용 원료로 공급된다고 해서 폐기물로서의 성질을 상실한다거나 사업장폐기물배출자의 신고의무가 없어진다고 볼 것이 아니다.

폐기물은 폐기물의 발생장소를 기준으로 할 때 크게 생활폐기물과 사업장폐기물로 구분할 수 있는바, "생활폐기물"이란 사업장폐기물 외의 폐기물을 말하고, "사업장폐기물"이란 「대기환경보전법」, 「수질 및 수생태계 보전에 관한 법률」 또는 「소음 · 진동관리법」에 따라 배출시설을 설치 · 운영하는 사업장이나 그 밖에 대통령령[75]으로 정하는 사업장에서 발생하는 폐기물을 말한다.

사업장폐기물을 그 성질에 따라 구분하면, 지정폐기물, 건설폐기물 그리고 사업장일반폐기물로 나누어 볼 수 있는데, "지정폐기물"이란 사업장폐기물 중 폐유 · 폐산 등 주변 환경을 오염시킬 수 있거나 醫療廢棄物 등 인체에 위해를 줄 수 있는 해로운 물질로서 대통령령으로 정하는 폐기물을 말한다. 여기서 "의료폐기물"이란 보건 · 의료기관, 동물병원, 시험 · 검사기관 등에서 배출되는 폐기물 중 인체에 감염 등 위해를 줄 우려가 있는 폐기물과 인체 조직 등 摘出物, 실험 동물의 사체 등 보건 · 환경보호상 특별한 관리가 필요하다고 인정되는 폐기물로서 대통령령으로 정하는 폐기물을 말한다. 지정폐기물은 환경오염 및 인체의 위험도가 높으므로 보다 엄격하게 규율하고 있다.

폐기물의 처리란 폐기물의 수집, 운반, 보관, 재활용, 처분을 말하며, 폐기물의 처분이란 폐기물의 소각(燒却) · 중화 · 파쇄 · 고형화 등의 중간처분과 매립하거나 해역으로 배출하는 등의 최종처분을 말하며, "재활용"이란 다음 각 목의 어느 하나에 해당하는 활동을 말한다: 가. 폐기물을 재사용 · 재생이용하거나 재사용 · 재생이용할 수 있는 상태로 만드는 활동 나. 폐기물로부터 「에너지법」 제2조제1호에 따른 에너지를 회수하거나 회수할 수 있는 상태로 만들거나 폐기물을 연료로 사용하는 활동으로서 환경부령으로 정하는 활동.

폐기물의 처리 또는 관리방법으로는 감소, 감량, 재활용, 재사용, 소각, 해양투기 그리

---

75) 폐기물관리법 시행령 제2조(사업장의 범위) 「폐기물관리법」(이하 "법"이라 한다) 제2조제3호에서 "그 밖에 대통령령으로 정하는 사업장"이란 다음 각 호의 어느 하나에 해당하는 사업장을 말한다. 〈개정 2007.9.27, 2013.5.28.〉 1. 「수질 및 수생태계 보전에 관한 법률」 제48조제1항에 따라 폐수종말처리시설을 설치 · 운영하는 사업장 2. 「하수도법」 제2조제9호에 따른 공공하수처리시설을 설치 · 운영하는 사업장 3. 「하수도법」 제2조제10호에 따른 분뇨처리시설을 설치 · 운영하는 사업장 4. 「가축분뇨의 관리 및 이용에 관한 법률」 제24조에 따른 공공처리시설 5. 법 제29조제2항에 따른 폐기물처리시설(법 제25조제3항에 따라 폐기물처리업의 허가를 받은 자가 설치하는 시설을 포함한다)을 설치 · 운영하는 사업장 6. 법 제2조제4호에 따른 지정폐기물을 배출하는 사업장 7. 폐기물을 1일 평균 300킬로그램 이상 배출하는 사업장 8. 「건설산업기본법」 제2조제4호에 따른 건설공사로 폐기물을 5톤(공사를 착공할 때부터 마칠 때까지 발생되는 폐기물의 양을 말한다)이상 배출하는 사업장 9. 일련의 공사(제8호에 따른 건설공사는 제외한다) 또는 작업으로 폐기물을 5톤(공사를 착공하거나 작업을 시작할 때부터 마칠 때까지 발생하는 폐기물의 양을 말한다)이상 배출하는 사업장.

고 매립 등이 있다. 폐기물의 처리 또는 관리와 관련된 법률로는 자원의 절약과 재활용촉진에 관한 법률, 건설폐기물의 재활용촉진에 관한 법률, 전기 · 전자제품 및 자동차의 자원순환에 관한 법률, 폐기물처리시설 설치촉진 및 주변지역지원 등에 관한 법률, 폐기물의 국가간 이동 및 처리에 관한 법률 등이 있다.

<table>
<tr><th colspan="3">폐기물의 분류</th></tr>
<tr><td>생활
폐기물</td><td colspan="2">사업장폐기물 외의 폐기물</td></tr>
<tr><td rowspan="3">사업장
폐기물</td><td rowspan="3">「대기환경보전법」,
「수질 및 수생태계
보전에 관한 법률」
또는
「소음 · 진동관리법」에
따라 배출시설을 설치 · 운영하는 사업장이나 그 밖에 대통령령으로 정하는 사업장에서 발생하는 폐기물</td><td>지정폐기물(의료폐기물 포함): 사업장폐기물 중 폐유 · 폐산 등 주변 환경을 오염시킬 수 있거나 의료폐기물 등 인체에 위해를 줄 수 있는 해로운 물질로서 대통령령으로 정하는 폐기물
* 의료폐기물: 보건 · 의료기관, 동물병원, 시험 · 검사기관 등에서 배출되는 폐기물 중 인체에 감염 등 위해를 줄 우려가 있는 폐기물과 인체 조직 등 적출물(摘出物), 실험 동물의 사체 등 보건 · 환경보호상 특별한 관리가 필요하다고 인정되는 폐기물로서 대통령령으로 정하는 폐기물</td></tr>
<tr><td>건설폐기물</td></tr>
<tr><td>사업장 일반폐기물</td></tr>
</table>

B. 자원의 순환관리

폐기물의 관리에 있어서 폐기물을 단면적으로 보아서 관리하던 것을 뛰어넘어서 이를 사회의 전체적인 자원의 흐름에서 관리하는 것을 일컬어 자원의 순환관리라고 할 수 있다.

독일에서는 폐기물의 환경친화적 처리의 보장과 순환관리의 촉진을 위한 법률이 제정되어 있는바, 이를 통하여 자원을 하나의 커다란 순환과정의 흐름속에서 바라보고 폐기물 역시 이러한 순환과정에 동참하도록 하고 있다. 동법에 의하면 폐기물(Abfälle)이란 그 소지자(Besitzer)가 처리(Verwertung)하거나 처리하고자 하거나 또는 처리하여만 하는 모든 물질이나 대상이다. 폐기물은 처리되는 폐기물과 처리되지 못하고 제거되어야 할 폐기물로 나뉜다.

2013년 12월 현재 한국에서는 자원의 순환관리의 측면에 착안하여 가칭 '자원순환사회촉진기본법'의 제정을 시도하고 있다.

Ⅱ. 폐기물관리법의 주요 내용

A. 기본적 체제

1. 폐기물관리의 기본원칙

사업자는 제품의 생산방식 등을 개선하여 폐기물의 발생을 최대한 억제하고, 발생한 폐기물을 스스로 재활용함으로써 폐기물의 배출을 최소화하여야 한다. 누구든지 폐기물을 배출하는 경우에는 주변 환경이나 주민의 건강에 위해를 끼치지 아니하도록 사전에 적절한 조치를 하여야 한다. 폐기물은 그 처리과정에서 양과 유해성(有害性)을 줄이도록 하는 등 환경보전과 국민건강보호에 적합하게 처리되어야 한다. 폐기물로 인하여 환경오염을 일으킨 자는 오염된 환경을 복원할 책임을 지며, 오염으로 인한 피해의 구제에 드는 비용을 부담하여야 한다. 국내에서 발생한 폐기물은 가능하면 국내에서 처리되어야 하고, 폐기물의 수입은 되도록 억제되어야 한다. 폐기물은 소각, 매립 등의 처분을 하기보다는 우선적으로 재활용함으로써 자원생산성의 향상에 이바지하도록 하여야 한다(법 제3조의2).

2. 폐기물의 광역관리

환경부장관, 시 · 도지사 또는 시장 · 군수 · 구청장은 둘 이상의 시 · 도 또는 시 · 군 · 구에서 발생하는 폐기물을 광역적으로 처리할 필요가 있다고 인정되면 광역 폐기물처리시설(지정폐기물 공공 처리시설을 포함한다)을 단독 또는 공동으로 설치 · 운영할 수 있다(법 제5조 제1항).

B. 폐기물관리 수단

1. 계획적 수단

a) 폐기물처리기본계획

시 · 도지사는 관할 구역의 폐기물을 적정하게 처리하기 위하여 환경부장관이 정하는 지침에 따라 10년마다 폐기물 처리에 관한 기본계획을 세워 환경부장관의 승인을 받아야 한다. 승인사항을 변경하려 할 때에도 또한 같다. 이 경우 환경부장관은 기본계획을 승인하거나 변경승인하려면 관계 중앙행정기관의 장과 협의하여야 한다(법 제9조 제1항).

b) 폐기물관리종합계획

환경부장관은 국가 폐기물을 적정하게 관리하기 위하여 제9조제1항에 따른 폐기물 처리에 관한 기본계획과 제11조에 따른 폐기물 통계 조사 결과를 기초로 국가 폐기물 관리 종합계획(이하 "종합계획"이라 한다)을 10년마다 세워야 한다(법 제10조 제1항).

2. 조직적 수단

a) 행정조직

폐기물의 관리와 관련하여 주무부서는 환경부이다. 특별자치도지사, 시장 · 군수 · 구청장은 관할 구역에서 배출되는 생활폐기물을 처리하여야 한다. 다만, 환경부령으로 정하는 바에 따라 특별자치도지사, 시장 · 군수 · 구청장이 지정하는 지역은 제외한다(법 제14조).

b) 권한의 위임 · 위탁

동법에 따른 환경부장관의 권한은 대통령령으로 정하는 바에 따라 그 일부를 시 · 도지사 또는 지방환경관서의 장에게 위임할 수 있으며, 또한 동법에 따른 환경부장관 또는 지방자치단체의 장의 업무는 대통령령으로 정하는 바에 따라 그 일부를 「한국환경공단법」에 따른 한국환경공단, 협회 등 관련 전문기관에 위탁할 수 있다.[76] 그리고 환경부장관이나 지방자치단체의 장은 이 법에 따라 설치한 폐기물처리시설 등의 효율적인 관

---

76) 대법원 2004. 7. 22. 선고 2002두10704 판결: 폐기물처리시설 설치계획에 대한 승인권자는 구 폐기물처리시설설치촉진및주변지역지원등에관한법률(1997. 8. 28. 법률 제5396호로 개정되기 전의 것) 제10조 제2항의 규정에 의하여 환경부장관이며, 이러한 설치승인권한을 환경관리청장에게 위임할 수 있는 근거도 없으므로, 환경관리청장의 폐기물처리시설 설치승인처분은 권한 없는 기관에 의한 행정처분으로서 그 하자가 중대하고 명백하여 당연무효이다.

인천지법 2006.6.1. 선고 2004구합1906 판결 : 항소: 광역폐기물처리시설인 '수도권매립지'를 환경상 안전하고 효율적으로 관리하기 위하여 설립된 법인인 수도권매립지관리공사는 국가의 사무인 광역폐기물처리시설 설치 · 운영 업무와 관련된 권한을 법령에 의하여 국가로부터 위탁받은 공공단체에 해당하여 행정소송법 제2조 제2항 에 의한 '행정청'이므로, 수도권매립지관리공사가 폐기물수집 · 운반업체 운영자에게 수도권매립지로의 차량 반입을 일정 기간 동안 정지한 조치는 행정청이 행하는 구체적 사실에 대한 법집행으로서 행정소송법상 항고소송의 대상이 되는 행정처분에 해당한다.

리 · 운영을 위하여 필요하다고 인정하면 환경부령(지방자치단체의 장의 경우에는 해당 지방자치단체의 조례)으로 정하는 바에 따라 그 관리 · 운영을 맡을 능력이 있는 자에게 위탁할 수 있다(법 제62조).

참조	헌법재판소 2004.9.23. 2003헌라3
판례 취지	이 사건 강남자원회수시설(소각장)은 피청구인 서울특별시가 서울시비 867억 원을 들여 단독으로 설치한 것이고 따라서 그 운영권한은 폐기물관리법 제5조 제1항 에 의하여 피청구인에게 있고, 같은 법 제5조의2 제1항 에 의하여 이 사건 시설에의 반입수수료의 결정 · 부과징수권한 또한 피청구인에게 있다고 할 것이다. 그리고 이 경우 그 구체적인 반입수수료 금액은 같은 조 제3항 에 의하여 피청구인 조례로 정하게 된다. 이 소각장의 운영권한은 피청구인에게 있다고 인정되므로 피청구인의 이 사건 조례개정으로 인하여 폐기물관리법 제4조에서 청구인에게 부여한 적정하게 폐기물처리시설을 운영할 수 있는 권한을 침해하는 것이라고 할 수 없다. 그리고 이 사건 개정조례에 의한 반입수수료의 결정이 헌법 제11조 제1항, 제37조 제2항에 위배되거나 청구인, 피청구인 및 강남자원회수시설주민지원협의체 사이에 체결된 2001. 12. 21.자 "강남구자원회수시설 가동에 관한 협약"(이하 '이 사건 협약'이라 한다)에 위배하여 위헌적으로 행사되어 부적법하다고 보기 어렵고, 법률의 체계로 보나 업무진행의 순서로 보나 청구인이 행하는 종량제규격봉투의 가격결정과 예산편성보다 피청구인이 행하는 반입수수료의 결정이 개념상 선행되어야 할 성질의 것이며, 피청구인이 그러한 권한을 행사함에 있어 청구인을 일부러 불리하게 할 부당한 의도를 가지고 있었다고도 보기 어려우므로, 이 사건 개정조례가 청구인의 종량제폐기물 규격봉투가격 결정권한 및 지방재정법에 의한 예산편성권을 침해하였다고 할 수 없다. 또한 이 사건 개정전후의 조례의 내용에 비추어 볼 때 청구인 주장의 이 사건 협약위반 자체가 인정되지 아니하고, 그것이 직접 청구인 주장의 권한침해로 귀결되어 이 사건 개정조례를 위법 · 무효로 만드는 것은 아니다. 이 사건 개정조례가 무효라는 주장은 청구인의 권한에 대한 침해가 인정됨을 전제로 하는 것인데 그러한 침해가 인정되지 않는 이상 더 나아가 살펴볼 필요 없이 이유 없다. 재판관 김영일의 각하의견 요지: 이 사건 시설은 다수의견도 인정한 바와 같이 폐기물관리법 제5조 제1항에 의한 피청구인의 광역폐기물처리시설의 설치 · 운영권한에 입각하여 피청구인이 단독으로 설치하여 운영하고 있는 것이므로, 그 폐기물처리시설에의 반입수수료의 결정 및 부과징수는 같은 법 제5조의2 제1항 에 의하여 청구인과의 협의 없이도 피청구인이 할 수 있는 것이고, 그에 따라 동조 제3항 에 의하여 피청구인의 의회가 이 사건 조례를 개정한 것이다. 따라서 이 사건 개정조례는 위와 같은 피청구인의 적법한 권한행사에 입각하여 행해진 것으로 청구인이 주장하는 위 권한들과는 무관하므로 애당초 권한침해관련성이 없다. 아울러 위 강남구자원회수시설 가동에 관한 협약으로 인하여 권한질서가 변경되거나 그 협약위반으로 청구인의 권한침해 문제도 발생되지 아니한다. 그러므로 이 사건 심판청구는 권한침해관련성이 없어 부적법하므로 각하함이 상당하다.

c) 기술관리인

대통령령으로 정하는 폐기물처리시설을 설치 · 운영하는 자는 그 시설의 유지 · 관리에 관한 기술업무를 담당하게 하기 위하여 기술관리인을 임명(기술관리인의 자격을 갖추어 스스로 기술관리하는 경우를 포함한다)하거나 기술관리 능력이 있다고 대통령령으로 정하는 자와 기술관리 대행계약을 체결하여야 한다(법 제34조 제1항).

d) 폐기물 처리 공제조합

방치폐기물의 처리이행을 보증하기 위하여 사업장폐기물을 처리 대상으로 하는 폐기물처리업자와 폐기물처리 신고자는 법인의 형식으로 폐기물 처리 공제조합을 설립할 수 있다(법 제41조).

참조	대법원 2006.5.26. 선고 2004두4574 판결
판례 취지	미산환경의 방치폐기물 가운데 폐타이어, 장판, 스티로폼, 폐전선 및 그물망 등 가연성폐기물 등이 있다는 점을 인정한 다음, ① 장판이나 스티로폼, 폐전선 등은 건설폐기물의 수거와 분리, 파쇄 과정에서 나올 수 있는 폐기물들이고, ② 설령 위 폐기물들이 타이어, 그물망 등과 마찬가지로 건설폐기물의 파쇄 등 과정에서 발생하지 아니하였다고 하더라도, 조합원들의 방치폐기물에 대한 적정하고 신속한 처리를 위하여 설립된 원고가 처리하여야 할 폐기물들에 관하여 법 제43조의2 제3항 , 제43조의3 제1항 이 그 영업대상폐기물로 제한하고 있지 아니하며, 원고 조합의 설립목적이나 취지에 비추어 보아도 원고의 조합원이 방치한 폐기물이면 그 종류 여하를 불문하고 원고가 이를 먼저 처리한 후 폐기물을 방치한 조합원에게 그 비용을 구상할 수 있는 것으로 해석함이 상당하다. 법 제43조의2 제1항, 제3항, 제43조의3 제1항, 제43조의5의 규정을 종합하면, 법은 폐기물이 방치되는 것을 방지하기 위하여, 사업장폐기물을 대상으로 하는 폐기물처리업자로 하여금 폐기물처리업허가를 받은 날부터 2월 이내에 ① 폐기물처리공제조합(이하 '조합'이라 한다)에 분담금을 납부하는 방식, ② 폐기물의 처리를 보증하는 보험에 가입하는 방식, ③ 환경개선특별회계에 폐기물처리이행보증금을 예치하는 방식 중 하나를 택하여 방치폐기물 처리이행 보증조치를 취하도록 규정하고 있고, 그 중 보증보험가입 방식의 경우에는 행정청이 방치폐기물을 처리하고 보험금을 수령하도록 하고 있으며, 처리이행보증금을 예치한 경우에는 행정청이 예치한 처리이행보증금에 의하여 방치폐기물의 처리를 하도록 하고 있고, 조합에 분담금을 납부한 경우에는 행정청이 조합에 대하여 방치폐기물의 처리를 명령하도록 하고 있다. 그리고 보증보험가입 방식에 의한 보험의 가입기간, 가입시기, 보험금액의 산출기준과 처리이행보증 예치방식에 의한 처리이행보증금의 산출기준 · 예치절차 기타 필요한 사항은 대통령령으로 정하도록 위임하고 있으나, 분담금 납부방식에 의한 분담금의 산정기준 · 납부절차 기타 필요한 사항은 조합의 정관에서 자율적으로 정하도록 하고 있다. 그런데 위와 같

판례 취지	은 위임에 따른 법 시행령 제26조의2, 3, 제26조의5의 규정에 의하면, 보증보험가입 방식에 의한 보험금과 이행보증금의 예치 방식에 의한 보증금의 산출기준은 폐기물의 종류별 처리단가에 허용보관량을 곱한 금액의 1.5배로 하며, 다만 보증보험에 가입하거나 이행보증금을 예치한 후에 허용보관량을 초과하는 폐기물을 보관하는 사유가 발생하여 폐기물처리업자가 보증보험계약을 갱신하거나 이행보증금의 조정을 신청하거나 또는 관할 행정청이 행정청이 보증보험계약의 갱신이나 이행보증금의 추가 예치를 명하는 경우에 그 초과보관량에 대한 보증보험금 및 이행보증금은 폐기물의 종류별 처리단가에 초과보관량을 곱한 금액의 3배로 산출하도록 함으로써, 결과적으로 폐기물처리업자가 관할 행정청의 처리명령을 이행하지 않고 보관하고 있는 방치폐기물에 대하여 관할 행정청이 위 보험금 또는 보증금의 범위 내에서만 이를 처리할 책임을 지도록 하고 있으면서도, 위 두 가지 방식과는 달리, 법 제43조의2 제3항 제1호 에서는 폐기물처리업자가 설립한 조합에 분담금을 납부하는 방식의 경우 관할 행정청이 조합에 대하여 방치폐기물의 처리명령을 할 수 있다고만 규정하고 있을 뿐 조합의 처리의무를 납부받은 분담금의 범위 내라든가 기타 일정한 범위로 제한하는 규정을 두지 않고 있다. 위와 같이 법에서는 조합에 분담금을 납부하는 방식에 따른 처리명령의 대상을 방치폐기물이라고만 규정하고 있어서 그 경우 처리할 방치폐기물의 범위가 문언상 명확하지 않지만, 조합 분담금 납부방식 외의 다른 방치폐기물 처리이행 제도인 보증보험금과 이행보증금의 경우에는 보험금 또는 보증금을 폐기물의 종류별 처리단가에 허용보관량을 곱한 금액의 1.5배로 함을 원칙으로 하면서 방치폐기물이 발생한 경우 관할 행정청은 보증보험금이나 이행보증금의 범위 내에서만 처리할 책임을 지도록 하고 있으므로(예외적으로 폐기물처리업자가 보증보험에 가입하거나 이행보증금을 예치한 후에 허용보관량을 초과하는 폐기물을 보관하는 사유가 발생한 경우에도 당해 폐기물처리업자가 보증보험계약을 갱신하거나 이행보증금을 추가 예치하지 않는 한 관할 행정청은 애초의 보험금이나 보증금의 범위 내에서만 처리책임을 질 것이고, 보증보험계약을 갱신하거나 이행보증금을 추가 예치한 경우에도 갱신된 보험금 또는 추가된 보증금의 범위 내에서만 처리책임을 질 것이다.), 위 보증보험제도나 이행보증금 예치제도와 그 목적 및 기능이 동일한 것으로서 선택적인 관계에 있는 조합 분담금 납부제도를 운영하는 조합에 대하여도 조합원의 방치폐기물 중 일정한 범위에서 이를 처리할 책임을 지도록 하는 것이 타당하다고 할 것이고, 이와 달리 조합원의 방치폐기물에 대하여 조합이 그 전량을 처리할 책임을 지도록 하는 것은 비례의 원칙에 반하는 것으로 보이는 점, 조합에 대하여 조합원이 방치한 폐기물 전량을 처리하도록 하기 위하여는 조합원이 허용보관량을 초과하여 폐기물을 보관하는 경우 조합이 이를 단속하고 제지할 수 있는 권한도 함께 주어지는 것이 상당한데도 법상 조합에 대하여 이러한 권한이 부여되어 있지 않은 점, 위와 같은 사정하에서 조합원이 방치한 폐기물 전량을 조합이 처리하여야 한다는 명문의 규정이 없음에도 조합에게 전량처리 의무를 부과하는 것은 부당한 것으로 보이는 점 등에 비추어 본다면, 조합에 분담금을 납부한 폐기물처리업자가 관할 행정청의 처리명령을 이행하지 않음으로써 조합에게 내려지는 처리명령의 경우에도 다른 방치폐기물 처리이행 제도에 관하여 법이 예정하고 있는 처리책임 제한에 준하여 조합의 처리책임이 제한되는 것으로 해석함이 상당하다고 할 것이다. 그런데 조합에 분담금을 납부하는 방식의 경우에 분담금의 산정기준 등은 법이나 법 시행령에서 정해지는 것이 아니라 조합의 정관으

판례 취지	로 자율적으로 정해지는 점과 조합에 공제사업을 허용하는 취지 및 원고를 비롯한 조합들의 정관이 정하는 분담금의 산출기준, 금액 등에 비추어 보면, 위의 경우에 조합의 처리책임을 정관에서 정하는 분담금의 금액 범위 내로 한정하는 것은 적절하지 않은 것으로 보이고, 달리 책임한도에 관하여 적용할 기준을 찾아보기 어려우므로, 결국 이 경우 조합의 처리책임은 다른 방치폐기물 처리이행 제도에 관한 책임제한 한도인 허용보관량의 1.5배 이내의 폐기물에 한정되는 것으로 봄이 상당하다고 할 것이다(2003. 5. 29. 법률 제6912호로 개정된 폐기물관리법 제43조의2 제11항은 위의 경우에 조합에 대하여 처리명령을 함에 있어서는 대통령령이 정하는 범위 내의 처리량에 대하여만 명령을 하도록 규정하고 있고, 이에 따라 2004. 2. 17. 대통령령 제18235호로 개정된 같은 법 시행령 제26조의7 제1항은 조합에 대한 처리명령의 처리량을 허용보관량의 1.5배 이내로 정하고 있다). 그럼에도 불구하고 원심은, 피고가 원고의 조합원인 미산환경에게 처리시설 내에 있는 폐기물의 처리를 명하였음에도 미산환경이 위 기한까지 폐기물을 처리하지 아니하자, 미산환경으로부터 분담금을 납부받은 원고에 대하여 미산환경의 방치폐기물에 대한 적정한 처리를 명하는 이 사건에서, 폐기물처리업자가 처리명령을 이행하지 않고 보관하고 있는 폐기물은 허용보관량을 초과하든 그러하지 아니하든 관계없이 모두 조합이 이행하여야 할 처리명령의 대상이 되는 것으로 해석된다는 전제 아래 미산환경이 방치한 허용보관량의 1.5배를 초과하는 폐기물까지도 처리할 것을 명한 이 사건 처분이 적법하다고 판단하였는바, 이러한 원심판결에는 조합이 처리하여야 할 방치폐기물의 양적 범위에 관한 법리를 오해함으로써 판결 결과에 영향을 미친 위법이 있다.

e) 한국폐기물협회

폐기물처리시설 설치 · 운영자, 폐기물처리업자, 폐기물과 관련된 단체, 그 밖에 폐기물과 관련된 업무에 종사하는 자는 폐기물에 관한 조사연구 · 기술개발 · 정보보급 등 폐기물분야의 발전을 도모하기 위하여 환경부장관의 허가를 받아 법인의 형식으로 한국폐기물협회를 설립할 수 있다(법 제58조의2).

3. 입법적 수단

a) 폐기물의 공정시험방법

환경부장관은 폐기물의 해로운 정도를 판단하고 폐기물 처리방법을 결정하는 데에 필요한 기초자료가 되는 폐기물의 성질과 상태, 오염물질의 용출(溶出) 등을 분석할 때에 그 분석의 정확과 통일을 기하기 위하여 폐기물 공정시험 방법을 정하여 고시하여야 한다(법 제12조).

b) 폐기물의 처리기준

누구든지 폐기물을 처리하려는 자는 대통령령으로 정하는 기준과 방법을 따라야 한다. 다만, 제13조의2의 용도 또는 방법에 따라 재활용을 하기 쉬운 상태로 만든 폐기물(이하 "중간가공 폐기물"이라 한다)에 대하여는 완화된 처리기준과 방법을 대통령령으로 따로 정할 수 있다(법 제13조 제1항).

c) 재활용 제품 또는 물질에 관한 유해성기준

환경부장관은 폐기물을 재활용하여 만든 제품 또는 물질이 사람의 건강이나 환경에 위해를 줄 수 있다고 판단되는 경우에는 관계 중앙행정기관의 장과 협의하여 그 재활용 제품 또는 물질에 대한 유해성기준을 정하여 고시하여야 한다(법 제13조의3 제1항).

d) 사업장폐기물의 처리가격 고시

환경부장관은 폐기물을 적정하게 처리하기 위하여 필요하다고 인정하면 환경부령으로 정하는 폐기물에 대하여 그 처리에 드는 비용 등을 고려하여 폐기물 처리가격의 최고액이나 최저액을 정하여 고시할 수 있다(법 제24조).

4. 명령적 수단

a) 폐기물의 투기금지

누구든지 특별자치도지사, 시장 · 군수 · 구청장이나 공원 · 도로 등 시설의 관리자가 폐기물의 수집을 위하여 마련한 장소나 설비 외의 장소에 폐기물을 버려서는 아니 되며, 누구든지 이 법에 따라 허가 또는 승인을 받거나 신고한 폐기물처리시설이 아닌 곳에서 폐기물을 매립하거나 소각하여서는 아니 된다. 다만, 제14조제1항 단서에 따른 지역에서 해당 특별자치도, 시 · 군 · 구의 조례로 정하는 바에 따라 소각하는 경우에는 그러하지 아니하다(법 제8조).

b) 명령 · 금지

환경부령으로 정하는 사업장폐기물을 배출, 수집 · 운반, 재활용 또는 처분하는 자는 그 폐기물을 배출, 수집 · 운반, 재활용 또는 처분할 때마다 폐기물의 인계 · 인수에 관한 내용을 환경부령으로 정하는 바에 따라 제45조제2항에 따른 전자정보처리프로그램에 입력하여야 한다. 다만, 의료폐기물은 환경부령으로 정하는 바에 따라 무선주파수인식방법을 이용하여 그 내용을 제45조제2항에 따른 전자정보처리프로그램에 입력하여야 한다(법 제18조 제3항).

법 제18조제3항에 따른 사업장폐기물을 운반하는 자는 그 폐기물을 운반하는 중에 제45조제2항에 따른 전자정보처리프로그램에 입력된 폐기물 인계 · 인수 내용을 확인할 수 있도록 인계번호를 숙지하여야 하며, 관계 행정기관이나 그 소속 공무원이 요구하는 때에는 이를 알려주어야 한다(법 제19조 제1항).

폐기물처리시설은 환경부령으로 정하는 기준에 맞게 설치하되, 환경부령으로 정하는 규모 미만의 폐기물 소각 시설을 설치 · 운영하여서는 아니 된다(법 제29조 제1항).

환경부령으로 정하는 폐기물처리시설의 설치를 마친 자는 환경부령으로 정하는 검사기관으로부터 검사를 받아야 한다. 제29조제3항에 따른 변경승인을 받거나 변경신고를 한 경우로서 환경부령으로 정하는 경우에도 또한 같다(법 제30조 제1항).

환경부장관은 폐기물처리시설의 설치 또는 유지 · 관리가 제29조제1항에 따른 설치기준 또는 이 조 제1항에 따른 관리기준에 맞지 아니하거나 제30조제1항 또는 제2항에 따른 검사 결과 부적합 판정을 받은 경우에는 그 시설을 설치 · 운영하는 자에게 환경부령으로 정하는 바에 따라 기간을 정하여 그 시설의 개선을 명하거나 그 시설의 사용중지(제30조제1항 또는 제2항에 따른 검사 결과 부적합 판정을 받은 경우는 제외한다)를 명할 수 있으며, 개선명령과 사용중지 명령을 받은 자가 이를 이행하지 아니하거나 그 이행이 불가능하다고 판단되면 해당 시설의 폐쇄를 명할 수 있다(법 제31조).

환경부장관 또는 시 · 도지사는 사업장폐기물배출자가 제13조에 따른 폐기물의 처리기준과 방법으로 정한 보관기간을 초과하여 폐기물을 보관하는 경우에는 사업장폐기물배출자에게 기간을 정하여 폐기물의 처리를 명할 수 있다(법 제39조의2 제1항). 환경부장관 또는 시 · 도지사는 폐기물처리업자에 대하여 제27조에 따른 허가취소 또는 영업정지를 명하거나, 폐기물처리 신고자에 대하여 제46조제7항에 따른 폐쇄명령 또는 처리금지명령을 하려는 경우에는 폐기물처리업자 또는 폐기물처리 신고자에게 기간을 정하여 보관하는 폐기물의 처리를 명하여야 한다(법 제39조의3 제1항).[77]

---

77) 대법원 2010.9.30. 선고 2009두6681 판결 [폐기물처리에대한조치명령취소] [1] 사업장에서 배출된 사업장의 사업활동에 필요하지 않게 된 물질이 재활용의 원료로 공급되는 경우, 폐기물관리법 제2조 제1호에서 정한 폐기물에 해당하는지 여부(적극) [2] 골재 제조업, 폐기물 중간 처리업 등을 영위하는 갑 회사가 건설현

c) 허가 · 신고

폐기물의 수집 · 운반, 재활용 또는 처분을 업으로 하려는 자(음식물류 폐기물을 제외한 생활폐기물을 재활용하려는 자와 폐기물처리 신고자는 제외한다)는 환경부령으로 정하는 바에 따라 지정폐기물을 대상으로 하는 경우에는 폐기물 처리 사업계획서를 환경부장관에게 제출하고, 그 밖의 폐기물을 대상으로 하는 경우에는 시 · 도지사에게 제출하여야 한다.

적합통보를 받은 자는 그 통보를 받은 날부터 2년(제5항제1호에 따른 폐기물 수집 · 운반업의 경우에는 6개월, 폐기물처리업 중 소각시설과 매립시설의 설치가 필요한 경우에는 3년) 이내에 환경부령으로 정하는 기준에 따른 시설 · 장비 및 기술능력을 갖추어 업종, 영업대상 폐기물 및 처리분야별로 지정폐기물을 대상으로 하는 경우에는 환경부장관의, 그 밖의 폐기물을 대상으로 하는 경우에는 시 · 도지사의 허가를 받아야 한다. 이 경우 환경부장관 또는 시 · 도지사는 제2항에 따라 적합통보를 받은 자가 그 적합통보를 받은 사업계획에 따라 시설 · 장비 및 기술인력 등의 요건을 갖추어 허가신청을 한 때에는 지체 없이 허가하여야 한다(법 제25조 제3항).[78] 환경부령으로 정하는 중요 사항을 변경하려는 때에도 또한 같다.

장에서 발생하는 토사를 공급받아 세척시설을 이용하여 모래와 흙으로 분리한 후 흙을 인근지역 농민인 을에게 공급하자, 행정청이 위 흙은 폐기물관리법상 산업용 폐기물에 해당하고 갑이 위 법에서 정한 폐기물재활용 신고절차를 이행하지 않고 폐기물을 처리하였다는 이유로 갑에 대해서 '불법배출 폐기물 적정처리'를, 을에 대해서 '폐기물 반입지 원상복구'를 내용으로 하는 조치명령을 내린 사안에서, 그 처분이 재량권의 범위를 현저히 일탈 · 남용하여 위법한 처분으로 볼 수 없다고 판단한 원심판결을 수긍한 사례.

78) 대법원 2008.4.11. 선고 2007두17113 판결【폐기물중간처리업허가취소처분】: 폐기물중간처리업 허가는 폐기물처리를 위한 시설 · 장비 및 기술능력 등 객관적 요소를 주된 대상으로 하는 대물적 허가 내지는 대물적 요소가 강한 혼합적 허가(대인적 요소로는, 법 제27조에서 법에 위반하여 형을 받거나 폐기물중간처리업의 허가가 취소된 후 2년이 경과되지 아니한 자 등에 대하여 허가를 금하고 있는 것 등을 들 수 있다)로서, 그 영업장의 소재지 및 시설 · 장비 등은 폐기물중간처리업 허가의 대상을 이루는 중요한 요소라 할 것이다(대법원 1986. 9. 23. 선고 85누577 판결 등 참조).
참조: 대법원 1998. 5. 8. 선고 98두4061판결: 원고는 청소용역주선업을 주된 목적사업으로 하여 1996. 6. 10. 설립된 회사로서 그 설립 중에 대표자인 소외 김진세를 통하여 피고에게 폐기물관리법시행규칙 제17조의 규정에 의하여 업종을 일반폐기물수집 · 운반업으로 하는 폐기물처리업의 사업계획서(영업대상폐기물: 생활폐기물, 영업구역: 해운대구, 인력: 10명, 청소차의 수: 적재량 44t짜리 6대)를 제출하자, 피고는 동 사업계획이 폐기물관리법령에 부합하는 데다가 그 법령상 폐기물처리업체의 정수제한이 없고 해운대의 신시가지 조성으로 기존 생활폐기물 처리대행업체 외에 1개 정도의 신규업체가 더 필요할 것이라고 판단하여 같은 해 3. 22. 사업계획이 적정하니 6개월 내에 폐기물관리법시행규칙 소정의 허가요건을 갖추어 허가신청을 하라는 내용의 적정통보를 한 사실, 원고 회사는 그 설립절차를 마친 다음 이미 적정통보를 받은 위 사업계획에 따라 폐기물관리법령 소정의 허가요건을 갖추어 허가신청을 하면 당연히 허가를 받을 수 있는 것으로 믿고 그 허가요건을 갖추기 위하여 합계 금 305,565,296원을 들여 장비(밀폐식 운반용차량 8.5t 2대, 운반용 압축차량 5t 2대, 기계식상차장치부착차량 2.5t 2대)를 구입하고 기술인력 10명(운전기사 6명, 미화원 4명)을 고용함과 아울러 사무실과 차고지를 개설하여 수집운반능력 1일 64t을 갖추는 등 법정

환경부장관이나 시·도지사는 제1항에 따라 제출된 폐기물 처리 사업계획서를 검토한 후 그 적합 여부를 폐기물처리사업계획서를 제출한 자에게 통보하여야 한다.(법제25조).[79]

환경부령으로 정하는 사업장폐기물배출자는 사업장폐기물의 종류와 발생량 등을 환경부령으로 정하는 바에 따라 특별자치도지사, 시장·군수·구청장에게 신고하여야 한

허가요건을 완비한 사실, 원고는 같은 해 9. 2. 피고에게 영업구역을 해운대구로 하고, 업종을 '생활폐기물 및 사업장 생활계폐기물수집·운반업'으로 한 폐기물처리업 허가신청을 하였으나, 피고는 원고의 대표이사인 김진세가 부산교통공단에 재직하고 있는데 부산교통공단법에 의하면 직원의 겸직을 제한하고 있으므로 그 자격요건에 하자가 있고, 다수 청소업자의 난립으로 능률적이고 안정적인 청소업무 수행에 지장이 있어 주민들의 공익을 저해할 소지가 있다는 이유로 같은 해 10. 9.자로 불허가처분(이하 '이 사건 처분'이라 한다)을 한 사실, 한편 해운대구에는 위 김진세에 대한 적정통보가 있기 전부터 생활폐기물을 수집·운반하여 온 2개의 허가업체가 있고, 피고는 이들 업체에게 생활폐기물처리를 위탁함과 아울러 직접 관할지역에서 발생하는 생활폐기물을 수집·운반하여 오고 있는데, 피고와 위 2개 대행업체의 생활폐기물 수집·운반능력은 1일 합계 336t에 달하는데 비하여 실제 처리량은 이 사건 신청 당시를 기준으로 175t에 불과하며 해운대의 신시가지 조성으로 인한 생활폐기물량의 증가율은 10% 정도이고, 1996년 7월 해운대구에 대형소각장이 건립되어 1일 200t의 폐기물을 소각처리할 수 있게 되어 운반거리가 단축되는 바람에 청소차 1대가 1일 운반할 수 있는 물량이 종전보다 평균 2배 정도 늘게 된 사실, 또한 피고는 원고에 대한 사업계획서 적정통보를 전후한 1996. 3. 21.부터 같은 해 6. 24.까지 사이에 다른 14개 업체로부터 생활폐기물 수집·운반업을 위한 사업계획서를 제출받고 모두 부적정한 것으로 통보한 사실 등을 인정한 다음, 원고는 그 설립단계에서 피고로부터 이 사건 사업계획에 관하여 적정통보를 받고 법정 허가요건을 구비하기만 하면 폐기물수집·운반업 허가를 하여 주는 것을 신뢰한 나머지 상당한 자금과 노력을 투자하여 법정 허가요건을 갖추어 허가신청을 하게 된 것인데 이 사건 처분으로 말미암아 거액을 들여 구비한 장비·사무실 등을 오랜 기간 동안 사용하지 못한 채 방치하는 등 상당한 재산상 손해를 입게 되었다 할 것이므로, 이 사건 처분은 피고의 적정통보에 대한 원고의 신뢰를 저버린 행위로서 신뢰보호의 원칙에 반한다 할 것이고, 또한 이 사건 처분으로 인하여 피고가 달성하려는 '생활폐기물의 적정하고도 안정적인 처리'라는 공익과 원고가 입게 될 불이익을 비교·형량할 때, 생활폐기물 발생량의 변화 및 처리능력, 위 사업계획서 적정통보를 전후하여 14개 업체가 생활폐기물수집·운반업을 위한 사업계획서를 제출하였다는 사정만으로는 업체의 난립 및 과당경쟁으로 기존 청소질서가 파괴되어 안정적이고 효율적인 책임청소행정의 이행이 불가능함으로써 공익을 해할 것이라는 점을 인정하기 어려울 뿐만 아니라 이 사건 처분을 통하여 피고가 달성하려는 공익은 위 허가가 가능하리라고 믿은 원고가 입게 될 불이익보다도 더 크다고 보기도 어려우며, 위 김진세가 부산교통공단에 재직하면서 원고의 대표이사를 겸하고 있는 점은 관계 법령에서 정하는 생활폐기물 수집·운반업 허가제한사유 이외의 사유로서 공익상 필요와도 무관하므로 이 사건 처분은 결국 신뢰보호의 원칙 및 비례의 원칙에 반한 것으로서 재량권을 남용한 위법한 처분이라고 판단하였다.

79) 대법원 2005. 4. 28. 선고 2004두8828 판결【국토이용계획변경승인거부처분취소】: 폐기물관리법령에 의한 폐기물처리업 사업계획에 대한 적정통보와 국토이용관리법령에 의한 국토이용계획변경은 각기 그 제도적 취지와 결정단계에서 고려해야 할 사항들이 다르므로, 피고가 위와 같이 폐기물처리업 사업계획에 대하여 적정통보를 한 것만으로 그 사업부지 토지에 대한 국토이용계획변경신청을 승인하여 주겠다는 취지의 공적인 견해표명을 한 것으로 볼 수 없고, 그럼에도 불구하고 원고가 그 승인을 받을 것으로 신뢰하였다면 원고에게 귀책사유가 있다 할 것이므로, 이 사건 처분이 신뢰보호의 원칙에 위배된다고 할 수 없다.

다. 신고한 사항 중 환경부령으로 정하는 사항을 변경할 때에도 또한 같다(법 제17조 제2항).[80)]

5. 경제적 · 유인적 수단

a) 수수료 징수

특별자치도지사, 시장 · 군수 · 구청장은 제1항에 따라 생활폐기물을 처리할 때에는 배출되는 생활폐기물의 종류, 양 등에 따라 수수료를 징수할 수 있다. 이 경우 수수료는 해당 지방자치단체의 조례로 정하는 바에 따라 폐기물 종량제(從量制) 봉투 또는 폐기물임을 표시하는 표지 등을 판매하는 방법으로 징수한다(법 제14조 제4항). 특별자치도지사, 시장 · 군수 · 구청장은 조례로 정하는 바에 따라 종량제 봉투등의 제작 · 유통 · 판매를 대행하게 할 수 있다(법 제14조 제5항).

b) 쓰레기 종량제

생활폐기물의 배출에 있어서 쓰레기배출량에 비례하여 처리비용을 부담시키는 제도로서, 자원의 절약과 재활용촉진에 관한 법률 제9조에서 규율하고 있다. 1995년 1월 1일을 기점으로 전국적으로 시행되고 있다.

c) 과징금의 부과

생활폐기물 수집 · 운반 대행자에게 영업의 정지를 명령하려는 때에는 그 영업의 정지로 인하여 생활폐기물이 적체되어 지역주민의 건강에 위해가 발생되거나 발생될 우

---

80) 서울고법 2011.2.24. 선고 2010누27969 판결 : 확정【개발제한구역내행위허가신청불가처분취소】 : 폐기물처리시설을 설치할 목적으로 토지를 매수하면서 행정청으로부터 토지거래계약허가를 받고 폐기물처리시설 설치신고가 수리되었는데 그 후 행정청으로부터 개발제한구역 내 행위불허가처분을 받은 사안에서, 토지거래계약의 허가 및 폐기물처리시설 설치신고 수리과정에서 건축허가가 가능하다고 한 행정청의 견해표명은 그러한 이용 목적이 관계 법령상 허용되는 것인지 개별적 · 구체적으로 검토하여 그것이 가능할 경우에만 토지거래계약을 허가해 주고 폐기물 처리시설 설치신고를 수리하는 행정청의 실무처리관행 또는 내부업무처리지침에 따라 이루어진 것으로 보이고, 본래 토지거래계약허가를 받은 내용대로 제3 토지를 사업용(폐기물처리시설)으로 이용하기 위하여 건축허가를 신청하였던 점 및 허가 및 신고수리 과정에서 그 담당공무원들이 작성한 토지거래계약허가 현지조사의견서, 검토조서, 실무종합심의회 심의결과 등의 내용까지 고려하면, 이는 행정청이 위 토지거래계약의 허가 및 폐기물처리시설 설치신고수리를 통하여서나 그 과정에서 그 소속 공무원들을 통하여 폐기물처리시설을 위한 건축허가가 가능하다는 신뢰보호원칙상 공적 견해표명을 한 것이므로, 위 불허가처분은 신뢰보호원칙에 위배된다고 한 사례.

려가 있는 경우에는 대통령령으로 정하는 바에 따라 그 영업의 정지를 갈음하여 1억원 이하의 과징금을 부과할 수 있다(법 제14조 제8항).

d) 폐기물처리협약

시 · 도지사나 시장 · 군수 · 구청장은 폐기물의 발생 억제 및 처리를 위하여 관할 구역에서 폐기물을 배출하는 자 또는 이들로 구성된 단체와 협약을 체결할 수 있으며, 협약의 목표, 이행 방법 및 절차 등에 필요한 사항은 해당 지방자치단체의 조례로 정한다(법 제16조).

6. 사실적 수단

a) 폐기물통계조사

환경부장관, 시 · 도지사 또는 시장 · 군수 · 구청장은 폐기물 정책의 수립에 필요한 기초자료를 확보하기 위하여 폐기물 종류별 발생 · 처리현황, 폐기물처리업 등 관련 산업 현황, 폐기물 재활용률 등 자원생산성 향상에 관한 사항 등을 조사하여야 한다(법 제11조 제1항).

b) 유해성기준 준수조사

환경부장관은 폐기물을 재활용한 제품 또는 물질이 유해성기준을 준수하는지를 확인하기 위하여 시험 · 분석을 하거나 그 제품 또는 물질의 제조 또는 유통 실태를 조사할 수 있다(법 제13조의3 제3항).

c) 보고 · 검사 등

환경부장관, 시 · 도지사 또는 시장 · 군수 · 구청장은 이 법의 시행에 필요한 범위에서 환경부령으로 정하는 바에 따라 관계인에게 보고하게 하거나 자료를 제출하게 할 수 있으며, 관계 공무원에게 사무소나 사업장, 「관세법」 제154조에 따른 보세구역 등에 출입하여 관계 서류나 시설 또는 장비 등을 검사하게 할 수 있다(법 제39조 제1항).

d) 지원

국가는 예산의 범위에서 지방자치단체에 폐기물처리시설의 설치에 필요한 비용의 전부 또는 일부를 지원할 수 있다(법 제56조). 국가나 지방자치단체의 장은 필요하다고 인정하면 폐기물처리시설을 설치하려는 자에게 설치에 대한 재정적인 지원을 할 수 있다(법 제57조).

e) 폐기물처리의 위탁

사업장폐기물배출자는 그의 사업장에서 발생하는 폐기물을 스스로 처리하거나 제25조제3항에 따른 폐기물처리업의 허가를 받은 자, 폐기물처리 신고자, 제4조나 제5조에 따른 폐기물처리시설을 설치 · 운영하는 자, 「건설폐기물의 재활용촉진에 관한 법률」 제21조에 따라 건설폐기물 처리업의 허가를 받은 자 또는 「해양환경관리법」 제70조제1항제1호에 따라 폐기물 해양 배출업의 등록을 한 자에게 위탁하여 처리하여야 한다(법 제18조 제1항).

사업장폐기물배출자가 폐기물처리를 폐기물처리업자에게 위탁한 경우 폐기물배출자로서의 책임을 면제받게 되는가가 문제될 수 있다. 원칙적으로 사업장폐기물배출자가 법령에서 규정된 폐기물처리업자에게 처리를 위탁하는 것으로 사업자의 폐기물처리책임을 완수한 것으로 보아야 할 것이다. 이에 반하여 폐기물처리업자가 위탁받은 폐기물을 적정하게 처리하지 아니한 경우에 사업장폐기물배출자에게도 민법 제756조의 사용자책임 또는 제757조의 도급인책임을 묻는 등 무거운 책임을 부담시켜야 한다는 주장도 있다.[81)]

f) 폐기물처리 담당자 교육

폐기물처리업에 종사하는 기술요원, 폐기물처리시설의 기술관리인, 그 밖에 대통령령으로 정하는 폐기물 처리 담당자는 환경부령으로 정하는 교육기관이 실시하는 교육을 받아야 한다(법 제35조 제1항).

7. 의무이행확보수단

a) 행정처분에 따른 권리 · 의무 승계

폐기물처리업자, 제29조에 따른 폐기물처리시설의 설치승인을 받거나 신고를 한 자 또는 폐기물처리 신고자가 폐기물처리업, 폐기물처리시설 또는 제46조제1항에 따른 시

---

81) 조홍식, 폐기물관리법상 사업장폐기물 배출사업자의 법적 책임, 법학 45권 2호(2004), 147면 이하.

설을 양도하거나 사망한 경우 또는 법인이 합병한 경우에는 그 양수인이나 상속인 또는 합병 후 존속하는 법인이나 합병으로 설립되는 법인은 허가 · 승인 또는 신고에 따른 권리 · 의무를 승계한다(법 제33조 제1항). 「민사집행법」에 따른 경매, 「채무자 회생 및 파산에 관한 법률」에 따른 환가(換價)나 「국세징수법」 · 「관세법」 또는 「지방세기본법」에 따른 압류재산의 매각, 그 밖에 이에 준하는 절차에 따라 폐기물처리업자, 제29조에 따른 폐기물처리시설의 설치승인을 받거나 신고를 한 자 또는 폐기물처리 신고자로부터 폐기물처리시설 등을 인수한 자는 허가 · 승인 또는 신고에 따른 권리 · 의무를 승계한다.[82] 이 경우 종전의 폐기물처리업자, 폐기물처리시설 설치자에 대한 허가, 승인 또는 폐기물처리 신고자의 신고는 그 효력을 잃는다(법 제33조 제2항).

행정처분에 따른 권리 · 의무의 승계를 규정한 것은 폐기물처리업자의 변경이나 폐기물처리시설의 양도 등의 시기에 발생할 수 있는 관리의 공백을 메우고자 함이다. 여기서 '허가 · 승인 또는 신고에 따른 권리 · 의무'란 행정처분으로 인하여 또는 사인의 공법행위로서 신고로 인하여 발생하는 공법상의 권리 · 의무라고 할 것이다.[83] 문제는 이러한

---

82) 대법원 2002.10.22. 선고 2002다46331 판결 토지인도: 폐기물관리법 제24조 제5항 후문에 의하면, 민사집행법(구 민사소송법)에 의한 경매, 파산법에 의한 환가나 국세징수법 · 관세법 또는 지방세법에 의한 압류재산의 매각 기타 이에 준하는 절차에 따라 사업장폐기물배출자의 사업을 인수한 자는 당해 사업장폐기물과 관련한 권리 · 의무를 승계한다고 규정되어 있는바, 폐기물관리법이 폐기물을 적정하게 처리하여 자연환경 및 생활환경을 청결히 함으로써 환경보전과 국민생활의 질적 향상에 이바지함을 목적으로 하고(제1조), 환경정책기본법 제7조 및 폐기물관리법 제24조 제1항, 제25조가 오염원인자 책임원칙을 규정하고 있는 점에 비추어 보면, 위 승계규정은 방치되는 폐기물의 발생을 예방하기 위하여 오염원인자 책임원칙을 확장한 것으로서 위와 같은 인수자가 사업장폐기물배출자의 공법상 권리 · 의무를 승계한다는 취지일 뿐이고, 이로써 사업장폐기물배출자의 사법상 권리 · 의무까지 당연히 승계되는 것은 아니라고 보아야 한다. 원심이 확정한 사실관계 및 기록에 의하면, 원고는 염료 및 계면활성제 제조판매업 등을 목적으로 하는 회사이고, 피고(변경 전 상호, 한남실업 주식회사)는 염료 · 안료 제조업 및 판매업 등을 목적으로 하는 회사인 사실, 공장저당법에 의하여 근저당권이 설정되어 있던 피고 소유의 이 사건 공장 대지와 건물 및 기계기구에 대하여 일괄경매가 실시된 결과, 원고가 2000. 9. 4. 이를 낙찰받아 대금을 완납함으로써 그 소유권을 취득한 사실, 그런데 이 사건 공장 대지 중 원심판결의 도면 ①, ②, ③ 표시 부분 각 지상에는 피고가 염료 및 안료를 생산하는 과정에서 배출한 사업장폐기물인 폐수처리 오니(汚泥) 1,500t(이하 '이 사건 폐기물'이라 한다)이 폐기물관리법에 따라 처리되지 아니한 채 500kg 단위의 점보백에 포장된 상태로 적치되어 있는 사실을 알 수 있는바, 사정이 이러하다면, 이 사건 폐기물의 배출자인 피고는 이 사건 폐기물을 독립된 물건의 형태로 원고 소유의 이 사건 공장 대지 위에 적치함으로써 원고의 소유권을 방해하고 있음이 분명하므로, 특별한 사정이 없는 한 위 방해배제를 구하는 원고에 대하여 이 사건 폐기물을 취거하고 그 부분 대지를 인도할 의무가 있으며, 이 사건 공장 대지와 건물 및 기계기구를 일괄하여 취득한 원고가 위 승계규정에 따라 이 사건 폐기물에 관한 피고의 지위를 승계함으로써 행정청에 대하여 공법상 의무를 부담한다 하더라도, 위와 같은 피고의 사법상 취거 및 인도 의무에 무슨 변동이 생기는 것은 아니다.

83) 김홍균, 환경법, 홍문사, 2010, 509면.

법규정을 통하여 폐기물관리와 관련하여 당사자의 책임을 가중시키는 반면, 행정주체는 뒷짐을 지고 문제가 발생하면 당사자에게 그 책임을 추궁하려는 태도이다. 이러한 행정의 태도는 결국 민간부분의 활동을 제한하게 되고 결과적으로는 민간활동이 위축됨으로 인하여 부가가치가 창출되지 못하게 되고 그렇다면 사업자 등은 폐기물을 처리할 동인을 상실하게 된다. 여기서 국가 등 공공부문에서 적극적으로 개입하여 사업의 양도가 개시되는 경우에 폐기물과 관련된 정보를 제공하고 일정한 검사를 실시함으로써 사업자가 부담없이 사업을 영위할 수 있는 체제로의 개편이 요청된다.

b) 사업장폐기물 관련 권리 · 의무의 승계

사업장폐기물배출자가 그 사업을 양도하거나 사망한 경우 또는 법인이 합병한 경우에는 그 양수인 · 상속인 또는 합병 후 존속하는 법인이나 합병에 의하여 설립되는 법인은 그 사업장폐기물과 관련한 권리와 의무를 승계하며, 「민사집행법」에 따른 경매, 「채무자 회생 및 파산에 관한 법률」에 따른 환가(換價)나 「국세징수법」 · 「관세법」 또는 「지방세기본법」에 따른 압류재산의 매각, 그 밖에 이에 준하는 절차에 따라 사업장폐기물배출자의 사업장 전부 또는 일부를 인수한 자는 그 사업장폐기물과 관련한 권리와 의무를 승계한다(법 제17조).

사업장폐기물배출자가 사업장 내에 폐기물을 적치하거나 폐기물이 매립되어 있음을 알고서도 이를 처리하지 아니하고 사업을 양도한 경우 또는 사업장을 매각한 경우 그 처리책임과 관련하여 문제가 제기되어 왔다.[84] 이에 폐기물관리법 제17조 제6항과 제7항은 "사업장폐기물배출자가 그 사업을 양도하거나 사망한 경우 또는 법인이 합병한 경우에는 그 양수인 · 상속인 또는 합병 후 존속하는 법인이나 합병에 의하여 설립되는 법인은 그 사업장폐기물과 관련한 권리와 의무를 승계"하며, "「민사집행법」에 따른 경매, 「채무자 회생 및 파산에 관한 법률」에 따른 환가(換價)나 「국세징수법」 · 「관세법」 또는

84) 참조: 서울고법 1999. 2. 2. 선고 98나22989 판결:상고: 매립지에 은밀하게 폐기물을 불법 매립한 사실이 추후 드러나는 경우 그 매립사실을 모르고 토지를 취득한 발각 당시의 토지소유자는 행정청으로부터 폐기물의 제거명령을 받거나 기타 토지 사용의 필요상 이를 반드시 제거하여야 할 것이므로, 그로 인해 손해를 입을 것은 필연적으로 예상되는 결과이나, 은밀하게 행해진 불법매립 행위의 성질에 비추어 불법매립자의 위법행위와 폐기물의 제거를 위한 현실적인 손해의 발생 사이에는 시간적인 간격이 있게 되고, 이러한 경우에는 단지 관념적이고 부동적인 상태에서 잠재적으로만 존재하던 손해가 그 후 현실화되었다고 볼 수 있는 때에 불법행위가 완성된다고 보아야 할 것이어서, 폐기물을 불법 매립한 자는 그 후 매립지의 소유권을 취득한 자가 그 폐기물을 제거하기 위하여 입은 손해를 배상할 책임이 있다.

「지방세기본법」에 따른 압류재산의 매각, 그 밖에 이에 준하는 절차에 따라 사업장폐기물배출자의 사업장 전부 또는 일부를 인수한 자는 그 사업장폐기물과 관련한 권리와 의무를 승계한다."고 규정하고 있다.

사업장폐기물배출자의 영업양도가 가지는 법적 측면은 먼저 상법의 측면과 공법으로서 폐기물관리법의 측면으로 나누어 볼 수 있다.[85]

상법 제42조(상호를 속용하는 양수인의 책임) 제1항에 의하면 "영업양수인이 양도인의 상호를 계속 사용하는 경우에는 양도인의 영업으로 인한 제삼자의 채권에 대하여 양수인도 변제할 책임이 있다."고 규정하고 있으며, 제2항은 "전항의 규정은 양수인이 영업양도를 받은 후 지체없이 양도인의 채무에 대한 책임이 없음을 등기한 때에는 적용하지 아니한다. 양도인과 양수인이 지체없이 제삼자에 대하여 그 뜻을 통지한 경우에 그 통지를 받은 제삼자에 대하여도 같다."고 규정하고 있다. 동 책임은 영업양수에 따르는 책임이라기보다는 상호의 속용으로 인하여 이러한 외관을 믿은 선의의 제3자를 보호하려는 것이다. 상법상의 책임은 상호의 속용이 없거나 제2항에 근거하여 양수인이 조치를 취한 경우에는 한계가 있다.

폐기물관리법에 의하면 사업장폐기물배출자가 사업을 양도한 경우 양수인은 그 사업장폐기물과 관련한 권리와 의무를 승계한다고 규정하고, 나아가 민사집행법상 경매나 공매 그 밖에 이에 준하는 절차에 따라서 사업장폐기물배출자의 사업장 전부 또는 일부를 인수한 자에 대해서도 동일하게 적용하고 있다.[86] 폐기물관리법의 규정 취지는 사

85) 김홍균, 환경법, 홍문사, 2010, 504면 이하.

86) 대법원 2002. 10. 22. 선고 2002다46331 판결【토지인도】: 폐기물관리법 제24조 제5항 후문에 의하면, 민사집행법(구 민사소송법)에 의한 경매, 파산법에 의한 환가나 국세징수법·관세법 또는 지방세법에 의한 압류재산의 매각 기타 이에 준하는 절차에 따라 사업장폐기물배출자의 사업을 인수한 자는 당해 사업장폐기물과 관련한 권리·의무를 승계한다고 규정되어 있는바, 폐기물관리법이 폐기물을 적정하게 처리하여 자연환경 및 생활환경을 청결히 함으로써 환경보전과 국민생활의 질적 향상에 이바지함을 목적으로 하고(제1조), 환경정책기본법 제7조 및 폐기물관리법 제24조 제1항, 제25조가 오염원인자 책임원칙을 규정하고 있는 점에 비추어 보면, 위 승계규정은 방치되는 폐기물의 발생을 예방하기 위하여 오염원인자 책임원칙을 확장한 것으로서 위와 같은 인수자가 사업장폐기물배출자의 공법상 권리·의무를 승계한다는 취지일 뿐이고, 이로써 사업장폐기물배출자의 사법상 권리·의무까지 당연히 승계되는 것은 아니라고 보아야 한다. 원심이 확정한 사실관계 및 기록에 의하면, 원고는 염료 및 계면활성제 제조판매업 등을 목적으로 하는 회사이고, 피고(변경 전 상호, 한남실업 주식회사)는 염료·안료 제조업 및 판매업 등을 목적으로 하는 회사인 사실, 공장저당법에 의하여 근저당권이 설정되어 있던 피고 소유의 이 사건 공장 대지와 건물 및 기계기구에 대하여 일괄경매가 실시된 결과, 원고가 2000. 9. 4. 이를 낙찰받아 대금을 완납함으로써 그 소유권을 취득한 사실, 그런데 이 사건 공장 대지 중 원심판결의 도면 ①, ②, ③ 표시 부분 각 지상에는 피고가 염료 및 안료를 생산하는 과정에서 배출한 사업장폐기물인 폐수처리 오니(오니) 1,500t(이하 '이 사건 폐기

업양도로 인하여 사업장폐기물의 처리 책임이 소멸하게 되는 것을 방지하여 철저하게 책임을 부담시키고자 하는 것이다.

다만 문제는 이로 인하여 양수인이 과다한 책임을 부담하게 되는 것이다. 동 규정은 행정편의적인 입장에서 그 처리 책임을 일방적으로 양수인에게 전가시키는 것으로서 원인자책임의 원칙에 충실하지 못한 측면이 있음을 부인할 수 없다. 그러므로 양수인에게 처리책임으로부터 면제될 수 있는 길을 열어주어야 할 것이며, 기본적으로 그 처리책임을 사인에게 끝까지 부담시키고자 하는 고루한 사고에서 벗어나서 사전에 철저한 관리 · 감독을 다하지 못한 행정청의 책임으로 보아야 할 것이고, 이에 대해서는 결국 국가 내지 지방자치단체가 최종적인 처리 책임을 부담하는 시스템을 구축하여야 할 것이다.

c) 허가의 취소

환경부장관이나 시 · 도지사는 폐기물처리업자가 다음 각 호의 어느 하나에 해당하면 그 허가를 취소하여야 한다: 1. 속임수나 그 밖의 부정한 방법으로 허가를 받은 경우 2. 제26조제1호부터 제4호까지 또는 제6호의 결격사유 중 어느 하나에 해당되는 경우. 다만, 법인의 임원 중 제26조제6호에 해당하는 자가 있는 경우 2개월 이내에 그 임원을 바꾸어 임명하면 그러하지 아니하다. 3. 제40조제1항에 따른 조치를 하지 아니한 경우 4. 제40조제8항에 따른 계약 갱신 명령을 이행하지 아니한 경우 5. 영업정지기간 중 영업행위를 한 경우(법 제27조 제1항).[87)]

d) 폐기물처리시설의 사후관리이행보증금

환경부장관은 제50조제2항에 따라 사후관리 대상인 폐기물을 매립하는 시설이 그 사

물'이라 한다)이 폐기물관리법에 따라 처리되지 아니한 채 500kg 단위의 점보백에 포장된 상태로 적치되어 있는 사실을 알 수 있는바, 사정이 이러하다면, 이 사건 폐기물의 배출자인 피고는 이 사건 폐기물을 독립된 물건의 형태로 원고 소유의 이 사건 공장 대지 위에 적치함으로써 원고의 소유권을 방해하고 있음이 분명하므로, 특별한 사정이 없는 한 위 방해배제를 구하는 원고에 대하여 이 사건 폐기물을 취거하고 그 부분 대지를 인도할 의무가 있으며, 이 사건 공장 대지와 건물 및 기계기구를 일괄하여 취득한 원고가 위 승계규정에 따라 이 사건 폐기물에 관한 피고의 지위를 승계함으로써 행정청에 대하여 공법상 의무를 부담한다 하더라도, 위와 같은 피고의 사법상 취거 및 인도 의무에 무슨 변동이 생기는 것은 아니다.

87) 대법원 2008.4.11. 선고 2007두17113 판결: 폐기물중간처리업 허가를 받은 사람이 영업장 소재지 토지와 폐기물처리설을 모두 양도하여 영업 자체가 불가능하게 되었다면, 관할관청은 구 폐기물관리법 제28조 제4호 에 따라 그 허가를 취소할 수 있고 그 경우 휴업신고를 할 수 없다.

용종료 또는 폐쇄 후 침출수의 누출 등으로 주민의 건강 또는 재산이나 주변환경에 심각한 위해(危害)를 가져올 우려가 있다고 인정하면 대통령령으로 정하는 바에 따라 그 시설을 설치한 자에게 그 사후관리의 이행을 보증하게 하기 위하여 사후관리에 드는 비용의 전부 또는 일부를 「환경개선특별회계법」에 따른 환경개선특별회계에 예치하게 할 수 있다. 다만, 다음 각 호의 어느 하나에 해당하면 대통령령으로 정하는 바에 따라 사후관리에 드는 비용의 예치를 면제하거나 사후관리에 드는 비용의 전부나 일부의 예치에 갈음하게 할 수 있다(법제51조): 1. 사후관리의 이행을 보증하는 보험에 가입한 경우 2. 제52조에 따라 사후관리에 드는 비용을 사전에 적립한 경우 3. 그 밖에 대통령령으로 정하는 경우.

e) 사용종료 또는 폐쇄 후의 토지 이용 제한 등

환경부장관은 제50조제2항에 따라 사후관리 대상인 폐기물을 매립하는 시설의 사용이 끝나거나 시설이 폐쇄된 후 침출수의 누출, 제방의 유실 등으로 주민의 건강 또는 재산이나 주변환경에 심각한 위해를 가져올 우려가 있다고 인정되면 대통령령으로 정하는 바에 따라 그 시설이 있는 토지의 소유권 또는 소유권 외의 권리를 가지고 있는 자에게 대통령령으로 정하는 기간에 그 토지 이용을 수목(樹木)의 식재, 초지의 조성 또는 「도시공원 및 녹지 등에 관한 법률」 제2조제4호에 따른 공원시설, 「체육시설의 설치 · 이용에 관한 법률」 제2조제1호에 따른 체육시설, 「문화예술진흥법」 제2조제1항제3호에 따른 문화시설, 「신에너지 및 재생에너지 개발 · 이용 · 보급 촉진법」 제2조제2호에 따른 신 · 재생에너지 설비의 설치에 한정하도록 그 용도를 제한할 수 있다(법제54조).

f) 벌칙

법 제63조 이하에서는 동법의 조항들을 위반한 경우에 부과되는 형벌, 벌금 그리고 과태료 등 벌칙들을 규정하고 있다.[88] 법 제62조제2항 또는 제3항에 따라 위탁받은 업무

---

88) 대법원 2009.2.12. 선고 2007도5372 판결: 폐기물처리시설을 설치 · 운영하는 자가 폐기물을 처리하는 과정에서 수질오염물질 · 특정수질유해물질 또는 침출수를 배출함에 있어, 중간처리시설의 경우에는 매립시설의 침출수처리시설, 자가수질오염방지시설, 폐수종말처리시설, 하수종말처리시설 또는 분뇨처리시설에서 처리하는 오염물질을 그 시설에 이송 · 처리하거나, 관리형 매립시설의 경우에는 다른 매립시설의 침출수처리시설, 자가수질오염방지시설, 폐수종말처리시설, 하수종말처리시설 또는 분뇨처리시설에 처리하는 오염물질을 그 시설에 이송 · 처리하는 때에는 수질오염물질 · 특정수질유해물질 또는 침출수가 수질환경보전법 시행규칙 [별표 5]의 규정에 의한 배출허용기준이나 시행규칙 [별표 8] 제2호 (나)목(2)의 (가)에서 정

를 하는 자 중 공무원이 아닌 자는 「형법」 제129조부터 제132조까지의 규정에 따른 벌칙을 적용하는 경우 공무원으로 본다(법 제62조의2). 법인의 대표자나 법인 또는 개인의 대리인, 사용인, 그 밖의 종업원이 그 법인 또는 개인의 업무에 관하여 제63조부터 제66조까지의 어느 하나에 해당하는 위반행위를 하면 그 행위자를 벌하는 외에 그 법인 또는 개인에게도 해당 조문의 벌금형을 과(科)한다.[89] 다만, 법인 또는 개인이 그 위반행위를 방지하기

하는 침출수배출허용기준 이내로 배출되도록 유지 · 관리하지 아니하여도 된다고 보아야 할 것이다. 다만, 그 이송 · 처리하는 시설에서 처리하는 오염물질 외의 오염물질에 대하여는 위와 같은 배출허용기준 이내로 배출되도록 유지 · 관리하여야 할 것이다. 한편, 폐기물처리시설을 관리기준에 적합하지 아니하게 유지 · 관리하여 주변환경을 오염시켰다고 인정하여 폐기물관리법 제61조 제14호 위반행위로 처벌하기 위해서는 폐기물처리시설의 관리기준에 위반한 유지 · 관리행위로 인하여 환경정책기본법 등 환경관련 법령이 규정하고 있는 오염물질이 배출되거나 그로 인하여 사람의 건강이나 환경에 피해를 주는 정도에 이르러야 할 것이다(대법원 2005. 12. 8. 선고 2004도4150 판결 참조).

대법원 2006.1.26. 선고 2005도7281 판결: 구 폐기물관리법(2002. 1. 26. 법률 제6627호로 개정되기 전의 것) 제7조 제2항 에서 '법에 의하여 허가를 받은 매립시설'이라 함은 허가권자로부터 허가를 받은 위치 및 면적, 규모, 형태의 당해 시설을 의미하는 것이므로, 허가를 받은 매립시설이라도 변경허가를 받음이 없이 제방을 증 · 개축하거나 기타의 방법으로 매립면적을 확장하여 매립용량을 증가시켰다면, 그 확장된 부분은 위 법조항에서 말하는 적법한 매립시설에 포함될 수 없다 할 것이고, 폐기물 처리업자가 허가 없이 제방을 증 · 개축하는 등의 방법으로 매립면적을 불법 확장하여 매립용량을 증가시키는 행위를 한 경우에는 그 행정절차 위반 자체를 이유로 같은 법 제60조 제4호 에 의하여 처벌되는 것이 당연하고, 그와 같은 행위를 한 자가 더 나아가 그 확장된 부분 즉 허가받은 매립시설 외의 곳에 폐기물을 매립한 경우에는 같은 법 제60조 제4호 에 의해 처벌되는 죄 외에 같은 법 제58조의2 에 의해 처벌되는 죄도 성립되어 양죄가 실체적 경합관계에 있는 것으로 보아야 할 것이다.

대법원 2005.12.08. 선고 2004도4150 판결[폐기물관리법위반]: 환경정책기본법은 제3조 제3호에서 '환경오염'이라 함은 사업 활동 기타 사람의 활동에 따라 발생하는 대기오염, 수질오염, 토양오염, 해양오염, 방사능오염, 소음 · 진동, 악취, 일조방해 등으로서 사람의 건강이나 환경에 피해를 주는 상태를 말한다고 규정하는 한편, 제10조에서 정부는 국민의 건강을 보호하고 쾌적한 환경을 조성하기 위하여 환경기준을 설정하여야 하고 그 환경기준은 대통령령으로 정한다고 규정하고 있고, 그 위임을 받은 법 시행령 [별표 1] '환경기준'에서 대기, 소음, 수질의 항목별 기준을 규정하고 있으며, 대기환경보전법, 수질환경보전법, 토양환경보전법, 해양오염방지법 및 각 시행규칙 등에서는 대기, 수질, 토양, 해양 등의 오염물질을 구체적으로 규정하고 있으므로, 폐기물을 그 보관 · 처리 등의 기준 및 방법에 위반하여 보관 · 처리함으로써 주변 환경을 오염시켰다고 인정하여 폐기물관리법 제61조 제1호 위반행위로 처벌하기 위하여는, 폐기물의 보관 · 처리 등 기준 및 방법에 위반한 보관 · 처리행위로 인하여 위와 같은 환경관련 법령이 규정하고 있는 오염물질이 배출되거나 그로 인하여 사람의 건강이나 환경에 피해를 주는 정도에 이르러야 할 것이고, 이에 이르지 못한 경우라면 폐기물관리법 제63조 제1항 제1호에 의하여 과태료에 처할 수 있을 뿐 제61조 제1호에 의하여 처벌할 수는 없다.

청주지법 2008.5.1. 선고 2007구합431 판결 : 확정 : 행정상 제재수단의 하나인 폐기물관리법상 과태료부과처분은 폐기물관리법 및 비송사건절차법에 정한 준사법적절차에 의하도록 규정되어 있으므로, 행정소송의 대상이 되는 처분이라고 볼 수 없다.

89) 대법원 2007.12.28. 선고 2007도8401 판결: 주한미군 부평교역처 보급창의 폐기물처리업무를 담당하는 직원이 적법한 신고절차 없이 미허가 · 미신고의 폐기물처리업자에게 사업장폐기물을 처리하게 한 사안에

위하여 해당 업무에 관하여 상당한 주의와 감독을 게을리하지 아니한 경우에는 그러하지 아니하다(법 제67조).[90)]

서, 위 직원은 위 보급창의 일반적인 통제 · 감독을 받으면서도 폐기물처리에 관한 어느 정도의 독자적 권한이 있으므로, 구 폐기물관리법(2007. 1. 3. 법률 제8213호로 개정되기 전의 것) 제62조의 양벌규정이 적용되는 대리인 · 사용인 기타의 종업원에 해당한다.

90) 대법원 2010.9.30. 선고 2009도3876 판결【폐기물관리법위반 · 대기환경보전법위반】: 폐기물관리법에서 위와 같이 양벌규정을 따로 둔 취지는, 이 사건 법률조항이 적용되는 위반행위는 통상 개인적인 차원보다는 법인의 업무와 관련하여 반복적 · 계속적으로 이루어질 가능성이 크다는 점을 감안하여, 법인의 대표자가 그 업무와 관련하여 위반행위를 저지른 경우에는 그 법인도 형사처벌 대상으로 삼음으로써 위와 같은 위반행위 발생을 방지하고 위 조항의 규범력을 확보하려는 데 있다. 또한, 법인은 기관을 통하여 행위하므로 법인이 대표자를 선임한 이상 그의 행위로 인한 법률효과는 법인에게 귀속되어야 하고, 법인 대표자의 범죄행위에 대하여는 법인 자신이 책임을 져야 하는바, 법인 대표자의 법규위반행위에 대한 법인의 책임은 법인 자신의 법규위반행위로 평가될 수 있는 행위에 대한 법인의 직접책임으로서, 대표자의 고의에 의한 위반행위에 대하여는 법인 자신의 고의에 의한 책임을, 대표자의 과실에 의한 위반행위에 대하여는 법인 자신의 과실에 의한 책임을 지는 것이다(헌법재판소 2010. 7. 29. 선고 2009헌가25 전원재판부 결정 참조). 따라서 이 사건 법률조항 중 법인의 대표자 관련 부분은 대표자의 책임을 요건으로 하여 법인을 처벌하는 것이므로 위 양벌규정에 근거한 형사처벌이 형벌의 자기책임원칙에 반하여 헌법에 위배된다고 볼 수 없다.

헌법재판소 2009. 10. 29. 2009헌가6 전원재판부 의료법 제91조 제2항 위헌제청: 이 사건 법률조항은 개인이 고용한 종업원 등의 무면허의료행위 사실이 인정되면 종업원 등의 범죄행위에 대한 영업주의 가담 여부나 종업원 등의 행위를 감독할 주의의무의 위반 여부 등을 전혀 묻지 않고 곧바로 영업주인 개인을 종업원 등과 같이 처벌하도록 규정하고 있는바, 이는 아무런 비난받을 만한 행위를 한 바 없는 자에 대해서까지 다른 사람의 범죄행위를 이유로 처벌하는 것으로서 형벌에 관한 책임주의에 반하므로 헌법에 위반된다.

재판관 이공현의 별개의견: 이 사건 법률조항은 종업원 등의 무면허의료행위에 대한 개인 영업주의 관여나 선임감독상의 과실 등과 같은 책임을 구성요건으로 규정하지 않은 채 종업원 등의 일정한 범죄행위가 인정되면 그 종업원 등을 처벌하는 동시에 자동적으로 개인 영업주도 처벌하는 것으로 규정하고 있어,종업원 등의 범죄에 아무런 귀책사유가 없는 개인 영업주에 대해서도 처벌할 수 있는 것처럼 규정하고 있다. 나아가, 가사 이 사건 법률조항을 종업원 등에 대한 선임감독상의 과실 있는 개인 영업주를 처벌하는 규정으로 보는 경우라 해도 과실밖에 없는 개인 영업주를 고의의 본범과 동일한 법정형으로 처벌하는 것은 각자의 책임에 비례하는 형벌의 부과라고 보기 어려운바,이 사건 법률조항은 헌법에 위반된다 할 것이다.

재판관 조대현의 일부위헌의견: 이 사건 법률조항은 개인의 피용자가 무면허의료행위를 한 경우에 그 사용자도 행위자와 함께 형사처벌하게 하면서, 피용자의 위법행위가 사용자의 업무에 관하여 행해진 것이든 사용자의 업무와 무관하게 이루어진 것이든 묻지 않고 있다. 그러나 피용자가 사용자의 업무와 무관하게 위법행위를 한 경우에는, 그러한 피용자의 행위에 대해서도 사용자에게 지휘 · 감독의무가 있다고 볼 수 없으므로, 그 경우에도 피용자의 위법행위에 대하여 사용자를 처벌하는 것은 책임주의원칙에 어긋나 헌법에 위반된다.

재판관 이동흡의 반대의견: 이 사건 법률조항에서 무면허의료행위를 한 자 이외에 영업자를 그와 동일한 벌금형으로 처벌하도록 하는 것은 종업원 등의 그와 같은 위반행위가 이익의 귀속주체인 영업주의 묵인 또는 방치로 인하여 발생 또는 강화될 가능성이 높아 영업주에 대한 비난가능성이 높음에도 공범으로서의 입증가능성은 오히려 낮을 수 있다는 점을 감안한 것인바, 이는 영업주의 선임 감독상의 주의의무위반행위에 대한 강력한 처벌을 하려는 입법자의 의지를 반영한 것이다. 다만, 이 사건 법률조항은 '업무에 관하

Ⅲ. 폐기물 처리책임

폐기물의 처리와 관련하여 처리책임을 부담하는 자에 대한 폐기물관리법의 주요 규정은 다음과 같다:

제3조의2(폐기물 관리의 기본원칙) ② 누구든지 폐기물을 배출하는 경우에는 주변 환경이나 주민의 건강에 위해를 끼치지 아니하도록 사전에 적절한 조치를 하여야 한다. ④ 폐기물로 인하여 환경오염을 일으킨 자는 오염된 환경을 복원할 책임을 지며, 오염으로 인한 피해의 구제에 드는 비용을 부담하여야 한다.

제17조(사업장폐기물배출자의 의무 등) ⑥ 사업장폐기물배출자가 그 사업을 양도하거나 사망한 경우 또는 법인이 합병한 경우에는 그 양수인 · 상속인 또는 합병 후 존속하는 법인이나 합병에 의하여 설립되는 법인은 그 사업장폐기물과 관련한 권리와 의무를 승계한다. ⑦「민사집행법」에 따른 경매,「채무자 회생 및 파산에 관한 법률」에 따른 환가(換價)나「국세징수법」·「관세법」또는「지방세기본법」에 따른 압류재산의 매각, 그 밖에 이에 준하는 절차에 따라 사업장폐기물배출자의 사업장 전부 또는 일부를 인수한 자는 그 사업장폐기물과 관련한 권리와 의무를 승계한다.

제48조(폐기물 처리에 대한 조치명령) 환경부장관, 시 · 도지사 또는 시장 · 군수 · 구청장은 폐기물이 제13조에 따른 폐기물의 처리 기준과 방법 또는 제13조의2에 따른 폐기물의 재활용 용도 또는 방법에 맞지 아니하게 처리되거나 제8조제1항 또는 제2항을 위반하여 버려지거나 매립되면 다음 각 호의 어느 하나에 해당하는 자에게 기간을 정하여 폐기물의 처리방법 변경, 폐기물의 처리 또는 반입 정지 등 필요한 조치를 명할 수 있다. 1. 폐기물을 처리한 자 2. 제17조제1항제3호에 따른 확인을 하지 아니하고 위탁한 자 3. 폐기물을 직접 처리하거나 다른 사람에게 자기 소유의 토지 사용을 허용한 경우 폐기물이 버려지거나 매립된 토지의 소유자.[91)]

여'라는 구성요건을 두고 있지 아니하나, 종업원 등의 위반행위를 원인으로 하여 영업주에게 형사책임을 인정하기 위해서는 종업원 등의 범죄행위에 대하여 아무런 관련이 없는 영업주까지 포함되는 것이 아니라 당해 영업주의 '업무'에 관하여 종업원의 '위반행위', 즉 무면허의료행위가 있는 경우에 한정된다고 해석하여야 할 것이다.

91) 헌법재판소 2010.05.27. 선고 2007헌바53 전원재판부 건설폐기물의재활용촉진에관한법률제44조제1호등 위헌소원: 폐기물의 발생을 억제하고 발생한 폐기물을 적정하게 처리하여 환경보전과 국민생활의 질적 향상을 도모하려는 이 사건 법률조항들의 입법목적은 정당하고, 직접적인 오염원인자 이외에 폐기물이 방치된 토지의 소유자에게도 폐기물 처리책임을 확장하여 인정하는 것은 위와 같은 입법 목적을 달성하는 데

제7절 화학물질관리법

Ⅰ. 서설

최근에 들어서 화학물질로 인해서 인명이나 신체에 손상을 입는 사고가 자주 발생하게 되었다. 구미와 수원의 공장들로부터 불산이 유출되어서 심각한 손해를 가져왔다. 2012년 9월 27일 경상북도 구미시 산동면 봉산리 구미 제4국가산업단지에 위치한 '휴브글로브'라는 화학제품 생산회사로부터 '플루오린화 수소가스'가 유출되어서 5명이 사망하고 18명의 부상자가 발생하였다. 그리고 그 지역 주변의 주민들과 생태계에 커다란 피해를 주었다. 약 2,000명이 넘는 주민들이 치료를 받았다고 보도되었다. 2012년 9월에 경상북도 상주시의 한 공장에서는 약 200톤의 염산이 다량으로 누출되는 사고가 발생하였다. 다행히 인명사고는 보도되지 않았으나, 앞으로 계속하여 이러한 사고가 발생하게 될 것이 염려된다. 2013년 1월 28일에는 삼성전자의 화성사업장에서 불산이 누출되어서 불산 용액 배관교체 작업자 1명의 사망자와 4명의 부상자를 야기하였다. 2013년 3월 5일에는 경상북도 구미시 공단동 제1국가산업단지에 위치한 (주)구미케미칼에서 약 400리터의 염소가스가 누출되는 사고가 발생하였다.

이러한 화학물질의 누출은 국민의 신체나 생명에 치명적인 손상을 가져와서 불안에 떨게 한다. 이에 화학물질에 대하여 보다 강화된 관리체계가 요청되는바, 다음에서 보듯이 화학물질관리법과 화학물질의 등록 및 평가 등에 관한 법률이 제정되었다.

에 효과적인 방법이다. 나아가 이 사건 법률조항들로 인한 토지소유자의 책임은 보충적인 처리책임인데, 만일 방치폐기물에 대한 책임을 직접적 원인제공자에게만 한정하고 그 외의 경우에는 항상 국가나 지방자치단체가 이를 부담한다면, 폐기물의 방치가 조장되거나 폐기물의 처리가 적시에 이행되기 어려울 수 있으며, 무엇보다 폐기물 방치에 아무런 원인도 제공하지 않은 일반 국민들에게 막대한 비용을 떠안기게 되는 불합리한 결과를 초래하게 된다. 한편 관계법령은 방치폐기물처리 이행보증제도를 마련하여 폐기물처리업자가 방치한 폐기물에 대한 1차적 처리를 담당하게 하고 있다. 또한 이 사건 법률조항들로 인하여 토지소유자들이 입게 되는 불이익보다는 이로 인하여 얻게 될 환경보전이라는 공익이 훨씬 크다. 그렇다면 이 사건 심판대상 조항들이 재산권을 지나치게 제한하여 헌법에 위배되는 것으로 볼 수는 없다.

Ⅱ. 화학물질관리법

화학물질관리법의 목적은 화학물질로 인한 국민건강 및 환경상의 위해(危害)를 예방하고 화학물질을 적절하게 관리하는 한편, 화학물질로 인하여 발생하는 사고에 신속히 대응함으로써 화학물질로부터 모든 국민의 생명과 재산 또는 환경을 보호하는 것을 목적으로 한다(법제1조).[92)]

화학물질관리법의 주된 내용은 다음과 같다:

A. 총칙

화학물질관리법에 있어서 총칙적인 규정으로는 제1조 목적 제2조 정의 제3조 적용범위 제4조 국가 및 지방자치단체의 책무 제5조 화학물질 취급자의 책무 제6조 화학물질의 관리에 관한 기본계획 제7조 화학물질관리위원회 제8조 주요 시책 등의 협의 등이 있다.

동법 제1조(목적)에서는 동법의 목적을 규정하고 있다: 이 법은 화학물질로 인한 국민건강 및 환경상의 위해(危害)를 예방하고 화학물질을 적절하게 관리하는 한편, 화학물질로 인하여 발생하는 사고에 신속히 대응함으로써 화학물질로부터 모든 국민의 생명과 재산 또는 환경을 보호하는 것을 목적으로 한다.

동법 제2조(정의) 이 법에서 사용하는 용어의 뜻은 다음과 같다.

1. "화학물질"이란 원소 · 화합물 및 그에 인위적인 반응을 일으켜 얻어진 물질과 자연 상태에서 존재하는 물질을 화학적으로 변형시키거나 추출 또는 정제한 것을 말한다.

2. "유독물질"이란 유해성(有害性)이 있는 화학물질로서 대통령령으로 정하는 기준에 따라 환경부장관이 정하여 고시한 것을 말한다.

3. "허가물질"이란 위해성(危害性)이 있다고 우려되는 화학물질로서 환경부장관의 허가를 받아 제조, 수입, 사용하도록 환경부장관이 관계 중앙행정기관의 장과의 협의와 「화학물질의 등록 및 평가 등에 관한 법률」 제7조에 따른 화학물질평가위원회의 심의를 거쳐 고시한 것을 말한다.

4. "제한물질"이란 특정 용도로 사용되는 경우 위해성이 크다고 인정되는 화학물질로서 그 용도로의 제조, 수입, 판매, 보관 · 저장, 운반 또는 사용을 금지하기 위하여 환경

---

92) 화학물질관리법 [시행 2015.1.1.] [법률 제12490호, 2014.3.18., 타법개정].

부장관이 관계 중앙행정기관의 장과의 협의와 「화학물질의 등록 및 평가 등에 관한 법률」 제7조에 따른 화학물질평가위원회의 심의를 거쳐 고시한 것을 말한다.

5. "금지물질"이란 위해성이 크다고 인정되는 화학물질로서 모든 용도로의 제조, 수입, 판매, 보관 · 저장, 운반 또는 사용을 금지하기 위하여 환경부장관이 관계 중앙행정기관의 장과의 협의와 「화학물질의 등록 및 평가 등에 관한 법률」 제7조에 따른 화학물질평가위원회의 심의를 거쳐 고시한 것을 말한다.

6. "사고대비물질"이란 화학물질 중에서 급성독성(急性毒性) · 폭발성 등이 강하여 화학사고의 발생 가능성이 높거나 화학사고가 발생한 경우에 그 피해 규모가 클 것으로 우려되는 화학물질로서 화학사고 대비가 필요하다고 인정하여 제39조에 따라 환경부장관이 지정 · 고시한 화학물질을 말한다.

7. "유해화학물질"이란 유독물질, 허가물질, 제한물질 또는 금지물질, 사고대비물질, 그 밖에 유해성 또는 위해성이 있거나 그러할 우려가 있는 화학물질을 말한다.

8. "유해화학물질 영업"이란 유해화학물질 중 허가물질 및 금지물질을 제외한 나머지 물질에 대한 영업을 말한다.

9. "유해성"이란 화학물질의 독성 등 사람의 건강이나 환경에 좋지 아니한 영향을 미치는 화학물질 고유의 성질을 말한다.

10. "위해성"이란 유해성이 있는 화학물질이 노출되는 경우 사람의 건강이나 환경에 피해를 줄 수 있는 정도를 말한다.

11. "취급시설"이란 화학물질을 제조, 보관 · 저장, 운반(항공기 · 선박 · 철도를 이용한 운반은 제외한다) 또는 사용하는 시설이나 설비를 말한다.

12. "취급"이란 화학물질을 제조, 수입, 판매, 보관 · 저장, 운반 또는 사용하는 것을 말한다.

13. "화학사고"란 시설의 교체 등 작업 시 작업자의 과실, 시설 결함 · 노후화, 자연재해, 운송사고 등으로 인하여 화학물질이 사람이나 환경에 유출 · 누출되어 발생하는 일체의 상황을 말한다.

동법 제3조(적용범위) 제1항에서는 적용범위를 규정하고 있다: 이 법은 다음 각 호의 어느 하나에 해당하는 화학물질에는 적용하지 아니한다. 1. 「원자력안전법」 제2조제5호에 따른 방사성물질 2. 「약사법」 제2조제4호 · 제7호에 따른 의약품 및 의약외품 3. 「마약류 관리에 관한 법률」 제2조제1호에 따른 마약류 4. 「화장품법」 제2조제1호에 따른 화장품과 화장품에 사용하는 원료 5. 「농약관리법」 제2조제1호 · 제3호에 따른 농약과 원제(原劑) 6.「비료관리법」 제2조제1호에 따른 비료 7.「식품위생법」 제2조제1호 · 제2호 · 제4호 · 제5호에 따른 식품, 식품첨가물, 기구 및 용기 · 포장 8.「사료관리법」 제2조제1호에 따른 사료 9.「총포 · 도검 · 화약류 등 단속법」 제2조제3항에 따른 화약류 10.「군수품관리법」 제2조 및 「방위사업법」 제3조제2호에 따른 군수품[「군수품관리법」 제3조에 따른 통상품(通常品)은 제외한다] 11.「건강기능식품에 관한 법률」 제3조제1호에 따른 건강기능식품 12.「의료기기법」 제2조제1항에 따른 의료기기 13.「고압가스 안전관리법」에 따른 독성 가스.

B. 화학물질의 통계조사 및 정보공개 등

화학물질의 통계조사 및 정보공개 등과 관련된 규정으로는, 제9조 화학물질확인 제10조 화학물질 통계조사 및 정보체계 구축 · 운영 제11조 화학물질 배출량조사 제12조 화학물질 조사결과 및 정보의 공개 등이 존재한다.

동법 제9조(화학물질확인) 제1항은 다음과 같다: ① 화학물질을 제조하거나 수입하려는 자(수입을 수입 대행자에게 위탁한 경우에는 그 위탁한 자를 말한다. 이하 같다)는 환경부령으로 정하는 바에 따라 해당 화학물질이나 그 성분이 다음 각 호의 어느 하나에 해당하는지를 확인(이하 "화학물질확인"이라 한다)하고, 그 내용을 환경부장관에게 제출하여야 한다. 1.「화학물질의 등록 및 평가 등에 관한 법률」 제2조제3호에 따른 기존화학물질 2.「화학물질의 등록 및 평가 등에 관한 법률」 제2조제4호에 따른 신규화학물질 3. 유독물질 4. 허가물질 5. 제한물질 6. 금지물질 7. 사고대비물질.

C. 유해화학물질의 안전관리

1. 유해화학물질 취급기준 등

유해화학물질과 관련하여 취급기준 등과 관련하여, 제13조 유해화학물질 취급기준 제14조 취급자의 개인보호장구 착용 제15조 유해화학물질의 진열량 · 보관량 제한 등 제16조 유해화학물질의 표시 등 제17조 유해화학물질의 제조 · 수입 등의 중지 등 제18조 금지물질의 취급금지 제19조 허가물질의 제조 · 수입 · 사용 허가 등 제20조 제한물질 수입허가 및 유독물질 수입신고 등 제21조 제한물질 또는 금지물질의 수출승인 등 제22조 환각물질의 흡입 등의 금지 등이 있다.

2. 유해화학물질 취급시설의 설치 · 운영 등

유해화학물질 취급시설의 설치 · 운영 등과 관련한 규정으로는, 제23조 화학사고 장외영향평가서의 작성 · 제출 제24조 취급시설의 배치 · 설치 및 관리 기준 등 제25조 취급시설 개선명령 등 제26조 취급시설 등의 자체 점검이 있다.

동법 제16조(유해화학물질의 표시 등) 제1항에서 다음과 같이 규정하고 있다: ① 유해화학물질을 취급하는 자는 해당 유해화학물질의 용기나 포장에 다음 각 호의 사항이 포함되어 있는 유해화학물질에 관한 표시를 하여야 한다. 제조하거나 수입된 유해화학물질을 소량으로 나누어 판매하려는 경우에도 또한 같다. 1. 명칭: 유해화학물질의 이름이나 제품의 이름 등에 관한 정보 2. 그림문자: 유해성의 내용을 나타내는 그림 3. 신호어: 유해성의 정도에 따라 위험 또는 경고로 표시하는 문구 4. 유해 · 위험 문구: 유해성을 알리는 문구 5. 예방조치 문구: 부적절한 저장 · 취급 등으로 인한 유해성을 막거나 최소화하기 위한 조치를 나타내는 문구 6. 공급자정보: 제조자 또는 공급자의 이름(법인인 경우에는 명칭을 말한다) · 전화번호 · 주소 등에 관한 정보 7. 국제연합번호: 유해위험물질 및 제품의 국제적 운송보호를 위하여 국제연합이 지정한 물질분류번호.

동법 제19조(허가물질의 제조 · 수입 · 사용 허가 등) 제1항에 의하면, 허가물질을 제조 · 수입 · 사용하려는 자는 다음 각 호의 자료를 제출하여 미리 환경부장관의 허가를 받아야 한다. 다만, 「화학물질의 등록 및 평가 등에 관한 법률」 제25조에 따른 허가유예기간에는 그러하지 아니한다. 1. 제조 · 수입 · 사용을 하려는 자의 명칭, 소재지 및 대표자 2. 화학물질의 명칭, 분자식 · 구조식 등 화학물질의 식별정보 3. 화학물질의 용도 4. 화학물질의 위해성 5. 허가물질의 대안 분석 및 실행가능성 6. 허가물질의 대체 계획. 그리고 동조 제1항에서는 예외사유를 규정하고 있다: ② 다음 각 호의 어느 하나에 해당하는 화학물질에 대하여는 제1항을 적용하지 아니한다. 1. 기계에 내장(內藏)되어 수입되는 화학물질 2. 시험운전용으로 기계 또는 장치류와 함께 수입되는 화학물질 3. 특정한 고체 형태로 일정한 기능을 발휘하는 제품에 함유되어 그 사용 과정에서 유출되지 아니하는 화학물질 4. 조사용 · 연구용으로 제조 · 수입되는 화학물질, 그 밖에 대통령령으로 정하는 화학물질.

D. 유해화학물질 영업자

1. 유해화학물질 영업구분 및 영업허가

유해화학물질 영업구분 및 영업허가 관련규정으로는, 제27조 유해화학물질 영업의 구분 제28조 유해화학물질 영업허가 제29조 유해화학물질 영업허가의 면제 제30조 유해화학물질 영업자의 결격사유가 존재한다.

동법 제27조(유해화학물질 영업의 구분)에 의하면, 유해화학물질 영업은 다음과 같이 구분한다.

1. 유해화학물질 제조업: 판매할 목적으로 유해화학물질 중 허가물질 및 금지물질을 제외한 나머지 물질을 제조하는 영업

2. 유해화학물질 판매업: 유해화학물질 중 허가물질 및 금지물질을 제외한 나머지 물질을 상업적으로 판매하는 영업

3. 유해화학물질 보관 · 저장업: 유해화학물질 중 허가물질 및 금지물질을 제외한 나머지 물질을 제조, 사용, 판매 및 운반할 목적으로 일정한 시설에 보관 · 저장하는 영업

4. 유해화학물질 운반업: 유해화학물질 중 허가물질 및 금지물질을 제외한 나머지 물질을 운반(항공기 · 선박 · 철도를 이용한 운반은 제외한다)하는 영업

5. 유해화학물질 사용업: 유해화학물질 중 허가물질 및 금지물질을 제외한 나머지 물질을 사용하여 제품을 제조하거나 세척(洗滌) · 도장(塗裝) 등 작업과정 중에 이들 물질을 사용하는 영업.

동법 제28조(유해화학물질 영업허가) 제1항에 의하면, 유해화학물질 영업을 하려는 자는 환경부령으로 정하는 바에 따라 사전에 다음 각 호의 서류를 제출하여야 한다. 1. 유해화학물질 취급시설의 설치 · 운영에 관하여 제23조제2항에 따라 적합통보를 받은 장외영향평가서 2. 유해화학물질 취급시설에 관하여 제24조제5항에 따라 적합 판정을 받은 검사결과서 3. 사고대비물질을 취급하는 경우 제41조제3항에 따라 적합통보를 받은 위해관리계획서.

2. 유해화학물질 영업자에 대한 관리

유해화학물질 영업자에 대한 관리로서, 제31조 유해화학물질 취급의 도급신고 등 제32조 유해화학물질관리자 제33조 유해화학물질 안전교육 제34조 유해화학물질 취급중단 및 휴업 · 폐업 등 제35조 유해화학물질 영업허가의 취소 등 제36조 영업정지 처분을

갈음하여 부과하는 과징금 처분 제37조 권리 · 의무의 승계 제38조 유해화학물질관리자 및 취급시설의 공동 활용 승인 등이 있다.

E. 화학사고의 대비 및 대응 등

1. 사고대비물질의 지정 등

화학사고의 대비 및 대응 등의 문제와 관련하여 사고대비물질의 지정 등을 하는 경우에, 제39조 사고대비물질의 지정 제40조 사고대비물질의 관리기준 제41조 위해관리계획서의 작성 · 제출 제42조 위해관리계획서의 지역사회 고지 등의 규정이 존재한다.

동법 제39조(사고대비물질의 지정)에 의하면, 환경부장관은 화학사고 발생의 우려가 높거나 화학사고가 발생하면 피해가 클 것으로 우려되는 다음 각 호의 어느 하나에 해당하는 화학물질 중에서 대통령령으로 정하는 바에 따라 사고대비물질을 지정 · 고시하여야 한다. 1. 인화성, 폭발성 및 반응성, 유출 · 누출 가능성 등 물리적 · 화학적 위험성이 높은 물질 2. 경구(經口) 투입, 흡입 또는 피부에 노출될 경우 급성독성이 큰 물질 3. 국제기구 및 국제협약 등에서 사람의 건강 및 환경에 위해를 미칠 수 있다고 판명된 물질 4. 그 밖에 화학사고 발생의 우려가 높아 특별한 관리가 필요하다고 인정되는 물질.

2. 화학사고의 대응 등

화학사고의 대응 등을 위해서, 제43조 화학사고 발생신고 등 제44조 화학사고 현장 대응 제45조 화학사고 영향조사 제46조 조치명령 등 제47조 화학사고 특별관리지역의 지정이 있다.

동법 제46조(조치명령 등) 제1항에 따르면, 환경부장관은 해당 화학사고의 원인이 되는 사업자에 대하여 환경부령으로 정하는 기한 내에 다음 각 호의 조치를 명할 수 있다. 1. 화학사고로 인한 사람의 건강이나 주변 환경에 대한 피해의 최소화 및 제거 2. 화학물질로 오염된 지역에 대한 복구.

F. 보칙

보칙으로는, 제48조 화학물질 종합정보시스템 구축 · 운영 제49조 보고 및 검사 등 제50조 서류의 기록 · 보존 제51조 청문 제52조 자료의 보호 제53조 화학물질 관리에 관한 협회 제54조 수수료 제55조 권한의 위임 · 위탁 제56조 벌칙 적용에서의 공무원 의제 규정들이 존재한다.

G. 벌칙

벌칙과 관련하여, 제57조 벌칙 제58조 벌칙 제59조 벌칙 제60조 벌칙 제61조 벌칙 제62조 벌칙 제63조 양벌규정 제64조 과태료가 있다.

Ⅲ. 화학물질의 등록 및 평가 등에 관한 법률

화학물질의 등록 및 평가 등에 관한 법률은 화학물질의 등록, 화학물질 및 유해화학물질 함유제품의 유해성(有害性) · 위해성(危害性)에 관한 심사 · 평가, 유해화학물질 지정에 관한 사항을 규정하고, 화학물질에 대한 정보를 생산 · 활용하도록 함으로써 국민건강 및 환경을 보호하는 것을 목적으로 한다(법 제1조).[93]

화학물질의 등록 및 평가 등에 관한 법률의 주된 내용은 다음과 같다:

A. 총칙

화학물질의 등록 및 평가 등에 관한 법률의 총칙적 규정으로서, 제1조 목적 제2조 정의 제3조 적용범위 제4조 국가의 책무 제5조 사업자의 책무 제6조 화학물질의 평가 등에 관한 기본계획 제7조 화학물질평가위원회가 있다.

법 제2조에서 동법에서 사용하는 용어의 뜻은 다음 각호와 같다고 하여 정의를 내리고 있다:

1. "화학물질"이란 원소 · 화합물 및 그에 인위적인 반응을 일으켜 얻어진 물질과 자연 상태에서 존재하는 물질을 화학적으로 변형시키거나 추출 또는 정제한 것을 말한다.
2. "혼합물"이란 두 가지 이상의 물질로 구성된 물질 또는 용액을 말한다.
3. "기존화학물질"이란 다음 각 목의 화학물질을 말한다. 가. 1991년 2월 2일 전에 국

93) 화학물질의 등록 및 평가 등에 관한 법률 [시행 2015.1.1.] [법률 제11789호, 2013.5.22., 제정].

내에서 상업용으로 유통된 화학물질로서 환경부장관이 고용노동부장관과 협의하여 고시한 화학물질 나. 1991년 2월 2일 이후 종전의 「유해화학물질 관리법」에 따라 유해성심사를 받은 화학물질로서 환경부장관이 고시한 화학물질

4. "신규화학물질"이란 기존화학물질을 제외한 모든 화학물질을 말한다.

5. "등록대상기존화학물질"이란 기존화학물질 중에서 제18조에 따른 유해성심사 또는 제24조에 따른 위해성평가를 하기 위하여 등록할 필요가 있다고 인정하여 환경부장관이 제7조에 따른 화학물질평가위원회의 심의를 거쳐 고시한 것을 말한다.

6. "유독물질"이란 유해성이 있는 화학물질로서 대통령령으로 정하는 기준에 따라 환경부장관이 지정하여 고시한 것을 말한다.

7. "허가물질"이란 위해성이 있다고 우려되는 화학물질로서 환경부장관의 허가를 받아 제조 · 수입 · 사용하도록 제25조에 따라 환경부장관이 관계 중앙행정기관의 장과의 협의와 제7조에 따른 화학물질평가위원회의 심의를 거쳐 고시한 것을 말한다.

8. "제한물질"이란 특정 용도로 사용되는 경우 위해성이 크다고 인정되는 화학물질로서 그 용도로의 제조, 수입, 판매, 보관 · 저장, 운반 또는 사용을 금지하기 위하여 제27조에 따라 환경부장관이 관계 중앙행정기관의 장과의 협의와 제7조에 따른 화학물질평가위원회의 심의를 거쳐 고시한 것을 말한다.

9. "금지물질"이란 위해성이 크다고 인정되는 화학물질로서 모든 용도로의 제조, 수입, 판매, 보관 · 저장, 운반 또는 사용을 금지하기 위하여 제27조에 따라 환경부장관이 관계 중앙행정기관의 장과의 협의와 제7조에 따른 화학물질평가위원회의 심의를 거쳐 고시한 것을 말한다.

10. "유해화학물질"이란 유독물질, 허가물질, 제한물질, 금지물질, 그 밖에 유해성 또는 위해성이 있거나 그러할 우려가 있는 화학물질을 말한다.

11. "유해성"이란 화학물질의 독성 등 사람의 건강이나 환경에 좋지 아니한 영향을 미치는 화학물질 고유의 성질을 말한다.

12. "위해성"이란 유해성이 있는 화학물질이 노출되는 경우 사람의 건강이나 환경에 피해를 줄 수 있는 정도를 말한다.

13. "총칭명"(總稱名)이란 자료보호를 목적으로 화학물질의 본래의 이름을 대체하여 명명한 이름을 말한다.

14. "사업자"란 영업의 목적으로 화학물질을 제조 · 수입 · 사용 · 판매하는 자를 말한다.

15. “제품”이란 소비자가 최종으로 사용하는 물품 또는 그 부분품이나 부속품으로서 소비자에게 화학물질의 노출을 유발할 가능성이 있는 다음 각 목의 것을 말한다. 가. 혼합물로 이루어진 제품 나. 화학물질이 사용 과정에서 유출되지 아니하고 특정한 고체 형태로 일정한 기능을 발휘하는 제품

16. “위해우려제품”이란 다음 각 목의 화학제품 중에서 국민의 건강이나 환경에 위해성이 있다고 우려되어 환경부장관이 관계 중앙행정기관의 장과의 협의를 거쳐 고시한 것을 말한다. 가. 세정제, 방향제, 접착제, 광택제, 탈취제, 합성세제, 표백제 및 섬유유연제 등 일반 소비자들이 주로 생활용으로 사용하는 제품 나. 방충제, 소독제, 방부제 등과 같이 사람과 동물을 제외한 모든 유해한 생물을 죽이거나 생물의 활동을 방해 · 저해하는 데 사용하는 제품

17. “하위사용자”란 영업활동 과정에서 화학물질 또는 혼합물을 사용하는 자(법인의 경우에는 국내에 설립된 경우로 한정한다)를 말한다. 다만, 화학물질 또는 혼합물을 제조 · 수입 · 판매하는 자 또는 소비자는 제외한다.

18. “판매”란 화학물질, 혼합물 또는 제품을 시장에 출시하는 행위를 말한다.

동법 제3조(적용범위)에서는 ‘이 법은 다음 각 호의 어느 하나에 해당하는 화학물질에는 적용하지 아니한다.’고 하여 그 적용범위를 제한하고 있다: 1.「원자력안전법」제2조제5호에 따른 방사성물질 2.「약사법」제2조제4호 · 제7호에 따른 의약품 및 의약외품 3.「마약류 관리에 관한 법률」제2조제1호에 따른 마약류 4.「화장품법」제2조제1호에 따른 화장품과 화장품에 사용하는 원료 5.「농약관리법」제2조제1호 · 제3호에 따른 농약과 원제(原劑) 6.「비료관리법」제2조제1호에 따른 비료 7.「식품위생법」제2조제1호 · 제2호 · 제4호 · 제5호에 따른 식품, 식품첨가물, 기구 및 용기 · 포장 8.「사료관리법」제2조제1호에 따른 사료 9.「총포 · 도검 · 화약류 등 단속법」제2조제3항에 따른 화약류 10.「군수품관리법」제2조 및「방위사업법」제3조제2호에 따른 군수품(「군수품관리법」제3조에 따른 통상품(通常品)은 제외한다) 11.「건강기능식품에 관한 법률」제3조제1호에 따른 건강기능식품 12.「의료기기법」제2조제1항에 따른 의료기기.

동법 제7조(화학물질평가위원회) 제1항에 의하면, ‘① 화학물질의 등록, 유해화학물질 함유제품의 신고, 유해성 · 위해성에 관한 심사 · 평가 등과 관련한 다음 각 호의 사항을 심의하기 위하여 환경부장관 소속으로 화학물질평가위원회(이하 “평가위원회”라 한다)를 둔다. 1. 기본계획의 수립에 관한 사항 2. 등록대상기존화학물질의 지정에 관한 사항 3. 허가물질, 제한물질 또는 금지물질의 지정에 관한 사항 4. 제10조제1항 단서에 따른

제조량 · 수입량이 연간 1톤 미만인 화학물질의 등록에 관한 사항 5. 위해우려제품의 안전기준 · 표시기준에 관한 사항 6. 그 밖에 화학물질의 등록, 유해성 · 위해성에 관한 심사 · 평가 및 위해우려제품의 안전관리 등과 관련하여 대통령령으로 정하는 사항'이라고 규정하고 있다.

B. 화학물질의 등록

화학물질의 등록과 관련한 주요 조항들을 살펴보면, 동법 제8조 화학물질 제조 등의 보고, 제9조 등록대상기존화학물질의 지정, 제10조 화학물질의 등록, 제11조 화학물질의 등록 면제, 제12조 변경등록 · 변경신고 등, 제13조 등록의무 불이행에 대한 조치 등, 제14조 화학물질의 등록신청 시 제출 자료, 제15조 등록대상기존화학물질의 등록신청 시 자료제출 방법, 제16조 기존 등록신청자료의 공동활용, 그리고 제17조 척추동물 시험자료에 관한 특례가 있다.

동법 제8조(화학물질 제조 등의 보고) 제1항에 의하면, 신규화학물질 또는 연간 1톤 이상 기존화학물질을 제조 · 수입 · 판매하는 자는 환경부령으로 정하는 바에 따라 화학물질의 용도 및 그 양 등을 매년 환경부장관에게 보고하여야 한다. 그리고 동법 제10조(화학물질의 등록) 제1항에 의하면, 신규화학물질 또는 연간 1톤 이상 등록대상기존화학물질을 제조 · 수입하려는 자는 제조 또는 수입 전에 미리 등록하여야 한다. 다만, 사람의 건강 또는 환경에 심각한 피해를 입힐 우려가 크다고 인정되어 평가위원회의 심의를 거쳐 환경부장관이 지정 · 고시한 화학물질에 대하여는 제조량 · 수입량이 연간 1톤 미만이더라도 등록하여야 한다.

동법 제9조(등록대상기존화학물질의 지정)에서는 기존화학물질에 대해서 다음과 같은 규정을 두고 있다: 환경부장관은 기존화학물질에 대하여 다음 각 호의 사항을 고려하여 환경부령으로 정하는 바에 따라 평가위원회의 심의를 거쳐 등록대상기존화학물질로 지정 · 고시하여야 한다. 1. 해당 화학물질의 국내 유통량 2. 해당 화학물질에 대한 유해성 또는 위해성에 관한 정보.

본장에서는 화학물질의 등록이라는 제도가 법적으로 중요하다. 화학물질에 대해서 등록하도록 하는 조치는 행정처분에 해당하는 조치로서 이에 대해서는 취소를 구하는 행정소송이 가능하므로, 실질적으로 등록을 요하지 아니함에도 등록을 하도록 강제하는 경우에는 이에 대해서 행정심판이나 행정소송을 통해서 법적인 구제를 받을 수 있다고 할 것이다.

C. 화학물질의 유해성심사 및 위해성평가

화학물질의 유해성심사 및 위해성평가와 관련하여 주된 내용으로는, 제18조 유해성심사, 제19조 유해성평가 등, 제20조 유독물질의 지정, 제21조 유해성심사 결과의 공개, 제22조 시험기관의 지정 등, 제23조 시험기관의 지정취소 등, 그리고 제24조 위해성평가가 있다.

동법 제18조(유해성심사) 제1항에 의하며, 환경부장관은 제10조에 따라 등록한 화학물질에 대하여 유해성심사를 하고 그 결과를 등록한 자에게 통지하여야 하며, 제19조(유해성평가 등) 제1항에 의하면, 환경부장관은 국제기구에서 유해성을 평가하는 화학물질 중 우리나라가 평가하기로 한 화학물질 등 유해성평가가 필요하다고 인정되는 화학물질로서 대통령령으로 정하는 화학물질에 대하여 환경부령으로 정하는 바에 따라 유해성평가를 하여야 한다. 환경부장관은 유해성심사 결과 유해성이 있는 화학물질에 대하여는 대통령령으로 정하는 기준에 따라 유독물질로 지정하여 고시하여야 한다(동법 제20조).

동법 제24조(위해성평가) 제1항에 의하면, 환경부장관은 제10조에 따라 등록한 화학물질 중 다음 각 호의 어느 하나에 해당하는 화학물질에 대하여 유해성심사 결과를 기초로 환경부령으로 정하는 바에 따라 위해성평가를 하고 그 결과를 등록한 자에게 통지하여야 한다. 1. 제조 또는 수입되는 양이 연간 10톤 이상인 화학물질 2. 유해성심사 결과 위해성평가가 필요하다고 인정하는 화학물질.

본 장에서는 유해성 심사 내지 유해성 평가와 관련하여 심사기준에 대해서 이를 법규명령으로 규정하도록 할 것인가 아니면 행정규칙으로 할 것인가가 문제될 수 있을 것이다.

유독물질의 지정에 대해서는 역시 행정처분으로서 이에 대해서는 법적인 구제조치를 취할 수 있을 것이다.

D. 허가물질 등의 지정 및 변경

허가물질 등의 지정 및 변경과 관련된 조항으로는, 제25조 허가물질의 지정, 제26조 허가물질 지정의 해제 등, 제27조 제한물질 또는 금지물질의 지정 등, 그리고 제28조 제한물질 또는 금지물질 지정의 해제 등이 있다.

동법 제25조(허가물질의 지정) 제1항은 다음과 같이 규정하고 있다: 환경부장관은 유해성심사 및 위해성평가 결과 위해성이 있다고 우려되는 화학물질과 다음 각 호의 어느 하나에 해당하는 화학물질에 대하여는 관계 중앙행정기관의 장과의 협의와 평가위원회의 심의를 거쳐 제조·수입·사용 전에 환경부장관의 허가를 받아야 하는 허가물질로 지정하여 고시할 수 있다. 이 경우 환경부장관은 대통령령으로 정하는 바에 따라 허가를 받지 아니하고 제조·수입·사용할 수 있는 기간(이하 이 조에서 "허가유예기간"이라 한다)을 부여할 수 있다. 1. 사람에게 암, 돌연변이, 생식능력 이상 또는 내분비계에 장애를 일으키거나 일으킬 우려가 있는 물질 2. 사람 또는 동식물의 체내에 축적성이 높고, 환경 중에 장기간 잔류하는 물질 3. 제1호 및 제2호의 물질과 동등한 수준 또는 그 이상의 심각한 위해를 줄 수 있는 물질.

동법 제27조(제한물질 또는 금지물질의 지정 등) 제1항에 의하면, 환경부장관은 화학물질이 다음 각 호의 어느 하나에 해당되는 경우 관계 중앙행정기관의 장과의 협의와 평가위원회의 심의를 거쳐 대통령령으로 정하는 바에 따라 해당 화학물질을 제한물질 또는 금지물질로 지정하여 고시하여야 한다. 1. 유해성심사 및 위해성평가 결과 위해성이 있다고 인정되는 경우 2. 국제기구 등이 위해성이 있다고 인정하는 경우 3. 국제협약 등에 따라 제조·수입 또는 사용이 금지되거나 제한되는 경우 4. 제26조제1호의 사유로 지정 해제된 허가물질에 해당하는 경우.

허가물질의 지정 내지 지정 해제 또는 제한물실 또는 금지물질의 지징 등에 대해서도 행정처분으로서 이에 대해서 법적 구제를 도모할 수 있을 것이다.

E. 화학물질의 정보제공

화학물질의 정보제공과 관련된 조항으로는, 제29조 화학물질의 정보제공, 제30조 하위사용자 등의 정보제공, 그리고 제31조 화학물질의 정보제공을 위한 통보 등이 있다.

동법 제29조(화학물질의 정보제공) 제1항은, '제10조에 따라 등록된 화학물질 또는 이를 함유한 혼합물을 양도하는 자는 양수하는 자에게 해당 화학물질의 등록번호, 명칭, 유해성 및 위해성에 관한 정보, 안전사용정보 등 환경부령으로 정하는 정보를 환경부령으로 정하는 바에 따라 작성하여 제공하여야 한다. 다만, 「산업안전보건법」 제41조에 따른 물질안전보건자료를 작성·제공하여야 하는 경우에는 해당 정보를 물질안전보건자료에 기록하여 제공하여야 한다.'라고 규정하여 화학물질에 대한 정보의 공개를 의무화하고 있다.

F. 위해우려제품 등의 관리

위해우려제품 등의 관리와 관련된 규정으로는, 제32조 유해화학물질 함유제품의 신고, 제33조 제품의 위해성평가 등, 제34조 제품의 안전기준 · 표시기준 등, 제35조 제품 내 함유 화학물질의 정보제공, 제36조 판매 등의 금지 그리고 제37조 회수명령 등이 있다.

동법 제32조(유해화학물질 함유제품의 신고) 제1항에서는 신고의무를 부과하고 있다: 유해화학물질이 함유된 제품을 생산하거나 수입하는 자는 제품에 함유된 화학물질별 총량이 연간 1톤을 초과하는 경우에는 환경부령으로 정하는 바에 따라 해당 제품에 함유된 화학물질의 명칭, 함량 및 유해성정보, 제품 내 유해화학물질의 용도에 대하여 생산 또는 수입 전에 환경부장관에게 신고하여야 한다. 다만, 화학물질이 사용 과정에서 유출되지 아니하고 특정한 고체 형태로 일정한 기능을 발휘하는 제품은 그러하지 아니하다.

G. 보칙

보칙으로서, 제38조 국외제조 · 생산자가 선임한 자에 의한 등록신청 등 제39조 화학물질 정보처리시스템 구축 · 운영 제40조 녹색화학센터의 지정 · 운영 제41조 녹색화학센터의 지정취소 등 제42조 화학물질 정보의 공개 제43조 보고와 검사 등 제44조 서류의 기록 및 보존 제45조 자료의 보호 제46조 수수료 제47조 청문 제48조 권한의 위임 · 위탁 등의 규정들이 존재한다.

H. 벌칙

벌칙과 관련하여 제49조 벌칙 제50조 벌칙 제51조 벌칙 제52조 벌칙 제53조 양벌규정 제54조 과태료 규정들이 존재하고 있다.

제8절 환경책임법

Ⅰ. 서설

환경사고가 발생한 경우에 누가 책임을 질 것인가라는 문제와 책임을 지는 경우에 어느 범위까지 책임을 질 것인가 등 책임의 주체와 범위 등을 규율하는 환경책임법 내지 환경오염피해구제법의 제정이 추진되고 있다.

Ⅱ. 환경책임법안

동법안에는 환경피해의 규모가 커서 개별사업자가 이를 감당하기 어려운 경우를 위해서 환경피해구제기금을 조성하는 것도 포함하고 있다. 동법안의 제안이유는 다음과 같다[94]:

최근 산업의 발달로 인해 화학물질 유출사고 등 환경오염사고가 증가하고 있고 그 피해규모는 점차 대형화되고 있어 환경사고는 국가적 재난의 원인으로 인식되고 있다. 하지만, 환경사고는 사고시설의 정보부족 등으로 사고발생 원인을 규명하고 정확한 피해를 입증함에 어려움이 있어 신속한 환경피해구제에 한계가 있는 실정이므로, 환경사고에 대한 책임을 규정할 수 있는 제도의 도입이 시급한 상황이라고 할 것이다.

그러므로, 환경사고에 대한 책임주체와 책임의 범위를 명확하게 규정하고 정확한 환경사고 원인과 정확한 피해 정도를 규명할 수 있도록 환경오염피해를 조사할 수 있는 기구를 조직할 필요가 있으며, 또한 신속한 환경오염피해의 보상과 보상급여를 지급할 수 있는 환경피해구제기금을 마련하여 체계적인 환경책임제도를 통해 국가와 국민의 피해를 최소화하기 위하여 이 법을 제정하고자 한다. 동법안의 주요내용은 다음과 같다:

가. 환경사고에 대한 책임과 환경오염을 정의하고 적용대상과 책임주체를 명확하게

94) 환경책임법안 (한정애의원 대표발의), 2014. 2. 7.

규정함(안 제1조부터 제5조까지).

나. 환경사고의 책임범위와 자연환경 복원의무의 근거를 마련함(안 제6조부터 제8조까지).

다. 환경오염피해 발생 시 초기 대응체계를 강화하고 즉시 관계기관에 신고하도록 함(안 제9조).

라. 환경사고의 원인 규명과 피해범위 확정을 위한 정보 청구의 근거 마련함(안 제12조).

마. 환경오염피해를 구제할 수 있는 기금의 설치와 기금을 관리 · 운용 할 수 있는 환경오염피해구제기금단을 설치함(안 제14조부터 제16조까지).

바. 기금 확보에 필요한 재원조성을 위한 환경책임부담금을 부과함(안 제18조).

사. 환경오염피해의 보상과 보상급여의 운영방법을 규정함(안 제20조부터 제25조까지).

아. 환경오염피해의 사실관계를 규명하기 위한 환경오염피해조사단을 설치함(안 제26조).

Ⅲ. 환경오염피해 구제에 관한 법률(안)

환경오염피해 구제에 관한 법률안의 제안이유와 주된 내용은 다음과 같다[95]:

국민 건강과 안전을 위협하는 환경오염사고 빈발로 사회적 불안감이 나날이 증대하지만, 피해자에 대한 배상 등 실효적 구제 장치는 미흡한 실정이므로, 과학적 인과관계를 개인이 증명하기 어려운 환경오염사고의 특성상 환경오염피해를 입은 일반 국민들은 피해 결과로 고통을 겪으면서도 그 원인을 규명하는 입증부담으로부터 자유롭지 못하며, 피해구제를 위하여 장기간 생송을 하는 등 많은 비용과 노력을 투입하여야 한다. 이는 결국 피해구제의 신속성 및 실효성 문제로 귀결된다.

또한 대규모 재난이 초래되는 환경오염사고의 특성에도 불구하고 책임이행을 위한 가해자의 재무적 능력이 담보되지 않아, 가해자가 특정된 경우에도 피해자들이 실질적 피해배상을 받지 못하는 경우가 발생하고 있다. 특히 피해범위가 넓고 피해액이 거대한 사고가 발생한 경우 배상금 지급능력이 부족한 중소기업은 도산 위험에 직면하고 종국적으로 가해책임이 없는 국민의 세금으로 피해를 보상하는 불공정한 사례가 초래된다. 따라서 환경오염피해 예방과 보상을 위한 체계적인 대처방안이 필요한 시점이다.

환경오염피해를 신속히 구제하고, 기업의 지속가능한 경영을 보장하는 시스템을 구

95) 환경오염피해 구제에 관한 법률안(이완영의원 대표발의), 2013. 7. 30.

축할 필요가 있다. 오염유발자에게 엄격한 책임을 부과하는 제도를 통해 오염유발시설에 잠재된 환경위험을 합리적으로 관리토록 함으로써 오염사고 예방효과를 제고하며, 또한 정보 부족 등으로 인하여 사업자의 고의 · 과실 및 인과관계를 입증하기 곤란한 피해자들에 대한 실효적인 구제수단으로서 피해입증에 필요한 정보청구권을 보장할 필요가 있다. 이를 위해 위험시설의 무과실책임을 비롯해 피해자 보호를 위한 법리를 구성하고, 오염피해에 대한 상당한 개연성이 인정되는 경우 피해발생에 대한 반증책임을 사업자가 부담하도록 한다.

이는 그간 법원의 판례를 통해 형성되어온 법리를 입법으로 명문화함으로써 소송결과의 불확실성을 제거하고 소송비용을 절감하는 효과를 가져 올 수 있으며, 또한 신속한 피해배상을 위해 환경오염 위험성이 높은 시설의 경우 환경책임보험 가입 등 재무적 책임이행수단을 확보하도록 하여 환경오염사고에 따른 기업의 도산위험을 제거하고 국민 경제의 지속가능한 발전을 도모함과 동시에 원인미상의 환경오염피해로 고통을 겪는 국민들은 환경오염피해보상기금을 통한 보상을 지원함으로써, 모두가 안심하고 살아갈 수 있는 견고한 사회기반을 구축하고자 한다.

동 법안은 환경오염피해에 대한 구제가 보다 원활하고 신속하게 이루어질 수 있도록 하고자 제정되는 것이며, 환경 분야의 권리 · 의무에 대한 합리적 규정을 통해, 사회의 운영과 생활 터전의 안전에 대한 국민 신뢰도를 제고한다. 동 법안의 주요내용은 다음과 같다:

가. 피해자의 입증부담을 완화하겠다는 입법취지를 천명함으로써 오염피해 입증 관련 선언적 지침을 제공하고, 실체관계의 권리의무 존부를 확정함에 있어 도움이 되도록 함(안제1조).

나. 환경오염피해 유발시설에 대한 위험책임 법리 적용의 실체법적 효력을 제고하기 위하여 책임대상시설을 명확하게 규정하고, 책임소재에 대한 현실에서의 문제를 원활히 해결하기 위해 책임주체의 범위를 확정함(안제2조).

다. 책임대상시설 설치 및 운영과정에서 발생되는 환경오염으로 인하여 타인에게 피해가 발생한 때에는 당해 사업자는 피해가 천재 · 지변 기타 불가항력의 사유로 인하여 발생한 경우를 제외하고는 그 피해를 배상하는 무과실책임의 법리를 적용함(안제4조).

라. 과학문명이 발달한 현대산업사회의 특성상 사고 발생 시 예측하기 어려운 거대재난이 초래될 수 있으며, 무과실책임의 법리가 책임대상시설에 적용된다는 것을 감안하여 배상책임의 한도를 규정하여 기업의 자유롭고 창의적인 경제활동을 보장하도록

함(안 제5조).

마. 과학적 인과관계의 입증이 어려운 환경오염피해의 특성을 고려해 시설이 피해 발생의 원인을 제공한 것으로 볼 만한 상당한 개연성이 있는 경우에는 인과관계를 추정토록 하고, 피해 발생이 다른 원인으로 인한 것으로 볼 만한 사정이 있을 때에는 인과관계 추정을 배제하도록 함(안 제6조).

바. 오염원인자로 추정되는 사업자가 둘 이상인 경우 어느 원인자에 의하여 그 피해가 발생한 것인지를 알 수 없을 때에는 사업자들은 연대하여 배상을 하도록 함(안 제7조).

사. 환경오염피해에 대한 배상은 금전으로 하되, 배상금액에 비하여 너무 많은 비용을 들이지 아니하고 원상을 회복할 수 있는 경우에는 피해자가 원상회복을 청구할 수 있도록 함(안 제9조).

아. 피해배상청구권의 성립과 범위 확정을 위해 필요한 경우 피해자는 해당시설의 사업자에게 정보의 제공 또는 열람을 청구할 수 있도록 함(안 제11조).

자. 환경책임보험 운영 · 관리, 환경오염피해 보상에 관한 사항 등을 심의 · 결정하기 위하여 환경부장관 소속으로 환경오염피해구제정책위원회를 둠(안 제12조).

차. 환경오염피해가 발생한 경우에 피해자에게 그 피해를 배상할 책임을 보장하는 환경책임보험 또는 책임공제에 가입하여야 하는 사업자를 명시하고, 환경책임보험 등에 가입한 후가 아니면 시설을 설치 · 운영할 수 없도록 함(안 제13조).

카. 환경책임보험 등을 할 수 있는 자를 명시하고, 환경책임보험 등을 하려는 자는 환경부장관과 약정을 체결하도록 함(안 제14조).

타. 원인자를 알 수 없거나 원인자 부존재 또는 무능력으로 인해 피해의 전부 또는 일부를 배상받지 못하는 경우와 배상책임한도를 초과한 피해가 발생한 경우 환경부장관은 피해자 또는 유족에게 보상급여를 지급할 수 있도록 함(안 제18조).

파. 환경부장관은 환경오염피해보상기금을 설치해 원인자 미상 등의 환경오염피해에 대한 보상에 활용하고, 국가 재보험사업과 환경오염피해 조사 및 피해경감 등을 위한 조사 · 연구에 활용할 수 있도록 함(안 제37조).

하. 환경부장관은 환경책임보험 등에 관한 정책을 수립하고 조사 · 연구 등에 활용하기 위하여 전산시스템을 구축 · 운영할 수 있으며, 환경책임보험 등의 가입 촉진 및 활성화를 위하여 보험상품의 개발 · 보급 등 시범사업을 할 수 있도록 함(안 제41조 및 제44조).

Ⅳ. 환경오염피해 배상책임 및 구제에 관한 법률(환경책임법)

A. 총칙

1. 목적과 개념 정의

환경책임법은 환경오염피해에 대한 배상책임을 명확히 하고, 피해자의 입증부담을 경감하는 등 실효적인 피해구제 제도를 확립함으로써 환경오염피해로부터 신속하고 공정하게 피해자를 구제하는 것을 목적으로 한다(제1조).

환경책임법에서 사용하는 용어의 뜻이 중요한데, 그 뜻은 다음과 같다(제2조).

1. "환경오염피해"란 시설의 설치 · 운영으로 인하여 발생되는 대기오염, 수질오염, 토양오염, 해양오염, 소음 · 진동, 그 밖에 대통령령으로 정하는 원인으로 인하여 다른 사람의 생명 · 신체(정신적 피해를 포함한다) 및 재산에 발생된 피해(동일한 원인에 의한 일련의 피해를 포함한다)를 말한다. 다만, 해당 사업자가 받은 피해와 해당 사업자의 종업원이 업무상 받은 피해는 제외한다. 2. "시설"이란 이 법에 따른 배상책임과 신고의무 등이 적용되는 제3조의 시설로서 해당 시설의 설치 · 운영과 밀접한 관계가 있는 사업장, 창고, 토지에 정착된 설비, 그 밖에 장소 이동을 수반하는 기계 · 기구, 차량, 기술설비 및 부속설비를 포함한다. 3. "사업자"란 해당 시설에 대한 사실적 지배관계에 있는 시설의 소유자, 설치자 또는 운영자를 말한다. 4. "환경책임보험"이란 사업자와 보험자가 환경오염피해가 발생한 경우 이 법에 따른 환경오염피해 배상책임을 보장하는 내용을 약정하는 보험을 말한다. 5. "보험자"란 환경책임보험의 약정에 따라 환경오염피해를 전보(塡補)하거나 배상의무의 이행을 담보하는 자로서 「보험업법」에 따른 보험회사를 말한다. 6. "보험가입자"란 환경책임보험에 가입한 자를 말한다. 7. "운영기관"이란 제17조제2항에 따른 보장계약의 체결, 제23조에 따른 구제급여 관련 업무 수행, 제35조에 따른 구제계정운용 등을 위하여 환경부령으로 정하는 기관을 말한다. 8. "보장계약"이란 사업자와 운영기관이 환경오염피해 배상책임을 보장하기 위하여 체결하는 환경오염피해 배상보장계약을 말한다. 9. "보장금"이란 제17조제2항에 따른 보장계약에 따라 운영기관이 해당 사업자에게 지급하는 금액을 말한다.

2. 적용대상시설

환경책임법의 적용대상이 되는 시설은 다음 각 호의 어느 하나에 해당하는 시설을 말한다(제3조): 1.「대기환경보전법」제2조제11호에 따른 대기오염물질배출시설 2.「수질 및 수생태계 보전에 관한 법률」제2조제10호 · 제11호에 따른 폐수배출시설 또는 폐수무방류배출시설 3.「폐기물관리법」제2조제8호에 따른 폐기물처리시설로서 같은 법 제25조제3항에 따라 폐기물처리업자가 설치한 시설 및 같은 법 제29조제2항에 따른 승인 또는 신고 대상 시설 4.「건설폐기물의 재활용촉진에 관한 법률」제2조제16호에 따른 건설폐기물 처리시설(「건설폐기물의 재활용촉진에 관한 법률」제13조의2제2항에 따른 임시보관장소를 포함한다) 5.「가축분뇨의 관리 및 이용에 관한 법률」제2조제3호에 따른 배출시설로서 같은 법 제11조에 따른 허가 또는 신고 대상 시설 6.「토양환경보전법」제2조제3호에 따른 토양오염관리대상시설 7.「화학물질관리법」제2조제11호에 따른 취급시설로서 같은 법 제27조에 따른 유해화학물질 영업을 하는 자 및 같은 법 제41조에 따른 위해관리계획서를 제출하여야 하는 자의 취급시설 8.「소음 · 진동관리법」제2조제3호에 따른 소음 · 진동배출시설 9.「잔류성유기오염물질 관리법」제2조제2호에 따른 배출시설 10.「해양환경관리법」제2조제17호에 따른 해양시설 중 대통령령으로 정하는 시설 11. 그 밖에 대통령령으로 정하는 시설.

동법 제4조에서는 국가 등의 책무를 규정하고 있으며, 제5조 제1항에서는 시설의 설치 · 운영과 관련한 환경오염피해의 배상에 관하여 이 법에 규정된 것을 제외하고는「민법」의 규정을 따른다고 규정하고 있다.

3. 사업자의 신고의무와 운영중단

시설에서 환경오염 사고가 발생한 경우 해당 시설의 사업자는 즉시 지방환경관서, 특별시 · 광역시 · 특별자치시 · 도 · 특별자치도 또는 시 · 군 · 자치구 등 관계 행정기관에 신고하여야 하고, 사업자는 시설의 환경오염에 관한 정보를 관계 지역 안의 상시 근무자, 거주자에게 신속하게 제공(공유를 포함한다)하고, 피해방지에 필요한 응급조치를 하여야 하며, 사업자는 환경부령으로 정하는 바에 따라 환경오염 사고의 발생 개요와 결과 등을 기록 · 보존하여야 한다(제8조 제1항에서 제3항). 환경부장관 또는 지방자치단체의 장은 환경오염 사고의 중대성 · 시급성이 인정되는 경우에는 해당 시설의 운영 중단을 명할 수 있다(제4항).

B. 환경오염피해구제정책위원회

환경책임법 제16조(환경오염피해구제정책위원회) 제1항에 의하면, 동법에 따른 환경책임보험과 환경오염피해 구제에 관한 다음 각 호의 사항을 심의 · 결정하기 위하여 환경부장관 소속으로 환경오염피해구제정책위원회(이하 "위원회"라 한다)를 둔다: 1. 환경책임보험의 약정에 관한 사항 2. 보험자의 선정에 관한 사항 3. 보험가입자의 지원에 관한 사항 4. 환경오염피해 평가의 방법과 절차에 관한 사항 5. 제9조제2항에서 규정하는 환경오염피해 발생에 영향을 준 사정과 같은 조 제3항에서 규정하는 환경오염피해의 원인과 관련 있는 환경 · 안전 관계 법령 및 인허가조건의 준수 여부 등에 관한 사항 6. 제15조제4항 및 제5항에 따른 정보 제공 및 열람에 관한 사항 7. 제23조에 따른 환경오염피해 구제에 관한 사항 8. 제33조에 따른 재심사청구의 심리 · 재결 9. 그 밖에 위원회의 위원장이 회의에 부치는 사항. 위원회는 위원장 1명과 부위원장 1명을 포함한 20명 이내의 위원으로 구성하며, 위원장은 환경부차관으로 하고, 부위원장은 위원 중에서 호선한다(제2항 및 제3항).

C. 환경오염피해의 배상

1. 배상책임의 성립

a) 무과실책임

환경책임법은 제6조(사업자의 환경오염피해에 대한 무과실책임)에 의하면 다음과 같이 규율하고 있다: ① 시설의 설치 · 운영과 관련하여 환경오염피해가 발생한 때에는 해당 시설의 사업자가 그 피해를 배상하여야 한다. 다만, 그 피해가 전쟁 · 내란 · 폭동 또는 천재지변, 그 밖의 불가항력으로 인한 경우에는 그러하지 아니하다. ② 환경오염피해가 그 시설 운영 중단 전의 상황으로 인하여 발생한 경우에는 그 시설을 운영하였던 사업자가 제1항에 따라 배상하여야 한다.

b) 인과관계의 추정

환경책임법 제9조(인과관계의 추정)에서는 다음과 같이 규율하고 있다: ① 시설이 환경오염피해 발생의 원인을 제공한 것으로 볼 만한 상당한 개연성이 있는 때에는 그 시설로 인하여 환경오염피해가 발생한 것으로 추정한다. ② 제1항에 따른 상당한 개연성이 있는지의 여부는 시설의 가동과정, 사용된 설비, 투입되거나 배출된 물질의 종류와 농도, 기상조건, 피해발생의 시간과 장소, 피해의 양상과 그 밖에 피해발생에 영향을 준 사정 등을 고려하여 판단한다. ③ 환경오염피해가 다른 원인으로 인하여 발생하였거나, 사업자가 대통령령으로 정하는 환경오염피해 발생의 원인과 관련된 환경 · 안전 관계 법령 및 인허가조건을 모두 준수하고 환경오염피해를 예방하기 위하여 노력하는 등 제4조제3항에 따른 사업자의 책무를 다하였다는 사실을 증명하는 경우에는 제1항에 따른 추정은 배제된다.

2. 배상책임자

a) 연대책임 및 구상권

환경오염피해를 발생시킨 사업자가 둘 이상인 경우에 어느 사업자에 의하여 그 피해가 발생한 것인지를 알 수 없을 때에는 해당 사업자들이 연대하여 배상하여야 한다(제10조). 다른 사업자의 시설 설치 · 운영에 따른 환경오염피해를 제6조에 따라 배상한 사업자는 해당 시설의 사업자에게 구상할 수 있으며, 환경오염피해가 시설의 설치 · 운영 등에 사용된 자재 · 역무의 제공에 의하여 생긴 때에는 사업자는 해당 자재 · 역무의 제공을 한 자의 고의 또는 중대한 과실이 있을 때에만 구상할 수 있다(제11조 제1항 및 제2항).

b) 업무의 도급시 배상책임자

제12조(책임의 배분) ① 환경부령으로 정하는 사업자는 시설의 설치 · 운영에 관한 업무를 도급(하도급을 포함한다. 이하 이 조에서 같다)하는 경우 도급의 사유 및 도급계획, 이 법에 따른 배상책임의 배분 등에 관한 내용을 도급계약서에 명시하고 이를 시설의 인 · 허가 기관에 신고하여야 한다. ② 제1항에 따른 계약서의 내용이 거래관계의 전반에 비추어 현저하게 공정성을 잃거나 선량한 풍속 및 사회질서에 위배되는 경우 해당 부분은 무효로 한다. ③ 도급인이 시설의 설치 · 운영에 관한 업무를 도급한 경우에는 해당 수급인

(하수급인을 포함한다. 이하 이 조에서 같다)을 관리 · 감독하여야 할 의무가 있고, 수급인에게 시설의 무리한 설치 · 운영을 요구하여서는 아니 된다. ④ 제1항에 따른 수급인이 도급받은 업무와 관련하여 이 법을 위반한 경우 이 법 위반에 따른 효과는 도급인에게 미친다.

3. 배상책임의 한도와 방법

a) 배상책임의 한도

사업자의 환경오염피해에 대한 배상책임한도는 2천억원의 범위에서 시설의 규모 및 발생될 피해의 결과 등을 감안하여 대통령령으로 정한다. 다만, 다음 각 호의 어느 하나에 해당하는 경우에는 그러하지 아니하다. 1. 환경오염피해가 사업자의 고의 또는 중대한 과실로 발생한 경우 2. 환경오염피해의 원인을 제공한 시설에 대하여 사업자가 시설의 설치 · 운영과 관련하여 안전관리기준을 준수하지 아니하거나 배출허용기준을 초과하여 배출하는 등 관계 법령을 준수하지 아니한 경우 3. 환경오염피해의 원인을 제공한 사업자가 피해의 확산방지 등 환경오염피해의 방제(防除)를 위한 적정한 조치를 하지 아니한 경우(제7조).

b) 배상의 방법

환경오염피해는 금전으로 배상한다. 다만, 배상 금액에 비하여 과도한 비용을 들이지 아니하고 원상으로 회복할 수 있는 경우에는 피해자는 원상회복을 청구할 수 있다(제13조). 시설로 인하여 발생된 환경오염피해가 동시에 「자연환경보전법」 제2조제1호에 따른 자연환경이나 같은 법 제2조제10호에 따른 자연경관의 침해를 발생시킨 경우 피해자는 해당 사업자에게 원상회복을 요청하거나 직접 원상회복을 할 수 있다. 피해자가 직접 원상회복을 한 때에는 그에 상당한 범위에서 해당 사업자에게 그 비용을 청구할 수 있다(제14조).

4. 정보의 청구

제15조(정보청구권) ① 이 법에 따른 피해배상청구권의 성립과 그 범위를 확정하기

위하여 필요한 경우 피해자는 해당 시설의 사업자에게 제9조제2항과 관련한 정보의 제공 또는 열람을 청구할 수 있다. ② 이 법에 따른 피해배상 청구를 받은 사업자는 피해자에 대한 피해배상이나 다른 사업자에 대한 구상권의 범위를 확정하기 위하여 다른 사업자에게 제9조제2항과 관련한 정보의 제공 또는 열람을 청구할 수 있다. ③ 제1항 및 제2항에 따른 정보의 제공 또는 열람 청구를 받은 자는 해당 정보를 제공하거나 열람하게 하여야 한다. ④ 제1항 및 제2항에 따른 피해자 및 사업자는 영업상 비밀 등을 이유로 정보 제공 또는 열람이 거부된 경우에는 환경부장관에게 정보 제공 또는 열람 명령을 신청할 수 있다. ⑤ 제4항에 따른 신청이 있을 때에는 환경부장관은 제16조에 따른 환경오염피해구제정책위원회의 심의를 거쳐 정보 제공 또는 열람 명령 여부를 결정하고, 그 결정에 따라 해당 사업자에게 정보 제공을 하도록 하거나 열람하게 하도록 명할 수 있다. ⑥ 제1항 · 제2항 및 제5항에 따라 정보를 제공받거나 열람한 자는 그 정보를 해당 목적과 다르게 사용하거나 다른 사람에게 제공하는 등 부당한 목적을 위하여 사용하여서는 아니 된다. ⑦ 제1항부터 제5항까지에 따른 정보 제공 또는 열람 청구의 절차와 그 밖에 필요한 사항은 환경부령으로 정한다.

D. 환경오염피해 배상을 위한 보험 가입 등

환경책임법 제17조(환경책임보험의 가입 의무 등) 제1항에 따르며, 다음 각 호의 시설을 설치 · 운영하는 사업자는 환경책임보험에 가입하여야 한다: 1. 제3조제1호에 따른 시설로서 특정대기유해물질을 배출하는 시설 2. 제3조제2호에 따른 시설로서 특정수질유해물질을 배출하는 시설 3. 제3조제3호에 따른 시설로서 지정폐기물 처리시설 4. 제3조제6호에 따른 시설로서 대통령령으로 정하는 시설 5. 제3조제7호에 따른 시설로서 대통령령으로 정하는 시설 6. 제3조제10호에 해당하는 시설 7. 그 밖에 환경오염피해를 유발할 위험성이 높은 시설로서 대통령령으로 정하는 시설. 동조 제2항에 의하면, 제1항에 따른 사업자는 다음 각 호의 어느 하나에 해당하는 경우 환경부령으로 정하는 바에 따라 운영기관과 보장계약을 체결하여야 한다: 1. 환경책임보험에 가입을 거절당하는 경우 2. 환경책임보험이 개발 · 운용되지 아니하는 경우 3. 해당 환경책임보험의 거래조건 등이 현저하게 공정성을 잃은 경우 등 환경부령으로 정하는 경우. 제1항에 따른 사업자는 환경책임보험에 가입하거나 보장계약을 체결한 후가 아니면 시설을 설치 · 운영할 수 없다(동조 제3항). 환경책임법 제18조(보험자) 제1항에 의하면, 보험자는 위원회의 심의를 거쳐 환경부장관과 환경책임보험 사업의 약정을 체결하여야 한다. 보험자는 제17조제1항에 따른 사업자가 환경책임보험에 가입하려는 때에는 조업중지 중인 경우 등 대통령령으로 정하는 사유가 있는 경우 외에는 계약의 체결을 거부할 수 없다(제3항).

환경책임법 제19조(환경책임보험의 운영 · 관리), 제20조(보험금 일부의 선지급), 제21조(피해배상청구권의 우선변제 등), 제22조(재보험사업) 등의 규정들이 존재한다.

E. 환경오염피해 구제 및 기타 사항들

환경책임법 제23조(환경오염피해 구제) 제1항에 의하면, 환경부장관은 피해자가 다음 각 호의 어느 하나에 해당하는 사유로 환경오염피해의 전부 또는 일부를 배상받지 못하는 경우에는 피해자 또는 그 유족(이하 "피해자등"이라 한다)에게 환경오염피해의 구제를 위한 급여(이하 "구제급여"라 한다)를 지급할 수 있다. 1. 환경오염피해의 원인을 제공한 자를 알 수 없거나 그 존부(存否)가 분명하지 아니하거나 무자력인 경우 2. 제7조에 따른 배상책임한도를 초과한 경우. 환경책임법 제24조(환경오염피해구제심의회 등) 제1항에 따르면, 구제급여 지급에 관한 사항을 심의 · 결정하기 위하여 운영기관에 환경오염피해구제심의회(이하 "심의회"라 한다)를 눈다고 규정하고 있다. 제25조(구제급여의 신청 및 지급), 제26조(구제급여 지급 제한), 제27조(유족의 범위 및 순위), 제28조(심사청구의 제기), 제29조(구제급여심사위원회), 제30조(심사청구에 대한 심리 · 결정), 제31조(심사위원회의 위원의 제척 · 기피 · 회피), 제32조(재심사청구의 제기), 제33조(재심사청구에 대한 심리 · 재결), 제34조(손해배상 및 다른 구제와의 관계), 제35조(환경오염피해구제계정), 제36조(구제계정의 용도), 제37조(구제계정의 관리 · 운용 등)을 규정하고 있으며, 그 외에 환경책임법 제5장 보칙 제38조(전산시스템의 구축 · 운영), 제39조(자료제출 및 검사 · 보고 등), 제40조(학술조사 · 연구 등), 제41조(재정지원), 제42조(취약계층 소송지원), 제43조(행정처분 등), 제44조(권한의 위임 및 위탁), 제45조(정보 이용자의 의무), 제46조(벌칙 적용에서 공무원 의제) 그리고 제6장 벌칙 등을 규정하고 있다. 환경책임법 부칙 〈법률 제12949호, 2014.12.31.〉 이 법은 공포 후 1년이 경과한 날부터 시행한다. 다만, 제17조는 공포 후 1년 6개월이 경과한 날부터 시행한다.[96]

---

96) 환경책임법 부칙 〈법률 제12949호, 2014.12.31.〉 이 법은 공포 후 1년이 경과한 날부터 시행한다. 다만, 제17조는 공포 후 1년 6개월이 경과한 날부터 시행한다.

부록 – [환경정책기본법]

[시행 2015.1.1.] [법률 제11751호, 2013.4.5., 일부개정]

제1장 총칙

제1조(목적) 이 법은 환경보전에 관한 국민의 권리 · 의무와 국가의 책무를 명확히 하고 환경정책의 기본 사항을 정하여 환경오염과 환경훼손을 예방하고 환경을 적정하고 지속가능하게 관리 · 보전함으로써 모든 국민이 건강하고 쾌적한 삶을 누릴 수 있도록 함을 목적으로 한다.

제2조(기본이념) ① 환경의 질적인 향상과 그 보전을 통한 쾌적한 환경의 조성 및 이를 통한 인간과 환경 간의 조화와 균형의 유지는 국민의 건강과 문화적인 생활의 향유 및 국토의 보전과 항구적인 국가발전에 반드시 필요한 요소임에 비추어 국가, 지방자치단체, 사업자 및 국민은 환경을 보다 양호한 상태로 유지 · 조성하도록 노력하고, 환경을 이용하는 모든 행위를 할 때에는 환경보전을 우선적으로 고려하며, 지구환경상의 위해(危害)를 예방하기 위하여 공동으로 노력함으로써 현 세대의 국민이 그 혜택을 널리 누릴 수 있게 함과 동시에 미래의 세대에게 그 혜택이 계승될 수 있도록 하여야 한다. 〈개정 2012.2.1.〉

② 국가와 지방자치단체는 지역 간, 계층 간, 집단 간에 환경 관련 재화와 서비스의 이용에 형평성이 유지되도록 고려한다. 〈신설 2012.2.1.〉

제3조(정의) 이 법에서 사용하는 용어의 뜻은 다음과 같다.

1. "환경"이란 자연환경과 생활환경을 말한다.
2. "자연환경"이란 지하 · 지표(해양을 포함한다) 및 지상의 모든 생물과 이들을 둘러싸고 있는 비생물적인 것을 포함한 자연의 상태(생태계 및 자연경관을 포함한다)를 말한다.
3. "생활환경"이란 대기, 물, 토양, 폐기물, 소음 · 진동, 악취, 일조(日照) 등 사람의 일상생활과 관계되는 환경을 말한다.
4. "환경오염"이란 사업활동 및 그 밖의 사람의 활동에 의하여 발생하는 대기오염, 수질오염, 토양오염, 해양오염, 방사능오염, 소음 · 진동, 악취, 일조 방해 등으로서 사람의 건강이나 환경에 피해를 주는 상태를 말한다.
5. "환경훼손"이란 야생동식물의 남획(濫獲) 및 그 서식지의 파괴, 생태계질서의 교란, 자연경관의 훼손, 표토(表土)의 유실 등으로 자연환경의 본래적 기능에 중대한 손상을 주는 상태를 말한다.

6. "환경보전"이란 환경오염 및 환경훼손으로부터 환경을 보호하고 오염되거나 훼손된 환경을 개선함과 동시에 쾌적한 환경 상태를 유지·조성하기 위한 행위를 말한다.
7. "환경용량"이란 일정한 지역에서 환경오염 또는 환경훼손에 대하여 환경이 스스로 수용, 정화 및 복원하여 환경의 질을 유지할 수 있는 한계를 말한다.
8. "환경기준"이란 국민의 건강을 보호하고 쾌적한 환경을 조성하기 위하여 국가가 달성하고 유지하는 것이 바람직한 환경상의 조건 또는 질적인 수준을 말한다.

제4조(국가 및 지방자치단체의 책무) ① 국가는 환경오염 및 환경훼손과 그 위해를 예방하고 환경을 적정하게 관리·보전하기 위하여 환경보전계획을 수립하여 시행할 책무를 진다.

② 지방자치단체는 관할 구역의 지역적 특성을 고려하여 국가의 환경보전계획에 따라 그 지방자치단체의 계획을 수립하여 이를 시행할 책무를 진다.

제5조(사업자의 책무) 사업자는 그 사업활동으로부터 발생하는 환경오염 및 환경훼손을 스스로 방지하기 위하여 필요한 조치를 하여야 하며, 국가 또는 지방자치단체의 환경보전시책에 참여하고 협력하여야 할 책무를 진다.

제6조(국민의 권리와 의무) ① 모든 국민은 건강하고 쾌적한 환경에서 생활할 권리를 가진다.

② 모든 국민은 국가 및 지방자치단체의 환경보전시책에 협력하여야 한다.

③ 모든 국민은 일상생활에서 발생하는 환경오염과 환경훼손을 줄이고, 국토 및 자연환경의 보전을 위하여 노력하여야 한다.

제7조(오염원인자 책임원칙) 자기의 행위 또는 사업활동으로 환경오염 또는 환경훼손의 원인을 발생시킨 자는 그 오염·훼손을 방지하고 오염·훼손된 환경을 회복·복원할 책임을 지며, 환경오염 또는 환경훼손으로 인한 피해의 구제에 드는 비용을 부담함을 원칙으로 한다.

제8조(환경오염 등의 사전예방) ① 국가 및 지방자치단체는 환경오염물질 및 환경오염원의 원천적인 감소를 통한 사전예방적 오염관리에 우선적인 노력을 기울여야 하며, 사업자로 하여금 환경오염을 예방하기 위하여 스스로 노력하도록 촉진하기 위한 시책을 마련하여야 한다.

② 사업자는 제품의 제조·판매·유통 및 폐기 등 사업활동의 모든 과정에서 환경오염이 적은 원료를 사용하고 공정(工程)을 개선하며, 자원의 절약과 재활용의 촉진 등을 통하여 오염물질의 배출을 원천적으로 줄이고, 제품의 사용 및 폐기로 환경에 미치는 해로운 영향을 최소화하도록 노력하여야 한다.

③ 국가, 지방자치단체 및 사업자는 행정계획이나 개발사업에 따른 국토 및 자연환경의 훼손을 예방하기 위하여 해당 행정계획 또는 개발사업이 환경에 미치는 해로운 영향을 최소화하도록 노력하여야 한다.

제9조(환경과 경제의 통합적 고려 등) ① 정부는 환경과 경제를 통합적으로 평가할 수 있는 방법을 개발하여 각종 정책을 수립할 때에 이를 활용하여야 한다.

② 정부는 환경용량의 범위에서 산업 간, 지역 간, 사업 간 협의에 의하여 환경에 미치는 해로운 영향을 최소화하도록 지원하여야 한다.

제10조(자원 등의 절약 및 순환적 사용 촉진) ① 국가 및 지방자치단체는 자원과 에너지를 절약하

고 자원의 재사용 · 재활용 등 자원의 순환적 사용을 촉진하는 데 필요한 시책을 마련하여야 한다.

② 사업자는 경제활동을 할 때 제1항에 따른 국가 및 지방자치단체의 시책에 협력하여야 한다.

제11조(보고) ① 정부는 매년 주요 환경보전시책의 추진상황에 관한 보고서를 국회에 제출하여야 한다.

② 제1항의 보고서에는 다음 각 호의 사항이 포함되어야 한다.

1. 환경오염 · 환경훼손 현황
2. 국내외 환경 동향
3. 환경보전시책의 추진상황
4. 그 밖에 환경보전에 관한 주요 사항

③ 환경부장관은 제1항의 보고서 작성에 필요한 자료의 제출을 관계 중앙행정기관의 장에게 요청할 수 있으며, 관계 중앙행정기관의 장은 특별한 사유가 없으면 이에 따라야 한다.

제2장 환경보전계획의 수립 등

제1절 환경기준

제12조(환경기준의 설정) ① 국가는 환경기준을 설정하여야 하며, 환경 여건의 변화에 따라 그 적정성이 유지되도록 하여야 한다.

② 환경기준은 대통령령으로 정한다.

③ 특별시 · 광역시 · 도 · 특별자치도(이하 "시 · 도"라 한다)는 해당 지역의 환경적 특수성을 고려하여 필요하다고 인정할 때에는 해당 시 · 도의 조례로 제1항에 따른 환경기준보다 확대 · 강화된 별도의 환경기준(이하 "지역환경기준"이라 한다)을 설정 또는 변경할 수 있다.

④ 특별시장 · 광역시장 · 도지사 · 특별자치도지사(이하 "시 · 도지사"라 한다)는 제3항에 따라 지역환경기준을 설정하거나 변경한 경우에는 이를 지체 없이 환경부장관에게 보고하여야 한다.

제13조(환경기준의 유지) 국가 및 지방자치단체는 환경에 관계되는 법령을 제정 또는 개정하거나 행정계획의 수립 또는 사업의 집행을 할 때에는 제12조에 따른 환경기준이 적절히 유지되도록 다음 사항을 고려하여야 한다.

1. 환경 악화의 예방 및 그 요인의 제거
2. 환경오염지역의 원상회복
3. 새로운 과학기술의 사용으로 인한 환경오염 및 환경훼손의 예방
4. 환경오염방지를 위한 재원(財源)의 적정 배분

제2절 기본적 시책

제14조(국가환경종합계획의 수립 등) ① 환경부장관은 관계 중앙행정기관의 장과 협의하여 국가차원의 환경보전을 위한 종합계획(이하 "국가환경종합계획"이라 한다)을 10년마다 수립하

여야 한다.

② 환경부장관은 국가환경종합계획을 수립하거나 변경하려면 그 초안을 마련하여 공청회 등을 열어 국민, 관계 전문가 등의 의견을 수렴한 후 국무회의의 심의를 거쳐 확정한다.

③ 국가환경종합계획 중 대통령령으로 정하는 경미한 사항을 변경하려는 경우에는 제2항에 따른 절차를 생략할 수 있다.

제15조(국가환경종합계획의 내용) 국가환경종합계획에는 다음 각 호의 사항이 포함되어야 한다.

1. 인구 · 산업 · 경제 · 토지 및 해양의 이용 등 환경변화 여건에 관한 사항
2. 환경오염원 · 환경오염도 및 오염물질 배출량의 예측과 환경오염 및 환경훼손으로 인한 환경의 질(質)의 변화 전망
3. 환경의 현황 및 전망
4. 환경보전 목표의 설정과 이의 달성을 위한 다음 각 목의 사항에 관한 단계별 대책 및 사업계획
   가. 생물다양성 · 생태계 · 경관 등 자연환경의 보전에 관한 사항
   나. 토양환경 및 지하수 수질의 보전에 관한 사항
   다. 해양환경의 보전에 관한 사항
   라. 국토환경의 보전에 관한 사항
   마. 대기환경의 보전에 관한 사항
   바. 수질환경의 보전에 관한 사항
   사. 상하수도의 보급에 관한 사항
   아. 폐기물의 관리 및 재활용에 관한 사항
   자. 유해화학물질의 관리에 관한 사항
   차. 방사능오염물질의 관리
   카. 그 밖에 환경의 관리에 관한 사항
5. 사업의 시행에 드는 비용의 산정 및 재원 조달 방법
6. 제1호부터 제5호까지의 사항에 부대되는 사항

제16조(국가환경종합계획의 시행) ① 환경부장관은 제14조에 따라 수립 또는 변경된 국가환경종합계획을 지체 없이 관계 중앙행정기관의 장에게 통보하여야 한다.

② 관계 중앙행정기관의 장은 국가환경종합계획의 시행에 필요한 조치를 하여야 한다.

제17조(환경보전중기종합계획의 수립 등) ① 환경부장관은 제14조제2항에 따라 확정된 국가환경종합계획의 종합적 · 체계적 추진을 위하여 5년마다 환경보전중기종합계획(이하 "중기계획"이라 한다)을 수립하여야 한다.

② 환경부장관은 중기계획을 수립하거나 변경하려면 그 초안을 마련하여 공청회 등을 열어 국민, 관계 전문가 등의 의견을 수렴한 후 관계 중앙행정기관의 장과의 협의를 거쳐 확정한다.

③ 중기계획 중 대통령령으로 정하는 경미한 사항을 변경하려는 경우에는 제2항에 따른 절차를 생략할 수 있다.

④ 환경부장관은 제1항부터 제3항까지의 규정에 따라 수립 또는 변경된 중기계획을 관계 중

앙행정기관의 장 및 시 · 도지사에게 통보하여야 하며, 통보를 받은 관계 중앙행정기관의 장 및 시 · 도지사는 이를 소관 업무계획에 반영하여야 한다.

⑤ 환경부장관, 관계 중앙행정기관의 장 및 시 · 도지사는 제1항부터 제3항까지의 규정에 따라 수립 또는 변경된 중기계획의 연도별 시행계획을 대통령령으로 정하는 바에 따라 수립 · 추진하여야 하며, 관계 중앙행정기관의 장 및 시 · 도지사는 연도별 시행계획의 추진실적을 매년 환경부장관에게 제출하여야 한다.

⑥ 중기계획 및 연도별 시행계획의 수립 · 추진 등에 필요한 사항은 대통령령으로 정한다.

제18조(시 · 도의 환경보전계획의 수립 등) ① 시 · 도지사는 국가환경종합계획 및 중기계획에 따라 관할 구역의 지역적 특성을 고려하여 해당 시 · 도의 환경보전계획(이하 "시 · 도 환경계획"이라 한다)을 수립 · 시행하여야 한다.

② 시 · 도지사는 시 · 도 환경계획을 수립하거나 변경하려면 그 초안을 마련하여 공청회 등을 열어 주민, 관계 전문가 등의 의견을 수렴한 후 그 계획을 확정한다. 다만, 대통령령으로 정하는 경미한 사항을 변경하려는 경우에는 그러하지 아니하다.

③ 시 · 도지사는 시 · 도 환경계획을 수립하거나 변경하였을 때에는 지체 없이 이를 환경부장관에게 보고하여야 한다.

④ 환경부장관은 제39조에 따른 영향권별 환경관리를 위하여 필요한 경우에는 해당 시 · 도지사에게 시 · 도 환경계획의 변경을 요청할 수 있다.

제19조(시 · 군 · 구의 환경보전계획의 수립 등) ① 시장 · 군수 · 구청장(자치구의 구청장을 말한다. 이하 같다)은 국가환경종합계획, 중기계획 및 시 · 도 환경계획에 따라 관할 구역의 지역적 특성을 고려하여 해당 시 · 군 · 구의 환경보전계획(이하 "시 · 군 · 구 환경계획"이라 한다)을 수립 · 시행하여야 한다.

② 시장 · 군수 · 구청장은 제1항에 따라 시 · 군 · 구 환경계획을 수립하거나 변경하려면 관할 시 · 도지사를 거쳐 지방환경관서의 장과 협의한 후 그 계획을 확정하고 환경부장관에게 보고하여야 한다. 다만, 대통령령으로 정하는 경미한 사항을 변경하려는 경우에는 지방환경관서의 장과의 협의를 생략할 수 있다.

③ 지방환경관서의 장 또는 시 · 도지사는 제39조에 따른 영향권별 환경관리를 위하여 필요한 경우에는 해당 시장 · 군수 · 구청장에게 시 · 군 · 구 환경계획의 변경을 요청할 수 있다.

제20조(국가환경종합계획 등의 공개) 환경부장관, 시 · 도지사 및 시장 · 군수 · 구청장은 제14조에 따라 수립 또는 변경된 국가환경종합계획, 제17조에 따라 수립 또는 변경된 중기계획, 제18조에 따라 수립 또는 변경된 시 · 도 환경계획 및 제19조에 따라 수립 또는 변경된 시 · 군 · 구 환경계획을 해당 기관의 인터넷 홈페이지 등을 통하여 공개하여야 한다.

제21조(개발 계획 · 사업의 환경적 고려 등) ① 국가 및 지방자치단체의 장은 토지의 이용 또는 개발에 관한 계획을 수립할 때에는 국가환경종합계획, 시 · 도 환경계획 및 시 · 군 · 구 환경계획(이하 "국가환경종합계획등"이라 한다)과 해당 지역의 환경용량을 고려하여야 한다.

② 관계 중앙행정기관의 장, 시 · 도지사 및 시장 · 군수 · 구청장은 토지의 이용 또는 개발에 관

한 사업의 허가 등을 하는 경우에는 국가환경종합계획등을 고려하여야 한다.

제22조(환경상태의 조사 · 평가 등) ① 국가 및 지방자치단체는 다음 각 호의 사항을 상시 조사 · 평가하여야 한다.

1. 자연환경 및 생활환경 현황
2. 환경오염 및 환경훼손 실태
3. 환경오염원 및 환경훼손 요인
4. 환경의 질의 변화
5. 그 밖에 국가환경종합계획등의 수립 · 시행에 필요한 사항

② 국가 및 지방자치단체는 제1항에 따른 조사 · 평가를 적정하게 시행하기 위한 연구 · 감시 · 측정 · 시험 및 분석체제를 유지하여야 한다.

③ 제1항에 따른 조사 · 평가와 제2항에 따른 연구 · 감시 · 측정 · 시험 및 분석체제에 필요한 사항은 대통령령으로 정한다.

제23조(환경친화적 계획기법등의 작성 · 보급) ① 정부는 환경에 영향을 미치는 행정계획 및 개발사업이 환경적으로 건전하고 지속가능하게 계획되어 수립 · 시행될 수 있도록 환경친화적인 계획기법 및 토지이용 · 개발기준(이하 "환경친화적 계획기법등"이라 한다)을 작성 · 보급할 수 있다.

② 환경부장관은 국토환경을 효율적으로 보전하고 국토를 환경친화적으로 이용하기 위하여 국토에 대한 환경적 가치를 평가하여 등급으로 표시한 환경성 평가지도를 작성 · 보급할 수 있다.

③ 환경친화적 계획기법등과 환경성 평가지도의 작성 방법 및 내용 등 필요한 사항은 대통령령으로 정한다.

제24조(환경정보의 보급 등) ① 환경부장관은 모든 국민에게 환경보전에 관한 지식 · 정보를 보급하고, 국민이 환경에 관한 정보에 쉽게 접근할 수 있도록 노력하여야 한다.

② 환경부장관은 제1항에 따른 환경보전에 관한 지식 · 정보의 원활한 생산 · 보급 등을 위하여 환경정보망을 구축하여 운영할 수 있다.

③ 환경부장관은 관계 행정기관의 장에게 환경정보망 구축 · 운영에 필요한 자료의 제출을 요청할 수 있다. 이 경우 관계 행정기관의 장은 특별한 사유가 없으면 요청에 따라야 한다.

④ 환경부장관은 제2항에 따른 환경정보망을 효율적으로 구축 · 운영하기 위하여 필요한 경우에는 전문기관에 환경현황 조사를 의뢰하거나 환경정보망의 구축 · 운영을 위탁할 수 있다.

⑤ 제2항에 따른 환경정보망의 구축 · 운영, 제4항에 따른 환경현황 조사 의뢰 및 환경정보망 구축 · 운영의 위탁 등 필요한 사항은 대통령령으로 정한다.

제25조(환경보전에 관한 교육 등) 국가 및 지방자치단체는 환경보전에 관한 교육과 홍보 등을 통하여 국민의 환경보전에 대한 이해를 깊게 하고 국민 스스로 환경보전에 참여하며 일상생활에서 이를 실천할 수 있도록 필요한 시책을 수립 · 추진하여야 한다.

제26조(민간환경단체 등의 환경보전활동 촉진) ① 국가 및 지방자치단체는 민간환경단체 등의 자발

적인 환경보전활동을 촉진하기 위하여 정보의 제공 등 필요한 시책을 마련하여야 한다.

② 국가 및 지방자치단체는 민간환경단체 등이 경관이나 생태적 가치 등이 우수한 지역을 매수하여 관리하는 등의 환경보전활동을 하는 경우 이에 필요한 행정적 지원을 할 수 있다.

제27조(국제협력 및 지구환경보전) 국가 및 지방자치단체는 국제협력을 통하여 환경 정보와 기술을 교류하고 전문인력을 양성하며, 지구 전체의 환경에 영향을 미치는 기후변화, 오존층의 파괴, 해양오염, 사막화 및 생물자원의 감소 등으로부터 지구의 환경을 보전하기 위하여 지구환경의 감시 · 관측 및 보호에 관하여 상호 협력하는 등 국제적인 노력에 적극 참여하여야 한다.

제28조(환경과학기술의 진흥) 국가 및 지방자치단체는 환경보전을 위한 실험 · 조사 · 연구 · 기술개발 및 전문인력의 양성 등 환경과학기술의 진흥에 필요한 시책을 마련하여야 한다.

제29조(환경보전시설의 설치 · 관리) 국가 및 지방자치단체는 환경오염을 줄이기 위한 녹지대(綠地帶), 폐수 · 하수 및 폐기물의 처리를 위한 시설, 소음 · 진동 및 악취의 방지를 위한 시설, 야생동식물 및 생태계의 보호 · 복원을 위한 시설, 오염된 토양 · 지하수의 정화를 위한 시설 등 환경보전을 위한 공공시설의 설치 · 관리에 필요한 조치를 하여야 한다.

제30조(환경보전을 위한 규제 등) ① 정부는 환경보전을 위하여 대기오염 · 수질오염 · 토양오염 또는 해양오염의 원인이 되는 물질의 배출, 소음 · 진동 · 악취의 발생, 폐기물의 처리, 일조의 침해 및 자연환경의 훼손에 대하여 필요한 규제를 하여야 한다.

② 환경부장관 및 지방자치단체의 장은 환경오염의 원인이 되는 물질을 배출하는 시설이 설치된 사업장으로서 2개 분야 이상의 배출시설이 설치된 사업장에 대하여 관계 법률에 따라 출입 · 검사를 하는 경우에는 이를 통합적으로 실시할 수 있다.

③ 환경부장관 및 지방자치단체의 장은 사업자가 환경보전을 위한 관계 법령을 위반한 것으로 판명되어 행정처분을 한 경우 그 사실을 공표할 수 있다. 다만, 사업자의 영업상 비밀에 관한 사항으로서 공표될 경우 사업자의 정당한 이익을 현저히 침해할 우려가 있다고 인정되는 사항은 그러하지 아니하다.

제31조(배출허용기준의 예고) 국가는 관계 법령에 따라 환경오염에 관한 배출허용기준을 정하거나 변경할 때에는 이를 해당 기관의 인터넷 홈페이지 등을 통하여 사전에 알려야 한다.

제32조(경제적 유인수단) 정부는 자원의 효율적인 이용을 도모하고 환경오염의 원인을 일으킨 자가 스스로 오염물질의 배출을 줄이도록 유도하기 위하여 필요한 경제적 유인수단을 마련하여야 한다.

제33조(유해화학물질의 관리) 정부는 화학물질에 의한 환경오염과 건강상의 위해를 예방하기 위하여 유해화학물질을 적정하게 관리하기 위한 시책을 마련하여야 한다.

제34조(방사성 물질에 의한 환경오염의 방지 등) ① 정부는 방사성 물질에 의한 환경오염 및 그 방지 등을 위하여 적절한 조치를 하여야 한다.

② 제1항에 따른 조치는 「원자력안전법」과 그 밖의 관계 법률에서 정하는 바에 따른다.

제35조(과학기술의 위해성 평가 등) 정부는 과학기술의 발달로 인하여 생태계 또는 인간의 건강에

미치는 해로운 영향을 예방하기 위하여 필요하다고 인정하는 경우 그 영향에 대한 분석이나 위해성 평가 등 적절한 조치를 마련하여야 한다.

제36조(환경성 질환에 대한 대책) 국가 및 지방자치단체는 환경오염으로 인한 국민의 건강상의 피해를 규명하고 환경오염으로 인한 질환에 대한 대책을 마련하여야 한다.

제37조(국가시책 등의 환경친화성 제고) ① 국가 및 지방자치단체는 교통부문의 환경오염 또는 환경훼손을 최소화하기 위하여 환경친화적인 교통체계 구축에 필요한 시책을 마련하여야 한다.

② 국가 및 지방자치단체는 에너지 이용에 따른 환경오염 또는 환경훼손을 최소화하기 위하여 에너지의 합리적 · 효율적 이용과 환경친화적인 에너지의 개발 · 보급에 필요한 시책을 마련하여야 한다.

③ 국가 및 지방자치단체는 농림어업부문의 환경오염 또는 환경훼손을 최소화하기 위하여 환경친화적인 농림어업의 진흥에 필요한 시책을 마련하여야 한다.

제38조(특별종합대책의 수립) ① 환경부장관은 환경오염 · 환경훼손 또는 자연생태계의 변화가 현저하거나 현저하게 될 우려가 있는 지역과 환경기준을 자주 초과하는 지역을 관계 중앙행정기관의 장 및 시 · 도지사와 협의하여 환경보전을 위한 특별대책지역으로 지정 · 고시하고, 해당 지역의 환경보전을 위한 특별종합대책을 수립하여 관할 시 · 도지사에게 이를 시행하게 할 수 있다.

② 환경부장관은 제1항에 따른 특별대책지역의 환경개선을 위하여 특히 필요한 경우에는 대통령령으로 정하는 바에 따라 그 지역에서 토지 이용과 시설 설치를 제한할 수 있다.

제39조(영향권별 환경관리) ① 환경부장관은 환경오염의 상황을 파악하고 그 방지대책을 마련하기 위하여 대기오염의 영향권별 지역, 수질오염의 수계별 지역 및 생태계 권역 등에 대한 환경의 영향권별 관리를 하여야 한다.

② 지방자치단체의 장은 관할 구역의 대기오염, 수질오염 또는 생태계를 효과적으로 관리하기 위하여 지역의 실정에 따라 환경의 영향권별 관리를 할 수 있다.

제3절 자연환경의 보전 및 환경영향평가

제40조(자연환경의 보전) 국가와 국민은 자연환경의 보전이 인간의 생존 및 생활의 기본임에 비추어 자연의 질서와 균형이 유지 · 보전되도록 노력하여야 한다.

제41조(환경영향평가) ① 국가는 환경기준의 적정성을 유지하고 자연환경을 보전하기 위하여 환경에 영향을 미치는 계획 및 개발사업이 환경적으로 지속가능하게 수립 · 시행될 수 있도록 전략환경영향평가, 환경영향평가, 소규모 환경영향평가를 실시하여야 한다.

② 제1항에 따른 전략환경영향평가, 환경영향평가 및 소규모 환경영향평가의 대상, 절차 및 방법 등에 관한 사항은 따로 법률로 정한다.

제4절 분쟁 조정 및 피해 구제

제42조(분쟁 조정) 국가 및 지방자치단체는 환경오염 또는 환경훼손으로 인한 분쟁이나 그 밖에 환경 관련 분쟁이 발생한 경우에 그 분쟁이 신속하고 공정하게 해결되도록 필요한 시책을 마련하여야 한다.

제43조(피해 구제) 국가 및 지방자치단체는 환경오염 또는 환경훼손으로 인한 피해를 원활하게 구제하기 위하여 필요한 시책을 마련하여야 한다.

제44조(환경오염의 피해에 대한 무과실책임) ① 환경오염 또는 환경훼손으로 피해가 발생한 경우에는 해당 환경오염 또는 환경훼손의 원인자가 그 피해를 배상하여야 한다.

② 환경오염 또는 환경훼손의 원인자가 둘 이상인 경우에 어느 원인자에 의하여 제1항에 따른 피해가 발생한 것인지를 알 수 없을 때에는 각 원인자가 연대하여 배상하여야 한다.

제5절 환경개선특별회계의 설치

제45조(환경개선특별회계의 설치 등) ① 정부는 환경개선사업의 투자를 확대하고 그 관리 · 운영을 효율화하기 위하여 환경개선특별회계(이하 "회계"라 한다)를 설치한다.

② 회계는 환경부장관이 관리 · 운용한다.

제46조(회계의 세입) 회계의 세입은 다음 각 호와 같다. 〈개정 2011.7.28., 2012.2.1.〉

1. 「공공차관의 도입 및 관리에 관한 법률」에 따른 차관수입금
2. 「한강수계 상수원수질개선 및 주민지원 등에 관한 법률」 제8조의5 및 제8조의6에 따른 총량초과부과금 · 가산금 · 과징금, 「낙동강수계 물관리 및 주민지원 등에 관한 법률」 제13조 및 제14조에 따른 총량초과부과금 · 가산금 · 과징금, 「금강수계 물관리 및 주민지원 등에 관한 법률」 제13조 및 제14조에 따른 총량초과부과금 · 가산금 · 과징금, 「영산강 · 섬진강수계 물관리 및 주민지원 등에 관한 법률」 제13조 및 제14조에 따른 총량초과부과금 · 가산금 · 과징금
3. 「대기환경보전법」 제35조에 따른 배출부과금 · 가산금, 「수도권 대기환경개선에 관한 특별법」 제20조에 따른 총량초과부과금 · 가산금

3의2. 「대기환경보전법」 제51조에 따른 결함확인검사 수수료 및 같은 법 제86조제2호에 따른 수수료

4. 「먹는물관리법」 제31조에 따른 수질개선부담금 · 가산금
5. 「소음 · 진동관리법」 제31조에 따른 수수료 및 같은 법 제33조에 따른 검사에 드는 비용
6. 「수질 및 수생태계 보전에 관한 법률」 제41조에 따른 배출부과금 · 가산금
7. 「수질 및 수생태계 보전에 관한 법률」 제48조의2제1항 및 제49조의6제1항 후단에 따른 종말처리시설 부담금(시행자가 국가인 경우에만 해당하며, 「수질 및 수생태계 보전에 관한 법률」 제48조제1항 각 호의 어느 하나에 해당하는 자에게 위탁하여 실시하는 경우는 제외한다) 및 가산금
8. 「야생생물 보호 및 관리에 관한 법률」 제50조에 따른 수렵장 사용료
9. 「자연환경보전법」 제46조에 따른 생태계보전협력금 및 같은 법제48조에 따른 가산금

10.「자원의 절약과 재활용촉진에 관한 법률」 제12조에 따른 폐기물부담금 · 가산금 및 같은 법 제19조에 따른 재활용부과금 · 가산금, 같은 법 제20조에 따른 지원으로서의 융자금의 원리금수입
11.「전기 · 전자제품 및 자동차의 자원순환에 관한 법률」 제18조에 따른 재활용부과금 · 가산금
12.「폐기물관리법」 제51조에 따른 사후관리이행보증금 및 같은 법 제52조에 따른 사전 적립금
13.「폐기물의 국가간 이동 및 그 처리에 관한 법률」 제23조에 따른 수수료
14.「환경개선비용 부담법」 제9조 및 제20조에 따른 환경개선부담금 및 가산금
15.「환경개선비용 부담법」 제11조에 따른 융자금의 원리금수입
16.「환경범죄 등의 단속 및 가중처벌에 관한 법률」 제12조에 따른 과징금
17. 제47조제1항제14호에 따른 융자금의 원리금수입
18. 제48조에 따른 일반회계로부터의 전입금
19. 제49조제1항 및 제2항에 따른 차입금
20. 제51조에 따른 결산상 잉여금
21. 다른 특별회계 또는 기금으로부터의 전입금 및 예수금
22. 다른 법률에 따라 회계로 귀속되는 수입금
23. 회계에 속하는 재산의 매각대금 또는 운용수입
24. 그 밖에 환경개선사업을 관리 · 운영하여 생긴 수입금

제47조(회계의 세출) ① 회계의 세출은 다음 각 호와 같다. 다만, 제46조제4호의 수질개선부담금 및 그 가산금으로 조성된 재원은 제3호의 용도에만, 같은 조 제7호의 종말처리시설 부담금 및 그 가산금으로 조성된 재원은 제4호의 용도에만, 같은 조 제9호의 생태보전협력금 및 그 가산금으로 조성된 재원은 제6호의 용도에만, 같은 조 제10호의 폐기물부담금 · 재활용부과금 및 그 가산금으로 조성된 재원은 제7호의 용도에만, 같은 조 제11호의 재활용부과금 및 그 가산금으로 조성된 재원은 제8호의 용도에만, 같은 조 제12호의 사후관리이행보증금 및 사전적립금으로 조성된 재원은 제9호의 용도에만, 같은 조 제14호의 환경개선부담금 및 그 가산금으로 조성된 재원은 제12호의 용도에만 각각 사용하여야 한다. 〈개정 2011.7.28.〉

1. 국가환경개선사업
2. 지방자치단체의 환경개선사업 지원
3.「먹는물관리법」 제31조제7항 및 제33조에 따른 용도
4.「수질 및 수생태계 보전에 관한 법률」 제48조제1항에 따라 국가가 실시하는 폐수종말처리시설 설치비의 지출
5.「야생생물 보호 및 관리에 관한 법률」 제58조 각 호에 따른 용도
6.「자연환경보전법」 제49조에 따른 용도
7.「자원의 절약과 재활용촉진에 관한 법률」 제20조에 따른 용도
8.「전기 · 전자제품 및 자동차의 자원순환에 관한 법률」 제19조에 따른 용도
9.「폐기물관리법」 제53조에 따른 용도

10. 「폐기물의 국가간 이동 및 그 처리에 관한 법률」 제4조에 따른 국가의 책무 수행 및 같은 법 제21조에 따른 대집행에 소요되는 비용의 지급
11. 「한국환경공단법」에 따른 한국환경공단(이하 "한국환경공단"이라 한다)의 사업비 및 운영비 출연
12. 「환경개선비용 부담법」 제11조에 따른 용도
13. 「환경범죄 등의 단속 및 가중처벌에 관한 법률」 제15조에 따른 포상금의 지급
14. 제46조제1호 · 제19호 및 제21호에 따른 차관 · 차입금 및 예수금의 원리금 상환
15. 지방자치단체의 환경기초시설 설치, 민간의 환경오염방지시설 설치, 저공해제품생산시설 설치 및 기술개발에 필요한 자금의 융자
16. 민간의 환경에 관한 정책연구, 기술개발, 홍보활동, 조사 · 연구와 환경연구기관에 대한 지원
17. 회계의 세입징수비용 지급
18. 그 밖에 회계운영에 필요한 경비

② 제1항제7호 · 제12호 및 제15호에 따라 행하는 융자의 대상 · 조건 및 절차에 관한 사항은 환경부장관이 정하여 고시하는 바에 따른다. 이 경우 융자의 이율 및 기간은 환경부장관이 기획재정부장관과 협의하여 정한다.

③ 제1항제7호 · 제12호 및 제15호에 따른 융자에 관한 사무는 한국환경공단 또는 「환경기술 및 환경산업 지원법」 제5조의2에 따른 한국환경산업기술원에 위탁하여 시행할 수 있다. 〈개정 2013.4.5.〉

제48조(일반회계로부터의 전입) 회계는 세출재원을 확보하기 위하여 예산으로 정하는 바에 따라 일반회계로부터 전입을 받을 수 있다.

제49조(차입금) ① 회계는 세출재원이 부족할 때에는 국회의 의결을 받은 금액의 범위에서 장기 차입할 수 있다.

② 회계는 운영자금이 일시적으로 부족할 때에는 일시차입할 수 있다.

③ 제2항에 따른 일시차입금의 원리금은 해당 회계연도 내에 상환하여야 한다.

제50조(세출예산의 이월) 회계의 세출예산 중 해당 회계연도 내에 지출하지 아니한 것은 「국가재정법」 제48조에도 불구하고 다음 연도로 이월하여 사용할 수 있다.

제51조(잉여금의 처리) 회계의 결산상 잉여금은 다음 연도의 세입에 이입(移入)한다.

제52조(예비비) 회계는 예측할 수 없는 예산 외의 지출 또는 예산초과지출에 충당하기 위하여 예비비로서 상당한 금액을 세출예산에 계상(計上)할 수 있다.

제53조(초과수입금의 직접사용) ① 환경부장관은 회계의 세입예산을 초과하거나 초과할 것으로 예상되는 제46조제3호 및 제6호에 따른 배출부과금 · 총량초과부과금 및 가산금, 같은 조 제4호에 따른 수질개선부담금 및 가산금, 같은 조 제7호에 따른 종말처리시설 부담금 및 가산금, 같은 조 제14호에 따른 환경개선부담금 및 가산금(이하 "초과수입금"이라 한다)이 있을 때에는 그 초과수입금을 각각 회계의 세출예산을 초과하는 배출부과금 징수비용의 지급,

「먹는물관리법」 제31조제7항에 따른 수질개선부담금 및 가산금의 지급, 수질개선부담금 징수비용의 지급, 폐수종말처리시설 설치비의 지출 및 환경개선부담금 징수비용의 지급에 직접 사용할 수 있다.

② 환경부장관은 제1항에 따라 초과수입금을 사용하려면 미리 기획재정부장관의 승인을 받아야 한다.

③ 환경부장관은 제2항에 따른 승인을 받으려면 그 이유와 필요 금액을 명시한 명세서를 작성하여 기획재정부장관에게 제출하여야 한다.

④ 기획재정부장관은 제2항에 따른 초과수입금의 사용을 승인한 경우에는 이를 환경부장관에게 통지하고, 그 사실을 감사원에 통보하여야 한다.

제3장 법제상 및 재정상의 조치

제54조(법제상의 조치 등) 국가 및 지방자치단체는 환경보전을 위한 시책의 실시에 필요한 법제상 · 재정상의 조치와 그 밖에 필요한 행정상의 조치를 하여야 한다.

제55조(지방자치단체에 대한 재정지원 등) ① 국가는 지방자치단체의 환경보전사업에 드는 경비의 전부 또는 일부를 국고에서 지원할 수 있다.

② 환경부장관은 지방자치단체의 환경관리능력을 향상시키고 환경친화적 지방행정을 활성화하기 위하여 환경관리시범 지방자치단체를 지정하고 이를 지원하기 위하여 필요한 조치를 할 수 있다.

제56조(사업자의 환경관리 지원) ① 국가 및 지방자치단체는 사업자가 행하는 환경보전을 위한 시설의 설치 · 운영을 지원하기 위하여 필요한 세제상의 조치와 그 밖의 재정지원을 할 수 있다.

② 국가 및 지방자치단체는 사업자가 스스로 환경관리를 위하여 노력하는 자발적 환경관리제제가 정착 · 확산될 수 있도록 필요한 행정적 · 재정적 지원을 할 수 있다.

제57조(조사 · 연구 및 기술개발에 대한 재정지원) 국가 및 지방자치단체는 환경보전에 관련되는 학술 조사 · 연구 및 기술개발에 필요한 재정지원을 할 수 있다.

제4장 환경정책위원회

제58조(환경정책위원회) ① 환경부장관은 다음 각 호의 사항에 대한 심의 · 자문을 수행하는 중앙환경정책위원회를 둘 수 있다.

1. 제14조에 따른 국가환경종합계획 및 제17조에 따른 중기계획의 수립 · 변경에 관한 사항
2. 환경기준 · 오염물질배출허용기준 및 방류수수질기준 등에 관한 사항
3. 제38조에 따른 특별대책지역의 지정 및 특별종합대책의 수립에 관한 사항
4. 「가축분뇨의 관리 및 이용에 관한 법률」 제5조에 따른 가축분뇨관리기본계획 등 가축분뇨의 처리 · 자원화를 위한 기본시책에 관한 사항
5. 「녹색제품 구매촉진에 관한 법률」 제4조에 따른 녹색제품구매촉진기본계획 등 녹색제품 구

매촉진을 위한 기본시책에 관한 사항

6. 「잔류성유기오염물질 관리법」 제5조에 따른 잔류성유기오염물질관리기본계획 등 잔류성유기오염물질 관리를 위한 기본시책에 관한 사항

7. 「환경분야 시험 · 검사 등에 관한 법률」 제3조에 따른 환경시험 · 검사발전기본계획 등 환경시험 · 검사 및 환경기술 분야의 기본시책에 관한 사항

8. 「전기 · 전자제품 및 자동차의 자원순환에 관한 법률」 제9조제1항, 제10조제1항 및 제2항, 제12조제3항, 제16조제1항 및 제25조제1항에 따른 유해물질 함유기준 설정, 재질 · 구조의 개선, 재활용비율 등에 관한 사항

9. 그 밖에 환경정책 · 자연환경 · 기후대기 · 물 · 상하수도 · 자연순환 · 지구환경 등 부문별 환경보전 기본계획이나 대책의 수립 · 변경에 관한 사항과 위원장 또는 분과위원장이 중앙환경정책위원회의 심의 또는 자문을 요청하는 사항

② 지역의 환경정책에 관한 심의 · 자문을 위하여 시 · 도지사 소속으로 시 · 도환경정책위원회를 두며, 시장 · 군수 · 구청장 소속으로 시 · 군 · 구환경정책위원회를 둘 수 있다.

③ 제1항에 따른 중앙환경정책위원회는 위원장과 10명 이내의 분과위원장을 포함한 200명 이내의 위원으로 구성한다.

④ 제3항에 따른 위원장은 환경부장관과 환경부장관이 위촉하는 민간위원 중에서 호선으로 선정된 사람이 공동으로 하고, 분과위원장은 환경정책 · 자연환경 · 기후대기 · 물 · 상하수도 · 자원순환 등 환경관리 부문별로 환경부장관이 지명한 사람이 된다.

⑤ 제1항에 따른 중앙환경정책위원회의 구성 · 운영에 관하여 그 밖에 필요한 사항은 대통령령으로 정하며, 제2항에 따른 시 · 도환경정책위원회 및 시 · 군 · 구환경정책위원회의 구성 및 운영 등 필요한 사항은 해당 시 · 도 및 시 · 군 · 구의 조례로 정한다.

제59조(환경보전협회) ① 환경보전에 관한 조사연구, 기술개발 및 교육 · 홍보, 생태복원 등을 위하여 환경보전협회(이하 "협회"라 한다)를 설립한다.

② 협회는 법인으로 한다.

③ 협회의 회원이 될 수 있는 자는 환경오염물질을 배출하는 시설의 설치허가를 받은 자 및 대통령령으로 정하는 자로 한다.

④ 협회의 사업에 드는 경비는 회비 · 사업수입금 등으로 충당하며, 국가 및 지방자치단체는 경비의 일부를 예산의 범위에서 지원할 수 있다.

⑤ 협회는 국가 또는 지방자치단체 등으로부터 제1항의 사업 및 환경부장관이 승인하여 정관으로 정하는 사항을 위탁받아 시행할 수 있다.

⑥ 환경부장관은 협회의 운영이 법령이나 정관에 위배된다고 인정할 때에는 그 정관 또는 사업계획을 변경하거나 임원을 바꾸어 임명할 것을 명할 수 있다.

⑦ 협회에 관하여 이 법에 규정되지 아니한 사항은 「민법」 중 사단법인에 관한 규정을 준용한다.

제5장 보칙

제60조(권한의 위임 및 위탁) ① 이 법에 따른 환경부장관의 권한은 대통령령으로 정하는 바에 따라 그 일부를 시ㆍ도지사 또는 지방환경관서의 장에게 위임할 수 있다.

② 이 법에 따른 환경부장관의 업무는 그 일부를 대통령령으로 정하는 바에 따라 관계 전문기관의 장에게 위탁할 수 있다.

제61조(벌칙 적용 시의 공무원 의제) 제60조제2항에 따라 위탁받은 업무에 종사하는 사람은 「형법」 제129조부터 제132조까지의 규정을 적용할 때에는 공무원으로 본다.

부칙 〈제11751호, 2013.4.5.〉

이 법은 공포한 날부터 시행한다. 다만, 제46조제3호의3 및 제47조제1항제2호의2의 개정규정은 2015년 1월 1일부터 시행한다.

찾아보기

ㅁ

ㅂ

ㅅ

ㅇ

ㅈ

저자 약력

강현호(康鉉浩)

현) 성균관대학교 법학전문대학원 교수

성균관대학교 교수요원양성 유학장학생 선발
독일 Friedrich Ebert Stiftung 장학생 선발
독일 Köln 대학교 법과대학 법학박사

대통령경호실 행정심판위원회 행정심판위원
대통령실 행정심판위원회 행정심판위원
한국공법학회 섭외이사
한국인터넷법학회 연구이사

현) 한국철도시설공단 옴부즈만
현) 보건복지부 규제심사위원회 심사위원
현) 한국토지공법학회 법제이사
현) 한국행정법학회 국제이사
현) 한국행정판례연구회 기획이사
현) 한국부동산법학회 기획이사
현) 한국환경법학회 부회장
현) 한국환경법학회 연구윤리위원회 위원장
현) 한국환경법학회 논문편집위원

[저서 및 주요논문]

「국가경영행정법(상)」, 도서출판 디비북스, 2012.
「국가경영행정법(하)」, 도서출판 디비북스, 2013.
계획적 형성의 자유의 통제수단으로서 형량명령, 토지공법연구, 2014.08
금융 및 경제위기의 공법적 대응방안, 성균관법학, 2013.09
녹색성장을 위한 국토법제 분야의 성과와 과제, 환경법연구, 2013.04
공생발전을 위한 재건축제도의 법적 고찰, 행정법학, 2013.03
행위개시통제수단으로서의 건축신고에 대한 고찰, 행정판례연구, 2012.12
도시정비구역의 해제에 대한 법적 고찰, 법제, 2012.12
독일 게마인데의 경제적 활동에 대한 법적 고찰, 토지공법연구, 2012.05
취소판결에 있어서 기속력의 범위, 성균관법학, 2011.12
배출권의 정의 및 재산권성에 대한 법적 고찰, 환경법연구, 2011.04
탄소배출권거래제도에 대한 법적 고찰, 환경법연구, 2010.08
Mediation und Vorverfahren nach koreanischem VwVfG, 토지공법연구, 2009.12
녹색성장을 위한 부동산법제의 과제, 부동산법학, 2009.12

환경국가와 환경법 값32,000원

2015년 4월 27일 초판 인쇄
2015년 4월 29일 초판 발행

저 자 강 현 호
발행인 리 재 영
발행처 新論社
등록번호 제10-308호(1989.3.4)

판매처 새문사
등록번호 제1-273호(1977.9.19)

주소 : 서울시 마포구 대흥로 6길 6-12
전화 : (02)715-7232(代), 717-7235, Fax : (02)715-7235
E-mail : sinlon@saemoon.co.kr
website : www.saemoonbook.com
ISBN : 978-89-7411-427-5 93360